SHIP DESIGN

선박설계

공 학 박 사
조선설계기술사 이창억 지음

청문각

머 리 말

현재 우리가 존재하고 있는 지구상에서 선박(船舶)은 움직이는 구조물 중 가장 큰 것으로, 그 설계는 매우 복잡하고 힘든 과정을 거쳐야 한다.

선박의 설계는 적용해야 할 각 원리와 과정에 대한 완전한 지식 및 설계의 모든 세부에 대하여 세심한 주의가 결합되어야 이루어지는 것이다. 그러므로 세심하지 못한 취급의 결과는 잘못된 설계로 이어진다.

현장에서 우수한 설계자가 되려면 넓은 관점을 가지는 동시에 노력을 아끼지 않고 세부까지도 설계해 내는 우수한 능력을 갖춰야 한다. 따라서 기술적으로 이론조선공학의 각 원리를 완전히 이해하고 있어야 하고, 선박의 구조설계와 그 배치 및 체계에 대해서 정통해야 하며, 추진기관에 대한 상당한 지식을 갖추어야 한다.

또한, 우리가 조선소(造船所) 및 기타 관련된 소속기관에서 각광을 받을 수 있는 유능한 설계자가 되려면 관계되는 분야의 진보된 점을 적용할 수 있도록 다른 여러 분야의 공학과 과학에 대해서도 넓은 기술적 지식을 가지고 있어야 한다.

설계자는 선박설계 이외의 선박 건조에 대한 완전한 지식을 갖추고 있어야 하며, 또 경험으로부터 얻은 선박 운항에 있어서의 여러 가지 문제에 대하여 완전한 지식도 갖추고 있어야 한다. 결국, 설계한 선박의 기록이 없다면 시간과 노력이 대단히 많아질 것이다.

그러므로, 우수한 선박 설계자는 이론(理論), 경험(經驗), 자료(資料) 등 기타의 모든 조건을 구비해야 비로서 이루어진다. 그러나 이론적인 기반이 없으면 경험과 자료도 아무 소용이 없으므로, 이론조선공학과 이것을 설계에 적용하는 방법 및 순서, 즉 설계법을 해득함이 가장 긴요하고 또 이것이 선박을 설계하는 기본이 되는 것이다.

일반적으로 설계에 대해 생각해 보면, 계획이란 디자인(design)이며 창조라는 의미를 기초로 한 것이기 때문에 미술품의 디자인 등 넓은 의미를 포함하는 것이다. 그리고 그 가운데는 선박설계와 기계설계에 대한 이론과 실제, 구체적인 표현 등과 개인의 창조성에 바탕을 두고 디자인의 뜻을 가지고 디자인하는 구체적인 방법인 것이다. 즉, 설계는 설계자의 의지를 구체적으로 표현한 것이다.

이 책은 선박설계의 흐름과 향후의 발전 개발과정, 선박설계의 기본지식을 밑바탕으로 한 대학에서의 강의교재와 현장 실무자들의 현장 업무를 처리하는 데에 참고가 될 수 있도록 계획하였다.

선박설계는 1985년 6월에 대한교과서㈜에서 초판을 발행하였고, 1989년 10월에 재판을 발행하였다. 이후 여러 사정과 과정을 거쳐 2006년 8월부터 선박설계 원고를 보완하기 시작하여 2008년 1월에 발행하였으며, 2009년 3월부터 본 원고를 보완 · 수정하여 2014년 3월에 출간하게 되었다.

선박설계는 편저자가 현장에서 다년간 여러 척(隻)의 실적선을 많이 설계하였고, 다년간 설계 업무에 종사하면서 실무 경험을 밑바탕으로 여러 분야의 기술을 축적하였으며, 이를 바탕으로 외국의 많은 선박 설계 자료와 타카시의 저서 내용을 가능한 수정 · 보완하여 선박설계를 집필하게 되었다.

저자의 실적선으로는, 대선조선㈜에서 사용 중인 1964년 6월에 15,000톤급의 Floating Dry Dock를 국내에서 최초로 설계(현재까지 국내에 한 척뿐임), 건조하고 한국 해양경찰청의 ab. 30 knot 고속 경비정 309호를 설계하여 운항하였으며, 거제관광㈜의 98명의 Hard Chine Type의 ab. 20 knot의 관광 쾌속 여객선(돌핀호)을 설계하여 현재 여수－충무－거제 해금강 관광지까지 운항하고 있다.

이 책은 내용면에서 충실을 기하려고 노력했으나, 선박설계의 진의를 얼마나 전할 수 있을지 제현의 정정을 바라는 바이다.

앞으로 이 책은 대학 교육용 교재로 공부하는 학생들과 현장 실무에서 종사하는 설계 및 현장 기술인들이 실무에 충실할 수 있고, 또한 조선기사 1급, 2급 및 조선설계기술사 등의 각종 자격 시험의 준비서로 참고하는 데에 불편이 없도록 더욱 교정에 힘쓸 것이다.

끝으로 이 책을 집필, 보완하는 데에 많은 협조를 해주신 산 · 학 기술자 및 동료 교수 여러분과 현장 실무자 여러분들에게 감사드리며, 본 교재의 출판을 위하여 여러 가지로 협조를 해주신 청문각의 류제동 사장님과 편집부 직원 여러분께 진심으로 사의를 표하는 바이다.

2014년 2월

공학박사 / 조선설계기술사

이 창 억

이 책을 펴내며

이 교재는 제5차 국제 부흥 개발 은행 교육 차관 비시설 사업의 일환으로 개발된 것이다. (This book is to be developed by TERI's research project of textbook development which was executed under the non-facilities program of the 5th I.B.R.D. educational loan project.)

조선공업은 기간 산업의 집약 산업으로서 이에 관련된 산업 분야는 상당히 넓고, 설계 분야도 세분된 특색 있는 산업이다. 최근 과학기술의 진보와 사회의 변화는 조선 · 해운계에도 큰 변화를 주게 되었으며, 새로운 선형으로 에너지 절약형 선박이 극대화되고 있는 현실이다. 또한 컴퓨터의 급격한 발전은 CAD화된 선박설계와 배의 건조 과정의 설계, 생산 제어(CNC), 즉 생산 설계 분야에서 각광받고 있는 것이 사실이다. 실제 현장 경험을 밑바탕으로 직접 설계를 해 본 경험이 없이 선박설계를 논하는 것은 매우 힘든 일이다. 그러므로, 이 책에서는 실제 과정에 따라 최종 결론을 어떻게 내려야 하는가를 조선공학의 관련된 이론보다는 실제면에 중점을 두어 취급하였다.

저자가 과거 학창시절부터 현장의 설계 분야에서 일한 45여 년 동안을 바탕으로 최초로 선박설계에 대한 책을 1차 집필하였고, 이를 이번에 수정 · 보완하여 발간하게 되었다. 그러므로, 실무 기술자들과 학생들에게 이해를 돕기 위해 여기서는 선박설계에 적용할 원리의 상호관계를 명확히 정의하였으며, 선박설계 기술자로서 필요한 최소한의 사항을 파악하기 쉽게 소개하였다. 선박설계 현장 실무 기술자와 조선 공학도들의 교과서로서 조금이나마 도움이 되리라 믿는다.

이 책을 집필하면서 가장 큰 애로 사항은 설계 자료에 있어서 단위의 환산이었는데, 설계에 적용해야 할 도표 및 실적 자료의 단위가 통일되어 있지 않아서 이 단위의 통일이 매우 어려운 과정이었다. 그러므로, 필자는 선박설계의 특수성을 고려하여 가능한 한 사실 그대로 인용 · 소개하였으며, 보는 사람으로 하여금 혼동이 없도록 노력하였다. 앞으로 단위의 통일에 대해서 특별히 보완하도록 더욱 노력하겠다.

서론에서는 선박설계의 경향과 과정을 제시하였고, 2장 및 3장에서는 배의 수송력에 대한 채산성에 대하여, 4장에서 8장까지는 이론과 실제의 조화에 대하여 기술하였다. 그리고 9장과 10장에서는 운항에 따른 여러 가지 문제의 해결책에 대해서 다루었고, 11장과 12장에서는 선박설계의 소음에 대한 대책과 경제성에 대하여 자세하게 논하였다. 마지막으로 부록에서는 조선공학 단위의 정의와 환산 그리고 조선 · 항해 · 해운용어 해설을 넣어, 실무 기술자들이 현장에서 업무 수행에 자신을 가질 수 있도록 소개하였다.

끝으로 이 책을 집필하는 데 연구 진행을 밀어 주신 울산대학교 이관 총장님과 울산과학대학교의 허정석 총장님, 자문을 하여 주신 동료 교수 여러분과 현장 실무자 여러분, 그리고 이 책의 출판을 맡아 적극 협조해 주신 청문각에 깊은 감사를 드리는 바이다.

2014년 2월

공학박사 / 조선설계기술사

이 창 억

저자가 설계한 선박

해양 경비정(R. O. K.)
$L_{OA} \times B \times D$
14,500 m×4,000 m×2,000 m
Diesel 480 HP×2 set's
최대속력 30 kn

쾌속 관광 여객선(돌핀호)
$L_{OA} \times B \times D$
25,500 m×4,500 m×2,100 m
Diesel 480 HP×2 set's
최대 항해속력 20 kn
여객 정원 : 96명

건선거(floating dry dock)
대선조선주식회사 자영
$L_{OA} \times B(\mathrm{ext}) \times D(\mathrm{side}) \times d$
86,000 m×23,000 m×9.35 m×2.30 m
lifting capacity 2600 tons
1976년 확장공사 후
$L_{OA} \times B(\mathrm{ext}) \times D(\mathrm{side}) \times d$
143,600 m×30,750 m×14,350 m ×2,300 m
lifting capacity 5400 tons

Ship Designed by The Candidate

Ship (Ship-Name)	Dimension (L×P×D×d)	Propulsion		Owner	Route of Operating
		Main Eng.	Speed		
LUMBER-CARRIER	104.0m×15.4m×7.8m× 6.7m D/W 5500	p. s. 3500×1	km 14.0	KOREA	
REFRIGERATED FISH CARRIER	60.0×10.5×5.0×4.3 G/T 950	1800×1	14.0	JAPAN	
PASSENGER-CARGO SHIP	62.0×10.5×4.8×3.5 G/T 1000	2500×1	15.5	JAPAN	
HIGH SPEED PATROL CRAFT	14.5×4.0×2.0 14.5m CLASS	700×2	25.0	National Maritime Police R.O.K.	Coast Guard Dec. 1968
PASSENGER SHIP	76.0×12.0×5.4×3.2 G/T 1600	2200×2	18.0	JAPAN	
FLOATING DRY-DOCK	86.0×23.0×9.35×2.3 LIFTING CAPACITY 2600m-t	—	—	Dae-Sun Shipyard.	For Own Use Mar. 1969
CARGO SHIP	54.55×9.0×4.5×4.1 G/T 650	750×1	12.0	KOREA	
OCEANOGRAPHIC RESEARCH VESSEL	50.35×9.2×3.9×— G/T 500	1000×1 (with C.P.P.)	11.5	Ministry of Science and Technology	Research Report Dec. 1969
HIGH SPEED SIGHT-SEEING PASSENGER (DOL-PIN HO)	25.5×4.5×2.1×(Hard Chine Type) 96 PERSONS	480×2	20.0	Gu-Jae Sight-Seeing Co., Ltd.	Domestic Route Dec. 1970
HIGH SPEED SIGHT-SEEING PASSENGER SHIP	22.5×4.0×2.1×(Hard Chine Type) 66 PERSONS	350×2	18.0	KOREA	
FLOATING DRY DOCK	143.6×30.75×14.35×2.3 LIFTING CAPACITY 5400m-t	—	—	Dae-Sun Shipyard Increment for Design by Mar. 1969	For Own Use Dec. 1976
FLOATING DRY DOCK	135.6×32.0×15.0×3.0 LIFTING CAPACITY 4000m-t	—	—	Dong-Hae Shipyard.	

장보고 무역선 고증 복원 설계

한국, 한국무역센터(Scale=1/20)
중국, 산동성 영성시 석도진 적산법화원, 장보고 기념박물관(Scale=1/10)
중국, 복건성 영파시 고선박물관(Scale=1/20)
한국, 전라남도 목포시 용해동, 국립해양유물전시관(Scale=1/10)
한국, 전라남도 완도시, 장보고 기념관(Scale=1/4)

$L \times B \times D = 35.500\ \mathrm{m} \times 6.500\ \mathrm{m} \times 3.200\ \mathrm{m}$, Grooved Clinker Type Ship, 2-Sails Ship

복원 설계자 : 공학박사 / 조선설계기술사 **이 창 억**

(재)해상왕장보고기념사업회

서 문

선박설계의 초판을 1985년 6월에 발행하였고, 1989년 10월에 재판을 발행한 후 선박설계, 건조 기술의 발전에 따라 개정이 불가피하게 되었다. 22년이 지나 발행되는 이 책에서는 이전 책 내용의 보완 및 개정의 개념적인 목표 설정과 선박설계의 범위의 변화에 대해서 자세하게 논하였다.

충실을 기한 책의 내용을 살펴보면, 일반적인 고찰을 아래 장별로 설명하였다.

1장 서론에서는, 선박의 경제성 설계에 있어서의 원양 화물선의 설계 경향에 대한 경제성의 추구에 대해 문제점을 최소로하기 위한 설계 경향에 대한 연구는 꾸준히 개발하여 왔다. 초기 선박설계의 개념과 설계선박의 표준화의 방법을 설명하였고, 선형의 결정과 선박설계의 특성을 자세히 논하였다.

2장에서는, 선박에 있어서 선형과 크기에 대해서 선주의 요구사항과 선형의 선내 배치에 관계되는 결정을 할 필요가 있으며, 여기서는 경구조와 중구조선의 차이점을 나타내었다. 추진 장치의 종류와 기관실의 용적과 중량 및 중앙 기관실과 선미 기관실 선형의 불리한 점을 나타내었다. 그리고 선박의 복원성 검토 자료를 기술하였으며, 배의 종류에 대한 분류와 그 특성을 기술하였다. 특히 컨테이너 규격 화물선의 장점과 수송의 문제점을 깊이 있게 나타내었다. 배의 수송력의 평가인 하역능력의 요소 예를 들었다. 그리고 선박의 중량톤과 화물창의 용적 계산 방법을 서술하였다. 선박 법규에서는 국제 조약 및 국내 법규와 톤수 추정 과정을 상세하게 서술하였다. 외국 규칙과 국내의 한국선급협회의 주된 업무를 기술하였다.

3장에서는, 선박의 중량 추정의 방법을 중량 그루핑으로서 구별하여 재하중량의 추정 방법을 상세하게 기술하였다. 중량 톤수비와의 관계를 정립하였다. 그리고 배의 크기와 운항 경비에 대해서 나타내었다. 선박의 중량톤인 재하중량톤을 비교할 수 있는 자료를 첨부하였다. 배의 크기가 추진기관 중량과 운항 경비에 미치는 영향에 대해서 고속화에 따른 경제성 문제를 논하였다. 마지막으로는 상선설계의 경향을 나타내었다. 그리고 선박의 대형선화와 전용선화의 문제점을 저투자성 자동화의 조건으로서 원가 절감의 경제적인 최적 조건으로 원만하게 해결하는 대책을 나타내었다.

4장에서는, 기본조선공학에서 새로운 배를 설계할 때에 선형의 요소인 주요 치수의 선택은 전문적인 기술이 필요하므로 그 요소의 특색을 다루었다. 기본치수의 결정방법에 있어서 선박의 모형선의 전저항 곡선에서 hollow-hump speed를 계획할 때에 배의 길이에 대한 파저와 파정의 범위에 든다는 것을 충분히 이해시켰다. 그리고 배의 길이와 폭에 대한 이해 득실을 나타내었다. 배의 형심과 흘수 그리고 건현의 특성을 나타내었다. 주요 치수들이 다른 요소에 미치는 영향을 들었고, 폭과 건현의 변화가 복원력에 크게 영향을 미치는 것을 예로 들었다. 배의 깊이가 선체중량에 미치는 영향과 배의 흘수의 증가가 내항성능과 추진성능면에 미치는 영향을 검토해야 한다. 배의 트림에 대한 흘수의 수정과 임의의 흘수에서의 부양된 배의 선수미 흘수 수정에 대한 계산식의 설계에 있어서 항상 취급되는 기본식을 나타내었다. 배의 배수량과 hogging 및 sagging 상태에 대한 배수 용적과 배수량 수정식을 이용하여 실제 배수량을 구하는 것을 나타내었다.

5장에서는, 선박설계를 할 때에 배의 전체 크기와 선형을 나타낼 때에 기본조선공학에서 선형계수를 해석하여 결정하는 방법을 정의했다. 비척 계수와 관계 계수 그리고 형상 영향 계수 등을 추정하는 방법을 들었다. 선형 계수가 저항 요소에 미치는 영향에 대한 횡단면적 곡선과 천수의 영향에 대해서 기술하였다. 그리고 이들이 선수 선형의 영향에서 구상 선수 선형과 유케비치 선수 선형, 마이어 선수 선형 등의 형상을 선택하는 방법과 선형 계수가 기본치수와의 관계에서 횡단면적 곡선을 추정하는 방법을 나타내었다. 주요 요목의 결정과 방형 계수의 결정방법을 자세하게 나타내었으며, 선박의 조정 성능에서 조정운동의 방정식과 조정성 시험에 대한 배의 타면적을 추정하였고, 배의 주요 요목에 대한 기본치수와 주기관의 마력 및 벌크 화물선의 중량톤을 확인할 수 있도록 나타내었다.

6장에서는, 주기관 마력 추정에서는 배의 기본치수와 모든 계수가 결정되면 기관 중량 등을 결정하여 확인이 필요하고, 요구하는 속력이 실제로 나올 수 있는지를 결정하는 단계를 다루었다. 저항 계산을 상사 법칙에 따른 모형시험의 원리와 모형 계측 시험의 해석 과정을 자세하게 실적선의 예를 들어 설명하였다. 다음에는 마찰저항, 잉여저항, 공기저항을 계산하여 유효마력을 계산하도록 서술하였다. 그리고 실제의 선박에서의 마력을 계산하는 방법의 예를 들어 참고하는 데에 어려움이 없도록 노력하였다.

7장에서는, 배를 추진시키기 위한 모든 것이 포함되지만 선박에서는 프로펠러의 설계가 대단히 중요한 것이다. 따라서 이것은 배의 종류, 크기, 선형, 용도 및 기관의 종류, 출력, 회전수 등에 의해 정해진다. 프로펠러의 형식은 일체형과 조립형의 형상인 두 가지로 크게 나눌 수 있고 그의 차이점을 비교하였다. 프로펠러를 설계할 때의 주의 사항과 프로펠러의 치수에 대한 요소를 상세하게 기술하였다. 다음에 프로펠러와 선체와의 관계에서 기관 마력과 추진효율 그리고 추진 계수 등을 자세하게 기술하였다. 프로펠러의 요소에 대한 성능 관계를 자세하게 표현하였다. 또한 프로펠러의 공동현상의 발생 원인과 공동현상을 일으키는지에 대한 검토 과정을 기술하였다. 한편, 프로펠러는 선체에 있어서 최적의 추진 성능을 좋게 하는 주요 요목을 선정해서 선체의 조건, 기관의 조건, 축계의 조건을 만족하면서, 최소의 마력에 의해서 최소의 연료로 운항 능률을 향상시키는 프로펠러를 설계하는 방법인 4-날개 프로펠러에 대해서 설명하였다. 프로펠러의 설계 도면의 작성 방법과 선미골재, 타와 프로펠러와의 관계, 그리고 프로펠러 피치의 결정 과정을 나타내었다.

8장에서는, 선박의 초기 설계 과정에서 주요 요목의 결정과 개략 일반 배치의 설계하는 것은 배의 형상과 그의 특성을 도면에 표현한다는 뜻에서 중요한 것이다. 개략 일반 배치 결정의 기본 원리에 대하여 배치 장소의 적합성은 여러 조건을 고려하여 결정하여야 하지만 기본 원리와 고찰할 점을 생각하고 진행하여야 한다. 개략 일반 배치의 결정 순서에 따라서 주요 요목을 결정하는 순서는 본질적으로 큰 차이는 없다. 개략 일반 배치에서 선수 형상과 선미의 형상을 나타내었다. 배의 구획 결정 방법에서는 선수미 수창과 기관실의 구획을 결정하여, 중앙 횡단면의 형상을 표현하였다. 벌크 화물선의 화물창의 단면도 작성과 이중저 구조의 탱크와 배관 관계를 나타내었다. 유조선의 화물 유조 및 기타 여러 가지 탱크의 배치 과정과 구획 탱크 용량의 제한 등의 규제를 받는 경우를 나타내었다. 선박설계를 할 때에 탱크의 침수 계산과 침수 시간을 결정하는 방법과 화물창의 경사 모멘트와 경사각의 계산예를 나타내었다. 하기 만재 흘수 상태의 건현 계산을 개략적으로 결정하는 단계를 나타내었다.

9장에서는, 배의 성능을 검토한다는 것은 기본 성능면에서 볼 때에 문제가 없음을 확인할 필요가 있다. 선체는 3차원 물체인 선형의 결정이므로 선체의 형상을 나타내는 데에는 만재 흘수선 위의 형상과 만재 흘수선 아래의 형상으로 구별된다. 조선공학의 이론과 규칙, 그리고 법규에 의해 결정되는 것은 흘수선 아래의 형상으로서, 이것은 모든 계산에 기본이 된다. 이 형상을 계획 선도의 계획이라고 하며 매우 신중하게 결정하여야 한다. 그러므로 선도 작성의 우선적으로 횡단 면적 곡선을 작성하는 방법을 설명하였다. 그리고 이의 횡단면적 곡선의 기하학적인 수정 방법을 자세하게 논하였다. 작성 후에 순정하는 방법도 나타내었다. 선도 계획 방법은 $1 - C_P$ 방법을 사용해서 기준선의 유사한 계획선의 선도를 작성하는 순서에 대해서 간단히 소개하는 것으로 나타내었다. 트림과 종강도의 계산을 간략하게 추정하는 방법의 예를 들었다.

10장에서는, 선형별 구조특성으로서 유조선과 벌크 화물선의 구조를 나타내었다. 화물유조의 구조 형식과 펌프실과 기관실의 구조를 나타내었다. 유조선의 화물창의 단저 구조 형식의 중앙단면도를 나타내었다. 횡늑골과 종늑골 구조, 외판의 구조 형식, 격벽의 구조 등을 나타내었다. 벌크 화물선의 선체 구조 특성으로는 이중저의 형상과 선체 각부의 구조 요소의 특성인 중앙 횡단면도의 형식, 선체 늑골과 hopper 및 shoulder tank, 갑판 구조, 격벽 구조를 나타내었다.

11장에서는, 선체에 일어나는 고유 진동수와 공진의 허용 한계를 계산하는 방법과 해결책을 소개하였다. 실제 선박설계 과정에서 진동이 없는 배를 만들기 위해서는 기진력을 최소로 줄이는 노력이 필요하다. 선체 진동 종류들의 특성과 선박설계를 할 때 선체의 진동이 발생했을 시 방지 대책에 대해 상세히 설명하였다. 프로펠러의 기진력에 대한 선미재의 간격에 대해서 그의 영향을 설명하였다. 디젤 기관의 기진력 감소에 대한 불평형 관성력과 디젤 기관의 가로 진동에 대하여 설명하였다. 프로펠러의 날개 두께에 관한 규칙을 상세하게 설명하였다. 그리고 배의 패널에 대한 국부 진동과 탱크 내부에 웹 진동의 종류와 진동의 허용 한계를 설명하였다.

12장에서는, 선박설계의 경제성 검토로서 상승하는 연료 가격을 보충하기 위하여 설계상으로 고려해야 할 점으로 속력과 주요 치수, 기관 시스템의 전반적인 연료의 경제성 향상에 대해서 가장 적합한 것을 선택해야 한다. 선박설계의 경제성은 상세한 선박설계가 아니라 경제적인 면의 적용으로 관계한다. 선박설계자는 선박설계와 설비에 있어서 경제 성능면과 기술적인 평가에 충분한 정보를 필요로 하며, 기술 중에서 많은 부분은 건조되는 배에 대해서 언제 건조할 것인지, 어디에서 건조할 것인지, 무엇을 건조할 것인지에 대해서 구상하고 논의되어야 한다는 것이다. 그의 중요한 이유로는 다음의 두 가지가 있다.

1. 선박설계에서의 잘못된 판단은 배의 크기와 선형의 대형화에 따라 크게 증대된다. 최근에는 무엇을 건조할 것인가보다는 어떻게 건조할 것인가를 결정하는 일이며, 먼저 이면에 대해 수정해야 하는 것이 성공의 여부인 것이다.
2. 선박설계에 있어서 최고의 직무는 최소한의 저항과 같은 기술적인 기준은 충분하지 않다. 중요한 기준은 재화상태에서의 기술적인 요소를 계산하여 경제적인 특성을 넓게 인식하는 것이다. 최적 설계는 가장 유익한 설계인 것이다.

선박의 경제성 검토에서, 수송 시스템과 상선에서의 수송비가 증가된다는 것이다. 경제 속력과 최적 선형으로 속력으로의 각종 수송 기관을 비교하였다. 선박설계의 채산성 계산에 의해 선가 견적을 산정하게 된다. 그리고 배의 용선 형태와 운항 채산으로 선비의 내용을 결정하여 선박의 경제성을 비교 검토하는 과정을 정립하였다.

부록에서는, 선주의 요구 사항을 가상하여 냉동 화물 운반선을 계산 양식에 따라 자료를 응용한 계산예를 T. Lamb의 계산서로서 소개하였다. 참고하는 데에 있어 단위의 적용이 ft-lb로 적용이 되어 있으므로 혼돈이 되지 않기를 바란다. 내용에 있어서 인용된 재하중량 계산식은 m-ton의 단위를 사용하였다.

2014년 2월

공학박사 / 조선설계기술사

이 창 억

PREFACE

The first edition of "SHIP DESIGN" was published in June 1985 and now the third edition is prepared that is supplemented and revised in contents after 22 years were passed since the second edition containing 770 pages in October 1989. The revision became unavoidable due to the development of ship design and construction technique since the last edition. This volume discusses the establishment of the conceptual goal of this supplement and revision and the change of scope of ship design in detail.

Author eliminates the unnecessary contents, which was described in the second edition and explains the general consideration in the following each chapter, if you read this substantial volume in context.

Chapter 1 the introduction, describes that the study on the design trend to minimize the problem about the pursuit of economic efficiency, which is related to the design trend of ocean cargo ship for the economical design of a ship, has been steadily proceed. It analyzes the early concept of ship design and the method of standardization of ship design. The decision of the type of a ship and characteristics of ship design are also discussed in detail.

Chapter 2 describes the necessity for decision, which is related to the owner's requirement about type and size of a ship and inboard arrangement.

This chapter herein shows the difference between light scantling vessel and full scantling vessel. It explains kinds of propulsion device, capacity and weight of engine room and disadvantage of midship engine room type and after engine room type. Additionally, it describes the examination data of stability of a ship and classification and characteristic relevant to kinds of a ship.

Especially, this part covers the advantage of container unit cargo ship and the problem of transportation in depth. The port speed, which is the evaluation of transport capacity of a ship, is given as an example. In addition, weigh tonnage of a ship and calculations for capacity of cargo space are clarified.

This part fully describes the international convention, domestic laws and tonnage estimation process in the ship laws. Foreign regulation and major service of Korean Register of Shipping are explained.

Chapter 3 explains the dead weight tonnage estimation method, distinguishing ship weight estimation method based on weight grouping in detail. Relation of weight ratio is established and size of a ship and operating cost are shown. The data that is comparable to dead weight tonnage, which is the weight tonnage of a ship, is attached.

It discusses the effect on the weight of propulsion device and operating cost and the economic efficiency problem caused by the increase in speed by size of a ship. Finally, it shows the trend of merchant ship design. Furthermore, this part provides solutions for the problems caused by an increase in size and specialization of a ship on condition of law cost automation and at economical optimum condition by cost reduction.

Chapter 4 deals with characteristics of the elements since the executive technique is necessary choosing principal dimension, which is an element of type of a ship when it comes to design new ship in the principal naval architecture.

This chapter makes sufficient understanding that bow wave through and stern wave crest are various according to ship length when hollow-hump speed is planned on total resistance curve of model ship for the basic dimension. The loss and gain related to length and width of a ship are also discussed.

The part looks into characteristics of molded depth, draft and freeboard of a ship. It also gives examples that principal dimension affects other particulars and the change of width and freeboard largely affects stability. The effect on the hull weight by depth of a ship and the effect on seaworthiness and propulsion capacity by increase of draft of a ship must be tested.

The basic formula, which is always dealt in the design for calculation formula about modification of stern draft for the floated ship at the optional draft, related to trim is shown. This chapter shows how to seek actual displacement using displacement capacity and modifying equation of displacement on the displacement quantity of a ship and hogging and sagging condition.

Chapter 5 defines how to analyze and decide linear coefficient in the principal naval architecture when it describes hull size and type of a ship when design a ship.

It covers how to estimate form coefficient, relation of coefficient ratio and effected form factor etc. It describes sectional area curve and shallow water effect about the effect on persistence element by linear coefficient.

Additionally, how to decide a form of Bulbous bow, Youricevitch form rudder and Maier form etc among the effects of bow type and how to estimate transverse plane curve in relation to linear coefficient and basic dimension are written.

This chapter expresses the decision for principal item and decision method for block coefficient and estimates rudder size of a ship about equation of steering movement and steering efficiency in the steering ability of a ship. It also shows basic dimension related to principal item of a ship, horse power of main engine and weight tonnage of bulk cargo ship to be checked.

Chapter 6 deals with the stage that decision of basic dimension and all coefficients on the main engine horsepower estimation stage, decision and confirmation of engine weight and realization of speed demanded.

This part explains resistance calculation in detail giving principal of model test according to law of similitude and analysis process of model measurement test as examples of real loaded ship. Then it describes calculation of effective horsepower after calculate friction resistance, residual resistance and air resistance. Additionally it strives to make a better reference giving an example of how to calculate horsepower of real ship.

Every particular is included to propel the ship but the design for propeller is very important in Chapter 7. Propeller is decided by kinds, sizes, types and uses of a ship and kinds, output, rpm(revolution per minute) of an engine.

Propeller is largely divided into solid propeller and built-up propeller and their difference is compared. The direction when design propeller and elements about dimension of propeller are described in detail. After that, engine horsepower, propulsion efficiency and propulsion coefficient etc are fully explained in the relation between propeller and hull.

This chapter expresses capacity relation between elements of propeller in detail. Besides, cause of cavitation of propeller and examine process about possibility of cavitation are described. On the other side, propeller chose principal items which make themost suitable propulsion capacity for hull. The chapter explains how to design propeller which improves operating efficiency through the minimum fuel by minimum horsepower in case of 4-wing propeller, satisfying the conditions of hull, engine and shafting.

This part describes how to draw a design of propeller, relation between stern frame, rudder and propeller and decision process of pitch of propeller.

Chapter 8 makes a point that the determination of principal items and design for rough arrangement in process of preliminary ship design are important, meaning that ship forms and features are expressed on the draft. As for basic principles of determination of rough arrangement, the most proper arrangement location should be determined not only by various conditions but also by basic principles and other considerations.

There is no great difference essentially to determine the order of principal items in accordance with the procedure of rough arrangement determination. Stem form and stern form are illustrated in the rough arrangement. In the method of distributing subdivision, fore and after peak tank and layout of engine room are determined and the midship section is represented.

Drawing up a cross section of a bulk carrier's cargo hold and relationship between double-bottom constructed tank and piping are explained. The procedure of arrangement of cargo oil tanks and other tanks in oil tankers is described. Cases in terms of beingimposed on such as capacity limitation of tanks are also indicated.

The method of how to determine the flooding calculation and the flooding time of tanks and examples for calculating bank angle and the gradient moment of a cargo warehouse are included. Determination stages for freeboard calculating in a summer load line draft are explained.

Chapter 9 says that examining the ship's ability means that to confirm there are no problems on the ship's basic ability. The hull, the three-dimensional object, is divided into an upper part of the full load line draft and under part of the full load linedraft. Lower position of the draft is the standard form for all calculation as determined by the naval architecture and marine engineering theory, rules, and law. This form called the stage of lines should be determined very cautiously. That is the reasonwhy this chapter describes the way to calculate the sectional area curve prior to delineate lines. Considered are geometrical modifications of the sectional area curve.

The method of fairing after calculating is also included. The lines planning method introduces the sequence of making out lines of a planning ship similar to the standard ship using 1-Cp. The examples of how to estimate the calculation on a trim and longitudinal strength are included.

Chapter 10 describes oil tankers and bulk cargo ship structures as a characteristic of each ship type structure. Structure form of a cargo oil tank, a pump room and an engine room are also described.

The midship section formed as a single bottom of a oil banker's cargo warehouse is illustrated. Transverse frame, longitudinal frame, shell structure form and bulkhead structure are considered in this chapter.

As for the structure characteristic of bulk cargo ships, double-bottom form and midship section form as a property of the whole hull's structure factors, hull frame, hopper and shoulder tank, a deck construction, and bulkhead structure are illustrated.

Chapter 11 introduces the calculation and countermeasure of allowable limits of resonance and natural frequency generating in the hull. To minimize the exciting force is necessary to build a ship without vibration.

Characteristics of each hull's vibration and preventive measure over hull vibration throughout the ship design are explained closely. The effect of gap of a stern frame on propeller exciting force is also explained. This chapter also explains the space between a stern frame and a propeller effecting on a propeller vibration.

Unbalanced inertial force in accordance with the decreased exciting force of a diesel engine and sway of a diesel engine are explained. The rules on thickness of propeller blades are described in detail. Local vibration under the influence of the panel, types of vibration on web in a tank and vibration limits are explained.

Chapter 12 deals with the investigation over the economic efficiency of ship design. As a condition of ship design to compensate for the rising fuel prices, the most economical fuel factor should be selected among speed, principal dimension, and engine system.

Economic efficiency of the ship design is not related to detailed ship design but to application with economic facts. Sufficient information about economic efficiency and technical evaluation is necessary for a ship designer to design ships and install equipments. Most part of the technique is to formulate and discuss about when and where a ship is built, and which type of ship would be built. The principal reasons are followed.

1. decisions throughout a ship design become enlarged according as the ship's size and type are getting bigger. To decide how to build instead of what to build is recent trend, so success depends on regulating this part, that is how to build.
2. most important task in the ship design does not focus on the technical criteria such as the minimum resistance but on the wide recognition of economic features by calculating the technical factors of the cargo weight.

The economic efficiency investigation shows that the transport system and merchant ships' transport expenses are increased. In the economical speed and optimal lines, every transport ship is compared as its speed.

Ship prices are estimated in accordance with calculating the profitability of the ship design. This book establishes how to decide operation cost as charter types and operating profitability and to compare the economic efficiency of the ships.

The appendixes deals with the reefer vessel samples applying information in accordance with calculating forms as T.Lamb calculates, supposing that requirements are given by a ship owner. Ft-lb units are used in references, and m-ton units are used in the dead weight tonnage calculation.

2014. February

Ph. D. / SHIP DESIGN Professional Engineer

Lee Chang Euk

차 례

제1장 서 론

제2장 선형과 크기

제3장 중량 추정

제4장 기본 치수의 해석

제5장 선형 계수의 해석

제6장 마력 추정

제7장 프로펠러의 설계

제8장 개략 일반 배치의 설계

제9장 3차원 물체인 선형의 결정

제10장 선박의 구조

제11장 선박의 소음과 진동대책

제12장 선박설계의 경제성 검토

APPENDIX

설계 기술 능력 향상의 중요성

이 책에서는 선박설계의 기술적 내용보다는 먼저 계획을 어떻게 하는지의 내용과 중요성에 대해 설계자가 먼저 알아야 할 기본적 태도를 서술하고자 한다.

기본 계획은 선박의 기능, 가격에 대한 기본적인 기술 방침을 결정하는 단계이며, 주요 요목, 기본 설계도, 계산서, 시방서를 검토, 결정하는 과정이다.

기본 계획에 요구되는 전제 조건은 일반적으로 선주의 요구라 불리며, 후술하는 조건의 각 항에 나오게 된다. 전제 조건에는 선주의 희망사항이 명확하고 구체적이어야 하며, 우선적으로 그 조건이 만족되어야 한다.

따라서 계획을 착수하기 전에 완전히 파악하고, 불확실한 점이나 의심이 생기기 쉬운 사항을 선주와 타협하여 확인할 필요가 있다.

선주의 요구사항은 경제적인 사항이 많다.

전제 조건 중 기능의 연관 관계 및 성능에 대한 불합리한 점이 있는지 먼저 검토할 필요가 있으며, 단계의 작업은 짧은 기간에 할 필요가 있다.

다음에 표현하지만 경험적인 자료(data)의 정리, 자료의 축적, 그리고 자료를 응용하고 활용하는 자세를 일상 필괘(必掛)로 하여 둘 필요가 있다.

설계 기술 능력을 향상시키는 방법과 태도의 요점은 다음과 같다.

1. 설계 기술에 있어서 선박의 구조, 의장, 기관, 전기 등 기본적인 기술에 관한 지식을 갖춰야 한다.
2. 경험에 의한 이론적인 기초 지식을 갖춰야 한다.
3. 선박 장비에 있어서의 관련 공업 제품과 그의 제작에 대해서 인식을 충분히 해두어야 한다.
4. 사물을 종합 판단하는 시야가 넓어야 하며, 대국적인 판단으로 얻어지는 능력을 양성하여야 한다.
5. 설계 기준 및 자료의 정리를 항상 해두어야 한다.
6. 계획의 설정, 검토, 결정 단계의 공정에서 초기 방침과의 관계를 자료화해야 한다.
7. 선주와의 타협을 밀접하게 하고, 성능, 선가, 납기 등을 충분히 조정해야 한다.
8. 사내의 담당 각 부서와 연락을 밀접하게 해야 한다.
9. 실패의 원인을 엄밀히 추구하여 다음 계획을 좋게 해야 한다.

설계 방법론에 대해서는 설계 대상으로서 고유한 고유 기술적 성격과 공통되는 공통기술적 성격의 설계 방법론, 즉 설계 기술의 의미를 개념적으로 파악해 둘 필요가 있는 것이다.

설계라고 하는 기술에 대해서는 항상 설계 대상이 존재한다는 것은 분명한 사실이다. 그러므로 설계기술을 공학적으로 반드시 구체화하여 구체적인 설계 대상을 염두에 두어야 함을 의식해 둘 필요가 있다. 설계자는 항상 직무의 중요성을 인식하여 상호 계발, 자기 계발을 해 둘 필요가 있다.

서 론

Introduction

최근의 선박설계 동향은 선박의 주요 치수를 최소화하여 주어진 속력에서 선체 저항을 줄임으로써 추진 효율을 증대시켜 연료 경제성(fuel economy)을 얻고, 선박 건조비를 줄이는 추세로 나가고 있다.

최근에 이르러 선박의 경제성 설계는 선주의 요구사항이기도 하며, 경제성 측면에서 사용되는 연료의 절감이 주로 대두되고 있는 실정이다. 그의 주요 요점으로는

(가) 필요 마력을 적게 하고,

(나) 프로펠러로 인한 추진 효율을 높이고,

(다) 주기관 디젤의 연료 소비율을 향상시키고,

(라) 전달 효율을 포함하여 기관(engine)으로부터 프로펠러까지의 추진 시스템 전체의 효율을 향상시키는 일이다.

이에 따라 배의 속력은 좀 떨어지더라도 연료 소비량을 크게 감소시키는 방향으로 나가고 있다.

HOW SLOW IS SLOW?

ECONOMIC SPEEDS FOR BULK OR OIL CARRIER.

즉, 연료 소비량을 감소시킨다는 것은 속력을 떨어뜨린다는 것이 되지만 이것은 수송 기관, 즉 주기관의 역할이기도 하며, 경제 속력을 얻는다는 뜻이기도 하다.

상선(商船)의 경우 어떤 화물을, 어느 거리에, 어느 시간 내에 운반하느냐가 필요한 전체 소요 경비, 즉 운항 경비(operating cost)가 된다.

운항 경비 중에서 연료유 가격의 앙등이 차지하는 비율이 막대하므로 선주의 요구사항인 경제성면에는 큰 부담이 된다. 이와 같은 연료유의 부담을 최소화하기 위해서는 생에너지, 즉 에너지 절약형 선을 설계해야 한다.

1.1 시스템공학과 설계공학

1.1.1 설계의 의미

설계는 인간이 필요로 하는 기능을 하나의 제품(system)으로 구체화하는 과정이라 정의된다. 이런 의미에서 설계를 대상으로 하는 과학(설계공학)은 인공물(artifacts)의 과학, 즉 인공과학(artificial science)의 분야에 속한다.

인공과학이라고 하는 말은 일찍이 Simon이 제창한 것이지만 지금은 인공지능(artificial intelligence, AI)이 보편적으로 됨에 따라 널리 사용하게 되었다. 인공과학은 자연과학보다 응용과학을 지향한 것이다. 즉, 분석보다는 종합에 중점을 두고 있다.

수송시스템 설계공학도 종합학문이므로 분석을 목적으로 하는 자연과학과는 방법론에 있어서도 다른 점이 많다. 수송시스템 설계공학에서는 그 중에서 자연과학을 취급하는 것으로, 설계를 구체화하는 과정에서 필요로 되는 경우이고, 자연현상 자체를 보다 깊게 이해하는 것을 목적으로 하는 자연과학과는 입장을 달리한다. 이런 점에서 설계공학에는 다음과 같은 몇 가지 특징이 있다.

1. design philosophy(설계철학, 설계사상, 설계목표)

수송시스템 설계공학은 인간을 목적으로 하는 경우와 자연과학과의 두 가지 측면에 관련을 갖는다. 인간이 목적으로 하는 설계목적을 실현하기 위해 물리학이나 화학 등의 자연과학의 이해가 필요한 것은 물론이지만, 설계목적 자체를 정하기 위해서는 가치 철학의 한 분야인 '설계 철학(design philosophy)'이 필요하게 된다.

이상과 같은 성격으로부터 설계공학에 관련된 분야는 자연과학뿐만 아니라 매우 광범위하다. 그림 1-1은 이러한 관련 분야를 나타내는 Dixon의 그림으로서, 공학설계가 자연과학 외에 생산공학이나 사회과학, 나아가 예술 등과도 관련하고 있음을 알 수 있다.

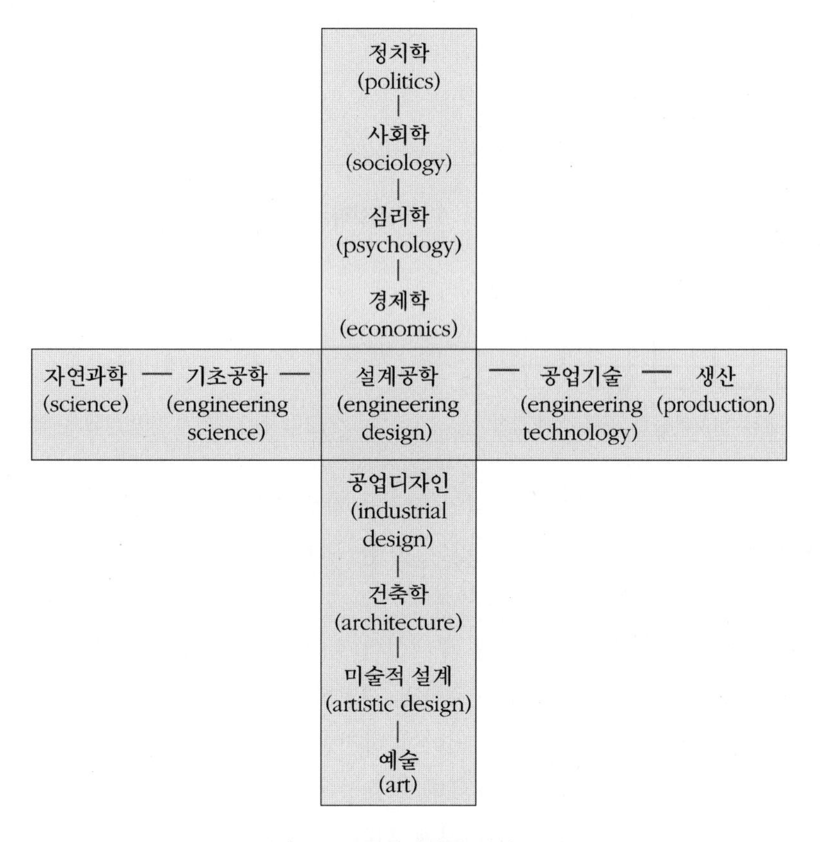

그림 1-1 공학설계와 관련 분야

2. 설계 방법론(설계기술)

설계공학에서는 목표를 실현하기 위한 방법론(설계기술)이 대상으로 된다. 앞에서도 언급했듯이 과학적인 방법론의 존재가 없으면 설계는 단순한 경험에 의존하는 것이 되어 기술의 개선이나 발전도 없게 된다.

설계 방법론에 대해서는 앞으로 각 장에서 설명하겠지만, 설계대상에 고유한 고유 기술적 성격과 대상에 공통되는 공통 기술적 성격이 있어 양자는 그림 1-2와 같이 개념적으로는 종·횡의 관계로 표시된다. 예를 들어 자동차의 설계기술(설계 방법론)을 생각해 보면, 자동차설계의 고유한 현가장치(suspension)나 조종장치 등의 설계에 고유 설계기술이 있지만, 한편으로는 다른 제품에도 공통적인 신뢰성 해석과 같은 공통 설계기술이 존재한다.

최근 컴퓨터 이용기술의 발달에 따라 CAD/CAM이나 시스템공학 등의 기법이 추가되어 공통 설계기술도 점차 중요성을 더하고 있다. 고유 설계기술과 공통 설계기술은 말하자면 차의 양 바퀴와 같은 것으로 양자의 존재에 의해 비로소 설계 방법론이 의미를 갖는다. 그러나 고유 설계기술과 공통 설계기술에 대한 방법론으로서의 조화는 실제로 상당히 어려운 것이다.

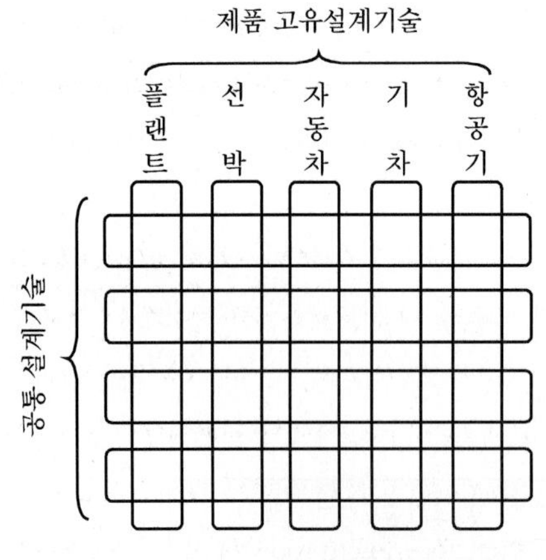

그림 1-2 고유 설계기술과 공통 설계기술

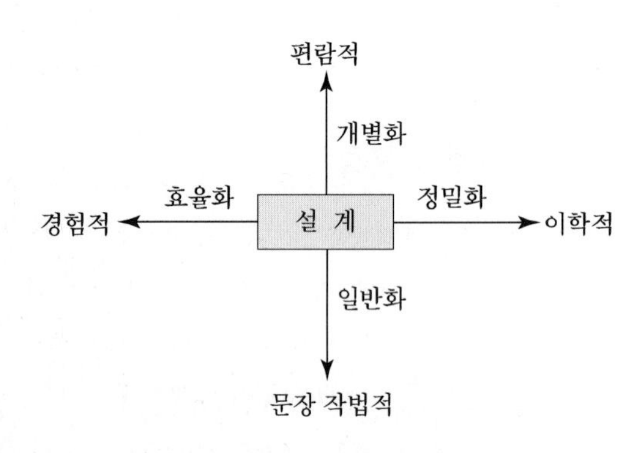

그림 1-3 설계 방법론에서 배반관계

그림 1-3은 설계 방법론이 갖는 양면적인 성격을 배반관계로서 특징적으로 표현한 것이다. 즉, 설계 방법론은 가능한 한 공통성을 갖고, 또한 구체적인 각각의 설계대상에도 기여하는 것이 되어야 한다.

그러나 일반화된 수법이라고 하는 것은 구체성이 결여된 것이 많고, 소위 말하는 문장 작법적인 것이 되기 쉽다. 한편, 구체성을 강조하면 개별화가 강해져서 편람적인 것이 된다.

또한, 설계수법은 당연히 정밀한 것이 되어야 하지만 이것을 너무 강조하면 분석만이 진전되어 결국에는 이론적인 것이 되어 설계로의 유효성이 감소한다. 반대로 효율화를 중시하면 경험중심이 되어 합리성과 객관성이 부족하게 된다.

1장에서는 주로 공통적인 방법론에 치중하지만 사례에 의한 설명 등을 고유 기술과의 조화에도 유의하고 있다.

3. 설계대상

설계라고 하는 행위에 대해서 설계대상이 존재하는 것은 설명할 필요도 없는 것이다. 그러나 설계공학을 생각할 때에도 반드시 구체적인 설계대상을 염두해 두어야 함을 다시 한번 의식해둘 필요가 있다.

수송시스템 설계공학에서는 자주 방법론의 연구가 행해지나 그러한 경우 자칫 잘못하면 실제 설계대상의 존재를 잊고, 소위 toy model에의 적용결과가 실제문제에 대해서도 유효한 것과 같은 착각에 빠져 과대평가를 하는 경우가 있다. 설계 방법론은 반드시 실제문제에 적용해서 유효성을 확인할 필요가 있다.

또한 한편으로 실제문제를 취급함으로써 역으로 유효하고 일반성이 있는 방법론을 구축하는 것도 가능하다.

실제문제의 해결은 결국 연습문제의 해법은 아닌 것이다. 이와 같은 의미에서 이 책에서는 될 수 있는 한 구체적인 사례를 제시하면서 설명한다. 이상을 정리하면 수송시스템 설계공학의 연구에는 세 가지의 요건, ① philosophy, ② 방법론 및 ③ 설계대상이 요구된다는 것을 알 수 있다.

1.1.2 설계의 분류

수송시스템 설계공학의 주제에 들어가기 전에 설계 자체의 내용에 대하여 생각해 보자. '…설계'라고 하는 설계내용을 분류하여 부르는 경우가 종종 있다. 이와 같은 분류는 엄밀한 정의는 아니고 대부분 관습에 따라 부르는 것이며 목적에 따라서 분류된다.

설계의 분류를 크게 나누면 앞에서 말한 공통 기술적인 의미에 중점이 있는 경우와 고유기술적인 의미로 사용되는 경우가 있다. 예를 들면, 설계분류는 다음과 같은 것이 있다.

(1) 승용차설계, 선박설계, 항공기설계, 원자력 플랜트설계 등

제품의 종류로 나누어지는 분류로, 관습적으로 사용된다.

(2) 요소설계와 시스템설계

설계의 대상이 기계요소와 같은 것인가 혹은 그들이 조합된 시스템의 설계인가에 의 해 행해지는 것으로, 각각에 이용되는 방법론도 서로 다르다.

(3) 기구설계, 구조설계, 배관설계, 장치설계 등

설계대상을 특정의 기능구분으로 나눈 경우의 설계분류로서, 제작사(maker)의 설계조직 등은 이와 같은 분류에 따라 정해지는 경우가 많다.

(4) 성능설계, 의장설계, 형상설계, 배치설계 등

설계처리의 내용에 관하여 분류한 경우로, CAD 시스템의 분류 등에 사용되는 경우가 많다.

(5) 강도설계, 열설계, 공기역학설계 등

설계처리 중에서 행해지는 공학해석의 종류에 의해 분류한 경우로, 컴퓨터시스템의 분류 등에 사용되는 경우가 많다. 또한 설계대상이 특히 역학적 성질 등에 좌우되는 경우, 예를 들어 항공기의 개념설계나 기본(기능)설계에 있어서 공기역학적인 기체형상의 설계라든지, 열기관에 있어서 열역학적인 설계 등을 가리키는 경우에도 이와 같은 호칭이 사용된다.

(6) 개념설계, 기본설계, 상세설계, 생산설계 등

설계공학에서 취급하는 설계과정(process)을 기초한 분류로, 설계처리에 있어서의 일련의 흐름을 각 단계로 나타냄과 동시에, 그 중에서 행해지는 설계처리의 특징도 대략 규정하고 있다.

(7) 검색형 설계, 시행착오형 설계, 최적(화)설계 등

설계 처리내용의 성격에 의한 분류로, (6)의 각 설계과정 중에서 행해지는 처리내용을 구체적으로 나타낸 것이다.

(8) 신규설계와 유사설계

설계대상에 대하여 새로이 처음부터 설계를 하는 경우가 신규설계이고, 과거의 설계 예를 기본으로 약간의 수정을 가해서 설계하는 경우가 유사설계이다. 대부분의 제품설계는 많든 적든 간에 유사설계이다. 특히 설계대상이 새로운 경우의 설계를 개발설계라 부른다. 또한 개념에서 새로이 설계를 하는 경우를 창조설계라고 부르는 경우도 있다.

이 밖에도 여러 가지가 생각될 수 있지만 전술한 것과 같이 분류는 어떤 목적을 가지고 하는 것이다. 이 책에서는 설계에 대한 방법론 또는 그것을 구체화하기 위해 컴퓨터시스템을 취급하는 것으로 그 어떤 목적을 위해서는 설계에서 행해지는 처리내용을 잘 나타내는 분류에 따르는 것이 적당하다.

따라서 다음의 취급에서는 기본적으로는 (6)의 설계과정에 기초한 분류를 이용하는 것으로 하고, 필요에 따라서 (7)의 분류를 병행하여 사용하도록 한다.

1.1.3 시스템과 설계공학

시스템과 설계공학은 요소설계보다도 시스템설계에 중점을 두기 때문에 시스템에 관한 사항에 대해서 간단히 설명한다.

1. 시스템의 정의와 특징

'시스템(system)'이란 관련된 요소의 집합체로서 계, 체계 등의 번역어가 있지만 적당하지 못하고 '시스템'이라고 하는 용어를 그대로 정의했다.

JIS의 정의에서는 '시스템은 다수의 구성요소가 유기적인 질서를 가지고 동일 목적을 향해 행동하는 것'이라고 되어 있다. 이것은 극히 일반적인 정의이고 구체적으로는 다음과 같은 네 가지로 규정되는 내용이다.

(1) 구성요소(components)로 되어 있다.

기계와 같은 시스템에서는 기계요소나 장치 등으로 구성되어 있다.

(2) 구성요소들이 연결되어 있다.

시스템은 요소가 결합되어 있을 뿐만 아니라, 서로 관련이 있고 상호간에 영향을 주고받고 있다. 이것을 시스템이 구조(structure)를 갖는다고 한다.

(3) 고유의 목적(system purpose, objective)을 갖는다.

시스템에는 반드시 목적이 있다. 이 점은 인공물 시스템설계에 있어서 기본이 되는 것이고, 상세한 것은 1.1.3절 2항에서 설명한다.

(4) 외부로부터 조종(control)이 가능하다.

외부로부터의 조종(control)이 가능하다는 조건은 인공물시스템(artificial system)에 있어서 특유한 것이다. 시스템에는 태양계와 같은 자연시스템(natural system)이나 생물시스템(biological system)과 같은 것도 생각할 수 있지만, 이 (4) 조건에 의해 인공물시스템은 자연시스템과 명확하게 구별된다.

시스템은 그 성격 · 구성요소 · 목적 · 구성법 등에 의해 여러 가지로 분류가 가능하다. 예를 들어 대상으로 분류하면 하드시스템(hard system)과 소프트시스템(soft system)으로 되고, 구성으로 분류하면 집중형시스템과 분산형시스템으로 나누어진다.

하드시스템은 이 책에서 취급하는 설계대상 자체와 같은 기계 등의 시스템이고, 소프트시스템은 설계지원의 컴퓨터시스템과 같은 것이다. 집중형시스템은 시스템의 의사결정이 단일 집중화되어 있는 것을 가르킨다.

집중형시스템이 대규모로 되면 많은 sub-system으로 구성되고 각 sub-system은 소위 계층구조(hierarchical structure)형을 취하는 경우가 많다. 이 경우 하위 level은 상위 level의 총괄하에 놓이게 된다.

한편, 분산형시스템에서는 다수의 의사 결정자가 독자적인 의사결정 기구를 갖는 동시에 전체로서 협조를 하도록 되어 있다.

즉, 분산형시스템에서는 각 시스템이 각각 독자의 동작을 하면서도 상호간에 어떤 정보교환의 기능을 가지고 협조가 행해진다.

분산형시스템은 각 구성요소(기관지나 세포 등)가 자율적 기능을 갖고 있으므로 자율 분산형시스템이라고 말할 수 있다. 기계 등의 시스템에서도 고도의 자동화 · 지능화가 되면 이러한 자율 분산형시스템이 실현되게 된다.

2. 시스템공학과 설계공학

시스템의 설계와 운용을 도모하는 기술이 시스템공학(또는 시스템기술)이므로, 시스템을 대상으로 한 설계기술, 즉 설계공학은 시스템공학의 일부분이라고 말할 수 있고, 양자에 있어서 사고방식이나 수법에도 공통적인 것이 많다.

시스템공학과 설계공학에서도 그 내용은 시스템공학에서 개발된 것을 중심으로 정리되어 있다. 다음에 시스템 설계공학의 특징에 대해서 설명한다.

시스템공학은 '고유기술'에 대한 '취합한 기술'이라고 말할 수 있다. 그러나 시스템공학은 단순히 취합한 기술만은 아니다. 이것은 본래 다음과 같은 세 가지의 요건을 만족하는 기술이다.

첫째로, 그것은 명확한 목적을 실현하기 위한 '목적지향'의 기술이다. 시스템설계에도 먼저 명확한 목적을 정하는 것이 가장 중요하다. 목적을 '기능'이라고 바꾸어 말하여도 좋다.

자주 인용되는 아폴로 계획의 "인간을 달에 보낸다."는 목적이라든가, 일본의 신간선 철도에 있어서 '동경 · 오사카 3시간' 등의 목적이 그것이다.

독창성이 있는 설계는 이러한 시스템공학이 갖는 강한 목적지향으로부터 생길 가능성이 있음을 부언해 놓는다.

둘째로, 목적을 실현하기 위한 기술수단이 필요하다. 이를 위해서는 '고유기술의 보증'이 불가피하다.

고유기술의 수준(level)이 결정된다. 컴퓨터기술도 시스템을 실현하는 경우 하나의 고유기술이고, 이것을 이용하여 시스템이 '지적(知的)'이 된다.

셋째로, 시스템기술의 대상은 일반적으로 대규모(반드시 대형일 필요는 없다)이다. 종래 여러 가지 기계나 시스템은 특별한 방법이 없어도 경험적으로 설계가 가능하였다. 그러나 제2차 세계대전 후 시스템이 급속하게 대규모 · 복잡화하였으므로 새로운 공학이 요구되고 시스템공학이 체계화되었다.

수송시스템 시스템공학에서 행해지는 순서는 그림 1-4와 같고, 요구(needs)의 탐구, 목적설정으로 시작하여 설계안의 책정, 평가, 최적화로 계속되며, 표 1-1에 나타낸 것처럼 이 중에서 각종 수법(방법론)이 구사된다. 이와 같은 순서와 이용되는 방법론은 이하에서 취급하고 설계공학의 경우에도 동일하게 적용된다.

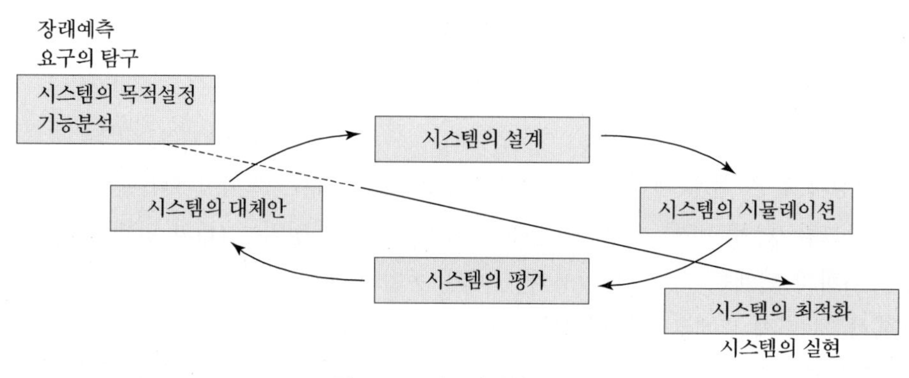

그림 1-4 시스템계획의 순서

표 1-1 주요한 시스템방법

기법의 분류	주요한 기법명
해 석 수 법	다변량해석, 회귀분석, 상관분석, Delta chart
시뮬레이션수법	GPSS, SIMSCRPT, 시스템 dynamic
구 조 화 수 법	KJ법, 브레인스토밍, PPDS
최 적 화 수 법	선형계획법, 비선형계획법, 조합계획법, 동적계획법
평 가 수 법	매트릭스법, 관련수목법, 유틸리티법, technology accentment
예 측 수 법	외삽법, 시나리오법, 델화이법, cross impact matrix법
관 리 수 법	PERT/TIME법, CPM법
신 뢰 성 수 법	FMEA법, FTA법
모 델 링 수 법	ISM, DEATEL
그 외 수 법	퍼지기법, GA기법, MCDM법, EDB 기술, AI 기술, CE 기술 등

1.1.4 설계과정

1. 설계 처리순서

앞에서 설명한 Simon에 의하면 설계대상은 하나의 인공물이고, 인공물 특유의 설계과정은 다음과 같이 표현할 수 있다.

(1) 인공물(설계대상)이 기능을 하는 환경의 이해

환경을 보다 잘 이해하기 위해서 자연과학에 의한 자연법칙의 적용이 생각된다.

(2) 인공물(설계대상)을 목적으로 하는 기능과 그것을 실현하는 기술수단의 구체화

기술수단의 구체화는 설계의 중심과제이다. Simon은 이 과정을 '대체안'의 발견이라고 부르고 있다.

(3) design(설계결과)의 평가

구해진 설계안(대체안)의 평가에 있어서 결과가 만족되지 않으면 (2)의 단계로 되돌아가 다른 대체안을 탐색한다. 이와 같은 경우 의사결정의 평가기준으로서, Simon은 소위 최적화

(optimizing)가 아닌 '만족화(satisficing)'라는 말을 사용하고 있다.

이 규범은 설계과정에도 적용하기 쉽고, 설계 전문가시스템에서도 널리 이용할 수 있게 되었다.

또한, 이상과 같은 설계 처리순서에 대하여, Pahl & Beitz는 그림 1-5와 같은 단계를 제시하고 있다. 그림 중 두 번째, 세 번째 단계인 지식 · 정보와 정의는 (1)의 단계에 가까운 것이고, 창성 이하의 단계는 역시 (2), (3)의 단계와 동일하다.

그림에서 첫 번째 단계로 경험대비라고 하는 항목을 두고 있다. 이것은 설계목표가 주어질 때 설계자가 과거에 경험한 문제와 대비해 모든 문제에 해당하고, 설계자의 경험이나 역량에 강하게 의존하는 것이다.

이와 같은 점을 지원하는 것도 설계공학 목적의 하나가 된다. 이상과 같은 단계는 결과가 만족한 것이 될 때까지 설계과정 중에서 반복된다.

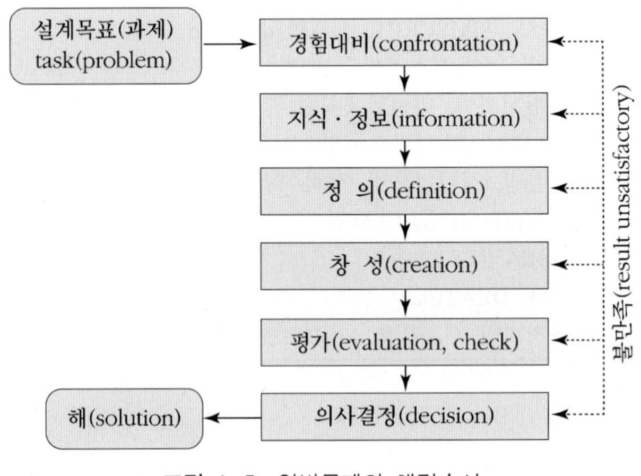

그림 1-5 일반문제의 해결순서

2. 설계과정의 설명(설계 morphology)

설계 방법론과 같이 매우 일반적인 수법을 생각할 경우에 유용한 방법은 이것을 몇 개의 단계로 나누어 생각하고 각각 특징적인 처리 pattern을 알아내는 것이다.

그와 같은 pattern화의 의미에서 설계과정을 설계형태학(design morphology)이라고도 한다. 이것은 그림 1-6에 나타낸 것과 같이 1.1.2절의 분류 (6)에 해당한다.

(1) 설계요구(목표기능: task)의 파악

(2) 개념설계(conceptual design): 협의의 설계

(3) 기본설계(preliminary or embodiment design): 협의의 설계

(4) 상세설계(detail design): 협의의 설계

(5) 생산설계(production design)

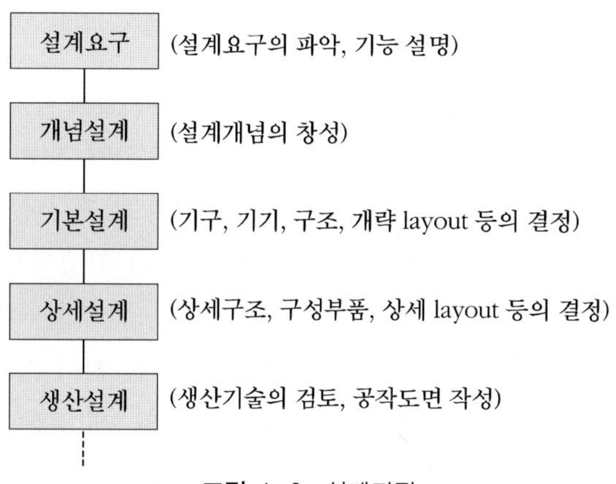

그림 1-6 설계과정

(1) 설계요구(목표기능: task)의 파악

설계요구의 과정은 설계의 시작에 해당하는 것으로 설계에 있어서 '전략적 의사결정'에 해당한다. 이와 같은 과정은 오늘날 설계에서는 더욱 중요해지고 있으며, 그 이유로는 다음과 같은 것을 들 수 있다.

(가) 현대의 사회에서는 가치관이 다양화되고, 제품에 요구되는 요구나 기능도 다양하게 되고 있는 것

(나) 제품 중에 사용되는 기술도 고도 자동화나 지능화기계 등과 같이 고도의 기능에 관계되고 제품에 영향도 혁신적으로 되어 있는 것

설계과정에서는 무엇을 만들 것인가 하는 것과 동시에 만들어진 제품의 사전평가가 필요하고, 상기와 같은 환경조건을 적합하게 파악하는 것이 중요하다. 설계요구는 일반적으로 막연한 것이고, 이것을 명확화해서 '설계사양'으로 기술하는 것이 이 과정이다. 이를 위해서는 필요에 따라서 시장조사 등을 하고, 그 결과를 기초로 소위 제품기획이 행해진다.

(2) 개념설계(conceptual design): 협의의 설계

개념설계의 과정은 설계요구에 적합한 설계안을 만들어 내는 과정이다. 개념설계의 전형은 소위 말하는 신규 개발설계의 경우이고, 다음과 같은 세 가지 단계가 있다.

(가) 기본이 되는 자연법칙의 발견 또는 이해이다.

(나) 그와 같은 법칙을 조합하여 기대하는 기능을 실현하는 것이다. 이와 같은 과정은 기본적으로 설계자 자신이 이해하고 있는 법칙의 테두리 내에서만 가능하고, 알지 못하는 것을 아이디어 속에 집어넣는 것은 불가능하다.

(다) 많은 조합 중에서 특정 조합만이 의미를 갖는다. 성공할 조합을 얻는 방법이 개념설계이다. 또한, 개념설계에 해당하는 과정을 과거의 설계 예 등을 토대로 크기 등 일부를 변경함으로써 실현하는 방법이 유사설계(또는 상사설계)이며, 이것을 하기 위해서는 상사

법칙의 이해가 필요하다.

(3) 기본설계(preliminary or embodiment design): 협의의 설계

기본설계의 과정은 개념설계에서 구해진 결과를 기초로 하여 제품으로서 구상화(embodiment)하는 과정이며, '구상화설계(embodiment design)'라고도 불린다. 몇 개의 구조방식이나 형태(configuration), 기본 layout 등을 기능이나 경제성 등의 관점에서 비교 · 검토하여 최종 설계안을 정한다.

최종 설계안은 모델화를 기초로 각종 공학해석에 의해 기능이나 강도를 검토하기 위한 컴퓨터 시뮬레이션이 크게 활용된다. 이런 의미에서 기본설계는 모델화의 과정이기도 하다. 또한, 사용자가 사용하기 쉽도록 인간공학적인 면에서 검토를 한다거나 신뢰성이나 안전성의 검토도 행해진다.

(4) 상세설계(detail design): 협의의 설계

상세설계의 과정에서는 기본설계 결과를 근거로 상세구조, 상세형상, 상세치수, 상세배치에 대한 상세 layout 등이 결정된다. 구성부품의 일부가 새로이 설계되는 경우도 있다.

기본설계의 결과가 이 과정에서 문제없이 실현되는 것이 바람직하나, 실현 불가능한 경우에는 기본설계의 단계로 되돌아가 다시 행해지는 수도 있다. 그림 1-7에 나타낸 것과 같이 상세설계의 결과는 일반적으로 설계도면으로 표현된다.

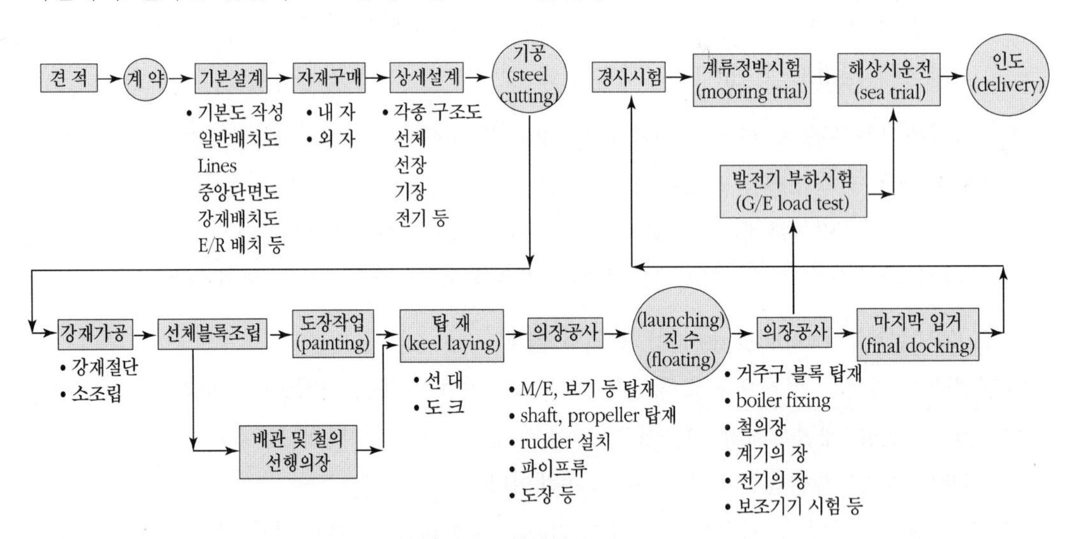

그림 1-7 선박건조 process

(5) 생산설계(production design): 협의의 설계

생산설계의 과정에서는 상세설계의 과정까지 얻어진 설계결과를 어떻게 하여 생산할 것인가가 검토된다.

공작법을 고려한 검토, 즉 생산기술 외에 공정계획(scheduling) 등도 검토된다. 생산설계의 과정은 보통 생산공학 분야에서 취급된다.

이상과 같은 각 설계과정에서 행해지는 주요 처리내용은 설계안의 책정과 넓은 의미의 최적화(앞에서 말한 만족화)라고 말할 수 있다.

1.2 선주의 요구사항

선박설계의 경제성 검토에서 선주가 설계자에게 요구하는 사항은 다음과 같다.

㈎ 선형(type of ship)

㈏ 항해 속력(cruising speed)

㈐ 화물의 종류(probable type of cargo)

㈑ 항속 거리(route of operating)

㈒ 유효 화물 적재량(cargo D.W.T, capacity, number of passenger)

㈓ 하역 설비(cargo handling)

㈔ 선박 운용상의 조건(size, cost, dimension)

㈕ 적용 법규 또는 국적(flag)

따라서 최적 기본 설계란 설계자에게 제시되는 모든 요구조건과 선박으로서의 성능 기준을 충족하고, 초기 투하 자본과 연간 운항 경비, 즉 감가 상각비, 금리, 보험료, 선원비, 수리비, 배 용품비, 연료비, 윤활유비, 항비(港費), 운하 통항비, 국내외의 경제 변동에 대한 예비비 등 경제성면에서 가장 최적인 선박의 주요 기본 요목을 결정하는 것이다.

여기서 선박의 연간 운항 경비는 초기 투하 자본인 선가에 비례하며, 또 선가는 배의 경하 중량(light weight)에 비례하게 되므로 최소 중량의 선박이 되도록 기본 요인을 결정하는 것이 대단히 중요한 것이다.

1.3 최근 원양 화물선의 설계 경향

선박설계 과정에서 경제성이 검토되기 시작한 것은 1950년대 후반부터이며, 1960년대에 들어서면서부터 설계 스파이럴(design spiral)에 따라 경험이 많은 설계자에 의해 설계가 진행되었고, 기술의 진보 속도가 점점 빠른 현시점에서는 많은 시간과 인력이 필요하였던 기본 설계 과정이 전산화되어 설계 능력 자립이 향상되었으며, 이에 우리나라가 선진 조선국들의 경쟁 상대국이 되기 시작했다.

또, 수주(受注) 경쟁력이 향상되고 국산 기자재를 사용하여 외화가득률(外貨加得率)을 높일 수 있는 설계 경향은 선박의 종류 및 해상 수송 수단에 따라서 군함, 상선, 선주의 유무, 또는 예상되는 선주를 위해 설계하는 표준형이냐에 따라 차이가 있을 것이다.

최근 원양 상선의 설계 경향은 다음과 같다.

(가) 차량 갑판선(closed shelter deck type)을 이용한 경구조화의 경향[輕量化]

(나) 부정기 화물선의 대형선화 경향[大型化]

(다) 선미에 기관을 설치하고, 선미에 조타실을 두는 선미 선교의 경향[船尾 機關船化]

(라) 기름, 철광석, 벌크 화물선 등 전용선화의 경향[專用化]

(마) 범용(汎用) 부정기 화물선의 표준화에 있어서 양산화 경향[標準船化]

조선 설계 기술자는 에너지 절약형(energy saving) 선박의 설계를 위해 경제 선형 및 경제 선속에 대한 적정 재하중량 연구에 노력하고 있다.

그러나 최근 에너지 절약형 선박 개발에 대해 요구되는 선속의 추진 효율을 증대시켜 연료 경제성을 얻고자 노력하는 추세는 배의 치수를 감소시키는 경향이다.

주요 치수의 최소화함은 방형 계수(C_B)를 증대시킨다는 의미로서 수면 아래 용적이 증대하여 선체 저항의 증가 및 프로펠러 회전면의 반류 영역을 악화시켜 프로펠러가 회전할 때 프로펠러 날개면에 작용하는 유체 역학적인 성질을 최대로 효율화하는 것을 어렵게 하여 추진 효율을 떨어뜨리고, 불균일한 반류 영역은 프로펠러 추력의 불평형을 초래하여 선체 진동은 물론 기관 마력의 증가 원인이 되었다.

이러한 경제성의 추구에 대한 문제점을 최소로 하기 위한 설계상의 문제점을 해결하기 위해서는 다음과 같은 설계 경향의 연구가 꾸준히 진행되어 왔다.

(가) 선수 선형의 개발에 의한 선체 저항의 감소

(나) 프로펠러 회전수와 크기에 대한 효율 증대

(다) 프로펠러 전방의 선미 형상에 대한 수류(水流)의 개선

(라) 비대칭 선미 선형(asymmetric stern)에 의한 반류 영역의 개선

1960년대 Inui에 의해 구상 선수(bulbous bow) 선형의 이론적인 완성으로 저항 감소에 대해 상당히 공헌한 바 크며, 또한 현재까지 실선에 적용한 결과 경제성면에 있어서 큰 효과를 보았다.

반면, 선미 형상 부문에서는 1962년 서독의 Nönnecke에 의해 비대칭 선미 선형에 대한 연구 보고가 있은 후, 모델 시험 결과 경제성면에서 5~7%의 연료 절약 효과를 볼 수 있었다. 그러나 이 선미 선형 채택에 있어서 선주와 조선소에서 비대칭 선미 선형 적용에 대한 위험 부담으로 인하여 현재까지 실선에의 적용이 거의 이루어지지 못하였다.

최근에 우리나라 최초로 국내 조선소에서 재하중량 34,000톤급의 비대칭 선미 선형을 컨테

이너선에 적용했으며, 그 특성으로 다음과 같은 결과를 기대할 수 있다.

(가) 수류가 프로펠러 회전 방향으로 휩쓸리는 데에 대한 억제 효과를 하므로, 프로펠러의 유체 흐름을 개선할 수 있다.

(나) 프로펠러 회전면에 대한 반류 영역의 불균일성을 감소시킬 수 있다.

(다) 프로펠러 날개에서의 압력 분포를 개선시킬 수 있으므로, 프로펠러 날개에 걸리는 하중을 감소시킬 수 있다.

(라) 프로펠러 날개에 발생하는 공동 현상(cavitation)을 감소시킬 수 있다.

(마) 프로펠러에 의한 선체 기진력을 감소시킬 수 있다.

이러한 비대칭성은 프로펠러 회전시 대칭 선미 선형에 나타나는 모멘트 불평형을 상쇄시켜 선박의 직진을 용이하게 하여 타각(舵角)에 의한 진로 유지에 소요되는 동력을 절감할 수 있는 반면, 선체 가공상의 어려움과 선미 선각 구조의 까다로움으로 선가가 상승되는 문제가 따르게 되므로, 경제적인 선형 개발의 여지가 있는 에너지 절약형 선을 설계하는 것이 앞으로의 설계 과제이다.

1.4 초기의 선박설계 preliminary ship design

종래의 선박설계에서는 과거에 건조되어 운항 중인 우수한 선박들로부터 추출된 자료들을 바탕으로, 약간의 이론적인 해석과 검토를 조합하여 설계 방안을 마련하였다. 그 결과 여러 가지 요구 조건들을 만족하는지의 여부를 확인하면서 순차적으로 수정해 나가는 방식을 사용하였다.

그러나 선박설계는 너무 많은 변수가 포함되어 이들 사이가 서로 관련되어 있기 때문에 이 변수들을 조정하는 데에는 많은 시간과 노력이 소요된다.

최근에 급변하는 경제 사정으로 인하여 이론에 의한 선박설계보다 경험적 해석에 의한 설계로 바뀌어 가고 있으며, 조선 공학과 컴퓨터의 발전에 의해 컴퓨터의 특성에 알맞은 설계법이 개발되고 있다. 선박에서도 시스템 설계 과정이 적용되고 있는 것이다.

1.4.1 견적 설계(quotation design)

선박의 설계 과정에서 선주와 협의 입찰에서 인도까지의 다이어그램(diagram)을 나타내면 그림 1-8과 같다.

이와 같이 선주가 조선소에 요구하는 조건에 따라 인도까지의 과정에 있어서 경제상의 거래로서 계약서가 작성되며, 계약서에 명기되는 주요 항목은 다음과 같다.

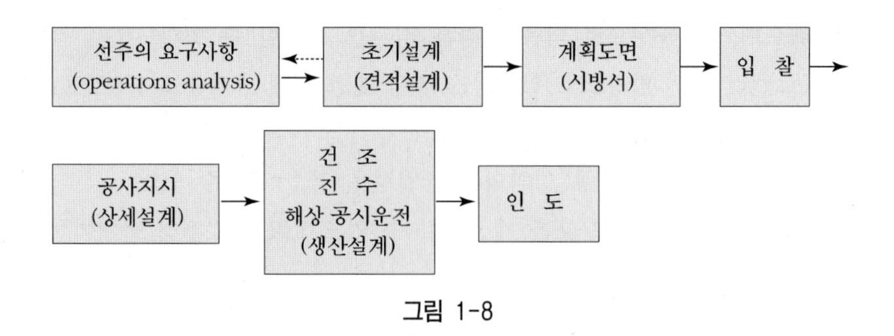

그림 1-8

㈀ 선형 : 주요 치수, 총톤수, 재하중량 톤수, 재하 용적, 속력, 주기관의 선정, 적용될 선급 등
㈁ 구조 형식 및 설비 일반
㈂ 선가와 분할 지급 금액 일정
㈃ 시방서 및 계약서의 작성
㈄ 선체 건조 재료의 공급 및 기관의 선택
㈅ 건조 중 선주의 감독과 설계 변경 및 수정에 대한 협약
㈆ 해상 공시운전
㈇ 기관의 성능 및 분해 검사
㈈ 상금 및 위약금
㈊ 계약 불이행의 경우
㈋ 건조 중의 선체 보험
㈌ 속력, 재화중량의 보장 및 변상

등 실선의 길이, 속력, 재하중량, 기관 마력, 계획 설계 도면(즉, 개략 일반 배치도) 1매를 제시하게 된다.

한편, 시방서(specification)는 선박의 계획, 재료, 시공 등의 내용을 도면으로 나타낼 수 없는 사항을 문장으로 나타낸 것이기 때문에 선주와 건조자 사이에 체결된 건조 계약의 일부가 되며, 선체 관계, 기관 관계, 전기 관계로 구분된다. 좋은 시방서를 만든다는 것은 다년간의 경험과 끊임없는 연구가 필요하다. 시방서는 선주 쪽의 기술자에 의해서 작성되는 일도 있지만 일반적으로 조선소에서 작성된다.

견적 설계는 기본 설계의 초기 단계에 이루어지기 때문에 넓은 의미로는 기본 설계의 일부라고도 생각할 수 있지만, 그 과정은 다르다.

견적 설계는 앞에서 서술한 시방서의 내용을 의미하는 것으로서 다음 과정을 말한다.

㈎ 주요 요목을 결정해서 개략의 요목 또는 시방서를 작성한다.
㈏ 선체부, 기관부, 전기부에 대해서 여러 가지의 재료 명세서를 작성하여 선박 건조에 필요한 재료비, 가공비, 설계비 등을 계산한 후 건조 선박의 건조 선가를 견적한다.

㈐ 개략의 배치를 나타낸 일반 배치도를 작성한다.

견적 설계를 하는 것은 조선소가 제시한 선박의 가격, 선박의 완성 시기, 개략의 주요 요목 등이 선주의 뜻대로 되었을 때 양자가 이를 수락하고, 보다 상세한 사양의 타협으로 들어가는 단계 과정이다.

1.4.2 기본 설계(basic design)

설계 조건으로서 기본 설계를 하는 데에는 먼저 주요 요목과 개략의 일반 배치를 결정할 필요가 있으며, 대부분 기본 설계 조건은 선주의 요구사항으로서 선주가 지정해 오는 일이

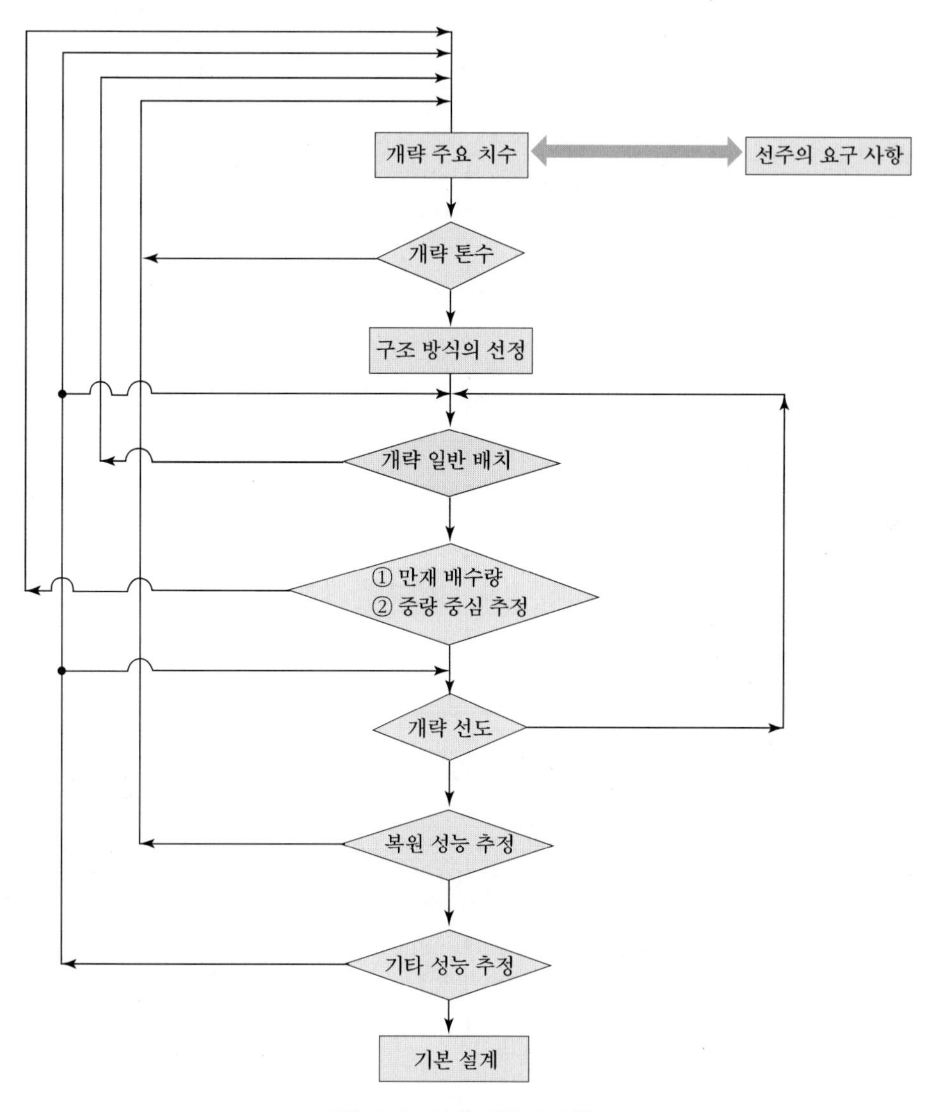

그림 1-9 설계 과정의 흐름도

있지만, 대개 배의 종류, 재화중량, 흘수, 항해 속력 등을 지정해 오는 것이 보통이다. 이 경우에 기본 설계 이외의 다른 설계 조건은 조선소에서 판단하여 기본 설계를 추진하여 견적서를 제출하게 된다.

한편, 조선소가 표준선으로 계획할 경우에는 기본 설계 조건을 모두 조선소에서 판단하여 결정하게 되므로, 설계 조건의 결정치에 따라서 선주가 받아들일 수 있는 배가 되는가를 결정하는 것은 기본 설계 조건의 검토에 있어서 매우 중요한 일이 된다.

기본 설계의 단계에서는 상세한 시방서, 일반 배치도, 중앙 단면도, 기관실 배치도, 주요

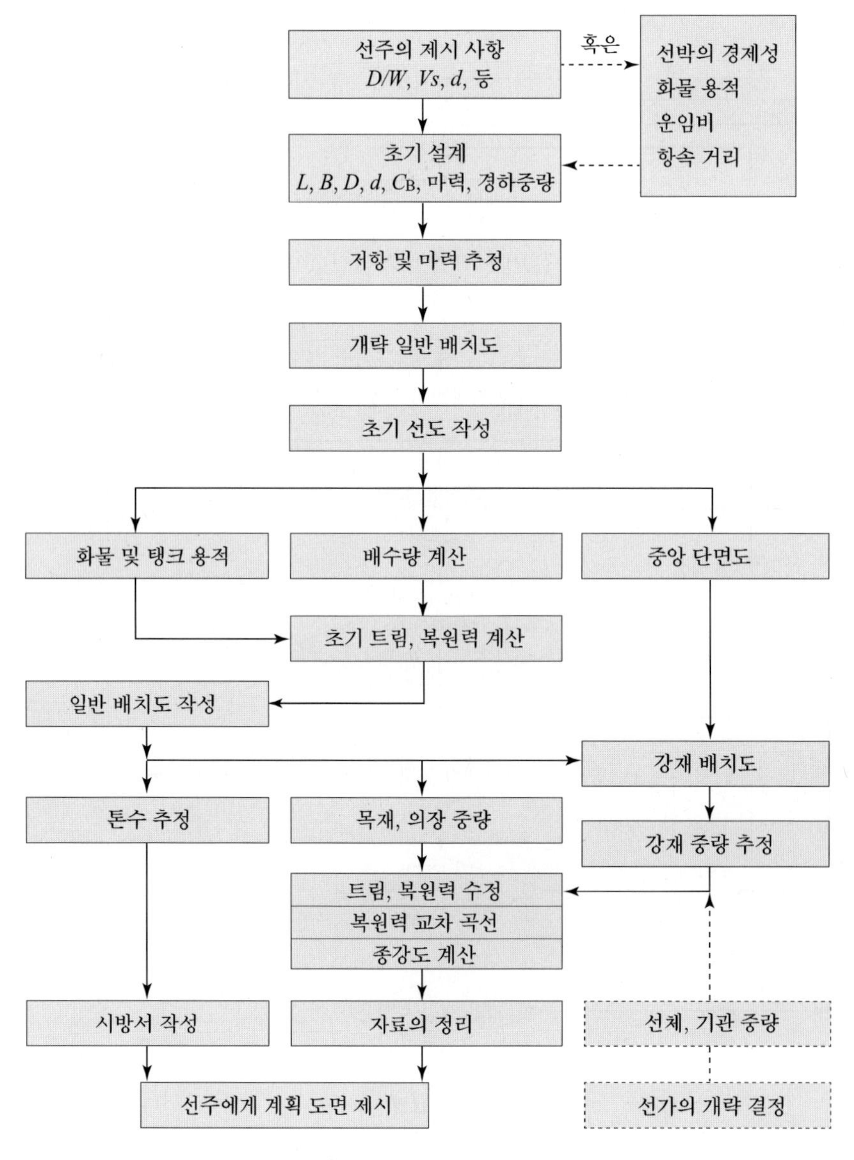

그림 1-10 기본 설계 과정

기기 명세서(maker list), 기타 성능 관계 계산서 등에 대해서 선주와 긴밀하게 타협이 되어야 한다.

이러한 작업은 보통 1～3개월 계속 진행되며, 시방서, 일반 배치도, 중앙 단면도, 기관실 배치도 등이 상호 동의를 얻으면 선가를 조정하게 된다.

실제 선가는 (+), (−)를 생각하여 산정해야 하며 사양이 결정되는 것에 따르겠지만, 추가 사양에 따라서 (+)로 나타내는 것을 가외 금액(extra cost)이라 하고, (−)로 나타내는 것을 크레디트 금액(credit cost)이라 한다.

선가의 조정은 보통 견적 선가에 의해 선주와 수정하는 경우가 많기 때문에 이러한 점으로도 최초의 선가 견적은 대단히 중요하다.

이러한 선박 가격, 선박의 인도 시기, 선가의 지불 방법 등이 선주와 조선소 사이에 합의가 이루어지면 계약이 체결되는 것이다. 계약의 실제에 있어서 조선소는 선주에 대해서 건조된 선박에 대하여 보증을 해야 한다.

보증하는 항목은 선박에 따라서 약간의 차이는 있겠지만, 보통 탱커나 화물선에서는 재하중량, 해상 공시운전 상태의 속력, 연료 소비량 등이다. 이와 같이 기본 설계는 매우 중요하기 때문에 설계 단계에서 충분히 검토하여야 한다.

조선소에 따라서 약간의 차이는 있으나 기본 설계의 범위는 다음과 같다.

(ㄱ) 주요 요목의 결정
(ㄴ) 시방서의 작성
(ㄷ) 일반 배치도의 작성
(ㄹ) 중앙 단면도의 작성
(ㅂ) 선도의 작성
(ㅅ) 성능 관계의 계산
(ㅇ) 주요 기기의 요목 결정
(ㅈ) 조선 재료 목록의 작성
(ㅊ) 주요 자재 및 기기의 구입품 주문 요령서 작성

이러한 작업은 앞에서 서술한 바와 같이 선체부, 기관부, 전기부에 따라서 진행되며, 동시에 선주와 긴밀한 협의에 의해 결정할 사항도 많기 때문에 협의 결정된 사항은 서류 형식으로 보존하여 선주와 조선소 내의 관계 부서에 배부하여야 한다.

기본 설계 자체의 내용에 대하여는 최근 전자계산기의 보급으로 견적 설계(見積 設計) 단계에서 채산 계산, 즉 경제성을 검토하여 최적 선형을 용이하게 구하는 일이 가능하게 되었다.

기본 설계는 상세 설계처럼 6개월에서 1년 이상 빨리 시작하기 때문에 실제로 선박이 완성되기까지는 2～3년이 걸리는 경우도 있다.

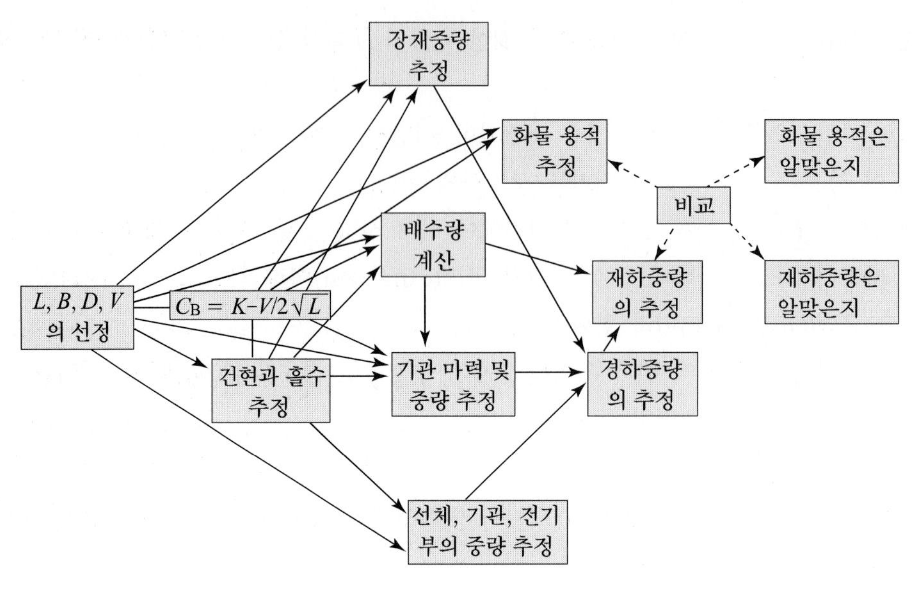

그림 1-11 초기 설계 변수의 연관 관계

기본 설계를 계속 진행하면서 상세 설계와 선박의 건조가 원활히 전개되는지의 여부는 기본 설계의 좋고 나쁨에 기인하기도 한다. 또한, 취항 후 배의 속력과 하역 능률 등의 운항 성능도 보통 기본 설계 단계에서 결정되게 된다. 더욱이 기본 설계 단계에서 정한 주요 치수, 주기관 마력, 선도(線圖), 화물창(貨物艙), 화물 탱크(貨物油槽)의 배치, 하역 장치 등은 상세 설계나 건조 과정에서 문제가 발생하면 변경할 수 없는 일이 많다.

선박의 초기 설계 단계에서 속도－마력의 정확한 추정은 매우 중요한 과제 중의 하나이다. 그러나 선박의 속도－마력은 배의 크기, 종류, 항해 해상 상태, 프로펠러 종류, 부가물의 형성 등이 매우 다양하기 때문에 정확한 추정은 어렵다.

또한, 기본 설계의 실패로 발생되는 문제는 재하중량, 속력, 용적, 복원성, 강도, 진동 등으로서 발생되는 배의 기본 성능이 된다. 항만 사정과 하역 관계에 대해서도 사전에 조사가 불충분하면 선박의 운항에 지장을 초래하기 쉽고, 또한 적용 법규의 조사가 불충분해서 설계 도중에 크게 변경을 해야 하거나 기본 설계 단계에서 채택하기로 결정된 기기의 고장을 초래해서 선박의 수리를 필요로 하는 등의 문제가 발생할 수도 있기 때문에, 이런 문제가 발생되면 선가면에서 막대한 금액이 필요하게 되므로 기본 설계 과정에서 충분한 검토를 해야 한다.

그러므로 선박설계는 시스템 설계 과정, 즉 선형 개발, 시험, 평가, 건조, 인도 등의 시스템으로 나누어 평가할 수 있어야 한다. 한편, 설계 과정은 몇 차례 반복(iteration) 작업이 선박설계에 있어서 기본적인 설계 과정인 것이다.

그림 1-12에 반복 작업에 의한 Buxton의 디자인 스파이럴의 개념을 소개한다.

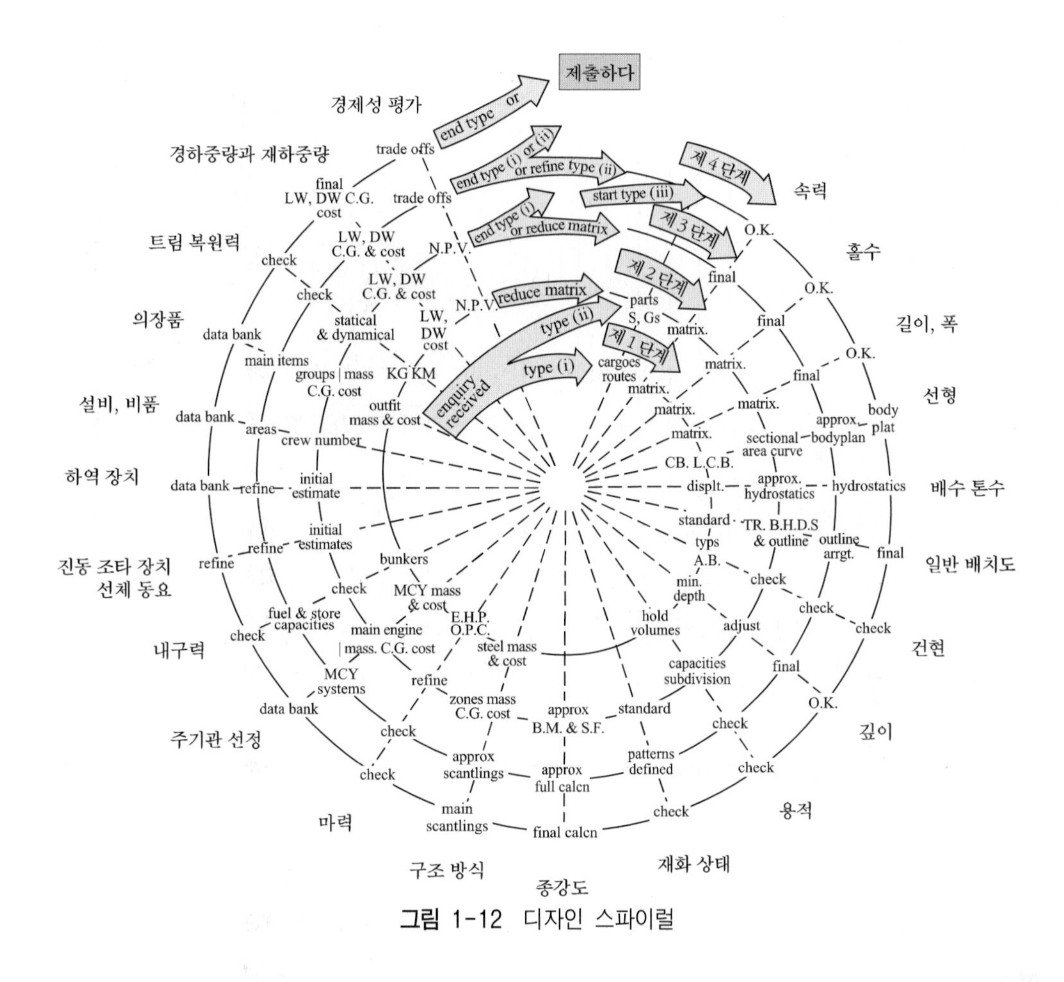

그림 1-12 디자인 스파이럴

1.4.3 상세 설계

기본 설계에 있어서 설계의 공사용 도면을 작성하기 위한 설계 과정을 쉽게 말해서 상세 설계(detail design)라 한다.

공사용 도면 중에는 선각(船殼)의 각 부재에 대한 상세도와 배관에 대한 상세도 등을 생산 설계라고 한다. 일반적으로 조선소에서는 설계 부분을 조선 설계와 기관, 의장 설계로 나누고 있으며, 전기 의장 설계는 기관 의장 설계에 포함시키는 회사도 있지만 보통은 분류하는 경우가 많다.

기관 의장 설계는 일반적으로 주기관을 포함한 기관실 내의 의장과 추진 축계와 프로펠러가 주 설계업무로 되어 있다. 회사에 따라서는 선체부의 조타 기계(rudder steering gear), 양묘기(anchor windlass), 계선기(capstan) 등의 갑판 기계류와 탱커의 펌프, 불활성 가스 발생기 등도 기관부에서 맡아 설계하는 경우가 있다.

이와 같이 조선 회사에 따라서 회사 내에서 결정되는 원가 계산이나 공사 진행 혹은 설계 업무로 나누어 그 구분되는 업무에 따라서 상세하게 규정시키고 있다.

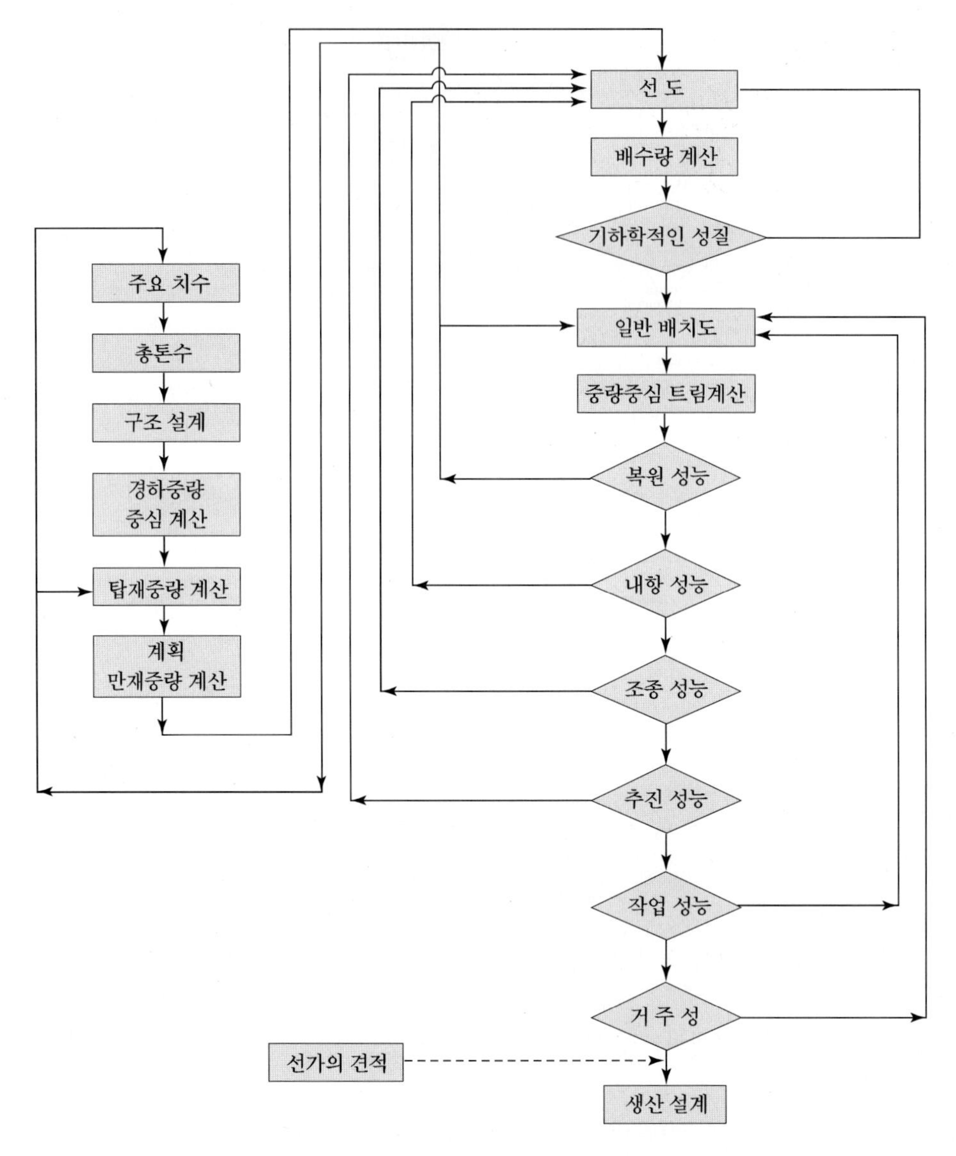

그림 1-13 상세 설계 과정

선박설계에 있어서 조선 설계가 맡고 있는 분야는 매우 넓으며 다음과 같이 크게 네 가지로 나눌 수 있다.

(ㄱ) 선박 계산을 주로 하는 성능 계산의 전반적인 것

(ㄴ) 선각 구조의 상세 설계

(ㄷ) 각 장치에 대한 의장의 상세 설계

(ㄹ) 도장 관계

그리고 주요 업무는 다음과 같이 설명할 수 있다.

㈎ **성능 계산 등의 전반적인 업무를 관장하는 부문** : 종합 설계라고도 하며, 선각, 선체 의장, 기관 의장, 전기 의장 등의 설계상 문제점을 조정, 계획, 검토한다.

또, 일반적인 업무로 선박의 진행 상황에 따라서 트림 및 복원력의 계산, 종강도 계산, 탱크의 용량 계산, 배수량 계산, 총톤수 계산 등 이른바 성능 계산도 하며, 선박 건조 기간 중 선주에 대한 조선 설계의 대담 역할도 한다.

㈏ **선체 구조의 설계업무를 관장하는 부문** : 선각 설계라고도 하며, 선체를 구성하고 있는 강제 구조의 기본도(key plan)를 설계하는 분야로서 이것을 원안으로 하여 구조의 상세도(yard plan)를 설계하는 분야로 나눌 수 있다. 그리고 도장 관계는 선각 설계의 일부로 취급하는 일도 있다.

㈐ **갑판 의장, 관 의장, 거주구 의장 등 선체부의 의장 전반 업무를 관장하는 부문** : 선체 의장 설계(艤裝設計) 또는 선장 설계(船裝設計)라고도 하며, 여기서 관장하는 설계 범위는 매우 넓다. 대부분의 조선소에서는 목 의장과 철 의장, 즉 거주구 의장 설계와 선체 의장 설계로 나누기도 한다.

그림 1-10의 흐름도(flow chart)에서 나타낸 것처럼 일단 기본 설계가 끝나면 이 설계도를 인계 받아 상세 설계에서는 시방서와 일반 배치도를 검토하여 각종 성능 계산서를 이해하여 파이프의 계통도와 각 장치의 장치도 및 의장도를 작성하여 종합 검토를 한다.

한편, 이 도면으로 선박 건조에 필요한 자재 및 의장품의 물량에 대하여 자재 목록을 만들며, 선각 설계도에 의한 소요 강재 목록도 만들어 자재 구입에 대한 준비는 물론 선박 건조에 대한 상세한 예산, 즉 실행 예산서를 만드는 데에 있어서 향후 동일 선박에 대한 중요한 실적 자료로 남기게 된다. 이것은 책임 있는 업무가 되어야 하며, 공사를 완성시키는 일의 의무인 것이다.

자재의 구입은 자재의 목록으로부터 필요한 품목과 수량을 알아야 하지만, 이 중에는 배의 제한을 두지 않고 다음과 같은 두 가지 자재 구입 방법이 있다.

㈀ 어떤 배에도 사용할 수 있는 자재(예를 들면, 관재 및 형강과 플랜지 등)

㈁ 선용으로서 구입하는 자재(예를 들면, 주기관 및 강판과 장치용 기계 등)

㈀항의 구입 자재를 저장품이라 하며, ㈁항을 구입품이라고 한다. 저장품은 창고를 두어 물량을 확보해서 부족할 경우 자동적으로 발주하게 되며, 구입품은 그때 그때 건조 선박의 필요품으로 구입하게 되는 것이다.

구입 및 발주의 요령은 주문 시방서(order specification)에 의하며, 기본 설계 단계에서 작성되는 경우도 있지만,

㈀ 단가에 있어서 금액이 대단히 큰 경우

㈁ 구입에서 입고까지 시간이 걸리는 경우

도 있으므로 자재에 대한 컨트롤이 필요하며, 될 수 있는 대로 빨리 구입해야 하는 등의 제한이 따르게 된다. 그리고 나머지 소요 자재 및 기재는 상세 설계 도면에 의해 직접 발주를 하게 된다. 이때에는 앞에서 작성한 상세 설계에서의 실행 예산서가 발주시 금액의 안내서가 된다.

이렇게 해서 조선소는 성능, 가격, 납기, 선주의 요구사항 등을 종합 검토하여 제작 회사를 결정하게 된다.

특히, 선주가 외국에서 특수한 규칙을 적용하여 구하고자 할 경우에는 그 기자재의 대행기관에 도면의 승인, 검사, 증서의 발행을 의뢰해야 하므로, 사전에 충분한 조사를 하여 사전에 대행 기관의 이해를 얻지 않는다면 건조 시기 일정에 큰 문제가 생길 수 있다.

제작 회사에 발주시의 주문 시방서에서 명시된 조건이 만족할 수 있는지, 치수, 기타 장치와 선박과의 타당성을 상세하게 검토해서 불합리한 점을 구체적으로 지적하여 제작 회사에 납득시켜야 한다. 제작 회사는 이 지시에 따라서 설계 물품을 제작하기 때문에 이 단계에서 불합리한 점이 발견되지 않고 배의 설치 단계에서 발생될 경우, 시간적으로나 공사 기간에 대단히 곤란한 현상이 발생될 수 있다.

조선 설계 분야에서 관장하는 주요 임무는 계약서, 시방서, 일반 배치도 및 선주와 조선소 사이의 합의사항에 따라서 예산 내에서 선박을 건조해야 하기 때문에 도면을 수정하고, 필요한 구입품을 지시하거나 완성된 배에 대해서 성능을 확인하는 일이다.

그렇기 때문에 필요한 시기에 필요한 도면을 현장에 출도(出圖)시켜 주고, 또한 필요한 구입품서가 적절한 시기에 조선소에 납입되어야 한다. 즉, 구입품의 납기 검토는 설계업무 이외의 일이지만 관련 공사로 인하여 구입되는 물품에 대해서는 자발적으로 주의를 해두어야 한다.

선박은 광범위한 분야가 관련된 종합적인 건조물로서 동시에 취급되는 기재도 여러 가지이다.

전에는 의장품도 가능한 한 조선소 내에서 제작하였지만, 생산되는 가격이 높기 때문에 최근에는 개개의 의장품을 가능한 한 회사 밖에서 전문 제작 회사에 발주하고 있다.

그 이유로 조선소는 이전에도 하였던 이러한 구입품의 납기 관리를 적절히 할 수 없으며, 필요한 시기에 필요한 기자재나 물품서가 납입되지 않기 때문에 조선소의 공사를 그 단계에서 중단시키지 않을 수 없다. 또 조선소 자체의 하치장이 커지게 되고 제품이 비에 젖을 수도 있으며, 납입된 필요한 기자재가 어디에 있는지 알 수 없게 되어 선박 건조 공사에 비능률적이다. 한편, 자금면도 무시할 수 없다.

그러므로 기자재의 흐름을 자재 관리(資材管理)하는 것이 조선의 공정 관리를 하는 것보다 중요한 인자가 되므로, 제품의 품질 향상과 선가의 절감에 직접적인 것이 사실이다. 이와 같은 사실로부터 자재 관리가 중요하게 되어 최근에는 전자계산기 응용 기술의 발전으로 크게 진보되었다.

설계 작업도 자재 관리의 한 과정으로서 필요한 시기에 필요한 도면이 출도되어야 한다. 이런 까닭에 설계 작업도 좀더 상세한 관리가 필요하게 되었다.

1.4.4 설계선의 표준화

1. 컴퓨터의 이용과 표준화

최근 컴퓨터의 발달은 매우 빨라 그 이용 기술(application software)의 진보는 조선 공업에서도 그 이용 가치가 고도화되고 있다.

조선소에 있어서의 생력화(省力化)에 대한 조사 연구 결과에 의하면 표 1-2에 나타낸 바와 같다.

표 1-2 설계업무의 실태 (단위 : %)

구 분	상세 설계	생산 설계
설계 방침의 계획	12	8
계 산	6	4
설계 및 제도	47	66
시방서, 주문서의 작성	7	3
검 도	10	10
타협, 기타	18	9
계	100	100

한편, 표 1-2에 나타나지는 않았지만 기본 설계 단계에서는 계산 업무가 상당한 부분을 차지하고 있으며, 결국 설계에 있어서의 생력화는 계산과 제도를 표준화하고 기계화하는 데 매우 효과적이다. 조선소에서 전자계산기의 이용은 초기 설계에서 계산의 기계화로부터 시작되었다.

선박설계에서는 배수량 계산, 탱크 용량 등을 구하는 단순한 설계상의 계산을 각각 취급하고 있지만, 전자계산기의 성능이 향상됨에 따라 설계뿐만 아니라 사무 관리와 공장의 작업 관리, 재료 관리 등 넓은 범위로 쓰여지게 되었다.

예를 들면, 설계면에서는 종강도 계산(縱强度 計算), 침수 계산, 흔히 복잡한 입체 강도 해석과 최적 선형의 산출 등 인력으로는 도저히 할 수 없는 복잡한 계산을 서로 상호 관련시켜 한 번에 끝내기도 한다.

기기 부분(hardware)의 진보로 계산 결과(output)를 브라운관에 전자 공학적으로 표시한 모니터 장치를 이용한 인간과 기계의 대화 방식 및 자동 제도기에 의한 제도 등이 보급되어 생력화와 품질 향상에 공헌하고 있다.

풍부한 기억 용량을 이용해 대량의 데이터를 기억시켜(data bank) 견적 설계 단계로부터 상세 설계를 일괄해서 계산 시스템으로 연결지은 후 공정과 물량의 흐름을 관장하여 조기에 정확한 정보를 얻게 되기 때문에, 항상 빨리 적절한 대책을 수립하는 것이 가능하여 공정을 먼저 진행하는 일이 가능하게 되었다.

이처럼 컴퓨터를 이용하면 복잡한 계산도 짧은 시간에 수행할 수 있어 설계의 생력화에 크게 기여하며, 사람의 머리로는 풀기 힘든 것까지도 쉽게 처리할 수 있어 컴퓨터로 선박의 설계(C.A.D.)가 고려되었다.

그러나 컴퓨터는 정해진 순서에 따라서 작업(C.A.M.)을 할 때 고속의 능률로 풀이하지만, 그 원리는 과거에는 하나하나의 요소가 (+), (−) 서로 반대되는 두 가지 상태로 매우 단순한 요소의 집적에 지나지 않아서 계산 등의 정해진 순서에 따라 그 내용을 판단하는 데에는 적합하였지만, 복잡한 사고 등이 필요한 작업에는 적용할 수 없으므로 만능일 수는 없다.

특히, 프로그래밍(software)은 어디까지나 사람 자신이 만드는 것이기 때문에 어느 정도 전자계산기를 사용했어도 프로그램이 불량하다면 그 결과는 믿을 수 없게 된다. 초기 단계에서는 이를 혼동해서 컴퓨터가 마치 만능인 것으로 오해하였다.

이와 같이 소프트웨어 기술의 차이로 컴퓨터를 살릴 수도 죽일 수도 있게 되며, 이 시스템을 가동한다는 것은 종래와는 다른 설계 시스템을 택하는 것이 필요하다.

구체적인 것은 설계의 사고 자체를 표준화하며, 장치, 기기, 부품 등은 가능한 한 표준화하여 프로그램의 기억을 최소한으로 적게 해서 프로그램을 쉽게 해야 한다.

그렇게 하면 컴퓨터의 가동 시간을 감소시켜 능력의 여유를 가지고, 보다 복잡한 시스템의 이용이 가능하게 된다.

그림 1-14는 시스템 설계의 평가 과정의 흐름을 나타낸 것이다.

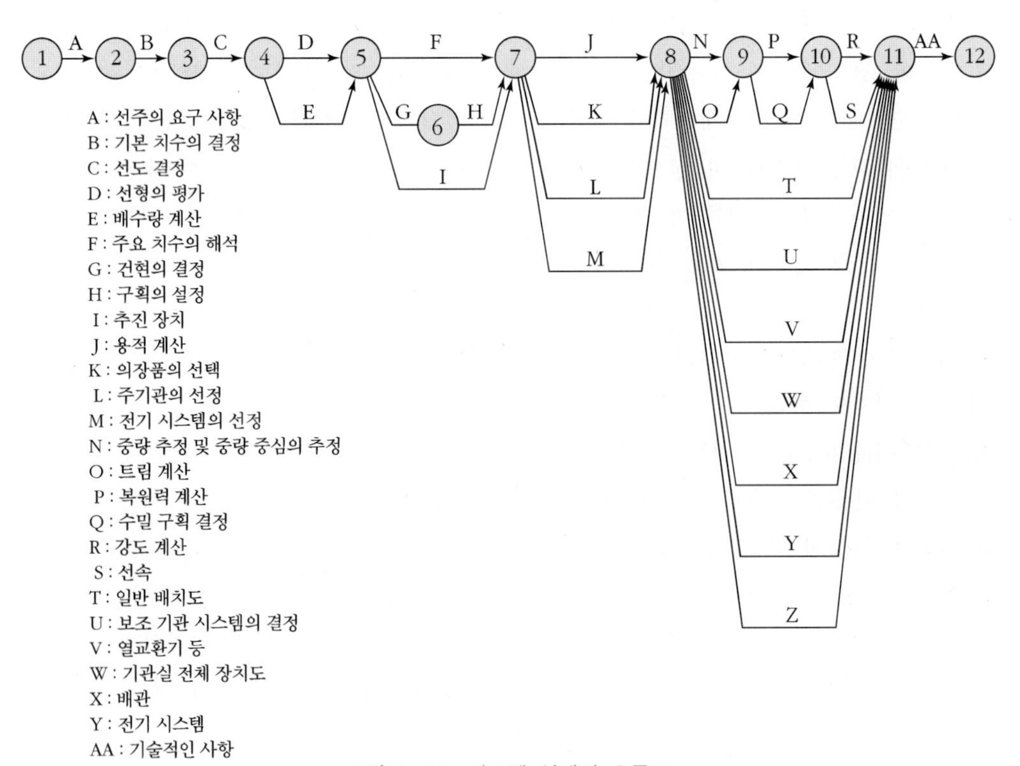

그림 1-14 시스템 설계의 흐름도

2. 표준선

선박설계를 컴퓨터로 이용함을 고려하고 컴퓨터화를 계획한다면, 표준화를 진행하는 것으로서 가능한 한 설계를 단순화할 필요가 있다. 그렇게 함으로써 설계상의 이익, 즉 표준화가 필요하다고 할 수 있다.

설계의 표준화는 사실상 어려운 일이지만 표준화가 필요하지 않아도 컴퓨터화에 기인하는 것만은 아니다. 표준화에 있어서 선박의 건조 선가를 최대한 절감한다는 것이 본래의 목적이며, 컴퓨터화는 그 과정에 있어서 하나의 방법에 지나지 않기 때문이다.

여기에서는 선박설계의 표준화라는 목적이 선가와 기타에 있어서 어느 정도 영향이 있는지에 대해서 서술하고자 한다.

(1) 유닛화와 모듈화

실수요자의 요구사항을 본다면, 한편으로는 기능을 유지하면서부터 표준화하는 방법으로 최근에 와서는 유닛(unit)화가 채용되었다.

이것은 주로 어떤 하나의 기기를 핵심으로 해서 그 기기의 기능에 직접 관련하는 소규모인 부품류를 집약하여 하나의 집합체로 마무리 지워지는 것이지만, 모듈(module)화는 그 생각을 선박의 기능 설계에 넓게 응용한 것이다.

예를 들면, 비상용 소방펌프는 어느 선박이나 요구되지만 종래에는 펌프, 펌프 구동용 원동기, 펌프용 연료 탱크, 소요 배관 등 품목별로 탑재해서 배 안에 그것들을 조립하여 비상용 펌프계를 완료했었다.

그러나 이러한 일은 좁은 배 안에서 공사를 하게 되면 비능률적이고 공사도 충실하지 못하기 때문에, 미리 육지에서 조립해 하나의 단위로 완료한 후 배 안에 탑재하여 제 위치에 설치하는 공사가 바람직하다.

이와 같이 하나의 단위로 형성하는 것을 유닛이라고 하는데, 이런 경우 '비상용 소방펌프 유닛'이라고 부르게 된다.

유닛은 어떤 물체의 단위로 생각되기 때문에 선박에서처럼 복잡한 계통을 각각의 물체로 다룬다는 것은 불합리한 것이다.

예를 든다면, 비상용 유닛 펌프식이라도 배관 계통까지 포함해서 고려하지 않는 펌프의 용량은 결정될 수 없다.

이런 경우 선박의 종류에 따라 혹은 선주의 의견에 따라 약간 다르더라도 계통이 한 종류로 결정될 경우 표준적인 여러 종류의 계통을 가정해서 그것을 표준으로 정하게 된다면, 수시로 건조되는 선박에 따라서 설계할 필요는 없다. 이것을 모듈이라고 한다.

모듈화는 일종의 편집 설계로서 다양한 분야에 대해서 넓게 모듈화하여 그에 대한 기술 축적과 자료로서 설계를 완료한다는 것이 가능해지며, 종래의 방법과 비교해서 설계 과정을 생략할 수 있을 것이다.

(2) 기준선(수정) 방식

조선소에서 비슷한 용도의 선박에 대해 어떤 크기, 어떤 단계로 해서 기준선의 설계를 취해 선주의 요구에 합당하게 기준성의 모듈을 변경, 변환하여 새로운 선박을 설계, 건조하는 방식이다. 바꾸어 말하면 모듈화의 응용으로 선주의 요구에 대해 매우 융통성 있는 방식인 것이다.

예로서, 기준선의 폭(B)을 항해할 운하나 수로, 또는 건조 예정 선대(船臺) 치수 등을 고려해서 어떤 단계에서 어떻게 정하든지(module), 임의의 폭을 변경하지 않고서 배의 길이(L)는 변경할 배의 최적의 것으로 결정하기도 한다.

한편, 깊이(D)나 흘수(d)는 변경해도 선도는 변경하지 않는 것을 전제로 하거나, 변경해도 국부적인 변경으로 끝내는 등 기준선형의 주요 항목에 대해서 각각 여러 가지를 선택(option)하게 한다면, 대체로 일정한 크기의 배에 대해서 배가 다르고 재하중량이나 속력이 다르게 요구되어도 건조 선박은 대단히 흡사한 기준 선박의 동형선 효과를 기대할 수 있다.

이러한 방식은 단일 선박 주문 방식에서 대부분 있는 일로서 과거와 별로 차이가 없지만, 기준선과 그것을 수정한 경우의 가격과 변경된 계통 과정을 명확하게 하여 최종 선가를 정확하게 계산할 수 있다.

(3) 표준선 방식

선박이라는 제품의 설계를 완전히 표준화하고, 선주의 희망을 최대한 만족시킨 선박을 완성품(ready-made)이라고 한다.

바꾸어 말하면 과거의 일반 신조선이 개별 주문 방식인 것에 비해 표준선 방식은 조선 회사가 선박 시장의 정보를 검토하였다가 자체에서 선박 시장의 경제성을 충분히 검토한 후 표준선을 개발해서 그것을 수요자에게 추천하는 방식인 것이다. 마치 자동차나 비행기의 설계, 제조, 판매 방식을 선박에 적용시킨 것과 같다.

표준선 방식은 설계, 자재 구입, 제조, 검사 등의 모든 단계(stage)부문에 표준화를 적용시킨 아주 철저한 방식이다.

표준 방식은 예부터 지금까지 세계적인 조류로 되었지만, 근래에 세계적으로 아주 유명한 것은 일본의 석천도파마(石川島播磨) 중공업 주식회사에서 1971년부터 계속 건조한 'freedom선'과 영국에서 건조한 'SD-14'로서 분명하지 않아도 100척 이상의 건조 실적이 있다.

표 1-3은 표준 방식에 의해 건조된 일본과 영국의 표준선의 주요 요목이다.

근래에 와서 선박이 초대형화되고 있지만 유류 파동 이후 수입품 가격의 감소 추세란 매우 어려운 실정인 것이다.

이와 같이 'freedom선'과 'SD-14형선'의 연속 건조로 인한 설계 공수, 현장 공수와 구입품 가격 잔액의 추이를 그림 1-15, 1-16, 1-17에 나타내었다.

표 1-3 freedom선과 SD-14의 주요 요목표

구　　분	freedom 선	SD-14
선　　종	다목적 화물선	다목적 화물선
선　　형	2층 갑판 선미 기관실	2층 갑판 준미선 기관실
$L_{BP} \times B_{MLD} \times D_{MLD}$	134.112 m×19.812 m×12.344 m	134.16 m×20.42 m×11.73 m
계 획 흘 수	9.034 m	8.84 m
재 화 중 량	약 14,800 LT	약 14,800 LT
총 톤 수	약 10,000 ton	약 9,100 ton
화물창 용적 (grain)	약 20,000 m^3	약 21,500 m^3
주 기 관	IHI 12 PC 2 V×1대	Sulzer 5 RND 68×1대
주기관 출력 (M.C.R.)	5,130 PS×500/120 rpm	7,500 PS×137 rpm
항 해 속 력	13.6 kn	15 kn
승 조 원 수	31명	31명
화물창×화물 창구	4 holds×6 hatch	5 holds×5 hatch
하 역 장 치	5 ton×6 gang	5 T×5 gang

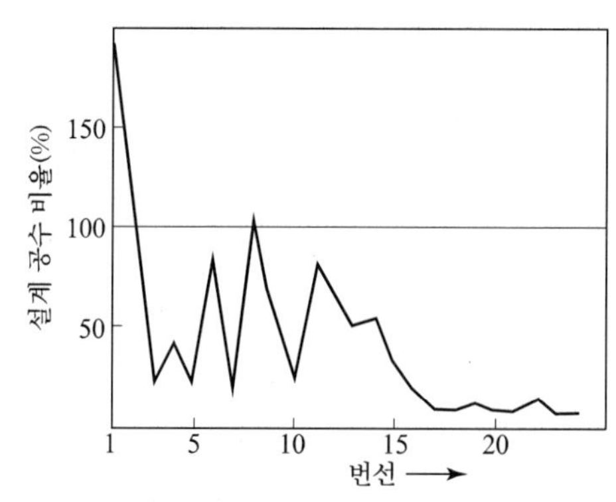

그림 1-15 freedom선의 설계 공수의 추이 (같은 정도 크기의 일반선의 표준 설계 공수를 100%로 한 것)

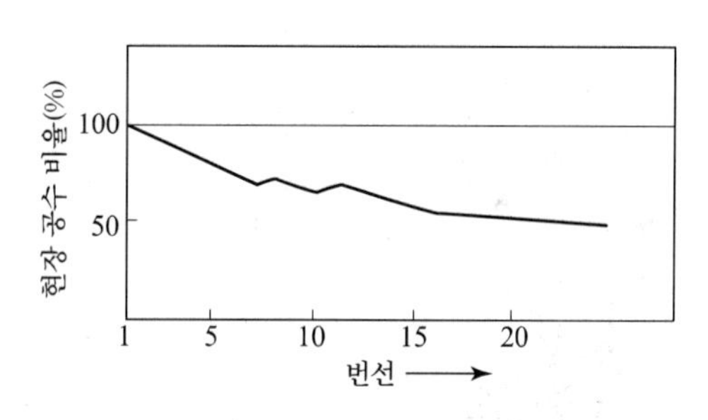

그림 1-16 freedom선의 현장 공수의 추이 (제1번선을 100%로 한 것)

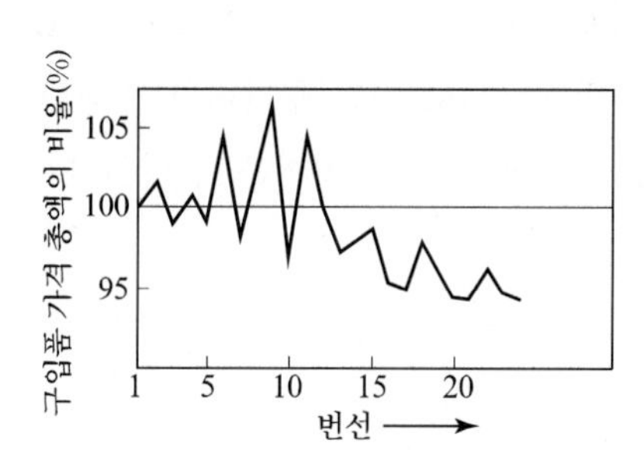

그림 1-17 freedom선의 구입품 가격 총액의 추이(제1번선을 100%로 한 것)

근래에 와서 선박이 대형화됨에 따라서 표준 형선화의 경향이지만, 유류파동 이후 자재 가격이 급격하게 상승하여 표준 방식에 의한 연속 건조에서 구입품 가격의 감소 추세란 매우 어려운 실정이다.

특히, 설계 공수에 있어서는 동형의 단일 건조 선박에 비해 10% 정도 감소했다. 이 결과는 당연히 원가절감(cost down)이 되지만, 동형의 단일 건조선인 과거의 방식으로 건조된 경우와 비교하면 대단히 큰 선가절감을 기대할 수 있다.

표준 방식의 효과는 다음과 같이 현저하게 나타남을 알 수 있다.

㈎ 공정의 단축 : 과거의 단일 동형의 선박 건조 방식에 비해 약 1/2 이하이다.

㈏ 공수의 절감 : 현장 공수는 그림 1-16에서 보는 바와 같이 20척 정도 이상에서는 첫 번째 배의 공수를 100으로 했을 때 50% 이하로 된다.

㈐ 품질의 향상 : 작업자가 숙달되어서 불합리한 공사의 수정이 용이하다.

㈑ 설계, 생산 관리 등의 간접 부문의 여유가 생긴다.

㈒ 기자재 구입에 있어서 제작 회사의 생산, 공급이 안정된다.

1.5 초기의 선박설계 과정

선박설계는 선주가 조선소에 요구하는 조건과 그 사항에 따라 약간 다르겠지만 다음과 같이 크게 네 가지로 나뉜다.

㈎ 시방서, 일반 배치도, 중앙 횡단면도, 주요 도면 등 배의 계획에 대한 사양만 주어질 경우

㈏ 재화중량, 속력 등 주요 요목을 포함하여 경제면에 대한 개략 사양만 주어질 경우

㈐ 재화중량, 속력, 흘수 등 주요 선종과 크기에 대한 요점만 주어질 경우

㈑ 연간 수송량, 항만 조건 등 출입항에 따른 운항상의 주요 요점만 제시할 경우

즉, 크기와 선종, 선형, 특수 항로 등에 따라 컨테이너선, ROLL-ON/ROLL-OFF선, L.P.G.선, L.N.G.선, 여객선, 유조선과 벌크 화물선 등 재화 용적과 재화중량이 요구된다든지, 혼용 목적으로 사용되는 다목적선(multi-purpose)의 예로서 OIL/BULK CARRIER선 등 최근 선주로부터 건조비가 싸고 운항 경비면에서도 연간 투자비가 저렴한, 이미 완성된 여러 가지의 표준선으로부터 선주가 자기의 요구에 비교적 가까운 선형인 다목적 또는 특수선을 선택하는 경우가 많아지고 있다.

기본 설계는 위와 같은 조건에 부합되는 기본 요소, 기본도 및 시방서를 설계하는 것이며, 선주의 요구조건에 조금이라도 합당하지 않을 경우 이를 만족시키기 위한 반복(iteration)과정을 통해 최적의 배를 결정하는 것이다.

1.5.1 선형의 결정 순서

선박설계의 초기 설계 준비 과정은 다음과 같으며, 현장 기술인으로서 실제로 이런 업무를 받았을 때 해결하는 데 도움이 될 수 있고, 그 방향을 결정할 수 있는 검토 요점(check-off list)을 위하여 없어서는 안 될 부문에 대해 간단히 요약하여 나타내었다.

1. 모선(parent ship)을 선택했을 경우

㈎ 모선의 선정

㈏ 모선의 배수 톤수를 확정

㈐ 실선의 선정한 배수 톤수가 초기 추정한 배수 톤수로 되었는지를 확인

㈑ 초기 추정한 배수 톤수를 확정

㈒ 주요 치수와 선형 계수를 검토

㈓ 정해진 중량과 ㈒항의 선형 요목과 일치하지 않으면 설계상의 배수 톤수를 다시 추정

㈔ 횡단 면적 곡선을 준비

㈕ 초기 선도를 작성

㈖ 부력과 복원력을 계산하여 배수량과 복원력 곡선을 작성

㈗ 초기 일반 배치도를 작성, 상선에서는 톤수(tonnage)와 용적(capacity)을 산정

㈘ 계획된 선도[㈕항에서 작성]로서 모형선의 수조 시험(towing tank test)으로 유효 마력(E.H.P.)을 산정

㈙ 초기 기관실 전체 장치도를 작성

㈚ 초기 강재 배치도와 중앙 단면도를 작성

㈛ 초기의 중량 배치에 대한 중심 위치를 계산하여 재하 상태에서의 복원성과 세로 방향의 평형 상태를 추정

(갸) 초기 설계 과정에서 정한 배수 톤수(displacement)를 중량에 대해 재검토

(냐) 선박의 손상 상태에서의 부력과 복원 성능을 검토

이와 같은 설계 과정으로 추출한 상사선(相似船, parent)으로부터 새로운 선박의 설계 자료를 선택하여 동형의 같은 성능을 가진 선박을 안정된 방법으로 설계할 수 있다.

한편, 상사 모형선(모선)이 아닌 새로운 선박의 선형 계획은 그림 1-18과 같다.

2. 모선(parent ship)을 선택하지 않을 경우

(1) 주요 요목을 선정

계획을 시작하기 전에 선주의 요구를 만족하는 주요 치수를 가정하여 이를 기초로 계산과 계획을 진행할 필요가 있으며, 가정한 주요 치수는 가능한 한 최종 요목에 가깝도록 결정하는 것이 좋다. 이 가정된 치수는

㈎ 선종, 재화중량 톤수, 흘수, 속력으로부터 이것을 만족하는 주요 치수(L, B, D, C_B)를 유사선의 자료 등으로 상정한다. 주요 치수에 대한 제한으로는 운항에 대한 항만 조건, 항로 조건 등이며, 건조면으로는 선대 조건, 건조 선가 등이다.

또한, 성능상으로는 추진 성능, 복원 성능, 조종 성능 등이며, 구조상으로는 L/B, L/D, B/D, C_B 등의 제한이 따르게 된다.

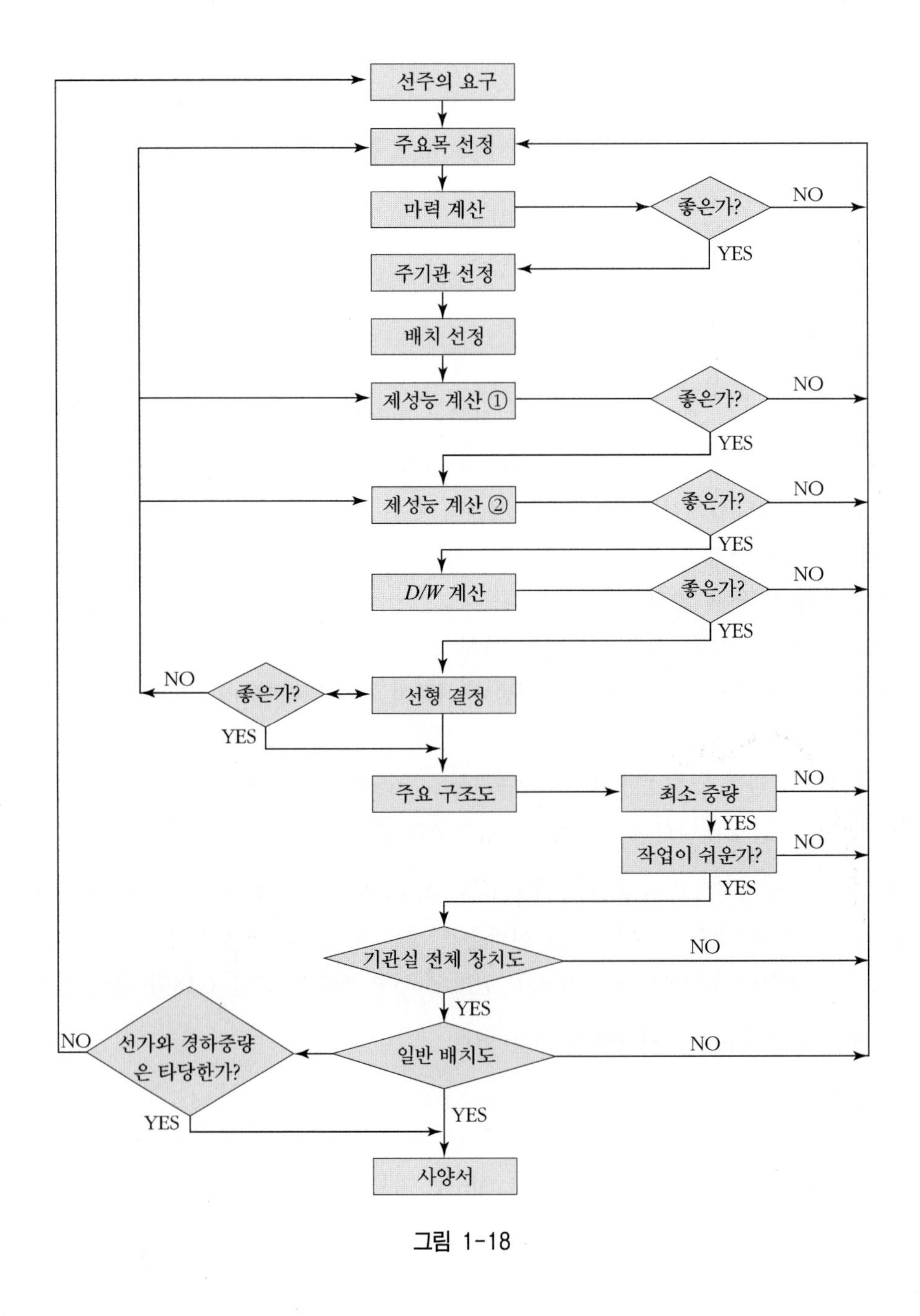

그림 1-18

㈏ 선형은 1축선을 대상으로 설계하는 것이 보통이지만 고마력선에서는 속력, 흘수, 선미 형상 등을 고려해서 2축선형으로 하는 경우도 있다. 이런 경우 배의 성능면으로는 유리하나 건조 선가가 높으므로 1축선에 비해 유리하지 못하다(상선에 있어서).

(2) 마력 계산

계획 선형에서 계획 속력을 내는 데 필요한 주기관의 출력을 계산, 추정할 필요가 있다. 마력과 속력의 관계를 선형 요소, 프로펠러 특성 등을 고려해서 구하는 것으로, 다음과 같은 방법이 있다.

㈎ 프로펠러의 특성으로부터 추진 효율을 추정해서 전저항으로 마력을 산출한다.

㈏ 유사선 자료 등으로부터 소요 마력을 전체로 해서 추정한다.

㈐ ㈎, ㈏항의 중간 방법으로 추정한다.

이의 계산을 기초로 한 자료는 다음과 같이 추정한다.

① 모형 시험을 하지 않고 그 결과로부터 추정

② 유사선 자료(모형선 또는 실선)로부터 추정

③ 계통적 모형 시험 결과 등으로부터 추정

(3) 주기관 선정

소요 마력이 구해지면 이로부터 주기관이 선정된다.

일반적으로 프로펠러의 회전수가 크게 되면 프로펠러의 지름이 작아져 추진 효율이 떨어진다.

배의 종류 및 크기, 흘수에 대한 제한이 있으면 연료 소비 등을 고려해서 고속, 중속, 저속의 디젤 기관, 터빈 기관 등의 주기관을 선정한다.

주기관의 선정에 있어서는 미리 프로펠러 회전수, 프로펠러 지름, 선미 형상, 프로펠러와 선체의 클리어런스(clearance)를 예측하여 지장이 없게 할 필요가 있다.

(4) 배치의 선정

배의 크기와 탑재할 주기관이 결정된 다음 단계에서는 재화 용적(cargo capacity), 트림, 복원 성능, 강도 등을 검토할 필요가 있기 때문에 배에 배치할, 즉 기관실의 위치 및 길이, 화물 적재 장소(cargo space)의 배치, 격벽의 배치를 결정할 필요가 있다.

배치의 결정에는 선형, 기관, 선체 구조, 선체 의장이 서로 관련되어 있어서 충분히 검토한 후에 배치하여야 한다.

기관실 길이의 검토에 있어서는

㈎ 기관의 치수

㈏ 축계 관계(프로펠러의 위치, 축심의 높이, 중간축의 발췌 여유)

㈐ 보일러의 배치, 배관, 구조 부재의 배치(web frame의 배치)

등을 검토할 필요가 있다.

한편, 유조선(tanker)의 분리 밸러스트 탱크의 배치와 크기는 트림과 선체 강도에 밀접한 관계가 있기 때문에 분리 밸러스트 탱크(segregated ballast tank)의 위치, 크기의 결정에서는 이것을 종합적으로 검토할 필요가 있다.

(5) 성능 계산

㈀ 용적(capacity), 선형, 배치가 결정된다면 이것을 기초로 하여 화물창, 연료 탱크, 해수 밸러스트 탱크 등 구획의 용적과 중심 위치를 계산, 검토한다.

배의 형상은 단순한 형상을 하고 있지 않기 때문에 수식화해서 결정하기가 곤란하므로 오프세트(off-set)형에 따라서 결정해야 한다.

탱크 및 화물창 용적은 적하의 적부율(stowage factor) 혹은 액체 화물의 비중으로 용적이 결정되며, 탱커의 경우에는 각각의 화물유 탱크의 크기, 용량의 결정은 I.M.O.의 탱크 크기 규제를 만족할 필요가 없다.

연료유 용량(fuel oil capacity)에 대해서는 지정 항로의 항속 거리에 대한 주기관의 소요 마력에 의해 용량이 결정된다.

해수 밸러스트(water ballast)는 탱커의 경우 신속한 하역이 가능한 일이지만, 클린 밸러스트(clean ballast)만으로 밸러스트 항해가 가능할 수 있도록 하는 등이 요구될 수도 있다.

㈁ 트림 및 복원성 계산 : 구획의 용적, 중심의 위치, 경하중량 및 중심의 위치, 재화 조건, 선형으로부터 정해지는 배수량 등의 요소(hydrostatic data), 즉 부심 위치, 메타센터의 높이, M.T.C., T.P.C. 등으로 트림과 복원성 계산을 하여 흘수, 트림, 복원성의 여러 조건을 만족하는지를 검토한다.

트림에 대하여 만재 상태에서는 등흘수(等吃水) 또는 미소한 선미 트림, 밸러스트 상태에서는 보통 선미 트림(0~2% L_{BP}, 보통은 1% 정도), 황천시에는 가능한 한 선수 흘수를 깊게 하지만 선수 트림은 하지 않는다.

흘수에 대해서 만재 상태에서는 문제점이 없지만, 밸러스트 상태에서는 프로펠러 심도를 고려해야 한다.

D/W 70,000톤 이상인 유조선의 경우에는 1973년 채택된 I.M.O. 해양 오수 2.0 m+0.02 L 이상의 세 조건을 만족하는 분리 밸러스트 탱크(segregated ballast tank)를 설치하는 것이 의무 사항으로 되어 있다.

유조선의 분리밸러스트 탱크의 톤수 측정은 MARPOL 73/78 Annex Ⅰ regulation 13에 적합한 분리밸러스트 탱크 및 분리밸러스트의 운송을 전용으로 사용되는 탱크를 설치한 유조선의 경우 국제 톤수 증서 비고란에 분리밸러스트 탱크의 톤수를 기재하고, 국제 총톤수에서 감소된 총톤수가 수수료를 산정하는 데에 사용된다. 이때 분리밸러스트 탱크의 톤수는 다음 식으로 계산한다.

$KI \times Vb$

여기서, KI: $0.2 + 0.02\log_{10} V$

V: ITC 1969 제3규칙에서 정의하는 선박의 폐위 구역의 총 용적

Vb: ITC 1969 제6규칙에 따라 측정한 분리밸러스트 탱크의 총 용적

유조선의 경우는 복원성에 대해 문제가 없지만 기타 배의 경우에는 법규, 경험 및 실적 자료를 토대로 하여 검토한다.

예를 들면, 화물을 갑판에 싣는(on-deck cargo) 목재 운반선은 I.M.O.에 의하여 여러 규칙(amendment)이 나와 있으며, 복원성 및 적부 중량에 대하여 규제하고 있다.

이 밖에 취항 예정 항로, 해협, 항만에 따라서는 트림, 흘수에 제한이 생기게 된다. 또한, 하역 설비와의 관련으로부터 클리어 높이(air draft라고도 함) 등을 검토할 경우도 있다.

㈐ 세로 강도 계산 : 세로 강도 계산은 트림 계산과 같은 상태에서 하며, 선급 협회 규칙을 만족하는지 검토한다.

㈑ 건현 계산 : 국제 만재 흘수선 조약(International Convention on Load Line, 1966)을 토대로 하여 최소 건현을 계산하고, 계획 흘수를 만족하는지 검토한다.

건현 계산에는 A형 선박과 B형 선박으로 구분되며, B형 선박 이외에는 보통의 건현 계산 이외에 침수(floodable) 계산, 손상시 복원성(damaged stability) 계산을 하며, 각각 소정의 조건을 만족해야 한다.

유조선은 보통 A형 선박에 속하며, 해치(hatch)를 가지는 선박은 B형 선박에 속한다.

㈒ 톤수 계산 : 톤수는 건현 등의 제한을 받는 특수선을 제외하고는 설계상 제약은 없으나 현재 적용되는 규칙은 선박 톤수 측정에 관한 국제 조약에 따라 시행하도록 1983년 교통부령으로 공포하였으므로 이 규칙에 따라 검토하면 된다.

㈓ 경하중량의 계산 : 치수비 $\frac{L}{B}$, $\frac{L}{D}$, $\frac{L}{d}$ $\frac{B}{D}$, $\frac{B}{d}$를 검토하여 적재 중량 또는 경하중량을 확인할 필요가 있다.

즉, 선가(initial cost)와 직접 관계가 되기 때문에 만족한 경하중량을 얻는 것이 최적 설계이므로 대단히 중요하며, 선주의 요구사항에 합당하지 않을 경우 반복 과정에 의해 처음부터 다시 반복할 필요가 있다.

일반적으로 경하중량에 포함되는 내역은 다음과 같이 검토하여 문제가 없으면 선형을 결정하여 선도를 작성하게 되며, 이것으로 기본 도면 및 시방서의 순서로 진행하게 된다.

다만, 선형 결정에 도달하기까지에는 다음 사항에 유의할 필요가 있다.

① 각 검토 단계에서 계획 조건을 만족하지 않을 경우 어떠한 매개 변수를 어떻게 변화시켜야 할 것인지는 즉흥적으로 결정하지 말고 종합적으로 판단할 필요가 있다.

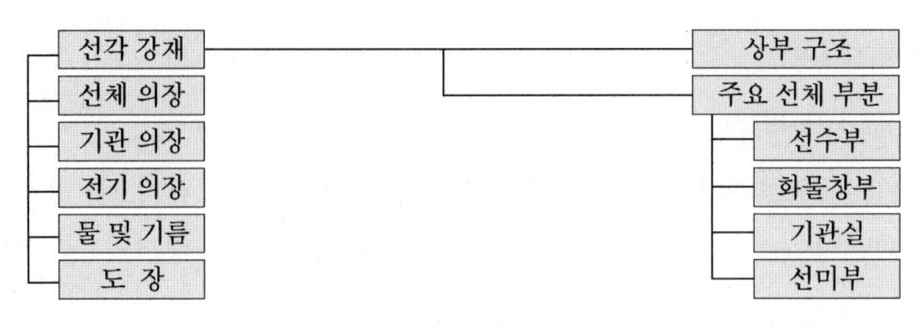

그림 1-19

② 선주의 요구(계획 조건)를 만족하는 선형은 조건에 따라서 한 가지로 만족하지 않기 때문에 경우에 따라서는 다른 방향으로 비교, 검토할 필요가 있다.

(6) 선체 구조 기본도

선체와 탱크 및 화물창의 구획 배치를 기초로 하여 배의 종류에 합당하고, 선급 협회의 규칙을 만족하면서 충분한 강도를 가지는 선체 구조 부재를 계획하여 중앙 횡단면도를 작성한다.

중앙 횡단면도에 표시된 세로 및 가로 강력 부재로 세로 강도 계산, 선체 횡단면 계수 계산, 각 부재의 치수 계산, 가로 강도 계산, 선체 고유 진동수 계산 등과 강재 배치의 검토 및 선각 중량을 추정한다.

배의 자중, 즉 경하중량의 60~80% 또는 선가의 30~40%는 선각 공사가 차지하기 때문에 특히 주의할 필요가 있다.

(7) 일반 배치도

기본 설계도의 일종이자 선박 전체에 대한 개략 배치도로서, 대체적으로 설계 및 계획의 방향을 정하여 요령 있게 잘 배치할수록 설계의 진행이 빠르며, 계획한 의도가 관철된다.

또 약도이지만 시방성에 부속되는 것이기 때문에 배의 전체를 나타내는 데 만족할 정도로 충분히 정확해야 한다.

(8) 선체, 기관, 전기 의장

선주의 요구사항에 대한 계획 과정에서 계획된 선형에 대해 기본 주요 요목을 기초로 하여 상세하게 소요 전력, 청수, 해수 및 증기량을 검토하고, 필요한 기기, 계기류의 요목을 결정하여 가격을 계산함과 동시에 시방서를 작성한다. 대부분이 각종 관련 제작 회사로부터 구입하는 것이기 때문에 상세 사양을 결정하여 주문 요령서를 작성, 제작 회사에 발주한다.

기술 혁신의 속도가 빠른 현재에는 각 기기의 개량, 새로운 기기의 고안 등이 많이 나오므로 선박의 합리화, 자동화와 함께 새로운 기기의 검토 및 이의 선박용화에 항상 배려하여 국산화가 시급한 현실이다.

(9) 도장

선박의 부식 방지 대책으로서, 도장 및 선박용 도료의 선택은 선박설계에서 중요한 임무이다.

1.5.2 선박설계의 특성

선박의 특성은 설계 과정에서 주어진 사항으로, 한 선박을 설계할 때의 특색은 그 종류에 따라서 부합시켜야 한다.

이와 같이 배의 종류와 크기에 따라서 그 방향을 결정하여야 한다. 다음은 선박설계의 특성을 몇 가지 그루핑으로 나누어 설명하기로 한다.

○ 선주의 요구에 의한 일반적인 특성으로는

(가) 주기관과 그 기능

(나) 보조 기관과 그 기능

(다) 용적

(ㄱ) 공선 및 재화 상태(혹은, 재하 상태)에서의 항해 속력과 최대 시운전 속력의 확인

(ㄴ) 내구성 등 항속 거리와 항해 일수

(ㄷ) 운반할 화물의 종류와 화물량

(라) 항해 구역

(마) 주요 치수의 제한, 흘수, 길이 등 배수 톤수와 선가

(바) 특수 설비 및 법규, 규정, 규칙 등의 제한

(사) 국적(flag) 등

○ 선주의 요구에 의한 것은 아니지만 설계자에 의해 결정해야 할 특성으로는

(가) 추진 기관의 형식

(나) 선체 구조 재료의 선택

○ 앞의 사항을 기초로 하여 설계자에 의해 결정할 특성으로는

(가) 배수 톤수

(나) 주요 치수와 선형 계수

(다) 선체의 기하학적인 특성

(라) 복원 성능

(마) 추진 성능

(바) 일반 배치도

(사) 강재 배치도 및 선체 구조도

이상과 같이 선주와 설계자의 직무에 의해 결정할 사항을 크게 세 가지로 구분했다.

한편, 유능한 설계자는 선박의 건조와 그 운항에 대하여, 그리고 관련 공학에 대해 넓은 지식을 가지고 있어야 된다. 이에 대해 설계자가 알아야 할 사항은 다음과 같다.

1. 기술적인 지식

(가) 조선 공학의 이론

㈏ 선박의 구조 설계

㈐ 일반 배치의 설계

㈑ 배관 시스템에서 요구되는 가스 및 액체가 통하는 관 계통의 재질, 그리고 소요되는 부속품

㈒ 열공학과 추진 기관 및 프로펠러의 설계

㈓ 전기 공학과 전기 설비, 시스템, 그리고 장치의 설계

㈔ 선박의 설비 및 의장품의 설계

㈕ 조선소의 공장 설비 및 공정, 철 구조 및 목공 공사에 대한 지식

㈖ 선박설계로부터 건조 과정에 이르는 조선 공정

㈗ 금속 재료 공학

㈘ 선박 운항 및 항법

2. 상세 설계의 세부 지식

㈎ 선체 부문

㈀ 원척(full scale)의 선도 윤곽

㈁ 선형 곡선의 산정

㈂ 복원력 곡선의 산정(상선에서 가끔 생략하는 예가 있다)

㈃ 일반 배치의 이해

㈄ 선체의 강도 계산(상선에서 가끔 생략하는 예가 있다)

㈅ 중앙 단면도의 구조, 그리고 형상 단면, 갑판, 횡격벽, 늑골의 끝 부분, 주물 제품, 외판 전개

㈆ 갑판 배관의 흐름도(diagrammatic), 그리고 통풍 장치, 냉·난방 시스템

㈇ 중량 추정

㈈ 전함(war ship)에서의 장갑(armour plan) 도면의 구조

㈉ 상선(merchant ship)에서는 하역 장치의 설비 및 배치

㈊ 모든 선박에 대해서는 상세한 선체부의 시방서 내용

㈏ 기관 부문

㈀ 열교환 장치

㈁ 주기관 및 보조 기관에 대한 기관실 전체 장치도

㈂ 기관의 배관 흐름도 시스템

㈃ 추진 기관 및 보조 기관의 상세한 시방서의 내용

㈐ 전기 부문

㈀ 발전기의 부하 분석

(ㄴ) 모든 전기 시스템의 배선, 전등 배치

(ㄷ) 전기 설비의 상세한 시방서의 내용

이와 같이 선박의 운항과 구조에 필요한 계산 및 도면 등을 전부 포함하여 상세 설계라 한다. 상세 설계는 조선 건조자의 책임이며 의무이다.

3. 설계 과정에 있어서의 주의 사항

(가) 설계는 선주의 예견에 의해 주어진 모든 요구사항에 대해 충분히 만족시켜야 한다.

(나) 선박은 모든 법규에서 제시되는 사항에 대해 충분히 따라야 한다.

(다) 경제성 요소 : 선가와 운항 경비는 매우 중요한 요소로서 경제적인 선박으로 설계되어야 한다.

(라) 불필요한 공간과 필요 없는 중량이 없어야 한다.

(마) 선주가 직접적으로 요구하지 않은 운항 특성 및 성능에 대하여 변경시켜서는 안 된다.

(바) 선박에 시설된 설비는 그 기능에 있어서 효율을 최대한 발휘하는 데 불편이 없도록 충분한 공간과 위치에 설치되어야 한다. 즉, 선박의 효율을 높이는 데 대단히 중요한 선행 시설 사항으로 타당하지 않을 경우에는 손해 배상으로 해결한다.

(사) 출입구의 배치는 대단히 중요한 지시 사항으로서, 충분하고 적당한 공간이어야 한다.

○ 선박설계에서 설계자가 선주에게 제시해 주어야 할 경제 성능은 다음과 같다.

(ㄱ) 연료가 싼 경우에는 같은 속력을 얻는 데에 마력을 증가시키더라도 선가를 절감하는 방향으로 계획하는 것이 유리하다.

(ㄴ) 비교적 운임이 비싼 경우에는 마력을 증가시켜도 비교적 고속으로 하는 쪽이 운항 채산상 유리하지만, 운임이 싼 배는 저속으로 하기도 한다.

(ㄷ) 운임의 변동이 심한 부정기선 등의 설계에서는 이러한 점에 대해 선주의 생각을 확인한 다음 설계에 착수해야 한다. 이런 것을 화물선의 경제 지수라고 하는데, 경제 지수를 식으로 표시하면

$$\text{경제 지수} = (\text{항해 속력})^{\frac{1}{2}} \times \frac{(\text{재하중량})}{(\text{총톤수})} (\text{마력})^{\frac{1}{7}} \times (C)^{\frac{2}{3}}$$

여기서, 상수 C는

$$C = \frac{\text{설계선의 선가}}{\text{기준선의 선가}}$$

값이 된다.

이상과 같이 열거한 사항들에 대하여 설계자는 선주에게 충실히 만족시켜 주어야 하며, 이것이 곧 선주의 경제성면 요구사항이기도 하다.

선형과 크기

type and size of ship

선박은 거대한 해상 구조물로서, 첫째 움직여야 하고, 둘째 충분한 강도를 유지해야 하며, 셋째 선체 중량, 즉 자중이 가벼워야 한다.

선박설계의 목표는 선박의 사용 목적을 충분히 만족하며 영리를 극대화하고, 선가면에서 저렴하고 조선(操船)이 용이한 기본 제원을 충족시켜야 한다.

배의 선형을 결정하기 위한 제 조건으로는

(가) 재화중량

(나) 항해 속력과 시 마진(sea margin)

(다) 만재 흘수

(라) 선형과 갑판 수

(마) 화물의 종류

(바) 화물창의 수와 용적

(사) 항속 거리

(아) 밸러스트량

(자) 하역 설비

(차) 항로

(카) 선급 및 적용 법규

(타) 승조원 수(complements)

(파) 주기관의 종류

(하) 프로펠러 수

그 밖에도 총톤수, 길이, 폭 및 건조비의 제한 등이 있다.

이에 대해 어떤 선형과 크기를 선택하여 내구성, 내항성, 조종성, 복원성, 동요 안전성이 충분한 선형을 결정하고, 화물선의 생명인 하역에 중점을 두어 화물에 적응할 수 있는 화물창, 화물창구, 유효한 하역 설비로 인한 화물창 용량과의 균형 및 밸러스트 항해시의 소요 흘수, 트림에 충분한 밸러스트 탱크의 설치 등에 알맞은 선형을 선택할 필요가 있다.

선형(type of ship)은 배의 용도와 추진 방식, 선체의 보지 형태, 추진 기관의 종류에 따라서 여러 가지로 분류할 수 있지만 배의 선루, 전통 갑판 수, 기관실의 위치, 기능(function), 수송(containerization) 시스템 등으로도 분류할 수 있다.

이 책에서는 용도에 의한 분류에 따라서 각 선박의 개요를 간단히 설명하기로 한다.

2.1 선형

상선의 선형 결정에 있어서 트림 문제는 선형과 선내의 배치에 관계하는 것이기 때문에 설계자는 만선 항해시에나 밸러스트 항해시에도 안전한 항해를 할 수 있도록 트림 상태로 된 경우에 선형과 선내 배치를 결정할 필요가 있다.

배의 안정에 있어서는 가로 복원력(transverse stability)의 연구로 전복되지 않는 범위의 값과 충분한 높이의 건현(乾舷, freeboard)을 배에 따라서, 또 선형과 화물의 적재 상태에 따라서 *GM* 값이 커지기도 하며, 가로 동요 주기가 빨라지면 위험감을 느끼는 것처럼 되기 때문에 벌크 화물선(bulk carrier) 등에서는 적하의 중심이 너무 높지 않도록 화물창(cargo hold)의 배치를 고려할 필요가 있다.

배의 트림 문제에서는 배의 종경사(longitudinal inclination)를 적당히 결정하는 일이 있지만 배의 세로 방향의 부심 위치(longitudinal center of buoyancy), 즉 L.C.B.는 수조 시험의 결과로서 최소 저항을 확보할 위치를 속장비에 대한 계획선의 최적 L.C.B.로 결정하고 있는 것이다.

공선시에는 배의 중심이 L.C.B.와 동일 연직선상이 되도록 배의 배치도를 만들어야 한다면 공선시의 트림이 0으로서 등흘수(even keel)로 되는 결과이지만, 이처럼 배치도를 작성하기란 상당히 어렵다.

다음으로 각 화물창에 동질의 화물(homogeneous cargo)을 만재할 경우 만재 상태의 중심이 L.C.B.와 동일 연직선상에 있다면 이것 또한 등흘수로 되어서 최상의 좋은 결과가 되지만, 전부가 후부보다 내려가는 선수 트림(trim by the head)으로 되는 것은 만재 항해 상태에서 분명하다.

밸러스트 항해의 경우 전부 흘수(前部吃水)가 후부 흘수에 비해 낮을 경우에는 황천(荒天)에 임할 때 진행 방향의 확보가 곤란하여 위험감을 받게 되므로, 밸러스트 심수조(deep tank)의 적당한 배치로 황천시 항해의 안전을 위해 적절한 밸러스트 흘수와 트림을 보유할 필요가 있다. 이와 같이 조선 설계 기사들은 선형을 선택할 때에는 필요하고 양호한 선내 배치가 되도록 경험을 통하여 고찰해야 한다.

2.1.1 선루에 의한 분류

1. 평갑판형

선박의 최초 선형으로서 단층 갑판이었다.

㈎ 기관실 위벽(圍壁)은 있고 갑판실과 선루는 없는 선형이다.

㈏ 건현이 큰 배가 된다면 이 형을 적용할 수 있다.

㈐ 일반적으로 선수루를 가지고 있다.

평갑판형(flush deck type) 배는 전진할 때 파(波)가 선수부로부터 선상으로 돌입하기 때문에 선수루(forecastle 또는 sunken forecastle)를 설치하여 선수부를 조금 높여서 방파의 역할도 하지만, 승무원실로도 쓰여진다.

차랑 갑판형(shelter deck type)에 비해서 흘수를 깊게 할 수 있기 때문에 재화중량이 증대하며, D.W.T./Δ_F는 세 가지 선형 중에서 최대가 된다.

총톤수는 차량 갑판형보다 크게 되지만 화물창 용적에는 거의 변화가 없고, 포장 용적/재화중량은 세 가지 선형 중 최소로 되므로 중량 화물 탑재에 적당하며, 재화중량당 선가는 최소로 되기 때문에 주로 부정기 화물선의 선형으로 좋다.

한편 흘수를 깊게 한 관계로 건현도 그에 따라서 적어지게 되며, 내항 성능면으로 볼 때 차량 갑판형보다는 떨어지게 되어 고속 정기선으로는 적당하지 않다.

이 선형은 중구조(full scantling)인 복갑판형으로서 시기에 따라서는 개방(open), 폐쇄(closed)가 가능한 형으로 하는 편이 운항상 유리한 경우도 있다.

평갑판형 배의 선수미부에 조금 높인 갑판은 양묘기(windlass)나 계선기(capstan)를 배치하기에 편리하게 되어 있다. 선미부는 추파(追波)의 돌진을 피하기도 하지만 타기실(舵機室)에 있는 조타기(操舵機)의 보호와 승조원실로서 선미루(poop 또는 sunken poop)를 설치하게 되며, 소형 어선이나 소형 예선에서는 전장이 평갑판인 것이 많다.

이런 소형선에서도 기관실의 상부에는 기관실 개구(開口)를 상당히 높게 해서 파의 침입을 방지시키는 동시에 항해용 선교(navigation bridge)를 높은 곳에 설치하여 해상을 보고, 운항조건을 좋게 하기 위해 선교루(bridge erection 또는 deck house)를 설치해서 승조원실로 이용하고 있는 선박도 많다.

평갑판형선에서 트림 문제를 생각하면 중앙 기관형 배에서는 석탄 또는 곡물과 같은 동질의 화물(homogeneous cargo)을 만재했을 경우, 트림에 따라 선수부에 공소를 설치할 필요가 있게 된다. 이것은 선미부에 축로(軸路)가 있는 것과 기관실의 중량이 만재된 화물창보다 가볍기 때문이다.

그러므로 선수루(forecastle deck), 선교루(bridge deck) 및 선미루(poop deck)를 붙인 단층갑판형에서는 선미루에 화물을 적재하면 트림을 개선할 수 있으며, 또 경량 화물인 경우에는 선미부의 밸러스트 탱크에 물을 만재시켜 트림을 개선할 수 있다.

그러나 운임을 받지 않는 밸러스트 수(水)를 화물의 대용으로 한다는 것은 채산상 불합리한 점이 있기 때문에 선미부의 상갑판을 1.0 ~ 1.5 m 높여서 설치하여 소위 저선미루선(raised quarter deck)으로 하고, 선수부의 이중저를 깊게 증가시켜 만재 항해시에도 밸러스트 항해에 의해 트림을 조정할 수 있게 하는 것이 좋다.

2. 전통 선루형

전통 선루형(全通船樓型, complete super structure type)은 화물 용적(cargo space)을 증가시킬 목적으로 제2갑판(second deck)을 가지는 복갑판형선(腹甲板型船)이다. 이 선형은 복갑

판형(awning deck type)과 차량 갑판형(遮浪甲板型, shelter deck type)이 있다.

(1) 복갑판형

㈎ 갑판상의 선루가 길다.

㈏ 선교루(船橋樓)와 선수루(船首樓) 또는 선미루(船尾樓)가 연결되었거나 3개의 선루가 연속인 갑판형이다.

㈐ 상갑판 위에 화물을 적재할 것을 미리 계획한 선형으로, 그림 2-1(a)와 같다.

(2) 차랑 갑판형

㈎ 외관상으로는 전통 복갑판형과 다른 것은 없지만, 구조상 삼도형(三島型)의 벽(wall)에 해당하는 위치에 상설 폐쇄 장치를 가지지 않는 창구(감톤 개구)를 설치하였다.

㈏ 구획을 개방시킨 부분을 보면 톤수로부터 제외시켜서 이익을 얻게 하였다.

㈐ 선형상 총톤수에서 감톤된 것만큼 세금이 적어져 선주에게 유리하다.

㈑ 건현이 크고 경량 화물을 주로 하기 때문에 무게보다도 용적을 필요로 하는 고속 정기 화물선 등에 적합한 형이다.

㈒ 필요에 따라서 폐쇄시켜 복갑판형으로 할 수도 있다.

전통 선루형은 제2갑판에 화물 적재 장소가 있는 복갑판형으로서, 트림의 문제로부터 선미부의 화물 적재 장소를 증대시켜 긴 선미루의 제2갑판을 구성하고, 중앙의 선교루에 연속시킨 그림 2-1(b)와 같은 선형이다.

선수부에서 일어나는 파는 위벽으로 행동을 정지시켜서 선미부로 이동하지 않게 하기 때문에 황천 항해시 높은 건현에 상당하므로 파의 갑판 유입을 감소시킨 형태의 선형이다.

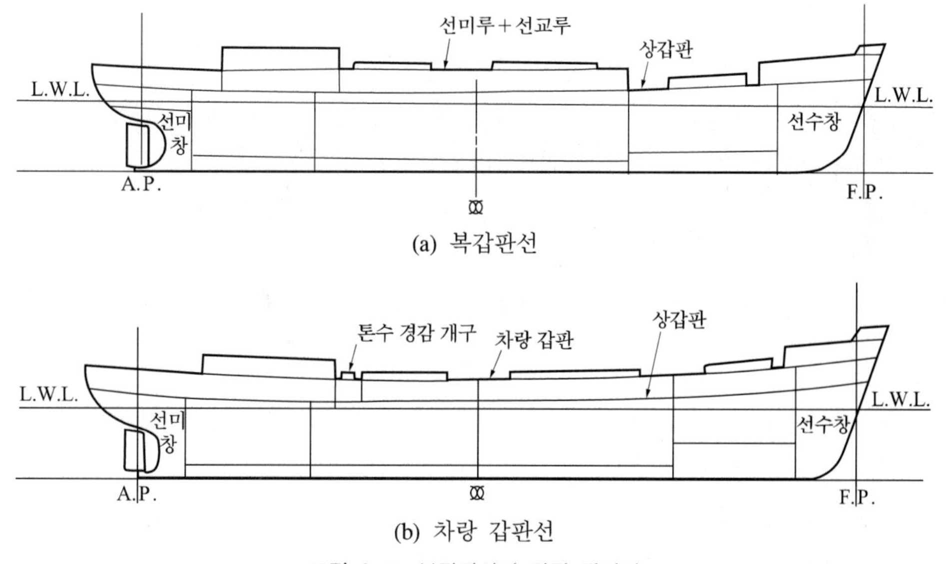

그림 2-1 복갑판선과 차랑 갑판선

일반 화물선에서 갑판을 필요로 하고 속력도 기관의 발달로 경제적인 면에서 점차 증대 가능해짐에 따라 배의 크기도 대형화가 이뤄지고 있어 이 목적에 의해 계획, 건조되는 선형이었으며, 처음에는 차양 갑판형(shade deck type)(그림 2-2)의 선형으로 여객이나 가축을 갑판상에 탑재했을 경우 비, 바람으로부터 보호하기 위해 톤세가 면제되는 것처럼 현장(bulwark)상에 외판을 연장하지 않고, 상부를 차양 갑판으로 복개한 갑판 간 공간을 가지는 선형으로 상갑판은 노천 갑판(weather deck)과 같은 모양이다. 그리고 상갑판 상부는 주갑관(main deck)을 설치해서 안전한 제2갑판의 화물 적재 장소를 구성하여 일반 화물과 여객, 승무원을 탑재하는 데 편리하게 한 선형이다. 이 선형이 진보되어 차양 갑판 아래를 완전한 외관으로 막아서 톤수 면제에 대해서는 톤수 경감 개구를 설치해서 차량 갑판형(遮浪甲板型, shelter deck type)으로서 그림 2-1(b)와 같은 형이다.

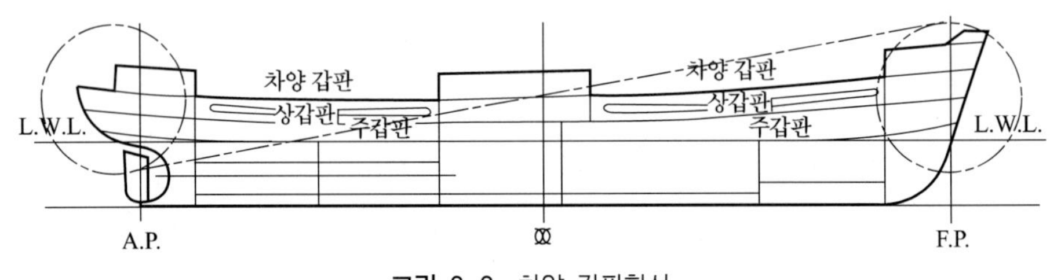

그림 2-2 차양 갑판형선

톤수 경감 개구를 폐쇄시켜서 건현을 감소시킨 선형이 복갑판형(awning deck type)이 되며 선급 협회에서도 상갑판을 강력 갑판으로 생각하지만, 최근의 화물선에서는 최상부 연속 갑판(upper-most continuous deck)을 강력 갑판으로 생각해서 그에 인접한 외판을 현측 후판(sheer strake)으로 하고 있다.

차량 갑판형은 톤수 경감 개구를 붙여서 차량 갑판 바로 아래 제2갑판 사이의 공간을 톤세에서 면제시킬 경우 이 공간을 완전히 폐쇄시키지 않음을 의미하며, 이 공간에 있는 갑판상 배수구 전체를 1978년 개정된 톤수 규정에 의해 갑판상 배수구를 차량 갑판상에서부터 자유롭게 개폐할 수 있도록 자동 개폐식 밸브(screw down valve)를 설치하여 개방 또는 폐쇄시킴으로써, 즉 차량 갑판을 개방 혹은 폐쇄시킬 수 있도록 open shelter decker, closed shelter decker로 겸용할 수 있는 선형이다. 이 선형을 경구조선이라고도 한다.

3. 삼도형

삼도형(三島型, three-island type)에서는 선루 내의 일부를 화물창으로 사용하며, 이 부분을 감톤시키는 것을 가능하게 만든 장선루형(선수루, 선교루, 선미루)으로, 차량 갑판형과 평갑판형의 중간형인 배이다. 또한, 단선루형(短船樓型)으로 평갑판형에 따라 증가시킨 흘수, 재하중량을 증가시켜서 중량 화물과 갑판 화물의 운반에 적당한 선형이다.

㈎ 선수루는 파의 돌입을 방지시키고, 계류(繫留) 갑판과 그 하부는 선수 창고로 이용한다.

㈏ 선교루는 기관실의 보호 및 항해 선교 갑판과 거주실로 이용하는 것이 좋다.

㈐ 선미루는 타기실의 보호와 계선(係船) 갑판으로, 그 하부는 선미 창고로 이용한다.

이 선형은 선루단의 강도에 문제가 있다. 그러나 흘수가 크므로 재하중량이 큰 부정기 화물선에 적당하다.

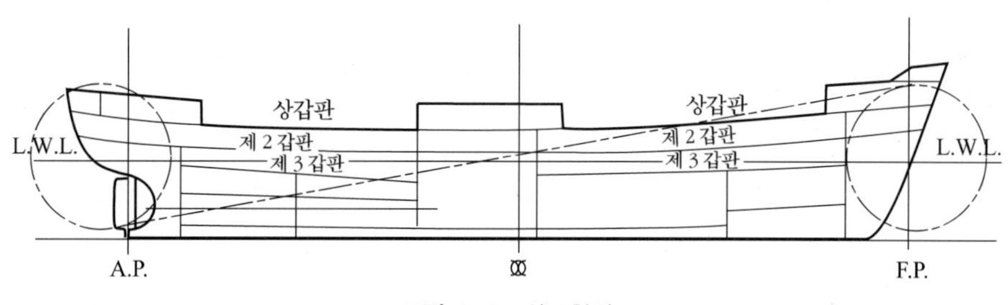

그림 2-3 삼도형선

삼도형선은 중구조선(full scantling vessel)으로서 최소의 건현을 가지는 선형이다. 갑판의 층수는 자유로이 선정할 수 있으며, 상갑판 위에 선미루, 선교루 및 선수루를 붙여서 필요에 따라서는 갑판실을 적당히 설치하여 선원실, 여객실로 이용할 수 있다.

이 선형은 흘수가 깊기 때문에 중량 화물(heavy cargo)의 운반에 적합하며, 용적이 큰 경량 화물(light cargo)에 대해서는 흘수가 비교적 얕기 때문에 차랑 갑판(open-shelter decker)을 선택하는 것이 보통이지만, 초기의 Lloyd's 규정으로는 경구조(light scantling)로서 건현을 크게 해서 낮은 흘수로 용적이 큰 화물의 탑재에 편리하게 하였다. 그 후, 선급 규정의 개정으로 중구조와 전통 선루형(complete superstructure vessels)의 두 가지로 크게 나누어졌다.

중구조인 배에서는 건현의 최소값을 허가했으며, 전통 선루형에서는 구조 부재(scantling)의 경량(輕量)에 따라서 건현을 증감해서 경량 화물의 운반에 적당한 배를 계획, 가능하게 하였다.

주로 건현의 규정에 의해 배의 길이를 흘수의 주요 요소로 하고 있으므로 흘수의 대소로 구조 부재가 결정된다.

Lloyd's 규정에서 배의 구조 부재를 결정할 경우에 설계자는 새로 계획할 배의 보유한 최대 흘수를 구조 부재로부터 정하는 흘수(scantling draught)로 해서 구조 부재를 결정할 필요가 있다. 예로서, 폐쇄된 차랑 갑판(closed shelter decker)의 만재 흘수는 이 구조 규정의 흘수에 상당하는 것이다.

선루에 의한 선형의 구별이 구조 형식과 연관 관계가 깊기 때문에 설계자는 선형 선택에 있어서 구조 방식에 따른 설계 조건과 최종적으로 선가면에도 상당한 지식이 있어야 한다.

표 2-1은 구조 방식에 따른 설계 특성에 대해 비교한 것이다.

표 2-1 경구조와 중구조의 차이

구　　분	경구조 (shelter D^k)	중구조 (awning D^k)	폐쇄된 차량 갑판 (closed shelter D^k)	비고
재 하 중 량	소	대	중	
용　　적	동일	동일	동일	
총 톤 수 (G/T)	소	대	대	
선　　가	소	대	중	

2.1.2 추진 기관과 기관실 위치에 의한 분류

배의 기본 계획에 있어서 주기관의 종류와 기관실의 위치 선정은 매우 중요한 문제로서, 같은 재하중량과 속력인 배에서도 기관실의 위치와 주기관의 종류를 디젤 기관, 증기 터빈 기관, 가스 터빈 기관으로 하는지에 따라서 기본 계획의 주요 치수가 변하는 수가 많다.

그러므로 각종 주기관의 특징과 이를 설치할 기관실의 위치에 대한 장단점에 대해서 기초적인 지식을 어느 정도 알고 있어야 한다.

1. 추진 장치의 종류와 개요

- 디젤 기관
  - 저속 디젤 기관
  - 중속 디젤 기관
  - 고속 디젤 기관
- 증기 터빈 기관
- 가스 터빈 기관
  - 항공 전용형(航空轉用型)
  - 중구조형(重構造型)
- 전기 추진
  - 디젤 발전기에 의한 것
  - 터빈 발전기에 의한 것
  - 가스 터빈 발전기에 의한 것
- 원자력 기관

현재 일반 상선에 쓰이고 있는 주기관은 디젤 기관과 증기 터빈이며, 앞으로는 가스 터빈 기관과 원자력 기관이 증가할 것으로 기대된다.

벌크 화물선이나 200,000톤 이하의 대형 유조선에서는 일반적으로 저속 디젤 기관이 사용되고 있다. 200,000톤을 넘는 대형 유조선에서는 주로 증기 터빈이 사용되어 왔다. 주기관의 종류가 주요 요목의 결정에 미치는 영향으로서는

① 기관실의 길이가 달라지는 데 따라 배의 길이 L이 변하게 된다.

② 기관 중량이 달라지는 데 따라 경하중량이 변하게 된다.

③ 동일한 속력이라도 기관의 회전수가 달라지는 데 따라 주기관의 마력이 변하게 된다.

등을 생각할 수 있다. 또한 중소형선의 경우에는 주기관으로서 감속형 디젤 기관이 사용되는 경우가 많고, 이러한 경우에는 저속 디젤 기관과 비교할 때 기관의 길이, 중량, 회전수가 달라지므로 당연히 주요 치수와 주기관의 마력도 달라지게 된다.

따라서, 30,000 t 정도의 벌크 화물선을 설계하는 경우에는 주기관으로서 저속 디젤 기관과 감속형 디젤 기관 중 어느 것이라도 사용이 가능하므로, 주요 요목을 결정하기에 앞서 주기관의 종류를 결정하여야 한다.

(1) 디젤 기관(diesel engine)

디젤 기관(diesel engine)은 현재 배의 주기관으로서 가장 많이 사용되고 있으며, 디젤 기관을 MS(motor ship)라고 하기도 한다.

현재 일반 상선의 주기관으로 사용되고 있는 디젤 기관에는 회전수가 100～300 rpm인 저속 기관과 300～1,000 rpm인 중속 기관이 있다.

저속 기관은 현재까지 일반 상선에 가장 널리 사용되는 기관이며, 중속 기관은 저속 기관에 비해서 중량과 용적이 작고, 또한 최근의 것은 연료 소비율이 더욱 낮아지고 있어서 카-페리, 여객선, 롤-온/오프형 화물선 등 용적이 특히 중요시되는 배들에 탑재되고 있을 뿐만 아니라, 앞으로 에너지절약(energy saving)형 기관으로서 널리 보급될 것으로 기대된다.

중속 디젤 기관은 회전수가 높아서 보통 감속 기어를 통하여 프로펠러를 돌리게 되므로, 터빈선의 경우와 마찬가지로 최적의 프로펠러 회전수를 선정할 수 있는 장점이 있다.

(2) 증기 터빈 기관(steam turbine)

증기 터빈 기관(steam turbine)은 현재 초대형 유조선, 초고속 컨테이너선, 대형 여객선 등의 주기관으로 사용되고 있으며, 증기 터빈을 탑재한 배를 SS(steam ship)라고도 한다. 일반 상선용으로는 현재 1기에 70,000 PS 정도까지 낼 수 있다.

증기 터빈은 동일한 출력의 디젤 기관에 비해서 연료 소비량이 C중유일 때 30～40% 정도 많다는 결점이 있으나 유지 보수가 비교적 간단하다는 장점이 있고, 또한 감속 기어를 통하여 프로펠러를 돌리게 되어 있으므로 초대형 유조선에서와 같이 흘수를 충분히 잡을 수 있는 배에서는 주기관의 회전수를 70 rpm 정도까지 떨어지게 함으로써 프로펠러의 효율을 높일 수 있어, 소요 마력을 저속 디젤 기관의 경우보다 상당히 감소시킬 수 있다.

(3) 가스 터빈 기관(gas turbin)

가스 터빈 기관(gas turbin)에는 항공기용의 제트 엔진을 선박용으로 전용한 형식과 육상의 산업용 가스 터빈 기관을 선박용으로 전용한 형식의 것이 있다.

선박의 주기관으로서 가스 터빈 기관을 사용하는 문제에 대해서는 오래전부터 논의되어 왔으나 아직 일반 상선용으로는 실용화되지 못하고 있다.

가스 터빈 기관은 작고 가벼울 뿐만 아니라, 기관 의장이 간단하므로 카-페리, 롤-온/오프 화물선, 컨테이너선 등에 사용할 때 기관실의 용적을 적게 할 수 있으며, 화물창을 유효하게 확보할 수 있다. 또한 자동화가 쉬우므로 기관부의 자동화를 추진하는 데 유리한 장점도 있어서 멀지 않아 선박용으로 전용될 가능성이 있다.

(4) 원자력 기관(nuclear propulsion engine)

원자력 기관(nuclear propulsion engine)은 보일러에 해당하는 원자로(reactor)에서 1차 증기를 발생시키고, 그것을 열교환기로 보내 안전한 2차 증기를 얻어 그것으로 증기 터빈을 구동하는 기관이다.

그러므로 직접 추진 기관인 터빈 부분은 현재의 증기 터빈 기관과 크게 다르지는 않다.

아직 상선으로서는 실험선들이 몇 척 건조되었을 뿐이지만, 여러 가지 연구에 따르면 100,000마력 이상의 대출력을 요하는 경우에는 원자력 기관이 경제적으로 유리하며, 장래의 대출력 컨테이너선 등의 주기관으로서 원자력 기관이 적합하다. 또한, 연료유 가격의 상승 요인이 원자력 기관 구동선으로는 여객선으로 사반나호(savanna)에 적용된 바 있으나 상선에 적용된 예는 아직 없다. 원자력 기관의 출력은 원자력 기관의 실용화가 상선에 적용될 가능성이 있다.

(5) 전기 추진 기관(electric propulsion engine)

디젤 기관, 증기 터빈 기관 또는 가스 터빈 기관 등 구동 전기 추진 기관은 발전기를 구동시켜 얻은 전력으로 추진용 전동기를 구동하는 방식을 채용한 배이다.

전동기 구동 전기 추진 기관(electric propulsion engine)은 회전수의 제어가 용이하므로 프로펠러의 회전수를 자주 변경할 필요가 있는 도선(ferry)이나 쇄빙선 또는 저속으로 작업하는 해저 전선 용설선 등에 사용되고 있으나, 기관의 가격이 비싼 것이 결점이다. 하지만 가스 터빈 기관과 전동기를 조합한 추진 장치는 기관실의 용적을 크게 줄일 수 있기 때문에 일반 상선용으로 롤-온/오프 화물선에 채택된 예도 있다.

2. 연료의 종류

원자력 기관을 제외하고 주기관에 사용하는 연료로는 원유를 증류한 증류유(distillated oil)와 증류 과정에서 남는 잔유(residual oil)가 있다.

선박용 기관에 사용할 연료는 경유, 중질 증류유 및 중유로 나뉜다. 이 중에서 경유와 중질 증류유는 증류유이며, 중유는 증류유나 잔유를 적당히 혼합해서 사용하기도 한다.

연료유의 점도는 centi-stokes(cSt) 또는 Redwood No. 1(R.W. No. 1)으로 표시한다.

centi-stokes는 동점도(動粘度, stokes)의 단위로서 1 cm^2/초＝1 stokes＝100 centi-stokes의 관계가 된다.

Redwood는 Redwood 점도계로서 50 mL의 연료유가 흐르는 시간을 측정해서 그의 초수를 가지고 점도로 한다.

Redwood 점도계에는 No. 1과 No. 2가 있지만 보통은 No. 1의 값으로 나타낸다.

$$동점도 = 0.00260R - \frac{1.715}{R}$$

단, R은 Redwood No. 1(stock)이다.

또한 점도는 온도에 따라서 크게 변하기 때문에 점도를 표시할 경우에는 반드시 온도를 표기해야 한다. 예로서, Redwood No. 1의 점도는 통상 50℃ 또는 100°F(37.8℃)의 값으로 표시한다.

중유의 규격은 규정되어 있는 것은 없지만 소요 연료의 탑재량 계산에 필요하므로, 비중과 발열량에 대해서 검토해 보면 중유 15℃에 있어서 비중은 A중유에서 0.85~0.90, B중유에서 0.90~0.93, C중유에서 0.93~0.98 정도에서 점도가 올라가 크게 된다.

중유의 발열량은 일반적으로 저위 발열량을 기준으로 하는데, 연료유를 연소시켰을 때 발생한 수증기가 전부 응축했을 때의 발열량을 고위 발열량, 수증기가 응축하지 않을 때의 발열량을 저위 발열량이라 하며, A중유에서는 10,000~10,200 kcal/kg, C중유에서는 9,700 kcal/kg 정도가 된다.

3. 선박용 기관으로서 요구되는 성능

배에 탑재할 주기관으로서 요구되는 성능은 배의 설계 및 선주의 운항 경제면에 따라서 매우 중요하다.

㈎ 연료 소비량이 적어야 한다.
㈏ 고장이 없고 신뢰성이 높아야 한다.
㈐ 보수 점검이 쉽고 유지비가 싸야 한다.
㈑ 운전이 쉬워야 한다.
㈒ 장기간 사용하여도 성능상의 열화가 없어야 한다.
㈓ 기관실의 소요 인원이 적어야 한다.
㈔ 중량과 기관실의 용적이 적어야 한다.
㈕ 진동, 소음이 적어야 한다.
㈖ 가격이 저렴해야 한다.

현재의 실정으로는 이상과 같은 성능을 모두 만족시킬 수 있는 주기관은 없기 때문에, 이것 중에서 중점적으로 중요시하는 선주의 경제적 측면에서 가장 유리한 주기관이 선택되고 있는 것이다. 선주의 경제적인 성능면에서 요구되는 연료 소비율에 따른 연료의 가격 상승은 매우 중요한 인자이다. 그러므로 연료비를 절감해야 한다는 것이 필요하게 되었다.

표 2-2는 주기관의 종류에 따른 연료 소비율을 비교한 것이다.

표 2-2 주기관별 연료 소비율

주기관 종류	연료 소비율(g/PS·hr)	사용 연료
저속 디젤	150~160	C중유
중속 디젤	145~160	C중유
증기 터빈	180~210	C중유
항공 전용형 가스 터빈	180~200	경유, 중질 증류유
중구조형 가스 터빈	200~210	경유, 중질 증류유, 중유

1마력당 연료 소비율은 현재까지의 실선(實船)을 통해 디젤 기관, 특히 중속 디젤 기관이 유리한 것으로 판명되었다.

어떤 배에 대해서 주기관별 연료 소비량을 비교, 검토할 경우 1마력당 연료 소비율을 비교한다는 것은 불충분하기 때문에, 추진 기관에 관련된 전체 장치의 연료 소비량을 비교해야 한다. 이런 까닭에 항해 속력을 대체로 일정하게 하여 주기관별 연속 최대출력을 계산해서, 상용 출력에서 주기관이 소비할 연료의 양을 계산한다.

다음에 항해 중인 소요 전력을 주기관과는 별도로 디젤로 구동하는 발전기의 경우에는 이것의 알고 있는 연료 소비량도 주기관의 소비량에 가산해야 한다. 또한, 주기관에 사용하는 윤활유의 금액은 C중유에 비해 6~8배 비싼 기름이기 때문에, 연료 소비량을 비교할 경우에는 윤활유의 소비량도 C중유의 소비량으로 환산해서 계산하여야 한다.

그러나 주기관의 소요 마력을 계산할 때 주의해야 할 것은, 소요 마력은 연속 최대출력에 있어서 프로펠러의 회전수에 따라 크게 변화한다는 것이다.

예를 들면, 방형 계수(C_B)가 0.800 전후인 대형선의 경우 연속 최대출력에 있어서 프로펠러의 회전수를 120 rpm에서 100 rpm, 80 rpm으로 떨어뜨리면 흘수가 깊고, 프로펠러를 선미에 충분히 배치, 가능할 경우에는 소요 마력을 각각 92%, 84% 정도로 감소시키는 것이 가능해진다.

한편, 중속 디젤 기관과 증기 터빈 기관에서처럼 감속 기어가 붙은 주기관의 경우에는 프로펠러의 회전수를 추진 효율상 가장 유리한 점으로 정하면 소요 마력을 감소시키는 것이 어렵지 않다.

최근에는 종래의 프로펠러와 직결해서 사용하던 저속 디젤 기관에도 감속 기어를 장비해서 프로펠러 회전수를 낮추는 것이 채용되고 있다. 그러나 프로펠러의 회전수를 떨어뜨려 추진 효율을 높이는 것도 한도가 있다.

이렇게 하는 것은 연속 최대출력에 있어서 프로펠러의 회전수를 떨어뜨리면 프로펠러의 지름이 커지기 때문에 선미에 배치할 수 없게 되거나, 선미관 축수와 감속 기어의 구조에 불합리한 점이 발생할 수도 있기 때문이다.

표 2-3은 재하중량 150,000톤인 배에 있어서 주기관별 연료 소비량을 비교, 검토한 것이다.

표 2-3 주기관별 연료 소비량의 비교(수치는 전부 C중유 환산값을 나타냄.)

주기관의 종류	저속 디젤	중속 디젤	증기 터빈	비 고
주기관 출력 MCR×rpm NOR×rpm	30,000×120 27,000×116	25,500×80 22,950×77	25,000×80 22,500×77	디젤의 경우에는 B.H.P., 증기 터빈 기관의 경우는 S.H.P.로 표시한다. 따라서 중속 디젤 기관과 증기 터빈 기관에서는 수치가 약간 다르다.
연료 소비율(g/PS · hr)	160	150	207	
상용 출력에 있어서 연료 소비량(ton/일)	103.7	82.6	111.8	
연료 소비율(g/PS · hr)	0.9	1.0	–	증기 터빈 기관의 경우에는 대단히 적기 때문에 0으로 한다.
윤활유의 C중유 환산 소비량(ton/일)	4.1	3.8	–	윤활유의 C중유에 대한 환산비를 7로 한다.
합 계(ton/일)	107.8	86.4	111.8	

항해 속력이 일정한 조건에서 주기관을 저속 디젤 기관, 중속 디젤 기관, 증기 터빈 기관으로 할 때에 1일당 연료 소비율을 계산하는 경우도 있다. 저속 디젤 기관과 증기 터빈 기관을 비교하면 1마력당의 연료 소비율은 증기 터빈 기관 쪽이 30% 정도 많다. 그러나 증기 터빈 기관의 경우에는 감속 기어에 의해서 프로펠러의 회전수를 저속 디젤 기관보다 40 rpm 정도 낮출 수 있으므로, 주기관의 연속 최대출력을 약 16% 감소시키는 것이 가능하게 되었다. 그러므로 연료 소비량은 어느 쪽도 큰 차이는 없다.

현재까지 건조된 V.L.C.C.(Very Larged Crude Carrier)와 U.L.C.C.(Ultra Larged Crude Carrier)에 대부분 증기 터빈 기관이 채용되어 있는 것은 V.L.C.C.와 U.L.C.C.의 경우 흘수가 깊고 프로펠러의 회전수를 80 rpm 전후로 낮추는 것이 가능하여 앞에서 설명한 것과 같이 연료 소비량에서 저속 디젤 기관에 손색이 없으며, 또 기관실의 길이가 저속 디젤 기관의 경우보다 단축할 수 있기 때문에 배의 길이도 짧아지게 되는 것이 가능하다.

한편, 중속 디젤 기관과 저속 디젤 기관을 비교할 경우, 1마력당 연료 소비율은 중속 디젤 기관 쪽이 유리하다. 또한, 감속 기어에 의해서 회전수를 낮추기도 하고 주기관의 소요 마력도 낮출 수 있기 때문에 연료 소비량은 중속 디젤 기관이 가장 유리하다.

4. 기관실의 용적과 중량 및 위치

(1) 기관실의 용적과 중량

선박의 추진 기관은 기관실의 용적과 중량이 적은 것을 희망하게 된다.

이것은 추진 기관의 종류에 따라서 어떤 기관을 선택하느냐에 따라 큰 차이가 생길 것이다. 기관실의 용적은 항공 전용형 가스 터빈 기관, 증기 터빈 기관, 중속 디젤 기관, 저속 디젤 기관의 순서로 크다.

기관의 중량에 관해서는 항공 전용형 가스 터빈 기관, 중속 디젤 기관, 증기 터빈 기관, 저속 디젤 기관의 순서로 크게 되지만, 증기 터빈 기관과 감속의 기어가 붙은 디젤 기관과는 큰 차이가 없다.

경우에 따라서 배의 추진 기관은 용적, 중량이 적어진다면 유리하다고 생각하는 일반적인 개념이지만, 그 추진 기관의 금액(cost)과 연료비, 유지비를 생각해서 운항 채산을 고려해 본다면 어떤 것이 유리한지 판정하기는 매우 힘들고, 또 거의 불가능하다.

예로서, A형, B형의 두 가지 추진 기관이 있다고 하자. A형의 것이 기관실의 용적과 중량이 적다고 한다면, 배의 재하중량, 용적과의 운임 수입에 있어서 직접 관계되는 능력, 즉 운반량(earning capacity)이 일정할 경우에는 A형의 추진 기관을 채용한 쪽이 운반량을 조금 줄여 설계하는 편이 유리하다. 또한, 운하, 수로 등의 제한으로 배의 최대 치수가 제한을 받을 경우에는 기관실의 용적, 중량이 적은 쪽, 즉 운반량을 많게 잡아 배를 설계하는 것이 좋다.

기관부의 건조 금액과 소요 연료비 등의 운항 금액이 A형과 B형이 같다고 하면, 혹은 B형보다 A형의 것이 저렴하다고 하면 어떠한 경우에도 A형을 채용하는 것이 운항 채산상 유리하다. 그러나 A형의 것이 B형보다 고가일 경우에는 배의 치수를 적게 하는 것으로 금액 절감 혹은 운반량을 증가시킨다. 따라서 채산성을 좋게 하여 A형을 채용할 경우에 금액의 상승을 흡수하게 된다면, 기관실의 용적과 중량이 적게 되는 장점은 생기지 않아 A형을 채택하는 의미가 없게 된다.

(2) 기관실의 위치 선정

기관실의 위치는 보통 중앙 또는 선미에 배치하는 것이 일반적이다.

중앙 기관실 선형과 선미 기관실 선형의 불리한 점에 대해 간단히 요약하면 다음과 같다.

[중앙 기관실 선형의 불리한 점]

㈎ 축로(shaft tunnel)로 인한 구조 부재의 중량이 유효 화물 중량을 감소시킨다.
㈏ 축로로 인한 화물 적재 용적이 감소된다.
㈐ 축로로 인한 하역 능력이 떨어진다.

[선미 기관실 선형의 불리한 점]

㈎ 경하 및 만재 상태에 있어서의 선수(trim by the head) 및 선미(trim by the stern) 트림의 조정이 곤란하다.
㈏ 항해 상태에서 조종상 시야가 좋지 않다.

이와 반대로 잇점도 많다. 선미 기관실 선형은 화물창 용적이 증가되며, 중앙 기관실 선형에서는 경하 및 만재 상태와 밸러스트 항해 상태에서의 트림 조정이 쉽다.

건조선의 대부분을 차지하는 대형 화물선의 선미 기관선화 경향에서 문제되는 것은, 밸러스트 항해시 기관의 중량으로 선미 트림이 되어 선수부가 수면으로 나오므로, 황천 항해시 직진 운항이 곤란하여 선수창(fore peak tank, F.P.T.)이 커지거나 그에 인접한 심수창(deep tank)을 설치해야 한다든지, 선수 부분의 이중저를 특히 깊게 해서 전후부의 흘수를 균형 있게 유지하도록 개선할 대책을 세워야 하는 것 등이다.

동질화물(homogeneous cargo)의 만재시에 특히 선수 트림이 되므로, 이것을 개선하기 위해 배의 중앙부보다 후방을 반드시 저선미루 갑판형(raised quarter deck)으로 하거나 장선미루 갑판(long poop)으로 해서 화물 탑재 배치의 균형을 고려해야 하기 때문에, 동질의 화물 만재시에는 대개 등흘수(even keel)가 되게 설계해야 한다.

그러므로 선미 기관선은 중앙 기관선에 비해 화물 용적(cargo capacity)이 5~7% 증가하게 되므로 배의 사용 가치가 아주 높으며, 중앙부에 대형 화물을 탑재할 수 있다. 또, 갑판은 최대형 중량 화물의 갑판 적재에 적당하므로 보통 배보다도 높은 운임률을 얻을 수 있으며, 채산상 아주 유리하게 된다. 한편, 축로(shaft tunnel)와 축(shafting), 그리고 축수(bearing)가 필요 없으므로 중량과 선가가 감소하게 된다.

최근에 건조되는 철광석 운반선(ore carrier)에서 유조선(oil tanker)과 같은 형식의 사이드 탱크(side tanks)가 있는 배는 문제 없지만, 석탄 운반선(coal carrier)과 유사한 구조의 철광석 운반선에 곡물류(grains) 등의 동질화물을 적재할 경우, 선수 트림의 곤란한 실례가 있다. 따라서 유조선에서도 선수창에 인접한 밸러스트 심수조를 검토해서 선수 트림으로 되는 문제는 배의 위험한 복원 성능이나 강도의 취약점 문제보다 중대한 결과로는 되지 않지만, 조선설계 기사로서 새로운 배의 일반 배치도를 계획할 때 배의 상태에 대해서 양호한 트림을 얻을 수 있도록 세밀하게 설계해야 한다.

선미 기관 화물선에 대해서는 단층 갑판선에서와 같이 저선미루 갑판선(raised quarter deck ship)으로 한다면 만재 상태에서 양호한 트림을 얻을 수 있으나, 밸러스트 항해에 대해서 선수 밸러스트 선수창을 크게 하여 후부 설치 기관과 후부 갑판실의 중량 및 밸러스트를 포함시킬 필요가 있다. 상갑판 위의 선미루, 선교루를 연속시켜서 제2갑판 용적을 만들어 저선미루 갑판의 경우보다 트림 조정이 쉽게 그림 2-1(a)와 같이 복갑판선(well deck ship)으로 하여 대형선화로 상갑판 아래에 main deck(2nd deck)을 증설한 이층 갑판선, lower deck(3rd deck)을 설치한 3층 갑판선으로 발전했고, 계속해서 장선미루(long poop)와 선수루를 연속시킨 전통 선루선(complete superstructure ship)으로 발달해서 그림 2-1(b)와 같이 톤수 감톤 개구를 설비한 open shelter deck ships과 톤수 감톤 개구를 폐쇄한 closed shelter deck ships이 출현해서 현재에 이르고 있다.

중량물을 운반하기 위한 목적으로 전통 최상층 갑판 위에 선루와 갑판실을 설치해서 closed shelter deck ship과 동등한 강력을 가지는 소위 삼도형선이 중앙 기관형선으로 건조되고 있었지만, 근래에 이르러 중량물 운반선을 선미 기관선으로 long cargo hatch clear upper deck space를 이용한 특종 화물선을 만들어 채산성을 향상시킨 선주도 있다.

목재 운반선과 같은 1층 갑판선에서 상갑판 위의 위벽에 긴 목재를 갑판에 적재하는 배에서는 중앙 기관선으로 하는 편이 트림 관계상 좋다고 생각되지만, 선미 기관선으로 해서 clear upper deck을 희망할 경우에는 화물창과 상갑판 위에 긴 화물을 만재했을 때 트림 계산을 명확히 할 필요가 있다.

표 2-4 차량 갑판선의 초기 설계표

구 분		A	B	C	D	E	F	G	H	J
V(항해)	(kn)	20.0	17.0	16.0	15.0	13.5	12.5	11.0	10.0	10.5
$V/\sqrt{L}$		0.87	0.727	0.732	0.74	0.734	0.735	0.737	0.741	0.854
L_{WL}	(ft)	546	563	490	422	349	297	229	187.5	156.3
L_{BP}	(ft)	525	540	470	405	335	285	220	180	150
L	(ft)	530	545.4	474.6	409	338.4	288	222.1	181.75	151.5
B_{MLD}	(ft)	72.2	72.2	67.2	60.0	52.5	46.0	40.0	35.0	30.0
D_{MLD}(차량 갑판까지)	(ft)	43.6	44.6	41.0	36.7	32.0	28.5	24.7	21.5	18.5
건현	(ft)	13.1	13.6	11.0	9.1	8.7	8.0	7.0	6.5	6.0
d_{MLD}(갑톤 개구 폐쇄)	(ft)	30.5	31.0	30.0	27.0	23.3	20.5	17.7	15.0	12.5
d_{MLD}(갑톤 개구 개방)	(ft)	27.0	27.5	26.7	24.0	20.6	18.0	15.4	12.8	10.5
$C_B(L_{BP})$		0.62	0.685	0.683	0.68	0.67	0.66	0.65	0.64	0.63
L_{BP}/B		7.27	7.48	7.0	6.75	6.38	6.20	5.5	5.14	5.0
L_{BP}/D		12.05	11.58	11.47	11.25	10.47	10.00	9.57	9.0	8.11
B/D		1.656	1.655	1.640	1.635	1.640	1.615	1.620	1.620	1.622
B/d(갑톤 개구 폐쇄)		2.37	2.38	2.24	2.222	2.235	2.245	2.260	2.333	2.40
D/d(갑톤 개구 폐쇄)		1.430	1.440	1.367	1.360	1.362	1.390	1.395	1.422	1.480
만재 배수톤(갑톤 개구 폐쇄)	(LT)	20,470	23,640	18,450	12,740	7,760	5,060	2,890	1,726	1,012
Ⓜ$=L_{WL}/\nabla^{1/3}$		6.05	5.99	5.65	5.50	5.37	5.25	4.890	4.760	4.750
$C_{⊠}$		0.98	0.985	0.985	0.985	0.983	0.983	0.980	0.980	0.980
$C_P(L_{BP})$		0.633	0.6955	0.6935	0.691	0.682	0.672	0.6635	0.653	0.643
$C_W(L_{BP})$		0.740	0.810	0.805	0.800	0.795	0.795	0.790	0.785	0.780
$C_{VP}(L_{BP})$		0.838	0.846	0.849	0.850	0.843	0.830	0.823	0.8155	0.808
$C_R(L_{BP})$		0.856	0.859	0.861	0.864	0.858	0.845	0.840	0.832	0.824
i		0.048	0.0565	0.0558	0.0550	0.0543	0.0545	0.0539	0.0532	0.0524
$m=i/C_B(L_{BP})$		0.07745	0.0825	0.0818	0.0809	0.0811	0.0826	0.0830	0.0832	0.0832
GM	(ft)	3.2	3.45	3.30	3.00	2.40	2.00	1.60	1.40	1.10
$g=\dfrac{KG}{D(\text{차량 갑판까지})}$		0.615	0.61	0.615	0.610	0.620	0.625	0.630	0.635	0.64
$KG=gD$(차량 갑판까지)	(ft)	26.80	27.20	25.20	22.40	19.85	17.80	15.57	13.65	11.85
$KM=KG+GM$	(ft)	30.00	30.65	28.50	25.40	22.25	19.80	17.17	15.05	12.95
$B=\sqrt{\left(KM-\dfrac{d}{1+C_{VP}}\right)\cdot\dfrac{d}{m}}$	(ft)	72.2	72.2	67.2	60.0	52.5	40.15	40.0	35.0	30.1

이상과 같이 선루에 의한 선형의 분류로서 성능 및 화물과 추진 기관에 따라 특정한 선형 구별은 매우 힘들고, 대형화에 의한 최근 설계 및 건조선의 동향으로 보아도 향후에 개발될

선형에서 어떤 선형이 유리하다고 확실하게 말하기는 다년간 설계업무에 종사해 온 저자도 예측하기 어렵다.

그러나 확실하게 말할 수 있는 것은 앞으로 원자력 추진 기관을 이용한 배의 시대가 온다면, 어떤 예술적 감각과 배의 경제성을 개선시켜 영구히 지속시킬 수 있는 것으로는 화물선 중에서 유조선, 철광석 운반선, 어떤 특수 화물선과 이외의 선박에 대해서는 중앙 기관실형 또는 중앙 갑판실 유형의 선미 기관실(aft engine room)화의 선형일 것이라고 생각한다.

표 2-5 삼도형선과 저선미루선의 초기 설계표

구 분	삼도형선				저선미루선				
	A	B	C	D	A	B	C	D	E
V(항해) (kn)	17.0	16.0	15.0	13.5	12.5	11.0	10.0	10.5	9.0
V/L	0.727	0.732	0.740	0.734	0.735	0.737	0.741	0.854	0.882
L_{WL} (ft)	563	490	422	349	297	229	187.5	156.3	104
L (ft)	545	475	409	338.4	288	222.2	181.8	151.5	101
L_{BP} (ft)	540	470	405	335	285	220	180	150	100
B_{MLD} (ft)	72.2	67.2	60.0	52.5	45.0	40.0	34.0	28.0	21.0
D(제 2 갑판까지) (ft)	31.5	28.5	25.0	20.0	—	—	—	—	—
D(상갑판까지) (ft)	40.5	37.0	33.0	28.0	23.0	20.0	16.5	14.0	10.0
D(저선미루 갑판까지) (ft)	—	—	—	—	27.0	24.0	20.5	17.0	12.5
D(선루 갑판까지) (ft)	48.5	45.0	41.0	36.0	—	—	—	—	—
d_{MLD} (ft)	31.0	30.0	27.0	23.3	22.0	19.25	15.75	13.4	9.5
L_{BP}/B	7.48	7.0	6.75	6.38	6.2	5.5	5.3	5.36	4.76
L_{BP}/D(상갑판까지)	13.35	12.70	12.275	11.97	12.40	11.0	10.92	10.72	10.00
L_{BP}/d	17.425	15.675	15.0	14.38	12.95	11.43	11.43	11.20	11.115
B/d	2.380	2.240	2.222	2.250	2.045	2.078	2.160	2.09	2.21
Ⓜ$=\frac{L_{WL}}{\nabla^{1/3}}$	5.99	5.65	5.50	5.37	5.21	4.78	4.75	4.76	4.48
C_B (L_{BP})	0.685	0.683	0.68	0.67	0.66	0.65	0.64	0.63	0.62
만재 배수톤(△) (LT)	23,640	18,450	12,740	7,760	5,320	3,145	1,760	1,013	357
$C_{⊠}$	0.985	0.985	0.985	0.983	0.983	0.980	0.980	0.980	0.980
$C_P(L_{BP})$	0.6955	0.6935	0.691	0.682	0.672	0.6635	0.653	0.643	0.633
$C_W(L_{BP})$	0.810	0.805	0.800	0.795	0.785	0.780	0.770	0.760	0.750
$C_{VP}(L_{BP})$	0.846	0.849	0.850	0.843	0.841	0.834	0.832	0.829	0.827
$C_R(L_{BP})$	0.859	0.861	0.864	0.858	0.856	0.849	0.848	0.846	0.844
$i=\frac{BMC_Bd}{B^2}$	0.0565	0.0558	0.0550	0.0543	0.0532	0.0526	0.0514	0.0501	0.049
$m=\frac{i}{C_B(L_{BP})}$	0.0825	0.0818	0.0809	0.0811	0.0826	0.0830	0.0832	0.0832	0.079
GM (ft)	3.45	3.30	3.00	2.40	2.60	2.30	2.00	1.80	1.10
$g=\frac{KG}{D}$	0.610	0.615	0.610	0.620	0.625	0.630	0.635	0.640	0.645
$KG=gD$ (ft)	27.20	25.20	22.40	19.85	16.86	15.125	12.70	10.24	7.74
$KM=KG+GM$ (ft)	30.65	28.50	25.40	22.25	19.46	17.425	14.70	12.04	8.84
$B=\sqrt{\left(KM-\frac{d}{1+C_{VP}}\right)\frac{d}{m}}$ (ft)	72.2	67.2	60.0	52.5	44.7	40.1	34.1	28.0	21.1

2.1.3 초기 복원 성능의 검토

복원 성능(復原性能)은 직접 인명의 안전에 관련되는 기본 설계상 중요한 문제로서 최근 복원성의 기준을 국제적으로 규정하려는 경향도 있으며, SOLAS에 이미 일부가 규정으로 정해져 있다. 복원성의 좋고 나쁨은 기본적으로 주요치수 또는 배의 배치에 따라 결정되는데, 특히 소형선일수록 복원 성능면에서 한계에 가까운 경우가 많기 때문에 그 주요치수의 결정은 충분한 주의가 필요하다.

1. 초기 복원력(Initial Stability)

선박설계를 계획할 때의 배의 복원성능은 비손상시 복원성능(initial stability)에 대해서 검토를 해야 한다. 정복원 성능(statical stability)을 초기 복원 성능이라 하며, 이는 미소각도 경사각인 15° 이내의 경사 모멘트를 받는 상태이다. 배가 미소 각도로 $\theta°$에서 가로로 경사된 경우 그림 2-4에서 정적 복원력($\triangle \times GZ$)은 다음과 같다.

$$\text{초기 복원력} : \triangle \times GZ = \triangle \times GM_T \times \sin\theta \quad \cdots\cdots (2\text{-}1)$$

여기서, WL, W_1L_1 : 직립했을 때와 경사시의 수선 K : 선체 중심선의 기점

B, B' : 직립시와 경사시 부심의 위치 G : 배의 중심 위치

M_T : 메타센터, B_1을 지나는 W_1L_1에의 수선과 선체 중심선과의 교점

Z : G로부터 B_1M_T에의 수선의 길이

$\triangle$: 배의 배수톤수

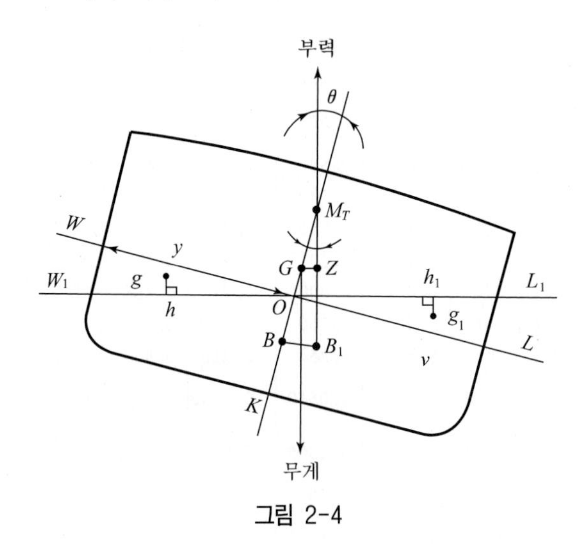

그림 2-4

가 된다. 이때에 $\theta°$를 라디안(RADIAN)으로 표시하여 1 RADIAN＝57.3°로 하면 $\sin\theta \fallingdotseq \theta$가 되고, 횡메타센터가 고정되어서 쉽게 검토할 수 있다.

정복원 성능은 보통 복원정에 대한 미소각도 경사 모멘트의 관계로서 정복원력 곡선(statical

stability curve)으로 판단하게 되며, 식 2-2에서 계산되는 횡동요주기(rolling period)에 직접 영향을 주기 때문에 너무 큰 값이 되어서는 안 된다.

$$T\ (\text{sec}) = \frac{2\pi \cdot k}{\sqrt{g \cdot GM_T}} \quad \cdots\cdots (2\text{-}2)$$

여기서, T는 횡동요 주기(sec)이고, k는 횡동요를 할 때에 관성 반지름(m)이며, GM_T는 횡메타센터 높이이고, g는 중력 가속도이다. 보통 화물선에서는 k의 값이 폭의 40% 정도 된다.

또한,

$$GM_T = KM_T - KG = (KB + BM_T) - KG \quad \cdots\cdots (2\text{-}3)$$

로서 식 2-3 식 중에서 BM_T는 다음과 같이 표시된다.

$$BM_T = \frac{I}{\nabla} \quad \cdots\cdots (2\text{-}4)$$

여기서, I : 수선(水線) 면적의 세로 중심선 주위의 관성 모멘트

∇ : 배수 용적

선내에 액체의 자유 표면이 있는 경우 겉보기의 중심 상승량 GG_O는,

$$GG_O = \left(\frac{\rho'}{\rho}\right) \times \left(\frac{i}{\nabla}\right) \quad \cdots\cdots (2\text{-}5)$$

여기서, ρ' : 탱크 내의 액체의 비중

ρ : 선체 외부의 액체의 비중

i : 탱크 내의 액면의 관성 모멘트

따라서, 선 내에 자유 표면이 있는 경우의 경사각 계산에는 GM_T 부터 GG_O를 뺀 G_OM_T를 사용한다. 또한 경사 모멘트(M_T)가 가해지는 경우의 경사각 θ는 다음과 같다.

$$\tan\theta = \frac{M_T}{\Delta \times G_0M_T} \quad \cdots\cdots (2\text{-}6)$$

2. 대각도 경사 복원력(Stability at Large Heel Angle)

대각도 경사 복원력을 그림 2-4에서 나타낸 복원정(GZ)을 동적 복원력이라고 하면

$$\text{동적 복원력} = \Delta \times (B_1Z - BG) = \Delta \int_0^\theta GZ \times d\theta$$

$$= \Delta \left\{ \frac{v(gh - g_1h_1)}{\nabla} - BG(1 - \cos\theta) \right\} \quad \cdots\cdots (2\text{-}7)$$

여기서, h, h_1 : 쐐기 모양 부분의 중심(重心), g, g_1에서 W_1L_1에 내린 수선(垂線)의 암(arm)
v : 쐐기 모양의 한쪽 용적

$$GZ = \frac{v \times hh_1}{\nabla} - BG \times \sin\ \theta \quad \cdots\cdots (2\text{-}8)$$

일정한 배수량 및 중심(重心) 위치로서 경사각에 대한 최대 복원암(GZ_M) 과 최대 복원암의 각도(θ_M), 복원성의 범위(θ_R), $\overrightarrow{ab}$ 는 (면적 oac)×△ 및 동적 복원력을 그림 2-5에 나타낸 복원력 곡선이다.

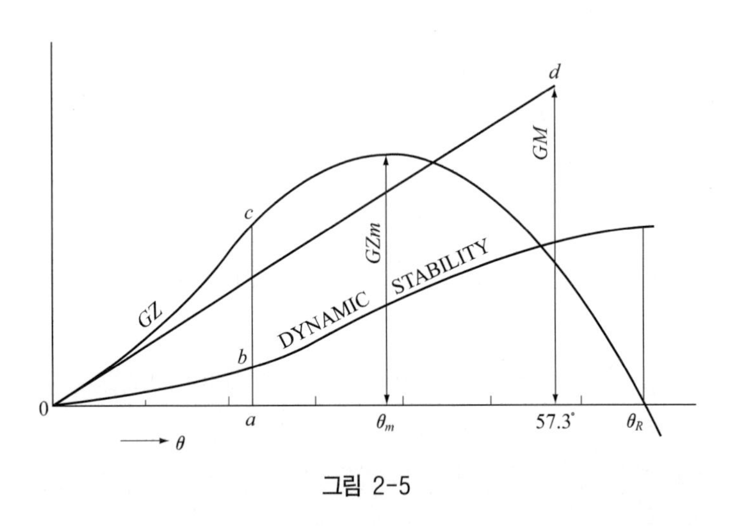

그림 2-5

복원력 곡선은 중심(重心) 위치를 일정하게 하고 경사각마다 각종 배수량에 대해 적분기 등에 의해 배수량 △와 중심선(中心線) 주위의 모멘트 M_T를 구하고, $GZ = \frac{M_T}{\Delta}$에서 크로스 커브(cross curve)를 만들어서 이것을 기초로 일정한 배수량의 대응점 및 중심 위치의 수정을 해서 구할 수 있다.

복원성 규칙은 선박설계를 할 때에 복원성을 규제하기 위하여 I.M.O.(international maritime organization, 국제해사기구)에서 각종 협약을 제정하고 있다.

이 규정의 종류에는 협약(convention), 규약(code), 결의문(resolution) 등으로 구분할 수 있다.

이들 중에서 선박설계를 할 때 복원성 검토를 위하여 주로 고려해야 하는 협약(convention)에는 S.O.L.A.S.(international conference for the safety of life at sea, 해상인명안전협약) 및 M.A.R.P.O.L.(international convention for the prevention of maritime pollution from ships, 해양오염방지를 위한 국제협약), I.L.L.C.(international convention on load lines, 국제만재흘수선 협약) 등이 있다.

이들의 적용 요건은 선박의 건조 연도, 선종, 선박의 제원(총톤수, 길이 등)에 따라 다르며, 이러한 협약 요건이 신조선뿐만 아니라 이미 운항 중인 선박에도 소급하여 적용되는 경우도 있다.

표 2-6 선형별 복원성 자료

	선종	선형	L_{BP} (ft)	$\frac{L_{BP}}{B}$	$\frac{L_{BP}}{D}$	$\frac{B}{d}$	C_B (L_{BP})	$C_{\boxtimes}$	C_W (L_{BP})	BM (ft)	$i=\frac{BMdC_B}{B^2}$	KG (ft)	$g=\frac{KG}{D}$	GM (ft)	KM (ft)	건현 (ft)	복원력 소실각
복원성 안정인 배	화물	폐쇄 차량형	475.7	7.48	11.78	2.123	0.683	0.985	0.812	11.19	0.0564	24.83	0.615	2.43	27.26	10.929	71.5
	화물	폐쇄 차량형	401.0	6.97	11.54	2.190	0.728	0.986	0.840	10.50	0.0601	21.25	0.612	3.08	24.33	8.50	72.7
	화물	삼도형	420.0	7.20	12.56	2.195	0.726	0.986	0.836	10.63	0.0601	22.22	(0.583) 0.6645	2.37	24.59	6.85	84.0
	화물	삼도형	377.0	7.05	12.78	2.190	0.730	0.989	0.834	9.51	0.0593	19.77	(0.599) 0.67	2.656	22.426	5.07	90.1
	화물	삼도형	344.5	6.69	13.125	2.310	0.713	0.986	0.831	9.67	0.0565	19.60	(0.637) 0.746	2.10	21.70	3.95	76.4
	화물	복갑판형	279.0	6.55	13.50	2.340	0.723	0.980	0.826	8.20	0.0592	15.72	(0.635) 0.760	2.21	17.93	2.46	69.1
	냉화	복갑판형	229.6	6.60	12.82	2.230	0.728	0.990	0.836	7.26	0.0653	12.53	(0.619) 0.708	1.705	14.235	2.13	85.5
	화물	복갑판형	170.5	5.78	12.10	2.260	0.712	0.977	0.833	5.80	0.0617	10.75	0.663	2.00	12.75	1.05	76.4
	화객	삼도형	160.7	5.66	13.32	2.355	0.560	0.942	0.796	6.49	0.0520	9.88	(0.61) 0.725	3.20	13.08	1.555	72.55
	기름	삼도형	630.0	7.24	13.85	2.530	0.789	0.990	0.866	17.93	0.0640	24.93	0.548	9.15	34.08	11.10	89.4
	기름	삼도형	607.0	7.34	13.85	2.482	0.768	0.988	0.846	16.43	0.0616	24.50	0.557	9.35	33.85	10.70	—
	기름	삼도형	548.0	7.49	13.59	2.350	0.760	0.989	0.849	13.62	0.0602	23.20	0.575	5.87	29.07	9.20	83.5
	기름	삼도형	534.5	7.62	13.82	2.317	0.761	0.989	0.848	13.09	0.0612	21.65	0.560	7.35	29.00	8.40	102.6
	기름	삼도형	505.0	7.54	13.25	2.272	0.761	0.988	0.851	12.03	0.0621	21.42	0.563	6.695	28.115	8.60	92.0
	기름	삼도형	315.0	6.49	12.48	2.230	0.739	0.988	0.836	8.62	0.0589	12.55	0.4975	7.545	20.095	3.50	111.
	기름	트렁크선	213.0	5.90	12.025	2.243	0.715	0.986	0.848	6.63	0.0586	12.33	0.696	3.05	15.38	1.62	81.7
	기름	삼도형	206.7	6.0	12.075	2.160	0.710	0.987	0.849	6.265	0.060	12.53	0.728	2.264	14.794	1.26	90.9
	구난예선	수루부평갑판형	151.0	4.34	9.40	2.546	0.618	0.925	0.836	8.63	0.0603	11.64	0.725	3.84	15.48	2.41	95.6
	항내예선	평갑판형	118.0	4.0	8.37	2.76	0.592	0.914	0.807	7.65	0.0555	9.38	0.665	4.43	13.81	3.40	78.6
	항내도선	평갑판형	45.0	3.75	9.00	2.751	0.624	0.951	0.876	5.65	0.0672	3.92	0.784	3.31	7.23	2.249	74.6
불안정한 배	화물	삼도형	377.0	7.05	12.78	2.22	0.727	0.988	0.833	9.71	0.0594	20.45	(0.617) 0.694	1.976	22.426	5.40	42.55
	객화도선	삼도형	236.0	5.45	14.38	4.13	0.612	0.972	0.788	14.43	0.0541	17.95	1.013	2.90	20.85	4.92	30.45
	기름	트렁크선형	216.5	6.11	11.90	2.194	0.706	0.986	0.822	6.33	0.0575	12.25	0.673	2.576	14.826	2.05	35.7
	유망어선	평갑판형	85.3	3.80	8.00	2.495	0.597	0.928	0.870	10.50	0.0628	9.65	0.905	1.565	10.215	1.67	35.0
	포경	평갑판형	151.0	5.12	9.03	2.025	0.55	0.860	0.82	5.97	0.055	12.23	0.732	2.61	14.84	2.16	57.5
	포경	평갑판형	151.0	5.31	9.60	1.928	0.572	0.888	0.82	5.11	0.0543	11.50	0.730	2.342	13.842	0.99	53.0

주 g 항의 ( ) 안 숫자는 삼도형선의 상갑판까지 선루의 높이를 평균으로 해서 배의 L_{BP}에 대한 깊이로 나눈 값

2.1.4 전통 갑판 층수에 의한 분류

전통 갑판 층수는 보통 화물선에서

(가) 삼도형 : 1～2층

(나) 차량 갑판형선 : 2～3층

으로 되어 있다.

화물창(cargo hold)이 너무 깊으면 적재된 화물 밑바닥의 포장 화물이 손상되기 때문에 보통 6.0 m 이하 정도로 규정하고 있다.

과실 등을 운반하는 배에서는 다층 갑판으로 하고, 기름, 석탄, 곡물(grain), 목재 등을 싣는 벌크 화물선에서는 파손될 염려가 없기 때문에 상갑판 아래의 갑판 층수를 1층으로 하여도 된다.

2.1.5 수송(transportation) 기능에 의한 분류

배의 기능(function) 및 용도별로 분류할 경우에는 그 방법이 여러 가지가 있겠지만, 배의 종류에는 대개 그 시대의 산업 구조와 경제 성장에 따른 수출 산업 제품 수송에 따라 변화하고 있으므로, 여기에 열거하지 않은 배의 종류도 많이 출현할 것으로 생각된다.

1. 용도에 의한 분류

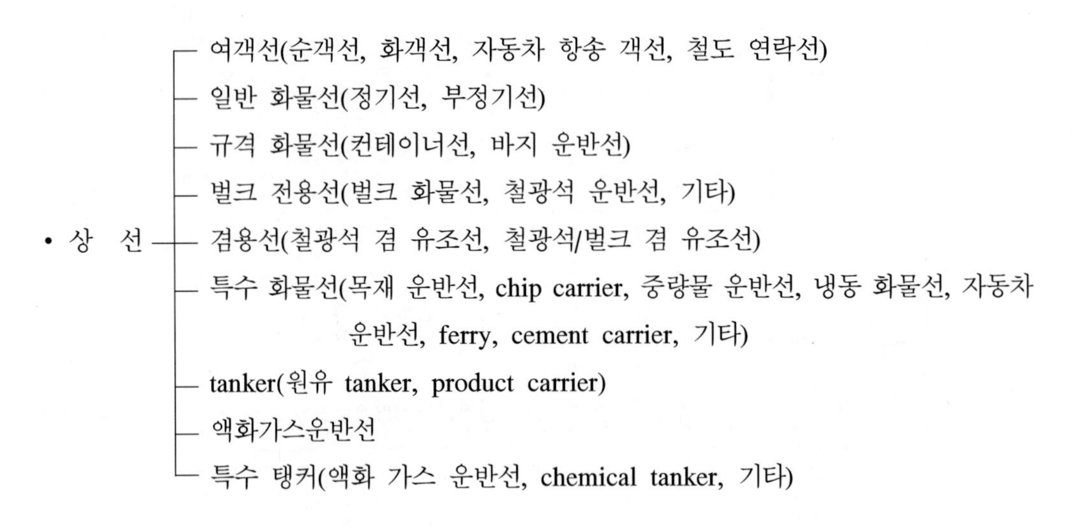

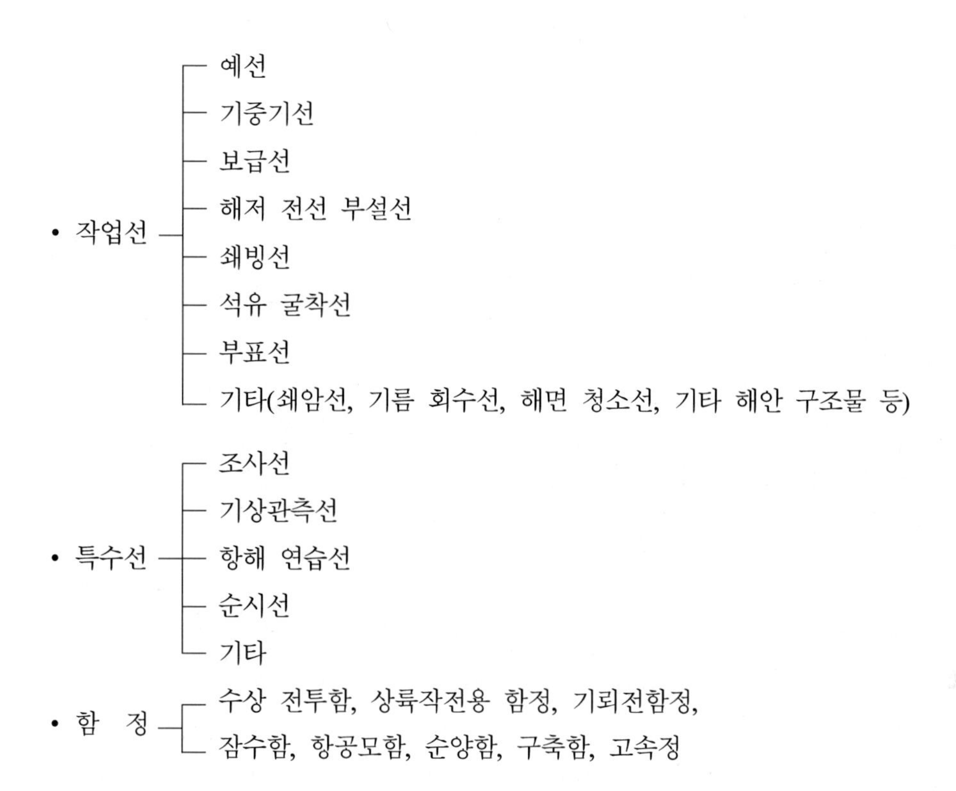
• 작업선
예선
기중기선
보급선
해저 전선 부설선
쇄빙선
석유 굴착선
부표선
기타(쇄암선, 기름 회수선, 해면 청소선, 기타 해안 구조물 등)
• 특수선
조사선
기상관측선
항해 연습선
순시선
기타
• 함 정
수상 전투함, 상륙작전용 함정, 기뢰전함정,
잠수함, 항공모함, 순양함, 구축함, 고속정

2. 기능에 의한 분류

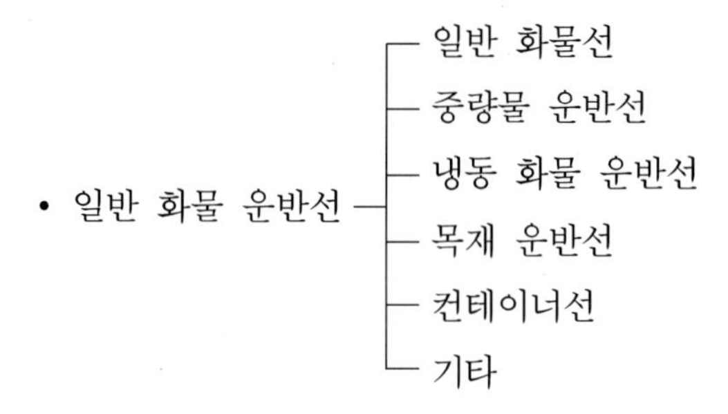
• 일반 화물 운반선
일반 화물선
중량물 운반선
냉동 화물 운반선
목재 운반선
컨테이너선
기타

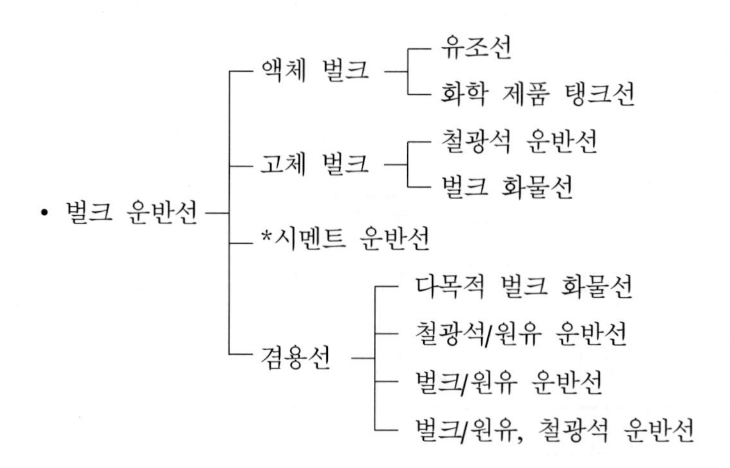
• 벌크 운반선
액체 벌크
유조선
화학 제품 탱크선
고체 벌크
철광석 운반선
벌크 화물선
*시멘트 운반선
겸용선
다목적 벌크 화물선
철광석/원유 운반선
벌크/원유 운반선
벌크/원유, 철광석 운반선

- 차량 운반선
  - 항양 차량 운반선
  - 자동차 도선
  - 자동차, 벌크 운반선
- 액화 가스 운반선
  - L.P.G. 탱커
  - L.N.G. 탱커
- 여객 운반선
  - 여객선
  - 화객선

2.1.6 배의 종류에 대한 분류와 그 특성

1. 여객선과 화객선

13명 이상의 여객을 실을 수 있고 객실 설비를 설치한 배를 법규상으로 여객선이라 부르고 있다. 여객선에는 여객만을 수송하는 여객선, 화물선에 13명 이상의 여객을 탑승시킨 화객선(cargo passenger ship), 도선(ferry-boat)을 겸한 자동차 항송 객선 등이 있다.

과거 대서양과 태평양을 횡단하며 활약하던 대형 고속 여객선도 있었지만, 항공기의 점보화에 쇠퇴하여 초호화 여객선인 퀸-엘리자베드호도 현재는 정선(停船)된 관광선에 지나지 않게 되었다.

이와 같이 여객선은 대양 횡단 정기선으로는 이용하지 않고 있으며, 연안 여객선, 관광선으로 관광지를 순유하는 순항선(cruising ship)으로 운항되고 있는 실정이다.

지중해 항로와 마이애미를 기점으로 하고 카리브해를 순유하는 그 대표적인 것으로서 14,000~20,000 G/T, 속력 20~30 kn인 새로운 여객선이 점차 투입되고 있다.

국제 항로에 종사하는 여객선은 복잡한 객실 설비를 갖추어야 하고, 여객의 안전을 생각하여 해상에 있어서의 인명 안전에 대한 국제 조약에서 요구하는 구명장치, 방화구조, 침수시 복원성 등을 만족시킬 필요가 있으며, 설계, 건조에 있어서 고도의 기술을 필요로 하고 있다.

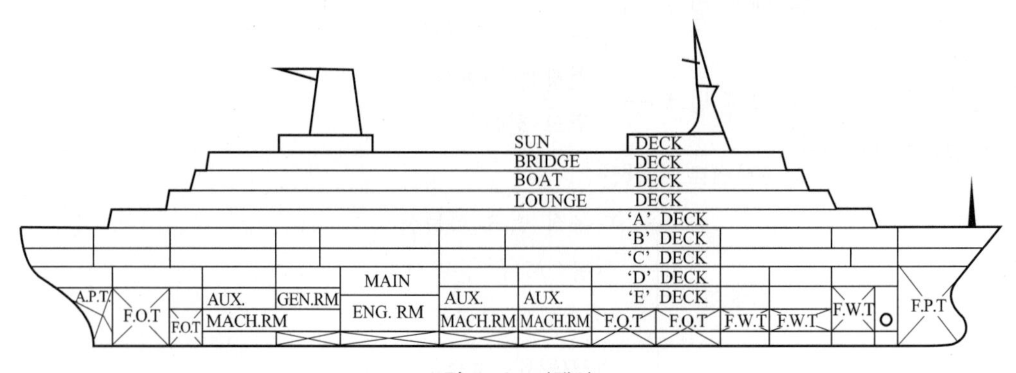

그림 2-6 여객선

관광을 목적으로 하는 순항선은 여객의 시야를 좋게 해주어야 하므로 식당, 수영장, 관광 상점, 오락실 등의 공유 면적을 충분히 갖추도록 고려되어야 한다.

여객 정원으로는 대양 횡단 여객선인 20,000 G/T 정도에서는 크게 잡아서 800명 정도이며, 연안 여객선인 2,000 G/T급의 내항 객선이 1,000명 이상의 정원으로 되어 있는 것에 비교할 때 어느 정도의 면적이 필요하다는 것을 알 수 있다.

또한, 화객선으로 정기 화물선에 13명 이상의 여객 설비를 설치한 배도 있다.

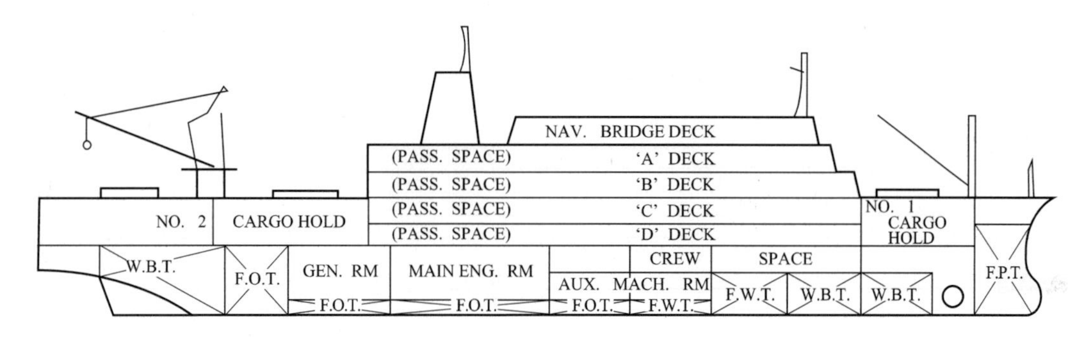

그림 2-7 화객선

표 2-7 여객선 요목 비교표

구 분		A 선	B 선	C 선	D 선	E 선
배 의 종 류		여 객 선	여 객 선	여 객 선	자동차 항송 여객선	자동차 항송 여객선
수선 간장(L_{BP})	(m)	145.00	137.33	115.00	170.00	106.00
폭 (형)	(m)	24.60	24.00	16.80	24.00	20.40
깊 이 (형)	(m)	9.60	9.00	6.40	15.60	8.00
만재 흘수 (형)	(m)	7.50	6.70	5.45	6.40	5.70
총톤수	(ton)	19,903	18,400	4,973	11,312	5,954
만재 배수톤	(ton)	15,685	11,806	5,858	13,528	5,921
경하중량	(ton)	12,320	8,655	3,939	9,697	3,940
재하중량	(ton)	3,365	3,151	1,919	3,831	1,981
여 객	(명)	767	870	1,280	1,124	1,010
차 량	(대)	—	—	—	트럭× 84 중형 승용차×208	트럭× 40 중형 승용차×111
주기관(종류×댓수)		geared diesel×4	geared diesel×4	geared diesel×2	geared diesel×4	geared diesel×2
연속 최대출력 (합계 마력)		18,000	18,000	18,000	26,080	11,160
시운전 최고 속력	(kn)	21.3	21.7	24.65	25.49	21.91
항해 속력	(kn)	20.0	21.0	23.0	24.0	19.0
승무원 수	(명)	301	300	70	90	78

2. 자동차 항송 객선

자동차 항송 객선(passenger car ferry)은 자동차와 여객을 동시에 수송하는 배로서 상갑판까지의 그 상부로 1~2층에 승용차를 탑재한다. 자동차는 선수미의 램프 게이트(ramp gate)로부터 운전에 의해서 소정의 위치로 탑재된다.

자동차 항송 객선은 이착안(離着岸)의 횟수가 많기 때문에 조종 성능이 신속해야 할 필요가 있으므로 선수에는 바우 스러스터(bow thruster)와 가변 피치 프로펠러를 비치하는 것이 보통이다.

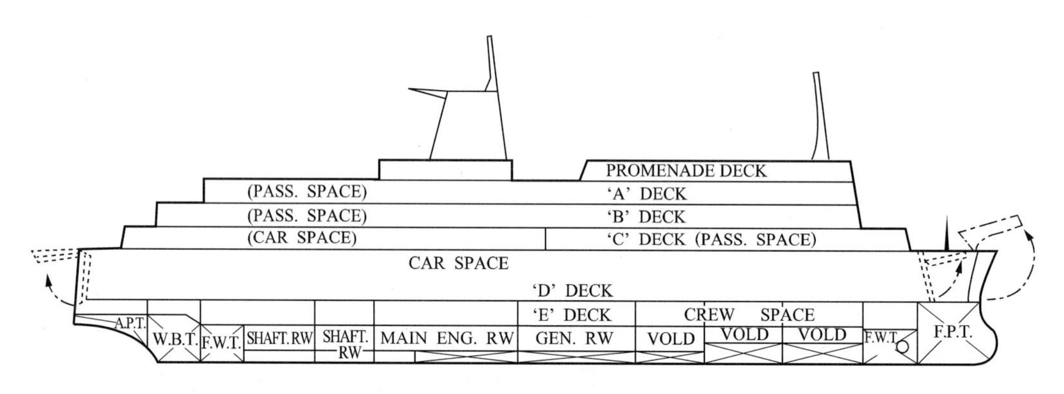

그림 2-8 자동차 항송 객선

또한, 자동차의 전도 방지 및 여객이 안전감을 느끼도록 핀 안정기(fin-stabilizer) 등을 설치하며, 자동차 항송 객선의 항해 속력은 일반적으로 20~26 kn의 고속이기 때문에 배의 크기에 따라 마력이 큰 디젤 기관을 사용한다.

3. 정기 화물선

정기 화물선(liner)은 잡화를 주로 하고 여러 가지 종류의 화물을 탑재하며 여러 항구를 기항하면서 하역을 하기 때문에, 강력한 하역 설비를 갖추어 하역 능률(port speed)이 높고 속력이 빠른 배가 요구된다.

그러므로 화물창, 갑판 층수를 증가시켜서 화물의 적재를 알기 쉽고 편리하게 하는 것이 잡화 하역의 능률을 향상시키는 것이 되며, 갑판 간의 높이, 화물창의 길이 등은 어떤 기준값 이상으로 할 필요가 있다.

예로서, L_{BP} 가 130.0~160.0 m인 정기선의 화물창은 5~6 구획으로 하며, 갑판을 2개 비치한 3층 갑판선이 일반적이다. 또, 하역 능률의 향상과 컨테이너 탑재의 편의를 고려해서 선체 중앙부는 2~3개의 창구로 하는 것이 보통이다.

흔히, 팰릿화한 화물(palletized cargo)을 지게차(fork lifter)를 사용해서 현측으로부터 직접 화물창으로 적재할 수 있도록 현측 재화문(side port)을 설치한 배도 많다.

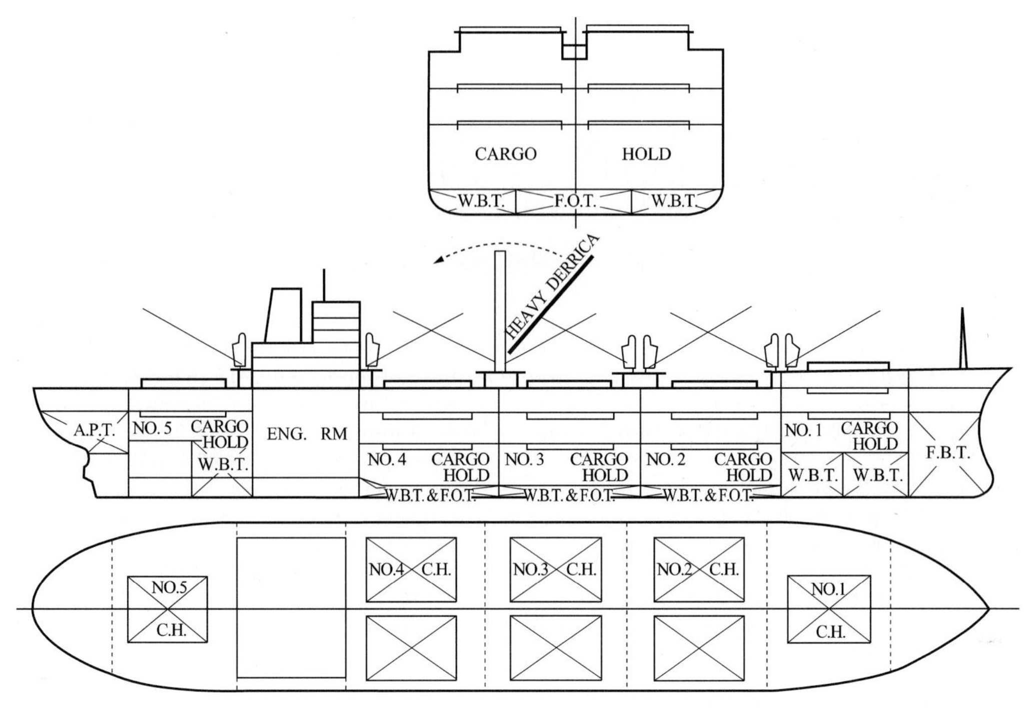

그림 2-9 정기 화물선

표 2-8 일반 화물선의 요목 비교표

구 분	A 선	B 선	C 선	D 선	E 선
선 종	정기 화물선	정기 화물선	정기 화물선	부정기 화물선	부정기 화물선
수선간장(L_{BP})(m)	147.00	159.20	164.00	134.112	134.112
폭 (형) (m)	22.40	25.40	24.00	19.812	20.422
깊이(형) (m)	13.75	15.90	13.90	12.344	11.735
만재 흘수(형) (m)	9.33	9.15	9.10	8.611	8.687
총톤수 (ton)	10,946	16,964	9,570	10,017	9,033
만재 배수톤 (ton)	19,064	23,490	20,713	18,051	18,484
경하중량 (ton)	6,444	9,230	8,533	4,042	3,600
재하중량 (ton)	12,260	14,260	12,180	14,009	14,884
bale 화물창 용적(bale)(m^3)	21,933	31,442	23,121	18,970	19,800
하역장치	boom 6 ton×12 boom 20 ton×2 크레인 16 ton ×2 크레인 5 ton×1	boom 10 ton ×18 boom 40 ton×4	boom 80 ton×1 boom 15 ton×2 boom 10 ton×4 boom 5 ton×6 크레인 15 ton ×2	boom 10 ton ×12	boom 5 ton×10
주기관(종류×댓수)	디젤×1	디젤×1	디젤×1	geared 디젤×1	디젤×1
연속 최대 출력 (마력)	12,000	16,000	18,400	5,130	5,500
시운전 최고 속력 (kn)	21.85		23.79	16.1	
항해 속력 (kn)	18.3	20.0	20.84	13.85	14.0
승조원수 (명)	45	31	41	31	46

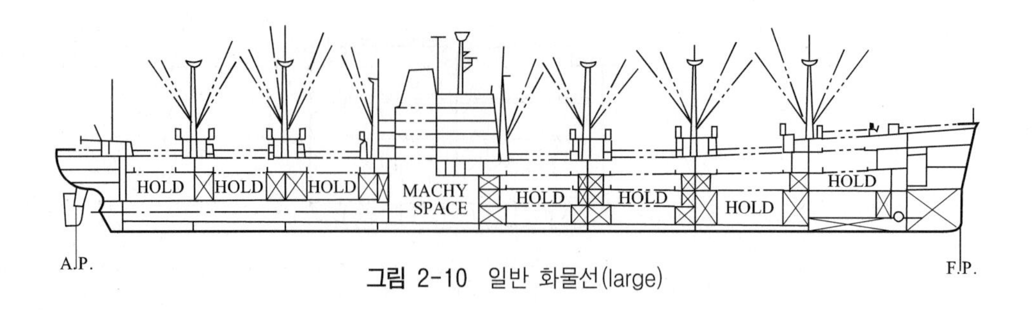

그림 2-10 일반 화물선(large)

전장(L_{OA})	184. 4 m(605. 0 ft)
수선 간장(L_{BP})	177. 5 m(582. 5 ft)
형 폭	25. 0 m(82. 0 ft)
형 깊이(상갑판 현측선까지)	14. 0 m(46. 0 ft)
형 흘수(구조 규정)	10. 7 m(35. 0 ft)
경하 상태(Light ship)	9, 787 ton
여객, 선원의 소지품 및 창고품	60 ton
연료유(Fuel oil)	3, 596 ton
청수(Fresh water)	608 ton
냉동 화물(Refrigerated cargo)	218 ton
액체 화물(Liquid cargo)	2, 377 ton
일반 화물(General cargo)	15, 349 ton
재하 중량(D. W. T.)	22, 208 ton
배수 톤수(구조 규정의 흘수에서)	31, 995 ton
화물 용적(bale)	30, 645 m³(1, 082, 207 ft³)
냉동 화물 용적(net)	618 m³(21, 839 ft³)
컨테이너 수(화물창 내)	325
컨테이너 수(상갑판 상)	84
여객의 거주 설비	12
선원의 거주 설비	41
기관축 마력(S. H. P.)	24, 000
선속(knots)	20. 8
4-날개 프로펠러의 지름	6. 7 m(22. 0 ft)
추진 기관(Double reduction geared turbine)	

하역 장치도 과거에는 데릭 붐(derrick boom)식이었으나 최근에 건조된 정기선은 갑판 크레인(deck crane)을 설치한 것이 일반적이다. 또한, 어느 정도의 중량물을 하역 가능하도록 30~80톤의 중량 데릭(heavy derrick) 장치를 설치한 배가 많다.

정기선은 항해 속력이 18~21 kn의 고속선이기 때문에 방형계수 C_B는 0.6 정도의 작은 값으로 설계되어 있다. 항해 스케줄(schedule)의 유지가 대단히 중요하므로 주기관 마력은 소정의 항해 속력에 대한 충분한 여유를 가지고 선정해야 한다.

4. 부정기 화물선

부정기 화물선(tramper)은 화물의 대부분이 철광석, 석탄, 곡류, 벌크 화물(bulk cargo) 등으로 탑재할 화물의 종류, 기항 횟수도 정기선에 비하면 적기 때문에 화물을 선내에 세분하여 적재할 필요가 없으며, 상갑판 아래에 중갑판을 1개 설치한 2층 갑판선이 많다.

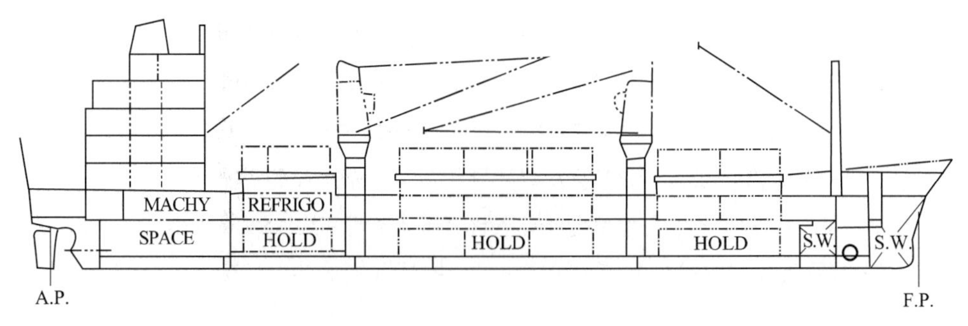

그림 2-11 일반 화물선(small)

전장(L_{OA}) ··· 89.9 m(295.0 ft)
수선 간장(L_{BP}) ··· 83.5 m(274.0 ft)
형폭(최대) ··· 13.7 m(45.0 ft)
형 흘수(만재 상태) ··· 4.5 m(14.8 ft)
형 깊이 ··· 6.7 m(22.0 ft)
계획 항해 속력(knots) ··· 13.75
기관축 마력 ··· 2800 ton
재하 중량(계획 형 흘수에서) ··· 2,062 ton
경하 상태 ··· 1,588 ton
배수 톤수(계획 형 흘수에서) ··· 3,650 ton
선원의 거주 설비 ··· 11
구획 계수 ··· 1.0
일반 화물(No. 1 & 2 화물창) ··· 3631 m^3(128,237 ft^3)
냉동 화물 용적(No. 3 화물창) ··· 678 m^3(23,938 ft^3)
연료유 탱크(tons) ··· 286 ton
청수 탱크(tons) ··· 11.5 ton
컨테이너 수(20′) ··· 74
총톤수 ··· 940
4-날개, 프로펠러의 지름 ··· —
추진 기관(Single diesel engine)

하역 설비, 항해 속력 등도 정기선에 비하면 뒤떨어진다. 그 이유는 부정기 화물선은 일반적으로 운임이 싼 화물을 운반하기 때문에, 정기선에 비하여 선가가 싸고 운항비가 싼 배가 요구된다. 그러므로 프리돔(freedom)선, SD-14선 등의 이른바 양산 표준형 배를 사용하는 것이 많다(표 1-3 참조).

최근 건조한 화물선은 종래의 포장 잡화, 벌크 화물뿐만 아니라 컨테이너, 팰릿 등의 이른바 규격 화물(unit-load)도 적재할 수 있도록 설계되어 있는 것이 많으며, 모든 것을 적재한다는 의미로 다목적 화물선(multi-purpose cargo ship, M.P.C.)이라고 부르기도 한다.

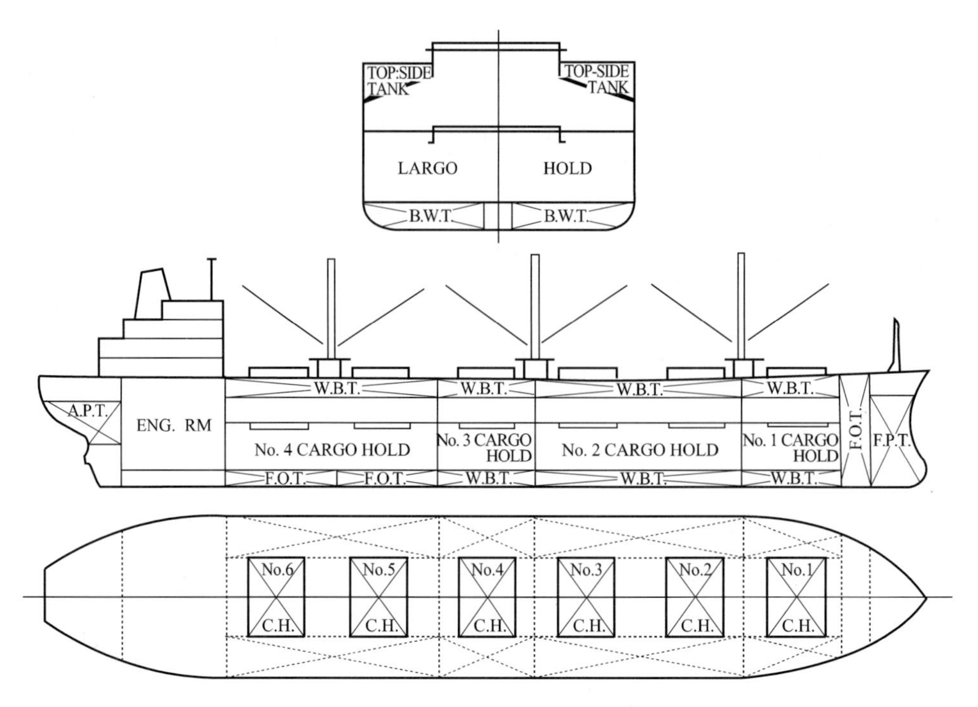

그림 2-12 부정기 화물선

5. 규격 화물 운반선

일반 잡화의 화물은 재래형의 정기선으로 수송되고 있지만, 재래형 정기선은 여러 종류의 잡다한 하역 장치를 가지고 화물을 취급하는 관계로, 하역 작업에 많은 사람과 시간이 필요하여 운항비 중에서 하역비가 많이 드는 단점이 있다. 이와 같은 문제를 해결하기 위해서 화물을 컨테이너, 팰릿, 바지 등을 이용하여 하역 자세를 통일할 목적으로(이와 같은 화물을 규격 화물이라 한다) 개발된 능률적인 수송 시스템을 개발할 필요가 있었다.

이와 같은 수송 시스템의 하나로 현재 급속히 발전하고 있는 것이 컨테이너선(container carrier)에 의한 수송 시스템과 바지 운반선(barge carrier)에 의한 수송 시스템이다.

(1) 컨테이너선 컨테이너의 치수는 국제 규격으로 I.S.O.의 규격에서 통일시키고 있는데, $8' \times 8' \times 20'$, $8' \times 8' - 6'' \times 20'$, $8' \times 8' - 6'' \times 40'$ 크기의 컨테이너가 일반적으로 많이 사용되고 있다.

컨테이너에 의한 수송 방식의 출현으로 하역의 기계화가 가능해졌고, 하역에 필요한 시간과 경비가 현저하게 감소했다. 또, 하역 시간의 감소로 어느 정도 화물의 수송 기간이 단축되어 컨테이너선을 재래형의 정기선에 비교해 보면, 항해 속력이 현저하게 빨라지고 선형도 대형화되었다.

컨테이너선은 하역 방식에 따라 리프트 온/오프식과 롤 온/오프식으로 분류되고 있다.

[컨테이너 규격 화물 시스템의 장점]

㉠ 수송의 근대화 : door to door service 체제

㉡ 하역 능률의 향상 : 하역비가 재래형 일반 화물선에 비해 1/10 정도 절감

㉢ 정박 일수의 단축과 운항 횟수의 향상

- 고속화의 촉진
- 경제성의 향상

㉣ 수송 화물의 톤당 운반 경비 절감

㉤ 화물의 안전 운송

- 화물의 파손율 저하
- 도난 방지
- 포장 불필요 및 간이화

㉥ 안전, 신속, 염가 운송의 원활

- 운송비의 절감

표 2-9 하역 능률의 비교표

항 목	일반 화물선 (G/T 10,000 톤)	컨테이너 500개를 적재한 컨테이너	비 고
화 물	7500 k/톤	20′ × 250개, 40′ × 240개	
시간당 하역량	15톤×60회×6 gang=540톤	15톤×30회×2크레인=900톤	
총 하역 시간	$\frac{7500톤}{540톤}$ = 13.9 hr	$\frac{500개}{60개}$ = 8.3 hr	
연 작업 시간	20명×6 gang×13.9 hr = 1,670 man-hr	10명×2크레인×8.3 hr =166 man-hr	1 gang=20명 1크레인=10명
하 역 비	1,670 man/hr/$1.0	166 man/hr/$1.0	

[컨테이너 수송의 대상이 되는 항로 조건]

㉠ 컨테이너화에 적당한 화물의 수송 수요가 많고 왕복항의 화물이 균형되어 있을 것

㉡ 항만 하역비가 높은 항로일 것

㉢ 항로 양단 지력에서 내륙 고통이 편리할 것

㉣ 항로의 길이가 너무 길지 않을 것

[컨테이너 수송의 문제점]

㉠ 자본의 지출이 크다(선가, 컨테이너, 항만 하역 부대 시설 등).

㉡ 시스템의 채산 유지에는 다량의 화물이 필요하다.

㉢ 터미널(terminal)의 컨테이너 기기 유지가 곤란하다.

㉣ 중량물의 화물 취급이 불가능하다.

㉤ 기항지의 제한 및 운항 일정의 변경이 곤란하다.

㉥ 적하량의 불균형에 대한 적응성이 약하다.

㉦ 빈 컨테이너(empty container)의 수송 단가가 비싸다.

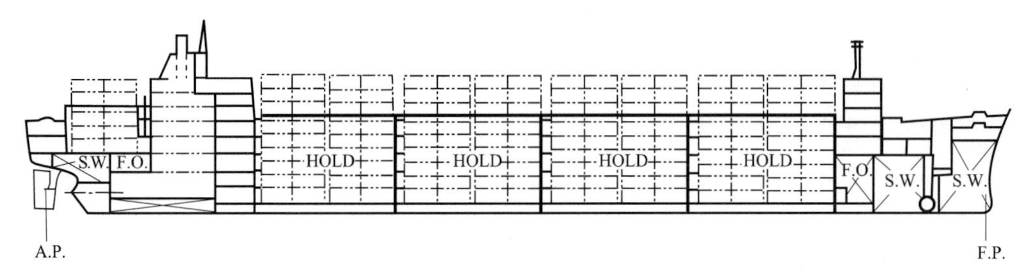

그림 2-13 컨테이너선(A)

전장(L_{OA})	186 m(610 ft)
수선 간장(L_{BP})	177 m(580 ft)
형 폭	23. 8 m(78 ft)
형 깊이(상갑판 현측선까지)	16. 6 m(54. 5 ft)
형 흘수(구조 규정의 만재 흘수)	9. 64 m(31. 5 ft)
경하 상태	7, 480 ton
선원의 소지품 및 창고품	50 ton
연료유	3, 380 ton
청 수	230 ton
일반 및 냉동 화물	10, 940 ton
재하 중량(D. W. T.)	14, 600 ton
배수 톤수(구조 규정의 만재 흘수)	22, 080 ton
화물 용적(bale); 20′ 컨테이너	27, 800 m^3(975, 840 ft^3)
냉동 화물 용적; 20′ 컨테이너	1, 795 m^3(63, 360 ft^3)
컨테이너(화물창 내)	612
컨테이너(상갑판 위)	316
선원의 거주 설비	42
기관축 마력	17, 500
선속(knots)	200
5-날개, 프로펠러의 지름	6. 56 m(21. 5 ft)
추진 기관(Double reduction geared turbine)	

Door to door service로 수송이 근대화가 이루어지고 규격화물 시스템의 장점과 같이 하역 능률의 향상으로 하역비를 절감할 수 있다. 또한 정박 일수의 단축과 운항 횟수가 증가될 수 있다. 뿐만 아니라 고속화가 촉진되고 경제성이 향상된다.

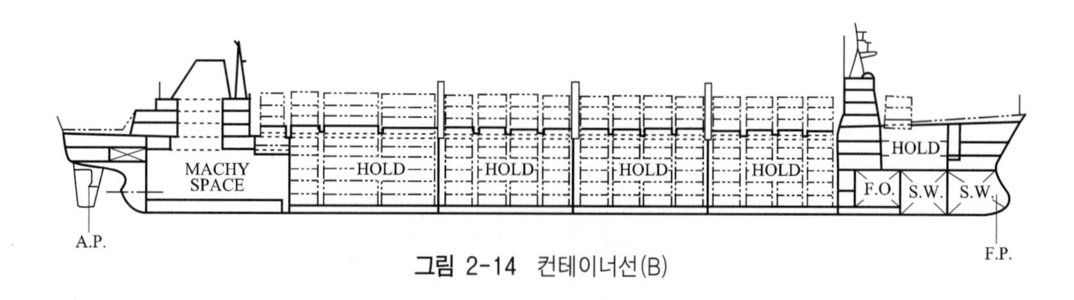

그림 2-14 컨테이너선(B)

전장(L_{OA})	220 m(719 ft)
수선 간장(L_{BP})	206 m(677 ft)
형 폭	29 m(95 ft)
형 깊이(상갑판 현측선까지)	16. 5 m(54 ft)
형 흘수(계획 만재)	10. 4 m(34 ft)
경하 상태	14, 574 ton
선원의 소지품 및 창고품	1, 100 m^3(38, 977 ft^3)
연료유	6, 943. 3 ton
횡요 방지 탱크(Anti-roll tank)	1, 790 ton
청 수	588. 7 ton
재하 중량(D. W. T.)	24, 126 ton
배수 톤수(계획 형 흘수에서)	38, 700 ton
화물 용적(bale); 35′ 컨테이너	23, 100 m^3 816, 340 ft^3
화물 용적(bale); 40′ 컨테이너	14, 000 m^3 484, 160 ft^3
35′-컨테이너 수(화물창 내)	394
40′-컨테이너 수(화물창 내)	178
35′-컨테이너 수(상갑판 위)	165
승무원 수(Basic manning)	37
선원의 거주 설비	39
기관축 마력	32, 000
속력(knots)	22. 8
6-날개, 프로펠러의 지름	6. 87 m(22. 5 ft)
추진 기관(Double reduction geared steam turbine)	

(2) 리프트 온/오프식 컨테이너 리프트 온/오프식(lift-on/off) 컨테이너선은 컨테이너를 안벽이나 배 위의 크레인으로 하역하는 방식을 채용한 컨테이너선이다.

컨테이너 화물창 내에는 셀 가이드(cell guide)라고 하는 앵글(angle)재로 조립되어 있고, 가이드 셀이 위아래로 설치되어 있어서 셀 가이드에 의해 격납된다.

컨테이너 1개의 규격 중량으로는 20′에서 18 LT, 40′에서 30′LT의 것을 적재할 경우에는 6단 정도에서 내구력이 유지되도록 설계되어 있지만, 통상 운항에서는 규정 중량 가득히 컨테이너가 6단으로 무겁게 쌓일 경우는 그다지 없기 때문에, 화물창 내에는 최대한 7단 적재하는 것으로 계획하는 것이 가능해졌다. 최소한 컨테이너의 강도가 약간 있어서 화물창 내의 9단 적재가 가능한 배도 있다. 또한, 컨테이너는 비, 바람에 견딜 수 있는 구조로 되어 있기 때문에 갑판 위에도 적재해서 수송할 수 있다.

갑판 위의 컨테이너는 선체 운동으로 인해 이동하지 않도록 와이어(wire)나 강봉을 이용하여 고박 장치(lashing equipment)로 선체에 견고하게 고정시킨다.

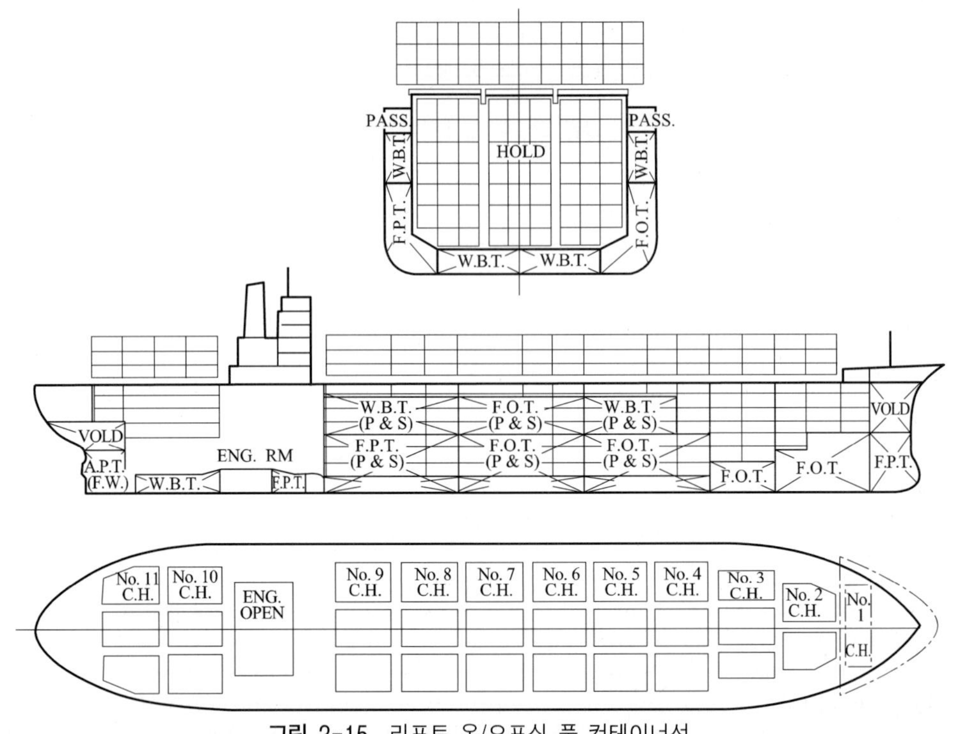

그림 2-15 리프트 온/오프식 풀 컨테이너선

표 2-10 리프트 온/오프식 컨테이너선 요목 비교표

구 분	A 선	B 선	C 선	D 선	E 선
선 종	풀 컨테이너선	풀 컨테이너선	풀 컨테이너선	풀 컨테이너선	풀 컨테이너선
수 선 간 장(L_{BP})(m)	116.70	175.00	224.96	252.00	274.32
폭 (형) (m)	22.20	25.20	30.00	32.20	32.26
깊 이 (형) (m)	10.80	15.30	19.20	24.40	24.60
만 재 흘 수 (형) (m)	5.70	9.70	10.70	12.00	13.00
총 톤 수 (ton)	3,300	16,529	21,838	30,424	58,889
만 재 배 수 톤 (ton)	10,200	25,455	41,270	59,629	73,642
경 하 중 량 (ton)	3,800	9,636	12,838	24,400	25,100
재 하 중 량 (ton)	6,400	15,819	28,432	35,229	48,542
컨테이너 적재 갯수 (20′환산)	506	716	1,632	1,824	2,296
주 기 관 (종류×댓수)	디젤×1	디젤×1	가스 터빈×2	디젤×3	터빈×2
연속 최대 출력(합계 마력)	7,800	23,000	59,420	84,600	80,000
시운전 최고 속력 (kn)	18.5	26.14	29.0	30.96	30.60
항 해 속 력 (kn)	16.0	22.8	26.0	27.48	26.0
승 무 원 수 (명)	21	36	29	37	41

리프트 온/오프식 컨테이너선의 창구 폭은 배폭의 80～86%에 달한다. 따라서 재래형 화물선에서는 많은 문제가 되어 왔던 선체의 열(捩, deflection) 강도가 대단히 중요한 요소로 되어 있다. 또한, 상갑판 위에 컨테이너를 쌓아두기 때문에 복원성의 확보가 중요하다.

컨테이너 전용선은 풀 컨테이너선(full container carrier)이라 부르며, 일반 화물선이 화물창 일부에 셀 가이드를 붙여 컨테이너 화물창으로 설치한 배는 세미 컨테이너선이라 부른다.

(3) 롤 온/오프 컨테이너선 롤 온/오프식(Roll-on/Roll-off) 컨테이너선은 컨테이너를 섀시(chassis)에 탑재해서 트레일러(trailer)로서 선미 또는 현측의 사도(斜道, ramp way)로부터 출입이 되도록 하거나 지게차(fork-lift)를 사용해서 하역하는 방식으로, 화물창 내에는 여러 층으로 된 갑판을 설치하여 트레일러 또는 지게차에 의해 적재하여 반입된 컨테이너는 고박금물(固縛金物)로 갑판 위에 고정하게 되어 있다.

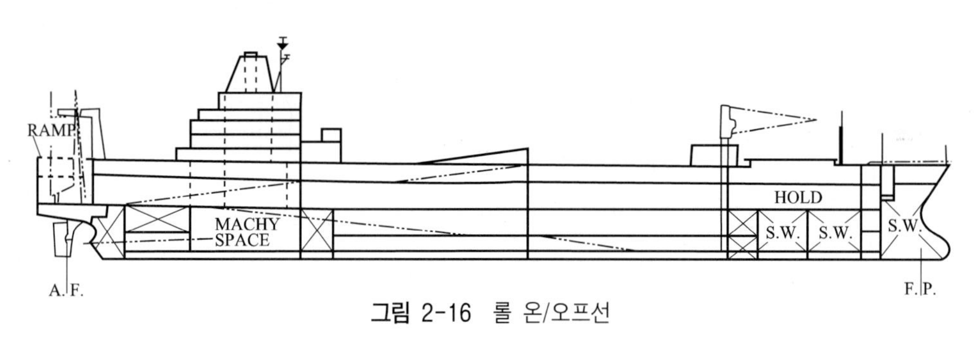

그림 2-16 롤 온/오프선

전장(L_{OA})	208.5 m(684.0 ft)
수선 간장(L_{BP})	195.1 m(640.0 ft)
형 폭	31.1 m(102.0 ft)
형심(A-갑판까지)	21.2 m(69.5 ft)
형심(B-갑판, 강력 갑판까지)	17.4 m(57.2 ft)
형 흘수(계획 만재)	9.8 m(32.0 ft)
흘수(구조 규정)	10.4 m(34.0 ft)
경하 상태	14,776 ton
액체 화물	802 m³(28,330 ft³)
연료유	3,465 ton
밸러스트수(해수)	6,749 ton
청 수	251 ton
재하 중량(계획 형 흘수에서)	18,989 ton
형 배수 톤수(계획 형 흘수에서)	33,640 ton
총 배수 톤수(계획 형 흘수에서)	33,765 ton
화물 용적(화물창 내 Bale)	55,416 m³(1,956,982 ft³)
화물 적재 면적(갑판의 램프 포함)	14,248 m³(153,360 ft³)
승무원 수	41
선원의 거주 설비(예비실 포함)	42
기관축 마력	37,000
속력(knots)	23.0
6-날개, 프로펠러의 지름	6.7 m(22.0 ft)
추진 기관(Double reduction, geared turbine)	

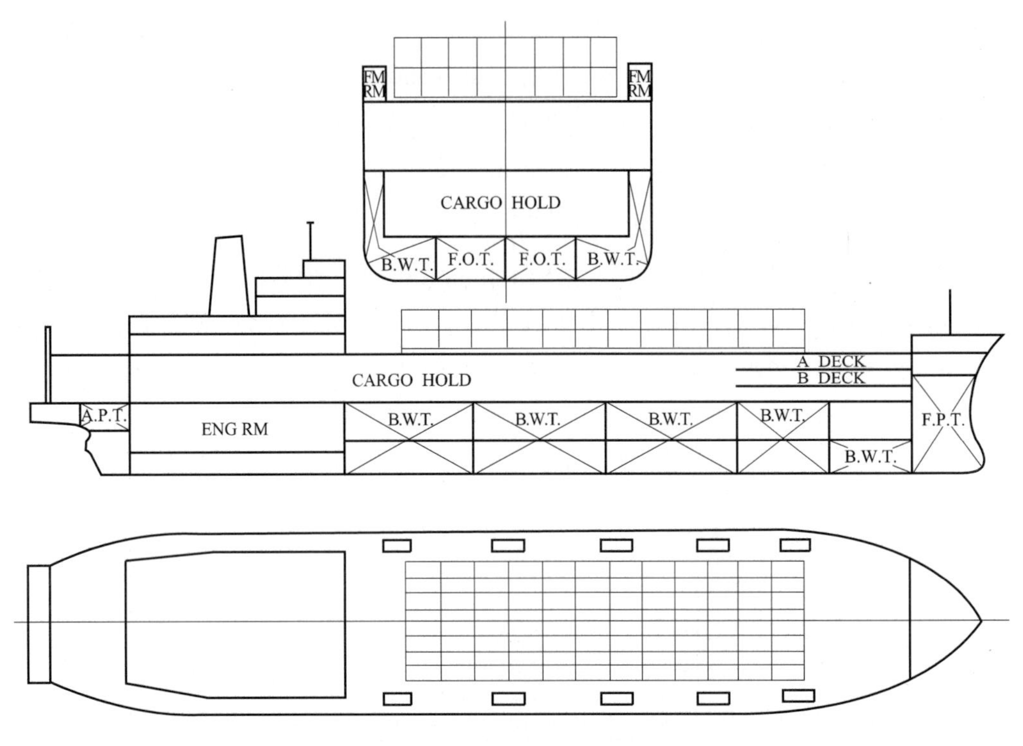

그림 2-17 롤 온/오프식 컨테이너선

표 2-11 롤 온/오프식 컨테이너선과 바지 탑재선의 요목 비교표

구 분	A 선	B 선	C 선	D 선
선 종	컨테이너선	컨테이너선	LASH	SEABEE
수 선 간 장(L_{BP})(m)	168.00	183.71	234.00	225.55
폭 (형) (m)	25.00	26.40	32.50	32.26
깊 이 (형) (m)	16.40	19.30	18.29	22.80
만 재 흘 수 (형) (m)	8.966	8.83	11.25	11.93
총 톤 수 (ton)	16,580	11,948	36,862	21,668
만 재 배 수 량 (ton)	22,529	28,000	63,014	58,207
경 하 중 량 (ton)	8,221	11,995	18,801	19,183
재 하 중 량 (ton)	14,308	16,005	44,213	39,024
재 화 능 력	20′ 601 개	20′ 569 개 40′ 222 개	바지 (372LTDW) 73 척	바지 (830LTDW) 38 척
하 역 장 치	—	—	갠트리 크레인 510 ton×1	리프트 2,000 ton×1
주기관(종류×댓수)	디젤×3	디젤×1	디젤×1	디젤×1
연속 최대 출력(합계 마력)	26,070	20,700	26,000	36,000
항 해 속 력 (kn)	21.5	21.5	17.16	18.6
승 무 원 수 (명)	39	41	49	40

폭로(暴露)갑판 위에 컨테이너는 리프트 온/오프식 컨테이너선에 비해서 선창의 이용을 어

느 정도 희생시키고 있기 때문에 차량의 통행에 필요한 화물창 내의 면적으로서 컨테이너 몇 개에 해당되는 것이 감소되지만, 보통 육상의 하역 설비가 필요 없으며, 컨테이너 이외에 자동차, 강재 등의 화물도 적재할 수 있는 잇점을 가지고 있다.

6. 바지 탑재선

바지 탑재선(barge carrier)에 의한 수송 시스템은 컨테이너 대신 바지를 사용하는 것으로서, 화물을 바지에 탑재한 다음 이것을 수면 위에 띄워 놓고 본선의 강력한 하역 장치를 이용하여 바지 그 자체를 들어 올려 화물창 또는 갑판 위에 적재해서 수송하는 시스템이다.

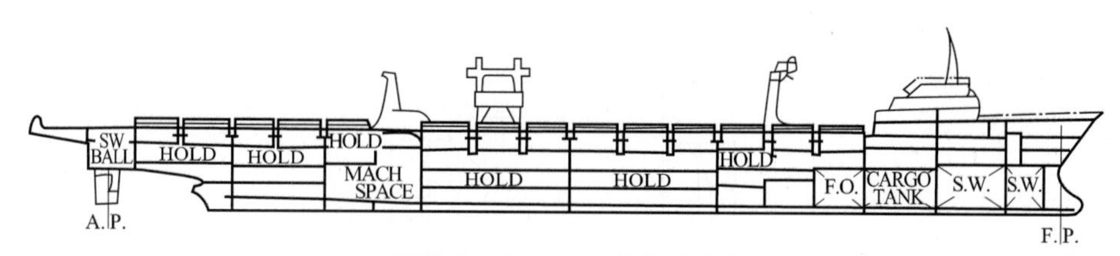

그림 2-18 Lash 바지 탑재선

전장(L_{OA}), 여유 14.6 m(48 ft 포함)	250.0 m(820 ft)
수선 간장(L_{BP})	220.7 m(724 ft)
형 폭	30.5 m(100 ft)
형 깊이(상갑판 현측선까지)	18.3 m(60 ft)
형 흘수(계획 만재)	8.5 m(28 ft)
형 흘수(구조 규정)	10.7 m(35 ft)
경하 상태	14,230 ton
청 수	669 ton
연료유	4,928 ton
횡요 방지 탱크	300 ton
액체 화물	1,149 ton
일반 화물(부선×61척, 척당×180 tons)	11,324 ton
총재하 중량(척당 길이, 28 ft)	18,420 ton
총배수 톤수	32,650 ton
일반 화물(부선×61척, 척당×375 tons)	22,924 ton
총재하 중량(척당 길이, 35 ft)	30,020 ton
총배수 톤수	44,250 ton
화물 용적, bale(61척) 34,348 m³	(1,213,000 ft³)
(부선, 49척 및 20 ft×344개 컨테이너) 38,716 m³	(1,367,260 ft³)
컨테이너(화물창 내)	180
컨테이너(상갑판 위)	164
선원의 거주 설비	46
기관축 마력	32,000
선속(knots)	22.5
5-날개, 프로펠러의 지름	7.0 m(23 ft)
추진 기관(Double reduction geared turbine)	

현재 실용화된 바지 탑재선에는 다음과 같은 종류가 있다.

(1) Lash선 바지는 D/W 370톤의 것이기 때문에 갑판 위에 설치한 주행 갠트리 크레인(gantry crane)에 의해 선미부에서 달아올려져 화물창 내 또는 갑판 위에 격납된다.

화물창 내에는 컨테이너선의 셀 가이드와 똑같은 가이드가 설치되어 바지를 화물창 내에 4단으로 격납시킬 수 있게 되어 있다.

갑판 위의 바지는 상자형(pontoon type)인 창구 덮개(hatch cover)의 상부에 2단으로 격납되며, 특수 금물(金物)을 사용해서 결박시킨다.

갠트리 크레인은 권상 능력이 약 500톤으로서 배가 움직여도 안전하게 바지를 하역 가능할 수 있도록 스웰 보강재(swell compensater)가 설치되어 있다.

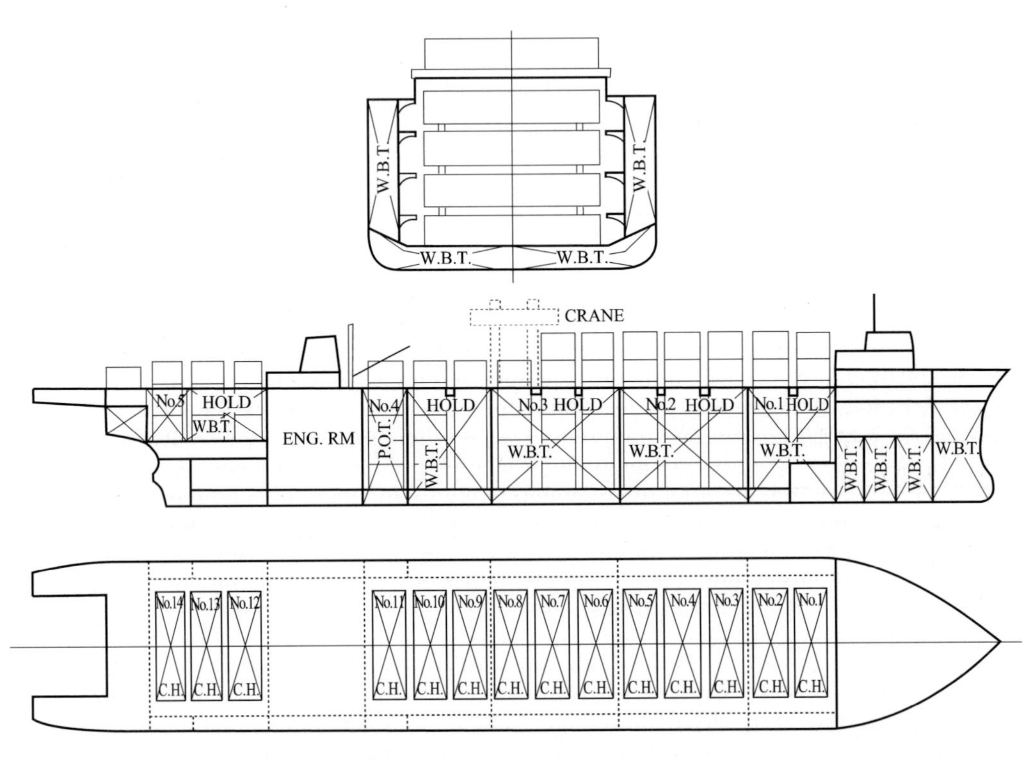

그림 2-19 Lash 바지 탑재선

(2) Seabee선 해면으로부터 바지를 끌어올리기 위해 크레인(crane) 대신 선미부에 싱크로 리프트(synchro-lift)라고 부르는 강력한 엘리베이터가 설치되어 있다.

싱크로 리프트의 용량은 2,000톤으로 D/W 850톤인 바지를 동시에 2척을 하역할 수 있으며 강력하다.

화물창 내에는 셀 가이드 대신에 3단의 바지 갑판을 설치, 특수한 장치에 의해 바지를 수평 방향으로 끌어들일 수 있게 되어 있다.

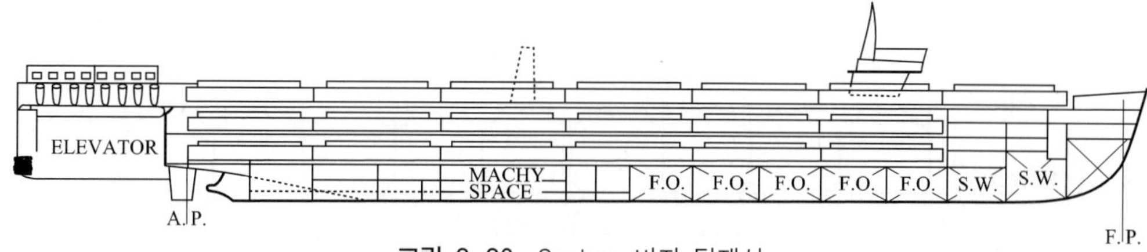

그림 2-20 Seabee 바지 탑재선

전장(L_{OA}), 여유 34.7 m(114 ft) 포함 ······266.4 m(873.8 ft)
수선 간장(L_{BP})······220.3 m(722.7 ft)
형 폭 ······32.3 m(105.9 ft)
형 깊이(상갑판 현측선까지)······22.8 m(74.8 ft)
형 흘수(계획 만재) ······9.5 m(31.0 ft)
흘수(최대 만재 흘수)······11.9 m(39.1 ft)
경하 상태······18,880 ton
청 수······797 ton
밸러스트(해수)······1,016 ton
연료유······5,997 ton
횡요 방지 탱크······779 ton
일반 화물(부선×38 척, 척당×784 tons) ······29,791 ton
총재하 중량······38,410 ton
총배수 톤수······57,290 ton
화물 용적(bale) ······41,476 m³(1,464,710 ft³)
여객의 거주 설비 ······4
선원의 거주 설비 ······43
기관축 마력 ······36,000
속력(knots) ······20
5-날개, 프로펠러의 지름······7.0 m(23 ft)
추진 장치(Double reduction geared turbine)

7. 벌크 전용선

(1) 벌크 화물선(bulk carrier) 곡류 등의 이른바 그레인 화물은 과거에는 일반 화물선인 부정기 화물선으로 수송하였지만, 제2차 세계대전 후 이러한 곡류의 해상 수송이 극대화하게 되어 그 결과 가장 알맞은 선형으로서 이러한 종류의 선형이 출현하였다.

그러므로 본래 곡류를 주로 하였지만 석탄 등과 같은 것으로도 재화 계수(storage factor)가 40 ft³/LT 정도로서 화물창 내에 그레인 화물을 적재한 것도 이 선형의 특징이다.

다만 석탄 전용의 경우에는 별도로 석탄 운반선 또는 석탄 전용선(coal carrier) 등으로 부르는 배도 있다.

중형, 대형의 벌크 화물선에서는 철광석을 운반하는 것이 많지만 철광석은 재화 계수가 적어서(15～20 ft³/LT), 즉 비중이 무겁기 때문에 전 화물창에 균일하게 적재하면 중심이 내려가서 동요 주기가 적어져 승선하였을 때 불쾌감을 준다. 이런 경우에는 화물창 한 건너 적재하며, 이것을 격창 적재(alternate loading) 이라고 한다.

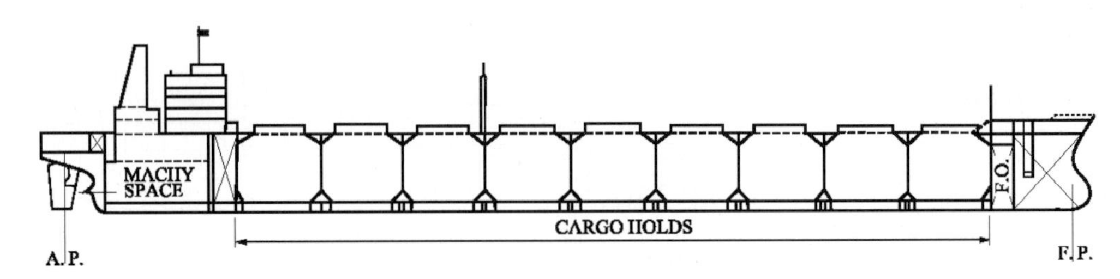

그림 2-21 벌크 화물선

전장(L_{OA})	186.5 m(611.8 ft)
수선 간장(L_{BP})	178.0 m(584.0 ft)
형 폭	28.4 m(93.2 ft)
형 심	15.3 m(50.2 ft)
형 흘수(계획 만재)	9.8 m(32.0 ft)
형 흘수(구조 규정)	10.7 m(35.2 ft)
항해 속력(knots)	16.9
재하 중량(계획 형 흘수)	32,100 ton
총 톤수	23,500 ton
순 톤수(파나마 운하)	19,000 ton
순 톤수(수에즈 운하)	21,000 ton
화물창 용적(grain)	45,417 m³(1,603,880 ft³)
밸러스트 탱크(만재)	19,763 m³(697,920 ft³)
연료유 탱크	2,010 m³(70,990 ft³)
청수 탱크	230 m³(8,120 ft³)
디젤유 탱크	190 m³(6,710 ft³)
기관축 마력(최대)	15,288
선원 거주 설비	26
전체 거주 설비	34
프로펠러의 날개수	5
추진 기관(Twin diesel engines)	

통상적으로 벌크 화물선은 재화 계수 40~50 ft^3/LT 정도의 화물을 대상으로 해서 선형적으로는 가능한 한 화물창 용적을 크게 한 것이며, 밸러스트 항해시에 필요한 흘수를 확보하면서 G_oM이 너무 크게 되지 않게 밸러스트 탱크 위치를 검토한 결과 현재와 같은 배치가 되었다.

바꾸어 말하면 통상 이중저와 화물창(cargo hold) 내 양쪽 현의 호퍼(hopper)부에 밸러스트 탱크를 둘 뿐 아니라, 상갑판 아래 양쪽 현에 이른바 숄더 탱크(shoulder tank), 상부 날개 탱크(upper wing tank), 톱 사이드 탱크(top side tank) 등으로 불리는 삼각형 단면의 밸러스트 탱크를 설치하고 있다.

이 톱 사이드 탱크에는 다음과 같은 또 하나의 중요한 의미가 있다.

곡물과 같은 그레인 화물(grain cargo)을 화물창에 포장하지 않고 싣는 경우, 처음에는 화물 창구(carog hatch)까지 만재했더라도 항해 중 배의 진동과 동요에 의해 곡물이 밑으로 잦아들어 화물창 위쪽에 공간이 생기게 된다. 이 경우 곡물의 표면은 화물의 종류와 건습 상태에 따라 어느 일정한 경사각을 유지하면서 정체하려는 성질이 생기는데, 이 각도를 안식각 (rest angle)이라고 한다. 즉, 곡물을 한 곳에 계속 부으면 곡물더미가 생기는데, 그 때의 경사각이 곧 안식각이다.

배가 그레인 화물의 안식각보다 더 경사지게 되면 그레인은 그 각도에서 정체할 수가 없게 되므로 무너지게 된다. 또한, 선체가 동요하는 경우에는 관성력의 힘도 가세하게 되어 정지상태에서보다 쉽게 무너지게 되며, 한번 무너지기 시작하면 기울어지는 쪽으로 중심이 이동하게 되어 심한 경우에는 배가 전복하게 된다.

이와 같은 문제는 그레인 화물을 싣는 경우 특히 주의해야 하며, 탱크 안에 액체의 자유 표면에 의한 GM값의 감소 문제와 비슷한 상태가 된다. 이러한 상태를 방지하기 위해서는 다음과 같은 방법을 택해야 헌다.

㈎ 항상 화물창 내에 그레인을 가득 채워 둔다.

㈏ 그레인이 잦아들어도 윗부분에 공간이 생기지 않도록 미리 공간을 없애 버린다.

㈐ 위벽으로 그레인 표면을 나누어 둔다.

㈑ 그레인 화물이 무너지지 못하도록 그 표면을 포장 화물로 덮는다.

앞에서 설명한 톱 사이드 탱크는 ㈏의 방법에 따른 것이며, 보통 계산되는 그레인 화물의 안식각 정도의 각도를 가지도록 설계된 것이다.

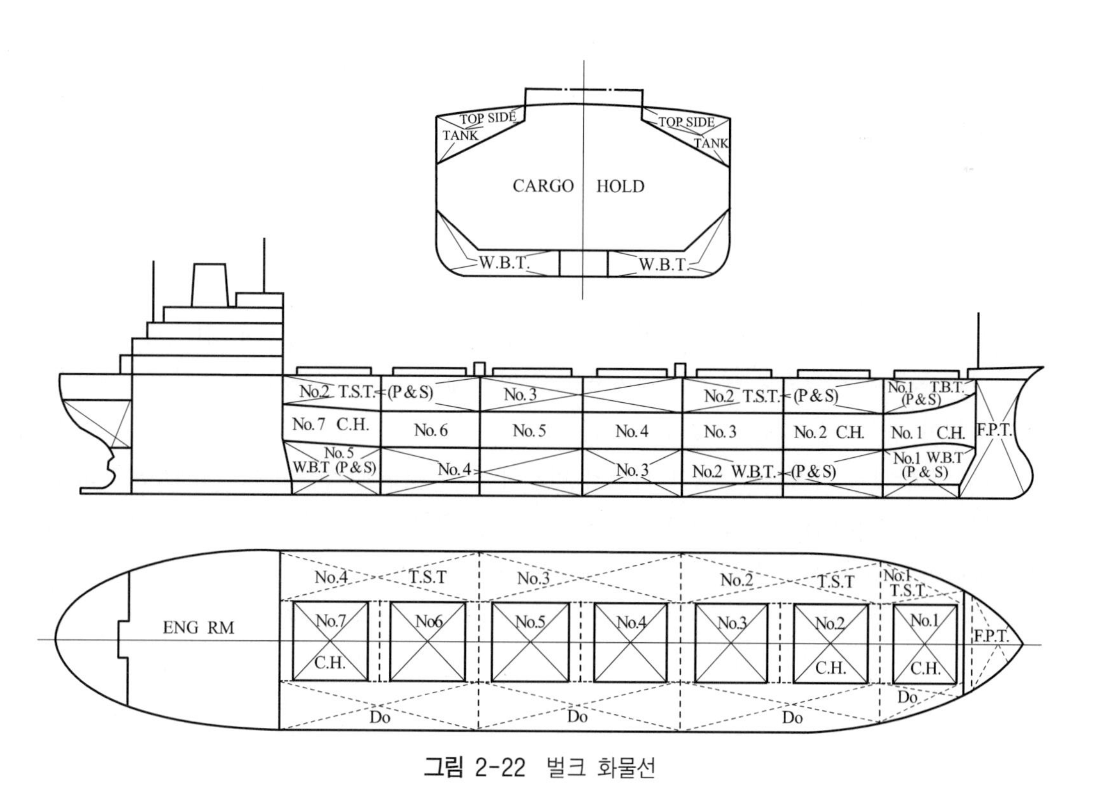

그림 2-22 벌크 화물선

또, 화물 창구 부분은 ㈎의 조건을 만족시키기 위한 보조 역할을 하기도 한다. 이와 같이 그레인 화물이 잦아드는 것을 보충하기 위한 공간을 피더(feeder)라 하며, 벌크 화물선의 화물 창구 주위에 개공부를 피더 홀(feeder hole)이라고 한다.

벌크 화물선도 철광석 운반선(ore carrier)과 마찬가지로 편도 항해가 밸러스트 항해로 되는 수가 많으므로 밸러스트 탱크를 설치할 수 없기 때문에, 어떤 특정된 화물창을 밸러스트 탱크로 겸용하는 수가 많다.

처음의 벌크 화물선은 자체 하역 장치를 가지고 있었으나 육상 안벽 설비가 보급됨에 따라 하역 장치가 없는 배가 많아지고 있다. 그러나 40,000 D.W.T. 정도인 벌크 화물선의 경우에는 하역 설비가 잘 안 된 항만을 드나드는 기회가 많고, 또 강재나 목재 등도 적재할 수 있어야 하기 때문에 자체 하역 장치를 갖춘 배가 많다.

일반적으로 벌크 화물선에 곡물류를 싣는 경우에는 트리머(trimmer)로 화물창에 고루 채우고, 하역할 때에는 진공 펌프로 흡입 파이프를 통하여 사일로(silo)라 불리는 육상 저장 탱크로 보내져 저장하게 된다. 다만 석탄과 같은 것은 벨트 컨베이어로 배에 적재하고, 하역할 때에는 그래브(grab)로 호퍼(hopper)에 담겨져서 다시 벨트 컨베이어로 양륙되는 경우가 많다.

그러므로 화물창 내에는 돌출물이 없어야 하고, 선창 안의 좁은 틈에 그레인 화물이 끼여 썩는 일이 있으므로 의장 공사에서 이와 같은 상태를 고려해야 한다.

(2) 철광석 운반선 일반적으로 철광석의 수송을 전문으로 하는 배를 말하며, 철광석은 화물창 내에 산적한다. 그러나 넓은 의미에서는 철광석에 한하지 않고, 니켈광과 동광석 등 비교적 비중이 큰 철광석을 수송할 경우도 같이 부르고 있다. 다만 석탄과 보크사이트 등은 비중이 적어서 재화 계수가 크기 때문에 벌크 화물로 분류하여 취급하기도 한다.

최근에는 가루 상태의 철광석을 현지에서 입상으로 만들어 팰릿(pallet)이라는 제철 원료를 화물창 내에 산적(散積)해서 운반하는 수도 있다.

철광석 전용선(ore carrier)은 옛날부터 미국의 오대호 지방에서 발달해서 선수 부근에 선교를 설치한 독특한 선형으로 발전한 것이지만, 항양선(航洋船)으로 해서 하역 장치가 없는 현재의 선형이 가능해진 것은 비교적 새로운 일이다.

철광석 운반선의 가장 큰 특징은 화물의 비중이 크기 때문에(바꾸어 말하면 storage factor가 적다. 15~18 ft^3/LT 정도), 보통 화물선의 화물창 형상으로는 화물이 화물창 바닥 부근에만 적재하여도 만재 상태가 되므로 배의 중심이 내려가 앞에서처럼 동요 주기가 짧아지게 되어 좋지 않다. 따라서 만재 상태에서 중심이 낮아지지 않게 하기 위해 화물창 내의 바닥을 높여서 적하 상태의 중심을 높여 주고, 또 양쪽 현에 밸러스트 탱크를 설치하여 화물창의 수평 단면적을 비교적 작게 하고 철광석을 화물창 내에서 적당한 높이로 쌓을 수 있도록 배려하고 있다.

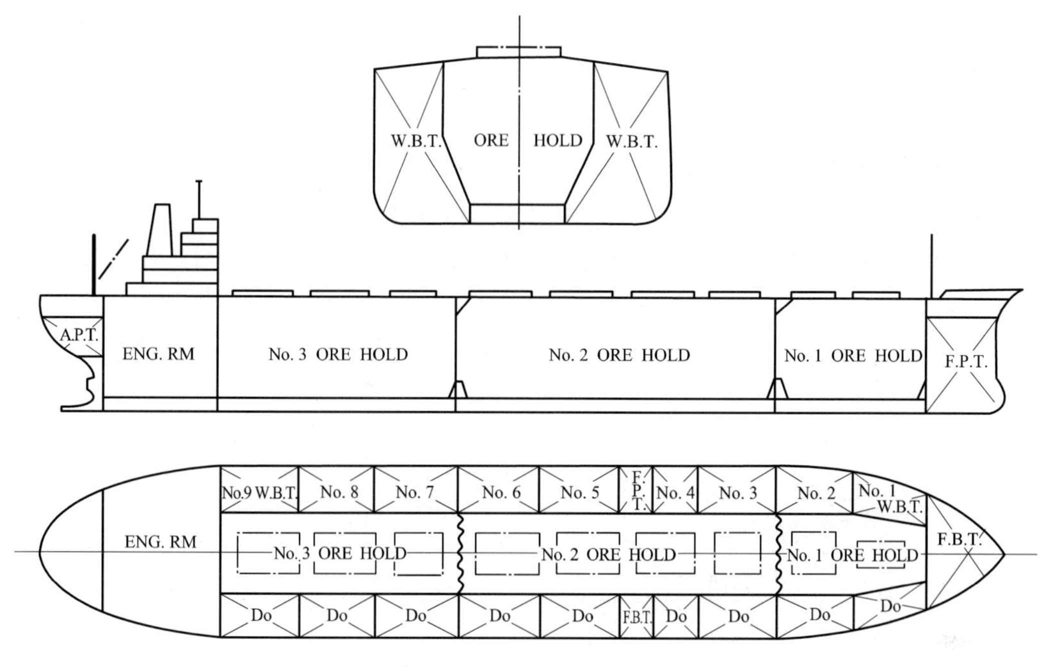

그림 2-23 철광석 운반선

이 종류의 배는 편도 항해시 밸러스트 항해로 되기 때문에 그때에 충분한 밸러스트 양을 확보할 수 있고, 또 중심도 적당한 높이로 되어서 GM값이 너무 크게 되지 않도록 밸러스트 탱크의 위치 및 크기가 연구되어야 한다.

최근의 철광석 운반선은 보통 자체적으로는 데릭, 크레인 등의 하역 장치가 없기 때문에 전부 안벽에 설치된 육상의 기기에 의해서 하역되고 있다.

안벽의 하역 설비로 하역할 때 선체의 높이가 문제 되는 경우가 많다. 특히, 현지에서 적재할 때 컨베이어 로더(conveyer loader)의 높이가 문제 되는 일이 가끔 있다.

이와 같은 경우에는 밸러스트 탱크에 적당히 물을 넣고(바꾸어 말하면 공선 상태에 있으면 흘수를 침하시켜서) 접안해서 철광석의 적재량에 따라서 배수시키면, 배의 흘수를 대체로 일정하게 또는 그에 가깝게 유지할 수 있다.

같은 방법으로 양육지에서도 하역 설비로 제한을 받는 수가 있는데, 이 경우에는 밸러스트 탱크에 물을 넣어 흘수를 유지해야 한다. 다시 말하면 철광석 운반선의 밸러스트 탱크 용량과 주배수 능력은 안벽의 하역 설비에도 크게 관련되기 때문에 이 점을 잊어서는 안 된다.

또한, 하역은 벨트 컨베이어 그래브 등 강력한 하역 기계로 하지만, 화물창 내의 트리밍(trimming), 그래브(grab)의 거친 작업을 용이하게 해야 하기 때문에 창구는 화물창과 거의 같은 크기로 넓게 해주며, 창구의 개폐를 짧은 시간 내에 능률을 높이기 위해 통상적으로 사이드 롤링형(side rolling type)의 강재 화물창 덮개가 쓰이고 있다.

철광석선의 하역시 거대한 그래브 등이 화물창 내에서 부딪치거나 그래브 낙하시에 충격으로 선체가 손상을 입는 수가 많으므로, 주요 부분은 선급 협회에서 판 두께의 증가를 요구하고 있다. 또, 짐을 거의 하역하였을 때에는 화물창 내에서 불도저로 나머지를 모으기 때문에 화물창 내에는 볼트, 너트 등 강판의 돌출부가 없도록 구성해야 한다.

철광석은 공기 중에 산소를 흡입하여 산화철로 되기 쉬우므로 항해 중 화물창 내에 산소가 결핍되는 경우가 있기 때문에 창구를 폐쇄한 상태에서 화물창 내로 쉽게 들어갈 수 없게 만들어야 한다.

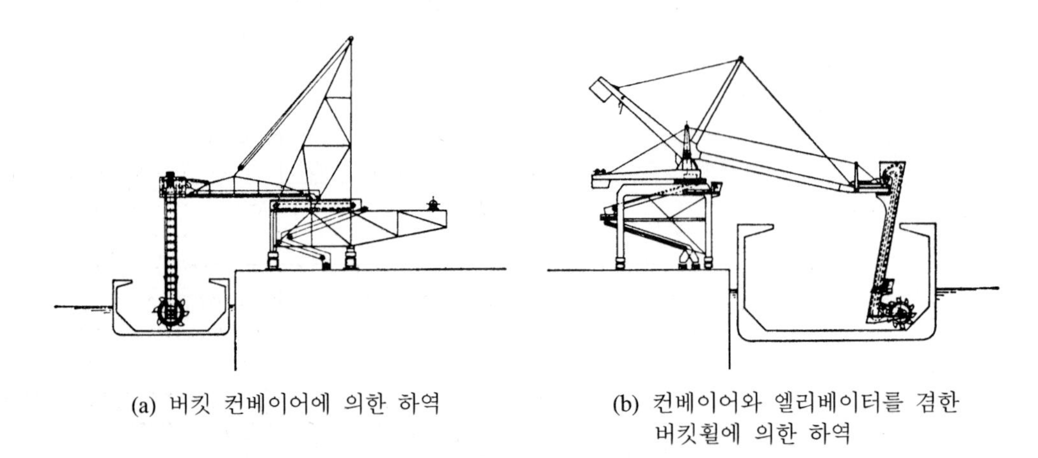

(a) 버킷 컨베이어에 의한 하역

(b) 컨베이어와 엘리베이터를 겸한 버킷휠에 의한 하역

그림 2-24 벌크 화물선(철광석 운반선 포함)의 하역 방법

표 2-12 벌크 화물선 및 철광석 운반선 요목 비교표

구분	A 선	B 선	C 선	D 선	E 선
선종	벌크 화물선	벌크 화물선	철광석 운반선	철광석 운반선	철광석 운반선
수선 간 장(L_{BP})(m)	175.00	213.00	220.00	247.00	278.80
폭 (형) (m)	27.60	32.20	36.40	41.30	44.50
깊이(형) (m)	16.00	18.30	16.70	20.40	24.50
만재 흘수 (형) (m)	11.00	12.75	11.58	14.17	17.90
총톤수(ton)	21,763	31,100	38,985	60,456	88,801
만재 배수톤(ton)	44,303	74,399	77,563	122,034	191,412
경하중량(ton)	8,458	11,994	12,482	17,559	26,390
재하중량(ton)	35,845	62,405	65,081	104,475	165,022
화물창 용적, grain(m^3)	45,590	74,064	38,869	56,648	94,060
밸러스트 탱크 용적 (m^3)	17,958	31,448	63,457	101,116	139,689
전용 밸러스트 펌프 (m^3/hr×m×댓수)	—	1,250×25×2	1,350×70×2 200/150 ×25/70×1	2,200×25×1	2,500×25×2 200×30×1
주기관(종류×댓수)	디젤×1	디젤×1	디젤×1	디젤×1	디젤×1
연속 최대 출력 (PS)	11,200	14,000	15,000	21,600	32,000
항해 속력 (kn)	15.0	14,7	14.7	14.8	15.8
승무원 수 (명)	56	44	35	36	33

최근 철광석 가루를 물에 섞어서 파이프 라인을 통하여 화물창 내로 보내면 선내에서 물을 분리해서 철광석만을 수송하고, 양지에서 다시 물과 혼합해서 파이프 라인으로 양하(揚荷)하는 방법이 개발되어 일부에서 사용되고 있다.

이와 같은 방법을 슬러리 수송(slurry transportation)이라고 한다.

8. 겸용선

보통 겸용선(combination carrier)이라고 하는 선종에는 철광석/유조선(ore/oil carrier, O/O)과 철광석/벌크 겸 유조선(ore/bulk/oil carrier, O/B/O)의 두 종류가 많다.

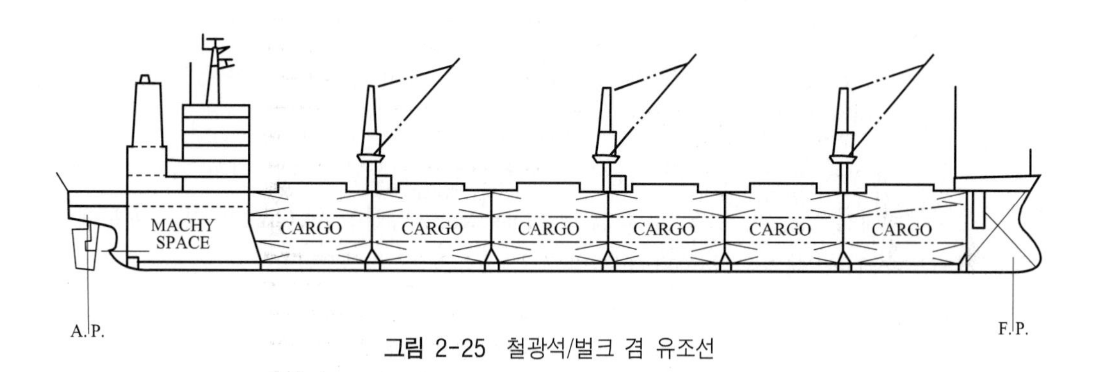

그림 2-25 철광석/벌크 겸 유조선

전장(L_{OA})	272.0 m(892.5 ft)
수선 간장(L_{BP})	260.6 m(855.0 ft)
수선 길이(L_{WL})	266.7 m(875.0 ft)
최대 형폭	32.2 m(105.8 ft)
형 깊이(상갑판 현측선까지)	19.0 m(62.5 ft)
형 흘수(만재 상태)	14.0 m(45.8 ft)
배수 톤수(만재 흘수선에서)	99,210 ton
총 톤수	43,000 ton
순 톤수	37,000 ton
경하 상태	18,710 ton
연료유	4,845 ton
디젤 및 윤활유	50 ton
청 수	305 ton
선원 및 창고품	50 ton
화물—철광석, 벌크 혹은 원유	75,250 ton
클리인 밸러스트	30,250 ton
전체 화물 중량(재하 중량)	75,250 ton
재하 중량(평균; 45′-11″, S. W.)	80,500 ton
재하 중량(평균; 39′-0″, F. W.)	62,240 ton
선원 거주 설비	27
전체 거주 설비	31
기관축 마력	24,000
항해 속력(knots)	16.5
5-날개, 프로펠러의 지름	7.9 m(26.0 ft)
추진 기관(Double reproduction, geared turbine)	

철광석 운반선이나 유조선 등은 전용선과 비교하면 건조 선가가 높고, 사용하기 힘들며 불편하여도 전용선보다는 많이 건조, 이용되고 있다.

이러한 겸용선은 그때그때의 운임 상황에 따라 변신하는 것이 빠르기 때문에 이러한 면에서 장점이 있는 것이다.

겸용선의 운항 상태에는 두 가지 형태가 있다.

첫째는, 비교적 긴 어떤 기간 동안 정해진 선종(예를 들면, 철광석 운반선)으로 취항해서 다음의 어떤 기간 동안에 다른 선종(예를 들면, 유조선)으로 취항하는 형태이며,

둘째는, 항해마다 선종을 다르게 변화시킨 형태이다. 예를 들면, A항으로부터 B항까지는 유조선으로 원유를 운반하고, B항에서 원유를 하역한 후 C항으로 가서(B항 → C항 사이에서 탱크를 청소함) 철광석을 싣고 D항으로 가서 철광석을 양륙한 후 다시 원유를 싣고 A항으로 가는 형태이다(이것을 삼각 항로라 한다).

그것은 항상 실제로 행하고 있지만, 특히 후자의 경우에 B항과 C항 사이의 거리가 가까울 경우 짧은 시간 내에 탱크의 청소 및 가스 배출(gas free) 작업을 할 필요가 있기 때문에 이 시기가 갑판부 작업에 어려움이 따르게 된다.

이와 같이 겸용선은 항상 원유의 탑재를 고려해서 화물 유창(원유 탑재시는 유조의 일부가 된다) 내에 가열 장치를 설치하는 일이 많지만, 철광석과 곡물을 취급할 때에는 당연히 필요 없게 된다.

또한, 가열 코일(coil) 사이의 철광석 가루와 곡류는 완전히 제거해야 하기 때문에 여러 가지로 불합리한 문제점이 생긴다.

이처럼 겸용선의 가열 방식은 사용할 때에 일시적으로 탱크 내에 장치해서 사용하지 않을 때에는 떼어 내어 격납하는 이른바 포터블(portable)식이지만, 과거에서부터 여러 가지로 연구되고 있다.

기타 철광석 운반선, 유조선 또는 벌크 화물선 본래의 기능은 물론 그 밖에 다음과 같은 특징을 가지고 있는 것도 있다.

(1) 철광석 겸 유조선 철광석 운반선으로 사용되고 있을 때에는 중앙 화물창에 철광석 등을 탑재해서 양현 탱크와 이중 저부는 비우거나 밸러스트 탱크로 하지만, 유조선으로 사용할 때에는 중앙 화물창의 모든 탱크를 화물 탱크로 사용한다.

철광석을 탑재할 때에는 하역이 편리하도록 화물 창구는 선창이 허락하는 한 크게 하는 것이 보통이지만, 유조선으로 쓰여질 때에는 창구 덮개는 완전 유밀로 만들어야 한다. 또, 일반 화물선의 경우에는 간단한 수밀로서 좋지만, 유조선의 경우에는 수송 중에 가스가 발생하므로 가스가 새지 않도록 하는 것을 요구하기 때문에 일반 화물선용의 창구 덮개보다 때에 따라서 조건이 훨씬 엄격하다.

중앙 화물창 내에는 철광석을 적재할 때에 대비해서 격벽 방요재 등을 인접한 탱크 쪽에 붙여 화물창 내는 완전히 평활하게 하여, 그래브나 불도저 등의 하역 기계를 사용할 때 방해가 없도록 설계해야 한다.

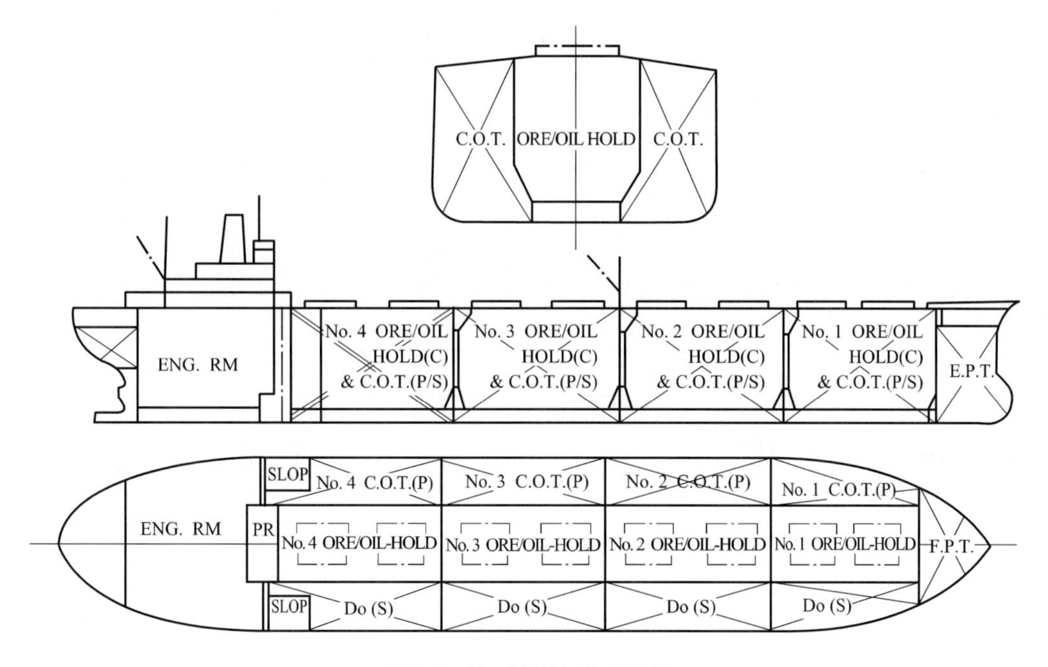

그림 2-26 철광석 겸 유조선

(2) 철광석/벌크 겸 유조선 철광석, 원유, 곡물 등의 그레인도 탑재할 수 있도록 되어 있는 가장 이상적인 선형이지만, 서로 조건이 다른 양 하역 작업을 만족시킬 수 없는 불가피한 선형이다.

화물창 내의 단면은 벌크 화물을 싣는 경우를 고려하여 화물창 내 면적을 확보해야 하기 때문에 벌크 화물선과 비슷하게 하고, 창구 덮개와 화물창 내 평활한 점은 철광석 겸 유조선과 같은 형식으로 취급된다.

이 선종에서는 화물창 내 구획이 커지기 때문에, 화물유를 탑재할 때 자유 표면의 영향으로 GM값의 감소가 생겨 문제가 된다.

특히 화물유를 하역하는 동안에 자유 표면의 영향이 커지므로 화물유를 하역할 때에는 주의할 필요가 있다.

그리고 창구 덮개의 크기는 철광석 겸 유조선의 경우보다 커지게 되기 때문에 유밀에 대해서 충분히 검토하여야 한다.

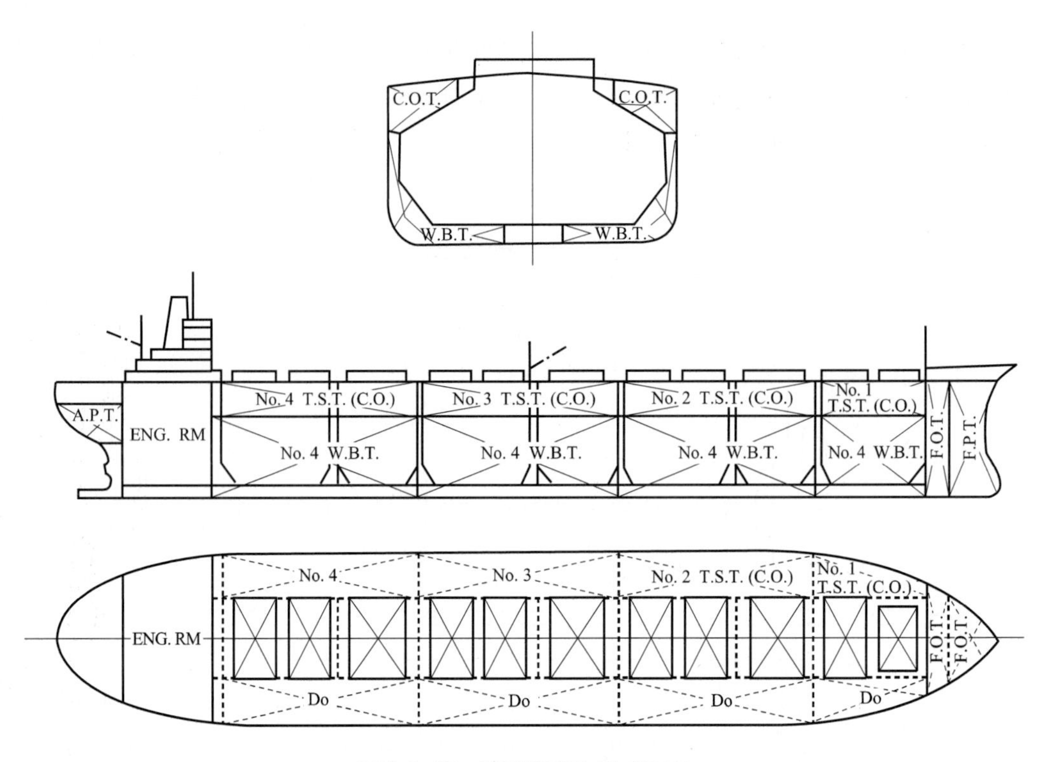

그림 2-27 철광석/벌크 겸 유조선

표 2-13 겸용선 요목 비교표

구 분	A 선	B 선	C 선	D 선	E 선
선 종	철광석 겸 유조선	철광석 겸 유조선	철광석 겸 유조선	철광석/벌크 겸 유조선	철광석/벌크 겸 유조선
수 선 간 장(L_{BP})(m)	235.00	260.00	307.00	243.80	290.00
폭 (형) (m)	38.00	44.50	48.15	32.20	43.30
깊 이 (형) (m)	21.00	22.80	27.45	19.00	24.70
만 재 흘 수 (형) (m)	13.25	16.10	20.42	12.90	17.40
총 톤 수 (ton)	55,214	71,857	119,506	38,172	89,498
만 재 배 수 톤 (ton)	99,887	156,143	264,317	87,712	188,028
경 하 중 량 (ton)	16,781	23,157	36,921	16,980	156,822
재 하 중 량 (ton)	83,106	132,986	227,396	70,732	31,206
화물창 용적(그레인)(m^3)	44,231	72,253	117,186	87,824	139,421
화 물 유 조 용 적 (m^3)	107,201	164,388	289,451	88,577	189,328
화물 유 펌프(역량×댓수)	3,000×85×2	3,750×120×2	3,500×135×4	2,500×110×2	3,500×125×3
	250×85×2	300×120×2	350×135×2	200×110×2	300×125×2
주 기 관(종류×댓수)	디젤×1	디젤×1	터빈×1	디젤×1	터빈×1
연속 최대 출력 (PS)	20,700	27,600	28,000	19,600	26,700
항 해 속 력 (kn)	15.25	15.5	15.1	15.7	15.7
승 조 원 수 (명)	42	40	48	44	33

9. 특수 화물선

(1) 목재 운반선 목재 운반선(log carrier, timber carrier)은 원목(log) 및 제재목(製材木, timber)을 전용으로 운반하는 배이다.

목재는 화물창 내와 갑판 위에 적재하게 된다. 그러므로 화물창의 길이와 배치는 목재가 쓸모 없이 되도록 해서는 안 된다. 즉, 능률이 좋고 적재하는 데 편리하도록 계획, 설계되어야 한다.

상갑판 위에도 목재를 쌓기 때문에 양현 옆에 지주(stanchion)를 세워서 와이어, 체인 등으로 목재를 견고히 묶게 되어 있다. 이와 같이 목재를 상갑판 위에 높게 쌓으므로 목재 운반은 복원성의 확보가 중요하다.

목재는 단위 중량이 무거우므로 하역 장치는 서포팅(supporting)이 용이한 갑판 크레인이나 붐(boom)식 데릭(derrick)이 채용된다.

또한, 위험한 목재의 갑판 적재보다 하역비의 절감을 위해 배의 깊이를 크게 하여 갑판 적재의 문제를 제거시키고 화물창 내에만 적재할 수 있도록 계획한 목재 운반선이 건조되고 있다.

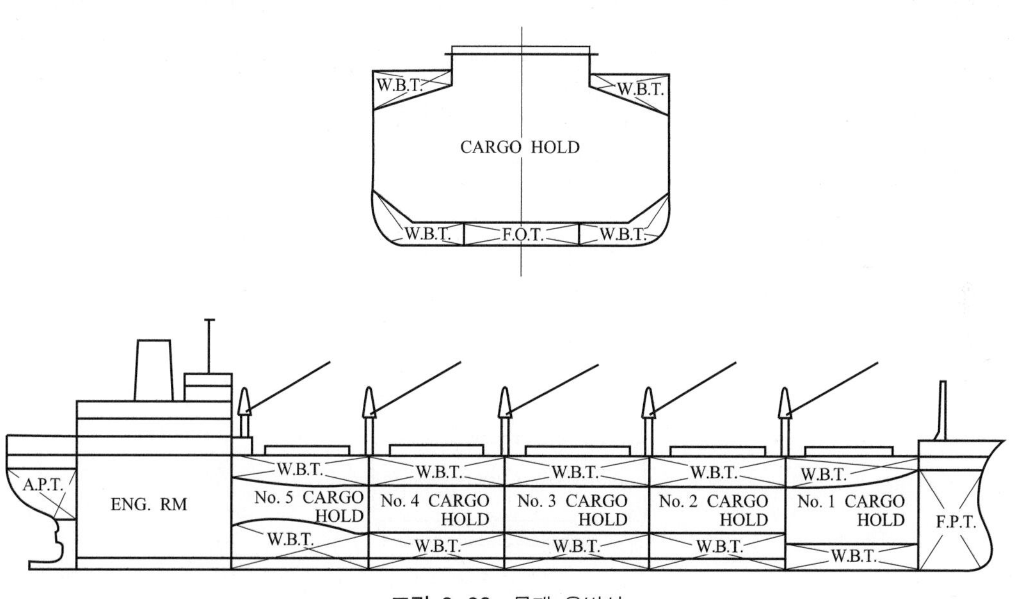

그림 2-28 목재 운반선

(2) 칩 운반선 칩 운반선(chip carrier)은 펄프의 원료인 목재 칩(약 20 m/m, 각 두께는 약 4 m/m 목재의 작은 조각)을 수송하는 배이다.

칩의 재화 계수는 약 100 ft^3/LT으로서 대단히 가볍기 때문에 폭에 비해서 깊이가 깊고 흘수가 낮은 특이한 선형이다.

칩 운반선은 하역 장치를 장비한 것과 하지 않은 것이 있다. 흔히 하역 장치를 장비해서 적하와 양하를 겸한 배와 양하 장치 기능만 있는 배도 있다.

하역 방식에는 여러 가지가 있으나, 예를 든다면 본선의 갑판 위에 배의 길이 방향으로 주행하는 주 컨베이어가 있고, 크레인과 함께 길이 방향으로도 이동 가능한 가로 컨베이어가 있다.

그래브붙이 크레인과 트리퍼(tripper)와 호퍼(hopper)가 마련되어 있어서 짐을 실을 때에는 육상 로더 → 주 컨베이어 → 트리퍼 → 가로 컨베이어 → 화물창의 순서가 되고, 하역할 때에는 그래브붙이 크레인 → 호퍼 → 가로 컨베이어 → 주 컨베이어 → 육상의 순서로 되어 있다.

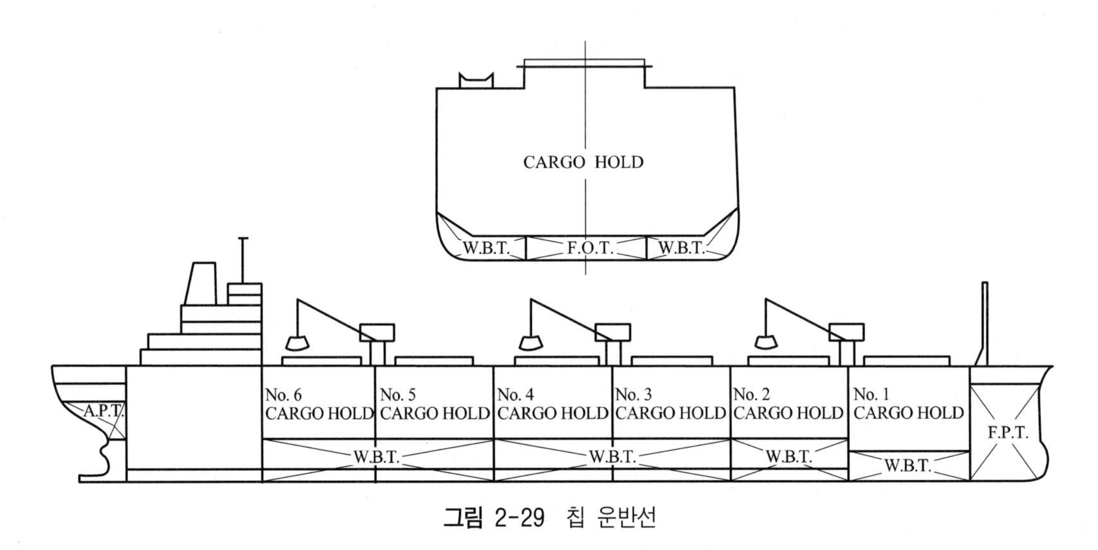

그림 2-29 칩 운반선

(3) 중량물 운반선 중량물 운반선(heavy lifter)은 대형 플랜트, 차량, 주정(舟艇) 등의 대형 중량물을 수송하는 데 편리하게 설계된 화물선이다.

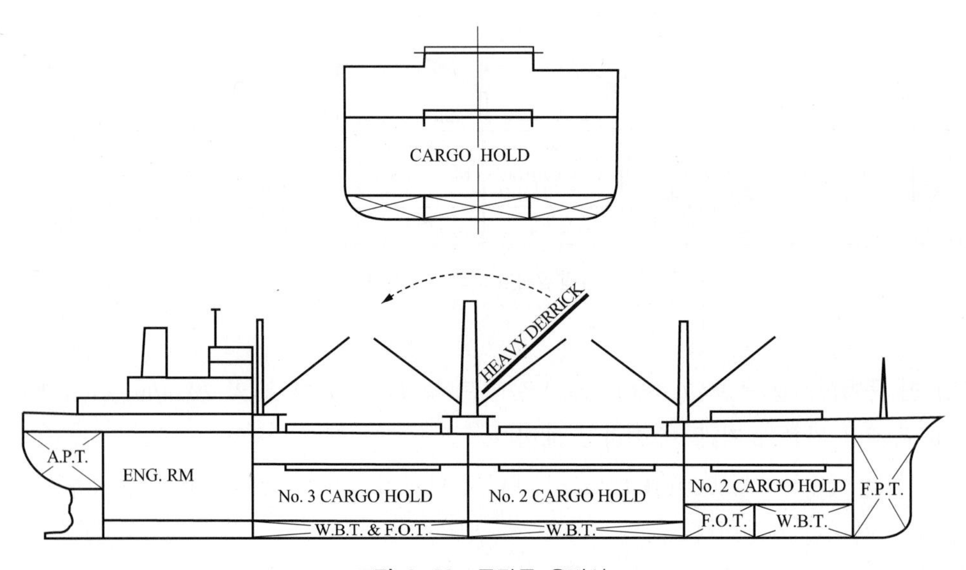

그림 2-30 중량물 운반선

중량물의 하역 장치에는 여러 가지 형식이 있지만 슈틸켄(Stülcken)형이 가장 유명하다.

최근 수송해야 할 플랜트류가 대형화됨에 따라 하역 장치의 용량도 커져 200～300톤의 것이 보통이며, 1,000톤을 달 수 있는 큰 것도 있다.

중량물 탑재용의 화물창은 긴 물건을 적재하기 좋게 보통의 화물창보다 길고, 또 중간 갑판도 대형 차량 등을 싣기 위하여 충분히 높게 설치되어 있다.

그러나 대형의 주정, 화학 반응탑 등은 화물창 내에 탑재할 수 없기 때문에 상갑판 위에 탑재하는 경우가 많다.

그러므로 상갑판도 대상 화물의 종류에 따라서 충분히 견딜 수 있는 강도를 가져야 하며, 또 충분한 복원성을 유지할 필요가 있다.

(4) 냉장 화물선 냉장 화물선(refrigerated cargo ship)은 상온 이하로 냉각한 과일이나 야채, 냉동한 고기류, 생선 등을 운반하는 배이다. 화물창의 내부는 어느 부분이든 방열 구획으로 구분했으며, －30℃로부터 ＋13℃ 정도의 여러 가지 냉각온도의 화물을 실을 수 있게 되어 있다.

창 내의 각 방열 구획은 항상 냉풍 순환 방식으로 냉각된다. 그리고 냉동재는 R-22(프레온가스) 혹은 R-12를 냉매로 사용하는 고속 다기통형 또는 스크루(screw)형이 많다. 냉장 화물은 신선도가 중요하므로 일반 화물선에 비해서 항해 속력이 빨라야 하는데, 냉장 화물선의 속력은 20～23 kn가 된다.

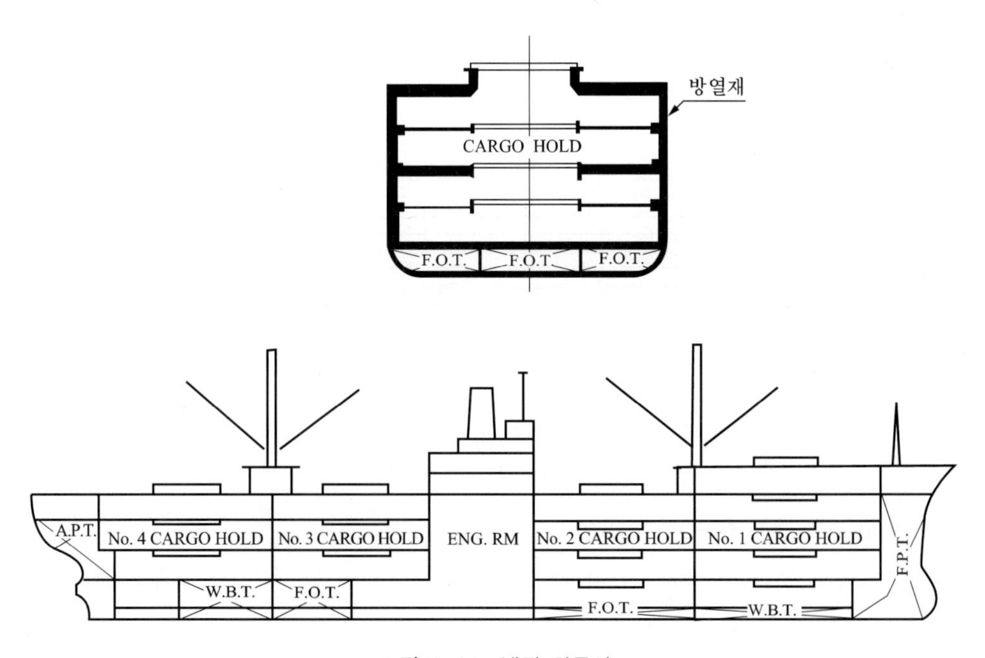

그림 2-31 냉장 화물선

(5) 자동차 운반선 자동차 운반선(car carrier)과 자동차/벌크 운반선(car/bulk carrier)은 자동차를 대량으로 수송하는 화물선이다.

자동차 운반선은 자동차 수송 전용의 화물선으로서 편도 항해는 밸러스트 항해가 된다.

화물창 내에는 여러 층의 갑판을 설치했으며, 자동차는 운전기사가 자체로 주행하여 본선의 화물창으로 출입한다(이것을 drive-on/off형이라고도 한다).

안벽(岸壁)과 본선 사이에는 램프 웨이(ramp way) 또는 카 래더(car ladder)를 설치하고 본선의 내부에는 램프 웨이나 엘리베이터를 설치하여, 능률을 향상시키면서 하역을 할 수 있다.

자동차/벌크 운반선은 벌크 화물선에 조립식 자동차 갑판을 설치한 것이기 때문에 편도 항해에는 자동차를 적재하기도 하고, 벌크 화물을 탑재하기도 한다. 이와 같이 자동차/벌크 운반선은 배에 싣는 자동차에 휘발유가 들어 있기 때문에, 화물창에 강력한 통풍장치와 소화장치를 설치할 필요가 있다.

전용의 자동차 운반선은 P.C.C(pure car carrier)라고 부르기도 한다.

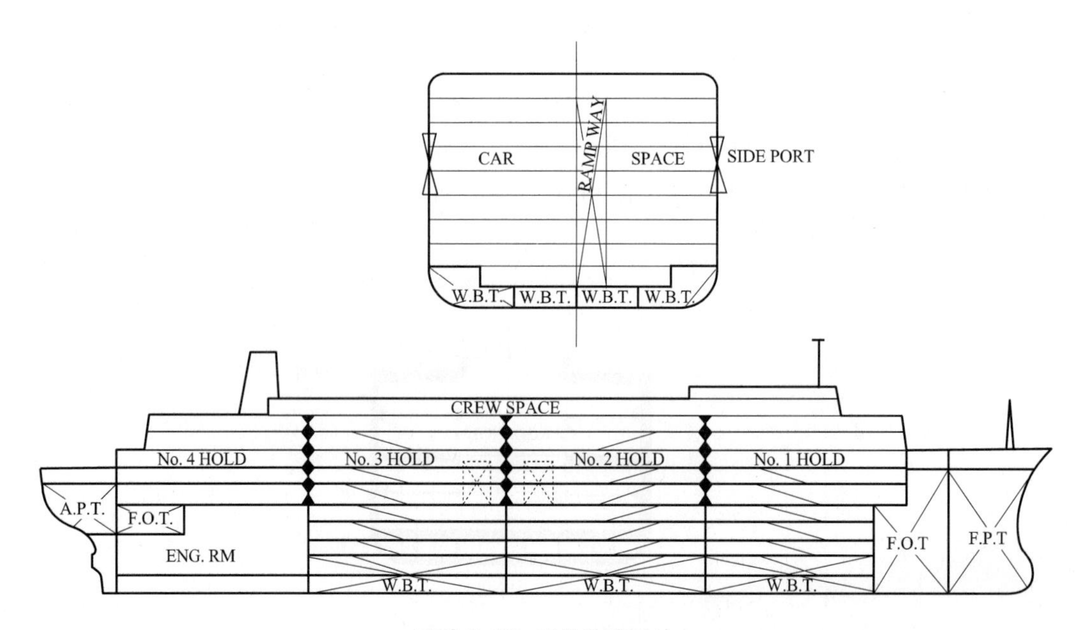

그림 2-32 자동차 운반선

(6) 기타 이 외에도 용도에 따라서 특별히 설계된 화물선으로 다음과 같은 여러 가지 종류가 있다.

㉠ 펄프(pulp)를 운반하는 펄프 운반선

㉡ 종이나 목재 등을 수송하기 편리하게 창구 폭을 크게 만든 오픈 벌크 화물선(open bulk carrier)

㉢ 소나 말을 수송하기 위한 가축 운반선(cattle carrier)

ⓡ 시멘트를 무더기로 수송하는 시멘트 운반선

ⓜ 해상 등대용 부이(buoy)를 운반, 설치하는 부이 설치선(buoy-layer)

ⓗ 특수한 업무 분야에서 종사하지만 해양을 조사하는 해양 조사선(oceanographic)

10. 유조선

(1) 원유 운반선(crude oil carrier) 선체 중앙부를 여러 개의 탱크로 나누고 각각의 구획에 배관을 이용하여 직접 원유 등을 탑재해서 수송하는 배이다. 보통 탱커(tanker)로 호칭해서 적용하고 있기 때문에 통상적으로 탱커라 한다.

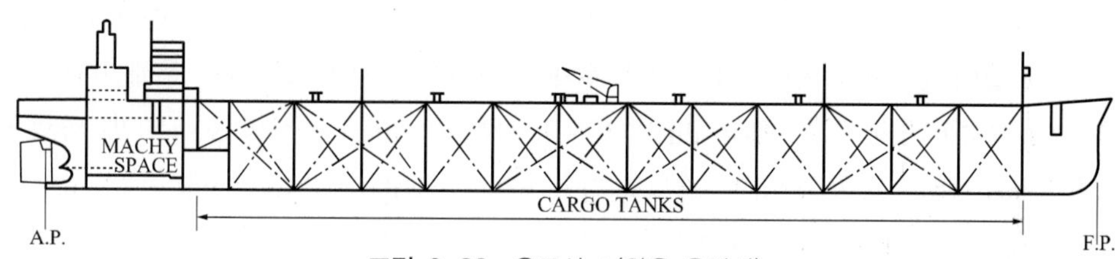

그림 2-33 유조선 A(원유 운반선)

전장(L_{OA})	362. 0 m(1187. 5 ft)
수선 간장(L_{BP})	348. 4 m(1143. 0 ft)
수선 길이(L_{WL})	356. 9 m(1171. 0 ft)
최대 형폭	69. 5 m(228. 0 ft)
형 깊이(상갑판 현측선까지)	29. 0 m(95. 0 ft)
형 흘수(만재 상태)	22. 6 m(74. 0 ft)
배수 톤수(만재 형 흘수선에서)	450, 910 ton
총 톤수	—
순 톤수	—
경하 상태	60, 140 ton
연료유	17, 857 ton
디젤 및 윤활유	315 ton
청 수	580 ton
선원 및 창고품	50 ton
전체 화물유 중량	372, 000 ton
클린 밸러스트(Clean ballast)	64, 890 ton
재하 중량(D. W. T.)	390, 770 ton
선원의 거주 설비	27
전체의 거주 설비	38
기관축 마력	45, 000
항해 속력(knots)	15. 9
6-날개, 프로펠러의 지름	9. 6 m(31. 5 ft)
추진 기관(Double reduction geared turbine)	

일반적으로 산유지는 소비지로부터 먼 거리에 위치하고 있으므로, 우리나라와 같이 극동지방에서 산유지까지 15～16 kn의 속력으로 항해하여도 하역 시간을 포함하여 1항차에 40일 정도가 필요하다.

그러므로 1척당의 승조원 수가 같다면 가능한 한 선박을 크게 건조하여 한 항해에 많은 양의 원유를 수송하는 것이 채산상 유리하므로 유조선은 점차 대형화되고 있다.

그러나 충돌과 좌초(座礁) 등으로 탑재한 화물유가 해면으로 유출하게 되면 선형의 대형화가 해양 오염의 피해를 더욱 크게 하므로, I.M.O.(정부 간 해사 협의 기관, Intergovernmental Maritime Organization)에서 화물 탱크 1개당 크기를 제한하도록 결의되어 조약화하고 있다.

현재의 대형 항양(航洋) 유조선은 거의 선미 기관형으로 선수루가 있거나 없는 평갑판형으로 되어 있다.

과거에는 중앙 선교형이 좋게 쓰여진 적도 있지만, 거주구가 화물 탱크로부터 조금밖에 떨어져 있지 않으므로 폭발과 화재시의 안정성을 향상시킬 수는 없으며, 선가면에서도 앞에서 설명한 것과 같이 합리화할 수 없기 때문에 현재의 선형으로 채택되고 있는 추세이다.

유조선의 하역은 짐을 실을 때(loading)나 부릴 때(unloading) 육상의 호스를 배 옆의 배관 끝에 연결하는 형식으로 이루어지지만, 그 경우 안벽과 부표(浮漂, dolphin) 등의 고정 정박지에서는 최근 로딩 암(loading arm)이라고 부르는 일종의 자유로이 회전하는 암의 결합 장치가 널리 쓰이고 있다(제품명은 chiksan joint이다).

그 밖에 부이(buoy) 계류를 하는 해상 정박지(sea-base)의 경우에는 대형 부이의 1점 계류 방식에 의한 하역을 많이 하고 있다.

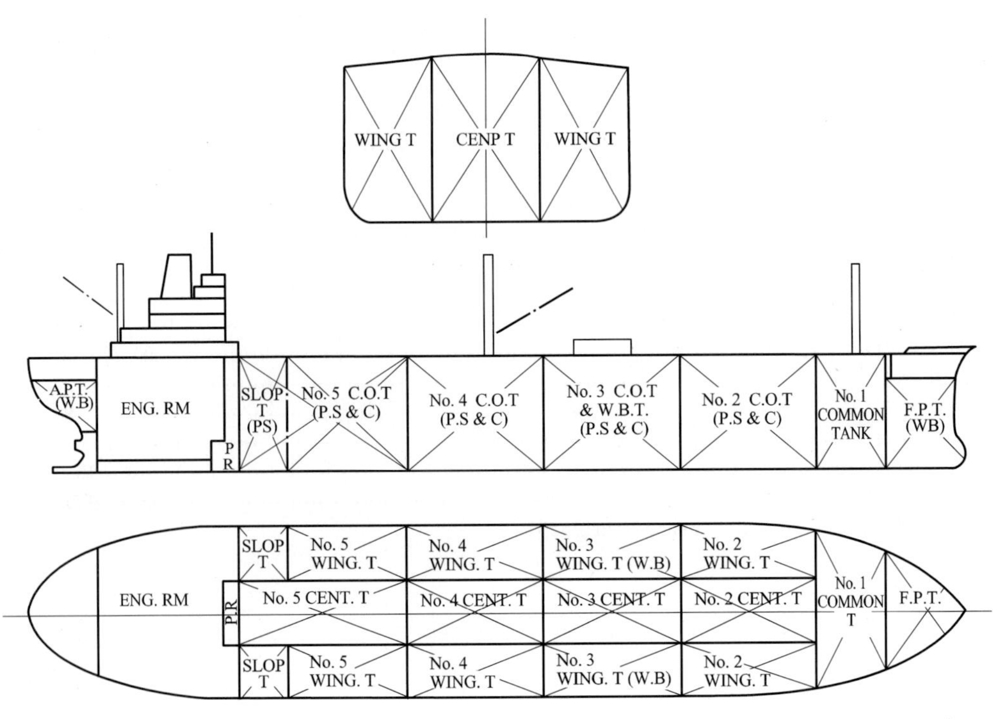

그림 2-34 원유 운반선

유조선의 하역은 육상과 본선을 호스로 연결하여 이루어지는 것이 가능하기 때문에 충분한 수심의 해상에서 비교적 간단한 정박 설치를 마련하면 되므로, 대형화에는 좋은 방식이다.

또한, 유조선의 하역은 주로 자선의 흘수 변화와 화물 탱크 내의 액면 변화에 관련해서 필요한 밸브(valve)로 제어하면 좋다(양하역일 때에는 화물유 펌프의 제어가 필요하다).

그 작업이 비교적 간단하기 때문에 일찍부터 선박의 자동화 주요 대상이 되었으며, 이 방면으로 많은 진전을 보았다. 최근에 이르러서는 전자계산기를 이용한 완전 자동 제어도 가능하게 되었다.

유조선은 자체에 강력한 화물유(貨物油) 펌프를 갖추고 있어서 항상 만재한 화물유를 24시간 이내에 양륙할 수 있는 능력이 있으며, 대형 항양 유조선에서는 대개 이 화물유 펌프를 증기 터빈으로 구동하는 것이 보통이다.

양륙지에서 화물유를 모두 양하한 후 빈 탱크에 의해 선체가 크게 부상하게 되어서 출항할 수 없게 되므로, 하역이 끝난 후 또는 직전에 해수 밸러스트 전용 탱크(이것을 permanent ballast tank라 부른다)와 몇 개의 화물 탱크에 해수 밸러스트(이것을 dirty ballast라 한다)를 충수시켜서 적당한 흘수를 확보한다.

화물 탱크에 들어 있는 더러운 밸러스트는 기름으로 오염된 바닷물이 되므로 항구 내에서 배수시킬 수는 없다. 그러므로 밸러스트 항해 중에 특정된 화물 탱크를 탱크 세척기로 씻어서 그 속에 해수 밸러스트(이것을 cleaning ballast라 한다)를 넣고, 더러운 밸러스트는 배 밖으로 버린다. 그리고 황천에 임할 때에는 다시 몇 개로 나누어 화물 탱크에 바닷물을 넣는다.

1973년에 개최한 I.M.O. 제8차 총회에서 해수 오염 방지의 견지에서 재하중량 70,000톤 이상인 유조선은 전용 밸러스트 탱크만으로 통상 항해를 하도록 규정하였으며, 이 규정에 따라서 분리 밸러스트 탱크(segregated ballast tank, S.B.T.)라 부르고 있다(제1.5.1절 참조).

분리 밸러스트 탱크 방식의 경우 더러운 밸러스트는 긴급할 때를 제외하고 조약에 정한 배출 기준을 만족하지 않는 한 바다에 버려서는 안 되게 되어 있다.

화물 탱크를 씻은 물이나 더러운 밸러스트를 배 밖으로 배출할 때에는 해면이 기름 성분으로 오염되지 않도록 유수 분리를 한 뒤에 깨끗한 바닷물로 만들어서 바다에 버려야 하며, 유분은 그냥 배에 남겨서 그 뒤에 새로운 원유를 탑재할 때 버리는 방식으로, 셸(Shell) 국제 석유 회사가 제안하여 전세계에서 채택하고 있으며, 로드 온 톱(load on top)방식이라 부른다.

이때 더러워진 물을 유수 분리해서 저장하는 탱크를 슬롭 탱크(slop tank)라 하며, 만재 상태에는 화물 탱크로도 쓰이고 있다. 이것은 조분리용(粗分離用)과 정분리용(精分離用)의 두 가지를 설치한다.

최근의 대형 유조선 중에서 20만 D.W.T. 이상인 것을 V.L.C.C.(very large crude oil carrier), 30만 D.W.T. 이상인 것을 U.L.C.C.(ultra large crude oil carrier)라 부르기도 한다.

(2) 석유 제품 운반선 에너지(energy)원으로 석유의 수요가 많아져 대량의 원유 수송이 불가피하게 되었다. 원유 정제 설비도 대형화해지기 때문에 필연적으로 이를 저장할 석유 저장 기지와 석유 화학 플랜트는 환경 위생 및 재해 방지면에서 인구 밀집 지역을 벗어나는 경향이다.

그 결과 다량의 석유 정제품(petroleum refined products)과 석유 화학 제품(petro-chemical products)을 석유 저장 기지로부터 소비지까지 운반하는 2차 수송이 필요하게 되었다.

또한, 화학 공업의 발달에 따라 각종 액체 화학 제품을 포장하지 않고 수송할 필요도 생겼다. 그러므로 석유 제품 운반선(products carrier)은 원래 석유 정제품을 전문적으로 수송하는 배를 의미하지만, 화물 탱크의 일부를 나누어서 석유 화학 제품과 일반적인 액체 화학 제품을 동시에 탑재 가능하게 계획된 배를 포함하여 넓은 의미로 불리고 있다.

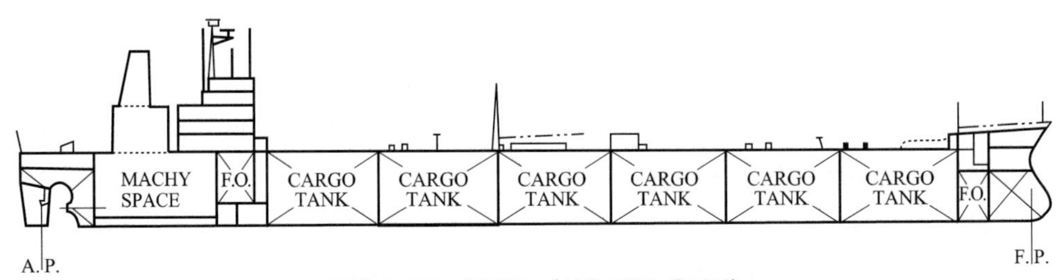

그림 2-35 유조선 B(석유 제품 운반선)

전장(L_{OA})	209. 9 m (688. 5 ft)
수선 간장(L_{BP})	201. 1 m (660. 0 ft)
최대 형폭	27. 4 m (90. 0 ft)
형 깊이(상갑판 현측선까지)	14. 3 m (47. 0 ft)
형 흘수(만재 상태)	10. 7 m (35. 0 ft)
배수 톤수(만재 형 흘수선에서)	47, 281 ton
총 톤수	22, 358 ton
순 톤수	15, 951 ton
경하 상태	7, 569 ton
연료유	3, 624 ton
디젤 및 윤활유	50 ton
청 수	275 ton
선원 및 창고품	50 ton
화물유 총 중량	39, 934 ton
클린 밸러스트(Clean ballast)	13, 500 ton
재하 중량(D. W. T.)	40, 760 ton
선원 거주 설비	29
전체 거주 설비	31
기관축 마력	15, 000
항해 속력(knots)	16
5-날개 프로펠러의 지름	6. 7 m (22. 0 ft)
추진 기관(Double reduction, gear turbine)	

이와 같이 화물 탱크를 여러 개의 구획으로 나눈 석유 제품 운반선을 특히 파슬 탱커(parcel tanker)라 부르기도 한다. 석유 화학 제품과 액체 화학 제품 등 포장이 없는 화물을 전문으로 수송하는 배를 화학 제품 탱커(chemical tanker)라 하지만, 석유 제품 운반선과는 다른 선종으로 생각할 수 있다.

석유 정제품의 경우에는, 특히 클린(clean) 프로덕트(나프타, 경유, 등유, 휘발유, 가솔린, 항공 연료 등)와 더티(dirty) 프로덕트(중유, 일부는 납사 등) 및 각종 윤활유(lubricats)로 분류해서 부르고 있다.

기타 대상이 되는 화물유는 상온, 상압에서 액체 상태로 있는 것이 원칙이지만, 액화 가스 등과 같이 가압과 저온에서 액화 상태로 된 것은 액화 가스 운반선으로 수송해야 한다.

석유 제품 운반선은 석유 정제품의 수송 전용선이기 때문에 원유 운반선과 원료 수송선과는 다르며, 여러 종류의 화물유를 적은 양 취급하는 경우가 많기 때문에 이들을 엄밀하게 구별해야 한다.

요구에 따라 제품별로 탱크들을 완전히 독립시키고 배관과 펌프 등을 각각 독립시킨 경우도 있지만, 그렇지 않더라도 일반적으로 원유 운반선에 비해 배관 계통이 복잡하다. 또, 화물유 펌프의 댓수도 많은 것이 특징이다.

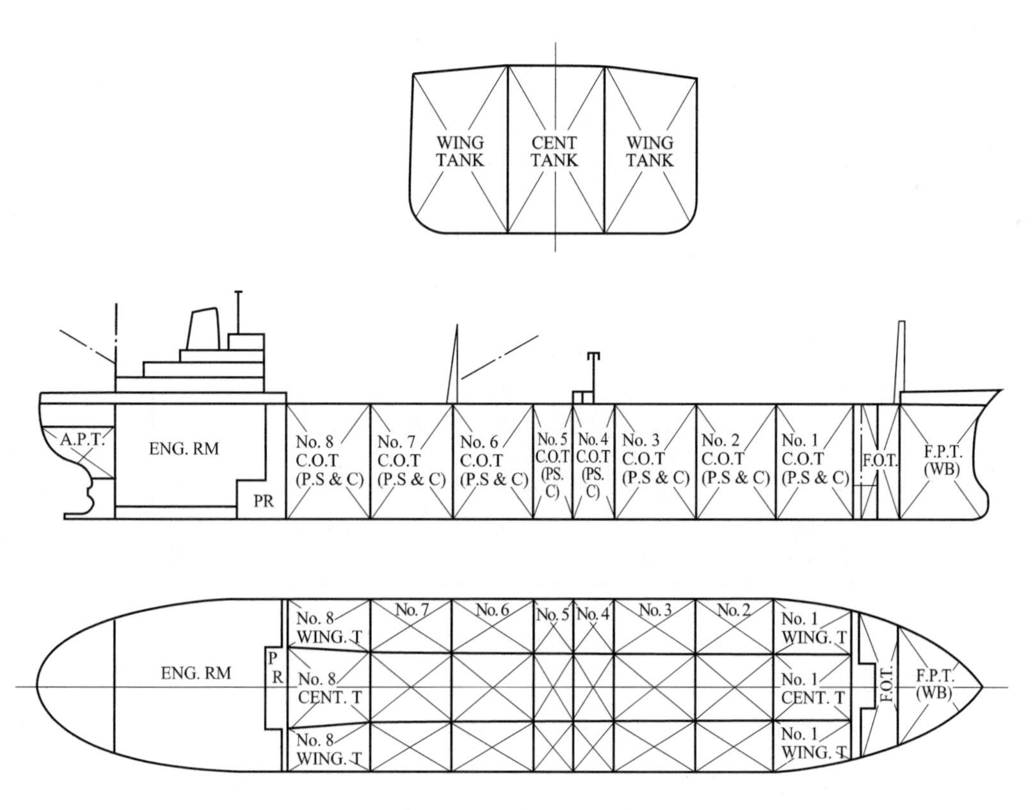

그림 2-36 석유 제품 운반선

그 밖에 화물 탱크는 녹에 의해 제품이 손상되는 것을 방지하기 위해 전면적으로 에폭시(epoxy) 수지 도료나 무기 아연 도료로 도장하는 것이 보통이다.

현재에는 20,000~50,000 D.W.T.의 것이 건조되고 있지만 육상 플랜트의 규모가 대형화되어 수송량이 증가하게 되면 앞으로 대형화하는 것도 생각해 보아야 한다.

석유 제품 운반선에서 특히 주의해야 할 것은 정전기(靜電氣)이다. 일반적으로 액체를 휘저으면 액체 표면에 정전기가 발생하는데, 휘발유나 경유와 같이 정제유일 때에는 고유 전기 저항값이 높아져서 자연 방전에 이르는 데 많은 시간이 걸린다.

그러므로 하역할 때 화물유를 심하게 휘저으면 연속적으로 발생하는 정전기가 축적되어 급격히 액면의 전위가 상승해서, 화물 탱크 내의 구조물과 의장품과의 사이에서 불꽃 방전이 일어난다.

설계상 이와 같은 점을 충분히 고려해 줄 필요가 있다.

표 2-14 탱커 요목 비교표

구 분	A 선	B 선	C 선	D 선	E 선
선 종	원유 탱커	원유 탱커	원유 탱커	석유 제품 운반선	석유 제품 운반선
수 선 간 장(L_{BP}) (m)	260.00	320.00	360.00	160.00	162.00
폭 (형) (m)	43.50	54.50	62.00	23.50	26.00
깊 이 (형) (m)	22.80	26.00	36.00	11.12	14.35
만 재 흘 수 (형) (m)	17.00	19.10	28.00	9.38	9.42
총 톤 수 (ton)	73,250	129,320	238,200	12,994	17,718
만 재 배 수 톤 (ton)	160,850	282,043	547,330	27,273	31,514
경 하 중 량 (ton)	22,311	37,237	67,000	5,880	7,071
재 하 중 량 (ton)	138,539	244,806	480,330	21,393	24,443
화물 유조 용적 (m³)	164,094	316,152	585,060	28,782	37,942
화물유 펌프(m³/hr×m ×댓수)	3,500×125×3 (자동 능유 장치부) 300×125×1	4,500×150×4 (자동 능유 장치부) 300×150×1	6,000×150×4 (자동 능유 장치부) 350×145×1	680×88×4	700×100×4 160×120×4
주 기 관(종류×댓수)	디젤×1	터빈×1	터빈×1	디젤×1	디젤×1
연속 최대 출력 (PS)	28,000	40,000	45,000	7,200	11,550
항 해 속 력 (kn)	15.4	16.5	14.25	14.9	15.8
승 무 원 수 (명)	37	41	48	31	41

11. 특수 탱커

특수 탱커(special tanker)는 엄밀한 의미로 분류할 수 없으므로 일반적으로 설계자가 특별히 중요시하는 점을 감안하여 원유 탱커와 석유 제품 운반선 이외의 액체 화물 운반선을 특수 탱커라 부르기도 한다.

(1) 액화 가스 운반선 액화 가스 운반선(liquefied gas carrier)은 37.8℃에서 절대 증기압이 2.8 kg/cm^{2}를 넘는 가스, 즉 프로판, 부탄, 천연가스, 암모니아 등을 액화하여 그대로 싣고 수송하는 배이다. 특히 액화 프로판, 액화 부탄을 전문적으로 수송하는 배를 L.P.G.선(liquefied propans gas carrier)이라 한다. 물론 이 외에도 액화 에틸렌 등의 액화 가스가 어느 정도 상온, 상압에서 완전히 기화해버리므로, 여러 가지의 특수 장치가 필요하기 때문이다.

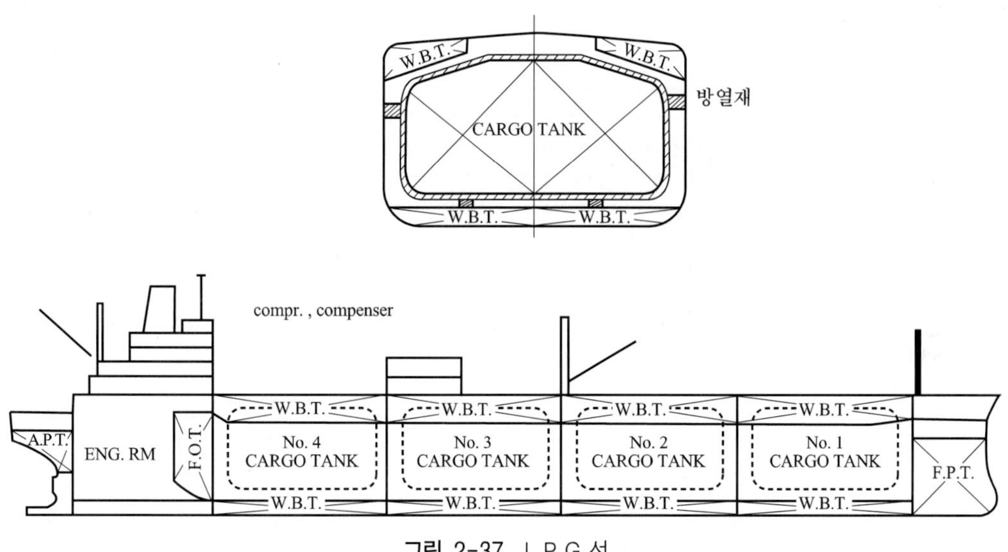

그림 2-37 L.P.G.선

부탄가스와 프로판가스는 상온에서도 가압하면 쉽게 액화되므로(임계압은 부탄 37.5 kg/cm^2, 프로판 42 kg/cm^2) 압력 용기에 넣어서 상온에서 수송하는 것이 가능하며, 또 저온 상태(부탄 −0.5℃, 프로판 −42.2℃)에서는 거의 대기압에서도 수송하는 것이 가능하다. 그러므로 근해 항로에서 소량의 액화 부탄, 액화 프로판을 수송하는 경우에는 화물 탱크를 내압 구조로 해서 가압하여 수송하는 방식이 유리하다.

그러나 배가 대형화하면 압력 용기의 구조가 대단히 어려워지기 때문에 냉동식이 쓰여지고 있다. 냉동식의 액화 가스 운반선에서는 일반적으로 선체의 내부에 액화 가스 용기로 별개의 탱크를 설치, 이른바 이중 선각 구조로 하고, 그 사이를 밸러스트 탱크 등으로 사용한다. 특히 액화 에틸렌과 액화 메탄은 극저온이 되기 때문에, 이것을 수송하기에는 고도의 보냉 기술이 필요하다.

상온에서 건조되는 탱크는 액화 가스 탑재시 급격히 냉각하여 수축하므로, 그 때 생기는 열응력 때문에 구조물이 파괴되지 않도록 연구해야 한다.

선체 구조물과 액화 가스 탱크와의 연결 부분에 열수축으로 인한 간격이 생기면 항해 중 동요 등에 의해서 탱크가 움직이게 되어 위험하므로, 이와 같이 되지 않도록 여러 가지 방향

그림 2-38 구형 탱크의 L.N.G.선

전장(L_{OA})	285.3 m(936.0 ft)
수선 간장(L_{BP})	273.4 m(897.0 ft)
수선 길이(L_{WL})	273.4 m(897.0 ft)
최대 형폭	43.7 m(143.5 ft)
형 깊이	25.0 m(82.0 ft)
형 흘수(만재 상태)	11.0 m(36.0 ft)
배수 톤수(만재 형 흘수선에서)	94,600 ton
경하 상태	31,000 ton
화물 유조의 용적(−265 °F에서)	125,000 m³(4,414,333 ft³)
연료유	44,000 ton
디젤 및 윤활유	80 ton
청 수	450 ton
선원 및 창고품	250 ton
총 화물 중량	57,600 ton
클린 밸러스트(Clean ballast)	57,500 ton
재하 중량(D.W.T.)	63,600 ton
선원의 거주 설비(파일롯 실 포함)	34
기관축 마력	43,000
항해 속력(knots)	20.4
프로펠러(날개 수)	—
추진 기관(Double reduction geared turbine)	

으로 깊이 연구되어야 한다.

저온 액화 가스 운반선은 수송 중에 자연 증발하는 가스의 처리와 하역 장치의 특수성 등 다른 배와는 달리 고도의 기술이 요구된다.

최근 무공해 연료로서 L.N.G.의 수요가 급증함에 따라 대형의 L.N.G.선(liquefied natural gas carrier)이 많이 건조되고 있다. 그러나 L.N.G.는 대기압에서 −161℃로 극저온이 되기 때문에 이것을 격납할 용기의 재질은 9%의 니켈강, 36% 니켈강, 스테인리스, 알루미늄 합금 등 값이 비싸고, 가공이 어려운 재료로 만들어야 한다.

그림 2-37의 L.P.G.선과 같이 내부의 골격으로 각형의 자립 탱크를 만들자면 재료비가 너무 비싸지기 때문에, 탱크 재료의 사용량을 감소시키는 연구가 여러 가지로 강구되고 있다.

그림 2-39는 그중에서 대표적인 형식의 단면을 나타낸 것이다. 단면의 (a), (b)는 멤브레인(membrane)식이라고 부르는 형식으로서, 화물유의 액체로 인한 하중은 탱크로 지지하지 않고

방열 구조를 통해서 선각 전체에 고르게 지지하게 되어 있다. 그러므로 L.N.G.의 격납 용기는 대단히 얇은 금속막 0.5~0.7 m/m 두께의 36% 니켈강 또는 약 1.5 m/m 두께의 스테인리스 강이 사용되고 있다.

36% 니켈강은 온도 수축이 거의 없기 때문에 그림 (a)와 같은 탱크 내면을 평활(flat)하게 만드는 것이 가능하다. 다른 방법으로 스테인리스의 경우 온도 변화에 따라서 신축성이 있기 때문에, 그림 (b)와 같이 주름을 잡아 주어서 그것을 흡수시킨다.

단면 (c)는 구형의 독립 탱크 방식(Moss형)으로서, 알루미늄 합금 또는 9% 니켈강의 두꺼운 판으로 만들어지고 화물유 액체에 의한 하중은 탱크 자체에 부담시키며, 탱크는 선체 구조에 고착된 스커트(skirt)에 의해 지지된다.

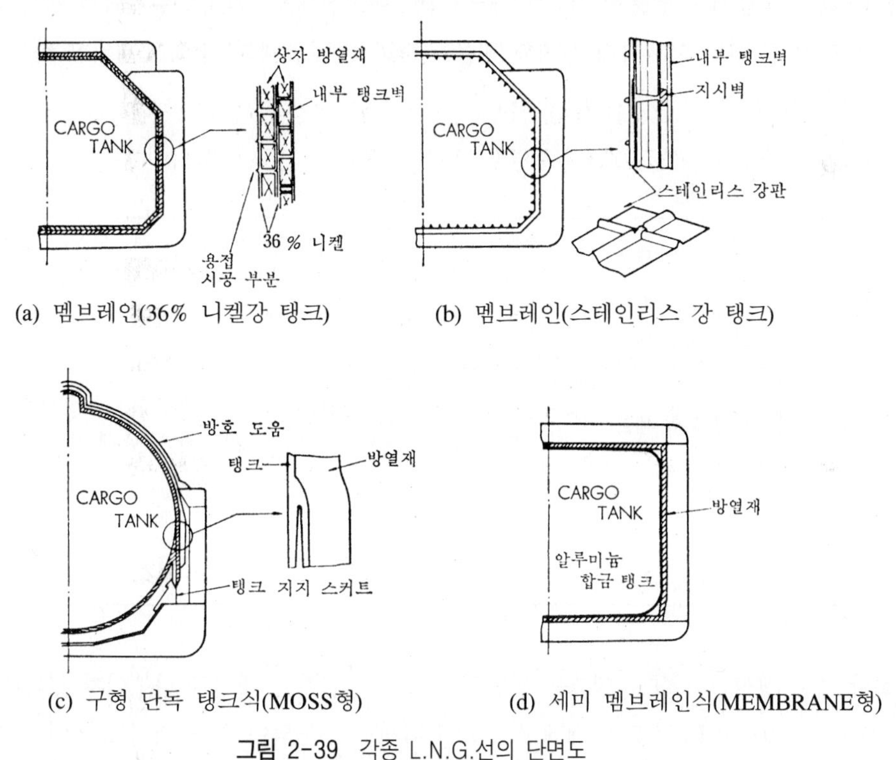

그림 2-39 각종 L.N.G.선의 단면도

이 경우 탱크는 구형이므로 내부에는 골격이 없어도 각형의 독립 탱크에 비해서 사용 재료가 크게 절감된다.

단면 (d)는 세미 멤브레인(semi-membrane) 방식이라 부르는 탱크로서, 화물유 액체에 의한 하중은 멤브레인식의 경우와 같이 선각이 받쳐 주는 방식이다. 멤브레인식과 다른 점은 탱크의 재질이 용접을 쉽게 할 수 있어 멤브레인 방식에 비해 판의 두께가 두껍고, 9% 니켈강이나 알루미늄 합금을 사용해서 탱크를 만들고 있다는 점이다.

탱크 내면은 골격이 없이 평활하고 항해 중에는 L.N.G.의 액압 또는 가스압에 의해서 방열 구조에 밀착한 것과 같이 되어 있다. 저온시 탱크의 수축 변형은 구석의 곡면 부분에서 흡수 된다.

기타 L.P.G.선과 같은 독립 탱크 방식의 것도 건조되고 있지만 탱크 내부의 골격이 적어지도록 여러 가지로 연구되고 있다.

한편, 액화 가스 운반선이 충돌, 좌초 등에 의해 가스가 배 밖으로 흘러나오면 대단히 위험하기 때문에 화물 탱크의 배치, 구조, 안전 설비, 복원 성능 등에 관해서는 I.M.O.의 규정에 따르도록 되어 있다.

(2) 화학 제품 탱크선 화학 제품 탱크선(chemical tanker)은 각종의 액상 화물을 포장하지 않은 상태로 수송하는 전용선이다. 현재 이러한 탱크선에서 그대로 수송되는 액상 화물의 종류는 대단히 많으며, 이제까지 설명한 원유, 석유 정제품, 액화 가스를 제외한 화물의 종류는 표 2-15와 같다.

표 2-15 액상 화물의 종류

액체 화물	석유 화학 제품	석유를 원료로 하는 각종 화학 제품으로서, 석유계 용제류(벤젠, 톨루엔, 크실렌 등) 및 각종 방향족(헥산, 헵탄 등)
	석탄 화학 제품	석유를 원료로 하는 각종 화학 제품으로서, 용제류(벤젠, 톨루엔, 크실렌 등)와 코울타르계 화학 제품 등
	화성 화학 제품	알코올류, 무기산류, 알칼리류, 아세테이트류, 염소 화합물, 지방산류, 콜리콜류, 에테르류, 아민, 케톤, 유기 용제 등
	기 타	동물유, 식물류, 어유, 유지, 당밀, 와인 등
용해 화물	암모니아 수용액, 수산화나트륨 수용액 등	
용융 화물	아스팔트, 유황 등	

화학 제품 탱크선의 화물 탱크는 일반적으로 다수의 작은 탱크로 나누어져 있는데, 예를 들면 20,000~30,000 D.W.T.의 배에서는 30~40개로 구분되어 있는 것이 보통이고, 많을 경우에는 46~48개로 구분되어 있는 배도 있다. 따라서 표 2-15에 나타난 여러 종류의 액상 화물을 동시에 탑재할 수 있다. 이러한 화학 제품 이외에 석유 정제품도 동시에 탑재 가능하게 계획된 배도 있다. 이와 같이 다수의 화물 탱크를 배치해서 여러 종류의 화물을 동시에 탑재할 수 있게 한 화학 제품 탱크선을 다목적 화학 제품 탱크선(multi-purpose chemical tanker)이라고 한다.

그러나 인산액, 용융 황처럼 단위 수송량이 많은 화물의 경우와 연안 항로의 소형 화학 제품 탱크선인 경우에는 한 종류의 화물만을 수송하도록 설계된 것도 있다.

여러 가지의 화학 제품 중에는 충돌이나 좌초로 인하여 화물이 배 밖으로 흘러나오면 대단히 위험한 것들이 있다.

I.M.O.에서는 이와 같은 위험 화물을 수송하는 배에 대해서 화물 탱크 배치, 복원력 등의 특성에 따라 표 2-16에 나타낸 것처럼 I, II, III형의 3종류의 선형을 규정하고 있어, 화물의 위험도에 따라 어떤 형의 배에 탑재할 것인지를 이 규칙에 정하고 있다. 물론 I.M.O.의 규제를 받지 않는 액체 화물도 많이 있다.

현재 건조되고 있는 화학 제품 탱크선은 대개 II, III형 또는 II, III형의 겸용선으로 40,000 D.W.T. 이하의 것이 많다. 또한, I.M.O.의 규정에서는 위험 화물에 대해서 수송하는 배의 선형 이외에 화물 탱크를 그림에 표시한 L.P.G.선에서와 같이 독립 탱크 방식으로 할 것인가의 여부, 불활성 가스(inert gas)의 유무, 화물 탱크의 통풍 계통 및 소화 장치의 형식 등에 대해서 결정되어야 하기 때문에 탑재 화물의 종류에 따라서 그렇게 규제된다는 것은 아니다.

위에서 얘기한 화학 제품 탱크선은 탑재 화물의 종류가 많고 화물에 따라서 물리적 성질, 화학적 성질 등이 크게 다르기 때문에, 그런 것에 의해서 화물 탱크의 배치, 구조, 하역의 배관 계통, 펌프의 형식, 댓수, 화물 탱크의 통풍 장치, 가열관의 유무, 탱크 안의 도장, 사용 재료 등을 달리해야 한다. 그러므로 계획할 때에는 싣는 화물의 종류를 확실히 결정해 두는 일이 중요하다.

표 2-16 I.M.O.에서 규정한 화학 제품 탱커의 종류

형 식	Ⅰ	Ⅱ	Ⅲ
화물 유조 배치 (□의 부분에 배치할 필요가 있다.)	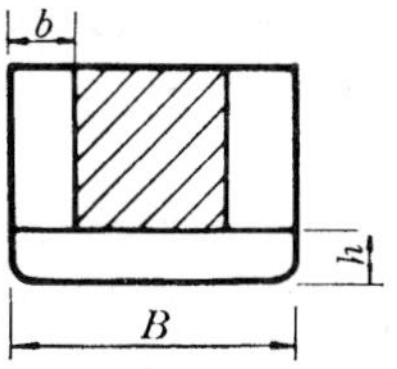 b, h, B b : $\frac{B}{5}$ 또는 11.5 m 중에서 작은 쪽 h : $\frac{B}{15}$ 또는 6 m 중에서 작은 쪽	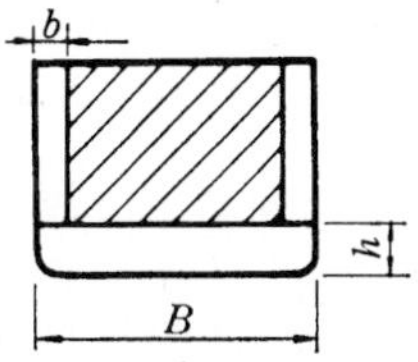 b, h, B b : 760 mm 이상 h : $\frac{B}{15}$ 또는 6 m 중에서 작은 쪽	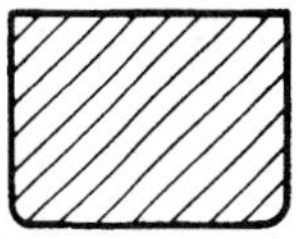 CH_4 메탄 ※ CF_2Cl_2: 후레
화물 유조 1개당 최대 용적	1,250 m³	3,000 m³	제한 없음
화물 명칭의 보기	인, 클로로술폰산 등	사에틸납, 이산화에틸렌, 톨루엔, 이소시안산염(TDI) 등	수산화나트륨, 스틸렌, 벤젠, 황산, 염산 등

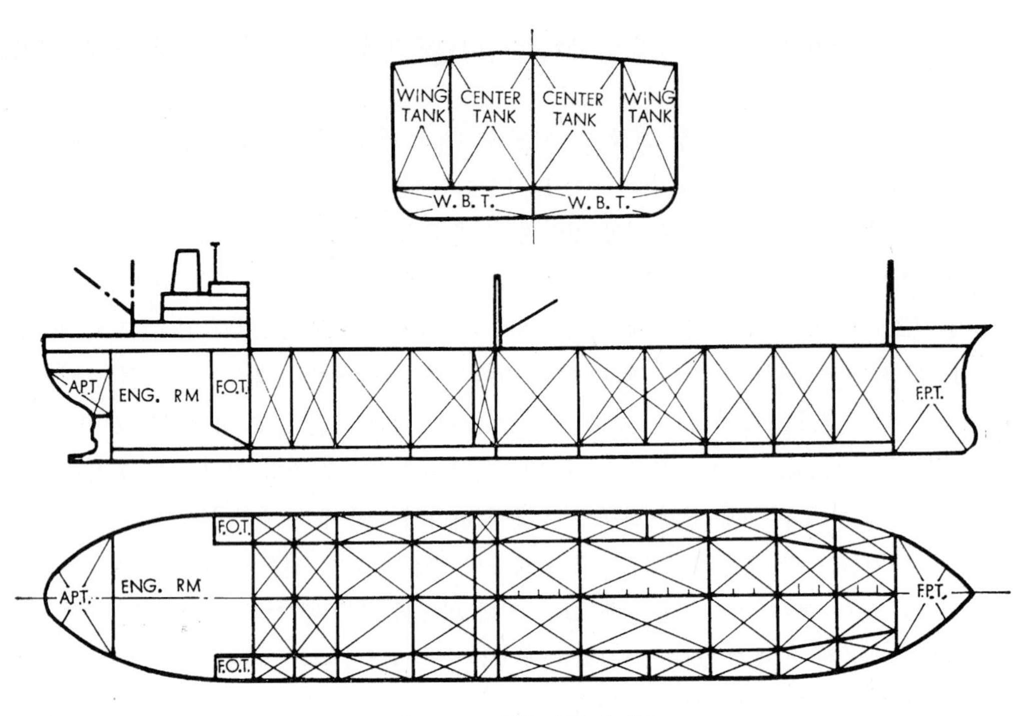

그림 2-40 화학 제품 탱커선

예를 들면, 탱크 내 도장을 고려할 경우 화물에 따라서는 무기 아연 도료를 사용할 수 없어 에폭시 수지 도료로 해야 하는 경우도 있고, 또 도료를 사용할 수 없어서 스테인리스 강판으로 해야 하는 경우도 있다.

따라서 여러 가지 많은 화물을 나누어 싣는 경우에는 화물 탱크의 내면이 에폭시 도료로 도장된 것, 무기 아연으로 도장된 것, 스테인리스 강판으로 내장된 것을 섞어 쓰는 경우도 있다. 그러므로 화학 제품 탱크선을 계획함에 있어서는 화물의 종류를 정확히 파악하는 일이 매우 중요한 임무이다.

12. 최근에 개발된 신기술

(1) 대형 크루즈(cruise)선의 개발 2005년 현재 전세계 건조량의 96%를 차지하는 고부가가치선의 상선이면서도 유럽 조선소가 전량 수주를 맡고 있으며, 2010년까지 크루즈 인구가 연평균 17%씩 증가될 것으로 전망되고 있다. 우리나라에서도 크루즈선 개발을 산업자원부의 정책과제로 선정하고 개발 계획을 하고 있는 중이다.

크루즈 산업은 수많은 승객 및 승무원이 승선하기 때문에 기본적으로 조선산업에 비해 매우 높은 기술수준이 요구되고, 안전성능 및 친환경 요구조건이 매우 까다로운 산업이다.

크루즈 산업과 조선산업의 공통점은 전통적으로 기술 및 자본 집약적인 종합산업으로서 연관이 크고 고부가 가치산업으로 발전되고 있으며, 기술의 고도화 · 복합화가 진행되고 있다.

현재 크루즈 시장 규모는 세계 인구의 노령화 및 소득수준 향상 등으로 레저산업 가운데 가장 빠른 성장세를 보이며 꾸준히 증가하고 있다.

앞으로도 지속적으로 연평균 6%대의 증가가 예상되고 있다. 특히 성숙기에 접어든 미주 시장뿐만 아니라 성장기에 있는 유럽지역 및 향후 잠재 시장인 아시아 시장의 성장률은 클 것으로 예상된다.

[크루즈선의 기술 동향]

Titanic호의 침몰 이후 S.O.L.A.S. rule이 제창된 이래 선박 및 승객의 안전, 해양 및 대기 오염 방지에 관한 기준은 강화되어 왔으며, 향후에도 더욱 강화될 것이다. 특히 여객선의 경우 대형화에 따라 승객 및 승무원이 점차 증가하여 사고가 발생할 때에 수 많은 인명 피해가 예상되어 1999년(MSC 72/21) I.M.O. 회의에서 사무총장이 대형 여객선의 안전에 대하여 논의해 줄 것을 요청하여 7년간 논의를 통해 M.S.C. 82차(2006년)에서 새로운 여객선 신규 rule이 채택되어 적용 예정이다.

중요한 변화 중에서 하나는 기존의 결정론적인 손상복원성 rule 적용(2009년 1월 K/L 선박 적용)으로 여객선의 구획(compartment) 배치가 rule을 만족할 수 있는 범위에서 자유롭게 배치할 수 있어서 조선소의 기술력에 따라 크루즈선의 경쟁력에 영향을 미칠 수 있었다.

새로 도입된 여객선의 redundancy 요구사항인 'safe return to port' 개념 적용(2010년 7월)으로 선박의 안전 성능은 대폭 확대될 것으로 전망되지만 크루즈선 설계에 많은 어려움이 예상된다.

특히 현재 수주하는 크루즈선이 대부분 2011년 이후 건조되어 본 rule의 적용에 따른 검토가 세심하게 이루어져야 한다. 주요 개념은 선박의 화재나 침수로 인하여 casualty threshold 이내 손상시, 즉 하나의 구획 내에서 손상시 선박은 자력으로 안전하게 항구로 돌아갈 수 있도록 설계되어야 한다. 이때 탑승자들의 생존에 필요한 서비스 관련 기능도 유지가 되어야 한다.

Threshold를 넘는 손상을 입었을 경우 탑승자들이 안전하게 선박을 탈출할 수 있도록 설계가 되어야 하며, 탈출에 필요한 시간 동안 필수적인 시스템인 소화전, 화재진압, 통신 시스템, 탈출로 등에 필요한 장비들의 기능이 작동되어야 한다.

또한 Ecstacy호의 화재(1998년)로 인한 springkler system 기준의 강화, Star princess호의 화재(2006년)로 인한 balcony 적용 기준의 강화, L.S.A. Code, F.T.P. Code, F.S.S. Code 등의 점점 화재 및 안전에 대한 기준이 강화되고 있다. 크루즈선의 경우 대부분의 모든 선박이 미국을 운항하고 있기 때문에 rule뿐만 아니라 특히 U.S.C.G.에서 요구하는 기준을 만족해야 한다.

환경 안전을 다루는 M.A.R.P.O.L. 기준도 점점 강도를 강화하고 있다. 모든 연료유 탱크에 대한 double skin화, Ballast Water Management System(B.W.M.S.) 적용, Anti Fouling System(A.F.S.), Air Pollution 등의 일반선에서도 요구되는 친환경 설계 기준에 대해 크루즈

선에서 더욱 강화 기준이 통상 적용된다.

예를 들어, 알래스카를 운항하는 크루즈선의 경우 funnel에서 나오는 smoke 제한 등의 이해 디젤 엔진 시스템과 더불어 가스 터빈 시스템을 복합하여 사용하기도 한다.

크루즈선의 대형화로 인하여 기존의 rule에서 요구하는 기준에서 벗어나는 경우가 많이 발생한다. 예를 들어, 여객선의 Main Fire Zone(M.F.Z.)의 길이는 통상적으로 최대 40 m를 넘지 않아야 되고, M.F.Z.의 최대 넓이는 1,600 m^2를 넘지 않아야 하는데, 최근 건조되고 있는 대형 크루즈선의 경우 대부분 선폭이 35 m를 넘어 이 기준을 만족하기 어렵다. 이러한 새로운 개념의 설계를 위하여 최근 rule에서는 alternative design 개념을 만들어 적용하고 있다.

[크루즈선의 특징]

크루즈선은 관광 및 레저가 목적이므로 해상에서 선내에 머물면서 의식주 및 여가활동을 하게 된다. 따라서 승객에게 각종 편의시설의 제공뿐만 아니라 선내 공간에서의 안락함을 함께 제공해야 한다. 이러한 안락함에는 인테리어, 서비스 등의 심리적인 요소와 함께 냉난방, 선박의 운동성능이나 진동·소음 성능 등의 물리적인 요소도 매우 중요한 인자로 작용한다.

이러한 크루즈선의 특징으로는 대형 창(window), 대형 홀, 그리고 대형 개구부(opening) 배치 등으로 인한 구조적 불연속성을 예로 들 수 있다. 또한 복원성 확보를 위한 상부 구조의 박판 적용을 들 수 있는데, 이러한 공간과 구조적인 제약을 극복하고 승객의 안락함과 편안함을 보장하기 위한 최적 구조설계와 저진동·저소음 설계가 매우 중요하다.

아울러, 진동·소음의 원인이 되는 각종 장비의 선정과 설치에서부터 흡음·차음재와 unit cabin 등의 객실 구성 요소, 공조 시스템, 공용실, 그리고 열린 공간 등에 대한 각각의 저진동·저소음 설계 기술과 해석 시스템을 개발할 필요가 있다.

[구조 설계 기술 개발]

크루즈선의 구조는 선상의 제한된 공간이라는 물리적·심리적 불편을 피하고 승객에게 최상의 편의성 및 개방성을 제공하기 위하여 출입구 및 대형 창뿐만 아니라 2~3개 층의 천정을 틔워 대형 공실을 배치하는 등의 커다란 개구의 구조가 많다.

따라서 구조적인 불연속으로 인하여 약해진 선체 구조의 강성을 향상시켜야 한다. 또한 흘수가 제한되고 상부 구조가 상대적으로 매우 크기 때문에 근본적인 복원성능의 문제를 해결하기 위해 상부 구조의 경량화 기술이 필수적이며, 이에 따른 박판 경량제 사용이 불가피하다.

이러한 제약을 극복하고 승객의 안락한 환경을 위해서 구조 설계 기술 개발은 여객선 개발의 핵심 기술의 하나라고 할 수 있다.

일반 상선의 경우 구조적인 연속성이 매우 잘 유지되도록 초기 설계부터 배치가 쉬우나 크루즈선의 경우에는 공간의 제약과 승객들의 편의를 고려한 배치와 또한 박판 구조 사용 등의 구조 설계 측면에서 매우 불리하게 작용하는 기본 요소를 해결하려는 노력이 필요하다.

[저진동 · 저소음 설계 기술 개발]

승객을 위한 안락함과 편안함 등을 보장하는 저진동 · 저소음 구현을 위한 기술 개발은 크루즈선 개발에 있어서 핵심 기술인 것이다. 일반 상선과 달리 크루즈선의 경우 공간의 제약과 승객들의 편의를 고려한 배치를 감안할 때에 현실적으로 배치를 통한 진동 · 소음 성능을 향상시키는 것은 매우 어렵다고 할 수 있다. 또한 박판 구조의 사용 등도 진동 · 소음 측면에서 매우 불리하게 작용하는 요소이므로 이것을 해결하려는 노력이 필요하다.

크루즈선의 경우 진동 · 소음의 관련된 규정이 매우 엄격하므로 각종 진동 장비의 선정은 물론 장비로부터 전달되는 진동 · 소음원의 크기를 줄이려는 노력 또한 매우 중요한 항목이다.

크루즈선은 객실의 수(보통 1,000~3,000실)가 많아서 건조원가 5~10억 불의 30% 이상을 차지하므로 크루즈선용 저소음 unit cabin은 크루즈선 건조에 있어서 중요한 핵심 요소인 것이다.

Unit cabin은 생산뿐만 아니라 시공 기술이 매우 중요하며, 바닥이 없는 구조로서 강건한 구조체가 아니므로 운반 및 탑재를 할 때 손상이나 변형되기 쉬운 약점이 있다. 그렇기 때문에 효율적인 생산 공정 기술이 요구되며, 운반 · 탑재를 위한 전용 치 · 공구인 지그(jig)가 필요하다. 또한 선상 설치 방법에 따라서 차음 · 소음 및 진동 절연의 정도는 큰 차이를 보일 수 있으므로 체계적인 정밀한 표준 시공 방법을 개발하여야 한다.

실내 소음에 가장 큰 영향을 미치는 공조 시스템의 소음 절감은 매우 중요한 기술이지만 현재의 공조 시스템 소음의 예측은 경험식에 의존하여 정확도가 떨어져 다양하고 복잡한 공조 시스템의 특성을 완전히 파악하고 있지는 않다.

해양 자원 개발용 특수 구조물(F.P.S.O.)이나 크루즈선과 같이 승무원이 100명 이상 거주하는 선박은 특성상 대부분 장기 거주하게 되므로 휴식이나 유흥 등을 위한 대형 공간(대회의실, 공연장, 극장 등)이 필요하게 된다. 이러한 대형 공간에서는 음의 분포 및 반사음 특성 등이 합리적으로 설계되지 않으면 반사음으로 인하여 음의 현장감이 감소하거나, 음의 사각지대(shadow zone)가 발생하는 등의 대형 공간의 기능을 저하시킬 수 있다.

크루즈선의 승객이나 승무원의 안락한 선실을 설계하기 위해서는 선실 구획부재(벽체, 천장재, 뜬바닥 구조 등)의 차음 성능이 중요하기 때문에 내 · 외장재 흡음 · 차음 성능 평가 기술이 필요하다. 또한 긴 항해 중에 발생하는 승객들의 운동 부족 및 취미 생활을 위하여 다양한 옥외 레포츠 시설(수영장, 스파, 바 등)을 요구하게 된다.

크루즈선에서 문제가 되고 있는 소음은 주로 중주파수 · 저주파수영역에서 발생한다. 그러나 현재의 소음 해석 기술로는 이러한 중주파수 · 저주파수영역에서 소음 예측의 한계가 있으므로 신뢰성을 확보하기가 매우 어렵다. 그러므로 중주파수 · 저주파수영역의 소음을 해석할 수 있는 평가 시스템 개발이 필요하다.

현대중공업주식회사, 삼성중공업주식회사, 대우조선해양주식회사 등의 3대 조선소에서

2010년까지 개발을 추진하고 있는 것은 2006년 현재의 크루즈선 중에서 최대인 것으로, 길이가 339 m, 폭이 56 m, 선속이 21.6노트, 승선인원 5,730명, 총톤수 158,000톤급의 'Freedom of the seas'호이다.

(2) 컨테이너선의 초대형화 컨테이너선의 물량 증가와 경제성의 목적으로 20세기 이후 선박의 대형화가 이루어지고 있다. 예를 들면, 지난 2003년 삼성중공업주식회사는 9,600 TEU급의 초대형 컨테이너선(V.L.C.S.)을 개발하였으며, 현대중공업㈜은 2005년 13,000 TEU급의 초대형 컨테이너선을 세계 최초로 개발해서 독일 선급협회(G.L.)로부터 승인을 받은 신기술의 예이다.

한편, 덴마크의 Odense 조선소는 2006년 15,000 TEU급의 V.L.C.S.(very large container ship: 7,500 TEU급 이상의 대형 컨테이너선)를 건조할 것이라고 발표하였다. 이 선박의 선폭은 55 m의 크기이며, 갑판 상부에 22층의 컨테이너를 적재할 수 있는 것으로, 당초 12,500 TEU급으로 설계, 건조를 추진했으며, 배의 길이를 405 m로 연장하였다고 발표를 하였다. 만약 길이를 400 m 이상으로 연장할 경우에는 거의 20,000 TEU급으로까지 길이를 증가시키는 것이 가능할 것으로 보인다.

초대형 컨테이너선은 현재 우리나라 조선소가 선도적인 위치에서 추진하고 있는 고부가 가치의 선박이다.

(3) LNG선의 대형화 우리나라 조선소가 세계 최대 대형 LNG선의 대부분을 수주하고 있는 고부가 가치의 선박이다. 천연가스 수요는 2025년까지 매년 17% 이상 증가할 것으로 예상되고 있다. 성능 개발이 우수한 LNG선이 전망 있는 새로운 국내 조선 산업을 이끌어 갈 신기술인 것이다.

국내 조선 업계는 현재 LNG-F.S.R.U.(floating storage and regasification unit)선과 PNG (pressurized natural gas carrier)선, CNG(compressed natural gas carrier)선 등의 개발에 부합하는 개발선 LNG선 개발에 연구가 진행되고 있다.

LNG-F.S.R.U.선은 육상에서 50 km 떨어진 해상에 설치하는 대규모 하역 및 보관 설비로 설치하며, LNG선이 F.S.R.U.에 LNG를 하역한 후 액화천연가스를 기화시켜 육상으로 공급하는 해상 플랜트로 원거리에서 작업을 하기 때문에 폭발에 따른 피해를 최소화할 수 있는 장점을 갖고 있다. 삼성중공업㈜은 2005년에 300,000 m^3급 F.S.R.U.의 선형을 개발 완료한 상태이다.

PNG선과 CNG선은 기존의 LNG선과 시설면에서 다르게 압축된 가스를 실린더에 넣어 기체 상태로 운반하는 것으로, 기존의 LNG선은 천연가스를 영하 163°의 극저온 상태로 액화시켜 부피를 600분의 1로 줄여 운반하는 방식으로 수십억 불에 달하는 천연가스 액화 및 재기화설비가 필요하지만 PNG선과 CNG선은 별도의 시설 투자가 필요없다는 장점이 있다.

표 2-17 LNG Tank Types

구 분	Ball Type Moss Rosenberg	Membrane Type Technigas	Membrane Type Gas Transport	S.P.B Type (Self-Supporting I.H.I Type B)	Conch Type (Self-Supporting Prismatic Type A)
Tank Shape (탱크 형상)	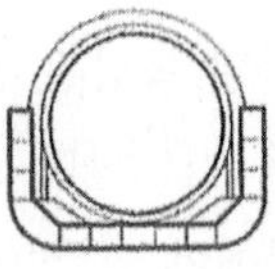	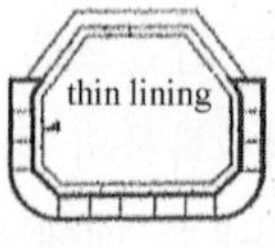 thin lining	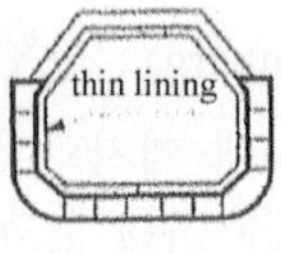 thin lining	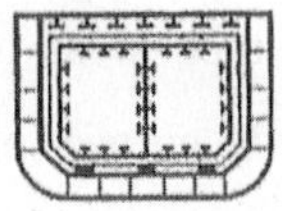	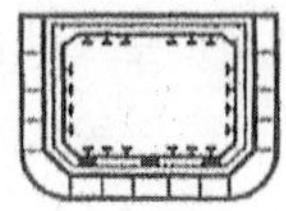
Tank Inner Wall Lining (탱크 내면 마감)	탱크 재질은 알루미늄, Lining은 없음	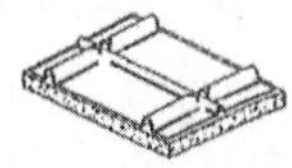 전후 좌우 신축 흡수 스테인리스 SUS304	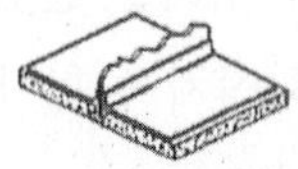 극저온 상태에서 수축 팽창이 극히 작은 INVA강(니켈 36%) Lining 사용	탱크 재질은 알루미늄, Lining은 없음	탱크 재질은 알루미늄, Lining은 없음
Tank Supporting and Insulation (탱크 지지와 보온)	원통형 Curtain Plate로지지. 보온은 구형 탱크 외면	2중 선체 내면에 단단한 보온을 하고 그 표면을 Lining 마감하므로 선체가 바로 화물 중량을 받음	좌 동	알류미늄 탱크 내부에 Stiffener(보강재)가 있는 독립 구조로서 하부를 받쳐 줌. 보온은 탱크 외면에 시공	2중 선체 내면에 보온을 하고, 그 속에 화물 탱크를 만들어 넣음
Merit (장점)	만들 때나 사용할 때 Care(주의력 집중)의 Point가 적다.	선체가 최적화 사이즈로 작아진다. 특수 설비 증설이 불필요하다.	좌 동	선체가 최적화 사이즈와 형태를 갖는다.	특별히 없음
Demerit (단점)	선박이 높아져 바람을 많이 받으므로 조타 장치와 계선 계류 장치를 강화시켜야 한다.	만들 때나 사용할 때 Care(주의력 집중)의 Point가 많다. 특히 선체 외부의 충돌 때 좌초 등 손상 요인을 극력 피해야 한다.	좌 동	알루미늄 용접량이 상당히 많아서 용접 자동화 라인 설비 투자가 필요하다. 실용을 통한 장기 안전 검증이 필요하다.	불완전한 탱크를 전제로 하고 선체 내부에 보온함으로써 확실한 성능의 보장을 위한 시공 부담이 크다.

천연가스 운반선(LNG; liquified natural gas)은 크게 탱크가 액체화물을 지지하도록 설계되어 모스(moss)형과 화물 하중을 탱크가 직접 감당하지 않고 단열 내장재를 통해서 선각 전

체에 골고루 걸리도록 설계되어 있어 탱크 판의 두께가 비교적 얇은 금속판을 사용하는 멤브레인(membrane)형으로 나눌 수 있다. 최근에는 여러 가지 명칭의 LNG선이 많이 건조되고 있는데, 이들의 차이점은 모두 일종의 멤브레인형이라고 볼 수 있다. 이들의 차이점은 보온시공법에 따라 특성화되어 있다. LNG선을 몇 가지 소개하면 다음과 같다.

㉠ 모스형(ball type moss rosenberg) : 알루미늄 합금으로 제작된 독립된 공 모양의 탱크가 스커트(원통형 curtain plate)에 지지되어 액체화물의 하중을 감당한다. 이 형은 만들 때나 사용할 때에 멤브레인형에 비해 제작, 사용할 때에 주의해야 할 점이 적다는 장점이 있으나, LNG선의 대형화가 어려울 뿐만 아니라 선박이 높아져 바람을 많이 받으므로 조타장치와 계류장치를 강화시켜야 한다는 단점이 있다.

㉡ 가스 트랜스포트(GT, membrane type gas transport) : 독립된 화물 탱크가 없고, 화물탱크 내부에 이중으로 단열 박스를 설치하고 니켈 합금(INVA 강, 니켈 36%)으로 된 얇은 판을 멤브레인으로 사용한다. 탱크의 지지 및 보온법, 일반적인 장점 및 단점은 테크니가스(membrane type technigas)와 비슷하며, 현재 가장 많이 사용되는 형식이다.

㉢ 테크니가스(membrane type technigas) : 이중 선체 내면에 단단한 보온을 하고 그 표면을 얇은 라이닝(lining) 마감을 함으로써 화물 중량을 선체가 직접 받도록 된 형식이다. 팔각으로 된 선체에 단열 패널과 스테인리스(SUS 304)로 된 멤브레인을 사용한다. 이 형은 선체가 최적화 크기로 작아질 수 있으며 특수 설비 증설을 할 필요가 없다는 장점이 있으나, 모스형에 비하여 제작 및 사용상에 주의할 점이 많다는 단점이 있다. 특히 선체 외부의 충돌이나 좌초로 인한 손상 요인을 적극적으로 피하여야 한다.

㉣ S.P.A.(conch type, self-supporting prismatic type A) : 탱크 내부에 보강재가 있는 독립 구조로서 하부를 받쳐 주고 있는 S.P.B.형과는 다르며, 이중 선체 내면에 보온을 하고 그 속에 화물 탱크를 만들어 넣은 형이다. 탱크 재질은 S.P.B.형과 마찬가지로 알루미늄으로 하며 라이닝은 설치되지 않는다. 이 형식은 특별한 장점이 아직 알려져 있지 않은 반면, 불완전한 탱크를 전제로 하고 선체 내부에 보온함으로써 확실한 성능의 보장을 위한 시공 부담이 비교적 크다는 단점이 있다.

㉤ S.P.B.(self-supporting prismatic I.H.I. type B) : 알루미늄 재질의 탱크 내부에 보강재(stiffener)가 있는 독립 구조로서 하부를 받쳐 주고 있는 형이다. 라이닝은 없으며 보온은 탱크 외면에 시공한다. 둥그런 탱크가 갑판 위로 올라 온 모스형과는 달리 선체 속에 팔각의 독립된 알루미늄 합금 탱크를 가지고 있다. 선체가 최적화의 크기나 형태를 가질 수 있다는 장점이 있으나, 알루미늄 용접량이 많아서 용접 자동화 라인 설비 투자가 필요하다는 단점이 있다. 또한 실용을 통한 장기적인 안전 점검이 필요하다는 단점도 있다.

ⓑ LNG-R.V.(LNG 운반-기화선, LNG-regasification vessel) : LNG선에 부유식 해양 플랜트 기능을 접목시켜 LNG를 운반하고, 해양 부유 시설에 접안해서 천연가스를 생산할 수 있는, 자체 기화 설비를 갖춘 LNG선이다. 이 배는 'vessels'의 'S'를 붙여서 LNG-R.V.S.라고 불리기도 한다.

ⓢ LNG-F.P.S.O.(LNG-floating production storage off loading vessel) : 해상 천연가스전이 육지와 멀리 떨어져 있을 때에 천연가스를 육상으로 운반하지 않고 선박 자체의 생산 설비를 이용하여 LNG를 생산할 수 있도록 설계된 선박이다.

현대중공업㈜은 2005년 현재 미국의 에너지사와 공동으로 CNG선의 디자인을 개발하여 미국 선급협회인 A.B.S.로부터 선체구조에 대한 심사를 통과했으며, 삼성중공업㈜은 노르웨이와 공동으로 PNG선의 선형개발을 완료했다.

21세기에 개발되는 LNG선 가운데 항해에 투입된 LNG선은 대우조선해양㈜이 개발한 LNG-R.V.(LNG-regasification vessel)선 및 삼성중공업㈜이 제작한 LNG-S.R.V.S.(LNG-shuttle and regasification vessel) 등을 말할 수 있다. 이들은 LNG가 운반하는 기능 이외에 LNG선의 기화장치를 장착하여 액체 상태로 싣고 온 액화천연가스를 배에서 기화시켜 육상에 있는 시설로 직접 보내는 기능을 갖춘 선박으로서, LNG선보다 큰 V.L.G.C.(very large gas carrier : 60,000 cdm 이상의 초대형 가스 운반선)의 개발에도 관심을 가지고 연구 개발 중이다.

[천연가스 운반선(LNG선)의 화물 탱크 설계상 고려할 점]

㉠ 슬로싱(sloshing) : LNG선은 탱크의 크기가 일반 유조선의 2~3배 가까이 될 정도로 크다. 따라서 탱크 내부의 LNG가 운항 중에 출렁거려 탱크에 충격을 주는 슬로싱 현상이 발생하게 되므로, 상위 30%는 다른 부분에 비해 특별히 튼튼하게 보강해야 한다. 이런 점은 모스형보다 멤브레인형이 더 문제가 되는데, 모스형은 슬로싱의 충격이 이론적으로 계산 가능하고, 화물창의 모형이 공처럼 둥글어서 충격이 그렇게 크지 않은 반면에, 멤브레인형은 슬로싱으로 인한 화물창의 충격을 이론적으로 계산하는 것이 어렵고 사각 탱크라 손상을 입을 확률이 더욱 크다는 특징이 있다. 따라서 이론적 해석과 실험이 필요하다. 하지만 선박의 대형화 추세에 적응성이 높은 선형은 멤브레인형으로 알려져 있다.

㉡ 단열 시스템 : LNG선은 화물창의 초저온(−161.5℃) 상태 유지가 필요하며, 단열 시스템에 문제가 발생할 경우 큰 사고로 이어질 가능성이 높다. 따라서 단열 시스템의 설계에 특별한 주의가 필요하다. 화물 탱크는 펄라이트를 넣어 만든 단열 박스에 멤브레인을 붙여 만든다. 이때에 단열 박스의 수분율은 2% 미만으로 낮아야 한다. 멤브레인의 경우 36% 니켈 합금강과 스테인리스강으로 만든다. 36% 니켈 합금강은 온도당 길이 변화율이 매우 낮아 90°까지 굽혀도 균열이 일어나지 않고, 스테인리스강은 용접이 쉽다. 용접은 대부분 자동 용접을 하지만 곡면부는 수동 용접을 한다.

여기서 천연가스의 냉동법에는 다음과 같은 방법이 있다.

- 다단 냉동법(the cascade cycle) : 여러 가지 냉매를 이용해 차례로 천연가스의 온도를 낮춰 액화시키는 방법이다. 먼저 에틸렌 냉매로 프로판을 액화시키고, 액화된 프로판을 냉매로 다시 천연가스를 액화시킨다.
- 팽창법(turbo expander cycle) : 천연가스를 가압(加壓)한 뒤 터빈을 이용해 빠르게 단열 팽창시키면 천연가스의 온도가 급격하게 떨어져 액상으로 된다.
- 혼합 냉매법(multi-component refrigerant cycle) : 적절하게 섞은 탄화수소와 질소 혼합물을 냉매로 응축, 팽창시키면 초저온 상태가 되는데 이를 이용해 천연가스를 액화시킨다.

㉢ 기화 가스 : 화물 탱크 내에 조금씩 기화하는 가스(*BOG*, boil-off gas)를 스팀 터빈 연료로 사용하여 배를 움직이는 에너지로 사용한다.

㉣ 자동화 설비 : 높은 폭발 위험으로 인해 정밀한 자동화 설비, 기관실 내부 장비와 항해장비의 유기적 작동과 감시 제어 시스템, 비상 정지 장치(*ESD*)와 여러 자동화 시스템의 통합을 위해 통합 자동화 장치가 필요하다.

(4) 쇄빙 상선 지구의 온난화로 인해 북극해의 결빙기간이 단축됨에 따라서 북극 항로에서 항해할 수 있는 쇄빙 및 내빙(耐氷) 성능이 향상된 선박의 개발에 연구가 진행되고 있다. 북극항로를 이용하면 캐나다, 그린란드 등의 북극 해역의 천연가스를 운반하기 좋을 뿐만 아니라, 극동에서 서유럽으로 가는 항로가 40% 단축되는 효과가 있다.

또한 부산-싱가포르-암스테르담 항로보다 북극항로는 30% 이상의 거리가 단축되는 것으로 알려져 있다. 세계 최초의 쇄빙선은 1864년 소련이 이미 건조하여 해양조사 및 항로개척 정도에 이용하였었다.

[쇄빙 상선 설계 관련 규정(ice class rule)]

근래에 경제적인 이유로 쇄빙 상선 설계가 증가하고 있다. 이러한 선박 설계를 할 때에 고려할 특기 사항을 요약하면 다음과 같다.

쇄빙선을 설계할 때에 특별히 고려해야 할 빙하중은 'ramming(충격 쇄빙으로서 특히 선수부에 걸리는 이 하중이 문제가 된다)'과 'jamming(빙판 사이의 틈 속에 선박이 끼는 현상으로 특별히 이 하중으로 인한 선체 중앙부의 압축력이 문제이다.)'이다.

대부분의 빙해역 선급 규정의 빙하중 계산식은 이러한 조건을 가정하여 만들어졌다. 또한 이러한 규정 배경에는 러시아 규정의 빙하중 산정 공식이 있으며, 러시아 규정은 이러한 최악의 조건(즉, 선수부의 ramming, 중간 측면부의 jamming)을 고려한 경험을 통해 얻어진 것이다.

빙해역을 운항할 선박은 일반 선급 규정과 함께 운항 항로의 빙상 조건에 합당한 빙해역 규정을 만족해야 한다. 현재 빙해역에 적용되는 각국의 선급 규정은 쇄빙 선박에 요구되는 선체 강도 요구 조건과 규정의 발전 과정에 따라 다음과 같이 크게 세 그룹으로 나눌 수 있다. 즉, 서유럽 국가의 선급 규정(*L.R.*, *D.N.V.*, *B.V.*, *G.L.*)과 미국의 선급 규정(*A.B.S.*)은 1971년도 핀란드-스웨덴 규정(Finnish-Swedish ice class rules, 1985년 개정)에 기초를 두고 있다. 반면에 구공산권 국가의 선급 규정(폴란드, 동독 등)은 구소련 선급협회(*U.S.S.R.*, Register of Shipping, 1968년 도입, 1982년 및 1999년 개정)의 규정을 채택하고 있다. 그리고 캐나다의 경우에는 캐나다 북극해에 적용되는 독자적인 규정인 *C.A.S.P.P.R.*(1972년 도입, 1995년 개정)을 사용하고 있다.

이제 각 선급 규정의 특징적 내용을 좀 더 소개하면 다음과 같다. 즉, 캐나다와 러시아의 빙해역 선급 규정은 자국의 북극해 빙상 조건에 맞추어 높은 빙등급을 정하였기 때문에 빙상 조건이 훨씬 온화한 발틱해의 겨울철에만 적용되는 핀란드-스웨던의 규정에 비해 빙등급의 범위가 훨씬 넓다.

캐나다의 *C.A.S.P.P.R.* 규정은 선박의 선체 강도와 출력, 그리고 북극해 빙해역의 빙상 조건에 따라 1, 1A, 2, 3, 4, 6, 7, 8, 10의 9단계로 구분을 하고 있다. 그리고 발틱해의 빙상 조건에 맞추어 5단계의 저등급(A, B, C, D, E)이 설정되어 있다. *C.A.S.P.P.R.* 규정은 선박이 평탄빙에서 약 3노트의 속도로 연속 쇄빙을 하면서 진행할 수 있는 최대의 얼음 두께로 그 등급을 정하고 있으며, 또한 이 등급과 관련하여 *C.A.S.P.P.R.* 규정은 선박이 일년 중 특정 기간에 항행 가능한 지역을 정해 두고 있다. 한편 핀란드-스웨던 규정은 겨울철 발틱해에서 운행하는 선박에 대하여 4가지 빙등급(1C, 1B, 1A, 1A super)으로 분류하고 있다. 이중에서 발틱해의 가장 높은 빙등급(1A super)에 해당하는 선박은 외부의 도움 없이도 자신의 추진력만으로 운행할 수 있는 반면에, 가장 낮은 빙등급의 선박은 빙상 조건이 악화될 때에는 유도 쇄빙선의 도움이 필요할 경우도 있을 것이다. 발틱해의 빙상 조건을 위해서는 러시아 규정도 역시 4가지 빙등급(L3, L2, L1, UL)으로 분류된다.

그러나 각 등급이 요구하는 선체의 강도는 핀란드-스웨덴 규정의 요구 사항과 꼭 일치하지는 않는다. 또한 *L.R.*, *A.B.S.*, *D.N.V.*, *B.V.*, *G.L.*, *N.K.*의 규정은 발틱해의 빙상 조건(Northern Baltic in winter season)을 4단계 혹은 5단계의 빙등급으로 설정하고 있다.

(5) WIG선(wing in ground effect ship) 1965년 소련에서 물 위로 0.2~2 m로 떠서 시속 550 km까지 운항될 수 있는 소형 WIG선을 개발한 이래 미국, 프랑스, 독일, 오스트리아, 일본, 한국 등에서 이를 대형화 및 실용화한 연근해 여객 WIG선 및 컨테이너 WIG선의 개발에 관심을 갖고 연구 개발 중이다. 우리나라의 경우에도 한국해양연구원, 해양수산개발원 및 해양수산부를 중심으로 시속 250 kn, 적재량 100톤급 대형 WIG선의 실용화 사업을 정책적으로 추진하고 있다. 한편, 한국해양연구원은 2009년까지 시속 150~200 kn 및 여객 20인 이상의 WIG선을 개발을 위해 연구 개발 중이다.

표 2-18 국내에서 개발된 신기술

조선소	개발된 신기술
현대중공업㈜	· 육상공법(2004년, 10만 5천 톤급 Afratanker(챌린저 1호)의 육상 건조 · 디지털 CO_2 용접기(고장 최소화, 경제성 제고) · Plasma 자동용접기(2004년, Arc불꽃 길이를 증가시켜서 기존 TIG 용접 속도의 2배 능률로 향상) 및 디지털 용접기(2006년, 용접품질 및 보수 유지성 향상) · 자동 문자 마킹 시스템(2003년) · 슈퍼 리프트 공법(9 mm 오차의 해양 설비 조립 기술)
현대미포조선㈜	· 세미 텐덤 건조 방식(2배의 생산을 동시에 진행함으로써 도크 공간 활용의 극대화)
삼성중공업㈜	· GS-CAD 설계시스템(2005년, 선체설계와 의장설계를 통합, 공저의 디지털화 달성) · mega block 공법(2004년, 육상의 100~130개 철구조물을 개당 2500톤짜리 7-8개의 mega block으로 조립) 및 giga block고법(2006년, 개당 6천 톤 이상의 블록공법) · SOLAS(2004년, 최적항로 도출 시스템)
대우조선해양㈜	· PI 시스템(2004년, 프로세스 혁신 IT 시스템의 개발 적용) · 양면 슬리트 공법(이중 선체 블록을 끼워 맞춤) · 링 타입 탑재 공법(선체 중앙부를 12개의 토막으로 나누어서 제작)
한진중공업㈜	· dam 공법(도크 작업분과 육상 작업분을 물 속에서 접합, 도크 크기보다 더 큰 선박의 건조(예, 8,100 TEU급 컨테이너선 건조)
STX 조선㈜	· Skid Launching System(2004년, 횡 방향 육상 공법) · 세미 텐덤 건조 방식 · 디지털 도면 배포 시스템(2004년)
성동조선해양㈜	· GTS(gripper-jacks translift system) 진수법(2006년, 육상의 skid rail에서 완성 후 link beam을 통해 floating dock로 gripper-jacking하여 load-out하는 방식

(6) 메탄 하이드레이트(methane hydrate) 운반선 석유, 석탄 등의 에너지 자원의 부족으로 인하여 세계 각국의 환경보호 정책에 따라 메탄 하이드레이트(methane hydrate) 운반선이 2010년경에는 건조될 예정이다. 메탄 하이드레이트는 아직 이용하지 못하고 있는 잠재적 에너지원으로서 시베리아와 같은 영구 동토지대와 심해의 퇴적물 및 퇴적암에 광범위하게 분포되어 있으며, 탄소 기준으로 석탄, 석유, 가스량의 약 2배에 가까운 것으로 알려져 있는 심해자원인 것이다.

(7) 심해자원 개발을 위한 해양 구조물 활용도가 더욱 높아지고 있는 해양 석유 자원 개발이 점점 더 깊은 심해지역으로 이동되어 가고 있다. 따라서 비교적 얕은 해역에서 사용될 수 있는 고정식 해양 구조물의 유용성은 한계에 이르고 있다. 이러한 문제를 해결하기 위하여 선박과 해양자원 개발 플랜트가 복합된 형태의 제품도 개발되고 있다. 예를 들면, 21세기에는

이러한 목적으로 Drill-F.P.S.O., LNG-F.P.S.O., LPG-F.P.S.O. 등의 개발이 진행되고 있다.

여기서 F.P.S.O.(floating production storage and off-loading)는 물에 떠서 자유로운 이동이 가능한 부유식 원유 생산용 선박을 의미한다.

심해에 직접 사람이 들어갈 수 없는 심해저에 무진장한 망간단괴, 망간각 또는 열수광산(망간, 니켈, 크롬, 코발트 등의 희소 금속 덩어리)을 탐사할 심해 잠수정 ROV(remotely operated vehicle) 또는 자동항법 잠수정 AUV(autonomous underwater vehicle)의 성능 향상 노력이 선진 각국에서 활발히 진행되고 있다.

심해저 자원은 U.N.이 인류 공동의 자산으로 규정하여 선행투자국에게 소유권을 인정해 주기 시작한 단계이다.

우리나라는 단일 국가로는 여덟 번째로 선행투자국의 자격을 얻어 1994년 U.N.의 해양법이 발효되던 해에 태평양 공해상의 C-C(clarion-clipperton) 구역에 150,000 km에 대한 배타적 광구개발권을 U.N.으로부터 인정받았으며, 2003년까지 경제성이 높은 50%의 면적을 최종적으로 확정하여 소유하기로 되어 있다. 심해의 심층수를 개발한다든지, 해상공항, 해양목장, 해중공원용 초대형 바지선형 구조물 BMT(barge mounted plant)의 개발에도 연구 진행되고 있다.

2.2 배의 크기

상선의 크기를 결정하는 데 있어서 가장 중요한 요소는 선박의 수송력이다.

수송력의 크기는 D.W.T.(재하중량)와 속력(여기서의 속력은 해상 속력 등의 의미는 아니다)으로 나타낼 수 있다.

$$\text{수송력} = \text{재하능력} \times \text{속력}$$
$$= \text{재하능력} \times \frac{\text{거리}}{\text{총 소요시간}}$$

위 식에서 좌우 항은 먼저 배의 가행률(회전율)로 되기 때문에 계획 속력(schedule speed)에 하역 능력(port speed)을 더해 줄 필요가 있다. 그러나 수송력을 증가시키는 것은 재하 능력×속력의 값을 크게 증가시켜야 하기 때문에 속력만을 증가시킨다는 것도 문제가 있다.

수송력의 크기는 연간 수송량으로도 환산하는데, 그 관계는 다음과 같다.

연간 총 수송량 = 1회 수송량×연간 항해

여기서 1회 수송량은 배의 크기에 관계되는 것이지만 화물의 종류에 따라서 변하기도 한다.

강재 등과 같이 비중이 큰 화물의 경우에는 화물창 전체에 적재되지 않아도 재화중량에 달하게 되므로 수송력으로는 화물 중량(중량 톤수)을 고려하는 것이 적당하다. 또한, 자동차와 같이 비중이 적은 화물의 경우에는 화물창 전체에 적재하여도 재화중량에 미치지 못하므로, 수송력으로는 화물창의 용적(용적 톤수)을 고려하는 것이 적당하다.

연간 항해 일수는 항로나 항해 속력 이외에 수리, 검사로 인한 휴항 등 비가동 일수도 고려해야 한다. 정기 화물선의 경우에는 연간 항해 일수를 먼저 결정하고, 1회의 항해마다 집하량에 맞는 수송력을 가지는 배를 설계하게 된다.

전용선의 경우에는 먼저 연간 수송력을 결정하고 여기에 맞도록 배의 크기, 속력, 척수를 타당성 있게 선택해 줄 필요가 있다.

배의 수송력을 계산하는 항목을 간략하게 예를 들면 다음과 같다.

㈎ **중량 화물과 용적 화물** : 중량으로 만재하게 되면 용적으로는 여유가 있는 화물로서 배에 따라 다르게 되지만, 보통은 1.133 m^3(40 cu-ft)의 용적이 중량 1톤 이상이 되면 중량 화물, 1.133 m^3의 중량 1톤 이하가 되면 용적 화물(경량 화물)이라고 한다.

㈏ **중량 화물을 수송할 경우의 연간 수송량** : 순 재화중량 톤수×가행률로 나타내는 것이 보통이다(적하 편도 항해). 경량 화물일 때에는 순 재화중량 톤수 대신에 재화 용적 톤수를 사용하면 좋다.

㈐ **가행률(회전율)-연간 항해 횟수** : 선박은 수리, 검사 등으로 대형선은 연평균 1개월(소형선에서는 15일 정도) 정도 휴항한다. 실제로 비상시에는 이에 준할 수 없다. 따라서 이때 가동률은 $\frac{11}{12}=91.7\%$이므로 이 값을 높이는 것도 대단히 중요하다.

1년간의 가행률은 1항해의 소요 월수로 11개월을 나눈 것이 된다. 그러므로 가행률을 잡는 이유는 휴항 일수를 빼서 가동률을 잡는 것이 1항해의 소요 일수를 가능한 한 감소시키는 결과가 된다.

㈑ **1항해의 소요 일수** : 다음에 설명할 ㈀ 항해 일수, ㈁ 정박 일수, ㈂ 기타의 항목을 합계한 것이다.

순 재화중량 톤수(재화 용적 톤수), 하역 능력, 해상에서의 항해 속력, 항해 거리, 기항지수 등에 따라서 달라지게 된다.

㈀ 항해 일수 : 이것은 왕복의 항해 거리를 1주일의 항해 거리, 바꾸어 말하면 평균 속력의 24배로 한 값이다.

㈁ 정박 일수 : 순 재화중량 톤수를 적하 능력과 양하 능력으로 나누어서 그 각각의 합한 값을 1일의 순하역 시간으로 나누면 정박 일수가 된다. 이것은 야간 하역이 가능한지에 따라서 크게 영향을 받는다.

㈂ 기타 : 연료, 청수, 식료품 등을 싣기 위해서 항해와 정박을 필요로 할 때에는 그 일수를 가산시킨다.

배의 크기, 즉 수송력 평가에서 특히 정박 일수에 큰 영향을 주는 하역 능력(port speed)을 간단히 설명한다.

[하역 능력]

하역 능력을 좌우하는 것으로는 다음과 같은 요소가 있다. 따라서 설계를 할 때에는 특히 주의해서 적용시켜야 한다.

① 화물창 용적의 분할

② 양·하역 장치의 성능, 배치, 용량

③ 화물 창구, 재화문의 배치와 크기

④ 화물의 포장 상태

⑤ 화물창 내의 지주 배치

등이고, 이것은 선박이 입항하여 출항할 때까지의 소요 시간을 말하며, 그 밖에 항내에서의 선박의 입·출항 등의 소요시간도 포함된다.

2.2.1 재화 능력

재화 능력(cargo carry capacity)은 화물의 종류에 따라서 다르지만 재화중량과 재화 용적, 즉 중량과 용적의 적재 능력을 말한다.

재화 능력, 즉 재하중량(dead weight)은 만재 배수 톤수로부터 배의 자중(light weight)을 뺀 중량이다. 이것은 선박에 적재 가능한 화물, 여객, 승무원, 연료, 청수, 식료품, 밸러스트 등의 총 무게를 영국 톤으로 표시한 중량 톤수로서 화물선이나 유조선의 크기를 나타내는 톤수로 많이 사용하고 있다.

재하중량은 일반적으로 선주의 요구사항으로서, 경하중량이 적은 배, 만재 배수 톤수가 적으면서 재하중량이 큰 배를 설계하도록 요구하게 된다. 한편, 주기관의 마력도 만재 배수 톤수에 대한 배의 모든 치수 요소에 크게 관계되므로 요구된 재하중량에 대한 경량 구조의 선박이 바람직하다.

1. 경하중량

경하중량(light weight) 또는 제비 중량(equipped weight)은 배의 자중, 즉 배가 항해 가능한 상태이며, 이것은 선체, 기관, 전기, 통신 장치를 완성, 항해, 하역 등에 필요한 설비의 설치 및 법규에 의한 비품, 속구를 완비하고, 보일러 등에는 항해에 필요한 정도의 물을 넣은 상태이다.

그러나 경하중량의 구분은 선주와 조선소에 따라 약간의 차이가 있다. 그 일반적인 정의는 다음과 같다.

(가) 선체 의장품과 기관 의장품을 탑재하고 공사 완료한 상태에서의 배의 중량을 말한다.
- 선각 중량 : 강재, 형강, 용착 금속, 주단강품, 관 장치 등
- 기관 중량 : 주기관, 보조 기관, 보일러, 축계, 관 장치 등
- 전기부 중량 : 발전기, 전등 및 배선 설비 등

(나) 예비품은 법정 비품까지를 포함하며, 법정 이외의 예비품이나 승무원용 용품 및 소지품, 명확하지 않은 중량 등은 재하중량에 가산한다.

(다) 취외 및 취부할 수 있는 장치에 대해서는 선체에 고정, 설치되는 것만을 포함시킨다.

(라) 기관부의 물, 기름에 대해서는 주기관, 주보일러, 주복수기, 추진 보조 기관 및 여기에 직결되는 관 계통 중에서 냉각용 청수, 해수 및 보일러 수, 윤활유는 포함하고, 그 이외의 청수, 해수, 윤활유 및 모든 연료는 포함하지 않는다.

경하 상태의 승무원과 그의 소지품, 연료, 청수, 해수 및 식량 등을 탑재해서 항해 가능한 상태를 공선 상태라 하고, 이때의 배수 톤수를 경하 배수 톤수라고 한다.

2. 만재 배수 톤수

만재 배수 톤수(full load displacement)는 선박이 허락하는 하기 건현의 최대 흘수 상태에 있을 때 배의 총 중량으로서, 배의 자중, 화물, 연료 등의 합계 중량을 말한다.

선박의 최대 재하 상태인 만재 흘수선의 지정은 국제 만재 흘수선 규칙에 의해 각국의 선급 협회가 이를 정하고 있다. 만재 흘수선은 계절이나 항행 구역 등에 따라서 여러 가지로 규정하고 있으며, 또한 재하중량을 산출하는 기준으로 하기 만재 흘수선에 대한 배수 톤수를 사용하고 있는 것이 보통이다.

재하중량에는 화물, 연료, 윤활유, 청수, 해수, 식량, 창고품, 승무원 및 여객의 소지품, 비품, 그리고 배의 안전 운항을 위한 밸러스트 등이 포함된다.

표 2-19 중량 톤수와의 관계

톤수	설명	단위	비율	법칙 관계
배수 톤수	1. 배의 자중 상태인 경하 배수 톤수 2. 하기 만재 흘수선에 대한 만재 배수 톤수	1,000 kg/ton 2,240 lb's/ton	표 2-20 참조	측도 법칙 아님 만재 흘수 규정에는 규정되며, 등록 사항은 아님
재하중량 톤수 (D.W.T.)	화물, 연료 등을 포함한 전체 적재 능력을 중량으로 표시한 것	1,000 kg/ton 2,240 lb's/ton	표 2-20 참조	없음
순 재화중량 톤수	D.W.T.로부터 연료, 식료, 승무원 등을 공제한 중량(비가동 중량) 화물의 중량 적재 능력(가동 중량)	1,000 kg/ton 2,240 lb's/ton	표 2-20 참조	없음

표 2-20 각 중량 톤수와의 비

톤 수	화 물 선	화 객 선	여 객 선
총톤수	100	100	100
순톤수	62(63~60)	59(60~58)	50(58~40)
재하 용적 톤수	170(190~140)	90(140~40)	20(40~10)
만재 배수 톤수	210(230~200)	170(200~130)	110(130~90)
재하중량 톤수	150(180~120)	85(120~40)	30(40~20)
순 재화중량 톤수	138(170~110)	60(110~20)	9(20~5)

注 선종, 선형, 기관의 종류, 속력, 항로 등에 따라 변화하게 된다.

순 재화중량은 화물 또는 여객의 중량으로서 운임 수입의 대상이 되는 것을 말하며, 항로나 사용 연료에 따라서 변하게 되는 재하중량의 비율은 항양 디젤 화물선에서는 대부분 85~90%가 된다.

3. 재화 용적

배의 수송력, 즉 배의 크기를 결정하려면 재화중량의 확보와 재화 용적의 확보가 필요하다. 용적의 측정은 하물의 종류에 따라 두 가지 방식이 있다.

잡화 등의 화물은 화물창 내의 내장면(side sparring)까지만 적재할 수 있는, 즉 무거운 것보다는 가벼운 화물을 많이 취급하는 정기선의 하물 적재 능력(m^3)을 표시하는 것은 포장 용적(bale capacity)으로 나타내는 것이 좋다.

곡물과 같은 그레인 화물은 화물창 내의 내장재가 필요 없이 포장하지 않고 적재할 수 있는 중량물을 주로 취급하는 부정기 화물선의 화물 적재 능력으로서 그레인 용적(grain capacity)으로 나타내는 것이 적당하다.

어느 경우에서도 용적 40 ft^3(1.133 m^3)를 중량 1톤으로 표시한다. 따라서 재화 용적을 나타내기 위하여 m^3나 ft^3에 의하는 경우와 톤으로 나타내는 경우가 있다.

포장 용적과 그레인 용적과의 비는 배의 구조나 화물창의 위치에 따라 변하지만, 평균값으로는 1.06~1.11이 된다.

표 2-21 포장 용적 및 그레인 용적의 측정 방법

구 분	베 일	그 레 인
상 부	갑판 빔 또는 해치 빔의 아랫면	갑판 빔 또는 해치 빔의 윗면
하 부	선저 내장 윗면	선저 내장 윗면
측 부	선측 내장 내면	프레임 외면
전후부	격벽 스티프너 내면	격벽 강판면

화물창에서의 용적 계산 방법은 다음과 같다.

㈎ 포장 화물에 대한 용적은 그림 2-41에서와 같이 화물창 바닥은 내저판(tank top plate)의 내장판 위(bottom ceiling), 측면은 늑골 또는 격벽의 방요재(防撓材) 내장까지, 정부는 갑판 빔 아랫면 및 창구 빔 아랫면까지(강제 창구 덮개를 장비한 것은 창구 연재의 상연까지)의 내부 용적이다.

관습에 의하면 늑판(肋板), 종통재, 기둥, 내장이 없는 격벽의 방요재 등은 없는 것으로 계산해서 이것을 구조물에 대해서 공제율로 0.2%를 공제하는 것이 보통이지만 원칙으로 코루게이트(corrugate)형 격벽의 요철부(凹凸部)는 포장 용적에 산입하지 않는다.

㈏ 포장되지 않는 그레인 화물에 대한 용적(grain capacity)은 그림 2-41에서와 같이 저부는 내저판의 내장판 위, 측면은 외판 또는 격벽까지, 정부는 갑판 아랫면 및 창구 연재의 상연까지로 한다. 늑골, 빔, 기둥 등의 구조물에 대한 공제율로 0.5%를 공제하는 것이 보통이다.

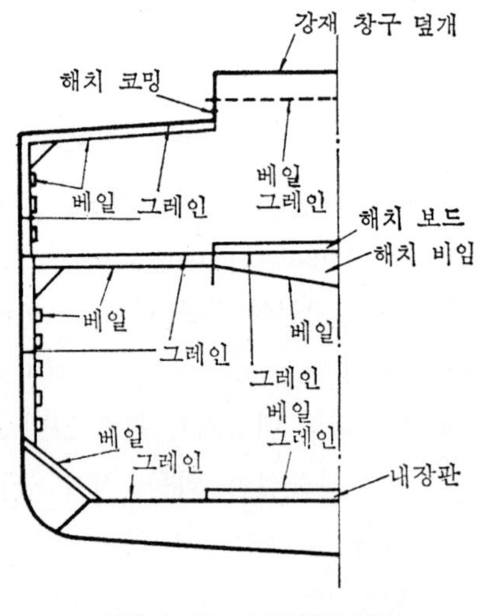

그림 2-41 그레인과 베일

㈐ 위의 어떠한 경우에도 통풍 트렁크(trunk)와 내부 구조물에 대해서는 다시 그만큼의 용적 공제를 해야 한다. 일반 화물창의 여러 계산과 기본 설계에 있어서의 중심에 대한 위치 계산에서 포장 또는 포장하지 않은 화물의 용적을 취급하느냐에 대해서 다음과 같이 계산한다.

㈀ 일반 화물창의 베일 및 그레인의 두 종류 중에서 중심 위치는 베일의 경우로 구한다.

㈁ 그레인 전용 화물창에서는 원칙적으로 그레인 한 종류에 대해서 계산한다.

㈂ 냉장 화물창의 베일, 바꾸어 말하면 냉각판과 에어 덕트(air-duct) 등의 보호 때문에 내장판까지의 내면을 잡는다. 다만, 냉동기 능력의 계산에는 방열재의 내면까지 전용적을 사용한다.

㈃ 승무원실, 사관 사무실, 창고 등은 전부 베일의 계산에 준한다.

일반적으로 40 ft^3(1.1331 m^3)라고 하는 값은 잡화의 평균 적부율로 된다. 화물의 적부율(storge factor)은 중량 1톤이 점유하는 용적, 즉

$$적부율 = \frac{용적}{재하중량\ 톤(D.W.T.)}$$

이며, m^3/ton 또는 ft^3/ton으로 표시된다.

4. 화물창 용적과 재화 중량톤(hold capacity / D.W.T.)의 용적

재화 중량에 대한 소요 화물창 용적은 대상 화물의 종류에 따라 다르지만 화물창 그레인 용적/재화 중량의 값은 대략 다음과 같다.

표 2-22

대상 화물선	그레인 용적 / *D.W.T.* (m^3 / ton)
보통 화물선	1.27～1.42
차량갑판형 화물선	1.7～1.8
벌크캐리어	1.23～1.28
탱커(원유)	1.20～1.23

또한 "shell guidance"에 의한 화물유조(油槽)의 기준은, 다음과 같다.

① 원유 탱커인 경우 : 만재 항해 속력으로 항해 거리를 취하고, 비중 0.8인 화물유를 98% 만재하고, 등흘수에서 하기만재 흘수가 되는 화물유 탱크 용적으로 한다.

② 프로덕트 캐리어인 경우 : 경질 프로덕트는 비중 0.72, 중질 프로덕트는 비중 0.84로 하고 등흘수에서 열대(乾舷)흘수가 되는 탱크 용적으로 한다.

(1) 그레인 용적(grain capacity)

그레인 용적은 선박의 형(型) 치수로 한 형용적에서 늑골(frame), 보(beam), 마진 판(margin plate), 기둥(pillar), 또한 상갑판 아래의 갑판 중심선 거더(deck center girder), 내장(side sparring) 및 통풍 트렁크 등의 실제 용적을 공제한 것으로 공제율은 다음의 표와 같다.

표 2-23

	전후부	중앙부
선박창고	1.1%	0.8%
중 갑 판	1.3%	1.2%

그레인 용적(grain capacity)을 구하는 근사식은 아래와 같다.

(ㄱ) 일반 화물선(general cargo ship)

$$\mathrm{G.C(m^3)} \fallingdotseq 1.015\left\{L\times B\times\left(D_H+0.8\frac{S_F+S_A}{6}+\frac{2}{3}C\right)\times C_B\right\} - k_E\times\left\{l_E\times B\times\left(D_H+\frac{2}{3}C\right)\right\}\ \ (\mathrm{m^3})$$

여기서, D_H, S_F, S_A, C, C_B : 용적 톤수

l_E : 기관실의 길이로서 전후부 격벽에 요철이 있는 경우에는 평균 길이임

k_E : 기관실의 형태에 따른 용적에 대한 계수

- 선미 기관실 $= 2.5C_B - 1.15$
- 중앙 기관실 $= 1.0$

또한 대부분의 선박에서 현호가 없는 선미 기관실 경우의 선창 용적은 l_H를 상갑판 아래의 화물창(cargo hold)의 전체 길이로 한다.

$$\mathrm{G.C(m^3)} \fallingdotseq 1.06\times l_H\times B\times D\times C_B\ \ (\mathrm{m^3})$$

(ㄴ) 산적 화물선(bulk carrier)

$$\mathrm{G.C(m^3)} \fallingdotseq (0.83\sim 0.88)\times l_H\times B\times D\ \ (\mathrm{m^3})$$

(2) 포장 용적(bale capacity)

포장 용적과 그레인 용적에 대한 비율은 상갑판 아래의 갑판 층수 및 선형의 크기에 따라 변화하므로 그 값은 표 2-24와 같다.

표 2-24

1층 갑판선	0.94~0.97
2층 갑판선	0.92~0.95
3층 갑판선	0.90~0.92

(3) 유조선(oil danker)의 화물유 탱크(cargo oil tank) 용적

유조선의 화물유 탱크 구역의 전체 용적은 다음과 같다.

$$\mathrm{C.O.T(m^3)} \fallingdotseq 0.98\times l_T\times B\times D\ \ (\mathrm{m^3})$$

여기서 l_T는 유조선의 화물유 탱크 구역의 전체 길이이다.

단, 화물창 구획의 후단부 요철이 있을 때에는 이를 수정해 주어야 한다.

화물선에 채용되는 선형으로는 평갑판형(flush decker type)선, 삼도형(three islander type)선, 차량 갑판형(shelter decker type)선들이며, 이들을 비교하면 다음과 같다.

[평갑판선]

차량 갑판형에 비하여 흘수를 깊게 할 수 있으므로 재화중량이 증가하며, 만재 배수 톤수에 대한 재하중량의 비는 3 선형 중에서 최소가 된다. 재화중량에 대한 베일 용적비는 3 선형 중에서 최소가 되며, 중량 화물을 주로 하는 선박에 적당한 선형이다.

[삼도형선]

선루 내의 일부를 화물창으로 사용하면 이 부분을 감톤할 수 있기 때문에 장선미(선교, 선미)루형과 이것을 가지지 않는 선루형이 있다. 앞의 것은 평갑판형과 차량 갑판형의 중간이며, 뒤의 것은 평갑판형보다 흘수와 재하중량을 조금 증가시켜서 중량물과 갑판 화물의 운반에 적합하게 한 것이다.

[차량 갑판선]

일반적으로 재화중량은 고려하지 않지만, 건현이 크고 화물창 용적을 크게 잡을 수 있기 때문에 경량 화물을 주로 하는 배에 적합한 선형이다.

표 2-25 화물의 적부율

화 물	적재 방법	적부율(m^3/ton)	화 물	적재 방법	적부율(m^3/ton)
석탄	그레인	1.28~1.31	양털(오스트레일리아)	베일	
코우크스	그레인	2.23	양털(인도)	베일	3.90
철광석	그레인	0.33~0.47	생사	베일	1.39~1.81
망간 광석	그레인	0.47~0.50	고무	베일	2.79~3.56
아연 광석	그레인	0.56~0.67	담배(인도)	베일	1.81~1.87
인광석	그레인	0.89	담배(터어키)	베일	2.64~2.79
선철	그레인	0.28~0.33	설탕(쿠바)	부대	3.90
설철(屑鐵)	그레인	2.23	설탕(북해도)	부대	1.45
시멘트	부대	0.92~1.03	차(일본)	상자	1.67
자갈	그레인	0.61~0.64	커피	부대	2.51~3.34
소금	그레인	1.11~1.14	쌀(일본)	포	1.73~1.95
황산 암모늄	그레인	1.00~1.11	밀	그레인	1.67~2.03
타르	통	1.50	밀	부대	1.28~1.34
윤활유	드럼	1.95~2.01	보리	그레인	1.67
휘발유	드럼	2.40~2.48	콩	그레인	1.45~1.50
식물유	드럼	2.09	원목(미국, 필리핀)	선창 내	1.45~1.50
위스키	통	1.62~2.37			2.51~3.06
일본술	통	2.23	원 목(미국, 필리핀)	중갑판 내	3.62~3.90
목화(미국)	베일	3.06			1.89
목화(캘커타)	베일	2.23	제재목(미송)	선창 내	2.17
콩깻묵	부대	1.37~1.50	제재목(미송)	중갑판 내	2.25~2.61
			베니어판(나왕)	상자	

표 2-26 선적에 의한 배수 톤수, 재하중량, 재화 용적의 관계

종 류	선 형	D.W.T./W	V/D.W.T.
고속 정기선	차량 갑판형	0.66~0.68	1.57~1.68
	평갑판형	0.65~0.71	1.30~1.45
	삼도형	0.64~0.66	1.46~1.50
중속 정기선	차량 갑판형	0.68~0.72	1.45~1.55
	평갑판형	0.70~0.74	1.15~1.35
	삼도형	0.69~0.73	1.25~1.40
대형 부정기선	평갑판형 선미 기관	0.73~0.76	1.32~1.35
	평갑판형 중앙 기관	0.72~0.76	1.28~1.35
중·소형 부정기선	—	0.65~0.73	1.15~1.30

주 V : 베일 용적, W : 배수 톤수

5. 톤수(tonnage)

배의 크기를 나타내는 톤에는 측도에 의한 총톤수와 순톤수로 표시하는 방법이 있다. 이것은 재화중량이나 재화 용적과 같이 배에 실을 수 있는 화물의 양을 나타내는 것은 아니지만, 선박에 관한 여러 가지의 통계나 세금, 수수료의 기준 등 배의 크기를 표시하는 수치로 넓은 의미로 쓰여지고 있다.

톤수 측도(tonnage measurement)의 기준은 각국이 법률로 정하고 있으며, 우리나라에서는 선박 톤수 측정에 관한 국제 조약에 따라 시행하고 있다. 또, 수에즈운하, 파나마운하는 항행 요금을 징수하기 위해서 운하톤수 측도법으로 독자적인 규칙을 정하고 있다.

이와 같은 규칙에 의해서 측도된 용적에 대해서는 $100\ \mathrm{ft}^3\left(\frac{1000}{353} \fallingdotseq 2.83\ \mathrm{m}^3\right)$를 용적 1톤으로 한 것을 총톤수와 순톤수로 나타낸 것이다.

한편, 우리나라에서는 국내법에 의해 선박 적량 측정에 관한 규칙을 선박 톤수 측정에 관한 국제 조약에 따라 시행하도록 1983년 3월 7일 교통부령 제758호로 공포하였으며, 현재까지 적용되었던 선박 적량 측정 규칙 및 간이 선박 적량 측정 규칙은 이 공포한 날로부터 폐지하였다.

2.2.2 속력

배의 속력은 knot 단위로 표시되는데, 1 knot는 1시간에 1해리(1,852 m)를 달리는 속력이다. 배의 속력을 km 단위가 아닌 knot 단위로 나타내는 것은 해도를 사용하는 데 편리하기 때문이다. 즉 지구의 위도 1분(分)에 상당하는 해면상의 거리가 꼭 1해리(海里)이기 때문이다.

1. 계획 속력(schedule speed)

배의 크기에 있어서 수송력에 크게 영향을 주는 계획 속력(schedule speed)은 선박 회사가 운항 계획을 위해 사용하는 속력으로서, 여기에 하역 능력(port speed)을 포함하게 된다. 선박에 있어 입·출항시의 속력 저하, 하역 능력의 저하, 항행 중 기관의 이상 등이 계획 속력을 저하시키는 요인이 된다.

그러므로 선박의 연간 수송량을 증가시키는 하나의 요소는 연간 항해 횟수를 증가시켜 실제의 가동 일수를 많게 하며, 실가동 일수 중에서도 하역 시간이나 정박 시간을 단축시키는 것이 중요하므로 실제 항해 일수를 증가시키는 일은 항해 속력이 결정되어야 연간 항해 횟수가 얻어지게 된다.

배의 속력은 해상에 있어서의 항해 속력 이외에 해상 시운전의 속력도 중요한 성능이 된다.

선박의 계획 속력은 선주가 특별히 요구하지만 연간 수송량 때문에 선체를 너무 크게 하거나, 연간 항해 횟수를 증가시키기 위해 항해 속력을 너무 높게 하거나, 주기관 출력을 너무 과다하게 하면 비경제적인 선박이 된다.

표 2-27 속력의 정의

통 상 속 력	재 하 상 태	주기관 출력	시 마진 (sea margin)
해상 공시운전 속력	통상 $\frac{1}{5}$	최대 연속 출력 (M.C.R.×100%)	없다
최 대 항 해 속 력	만 재	최대 연속 출력	없다
항 해 속 력	만 재	상 용 출 력	통상 15%

일반적으로 계획 속력이라고 하면 해상 시운전 속력, 최대 항해 속력, 항해 속력의 3가지가 있다. 이 속력에 대하여 정의하면 표 2-27과 같다.

여기서 최대 연속 출력(maximum continuous rating, M.C.R.)은 기관이 안전하게 연속으로 사용할 수 있는 최대출력이다. 이 출력으로 기관의 강도를 계산하게 되며 일반적으로 어떤 마력의 주기관일 때도 이 마력을 M.C.R.로 나타내게 된다. 또한 항해를 가능하게 하는 상용(normal rating 또는 most economical rating, N.O.R. 또는 M.C.R.)으로서 주기관의 효율과 부품의 소모 및 보수면에서 가장 경제적인 출력을 말한다.

N.O.R.이 M.C.R.에 대한 비율로서 디젤 기관의 경우 N.O.R.은 M.C.R.에 85%, 증기 터빈의 경우 N.O.R.은 M.C.R.에 90%로 하고 있다. 그러나 다른 한편으로는 일반적으로 적용되고 있는 디젤 기관의 경우에서도 N.O.R.은 M.C.R.의 90%로 하는 것이 보통이다.

그러나 증기 터빈의 경우에는 N.O.R= M.C.R.로 하는 수도 있다.

요목표에는 주기관의 출력에 회전수를 병기해서 나타낸다. 회전수는 1분간의 회전수를 rpm 또는 r/m(revolution per minute)으로 표시한다. 감속 기어가 붙은 디젤 기관의 경우에는 주기관의 회전수와 프로펠러 회전수가 다르기 때문에 500/120 rpm과 같이 주기관 회전수와 프로펠러 회전수를 같이 기재하기도 한다.

증기 터빈의 경우에는 감속 기어가 붙어 있어도 프로펠러 회전수를 나타내고 있는 것이 보통이다. 프로펠러는 선저가 많이 오손된 경우에도 주기관의 정격 회전수가 유지되는 것과 같이 회전수에 있어서 약간의 여유를 가지고 조금 높게 설계한다. 이 값은 주기관의 종류에 따라 다르지만 증기 터빈에서는 1～2%, 디젤 기관에서는 3～5%가 된다. 따라서 선저가 깨끗한 신조선에서는 주기관의 정격 회전수보다 조금 높은 회전수로 돌아가기 때문에 회전수를 표시할 때에는 '약' 또는 ab.(about)라고 나타내게 된다.

2. 해상 공시운전 속력(sea trial speed, V_T)

배를 인도하기 전에는 해상 공시운전을 해서 속력을 확인한다. 기본 설계시에 만들어진 계획 주요 요목표에는 그 배의 보증 속력이 기재되어 있다.

선박의 해상 공시운전 속력은 계약된 속도의 선박으로 설계되었는지를 증명하기 위하여 실시하여야 하는 것이므로 조선소와 선주 입장에서 모두 신빙성이 대단히 중요한 의미가 있다. 해상 공시운전을 할 때에는 해면의 기상상태가 깨끗한 표면의 잔잔한 기상 상태(calm weather)로 하여야 하는 것이 중요한 방법인 것이다. 그 동안에 많은 기관들이 서로 다른 시운전해석법을 제안하였다. 그 예를 보면 다음과 같다.

국제수조회의(I.T.T.C.: '69, '81), 영국 선박연구소(B.S.R.A.: '64, '77, '78), 덴마크 선박연구소(D.S.R.I.: '64), 노르웨이 조선기술협회(N.A.S.T.S.: '71), 미국 조선학회(S.N.A.M.E.: '73, '76, '89), 일본 조선연구협회(N.K.: '72, '93), 네덜란드 선박연구소(N.S.M.B.: '76 / M.A.R.I.N.: '94, '06), 국제표준기구(I.S.O.: '02) 등에서 보고된 바가 있다. 하지만 각국의 연구보고서의 내용이 부정확성이 많다는 것이 여러 학자들에 의해서 지적되고 있다.

이들 결과의 부정확성이 심각하다는 것이 오래 전부터 지적되었기에 국제 표준기구(I.S.O.)가 8년 동안의 연구 끝에 최근에 선속 시운전 해법의 표준 가이드(I.S.O. 15016)를 확정한 바 있다. 이 법의 제정은 1994년에 착수해서 2002년 6월에 확정되기까지 총 9회에 걸쳐서 전 세계 ISO 회원국의 의견을 수렴하고 투표를 실시한 바 있다.

한편, 포루투갈의 제안으로 유럽 표준위원회(C.E.N., european committee for standardization)가 1998년부터 2005년 현재까지 제정 중인 선박의 조종성 관련법(D.I.N. 1208)과 이미 국제 표준기구(I.S.O.)에서 제정되어 있는 I.S.O. 15016(선속 시운전 해석법)을 통합해서 종합적인 규정(I.S.O./F.D.I.S. 19019: international organization for standardization/final draft international standard 19019)으로 제정하는 작업이 현재 진행 중이다. 이 I.S.O./F.D.I.S.

19019 최종안에도 I.S.O.가 이미 확정해 놓은 I.S.O. 15016(선속 시운전 결과 해석법)은 그대로 인정해서 포함토록 되어 있다. 이렇게 되면 'I.S.O. 15016'은 C.E.N.이 공동으로 인정함으로써 그의 공인성이 한층 더욱 강화시킨 것이다.

해상 시운전을 할 때에 신빙성을 향상시키기 위해서는 일반적으로 기상조건이 너무 나쁘지 않은 상태에서 시행하여야 된다. I.S.O.의 표준은 이 경우 최대 파고 3 m 미만(대략 Beaufort Number=7 미만)을 권장하고 있다. Beaufort Number가 7 이상인 경우는 프로펠러 레이싱(propeller emergence for racing) 현상까지 발생되어 선속 손실량이 두 배 이상 차이가 날 수 있음을 Aerssen-van Sluys(1972년)가 실선으로부터 측정한 바 있다.

유조선, 철광석 운반선 등의 경우에는 화물 탱크나 선수미창에 바닷물을 넣어 배의 길이에 2~2.5%의 트림 상태인 밸러스트 상태 혹은 만재 상태에서 해상 공시운전을 하며, 주기관을 연속 최대출력으로 운전했을 때의 속력을 시운전 보증 속력(guarantee speed)이라고 부른다.

일반 화물선, 벌크 화물선 등의 경우에는 탱크에 바닷물을 넣어도 만재 상태로 되지 않기 때문에 재화중량의 20~30%에 상당하는 바닷물을 탱크에 나누어 넣고, 트림 조정된 밸러스트 상태에서 해상 공시운전을 한다.

이와 같은 밸러스트 상태에서 시운전을 할 경우에는 프로펠러의 심도로 인하여 부하가 가볍게 되어서 회전수가 만재 상태보다 상승하기 때문에, 연속 최대출력으로는 프로펠러의 회전수가 올라가므로 주기관의 허용 회전수를 넘는 일이 생겨 회전수를 제한하면 연속 최대출력이 나오지 않게 된다. 그러므로 상용 출력에 있어서 속력을 보증 속력으로 하는 일이 있다. 물론 상용 출력에 의해 속력을 보증 속력으로 해도 최대출력은 연속 최대출력 부근까지 나온다.

완성 상태 요목표 등의 출력에서는 속력을 해상 시운전 최대 속력이라고 부르는 일도 있으므로 이 점을 중요시해야 한다.

해상 공시운전 속력은 배의 일생에 꼭 한 번 얻어지는 속력이 된다.

3. 항해 속력(sea speed)

항해 속력(sea speed, service speed, crushing speed, V_S)은 계획 만재 흘수선에서 주기관을 상용 출력으로 운전했을 때 나오는 속력이다.

배가 일정한 항해 속력을 유지하고 있다면 상용 출력은 취항 항로와 해상 상태, 선저의 오손 등에 의해 소비되는 마력의 증가를 고려해서 어느 정도의 여유를 주어야 할 필요가 있다.

이 여유를 시 마진(sea-margine)이라고 부르며, 다음 식으로 나타낼 수 있다.

$$\text{시 마진} = \frac{\text{상용 출력} - PS_1}{PS_1} \times 100\%$$

여기서 PS_1은 바람과 파랑이 없는 평온한 상태에서 수심이 충분한 해면을 선저, 프로펠러가 깨끗한 상태로 배가 직진할 때 항해 속력을 내는 필요한 마력이다.

시 마진은 취항 항로, 선형 등에 따라서 다르게 되며 보통 10～40%의 범위이지만, 요목표에 기재하는 속력은 15% 시 마진으로 하는 것이 보통이다.

그림 2-42에서 실선의 마력 곡선이 바람과 파랑이 없고 수심이 충분한 해면을 선저, 프로펠러가 깨끗한 상태에서 배가 직진할 경우의 소요 출력이라고 한다면, 항해 속력은 사용 출력을 1.15배로 증가시킨 출력에 해당하는 속력으로 된다. 또한, 평수(平水) 상태에서의 속력보다 약 6%의 낮은 속력을 채택하는 경우도 있다.

외국선의 경우에는 특히 통일시킨 값은 없으나 경우에 따라서는 시 마진이 '0'인 속력을 요목표에 항해 속력으로 나타낸 것도 있다. 따라서 A, B 두 선박의 요목표가 있을 경우 항해 속력을 비교한다고 하면 시 마진이 어느 정도 또는 얼마나 있는지를 반드시 확인할 필요가 있음을 알아야 한다.

한편 최대 항해 속력(maximum sea speed)이라고 하는 속력은 보통 사용하지 않지만, 일반적으로 만재 상태에서 연속 최대출력을 내어 얻어지는 최대 속력을 말한다. 해상 공시운전 속력, 항해 속력, 그리고 최대 항해 속력과의 비를 디젤 기관선과 터빈 기관선을 비교한 것을 표 2-28에 나타내었다.

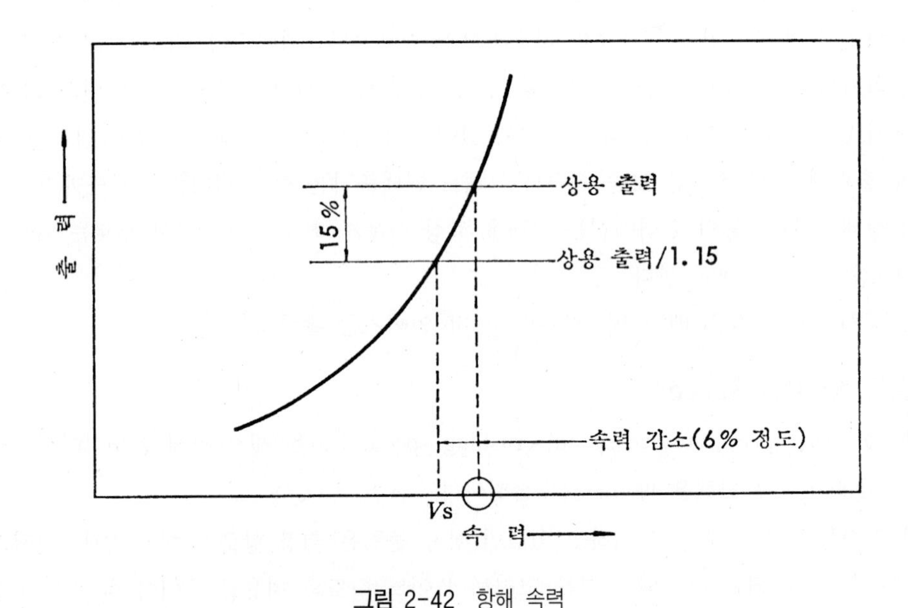

그림 2-42 항해 속력

경량 화물 운반선인 정기선에서는 만재 상태로 항해하는 일이 많지 않기 때문에 $\frac{3}{4}$ 재하에서의 최대 항해 속력을 말하며, 화객선, 여객선 등에서는 $\frac{1}{2}$ 재하에서의 속력을 최대 항해 속력으로 나타내게 된다.

표 2-28 속력과의 비

속력비	디젤 기관선	터빈 기관선
$\frac{\text{시운전 속력}}{\text{항해 속력}}$	1.20~1.23	1.18~1.22
$\frac{\text{최대 항해 속력}}{\text{항해 속력}}$	1.07~1.09	1.06~1.08

[설계를 할 때에 속력 증가 요인]

설계를 할 때에 선박의 선속을 증가시킬 경우에 일반적으로 다음과 같은 선박 선속의 증가 요인이 있다.

① 선형이 홀쭉하여 방형계수가 감소된다.
② 동력 증가를 위해서 기관 용량을 증가시킴에 따라, 기관부 중량이 증가되고 연료 소비율이 증가된다.
③ 연간 운항 횟수가 늘어난다.
④ 연간 화물의 운송량이 다소 증가될 수 있다.

이상에서 살펴본 영향 중에서 ①과 ②는 지출이 증가되는 요인이 되는 반면에, ③과 ④은 수입이 증가될 수 있는 요인이 된다. 따라서 수입과 지출을 충분히 비교 검토해서 최적의 경제적 속도를 갖는 선박을 설계하도록 노력해야 할 것이다.

〉〉〉 2.3 선박 법규

2.3.1 선박설계와 법규

선박은 그 자체가 대형 구조물로서 비싼 가격이며, 해상에서 많은 인명과 다량의 화물을 탑재하고 장기간 항해하기 때문에 선체 구조는 물론 기관과 여러 가지 의장품까지 일정한 기준 이상인 것을 요구하게 된다. 그러므로 새로 건조한 배는 안전성이 있는지 엄밀한 검사를 한 다음에 항행하는 것이 허락된다.

선박설계는 이러한 여러 가지에 적용되는 법규와 규칙을 항상 염두해 두어야 하므로, 설계자는 우선이 되는 규칙이 어느 것인지를 충분히 이해해 둘 필요가 있다.

역사적으로는 1760년 영국 런던(London)에서 Lloyd 선급 협회가 발족하여 규칙을 설정하기 시작했으며, 그 때문에 정부 간 해사 협의 기관(Intergovermental Maritime Organization, I.M.O.)이 설치되었다.

바꾸어 말하면 충돌 예방, 건현, 복원성, 구획, 구명, 소화, 방화 구조 등 직접 인명과 배의 안전에 관한 중요 사항, 톤수 규칙과 같이 넓고 세계적으로 통일하지 않으면 위험하고 불합리한 것 혹은 해상 오염 방지 등 전세계적으로 규제하지 않고는 효과가 없는 것 등은 선급 협회 규칙과는 별도로 국제 조약의 형태에 따라서 가맹국 간에서 일치시키고 있다. 이 기구는 그 이후 1983년에 I.M.O.로 명칭을 바꾸었다.

이와 같이 국제 조약은 요점만을 정하고 경우에 따라 상세한 것을 정하는 것은 각국 정부에 일임하기 때문에, 각국 정부는 조약을 골자로 해서 그의 정신을 존중하면서 자기 나라에 맞는 상세한 규칙을 만들고 있다.

예를 들면, 선박 안전법과 영국의 D.O.T 규칙 등이 그에 해당된다.

한편 해운 조선국에서는 그 나라의 정부가 인정한 선급 협회라고 하는 법인 단체가 있어서 선체의 구조, 선체, 기관, 전기 및 각각의 의장과 주로 재료, 공작법 등의 기술적인 것에 대해서 상세한 규칙을 정하고, 재료, 설계와 공작면에서 이 규칙대로 지켜지고 있는지를 검사하여, 그것이 전체적으로 일정한 기준에 합격한 배에 대해서 일정의 자격, 입급(入級)이 주어지고 있다.

선급 협회를 가지고 있는 나라는 앞에서 말한 국제 조약의 이행에 관한 그 권한의 일부를 그 나라의 선급 협회에 위임할 경우가 있다. 선급 협회는 자국선 모두 적용하며, 의뢰가 있다면 외국선의 입급 수속과 경우에 따라서는 기술상의 타국 정부의 대행 기관으로서 일을 한다.

선박은 그 자체뿐만 아니라 적재한 화물도 값비싼 재산이기 때문에 해난 등으로 손상되거나 침몰하면 막대한 손해를 입게 된다.

유조선에서 기름으로 인한 해상 오염 사고가 발생하여 제3자에게 피해를 입혔을 경우, 그 손해배상의 책임을 선주가 부담하기에는 너무 버거우므로 이런 사고에 대한 보험 제도가 발달되어 있다.

선급 협회는 보험 사업 그 자체는 하지 않지만 대상되는 선박을 검사하여 부여한 자격을 보고, 보험 회사는 그 배와 적재된 화물의 해난 사고에 대해 선급 협회에서 주어진 본선의 자격에 따라 보험 금액을 정한다. 반대로 관청선을 제외한 민간의 항양 상선으로는 선급 협회의 자격을 얻지 않으면 보험에 가입할 수 있는 대상이 되지 않기 때문에, 민간 기업으로 영위할 수가 없다.

그러므로 근해 이상을 항해하는 민간 상선은 반드시 선급 협회의 자격을 얻을 필요가 있다. 이 때문에 선급 협회에서 정한 규칙에 따라 설계, 건조되고 반드시 검사를 받아야 하는 것이다.

그 밖에 선원의 노동에 관한 규칙과 선박 건조 수속상의 규칙, 특허 관계, 그리고 공해 방지에 대한 규칙 등 관련되는 법규는 여러 종류이다.

그러므로 해기원조합(海技員組合)과 선주 협회 간의 합의 사항도 설계상 중요한 사항의 하나로 되어 있다.

선박은 국적에 따라서 국내법을 완전히 적용받고, 또 입급 하려면 선급 협회 규칙을 완전히 만족시켜야 한다. 한편, 배가 완성된 후 특정 수로(예를 들면, 파나마운하, 수에즈운하, 센트로렌즈수로 등)를 통과할 경우에 별도로 이곳의 수로에만 요구되는 특유의 규칙이 있고, 또 그 외에 입항하는 항에 따라서도 그 항구 특유의 규칙이 있을 경우가 있으므로, 이 점도 선주와 충분히 타협을 해서 적용 규칙을 설계 초기에 명확하게 해 둘 필요가 있다.

2.3.2 법규 용어의 해설

선박 관계의 법규를 읽을 때에 이해를 돕기 위한 지식으로서 다음 사항을 알아두면 이해를 빨리 할 수 있다.

1. 법규상의 주요 치수

선박 법규에서 사용되는 법규상의 주요 치수의 정의는 보통 선박설계에서 사용되고 있는 기본치수와는 다른 의미를 갖고 있다. 법규상의 주요 치수를 각국의 법규 관련의 용어를 해설할 때에는 등록 길이, 등록 폭, 등록 깊이 등으로 정의된다.

(1) 등록 길이

㈎ 선미 후단(後端)의 타주(舵柱)가 있을 때에 타주의 뒷면 또는 그 연장선과 상갑판 보(梁) 위의 선과의 교점이고, 선미에 타주가 없을 때에는 타두재(舵頭材)의 중심선 또는 그 연장선과 상갑판 보 위의 선과의 교점이다. 선수 전단(前端)은 상갑판 위에서의 선수재(船首材)의 앞면까지의 수평거리이다.

㈏ 선미 후단에 타주가 있을 때에 타주 꼭대기의 후면까지의 거리이고, 타주가 없을 때는 타두재의 앞면에서부터 선수 전단은 선수재의 최전단까지의 수평거리이다.

㈐ 선미 후단은 타주가 있을 때에는 타주의 후면 또는 그 연장선과 측도 갑판과의 교점이고, 타주가 없을 때에는 타두재의 앞면 또는 그 연장선과 측도 갑판과의 교점이다. 선수 전단은 측도 갑판에서의 선수재 측면 외판의 전단까지의 수평거리이다.

(2) 등록 폭

㈎ 선체 중앙부에서 가장 넓은 부분이며 늑골의 외면에서부터 외면까지의 수평거리를 나타낸다.

㈏ 선체 중앙부에서 가장 넓은 부분의 상갑판 아래에서 좌현의 외판 외면에서부터 우현의 외판 외면까지의 수평거리이고, 외판을 랩접합한 외판에서는 두께를 포함하지만 또한 방현재(防舷材)의 두께는 포함하지 않는다.

(3) 등록 깊이

(가) 선체 등록 길이의 중앙에서 용골 윗면으로부터 상갑판 보의 선측 연장선의 윗면까지의 수직길이이다.

(나) 등록 길이의 중앙부에 있는 선체 중심선에서의 이중저 내 저판 또는 늑판의 윗면으로부터 측도 갑판 또는 그 연장선의 아랫면까지의 수직길이이다.

(다) 측도 갑판 길이의 중앙부에서 선체 중심선의 이중저 내 저판 또는 늑판 윗면으로부터 측도 갑판 또는 그 연장선의 아랫면까지이며, 선저에 내장되어 있을 때에는 법규로서 영국 · 미국에서 규정한 주요 치수는 모두 내장 판의 윗면에서의 수직길이를 나타낸다.

2. 조약(convention)

여러 나라 사이에서 협정한 사항을 조약(convention)이라 한다. 조약은 나라를 대표하는 정부가 서로 자국 내에서 정식으로 승인함으로써 유효하게 되지만, 선박 관계 국제 조약으로는 가맹국 수가 많기 때문에 이들 가맹국의 전체 비준이 끝날 때까지 기다리자면 시간이 많이 걸려 일정한 수 이상의 나라가 비준을 끝내면 그 조약이 효력을 발휘하는 경우가 많다.

그러나 그 때까지의 사이에는 '조약은 채택되었지만 발효되지 못한' 상태이므로 국제적으로는 무력하다.

이런 상태에서도 그 조약을 비준한 나라는 자국의 국내법에 채택하는 것은 자유이므로, 세계적으로는 결국 국부적으로만 발효한 형태가 된다.

조약이 발효하면 가맹국은 조약에 따를 의무가 있다.

예 해상에 있어서 인명의 안전에 대한 국제 조약(International Convention for the safety of Life at Sea)

3. 국제 회의(conference)

각국으로부터 일단 대표가 모여서 공통으로 의제에 대하여 토의하는 회의를 말한다.

선박 법규에 대한 국제 간의 결정을 하는 조약 회의는 당연히 각국 정부의 대표자 모임이 되지만, 최근에 이르러서는 국제 연합 전문 기관의 하나인 I.M.O가 사무국이 되어서 개최하고 있다.

조약 회의에서 채택한 사항은 앞에서 설명한 과정을 거쳐 조약으로 된다. 이 경우에 각국의 비준이 끝나 그 조약이 정식으로 발효하기까지는 시간이 걸리기 때문에 관계국에 대한 조약의 발효와는 관계 없이 적극적으로 채용하도록 권고하는 경우가 많다.

예 기름으로 인한 바닷물의 오탁(汚濁) 방지에 관한 국제 회의(International Conference on Prevention of Pollution of the Sea Oil)

4. 법률

정부가 기안하여 국회의 승인을 얻어서 제정된 법규를 말한다.

예 선박법, 선박 안전법 등

5. 정령

헌법 또는 법률의 규정을 실시하기 위하여 내각이 제정한다. 법률보다도 구체성이 있는 내용으로 되어 있다.

예 선박 안전법 시행령, 조선 공업 진흥법 시행 규칙 등

6. 부령

각 부처의 장관이 법률 또는 대통령령으로서 시행에 필요한 더욱 구체적인 사항을 규정한 것이다.

예 선박 안전법 시행 규칙(교통부령), 선박 톤수 측정에 관한 국제 조약 등

7. 관해 관청

해사 관계의 사무를 취급하는 관청의 총칭으로서 교통부 관할로는 지방 해운국 또는 그의 지국을 말한다.

예 해운 항만청, 상공부 조선과, 수산청 등

8. 이상, 이하, 이내

그 자체를 포함하는 개념이다.

예 '100 m 이상'이라 하면 100 m 그것도 포함된 긴 길이를 뜻한다. 다른 것도 마찬가지다.

9. 이외

그 자체를 뺀 개념이다.

예 '유조선 이외의 선박'이라고 하면, 유조선을 뺀 기타의 선박을 의미한다.

10. 미만

그 자체를 포함하지 않는 개념이며, '총톤수 1,000톤 미만의 선박'이라 하면 1,000톤보다 큰 선박을 뜻한다. 그러므로 1,000톤의 선박은 포함되지 않는다.

11. ~을 넘지 않는

그 자체를 포함하지 않는 개념이며, '총톤수가 1,000톤을 넘지 않는 선박'이라 하면 1,000톤인 선박의 것과 그보다 적은 선박을 의미한다.

2.3.3 국제 조약과 국내 법규

1. 국제 조약

국제 조약은 가맹국이 그것을 이행할 의무가 있는데, 그것은 국제적인 강제력을 가지고 있기 때문이다. 현재 선박설계에 직접 관계하는 주요한 국제 조약에는 다음과 같은 것이 있다.

(1) 해상에 있어서 인명의 안전에 대한 국제 조약(International Convention for the safety of Life at Sea)

선박은 국제적 성격이 강한 수송 기관이므로 승조원과 여객에 대한 생명의 안전에 관한 모든 설비를 국제적으로 통일해 둘 필요가 있으며, 국제 간의 과다 경쟁에 따라서 선박의 안전 설비의 미비로 인하여 발생하는 것을 미리 방지하기 위한 목적으로 1929년에 최초의 조약이 결정된 바 있다.

그 후 1938년에 이르러 해상에 있어서 인명의 안전에 대한 국제 조약과 국제 해상 충돌예방 규칙(Regulations for Preventing Collisions at Sea)을 병행해서 대폭 개정되었으며, 다시 1960년에 55개국의 정부 대표가 모여 I.M.O의 회의에서 재차 개정되었다. 일반적으로는 이것의 약칭으로 S.O.L.A.S라고 부른다.

S.O.L.A.S의 규칙에 따라서 선박의 등화, 음향 신호, 충돌 위험시 선원의 행동, 조타 항행 등도 세계적으로 통일시켰다.

그 후에 1973년 I.M.O 제8차 총회의에서 '유조선의 화재 안전 대책을 발효시키기 위한 권고'를 채택, 이것을 포함해서 1974년에 그것까지 포함해서 부분적인 개정을 하였고, 조약 본분을 대폭적으로 개정하였다.

1974년에 개정된 점은 다음과 같다.

(가) 방화, 화재 탐지와 소화의 전면적 시설, 특히 유조선의 안전 조치를 엄밀히 요구하게 되었으며, 여객선의 화재 안전 조치가 보다 엄격하게 요구되었다.

(나) 구명 설비 관계의 요구가 보다 엄격해졌다.

(다) 무선 전신과 무선 전화 관계의 규칙이 충실해졌다.

1974년 개정 조약의 발효 조건은 25개국 이상의 나라가 비준을 완료해서 세계의 총 선복량의 50% 이상인 나라가 비준, 완료한 후 12개월 후에 국제적으로 발효시키는 것으로 되었으며, 실질적으로 유효하게 되기까지에는 약간의 시간적 여유가 있었다.

그러나 유조선의 방화 구조에 관한 I.M.O. 권고는 일부 국가의 국내법으로 채택되어지기 때문에, 이후 건조할 유조선은 방화 구조 규칙에 따라서 설계할 필요가 있었다.

S.O.L.A.S. 조약은 앞에서 말한 바와 같이 선박설계상의 기본적인 법규의 하나로서, 설계자는 이 내용을 미리 알아 둘 필요가 있다.

1978년 2월 런던에서 I.M.O.의 국제 회의를 개최해서 채택한 1974년의 '해상에 있어서 인명과 안전에 대한 국제 조약(S.O.L.A.S)'을 일부 개정해서 그것을 1978년에 의정서(protocol)로 채택하였다.

참고 **강제 협약에 대한 의정서 개정안의 검토사항**

① 1974년 S.O.L.A.S. 개정(Res. M.S.C. 239(83)): 2009년 1월 1일 accept되고 '2009년 7월 1일 발효, 1974년 S.O.L.A.S. 채약국 1/3 이상이 참석한 확대 해사안전위원회에서는 다음과 같이 S.O.L.A.S. 협약 개정사항을 채택함.

- Chapter Ⅳ의 개정
  - Reg. 4-1 신설: G.M.D.S.S. 위성제공자에 대한 평가기준, 절차, 계획을 마련하고 감독하는 기능을 명시함. 논란 사항이 없었음.
- Annex Ⅰ, Chapter Ⅳ 개정
  - Reg. 5-1 신설: 화물에 대한 Material Safety Data Sheets의 사용을 강제화하였다. 일본의 주장으로 주석에 'as may be amended'를 추가하여 향후 개정 가능성을 대비함.

② 1974년 S.O.L.A.S. 1988년 의정서 개정

- Appendix 개정(Res. M.S.C. 240(83)): 2009년 1월 1일 accept 되고 '2009년 7월 1일' 발효, S.O.L.A.S. 198 Protocol 채약국 1/3 이상이 참석한 확대 해사안전위원회에서는 다음과 같이 S.O.L.A.S. 협약 개정사항을 채택함.
  - 협약 부록의 각종 증서서식 개정: Ⅱ-2/17규정에 따른 대체 설계가 이루어진 경우를 표시하기 위하여 협약부록의 각종 증서서식을 개정함(여객선안전증서 등의 총 6종). 한국, 일본 등의 주장으로 선박설비증서 및 핵 여객선안전증서 서식도 개정함.
  - 중국은 Ⅱ-1 개정사항 중에서 여객선증서서식에 구조만재흘수선이 P1, P2, P3만 명기되었음을 지적하였고, 현존선의 경우 예전 방식인 C1, C2, C3 표시로 할 수 있도록 증서서식을 개정함.
- 기타 사항
  - S.O.L.A.S. Ⅱ-1 및 Ⅲ에 대한 개정(대체 설계 관련) 관련하여 추후 작업이 필요함을 인식함(사무국에서 후속 작업할 것을 요청함).
  - M.S.C. 1/Circ. 1234 승인: 밀폐 자동차 구역 및 ro-ro 구역 및 여객선 및 화물선의 특수분류 구역의 소방수의 배출.

    * 로로 갑판의 배수 설비 관련 S.O.L.A.S. Ⅱ-1/3-1 및 Ⅱ-2/20.6 규칙 개정: 이집트 연안에서 발생한 여객선 Al Salam Boccaccio 98호 전복사고의 여파로 영국, 덴마크 등에서 화재시 소방설비에서 로로 갑판에 배출되는 물에 대한 충분한 배

수 설비 확보를 위한 대책 마련을 강력히 촉구함에 따라 작업반은 이를 위한 추가작업을 하여 개정안을 마련하였으며, 위원회는 이를 승인함. 세부 지침은 향후 전문위원회에서 개발하도록 함.

이의 새로운 규칙에 따라 특히 유조선의 설계는 큰 영향을 받게 되었기 때문에, 유조선의 설계에 관계되는 주요한 개정점을 설명하기로 한다.

S.O.L.A.S. 협약에 따라 선종, 선박의 용골 거치일(K/L), 선박의 크기에 따른 각종 협약 기준을 적용하였다.

㈎ 화물선

· 1985. 12. 31. 이전 K/L: 배의 일생동안 국내 총톤수(national tonnage) 적용
· 1986. 1. 1.~1994. 7. 17 K/L 선박으로서
  국내 총톤수가 1,600톤 미만: 국내 총톤수 적용
  국내 총톤수가 1,600톤 이상: 국제 총톤수 적용
· 1994. 7. 18 이후 K/L : 국제 총톤수 적용

㈏ 여객선(톤수에 관계없이 K/L 연도별도 적용)

· 1985. 12. 31 이전 K/L: 국내 총톤수 적용
· 1986. 1. 1 이후 K/L: 국제 총톤수 적용

[S.O.L.A.S. 1978 의정서의 주요한 개정점]

㈎ 총톤수 10,000톤 이상인 유조선의 조타 장치에는 2계통의 원격 조타 제어 장치, 타각 지시기, 비상용 전원 등을 설치할 것.

㈏ 재하중량 20,000톤 이상인 유조선의 화물 탱크 구획의 갑판 구역 및 화물 탱크에는 고정식 갑판 포말 소화 장치와 고정식 불활성 가스 장치를 설치할 것.

한편, S.O.L.A.S. 1974년에서는 재하중량 100,000톤 이상인 유조선, 재하중량 50,000톤 이상인 겸용선에 대해서 고정식 갑판 포말 소화 및 고정식 불활성 가스 장치가 요구되고 있다.

S.O.L.A.S. 1974에 대해서는 앞에서 설명했지만, 이 조약은 1979년 5월에 발행 조건을 만족했기 때문에 1980년 5월로부터 유효하게 되었다. S.O.L.A.S. 1978 의정서는 15개국 이상이 비준해서 전세계 총 선복량의 50% 이상의 나라가 비준을 완료했으므로 6개월 후에 유효하게 되었다. 그러나 신조 유조선에 대해서는 1979년 6월 1일 이후에 계약, 1980년 1월 1일 이후에 기공, 또는 1982년 6월 1일 이후에 인도할 배에 대해서 적용시킬 것.

㈐ 총톤수 10,000톤 이상의 전 선박에는 서로 독립된 조작이 가능한 레이더(radar)를 최소한 2대 설치할 것. 또는, 플로팅(plotting)을 읽는 장치를 설치할 것.

(2) 기름에 의한 해수의 오탁 방지에 관한 국제 조약(International Convention for the Prevention of Pollution of the Sea Oil)

선박, 특히 유조선의 선복량이 증가함에 따라 가까운 장래에 폐유 등에 의해서 해양이 오염될 가능성이 있기 때문에, 그의 방지 목적으로 1954년에 최초로 국제 조약이 체결되었다(당시에 I.M.O.는 발족하지 않았음).

그 후 해양 오탁 현상이 더욱 심해지기 때문에 1962년에 I.M.O.는 동 조약의 개정 이유로 국제 회의(International Conference on Prevention of Pollution of the Sea by Oil, 1962)를 개최해서 150 G/T 이상의 유조선과 500 G/T 이상인 비유조선 이외의 선박은 원칙적으로 해안으로부터 50해리 이내의 해역에서 기름이나 유성 혼합물을 선박으로부터 배출시키지 못하도록 금지하는 것을 결의했다. 다만 포경선, 작업선, 미국의 오대호선, 해군과 그 보조정은 제외하기로 했다. 이의 결의 사항은 1969년 10월 15일 개최한 I.M.O. 제6차 총회에서 채택되었다.

이보다 전에 1969년의 조약에 관련해서 1971년 10월 5～15일에 런던에서 개최한 제7차 총회에서 유조선의 탱크 용량을 제한하는 안을 채택하여 '1954년 기름에 의한 해수의 오탁 방지에 대한 조약'에서 개정하는 형태로 의결하였다.

동시에 개정 조약이 발효되지 않아도 조기에 실시할 수 있도록 권고로 결의해서, 일본을 비롯한 주요 해운국은 조약 발효를 아직 보지 못하고 있는 개정 조약의 내용을 채용하였다.

이것이 '유조선의 탱크 용량 규제'로서 그 내용의 요점은 다음과 같다.

㈎ 가상 유출량을 30,000 m^3 또는 $400\sqrt[3]{D.W.T}$의 어느 것이든 큰 쪽으로 한다. 다만, 40,000 m^3 이하로 제한한다.

㈏ 각각의 탱크 용량을 중앙 탱크는 50,000 m^3, 선측 윙(wing) 탱크는 0.75×가상 유출량으로 제한한다.

㈐ 탱크의 길이를 10 m 또는 일정한 계산식으로 산출한 값 중에 큰 쪽을 넘지 않는 것으로 제한한다.

1973년에 개정된 조약은 같은 해 10월부터 11월에 걸쳐 런던에서 개최한 I.M.O. 제8차 총회에 상정되어 가결된 것이지만, 그 주요 골자는 다음과 같다.

① 석유에 의한 해양 오염 방지에 관한 규정
② 벌크 적재 유해 액체 물질에 의한 해양 오염 방지에 관한 규정
③ 포장, 컨테이너 등에 의해 운송되는 유해 물질로 인한 해양 오염 방지에 관한 규정
④ 선박에서 발생한 오수로 인한 해양 오염 방지에 관한 규정
⑤ 선박에서 생기는 폐기물로 인한 해양 오염 방지에 관한 규정

등으로 나누어 합계 64규칙으로 만든다.

이 조약은 일반 선박 이외에 대륙붕 개발에 사용하는 플랫폼(platform, floating식과 fixed

식이 있다)에도 적용시키는 것으로 되어 있지만, 특히 부속서 ①에 대해서는 규제 대상이 되는 기름을 종래의 원유, 중유 등 유독성 기름 이외에 가솔린, 경유 등의 비지속성 기름도 포함시킨 석유류 전반에 적용하는 것으로 그 대상을 확대시키게 되었다. 또한, 석유 이외의 동·식물성 기름에 대해서는 부속서 ②에서 취급하고 있다.

부속서 ①의 주요 요점을 들면 다음과 같다.

(ㄱ) 1976년 1월 1일 이후에 계약한 선박 또는 1980년 1월 1일 이후에 인도할 새로 건조한 배에 적용한다.

(ㄴ) 150 G/T 이상의 유조선에는 선내에 저유 설비를 갖출 것. 바꾸어 말하면 탱크 세정 장치와 세정수의 이송 장치 및 화물 탱크 용적의 3% 이상(특별한 경우에는 2%)의 슬롭 탱크(slop tank)를 보유 할 것. 또, 기름 배출 감시 제어 장치(유분 농도계, 기록 장치, 유수 계면계, 자동 배출 정지 장치)의 설비가 의무로 되어 있다.

(ㄷ) 70,000 D.W.T. 이상의 새로 건조한 유조선의 전용 밸러스트 탱크 용량을 규정하였다(200,000 D.W.T. 유조선의 경우에는 만재 배수량의 37~38%에 상당함).

(ㄹ) 400 G/T 이상의 선박은 기존선도 포함해서 빌지(bilge) 등의 처리에 사용할 기름과 물의 분리기 설치를 의무로 하며, 또 10,000 G/T 이상의 선박에서는 그것의 감시 장치와 제어 장치를 붙이는 것을 요구하고 있다.

(ㅁ) 150 G/T 이상의 유조선과 4,000 G/T 이상의 비유조선으로 새로 짓는 배는 연료 탱크에 밸러스트를 넣는 것으로는 안 되게 되어 있다.

(ㅂ) 새로 건조한 유조선에 대해서 손상시의 구획 복원성에 관한 규정이 정해지고 있다.

(ㅅ) 비유조선에서도 200 m^3 이상의 기름을 운송할 수 있는 배는 유조선의 규정을 적용시킨다. 다만, 1000 m^3 미만의 경우에는 기름의 선내 저유 설비는 필요 없다.

(ㅇ) 기름의 배출 기준은 표 2-29와 같이 규정하고 있다.

1978년 2월 런던에서 I.M.O. 국제 회의를 개최해서 채택한 1973년의 '선박으로부터의 오염 방지에 대한 국제 조약'(약자로 M.A.R.P.O.L.이라고 한다)을 일부 개정해서 그것을 1978년의 의정서(protocol)로 채택하였다.

이의 새로운 규칙에 따라 특히 유조선의 설계는 큰 영향을 받게 되기 때문에 유조선의 설계에 관계되는 주요한 개정점을 설명하기로 한다.

[M.A.R.P.O.L. 1978 의정서의 주요한 개정점]

① 재하중량 20,000톤 이상(단, product carrier는 30,000톤 이상)의 유조선에는 분리된 밸러스트 탱크(segregated ballast tank, S.B.T.)를 설치한다.

S.B.T.의 용량을 규정할 밸러스트 항해시의 흘수, 트림, 프로펠러 몰수도(沒水度)의 여건은 M.A.R.P.O.L. 1973년과 같게 한다.

한편, M.A.R.P.O.L. 1973에서는 재하중량 70,000톤 이상의 유조선에 S.B.T.를 설치하는 것이 요구되고 있다.

② 재하중량 20,000톤 이상(단, product carrier는 30,000톤 이상)의 유조선에 설치하는 분리된 밸러스트 탱크는 방호적 배치(protective location, P.L.)를 하도록 결정했다.

방호적 배치란, 좌초와 충돌하였을 때 기름의 유출을 미리 막아 피해를 적게 하기 위하여 화물 탱크 구역의 선저와 선측외판의 표면적과 분리된 밸러스트 탱크나 빈 탱크가 차지하는 부분의 선저와 선측외판 표면적의 비율을 규정하는 것이다.

비율은 배의 크기에 따라서 다음과 같은 식으로 정해지고 있다.

$$\sum PA_c + \sum PA_s \geq J[L_T(B+2 \cdot D)] \quad \cdots\cdots (2\text{-}9)$$

여기서, PA_c : 화물 탱크 구획에서 S.B.T.나 공간 등이 차지한 선측외판의 표면적(m^2)

PA_s : 화물 탱크 구획에서 S.B.T.나 공간 등이 차지한 선저외판의 표면적(m^2)

L_T : 화물 탱크 구획의 전단과 후단 사이의 거리(m)

B : 배의 형폭(m)

D : 배의 형 깊이(m)

J : 재하중량에 따라서 다음과 같이 결정된 계수

- 재하중량 20,000톤인 경우 0.45
- 재하중량 200,000톤 이상인 경우 0.30
- 재하중량 20,000～200,000톤인 경우에는 1차 보간법(補間法)으로 구함

다만, 재하중량 200,000톤 이상인 경우에는 J reduced의 값을 다음과 같이 감소시킬 수 있다.

$$J \text{ reduced} = J - \left(a - \frac{O_C + O_S}{4 \times O_A} \right) \text{ 또는 0.2 중 큰 값}$$

위 식에서, a : 재하중량에 따라서 다음과 같이 결정된 계수

- 재하중량 200,000톤인 경우 0.25
- 재하중량 300,000톤인 경우 0.40
- 재하중량 420,000톤인 경우 0.50
- 중간의 재하중량인 경우에는 1차 보간법으로 구함

O_C, O_S : 가상 유출 유량

O_A : 허용 유출 유량

한편 S.B.T.를 선측에 배치할 경우에는 2 m 이상의 폭으로 한다. 그리고 S.B.T.를 이중저에 배치할 경우에는 그 깊이를 $\frac{B}{15}$ 또는 2 m 중에서 어느 쪽이든지 적은 쪽 이상의 깊이로 할 것이 요구되고 있다.

앞에서 설명한 ①과 ②의 규정에 있어서 재하중량 20,000톤 이상인 유조선의 S.B.T.는 용량 이외에 배치의 규제도 받게 되기 때문에, 화물 탱크의 배치를 정할 경우에 큰 영향을 받게 된다.

③ 재하중량 20,000톤 이상인 유조선의 화물 탱크에는 원유세척장치(crude oil washing, C.O.W.)를 비치해야 하며, 원유 세척 장치에 대해서는 다음의 '화물 탱크 용적 추정'에서 설명하기로 한다.

④ D.W.T. 20,000톤 이상의 유조선에서 화물유조에는 원유세척장치(crude oil washing system, C.O.W.)를 설치하여야 한다.

⑤ 400 GT 이상의 선박에서는 오수(bilge) 등의 처리에 사용할 유수분리기(oil-water seperater)를 설치하여야 하고, 10,000 GT 이상의 선박에는 감시장치와 제어장치가 붙은 유수분리기를 설치하여야 한다.

⑥ 150 GT 이상의 유조선과 4,000 GT 이상의 비유조선에서는 연료 탱크에 밸러스트수를 넣어서는 안 된다.

⑦ 신조유조선에 대하여 손상되었을 때에 구획복원성에 관한 규정을 적용한다.

⑧ 비유조선이라도 200 m^3 이상의 기름을 운송할 수 있는 배에 대해서는 유조선의 규정을 적용한다. 다만, 1,000 m^3 미만의 기름을 싣는 배는 기름 찌꺼기의 저유설비를 가질 필요는 없다.

⑨ 기름의 배출 기준은 표 2-29와 같이 규정되어 있다.

표 2-29 1973년 조약 부속서 (1)에 의한 기름 배출 기준

유조선의 밸러스트수, 세정수에 대한 배출 기준	기관실 빌지 등에 대한 배출 기준(유조선과 400 G/T 이상의 비유조선)
다음 조건을 전부 만족할 경우 이외에는 배출을 금지한다. 1. 특별 해역 밖에 있을 경우 2. 영해 기선(領海基線)에서 50 해리 이상 떨어져 있을 경우 3. 항해 중에 있을 경우 4. 배출비 60 l/해리 이하일 경우 5. 총 배출량이 적재 재하 중량의 $\frac{1}{15000}$(재래선), $\frac{1}{30000}$(신조선) 이하일 경우 6. 기름 배출 감시 장치, 제어 장치가 작동하고 있을 경우	다음 조건을 전부 만족할 경우 이외에는 배출을 금지한다. 1. 특별 해역 밖에 있을 경우(지중해, 발틱 해, 흑해, 홍해, 걸프 만) 2. 영해 기선(領海基線)에서 12 해리 이상 떨어져 있을 경우 3. 항해 중에 있을 경우 4. 유분 농도가 100 ppm 이하일 경우 5. 기름 배출 감시 장치, 제어 장치가 작동하고 있을 경우
주 규정은 전용 밸러스트와 깨끗한 밸러스트(15 ppm) 이하에는 적용하지 않는다.	주 규정은 15 ppm 이하의 물과 기름의 혼합물에는 적용하지 않는다.

M.A.R.P.O.L. 1978년은 새로 건조한 유조선에 대해서 1979년 6월 1일 이후에 계약, 1980년 1월 1일 이후에 기공, 1982년 6월 1일 이후에 인도되는 배에 적용되기 때문에 앞으로 건조되는 재하중량 20,000톤 이상의 유조선은 전부 S.B.T(P.L.)방식과 원유세척장치를 설비할 필요가 있다.

[M.A.R.P.O.L. 1978년 개정된 협약]

㈎ 400톤 미만의 I.O.P.P. 증서 소지 선박

- 1994. 7. 18 이전 K/L: 국내 총톤수 적용
- 1994. 7. 18 이후 K/L: 국제 총톤수 적용

㈏ 400톤 이상의 I.O.P.P. 증서 소지 선박

- 1982. 7. 18 이전 K/L: 국내 총톤수 적용
- 1982. 7. 18 이후 K/L: 국제 총톤수 적용

따라서 협약 증서상의 총톤수 기재란에 국내 총톤수 기재 대상 선박의 경우, 총톤수 확인은 선박국적 증서와 상관없이 I.T.C. 증서 비고(remark)란을 확인해야만 알 수 있다. 그의 특기 사항으로는 다음과 같다.

① 각종 협약 증서상에 국내 총톤수가 부기된 경우 톤수에 영향을 미치는 변경, 개조로 인하여 국내 총톤수 또는 국제 총톤수가 1% 이상 변경되었을 경우 상기의 부기 사항은 삭제되어야 한다. 즉, 이러한 선박은 국제 총톤수가 적용되며 국내 총톤수에 관한 I.T.C. 증서상의 비고 내용은 삭제된다.

② 협약의 적용 목적으로 K/L 연도별 총톤수 적용을 분류한다[I.M.O. R.E.S. A 494(XII)].

③ R.E.S. A 494 적용 대상 선박은 M.A.R.P.O.L. & 540(13) 및 S.T.C.W.(선원훈련, 자격증명 및 당직 유지의 기준에 관한 협약) 적용 때 국내의 총톤수 적용이 가능하다[I.M.O. R.E.S. A 541(13), 540(13)].

④ 국제 톤수 증서 비고란에 국내 총톤수를 부기한다[I.M.O. R.E.S. A 758(18)].

(3) 국제 만재 흘수선에 관한 국제 조약(International Convention on Load Line)

상선의 경우에는 최대한 적재 화물을 증가시켜서 다량으로 수송한다면 그만큼 이익이 커지기 때문에 선주는 될 수 있는 대로 적재 화물을 증가시킬 것이다. 그러나 건현이 작아지게 되면 그만큼 예비 부력이 줄어들게 되기 때문에 선박 그 자체와 적재 화물이 위험한 원인이 되어 승무원과 여객의 생명 안전을 유지해야 된다. 따라서 국제적인 협약에 따라 만재 흘수선에 제한을 두어 항상 일정량의 건현을 확보하도록 정하는 것을 목적으로 하여 1930년에 영국 정부 주최로 최초의 조약이 체결되었다.

그 후 선형 등의 변화에 의해 1966년 미국의 제안을 바탕으로 각국이 수정 제안을 지지하여 I.M.O.(과거에는 I.M.C.O.) 사무국에서 52개국의 찬성을 얻어서 개정했다. 일반적으로 국

제 만재 흘수선 조약이라고 부르며, I.L.L.C.라고도 한다.

이 조약을 적용하는 배는 다음과 같다.

(ㄱ) 국제 항해에 종사하는 신조선

(ㄴ) 국제 항해에 종사하는 기존선으로서 설비, 구조, 계산 등이 본 규칙에 부합되는 선박 또는 군함, 군용 수송선, L_o < 24 m인 신조선(L_o는 수선간장과 만재 흘수선에 있어서 수선장의 96% 내외에서 큰 값), G/T < 150톤인 기존선, 운송업에 종사하지 않는 유람 요트 등과 전문적으로 해양 자원[고기, 고래, 해상(海象) 등]의 포획이나 보호에 종사하는 어선은 제외된다.

이 조약에 의해서 정해지는 항목은 대체로 다음과 같이 정의할 수 있다.

(ㄱ) 만재 흘수선 마크(load line mark) : 만재 흘수선 마크는 배의 양 선측 중앙부에 표시하지만 크기, 위치에 대해서 규정하고 있다.

(ㄴ) 건현 지정의 조건 : 건현을 지정 받기 위한 전제 조건으로서 폐위 선루 폭로단의 격벽의 강도, 출입문의 문, 창구, 창구 덮개, 통풍통, 기관 구역의 개구, 건현 갑판과 선루 갑판의 개구, 공기관, 환창(丸窓), 방수구, 선원의 보호 장치, 강도 등에 대하여도 규정하고 있다.

(ㄷ) 건현의 계산 방법 : 선박을 A형선(유조선과 같이 액체 화물을 그대로 싣는 배)과 B형선(A형 이외의 전체의 배)으로 나누며, 각각의 형에 대해서 하기최소건현(夏期最少乾舷)의 계산 방법을 정하고 있다. 또한, 동시에 항해 지역에 대응하는 최소 건현의 계산 방법도 정해지고 있다.

(ㄹ) 목재 건현을 지정할 선박에 대한 특별 요건 : 목재 건현을 취득할 경우에 대한 선박의 구조, 목재의 적재 방법, 결박 장치(lashing)와 건현 계산의 방법이 정해져 있다.

(ㅁ) 항해 구역과 계절 기간 : 전세계의 해역을 동기 구역, 하기 구역, 열대 구역 등으로 나누고 위도, 경도, 계절 등에 따라서 그 장소가 상세히 정해져 있다.

(4) 1969년 선박의 톤수 측정에 관한 국제 조약(International Convention on Tonnage Measurement of Ship, 1969)

선박의 총톤수와 순톤수는 해사 법규의 적용상 크기의 기준이 될 뿐 아니라 선박에 부과되는 모든 수수료, 세금의 기준이 되며, 선박의 크기와 가동 능력을 나타내는 중요한 지표가 된다. 그러므로 선박의 건조 계획에 임할 때 정확한 톤수의 추정이 필요하지만, 종래의 톤수 규칙은 대단히 복잡하여 각국 정부에 따라 해석이 달라져 정확히 추정하기가 대단히 곤란했다. 그에 의해 톤수의 국제적 통일이 요구되었으며 I.M.O에 의해서 약 10년간의 검토를 지난 후 1969년 5~6월의 국제 회의에서 전산기의 사용이 용이한 '톤수 측도에 관한 국제 조약'이 채택되었다. 앞에서 설명한 바와 같이 우리나라에서도 1983년 3월 7일 교통부령 제758호로 선박 톤수 측정에 관한 국제 조약에 따라 시행하도록 공포하였다.

종래에는 톤수 측정에 대하여 국제적으로 통일된 기준이 없어서 각국이 독자적인 방식을 채용하였다. 따라서 계산된 톤수가 다르기 때문에 선박의 항행 안전을 위한 규제나 과세, 입항세, 도선료 등의 수수료 징수 등에 관해서 국제간의 공평성과 통일성을 확보하기가 곤란하였다.

이를 개선하기 위해서 국제 해사기구(I.M.O.)의 해사안전위원회(M.S.C.)가 톤수 측정에 관한 국제 협약건을 10년 동안 검토한 결과 '1969년 선박 톤수 측정에 관한 국제 협약'이 채택되었고, 1982년 7월 18일 발효하게 되었다.

하지만 이 기존 국내 총톤수보다 큰 국제 총톤수 협약을 갑자기 각종 국제 협약에 적용할 경우에는 기존 선박의 구조 및 설비를 변경해야 하는 경우가 발생되므로, 이러한 문제점을 해소하고자 국제해사기구(*I.M.O.*)가 각종 국제 협약 증서에 국내 총톤수를 부기하여 이를 적용할 수 있도록 조치하였으며[*I.M.O.* Res. A. 494(XII) 및 Res. A. 541(13)], 더 나아가서 1993년 11월 23일 제18차 총회에서는 국제 톤수 증서상에도 국내 톤수를 부기하도록 최종 결의한 바 있다[*I.M.O.* Res. A. 758(18)]. 따라서 현재는 선종, 선박의 용골 거치일(keel laying date), 선박 크기에 따라 톤수 측정 기준이 다르기 때문에 산출을 위한 작업이 복잡하게 되어 있다.

이 조약의 적용 범위는 다음과 같다.

(ㄱ) 등록 길이 24 m 이상인 국제 항해에 종사하는 신조선

(ㄴ) 현존선으로 관해 관청에 현행 톤수의 중요한 변경이 어느 정도 인정되어 개조를 행한 선박

(ㄷ) 이 조약 발효 후 12년을 경과한 시점에서 전체의 현존선

그 발효는 25개국 이상에서 세계 선복량의 65% 이상의 소유국이 비준한 후 24개월 후로 되어 있으며, 1976년 8월 27개국이 수락한 비준국의 전체 선복량은 전세계 선복량의 약 53%를 차지하고 있다.

이 조약의 규정에 따를 경우에는 총톤수와 순톤수는 다음 식으로 계산된다.

$$\text{총톤수(G/T)} = K_1 V \quad \text{(2-10)}$$

여기서, V : 선박 전체의 폐위 장소 합계 용적(m^3)(강선의 경우에는 늑골의 외면까지 측정)

K_1 : 계수

$$K_1 = 0.2 + 0.02 \log_{10} V_C$$

$$\text{순톤수(N/T)} = K_2 V_C \left(\frac{4d}{3D} \right)^2 + K_3 \left(N_1 + \frac{N_2}{10} \right) \quad \text{(2-11)}$$

여기서, V_c : 화물 적재 장소의 합계 용적(m^3)

K_2 : 계수 $K_2 = 0.2 + 0.02 \log_{10} V_C$

K_3: 계수 $K_3 = 1.25 \times \dfrac{G/T + 10,000}{10,000}$

D : 형 깊이(m) d : 하기 만재 흘수(m)

N_1 : 침대 수 8 이하인 객실의 여객수 N_2 : 기타의 여객수

이때 여객에서 제외될 대상은 1세 미만의 유아와 선장, 선원, 그리고 그들의 자격여하를 불문하고 승선하여 선박의 업무에 고용되거나 종사하는 기타의 사람 등으로 한다.

또한 모든 형태의 선박에 대한 최소의 순톤수는 총톤수의 함수이다. 따라서 예인선 등과 같이 여객 또는 화물의 운송용으로 사용되지 아니하는 선박의 순톤수는 국제 총톤수 수치의 30%를 하한으로 한다(즉, 0.300×GT).

다만, (ㄱ) $N_1 + N_2 < 13$의 경우 $N_1 = N_2 = 0$으로 한다.

(ㄴ) $\left(\dfrac{4d}{3D}\right)^2$은 1보다 크게 해서는 안 된다.

(ㄷ) $K_2 V_c \cdot \left(\dfrac{4d}{3D}\right)^2$은 0.25 G/T보다 작게 해서는 안 된다.

(ㄹ) N/T는 0.30 G/T보다 작게 해서는 안 된다.

이 조약에 따라서 G/T, N/T의 산정이 획일적으로 규정되었기 때문에 전자계산기의 이용이 매우 용이해졌으므로 전산기에 의한 톤수 계산용 프로그램(program)이 개발되었다.

① **총톤수** GT(gross tonnage)

총톤수는 측도갑판(tonnage deck, 전통갑판이 2층 이하인 배에서는 상갑판, 3층 이상인 배에서는 아래로부터 두 번째 갑판을 말한다)의 아랫부분의 용적에 측도갑판보다 상부의 폐위된 공간(단, 항해, 추진, 위생 등에 필요한 공간을 제외한다)의 용적을 더하고, 2.83 m^3($\dfrac{1000}{353}$ m^3)를 1톤으로 하여 용적 톤수로 나타낸 것이다.

총톤수의 취급은 나라에 따라 조금씩 다르지만, 일반적으로 고정자산세, 등록세, 톤수 측정 수수료, 검사 수수료, 계선 안벽 사용료(단, 항구에 따라 총톤수를 쓰는 곳도 있다), 계선 부표 사용료, 수로 안내료, 안벽 사용료, 예선료, 입거료, 보험료 등의 각종 수수료와 세금 산정의 기초가 된다.

② **순톤수** NT(net tonnage)

순톤수는 총톤수로부터 기관실, 선원실, 밸러스트 탱크 등의 선박 운항에 필요한 공간의 용적을 2.83 m^3($\dfrac{1000}{353}$ m^3)당 1톤으로 환산한 값을 공제한 용적 톤수이며, 주로 화물을 실을 수 있는 공간의 용적을 나타낸다.

순톤수는 대개 톤세와 일부 항구에서의 세금 산정의 기초가 된다. 또한, 파나마운하와 수에즈운하의 통행료는 순톤수를 기초로 하여 산정된다.

③ 한국 국적의 톤수 측정

우리나라는 1980년 1월 18일 ITC 1969년 협약을 수락하고, 이에 따라 선박법을 개정하여 1982년 12월 31일 법률 제3641호로 공표하였다. 새로운 측도 규칙인 '선박 톤수의 측정에 관한 규칙'은 국제 톤수협약에 의해서 측도한 값보다 작게 산출되어 영세 선주의 부담을 줄이고 있다.

· 단층갑판: 4,000톤 미만에서는 국내 총톤수 < 국제 총톤수
4,000톤 이상에서는 국내 총톤수 = 국제 총톤수

$$GT = t \times [(0.6 + t/10,000) \times \{1 + (30 - t/180)\}]$$

여기서, t: 국제 총톤수

2층 이상 갑판선: 국내 총톤수 <국제 총톤수(1.500~2.500배 차이)

$$GT = t \times [(0.6 + t/10,000) \times \{1 + (30 - t/180)\}] \times (B/A - 0.25)$$

(5) 선원 설비에 관한 국제 조약(International Labour Organization, I.L.O.)

선원의 거주 설비로 어떤 선내의 침실, 식당과 오락실 등의 공실, 변소와 욕실 등의 위생 설비 등에 관한 선원의 기본적인 인권을 존중해 왔기 때문에 오래전부터 국제적으로 토의되어 왔다.

1946년의 제28차 I.L.O. 총회에서 '선내 선원 설비에 관한 조약'(제75호)이 채택되었지만 발효를 보지 못하고, 1949년의 선원 설비 개정 조약(제92호)에서 채택되어 1953년에 발효를 보았다.

이것은 선원 설비의 위치, 재질, 환기, 난방, 조명, 침실 상면적, 식당의 용적, 위생 설비 등의 상세 기준을 설정하고 있지만, 500 G/T 이상의 신조선에 한하고 있기 때문에 소형선과 어선 등에는 적용할 수 없다. 그래서 어선을 대상으로 해서 1966년 제50차 I.L.O. 총회에서 '어선 내 설비에 관한 조약'(제126호)이 채택되었다. 그러나 이것은 일반 상선보다 상당히 수준이 떨어지는 것이었다.

그 후 선박의 대형화와 자동화 등의 근대화 경향에 따라서 1949년의 선원 설비 개정 조약을 보완하는 형식으로 1970년의 제8차 해사 총회에 의해서 '선내 선원 설비에 관한 조약(보완 규정)[The Accommodation of Crews(Supplementary Provisions) Convention, 1970]'(제133호)이 채택되었다.

'선내 선원 설비에 관한 조약(보완 규정)'(제133호)은 총톤수 100톤 이상인 일반 상선뿐만 아니라 해양 자원 조사선이나 굴삭선(掘削船) 등에도 적용되며, 또 합리적이고 실행 가능한 경우에는 예선과 총톤수 200톤 이상 100톤 미만의 선박에도 대상시켰다.

이 조약에서 규정한 선원 설비는 다음과 같다.

(ㄱ) 침대 상면적

(ㄴ) 침실 점유 인원 수

(ㄷ) 개인용 침실과 사무실의 설치 기준

(ㄹ) 침대의 최소 치수

(ㅁ) 식당의 상면적과 식탁, 걸상의 설비

(ㅂ) 냉장고와 음료 설비

(ㅅ) 오락실, 흡연실, 도서실, 풀장의 설치와 오락 설비

(ㅇ) 변소, 욕실, 샤워, 세면기의 설비

(ㅈ) 세탁 설비

(ㅊ) 거주구의 천장 높이

(ㅋ) 조명 설비

등을 포함하고 있어 선박의 내장 설비와 관련이 깊다.

이 밖에 제8차 해사 총회에서는 기타 '선원의 직무상 재해의 방지에 관한 조약'(제134호)과 6개 항목의 권고 및 10개 항목의 결의가 채택되었지만, 그 중에서도 '선내 선원 설비, 기타 작업 구역에서의 유해한 소음의 규제에 관한 권고'(제141호)는 최근의 경우 각국의 선내 소음 규제에 관한 규칙 제정의 역할을 담당하는 계기가 되었을 것이다(제11장 참조).

참고 선원 훈련 및 당직 전문 위원회의 결과

① S.T.C.W. A-1/7에 따라 M.S.C.에서 승인한 적임자 목록에 당사국에서 지명한 자를 포함하여 M.S.C. Circ./797/Rev. 15로 목록을 발행하기로 한다.

② S.T.C.W. Reg. 1/8, para. 2에 따른 사무총장의 보고서의 준비 요건에 따라 마련된 S.T.C.W. 협약 당사자국의 독립적 평가에 대한 정보의 전달(M.S.C. 1/164/Rev. 2)에 대한 개정을 승인하고, 이를 M.S.C. 1/Circ. 1164/Rev. 3으로 발행토록 한다.

③ 부원의 자격에 관한 S.T.C.W. 협약 및 코드의 개정을 동 협약 및 코드에 대한 전면적인 검토가 완료될 때까지 연기한다는 S.T.C.W.의 결정에 대한 의견을 제시하고, 개정안이 가능한 한 조기단계에서 시행되도록 M.S.C.의 검토를 요청한 사항은 논의가 없었으며, M.S.C.는 동 사항을 인지한다.

④ S.T.W. 38의 권고에 따라 안전한 배승에 대한 강제요건을 위한 제안을 지지할 것을 M.S.C.에 요청한 사항은 논의가 없었으며, M.S.C.는 동 사항을 인지한다.

⑤ 실습생에 대한 요건 및 승선 실습실에 대한 규정을 관련 I.M.O. 협약에 추가한다.
   - 논의사항: 인도 정부는 S.T.C.W. 협약에 대한 전면적인 검토는 해운 산업계의 기반 및 미래의 수요 측면에서도 불가피하며, 실습생 및 실습(교육훈련)에 대한 국제적인

규정은 장기적으로 해상인력 부족을 해소하고 작업문화를 개선하는 데 기여할 수 있음을 들어 관련 I.M.O. 협약에 승선 실습생에 대한 규정을 다룰 수 있도록 한 제안에 대하여 논의함.

- 결정사항: S.T.W.는 실습생 교육 문제의 해결책을 찾아 심도 있게 검토해 줄 것을 지시함.

○ SOLAS Chap. Ⅲ에 대한 통일 해석

- 논의 및 결정사항: 동 통일 해석을 M.S.C. 1/Circ./Circ. 1243으로 승인함.

○ 유아용 구명동의의 표식

- 논의 및 결정사항: 동 유아용 구명동의의 표식을 M.S.C. 1/Circ. 1244로 승인함.

바꾸어 말하면 이 권고는,

(ㄱ) 지나친 소음이 결국 해원(海員)의 청각, 건강과 위락감에 미치는 영향

(ㄴ) 선내의 소음을 감소시키거나 해원의 청각을 보호하기 위하여 정해야 할 조치에 대해서 각 해사국의 권한 있는 기관이 소음에 관한 규정을 정하는 것을 촉구하고 있다.

(6) 항만 노동 안전 규칙

항만 하역시의 노동 재해를 방지하기 위해 I.L.O. 제32호 조약 '항만 하역 노동자의 보호에 관한 조약'이 1932년에 체결되었지만, 이 조약의 목적에 대한 기초로서 각국에서 선박의 하역 설비와 하역 작업에 관한 규칙이 만들어져 그 나라의 항만에서 하역하는 전체의 선박에 적용시키고 있다.

이 규칙은 각국에 따라서 약간의 차이는 있지만 어떻든지 하역 장치, 화물창 내의 창구 주변의 교통 장치 등 하역 작업의 안전성에 관계한 것을 규정하고 있으며, 하역 장치에서 규칙을 만족하지 않는 장소가 있다면 현지에서 거부당하는 일도 있다.

따라서 기본 계획의 단계에서 그 나라의 항만 노동 안전 규칙을 적용할 것인지를 확인해 둘 필요가 있다.

I.M.O.에서도 선내의 노동 안전과 교통 장치에 관해서 제8차 총회에서 '대형 탱크 및 벌크 화물선의 대형 화물창 내의 교통과 작업 안전에 관한 권고'를 채택해서 일부 국가에서는 국내법으로 적용하고 있다.

I.L.O.에서도 1973년에 Code of Practice를 참고 자료로 결의하였고 'Safety and Health in Shipbuilding and Ship Repairing'에서 작업원의 추락 방지와 사다리 등 통행 장치의 안전성에 대한 지침을 마련하였다.

표 2-31 선박 법규의 종류

	법 규	주 요 내 용
선박법	선박법	선박의 특권 및 의무에 대한 규정
	선박 톤수 측정에 관한 국제 조약	선박의 톤수, 즉 내부 용적을 측정하는 방법의 규정(이외에 수에즈 운하, 파나마 운하톤수의 계산에 대하여 규정한 규칙이 있다.)
조 선	조선법	시설 또는 설비의 신설 허가, 선박 제조 사업의 개시, 주임 기술자 등에 대한 규정
	임시 선박 건조 조정표	계획 조선에 관한 건조 허가 기준의 규정
안전법	선박 안전법	선박이 갖추어야 할 선체, 기관, 설비에 대한 일반적인 규정
	선박 안전법 시행 규칙	선박 안전법의 구체적인 시행 기준
	선박 복원성 규칙	선박이 가지고 있는 복원성 기준
	만재 흘수선 규칙	만재 흘수선 표시를 필요로 하는 선박의 구조 및 설비와 기타 결정법의 규정
	선박 구획 규정	구획 만재 흘수선 표시를 필요로 하는 선박의 구조, 설비, 기타 결정법의 규정
	선박 방화 구조 규정	선박의 방화 구조 및 설비에 관한 기준의 규정
	어선 특수 규정	어선에 대하여 특히 설비해야 하는 구조, 설비의 규정
	선박 설비 규정	선박이 갖추어야 하는 거주 위생, 항해, 특수 화물, 전기 등의 모든 설비, 속구(屬具)에 대한 규정
	선박 구명 설비 규칙	구명 설비의 기준과 그 상수에 대한 규정
	선박 소방 설비 규칙	소방 설비의 기준과 그 상수에 대한 규정
	목선 구조 규칙	목선의 선체 구조에 대한 규정
	강선 구조 규정	강선의 선체 구조에 대한 규정
	선박 기관 규칙	선박의 주기관 및 보조 기관 등에 대한 규정
선원·직원법	선원법	승조원의 노동에 대한 기준의 규정
	선박 직원법	승조원의 자격에 대한 규정
	해난 심판법	해난 원인을 명백히 하는 심판의 방지에 대한 규정
항 해	해상 충돌 예방법, 항로 표지법, 해난 구조법, 수로 안내법	
	해양 오염방지법	해상 오염 방지를 위한 기름 배출의 기준과 이의 조치에 대한 규정
항 만	항칙법	항내에 있어서 선박 교통의 안전과 항내의 정돈에 대한 규정
	관세법	관세의 부과 및 징수 또는 화물의 수출·입 수속, 선박, 항공기의 출·입항 수속에 필요한 사항의 규정
	톤세법	외국 무역에 종사하는 선박의 개항에 입항함으로써 부과 및 징수하는 톤세에 대한 규정
	검역법	전염병, 병원체의 국내외 침입을 방지하기 위한 조치에 대한 규정

2. 국내 법규

선박은 여러 가지 해난 및 사고에 대하여 안전해야 하며, 또 발생한 사고를 최소한으로 줄이기 위해서도 엄중한 기준이 필요하지만, 이로 인하여 구조가 복잡하게 되어 사용하는 데 어렵고 불편한 선박이 되거나 선박의 가격이 너무 비싸게 되면 바람직하지 못하다.

그러므로 선박이 해상에서 생길 수 있는 사태를 가정해서 배의 용도와 크기에 따라 경제성을 해치지 않는 범위에서 안전하도록 기준을 정하여 그 이행을 감독하고 있다.

우리나라에서는 선박 안전법에 따라 일정 기준의 선체, 기관의 구조 및 설비가 엄격한 제한을 받고 있으며, 또 선박의 내항성 및 인명의 안전에 대해서도 규정이 정해져 있다.

더욱 선박의 특권과 의무를 규정하고 있는 선박법, 승무원의 자격과 인원 수를 규정한 선원법 등이 있다(표 2-31 참조).

2.3.4 외국 규칙

1. 외국 규칙을 적용할 경우의 문제점

우리나라 국적인 배의 경우는 앞에서 설명한 것과 같이 S.O.L.A.S.와 국제 만재 흘수선 조약 등의 국제 조약을 기초로 하여 만들어져서 한국의 국내 법규를 적용시키게 된 것은 아니지만, 그와 같은 다른 나라 국적의 배를 건조할 경우에는 각국의 국내 법규를 적용할 필요가 있다.

같은 국제 조약을 기초로 하여 만들어진 규칙이라도 나라에 따라서 내용이 조금씩 틀리게 되며 경우에 따라서는 선박의 건조 선가도 무척 상승하는 일이 있기 때문에, 지금까지의 경험한 것은 아니나 다른 국적의 배를 계획할 경우에는 그 나라의 법규에 대해서 충분히 조사할 필요가 있다.

외국의 규칙으로 우리나라에서 발행되는 것은 없지만 나라에 따라서는 영문(英文)의 규칙이 완비되지 않은 나라도 많이 있다. 그러므로 이와 같은 경우에는 그 나라의 정부 기관과 직접 타협을 하지 않으면 충분한 조사가 되지 않는 수가 많다. 외국 규칙을 적용할 경우의 문제로는 구명 설비, 소방 설비 등의 S.O.L.A.S. 관련의 선용품에 대하여 그 나라 정부 기관의 승인을 받은 물품을 사용하는 것을 의무로 하는 경우가 있다.

국산품으로서는 외국 정부 기관의 승인을 받은 기기류가 아닌 것이 있기 때문에 경우에 따라서는 외국 제품을 수입해야 하는 경우가 많다. 따라서 규칙의 조사 이외에 기기류의 제작 회사의 조사도 필요하다. 또한, 외국 규칙의 적용과 관련해서 문제가 되는 것은 선주의 요구에 따라서 그 배의 국적 이외 나라의 규칙을 적용하는(단, 증서는 받지 않고) 경우가 있다.

예를 들면, 리베리아 국적인 배에 대해서 거주구는 영국 규칙을 적용하고 싶다는 요구가 선주로부터 나올 수도 있다. 이 경우 리베리아 국적이므로 영국 정부가 발행하는 증서는 받지 않아도 되지만 이때에 사용할 재료와 선용품에 대해서 영국 정부의 승인을 받은 기기류, 재료를 사용하는지, 아닌지에 대해서는 어느 정도 선주와 타협하지 않으면 문제점이 생기기 때문에 주의할 필요가 있다.

2. 외국 규칙의 개요

우리나라에서 건조되고 있는 외국선의 국적은 여러 나라로 되어 있어 때로는 적용 규칙의 종류에도 여러 가지가 있으므로, 조선소와 관계가 깊은 나라 중에서 리베리아, 영국, 노르웨이, 미국, 서독의 규칙에 대해서 간단히 소개한다.

(1) 리베리아 규칙

리베리아는 아프리카에 있는 작은 나라이지만, 세제상 우대 조치를 하고 있기 때문에 다른 나라의 선박 회사가 이 나라에 선박을 등록하는 경우가 많다[이와 같은 선박을 편의치적선(便宜置籍船)이라고 한다]. 그렇기 때문에 현재 선박 등록상 세계 제일의 선박 소유국으로 되어 있다.

배의 설계에 관계하는 리베리아 규칙으로는 리베리아 해사법(The Liberian Maritime Law)과 리베리아 해사 규칙(Liberian Maritime Regulations)이 있다.

이런 것은 해운 조선 관계의 전체를 망라한 규칙으로 되어 있지만, 항목은 30~40으로 매우 간단한 것이기 때문에 배의 설계에 특히 관계하는 S.O.L.A.S.와 I.L.L.C.에 대해서는 리베리아 정부에서 지정하는 위탁 기관(authorized agent)이 발행하는 필요한 증서를 취득할 것을 규정시키고 있다. 이 외의 구체적인 규정은 없다. 따라서 원칙적으로는 국제 조약에 의한다고 생각하면 좋다.

톤수에 관해서는 U.S.A. 규칙에 따르는 것과 톤수 증서는 리베리아 정부에 지정된 위탁 기관(S.O.L.A.S., I.L.L.C.의 경우와 같이 특정의 선급 협회)이 발행하는 것을 취득하는 것으로 규정되어 있다. 따라서 조선소로는 주로 선급 협회만 접촉하게 되면 된다.

리베리아 국적의 경우에는 S.O.L.A.S.에 관계하는 소방, 구명 등의 의장품, 선용품은 자국 정부의 증서가 있으면 좋다. 그러나 리베리아 정부의 증서를 취득할 필요는 없다. 따라서 선주의 요구가 없다면 국산품으로 타협하여 합의해도 된다.

한편 리베리아 정부는 I.M.O.의 결의 사항을 조약의 발효 전에도 적극적으로 채용한 경향이 있기 때문에 리베리아 국적의 선박을 설계할 경우에는 이 점에 대해서 특히 주의할 필요가 있다.

(2) 영국 규칙

영국 규칙으로, 우리나라의 선박 안전법에 상당하는 규칙은 상역부(Department of Trade)에서 발행되고 있는 상선 규칙(The Merchant Shipping Rules)인데, 통상적으로 D.O.T. 규칙이라고 하기도 한다.

영국 규칙은 이전에는 B.O.T.(board of trade) 규칙, 어떤 때에는 D.T.I.(Department of Trade and Industries) 규칙으로 불렀지만 1974년에 현재의 D.O.T.로 변했다.

상선 규칙(The Merchant Shipping Rules)은 화물선 건조(cargo ship construction), 구명 기구(life saving appliance), 소화 기구(fire appliance), 무선 장치(radio), 전등・신호(light and signal), 선원 거주 설비(crew accommodation), 만재 흘수선(load line), 톤수(tonnage), 곡물 적재(carriage of grain) 등의 종목으로 나누어진 책의 형태로 발행되고 있다.

이 논문에 대한 수정, 추가로서 'Merchant Shipping Notice'로 발표되고 있다. 영국 국적의 배를 건조할 경우에는 D.O.T. 규칙에 적합해야 하므로, 이 때문에 규칙에 관련한 도면을 조선소에서 직접 D.O.T.에 제출해서 승인을 얻을 필요가 있다. 또, 상기의 규칙에 관련한 기기, 장치로 건조 중에 검사를 받을 필요가 있는 것에 대해서는 D.O.T.가 승인한 검사관(통상 L.R. 선급 협회의 검사관이 승인함)에게 검사를 받아야 한다.

상기의 규칙에 관련된 신호, 선등(船燈), 소화 기구, 구명 기구, 무선기, 항해 계기, 거주구의 내장 재료 등에는 D.O.T.의 증서와 승인을 필요로 하는 것이 많이 있으며, 이 중에 수입품을 사용해야 하는 기기가 많이 있다.

(3) 노르웨이 규칙

노르웨이(Norweg) 규칙으로, 우리나라의 선박 안전법에 해당하는 규칙은 해사 본부(SjøFartsdirektorated, S.F.D., 영문 명칭은 The Maritime Directorate, N.M.D.)가 발행하고, 도면 승인도 여기서 하고 있기 때문에 노르웨이 규칙은 S.F.D. 또는 N.M.D. 규칙이라 부르고 있다. 일반적으로 선박 규제법(Den Norske Skipskontrolls Regler, 영문 명칭은 Norwegian Ship Control Registration)을 약해서 N.S.C 규칙이라 부르고 있다.

S.F.D. 규칙은 D.O.T.의 경우와 같이 각 항목으로 나누어진 책의 형태로 발행되고 있다. 예로서, 만재 흘수선(load line)은 No. 244, 246, 화물선에서의 화재 예방(safety precautions against fire in cargo ships)은 No. 187로 발행되고 있다. 그러나 일부는 노르웨이어판으로서 영어판이 아닌 것도 있다.

S.F.D.의 도면 승인을 받을 때에는 선주를 통해서 필요한 도면을 제출한다. S.F.D.에서는 승인도에 대한 의견을 선주에게 보낸다.

S.F.D. 규칙에 관련된 기기, 장치로서 건조 중의 검사를 받을 필요가 있는 것에 대하여서는 S.F.D.가 승인한 검사관(통상은 N.V.의 surveyor appoint가 한다)이 검사를 한다. 또한, 상기의 규칙에 관련한 신호, 선등, 소화 기구, 구명 기구, 무선기, 항해 계기, 거주구의 내장 재료 등에는 S.F.D.의 증서나 승인을 필요로 하는 물건이 많이 있으며, 그 중에는 D.O.T.의 경우와 같이 반드시 수입해야 되는 기기류가 많이 있다.

(4) 미국 규칙

미국의 규칙은 전부 연방 규정집(Code of Federal Regulation, C.F.R.)으로 해서 집대성되어 있으며, 부문별로 표제(title) 1부터 50까지 분류하고 있다.

이 중에서 배의 설계에 특히 관계가 있는 것은 미국 해안 보안청(United States of Coast Guard, U.S.C.G.)이 발행한 규칙으로서 보통 U.S.C.G. 규칙이라 부르고 있다.

예를 들면, 표제 46 해운(shipping), 표제 33 항행 수역(navigation and navigable water), 제1장 해안 보안청(Coast Guard), 교통부(Department of Transportation)가 그 예이다.

미국 국적인 배를 건조할 경우에는 규칙에 정해진 도면에 의해서 U.S.C.G.의 승인을 받고, 그 이외에 구명, 소방 장치 등에 대해서는 U.S.C.G.가 승인한 제작 회사의 제품을 사용할 필요가 있다.

이들의 제작 회사에 대해서는 U.S.C.G.의 선용품 목록(equipment list)에 표시되어 있지만, 대부분 U.S.A. 제품을 사용할 필요가 있다. 이 외에 압력 용기, 일부의 전기 기기에 대해서도 U.S.A. 제품을 사용할 필요가 있다.

전기 기기에 대해서는 U.S.A. 제품 이외의 사용이 인정할 경우에도 미국의 U.L. 마크(underwriters laboratories label, 약자로 U.L. 라벨이라고 부른다)를 취득할 것을 요구하고 있는 사항이 많다.

U.S.C.G. 규칙에 규정하고 있는 파이프 밸브, 플랜지 등은 A.S.T.M.의 규격에 합격한 것이거나 U.S.C.G.가 승인한 것을 사용해야 한다. 한편 거주구의 급·배수 설비 등에 대해서는 미국 보건소(United States Public Health Service, C.F.R. 표제 42)의 규칙에 따를 필요가 있다. 이 규칙은 거주구 위생 관계의 제 설비에 대해서 완비한 규칙으로, 미국 국적 이외의 배에서도 이 규칙을 적용할 것을 요구하는 경우(물론 이 경우에는 without Certificate가 된다)가 있다.

미국 국적 이외의 외국 배에서도 미국의 항구에 입항할 경우에는 오수 처리 장치와 해양 오염 방지 대책에 대해서 U.S.C.G. 규칙을 만족할 것을 요구하고 있기 때문에, 계획의 초기 단계에서 적용 여부를 선주에게 확인해 두어야 한다.

그 밖에 L.P.G.선, L.N.G.선, 석유 제품 운반 탱커와 같은 위험물 운반선에서 미국의 항구에 입항할 경우에는 미국 국적 이외의 배에서도 U.S.C.G.의 허가증(Letter of Compliance)을 가지고 있어야 한다. 따라서 설계 단계에서 미국의 항구에 입항한다는 것을 알고 있을 경우에는 화물 탱크, 배관 관계 등 하역에 관계할 부분에 대해서 미리 U.S.C.G.의 승인을 얻어야 한다.

이 경우 승인도(承認圖)의 범위 등에 대해서는 표제 46 해운(shipping), 허가증 발급 내규(subchapter N part 154 special interim regulations for issuance of letters of compliance)에 규정하고 있지만 U.S.C.G.에 대한 승인 수속은 N.K., A.B.S., L.R., N.V. 등의 선급 협회가 대행하고 있다.

참고 **미국에서 조선(造船)에 깊이 관계하는 주요한 규격**

- A.N.S.I.(American National Standards Institute, Inc. 미국 표준 협회 규격) : 한국의 K.S.에 해당하며, 이전에는 A.S.A.라고 칭했던 것
- A.I.S.I.(American Iron and Steel Institute, Inc. 미국 철강 협회 규격) : 철강재에 관한 미국 규격
- A.S.T.M.(American Society for Testing and Materials, 미국 재료 시험 협회 규격) : 모든 재료와 그의 시험법 등을 정한 미국 규격
- A.S.M.E.(American Society of Mechanical Engineers, 미국 기계 학회 규격) : 압력 용기, 보일러의 사양, 재료, 검사 등을 정한 미국 규격

(5) 서독 규칙

서독이 국적인 배를 설계할 경우 관계하는 정부 기관의 주요 기구로는 해사 안전 위원회(Seeberufsgenossenschaft, S.B.G.), 노동 감독국(Amt Für Arbeits, A.F.A.), 수로국(Deutsches Hydrographisches Institute, D.H.I.), 선박 적량 측도국(Bundesamt Für Schiffsvermessung, B.F.S.) 등이 있다.

해사 안전 위원회는 선박의 안전 설비 전반에 대하여 검사, 승인을 하지만, 순수한 정부 기관은 아니며 반관 반민의 조직이다.

S.B.G.가 관계하는 선박 안전 및 설비 규칙은 여러 가지가 있지만, 이중에서 선박 안전법(Schiffssicherheitsverschriftem, S.S.V.)과 재해 방지 규칙(Unfallvehütungsvorschriften, U.V.V.)을 주요 업무로 취급하고 있다. 선박 안전법은 S.O.L.A.S. 관계, 재해 방지 규칙은 선내의 통행과 안전 설비 등에 대해서 규정한 것이다. 이 밖에도 거주구 관계 규칙, 기관실과 거주구 소음 방지 규칙 등이 있다.

이상과 같이 S.B.G. 관계 규칙은 배의 설계 건조에 재래적으로 관계가 깊은 것으로서 서독 규칙을 S.B.G. 규칙이라고 부르는 일이 많다.

노동 감독국은 보일러, 엘리베이터 관계, 그 밖의 수로국은 항해 계기, 항해 등 관계의 검사, 승인을 하는 정부 기관으로 각각 관련되는 규칙을 발행하고 있다.

위의 모든 규칙들은 독일어판으로 영어판이 없는 것이 많이 있으며, 영어판으로 볼 수 있는 발본권은 빠져 있는 것이 있기 때문에 주의할 필요가 있다.

승인용의 도면은 조선소로부터 그것에 한하여 관계하는 관청에 제출해서 승인을 받을 필요가 있다. 다만 G.L.(독일 선급 협회)과 S.B.G.의 양쪽에 관계가 있는 항목에 대해서는 G.L.을 통해서 S.B.G.에 제출된다. 서독 규칙에 관련된 장치로서 건조 중 검사를 받을 필요가 있는 물품에 대해서는 S.B.G., A.F.A., D.H.I., B.F.S. 등의 검사관이 조선소에 직접 나가서 검사를 한다.

그 밖에 위의 규칙에 관련된 보일러, 신호, 선등, 소화 장치, 구명 기구, 항해 계기, 거주구 재료 등에는 각 정부 기관의 증서와 승인을 필요로 하는 것이 많다. 그 중에는 수입품을 사용해야 하는 기기도 상당히 많이 있다.

(6) 각국의 항만 노동 안전 규칙

I.L.O. 제32조의 취지를 기초로 해서 만들어진 규칙으로, 하역 장치, 창내와 창구 주변의 교통 장치 등에 대해서 규정한 것이다.

각국의 항만 노동 안전 규칙의 이름표는 표 2-32와 같다.

이 밖에 오스트레일리아 항만 노동자 조합(Australian Waterside Workers Federation, A.W.W.F.)과 같이 노동 조합이 독자적으로 안전 규칙을 정하고 있는 나라도 있다.

표 2-32 각국의 항만 노동 안전 규칙

나 라	규 칙 명 칭
영 국	Statutory Rules and Orders, Factory and Workshop
인 도	Indian Dock Labourers Regulation
캐 나 다	Regulations for Protection Against Accidents of Workers Employed in Loading or Unloadimg Ships
오스트레일리아	Navigation(Loading and Unloading Safety Measures) Regulations
아 메 리 카	Safety and Health Regulation for Longshoring(C.F.R. title 29 Labour)

2.3.5 선급 협회의 규칙

1. 선급 협회의 발족과 주요 선급 협회

최초에 선급 협회가 발족하게 된 동기는 1668년경 영국 런던의 다우닝가의 Edword Lloyd가 경영하는 다방이 있었는데, 여기에는 해운업자와 보험자가 많이 출입하고 있었다. 그러던 중에 shipping news를 만들어 해운 상황을 제공하기 시작했으며, 다방의 손님들이 그루핑을 만들었고, 그 클럽의 회원이 되기 위해 등록(register)을 했다. 1760년이 되면서 이 클럽이 발전해서 'Lloyds Register of shipping'이라 하는 협회로 되었다.

협회는 최초에 보험업자의 편에서 선명록(船名錄)을 발행하였지만 다시금 조선 규칙을 만들었고, 이 규칙에 따라서 건조된 배에 대해서 선명록에 기재할 자격을 부여했으며, 보험업자도 선박을 보험 대상으로 할 때 유력한 자료로 취급되었다.

그 후 보험업자는 차주(借主)가 아닌 선주, 조선업자, 학식 있는 경험자를 모아서 구성한 조직으로 되어 현재의 Lloyd's 선급 협회가 되었다.

영국 이외의 각국에서도 해운의 발전으로 대부분 선급 협회(Classification Society)를 창설했으며, 현재에는 표 2-33에 나타낸 선급 협회들이 존재하고 있다.

㈎ **항로 제한** : 특정 항로에만 항행하는 선박에 대해서는 다음과 같은 부호가 붙여진다.

NK의 예 : ‘Coasting Service, Smooth Water Service’ 등

㈏ **배의 종류** : 일반 화물선을 제외하고, 용도가 한정된 배에 대해서는 다음과 같은 부호가 붙여진다.

각국 선급 협회 공통의 예 : oil carrier(또는 tanker), ore carrier, bulk carrier, container ship, liquefied gas carrier 등

표 2-33 주요 선급 협회명 및 선급 부호 일람표

선급 협회명	약칭 (국명)	선급 부호					등록 부호			최고 선급
		(1) 제조 검사	(2) 선체	(3) 기관	(4) 의장	(5) 기타	(1) 기관	(2) 냉동 장치	(3) 기타	
Korean Register of Shipping(1960)	KR (한국)	✠	KSE	MKS	(2)에 포함		—	RMC	FPA (소방)	✠ KSE ✠ MKS
American Bureau of Shipping(1918)	AB (미국)	✠	A 1	AMS	Ⓔ		—	RMC		✠ A1 Ⓔ ✠ AMS
Buseau Veritas (1828)	BV (프랑스)	✠	Ⅰ 3/3 Ⅱ 5/6	(2)에 포함	E	○ ◎ }구획 관계 ◇ 안전 조약	—	RMC	SF (소방)	✠ Ⅰ 3/3
China Registar of Shipping(1946)	CR (중국)	✠	100	CMS	E		—	RMS	CPF (소방)	✠ 100E ✠ CMS
Germanischer Lloyd(1867)	GL (독일)	✠	$100A_4$	(2)에 포함	(2)에 포함		MC			✠ $100A_4$
Lloyd's Register of Shipping(1760)	LR (영국)	✠	100A A	(2)에 포함	1		LMC	RMC		✠ 100A1
Det Norske Veritas(1864)	NV (노르웨이)	✠	1A1 1A2	(2)에 포함	(2)에 포함		MV & KV	KMC	F (소방)	✠ 1A1
Registro Italiano (1861)	RI (이탈리아)	✠	100A1	(2)에 포함	(2)에 포함		—			✠ 100A1
Register of Shipping of USSR (1932)	RS (소련)	⊛	KM	(2)에 포함	(2)에 포함	[1] [2] [3] }구획 관계	—	X	F (소방)	⊛ KM
일본 해사 협회 (1899)	NK (일본)	*	NS	MNS	(2)에 포함		—	RMC		NS* MNS*

주 선급 부호에는 항로 제한과 배의 종류 등에 대해서 다음과 같은 부기(notation)를 붙이는 일이 있다. 다만, 부호를 붙이는 방법에 대해서는 각 선급 협회에 따라서 어느 정도 다르기 때문에 여기서는 일례로 정의한다.

㈐ 특정 개소의 선체 보강

㈀ 벌크 화물선 등에서 철광석은 격창 적재(alternated loading)를 하기 때문에 특정의 화물창을 보강할 경우에는 다음과 같이 부호를 붙여 준다.

- LR의 예 : Strength for Heavy Cargoes.
- Holds No. 2 and No. 4 May be Empty.

㈁ 빙해 구역을 항행하기 위해 내빙 구조를 채용할 경우에는 다음과 같은 부호를 붙여 준다. 보강의 정도에 따라서 4단계로 나눌 수 있다.

- AB의 예 : Ice Strengthening Class A.A., A., B. or C,

또는, 겨울에 발틱 해를 항해할 배에 대해서는 다음의 부호를 붙여 준다.

- Ice Strengthening Class I.A.A., I.A., I.B. or I.C,

㈑ 방식(corrosion control) 밸러스트 탱크와 화물 탱크 등의 내면에 고도의 방식을 시공해서 선각 부재의 치수를 감소시키는 것이 인정될 경우에는 다음과 같은 부호가 붙여진다.

- LR, NK의 예 : L.R.…C.C., N.K.의 예: L.R.…Co. C.,

㈒ 불활성 가스 시스템(inert gas system)

유조선 등에서 승인된 불활성 가스 시스템을 장비 및 설치한 경우에는 다음과 같은 부호가 붙여진다.

- LR, AB의 예 : A.B.…INERT SYS.
- L.R.…I.G.S.

㈓ 기관부의 자동화

추진 장치의 집중 제어, 감시를 해서 추진 장치의 원격 조작, 자동화가 가능한 경우에는 다음과 같은 부호가 붙여진다.

- NK, AB, LR의 예 : N.K.…M. 0
- A.B.…자동화의 grade에 따라서 다음의 두 종류가 있다.
- A.C.C., A.C.C.U.
- L.R.…U.M.S.

2. 한국 선급 협회

선급 협회의 가장 중요한 업무 중 한 가지는 입급된 배의 선명록(register book)을 만드는 일이다. 선명록에는 등록된 배의 주요 치수, 선급 부호, 기타의 특징이 기재되어 있다. 입급된 선박에 대해서는 해상 보험의 대상이 되어서 보험자로부터 인정받을 수 있게 된다.

선급 협회에서는 선박을 입급시키기 위해서 다음과 같은 업무를 진행하고 있다.

㈎ 선박 등록과 선박구조, 의장검사에 관한 규칙의 발행
㈏ 등록 검사, 정기 검사, 중간 검사, 임시 검사 등의 실시
㈐ 선급 증서의 발행
㈑ 만재 흘수선에 관한 정부의 대행

이와 같이 선급 협회는 선박을 입급시키기 위한 검사와 정부 대행 업무를 진행하고 있으며, 실제 선급 협회의 주된 업무는 다음과 같다.

㈎ 각지에 검사원을 배치하고, 정기적으로 선박 검사를 실시하여 선박 기능의 특성인 내항성 유지에 노력한다.

㈏ 입급하려는 건조 선박의 검사 및 다른 국적선의 입급 검사(classification survey)를 실시하여 선급 증서를 발행한다.

㈐ 검사 선박의 상세한 선명록을 발행한다.

㈑ 검사 기준이 되는 구조, 설비에 관한 기준과 규칙을 정한다.

㈒ 법정 선용품(항해 용구, 구명 설비, 용품 등)의 검사와 검정 등을 실시한다.

㈓ 용접 기능 보유자의 기량 검정을 주관한다.

㈔ 해양 구조물의 검사와 해양 개발 기기의 검정을 실시한다.

한국 선급 협회에는 선박의 등록 및 구조 검사 등에 관한 규칙이 있으며, '강선 구조 및 선급에 관한 규칙'에 의해 입급선을 검사하며, 선급 등록을 받을 경우나 입급선의 등록을 계속 유지시키고자 할 때에는 다음과 같은 검사를 받아야 한다.

㈎ 입급 검사

선급에 등록시키고자 할 때에는 입급 검사를 받아야 하는데, 건조 중에 받는 경우와 건조 후에 받는 경우, 그리고 다른 국적 도입선의 입급 검사도 이에 준한다

건조 중에 하는 입급 검사(classification survey)는 선체, 기관, 설비와 재료, 구조, 치수 및 공사에 대하여 상세한 검사가 실시되며 만재 흘수선의 규정도 받게 된다.

입급 검사에는 건조 선박의 공사 착수 전에 설계도에 대한 사전 승인을 얻은 다음 공사에 착수하며, 착수 후에는 여러 가지 시험(재료 시험, 수밀 시험, 여러 장치의 효력 시험, 경사 시험 등)과 제조 검사가 실시된다. 선박이 완성된 다음에는 해상 공시운전을 실시하여 공인을 받아야 한다.

중고 도입된 선박의 입급 검사도 제조 검사를 제외한 보존 상태에 대한 상세한 검사를 실시한다.

선박의 입급 검사는 신조선은 입급된 날로부터, 그리고 중고 도입선은 입급 검사가 완료되어 입급된 날로부터 선박의 경과 연수에 따라 정기, 중간, 임시 검사를 받아야 한다.

㈏ 정기 검사

입급 검사를 받고 등록된 이후 4년마다 정기 검사(periodical survey)를 실시한다. 이것은 선박의 선체, 기관 및 설비, 성능에 대하여 상세한 검사가 실시된다. 이때, 여러 가지 시험 및 장치의 효력과 성능 시험도 하게 되며, 건선거나 상가 선대(上架 船臺)에서 실시하게 된다.

㈐ 중간 검사(intermediate survey)

정기 검사 후 2년째 되는 시기에 실시하는 검사로서, 선체, 기관, 설비에 대한 점검 검사로 검사관이 필요하다고 판명될 때 지적되는 사항에 대하여 철저한 검사 및 성능 검사를 시행한다.

㈑ 임시 검사(occasional survey)

중간 검사 1년 후에 검사를 실시하기도 하며, 선박의 안전과 운항 및 성능에 이상이 있다고 판명될 때 임시로 받는 검사다. 선체의 개조 혹은 변경이 필요할 때에는 반드시 임시 검사를 받아야 한다.

3. I.A.C.S.의 성립

선급 협회에는 앞에서 설명한 대로 각 주요 해운국과 관계하고 있지만, 선박과 같은 국제적으로 활동하고 있는 것에 각국 선급 협회에서 서로 다른 규칙의 적용은 불합리하게 되기 때문에, 이것을 통일하고자 하는 선급 협회 사이의 연락 기관이 생겼다. 이것이 I.A.C.S.(International Association of Classification Societies)로, 사무국은 선급 협회 사이의 지속적인 순회 형식으로 맡게 되었다.

선급 협회가 하는 일은 입급 업무로도 업무량이 많으며 규칙도 많기 때문에 여러 부분으로 적용해야 할 사항이 너무 복잡하다. 또, 나라에 따라 다르기 때문에 완전히 통일하기는 불가능하지만 비교적 기본적인 것으로 통일하므로 작업에 진전을 볼 수 있는, 예를 들면 선체용 강재의 규격, 종강도 요구값, I.A.C.S.의 조문 해석 등이 통일되고 있다. 다만 이런 것도 전부 동일하다고 할 수 없고, 기본적인 생각으로서 합의할 수 있는 상세한 것에 대해서는 각 선급 협회에 일임시키고 있다.

이 통일화와는 별도로 종래에도 선급 협회 사이에서 검사의 상호 대행이 행해져 왔으며, 한국 선급 협회가 N.K., A.B.S. 선급 협회와 I.A.C.S.가 성립되어 있다.

››› 2.4 복원 성능 근사 계산 Stability Calculation

2.4.1 복원 성능의 종류

현장 실무자들이 선박 설계를 하기 위한 복원성 관련에 대한 이론과 실무를 여러 선박에 대해 복원성 이론이 결집된 내용을 중심으로 간단하게 다루어 본다.

선박의 복원성은 배의 손상 여부에 따라서 "비손상 시 복원성(intact stability)과 손상 시 복원성(damaged stability)"으로 구분한다. 또한 복원성을 정복원성(statical stability)과 동복원성(dynamical stability) 으로 구분하는데, 정복원성을 초기 복원성(initial stability) 과 대각도 경사 복원성으로 나누어 구분한다.

경사 각도가 8°(최대 10° 이내)의 작은 각도로서 경사된 경우의 복원력을 초기 복원력((initial stability)이라고 한다. 이때에는 미터센터가 고정되어 있다고 가정할 수 있을 뿐만 아니라 경사각도 θ를 라디안(radian)으로 표시할 경우에 $\sin\theta \fallingdotseq 0$으로 가정할 수 있어서 비교적 검토하기가 쉬운 경우이다.

복원성을 일반적으로 경사각도와 복원정(복원 모멘트 팔)과의 관계 곡선인 정복원력 곡선(statical stability curves)이라고 하는데, 복원성이 좋으려면,

(1) 복원력 곡선에서 소각도 일 때에 접선의 기울기(즉, GM_T)만 적당하면 된다.

(2) 대각도 경사 시에 복원성도 좋아야 하므로 이 곡선의 하부 면적도 충분해야 한다.

2.4.2 복원성에 관한 규정

복원성 규칙은 선박 설계를 할 때에 복원성을 규제하기 위하여 I.M.O.(international maritime organization, 국제해사기구)에서 각종 규제 사항 또는 협약 사항을 제정하고 있다. 이 규정의 종류에는 협약(convention), 규약(code), 결의문(resolution), 회람(circulation) 등으로 나누어져 있다.

선박 설계를 할 때에 복원성 검토를 하기 위해서 주로 고려해야 하는 협약(convention) 에는 S.O.L.A.S.(international conference for the safety of life at sea, 해상인명안전협약) 및 M.A.R.P.O.L.(international convention for the prevention of marine pollution from ships, 해양 오염 방지를 위한 국제 협약), I.C.L.L.(international convention on load line, 국제만재흘수선 협약) 등이 있으며, 규약(code)에는 I.G.C. 코드 및 I.B.C. 코드 등이 있다.

한편, 결의문(resolution) 또는 회람(circulation)에는 I.M.O. 산하 기구인 M.E.P.C.(marine environment protection committee, 해양환경보호위원회) 등에서 공표된 것이 있다.

관련 규정의 적용 요건은 선박의 건조 연도, 선종, 선박의 제원과 총톤수의 크기 등에 따라 다르며, 이러한 협약 요건이 신조선뿐만 아니라 이미 운항 중인 선박에도 소급하여 적용되는 경우도 있다. 따라서 이의 개정 내용을 수시로 확인할 필요가 있으며, 해양수산부와 한국선급 홈페이지에서 작성된 "KR−CON"에서 편리하게 확인할 수 있다.

(1) 협약 : S.O.L.A.S., M.A.R.P.O.L., I.C.L.L., S.T.C.W., C.O.L.R.E.G., T.O.N.N.A.G.E., A.F.S. 등

(2) 규약 : I.B.C., I.G.C., I.S.M., I.S.P.S., F.S.S., F.T.P., H.S.C., L.S.A., S.T.C.W. 등

(3) 결의문 : Assembly, M.S.C., M.E.P.C., F.A.L., L.E.G. 등

(4) 회람 : M.S.C., M.E.P.C., LL3 등

복원성 내용의 개정 규정 관련 사항은 한국선급홈페이지(http://www.krs.co.kr/) 및 해양수산부홈페이지(http://www.momaf.go.kr/)에서 복원성 관련 규정 내용을 확인할 수 있다.

1. 벌크캐리어에 관한 복원성 규정(stability regulation for bulk carrier)

벌크캐리어와 보통 화물선을 포함해서 곡물 등의 산적에 관한 SOLAS의 규정이 있다. 산적 전용선인 벌크캐리어에서 화물 적재 시 상갑판 바로 아래 두 현(舷) 쪽이 어깨탱크(shoulder tank) 아래 면이 수평선에 대해 30° 이상의 경사를 갖는 이른바 벌크캐리어 및 곡물 운반선의 규정을 간단히 소개하기로 한다.

(1) 벌크캐리어의 비손상일 때의 복원성 요건

곡류 이동에 의한 선체의 가로 경사각은 12°를 넘지 않아야 하며, 정복원력 곡선도에서 횡경사 모멘트 곡선의 경사암 곡선(heeling arm curve) 및 복원정 곡선(righting arm curve)에 둘러싸인 두 곡선의 세로 좌표의 차가 최대인 각도 또는 40° 혹은 해수 유입각(θ_f) 중에서 작은 각도까지이며, 면적 또는 잔류 복원정 면적은 보통 재화 상태에서 0.075 m－rad 이상일 것으로 한다. 탱크 내 액면의 자유 표면의 영향을 수정한 G_0M은 0.300 m 이상으로 한다.

곡류 이동에 의한 경사 모멘트의 조건으로는, 즉, 만재 구획실의 공간은 창구 상부에 150 mm가 있는 것으로 하고 이동 뒤의 곡류 표면은 수평면에 대해 15°의 경사각을 갖는 것으로 한다.

또한 부분 적재 구획실의 체적 경사 모멘트는 이동된 후의 곡류 표면의 경사각을 수평면에 대해 25°로 한다. 그리고 곡류 표면의 수직 이동에 의한 영향은(계산 횡경사 모멘트)×1.12를 전체 경사 모멘트로 한다.

(2) 곡물 운반선의 비손상일 때 복원성 요건

㈎ 경사각 $\theta \geq 30°$에서, $GZ \geq 0.200$ m 이어야 한다.

㈏ 최대 복원정(arm) 각도(θ_m)는 30° 이상이어야 한다.(25° 이하는 안됨)

㈐ 곡류의 이동에 의한 선체의 가로 경사각은 12°를 넘지 않아야 한다.

㈑ 잔류 복원정 면적은 0.075 (m-rad) 이어야 한다.

㈒ 초기복원성을 위한 메타센터 높이(G_0M)는 $G_0M \geq 0.03$ m 이어야 한다.

2.4.3 복원 성능의 조사 계산식(Approximate Calculation of Stability)

1. GM_T 값

GM_T 값은 식 2-3에 나타낸 다음 식과 같다.

$$GM_T = (KB + BM_T) - KG \qquad (2\text{-}12)$$

로 주어지는데, 윗식중에서 요소의 근사식은,

$$KB \fallingdotseq \frac{C_W}{C_B + C_W} \times d \quad \cdots\cdots (2\text{-}13)$$

$$BM_T = \frac{I}{\nabla} \fallingdotseq \frac{(0.126 \times C_W - 0.046) \times B^2}{C_B \times d} \quad \cdots\cdots (2\text{-}14)$$

또한, 만재 상태에서 C_B와 C_W의 관계는 근사식으로는,

$$1 \text{ - 축 선박 : } C_W \fallingdotseq 0.36 + 0.654 \times C_B \quad \cdots\cdots (2\text{-}15)$$

$$2 \text{ - 축 선박 : } C_W \fallingdotseq 0.692 + 0.17 \times C_B \quad \cdots\cdots (2\text{-}16)$$

KG 값의 선박 - 깊이에 대한 비는$\left(\frac{KG}{D}\right)$는 일반적으로 선형이 커질수록 작고, 이 개략값을 L에 대해 선형별로 표 2-34에 나타내었다.

표 2-34 $\frac{KG}{D}$

LIGHT CONDITION	GENERAL CARGO, BULK CARRIER	$\frac{2.7 \sim 2.9}{L^{0.28}}$
	LINER, CARGO WITH HEAVY GEAR	$\frac{3.0 \sim 3.3}{L^{0.28}}$
	TANKER (L < 300 m)	$\frac{2.7}{L^{0.28}}$
	TANKER (L > 300 m)	0.55
FULL LOAD CONDITION	GENERAL CARGO, BULK CARRIER	$\frac{1.57 \sim 1.65}{L^{0.20}}$
	LINER, CARGO WITH HEAVY GEAR	$\frac{1.72 \sim 1.90}{L^{0.20}}$
	TANKER (L < 200 m)	$\frac{1.53}{L^{0.20}}$
	TANKER (L > 200 m)	0.525

$\frac{KG}{D}$의 개략값은 합계 선루 길이의 장단, 상부 갑판실의 대소, 하역 장치 등과 의장 사양에 따라 다르며, 추정은 유사선의 실적을 참고로 하여 그것의 차이를 수정해서 사용해야 할 것이다.

2. GZ 곡선을 구하는 근사법(Approximate Method for GZ Curve)

정확한 복원력 곡선에서 정확한 곡선을 그리는 데에는 선체 선도에서 크로스 커브를 만들고 여기에서 제 조건에 대응하는 GZ 값을 구하는 것이 보통이지만 계획 초기에 선체 주요 요소로부터 구하는 근사법이 있다. 각각의 경사각에 대한 GZ 값은 다음과 같다.

$$GZ = F_1(\theta)\times a + F_2(\theta)\times b + F_3(\theta)\times BM_T + GM_T\times\sin\theta \quad\cdots\cdots\cdots (2\text{-}17)$$

여기서, a : (θ = 90°에서의 동적 복원정(GZ) + BG

b : (θ = 90°에서의 동적 복원정(GZ) + BG

표 2-35 $F(\theta)$의 값

	0°	15°	30°	45°	60°	75°	90°
$F_1(\theta)$	0	0	0.5458	1.2221	1.2835	0.7174	0
$F_2(\theta)$	0	0	−0.2190	−0.4012	−0.1967	0.3642	1.0000
$F_3(\theta)$	0	0.0093	−0.3148	−0.8248	−1.0980	−1.0877	−1.0000
$\sin\theta$	0	0.2588	0.5000	0.7071	0.8660	0.9659	1.0000

또한, a, b의 보통 선형의 만재 상태에 대한 근사값은 다음과 같다.

$$a \fallingdotseq B \times \left\{0.28\times\left(\frac{f'}{d}\right)^{1.5} + 0.072\right\}$$

$$b \fallingdotseq d\times\left\{0.50\times\left(\frac{f'}{d}\right) - 0.010\right\}$$

여기서, f'는 현호 및 상갑판의 캠버(Camber)가 포함된 유효 건현으로서, 다음과 같다.

$$f' \fallingdotseq (D - d) + \frac{1}{7}\times(S_F + S_A) + 0.630\times H$$

여기서, S_F, S_A : 선수 수선($F.P.$) 및 선미 수선($A.P.$)의 현호량 크기

H : 상갑판에서의 캠버

3. 최대 GZ_M 값의 근사 계산(Estimation of Approximate GZ_M)

일반 화물선의 복원성은 만재 상태 또는 이와 가까운 상태가 가장 주의를 할 필요가 있고 가벼운 무게가 오히려 안전한 편이다. 따라서 여기에서는 대표적 선형에 대해 만재 상태에서 GZ_M의 근사 추정 식을 구한다. 즉, 대각도 경사 시의 복원력을 나타내는 식 2-16과와 식 2-17로부터 식 2-18을 구할 수 있다.

$$GZ = \frac{v\times hh_1}{\nabla} - BG\times\sin\theta$$

$$\frac{v\times hh_1}{\nabla} \fallingdotseq k\times\frac{L\times B^3\times\tan\theta}{L\times B\times d\times C_B} = k\times\frac{B^2\times\tan\theta}{d\times C_B} \quad\cdots\cdots\cdots (2\text{-}18)$$

로서 계산되며, 계수 k는 일반적으로 C_B 및 경사각 θ의 함수로 생각된다. 식 2-24 및 식 2-19로부터 다음과 같이 k의 값이 구해진다.

$$k = \left\{(GZ + BG \times \sin\theta) / \frac{B^2}{d \times C_B} \times \tan\theta\right\} \quad \cdots\cdots (2\text{-}19)$$

여기서는 만재 상태의 GZ_M을 대상으로 하고 실선 자료 중에서 GZ_M에 대응하는 경사각 θ_M는 실선의 경우 35°±△인 범위에 있는 것이 보통이다. 이때에 k 값을 $\frac{\tan\theta_M}{\tan\alpha}$, ($\alpha$는 현측 상연이 함몰하는 각도) 및 C_B의 함수로 나타내면 보통 화물선형의 경우에는 다음과 같이 표시할 수 있다.

① 선수미루(총 길이 ≒ 0.35 × L)를 가진 웰데커형선, $\left(\frac{\tan\theta_M}{\tan\alpha}\right) > 2.5$에서,

$$k \fallingdotseq 0.023 + 0.04 \times C_B - 0.0018 \times \left(\frac{\tan\theta_M}{\tan\alpha}\right) \quad \cdots\cdots (2\text{-}20)$$

② 선수루(길이 ≒ 0.1 × L)을 갖인 평갑판선형, $\left(\frac{\tan\theta_M}{\tan\alpha}\right) < 2.5$에서,

$$k \fallingdotseq 0.003 + 0.08 \times C_B - 0.0057 \times \left(\frac{\tan\theta_M}{\tan\alpha}\right) \quad \cdots\cdots (2\text{-}21)$$

또한 선루 총 길이가 상기 표준값과 다른 경우에는 그의 값 0.1 × L의 증감에 대해서 k는 대략 ±0.0006의 비율로 변화한다. 이상과 같이, θ_M ≒ 35°로 하고 GZ_M의 근사값은 다음과 같다.

$$GZ_M \fallingdotseq 0.70 \times k \times \frac{B^2}{d \times C_B} - 0.57 \times BG \quad \cdots\cdots (2\text{-}22)$$

4. 벌크캐리어의 $\frac{B}{D}$ $\left(\frac{B}{D}\right.$ of Bulk Carrier$\left.\right)$

벌크캐리어에 관한 규정에서와 같이 벌크캐리어에 대해서는 복원성의 규정이 있으며 상세한 계산 자료가 요구되고 있는데 보통 곡물류의 이동에 의한 한계 경사각이 가장 지배적이다.

벌크캐리어에서 만재 상태의 GM_T과 $\frac{B}{D}$와의 관계는 2.1.3-1항에서 평균적인 계수 값으로 GM_T의 값을 계산하면 된다.

$$\frac{GM_T}{B} \fallingdotseq 0.414 - \left(\frac{KG}{D}\right) \times \left(\frac{D}{B}\right) \quad \cdots\cdots (2\text{-}23)$$

또한, 자유 표면 영향(free surface effect) 으로서,

$$GG_0 \fallingdotseq 0.014 \times B$$

가 된다고 하면

$$\frac{G_0M_T}{B} \fallingdotseq 0.40 - \left(\frac{KG}{D}\right) \times \left(\frac{D}{B}\right) \cdots\cdots (2\text{-}24)$$

또한, 식 2-6 의 경사각 $\tan\theta = \dfrac{M_T}{\Delta \cdot G_O M_T}$에서 벌크캐리어의 일반적 단면 형상에 대해 화물을 $\frac{1}{2}$ 정도 적재한 창고가 1개인 경우의 최대 경사 모멘트(HM_{MAX})는 화물을 $\frac{1}{2}$ 정도 적재한 창고에 의한 몫이 80%로서 대부분을 차지하기 때문이다.

$$(HM_{MAX}) = k \times \rho_G \times B^3 \times l_H \ (\text{ton - m}) \cdots\cdots (2\text{-}25)$$

$$\therefore\ k \fallingdotseq 0.09 \times \left(\frac{b_H}{B}\right)$$

여기서, l_H : 화물을 $\frac{1}{2}$ 정도 적재한 창고의 길이(m)

ρ_G : 곡물류 화물의 겉보기 비중

b_H : 창고 입구폭(m)

규정에 의한 최대 경사각 $\theta = 12°$로 한다면 $\dfrac{G_0M_T}{B}$는 다음 식으로 계산된다.

$$\frac{G_0M_T}{B} = \frac{(HM_{MAX})}{\Delta \times B \times \tan 12°} = \frac{4.7 \times k \times \rho_G}{1.025 \times C_B} \times \left(\frac{B}{D}\right) \times \left(\frac{D}{d}\right) \times \left(\frac{l_H}{L}\right) \cdots\cdots (2\text{-}26)$$

또한, 벌크캐리어의 만재시에 평균적인 수치 등을 다음과 같이 정하면,

$$k = 0.09 \times \left(\frac{b_H}{B}\right) = 0.09 \times 0.50 = 0.045$$

$$\frac{D}{d} = 1.37$$

$$C_B = 0.81$$

$$\rho_G = 0.834 \ (SF = 43\ ft^3 / T)$$

$$\frac{l_H}{L} = 0.15$$

로 하면, 식 2-25는 다음과 같다.

$$\frac{G_0M_T}{B} \fallingdotseq 0.044 \times \left(\frac{B}{D}\right) \cdots\cdots (2\text{-}27)$$

식 2-23 및 식 2-26에 의하여,

$$\frac{B}{D} \fallingdotseq \frac{\left(\frac{KG}{D}\right)}{0.40 - 0.044 \times \left(\frac{B}{D}\right)} \fallingdotseq 4.0 \times \left(\frac{KG}{D}\right) - 0.51 \cdots\cdots (2\text{-}28)$$

벌크캐리어의 만재 시에 $\left(\frac{KG}{D}\right)$ 값은 0.54 ~ 0.60 사이로 하역 장치가 없는 대형선은 하한(下限)에 가깝고 중하역 장치 부설의 비교적 소형선은 상한에 가깝다.

또한 식 2-24에 의한 (HM_{MAX})의 계수 값은 화물을 $\frac{1}{2}$ 정도 적재한 창고의 경사 모멘트 값으로서 적재 곡물류 표면선이 창고 바닥으로부터 같은 창고 깊이의 40~45% 정도에 있는 경우의 최댓값을 취한 것인데 예정 화물을 $\frac{1}{2}$ 정도 적재한 창고의 이중 측벽 구조 혹은 길이의 단축 등에 의해 (HM_{MAX})를 15% 감소시키는 경우 식 2-38의 $\left(\frac{B}{D}\right)$ 값은,

$$\frac{B}{D} \fallingdotseq 4.0 \times \left(\frac{KG}{D}\right) - 0.59 \cdots\cdots (2\text{-}29)$$

가 되고 소요 $\left(\frac{B}{D}\right)$ 값은 0.08 정도 작게 할 수가 있다.

한편, 소형 화물선의 복원성능과 $\frac{B}{D}$ 와의 관계에서 복원성능상에서 특히 문제가 되기 쉬운 소형 화물선을 대상으로 해서 복원 성능과 $\frac{B}{D}$ 값의 관계를 검토해 보기로 한다. 소형 화물선의 복원 성능의 한계 GZ_m는 $GZ_m = 0.0215 \times B$의 값으로 표시할 수 있으며, GZ_M의 크기는 0.200 m 이상 0.275 m 이하로 본다.

또한 계산 대상의 선형 주요 치수 중에서 D 및 d_F는 실제 선박의 L에 대한 대략 평균값을 취하고 상태는 만재 출항 상태로 하며 이때에 C_b는 0.720으로 간주한다.

한편, 웰데커형선에 대한 근사적인 GZ_M은 앞에서 설명한 근사식을 사용하고 또한 건현을 f로 하면 GZ_M의 값을 계산할 수 있다.

$$GZ_M \fallingdotseq \frac{B^2}{d}\left(0.050 - 0.000613 \times \frac{B}{f}\right) \cdots\cdots (2\text{-}30)$$

이 식을 기초로 $L = 40 \sim 120$ m의 웰데커형선의 실적(實績)의 거의 상하한(上下限)의 $\frac{B}{D}$ 값을 표 2-36에 나타내었다.

표 2-36 MIN. $\frac{B}{D}$ OF WELL DECKER SHIP

L	40.00		60.00		80.00		100.00		120.00	
D	3.60		4.90		6.40		8.10		9.90	
d	3.27		4.32		5.47		6.66		7.81	
C_B	0.72		0.72		0.72		0.72		0.72	
GZ_M	0.20	0.20	0.205	0.217	0.243	0.261	0.275	0.275	0.275	0.275
KG	2.71	2.84	3.43	3.60	4.24	4.45	5.16	5.42	6.09	6.39
B	8.45	9.00	9.55	10.24	11.32	12.15	13.35	14.23	15.33	16.30
B/D	2.35	2.50	1.95	2.09	1.77	1.90	1.65	1.76	1.55	1.65
KB	1.75	1.75	2.31	2.31	2.92	2.92	3.56	3.56	4.18	4.18
BM_T	1.78	2.02	1.72	1.98	1.91	2.20	2.17	2.47	2.45	2.77
KM_T	3.53	3.77	4.03	4.29	4.83	5.12	5.73	6.03	6.63	6.95
GM_T	0.82	0.93	0.60	0.69	0.59	0.67	0.57	0.61	0.54	0.56
GM_T/B	0.097	0.103	0.063	0.067	0.052	0.055	0.043	0.043	0.035	0.034

이 표에는 요구되는 GZ_M에 대응하는 GM_T 값을 가해서 GM_T과 GZ_M의 관련을 비교하고 있다. 마찬가지로 평갑판선의 경우에는 식 2-18에 상당하는 식으로 구할 수 있다.

$$GZ_M \fallingdotseq \frac{B^2}{d} \times \left(0.0623 - 0.00206 \times \frac{B}{f}\right) - 0.57 \times (KG - 0.535 \times d) \quad \cdots\cdots (2\text{-}31)$$

다만 이 경우의 GM_T 값은 상당히 작은 값이 되고 만재 출항시 $GM_T > 0$ 일지라도 입항 때에는 마이너스가 되는 일이 있다.

입항 상태에서의 GM_T는 밸러스트, 물 등의 보충에 의해 개선되는 여지가 있지만 여기서는 실적을 참고로 해서 출항시와 비교해서 GM_T 감소량을 $0.0025 \times L$ (m)로 하고 출항할 때에 이 만큼의 GM_T을 갖게 하는 것으로 한다. $C_b = 0.720$으로 한 경우의 GM_T가 주어질 때에 필요한 B의 근사값은 다음과 같이 주어진다.

$$B \fallingdotseq \left\{\frac{d}{0.0814} \times (GM_T + KG - 0.535 \times d)\right\}^{1/2} \quad \cdots\cdots (2\text{-}32)$$

평갑판선에 대하여 계산한 값이 표 2-38에 나타내었다. 이것으로부터 소형선 일수록 복원 성능상 여유가 적고, 대형선에서는 여유가 있는 것을 알 수 있다.

표 2-36, 표 2-37에서 알 수 있듯이 일반 화물선은 대략 $L = 100$ m를 경계로 하고 소형선은 GZ_M 보다 대형선은 GM_T에서 억제된다고 간주할 수 있다.

표 2-37 MIN. $\frac{B}{D}$ OF FLUSH DECKER

L	80.00		100.00		120.00		140.00		160.00	
D	7.55		9.05		10.60		12.10		13.60	
d	5.60		6.71		7.87		9.03		10.20	
C_B	0.72		0.72		0.72		0.72		0.72	
GZ_M	0.275	0.275	0.275	0.275	0.275	0.275	0.275	0.275	0.275	0.275
KG	5.41	5.69	5.75	6.04	6.49	6.80	7.17	7.52	7.83	8.22
B	12.90	13.65	14.26	15.16	15.70	16.70	16.93	18.10	18.05	19.40
B/D	1.71	1.81	1.58	1.68	1.48	1.58	1.40	1.50	1.33	1.43
KB	2.99	2.99	3.59	3.59	4.21	4.21	4.83	4.83	5.46	5.46
BM_T	2.42	2.70	2.46	2.79	2.55	2.89	2.59	2.96	2.61	3.01
KM_T	5.41	5.69	6.05	6.38	6.76	7.10	7.42	7.79	8.07	8.47
GM_T	0.40	0.43	0.30	0.34	0.27	0.30	0.25	0.27	0.24	0.25
GM_T/B	0.031	0.032	0.021	0.022	0.017	0.018	0.015	0.015	0.013	0.013
GM_T	0.20	0.20	0.25	0.25	0.30	0.30	0.35	0.35	0.40	0.40
B	12.38	13.05	14.10	14.92	15.80	16.70	17.25	18.37	18.63	19.90
GM_T/B	0.016	0.015	0.018	0.017	0.019	0.018	0.020	0.019	0.022	0.020
B/D	1.64	1.73	1.56	1.65	1.49	1.58	1.43	1.52	1.37	1.46

상기의 표 2-36, 표 2-37에서 한계 $\frac{B}{D}$ 값을 실제선의 $\frac{B}{D}$ 범위와 비교해 보면, 일반적으로 소형선일수록 복원 성능상 여유가 적고, 대형선에서는 여유가 있는 것을 알 수 있다. 특히 $L = 50$ m 정도 이하의 소형선에서는 복원 성능상 한계에 가까운 경향을 볼 수 있다.

어느 것이든 이전의 해난(海難) 통계에서 볼 때에 100 m 이하인 소형선의 해난이 대형선에 비해서 압도적으로 많은 사실은 복원성에 대한 고려가 소형선일수록 보다 신중하게 행해져야 하는 것을 나타내고 있다.

복원성 규칙은 소형 여객선을 대상으로 출발한 것이지만 여객선 이외에 대해서도 계산이 적용되기도 한다.

여객선에 대한 복원성의 기준은, 여객의 선상에서의 이동에 의해 생기는 횡경사각을 10° 이하로 하지만 여객의 이동 모멘트는 실제로 발생할 수 있는 최악의 상태로 하는데 4명/m^2 이상은 일반적으로 고려하지 않아도 된다.

선박이 해상에서 선회(선회)에 의해서 생기는 경사각은 10° 이하로 선회하게 된다. 다만 선회의 의해서 생기는 경사 모멘트 M_R는 다음 식으로 나타낼 수 있다.

$$M_R = 0.02 \times \frac{v_s^2}{L} \times \Delta \times \left(KG - \frac{d}{2}\right) \text{ (t-m)} \quad \cdots\cdots (2\text{-}33)$$

여기서, v_s : 항해 속력(m/sec)

d : 평균 흘수(m)

선종, 선박의 길이 및 선박의 톤수의 크기에 따른 손상 범위 또는 손상 종류와 함께 손상되는 구획의 성격에 따라 각각 다른 침수율에 대한 최소한의 잔류 복원력을 일정량의 기준값이상으로 유지하도록 한다.

2.4.4 복원성 근사 계산 예

표 2-39 STABILITY CALCULATION

General Cargo, Well Decker	
$L \times B \times D - d = 102.00 \times 18.30 \times 9.25 - 7.25$ (m), $C_B = 0.750$ Total Length of Superstructure $= 0.37 \times L$	
(1) GM_T	*REF.*
$C_W = 0.36 + 0.654 \times C_B = 0.851$	식 2-22
$KB = \left\{\frac{C_W}{(C_W + C_B)}\right\} \times d = 0.532 \times 7.25 = 3.85$ m	식 2-20
$BM_T = (0.126 \times C_W - 0.046) \times \frac{B^2}{C_B \times d} = 3.77$ m	식 2-21
$KG = \left(\frac{1.60}{L^{0.20}}\right) \times D = 0.634 \times 9.25 = 5.87$ m	표 2-35
$GM_T = KB + BM_T - KG = 3.85 + 3.77 - 5.87 = 1.75$ m	
(2) GZ_M	
$f = D - d = 9.25 - 7.25 = 2.00$ m	
$\tan\theta_M \fallingdotseq 0.70$ $\tan\alpha = \frac{2f}{B} = 0.219$	
$k = 0.023 + 0.04 \times C_B - 0.0018 \times \left(\frac{\tan\theta_M}{\tan\alpha}\right) = 0.047$	식 2-27
$BG = KG - KB = 5.87 - 3.85 = 2.02$ m	

$GZ_M = \left(0.70 \times \dfrac{k \times B^2}{C_B \times d}\right) - 0.57 \times BG = 2.03 - 1.15 = 0.88$ m	식 2-29
Approt. $GZ_M = \left(0.050 - 0.000613 \times \dfrac{B}{f}\right) \times \dfrac{B^2}{d} - 0.57 \times (KG - 0.535 \times d)$ $= 2.05 - 1.13 = 0.92$ m	식 2-30
(3) $GZ - Curve$	
$f' \fallingdotseq 2.00 + 0.60 = 2.60$ m	
$a = B \times \left\{0.28 \times \left(\dfrac{f'}{d}\right)^{1.5} + 0.072\right\} = 2.42$ m	
$b = d \times \left\{0.50 \times \left(\dfrac{f'}{d}\right) - 0.010\right\} = 1.23$ m	

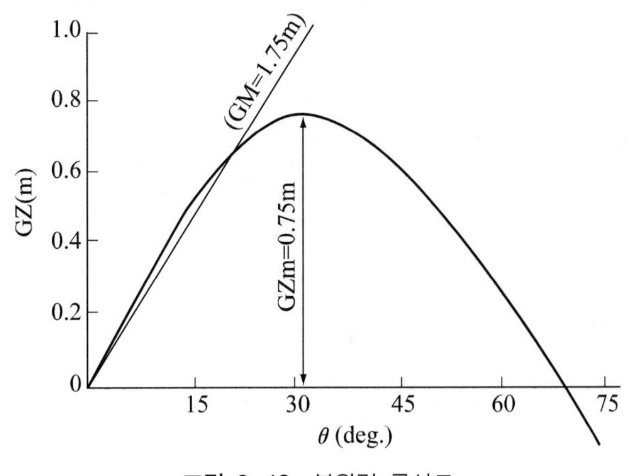

그림 2-43 복원력 곡선도

표 2-39

$\theta°$	15	30	45	60	75	90
$F_1(\theta) \times a$	0	1.32	2.96	3.11	1.74	0
$F_2(\theta) \times b$	0	−0.27	−0.49	−0.24	0.45	1.23
$F_3(\theta) \times BM_T$	0.04	−1.19	−3.11	−4.14	−4.10	−3.77
$GM_T \times \sin\theta$	0.45	0.88	1.24	1.52	1.69	1.75
$GZ(\theta)$	0.49	0.74	0.60	0.25	−0.22	−0.79

복원력 곡선도에서, 길이가 증가하면 복원력이 증가하지만, 복원성에 대한 폭(breadth)의 영향에 비하면 매우 적다.

즉, 복원 모멘트는, $\Delta \cdot GZ \fallingdotseq \Delta \cdot GM_T \cdot \sin\theta$로 표기되며,

여기서 메터센터 높이(GM_T)는, $GM_T = KB + BM_T - KG$인 관계가 있다.

만일 길이가 증가되면 횡미터센터 반지름 $BM_T\left(= \frac{I_{CL}}{\Delta}\right)$이 증가하게 되어서 GM_T이 다소 커지게 되므로, 복원력이 다소 증가 하게 된다. 여기서 I_{CL}는 수선면의 종중심선에 대한 관성 모멘트를 의미한다.

한편, 건현의 크기가 예비부력과 복원성에 미치는 영향을 생각해 보면, 국제만재흘수선조약에 의해 최소의 건현이 규제되어 있다.

상선에서 건현이 높다는 것은 화물을 적게 적재하는 것을 의미하므로 되도록 요구되는 건현에 만족하는 최소의 크기로 만드는 것이 보통이다.

벌크캐리어 화물선에서 건현의 증가가 선박 복원성에 미치는 영향을 살펴보면 다음과 같다.

(1) 복원 성능

갑판의 현측이 물에 잠기는 각도(deck immersion angle) 를 θ라고 할 때에 $\tan\theta = \frac{2F}{B}$인 관계가 있다. 따라서 건현의 증가가 복원성에 미치는 일반적인 영향을 소개하면, 다음과 같다.

㈎ 동복원성이 향상된다.

㈏ KG 증가에 따른 초기 복원 성능이 감소한다.

㈐ 폭의 감소 효과로 인하여 복원 팔(복원정, righting arm, GZ)이 감소한다.

㈑ 깊이의 증가로 인하여 강도가 증가된다.

(2) 내해성능

㈎ 선수 갑판의 그린 워터(green water)를 감소시킨다.

㈏ 건현의 증가는 대각도 경사를 할 때의 복원력을 향상시킨다.

(3) 건현의 증가는 배수량의 감소 효과가 있다.

(4) 손상할 때에 수선 상부의 예비 부력을 증가시킨다.

손상을 입었을 때에 복원 성능을 높이는 방법으로는, 수밀 격벽수의 증가와 건현의 증가에 따라 예비부력을 증가시켜야 한다.

선박이 거친 바다에서 항해를 할 때에 배는 횡동요(roll), 종동요(pitch), 좌우 동요(sway), 상하 동요(heave), 선수 동요(yaw) 그리고 전후 동요(surge)를 하게 된다.

이러한 운동들은 둘 혹은 그 이상이 같이 운동하는 것으로 알고 있지만, 보통은 독립적인 것으로 생각하고 있다.

배에 있어서 현저한 점은 횡동요와 종동요 및 횡동요와 상하 동요가 결합함변 최대 선체 운동이 일어나게 되며, 종동요와 상하 동요가 서로 결합하면 최소 선체 운동이 일어난다는 사실이다. 그러므로, 초기 설계 계산에 있어서 항상 설계 자료로서 이 상태를 결정해 두어야 한다.

보통 상선에서는 마지막 단계에서 이 검토를 시도할 필요는 없지만, 흥미 있는 것은 핵연료 추진 선박에 있어서 리액터(reactor) 위치를 결정하는 데 중요한 영향을 끼치게 된다.

그러므로, 중요한 것은 초기 설계를 하는 동안 횡동요, 종동요 그리고 상하 동요의 특성이 최소가 되도록 선박의 치수를 결정하여야 한다.

치수 변화의 영향을 검토하는 방법으로는 다음과 같은 식으로부터 선체 운동의 고유 주기를 결정할 수 있다.

[횡동요의 고유 주기]

$$T_R = 2\pi \times \left[\frac{m(k_T)^2}{\Delta GM_T}\right]^{\frac{1}{2}} = 2\pi \times \left[\left(\frac{k_T}{B}\right)^2 \times \frac{B^2}{g GM_T}\right]^{\frac{1}{2}}$$

$$T_R = 1.108 \times \left[\left(\frac{kT}{B}\right)^2 \times \frac{B^2}{GM_T}\right]^{\frac{1}{2}}$$

Kafus의 수정식을 사용하여

$$\left(\frac{k_T}{B}\right)^2 = 0.13 \times \left[C_B \times (C_B + 0.2) - 1.1 \times (C_B + 0.2) \times (1.0 - C_B) \times \left(2.2 - \frac{D}{d}\right) + \frac{D^2}{B^2}\right]$$

이 두 식으로부터 횡동요의 고유 주기는 다음과 같이 나타낼 수 있다.

$$T_R = 1.108 \times \left\{\frac{0.13 \times \left[C_B(C_B + 0.2) - 1.1(C_B + 0.2) \times \left(2.2 - \frac{D}{d}\right)(1.0 - C_B) + \frac{D^2}{B^2}\right] \times B^2}{GM_T}\right\}^{\frac{1}{2}}$$

• 횡동요 주기(rolling period)의 근사식 :

횡동요 주기(T_ϕ)는 GM_T이 보통 값인 경우

$$T_\phi \fallingdotseq 2.0 \times \frac{K}{\sqrt{GM_T}}\,(\text{sec}) \quad \cdots\cdots (4)$$

여기서, K : 환동(環動)반경(m)

K값으로 보통 상선에 대한 근사식은

$$\left(\frac{K}{B}\right)^2 = 0.125 \times \left(\frac{H}{B}\right)^2 + 0.020 \times \frac{H}{d_F}\left(1 + 3.7 \times \frac{d_F - d}{d_F}\right) + 0.027 \quad \cdots\cdots (5)$$

여기서, $H = D + \frac{1}{L}\Sigma$(선루 · 갑판실의 측면적)(m)

d_F : 만재 흘수(m) d : 임의 흘수(m)

[종동요의 고유 주기]

$$T_{\mathrm{P}} = 2\pi \times \left[\frac{mk_{\mathrm{L}}^2(1+c)}{\rho g I_{\mathrm{L}}}\right]^{1/2}$$

여기서, $m \fallingdotseq LBdC_{BO}$

$k_{\mathrm{L}} \fallingdotseq 0.24L$

$(1+c) \fallingdotseq \left(0.6 + 0.36 \times \frac{B}{d}\right)$

$I_{\mathrm{L}} \fallingdotseq 0.0735 \times A^2 \times \frac{L}{B}$

앞의 식에 대입하면

$$T_{\mathrm{P}} = 0.98 \times \left[\frac{dC_{\mathrm{B}} \times \left(0.6 + 0.36 \times \frac{B}{d}\right)}{{C_{\mathrm{W}}}^2}\right]^{1/2}$$

• 종동요 주기(T_θ-sec)의 근사식 :

① Tamiya의 식

$$2.01 \times \left\{(0.77 \times C_{\mathrm{B}} + 0.26)\left(0.92 + 0.44 \times \frac{B}{D}\right) \times d\right\}^{1/2}$$

② Tasa의 식

$$29.1 \times \left\{\left(1 + 0.83 \times \frac{B}{2d} \times {C_{\mathrm{P}}}^2\right) \times C_{\mathrm{B}} \times \frac{d}{(5.55C_W + 1)^3}\right\}^{1/2} \quad \cdots\cdots (6)$$

③ Lewis의 식(변형) $3.04(d \times C_B)^{1/2}$

실험식의 고유 주기값으로 정의된다.

[상하 동요의 고유 주기]

$$T_H = 2\pi \times \left(\frac{mC_{VM}}{\rho g A}\right)^{\frac{1}{2}}$$

여기서, $C_{VM} \fallingdotseq \left(\frac{1}{3} \times \frac{B}{d} + 1.2\right)$

C_{Vm}을 T_H의 식에 대입하면,

$$T_H = 1.108 \times \left[\frac{dC_B\left(\frac{B}{3d} + 1.2\right)}{C_W}\right]^{\frac{1}{2}}$$

• 상하 동요 주기(T_H-sec)의 근사식 :

① Tasa의 식 $2.01 \times \left\{\left(\frac{C_B}{C_W} + 0.4 \times \frac{B}{d} C_B\right) \times d\right\}$

② Lewis의 식 $2.7 \times \left\{\frac{d}{\left(\frac{C_B}{C_W}\right)}\right\}^{1/2}$ .... (7)

선택한 파장의 조우 주기(遭遇 周期, the period of encounter)는 종동요와 상하 동요의 고유 주기를 구분하여 유도하여 동조율(tuning factor)이 결정된다.

파장은 조우 주기를 사용한 비(比)로서, 배가 지나친 선체 운동이나 속력에 큰 손실 없이 정수(靜水) 상태에서의 항해에 필요한 값이 된다.

그러므로, 선체 운동에 있어 복합 운동(coupled motion)의 불안을 방지하기 위하여 $\frac{T_R}{T_P}$ 과 $\frac{T_R}{T_H}$의 비가 2.0의 값에 근사하든지 같지 않아야 하며, $\frac{T_P}{T_H}$의 비 역시 1.0과 같지 않아야 한다.

Chapter 3

중량 추정

preliminary weight estimation

3.1 중량 그루핑
3.2 재하중량의 추정
3.3 중량 톤수 비와의 관계
3.4 재하중량 추정의 근사식
3.5 배의 크기와 운항 경비
3.6 상선설계의 경향

운반할 화물의 종류에 따라서 선형은 상당히 큰 차이가 생기게 되며, 이것은 크게 일반 화물선과 유조선으로 나뉜다.

일반 화물선은 한 종류의 화물만을 전문적으로 싣게 하는 경우도 있지만, 여러 종류의 화물을 싣도록 해야 할 필요도 있게 된다. 보통은 하주(荷主)의 희망에 의해 만선하게 되므로 적재에 따른 중량의 배치와 재화 용적, 그리고 유조선의 설계에서도 만재상태와 경하상태에서 항해를 할 경우에 흘수가 적당히 되게 하기 위해 트림의 계산을 신중히 하여 각 화물창(貨物艙)의 용적 배치를 결정하여야 한다.

경하중량의 추정은 배의 초기 계획에 있어서 매우 중요하다. 유조선이나 벌크 화물선의 경우에는 운항채산상 특히 중요한 것이 재하중량, 속력, 연료소비율이므로, 이들 항목에 대해서는 선주로부터 그 값의 보증이 요구된다. 재하중량은 만재 배수량으로부터 경하중량을 뺀 톤수가 된다. 그러나 초기계획을 할 때에 작성한 선도와 완성된 후의 선도는 동일해야 하므로, 만재 배수량의 톤수는 계획할 때와 완성했을 때에 차이가 거의 없다고 볼 수 있다. 따라서, 경하중량의 계획할 때의 톤수와 완성한 후의 톤수가 차이가 있다면 그대로 재하중량의 계획할 때의 톤수와 완성한 후의 톤수에 차이가 발생한다고 생각할 수 있다. 그러므로, 재하중량을 보증한다는 것은 설계자에게 있어서는 경하중량을 보증한다는 것과 동일한 일이 된다.

재하중량의 보증에 있어서는 재화중량이 부족할 경우 위약금을 변상하지 않는다는 이른바 유보역(留保域, no penalty zone)을 설정하고, 그것을 넘어서 부족한 경우에는 부족 톤수 1톤당 계약 금액의 몇 %를 위약금으로서 선주에게 지불하게 되는 일이 많다. 그러므로 완성한 후의 톤수가 계약한 톤수보다 약간 크게 되는 정도가 좋은 설계라고 할 수 있다. 계약했을 때의 톤수보다 대폭적으로 상회한 경우에는 필요 이상으로 큰 배를 설계한 결과가 되어 건조비가 그만큼 증가하므로 잘못된 설계를 한 것으로 평가받게 된다. 또한 유보역이 있다고 그것을 역이용하여 완성 상태에서 그 범위 안에 들어갈 정도로 계약할 때의 톤수를 낮추어 설계를 계획할 수도 있겠으나, 이러한 일을 해서는 안 될 것이다.

경하중량을 추정한다는 것은 쉬운 일이 아니지만, 계획할 경우에는 경하중량을 몇 개의 항목으로 분류하고 각 항목마다 중량을 추정하여, 그것을 합계한 뒤에 적당한 여유를 주어서 계획 경하중량을 추정하게 된다. 따라서 건조 선박의 자료를 일정한 구분으로 정리하여 분류해 놓는다는 것은 매우 중요한 일이다. 즉, 화물 적재 용적과 재화중량에 대해 너무 큰 선체 구조 중량의 증가라든지 선속에 대한 기관 마력이 너무 크게 결정되므로, 기관 중량의 증가는 선박의 중량 톤수를 증가시키는 반면 비경제적인 선형이 되기 쉽다.

중량 구분은 조선소에 따라서 각각 다르므로 다른 회사에서 건조한 배의 경하중량 내역과 비교할 경우에는 원가구분의 다른 점을 고려하지 않으면 옳은 비교가 되지 않는다.

새로운 선형의 배를 건조할 경우에는 반드시 경하중량의 내역을 정리하여 분석해 놓는 것이 중요한 일이다. 이러한 자료를 정리해 놓지 않으면 다음 선박의 설계에는 자료로서 사용할 수 없으므로 선박을 건조하지 않으려는 것과 다를 바가 없다.

3.1 중량 그루핑 weight grouping

중량 추정에 있어서는 먼저 중량의 분류가 필수적으로 수반되어야 한다. 중량 분류법은 크게 두 가지로 분류된다.

(가) 미국 해사청(U.S. Maritime Adminstration)의 분류법

(나) 미국 해군 함정국(U.S. Navy Bureau of Ship)의 분류법

이 두 가지 분류 방법에서는 모두 배의 중량을 선체(hull), 선체 의장(outfit), 추진 기관(machinery)의 세 부분으로 나누고 있다.

기본 설계에서 선체, 선체 의장, 기관의 중량을 추정하는 것은 선박이 수면에 부상하고 있는 이상 중요하다고 하는 것은 물론이지만, 상선에서는 선주가 요구하는 재하중량 용적(dead weight capacity)과 취항 또는 시운전 속력에 합격해야 하는 것처럼 선체의 크기와 기관 마력을 먼저 결정한 후, 각부의 중량을 적당히 추정할 필요가 있다.

선박의 중량에 관한 자료는 각국에서도 선가에 관련하는 관계상 비밀로 하고 있으므로 총톤수나 중량 톤수는 반드시 발표하고 있지만, 상선에서는 경하 배수 톤수(light weight=hull steel weight+wood & outfit weight+machinery weight with oil & water in machinery system)와 만재 배수 톤수(full load displacement=light weight+net cargo, fuel, lubricating oil, feed water, fresh water, sanitary sea water, crew's & effect, provision store, running store weights)를 발표하는 기사는 거의 없다.

만재 배수 톤수 중에는 경하중량과 전체 재하중량이 포함되어 있지만 순 재화중량(=cargo dead weight)을 구별한다는 것은 선주가 항상 고심하고 있는 톤수 중의 하나이며, 중량톤수 1톤에 대한 화물 용적(bale cargo capacity와 grain cargo capacity와의 두 종류로서, 후자는 전자에 10% 정도 크게 되어 있다)이 일반 화물선에서는 포장 화물 용적으로 open shelter decker에서는 60～65 ft^3, closed shelter decker와 삼도형선에서는 50～55 ft^3가 보통이다. 그러나 선주로서는 운임이 높은 화물 등 중량에 비해 용적으로 취급하는 화물이 많기 때문에 이 체적수가 되도록 크게 되는 것을 희망하고 있다.

이러한 경우 습관적으로 포장 화물 용적을 전체 재화중량으로 나눈 값이 되므로, 화물창에 적재할 수 있는 것은 순수한 화물, 즉 순 재화중량이 된다. 선주와 조선소 쪽은 이러한 부분을 확실하게 한계를 지워 두는 것이 좋다고 생각된다.

중량에 대한 자료는 중량과 동시에 그 중심의 위치를 확실하게 해 둠으로써 공선 항해 때

와 만재 항해를 할 경우 KG를 확실하게 계산할 수 있으므로, 특히 여객선과 같은 톱 헤비(top heavy)의 중요한 문제를 해결할 수 있다.

이와 같이 배의 중량, 즉 경하중량으로 상선의 초기 설계과정에서 추정되고 있는 중량 그루핑은 다음과 같이 분류할 수 있다.

㈎ 선체 구조 강재, 의장품, 설비, 그리고 갑판 배관
㈏ 추진 장치
㈐ 청수와 창고품
㈑ 승조원 수
㈒ 연료
㈓ 순 재화중량 톤
㈔ 고정 밸러스트
㈕ 여유(margin)

모든 계산 및 선가의 기준이 되는 경하중량 추정에 따른 항목을 분류하면 표 3-1과 같이 나타낼 수 있다.

표 3-1 경하중량의 내역

항 목	내 용
선체부	강재, 선각 용접봉, 대형 주단품 등
선체 의장	목공 구조, 갑판 부물(敷物), 도료 · 방식(防蝕), 항해 통신 장치, 계류 장치, 마스트 하역 장치, 화물 창구 덮개 장치, 구명 장치, 교통 장치, 개구, 기타의 갑판 의장, 채광 통풍 장치, 각종 관 장치, 냉장 장치, 거주구 목공 실내 장비, 갑판 기계, 특수 장치
기관부	주기관, 보일러, 축계와 프로펠러, 보조 기관, 연로 · 연통, 관 의장, 기관 의장, 기타 장치
전기부	1차 전원, 2차 전원, 전등 · 조명과 신호등 장치, 항해 계기, 통신 계측 장치, 무선 장치, 전기 잡기기와 전로 기구, 전선과 공사용 재료

각 항목의 중량을 추정해서 그것을 합계한 것에 적당한 여유를 가하여 계획의 경하중량으로 한다. 따라서 건조한 배의 자료를 일정한 구분에 의해서 선가의 견적 작업에도 대단히 편리하게 되어 앞으로 설명할 원가 구분을 채택하는 것이 좋다.

중량 구분은 조선소에 따라서 약간의 차이가 있으며, 다른 회사에서 건조한 배의 경하중량 내역과 비교할 경우에는 원가 구분이 서로 다른 것을 고려하지 않으면 정확히 비교되지 않는다.

조선소에 따라서 구분되는 항목이 서로 다른 중량 구분의 예를 보면 표 3-2와 같다.

표 3-2 중량 구분이 상이한 항목의 예

항 목	구 분
데릭 포스트	선각 또는 선체 의장
도 료	선각 또는 선체 의장
연통과 그 배관	선각 또는 기관부
발전기용 원동기	기관부 또는 전기부
보조 기관대	선각 또는 갑판 기계용과 선체 의장, 기관부 보조 기관용과 기관 의장

새로운 선형의 선박을 건조할 경우에는 경하중량의 내역을 상세하게 정리, 분석해 두는 것이 좋다. 그렇지 않으면 다음 배의 자료로 사용할 수 없기 때문에 선박을 건조하지 않으려는 것과 같다.

3.2 재하중량의 추정

경하중량 자체의 흩수, 혹은 비척계수의 차이에 의한 변화는 동일한 선종인 경우에는 비교적 큰 변화는 없다. 따라서 주요 치수를 가정한 상태에서 $\dfrac{\Delta_L}{L\times B\times D}$ 등의 계수를 사용함으로써 $\dfrac{D.W.T.}{\Delta_F}$에 의한 것보다 정확도가 좋은 재하중량 추정이 가능하다.

3.2.1 경하중량

배의 경제면에서 중량 감소는 선가 절감의 근본적인 문제로 생각되어 경하중량의 내역과 추정 방법은 각 조선소가 비밀로 하여 중량 그루핑의 자료를 공개하지 않기 때문에 배에 따른 중량 그루핑을 비교, 연구하는 것이 매우 힘든 실정이다.

이 장에서 취급한 자료는 최근까지 발표된 것 중에서 미국의 New-Port News 조선소에서 발표된 미국 상선의 기본 설계자료이며, 현재까지 가장 귀중한 자료로 공감을 얻고 있는 마리너형(Marine type) 선박의 경제성 문제까지 연구, 평가되고 있는 자료를 수록하였다. 기타 발표된 간단한 경하중량의 추정방법에 대해 설명하기로 한다.

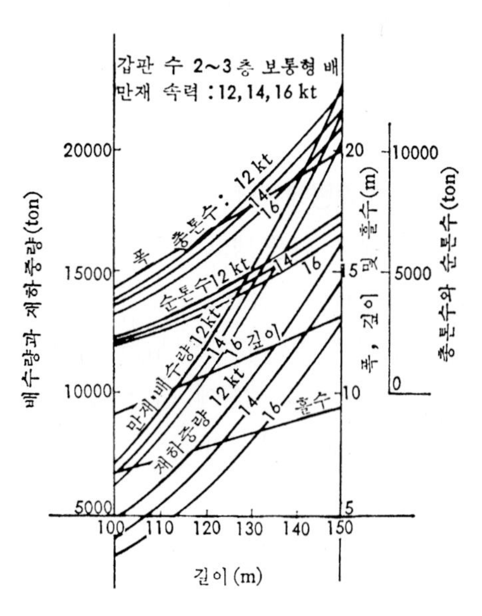

그림 3-1 개략 주요 치수 결정 도표(평갑판선)

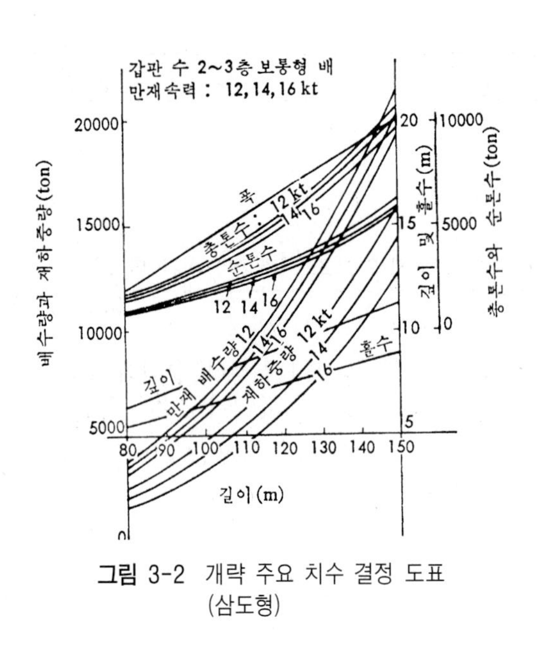

그림 3-2 개략 주요 치수 결정 도표
(삼도형)

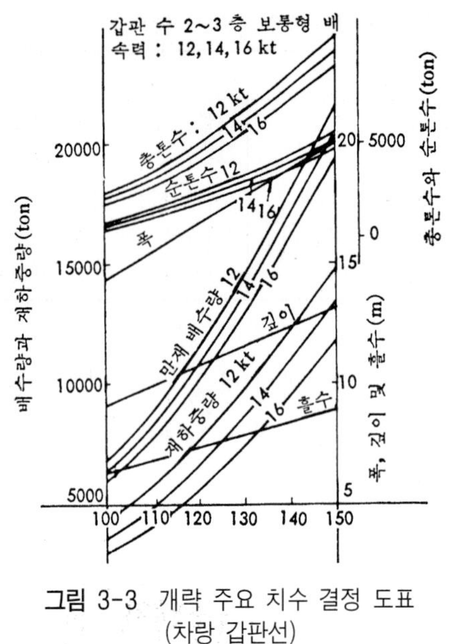

그림 3-3 개략 주요 치수 결정 도표
(차량 갑판선)

배수 톤수, 경하중량과 재하중량의 구분은 각각 배의 계약 조건에 따라서 약간 틀려지지만, 보다 문제가 되는 기관부의 물, 기름과 예비품 등의 계산 범위는 다음과 같이 계산하는 것이 좋다.

1. 경하중량에 포함할 것

직접 추진에 관계하는 주 및 보조 보일러 수, 복수기 내의 물, 모든 관 내의 물, 기관 내의 물과 기름, 기관의 냉각수를 냉각하는 바닷물, 타(rudder) 장치 계통의 물과 기름, 항해를 할 때 반드시 필요하다고 인정되는 모든 비품을 포함한다.

2. 재하중량에 포함할 것

중력 탱크, 기름 탱크 내의 윤활유, 추진에 관계하지 않는 보조 보일러 수, 펌프 및 모든 관과 밸브 내의 기름(연료유를 포함), 법정 이외의 예비품, 예비 축계 및 예비 프로펠러, 기타, 특히 선주의 요구에 의해 탑재되는 것을 포함한다.

화물선의 주요 치수에 대한 배수량과 재하중량 등의 상관 관계는 그림 3-1, 3-2 및 그림 3-3에 나타낸 것과 같다.

3. 근사 선체 중량

근사 선체 중량은 $C(L\times B\times D)$로 표시되며, 이때 C값의 근사값은 표 3-3과 같다.

이 선체 중량에 기관 중량을 가하면 경하중량이 된다.

표 3-3 근사 선체 중량 $= C(L \times B \times D)$와 C값

선종	C
화객선	0.14 ~ 0.19
대형 화물선	0.13 ~ 0.15
소형 화물선	0.15 ~ 0.18

4. $\dfrac{\text{재하중량}}{\text{배수 톤수}}$, $\dfrac{(\text{D.W.T.})}{\Delta}$의 값

화물선의 $\dfrac{\text{D.W.T.}}{\Delta}$를 속장비 $\dfrac{V}{\sqrt{L}}$ (ft, kn로서)를 근거로 해서 그림 3-4와 같이 나타낼 수 있다.

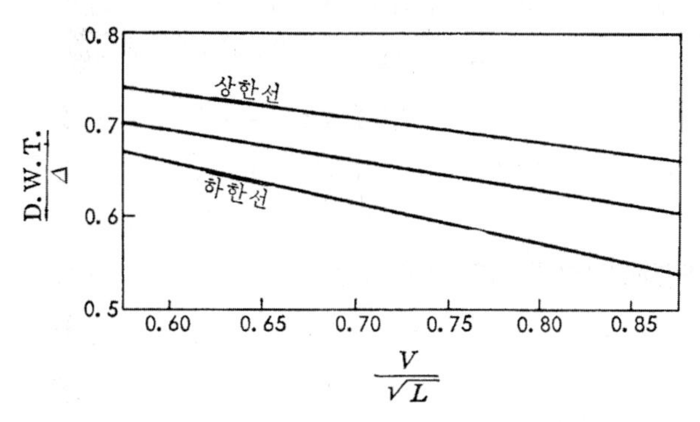

그림 3-4 속장비에 대한 재하중량 계수

그림에서 상한계선과 하한계선을 수식으로 나타내면 다음과 같다.

① 상한계선 : $\dfrac{\text{D.W.T.}}{\Delta} = 0.88 - 0.252 \cdot \dfrac{V}{\sqrt{L}}$

② 하한계선 : $\dfrac{\text{D.W.T.}}{\Delta} = 0.944 - 0.456 \cdot \dfrac{V}{\sqrt{L}}$

5. 외판의 배수량

외판 배수량의 대략값은 다음과 같이 구할 수 있다.

$$\text{외판의 배수량} = C\left(1 + \frac{L}{100}\right)\sqrt{\Delta} \quad (C\text{값} : 0.023 \sim 0.029)$$

6. $\dfrac{\text{밸러스트}}{\Delta}$값

밸러스트는 순 화물선에서는 매우 중요하므로 잘 검토한 후 결정할 필요가 있다. 특히 밸러스트 상태에서 항해할 때의 성능은 전부 밸러스트의 양에 의해 결정되는 것이므로 주의해야 한다.

이와 같이 공선 항해 가능 상태의 표준으로 소형 화물선으로부터 대형 유조선에 이르기까지 다음과 같이 지적하고 있다.

- 밸러스트 상태의 배수 톤수 $= 0.0316 \times (\text{의장수})^{\frac{3}{2}}$
- 밸러스트 상태의 트림, $< 1°20'$
- 프로펠러의 심도$\left(\dfrac{I}{D}\right)$, 20∼30%

3.2.2 재하중량과 주요 치수

재하중량은 선박의 주요 치수와 가장 밀접한 관계가 있다. 그림 3-5와 그림 3-6은 각각 벌크 화물선과 재래형 유조선에 대해서 지금까지 건조된 선박의 실적 치수비를 곡선으로 나타낸 것이다. 이 그림으로부터 알 수 있는 것과 같이 재하중량이 결정되면 배의 크기는 대략 정해진다.

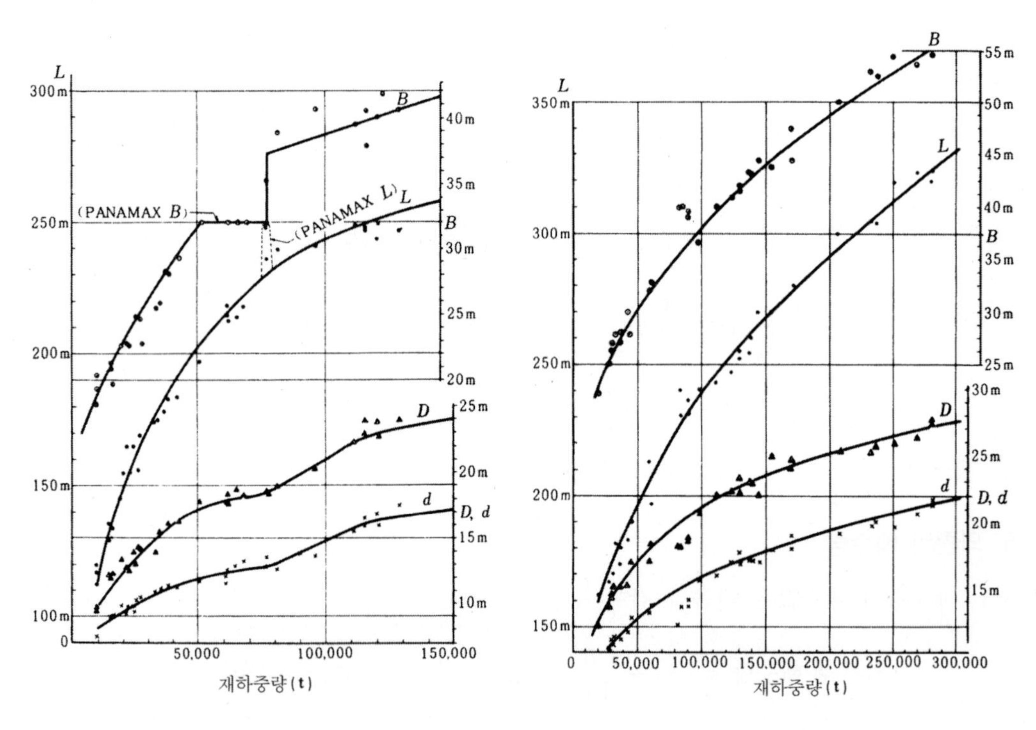

그림 3-5 재하중량과 주요 치수와의 관계 (벌크 화물선)

그림 3-6 재하중량과 주요 치수와의 관계 (재래형 유조선)

벌크 화물선에서 50,000∼70,000톤의 L과 B가 불연속이 되어 있는 것은 배의 대부분이 파나마운하를 통과할 수 있도록 배의 폭을 32.200 m로 제한하여 설계되어 있기 때문이다.

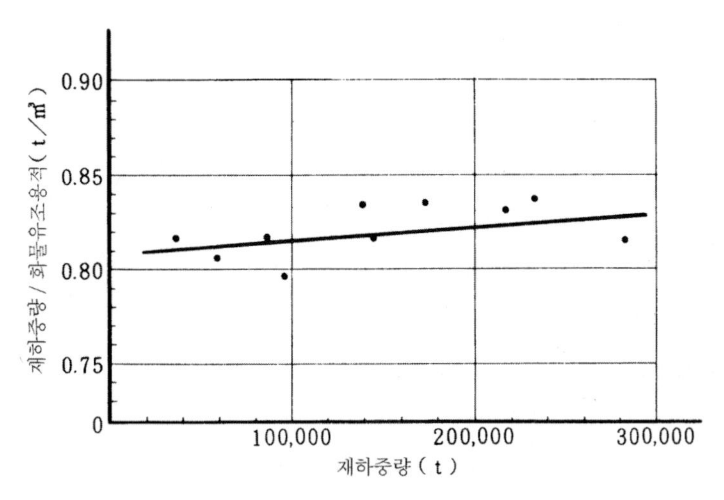

그림 3-7 유조선의 재하중량과 화물유조용적

원유를 수송하는 유조선의 $\frac{\text{재하중량}}{\text{화물유조용적}}$의 값은 벌크 화물선의 경우와는 다르고 수송하는 화물이 동질의 화물이므로 배의 크기에 따라서 다르지 않으며, 그림 3-7에서 보는 바와 같이 대체로 0.810~0.840 사이에 있음을 알 수 있다.

재래형 유조선의 화물유조용적은 화물 중량을 원유 비중으로 나누고, 그것에 2%의 열팽창 여유를 더해서 구하면 된다. 유조선의 화물유조는 한 종류가 아니라 산지가 다른 기름을 2~3 종류를 동시에 적재할 수 있도록 되어 있는 경우가 흔히 있으므로 기름의 비중량이 다른 여러 종류가 있을 수 있다. 따라서 두 종류의 기름을 50 : 50 또는 70 : 30의 비율로 적재하도록 선주가 요구하는 경우에는 화물유조의 배치와 배관 설비에 그것을 고려하여야 한다. 이러한 경우에 두 종류의 다른 기름을 동시에 같은 항구에서 적재하지 않고 다른 항구에서 하역하는 일이 많으므로 일부의 화물유조가 빈 상태로 한 항구에서 다른 항구로 항행하는 일이 생긴다. 따라서 이러한 경우에는 이상한 트림 상태가 되기도 한다.

1. 선각 중량

선각 중량(hull weight)은 경하중량이 차지하는 중량으로서 대단히 크며, 또한 선가(cost)에도 큰 영향을 주기 때문에 어느 정도 정확히 추정할 필요가 있다.

기본 계획의 초기 단계에서는 주요 치수를 가정하고 있으므로 L, B, D, d만을 사용해서 선각 중량을 추정하게 되는 것은 아니다. 물론 선각 중량은 L, B, D, d의 주요 치수 이외에 화물창의 배치, 상부 구조물의 크기, 고장력강의 사용 유무, 늑골의 간격(frame space), 선급 협회의 적용 규칙에 따라서 복잡하게 변화한다. 그러나 주요 치수 이외의 선체 구조 방식 등의 요소도 고려되어야 하므로, 최초에는 선체를 하나의 큰 덩어리로 생각하여 주요 치수만으로 선각 중량을 추정한다는 것은 특별한 경우이다.

선각 중량 W_H는 배의 표면적을 나타내는 계수 $L(B+D)$로 나눈 값과 L을 기준으로 하여 나타내어 그림 3-8과 같이 $\dfrac{W_H}{L(B+D)}$ 와 L과의 관계로서 추정할 수 있다.

선박의 경제면에 있어 중량을 감소시키는 것이 선가 절감의 근본 문제로서 중량 자료를 수집하여 비교, 연구하도록 적극 노력해야 하지만, 조선소에서는 발표를 꺼리는 실정이므로 비교, 연구하는 데에는 많은 어려움이 있다.

표 3-4에 나타낸 것은 미국 화물선의 선체부 중량표이다.

(1)항은 weight in long tons

(2)항은 % of total weight

(3)항은 vertical $C.G.$ in % to uppermost continuous deck

(4)항은 longitudinal $C.G.$ in % to L_{BP} from fore perpendicular

중량 추정의 기준이 되는 체적수(cubic number)는

$$\text{체적수} = \frac{L_{BP} B_{MLD} d_{MLD}}{100} \ (\%)$$

이며, 여기에 계수를 곱하면 중량을 얻을 수 있다. 이 계수가 작은 배가 경구조의 화물선이 된다.

그러나 이 계수를 비교할 경우 상당히 주의를 해야 한다. 왜냐 하면 강재 구조물에는 마스트, 데릭 포스트, 붐 등도 생각해서 순수한 강재 중량에 포함시킬 경우에는 계수가 달라지기 때문이다.

기본 조선학에서도 다루었던 선형의 자료, 즉 표 3-4, 3-5 및 표 3-6의 화물선 중량표 및 기본 설계 요목은 서로 잘 일치하여 참고하는 데에 편리하므로 소개하였다.

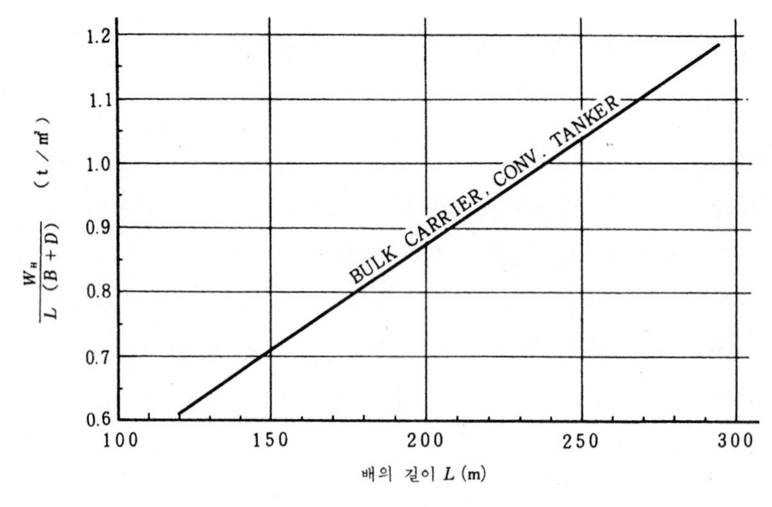

그림 3-8 선각 중량

표 3-4

화물선 선체 중량표(No. 1)

Items \ Ship type No.	N_3-S-A_2				C_1-M-AV_1				C_{1B}-Sharp			
$L_{BP} \times D_S$ to up. most cont. deck	250 ft×20. 42 ft				320 ft×29 ft				395 ft×37. 5 ft			
Weights ※	(1)	(2)	(3)	(4)	(1)	(2)	(3)	(4)	(1)	(2)	(3)	(4)
Hull forging & casting	4. 2	0. 7	41. 1	72. 5	13. 4	1. 0	31. 4	80. 7	21. 4	1. 0	27. 7	86. 9
Shell plating	225. 1	31. 8	59. 7	49. 9	303. 9	22. 8	42. 1	50. 6	518. 6	24. 1	43. 7	48. 2
Framing	105. 0	14. 8	36. 7	46. 0	202. 9	15. 2	27. 9	50. 9	302. 7	14. 1	28. 5	48. 0
Decks	101. 0	14. 2	121. 0	54. 4	295. 7	22. 2	94. 1	53. 7	610. 1	28. 4	88. 5	51. 9
Bulkheads & trunks	104. 7	14. 8	85. 2	51. 8	149. 7	11. 2	86. 6	55. 8	252. 4	11. 7	58. 7	52. 4
Pillars & girders	12. 3	1. 7	102. 4	47. 0	117. 1	8. 8	76. 2	53. 2	65. 6	3. 1	65. 9	49. 6
Inner bottom & flats	55. 5	7. 8	17. 6	52. 1	92. 7	7. 0	12. 8	55. 2	148. 0	6. 9	18. 1	48. 5
Machinery stools	31. 0	4. 4	43. 6	50. 6	62. 7	4. 7	75. 1	70. 8	90. 4	4. 2	35. 5	59. 8
Deck houses	52. 7	7. 4	190. 5	59. 5	62. 0	4. 7	161. 7	73. 1	90. 5	4. 2	126. 9	56. 3
Riveting & weld	17. 3	2. 4	75. 4	51. 5	32. 4	2. 4	64. 8	54. 9	52. 4	2. 4	58. 0	51. 2
Total hull net steel	708. 8	100. 0	75. 4	51. 5	1, 332. 5	100. 0	64. 8	54. 8	2, 152. 0	100. 0	57. 0	51. 1
Structural steel in outfit	53. 3	15. 47	191. 5	50. 1	103. 2	14. 2	131. 5	45. 3	137. 2	17. 11	117. 0	48. 3
Hull attachment	17. 7	5. 15	139. 8	47. 5	46. 3	6. 37	123. 6	47. 7	50. 5	6. 3	107. 5	44. 6
Lights, doors	9. 2	2. 76	111. 2	54. 2	13. 4	1. 84	103. 6	60. 9	21. 6	2. 69	92. 6	61. 4
Carpenter work	57. 5	16. 7	95. 8	52. 5	89. 6	12. 32	85. 0	59. 8	84. 6	10. 55	69. 7	50. 0
Joiner work	54. 1	15. 71	146. 3	57. 5	70. 1	9. 64	127. 1	81. 6	67. 3	8. 39	125. 3	59. 1
Equipments & coating	55. 6	16. 15	116. 1	40. 1	91. 3	12. 56	102. 2	42. 8	181. 0	22. 57	64. 1	46. 2
Steward's outfit	5. 7	1. 66	136. 7	49. 8	10. 3	1. 42	123. 5	80. 9	5. 6	0. 70	110. 1	56. 3
Hull engineering	22. 5	6. 55	125. 6	52. 4	121. 9	16. 76	81. 9	81. 7	36. 7	4. 61	106. 9	58. 5
Piping	23. 4	6. 81	60. 2	52. 7	51. 8	7. 13	60. 8	60. 2	69. 6	8. 68	23. 9	53. 1
Deck mach. & elect. plant	45. 2	13. 13	125. 7	56. 0	129. 1	17. 76	90. 8	66. 2	147. 3	18. 37	90. 7	57. 4
Total wood & outfit	344. 2	100. 0	128. 7	51. 1	727. 0	100. 0	100. 0	62. 0	801. 4	100. 0	86. 2	51. 6
$L_{BP} \times B_{MLD.} \times D_{S\ MLD} \times d_{MLD.}$ (ft)	250. 0×41. 625×20. 417×17. 864				320. 0×50. 0×29. 0625×18. 0				395. 0×60. 0×37. 5×27. 5			
Cubic number $\left(\frac{L_{BP} \times B \times D_S}{100}\right)$	2, 120				4, 650				8, 900			
	wt.	coeff.	wt.	coeff.	wt.	coeff.	wt.	coeff.	wt.	coeff.	wt.	coeff.
Net steel(tons) & coeff.	708. 8	0. 3345	762. 1	0. 3595	1, 332. 5	0. 2867	1, 435. 7	0. 309	2, 152. 0	0. 242	2, 289. 2	0. 2573
Wood & outfit & coeff.	344. 2	0. 1623	290. 9	0. 1373	727. 0	0. 1563	623. 8	0. 134	801. 4	0. 090	664. 2	0. 0747
Hull total & coeff.	1, 053. 0	0. 4968	1, 053. 0	0. 4968	2, 059. 5	0. 4430	2, 059. 5	0. 443	2, 953. 4	0. 332	2, 953. 4	0. 332

표 3-5 화물선 선체 중량표(No. 2)

Items \ Ship type No.	liberty type EC_2-S-C_1				C_2 cargo				victory type VC_2-S-AP_3			
$L_{BP} \times D_S$ to up. most cont. deck	416 ft×37. 3 ft				435 ft×40. 5 ft				445 ft(L_{WL})×38 ft			
Weights ※	(1)	(2)	(3)	(4)	(1)	(2)	(3)	(4)	(1)	(2)	(3)	(4)
Hull forging & casting	13. 9	0. 6	21. 6	81. 0	22. 9	0. 8	35. 3	89. 8	21. 1	0. 8	28. 2	71. 0
Shell plating	607. 1	27. 0	42. 3	47. 6	715. 2	25. 1	40. 7	50. 2	691. 9	27. 9	42. 0	49. 0
Framing	364. 0	16. 2	30. 7	50. 2	546. 4	19. 2	25. 4	46. 3	374. 4	14. 6	25. 8	44. 6
Decks	591. 4	26. 3	90. 7	46. 5	698. 9	24. 5	83. 8	48. 8	531. 9	20. 7	93. 4	46. 5
Bulkheads & trunks	248. 6	11. 1	55. 0	50. 4	326. 4	11. 5	54. 4	53. 5	221. 6	8. 6	60. 3	49. 8
Pillars & girders	3. 9	0. 2	87. 5	45. 1	113. 5	4. 0	71. 5	46. 5	144. 8	5. 6	77. 6	46. 4
Inner bottom & flats	185. 2	8. 2	14. 7	51. 8	176. 8	6. 2	14. 9	50. 6	228. 3	8. 9	24. 5	56. 0
Machinery stools	25. 5	1. 1	57. 6	62. 7	79. 4	2. 8	16. 9	65. 2	88. 7	3. 4	83. 2	43. 0
Deck houses	138. 2	6. 1	128. 6	57. 5	89. 6	3. 1	125. 9	60. 2	176. 2	6. 9	136. 3	54. 7
Riveting & weld	72. 0	3. 2	58. 2	49. 4	80. 9	2. 8	51. 8	50. 4	96. 8	3. 4	61. 1	48. 8
Total hull net steel	2, 250. 0	100. 0	58. 2	49. 4	2, 850. 0	100. 0	51. 8	50. 4	2, 575. 7	100. 0	61. 1	48. 8
Structural steel in outfit	73. 2	10. 71	132. 3	45. 6	139. 0	17. 15	99. 4	51. 2	119. 7	13. 94	140. 26	44. 6
Hull attachment	48. 3	7. 07	118. 2	47. 5	63. 0	7. 77	111. 8	45. 3	61. 6	7. 16	118. 94	42. 2
Lights, doors	21. 6	3. 16	59. 0	36. 1	42. 0	5. 19	79. 5	51. 4	22. 5	2. 62	102. 89	52. 0
Carpenter work	135. 3	19. 79	76. 4	49. 6	151. 0	18. 65	58. 1	33. 6	146. 6	17. 04	74. 47	50. 4
Joiner work	35. 6	5. 21	110. 2	56. 8	33. 0	4. 08	117. 7	59. 9	44. 3	5. 15	122. 63	54. 0
Equipments & coating	150. 3	21. 99	76. 3	39. 5	223. 0	27. 53	63. 3	39. 9	161. 8	18. 81	91. 31	36. 4
Steward's outfit	8. 4	1. 23	118. 3	52. 3	5. 0	0. 62	114. 1	58. 3	10. 3	1. 20	111. 05	64. 9
Hull engineering	38. 1	5. 58	94. 0	53. 1	23. 0	2. 84	92. 0	58. 2	64. 1	7. 45	90. 26	56. 0
Piping	80. 0	11. 71	36. 2	52. 0	52. 0	6. 42	54. 0	52. 8	95. 9	11. 15	34. 74	49. 7
Deck mach. & elect. plant	92. 8	13. 58	92. 5	57. 4	79. 0	9. 75	113. 9	50. 7	133. 1	15. 48	96. 31	58. 5
Total wood & outfit	684. 4	100. 0	86. 0	54. 1	810. 0	100. 0	80. 9	45. 0	859. 7	100. 0	93. 68	48. 4
$L_{BP} \times B_{MLD.} \times D_{SMLD} \times d_{MLD.}$ (ft)	416. 0×56. 864×37. 334×27. 667				435. 0×63. 0×40. 5×25. 75				436. 5×62. 0×38. 0×28. 0667			
Cubic number $\left(\frac{L_{BP} \times B \times D_S}{100}\right)$	8, 840				11, 098				10, 280			
	wt.	coeff.	wt.	coeff.	wt.	coeff.	wt.	coeff.	wt.	coeff.	wt.	coeff.
Net steel (tons) & coeff.	2, 250. 0	0. 2547	2, 323. 2	0. 263	2, 850. 0	0. 257	2, 989. 0	0. 2695	2, 575. 7	0. 2504	2, 695. 4	0. 262
Wood & outfit & coeff.	683. 4	0. 0773	610. 2	0. 069	810. 0	0. 073	671. 0	0. 0605	859. 7	0. 0836	740. 0	0. 072
Hull total & coeff.	2, 933. 4	0. 332	2, 933. 4	0. 332	3, 660. 0	0. 330	3, 660. 0	0. 330	3, 435. 4	0. 334	3, 435. 4	0. 334

표 3-6 화물선 기본 설계 요목표

Ship's type No.	N_1-M-BL_1	N_3-S-A_1	R_1-M-AV_3 C_1-M-AV_1	C_1A	C_4B	C_2	C_4-S-A_1
Length, O. A.	180′-7″	258′-9″	338′ 8″	412′-3″	417′-9″	459′-2½″	520′-0″
Length, B. P.	170′-0″	250′-0″	320′-0″	390′-0″	395′-0″	435′-0″	496′-0″
Length, W. L.		254′-6″	320′-0″	390′-5″	395′-0″	438′-6″	502′-6″
Breadth	29′-0″	41′-7½″	50′-0″	60′-0″	60′-0″	63′-0″	47′-6″
Depth(strength deck)		20′-5″	29′-0¾″	37′-6″	37′-6″	40′-6″	43′-6″
Designed draft(d)	8′-0″	17′-10⅜″	18′-0″	23′-6″	27′-6″	25′-9″	30′-0″
Displacement, mld., (tons)	850	4,000	6,250	11,040	12,810	13,840	19,925
Displacement, total, (tons)		4,020	6,280	11,090	12,875	13,910	20,000
C_B	0.760	0.739	0.760	0.703	0.688	0.681	0.647
C_P	0.780	0.741	0.766	0.712	0.695	0.6945	0.657
$C_{\boxtimes}$	0.980	0.997	0.992	0.988	0.990	0.980	0.935
L.C.B. %abt⊠(station 10)	1.26 % F	1.99 % F	0.62 % A	1.60 % F	1.63 % F	1.615 % F	1.23 % F
C_W	0.858	0.826	0.828	0.790	0.784	0.757	0.742
Inertia coeff. (i)	0.06385	0.0610	0.0606	0.05620	0.05521	0.0518	0.0504
Fore body C_W	0.8594	0.832	0.813	0.785	0.769	0.757	0.713
Fore body C_P	0.810	0.783	0.752	0.751	0.734	0.730	0.684
Difference	0.0494	0.0490	0.061	0.034	0.035	0.027	0.029
Fore body inertia coeff.(i)	0.06391	0.0606	0.0590	0.0562	0.05446	0.0261	0.0469
After body C_P	0.7492	0.699	0.780	0.673	0.657	0.659	0.630
After body C_W	0.8562	0.820	0.843	0.795	0.798	0.757	0.771
After body C_{Vp}		0.850	0.917	0.837	0.815	0.853	0.805
After inertia coeff. (i)	0.06378	0.0615	0.0623	0.0560	0.05596	0.0257	0.0539
Design speed in knots	8.5	11.0	11.0	14.0	14.0	15.5	16.5
$V/\sqrt{L}$	0.652	0.690	0.615	0.708	0.704	0.742	0.735
$\Delta/(L/100)^3$	173.01	242.5	190.7	185.5	207.9	161.5	157
Normal S. H. P.	250	1,300I.H.P.	1,750	4,000	4,000	6,000	9,000
Tip clearance		16″	27″	3.6′	3.75′	2′-6″	2.0′
Type of rudder		bal. strea-mlined	Contra	Contra	Contra	Stream Unbal.	Contra
Rudder area % of $L \times d$		1.52 %	1.54 %	1.605 %	1.49 %	1.37 %	1.48 %
Rudder balance %		25 %	None	None	None	None	None
Depth of bilge keels		None	12″	11″	12″	12″	15″
Length of bilge keels%L		None	24.61 %	68.7 %	34 %	33.32 %	27.4 %
Sheer for'd at st. 0	4.9′	72″	4′-8″	8′-3″	8′-5″	8′-11″	None
Sheer aft at st. 20	1.8′	36″	2′-6″	4′-1½″	4′-2½″	4′-5½″	None
Low point of sheer		Station 10	⊠	Station 12	Station 12	1′-9″ F. Sta 10	None
Camber		10⅛″	7¾″	14″	14″	None	12″
Freeboard. for'd	14.4′	15′-7⅛″	23′-8″	22′-3″	18′-5″	31′-5″	23′-0″
Freeboard. aft	7.9′	13′-8⅝″	21′-3¾″	18′-1½″	14′-2½″	23′-6″	22′-6″
% Parallel middle body	20.5 %	15 %	35 %	20 %	10 %	11 %	7 %
V. C. B. (ft)	4.41	9.40	9.36	12.38	14.40	13.6	15.90
KM (ft)	13.321	17.30	20.42	24.65	25.05	51.52	29.15
Moment to trim1″ (ft-tons)		321	588	958	965	1,170	1,650
C.G. of W.P. %L abt.st. 10	0.084 % F	0.25 % F	0.72 % A	0.30 % A	0.77 % A	0.059 % A	1.28 % A
Wetted surface coeff.		15.60	16.16	15.61	15.85	15.4	15.7

표 3-4, 3-5에 대한 화물선의 기본 설계 요목표는 서로 비교 자료로 이용할 수 있다.

표 3-6의 기본 설계 요목과 중량표는 미국의 New-Port News 조선소의 상선에 대한 기본 설계자료로서 Mariner형의 경제성 연구에 중요한 자료이다.

선각 중량은 주요 치수에 의해 개략 정해지는 것이 가능하지만, 이 외에 L과 $L(B+D)$가 같은 배에서도 주요 치수비, 바꿔 말하면 $\frac{L}{B}$과 $\frac{L}{D}$이 서로 다르다면 선각 중량도 변하게 된다.

한편, 격벽의 맷수와 늑골 간격 등에 따라서도 영향을 받는다. 이와 같이 선각 중량은 주요 치수가 같더라도 여러 가지 요소에 따라서 변하게 되는 것이다.

선각 중량은 선체 중량의 70～80%를 차지하는 동시에 선가에 가장 큰 영향을 끼치므로 선체 중량을 정확히 추정하는 것이 매우 중요하다.

계산 방법에는 주요 치수에 의한 두 가지 방법이 있다.

㈎ $L \cdot B \cdot D$에 의한 방법

㈏ $L(B+D)$에 의한 방법

첫째 방법 $L \cdot B \cdot D$에 의한 방법은 상부 구조물의 대소가 중량의 추정상 큰 영향을 주기 때문에 선루를 포함한 깊이 D의 평균 깊이를 D'으로 하여 $L \cdot B \cdot D'$을 기준으로 하는 것이 보통이다.

이 $L \cdot B \cdot D'$에 대한 중량 계수 곡선은 그림 3-9에 나타내었다.

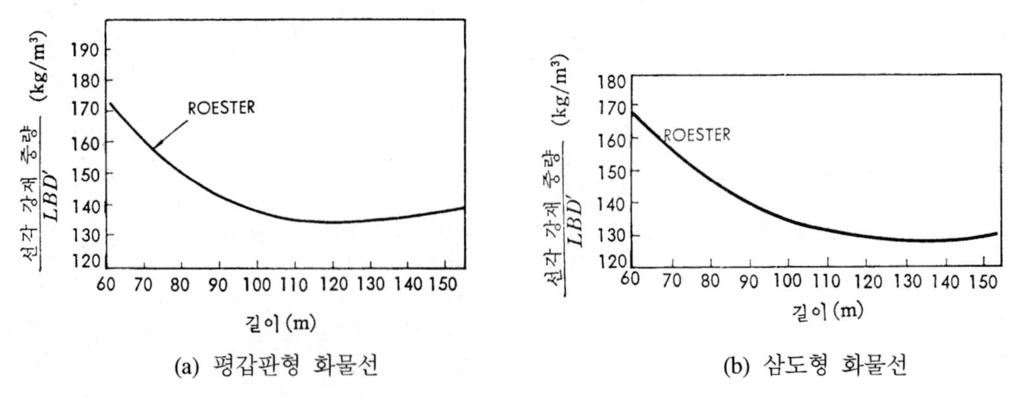

(a) 평갑판형 화물선 (b) 삼도형 화물선

그림 3-9 선각 강재 중량 계수 곡선

선체의 주요 치수비, 방형 계수, 상부 구조물, 선형 등의 영향을 상세하게 고려한 방법으로서 Roester의 방법이 있으며, 이 방법은 다음 사항을 고려해 주어야 한다.

① 차량 갑판선의 경우에는 소형선에서 6.5%, 대형선에서는 5%를 뺄 것

② C_B가 0.76보다 크거나 작을 때에는 C_B의 0.01의 차에 대해 0.5%를 더하거나 그 차이를 뺄 것

③ $\frac{L}{B}$의 값보다 크거나 작을 때에는 각각 $\frac{L}{B}$의 0.1의 차이에 대해 2%를 더하든지 그 차이를 뺄 것

④ 갑판 층수가 표 3-7의 값보다 크거나 작을 때에는 1에 대해 각각 다음의 값을 더하거나 그 차이를 뺄 것

$\frac{L}{D}$	10	11	12	13	14	15
수정량 (%)	3	4.25	5.5	6.75	8	9.25

표 3-7 선각 강재 중량 산출표(Roester법)
상부 구조를 포함한 강재 중량(kg/m^{3}의 $L \times B \times D$)

LBD (m³)	$\frac{L}{B}$	갑판 층수	강재 중량					
			L/D=10	11	12	13	14	15
4,000	6.56	1.97	121	122	123	125	127	130
6,000	6.64	2.03	114	115	118	120	123	126
8,000	6.72	2.10	110	111	113	116	120	124
10,000	6.80	2.17	107	108	110	113	117	122
12,000	6.88	2.23	105	107	109	112	115	120
14,000	6.96	2.30	104	105	107	110	114	119
16,000	7.04	2.37	103	104	106	109	113	118
18,000	7.12	2.43	102	104	106	109	113	117
20,000	7.20	2.50	102	103	105	108	112	117
22,000	7.28	2.57	102	103	105	108	112	117
24,000	7.36	2.63	102	103	105	109	113	118
26,000	7.44	2.70	102	104	106	109	113	118
28,000	7.52	2.77	102	104	106	109	113	118
30,000	7.60	2.83	103	104	107	110	114	119
32,000	7.68	2.90	103	105	107	110	115	120
34,000	7.76	2.97	103	105	108	111	116	121
36,000	7.84	3.03	104	106	108	112	117	122

선각강재중량의 중간 추정 단계에서 통상 L, B 및 D만을 사용하는 방법을 택한다. 강재중량은 특히 대형 전용선인 경우 고장력강(高張力鋼)의 사용 범위, 적용되는 선급협회 규칙 및 방식(防蝕) 장치의 유무 등에 의해 무시할 수 없을 정도로 변화하는 경우가 있다.

Roester의 상부 구조물에 대한 선루와 갑판실의 길이 및 내부 적량에 대한 내부 구조 중량의 산출 방법으로는 표 3-8과 같다.

표 3-8 상부 구조(선루와 갑판실)의 내부 구조 중량

항 목		선 루		선수 강재 중량(kg/m³)				
		길 이	적량(m³)	DW=2,000	3,000	5,000	8,000	12,000
선형	F	0.10 L	0.10 LB	125	121	117	116	115
	F	0.20 L	0.35 LB	90	88	86	85	85
	F+P	0.20 L	0.30 LB	95	93	91	90	90
	F+P	0.40 L	0.80 LB	85	83	81	80	80
	F+B	0.30 L	0.60 LB	110	108	106	105	105
	F+B	0.70 L	1.60 LB	105	103	101	100	100
	F+B+P	0.40 L	0.80 LB	105	103	101	100	100
	F+B+P	0.70 L	1.55 LB	98	96	94	93	93
	F+B, P 또는 F, B+P	0.90 L	2.05 LB	90	88	86	85	85
	F+B+P	0.975 L	2.238 LB	80	77	74	73	73
갑판실 적량				600	640	760	1,040	1,600
갑판실 중량(ton)				54	58	68	94	144

주 F : 선수루
B : 선교루
P : 선미루

표 3-9 강재중량(W_S) 추정법

선명	강재중량
일반 화물선	$(40-41)\times L^{1.6}\times(B+D)\times C_B^{1/3}\times k/10^3$, $L/B \fallingdotseq 6.0-7.0$ $k=0.97$(sing. Dk.), 1.0(2Dk.), 1.04(3Dk.)
벌크 화물선	$(35-36)\times L^{1.6}\times(B+D)/10^3$ abt. +15% for open bulk type
자동차 운반선, RO/RO	$0.13\times L^{1.5}\times B$
연안 화물선	$36\times L^{1.6}\times(B+D)/10^3$ 또는 $110\times(L\times B\times D/10^3)^{0.95}$
탱커(SBT Type)	$(6.1-6.3)\times(L^2\times B/10^3)$, H.T. steel for Dk. & bottom $35\times L^{1.6}\times(B+D)/10^3$, DW < 80,000 ton abt. +(5-6)% for with double bottom
대형 컨테이너선	$(50-54)\times L^{1.6}\times(B+D)\times C_B^{1/3}/10^3$
연안 탱커	$38\times L^{1.6}\times(B+D)/10^3$ 또는 $170\times(L\times B\times D/10^3)^{0.85}$
광석 운반선	$38.5\times L^{1.6}\times(B+D)/10^3$

표 3-10

상선 기본 설계 요목과 중량표

Kind type	S.S. Cargo C_2	S.S. Cargo Liner Mariner	S.S. Cargo & Passenger C_3	T.S. Passenger America	S.S. Tanker	S.S. Tanker	S.S. Tanker
Hull particulars:—							
L_{OA}	459′-3″	563′-7¾″	491′-10″	723′-0″	565′-0″	628′-0″	707′-0″
L_{BP}	435′-0″	528′-0″	465′-0″	660′-6¾″	535′-0″	600′-0″	677′-0″
B	63′-0″	76′-0″	69′-6″	93′-3″	75′-0″	82′-6″	93′-0″
D, strength deck (D_S)	40′-6″	44′-6″	42′-6″	73′-6¾″	40′-6″	42′-6″	48′-6″
D, freeb'd or B^{HD} deck (D)	31′-6″	35′-6″	33′-6″	45′-5½″	40′-6″	42′-6″	48′-6″
$d_{MLD.}$ (d)	25′-9″ (a)	29′-9″	26′-6″ (a)	32′-6″ (a)	31′-8⅞″	31′-10 3/16″	36′-6 9/16″
Displt. (Δ) total (tons)	13,859	21,093	16,175	35,440	25,510	34,640	49,660
D. W. T. total (tons)	9,493	13,409	9,937	14,331	19,183	26,759	38,911
D. W. T. /Δ	0.635	0.636	0.615	0.404	0.753	0.772	0.784
Proportions:—							
L_{BP}/D_S	10.74	11.87	10.94	8.98	13.21	14.12	13.96
L_{BP}/D	13.81	14.87	13.88	14.53			
d/D	0.817	0.838	0.791	0.715	0.784	0.749	0.754
B/d	2.45	2.55	2.62	2.87	2.36	2.59	2.54
$B-L_{BP}/10$	19.50	23.20	23.00	27.19	21.50	22.50	25.30
L_{BP}/B	6.90	6.95	6.69	7.08	7.13	7.27	7.28
Form:—							
L for coeff. (L) (ft)	435.0	520.0	465.0	689.0	535.0	600.0	675.0
Δ, mld. (tons)	13,771	20,958	16,072	34,960	25,385	34,481	49,405
C_B	0.683	0.624	0.658	0.586	0.698	0.764	0.755
C_P	0.697	0.635	0.670	0.600	0.702	0.770	0.765
C_M	0.980	0.983	0.980	0.977	0.994	0.993	0.987
$\Delta/(L/100)^3$	167.3	149.1	159.9	106.9	165.8	159.6	160.6
C_{WP}	0.762	0.745	0.763	0.715	0.792	0.828	0.836
C_{VP}	0.915	0.852					
C_R	0.897	0.838					
Wetted surface, total (ft²)	38,760	53,210	43,270	81,930	59,050	73,300	92,120
KM (ft)	25.28	31.40	28.71	38.24	30.81	33.08	38.20
Moment to trim 1″ (ft-tons)	1,171	1,927	1,472	3,923	2,351	3,627	5,066
Tons per inch	49.7	70.1	58.6	109.4	75.9	97.8	125.0
Tonnages:—							
G. T. (international)	7,169	9,218	9,274	26,455	12,790	17,062	22,596
N. T. (international)	4,328	5,368	5,170	14,320	7,479	10,486	13,984

Weights and centers:—	ton	LCG	K, G	ton	LCG	K, G	ton	LCG	K, G	ton	LCG	K, G	ton	LCG	K, G	ton	LCG	K, G	ton	LCG	K, G
Net steel	2,857	219.2	23.71	4,695	270.6	29.80	3,807	234.8	27.57	11,380	357.0	39.80	4,486	280.3	26.30	5,899	301.4	26.73	8,379	339.1	29.60
Wood & outfits	721	215.4	31.83	1,298	264.7	44.90	1,168	227.8	38.90	5,260	353.0	54.90	540	291.1	47.50	595	320.2	49.12	620	343.6	55.50
Hull engineering (wet)	210	230.1	36.33	682	280.6	36.80	500	241.2	40.60	1,950	354.5	45.80	477	310.8	28.20	576	351.9	29.57	730	410.8	33.80
Machinery (wet)	578	275.2	19.33	1,009	315.1	20.60	763	276.5	15.30	2,519	373.5	21.50	824	451.3	23.80	811	520.6	24.30	1,020	585.4	24.80
Light ship, total	4,366	226.5	25.08	7,684	276.3	31.76	6,238	239.1	29.24	21,109	357.7	41.93	6,327	305.8	27.93	7,881	329.1	28.38	10,749	367.6	30.92
Crew and stores	28	261.2	37.00	63	293.3	44.20							65	452.3	37.84	55	379.5	47.33	75	450.0	53.00
Passengers crew & effects							28	247.0	44.50	150	411.5	51.65									
Mail, baggage & stores							100	200.7	30.56	486	304.5	21.12									

Swimming pool							50	303.5	48.60	110	422.6	22.55									
Fuel oil	1,386	197.5	3.01	3,808	270.0	7.50	1,520	243.1	4.96	4,456	301.3	13.33	880	409.7	21.90	900	355.2	19.62	775	536.7	28.58
Fresh water	322	255.3	4.75	257	299.0	22.90	916	199.6	9.91	4,280	414.4	9.99	141	432.8	42.45	475	541.1	27.58	165	602.4	50.41
General cargo	4,533	202.4	25.77	8,978	257.1	28.60	6,891	229.3	27.39	1,625	166.8	23.50									
Refrigerated cargo	323	194.3	30.51	303	358.2	26.60	432	205.4	13.95	375	209.8	26.11									
Deep tanks, liquid cargo	2,896	210.3	13.31										18,098	244.4	20.71	25,329	276.8	20.94	37,896	309.1	25.25
D. W. T. total	9,493	205.7	18.13	13,400	264.0	22.52	9,937	229.2	21.95	11,476	332.5	14.85	19,183	254.0	21.29	26,759	284.3	21.06	38,911	315.1	25.47
Full load total	13,859	212.3	20.32	21,093	269.0	25.90	16,175	232.1	24.76	32,585 (b)	348.8	32.46	25,510	266.7	22.99	34,640	291.1	22.44	49,660	325.9	26.65

Stability:—							
GM, light ship (ft)	11.92	6.78	7.76	1.90	20.8	39.9	45.1
Free surface correction (loaded) (ft)	−3.11	−0.88	−1.42	−0.47	−1.19	−1.39	−1.24
GM, loaded (ft)	1.85	4.62	2.53	5.60	6.63	9.25	10.31
Capacities:—							
No. of passengers	2	12	96	1,202	2	4	4
No. of crew	48	56	123	643	47	58	54
Fresh water	100 % full	100 % full	100 % full	100 % full	100 % full	100 % full	100 % full
portable water, (tons)	56.0	} 232.0	126	1,120	} 105	98	102
washing water, (tons)	—		461	2,729			
Reserve feed water, (tons)	250.0		314	643			
Distilled water, (tons)	16.0	25.0	15.7	228	42	98	77
Fuel oil	97 % full	98 % full	97 % full	97 % full	98 % full	98 % full	98 % full
Total, tons	1,386	3,808	2,769	4,938	1,969	2,679	3,830
Cargo (bale), (ft^3)							
dry	457,900	736,723	436,000	259,980	45,150	44,590	62,430
refrigerated	32,290	30,254	43,200	33,510			
Stores, etc. (net). (ft^3)							
dry	1,290	1,256	6,200	30,465			
refrigerated	2,268	4,092	8,540	34,350	1,920	3,300	3,610
Mail			4,920	30,137			
Baggage			3,825	19,650			
Cargo oil (98 % full). bbl					153,419	225,023	329,578
Machinery Particulars:—							
Type	geared-turbine	geared-turbine	geared-turbine	geared-turbine	geared-turbine	geared-turbine	geared-turbine
SHP, normal & rpm	6,000 92	17,500 102	8,500 85	34,000 128	13,650 97	12,500 112	20,000 102
SHP, max. & rpm	6,600 95	19,250 105	9,350 88	37,400 132	15,000 100	13,750 115	22,000 105
Boilers No., & type	2-Header	2-2 Drum	2-Header	6-2 Drum	2-Header	2-2 Drum	2-2 Drum
Steam Conditions Psi(gage)/temp. °F	450/750	600/865	450/750	425/725	600/850	850/850	600/875
Speed:—							
On trial at 80 % of normal SHP at max. draft, knots	15½	20	17	22	18.5	16.5	18
Corresponding $\frac{EHP}{SHP}$	0.78	0.73	0.79	0.70	0.72	0.71	0.69

주 The L. C. G. dimensions are abaft the F. P. and the KG in above the moulded base line. (a) by subdivision rule.
(b) This is a typical maximum operating condition with 30′-4″ moulded draught. KM at this draught is 38.53 ft

둘째 방법 $L(B+D)$에 의한 방법으로서 선각 강재(船殼 鋼材)의 중량을 추정하는 기준수로는 $L(B+D)$의 방법이 합리적이며, 주요 치수비에 의한 계수의 변동량은 $L\times B\times D$를 기준으로 한 경우에 비해서 차이는 매우 적다. 그러나 방형 계수, 상부 구조, 선형 등의 영향을 고려해 둘 필요가 있다.

그림 3-10은 강재 중량을 $L(B+D)$로 나눈 값을 배의 길이 L을 기선으로 해서 선형별 곡선으로 나타낸 것이다.

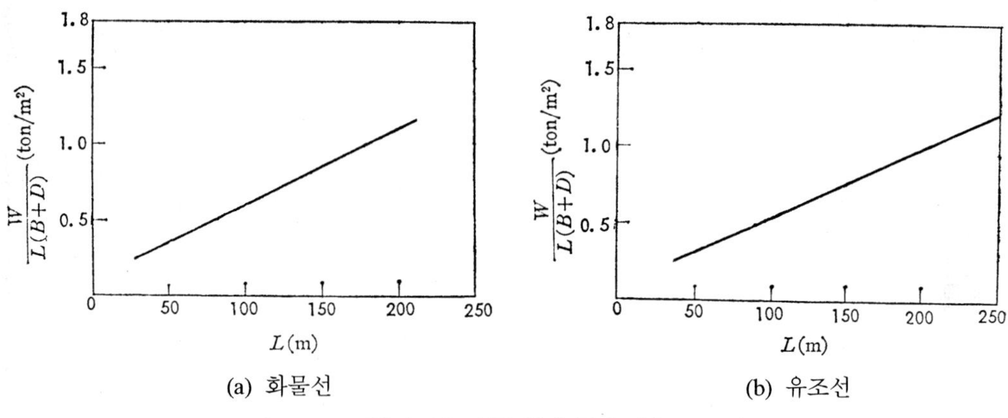

(a) 화물선 (b) 유조선

그림 3-10 선각 강재 중량 계수

일반적인 선박의 약산식으로 강재 중량을 계산하는 편리한 식은 다음과 같다.

$$W_H = C\times\left\{\frac{L(B+D)}{100}\right\}^K$$

여기서 C는 16.5~17.5, K는 1.400의 값으로 추정이 가능하다.

Roester의 체적에 의한 선체 중량 계산식으로는

$$W_H = C_H N = C_H(L\times B\times D)+\sum(l\times B\times h)$$

여기서, 선체부 중량 계수 C_H : 화물선 0.13~0.15

C_H : 소형 화물선 0.20 정도

$l,\ h$: 선루의 길이 및 높이(m)

$L,\ B,\ D$: 선박의 길이, 폭, 깊이(m)

의 약산식으로 계산할 수도 있다. 이 외에 L이 같고, 주요 치수비의 특성인 $\frac{L}{B}$, $\frac{L}{D}$에 따라서도 선각 중량의 값이 변하게 된다.

2. 선각 중량에 영향을 끼치는 요소

(1) 주요 치수비

일정한 길이를 가지고 있는 D.W.T. 200,000톤급의 V.L.C.C.에 대한 화물 탱크 부분의 선각 중량과 $\frac{L}{D}$의 관계는 그림 3-11에 나타낸 것과 같다. $\frac{L}{B}$을 매개 변수(parameter)로 했을 때에도 $\frac{L}{D}$이 작아지는 쪽이 선각 중량은 증가한다. 또한, $\frac{L}{B}$을 일정하게 했을 때, $\frac{L}{D}$과 선각 중량과의 관계는 $\frac{L}{D}$이 그림 3-11에서와 같이 절곡된 점의 값보다 작아지게 되면 급격하게 중량이 증가한다.

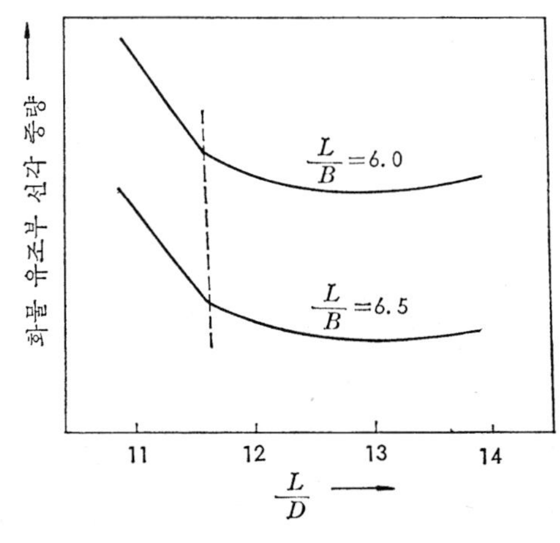

그림 3-11 화물유조의 선각 중량과 L/D의 관계

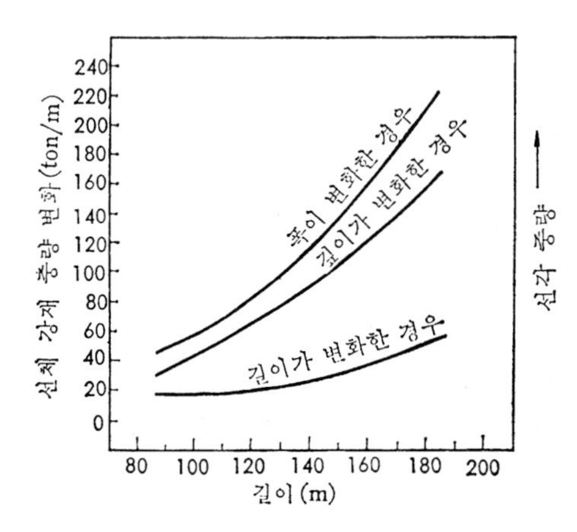

그림 3-12 주요 치수 변화 각 1 m에 대한 선체 강재 중량 변화

절곡된 점의 값보다 $\frac{L}{D}$을 크게 한다면 선각 중량은 점차 감소해서 $\frac{L}{D}$이 어느 값을 넘으면 다시 증가한다. 이와 같이 $\frac{L}{D}$의 크기에 따라서 선각 중량이 아주 가볍게 되는 곳이 있다. 상갑판 등의 종통 부재(縱通 部材)의 치수는 선급 협회의 규칙에 따라서 요구되는 단면 계수 값이 결정된다. 때로는 배의 깊이 D를 크게 해서 $\frac{L}{D}$이 작아지게 하면 종통 부재의 치수도 작아지게 된다.

그러나 종통 부재의 치수가 어느 값보다 작아지게 되면 좌굴 강도 등의 문제가 생기기 때문에 선급 협회 규칙에 의해 최소 치수로 결정해야 한다.

배의 깊이 D가 점차 커지게 되면 종통 부재가 최소 치수로 결정되나 부재 치수를 작게 한다는 것은 거의 불가능하므로 급격히 선각 중량이 무겁게 된다.

그림에서 절곡점 왼쪽의 $\frac{L}{D}$은 이와 같은 범위이다. $\frac{L}{D}$이 절곡점 오른쪽의 범위에서는 종통 부재의 치수는 단면 계수로부터 결정된다.

선각 중량이 가장 가볍게 되는 점보다 $\frac{L}{D}$ 이 작아지는 곳에서는 배의 깊이가 커지게 되어 종통 부재가 가볍게 되지만, D의 증가에 의해 선각 중량이 증가하는 값이 크기 때문에 중량은 증가하는 결과가 된다.

반면 $\frac{L}{D}$ 이 큰 범위에서는 배의 깊이가 작게 되는 것과 같이 중량이 감소되는 곳도 있지만, 한편으로는 종통 부재의 치수가 커지게 되어서 전체의 중량은 증가하는 결과가 된다.

선각 중량의 점으로부터 가장 유리하게 되는 $\frac{L}{D}$ 의 값은 배의 크기에 따라서 약간의 차이는 있지만, 대체적으로 $\frac{L}{D} = 11 \sim 13$의 범위이다.

그림 3-12는 주요 치수가 각각 1 m 변화에 대한 선형별 선체 강재 중량의 변화를 나타낸 것이다.

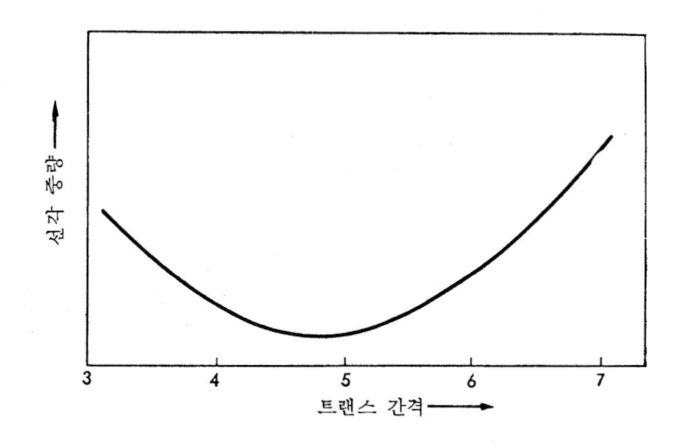

그림 3-13 유조선의 횡늑골 간격과 선각 중량과의 관계

(2) 늑골 간격

배의 길이 방향 및 폭 방향의 늑골 간격(frame space)과 선각 중량은 밀접한 관계가 있다. 그림 3-13은 D.W.T. 100,000톤 정도인 유조선의 가로 늑골 간격과 선각 중량의 관계를 나타낸 것으로, 그림에서 알 수 있는 바와 같이 가장 유리한 범위가 존재하고 있다.

마찬가지로 배의 폭 방향의 늑골 간격, 즉 세로 늑골 간격(縱肋骨間隔, longitudinal frame space)에 대해서도 최적 범위가 있다.

늑골 간격 이외에도 선각 중량에 고려해야 할 요인이 많지만, 최적 범위에서 벗어나면 중량면에서 손해를 받기 때문에 가능한 한 이 범위에 들어가도록 결정해야 한다.

(3) 고장력강의 사용

고장력강(高張力鋼)이 선각 중량에 미치는 영향에 대해서 설명하기로 한다.

보통 연강의 인장 강도는 약 41 kg/mm^{2}가 되며, 항복점(降伏點)은 약 23 kg/mm^{2}인 것에 비하여, 선체 구조에 사용되는 고장력강은 인장 강도가 48 kg/mm^2 이상, 항복점이 32 kg/mm^2

이상이므로 대형선의 상갑판과 선저의 일부에 연강 대신 사용하면 판의 두께를 얇게 하는 것이 가능하기 때문에 14～15만 톤 이상의 대형선에 많이 채용되고 있다.

고장력강을 사용할 경우 연강에 비교해서 유리한가에 대해서는 경우에 따라서 검토하여야 한다.

일반적으로 다음과 같은 경우에 고장력강을 사용한다.

㈎ 연강을 사용하면 상갑판의 판 두께가 두껍게 되어 공작상 곤란하므로, 현재 대체로 40 m/m가 한도로 되어 있다.

㈏ 고장력강은 연강보다 1톤당의 가격이 높지만 이것을 사용하면 전부 연강만을 사용할 경우보다 강재의 사용량이 감소하고, 또 재하중량도 증가시킬 수 있으므로 고장력강 사용에 따른 건조비의 상승이 연강을 사용했을 때의 건조비 절감과 재하중량의 증가에 따른 재하중량 1톤당의 건조비 감소와 비슷하므로 유리하다.

일반적으로 고장력강을 사용할 때 선각의 총 중량 감소량이 고장력강 사용량의 16～18% 이상이 되면 경제적으로 유리하다. 고장력강을 사용하는 데 따른 중량의 경감량은 단언할 수는 없지만 연강만으로 건조한 경우와 비교하면 3～6% 가볍게 하는 것이 가능하다.

(4) 벌크 화물선에 철광석을 적재할 때

벌크 화물선에 철광석을 싣는 경우에는 화물창 하나 건너 화물을 싣는 소위 격창 적재(隔艙 積載, alternate loading)를 하게 된다.

이 경우 화물이 실린 화물창의 이중저에 가해지는 하중은 모든 화물창에 균일하게 화물을 적재한 경우보다 크게 되며, 또 화물을 적재한 화물창과 빈 화물창 사이에는 큰 전단력이 작용하기 때문에 그만큼 선체의 강도를 증가시켜야 한다.

따라서 철광석을 격창 적재하는 배는 균질 화물(homogeneous cargo)만을 적재하는 경우와 비교해서 선각 중량이 증가한다.

이 증가량은 그 배의 화물의 비중과 적용할 선급에 따라 상당히 다르게 되지만, D.W.T. 30,000톤급의 파나막스급 정도의 벌크 화물선에서는 50～450톤 정도가 된다.

(5) 일반 배치

선각 중량과 일반 배치의 관계에서 가장 중요한 점은 종강도의 문제이다.

세로 휨 모멘트가 크게 되는 어떤 값을 넘으면 선각 중량이 증가하므로, 일반 배치를 검토할 경우에 이런 일이 생기지 않도록 하는 것이 좋다.

또, 화물창(화물 탱크)의 수가 증가하면 격벽의 맷수가 증가하기 때문에 중량은 한층 더 증가한다. 따라서, S.B.T.와 같은 화물 탱크의 구획이 재래형 유조선보다 많게 되면 선각 중량이 증가한다.

3. 중앙 횡단면과 선각 중량

계획의 진행과정에서 중앙 횡단면도가 작성되는 단계에서는 다음과 같은 방법으로 상당히 정확한 중량을 구할 수가 있다.

먼저, 선각 중량을 다음과 같이 구분하면

(가) 화물창과 화물유 탱크 중량(W_{HO})

(나) 선수미부의 중량(W_E)

(다) 선수루의 중량(W_F)

(라) 갑판실과 선미루의 중량(W_{DP})

선각 중량 W_H는

$$W_H = W_{HO} + W_E + W_F + W_{DP}$$

가 된다.

화물창 또는 화물유 탱크 중량(W_{HO})은 중앙 횡단면도가 그려지면 그 도면으로부터 1 m당 단위 중량을 구해서 이것에 화물창의 길이 l과 기준선으로부터 구한 수정 계수를 곱한 후에 화물창 부분의 격벽 중량을 추정해서 더하면 상당히 정확한 중량이 계산된다.

나머지 W_E, W_F, W_{DP}에 대해서 초기 계획의 단계에서는 도면이 없기 때문에 계산할 수 없으나 기준선의 자료로부터 중량을 추정한다.

예를 들면, 선수미부의 중량 W_E에 대해서는

$$W_E = W_{HO} \times \left(\frac{\alpha}{\frac{l}{L}} - 1 \right)$$

로 놓고 계수 α를 기준선에 대해서 그림 3-14에서와 같이 구하면 된다.

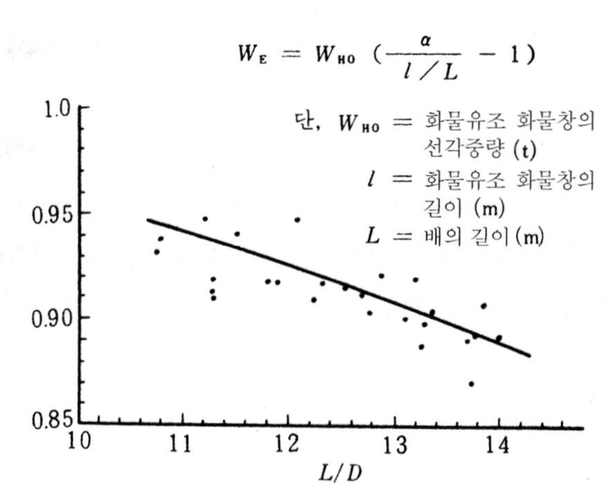

그림 3-14 전후부 중량 W_E의 추정 계수(α)

또, 선수루의 중량(W_F), 갑판실과 선미루의 중량(W_{DP})에 대해서도 기준선에 대해서 어느 정도 그림 3-15, 3-16과 같이 자료를 정리해 둔다면, 계획선의 W_F, W_{DP}를 추정할 수가 있다.

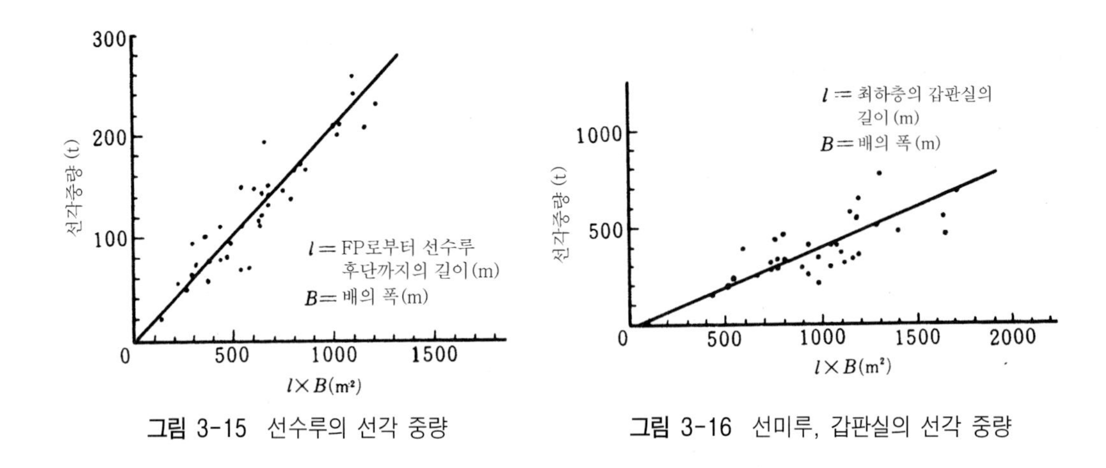

그림 3-15 선수루의 선각 중량

그림 3-16 선미루, 갑판실의 선각 중량

3.2.3 선체 의장 중량

선체 의장 중량(船體 艤裝 重量, equipment weight)에 대해서는 $L(B+D)$를 기선으로 하고, 실적 중량톤을 곡선으로 나타내면 그림 3-17과 같이 되는데, 이것을 이용하여 개략적인 중량을 추정할 수 있다.

벌크 화물선의 선체 의장 중량은 하역 장치의 유무에 따라서 상당히 변하게 되기 때문에 하역 장치가 있는 경우에는 그림 3-17로부터 구해지는 값에 하역 장치의 중량을 가산하면 좋다. 선체 의장 중량은 그 배의 시방서(示方書) 정도에 따라서 상당히 달라지며, $L(B+D)$가 동일하여도 사양의 내용이 상이하다면 중량도 상당히 달라지게 된다.

따라서 그림 3-17에 나타난 의장 중량은 요목에 의하지 않았으며, 계획이 진행됨에 따라서 의장의 요목이 어느 정도 결정되면 이미 앞에서 설명한 경하중량의 구분 내역의 선체 의장에 따라 원가를 결정하고, 가능한 한 크게 구분하여 기준선의 자료를 이용해서 사양 차이에 의한 중량이 서로 다른 것을 가감해서 의장 중량을 추정하는 것이 바람직하다.

설계 초기에 있어서 의장 관계 중량의 추정에는 유사한 실선으로부터 수정해서 구하는 것이 가장 확실하고 간단한 방법이지만, 새로 계획할 경우에는 조선소의 습관에 따라 공사를 구분하여 상세한 계산을 하고 있다.

L, B, D 혹은 표면적, 승조원 및 그 밖에 대한 계수로부터 간단히 구하는 방법을 Schokker가 제시하였다. 그러나 이 경우 사용자가 이것을 충분히 이해하여 실제의 자료에 의한 내용을 비교, 검토한 후 이용하지 않는다면 더욱 정확하고 만족한 값을 얻을 수는 없다.

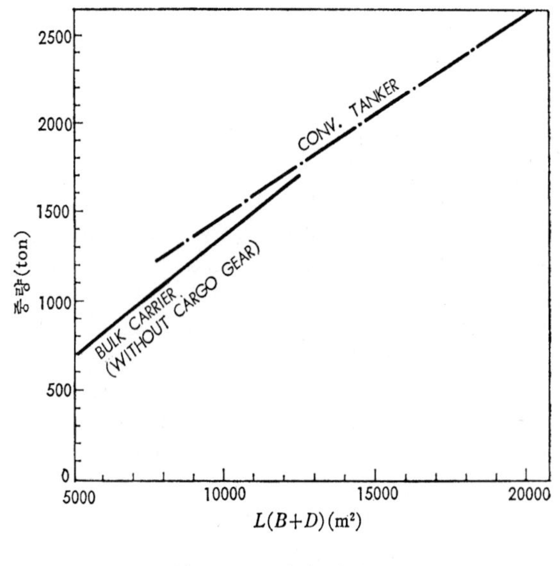

그림 3-17 선체 의장 중량

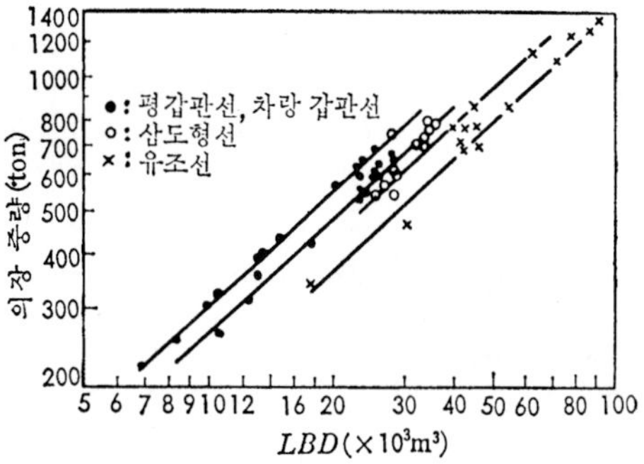

그림 3-18 화물선의 의장 중량

의장 관계의 구분과 범위는 조선소에 따라서 동일하지 않으며, 그 합계 중량으로 간단히 비교하는 것은 쉽지 않다.

그림 3-18에 나타낸 것은 중량을 실선으로부터 구한 값이며, 선형에 따라 도표로 분류하면 표 3-11에 나타낸 것과 같다.

의장 중량 계산에 있어서 주의할 사항은 다음과 같다.

㈎ 화물창 내의 내장재, 목갑판, 특수 장치(예를 들면, 중량물 운반용 데릭 강재 창구 덮개, 화물창 내의 기동 통풍 및 공기 조화 장치, 냉동 및 특수 화물 장치 등)의 중량이 포함되어야 하며,

㈏ 승조원 수를 고려해야 하고,

㈐ 화물선에서는 갑판 기계류를 포함하고, 유조선에서는 기관실 이외의 펌프류도 포함시켜야 하며,

㈑ 갑판 기계 중량, 이것은 장비의 댓수, 구동 방식(전동 유압, 증기 등) 등에 따라 달라지게 된다.

중량을 추정할 때에는 양화기, 양묘기, 계선기, 조타기, 냉동기 등의 장비 댓수에 1대당씩의 중량을 곱해서 산출해야 하며, 이것에 예비품, 부속품의 중량도 포함시키면 상당히 정확한 의장 중량을 추정할 수 있다.

표 3-11 상선 선각과 의장 상세 중량표(선체 설계 요목을 포함)

Reference No.	1	2	3	4	5	6	7	8	9
Ship type	Cargo	C_2 Cargo	C_3 Cargo & passenger	Japanese Cargo liner	Mariner Cargo liner	American passenger liner	S. S. Tanker	S. S. Tanker	S. S. Tanker
GT	4, 772. 7	7, 169	9, 274	9, 437. 86	9, 218	26, 455	12, 790	17, 062	22, 596
NT	2, 946. 0	4, 328	5, 170	5, 296. 86	5, 368	14, 320	7, 479	10, 486	13, 984
L_{BP} (ft)	390. 0	435. 0	465. 0	475. 75	528. 0	660. 563	535. 0	600. 0	677. 0
B_{MLD} (ft)	55. 0	63. 0	69. 5	63. 60	76. 0	93. 25	75. 0	82. 5	93. 0
D_{MLD} (ft)	34. 0	40. 5	42. 5	40. 36	44. 5	54. 60	40. 5	42. 5	48. 5
D(건현 갑판까지) (ft)	30. 5	31. 5	33. 5	31. 20	35. 5	45. 48	40. 5	42. 5	48. 5
d_{MLD} (ft)	24. 96	25. 75	26. 5	29. 90	29. 75	32. 50	31. 674	31. 85	36. 504
Displacement (ts)	10, 820	13, 859	16, 175	17, 790	21, 093	35, 440	25, 510	34, 640	49, 660
$D_{O.\,(MLD)}$ (ts)	—	13, 771	16, 072	17, 690	20, 958	34, 960	25, 385	34, 481	49, 405
L for coeff. (ft)	390. 0	435. 0	465	475. 75	520. 0	689. 0	535. 0	600. 0	675. 0
C_B	0. 714	0. 683	0. 658	0. 683	0. 624	0. 586	0. 698	0. 764	0. 755
$C_{⊠}$	0. 986	0. 980	0. 980	0. 985	0. 983	0. 977	0. 994	0. 993	0. 987
C_W	0. 804	0. 762	0. 763	0. 812	0. 745	0. 715	0. 792	0. 828	0. 836
KM(loaded) (ft)	—	25. 28	28. 71	27. 26	31. 40	38. 24	30. 81	33. 08	38. 20
KG(loaded) (ft)	—	20. 32	24. 76	24. 83	25. 90	32. 46	22. 99	22. 44	26. 65
Freesurface corr. (ft)	—	−3. 11	−1. 42	−0. 164	−0. 88	−0. 46	−1. 19	−1. 39	−1. 24
GM(loaded) (ft)	—	1. 85	2. 53	2. 266	4. 62	5. 60	6. 63	9. 25	10. 31
Cubie No.	7, 293	11, 099	13, 730	12, 193	17, 857	33, 880	16, 251	21, 037	30, 536
Net steel (ts)	2, 217. 98	2, 883. 0	3, 832. 0	3, 318. 0	4, 768. 0	11, 411. 0	4, 495. 0	5, 909. 0	8, 390. 0
Rudder & stock (ts)	12. 68	19. 0	23. 0	16. 74	26. 0	47. 0	22. 0	26. 0	31. 0
① **Total** (coeff.)	**2, 230. 66** (0. 306)	**2, 902. 0** (0. 2615)	**3, 855. 0** (0. 281)	**3, 334. 74** (0. 2735)	**4, 794. 0** (0. 2686)	**11, 458. 0** (0. 3385)	**4, 517. 0** (0. 278)	**5, 935. 0** (0. 282)	**8, 421. 0** (0. 276)
Wood dk. Spar., Ceil. (ts)	66. 82	51. 0	129. 0	143. 0	41. 0	328. 0	—	—	—
Heat insulation (ts)	21. 81	14. 0	39. 0	20. 0	70. 0	275. 0	33. 0	49. 0	36. 0
Refr. insulation (ts)	5. 01	164. 0	256. 0	61. 4	136. 0	336. 0	17. 0	21. 0	25. 0
Store etc.	12. 40	—	—	20. 5	—	—	—	—	—
② **Total**	**166. 04**	**229. 0**	**424. 0**	**244. 9**	**247. 0**	**959. 0**	**50. 0**	**70. 0**	**61. 0**
Joiner wood	19. 89 (Joiner wood + Lavatory, galley etc.)	9. 0	124. 0	34. 0	74. 0	1, 348. 0	62. 0	46. 0	33. 0
Lavatory, galley etc.		4. 0	13. 0	7. 9	12. 0	99. 0	4. 0	4. 0	4. 0
Furniture	9. 19	11. 0	46. 0	14. 4	21. 0	265. 0	22. 0	22. 0	27. 0
③ **Total**	**29. 08**	**24. 0**	**183. 0**	**56. 3**	**107. 0**	**1, 712. 0**	**88. 0**	**72. 0**	**64. 0**
Mooring fittings	12. 96	33. 0	37. 0	31. 2	51. 0	79. 0	27. 0	33. 0	36. 0
Doors, windows, ports	20. 89	23. 0	94. 0 (Doors, windows, ports + Hatch cover, manholes)	15. 35	14. 0	365. 0	13. 0	11. 0	12. 0
Hatch cover, manholes	34. 0	93. 0		86. 2	399. 0	73. 0	31. 0	36. 0	37. 0
Rails, ladders, stairways	—	23. 0	30. 0	22. 15	46. 0	47. 0	39. 0	43. 0	55. 0
④ **Total**	**67. 85**	**172. 0**	**161. 0**	**159. 9**	**510. 0**	**564. 0**	**110. 0**	**123. 0**	**140. 0**
Deck covering etc.	27. 11	25. 0	122. 0	22. 15	47. 0	1, 045. 0	47. 0	54. 0	41. 0
Paint & cement	130. 95	94. 0	74. 0	83. 3	82. 0	454. 0	42. 0	50. 0	52. 0
⑤ **Total**	**158. 06**	**119. 0**	**196. 0**	**105. 45**	**129. 0**	**1, 499·0**	**89. 0**	**104. 0**	**93. 0**
Ventilations	3. 86	8. 0	44. 0	37. 32	35. 0	220. 0	30. 0	24. 0	58. 0
Cargocaire	—	—	—	49. 5	94. 0	—	—	—	36. 0
Heating system	3. 39	4. 0	8. 0	13. 4	5. 0	81. 0	8. 0	12. 0	13. 0
Fire extinguishing	4. 71	11. 0	26. 0	24. 5	36. 0	76. 0	23. 0	23. 0	30. 0

⑥ **Total**	**11.96**	**22.0**	**78.0**	**124.72**	**170.0**	**377.0**	**61.0**	**59.0**	**137.0**
Drainage & scuppers	4.44	34.0	85.0	14.2	110.0	212.0	54.0	61.0	72.0
Sounding & air pipes				13.1			*19.0	*29.0	*30.0
Cargo oil system	—	—	16.0	—	2.0	—	207.0	288.0	318.0
Fresh & salt-water system	36.25	10.0	45.0	24.2	13.0	402.0	10.0	10.0	12.0
⑦ **Total**	**40.69**	**44.0**	**146.0**	**51.5**	**125.0**	**614.0**	**290.0**	**388.0**	**432.0**
Refrigerating plants	3.00	51.0	78.0	29.5	47.0	124.0	5.0	4.0	5.0
Winches	50.82	33.0	42.0	108.0	122.0	55.0	35.0	33.0	49.0
Windlass & capstan		14.0	20.0	26.5	40.0	138.0	18.0	19.0	26.0
Steering eng. & gear	8.86	12.0	20.0	12.25	33.0	75.0	15.0	18.0	20.6
⑧ **Total**	**62.68**	**110.0**	**160.0**	**176.25**	**242.0**	**392.0**	**73.0**	**74.0**	**100.0**
⑨ **Sheet metal work**	—	**5.0**	**9.0**	—	**13.0**	**32.0**	**11.0**	**7.0**	**12.0**
Anchor chain, lines	48.11	56.0	60.0	66.7	75.0	124.0	76.0	92.0	107.0
Awning & covers	1.18	3.0	4.0	1.0	1.0	5.0	1.0	1.0	1.0
Rigging & blocks	17.81	25.0	24.0	39.0	53.0	23.0	6.0	1.0	7.0
Boats & handlings	6.88	7.0	20.0	20.3	16.0	184.0	9.0	20.0	14.0
Outfits	6.29	5.0	15.0	6.8	6.0	250.0	20.0	12.0	20.0
⑩ **Total**	**80.27**	**96.0**	**123.0**	**133.8**	**151.0**	**586.0**	**112.0**	**126.0**	**149.0**
⑪ **Miscellaneous**	**22.05**	**27.0**	**31.0**	**25.7**	**37.0**	**62.0**	**40.0**	**33.0**	**37.0**
Wood & outfits	573.96 (0.0786)	848.0 (0.0764)	1,511.0 (0.110)	1,078.52 (0.0885)	1,731.0 (0.097)	6,777.0 (0.200)	924.0 (0.05625)	1,061 (0.05035)	1,225.0 (0.04013)
Hull total(coeff.)	**2,804.35** (0.3846)	**3,750.0** (0.3379)	**5,366.0** (0.391)	**4,413.26** (0.362)	**6,525.0** (0.3656)	**18,235.0** (0.5385)	**5,441.0** (0.33425)	**6,996.0** (0.33235)	**9.646.0** (0.31613)

주 Cutwalks and pump room floors, grating's

3.2.4 기관 및 전기부 중량

기관부와 전기부의 합계 중량은 주기관의 마력을 기선으로 해서 실적을 곡선으로 나타내면 그림 3-19와 같이 된다. 주기관 마력을 알면 이 그림으로부터 개략적인 중량을 추정할 수 있다.

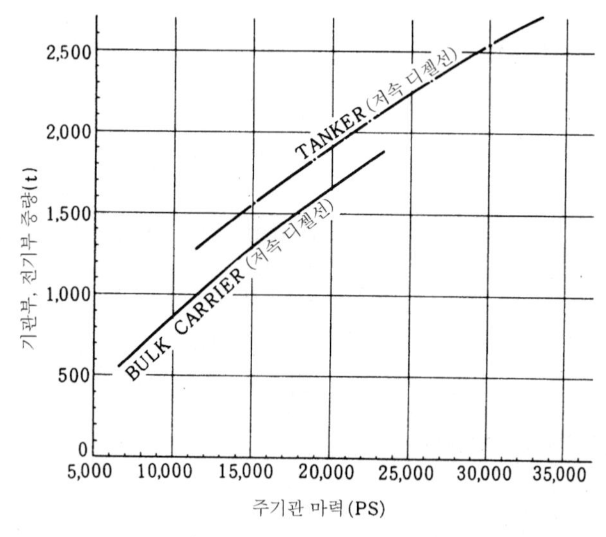

그림 3-19 기관, 전기부 중량

기관, 전기부의 중량은 주기관 마력에 따라서 크게 변화하지만, 같은 마력에서도 주기관의 형식에 따라서 상당히 변화한다.

예를 들면, 저속 디젤 기관이 1마력당 약 30 kg인 것에 비해서 중속 디젤 기관의 중량은 1마력당 약 10 kg이 되므로 중속 디젤 기관 쪽이 같은 마력에서 훨씬 가볍다. 한편, 저속 디젤 기관도 1실린더당 출력이 매년 향상되고 있으며, 마력당 중량도 점차 감소하고 있는 추세이다. 따라서 기관부의 중량에 대해서는, 특히 기관 형식에 대해서 주의할 필요가 있다.

표 3-12는 표 3-11에 나타낸 선형에 대한 제원의 상세한 기관부 중량표이다.

기관, 전기부의 중량도 선체 의장 중량과 같이 그 배의 사양 정도에 따라 상당히 달라지기 때문에 요목 결정 단계에서 최소 한도 선가(船價)면에서 크게 구분한 내역에 대하여 중량을 추정하는 것이 필요하다.

일반적으로 초기 기본설계에서 약산식에 의한 기관 중량 추정에는

$$W_M = C_M(\text{I.H.P., S.H.P., B.H.P.})$$

여기서, I.H.P. : 증기 왕복동 기관의 연속 최대출력

S.H.P. : 증기 터빈 기관의 연속 최대출력

B.H.P. : 디젤 기관의 연속 최대출력

C_M : 기관부 중량 계수로서

I.H.P.일 때 : 0.13~0.20

S.H.P.일 때 : 0.09~0.12

B.H.P.일 때 : 0.09~0.12

배의 초기 설계과정에서 저항 계산에 의한 소요 마력을 구하여 기관 중량을 추정하는 방법도 있다.

$$W_M = C_M \times \text{P.S.}$$

$$\text{P.S.} = \frac{\Delta^{\frac{2}{3}} V^3}{C_{AD}} \text{ 일 때}$$

$$\therefore W_M = \frac{C_M}{C_{AD}} V^3 \Delta^{\frac{2}{3}} = C_M' V^3 \Delta^{\frac{2}{3}}$$

여기서, C_M' : 0.007~0.010(다만, S.H.P.와 B.H.P.를 기준할 때)

이상과 같이 기관의 연속 최대출력에 대한 기관 중량에는 기관 관계에 전기부 중량도 포함된다.

최근의 화물선에서는 터빈 기관보다 연료 소비량이 적은 디젤 기관을 사용하고 있으며, B.H.P. 20,000 마력 내외에서는 디젤 기관을, S.H.P. 25,000 마력 이상에서는 터빈 기관을 사용하는 것이 상식으로 되어 있다.

추진 기관 총 중량 1톤당의 출력이 B.H.P. 10,000 마력 내외의 터빈 기관과 디젤 기관에서는 대개 8~9 B.H.P. 내외로 되어 있지만, B.H.P. 5,000마력 내외의 디젤 기관에서는 4~5 B.H.P. 내외의 새로 건조한 부정기 화물선도 어느 정도 있다.

표 3-12 상선 기관 상세 중량표(기관 요목과 중량 톤수를 포함)

Reference No.	1	2	3	4	5	6	7	8	9
Machinery kind	Geared turbine, Water tube boilers								
Normal S. H. P.	3, 150	6, 000	8, 500	11, 000	17, 500	34, 000	13, 650	12, 500	20, 000
rpm	—	92	85	106	102	128	97	112	102
Max. conti. S. H. P.	—	6, 600	9, 350	12, 000	19, 250	37, 400	15, 000	13, 750	22, 000
rpm	—	95	88	110	105	132	100	115	105
Steam press. (lb/in²)	—	450	450	600	600	425	600	850	600
Steam temp. (°F)	—	750	750	842	865	725	850	850	875
Speed at 80% of Normal S. H. P at full load	13. 0	15. 5	17. 0	18. 0	20. 0	22. 0	18. 5	16. 5	18. 0
EHPa/S. H. P.	—	0. 78	0. 79	—	0. 73	0. 70	0. 72	0. 71	0. 69
Weight (tons)									
Turbines & gears	72. 33	95. 0	123. 0	151. 2	160. 0	350. 0	109. 0	112. 0	155. 0
Shafting & bearers	47. 50	80. 0	97. 0	129. 3	165. 0	469. 0	69. 0	53. 0	87. 0
Propeller	8. 70	14. 0	22. 0	18. 3	29. 0	42. 0	26. 0	21. 0	30. 0
Condenser	14. 89	21. 0	31. 0	34. 1	43. 0	112. 0	49. 0	44. 0	69. 0
① Total	**143. 42**	**210. 0**	**273. 0**	**332. 9**	**397. 0**	**973. 0**	**253. 0**	**230. 0**	**341. 0**
Main boilers	87. 17	113. 0	128. 0	184. 6	185. 0	496. 0	175. 0	154. 0	186. 0
Accesaries	11. 52	—	—	67. 2	—	—	—	—	—
Funnel, uptake & air duct	18. 57	12. 0	32. 0	36. 9	35. 0	203. 0	27. 0	28. 0	30. 0
② Total	**117. 26**	**134. 0**	**160. 0**	**288. 7**	**220. 0**	**699. 0**	**202. 0**	**182. 0**	**216. 0**
Pumps	20. 95	25. 0	47. 0	39. 9	32. 0	75. 0	31. 0	37. 0	35. 0
Fan, compressor & ejector	2. 45	6. 0	11. 0	14. 5	15. 0	17. 0	10. 0	11. 0	12. 0
Evaporater, distiller	—	4. 0	9. 0	9. 85	16. 0	43. 0	8. 0	6. 0	8. 0
Feed water heater	16. 12	7. 0	8. 0	34. 5	6. 0	16. 0	11. 0	9. 0	5. 0
③ Total	**39. 52**	**42. 0**	**75. 0**	**98. 75**	**69. 0**	**151. 0**	**60. 0**	**63. 0**	**60. 0**
Piping	10. 74	73. 0	94. 0	57. 90	117. 0	278. 0	135. 0	147. 0	171. 0
Fresh & sea-water system	—	—	—	51. 50	—	—	—	—	—
Fuel oil system	3. 96	9. 0	15. 0	12. 60	19. 0	37. 0	11. 0	13. 0	19. 0
Lublicating oil system	—	19. 0	23. 0	12. 55	27. 0	56. 0	12. 0	14. 0	18. 0
Cargo oil pumps	—	—	—	—	—	—	19. 0	26. 0	28. 0
Miscell. piping	32. 58	—	—	14. 17	—	—	—	—	—
④ Total	**47. 28**	**107. 0**	**132. 0**	**148. 72**	**163. 0**	**371. 0**	**177. 0**	**200. 0**	**236. 0**
Ladder & gratings, floor	17. 28	29. 0	36. 0	50. 3	42. 0	89. 0	38. 0	42. 0	48. 0
Tools & spares	11. 50	7. 0	8. 0	12. 3	8. 0	18. 0	7. 0	5. 0	8. 0
⑤ Total	**28. 73**	**36. 0**	**44. 0**	**62. 60**	**50. 0**	**107. 0**	**45. 0**	**47. 0**	**56. 0**
Generator & elect. system	10. 97	12. 0	31. 0	38. 22	51. 0	61. 0	22. 0	25. 0	29. 0
Switch board & wiring	0. 71	22. 0	59. 0	77. 50	89. 0	254. 0	32. 0	39. 0	37. 0
Radio set.	0. 69	—	—	—	—	—	—	—	—
⑥ Total	**12. 37**	**34. 0**	**90. 0**	**115. 72**	**140. 0**	**315. 0**	**54. 0**	**64. 0**	**66. 0**
⑦ Miscellaneous	**—**	**9. 0**	**14. 0**	**43. 55**	**15. 0**	**26. 0**	**12. 0**	**19. 0**	**22. 0**
⑧ Liquid in system	**26. 10**	**50. 0**	**84. 0**	**58. 0**	**105. 0**	**232. 0**	**83. 0**	**80. 0**	**106. 0**
Machinery total	**414. 73**	**616. 0**	**872. 0**	**1, 143. 94**	**1, 159. 0**	**2, 874. 0**	**886. 0**	**885. 0**	**1, 103. 0**
S. H. P. /Mach. weight	**7. 6**	**9. 75**	**9. 75**	**9. 57**	**15. 1**	**11. 8**	**15. 4**	**14. 13**	**18. 14**
Light ship, total	**3, 320. 09**	**4, 366. 0**	**6, 238. 0**	**5, 562. 2**	**7, 684. 0**	**21, 109. 0**	**6, 327. 0**	**7, 881. 0**	**10, 749. 0**
Crew & stores	—	28. 0	—	—	63. 0	—	65. 0	55. 0	75. 0
Passenger & crew	—	—	28. 0	26. 0	—	150. 0	—	—	—
Mail & baggage etc.	—	—	100. 0	15. 0	—	480. 0	—	—	—
Swimming pool	—	—	50. 0	—	—	110. 0	—	—	—
Fuel oil	—	1, 386. 0	1, 520. 0	2, 265. 0	3, 808. 0	4, 456. 0	880. 0	900. 0	775. 0
Fresh water	—	322. 0	916. 0	325. 0	257. 0	4, 280. 0	140. 0	475. 0	165. 0
General cargo	—	4, 533. 0	6, 891. 0	9, 598. 0	8, 978. 0	1, 625. 0	—	—	—
Refrigerated cargo	—	328. 0	432. 0	—	303. 0	375. 0	—	—	—
Liquid cargo	—	2, 896. 0	—	—	—	—	18, 098. 0	25, 329. 0	37, 896. 0
Dead weight total (T. D. W.)	**—**	**9, 493. 0**	**9, 937. 0**	**12, 228. 0**	**13, 409. 0**	**11, 476. 0**	**19, 183. 0**	**26, 759. 0**	**38, 911. 0**
Full load displt. (Δ)	**—**	**13, 859. 0**	**16, 174. 0**	**17, 790. 0**	**21, 093. 0**	**32, 585. 0**	**25, 510. 0**	**34, 640. 0**	**49, 660. 0**
$\frac{\Delta}{\text{T. D. W.}}$	—	1. 460	1. 628	1. 455	1. 573	2. 840	1. 330	1. 295	1. 276

대형 유조선에서는 축 마력 17,500마력의 터빈 기관은 총 중량이 1,555톤으로

$$\frac{\text{상용 출력 S.H.P. 혹은 B.H.P.}}{\text{전체 기관 중량}} = 11.25$$

로 되는 것이 있으며, 마리너(Mariner)형의 축 마력에서 증기 압력과 온도, 추진기 회전수 등이 대개 같은 배의 기관 총 중량은 1,159톤으로 1톤당 출력이 15.1인 것은 주목할 만한 가치가 있다.

물론, 유조선은 선미 기관형으로서 중앙 기관인 배보다 축계의 중량이 $\frac{1}{2}$ 정도이지만, 펌프실의 중량을 가산하게 된다면 거의 같은 총 중량이 되기 때문에 최근의 화물선에서도 기관의 종류에 따라서는 중량에 큰 차이가 없다는 것을 알 수 있다.

터빈 기관이 디젤 기관보다도 약 $\frac{1}{2}$ 에 가까운 기관 총 중량이 되지만, 연료의 소비량이 2～3배 증가하기 때문에 선주가 연료 및 청수의 소비량이 적은 디젤 기관을 채용하고 있으며, 기관 총 중량이 대단히 증가하게 되고 가격이 상승하여도 관심을 가지지 않는 것은 그 때문이다(표 3-12 참조).

일본의 삼능장기(三陵長崎)에서는 U.E.C.형이라는 경디젤 기관을 고안해서(전기부 총 중량을 포함해서) 1톤당 약 8.28 B.H.P.의 출력을 내게 하고 있으며, 삼정(三井)의 B.&W. 기관도 DIR 8.7 B.H.P.의 출력을 내고 있다.

천기(川崎)의 M.A.N. 기관은 다른 회사의 Sulzer 기관보다 약간 가볍기는 하지만, 이 두 기관 역시 5～6 B.H.P.의 범위에서 출력을 내고 있다.

표 3-15(1)과 (2)는 건조 화물선의 요목표로서 중량의 상세 구분은 확실하지 않지만 앞의 자료를 이용하면 대체적으로 큰 차이 없이 좋은 결과를 얻을 수 있다. 이와 같이 기관 중량에 대해서 기관의 형식과 종류 및 크기의 선택에서 중요한 것은 기관 중량을 절감함으로써 선가를 절약할 수 있다는 것이며, 동시에 재화중량을 증가시킨다는 점에서 주기관의 정확한 총 중량의 추정은 대단히 중요하다.

3.2.5 연료 소비량

주기관이 연료를 소비하는 것은 1시간에 1마력당 몇 g을 소비하느냐의 형태로 표시된다. 예를 들면, 150 g/HP/hr로 표시된다. 주기관의 연료 소비율(specific fuel oil consumption)은 연료의 발열량에 따라서 변하므로, 연료 소비율에는 연료의 발열량을 같이 나타낸다.

발열량에 대해서 설명하면 고위 발열량과 저위 발열량이 있는데, 터빈 기관에서는 고위 발열량을 쓰고 디젤 기관에서는 저위 발열량을 쓰는 것이 습관으로 되어 있다.

연료의 연소 가스의 배기 온도는 디젤 기관이나 증기 터빈 기관 어느 것이나 100℃ 이상이 되므로 수분이 응축되지는 않는다. 실제 이용하는 발열량은 저위 발열량이 된다. 그러나 오래

전부터 증기 터빈 기관에서는 고위 발열량을 사용하고 있다. 연료의 소비량은 선주에게 경제적인 면에 있어서 매우 중요한 문제가 되기 때문에 연료 소비율은 보증 항목의 하나로 되어 있다.

디젤 기관의 경우 육상 시운전에서는 연속 최대출력까지 내기 때문에 보증할 연료 소비율은 육상 시운전일 때 A중유를 사용하여 계측하는 것이 보통이다.

디젤 기관의 보증 연료 소비율을 예를 들어 155 g/HP/hr로 한다면, 보통은 A중유의 저위 발열량에 있어서의 값을 나타내고 있으므로 이 값이 실제로 필요한 C중유의 소요량을 산출하고자 할 때에는 기준한 A중유와 C중유의 저위 발열량과의 비, 바꾸어 말하면 10,000~10,200/9,700 kcal/kg을 155 g/HP/hr로 수정해야 한다.

즉,

$$\text{C중유 소비율} = 155 \times \left(\frac{10,000 \sim 10,200}{9,700} \right)$$

이 된다.

증기 터빈의 연료 소비율은 고위 발열량 10,280 kcal/kg의 기름 205 g/HP/hr로 표시되며, 이 고위 발열량 10,280 kcal/kg은 C중유의 발열량으로서 저위 발열량으로 환산하면 약 9700 kcal/kg으로 된다. 따라서 연료 소비율로부터 C중유의 소요량을 구할 때에는 발열량을 수정하지 않는 것이 좋다.

실제의 연료 소비율은 보증값보다 보통 3% 정도 초과시켜 허락하고 있다. 특히, 연료가 비싼 것을 계산할 경우에는 이 양을 조금 증가시킬 필요가 있다.

그러나 한 가지 주의할 것은 디젤 구동 발전기에 의한 것이 많으므로, 이에 해당하는 연료가 주기관과는 별도로 필요하게 된다. 마력이 큰 디젤 기관의 경우에는 주기관의 배기를 이용해서 증기를 발생시키고, 이것에 의해서 증기 터빈의 구동 발전기를 돌려 항해 중의 소요 전력을 해결할 수 있다.

또한, 주기관으로 발전기를 구동하는 소위 주기관 구동 발전기(main engine driven generater)를 채용할 경우에도 항해 중의 소요 전력은 주기관 구동 발전기로 해결할 수가 있다. 이와 같은 경우에는 항해 중 주기관 이외의 연료가 필요 없게 된다.

발전기용 디젤 기관의 연료는 A중유이므로 A중유의 연료 탱크를 C중유와는 별개로 설치하여야 한다. 또한, 출·입항시와 같이 주기관의 출력을 낮추어서 저회전으로 항행할 때에는 C중유로는 연소 불량이 되기 때문에 A중유로 바꾸어 운전하게 된다. 그러므로 A중유의 소요량 계산에 있어서는 발전기용 디젤 기관에 필요한 양 이외에 주기관용도 함께 고려하여야 한다.

증기 터빈 기관선의 항해에 필요한 전력은 증기 터빈 구동 발전기에 의해서 공급되며, 이에 필요한 증기는 주보일러로부터 공급된다. 따라서 증기 터빈 기관의 연료 소비율은 장치 전체의 값을 나타내는 것이다. 다만 보증값으로는 통상 항해에 필요한 최소한의 전력을 공급하는

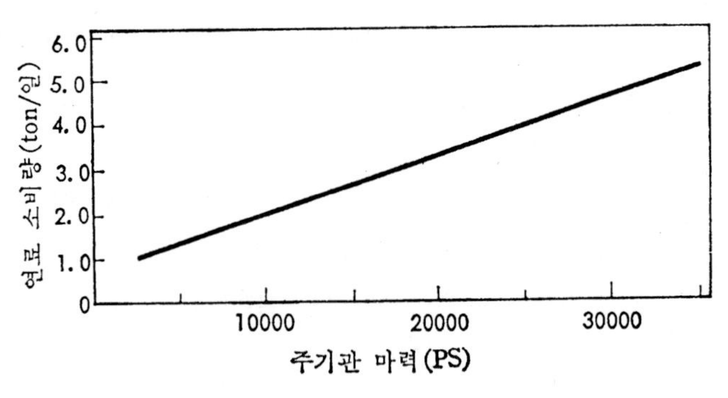

그림 3-20 발전기용 원동기의 연료 소비량

경우의 값으로 하는 것이 보통이며, 거주구의 냉 · 난방 장치 등에 필요한 전력을 포함시키지 않는 것이 일반적이다.

증기 터빈 기관 장치의 경우에서도 증기 터빈 구동 발전기의 고장에 대비하여 디젤 구동 발전기를 장비하는 것이 보통이므로, 적은 양의 A중유 탱크를 대부분 설치하고 있다. 이와 같이 연료유 탱크는 C중유 탱크와 A중유 탱크를 특별히 배치한다.

C중유 탱크의 필요량은 항속 거리에 따르겠지만, C중유 연료 탱크는

$$\text{연료유 탱크}(m^3) = \frac{\text{주기관 연료 소비율(ton/일)} \times (\text{항해 일수} + \text{마진})}{\rho \times \text{얼리지 마진}}$$

$$\text{항해 일수} = \frac{\text{항속 거리(sea miles)}}{\text{만재 항해 속력(kn)} \times 24}$$

$$\text{주기관 연료 소비율(ton/일)} = \text{연료 소비율 보증값(g/HP/hr)} \times \text{상용 출력} \times 24 \times 1.05 \times \text{슬러지 마진}$$

여기서, 얼리지 마진(ullage margin) : 연료유 탱크 내의 열팽창 계수에 대한 여유(만조일 때)
슬러지 마진(sludge margin) : 연료유 탱크 내의 슬러지에 대한 여유(공조일 때)

위 식에서 ρ는 연료유의 비중이며, C중유의 경우에는 0.935～0.970의 범위로 생각하면 좋다. 얼리지 마진은 0.960으로 한다.

연료유를 탱크에 100% 넣는다고 하면 넘쳐 흐를 위험이 있기 때문에 적당히 여유를 두어야 한다. 이것이 얼리지 마진이며, 일반적으로 설계에서는 0.960으로 하지만 선주에 따라서는 더욱 안전을 생각해서 0.900 정도의 값을 요구하는 경우도 있다.

주기관 연료 소비율의 계산식에서 1.05는 C중유의 저위 발열량 9700 kcal/kg과 A중유의 저위 발열량 10,200 kcal/kg과의 비이다.

디젤 기관의 연료 소비율 보증값은 A중유를 사용했을 때의 값으로 호칭한다. 따라서 실제 항해 중에 소비하는 양을 계산할 때에는 C중유의 저위 발열량으로 환산해서 계산하여야 한

다. 또, 연료유 중에는 침전물이 함유되어 있으므로 이 침전물의 여유만큼 1% 정도 마진을 생각하면 된다.

항해 일수의 계산식에는 일수의 여유에 대해서 벌크 화물선의 경우에는 3일 정도로 하면 좋다.

유조선의 경우에는 항해 중인 주기관용 연료뿐만 아니라 화물유 탱크의 가열, 탱크의 청소 작업, 하역시의 화물유 펌프 구동용으로 보일러용 연료가 필요하다. 보일러용 연료의 양은 각 작업시에 필요한 증기량(ton/hr)을 계산해서, 이것을 작업 시간과 증기 1 ton/hr를 발생시키는 데 필요한 연료의 소요량을 곱하면 얻을 수 있다[약산값으로는 증기량(ton/hr)×작업 시간(hr)× $\frac{1}{14}$ 을 생각하면 좋다]. 그러나 이 양을 계산하려면 상세한 보기 요목이 필요하므로 초기 계획 단계에서는 항해 일수의 마진을 증가시키는 것으로 이 값을 보상할 수가 있다.

대체적으로 예견하면, 가열용으로 2일분, 하역용으로 1일분, 탱크 청소용으로 0.5일분, 정박용으로 0.5일분을 합계하여 4일분에 해당하는 연료를 생각해 두면 좋다. 이것과 순수한 여유 3일분을 합해서 마진 총계를 7일분으로 한다. 화물유 탱크의 가열관이 없는 경우에는 이에 해당하는 일수를 빼어 마진의 총계를 5일분으로 한다.

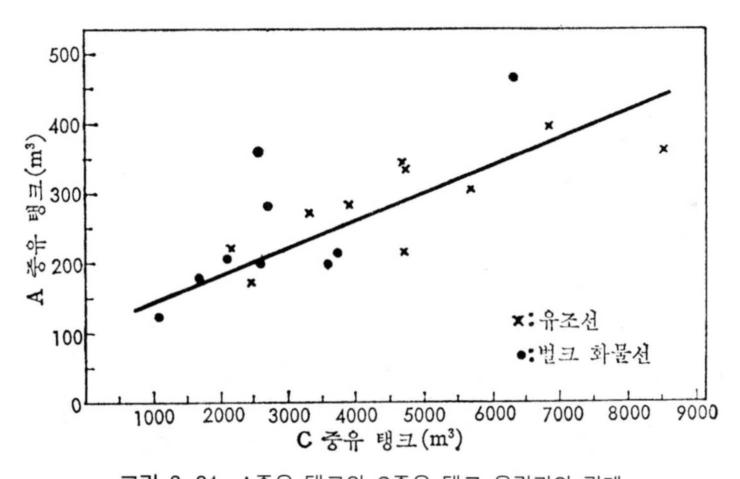

그림 3-21 A중유 탱크와 C중유 탱크 용량과의 관계

A중유는 발전기 구동용 디젤 원동기에 사용하는 것 이외에 출·입항 때에 주기관의 출력을 떨어뜨려서 항행하는 경우 주기관의 연소 불량을 방지하기 위해 A중유로 바꾸어 운전하므로, 이에 사용되는 양도 계산해 넣으면 된다.

출·입항시에 저속력으로 항행하는 시간은 항로에 따라 다르지만, 기항지가 하천의 상류에 있을 경우라면 장시간 A중유로 바꾸어 운전하기 때문에 주기관용의 A중유는 상당히 많이 필요하다.

일반적으로 항행하는 사이에 A중유로 주기관을 운전하는 시간은 24시간 정도로 계획하는 것이 좋다. 따라서 A중유 연료 탱크의 필요 용적은 다음 식으로 계산한다.

A중유의 연료 탱크(m^3)는

$$\text{연료 탱크}(m^3) = \frac{\begin{pmatrix}\text{출·입항시의} \\ \text{주기관 출력에} \\ \text{의한 연료 소비} \\ \text{율(ton/일)}\end{pmatrix} \times 1\text{일} + \begin{pmatrix}\text{통상 항해시에} \\ \text{있어서의 발전} \\ \text{기의 연료 소} \\ \text{비율(ton/일)}\end{pmatrix} \times (\text{항해 일수} + \text{마진})}{0.900\rho}$$

여기서, ρ는 A중유의 비중으로서 일반적으로 0.900으로 정하고 있다.

0.900은 C중유의 경우와 같이 얼리지 마진이지만, A중유 탱크는 기관실 내에 한정되어 있는 이중저에 배치되어 있기 때문에 C중유 탱크의 0.960 대신 0.900으로 한다.

또, 항해 일수의 마진으로는 C중유의 경우와 마찬가지로 3일 정도 여유를 두면 좋다.

출 · 입항시의 출력은 연속 최대출력의 25% 정도로 하면 좋지만, 이 경우의 연료 소비율은 상용출력 때보다 약 10% 증가하는 것으로 계산할 필요가 있다.

발전기의 구동용 디젤 원동기의 통상 항해시의 연료 소비량은 발전기의 용량으로부터 계산이 가능하지만, 계획 초기에는 확실한 수치를 알 수 없으므로 이 경우에는 그림 3-20에 의해서 대략 계산값을 추정할 수 있다.

한편, A중유 탱크의 실제 용적은 그림 3-21에 나타낸 것과 같이 C중유 탱크의 5～10%의 양이 된다.

연료유 탱크의 소요 용량에 대한 계산식으로는

예제 1. 벌크 화물선

$$\text{연료유 탱크(C중유, } m^3) = \frac{\text{주기관 연료 소비율(ton/일)} \times (\text{항해 일수})}{0.900\rho} \times 1.15 + 60$$

$$\text{항해 일수} = \frac{\text{항속 거리(sea miles)}}{\text{만재 항해 속력(kn)} \times 24}$$

주기관 연료 소비율(ton/일) = 연료 소비율 보증값(g/HP/hr) × 상용출력 × 1.05

여기서, ρ는 0.950으로 한다.

또 위 식에서 60 m^3는 잔유의 양이며, 연료유 탱크로부터 연료를 펌프로 이송하는 경우 연료유 탱크에 남은 기름의 양이다.

예제 2. 유조선

$$\text{연료유 탱크(C중유)}(m^3) = \frac{\begin{pmatrix}\text{주기관 연료}\\\text{소비율}(ton/\text{일})\end{pmatrix} \times (\text{항해 일수} + \text{마진}) \times \begin{pmatrix}\text{화물 양륙}\\\text{중의 연료}\\\text{소비율}(ton)\end{pmatrix}}{0.900\rho}$$

$$\text{항해 일수} = \frac{\text{항속 거리}(\text{sea miles})}{\text{만재 및 밸러스트 상태의 평균 속력}(kn) \times 24}$$

주기관 연료 소비율(ton/일)=연료 소비율 보증값(g/HP/hr)×상용출력×24×1.05

여기서, ρ는 0.970으로 한다.

또, 항해 일수의 마진은 3일분으로 하고, 이것에 탱크 청소용으로 0.5일분, 정박 중의 소요량 2일분을 가산해서 5.5일분이 된다.

화물유 탱크의 가열관이 필요하다면 소용되는 양을 가산해야 한다.

예제 3. 연료유 소요량의 계산

D.W.T. 45,000톤의 벌크 화물선을 예로 들어 연료유의 소요 용량을 계산하면 다음과 같다.

C중유 : 주기관 연료 소비율 보증값 153 g/HP/hr, 상용 출력 12,600 HP로 하면, 항속거리 16,600 S.M., 만재 항해 속력 15.4 kn라면,

$$\text{항해 일수} = \frac{16,600}{15.4 \times 24} = 44.9 \fallingdotseq 45(\text{일})$$

따라서,

$$\text{C중유 탱크의 필요량} = \frac{49.1 \times (45+3)}{0.96 \times 0.95} = 2,584\,(m^3)$$

A중유 : 주기관 마력 14,000 HP에 대해서 발전기의 통상 항해에서의 연료 소비율을 2.6 ton/일로 한다. 또, A중유에 의한 주기관 운전 시간을 합계 2일로 한다.

발전기용=2.6 ton/일×(45+3)=124.8(톤)

주기관용=153×1.05×1.01×1.1×14,000×0.25×24×2=30.0(톤)

따라서,

$$\text{A중유 탱크의 필요량} = \frac{124.8 \times 30.0}{0.90 \times 0.90} = 191\,(m^3)$$

다만, 얼리지 마진을 0.900, 연료의 비중 γ=0.900으로 했다.

3.2.6 청수와 창고품

1. 청수의 소요량

항해 중에 사용되는 청수(fresh water)는 청수 탱크로부터 급수된다. 또한, 대부분의 배는 주기관의 폐기열을 이용한 조수 장치(造水 裝置)를 설치하고 있기 때문에 이것으로 만들어진 물도 이용하고 있다.

청수는 음료수(drinking water 또는 potable water)로서뿐만 아니라 샤워, 목욕 등의 위생용, 기관부의 청수 계통의 보충용 등의 잡용수로도 사용한다.

또한, 유조선의 경우 대형 보일러에 사용되는 청수는 일반의 잡용 청수보다 순도가 높은 물을 필요로 하며, 보일러의 청소, 점검시에는 공해 방지 관계로 보일러 내의 물을 직접 배 밖으로 버릴 수 없기 때문에 일단 선내에 저장해 놓을 필요가 있으므로, 보일러에 보급하는 청수는 다른 청수와 구별하여 다른 탱크에 담아 둔다. 보일러용 청수는 양부수(養缶水, feed water) 또는 증류수(distilled water)라고 부른다. 그러나 화물선과 같이 보일러의 용량이 작은 것은 일반의 잡용수로도 사용하고 있다.

청수는 용도에 따라서 음료수, 잡용수, 양부수로 나눌 필요가 있으므로, 어느 정도 별개의 청수 탱크를 설치하게 된다. 다만, 벌크 화물선의 경우에는 위에서 설명한 것과 같이 양부수는 별도의 청수 탱크를 설치할 필요가 없기 때문에 음료수 탱크와 잡용수 탱크로 나누어서 배치한다.

경우에 따라서는 음료수와 잡용수를 특별히 나누지 않은 때도 있다. 이 경우에도 탱크는 공용으로 사용하지만 파이프 계통은 위생상 문제가 생기지 않도록 해 줄 필요가 있다. 최근에는 변기의 세척용으로 파이프의 부식 방지를 위해 바닷물을 사용하지 않고 청수를 사용(이것을 청수 sanitary 방식)하는 방법을 채용하는 경우가 많기 때문에, 청수의 소비량이 대단히 많아졌다.

따라서 일반 항해에 필요한 청수의 전량을 선내에 장비할 수 있도록 청수 탱크가 설치되어 있는 대형선 이외에는 불가능한 것이기 때문에, 중소형 배의 경우에는 조수 장치(evaporator)로 만들어진 물만 저장하여 청수 탱크의 용량을 감소시키고 있다.

조수 장치로 만들어진 물은 증류수이므로, 이것을 직접 음료수로 이용하면 건강상 지장이 있기 때문에 음료수 계통의 미네랄 첨가 장치를 부설한 것도 있다. 청수의 소비량은 승조원의 수와 국적 등에 따라서 상당히 다르지만, 승조원이 35명 정도인 배에서는 다음 정도로 계획하는 것이 좋다.

청수 소비량의 기준값은 다음과 같다.

㈎ **잡용 청수** 10～12 ton/일, 다만 목욕탕을 쓰지 않는 경우에는 이의 값에 80% 정도를 고려하는 것이 좋다. 또한, 청수를 위생용으로 사용하는 경우에는 약 2 ton/일의 물을 여분으로

가산할 필요가 있다.

㈏ **음료수** 2.0~3.0 ton/일, 단 승조원이나 여객은 일반적으로 항로, 항해 일수 및 계절에 따라 조금은 다르나 1인 1일 청수 소비량은 다음과 같다.

승조원 : 300~500 kg(표준은 350 kg)
여 객 : 100~300 kg(일반적으로 100 kg)

㈐ **양부수** ① 디젤 유조선은 $(0.075E+3.25)$ ton/일
② 디젤 화물선은 $(0.072E+2.4)$ ton/일

여기서, E : 최대 발열량(ton/hr)

밸러스트 탱크의 필요량에 대해서는 트림 계산을 하여 밸러스트 상태의 흘수를 확인하지 않고서는 알 수 없다.

청수 소요량의 계산 예를 보면,

㈎ **잡용 청수의 계산** 1일의 소비량 10 ton/일로 왕복 항해 일수 48일에 대한 편도 항해에 대한 양을 저장하는 것으로 하면, 왕복 항해 일수 48일에 대해서

$$\text{필요량}(m^3) = 10 \times \frac{48}{2}$$
$$= 240\ (m^3)$$

㈏ **음료수의 계산** 1일의 소비량 2.5 ton/일로 왕복 항해 일수 48일에 대한 편도 항해에 대한 양을 저장하는 것으로 하면,

$$\text{필요량}(m^3) = 2.5 \times \frac{48}{2}$$
$$= 60\ (m^3)$$

2. 창고품

실측 중량이지만 총 중량의 기준은 아니고, 요목에서 예비 프로펠러, 예비 축계를 뺀 갑판부, 기관부, 전기부의 합계 중량을 톤으로 나타내었으며,

- 일반 화물선 : $\frac{G}{T}(0.2 \sim 0.3\%)$
- 유조선 : H.P.$\times(0.25 \sim 0.5\%)$
- 일반적인 계산 : $\frac{(L_{BP})^2}{1,000}$

으로 대략 계산된다.

3. 식료품

1인당 1일 식료품(provision)의 소비량은 일반적으로 내국선에서는 2.5 kg으로 산정되나 외국선에서는 4.5 kg으로 하고 있다. 무게 중심 트림 계산에 있어서 대형선에서 식료품의 무게가 소모성 무게 그루핑에 속하는 항목이지만, 정량 물건으로 계획, 산정하는 일이 많다.

3.2.7 승조원 및 여객의 소지품

승조원(complement)의 중량은 60 kg으로 소지품을 포함한 한 사람의 중량은 표 3-13과 같이 나타낼 수 있다.

표 3-13 항해구역별 승조원·여객의 소지품량 (단위 : kg)

항해구역	승조원의 소지품량	여객의 소지품량
근해 구역 이상	120	110
연해 구역	100	90
한정된 연해 구역 및 평수 구역	80	70

중량 중심 트림 계산에 있어서 승조원 및 여객(passenger)의 소지품의 정위치로는 상면으로부터 1 m로 한다. 다만, 여객용의 화물실에 있는 것은 별도로 가산하며 평수 구역의 유람선과 선원실이 없는 선박에서는 승조원과 여객의 소지품 중량의 합계 중량을 평균 60 kg으로 한다.

3.2.8 화물 중량

균질의 화물을 화물창에 만재하는 것을 원칙으로 한다. 특수 화물창에는 특정의 재화 계수를 사용하며, 정기선과 전용선에서는 항로의 실정에 알맞은 적부 방법으로 계산하는 경우가 많다.

벌크 화물선에 대해서는 그레인 화물 적하 규정(grain loading regulation)에 의해 결정하고 있다.

I.M.O. 결의에 의한 벌크 화물선의 적부에 대해서는 자연 상태의 곡류를 운송하는 배를 벌크 화물선이라 규정하고 있으며, 벌크 화물선의 설계 및 건조가 극대화하고 있기 때문에 벌크 화물의 적부에 대해서는 I.M.O.와 S.O.L.A.S.에서 채택한 모든 규칙을 적용시키고 있다.

벌크 화물선의 화물 적부에 대해서 요약하면 다음과 같다.

1. 정의

(가) 곡류란 밀, 콩, 쌀, 종자 등 가공하지 않은 자연 상태의 것을 말한다.

(나) 만재 구획실이란 포장하지 않은 곡류를 충분히 가능한 높이로 쌓을 수 있는 전체의 구획을 말한다.

㈐ 부분 적재 구획실이란 포장하지 않은 곡류를 만재 구획실과 같은 상태로 적재하지 않은 구획실을 말한다. 다만, 곡류의 자유 표면은 수평으로 쌓아야 한다.

㈑ 침수 각도(θ_F)는 선체, 선루, 또는 갑판실의 풍우밀을 폐쇄하지 않은 개구가 수몰하는 경사각을 말한다.

한편, 침수를 진행시키지 않는 작은 개구는 개방 개구로 볼 필요는 없다.

2. 비손상시의 복원성 조건

포장하지 않은 곡류를 운송하는 선박의 비손상시의 복원성 특성은 항해할 때에 다음의 기준에 적합해야 한다.

㈎ 곡류의 이동으로 인한 선체의 횡경사각은 15°를 넘지 않을 것. 다만, 필요에 따라서는 관해 관청에서 그보다 작은 횡경사각을 요구할 수도 있다. 예를 들면, 허용 횡경사각을 정수 중에 있어서 폭로 갑판 끝이 수몰할 횡경사각으로 제한할 경우 등

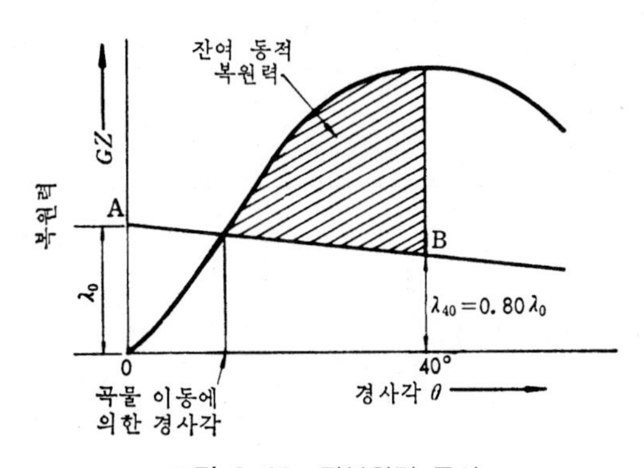

그림 3-22 정복원력 곡선

㈏ 정복원력(靜復原力) 곡선에 있어서 횡경사 모멘트 곡선 및 복원력 곡선의 범위에서 이 두 곡선의 세로 좌표의 차이가 최대로 되는 각도, 또는 40° 혹은 침수 각도(θ_F)와 어느 쪽이 최소의 각도로 유지할 것인지, 잔류 면적(잔존 동복원력)은 전체의 재화 상태에서 0.075 m · rad 이상으로 할 것.

㈐ 탱크 내 액체의 자유 표면의 영향을 수정한 G_0M은 0.30 m 이상으로 할 것.

$$\lambda_0 = \frac{\text{가로 이동에 의해 계산된 체적 횡경사 모멘트}}{\text{적부 계수(S.F.)} \times \text{배수량}}$$

$$\lambda_{40} = 0.80\,\lambda_0$$

주 1. 복원력 곡선은 정확해야 하기 때문에 경사각 12° 및 40°에 있어서 복원력 교차 곡선을 포함하여 충분해야 할 것.
2. 곡류의 가로 이동에 의한 횡경사 모멘트 곡선은 대개 직선 AB로 표시된다.

3. 횡경사 모멘트의 계산

(가) 만재 구획실에서 계산되는 공간은 그림 3-23과 같으며, 그 공간은 수평면에 대해서 30° 미만의 경사를 가지는 경계면 아래에 존재한다. 그 공간은 경계면에 평행해서, 즉 다음 식에서 계산된 평균 깊이를 가지는 것으로 한다.

$$V_D = V_{D1} + 0.75(d - 600)(\text{mm})$$

여기서, V_D : 평균 공간의 깊이(mm)

V_{D1} : 표준 공간의 깊이(mm) (표 3-14 참조)

d : 실제 거더의 깊이(mm)

다만, 어떤 경우에 있어서도 V_D는 100 mm 이상으로 한다.

또한, 만재 창구 웨이 중에는 창구 덮개 안의 공간을 가산해서 창구 덮개의 최저부나 해치 코밍(hatch coaming)의 정부 중 어느 쪽이든 낮은 쪽에서 곡류 표면까지 측정해서 150 mm의 평균 공간이 존재하는 것으로 한다.

표 3-14 표준 공간의 깊이

l(m)	V_{D1}(mm)	비 고
0.5	570	l이 8.0 m를 넘을 경우, V_{D1}은 거리 1.0 m 증가에 대해서 80 mm 직선적으로 증가하는 것으로 할 것. 창구 사이드 거더 또는 그 연장된 깊이와 창구 끝단 빔의 깊이 사이의 차이가 있는 경우에는 다음에서 큰 쪽의 값을 사용할 것. 1) 창구 사이드 거더 또는 연장된 창구 끝단 빔이 남을 경우에는 해치 웨이(way) 양측의 공간은 적은 쪽의 깊이를 사용하는 것이 좋다. 2) 창구 끝단 빔이 창구 사이드 거더 또는 그 연장이 남는 경우에는 창구 사이드 거더가 연장된 내측에 있어서 창구 웨이 앞부분 및 뒷부분의 공간은 적은 쪽의 깊이를 써서 계산할 것. 3) 창구 웨이를 피해서 저선루(융기) 갑판이 있는 경우에는 저선루(융기) 갑판 하면(下面)으로부터 평균 공간 깊이는 V_{D1}을 사용하면 창구 끝단의 빔의 깊이는 저선루(융기) 갑판의 높이를 더한 것을 거더의 깊이(d)로 해서 계산할 것.
1.0	530	
1.5	500	
2.0	480	
2.5	450	
3.0	440	
3.5	430	
4.0	430	
4.5	430	
5.0	430	
5.5	450	
6.0	470	
6.5	490	
7.0	520	
7.5	550	
8.0	590	
l은 창구 끝단 빔 또는 창구 사이드 거더에서 구획실 경계까지의 거리		

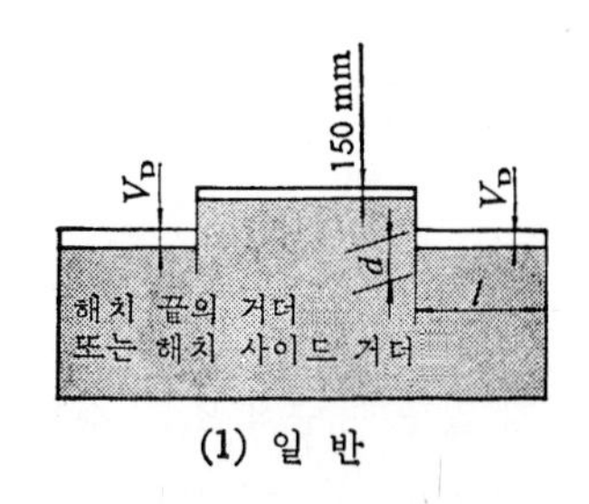

(1) 일 반

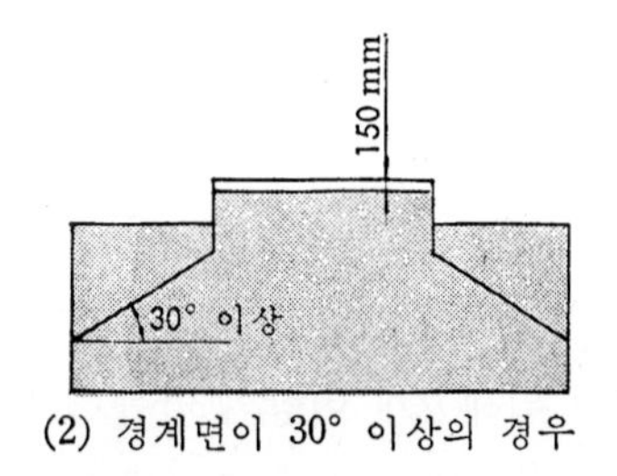

(2) 경계면이 30° 이상의 경우

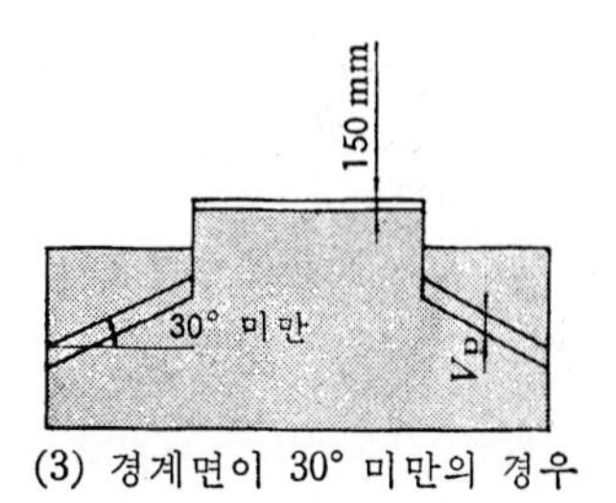

(3) 경계면이 30° 미만의 경우

그림 3-23 규정 공간의 대표(예)

(나) 만재 구획실의 체적 횡경사 모멘트, 이동 후의 곡류 표면은 수평면에 대해서 15°의 경사각을 가지는 것으로 생각한다.

또한, 불연속 종통 사절 위벽에 대해서는 그 전장에 계속해서 효과를 가지는 것으로 한다. 선박의 복원성 계산은 보통 만재 구획실 내의 화물 중심이 그 화물 적재 장소 전체 용적의 중심에 있는 것으로 가정하여 시행한다.

(다) 부분 적재 구획실의 체적 경사 모멘트는 포장하지 않은 곡류의 자유 표면에 이동 방지용 시설을 하지 않을 경우 이동 후 곡류 표면의 경사각은 수평면에 대해서 25°로 산정한다(그림 3-24, 3-25 참조).

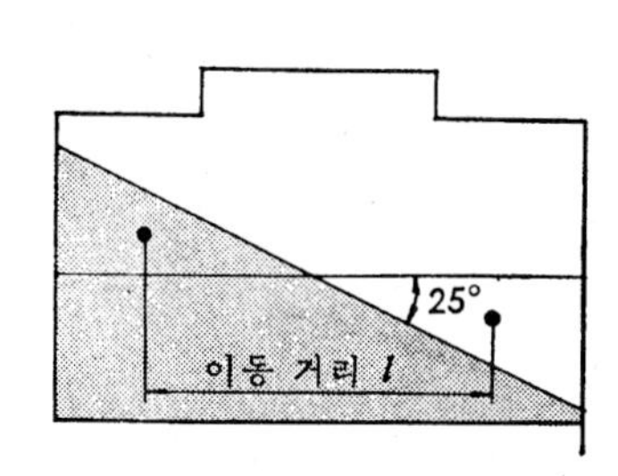

그림 3-24 이동 방지 대책 시설이 없는 경우

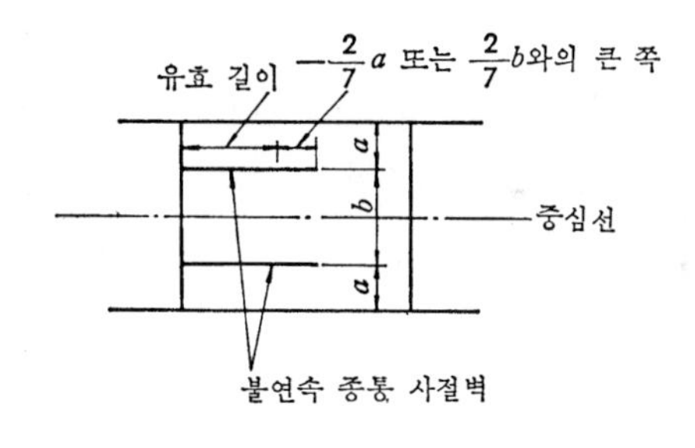

그림 3-25 불연속 종통 사절 위벽이 있는 경우

또한, 불연속 종통 사절 위벽이 있을 경우에는 그 구획실의 전체 폭에 계속해서 이동하는 것을 방지하기 위하여 그림 3-25에서와 같이 유효한 길이는 종통 사절 위벽의 실제 길이로부터 종통 사절 위벽과 그에 인접한 사절 위벽 또는 선측과의 사이의 가로 방향 거리 중에서 큰 쪽 값의 $\frac{2}{7}$를 뺀 값으로 한다.

이 수정은 조합(組合) 적재의 경우에는 그 상부 구획실이 만재 구획실, 부분 적재 구획실 어느 쪽의 경우에도 그 하부 구획실에는 적용하지 않는다.

곡류 표면의 수직 이동에 의한 영향은 다음 식에 의해 계산하는 것으로 한다.

$$\text{전경사 모멘트} = 1.12 \times (\text{계산된 횡경사 모멘트})$$

4. 현존선에 대한 적재 방법의 특례

다음 조건을 만족할 경우 이 규칙의 요건과 동등 이상의 비손상시 복원성을 가진 것으로 하여야 한다.

(1) 특히 적당한 구조를 가진 선박의 적재 방법

곡류 가로 이동 영향을 제한하기 위해 2개 이상의 곡류가 움직이지 않도록 수직 또는 경사된 종통 사절 위벽을 설치한 선박은 3항에서 정한 조건에 따르지는 않으며, 다음 조건으로 포장하지 않은 곡류를 운송하는 것으로 한다.

㈎ 가능한 한 많은 화물창과 구획실을 두며, 충분히 화물을 만재할 수 있는 것으로 한다.

㈏ 지정된 적부 배치 및 어떠한 항해 조건에 있어서도 횡경사각이 5°를 넘지 않도록 한다.

㈀ 화물을 만재한 화물창이나 구획실에서 곡류 표면이 화물창 또는 구획실의 경계면에서 수평면과 30° 이상의 경사를 지속하지 않으면서 최초의 표면으로부터 용적이 2% 정도 침하한 그의 표면과 12°의 각도까지 이동한 경우.

㈁ 부분 적재의 구획실 또는 화물창에 있어서 곡류의 자유 표면이 ㈀항의 것과 같이 침하하여 처음의 표면과 8°의 각도까지 이동하면 곡류 표면의 횡이동을 제한할 것.

(2) 인가 서류를 비치하지 않은 선박의 경우

(1)항의 조건을 만족하거나 다음의 조건에 적합할 경우에는 화물을 포장하지 않고 싣는 곡류의 적재를 허가한다.

㈀ 전체의 만재 구획실에는 해당 구획실의 전체 길이에 맞추고, 또 갑판이나 창구 덮개의 아랫면보다 갑판의 아래쪽이 작아지게 되므로 해당 구획실의 최대 폭의 $\frac{1}{8}$ 또는 2.4 m 중 어느 쪽이든 큰 쪽의 깊이에 도달하도록 중심선 사절 위벽을 설치할 것.

㈁ 만재 구획실로 통하는 전체의 창구는 폐쇄하고 창구 덮개는 소정의 위치에 고정할 것.

㈂ 부분 적재 구획실의 곡류 자유 표면은 수평이 되게 화물을 적재하여 이동 방지에 대한 처리를 할 것.

㈃ 항해를 할 때 탱크 내 액체의 자유의 자유 표면 영향은 수정한 G_0M 이 0.300 m 또는 다음 식에서 얻은 값 중 큰 값을 유지할 것.

$$GM_R = \frac{lBV_D(0.25B - 0.625 \times \sqrt{V_D B})}{\text{S.F.} \times \Delta \times 0.875}$$

여기서, l : 전체 만재 구획실의 합계 길이(m)

B : 배의 형폭(m)

S.F. : 적부계수(m^3/ton)

V_D : 평균 공간의 깊이(mm)

Δ : 배수 톤수(톤)

표 3-15(1) 화물선 요목표(1)

Class	Cargo liner	Cargo liner	Cargo liner	Tram-per	Cargo & passen-ger	Tram-per	Tram-per	Tram-per	Tram-per
Type	Open shelter	Closed shelter	Open shelter	Closed shelter	Closed shelter	3-Islan-der	Closed shelter	Shelter	Well decker
Length, O. A. (m)	156. 56	157. 17	153. 748	142. 10	144. 93	142. 72	139. 542	117. 20	72. 89
Length, B. P. (L) (m)	145. 00	145. 00	142. 455	132. 0	134. 0	133. 05	130. 0	108. 00	66. 80
Breadth, mld. (B) (m)	19. 60	19. 40	19. 30	18. 2	18. 8	18. 6	18. 2	16. 20	12. 00
Depth, mld. (D) (m)	12. 50	12. 30	12. 40	11. 7	11. 8	10. 4	11. 2	9. 60	6. 20
Draft, mld. (d) (m)	8. 335	9. 046	8. 283	8. 088	8. 721	8. 08	8. 10	6. 56	5. 448
Load Δ in Kt.	16, 291	17, 950	15, 674	14, 840	16, 050	15, 169	14, 116	8, 791	3, 257
c_B	0. 669	0. 686	0. 669	0. 743	0. 712	0. 736	0. 715	0. 744	0. 725
c_P	0. 679	—	0. 677	0. 752	0. 721	0. 748	0. 727	0. 753	0. 741
G. T.	7, 203. 38	9, 357. 11	6, 952. 52	8, 347. 16	8, 280. 55	7, 502. 67	7, 613. 59	3, 604. 60	1, 407. 79
N. T.	4, 003. 97	5, 282. 20	3, 854. 60	4, 780. 60	4, 907. 23	4, 212. 99	4, 285. 30	1, 871. 10	757. 12
Cargo capacity									
bale m^3	17, 903	15,884.91	16, 831. 9	16,063.93	14, 151. 3	14, 391. 0	14, 829. 1	9, 551. 19	2, 602. 11
grain m^3	20, 078	17,389.13	18, 755. 8	17,524.15	15, 476. 2	15, 946. 1	16, 364. 6	10,366.29	2, 796. 97
Cargo oil (kt)	1, 205	1, 931. 42	1, 095. 2	1, 207. 58	—	987. 8	—	621. 98	—
Fresh water (kt)	575	442. 77	700. 0	472. 28	638. 5	349. 1	491. 8	206. 68	69. 90
Feed water (kt)	60	381. 32	60. 3	—	90. 2	38. 8	69. 9	34. 10	
Ballast water (kt)	3, 220	2, 711. 64	3, 004. 6	927. 99	2, 114. 5	3, 025. 5	2, 801. 1	602. 66	346. 17
Fuel oil (kt)	2, 525	3, 500. 05	1, 269. 2	1, 022. 62	1, 623. 3	1, 345. 4	1, 319. 8	325. 73	95. 42
Store (kt)	—	—	586. 9	453. 14	—	436. 8	198. 9	119. 10	120. 06
Provision store (kt)	165	149	172. 3	128. 73	163. 9	104. 5	152. 3	63. 50	12. 47
Refrig. cargo (kt)	—	220. 42	—	—	—	—	—	—	—
Refrig. store (kt)	—	—	—	—	—	—	—	—	—
Dry cargo (kt)	—	—	—	—	—	—	—	—	—
Net hull steel (kt)	3, 420	3, 385	3, 290	2,586.744	3, 235. 0	2, 760	2, 545	1, 561	477. 65
Wood & outfit (kt)	1, 080	1, 156	1, 040	737. 765	942. 57	730	685	505	224. 42
Machinery (kt)	1, 050	1, 272	1, 055	951. 687	942. 82	771	695	401	156. 68
Electric inst. (kt)	56		60		43. 66	50	31		8. 56
Unknown wt. (kt)	—	−0. 27	—	−15. 026	15. 95	—	—	−3. 0	−17. 08
Light weight (kt)	5, 606	5, 812. 73	5, 445	4, 261. 17	5, 180. 0	4, 311	3, 956	2, 464	850. 23
Total Dead Weight(kt)	**10, 685**	**12,137.27**	**10, 229**	**10,578.83**	**10, 870**	**10, 858**	**10, 160**	**6, 326**	**2. 406. 78**
D. W. T./Δ	0. 657	0. 677	0. 653	0. 714	0. 678	0. 716	—	—	0. 74
Complements:—									
Off. & engineer	19	22	19	19	22	18	18	11	8
Crew	34	41	35	34	50	32	32	34	22
Passengers	7	12	6	6	1st 12 Tourist63	3	3	4	3
Total	**60**	**75**	**60**	**59**	**147**	**53**	**53**	**49**	**33**
Light condition:—									
KG (m)	8. 43	8. 68	8. 45	7. 723	8. 38	7. 75	7. 51	6. 79	4. 94
GM (m)	2. 01	1. 60	1. 78	3. 142	1. 78	4. 03	3. 48	3. 97	2. 63
Stability range	75. 9°	61. 2°	71. 8°	65. 0°	60. 5°	69°	74. 6°	66°	62. 4°
Load condition:—									
KG (m)	7. 40	7. 33	7. 40	7. 018	7. 01	6. 54	6. 83	6. 04	4. 11
GM (m)	0. 84	0. 92	0. 75	0. 472	0. 92	1. 28	0. 87	0. 59	0. 93
Stability range	85. 4°	81. 5°	79. 0°	77. 4°	71. 5°	87°	78. 6°	71°	65. 3°
Machinery data:—									
Type	B. &W.	Trubine	B. &W.	Double M. A. N.	Sulzer	B. & W.	B. & W.	M. A. N.	M. A. N.
Normal output	9, 600	11, 000	9, 600	—	5, 236	6, 650	5, 310	2, 000	1, 000
rpm	109	106	109		130	110. 5	109	127	224
Max. continuous output	11, 250	12, 000	11, 250	5, 500	6, 160	7, 500	6, 250	2, 400	1, 100
rpm	115	110	115	123	137	115	115	135	231
Steam pressure(kg/cm^2)	—	42	—	—	—	—	—	—	—
Steam temperature(°C)	—	450	—	—	—	—	—	—	—
Service speed (kn)	17. 2	18. 0	17. 2	14. 0	14. 65	15. 3	14. 65	12. 25	10. 75
fuel/day	37. 5	70. 3	37. 5	19. 2	20. 0	26. 0	20. 5	9. 38	4. 63
Normal output									
Mach. total wt. (with elect. wt.)	**8. 68**	**8. 65**	**8. 61**	**5. 78**	**5. 31**	**8. 1**	**7. 32**	**4. 99**	**6. 055**

표 3-15(2) 화물선 요목표(2)

Bulk-carrier	Tanker	Tanker	Tanker	Tanker	Tanker	Tanker	Tanker	Tanker	Tanker
Closed shelter	3 islander	3 islander	3 islander	3 islander	3 islander	3 islander	3 islander	3 islander	3 islander
157. 46	194. 753	176. 33	210. 50	208. 52	178. 217	169. 57	179. 54	170. 469	67. 83
148. 00	185. 00	167. 00	201. 00	200. 00	167. 00	161. 09	167. 00	159. 00	63. 00
20. 40	25. 20	22. 30	28. 20	28. 20	21. 50	21. 95	22. 00	21. 40	10. 50
12. 90	13. 40	12. 30	14. 60	14. 50	12. 20	11. 81	12. 20	11. 60	5. 25
9. 316	10. 159	9. 498	10. 876	10. 656	9. 422	9. 125	9. 39	9. 035	4. 865
20, 625. 0	37, 433	27, 689	50, 553. 57	50, 795. 0	27, 003	24, 960	27, 335. 0	23, 825	2, 354
0. 713	0. 768	0. 76	0. 7997	0. 825	0. 778	0. 757	0. 77	0. 754	0. 710
0. 724	0. 778	0. 768	0. 809	0. 835	0. 788	—	0. 78	0. 762	0. 719
10, 486. 75	17, 808. 11	13, 220. 70	24, 426. 51	23, 232. 66	12, 966. 90	11, 990. 6	12, 942. 69	12, 000. 57	1, 161. 05
6, 303. 00	13, 397. 88	9, 350. 81	15, 931. 82	14, 571. 0	7, 902. 97	6, 859. 97	9, 564. 15	8, 166. 99	702. 82
—	—	—	—	—	—	—	—	—	—
20, 020	38, 029. 8	27, 530. 0	—	—	26, 523	24, 560	27, 041	23, 326. 92	2, 025. 60
—	25, 490	19, 318	35, 350. 0	33, 711	—	—	—	—	1, 394. 07
485	198	150	288. 04	466	—	149	643	507. 50	37. 98
165	270	81	487. 01	254	—	123	535	157. 56	—
—	—	—	—	—	—	—	—	—	—
2, 062	2, 030	—	4, 451. 96	5, 263	2, 308	1, 393	3, 243	2, 643. 29	95. 55
19	30	28	—	—	—	—	—	—	2. 0
15	14	18	178. 66	69	158	—	160	72. 02	3. 0
—	—	—	—	—	—	—	—	—	—
—	—	—	—	—	—	—	—	—	—
12, 366	—	—	—	—	—		—	—	—
3, 757. 61	6, 470. 7	4, 742. 4	8, 741. 12	8, 703. 33	4, 660	4, 430	4, 820	4, 119. 767	464. 448
855. 67	1, 195. 0	754. 30	1, 335. 30	1, 101. 38	920	810	942. 24	841. 197	185. 5
823. 54	1, 384. 3	1, 407. 37	1, 163. 91	1, 456. 694	1, 110	1, 240	929. 07	794. 932	133. 945
65. 77	105. 7	62. 38	126. 33	98. 756	58		94. 69	92. 853	11. 905
−20. 252	32. 20	9. 60	−66. 08	−124. 158	—	—	—	74. 756	0. 169
5, 482. 34	9, 188. 0	6, 976. 0	11, 300. 58	11, 236. 0	6, 748. 0	6, 480. 0	6, 786. 0	5, 923. 51	796. 00
15, 142. 66	**28, 245. 0**	**20, 713. 0**	**39, 252. 99**	**39, 848. 0**	**20, 255. 0**	**18, 480. 0**	**20, 549. 0**	**17, 901. 49**	**1, 558. 00**
0. 734	0. 755	0. 742	0. 777	0. 785	0. 75	0. 741	0. 752	0. 751	0. 661
15	23	21	15	16	21	11	20	22	12
29	48	38	31	36	30	43	41	36	22
2	4	2	7	1	2	2	4	4	2
46	**75**	**61**	**53**	**53**	**53**	**56**	**65**	**62**	**36**
8. 58	8. 97	8. 29	—	9. 71	8. 53	—	8. 51	7. 868	4. 90
3. 88	10. 19	7. 45	—	16. 50	6. 65	—	6. 90	6. 792	0. 54
75. 0°	76. 2°	75. 4°	—	75. 7°	71. 8°	—	68°	77°	48. 9°
7. 94	7. 47	6. 95	7. 917	7. 99	6. 95	—	6. 70	6. 674	3. 82
0. 83	2. 4	1. 91	3. 605	2. 38	2. 06	—	1. 80	2. 051	0. 66
72. 6°	—	87. 4°	—	79. 5°	90°	—	76°	86. 8°	90. 9°
Turbine	Turbine	Sulzer	Turbine	Turbine	B. & W.	Sulzer	Turbine	Turbine	Sulzer
6, 600	12, 500	8, 000	18, 500	17, 500	—	—	7, 700	7, 500	750
106	106	112	106. 4	101. 5	—	—	96	101	235
7, 300	14, 000	9, 300	20, 250	19, 250	8, 750	6, 300	8, 500	8, 500	900
110	110	118	109. 7	105	115	125	100	105	250
44. 2	41. 0		42. 2	42. 2	—	—	30	32	
455	450	—	454	455			400	400	—
15. 5	16. 0	15. 0	17. 25	16. 25	14. 5	14. 0	14. 75	14. 7	11. 0
43. 0	79. 0	31. 5	106. 1	103. 0	35. 0	—	54. 0	47. 9	4. 25
7. 52	**8. 39**	**5. 44**	**14. 35**	**11. 24**	**7. 49**	**5. 085**	**7. 52**	**8. 45**	**5. 19**

특수 화물창이 있는 정기선, 전용선은 항로에 따라 재화중량 계수가 다르며, 벌크 화물선은 포장하지 않은 화물 용적에 따라 다르게 된다.

3.2.9 밸러스트

경하 상태로 항행할 때에는 항해 가능한 상태의 밸러스트(permanent ballast)를 재화중량의 $\frac{1}{5} \sim \frac{1}{2}$ 탑재한다. 트림은 배 길이의 2~2.5%로 하며, 만재 입항 상태에서도 트림과 복원 성능(metacenter height)을 개선하기 위해(목재를 싣는 경우) 밸러스트를 탑재하는 일이 있다.

청수와 연료유를 소비한 후의 빈 탱크(void tank)에 바닷물을 넣어 밸러스트 상태로 계산해서는 안 되며, 될 수 있는 대로 이를 피해야 한다.

3.2.10 여유

중량 추정에는 많은 근사 계산이 따르게 되며 약간의 오차를 예상해야 한다. 이 대부분의 오차는 탈락에 기인하는 오차이다. 그러므로 설계단계에서 배관, 배선, 보조 기관 등과 같은 여러 그루핑의 중량을 정확하고 세밀하게 계산하는 것은 불가능하다.

이런 여러 가지 이유 때문에 오차에 대한 여유(margine)를 중량 추정에 포함시키는 것이 필수적이며, 흔히 이런 중량을 설계 과정에서 불명 중량이라고 하여 경험에 의한 산출로 전체 중량에 포함시키고 있다.

표 3-16 여유

구분	선종	값
중량의 여유 (경하중량의 %)	화물선	1.5~2.5
	유조선	1.5~2.5
	화객선	2.0~3.0
	대형 정기 여객선	2.5~3.5
	소형 해군 함정	6.0~7.0
	대형 해군 함정	3.5~7.0
V.C.G.의 여유(ft)	화물선	0.5~0.75
	유조선	없 음
	화객선	0.5~0.75
	대형 정기 여객선	0.75~1.0
	소형 해군 함정	0.5~0.75
	대형 해군 함정	0.5~0.75

또한, 여유의 크기는 중량이나 중심 추정의 오류에 중대한 영향을 끼치고 있다. 예를 들면, 유조선에서 복원력이 필요 이상으로 커지는 것이 보통이므로 V.C.G.의 추정에 전혀 여유를 고려할 필요가 없다. 반면에 계약서상의 중량 초과 또는 과대한 V.C.G.에 대한 선박의 복원

성 특성에 주는 영향을 고려해야 한다.

자동차 및 기차, 운반선과 같은 복원력이 과대해질 수 있는 예외적인 경우에는 중심이 중량 추정에서 얻어진 것보다 낮아지는 효과를 예상하여 L.C.G.의 추정에 음(−)의 여유를 고려해야 한다. 이와 같은 여유는 계산이 주로 중앙 단면도, 일반 배치도, 시방서에 근거를 두는 계약 도면의 단계에서 추정되어야 한다.

주로 공작도에 의해 최종적으로 상세히 중량을 계산함으로써 더 적은 여유, 이를테면 1~2%의 여유를 두면 되지만, 보통은 표 3-16과 같은 중량의 여유를 주고 있으며 극히 세밀한 계산이 가능하다면 여유는 필요로 하지 않을 경우도 있다.

〉〉〉 3.3 중량 톤수 비와의 관계

선박의 중량 톤수 비와의 관계(relation of weight ratio)에는 다음의 세 가지가 있으며, 이것은 배의 크기와 경제성 지수 검토에 있어서 중요한 요소가 된다.

3.3.1 재하중량과 만재 배수 톤수 비와의 관계

$$\text{재하중량 계수 } C_D = \frac{\text{재하중량}}{\text{만재 배수 톤수}}$$

$$\Delta_L = \Delta_F - \text{D.W.T.} = \frac{1 - C_D}{C_D} \times (\text{D.W.T.})$$

기준서에 대한 통계 자료에서 재하중량 계수는

일반 화물선 : 0.62~0.72
철광석 운반선 : 0.72~0.77
벌크 화물선 : 0.78~0.84
유조선 : 0.80~0.86

재하중량 계수 C_D는 선박의 대형화에 따라서 크게 변화하게 되며, 이 계수는 다음과 같은 요소에 의해 영향을 받게 된다.

㈎ 방형 비척 계수(C_B)와 선속의 범위
㈏ 허용 가능한 최대 흘수보다 작은 값의 특별한 흘수를 가지고 있을 때
㈐ 추진 기관의 형식을 변화시킬 때
㈑ 선박 구조 방식을 변화시킬 때
㈒ 배의 의장 설비 사양을 변화시킬 때

등이며, 재하중량과 만재 배수 톤수와의 비를 재하중량 계수라 하며, 이의 비

$$※\ 재하중량과\ 만재\ 배수\ 톤수와의\ 비 = \left(\frac{D.W.T.}{\Delta_F}\right) \fallingdotseq 수송력 \quad \cdots\cdots (3\text{-}1)$$

의 값은 배의 수송력 비교에 기준이 되는 계수가 된다.

3.3.2 경하중량과 재하중량과의 비

$$경하중량과\ 재하중량과의\ 비 = \frac{\Delta}{D.W.T.}$$

$\gamma = \dfrac{\Delta_L}{D.W.T.}$ 를 사용하는 방법으로, 이를 다음과 같이 표시할 수 있다.

$$\gamma = \frac{1 - C_D}{C_D}$$

위 식에서 계수 $\gamma = 0.45 \sim 0.32$로 보통 선박에 적용되며, 일반 화물선에서는

표 3-17

$L = 60.0 \sim 90.0$ m	화물선	$\gamma = 0.55 \sim 0.40$
$L = 90.0 \sim 120.0$ m	화물선	$\gamma = 0.43 \sim 0.36$
$L = 120.0$ m 이상	화물선	$\gamma = 0.40 \sim 0.32$

경험에 의한 약산식으로는

$$\gamma = \alpha' + \{6 \cdot (D.W.T.)^{-\frac{1}{2}}\}$$

위 식에서 $\alpha' = 0.28 \sim 0.32$

$$※\ 경하중량과\ 재하중량과의\ 비 = \left(\frac{\Delta_L}{D.W.T.}\right) \fallingdotseq 선가 \quad \cdots\cdots (3\text{-}2)$$

의 값은 선가에 기준이 되는 계수가 된다.

3.3.3 기관 마력과 만재 배수 톤수와의 비

$$기관\ 마력과\ 만재\ 배수\ 톤수와의\ 비 = \frac{디젤\ 기관의\ 제동\ 마력}{만재\ 배수\ 톤수}$$

을 사용하는 방법으로, 터빈 기관선에서는 축 마력을 사용한다.

마력 추정에 있어서의 일반적인 경험식은

$$B.H.P. = \frac{\Delta^{\frac{2}{3}} V^3}{C_{AD}}$$

여기서, C_{AD} : 애드미럴티(admiralty) 계수

표 3-18 C_{AD}의 경험값

공시 상태	S.H.P.일 때 B.H.P.일 때	250～300 260～320
만재 상태	S.H.P.일 때 B.H.P.일 때	340～380 370～420

또한, C_{AD}의 경험값은 표 3-18과 같다.

C_{AD}의 값은 소형선에서 C_{AD}는 작아지나 대형선에서는 C_{AD}값이 커지게 되며, 또 일반적으로는 C_B가 작아지면 C_{AD}가 커지고, 따라서 추진 효율도 증가하게 된다.

다음은 배의 기본 자료에 의한 C_{AD} 계수값은 여러 가지 방법으로 평가되고 있는데, 기본적인 선박 자료로는

$$C_{AD} = \frac{\Delta^{\frac{2}{3}} V^3}{p}$$

여기서, p : 기관 마력(B.H.P. 또는 S.H.P.)

초기 설계과정에서 C_{AD}를 구하는 공식으로부터 단위를 피트(imperial, ft)로 사용하면,

$$C_{AD} = 15 \times \left(\sqrt{L_{BP}} + \frac{150}{V_S} \right)$$

여기서, L_{BP} : 수선간장(ft)

V_S : 항해 속력(kn)

주어진 C_{AD}값이 피트 단위라면 그 값은 260～450이며, 이때 주어진 기관 마력 p는 축 마력(shaft horsepower)이 된다.

다른 방법에 의하면 위의 식으로부터 C_{AD}를 구하는 식의 단위를 메트릭(m 단위) 단위로서 사용할 경우에는

$$C_{AD} = 26 \times \left(\sqrt{L_{BP}} + \frac{150}{V_S} \right)$$

여기서, L_{BP} : 수선간장(m)

V_S : 항해 속력(kn)

주어진 C_{AD}값이 미터 단위라면 그 값은 350～600의 범위가 되며, 이때 주어진 기관 마력 p는 킬로와트(kilo-watts)가 된다.

그러므로

$$※ \text{ 기관 마력과 만재 배수 톤수와의 비} = \left(\frac{H.P.}{\Delta_F} \right) ≒ \text{ 운항비} \quad \cdots\cdots\cdots\cdots (3\text{-}3)$$

의 값은 운항비에 기준이 되는 계수가 된다.

따라서 선박 건조 및 해상 공시운전 때의 상태와 여러 조건들에 대한 자료를 기록하여 둔다면 상사선으로부터 적절한 C_{AD} 값을 선택할 수 있으며, 또 정확한 기관 마력을 계산할 수 있다.

3.3.4 애드미럴티 계수(Admiralty Coefficient)

배의 저항 중에서 마찰저항은 Sv^2에 비례하고, 잉여저항은 비교적 좁은 속도 범위 내에 대하여 대략 $\Delta^{2/3}v^2$에 비례하는 것으로 생각된다. 따라서 배의 길이 및 선체 형상에 대한 유사선의 실적이 있으면 동일한 Froude 수에서의 애드미럴티 계수$\left(C_{AD} = \dfrac{\Delta^{2/3} V^3}{PS}\right)$에서 직접 계획선에 제일 근사한 소요마력을 추정할 수 있다.

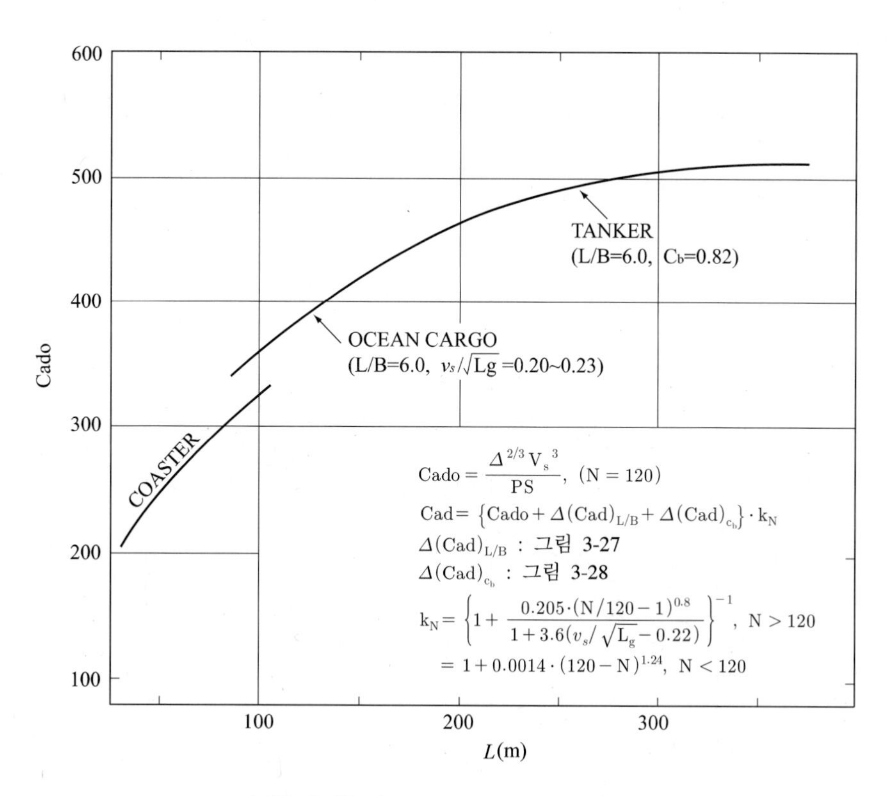

그림 3-26 ADMIRALTY COEFFICIENT

C_{AD}는 일반적으로 소형선일수록 계획 속력에서의 Froude 수가 클수록 작아진다. 또한 $\frac{L}{B}$, C_B 및 프로펠러 계획 회전수 등에 따라서도 영향이 미치므로 C_{AD}의 정확한 표현은 곤란하지만 극히 초기 단계에서의 마력 추정으로 만재 상태의 계획 속력에서의 개략값을 그림 3-26에 나타내었으며, 다음에 애드미럴티 계수 근사식의 예를 들었다.

1. 대형 전용선

대형 전용선의 기준 선형을, $\frac{L}{B}=6.00$, $C_B=0.82$, $V=15\sim15.5\ knots$, $N=120\ RPM$으로 한다. 이때에 애드미럴티 계수는,

$$C_{AD}=\left\{C_{ADO}+\triangle(C_{AD})_{L/B}+\triangle(C_{AD})_{C_B}\right\}\times k_N \quad \cdots\cdots (3\text{-}4)$$

으로 나타내면 여기서 C_{ADO}는 위에서 나타낸 기준 선형에 대한 C_{AD}로서,

$$C_{ADO}\fallingdotseq 200\times L^{0.16} \quad \cdots\cdots (3\text{-}5)$$

표 3-19

L(m)	200	250	300	350
C_{ADO}	465	490	505	510

또한, $\triangle(C_{AD})_{L/B}$, $\triangle(C_{AD})_{C_B}$ 는 각각 $\frac{L}{B}$, C_B 가 기준값과 다를 때에 근사적인 수정값으로 그림 3-27에 나타내었다.

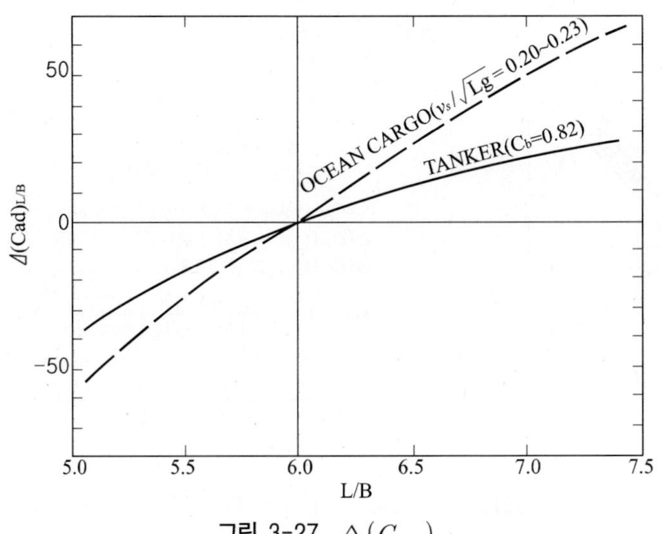

그림 3-27 $\triangle(C_{AD})_{L/B}$

k_N은 프로펠러 회전수가 120 RPM과 다를 때의 수정 계수로 다음 근사식으로 표시되고 다른 선형에 대해서도 공통적으로 같다.

$$k_N \fallingdotseq \left\{1 + \frac{0.205\left(\frac{N}{120} - 1\right)^{0.8}}{1 + 3.6\left(\frac{v_S}{\sqrt{Lg}} - 0.22\right)}\right\}^{-1}, \quad N > 120 \quad \cdots\cdots (3\text{-}6)$$

$$k_N \fallingdotseq 1 + 0.0014 \times (120 - N)^{1.24}, \quad N < 120 \quad \cdots\cdots (3\text{-}7)$$

2. 보통 화물선

보통 화물선에서는 $\frac{v_S}{\sqrt{Lg}} \fallingdotseq 0.20 \sim 0.23$, $\frac{L}{B} \fallingdotseq 6.00$을 기준으로 추정하면 된다.

$$C_{AD} \fallingdotseq \left\{57 \times L^{0.4} + \triangle(C_{AD})_{L/B}\right\} \times k_N \quad \cdots\cdots (3\text{-}8)$$

이 경우의 개략 $\triangle(C_{AD})_{L/B}$도 그림 3-27에 나타내었다. 다만, $\frac{v_S}{\sqrt{Lg}}$에 대한 C_B의 값은 대략 $C_B = 1.34 - 3.0\left(\frac{v_S}{\sqrt{Lg}}\right)$ 사이의 값으로 한다.

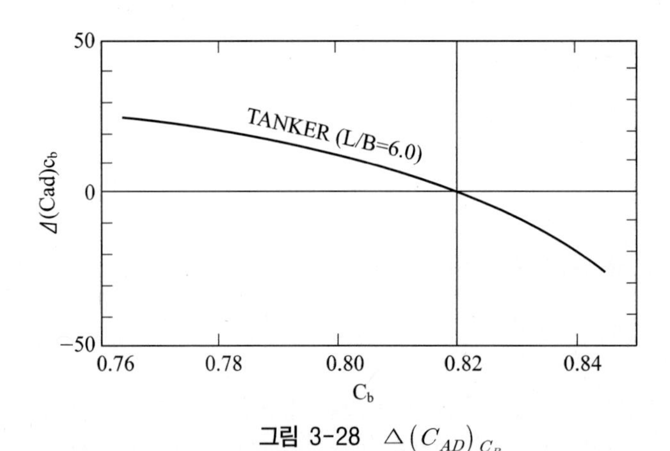

그림 3-28 $\triangle(C_{AD})_{C_B}$

3. 소형선

$$C_{AD} \fallingdotseq 52 \times L^{0.4} \times k_N, \quad \left(\frac{v_S}{\sqrt{Lg}} \fallingdotseq 0.22\right) \quad \cdots\cdots (3\text{-}9)$$

4. 대형 컨테이너선

$$C_{AD} ≒ 500 \text{ (1-축선)}$$

$$C_{AD} ≒ 460 \text{ (2-축선)}$$

$$C_{AD} ≒ 460 \text{ (3-축선)} \left(\frac{v_S}{\sqrt{Lg}} ≒ 0.27\right) \quad \cdots\cdots (3\text{-}10)$$

애드미럴티 계수(C_{AD})를 만족시키면서 정확한 결과를 얻기 위한 조건으로는 다음의 다섯 가지가 있다.

① 저항이 속력의 제곱에 비례할 때

$$C_F = \frac{R_F}{\frac{1}{2}\rho S v^2} = 1.327 \times \left(\frac{\nu L}{\mathrm{v}}\right)^{-\frac{1}{2}}$$

여기서, R_F : 마찰 저항

C_F : 마찰 저항 계수

ρ : 물의 밀도 1.9905 lb-sec^2/ft^4 (59°F 바닷물)

S : 침수 표면적

L : 배의 길이

ν : 물의 동점성 계수 1.28179×10^{-5} ft^2/sec(59°F 바닷물)

저속인 일반 화물선에서는

- $\frac{vL}{\nu}$의 값이 작으면 층류(laminar flow)로서 저항이 작아지게 되며,
- $\frac{vL}{\nu}$의 값이 커지면 난류(turbulent flow)로서 저항이 커지게 된다.

② 저항이 침수 표면적과 거의 비례할 때

$$R_F = C_F \frac{1}{2} \rho S v^{2.0}$$

- 배의 길이, 형상, 속력, 침수 표면적이 같은 평판을 끌었을 때의 마찰 저항 공식이 된다. 상사선에 대한 상사 법칙으로 구하여진 L, B로서
- Froude의 마찰 계수(C_F)

$$C_F = 0.1392 + \frac{0.258}{2.68 + L}$$

로 약산식에 의하든지, 실선에 대한 마찰 계수를 Froude의 수정식으로 구할 수 있다.

표 3-20 Froude 의 마찰 계수 C_F(metric system)

모 형 선 담수, 수온 θ=15 ℃에 대한 값				실 선 해수(비중=1.025), 수온에 대한 수정을 한다.					
L(m)	C_F	L(m)	C_F	L(m)	C_F	L(m)	C_F	L(m)	C_F
0.25	0.23999	4.50	0.17521	10	0.15906	130	0.14116	300	0.13671
0.50	0.22800	4.75	0.17391	15	0.15370	140	0.14084	310	0.13649
0.75	0.21982	5.00	0.17271	20	0.15079	150	0.14050	320	0.13629
1.00	0.21321	5.25	0.17159	25	0.14882	160	0.14020	330	0.13608
1.25	0.20781	5.50	0.17057	30	0.14741	170	0.13992	340	0.13586
1.50	0.20332	5.75	0.16960	35	0.14642	180	0.13964	350	0.13563
1.75	0.19944	6.00	0.16872	40	0.14567	190	0.13936		
2.00	0.19601	6.25	0.16789	45	0.14508	200	0.13910		
2.25	0.19297	6.50	0.16712	50	0.14461	210	0.13884		
2.50	0.19030	6.75	0.16642	55	0.14422	220	0.13854		
2.75	0.18786	7.00	0.16575	60	0.14391	230	0.13831		
3.00	0.18564	7.25	0.16512	70	0.14342	240	0.13807		
3.25	0.18361	7.50	0.16451	80	0.14300	250	0.13783		
3.50	0.18169	7.75	0.16398	90	0.14261	260	0.13760		
3.75	0.17990	8.00	0.16344	100	0.14223	270	0.13737		
4.00	0.17821	8.25	0.16294	110	0.14187	280	0.13715		
4.25	0.17664			120	0.14150	290	0.13693		

[주] 모형선에 대해서는 수온을 θ℃로 해서 $\{1+0.0043(15-\theta)\}$로 수정하면 된다.

상사선에 대한 침수 표면적은 실선에 대해서 구하기가 어려우므로, 약산식인 olsen의 식에 의한 계산식으로 구할 수 있다.

$$S = LB\left(1.22 \times \frac{T}{B} + 0.46\right)(C_B + 0.765)\ \ (\mathrm{m}^2)$$

여기서, T : 흘수(m)

C_B : 방형 계수

L, B : 배의 길이와 폭(m)

③ **기관의 추진 효율이 거의 같을 때** : 계획선과 실선의 추진 효율을 동일하게 할 경우

$$\eta = \frac{\text{E.H.P.}}{\text{I.H.P.}} = \frac{\text{B.H.P.}}{\text{I.H.P.}} \times \frac{\text{S.H.P.}}{\text{B.H.P.}} \times \frac{\text{D.H.P.}}{\text{S.H.P.}} \times \frac{\text{P.H.P.}}{\text{D.H.P.}} \times \frac{\text{T.H.P.}}{\text{P.H.P.}} \times \frac{\text{E.H.P.}}{\text{T.H.P.}}$$

여기서, η_M(기계 효율) : 80~85%

η_T(전달 효율) : 95~98%

η_P(추진기 효율) : 50~55%

η_H(선체 효율) : 1.01~1.04%

④ **선저 형상이 같은 모양일 때** : 만재 흘수선 아래의 중앙 횡단면형을 동일 선형으로 계획할 경우

⑤ **대응 속도일 때** : 배에 있어서 기하학적(幾何學的)으로 상사한 두 배의 속도비가 길이의 제곱근비와 같으면 잉여 저항의 비는 길이의 세제곱근의 비와 같다. 이것을 대응 속도(corresponding speed, V_M)라고 하며, $\frac{V(\text{kn})}{\sqrt{L(\text{ft})}}$ (speed length ratio)에서 모형선과 실선의 속장 비가 같고, 무차원인 Froude 수 $\frac{v}{\sqrt{gL}}$ 도 같다고 할 경우

$$\frac{L_S}{L_M} = \lambda$$

$$\frac{V_S}{V_M} = \frac{\sqrt{L_S}}{\sqrt{L_M}} = \sqrt{\lambda} = (\lambda)^{\frac{1}{2}}$$

$$V_M\,[\text{m/sec}] = \frac{V_S \times \frac{1,852}{3,600} \times \sqrt{L_M}}{\sqrt{L_S}} = \frac{V_S \times 0.5144}{\sqrt{\frac{L_S}{L_M}}} = \frac{V_S \times 0.5144}{\sqrt{\lambda}}$$

$$\therefore \; \frac{R_{RS}}{R_{RM}} = \frac{\frac{1}{2}\rho S_S v_S^2 C_{RS}}{\frac{1}{2}\rho S_M v_M^2 C_{RM}}$$

에서 다음과 같은 관계가 된다.

$$\frac{R_{RS}}{R_{RM}} = \frac{S_S v_S^2}{S_M v_M^2} = \frac{L_S}{L_M} \times \frac{L_S^2}{L_M^2} = \frac{L_S^3}{L_M^3} = \frac{\Delta_S}{\Delta_M} = \lambda^3$$

이 때에 상사선에서 C_{AD} 값은 거의 같은 값으로 주어질 수 있으며, 반면 속도에 있어서 모형선의 대응 속도는 실선의 속도보다 상당히 낮아지게 된다.

이와 같이 선박은 대형화됨에 따라 유리한 조건으로 되므로 항만 사정(주로, 수심)이 허락하면 전용선화가 이뤄져야 하겠지만, 점차 대형화가 유리하여 극대화되고 있다.

3.4 재하중량 추정의 근사식

일반 배치도와 주요 사양서 또는 중앙 단면도 등의 정리된 단계에 있어서는 보다 정확도를 높일 수 있는 중량 추정을 할 수 있어야 한다.

3.4.1 선각 강재 중량(hull steel weight)

선체를 구성하고 있는 구조 부재로서 선각 강재 중량(W_S 또는 W_H)을 최상층 갑판 이하의 주선체부 중량(W_m)과 상부 구조 중량(W_u)으로 구분하고, 다시 선각 강재 중량을 주로 중앙 단면도에 나타난 구조 부재 중량에 비례한다고 보는 강재 부분(W_c)과 횡격벽 혹은 부분 칸막이벽 등의 부분적인 강재 구조 부재(W_b)로 구분한다.

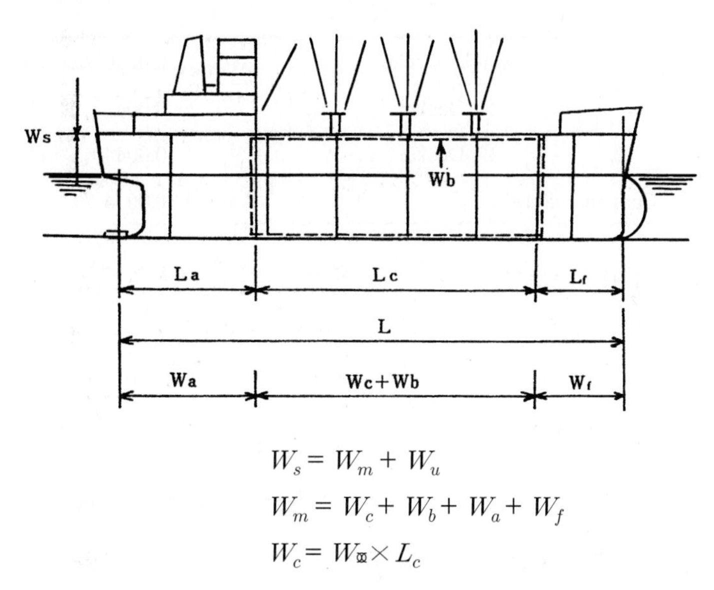

$$W_s = W_m + W_u$$
$$W_m = W_c + W_b + W_a + W_f$$
$$W_c = W_{\boxtimes} \times L_c$$

그림 3-29 선각 강재 중량과의 관계

또한 W_c의 추정에 대해서는 일반 화물선과 같이 중앙 단면 구조와 선체 전후 부분 구조가 유사한 경우에는 중앙 단면에서의 단위길이당 강재 중량($W_{\boxtimes}$)을 배의 전체 길이에 대한 기준으로 하여도 좋지만, 전용 화물선인 경우에는 화물창 부분과 그 전후 부분에서의 강력 구조 부재는 선체 구조적으로 볼 때에 상당히 다르기 때문에 강재를 분리하여 취급하는 것이 타당할 것이다.

$W_{\boxtimes}$의 값은 전체의 선각 구조 중량 추정에 매우 중요한 의미가 있으므로 직접 중앙 단면도에서 계산해서 구하는 것이 확실한 방법이지만 주요 치수로부터의 개략값을 산정하여 계획하여야 한다.

1. 주요 선체 구조 중량(W_M, steel weight of main hull)

전용 화물선인 경우에 $W_{\boxtimes}$는 배의 종류에 따라 선체 구조 방식의 차이에 대응시키기 위하여 단위길이당 종강력 구조 부재 중량($W_{\boxtimes}l$)과 횡강력 구조 부재 중량($W_{\boxtimes}t$)으로 구분하여 추정할 수 있다.

전용 화물선의 비척도변화 범위는 작기 때문에 여기서는 고려하지 않지만 보통 화물선의 경우에는 비척도와 실적도 등을 고려하여 비교한 계수를 사용한다.

즉, 일반 화물선에 대해서

$$W_m \fallingdotseq 1.140 \times W_{\boxtimes} \times L \times C_B^{1/3} + W_b \quad \cdots\cdots (3\text{-}11)$$

표 3-21 $W_{\boxtimes}$ (ton/m)

Cargo Ship	Single Decker	$0.0040 \times L \times (B+D)$
	2 Decker	$0.0042 \times L \times (B+D)$
	3 Decker	$0.0044 \times L \times (B+D)$
Container Ship		$0.0034 \times L \times (B+D)$

전용 화물선에 대해서는

$$W_m = (W_{\boxtimes l} + W_{\boxtimes t}) \cdot L_c + W_b + W_a + W_f \quad \cdots\cdots (3\text{-}12)$$

와 같다.

$W_{\boxtimes}$, $W_{\boxtimes l}$, $W_{\boxtimes t}$ 및 W_b의 주요 항목인 횡격벽의 강재 중량 자료를 다음 표에 나타내었다. 특히 대형선에서는 강력 구조 방법 또는 선급 협회 등에 따라 변화가 있기 때문에 최신 자료에 주의할 필요가 있다.

표 3-22 $W_{\boxtimes l}$, $W_{\boxtimes t}$ (ton/m)

	$W_{\boxtimes l}$
Bulk Carrier, Tanker(M.S.)	$4.300 \times (L^{1.6} \times B/10^4)^{0.70}$
Tanker(H.T. for DK. & BOTM.)	$0.900 \times (L^{1.6} \times B/10^4) + 13$
Oar Carrier	$4.630 \times (L^{1.6} \times B/10^4)^{0.70}$
	$W_{\boxtimes l}$
Bulk Carrier	$0.600 \times L \times (B+D)/10^3$
Tanker, Oar Carrier	$0.165 \times L^{1.7} \times (B+D)/10^4$

표 3-23 Weight of One Bulkhead(ton)

Cargo Ship (Flat Type)	$6.700 \times (B \times D/10^2)^{1.500}$
Bulk Carrier (Corrugate Type)	$9.000 \times (B \times D/10^2)^{1.530}$
Tanker (Flat Type)	$9.000 \times (B \times D/10^2)^{1.530}$
Tanker Swash Bulkhead	$5.000 \times (B \times D/10^2)^{1.530}$

격벽중량은 표 3-23에서와 같이 중앙 횡단면 부분인 것으로서 각 격벽의 위치에 대응하는 중앙부 격벽에 대한 면적 비율을 고려하여 산정하면 된다.

또한 선수부분의 부분적인 심수 유조(deep oil tank)의 격벽 등이 있는 경우에도 마찬가지로 취급하여 계산된다. 그리고 보통 화물선에서 W_b에 포함되는 부분적인 격벽 구조의 강재 중량의 개략값은 다음에 나타낸 식으로 구할 수 있다.

① 갑판과 갑판 사이의 부분 칸막이 격벽의 중량

$$W_b \fallingdotseq 0.009 \times (\text{면적, m}^2) \times (\text{판두께, mm}) \ (\text{ton})$$

② 기관실 내 전후부의 부분적인 격벽의 중량

$$W_b \fallingdotseq 17.000 \times \left(\frac{L}{10^2} \right)^2 \ (\text{ton})$$

표 3-24에는 전용 화물선의 모든 횡방향에 설치한 격벽을 포함한 위벽의 강재 구조 중량 W_b의 개략 근사값을 나타내었다.

표 3-24 W_b (ton)

bulk carrier	$12.000 \times (L \times B \times D/10^4)^{1.740}$
Tanker ($L \times B \times D/10^4 > 45$)	$0.520 \times (L \times B \times D/10^4)^{2.330}$
Tanker, Oar Carrier ($L \times B \times D/10^4 > 45$)	$30.000 \times (L \times B \times D/10^4)^{1.260}$

한편 전용 화물선의 전후부의 격벽 구조 중량인 W_f, W_a를 표 3-25에 나타내었다.

표 3-25 W_a, W_f (ton)

W_a	$(L_a \times B \times D/10^3) > 50$	$215.000 \times (L_a \times B \times D/10^3)^{0.700}$
	$(L_a \times B \times D/10^3) > 50$	$67.000 \times (L_a \times B \times D/10^3)$
W_f		$90.000 \times (L_a \times B \times D/10^3)^{0.870}$

2. 상부 구조물의 중량(W_u, steel weight of superstructure)

선수루와 선미루 그리고 상부 구조물인 갑판실 등의 구조 중량에 대한 개략 근사식을 표 3-26에 나타내었다.

표 3-26 weight of superstructure(ton)

SHORT F'CLE, POOP	$0.0072 \times l_s \times B^2$
LONG F'CLE	$0.0100 \times l_s \times B^2$
DECK HOUSE	$0.1200 \times l_d \times B^2$

여기서, l_s : 상갑판 상부의 선루 길이(m)

l_d : 상갑판 상부의 갑판실 길이의 합계(m)

단, 선박의 기본치수에서 배의 전체 폭에 포함되지 않는 경우에는 배의 최대폭에 대한 값으로 대응시키어 환산된 길이를 취하게 된다.

그 밖에 주요한 상부 구조물의 개략 근사값은 다음과 같다.

윈치하우스	12 ~ 15 (ton)
마스트하우스	5 (ton)
브루어크	0.14 (ton/m)

3. 대형의 주강 및 단조강품(large casting and forging)

선미재(stern frame), 타(rudder), 타축(rudder stock), 그리고 벨 마우스(bell mouth) 등의 주강 및 단조강품의 합계 중량은 다음과 같이 계산할 수 있다.

$$W \fallingdotseq 16.000 \times \left(\frac{L}{10^2}\right)^{2.5} \text{ (ton)}$$

이상과 같이 선체 각부의 구조 강재의 중량과 선루 등의 중량은 설계 도면을 기준으로 하여 계산한 것이므로 실제의 중량에는 강판 두께의 공차 그리고 용접 또는 계산에 누락된 강재의 구조 부재의 중량을 포함시키어 추정된 각 항목에 2% 정도 증감시켜야 한다.

표 3-27

	L=220.000 m bulk carrier	L=320.000 m tanker
$L \pm 3\%$	± 5.000%	± 6.000%
$B \pm 3\%$	± 2.500%	± 2.800%
$D \pm 3\%$	± 1.200%	± 1.300%

또한 주요 치수를 변화시킬 때에 구조 부재의 강재 중량에 대한 영향은 L, B, D의 순서에 따라 변화량이 크며, L, B, D 각각 독립적으로 3% 정도 변화하는 경우 전용 화물선에 대한 계산 결과의 수정량은 표 3-27과 같다.

3.4.2 선체 의장 중량(out-fit weight)

1. 선각 목재 중량(W_{HW}, hull wood)

(1) 목갑판

$$\text{목갑판} \fallingdotseq (0.030 \sim 0.035) \times (\text{목갑판 면적, m}^2)\ (\text{ton})$$

또한 목갑판 대용으로 라텍스 계통의 피복을 사용할 경우의 중량은 다음과 같다.

$$\text{피복재} \fallingdotseq 0.002 \times (\text{피복 면적, m}^2) \times (\text{피복 두께, mm})\ (\text{ton})$$

(2) 창고 내부의 내장재 및 격자

$$\text{격자류} \fallingdotseq 10.000 \times (\text{화물창 베일 용적, m}^3)^{0.8}\ (\text{ton})$$

$$\text{내장재} \fallingdotseq 20.000 \times \left[\frac{L(B+2D)}{10^3} \right]^{0.9}\ (\text{ton})$$

2. 선박 도료 및 갑판 피복재인 시멘트 등의 중량(paint and cement)

(1) 선박 도료 및 방식 도료의 중량

- 일반 화물선, 벌크 화물선 그리고 철광석 운반선에서는

$$\text{선박 도료} \fallingdotseq 0.007 \times L \times (B+D)\ (\text{ton})$$

$$\text{방식 도료} \fallingdotseq 0.830 \times \left(\frac{L \times B \times D}{10^3} \right)\ (\text{ton})$$

- 초대형 화물선에서는

$$\text{선박 도료} \fallingdotseq 0.010 \times L \times (B+D)\ (\text{ton})$$

- 소형 유조선, 소형 화물선에서는

$$\text{선박 도료} \fallingdotseq 0.005 \times L \times (B+D)\ (\text{ton})$$

- 대형 유조선, 벌크 화물선에서는

$$\text{선박 도료} \fallingdotseq 0.002 \times L \times (B+D)\ (\text{ton})$$

(2) 시멘트

- 일반 화물선, 전용 화물선에서는

$$\text{시멘트} \fallingdotseq 3.000 \times \left[\frac{L(B+D)}{10^2} \right]^{0.5}\ (\text{ton})$$

3. 하역장치(cargo gear equipments)

(1) 데릭 포스트(derrick post), 데릭 붐(derrick boom)

포스트(gate type) ≒ $0.630\times(\text{하중, ton}\times\text{높이, m})^{0.7}$ (ton)

붐(부속구 및 활차 포함) ≒ $0.033\times(\text{하중, ton}\times\text{높이, m})^{0.7}$ (ton)

- 유조선의 데릭 포스트, 붐 및 부속구 비품의 합계

$$\text{하역장치} \fallingdotseq 1.8\times\left(\frac{L\times B}{10^2}\right)^{0.7} \ \text{(ton)}$$

(2) 목제 창구 커버(hatch cover), 목제 창구 빔(hatch beam)

목제 창구 커버 ≒ (0.038～0.048) (ton/m^2)

창구 보 ≒ (0.065～0.080) (ton/m^2)

- 강제 창구 커버(steel hatch cover)

폭로 갑판 ≒ $0.0019\times l^{1.5}+0.125$ (ton/m^2)

중간 갑판 ≒ $0.0025\times l^{1.5}+0.140$ (ton/m^2)

여기서, l은 싱글 풀형에서는 창구 커버의 폭을, 사이드 롤링형에서는 창구 커버의 길이를 취한다.

- 선형에 따라서 강제 창구 커버의 개략적인 근사 전체 중량으로는 다음과 같다.

$$\text{일반 화물선} \fallingdotseq 5.000\times\left(\frac{L\times B}{10^2}\right)\times(\text{갑판수}) \ \text{(ton)}$$

$$\text{컨테이너선} \fallingdotseq 10.000\times\left(\frac{L\times B}{10^2}\right) \ \text{(ton)}$$

$$\text{벌크 화물선} \fallingdotseq 5.000\times\left(\frac{L\times B}{10^2}\right) \ \text{(ton)}$$

$$\text{광석 운반선} \fallingdotseq 3.300\times\left(\frac{L\times B}{10^2}\right) \ \text{(ton)}$$

4. 갑판 기계(deck machinerise)

(1) 윈들러스(windlass)

- 스팀식 보통형

윈들러스 ≒ $0.210\times(\text{하중, ton}\times\text{속도, m/min})^{0.8}$ (ton)

- 스팀식 싱글 사이드형

갑판기계 ≒ $0.17\times(\text{하중, ton}\times\text{속도, m/min})^{0.8}$ (ton)

- 전동유압식 ≒ 0.085×(하중, ton×속도, m/min)$^{0.8}$ (ton)
- 윈들러스의 설치 중량은 9 m/min을 표준 속도로 했을 때에 1기당 하중
  윈들러스 1기인 경우

$$갑판기계 \fallingdotseq 15.000\times\left(\frac{L}{10^2}\right)^{1.4} \ (ton)$$

윈들러스 2기인 경우

$$갑판기계 \fallingdotseq 8.4\times\left(\frac{L}{10^2}\right)^{1.6} \sim 9.5\times\left(\frac{L}{10^2}\right)^{1.8} \ (ton)$$

상갑판 상부 구조가 큰 컨테이너선과 자동차 운반선 등의 경우에는 상한값으로 한다.

(2) 계선기(capstan)

- 1기당 계선기의 중량 톤수(ton)

  스팀식 ≒ (0.025～0.045)×(하중, ton×속도, m/min) (ton)
  전기식 ≒ 0.040×(하중, ton×속도, m/min) (ton)
  전동 유압식 ≒ 0.025×(하중, ton×속도, m/min) (ton)

- 계선기의 표준 속도를 15 m/min으로 하는 경우 1기당의 하중 계산의 개략 근사값은

$$계선기 \fallingdotseq 5.000\times\left(\frac{L}{10^2}\right)^{1.5} \ (ton)$$

- 계선기의 기수는 기항지의 지리적인 조건에 따라서도 다르지만 선박의 길이 L에 대한 근사값은 대략 다음과 같은 범위에 있다.

L (m)	150 이하	150～200	200～250	250～300	300 이상
기수(基數)	1～2	2～4	4～6	6～8	8～10

(3) 조타기(steering gear)

- 균형타(balancing rudder)

  조타기 중량 ≒ 0.71×$(KW)^{0.8}$ (ton)

- 조타기 용량(KW)

$$조타기\ 용량 \fallingdotseq 0.530\times\left(\frac{A_R^{3/2}\times V_N^2}{10^3}\right) \ (kw)$$

여기서, A_R : 타 면적(m^2)
V_N : 연속 최대출력인 MCR에서의 선속(knot)

• 반평형타 등 모멘트가 큰 형식의 타(rudder)일 경우 조타기의 필요 용량은 매우 커진다. 갑판 기계인 조타기의 개략 합계 중량은 다음과 같다.

화물선, 유조선 $\fallingdotseq 1.400 \times \left(\frac{L \times B}{10^2}\right)$ (ton)

벌크 화물선, 광석 운반선$\fallingdotseq 1.800 \times \left(\frac{L \times B}{10^2}\right)$ (ton)

(4) 하역 윈치(cargo winch)

전기식 $\fallingdotseq$ 0.030×(하중, ton×속도, m/min) (ton)

전동 유압식, 스팀식 : 3.000～4.000 (ton)

토핑 윈치 : 0.240 (ton)

갑판 크레인 $\fallingdotseq$ 16＋1.3×(하중, ton) (ton)

(5) 냉장 장치(냉동기 2기 및 배관 포함)

냉장 장치 $\fallingdotseq$ 0.300×(냉장고 용적, $m^3)^{0.8}$ (ton)

5. 계선결박장치 및 예인장치(mooring and rowing arrangement)

계선결박장치 $\fallingdotseq 0.500 \times \left(\frac{L \times B}{10^2}\right)^{1.1}$ (ton)

• 앵커(anchor), 앵커 체인(anchor chain), 계류색(rope and towing wier)

앵커 및 계류색 중량 $\fallingdotseq 3.200 \times \left[L \times \frac{(B+D)}{10^2}\right]^{0.87}$ (ton)

• 대형선에서 파지력형 앵커와 특수강의 앵커 체인을 사용할 경우, 합계 중량의 선급 협회 의장수(N)에 대한 개략 근사값은 다음과 같다.

의장수 (N)	3,000	5,000	7,000	10,000	13,000
중량 (ton)	118	220	335	490	637

• 의장수(N)와 재하중량(D.W.T.) 사이에는 대략 다음과 같은 관계가 있다.

일반 화물선, 벌크 화물선(N) $\fallingdotseq$ 4.500×(D.W.T.)$^{0.6}$

정기 화물선(N) $\fallingdotseq$ 5.300×(D.W.T.)$^{0.6}$

유조선(60,000톤 이상일 때) : (N) $\fallingdotseq$ 2380＋0.0172×(D.W.T.)

6. 갑판부 배관장치(deck piping)

배관장치는 선종이나 시방에 따라 상당한 폭이 있다. 대략값은

- 일반 화물선, 유조선

$$배관장치 \fallingdotseq 24.000 \times \left(\frac{L}{10^2}\right)^{2.2} \text{ (ton)}$$

- 고속 화물선, 벌크 화물선, 광석 운반선

$$배관장치 \fallingdotseq 47.000 \times \left(\frac{L}{10^2}\right)^{2.2} \text{ (ton)}$$

7. 화물유 배관장치(cargo oil piping)

(1) 화물유 배관장치

화물유 배관장치를 갖춘 유조선의 화물유 펌프는 대개 2~4기이며, 그 합계 중량은 대략 다음의 근사식으로 나타낼 수 있다.

$$화물유\ 배관장치 \fallingdotseq 320 \times \left(\frac{\text{D.W.T.}}{10^3}\right)^{0.7} \text{ (m}^3\text{/hr)}$$

- 스트리핑 펌프는 선형의 크기에 따라 200 m^3/hr×1기 또는 400 m^3/hr×2기이다.
- 화물유 펌프, 펌프실 내의 의장 설비를 포함하고, 가열관 장치를 제외한 화물유 배관장치 중량은 계통에 따라 차이가 있지만 대략 근사값은 다음과 같다.

$$화물유\ 배관장치 \fallingdotseq (35 \sim 45) \times \left(\frac{\text{D.W.T.}}{10^4}\right)^{0.9} \text{ (ton)}$$

(2) 화물유조 내부의 가열배관

$$가열배관 \fallingdotseq 0.600 \times \left(\frac{L \times B \times D}{10^3}\right) \text{ (ton)}$$

- 재하중량(dead weight) 150,000톤 이상에서는 약 100톤 정도가 된다.

(3) 화물유조 통풍장치

$$화물유조\ 통풍장치 \fallingdotseq 10.000 \times \left(\frac{L \times B \times D}{10^3}\right)^{0.5} \text{ (ton)}$$

8. 거주구(accommodation)

- 거주구 관계의 중량은 승무원 수 및 목제 혹은 내화벽 그 밖의 시방 정도에 따르지만 갑판 피복을 포함한 개략의 근사값은 다음과 같다.

$$\text{거주구 및 갑판 피복 중량} \fallingdotseq 11.000 \times \left(\frac{L \times B}{10^2}\right)^{0.6} \ \text{(ton)}$$

- 고급 화물선은 약 50% 정도 커지며, 또한 승조원 한 명당 갑판 피복을 제외한 중량은 다음과 같다.

$$\text{거주구 중량} \fallingdotseq 0.500 \times \left(\frac{\text{D.W.T.}}{10^4}\right)^{0.37} + 1.5 \ \text{(ton/person)}$$

9. 일반 의장(miscellaneous equipment)

$$\text{일반 의장 중량} \fallingdotseq 13.000 \times \left(\frac{L \times B}{10^2}\right)^{0.5} \ \text{(ton)}$$

단, 시방에 따라서 ±15% 정도의 폭이 있다.

10. 고정 비품(equipment)

앵커(anchor), 앵커체인(anchor chain), 계류색(rope and towing wier)의 합계 중량은 앞에서 전술한 (5)항의 계선결박장치 중에 있다.

11. 전기부(electric part)

전기부 중량은 그다지 크지 않기 때문에 선체 의장부에 포함해서 취급한다.

- 보통 화물선, 벌크 화물선(하역장치 부착)

$$\text{의장중량} \fallingdotseq (1.3 \sim 2.0) \times \left(\frac{L \times B}{10^2}\right) \ \text{(ton)}$$

$$\text{고급 화물선} \fallingdotseq (2.0 \sim 2.8) \times \left(\frac{L \times B}{10^2}\right) \ \text{(ton)}$$

- 벌크 화물선(하역장치 없음)

$$\text{의장중량} \fallingdotseq (0.8 \sim 1.0) \times \left(\frac{L \times B}{10^2}\right) \ \text{(ton)}$$

- 탱커, 광석 운반선

$$\text{의장중량} \fallingdotseq 0.95 \times \left(\frac{L \times B}{10^2}\right) \ \text{(ton)}$$

3.4.3 기관부 중량(machinery part weight)

여기서는 주기관(main engine), 축계(shaft) 등 주요 항목만을 분리하고 그 외는 일괄해서 추정하는 방법을 취한다.

1. 주기관(main engine)

$$\text{디젤 기관} \fallingdotseq C_N \times \left(\frac{PS_{MCR}}{10^3}\right)^{0.82} \times (0.900 \sim 1.100) \ \text{(ton)}$$

여기서, C_N은 MCR에서의 주기관의 회전수(N_{MCR})에 의한 계수로서 다음과 같은 대략 근사값을 취한다.

N_{MCR}	100	125	150	175	200	250	300	400	500
C_N	65	50	39	33	28	23	21	16	13

- 감속 기어가 있는 경우에는 약 $0.0025 \times PS_{MCR}$(ton)를 가산하면 된다.

$$\text{감속 기어를 설치한 터빈 기관} \fallingdotseq 9.500 \times \left(\frac{PS_{MCR}}{10^3}\right) \ \text{(ton)}$$

2. 추진기(propeller)

- 날개가 4 또는 6매의 일체형 프로펠러일 때 프로펠러의 무게는 다음과 같다.

$$\text{망간 브론즈} \fallingdotseq 0.100 \times D_P^3 \ \text{(ton)}$$

$$\text{알루미늄 브론즈} \fallingdotseq 0.080 \times D_P^3 \ \text{(ton)}$$

여기서, D_P는 프로펠러의 직경이다.

$$D_P \fallingdotseq \left[C - \frac{3.300 \times v_s}{(Lg)^{0.5}}\right] \times \left[\frac{(PS_{SCO})^{0.5}}{N_{SCO}}\right]^{0.5} \ \text{(m)} \quad \cdots\cdots (3\text{-}13)$$

- C는 날개 4매 : 7.000, 날개 5매 : 6.650, 날개 6매 : 6.600으로 계산하면 된다. PS_{SCO} 및 N_{SCO}는 기관의 상용 출력 및 상용 회전수가 된다.

3. 축계(shafting)

- 중간축, 프로펠러축, 선미관 그리고 베어링을 포함한 중량은 다음과 같다.

$$\text{선미 기관선} \fallingdotseq 1.900 \times \left(\frac{PS_{MCR}}{10^3}\right) \ \text{(ton)}$$

$$\text{세미아프트 기관선} \fallingdotseq 3.0 \times \left(\frac{PS_{MCR}}{10^3}\right) \ \text{(ton)}$$

4. 보조 기관(auxiliary machineries)

- 기관부 'dry weight'에서 위에 표기한 (1)~(3)을 제외한 합계 중량은

$$\text{디젤 화물선} \fallingdotseq (65 \sim 70) \times \left(\frac{PS_{MCR}}{10^3}\right)^{0.7} \text{ (ton)}$$

$$\text{디젤 유조선} \fallingdotseq 35.000 \times \left(\frac{PS_{MCR}}{10^3}\right) + 50 \text{ (ton)}$$

터빈선일 경우에는 디젤 기관선의 약 10% 정도 증가하게 된다.

5. 기관부의 냉각수 및 연료(oil and water in machinery part)

- 경하중량에 포함하여 정의되는 기관부의 냉각수 및 연료의 개략 근사 중량을 나타내는 식이며, 약간의 누락 항목을 고려하여 실적 자료와의 비교계산을 할 때 약 2% 정도의 여유를 고려해 주어야 한다.

$$\text{디젤 화물선} : 2.800 \times \left(\frac{PS_{MCR}}{10^3}\right) \text{ (ton)}$$

$$\text{디젤 유조선} : 3.500 \times \left(\frac{PS_{MCR}}{10^3}\right) \text{ (ton)}$$

$$\text{터빈 유조선} : 3.800 \times \left(\frac{PS_{MCR}}{10^3}\right) \text{ (ton)}$$

3.4.4 전기부 중량(electric part weight)

선박의 전기부 중량은 그렇게 크지 않기 때문에 선체 갑판 의장품에 포함해서 계산하기도 한다.

$$\text{하역장치가 있는 벌크 화물선} \fallingdotseq (1.300 \sim 2.000) \times \left(\frac{L \times B}{10^2}\right) \text{ (ton)}$$

$$\text{하역장치가 없는 벌크 화물선} \fallingdotseq (0.800 \sim 1.000) \times \left(\frac{L \times B}{10^2}\right) \text{ (ton)}$$

$$\text{유조선, 광석 운반선} \fallingdotseq 0.950 \times \left(\frac{L \times B}{10^2}\right) \text{ (ton)}$$

3.4.5 계획 재하중량(designed dead weight)

- 재하중량은 계획 만재 배수량과 경하중량의 차이로서 구하여 진다. 계획 만재 배수량은 주요 치수를 형 치수로 취하여 부가물 배수량 $\triangle_{app}$를 했을 때에 다음과 같이 계산된다.

$$\text{계획 만재 배수량} \fallingdotseq 1.025 \times L \times B \times d_F \times C_B + \triangle_{app} \text{ (ton)}$$

• 선체 부가물 배수량은 외판을 포함한 선체 부가물의 합계 배수량으로 만재상태에서의 부가물 배수 톤수는 다음과 같이 계산할 수 있다.

$$\triangle_{app} \fallingdotseq 0.300 \times (0.080 \times L + 4) \times \left(L \times \frac{\triangle_F}{10^4} \right)^{0.5} \quad \text{(ton)}$$

$$\triangle_{app} \fallingdotseq 6.500 \times \left(\frac{\triangle_F}{10^3} \right)^{0.835} \quad \text{(ton)} \quad \cdots\cdots (3\text{-}14)$$

• $\dfrac{\triangle_{app}}{\triangle_F}$의 값은 소형선에서 약 0.004 정도이고, 초대형선에서는 약 0.0023 정도가 되며, 선박설계 및 계획 단계에서는 이 $\triangle_{app}$의 마력 계산이나 복원 성능 계산 등에 대한 영향을 무시할 수 있기 때문에 일반적으로 제외한다.

• 계획 재하중량의 확보를 위하여 경하중량을 추정할 경우에 부가물에 대한 배수량 정도의 여유 중량을 예상해야 한다. 또한 재하 중량은 보통 보증 항목으로서 선박을 완성한 이후에 화물 중량이 부족할 경우에는 변상이 되도록 계약서에 명기된다.
따라서 재하중량의 변상 한계값을 결정할 때에는 계획선의 중량 추정을 정확히 실행하여야 하며, 유사선 설계를 할 때에는 실적의 유무에 따라 경하중량에 2～3% 정도의 여유를 주는 것이 보통이다.

표 3-28 Oil Tanker Dead Weight Tonnage Estimation Sheet

Ship : Dead Weight Tonnage = 272,000 ton

$L \times B \times D \times d(\text{m}) = 318.000\ \text{m} \times 56.000\ \text{m} \times 26.400\ \text{m} \times 20.600\ \text{m},\ C_B = 0.712$

Main Engine: Diesel, MCR : 36,000 PS × 10^5 RPM

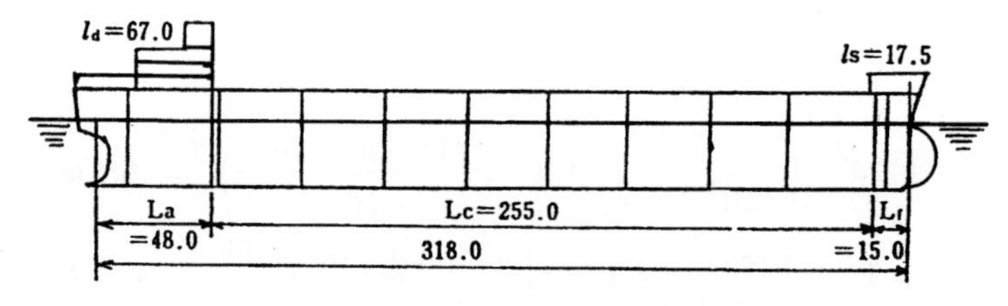

$L \times B \times D = 470.100 \times 10^3,\ L \times (B + D) = 262.000 \times 10^2,\ L \times B = 178.200 \times 10^2$

$V = 20.000$ knots, Froud 수 $= v_s / (L \times g)^{0.5} = 0.240$

1) $\triangle_L = 7.1 \times \left(\dfrac{L^2 \times B}{10^3} \right) = 7.1 \times \left(\dfrac{318.000^2 \times 56.000}{10^3} \right) = 40,207$ ton

2) $W_S = 6.1 \times \left(\dfrac{L^2 \times B}{10^3} \right) = 6.1 \times \left(\dfrac{318.000^2 \times 56.000}{10^3} \right) = 34,540$ ton

$W_O = 0.165 \times (L \times B) 0.165 \times (318.000 \times 56.000) = 2,940$ ton

$\triangle_L = W_S + W_O + W_M = 40,250$ ton

3) Detail Estimation

(1) 선각 강재 중량(W_S)

$$W_{\boxtimes l}= 0.90 \times \left(\frac{L^{1.6} \times B}{10^4} \right) + 13 = 0.90 \times \left(\frac{318.000^{1.6} \times 56.000}{10^4} \right) + 13 = 63,850 \text{ ton}$$

$$W_{\boxtimes t}= 0.165 \times L^{1.7} \times \frac{(B \times D)}{10^4} = 0.165 \times 318.000^{1.7} \times \left(\frac{56.000 + 26.400}{10^4} \right) = 24.41 \text{ ton}$$

$$(W_{\boxtimes l} + W_{\boxtimes t}) \times L_C = (63.850 + 24.410) \times 255.000 = 22,506 \text{ ton}$$

$$W_B = 0.520 \times \left(\frac{L \times B \times D}{10^4} \right)^{2.33} = 0.520 \times \left(\frac{318.000 \times 56.000 \times 26.400}{10^4} \right)^{2.33} = 4,095 \text{ ton}$$

$$W_F = 90 \times \left(\frac{L_F \times B \times D}{10^3} \right)^{0.87} = 90 \times \left(\frac{15.000 \times 56.000 \times 26.400}{10^3} \right)^{0.87} = 1,334 \text{ ton}$$

$$W_A = 215 \times \left(\frac{L_A \times B \times D}{10^3} \right)^{0.70} = 215 \times \left(\frac{48.000 \times 56.000 \times 26.400}{10^3} \right)^{0.70} = 4,248 \text{ ton}$$

$$W_U = 0.0072 \times l_S \times B_2 + 0.12 \times l_D \times B$$

$$= 0.0072 \times 17.500 \times (56.000)^2 + 0.12 \times 67.000 \times 56.000 = 845 \text{ ton}$$

주강 및 단강 제품 중량 $= 16 \times \left(\frac{L}{100} \right)^{2.5} = 16 \times \left(\frac{318.000}{100} \right)^{2.5} = 289$ ton

- 선각 강재 중량, $\boldsymbol{W_S} = 3,347$ ton

(2) 의장품의 중량(W_O)

페인트 및 Anti-Corrosion $= 0.007 \times L \times (B + D)$

$$= 0.007 \times 318.000 \times (56.000 + 26.400) = 183 \text{ ton}$$

Cement $= 9.5 \times \left\{ \frac{L \times (B \times D)}{10^3} \right\}^{0.5} = 9.5 \times \left\{ \frac{318.000 \times (56.000 \times 26.400)}{10^3} \right\}^{0.5} = 49$ ton

Cargo Equipment $= 1.8 \times \left(\frac{L \times D}{10^2} \right)^{0.7} = 1.8 \times \left(\frac{318.000 \times 26.4}{10^2} \right)^{0.7} = 68$ ton

갑판 기계류 중량 $= 1.3 \times \left(\frac{L \times B}{10^2} \right) = 1.3 \times \left(\frac{318.000 \times 56.000}{10^2} \right) = 231$ ton

Mooring Equipment $= 3.3 \times \left\{ \frac{L \times (B + D)}{10^2} \right\}^{0.87}$

$$= 3.3 \times \left\{ \frac{318.000 \times (56.000 + 26.400)}{10^2} \right\}^{0.87} = 419 \text{ ton}$$

갑판부 Piping 중량 $= 24 \times \left(\frac{L}{10^2} \right)^{2.2} = 24 \times \left(\frac{318.000}{10^2} \right)^{2.2} = 306$ ton

Cargo Oil Piping $= 40 \times \left(\frac{\text{DW}}{10^4} \right)^{0.9} = 40 \times \left(\frac{273,090}{10^4} \right)^{0.9} = 787$ ton

Tank Heating Coil $= 100$ ton

C.O.T Ventilation의 중량 $= 10 \times \left(\frac{L \times B \times D}{10^3} \right)^{0.5}$

$$= 10 \times \left(\frac{318.000 \times 56.000 \times 26.400}{10^3} \right)^{0.5} = 217 \text{ ton}$$

Accommodation $= 11 \times \left(\frac{L \times B}{10^2} \right)^{0.6} = 11 \times \left(\frac{318.000 \times 56.000}{10^2} \right)^{0.6} = 246$ ton

Miscellaneous $= 14 \times \left(\frac{L \times B}{10^2} \right)^{0.5} = 14 \times \left(\frac{318.000 \times 56.000}{10^2} \right)^{0.5} = 187$ ton

전기부의 중량 $= 0.95 \times \left(\frac{L \times B}{10^2} \right) = 0.95 \times \left(\frac{318.000 \times 56.000}{10^2} \right) = 169$ ton

- 의장품의 중량, $W_O = 2{,}962$ ton

(3) 기관 부품의 중량(W_M)

주기관의 중량 $= 62 \times \left(\frac{PS_{MCR}}{10^3} \right)^{0.82} = 62 \times \left(\frac{36{,}000}{10^3} \right)^{0.82} = 1{,}171$ ton

프로펠러의 중량($D_P = 8.900$ m) $= 0.080 \times D_P^3 = 56$ ton

축계 $= 1.9 \times \left(\frac{PS_{MCR}}{10^3} \right) = 1.9 \times \left(\frac{36{,}000}{10^3} \right) = 68.4$ ton

기타 $= 35 \times \left(\frac{PS_{MCR}}{10^3} \right) + 50 = 35 \times \left(\frac{36{,}000}{10^3} \right) + 50 = 1{,}310$ ton

Oil과 청수 $= 3.5 \times \left(\frac{PS_{MCR}}{10^3} \right) = 3.5 \times \left(\frac{36{,}000}{10^3} \right) = 126$ ton

- 기관부품의 중량, $W_M = 2{,}731$ ton

  경하배수톤수, $\triangle_L = (W_S + W_O + W_M) \times 1.02 = 39{,}790$ ton

  만재배수톤수, $\triangle_F = (1.025 \times L \times B \times d \times C_B) + 6.5 \times \left(\frac{\text{D.W.T.}}{10^3} \right)^{0.835}$

  $$= 312{,}090 + 790 = 312{,}880 \text{ ton}$$

  재하중량톤수, Dead Weight Tonnage $= \triangle_F - \triangle_L = 273{,}090$ ton

표 3-29 General Cargo Ship Dead Weight Tonnage Estimation Sheet

Ship : Dead Weight Tonnage $= 14{,}700$ ton

$L \times B \times D \times d(m)= 138.000$ m$\times 22.000$ m$\times 12.350$ m$\times 9.050$ m,

$C_B = 0.712$ Main Engine : Diesel, MCR : 9,400 PS × 144 RPM

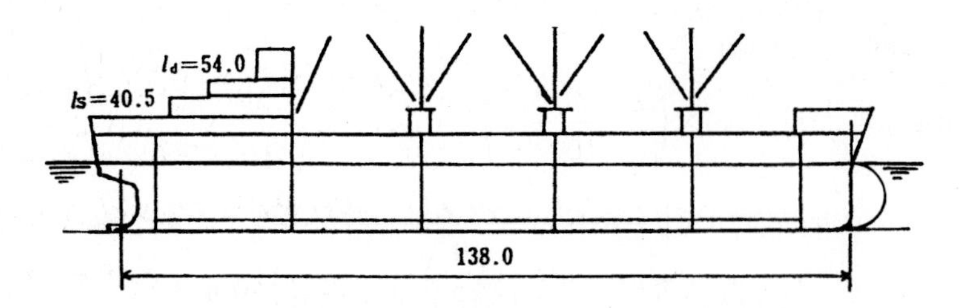

$L \times B \times D = 37.490 \times 10^3$, $L(B+D) = 47.400 \times 10^2$, $L \times B = 30.400 \times 10^2$

$V = 16.000$ knots, Froud 수 $= v_s / (L \times g)^{0.5} = 0.224$

1) $\triangle_L = 260 \times \left(\dfrac{L \times B \times D}{10^3} \right)^{0.80} \times \{1 + 4 \times (0.224 - 0.200)\} = 5,175$ ton

2) $W_S = 41.000 \times L^{1.6} \times (B+D) \times \left(\dfrac{C_B^{0.5}}{10^3} \right)$

$$= 41.000 \times 138.000^{1.6} \times (22.000 + 12.350) \times \frac{(0.712)^{0.5}}{10^3} = 3,351 \text{ ton}$$

$W_O = 0.400 \times (L \times B) = 0.165 \times (138.000 \times 22.000) = 1,216$ ton

$W_M = 0.074 \times (PS_{MCR}) = 0.074 \times 9,400 = 696$ ton

$\triangle_L = W_S + W_O + W_M = 5,263$ ton

3) Detail Estimation

(1) 선각 강재 중량(W_S)

$W_{\text{区}} = 0.0042 \times L \times (B+D) = 0.0042 \times 138.000 \times (22.000 + 12.350) = 19.910$ ton

$1.140 \times W_{\text{区}} \times L \times C_B^{1/3} = 1.140 \times 19,910 \times 138.000 \times (0.712)^{1/3} = 2,797$ ton

횡격벽의 중량 $= 6.700 \times \left(\dfrac{B \times D}{10^2} \right)^{1.5} \times 4.3 = 6.700 \times \left(\dfrac{22.000 \times 12.350}{10^2} \right)^{1.5} \times 4.3 = 129$ ton

Partl. Deck in Engine Room $= 17 \times \left(\dfrac{L}{10^2} \right)^2 = 17 \times \left(\dfrac{138.000}{10^2} \right)^2 = 32$ ton

선수루와 선미루 $= 0.0072 \times l_S \times B_2 = 0.0072 \times 40.500 \times 22.000^2 = 141$ ton

갑판실 $= 0.12 \times l_D \times B = 0.12 \times 54.000 \times 22.000 = 142$ ton

Winch House $= 14 \times 3 = 42$ ton

현장, Bulwark $= 0.14 \times 200 = 28$ ton

주강 및 단강 제품 중량 $= 16 \times \left(\dfrac{L}{100} \right)^{2.5} = 16 \times \left(\dfrac{138.000}{100} \right)^{2.5} = 36$ ton

- 선각 강재 중량, $\boldsymbol{W_S} = 3,347$ ton

(2) 의장품의 중량(W_O)

Deck Covering $= 0.200$ ton/m$^2 \times 730$ m$^2 = 15$ ton

Ceiling & Sparring $= 10.600 \times \left(\dfrac{19,300}{10^3} \right)^{0.8} = 113$ ton

페인트류 $= 0.0085 \times L \times (B+D) = 0.0085 \times 138.000 \times (22.000 + 12.350) = 40$ ton

Cement류 $= 3.0 \times \left\{ \frac{L \times (B+D)}{10^2} \right\}^{0.5} = 3.0 \times \left\{ \frac{138.000 \times (22.000 + 12.350)}{10^2} \right\}^{0.5} = 21$ ton

Derrick Post & Boom $= 80 + 39 = 119$ ton

Steel Hatch Cover $= 5.0 \times \left(\frac{L \times B}{10^2} \right) \times 2 = 5.0 \times \left(\frac{138.000 \times 22.000}{10^2} \right) \times 2 = 304$ ton

갑판 기계류 중량 $= 1.4 \times \left(\frac{L \times B}{10^2} \right) = 1.4 \times \left(\frac{138.000 \times 22.000}{10^2} \right) = 43$ ton

Cargo Winch $= 7.000 \times 14 + 0.24 \times 14 = 101$ ton

Moor & Anchor류의 의장품 중량 $= 3.3 \times \left\{ \frac{L(B+D)}{10^2} \right\}^{0.87}$

$$= 3.3 \times \left\{ \frac{138.000 \times (22.000 + 12.350)}{10^2} \right\}^{0.87} = 95 \text{ ton}$$

갑판부 Piping 중량 $= 40 \times \left(\frac{L}{10^2} \right)^{2.2} = 40 \times \left(\frac{138.000}{10^2} \right)^{2.2} = 81$ ton

Accommodation 중량 $= 15 \times \left(\frac{L \times B}{10^2} \right)^{0.6} = 15 \times \left(\frac{138.000 \times 22.000}{10^2} \right)^{0.6} = 116$ ton

Miscellaneous 중량 $= 14 \times \left(\frac{L \times B}{10^2} \right)^{0.5} = 14 \times \left(\frac{138.000 \times 22.000}{10^2} \right)^{0.5} = 77$ ton

전기부의 중량 $= 2.5 \times \left(\frac{L \times B}{10^2} \right) = 2.5 \times \left(\frac{138.000 \times 22.000}{10^2} \right) = 76$ ton

- 의장품의 중량, $\boldsymbol{W_O} = 1{,}201$ ton

(3) 기관 부품의 중량(W_M)

주기관의 중량 $= 41 \times \left(\frac{PS_{MCR}}{10^3} \right)^{0.82} = 41 \times \left(\frac{9{,}400}{10^3} \right)^{0.82} = 257$ ton

프로펠러의 중량($D_P = 5.100$ m) $= 0.100 \times D_P^3 = 13$ ton

축계 $= 1.9 \times \left(\frac{PS_{MCR}}{10^3} \right) = 1.9 \times \left(\frac{9{,}400}{10^3} \right) = 18$ ton

기타 $= 68 \times \left(\frac{PS_{MCR}}{10^3} \right)^{0.7} = 68 \times \left(\frac{9{,}400}{10^3} \right)^{0.7} = 326$ ton

Oil과 청수 $= 2.8 \times \left(\frac{PS_{MCR}}{10^3} \right) = 2.8 \times \left(\frac{9{,}400}{10^3} \right) = 26$ ton

- 기관부품의 중량, $\boldsymbol{W_M} = 640$ ton
  경하배수톤수, $\triangle_L = (W_S + W_O + W_M) \times 1.02 = 5{,}292$ ton

만재배수톤수, $\triangle_F = (1.025 \times L \times B \times d \times C_B) + 6.5 \times \left(\frac{\text{D.W.T.}}{10^3}\right)^{0.835}$

$= 20{,}052 + 79 = 20{,}131 \text{ ton}$

재하중량톤수(Dead Weight Tonnage) $= \triangle_F - \triangle_L = 14{,}840 \text{ ton}$

3.5 배의 크기와 운항 경비

대형선이 소형선보다 유리한 것은 수송력의 기준에서 재하중량 계수(dead weight coefficient)가 크기 때문이다.

다시 말해서 동일한 운항 특성에서 배수량, 즉 체적의 형태 변화에 따라 영향을 받는다. 기하학적으로 유사한 배에서 대형선과 소형선의 길이를 L_L, L_S로 표시하고 그 비를 λ라고 하면 다음과 같이 가정할 수 있다.

$$L_L = \lambda L_S$$

$$A_L = \lambda^2 A_S$$

$$\therefore \ \nabla_L = \lambda^3 \nabla_S$$

여기서, A : 배의 외판 면적

∇ : 배의 배수 체적

이와 같이 배의 크기 및 형상의 상관 관계를 보면 상사선에 의해 설계, 계획되는 새로운 설계선과의 사이에 발생되는 기술적인 개선 방안에 대한 효과는 물론 각각의 설계 방법에 대해 설계자는 항상 선용 재료와 건조 공정 및 중량, 즉 선가면에서 항상 개선해주도록 노력해야 한다.

배의 전 중량에 대한 유효 중량과의 비는 일반 화물선과 유조선에서 수송 수단의 특수성을 고려한다면 서로 다른 모든 법칙을 적용해야 하지만, 상선에 있어서 재하중량–만재 배수 톤수와의 비에 있어서는 배수 톤수로 인한 운항 경비와 재화중량에 대한 수입이기 때문에 법규로 그 성능을 규정하고 있다.

재하중량의 항목에서 설명하였으므로 여기에서는 선가와 운항비에 큰 영향을 주는 ① 선체 구조 중량, ② 배의 추진 기관 중량, ③ 배의 운항 경비 사이의 관계만을 다루기로 한다.

3.5.1 배의 크기가 선체 구조 중량에 미치는 영향

선체의 적당한 구조의 가장 일반적인 표준은 표준파에 있어서 길이 방향의 굽힘(longitudinal bending)으로 인한 직접 응력 계산값의 크기이다.

이 계산은 보 이론(beam theory)에 있어서의 직접 응력에 대한 보 공식을 배의 거더(girder)에 적용할 수 있다는 가정하에 행해진다.

그 계산식은 다음 식과 같다.

$$\sigma = \frac{My}{I} \qquad \text{(3-15)}$$

여기서, σ : 인장 혹은 압축에 있어서의 직접 응력의 크기

M : 그 단면에 있어서의 휨 모멘트

I : 중립축에 대한 그 단면에서 유효 강력 부재의 횡단 면적에 대한 관성 모멘트

y : 중립축으로부터 유효 강력 부재의 단면 중심까지의 거리

어떤 거더의 최대 휨 모멘트의 크기는 다음 식으로 표시된다.

$$M_{MAX} = \frac{Wl}{C} \qquad \text{(3-16)}$$

여기서, M_{MAX} : 최대 휨 모멘트

W : 거더의 하중

l : 거더의 길이

C : 하중의 분포 및 지지력에 따르는 계수

$C = 4$(집중 하중일 때)

$C = 8$(등분포 하중일 때)

식 (3-16)의 최대 휨 모멘트를 선체의 거더에 적용하면 다음과 같은 식을 얻을 수 있다.

$$M_{MAX} = \frac{\Delta L}{C} \qquad \text{(3-17)}$$

여기서, ΔL : 배수 톤수 및 배의 길이

C : 정수 중에서의 호깅(hogging), 새깅(sagging)

상태에 따라서 변화하지만 동일 상태에서의 화물을 적재하고 기하학적으로 상사한 선박의 동일 조건에서는 같은 값을 가진다. 또, 정수 중의 만재 상태에 있어서 C값은 20보다는 작지 않고, 대부분 40보다는 크지 않다. 즉, 선형에 따르는 계수이다.

만재 상태에 있어서의 C값은 호깅 상태의 값과 비슷하며, 상선에 있어서는 35나 36이 보통이다.

설계에 있어서 동일한 선형과 크기의 초기 기준선 값을 계산해서 새로운 배의 C값으로 추정하여 사용할 수 있다.

선박의 크기가 선체 구조 중량에 미치는 영향은 동일한 상태에서 재화한 두 기하학적으로 상사한 선박에서 직접 응력의 값이 일정하다고 생각할 경우 선체 구조 중량(W_H)의 크기와 배수 톤수의 관계를 보면

$$\sigma_L = \sigma_S$$

일 때

$$\left(\frac{W_H}{\Delta_F}\right)_L \text{ 과 } \left(\frac{W_H}{\Delta_F}\right)_S$$

와의 관계라 하고, 이 조건을 만족할 경우

$$\left(\frac{My}{I}\right)_L = \left(\frac{My}{I}\right)_S$$

$$\therefore M_{\mathrm{MAX}} = \frac{\Delta L}{C} = \frac{\lambda^3\lambda}{C}$$

의 식에서 C값이 상수라고 하면

$$M_L = \lambda^4 M_S$$

가 됨을 알 수 있다. 이것은 배의 크기에 따라서 달라지게 되므로 C의 값을 상수로 한 것이다.

$$\Delta_L = \lambda^3 \Delta_S$$

$$\therefore M_L = \lambda^3 \Delta_S$$

가 될 때 C값은 상수이므로

$$y_L = \lambda L_S$$

앞의 식에서 $\left(\frac{My}{I}\right)_L = \left(\frac{My}{I}\right)_S$가 만족한다면

$$y_L = \lambda y_S$$

가 되므로,

$$I = tD^3 = \lambda^4 \text{ (단, } t\text{는 부재 두께)}$$

$$\therefore \sigma = \frac{My}{I} \backsim \frac{\lambda^4\lambda}{\lambda^4} \backsim \lambda$$

그러므로 $\sigma_L = \sigma_S$로 σ가 일정하다고 하면

$$I_L \text{은 } \lambda^5 I_S$$

와 같아야 한다.

즉, I_L이 $\lambda^5 I_S$와 같다고 하면

$$\therefore t_L \backsim \lambda^2 t_S$$

그러나 선체 구조 중량 W_H는 종강력 구조 부재의 평균 판 두께(thickness)와 선체 외관 면적에 따라서 직접 변하므로

$$W_H \backsim t\lambda^2$$

선체 외판 면적은 λ^2이 되므로

$$t_L = \lambda^2 t_S$$
$$(W_H)_L = \lambda^4 (W_H)_S$$
$$\therefore \left(\frac{W_H}{\Delta_{FULL}}\right)_L = \lambda \cdot \left(\frac{W_{Hy}}{\Delta_{FULL}}\right)_S$$

위 식을 다음과 같이 가정할 수 있다.

응력값이 만일 같다고 한다면 대형선의 선체 구조 중량은 소형선보다 상대적으로 커질 것이며, 따라서 이 선체 구조 중량은 대형화에 있어서 더욱 불리해질 것이다.

만일,

$$\left(\frac{W_H}{\Delta_{FULL}}\right)_L = \left(\frac{W_H}{\Delta_{FULL}}\right)_S$$

가 될 경우에는

t_L : λt_S와 같아야 하고,

W_H : $t\lambda^2$에 따라 변하여야 하며,

Δ : λ^2에 따라 변할 수 있다고 가정할 수 있으므로,

다음과 같이 표시된다.

$$\frac{\sigma_L}{\sigma_S} = \frac{\dfrac{M_L y_L}{I_L}}{\dfrac{M_S y_S}{I_S}} = \frac{\dfrac{\lambda^4 M_S y_S}{I_S}}{\dfrac{\lambda^4 M_S y_S}{I_S}} = \lambda$$

구체적으로 예를 들면, $\lambda = 1.05$라 하면

$$\Delta_L = 1.157625\,\Delta_S$$

그리고

$$\left(\frac{W_H}{\Delta_{FULL}}\right)_L = 1.05\left(\frac{W_H}{\Delta_{FULL}}\right)_S$$

만일, $\sigma_L = \sigma_S$라고 하면

$$\left(\frac{W_H}{\Delta_{FULL}}\right)_S = 0.35\,,\ \left(\frac{W_H}{\Delta_{FULL}}\right)_L = 0.3675$$

한편, $\dfrac{W_{HS}}{\Delta_S}$가 0.35로 주어지고 σ_L이 $1.05\sigma_S$와 같다고 한다면 $\sigma_S = 8$ tons/in^{2}일 때 $\sigma_L = 8.40$ tons/in^{2}이 될 것이다.

그러므로 선박의 구조 중량에 대한 크기의 증가에 따른 응력의 크기는 단지 이론적인 것이며 응력은 길이에 비례하게 된다.

이것은 다음과 같은 세 가지 사실 때문이다.

첫째, 종강력 부재의 두께는 세로 굽힘에 있어서 직접 받는 응력의 크기에 의해 직접 결정되는 것이 아니라, 부식에 의한 소모의 허용 한계를 결정하여 부재 두께에 가산해 주어야 한다.

둘째, 파장(波長)과 파고(波高)의 비에 있어서 파장이 감소하게 되면 소형선보다는 대형선에 적용되는 최대 휨 모멘트는

$$M_{\mathrm{MAX}} = \frac{\Delta L}{C}$$

이 되므로 C값이 증가하게 된다.

셋째, 요구되는 판의 두께가 국부 하중 상태(local condition)에 영향을 받기 때문이다.

$$t = t_R + t_C$$

여기서, t_R : 법규에 의해 강도에 요구되는 부재 두께

t_C : 부식 소모로 인한 허용 가산 부재 두께

이의 모든 부재 두께는 일정하며, 또한 경험에 의한 값이다.

두 선박에 대해 비교해 보면

$$t_L = \lambda^2 (t_R)_S + t_C$$

이 값은 적어도 $\lambda^2 t_S$값보다는 그 이상이어야 한다.

$$\therefore\ t_S = (t_R)_S + t_C$$

$$\therefore \lambda > 1.0$$

설계선에서 계산된 응력의 강도는 배의 일생(the end of the useful life of the ship)에서 요구되는 허용 응력의 강도보다 항상 작은 값이 된다.

그 결과

$$\frac{W_H}{\Delta_{FULL}}, \left(\frac{\text{선체 구조 중량}}{\text{만재 배수 톤수}}\right)\text{에서 } W_H \propto \lambda^2 t$$

여기서, $\lambda^2 t$는 선체 표면적×판의 두께이므로 $\sigma=$일정, 즉 $t \propto \lambda^2$일 때

$$\frac{W_H}{\Delta_{FULL}} \propto \lambda$$

가 된다. 이것은 대형선일수록 선체 구조 부재의 치수가 직선 치수비 이상으로 커져야 하고, 선체 구조 중량비도 커져야 함을 나타내고 있다. 그러나 이상과 같이 λ에 비례해서까지 커지지는 않는다. 즉, C값이 대형선일수록 커지고 모멘트는 작아지기 때문에 파의 높이는 배의 길이가 클수록 작아진다.

또한, 선체 구조 부재의 치수 결정에 있어서 취해지는 산화 및 마멸의 여유(corrosion margin)는 대형선이건 소형선이건, 판 두께에 비례하여 일정한 것이 보통이므로 대형선일수록 유리하다.

3.5.2 배의 크기가 추진 기관 중량에 미치는 영향

기하학적으로 상사하고, 추진 기관의 형식과 설치되어 있는 기관의 마력당 기관 중량이 대체로 같은 선박이라고 가정하자. 유사한 추진 장치의 추진 계수 및 그 값과 E.H.P.는 실제로 거의 같을 것이며, B.H.P.에 대한 비도 같을 것이다.

선속을 일정하다고 하면 전저항에 대한 비도 같게 된다. 그러므로 전저항을 사용하면 배의 크기는 다르지만 추진 기관과 추진 장치를 동일한 기하학적으로 상사한 배에서 추진 기관의 중량을 비교해 볼 수 있으므로

$$R_T = R_F + R_R$$

여기서, R_F : 마찰 저항(frictional resistance)

R_R : 잉여 저항(residuary resistance)

배의 크기에 따라 기관 마력에 가장 큰 영향을 주는 요소는 R_F이므로

$$R_F = C_F \cdot \frac{1}{2}\rho S v^2$$

여기서, C_F : 마찰 저항 계수 ρ : 물의 밀도

S : 배의 침수 표면적 v : 배의 속력

마찰 저항 계수 C_F는 Reynolds 수(Reynolds number)와 유일한 함수 관계를 가진다.

$$R_N = \frac{\rho v L}{\mu} = \frac{v L}{\nu}$$

여기서, L : 배의 길이

μ : 유체의 점성 계수

ρ : 물의 밀도

ν : 유체의 동점성 계수

여기서 Reynolds 수가 변하게 되면 마찰 저항 공식에서 마찰 저항 계수 C_F도 이에 따라 변하게 된다.

만일, 배의 속력과 ρ, μ가 모두 일정하다고 하면 다음과 같은 조건을 얻을 수 있다.

$$(C_F)_L < (C_F)_S$$

$$\therefore S_L = \lambda^2 S_S$$

앞에서 가정한 $(C_F)_L < (C_F)_S$일 때

$$\frac{(R_F)_L}{(R_F)_S} < \lambda^2$$

그러므로,

$$\left(\frac{R_F}{\Delta_{FULL}}\right)_L < \left(\frac{R_F}{\Delta_{FULL}}\right)_S$$

한편,

$$\Delta_L = \lambda^3 \Delta_S$$

가 되며, 선속이 일정하고 기하학적으로 상사한 배의 마찰 저항은 배수 톤수보다는 그렇게 빨리 증가하지 않는다.

잉여 저항은

$$R_R = C_R \cdot \frac{1}{2} \rho S v_L^2$$

여기서, C_R : 잉여 저항 계수

잉여 저항 계수는 Froude 수(Froude number)와 같이 약간 불규칙하게 변한다.

$$\text{Froude 수} = \frac{v}{\sqrt{Lg}}$$

그러므로,

$$C_R = f \cdot \left(\frac{v}{\sqrt{gL}} \right)^x$$

여기서, x : 3~5 사이의 값을 가지는 변수

속력(v)이 일정하면

$$\left(\frac{v}{\sqrt{gL}} \right)_L < \left(\frac{v}{\sqrt{gL}} \right)_S$$

그리고

$$(C_R)_L < (C_R)_S$$

이므로

$$\therefore \left(\frac{R_R}{\Delta_{FULL}} \right)_L < \left(\frac{R_R}{\Delta_{FULL}} \right)_S$$

속력이 일정하고 기하학적으로 상사한 배의 잉여 저항은 배수 톤수보다 그렇게 빨리 증가하지 않는다. 그렇기 때문에 전저항도 배수 톤수보다는 급격하게 증가하지 않는다.

$$\left(\frac{R_T}{\Delta_{FULL}} \right)_L < \left(\frac{R_T}{\Delta_{FULL}} \right)_S$$

앞에서 설명한 바와 같이 전저항은 E.H.P.와 기관 중량의 계산 기준이 되므로, 역시

$$\left(\frac{W_M}{\Delta_{FULL}} \right)_L < \left(\frac{W_M}{\Delta_{FULL}} \right)_S$$

여기서, W_M : 추진 기관의 중량

또, 비교 법칙에 따라

$$\therefore \frac{(W_M)_L}{(W_M)_S} = \frac{(R_T)_L}{(R_T)_S}$$

이 된다.

결론적으로 동일한 추진 기관, 추진 장치, 그리고 동일한 선속에서 운전되는 기하학적으로 상사한 선박에서는 추진 기관의 중량이 배수 톤수보다 아주 천천히 증가하므로, 대형선의 추진 기관의 중량은 소형선보다 배의 전체 중량에 대한 추진 기관 중량값이 작아지게 된다.

대형선과 소형선의 항해 속력이 동일하다고 하면 항해 속력에 있어서의 추진 마력은 배수

톤수보다는 그다지 급하게 증가하지 않는다.

$$\frac{(\text{S.H.P.})_L}{(\text{S.H.P.})_S} = \frac{\Delta_L}{\Delta_S}$$

여기서, $(\text{S.H.P.})_S$: 항해 속력에 있어서의 축마력

즉,

$$\left[\frac{(\text{S.H.P.})_L}{\Delta_{FULL}}\right]_L < \left[\frac{(\text{S.H.P.})_S}{\Delta_{FULL}}\right]_S$$

추진 기관의 형식이 같고 시간, 마력당 연료 소비율이 대체로 같은 선박이라고 가정하면 같은 항속 거리에 있어서의 연료 중량은 마력과 거의 비례할 것이다.

$$\frac{(W_{FUEL})_L}{(W_{FUEL})_S} = \frac{(\text{S.H.P.})_L}{(\text{S.H.P.})_S}$$

그러므로,

$$\left(\frac{W_{FUEL}}{\Delta_{FULL}}\right)_L < \left(\frac{W_{FUEL}}{\Delta_{FULL}}\right)_S$$

여기서, W_{FUEL} : 연료의 중량

기하학적으로 상사한 배에서 동일한 추진 기관의 형식, 추진 장치, 항해 속력 및 항속 거리일 때 항해에 필요한 연료의 중량은 항속 거리에 대한 배수 톤수와의 사이에는 거의 증가하지 않는다.

대형선의 연료 중량은 소형선보다 전체 중량에 대한 연료 중량의 값이 상당히 작아지게 된다. 그러므로 대형선에서 추진 기관의 중량은 소형선의 추진 기관보다 전체 중량에서 작아지기 때문에 소형선보다 대형선이 유리하다.

3.5.3 배의 크기가 운항 경비에 미치는 영향

대형선은 기하학적으로 상사한 소형선보다 배수 톤수에 대한 유효한 하중의 비에 대한 값이 크다. 그러므로 대형선은 소형선보다 더욱 능률적인 화물 수송을 할 수 있다.

1. 재하중량과 만재 배수 톤수와의 관계

$$\frac{\text{D.W.T.}}{\Delta_{FULL}} = C_D$$

이것은 어떤 선박에서도 C_D 값이 증가한다고 하는 것은 설계가 잘된 선박이라고 할 수 있

으며 C_D값, 즉 재하중량 계수가 증가한다는 것은

㈎ 선체 구조가 단순화하여 선체 구조 중량이 감소

㈏ 추진 기관 중량이 감소

하여 고속 기관으로 된다는 것이다. 반면, 추진 기관 중량이 감소한다는 것은 재화중량은 증가하여 좋지만 추진 기관이 고속화로 되어야 하는 조건이 따르게 된다.

그림 3-30에서와 같이 대형화에 따른 고속화와 고속화에 따른 대형화는 아직 선박설계 분야에서 해결되지 못한 사항이기도 하다.

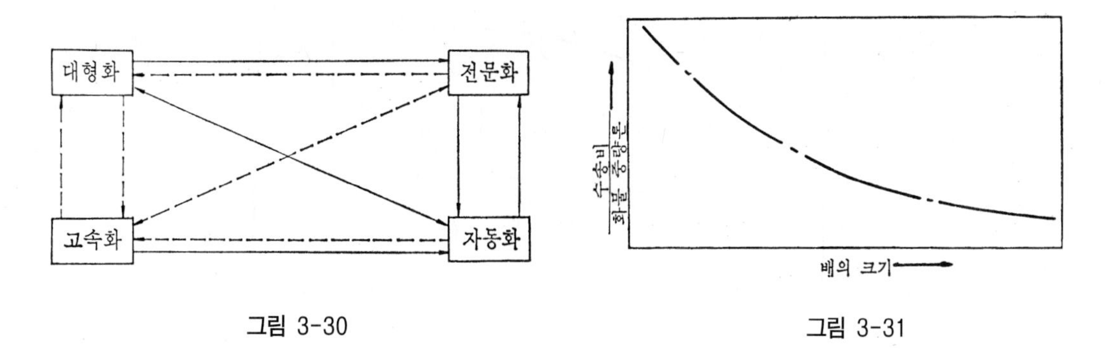

그림 3-30

그림 3-31

현재 설계 분야에서 경제성(economic efficiency) 문제가 클로즈업 되고 있는 것으로 보아 선박의 경제 속력의 한계가 확립될 것으로 본다.

대형선이 소형선보다 유리한 것은 다음의 운항 경비(operating cost)에서도 나타나고 있다.

㈎ 원가 감가 상각비(amortization)는 대형선이 소형선보다 적다.

㈏ 연료비(fuel cost)는 대형선이 소형선보다 적다.

㈐ 급료(salary cost)는 대형선이 소형선보다 적다.

㈑ 하역비(subsistence cost)는 대형선이 소형선보다 적다.

㈒ 유지비(maintenance cost)는 대형선이 소형선보다 적다.

이와 같이 선박이 대형화됨으로써 전문화와 자동화가 쉽게 이뤄질 수 있어 대형선이 유리하기는 하지만, 고속화로 되기 위해서는 선박설계와 경제성 문제가 따르게 된다.

2. 선박설계의 고속화에 따른 경제성 문제

㈎ 선형이 fine ship이 되어야 한다.

㈀ 방형 계수(C_B)가 작아진다.

㈁ D.W.T.가 작아진다.

㈏ 마력(HP)이 증대되어야 한다.

(ㄱ) 기관의 무게가 증가한다.

(ㄴ) 연료 소비율이 증가한다.

(ㄷ) D.W.T.가 작아지는 영향을 받는다.

(다) 운항 횟수가 증가되어야 한다.

수입이 증가되지만 지출도 증가된다. 다만, 선속 및 기관 마력이 어느 선속 이상에서는 비경제적인 수입과 지출이 반대로 될 수도 있다.

(라) 연간 화물 수송량이 증가되어야 한다.

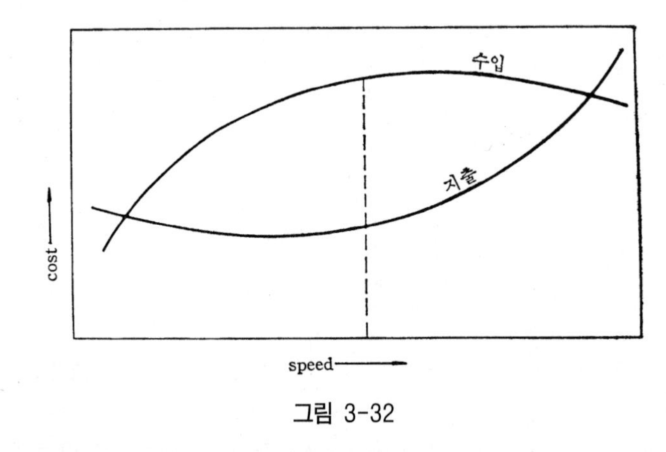

그림 3-32

3.6 상선설계의 경향

3.6.1 현대 상선의 앞으로의 경향

제1장에서 상선설계의 개요에 대하여 간단히 설명한 바 있다. 여기서는 경향에 대하여 요약하기로 한다.

(가) **전문화, 자동화, 대형화, 고속화의 경향** 현대 상선에 있어서 수송의 근대화란 수송비의 저하를 말한다.

(ㄱ) 전용화 : 기계화로 하역 시간을 짧게 하여 정박 일수 단축

(ㄴ) 자동화 : 생력화(무인화)

(ㄷ) 대형화 : 선가(initial cost)와 운항비(operating cost)의 저하

(ㄹ) 고속화 : 항해 일수의 단축으로 가동률 향상

(나) **일반 화물의 단일 화물 수송 시스템화의 경향**

(다) **경구조화의 경향** 전용선화, 즉 표준선화로 건조 경향(경구조화란 경량 화물로서 재화 용적을 크게 한 부정기선화의 경향)

㈑ **디젤화, 선미 기관화의 경향** 디젤화는 주기관 생에너지화라고도 하며, 연료 유가의 높은 변동으로 인하여 연료 소비율이 높은 터빈 기관으로부터 연료 소비율이 낮은 디젤 기관으로 현재 거의 주기관 변환에 따른 선미 기관화가 이루어지고 있다.

즉, 디젤 기관의 생에너지화는 다음과 같은 특징이 있다.

① 낮은 축 회전

② 최저의 연료 소비

③ 질이 나쁜 중유의 연소 가능

④ 최저의 윤활유 소비

⑤ 폐열의 유효한 횟수 이용

⑥ 고도의 안전성과 신뢰성

⑦ 보수의 용이

최근에는 연료 소비량이 적은 기관을 개발해서 120 g/HP/hr인 기관도 있다.

[저속 디젤 기관]

① Sulzer의 R.T.A.형 기관은 70 rpm에서 122 g/HP/hr

② B.&W.의 L.G.B./G.B.E.형 기관은 97 rpm에서 123 g/HP/hr

③ M.A.N.(川崎) K6SZ90/190 C형 기관은 98 rpm에서 132.5 g/HP/hr

④ MITSUBISHI(三菱) UEC-HA형 기관은 종래의 H형보다 6 g/HP/hr를 절감

[중속 디젤 기관]

① S.E.M.T. Pielstick P.C.4-2L.(I.H.I.)형 기관은 연료 절감 대책으로

㉠ 연료 분사 계통의 최적화

㉡ 흡·배기 저항의 절감

㉢ 흡·배기변 오버플로(overflow)의 최적화

㉣ 높은 효율의 과급기 채용으로 인하여 129.8 g/HP/hr

② M.A.N. 52/53 A형 기관은 85% 부하로 128.4 g/HP/hr

③ HANSIN(阪神) E.L. 30형, E.L. 40형 기관은 long-stroke화로 행정을 상당히 길게 해서 열효율의 향상을 나타냈으며, 분사관의 길이를 길게 하여 연소를 개선시켜 138.5 g/HP/hr를 실현했다.

㈒ **추진 성능의 에너지 절약화 경향** 추진 성능 향상의 기술로는 최적 선형의 채용, 즉 저항이 적고, 항해 속력을 적당히 저하시킨 에너지 절약화 선형의 채용, 새로운 선미 형상, 관 프로펠러(duct propeller) 등이 채택되고 있다.

또한, 자기 연소형 도료의 채용에 의해 마찰 저항의 경감, 개량형 auto-pilot의 채용에 의해 보침 성능(保針 性能)의 향상, 구조 재료로 고장력강을 사용해서 경량화 등에 의해 생에너지

화의 경향을 나타내고 있다. 한편, 저회전, 지름이 큰 프로펠러의 채용에 의해 추진 효율의 증대, 노즐 프로펠러와 그 밖의 추진 효율을 증대시키기 위해 특수 설비가 채용되고 있다.

저회전, 큰 지름 프로펠러의 채용에 의해 생기는 후진 성능 저하를 개선하기 위해서 어떤 때에는 선체가 더러워지는 것 등에 대해 항상 최적점으로 주기관을 운전할 수 있도록 가변 피치－프로펠러의 채용이 증가하고 있다.

㈓ **내항선 생에너지화** 내항선(內航船)에 대해서도 연차적으로 근대화 노력에 힘쓰고 있으며, 높은 연료값에 대처하기 위해 생에너지선의 건조가 넓게 지향되고 있다.

생에너지 선형과 생에너지 시스템의 채용에 의한 내항선의 경제성 향상을 위해 아직까지 영세성에서 벗어나지 못한 우리나라에서도 높은 경제성 내항선에 관한 조사, 연구를 하여야 한다. 이 조사, 연구에 있어서는 홀쭉한 선형(C_B를 감소시킨 선형), 지름이 크고 저회전인 프로펠러의 채용에 의해 생에너지 선형의 선형 시험을 병행하여 생에너지 기기와 그 시스템을 조사, 평가하여 이런 선형을 적응시켜 그 결과를 기초로 하여 채산성이 높은 배를 설계해야 한다.

생에너지화의 항목으로는

① 추진에 필요한 에너지　　② 발전기에 필요한 에너지

③ 화물유 가열 시스템　　④ 선저 도료

등의 생에너지화와 관련된 항목을 재래선과 생에너지선의 실적 자료를 비교하여 생에너지의 효과를 높이는 일이 중요하다.

3.6.2 대형선화 및 전용선화의 문제점

세계 경제는 대단히 유동적이며 에너지의 수급 관계도 변동적으로 진행되고 있다. 또, 국제 경쟁력의 관계도 있고 하여 선박에 있어서의 생에너지 기술은 점차 혁신되고 있다. 그러므로 이러한 세계 경제의 추이로 인한 선박의 생에너지화, 즉 대형선화와 전용선화에 대해서는

㈎ **세계 경제 발전의 문제** 산업의 발달(중화학 공업의 적극 육성)

· 국민 1인당 GNP의 상승(국민 생활의 향상)

· 무역의 확대(운송 수요의 증대)

㈀ 유조선의 경향 : 1972년의 석유 파동 이후 원유 수송의 증대로 약 9%로 증가되면서 전용선화와 대형선화의 추세였으나 수에즈운하의 개통으로 인하여 유조선은 대형선화의 경향이 줄고 있는 추세이다.

㈁ 일반 화물선의 경향 : 연평균 6% 이상의 화물 수송에 대한 물동량은 증가 추세이나 화물의 전용선화보다는 다목적선화의 경향이다.

㈏ **산업의 직면한 문제** 국제 경쟁력의 강화 조건으로는

㈀ 인건비가 상승되고,

(ㄴ) 생산비는 인하되어야 한다.

(다) 해결 방법

(ㄱ) 산업체가 국제 경쟁력을 향상시키기 위해

① 설비의 근대화에 의한 생산성의 향상

② 대량 생산(mass production)에 의한 생산성의 향상은 적극적인 선박의 생에너지화로 전용선의 활성화 및 이와 같은 선형의 개발을 촉진하여야 한다.

· 운송의 합리화, 즉 근대화

· 운송 체계의 개혁으로 원료 수송, 제품 수송에 있어서 전용선화와 이에 따른 대형선화가 이루어져야 한다.

(ㄴ) 저투자성 자동화(low cost automation)를 위해 자동화와 원가 절감 조건을 원만하게 해결 하여야 한다(그림 3-32 참조).

① 자동화의 조건으로서 시설의 근대화로 인건비를 절약하는 것이 아니라

· 시설의 자동화로 생산성의 향상(automation화)

· 인건비 절약 시책이 아닌 생산 단가의 절감(cost down화)

· 사람의 감각에 의한 반복 정확도의 향상(iteration화)

즉, 생산 시설의 인간화가 시급한 문제인 것이다.

② 원가 절감의 조건에서 원가라 함은 제작 단가, 시설 단가, 생산 단가로 구별할 수 있으며, 이의 경제적인 최적값을 구하는 영역이 자동화라 할 수 있다(그림 3-33 참조).

그러므로 저투자성 자동화의 경제적인 최적(optimum) 조건은 다음과 같다.

· 제1조건 : 점진성(step by step)에 따른 자동화

· 제2조건 : 단순(simple)한 자동화

- 시설 투자의 절감　　- 단가의 절감

- 기술 축적

· 제3조건 : 범용성이 있는 자동화(대량 생산 시대에 따른 개성 있는 제품 생산)

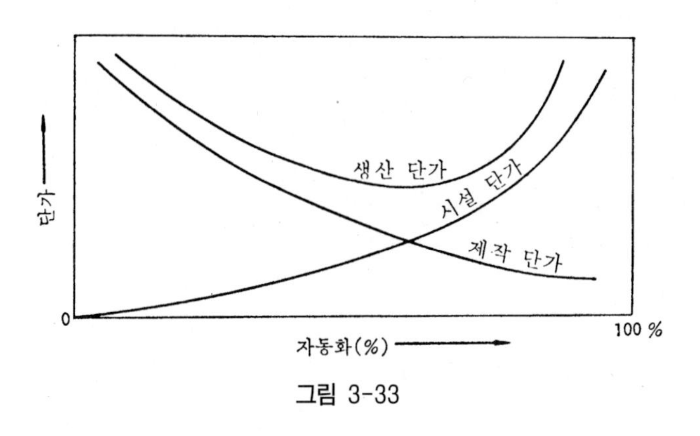

그림 3-33

Chapter 4

기본 치수의 해석

analysis of principal dimension

선박의 기본 설계를 하기 위해서는 먼저 최초 주요 요목의 치수와 일반 배치도를 결정할 필요가 있지만, 이러한 설계 작업을 진행시키는 것은 필요한 설계 조건을 어느 정도 알고 있어야 한다.

설계 조건을 상세하게 구별하는 것은 앞 장에서 설명한 바와 같이 여기서 간단히 나타내면,

(가) 배의 종류

(나) 선급, 국적

(다) 재화중량

(라) 적하의 종류, 비중 등

(마) 흘수(吃水), 선체 치수의 외적 제한

(바) 주기관의 종류

(사) 항해 속력

(아) 항속 거리

(자) 하역 장치

(차) 승조원 수

(카) 인도(引渡, delivery)

등의 설계 조건을 전부 선주가 지정하기도 하지만, 처음에 간단히 타협할 경우에는 배의 종류, 재화중량, 흘수, 항해 속력 정도를 지정하는 수가 많다.

이러한 기본 설계의 작업 내용으로는 배의 주요 요목, 다시 말해서 주요 치수, C_B, 재화중량, 속력, 주기관 마력 등이 배의 기본 성능을 나타내는 모든 수치로 결정하게 된다. 이와 같이 선주로부터 제시되는 설계 조건을 만족시키는 주요 치수의 결정은 매우 중요하며, 배의 크기에 따른 선가 산출로 견적 선가(見積 船價)가 제출되게 되는 것이다. 이것은 또한 개략 사양에 의해 결정된다.

개략 사양에 표시한 주요 요목은 배의 설계를 전개하는 데 가장 먼저 기초로 하는 수치로서, 기본 계획의 제1차 단계는 이와 같은 주요 요목을 결정하는 일이다.

새로운 배를 설계할 때 선형의 요소인 주요 치수의 선택은 전문적인 기술이 필요하므로, 이 요소의 특색은 다음과 같다.

(가) 배의 길이 : 배의 추진 성능면에 있어서 추진 기관의 마력과 강도에 영향을 주며, 또한 길이의 증감은 추진 기관 중량과 선체 중량에 직접 관계하는 요소가 된다.

(나) 배의 폭 : 배의 복원 성능면과 가로 강도에 영향을 주며, 횡요 주기(橫搖週期)에도 직접 관계되는 치수이다.

(다) 배의 깊이 : 선체 구조 부재의 치수와 배의 강도에 따른 선체 중량에 관계한다.

(라) 배의 흘수 : 배의 저항 성능면과 배수량 상태에 영향을 주며, 이의 증가를 크게 막을 필

요는 없으나 바람직한 것도 아니다.

(마) 배의 건현과 현호(舷弧, sheer), 양실(梁矢, camber) : 배의 내항 성능면과 체적수(cubic capacity)에 관계한다.

이와 같이 배의 기본 치수 특성을 충분히 고려하여 결정해야 한다.

4.1 기본 치수의 결정

선박을 설계하는 데에는 먼저 기본 설계에서 형 배수량(型 排水量)과 형 치수로 적용하는 것이 보통이다.

설계선에 있어서 현재 모든 조선소에서 취급하는 실적선과의 배수량 초기 추정에서 그 비교는 동일한 조건에서 취급해야 한다. 예로서 부가부를 포함한 실적선의 배수량과 설계선의 형 배수량과는 그 의미가 다르다.

이 장에서 취급되는 모든 치수는 형 치수를 말하며, 주요 치수라고 하는 것은

(가) 수선간장(length between perpendicular, L_{BP})

(나) 계획 만재 흘수선상의 최대 형폭

(다) 선체의 평균 형 흘수 및 트림

(라) 중앙 횡단면의 현측에 있어서의 형 깊이

(마) 최소 건현 및 선수, 선미의 현호, 양실

로 정의할 수 있다.

기본 치수를 상세하게 검토한 내용을 중심으로 선박설계를 할 때 주요 치수 추정을 위하여 고려하여야 할 사항들은 다음과 같다.

① 기하학적인 주요 치수를 추정할 때에 $\frac{L}{B}$, $\frac{L}{D}$, $\frac{B}{D}$ 및 C_B 등 우수한 실적선의 값을 최적값이 되게 한다.

② 요구되어 있는 재하중량(D.W.T.)에 대해서는 어떤 제한 조건이 주어져 있지 않을 경우 가능한 한 계획 만재 흘수를 크게 하는 것이 주어진 요구사항에서 주요 치수를 최소화 할 수 있다.

③ 복원성능에 대해서는 소형선에서는 GZ값, 중대형선의 경우는 GM_T값에 중점을 둔다. 중・대형선에서 복원성은 통상 문제가 되지 않는다.

④ 조종성능에서는 $\frac{L}{B}$ 및 C_B에 따라 정해지는 직진성(directional stability 또는 course keeping stability)의 확보에 중점을 두어 타 면적을 결정한다.

4.1.1 배의 길이

배의 길이(L_{BP})는 주요 치수를 결정하는 중요한 인자로서 추진 저항 성능면, 일반 배치 작성, 취항 항로에 대한 해양파의 길이와 높이, 주요 기항지의 안벽 길이 등에 따라 결정되어야 한다.

배 길이(L_{BP})의 정의는 선미의 타두재(舵頭材) 중심을 통하는 수선에서부터 선수의 선수재 앞면까지 만재 흘수선의 교점을 통하는 수선과의 수평 거리를 말한다.

배의 폭과 깊이가 외판 내면의 선을 기준으로 한 것에 비해 배의 길이는 선수부에서 선수재의 외면선을 기준으로 했다는 것에 주의하여야 한다. 수선간장(L_{BP})은 배의 기본 계획에 사용하는 길이로서 배수량 관계의 모든 계산, 선도 작성 등에 전부 L_{BP}가 기초가 된다.

특히 군함, 대형 여객선 등 경우에 따라 필요할 때에 수선장(L_{WL})을 쓰고 있다. 조선 공학의 이론과 현장 실무자 및 강의에 이용되고 있는 속장비(speed-length ratio)에 보통 적용되고 있는 길이는 L_{BP}보다는 L_{WL}을 적용시켜야 된다.

선박의 길이는 보통 전길이와 수선간 길이이지만 수선간 길이만을 기재하는 경우도 있다. 흔히 배의 길이라 하면 수선간 길이를 뜻하는 경우가 많다. 한편, 각종 법규에 규정되어 있는 길이는 여기서 다루는 전길이나 수선간 길이와 다른 경우가 많으므로 주의해야 한다.

(1) 전길이(L_{OA}, length over all)

선체에 고정적으로 붙어 있는 돌출물을 포함하여 선수 최전단으로부터 선미 최후단까지의 수평거리를 말한다. 운하나 항구 안에서의 조선(操船)의 형편에 따라 배의 길이가 제한되는 일이 있는데, 이 경우의 배의 길이는 전길이를 뜻한다.

(2) 수선간 길이(L_{PP} 또는 L_{BP}, length between perpendiculars)

배의 전부수선(fore-perpendiculars ; F.P.)과 후부수선(aft-perpendiculars ; A.P.) 사이의 수평거리를 말한다. 여기서 전부수선은 계획 만재 흘수선과 선수재의 전면외판의 외측선과의 교점을 지나는 수선이고, 후부수선은 타두재의 중심을 지나는 수선이다. F.P.의 위치는 배의 폭이나 깊이가 외판 내면의 선을 기준으로 하고 있는데 대하여 외판 외면의 선을 기준으로 잡고 있다는 것을 주의해야 한다. 수선간 길이는 배의 기본계획에 사용되는 길이이며, 선도의 작성이나 배수량 등 계산이 모두 L_{PP} 또는 L_{BP}를 기초로 하여 이루어진다.

1. 배의 길이 결정 조건

(1) 구조 규정에 의한 횡격벽의 수

선박의 종류와 그 사용 목적에 따라서 배의 크기와 길이가 결정된다. 결정된 길이는 속장비 $\left(\frac{V}{\sqrt{L}}\right)$에 영향을 많이 주어 사용하는 목적에 따라 최적의 경제적인 항해 속력을 선정하여 얻게 되지만, 화물선에 대해서는 추진 조종 성능과 배의 구조 부재 치수를 결정하는 데 여러

나라의 선급 협회의 조선 규정이 대체적으로 거의 같으므로 화물선의 길이에 따라 수밀 격벽(水密隔壁)의 수가 결정된다. 이 때의 길이는 조선 규정의 길이, 즉 배의 수선간장인 L_{BP}로서 결정된다.

수선간장은 영국의 Froude 수조 시험소와 상선에 대한 Baker의 논문에서는 만재시와 공선시의 평균을 채용한다고 생각하고 있지만, 군함을 주로 한 Taylor는 흘수선 길이를 사용하고 있기 때문에 깊은 순양함형 선미(cruiser stern)에서는 공선 상태를 택하고 있다.

순양함형 선미 선형에서는

- single-screw일 때 : 수선간장 + 1%
- twin-screw일 때 : 수선간장 + 3%

로 하여 배수량－길이(L_{BP})로 하지만, Taylor와 Todd의 L_{WL}과 Baker와 Yamagata의 L_{BP}를 사용하기 때문에 각국의 선급 협회 조선 규정에서 쓰고 있는 배의 길이 L은 배의 수선간장 L_{BP}로서 $L_{BP}= 0.96 \times L_{WL}$로 제정하고 있으므로, L_{WL}로 길이를 채용하는 것을 권장한다.

표 4-1 배의 길이와 수밀 격벽 수

번호	배의 길이 m(ft)	중앙 기관실형			선미 기관실형	
		선수창	선미창	총수	기관실 앞 화물창 수	총수
①	67.1(220) 이하	0	0	4	0	3
②	67.1(220)～86.9(285)	0	0	4	1	4
③	86.9(285)～102.1(335)	1	0	5	2	5
④	102.1(335)～124.3(405)	1	1	6	3	6
⑤	123.4(405)～143.3(470)	2	1	7	4	7
⑥	143.3(470)～164.6(540)	2	2	8	5	8
⑦	164.6(540)～185.9(610)	3	2	9	6	9

(2) 속장비

저항(resistance), 즉 조파 저항에 있어서 파장(wave length)과 배의 길이에 있어서의 파저(谷, hollow)와 파정(山, hump)의 위치가 중요하다.

배의 항해 속력 결정에 아주 중요한 것은 속장비(speed-length ratio)인데, 이것은 배의 조파 저항에 대한 C_F계수와 매우 관계가 깊다.

어떤 일정한 크기의 배에서 마찰 저항 R_F는 그림 4-1에서와 같이 $\frac{V}{\sqrt{L}}$가 증가함에 따라 규칙적으로 증가하지만, 조파 저항 R_W는 $\frac{v}{\sqrt{Lg}}$의 증가에 대해서 파형을 이루면서 그림 4-2와 같이 증가한다. 이것을 저항면에서 보면 파의 파저에 위치를 선택한 배는 유리하게 항주할 수 있으므로 $\frac{V}{\sqrt{L}}$의 제한을 받게 된다.

표 4-2

항	비율	선속	선형	
$\dfrac{V(\mathrm{kn})}{\sqrt{L(\mathrm{ft})}}$	1.0 이하	저속		
	1.0~1.5(1.3)	중속	↑	배수형(정압)
	1.5~2.5(1.6, 2.2)	고속		
	2.5~4.0(3.7)	초고속	↓	
	3.5~8.0	반활주		반활주형
	8.0 이상	활주	↕	활주형(동압)

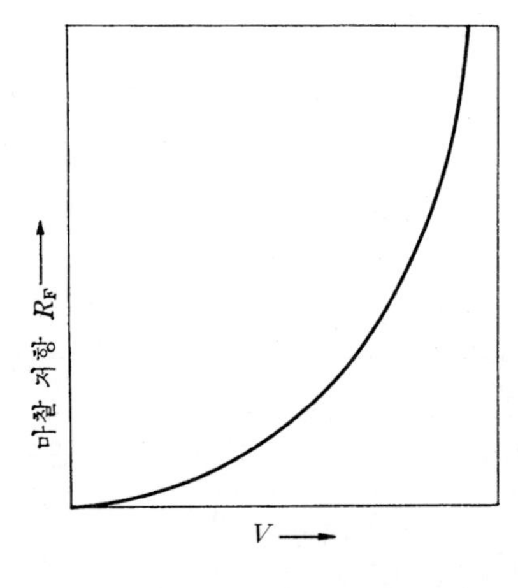

그림 4-1 마찰 저항 곡선

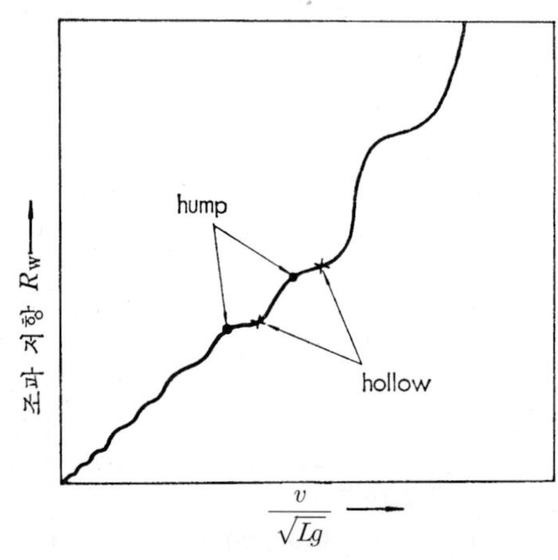

그림 4-2 조파 저항 곡선

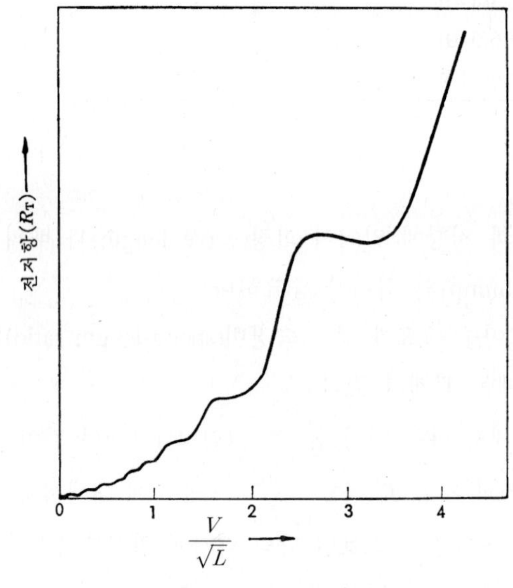

그림 4-3 전저항 곡선

그러나 길이는 속력만이 아닌 여러 가지 관계가 연관되어 최소의 저항만을 바란다는 것은 불가능하므로 극단적으로 나쁜 경우에는 피해야 한다.

일반적으로 $\frac{V(\mathrm{kn})}{\sqrt{L}(\mathrm{ft})}$는 2.5～3.0, 1.7～2.0, 1.35～1.45의 범위에서 현저하게 파의 파정(山) 현상이 된다. 이것을 hump speed라고 하며, 이와 반대 현상을 hollow speed라고 한다.

즉, 선수와 선미에서 발생하는 파가 선미 부분에서 동조할 경우를 hump speed로 나타낼 수 있으며, 상쇄된 경우를 hollow speed라 한다(그림 4-4, 4-5 참조).

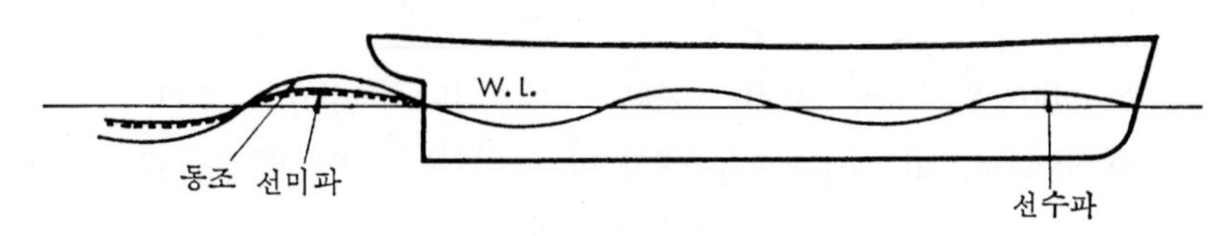

그림 4-4 hump일 때

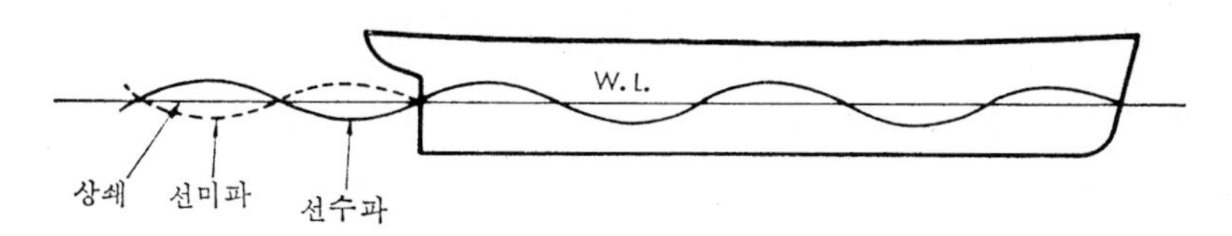

그림 4-5 hollow일 때

$\frac{V}{\sqrt{L}}$가 작을 때에는 배에 따라서 발생되는 파의 파장이 짧아지고 $\frac{V}{\sqrt{L}}$가 약간 달라져서 곡선의 파정과 파저의 위치가 달라지게 되기 때문에, 저속의 배에서는 그다지 파저의 위치를 겨냥하지 않아도 된다.

구상 선수(球狀船首, bulbous bow)를 채용하면 그 크기에서 차이는 있지만 선수 횡파가 보통형의 선수선보다도 전방에서 발생하기 때문에, 수선장(水線長)에서 구상 선수를 채용한 배는 보통형 선수선보다 같은 효과의 값으로 속력을 내는 데에 속장비를 0.848～0.900의 파저 부근을 채택하여도 큰 무리는 없다.

속장비에서 파저점을 영국과 미국 단위(ft, m)의 범위로 표시하면 다음과 같다.

영국 단위(ft)×1.81＝미터 단위(m)

① 영국 단위(ft) : 0.478, 0.526, 0.572, 0.632, 0.718, 0.848, 1.095, 1.900～이상

② 미터 단위(m) : 0.866, 0.953, 1.036, 1.144, 1.300, 1.535, 1.983, 3.440～이상

속장비에 대해 Todd의 논문을 근거로 실적선에 대한 자료를 간단히 요약하면[$\frac{V(\mathrm{kn})}{\sqrt{L}(\mathrm{ft})}$의 단위임] 다음과 같다.

표 4-3

$\frac{V(\text{kn})}{\sqrt{L}(\text{m})}$	Froude 수, $\frac{v}{\sqrt{Lg}}$	영국, $\frac{V(\text{kn})}{\sqrt{L}(\text{ft})}$
1 6.0873	0.16428 1	0.55173 3.3585
1.8125	0.29775	1

㈎ **저속 화물선**(slow speed cargo ships, $\frac{V}{\sqrt{L_{WL}}} < 0.632$)

속장비에 대한 hollow의 범위는 0.46, 0.489, 0.526, 0.572, 0.632 등의 범위의 저속 경제 선형 화물선(slow economical cargo ship)에서 마찰 저항(R_F)이 전저항(R_T)의 80% 이상이고, 잉여 저항(R_W)을 거의 무시해도 좋은 선박에서는 $C_B=0.740\sim0.800$, $C_{⊗}=0.987\sim0.992$, $\frac{L}{B}=5.5\sim7.0$, $\frac{B}{d}=2.0\sim2.25$ 등 선형 계수를 쓰고 있으며, 일반적인 단일 나선 부정기 화물선(single screw tramper)과 초대형 유조선의 기본 설계에 채용하는 태형선(fullest ship)에서 최소 형상 저항(small form resistance)을 얻기 위해서는 큰 선수 수절각(32~35°)으로서 평행부를 30~35%로 하고 있기 때문에 비교적 주입장이 짧게 되어 있다. 또, 길이 방향의 부심 위치(±L.C.B.)도 배의 중앙(⊗)보다 전방 1.5~2.5%의 L_{BP} 거리에 위치하고 있어서 convex water line forward가 대부분이다.

이러한 배는 주입부(entrance)보다도 주거부(run)가 가는 형(fine)이 되며, 선미부에서 조와(造渦, eddy-making)의 가능성이 상당히 있으므로 비교적 회전수가 많고, 작은 지름의 프로펠러를 써서 deep cruiser stern으로 하면 만재 흘수 상태가 fair-up해져서 조와 현상을 감소시킬 수 있다.

평행부의 길이가 긴 배는 선수와 stern shoulders가 나오지 않도록 주입부와 주거부와의 경계점에서는 U형보다 V형에 가까운 형을 채택하고, 프로펠러 직전에서 U형으로 하는 것이 좋으며, 선수는 V형으로 해서 선수루의 플레어(flare)와 전방의 현호를 크게 하여 선수도 충분한 경사도(rake)를 유지하도록 하는 것이 바람직하다.

㈏ **중속 화물선**(medium speed cargo ships, $\frac{V}{\sqrt{L_{WL}}}=0.640\sim0.720$)

$\frac{V}{\sqrt{L_{WL}}}$가 0.640, 0.720의 파저점을 이용하여 방형 계수(C_B)를 0.730, 0.710으로, 주형 계수(C_P)를 0.740, 0.720으로 하면 거친 해상 조건에 대해서 항해 속력을 유지할 수 있다.

Todd는 주기관의 운영 경비를 낮추면서 제동 마력(B.H.P.)을 절약할 목적으로 C_B를 0.715로부터 점차 감소시켜 0.683까지 했지만, 최근 노르웨이의 해운국에서는 역시 $C_B=0.717$을 채용해서 화물의 포장 용적(bale capacity)을 증가시키는 방향으로 채택하고 있었고, 또 미국의 Mariner형과 경쟁할 것을 고려해서 $\frac{V}{\sqrt{L_{WL}}}$ 를 0.848 이상의 정기 화물선 이외에는 C_B를 0.700 이하로 떨어뜨리는 반면 길이를 증가시켜 기관 제동 마력 9,000 HP에서 17 kn의 평균 항해 속력을 얻었다. 정기 화물선에 대해서는 기관 제동 마력을 12,500 HP까지 증가시키면 더욱 hump speed에 접근하게 되기 때문에 경제적인 면으로 보아 좋지 않다.

그러므로 이 영역에서는 횡파 저항을 고려할 때 entrance wave making hump가 $V=1.09\sqrt{L_E}$ (L_E : length of entrance, 주입장)에서 일어나며, $\frac{V}{\sqrt{L_{WL}}}$ 가 0.632와 0.717의 중간에서 일어나는 hump와 $\frac{V}{\sqrt{L_{WL}}}$ 가 0.800 부근에서 일어나는 hump에 주의하여야 한다.

bow $\frac{1}{2}$ angle, 즉 27° 이하에서 forward water line은 직선이 되며, $L+E=L_R$(L_R : 走去長, length of run)로 되므로 stern water line도 18～20°의 limiting slop이 된다는 사실에 주의하여야 한다(표 4-4 참조).

㈐ **정기 화물선**(cargo liners, $\frac{V}{\sqrt{L_{WL}}}$ =0.730 ～ 0.750)

평균 항해 속력에 있어서 $\frac{V}{\sqrt{L_{WL}}}$ 를 0.717 정도로 할 때에는 기후와 더러운 선저 영향(foul bottom effects)을 고려해서 C_W-curve의 hollow point보다 작게 한 속력으로 기관 마력을 결정할 필요가 있으므로, $\frac{V}{\sqrt{L_{WL}}}$ 를 0.730～0.750으로 하여 이에 상당하는 C_B를 0.700～0.685로 적용하고 있다.

㈏항의 경우보다 조파 저항의 영향이 커지게 되므로 bow water line을 직선으로 하여 bow $\frac{1}{2}$ angle도 16° 근처로 하는 것이 좋으며, 짧은 주입장의 경우에는 hollow line에서 bow angle을 12° 부근으로 하면 좋다.

현재 정기 화물선은 부정기 화물선에서 요구되는 속도 상승(speed-up)과 함께 미국의 Marine형 중속 정기 화물선에 속하는 화물선이 미국 군사상 요구에 의해서 출현되고 있지만, 경기 회복과 더불어 물동량이 많은 경우 이외에는 채산상 문제가 있으므로 현재로는 좀더 깊은 기술적인 검토를 한 다음에 적용하는 것이 유리하다.

㈑ **중속 정기 화물선**(intermediate liners, $\frac{V}{\sqrt{L_{WL}}}$ = 0.848)

과거의 화객선은 ㈐항의 것이 대부분이었으며, 순여객선이라고 부른 Atlantic liner호로부터 최근의 Queen Elizabeth호에 이르기까지 ㈑항에 상당하는 설계 방향으로 설계되었다. 속력에 있어서 $\frac{V}{\sqrt{L_{WL}}}$ 는 0.850의 범위를 채택하였고 충분한 주기관 마력에 여유를 주어 실제의 평균 항해 속력에서 $\frac{V}{\sqrt{L_{WL}}}$ 가 0.900의 범위가 되었다.

과거에는 문제가 되었지만 세계 각국의 해군 조함의 경쟁이 시작되면서부터 주력 전투함의 속력도 이 범위를 벗어나기 시작했으며, 영국 전함 'Nelson', 'Rodney'의 주기관 160 rpm으로 시운전시 배수 톤수 35,000톤으로 했을 때 애드미럴티 계수(C_{AD})를 347로 되게 한 것은 배의 길이(L)가 속력 상승에 따르지 않고 $\frac{V}{\sqrt{L_{WL}}}$가 1.000의 파정(hump)에 접근시킨 결과로 볼 수 있다.

그러나 영국 순양 전함 'Hood'는 수선장(L_{WL}) 850 ft에서 시운전 배수 톤수를 계획, 변경함으로써 5,000톤 정도 늘어나게 되므로 36,000톤으로부터 41,000톤으로 되었을 때 초기 계획 속력 32 kn를 내기 위해 초기계획 축 마력 144,000 hp에 210 rpm(시운전, S.H.P. = 151,000)으로 계획 속력을 낼 수 있었던 것은 $\frac{V}{\sqrt{L_{WL}}} = \frac{32}{\sqrt{850}} = 1.100$의 파저점에 상당한 애드미럴티 계수 260에서 좋은 결과를 얻기 위해 전념하였다.

미국의 주력함 중에는 $\frac{V}{\sqrt{L_{WL}}}$를 1.100～1.150의 범위를 채택한 'Atlantic Liner United States'의 처녀 항해에서 왕복 평균 속력 35 kn를 낼 수 있었던 것도 한편으로는 $\frac{V}{\sqrt{L_{WL}}}$가 1.100의 hollow point를 채택한 결과로 선형과 프로펠러의 고찰도 중요하지만 초기 설계에 있어서 속장비에 대한 파저점을 채택하는 것이 얼마만큼 중요한가를 반복, 검토해 볼 필요가 있는 것이다.

순여객선을 생각해 보면 시운전 속력에서 $\frac{V}{\sqrt{L_{WL}}}$를 0.850～0.900을 채용하고 있는데, 실제 취역 속력으로는 고속 화물선을 능가하지만 그래도 여객선의 채산상 경영의 어려움이 있는 것은 사실이다. 그러므로 이러한 영역에서는 방형 계수를 0.625～0.600의 범위를 채택하는 것이 좋지만 화물을 주로 할 경우에는 방형 계수를 0.650의 범위를 쓰고 있는 배도 있다. 그러나 Mariner형과 같이 $\frac{L_{BP}}{B}$가 7.0의 범위일 때에는 방형 계수를 0.620보다 작게 하는 것이 좋다.

중앙 평행부를 '0'으로 하여 직선 bow line으로 하거나 최근에 많이 적용되는 4%의 구상 선수(球狀船首)로 hollow line의 범위를 채택하는 것이 유행되기 시작하였다.

(마) 고속 여객 정기선(fast passenger liners, $\frac{V}{\sqrt{L_{WL}}} = 0.900 \sim 1.100$)

방형 계수를 0.600보다 작게 해서 조파 저항(造波 抵抗)을 작게 하고, 또 $\frac{1}{2}$ 주입각을 6° 보다 크게 하기 위해 구상 선수를 붙여 hollow water line으로 계획, 횡단면의 최대 면적을 배의 중앙보다 조금 후방에 두어 긴 세형의 주입부(long fine entrance)로 하여 sharp shoulder를 피하는 것보다 ⓒ값을 2～3% 감소 가능하게 한 것이다.

모형 시험으로부터 구상 선수의 선수 횡파의 파정이 선수 전방으로부터 발생되는 것으로 한 'Contedi Savoia'의 수선장 800 ft를 834 ft로 해서 속장비를 계산하였다고 하는 설도 있지만, 다른 한편으로는 구상 선수의 구형(sphere)이 그 전방부의 장소에 있는 것으로 생각하면 그 구형의 영향으로 선수부의 수면에서 파정이 시작되면서 일으킨 파가 과거에는 선수 횡파의 첫 파정과 간섭에 의해서 파고가 감해지므로 조파 저항이 감소한다고 주장하는 학설도 있다. 따라서 앞으로 모형 시험에서 좀더 깊은 연구가 필요하다.

㈓ 해협선과 연해 항로선(channel ships and coast guard vessels, $\frac{V}{\sqrt{L_{WL}}}=1.100 \sim 1.400$)

속장비 $\frac{V}{\sqrt{L_{WL}}}$가 1.100인 배에 대해서 $\frac{L_{BP}}{B}$가 8.500일 때 방형 계수를 0.570으로 써도 좋은 결과를 얻을 수 있다. 또한, $\frac{V}{\sqrt{L_{WL}}}$가 1.400에 대해서 $\frac{L_{BP}}{B}$가 8.5로 한다면 방형 계수 0.540에서도 충분히 좋은 결과를 얻을 수 있지만, ㈓항의 선종은 그다지 대형선은 아니므로 복원력(復原力, stability)의 문제로부터 자연히 $\frac{L_{BP}}{B}$가 적어지게 된다. 따라서 최소 저항을 얻기 위해서는 방형 계수를 0.525~0.510으로 해두는 것이 바람직하다.

$\frac{V}{\sqrt{L_{WL}}}$가 1.100에서는 fine ended water line이 되어야 하며, $\frac{1}{2}$ 주입각도 6~7°로 해야 하고, 속력을 증가시키기 위해서 $\frac{V}{\sqrt{L_{WL}}}$를 1.250~1.340의 hump speed의 범위를 넘어 $\frac{V}{\sqrt{L_{WL}}}$가 1.400으로 된다면 선수 끝단은 뚱뚱한 형(fuller line)으로 되기 때문에 구상 선수를 채택하는 것이 좋다.

선수 수선이 직선이 되면, 특히 선미는 스쿼(squat) 형상의 뚱뚱한 형으로 되므로 순양함형 선미 선형을 폐지하고, 구축함형 선미(counter stern) 또는 고속정 선미 형상(transom stern)을 채용하는 동시에 프로펠러가 회전할 때에 공기를 흡수(suck-in)하지 않도록 선미의 폭을 확보해서 충분한 프로펠러의 심도를 유지하게 할 필요가 있다. 또한, 긴 세형(細型) 주입부를 얻기 위해 최대 중앙 횡단 면적을 배의 중앙으로부터 5% 정도 후방에 두는 것이 좋다.

$\frac{V}{\sqrt{L_{WL}}}$가 1.400 부근의 초고속선은 마지막 최대 hump의 $\frac{V}{\sqrt{L_{WL}}}$의 1.600 부근에 가깝기 때문에 배의 길이-배수 톤수의 비(length-displacement ratio) $\frac{L_{WL}}{\Delta^{1/3}}$이 7.500~8.000으로 $\frac{L_{BP}}{B}$가 비교적 크게 된다.

㈔ 쾌속 순양함(fast cruisers, $\frac{V}{\sqrt{L_{WL}}}=1.150 \sim 1.450$)

쾌속 순양함급은 과거에는 중순양함(heavy cruiser), 경순양함(light cruiser), 비행정(aeroplane carriers) 등의 연구 경쟁에서 조선 기술자들이 대단히 흥미를 가졌었던 것이지만 원자력(nuclear), 잠수함(submarine), 로켓(rockets), 미사일(missiles) 등의 출현으로 점차 그 영향이 희박해졌기 때문에 대형 고속함보다도 중소형 프리깃(frigates)함과 ㈕항에서 설명할 구축함형(destroyer type)이 횡파의 간섭에 걱정 없는 선형으로, 용도에 따라 배수 톤수 1,000톤에서 5,000톤의 고속함이 유행했다고 생각된다.

㈓항의 선형을 속장비로부터 생각하면 앞에서 설명한 ㈒항의 선형과 비슷하지만 세계의 건조 경쟁에서 높은 속력을 희망한 결과 마지막 최대 파정의 범위를 $\frac{V}{\sqrt{L_{WL}}}$ 로 1.600의 범위를 채용한 배도 나왔으며, 실적선으로 수선장이 442.5 ft에서 시운전 속력이 34.55 kn, $\frac{V}{\sqrt{L_{WL}}}$ 가 1.645에서 시운전 상태 배수 톤수를 3,462톤, 시운전 상태의 기관 마력을 58,700 HP, 그리고 $\frac{\text{S.H.P.}}{\Delta}$ 를 16.95로 ⓟ=1.55, 즉 $\frac{V}{\sqrt{L_{WL}}}$ 를 1.650의 마지막 최대 hump 범위의 경순양함으로 했기 때문에 기본 설계의 입장에서 볼 때 주력함, 순양함 등 장래의 중순양함은 배수 톤수가 28,000톤, 수선장이 828 ft, 시운전 속력을 36 kn로 주장한 것이다. 하지만 이것은 전부 수선장을 증가시켜서 C_W 곡선(잉여 저항 곡선)의 마지막 최대 hump로부터 $\frac{V}{\sqrt{L_{WL}}}$ 를 1.150의 hollow 쪽이 되도록 이동(shift)시켜 본 시험에 불과하다. 또한 전시 중 미국의 중순양함이 배수 톤수 28,000톤으로 되어 주력함과 항공 모함의 속력이 35 kn를 낼 수 있게 된 것도 모두 같은 형식으로, 선형에 관한 주의 사항은 ㈒항과 같음을 확신할 수 있다.

㈔ **구축함**(destroyer, $\frac{V}{\sqrt{L_{WL}}}=1.800\sim2.200$)

구축함급은 ⓟ=1.500~1.600, 즉 $\frac{V}{\sqrt{L_{WL}}}$ 가 1.600~1.700의 C_W 곡선의 마지막 최대 hump speed 범위를 피해서 속력을 증가시키면 C_W 곡선이 점차적으로 하강하는 영역의 속장비를 채택한 선박으로서, 활주정과 원자력 잠수함은 예외이다. surface displacement ship의 경제적인 면은 경량의 대마력 주기관을 경합금(light alloys)과의 응용으로 상당히 높은 속력이 얻어지며, 군사상 구축함 이외의 고속 상선의 출현도 가능하게 한 흥미 있는 선형이다.

실제에서 배수 톤수가 1,000~1,500톤이면서 시운전 상태의 속력이 30~35 kn인 것과 배수 톤수가 2,000톤이면서 시운전 상태의 속력이 38~40 kn인 것, 배수 톤수가 3,000톤이면서 시운전 상태의 속력이 40 kn인 것, 배수 톤수가 5,000톤이면서 시운전 상태의 속력이 50 kn인 것을 얻는 것은 쉬운 일이 아니며, $\frac{L_{BP}}{B}$ 가 9.000~10.000 정도로서 주기관의 회전수를 증가시키지 않고 프로펠러의 전개 면적과 선체 사이의 간격에 어려운 점이 있어서 45 kn의 구축함을 실현한다든지, 50 kn의 구축함의 출현 가능성은 앞으로의 연구 과제인 것이다.

$\frac{V}{\sqrt{L_{WL}}}$ 가 1.600 정도의 영역에서는 선수 횡파 시스템의 첫 번째 파저와 선미파 시스템의 첫 번째 파저와의 간섭이 절대적이 된다든지, 그보다 속력이 증가하지 않으면 선미의 squat이 문제로 되기 때문에 소위 구축함 선미로서 선체 중앙부의 폭을 선미 부근까지 유지하기 위해 선미의 절상(cut-up)부를 길게 해서 fair buttock line으로 하고 있다.

중앙 횡단 면적 계수($C_{⊠}$)를 0.820~0.840으로 하고, 종 주형 계수(C_P)를 0.650 부근에서 후부가 태형(full)이며, amidship fine의 구축함 고유의 선형을 채용할 필요가 있다.

이 경우 최대 파정(hump) 영역을 넘어서면 속력을 증가시킬 수 있으며, 선수부의 파저(bow wave trough)가 점차 후방으로 이동해서 선미부의 파정(stern wave crest)을 상쇄시키는 것과 같이 되므로, 조파 저항을 감소시키는 결과가 되어 속력을 점차 증가시켜도 처음의 파정 위치로는 되지 않는다.

후부를 태형으로 하면 전반부 직선형의 수선이 오히려 볼록형 곡선(convex)으로 되므로, 재하 흘수선에서의 주입각이 10～12°로서 선미는 앞에서 예기한 것과 같이 길고 안정된 경사도를 유지한다.

따라서 프로펠러에 양호한 수류(water flow)를 받아 수선폭을 선미까지 full ship width로 할 수 있고, 프로펠러를 충분히 보호하여 프로펠러가 공전 또는 급전(racing)할 때에 공기를 흡입하지 않도록 주의하는 것이 더욱 중요하다.

(3) hollow-hump speed

설계자가 계획 설계(contact design)를 할 때 미리 알 수는 없지만 전저항 곡선에서 $\dfrac{V}{\sqrt{L}}$의 결정에 따라 배의 길이(L)에 대해 파저(hollow)와 파정의 범위에 든다는 것을 충분히 생각해 두어야 한다.

초기에 이를 추정하는 방법으로는 선체가 일정한 속도 V(kn)로 전진할 때 발생하는 파가 선체와 같은 속도로 수반하게 된다.

발생되는 파는 대체로 트로코이드파라 생각하여도 좋으므로 속도 V에 대한 파장 λ(m)는 다음과 같다.

$$\lambda(\text{m}) = \frac{2\pi v^2}{g} = 0.169\ V^2\,(\text{kn})$$

$$\lambda(\text{ft}) = 0.557\ V^2\,(\text{kn})$$

배의 길이(L)와 파장(λ)과의 비를 Z라 하면,

$$Z = \frac{L}{\lambda} = \frac{1}{2\pi \cdot \left(\dfrac{v}{\sqrt{gL}}\right)^2} = \frac{5.917}{\left(\dfrac{V(\text{kn})}{\sqrt{L(\text{m})}}\right)^2} = \frac{1.795}{\left(\dfrac{V(\text{kn})}{\sqrt{L(\text{ft})}}\right)^2}$$

이것은 그림 4-6에서와 같이 선수파의 제1파정과 선미파의 제1파정과의 간격을 mL, 즉 조파장(wave making length)이라고 부르게 된다.

Taylor의 실험에 의하면 계수 m은 중속 이하에서 1.00 정도이고, 고속으로 되면 1.15가 된다.

표 4-4 **Ship forms for minimum resistance**

Reference No.	1	2	3	4	5	6	7	8
Type of ships	Slow speed cargo ships	Medium speed cargo ships	Cargo liners	intermediate liners	Fast passenger liners	Channel ships coast guard ships	Fast cruisers	Destroyers
$\frac{V}{\sqrt{L_{WL}}}$	0.526, 0.572, 0.632	0.640, 0.720	0.730~0.750	0.848~0.90	0.90, 1.10	1.10~1.40	1.15~1.45	1.80~2.20
$C_B(L_{BP})$	0.800~0.740	0.730~0.710	0.700~0.685	0.625~0.600	0.600, 0.525	0.525~0.510	0.510~0.500	0.520~0.540
C_M	0.992~0.987	0.987~0.986	0.986~0.984	0.984~0.975	0.975, 0.965	0.965~0.950	0.950~0.915	0.852~0.830
$C_P(L_{BP})$	0.807~0.750	0.740~0.720	0.710~0.695	0.635~0.615	0.615, 0.544	0.544~0.537	0.537~0.547	0.610~0.650
$C_W(L_{BP})$	0.850~0.805	0.800~0.775	0.770~0.765	0.725~0.705	0.705, 0.680	0.680~0.685	0.685~0.755	0.755~0.760
L of parallel body	% 35~30	% 30~20	% 20~10	0	0	0	0	0
L_E/L_R	0.6~0.8	0.8~0.1	1.0	1.0	1.1	1.1	1.2	1.2
L.C.B. as % L_{BP} ± ⊗ (F, −⊗; A, +⊗)	% −2.0~−1.0	% −1.0~0	% 0~+1.5	% +1.5~2.0	+2.0%~+1.5	+1.5~+1.0 % $V/\sqrt{L_{WL}}$=1.10	+1.0 % $V\sqrt{L_{WL}}$=1.405	% +1.0~+2.0
Shape of ends for prismatic curve	straight ~straight	straight ~medium hollow	medium hollow ~hollow	fine entrance essential with bulbous bow	fine area curve bulbous bow useful	fine ended	fuller ends using bulbous bow form	Max. area aft ⊗ straight or slightly convex forward, good buttock lines aft
Shape of load water plane	bow, slightly convex through out stern, fairly straight, slope not greater than 20°	bow bow convex straight or slightly hollow	bow lines straight for long entrance or slightly hollow with short entrance	bow lines straight or slightly hollow	fine load water line forward hollow	fine ended forward	fuller ends by making L_{WL}. ending straight or hollow with bulb.	max. breadth as far aft of ⊗ as possible L_{WL} ford quite straight or even a little convex, aft quite full to act as cover to propellers.
½ angle etrance on load water plane. (½ angle run being limited to 18° where possible)	35~30°	27~24°	18~16° straight or 12° hollow	16~12° staight hollow	down to 6° with hollow	6~7° 6° with hollow 9° with straight	6° with hollow 9° with straight	10~12°
Cruiser stern	reduces resistance up to 6 %	deep cruiser stern disirable, taking as L_{BP}=0.96% L_{WL}				ressential to increase length	above $\frac{V}{\sqrt{L_{WL}}}$ =1.34 destroyer stern preferable	destroyer stern
L_{BP}/B	5.5~7.0	6.0~7.0	6.8~7.2	7.0~7.5	7.0~9.0	6.5~8.5	8.0~9.0	9.0~10.0
B/d	2.0~2.25	2.25~2.30	2.30~2.40	2.50~2.90	2.80~3.00	3.0~4.00	3.0~3.5	3.0~3.5
$L_{WL}/\Delta^{\frac{1}{3}}$	4.5~5.0	5.0~5.5	5.5~6.0	6.5~7.0	7.0~8.0	6.5~7.5	8.0~9.0	8.5~9.5
S.H.P./Δ	0.15~0.30	0.30~0.45	0.50~0.65	0.85~1.5	1.5~3.0	3.5~8.5	5.0~10.0	30.0~40.0

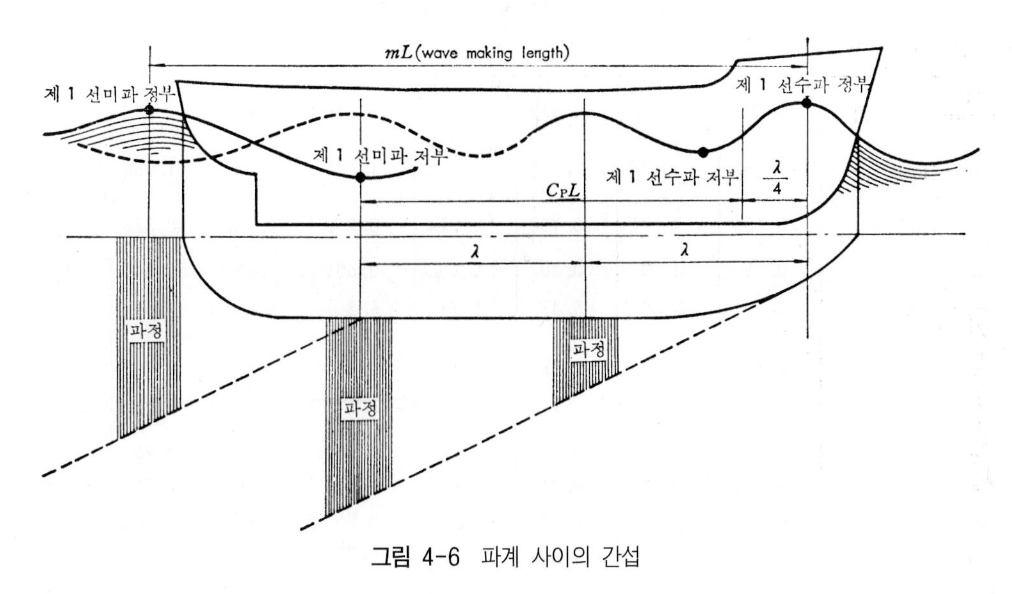

그림 4-6 파계 사이의 간섭

그림 4-6에서 선수 및 선미파의 제1파정이 선체에 대한 상대 위치는 선형 및 선속에 따라 약간 변화하는 것이기 때문에 표 4-5가 항상 정확한 것은 아니다.

표 4-5는 조파장 mL의 m이 1.0일 때이며, m이 1.0 이외일 때에는 속장비를 $\sqrt{m}$ 배 해 주어야 한다.

표 4-5 조파 저항의 정·저부가 생기는 속장비의 표

$Z=\frac{L}{\lambda}$	5.5	5	4.5	4	3.5	3	2.5	2	1.5	1	0.5
조파 저항	파저	파정	파저	파정	파저	파정	파저	파정	파저	파정	파저
$\frac{v}{\sqrt{Lg}}$	0.171	0.179	0.188	0.200	0.214	0.231	0.253	0.282	0.326	0.400	0.566
$\frac{V(\mathrm{kn})}{\sqrt{L(\mathrm{m})}}$	1.04	1.09	1.14	1.22	1.30	1.41	1.54	1.72	1.98	2.43	3.44
$\frac{V(\mathrm{kn})}{\sqrt{L(\mathrm{ft})}}$	0.575	0.601	0.631	0.672	0.720	0.776	0.850	0.947	1.100	1.340	1.900

구상 선수 선형은 고속이 되면 선수파의 제1파정이 전방으로 이동하게 되므로 배의 길이 L이 증대된 것과 같은 효과를 낸다.

항해 중의 트림 변화에 관해서도 저속시에는 $Z=2$ 이상으로 유지되어 있기 때문에 큰 트림 변화는 없지만, $Z=1$ 이상의 파로 유지될 경우에는 $\frac{v}{\sqrt{g \cdot L}}=0.40$ 이상 트림의 변화가 크게 되는 불리한 점이 있다.

파저와 파정의 계산에 있어서 이론적으로는 보통 $\frac{V}{\sqrt{L}}$의 값으로 취급하는 것이 쉬우나 오히려 이론상으로는 Froude 수 $\frac{V}{\sqrt{Lg}}$의 값이 속장비를 사용하는 것보다 쉽다.

표 4-6 속장비(파저점)를 기선으로 한 계수값

$\frac{V}{\sqrt{L}}$(ft 단위)	0.526	0.572	0.632	0.717	0.848	0.90	1.095	1.15
$\frac{V}{\sqrt{L}}$(m 단위)	0.952	1.035	1.145	1.3	1.536	1.63	1.982	2.08
$\frac{v}{\sqrt{gL}}$(m 단위)	0.156	0.171	0.188	0.214	0.253	0.267	0.326	0.342
C_B	0.75	0.73	0.707	0.66	0.605	0.59	0.54	0.535
$\frac{L}{V^{\frac{1}{3}}}$=Ⓜ	5.1	5.28	5.47	5.78	6.3	6.5	7.5	7.7
$\frac{B}{d}$	2.15	2.2	2.25	2.38	2.55	2.62	2.9	2.95
$\frac{L}{B}$	6.75	6.9	7.1	7.3	7.7	7.9	8.9	9.15
$C_{\boxtimes}$	0.99	0.989	0.988	0.985	0.98	0.975	0.95	0.94
C_P	0.758	0.738	0.716	0.67	0.618	0.605	0.569	0.569
C_R	0.906	0.90	0.898	0.873	0.853	0.847	0.831	0.831
C_W	0.837	0.82	0.80	0.765	0.725	0.715	0.685	0.685
C_{VP}	0.896	0.89	0.883	0.863	0.835	0.825	0.778	0.781
$\frac{L}{\Delta^{\frac{1}{3}}}$(ft 단위)	16.68	17.27	17.88	18.90	20.6	21.25	24.52	25.17
$\frac{L}{\Delta^{\frac{1}{3}}}$(m 단위)	5.05	5.23	5.42	5.745	6.24	6.44	7.43	7.63
$\frac{\Delta}{\left(\frac{L}{100}\right)^3}$(ft 단위)	215.6	194.4	174.8	148.2	114.3	103.2	68.0	62.7

		최대 파정						
$\frac{V}{\sqrt{L}}$(ft 단위)	1.20	1.40	1.60	1.80	2.0	2.2	2.4	2.6
$\frac{V}{\sqrt{L}}$(m 단위)	2.17	2.53	2.9	3.25	3.62	3.98	4.35	4.71
$\frac{v}{\sqrt{gL}}$(m 단위)	0.357	0.417	0.476	0.536	0.590	0.655	0.714	0.774
C_B	0.53	0.52	0.52	0.52	0.52	0.52	0.52	0.52
$\frac{L}{\nabla^{\frac{1}{3}}}$=Ⓜ	7.95	8.6	8.95	9.0	9.0	9.0	9.0	9.0
$\frac{B}{d}$	3.0	3.15	3.25	3.25	3.25	3.25	3.25	3.25
$\frac{L}{B}$	9.4	10.25	10.65	10.8	10.8	10.8	10.8	10.8
$C_{\boxtimes}$	0.928	0.87	0.83	0.812	0.812	0.812	0.812	0.812
C_P	0.571	0.598	0.627	0.64	0.64	0.64	0.64	0.64
C_R	0.828	0.835	0.84	0.84	0.84	0.84	0.84	0.84
C_W	0.690	0.716	0.747	0.762	0.762	0.762	0.762	0.762
C_{VP}	0.768	0.726	0.696	0.683	0.683	0.683	0.683	0.683
$\frac{L}{\Delta^{\frac{1}{3}}}$(ft 단위)	26.0	28.12	29.27	29.43	29.43	29.43	29.43	29.43
$\frac{L}{\Delta^{\frac{1}{3}}}$(m 단위)	7.87	8.52	8.87	8.92	8.92	8.92	8.92	8.92
$\frac{\Delta}{\left(\frac{L}{100}\right)^3}$(ft 단위)	56.6	45.1	39.85	39.25	39.25	39.25	39.25	39.25

속장비를 적용할 때 주의할 점으로는 $\frac{V}{\sqrt{L}}$의 값이 항상 영국 단위(feet unit)로서, 미국 단위(metric unit)의 $\frac{V}{\sqrt{L}}$에 1.810배를 하면 얻을 수 있으므로, 미터 단위로 확립되어 있는 최근의 속장비 적용에 있어서 영국, 미국 단위의 확인이 절대 필요한 것이다.

모형선 시험 결과로부터 얻은 C_W곡선의 hollow resistance의 단위는 선형(hull shape)에 따라서 L.C.B.의 위치에 의해 변화하고 있지만, 과거의 경험값으로는 큰 차이 없이 신뢰할 수 있는 값을 얻을 수 있다.

Yamagata의 Z이론으로부터 계산된 파저와 파정점을 $\frac{v}{\sqrt{Lg}}$ 값으로 나타내고 있다.

- Yamagata의 파저 $\frac{v}{\sqrt{Lg}}$의 값 : 0.566, 0.326, 0.253, 0.214, 0.188, 0.171, ⋯
- Yamagata의 파정 $\frac{v}{\sqrt{Lg}}$의 값 : 0.400, 0.283, 0.231, 0.200, 0.179, ⋯

이것은 배수형 배에서의 $\frac{V}{\sqrt{L}}$의 값이 0.526～2.700의 범위에 대한 값이다.

조파 저항의 원인으로 되는 선수부와 선미부의 횡파(transverse wave), 발산파(divergent waves), 전후 어깨파(shoulder waves) 등의 상호 간섭을 생각하면 횡파 이외의 파계의 영향은 아주 경미하여 선수 횡파와 배 길이와의 관계로서 국한하므로, 선저의 영향이 아닌 심해 상태(deep sea condition)에 대해서 언급할 수 있다.

배의 속력이 v(ft/sec 또는 m/sec)일 때, 배에 일어나는 횡파의 파장을 λ라 한다면 앞에서 설명한 바와 같이

$$\lambda = \frac{2\pi}{g} v^2 \fallingdotseq 0.64 v^2$$

여기서, g : 중력 가속도로서 ft/sec^2 또는 m/sec^2

$$v = \sqrt{\frac{g\lambda}{2\pi}} \fallingdotseq 1.25\sqrt{\lambda}$$

배의 길이를 L이라 하면,

$$Z = \frac{L}{\lambda} = \frac{L}{\frac{2\pi}{g} v^2}$$

로서,

$$\frac{v}{\sqrt{gL}} = \frac{1}{\sqrt{2\pi Z}} \fallingdotseq \frac{0.40}{\sqrt{Z}}$$

또한, 속력을 V(kn), 배의 길이를 L(ft)이라 한다면 다음 식의 관계가 얻어진다.

$$\frac{V}{\sqrt{L}} = \frac{1.34}{\sqrt{Z}}$$

저속에서의 $\dfrac{V}{\sqrt{L_{WL}}}$가 0.630 이하와 0.720 부근에서는 C_W곡선의 파저(hollow)와 파정(hump)이 어느 정도 일어나기는 하지만 그 양은 아주 소량이고, 중속의 $\dfrac{V}{\sqrt{L_{WL}}}$, 즉 0.850~1.150 부근이 되면 대단히 명확하게 나타나게 되며, $\dfrac{V}{\sqrt{L_{WL}}}$가 1.200을 넘게 되면 C_W곡선은 급속도로 상승해서 $\dfrac{V}{\sqrt{L_{WL}}}$가 1.600 부근에서 마지막 최대 과정에 도달하지만 그로부터 속력이 점차 증가해짐에 따라 파계는 서서히 내려간다.

이와 같이, Baker는 해군의 모형선을 기초로 하여 군함에 대한 연구로서 진행하였으나 기본 설계에 대해서는 군함이나 상선도 물에 떠 있는 선박인 이상 하등의 차별을 둘 필요가 없다고 주장했다.

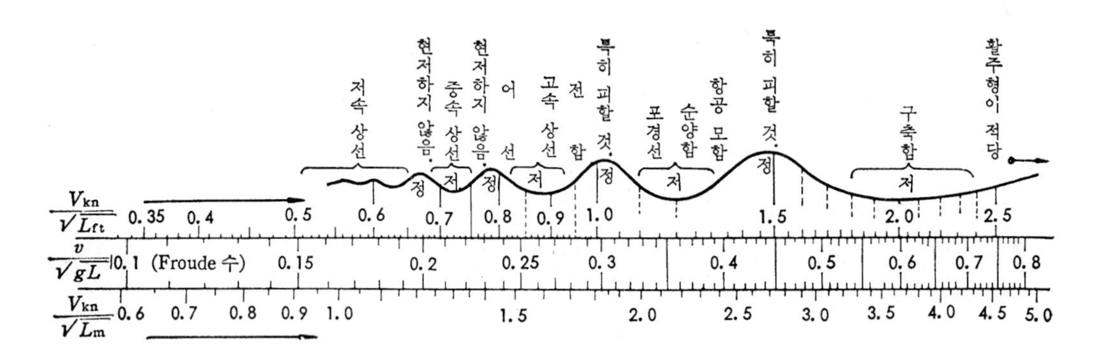

그림 4-7 각 속장비와 저항 곡선의 정부와 저부의 관계

Gushi는 실선의 마력 곡선 및 모형의 수조 시험 성적 등을 참고로 하여 속장비의 변화에 대한 보통 선형에 대해 그림 4-7과 같이 도표를 작성하였다. 각종 배에 대해서 적당한 속장비의 범위도 표시하였다.

그림 4-8은 Taylor의 계통적 실험 결과로부터 얻은 도표로서, 소요 속력에 대해 적당한 배의 길이를 선택하는 데 편리한 관계 도표이다.

설계 대상 선박의 적정 주기관을 선정하기 위해서는 우선 설계 선박의 초기 저항·추진성능 등을 추정하여 소요동력(마력)을 계산하여야 한다. 추정된 저항·추진성능값 및 소요 동력을 사용하여 기관 자료로부터 설계 속력을 낼 수 있는 주기관을 선별(sorting)한 뒤 선정된 엔진에 대하여 성능, 가격, 설계 연료 소비율(DFOC, designed fuel oil consumption) 등의 문제점에 대해 상세한 검토를 해야 한다.

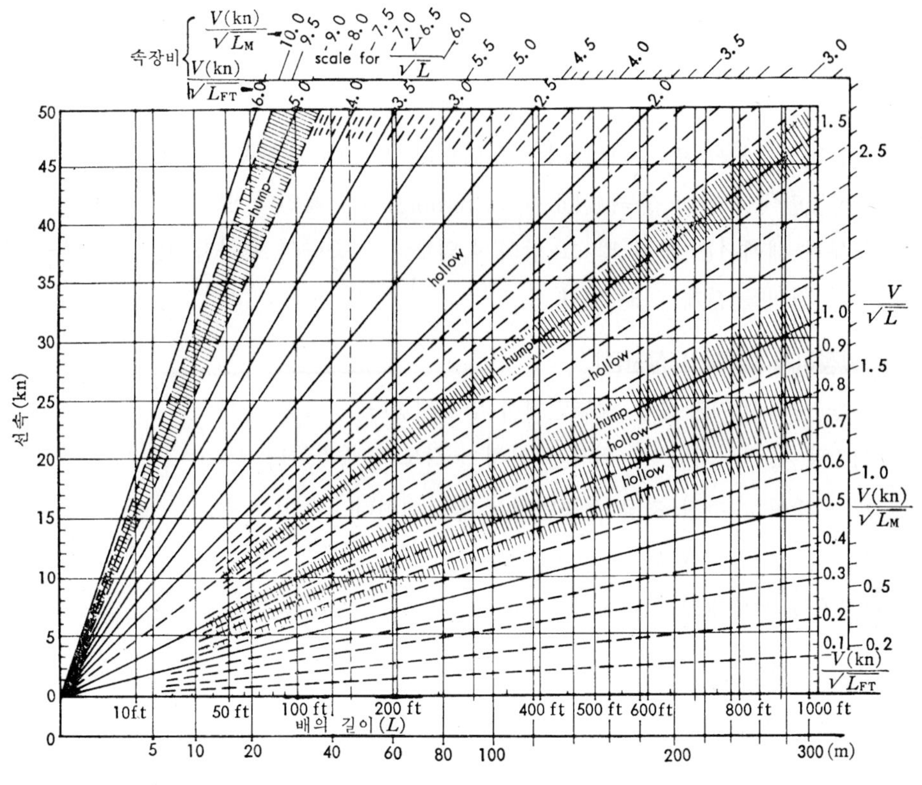

그림 4-8 배의 소요 속도에 적당한 배 길이의 관계 도표

(4) 배의 길이에 대한 이해 득실

[길이를 증가시켰을 때의 이점]

① 같은 배수 톤수의 배에서는 L이 크게 된다는 등 일반적으로 동일 속력에 대해 저항이 작아짐에 따라 소요 마력이 작아지게 된다. 이것은 $\frac{V}{\sqrt{L}}$ 와 C_B가 작아지게 된다는 것으로 고속을 내는 배 등에서의 이익은 현저하다.

L_{BP}가 같아도 순양함형 선미로 하면 L_{WL}이 길어지게 되어 같은 효과가 있다.

② 내해성(sea-worthiness)이 좋게 된다. 이것은 주로 종요(縱搖, pitching)가 작아지기 때문이다.

③ 갑판 위의 배치가 쉬우며, 또한 창구와 양화 장치를 충분히 할 수 있으므로 하역이 용이하게 된다. 또한, 여객선에서는 설비를 충분히 할 수 있고 여객 정원수를 늘릴 수 있는 이점이 있다.

④ 잉여 저항이 작아져 동일 마력에서 선속을 증가시킬 수 있다.

⑤ 조종 성능(maneuvability) 중에서 배의 길이가 길면 보침성(保針性, direction stability)이 좋아진다.

[길이를 증가시켰을 때 불리한 점]

① 해상에서 세로 휨 모멘트가 커지게 되어 종강력 부재의 수치를 증가시킬 필요가 있다. 그러므로 선체 중량이 증가하여 선가가 비싸지게 된다.

② 건현이 비례 이상으로 증가할 필요가 있으며, 반면에 재하중량이 작아지게 된다.

③ 조정 성능면에서 선회 성능(旋回 性能, turning)이 나빠진다. 또, L의 영향에 대해서 중속 이하의 배에서는 마력 및 그 밖의 이익보다도 중량의 증가가 커지기 때문에 될 수 있는 한 길이를 짧게 하고 있다.

[길이를 일정하게 할 때의 장단점]

① 폭 B를 증가시키면 복원 성능면에서 양호해진다.

② 깊이 D를 증가시키면 $\frac{L}{D}$비가 작아져 종강도가 증가된다.

③ $\frac{L}{B}$비가 작아져 추진 조정 성능면에서 불리해진다.

④ 선체의 중량이 경감한다.

⑤ 선가면에서 저렴해지는 이점이 있다.

2. 배의 길이 결정 방법

(1) 길이를 구하는 경험식

㈎ 근사식

$L^{1.315} = 5.15\,V^{0.63} \cdot [\alpha \cdot (\text{D.W.T.})]^{1/3}$ 에서

$\alpha = \frac{C_B}{C_D}$ 로 놓으면, $C_D = \frac{C_B}{\alpha}$

$$\alpha \fallingdotseq 1.01(0.98 \sim 1.08)$$

정도이므로, 이 계수는 변화의 범위가 좁아 사용하기가 쉽다.

또한, C_D 계수의 추정방법은 다음과 같다.

$$\text{재하중량 계수}\ C_D = \frac{\text{D.W.T.}}{\Delta_F}$$

표 4-7에서와 같이 재하중량 계수 C_D는 속력이 빠르면 작아지고, 대형선화하면 커지기도 한다(그림 4-10 참조).

표 4-7

계 수	화 물 선	화 객 선	고속 화객선	여 객 선
C_D	0.65~0.75	0.55~0.65	0.45~0.55	0.25~0.45
	0.63~0.65 0.65~0.73 0.70~0.76	L: 60.0~90.0 m L: 90.0~120.0 m L: 120.0~150.0 m		

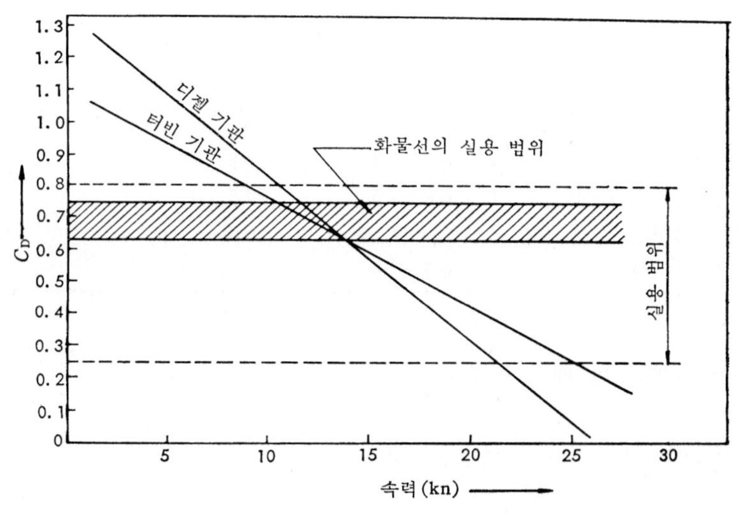

그림 4-9 재하중량 계수와 속력의 관계

재하중량 계수 C_D를 추정하는 방법으로 항해 속력과의 관계에서

$$C_D = 1.303 - 0.0497\,V_S$$

로 추정할 수 있으며, 항양 정기 디젤 기관선에서의 이 값은 대형선에 대해서는 작아지기도 한다.

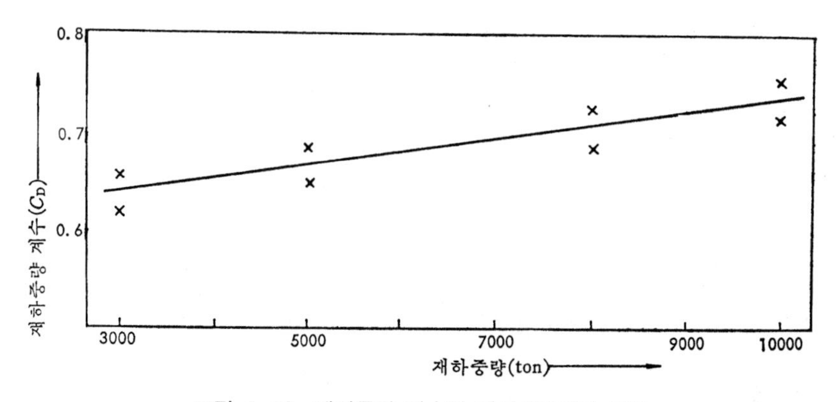

그림 4-10 재하중량 계수와 재하중량과의 관계

㈏ **길이의 추정에 있어서 속력과의 관계**

속력, 배수 톤수에 대한 길이의 추정식으로는

$$L = C \times \left(\frac{V_T}{V_T + 2}\right)^2 \times \Delta^{\frac{1}{3}}$$

여기서, V_T: 해상 공시운전 속력

표 4-8

description	C값		V_T의 범위	
	meter 단위	feet 단위	meter 단위	feet 단위
화물선 및 여객선(1축선)	6.7~7.3	23.5	–	11.0~16.5
화물선 및 여객선(2축선)	6.8~7.5	24.5	–	15.5~18.5
쾌속 여객선	–	26.0	–	≧20
대형 유조선	6.7~7.0	–	–	–

① 길이와 항해 속력 및 배수 톤수와의 관계

$$L\,(\mathrm{m}) = C_1 \times \left(\frac{V_S}{V_S + 2.5}\right)^2 \times \Delta^{\frac{1}{3}}$$

여기서, $C_1 = 7.3 \pm 0.2$

② 길이와 항해 속력 및 재하중량과의 관계

$$L\,(\mathrm{m}) = C_2 \times \left(\frac{V_S}{V_S + 5.5}\right)^2 \times (\mathrm{D.W.T.})^{2/7}$$

여기서, $C_2 = 170$ 정도

③ 길이와 최대 항해 속력과 배수 톤수와의 관계

$$L\,(\mathrm{m}) = 7.6 \times \left(\frac{V}{V + e}\right)^2 \times \Delta^{\frac{1}{3}}$$

여기서, $e = \begin{cases} 2 & : \text{최대 연속출력에 대한 속력일 때} \\ 2.25 & : \text{상용출력에 대한 속력일 때} \end{cases}$

(2) 기하학적 기본 치수비에 의한 이론식

$$\Delta_F = L \times B \times d \times C_B \times 1.025$$

의 기본식으로부터

$$C_D = \frac{\mathrm{D.W.T.}}{\Delta_F}, \quad \frac{L}{B} = K, \quad \frac{d}{B} = K_1$$

이라고 놓으면,

$$\Delta_F = \frac{\mathrm{D.W.T.}}{C_D}, \quad B = \frac{L}{K}$$

$$\therefore \; B = \frac{d}{K_1} = \frac{L}{K}$$

한편,

$$d = \frac{K_1}{K} L$$

$$\therefore \ \frac{\text{D.W.T.}}{C_D} = L \times \frac{L}{K} \times \frac{K_1}{K} \times C_B \times 1.025$$

따라서, 다음 식을 얻을 수 있다.

$$L = \sqrt[3]{\frac{K^2 \times \text{D.W.T.}}{C_D \times K_1 \times C_B \times 1.025}}$$

바꾸어 말하면 D.W.T.가 주어지고 여기에 C_D, K, K_1과 C_B를 결정한다면, L을 결정할 수가 있다.

3. 길이의 변화가 다른 요소에 미치는 영향

(1) 길이의 변화가 선체 구조 중량에 미치는 영향

길이의 증가는 선체 구조 중량을 증가시킨다.

· 세로 휨 응력(longitudinal stress), $\sigma = \frac{My}{I}$

· 최대 휨 모멘트(Max. bending moment), $M_{\text{MAX}} = \frac{\Delta L}{C}$

만약, 선체 단면 계수(sectional modulus), $Z = \frac{I}{y}$가 변하지 않으면 길이의 증가는

$$L = \frac{\Delta}{C_B B d}$$

의 증가에 비례하여 세로 휨 응력 역시 길이의 증가에 따라 직접 증가하게 된다.

여기서, 부력의 작용점과 선체 중량의 길이 방향 분포가 일정하고 변하지 않는다면 최대 휨 모멘트의 C 계수는 L과 일정한 직선 상태로서 배수 톤수도 일정한 상태가 되므로 모멘트의 최대값은 일정하다.

또한, 종강력 부재의 단면적에 대한 관성 모멘트가 증가하게 되면 길이의 증가를 초래시키는 원인이 되기 때문에 앞의 식 $\sigma = \frac{My}{I}$ 에서

$$I = k A_S D^2 = k t_S g D^2$$

여기서, A_S : 종강력 부재의 횡단 면적

t_S : 종강력 부재의 평균 두께

g : 동주(胴周)의 길이(girth length)

즉,

$$I = tD^3 = D^4$$

으로서 t_S의 증가는 직접적으로 길이(L)의 증가에 비례한다.

그러므로, k, g와 λ가 변하지 않는다면

$$W_H = kt_s A_H \propto t\lambda^2$$

여기서 A_H는 선체에 있어서 외판의 전체 표면적(superficial area)이 된다.

기하학적인 치수비에 따른 선체 길이와의 관계는 다음과 같다.

(가) 길이가 증가하고 $\dfrac{B}{d}$는 변하지 않으며 방형 계수만을 변화시켜 배수 톤수를 일정하게 할 경우, 부재 치수의 변화가 없으면 선박의 단면 계수는 일정하게 되며,

$$M_{\mathrm{MAX}} = \frac{\Delta L}{C}$$

에서

$$M \propto L$$

이 된다. 또한,

$$\sigma = \frac{My}{Z}$$

로부터

$$\sigma \propto M$$

이 된다.

한편, 응력을 일정하게 유지하려면 단면 계수 역시 길이와 동일한 비로 증가해야 하며, 이 조건은 폭과 깊이는 변화하지 않으므로 부재 치수를 증가시킬 필요가 있다.

부재 치수를 증가시키면 선체 구조 중량이 증가되고, 또 배수 톤수는 일정하므로 이에 차지하는 중량비는 커지게 된다. 그러므로 다른 중량군을 감소하지 않는 한 선체 구조 중량을 증가시킬 수는 없다.

즉, 폭, 깊이 및 배수 톤수를 변화시키지 않고 길이만 증가시키는 것은 이와 같은 변화가 생긴다. 따라서, 선체 구조 이외의 어떤 중량군을 감소하지 않는 한 일반적으로 불가능한데, 그 이유는 길이 방향의 굽힘에 의한 응력이 증가하여 이를 방지하기 위해 선체 구조 중량을 증가해야 하기 때문이다.

(나) 길이를 증가시키고 배수 톤수와 방형 계수를 일정하게 하며, 폭 또는 흘수를 감소시킬 경우에는 건현이 변하지 않는다면 흘수의 감소는 그에 대응하는 깊이(D)를 감소시키는 결과가 되며, 깊이와 폭이 감소하고 유효 선체 구조 부재의 두께가 변하지 않을 때에는 그 배의

단면 계수는 감소하게 된다.

깊이, 흘수 모두 단면 계수를 감소시키지만

$$Z = \frac{I}{y}$$

의 식에서

㈀ 깊이의 감소는 대응하는 폭의 감소보다 영향이 더 크다.

㈁ 모멘트는 직접 길이(L)와 같이 증가하고 단면 계수는 감소하므로, 단위 응력은 길이의 증가량보다 더 빨리 증가하게 된다.

다시 말하면, 폭, 흘수를 감소시키고 배수량을 일정하게 유지하면서 길이를 증가시키면, 다른 중량이 감소되지 않는 한 불가능하다.

선체 중량은 길이 방향의 굽힘에 의한 최대 응력이 증가하는 것을 방지시키기 위해 증가시켜야 하기 때문이다.

㈂ 길이가 증가하고 폭, 흘수 및 방형 계수가 일정하며, 배수량이 길이와 같은 비율로 증가할 경우 응력은 휨 모멘트에 의해 ΔL의 크기에 비례하여 증가한다.

응력의 증가를 방지하기 위해 강력 부재의 치수를 요구하는 두께 이상으로 증가시켜야 한다. 이것은 선체 구조 중량이 배수 톤수에 대한 비 이상으로 크게 된다는 것을 의미한다.

결과적으로, 어떤 다른 중량군이 대신 감소하지 않는 한 길이(L)가 증가하면 반드시 선체 구조 중량이 증가한다. 따라서, 배수 톤수가 증가하는 결과가 된다.

(2) 길이의 변화가 기타 선체 중량에 미치는 영향

길이의 증가는 선체 의장품 증가의 직접적인 관계는 아니지만 그 영향은 유사하다.

배의 길이가 길면 같은 선회 반지름으로 선회할 때 타(舵)의 면적 증가와 더불어 강력한 조타 장치를 설치해야 한다.

배의 길이가 길면 투영 단면적(profile area)이 넓어지므로, 즉

$$E(\text{의장수}) = \Delta^{\frac{2}{3}} + 2Bh + 0.1A$$

의장수가 커지므로 강력한 양묘 장치와 더 큰 계선 장치가 필요하게 된다.

이것이 의장수의 증가로 인한 의장 그루핑의 중량 증가 요인이 되는 것이다.

(3) 길이의 변화가 추진 기관 중량에 미치는 영향

선체 저항은 길이의 변화에 따라 상반되는 영향을 끼치는 2개의 성분으로 이루어진다.

㈎ 길이의 증가가 마찰 저항에 미치는 영향

먼저, Froude와 Taylor의 마찰 저항 공식을 해석해 보면,

$$R_F = C_F S_v^{1.825}$$

여기에 $S = C\sqrt{\Delta L}$ 을 대입하면,

$$\therefore \ R_F = C_F C v^{1.825} \times \sqrt{\Delta L} \text{ (lb's)}$$

여기서, R_F : 마찰 저항(1b's)

C_F : Froude의 마찰 계수

S : 침수 표면적(ft^2)

v : 속력(ft/sec)

C : Taylor의 침수 표면적 계수

Taylor의 근사식은 보통형인 배와 세형인 배의 양호한 근사식을 얻을 수 있다. 여기에서 침수 표면적(S)의 값은

$$S(ft^2) = k\sqrt{WL}$$

여기서, W : 형 표면에 대한 배수 톤수(ton)

k : $C_{\otimes}$와 B, d에 관계되는 계수로서 일반 상선에서는 15.5 정도

$$\therefore \ S(ft^2) = 15.5\sqrt{WL}$$

이 되며, 형 배수 톤수(W) 대신 형 배수 용적(∇ft^3)을 사용하게 되면 $W = \frac{\Delta}{35}$ 이므로

$$S = \frac{k}{5.92}\sqrt{\Delta L} \ (ft^2)$$

$$\therefore \ S(ft^2) = 2.62\sqrt{\Delta L}$$

이 된다.

Taylor의 $\frac{B}{d}$와 $C_{\otimes}$ 계수에 대한 k계수를 구하는 도표는 그림 4-11과 같다.

일정한 속력과 배수 톤수에 있어서 마찰 저항은 Froude와 Taylor의 공식에서 볼 때 길이의 평방근에 따라서 증가한다는 것을 알 수 있다.

마찰 저항 공식의 약산식에 대해 그 예를 들면,

$$R_F = \rho \times C_{FO} \times S \times v^{1.825} \text{ (kg)}$$

여기서, ρ : 해수의 비중

C_{FO} : Froude의 마찰 저항 계수

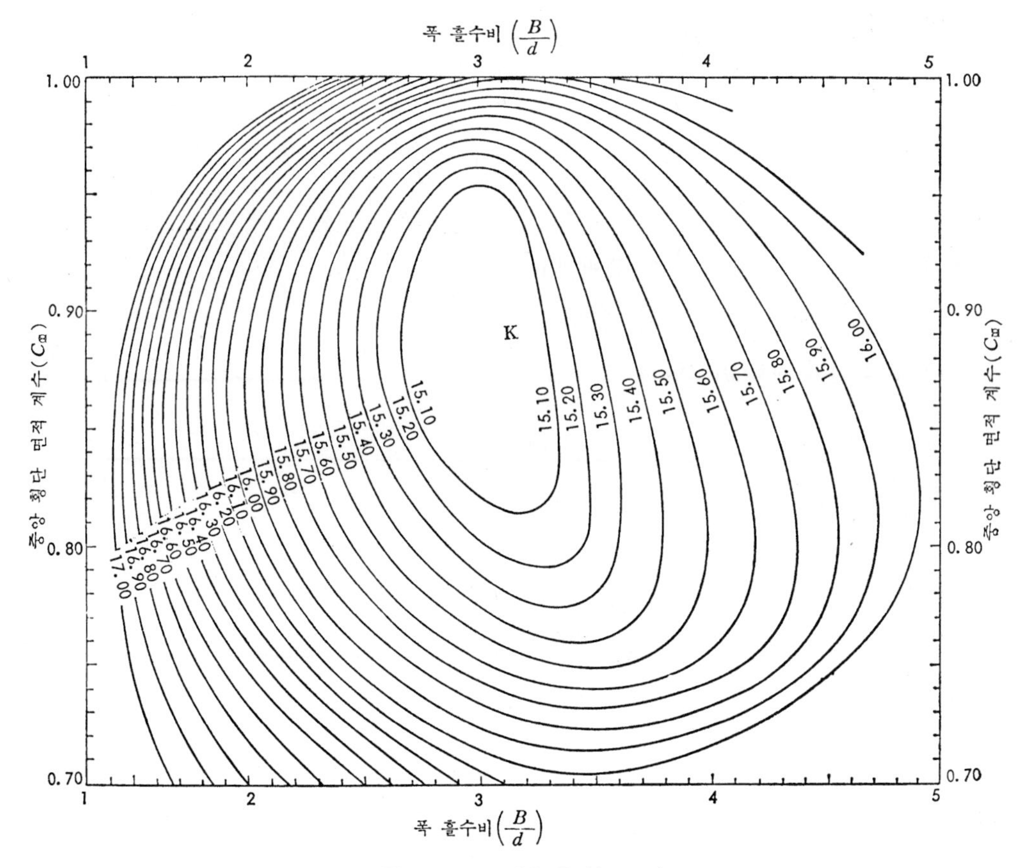

그림 4-11 k 값을 구하는 도면

$$\therefore \ C_{FO} = 0.1392 + \frac{0.258}{2.68 + L}$$

S : 침수 표면적(m^2)

v : 선속(m/sec)

마찰 저항 공식에서 가장 영향을 많이 끼치는 침수 표면적의 근사 추정식의 예를 들면, 침수 표면적은 선도가 작성되면 동주 길이(girth length)에 심프슨 법칙(Simpson rule)을 적용하여 추정할 수 있지만 초기 설계과정에서는 매우 곤란하다.

[Olsen의 식]

$$S_{MLD} = L \times B \times \left(1.22 \times \frac{d_{MLD}}{B} + 0.46\right)(C_B + 0.765) \quad \cdots\cdots (4\text{-}1)$$

여기서, S_{MLD} : 형 선체(naked hull)의 침수 표면적(m^2)

C_B : 방형 계수(block coefficient)

[Todd의 식]

Todd의 식에서 C값은 최근의 대형 상선에 대해서 계산한 값을 나타내었다(그림 4-12 참조).

$$S_{MLD} = \nabla_{MLD}^{\frac{2}{3}} \times \left(0.3 \times \frac{L}{B} + 0.5 \times \frac{B}{d_{MLD}} + C\right) \quad \cdots\cdots (4\text{-}2)$$

여기서, S_{MLD} : 형 선체의 침수 표면적(m^2)

∇_{MLD} : 형 선체의 배수 용적(m^3)

C : 선의 자료값(그림 4-12 참조)

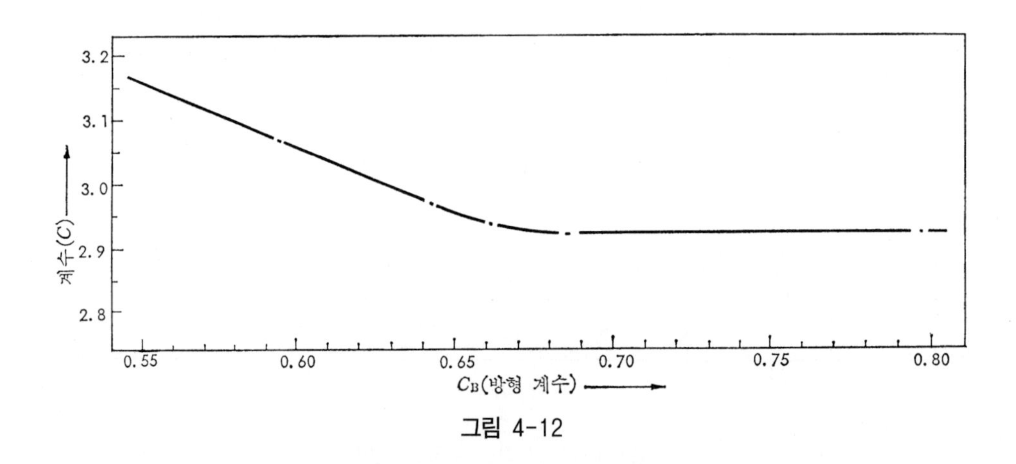

그림 4-12

식 (4-1)과 (4-2)에서 계산한 침수 표면적은 형 기선으로 바꾸어 말하면 형 선체의 표면적으로서, 이것은

- 1축선(single screw)일 경우에는 만곡부 용골(bilge keel)과 타(rudder)
- 2축선(twin screw)일 경우에는 축 브래킷(shaft bracket), 추진기 축계와 보스(bossing)의 표면적을 포함해서 선체 저항의 계산에 필요한 면적으로 정한다.

여기서, C의 계수는 C_B : 0.7～0.8에서 C=2.8

C_B : 0.65～0.7에서 C=2.87

C_B : 0.60～0.65에서 C=2.95

[Denny-Mumford의 근사식]

이 근사법은 일반 상선, 특히 태형선(太形船)인 화물선에 적용하면 양호한 값을 얻을 수 있다.

① 대형의 태형선에서는

$$S = 1.7\,Ld + \frac{\nabla}{d}$$

여기서, S : 형 표면의 침수 표면적(m^2 또는 ft^2)

L : 수선간장(m 또는 ft)

Δ : 형 표면의 배수용적(m^3 또는 ft^3)

d : 평균 형 흘수(m 또는 ft)

② 강제 어선, 배수형 선에서는

$$S = 1.73\,Ld + \frac{\nabla}{d}$$

로 계산하면 양호한 근사값을 얻을 수 있다.

이와 같이, Froude 마찰 저항 공식에서 길이가 증가하면 마찰 저항은 증가하지만, 반면에 Froude의 마찰 저항 계수는 길이가 증가함에 따라 서서히 감소하게 된다.

(나) 길이의 증가가 잉여 저항에 미치는 영향

$$R_R = \frac{1}{2}\rho\nabla^{\frac{2}{3}}v^2 C_R \text{ (kg)}$$

여기서, ∇ : 배수 용적(m^3)

v : 선속(m/sec)

ρ : 선박이 떠 있는 해수의 비중은 1.025에 대한 밀도

· 104.62 kg · sec^2/m^4

· 1.9905 lb's · sec^2/ft^4

C_R : 잉여 저항 수정 계수

잉여 저항 공식에서 잉여 저항 수정 계수 C_R은 다음과 같은 조건에 따라 수정을 한 다음 그 값의 합계가 된다.

① 새로 설계되는 배는 C_B=0.68의 Froude 수 $\frac{v}{\sqrt{Lg}}$에 대한 잉여 저항 수정 계수

② 설계된 배의 폭이 $B = \frac{L}{9} + 3.2$가 되어야 하나, 다를 경우 $\frac{B}{L}$가 표준값인 $\frac{B}{L}$=0.135보다 증감시 C_B의 Froude 수에 대한 $\dfrac{(\Delta C_R)\times\frac{B}{L}}{\frac{B}{L} - 0.135}$의 잉여 저항 수정 계수 $(\Delta C_R)_{\frac{B}{L}}$의 값

③ 설계선이 $\frac{B}{d}$=2.25에 준해야 하나, 증감시에 C_B의 Froude 수에 대한 $\dfrac{(\Delta C_R)\times\frac{B}{d_{MLD}}}{d_{MLD} - 2.25}$의 잉여 저항 수정 계수 $\dfrac{(\Delta C_R)_{\frac{B}{d}}}{d_{MLD}}$의 값(여기서, d는 형 흘수)

④ 선미의 형상이 보통형 선미(counter stern)이어야 하나, 순양함형 선미(cruiser stern)일 경우 대부분 수면상에 있게 되므로, 침수 표면적이 C_B의 Froude 수에 대한 잉여 저항의 수정 계수 $(\Delta C_R)_S$의 값

잉여 저항에 있어서 동일한 속장비인 두 상사선의 잉여 저항은 배수 톤수에 직접 비례하므로 상사 모형에 있어서의 배수량 톤당 잉여 저항은 속장비에 따라서 증가하며, 배수량에 대한 길이의 비 $L_1 : L_2$가 $1 : \left(\frac{1}{2}\right)^{\frac{1}{3}}$ 이 된다고 하자.

일정한 속력에 있어서의 속장비는 길이의 제곱근에 반비례하므로,

$$\frac{V_1}{\sqrt{L_1}} = \frac{V_2}{\sqrt{L_2}}$$

에서

$$C = \frac{L_1}{\left(\Delta^{\frac{1}{3}}\right)_1} = \frac{L_2}{\left(\Delta^{\frac{1}{3}}\right)_2}$$

의 식으로부터

$$\therefore\ V = (L)^{\frac{1}{2}} \text{ 이고 } L = (\Delta)^{\frac{1}{3}}$$

$$\therefore\ \left(\Delta^{\frac{1}{3}}\right)^{\frac{1}{2}} \fallingdotseq \left(\frac{1}{2}\right)^{\frac{1}{6}} \text{ 이고, } L = (\Delta)^{\frac{1}{3}}$$

이 된다고 할 수 있다.

$$\therefore\ \left(\frac{1}{2}\right)^{\frac{1}{6}} = 0.8903$$

즉, 작은 선박(smaller ship)의 속장비는 큰 선박(larger ship)에 비해 1.123배가 되므로, 실제 잉여 저항값은 큰 선박의 값보다 더 크게 증가하게 된다.

일정한 배수 톤수에서의 잉여 저항 또는 배수량의 톤당 잉여 저항은 앞에서 설명한 것과 같이 속장비의 변지수(變指數)에 비례하여 직접적으로 변화한다.

다시 말하면, 일정한 속력에서 길이가 증가하면 속장비가 감소하고, 따라서 잉여 저항이 감소한다. 그림 4-13에서와 같이 길이가 증가함에 따라서 잉여 저항의 감소는 크게 변화하지만, 길이가 크면 그 이득이 적다는 것을 주의해야 한다.

길이의 증가에 따르는 마찰 저항의 상승은 대체적으로 균일하다.

전저항 곡선은 최소 저항이 되는 길이의 부근에서 대단히 평탄하므로, 선박은 마력을 그다지 증가시키지 않고 최소 저항에 대한 길이보다 상당히 짧게 계획할 수가 있다.

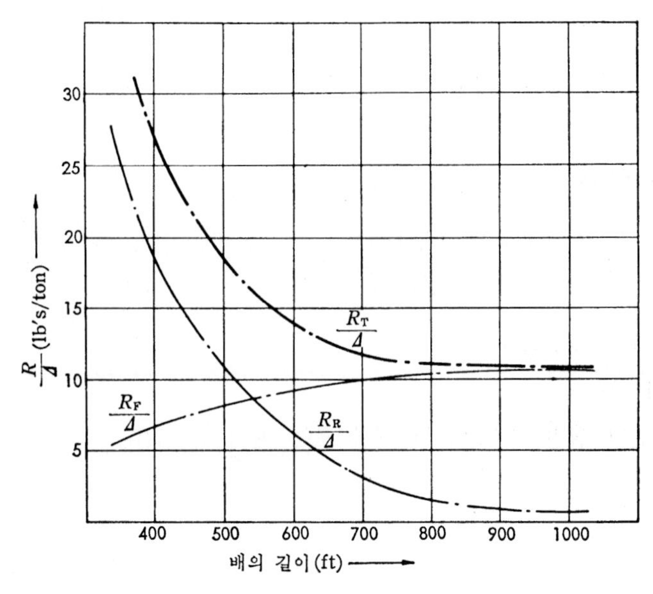

그림 4-13 선박의 길이에 대한 저항의 변화

(4) 길이의 변화가 연료 중량에 미치는 영향

길이의 증가 및 마일당 연료 소비량에 대한 영향과 일정한 항속 거리에 대하여 적재해야 할 연료 중량의 영향은 주로 최대 속력과 항해 속력에 관계가 있다.

㈎ **군함**

㈀ 항해 속력은 보통 실제에 있어서 최대 속력과 같다.

㈁ 배의 길이는 항해 속력에서의 최소 저항에 대한 길이보다 길이가 매우 길기 때문에 길이를 더욱 증가시키면 항해 속력에서의 E.H.P.와 S.H.P. 및 마일당 연료 소비량이 증가하는 결과가 된다.

㈏ **상선**

㈀ 항해 속력이 최대 속력보다 작다.

㈁ 배의 길이가 증가하면 대개 전저항이 감소하고, 마일당 연료 소비량이 감소하는 결과가 된다.

(5) 선박의 크기가 선박 건조비에 미치는 영향

대체로 건조 중량 톤당 건조비는 소형선보다 대형선이 적고, 일정한 배수 톤수의 선대(船隊) 건조비는 많은 소형선보다 단일 대형선이 유리하다.

(6) 배의 크기가 내항성에 미치는 영향

기하학적으로 상사한 선에 있어서의 내항성은 앞 장에서도 설명한 바와 같이 배수 톤수가 증가함에 따라 증가하게 된다.

(ㄱ) 정복원력의 복원정 GZ는 $\Delta^{\frac{1}{3}}$에 비례하는 GM에 따라 변한다.

(ㄴ) 횡동요(橫動搖)의 주기는 배수량이 증가함에 따라 증가한다.

(ㄷ) 횡동요의 최대 각도는 배수량의 증가에 따라서 감소하게 된다. 그러므로, 대형선에서는 심한 횡동요를 하지 않는다.

$$T(\sec) = \frac{ck}{\sqrt{GM}} = \frac{cB}{\sqrt{GM}}$$

여기서, T : 횡동요의 주기

c : 1.108

k : 선박 질량의 횡동요 반지름 또는 배의 폭 B(ft)

상선에서는

$$k \propto B \propto \Delta^{\frac{1}{3}}$$

또한

$$\sqrt{GM} \propto \left(\Delta^{\frac{1}{3}}\right)^{\frac{1}{2}}$$

따라서 $T \propto \left(\Delta^{\frac{1}{6}}\right)$에 비례하게 된다.

(ㄹ) 피칭(pitching)의 주기는 대개 횡동요 주기에 $\frac{1}{3} \sim \frac{2}{3}$가 된다.

예를 들면, 어떤 배의 횡동요 주기가 16초이다. 이 배의 폭은 20.0 ft인데, #3 hold에 침수된 상태의 횡동요 주기가 20초라면 복원력 손실비는 얼마겠는가?

$$T = \frac{1.108B}{\sqrt{GM}}$$

$$\therefore\ B = \frac{T\sqrt{GM}}{1.108}$$

$$\text{침수 전} : 20 = \frac{16\sqrt{GM_1}}{1.108}$$

$$\text{침수 후} : 20 = \frac{20\sqrt{GM_2}}{1.108}$$

따라서,

$$\frac{16\sqrt{GM_1}}{1.108} = \frac{20\sqrt{GM_2}}{1.108}$$

$$256\,GM_1 = 400\,GM_2$$

$$\therefore \ GM_2 = 64\% \, GM_1$$

이 됨을 알 수 있다.

(7) 배의 크기가 속력에 미치는 영향

기하학적으로 비슷한 배에서 일정한 최대 속력을 내야 할 때 배수 톤수에 대한 기관 중량의 비는 배수 톤수가 증가함에 따라 감소한다.

㈎ 추진 기관의 마력당 중량도 그 기관의 마력이 증가함에 따라 감소한다.

㈏ E.H.P.는 침수 표면적에 비례해서, 즉 $\Delta^{\frac{2}{3}}$에 비례해서 변하기 때문에 배수 톤수의 증가량보다 완만하게 증가한다.

대형선은 그 크기에 비례해서 거친 해상 상태에 기인한 속력의 손실이 적다. 즉, 시운전의 속력에 대한 항해 속력의 비는 직접 크기에 비례하여 증가하기 때문이다.

4. 배의 길이 제한

배의 길이 제한은 여러 가지 장단점이 있지만 상선에서는 길이가 될 수 있는 대로 긴 것이 종강도상 문제만 없으면 유리하다. 군함에서는 길이가 길어야 수선 아래에 적재할 중요 시설을 설비할 수 있다고 군함 설계자들은 생각하여 기동성에 중점을 두었으나, 전술상 이유로는 군함의 길이가 짧으면 짧을수록 더욱 우수한 조종성을 가지게 되고, 또 표적이 작아지게 된다. 전략적으로 볼 때 길이가 큰 함정은 정박과 입거에 제한을 받는 결점이 있다.

그러므로 길이는 잉여 저항의 감소에 의한 기관 중량의 감소가 선체 중량의 증가보다 크지 않은 한 길이가 긴 함정이 전술, 전략상 불리하므로 길이를 증가하는 것은 좋지 않다. 즉, 모든 필요한 시설을 다 할 수 있고, 또 잉여 저항이 커지지 않을 정도로 선박의 길이를 정하여 그 이상 더 길게 할 필요가 없다는 것이다.

상선에 대한 길이의 제한에 대해서는 다음과 같다.

(1) 구조 규정상의 제한

$\dfrac{L}{D_S}$에 있어서 건조선에 대해서는 종강도상의 영향을 고려하여 11.38～12.9의 범위로 규제하고 있다.

(2) 운항 및 설계상의 제한

항로에 따라 다르나 정기선에서는 기항지의 건선거(dry dock) 시설의 크기에 절대 필요하며, 기항지의 항구 시설의 크기를 고려할 필요가 있다.

한편, Taylor는 선박의 길이는 잉여 저항이 전저항의 50% 이상이 될 정도로 짧아서는 안 된다고 주장하였다.

이것이 선박의 최소 길이의 한계라 볼 수 있다. 실제 설계에서의 이 한계는 상선에서 1.200

을 넘지 않는 속장비에 해당하는 최대 속력을 가지고 취항하는 대형 군함에 있어서 합리적이 된다.

고속 순양함과 구축함은 최고 속력에 있어서 잉여 저항이 전저항의 50% 이상이 되는 것이 보통이다.

4.1.2 배의 형폭

배의 형폭(moulded breadth, B_{MLD})은 배의 길이(L) 및 방형 계수(C_B)와 직접 관계되어 결정되지만, 소요 갑판 면적과 복원성에 특히 유의할 필요가 있다.

배의 폭은 외판의 두께를 가산한 것과 늑골의 외면 사이의 거리를 채용하는 경우가 있으며, 초기 설계에서는 뒤의 경우를 사용하는 형폭과 수조 시험 모델의 폭은 형폭+평균 외판의 두께로 정하고 있다.

배의 폭은 가로 안정성에 매우 중요하기 때문에 배의 사활에 관계가 있지만, 폭이 큰 배는 저항이 증가하여 속력을 내는 데 힘들므로, 배의 길이를 증가시켜 폭을 좁게 한다면 안전성이 나빠져 폭의 선택이 매우 까다롭게 된다.

배의 폭은 속력에 관계하고 있으므로 속장비에 따라서 장폭비를 결정할 필요가 있지만, 배의 사용 목적에 따라 쇄빙선, 예선과 같이 특히 큰 폭을 요구하는 경우도 있다.

배를 크게 하거나 작게 하는 황천시 배의 안전성을 생각해서 장폭비를 작게 하는 경향이 되겠지만, 고속선에 대해서는 특히 저항 이론과 안전성 이론을 같이 고려하여 전복하는 위험한 배가 되지 않도록 더욱 주의하여야 한다.

화물선에서는 이상과 같은 안전성에 주의를 소홀히 해서는 안 되지만, 갑판 면적을 주로 하는 배, 예를 들면 목재 운반선에서는 만재하기 전에 배가 기울어져서 적재 톤수가 부족하게 되는 수가 많다. 이것도 역시 경제적으로 좋은 예는 아니다.

또한, 출항시에는 $+GM$이던 것이 연료, 청수, 기타 창고품을 소모한 다음의 입항 상태 때에는 $-GM$으로 되는 화물선도 있다. 이러한 문제는 화객선, 여객선에 특히 일어나기 쉽기 때문에 배의 초기 설계의 잘못이 그 배의 일생 동안의 결점이 되므로 계산을 정확히 해야 한다.

이상과 같은 이유 때문에 배의 폭 결정은 저항 문제보다는 배의 안전성에 중점을 두어 장폭비로 결정할 필요가 있다.

선체의 폭이 최대인 곳의 횡단면에서 외판의 내면으로부터 내면까지의 수평거리를 형폭(moulded breadth)이라고 한다.

배의 형상을 나타내는 선도는 외판의 내측의 선을 기준으로 하여 그려지며, 그것을 몰디드 라인(moulded line)이라 부른다.

형폭에 외판의 최대 두께의 2배를 더한 치수를 최대폭 B_{ext}(extreme breadth)라고 하는데,

운하 등에서 통행 가능한 배의 폭을 제한하는 경우에는 그 폭이 B_{MLD}가 아니라 B_{ext}를 뜻한다.

1. 배의 폭 결정 조건

(가) 중량 그루핑의 변화에 따른 폭의 영향은 폭의 영향을 주는 중량 그루핑을 다음의 세 가지 경우로 나누고 있다.

(ㄱ) 폭의 변화에 직접적으로 영향을 주는 중량 그루핑 : 선체 구조, 추진 기관, 보일러의 급수(feed water), 연료 등

(ㄴ) 조금 영향을 주는 중량 그루핑 : 선체 의장, 의장품, 설비품 등

(ㄷ) 직접적으로 전혀 영향을 주지 않는 중량 그루핑 : 창고품, 청수, 승조원, 재화중량, 고정 밸러스트, 여유 중량 등

(나) 배의 길이와 깊이가 평형되어야 한다.

(다) 상갑판 위의 소요 면적에 따라서 폭이 증감되어야 한다.

(라) 최종적으로 베수량을 변화시킬 경우에는 운하의 폭과 수리 건선거를 고려하여 폭을 조정해야 한다.

폭을 넓게 했을 때의 장단점은 다음과 같다.

[장점]

(가) 정복원 성능에 있어서 횡복원력이 증가한다.

(나) 흘수에는 영향이 없으므로 선체 중량을 증가시키지 않으나 배수 톤수에서 재화중량을 증가시키게 된다.

[단점]

(가) 폭을 너무 넓게 할 경우에는 배의 머리가 가볍게(輕頭) 되므로 동요가 심하다.

(나) 폭이 너무 넓은 배는 저항의 증가, 즉 과대한 마력이 요구된다.

2. 배의 폭 결정 방법

배의 폭을 결정하는 계산 방법으로는 여러 가지가 있으며, 기본 치수의 개략 추정에 의하여 결정된 치수에 의해 추정된다.

(1) 폭을 구하는 경험식

(가) $\frac{L}{B}(=K)$에 의한 선폭의 산정

복원성과 속력을 함께 고려할 때 폭 B가 크게 되면 복원성은 좋으나 선속은 저항이 커지게 되므로 좋지 않다.

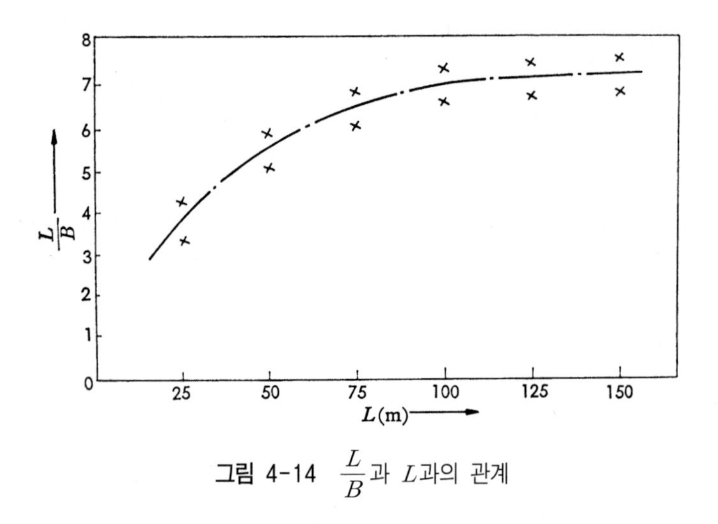

그림 4-14 $\frac{L}{B}$과 L과의 관계

이것을 표로 나타내면 표 4-9와 같다.

표 4-9

L(m)	25.0	50.0	75.0	100.0	125.0	150.0
L/B	3.5~4.4	5.3~6.0	6.2~6.9	6.7~7.3	7.0~7.5	7.1~7.6

이상과 같이 성능면에 의한 규정에서는

$$B = \frac{L}{10} + 4.3 \text{ (계수는 3.1 ~ 5.6임)}$$

선형학(船型學)에서 Yamagata에 의하면

$$B = \frac{L}{9} + 3.2 \text{ (계수는 2.7 ~ 4.0임)}$$

한편, Watson과 Gilfillan에 의하면 길이와 폭의 비는

$$\frac{L}{B} = 4 + 0.025(L - 30)$$

으로 작은 마력을 적용하여 최소의 자본금으로 선가를 감소시키는 최적의 선형 치수비로 정하였다. 배의 크기와 선속이 다른 배는 제외하고 선형만 같은 관계선에 적용한 결과 $\frac{L}{B}$의 값이 6.6과 7.3의 사이였으며, 가장 최근의 실적선에서 배의 길이가 약 130 m보다 넘는 배에서는 $\frac{L}{B}$의 값이 6.5 정도인 경향을 볼 수 있었다.

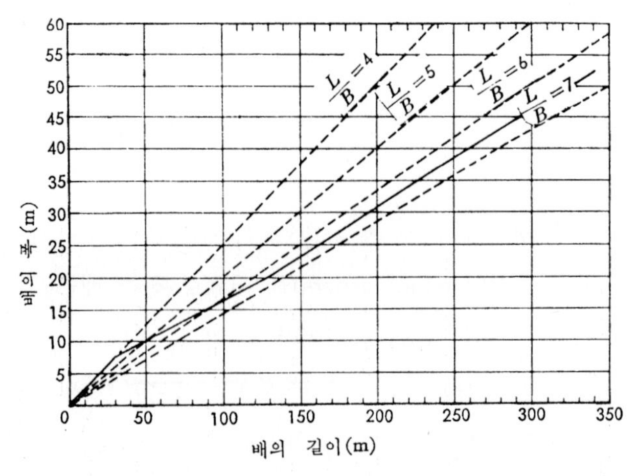

그림 4-15 치수비에 따른 배의 길이와 폭과의 비

위의 길이와 폭과의 비의 식은 길이가 30～130 m 사이의 배, 즉 연안 무역선과 일반 화물선에 잘 일치하고 있다.

㈏ $\dfrac{B}{D}$에 의한 폭의 산정

N.K.와 A.B.S.의 규정에서는 $\dfrac{B}{D_S} < 2$, 실선에서는 $\dfrac{B}{D} = 1.55 \sim 1.90$이다.

폭과 깊이와의 관계비에서 $D = mB + C$의 식으로 일반 화물선에서 주로 적용시키고 있는 식이다.

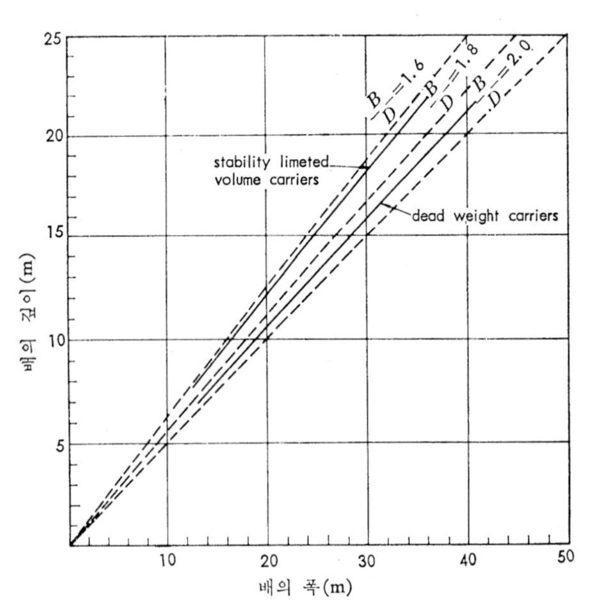

그림 4-16 배의 폭과 깊이와의 관계

이런 형의 공식을 쓰는 배의 깊이(D)는 배의 크기와 선형에 따라 KB와 BM의 두 요소, 즉 KM이 이론적으로 그 크기에 영향을 주기 때문에 $\frac{B}{D}$의 적당한 값은 대형선에서 1.5 정도, 그리고 소형선에서는 안전성을 고려하여 1.8 정도로 하는 것이 좋은 복원력(stability)을 얻을 수 있다.

한편, $\frac{B}{D}$의 최소값에 대해서

(ㄱ) 어선, 화물선과 같은 용적(volume carriers)을 필요로 하는 배는 깊이에 있어서 필요로 하는 복원력의 한계값으로 $\frac{B}{D}$비는 1.65 정도이다.

(ㄴ) 연안 무역선, 유조선, 벌크 화물선과 같은 중량(dead weight's carrier)을 필요로 하는 배에서는 일반적으로 요구되는 최소 복원성의 제한으로 깊이에 대한 $\frac{B}{D}$의 비를 1.90 정도로 규정하고 있다.

(다) $\frac{B}{d}(=K)$에 의한 폭의 산정

$\frac{B}{d}$는 저항 계산의 기준으로 쓰여진다.

마찰 저항면으로 배의 폭을 작게 해서 흘수를 크게 하지만, 바꾸어 말해 $\frac{B}{d}$를 작게 하는 것이 유리하므로, 실제에 있어서 배수량이 조금 부족할 경우 흘수를 늘리는 것으로 한다. 그러나 복원성면으로 보면 폭은 큰 편이 좋다.

마찰 저항면에서 이론적으로 보면 상형선(箱型船)의 경우에는 $\frac{B}{d} \fallingdotseq 2$가 침수 표면적이 최소가 되나, 배에 따라서 최소 침수 표면적으로는 그림 4-17과 같이 되어 실선에서는 복원성과 D.W.T.를 생각해야 하기 때문에 이 최소값을 쓰는 것은 가능하지 않으므로 $\frac{B}{d} \fallingdotseq 2.2 \sim 2.4$의 값을 취하고 있다.

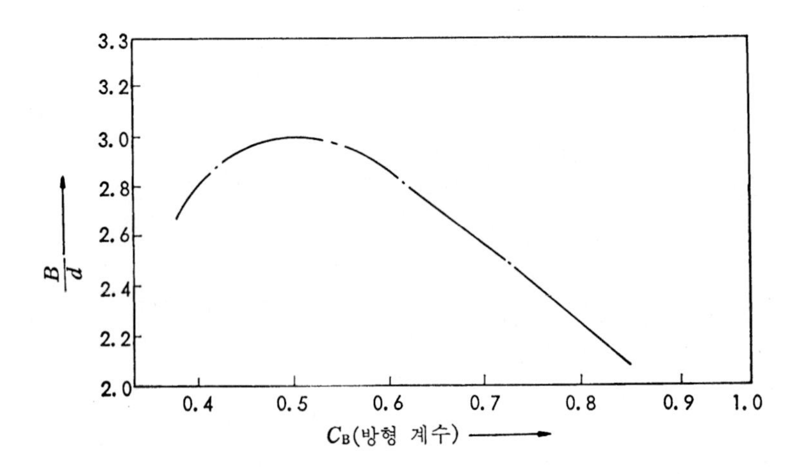

그림 4-17 배의 폭-흘수비 및 방형 계수와의 관계

(2) 폭을 구하는 이론식

초기 횡복원력의 일반식

$$GM = KB + BM - KG$$
$$KG + GM = KM$$
$$BM = KM - KB$$

의 식으로부터

$$BM = \frac{I}{\nabla} = \frac{C_1 LB^3}{C_B LBd} = \frac{C_1 B^2}{C_B d} = \frac{m}{d} B^2 \left(\text{단, } m = \frac{C_1}{C_B}\right) \quad \cdots\cdots\cdots\cdots\cdots (4\text{-}3)$$

여기서, C_1 : 수선 단면적 계수(C_W)의 임의 값에 대해 그림 4-18에서 추정한 값(수선 단면적의 관성 모멘트 계수)

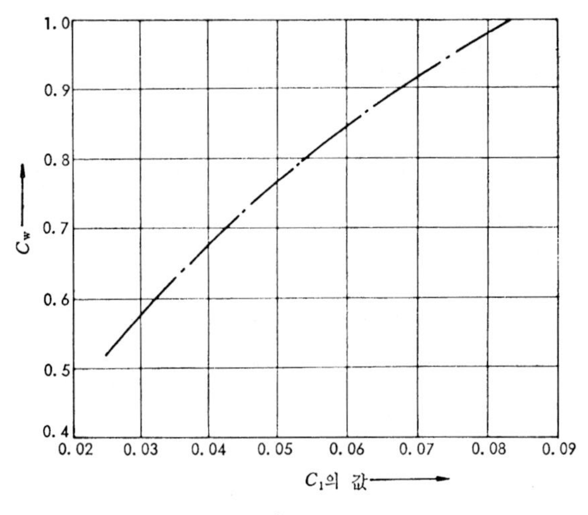

그림 4-18

Morrish 공식에서

$$\frac{KB}{d} = \frac{2.5 - C_{VP}}{3}$$
$$KB = \frac{d}{3}(2.5 - C_{VP})$$

설계 초기단계에 있어서 KG의 추정은 반드시 해 둘 필요가 있다. KG는 배의 깊이로서 설계시에 나타낼 수 있는 값이기 때문이다.

$$KG = C_{KG} D$$

여기서, C_{KG} : 연직 중심계수(0.55～0.70)

· 이 값은 유사선으로부터 추정되는 값으로 수직 중량 분포에 있어서 차이에 대한 허용값을 주어야 한다.

$$BM = KG + GM - KB$$

식 (4-3)에서 BM의 식을 바꾸어 대입하면,

$$\frac{C_1 B^2}{C_B d} = KG + GM - KB$$

한편, 구하고자 하는 배의 폭(B)은

$$B = \sqrt{\frac{C_B d}{C_1}(KG + GM - KB)} \quad \cdots\cdots (4\text{-}4)$$

식 (4-4)로부터 메타센터 높이(GM)의 특정한 값으로 얻어지는 필요한 값은 폭과 흘수에 의한 곡선에서 흘수 d의 값을 여러 가지 가정에 의해 추정할 수 있다.

식 (4-4)의 풀이를 가능한 곡선으로 나타내어 각 점에 대해 검토하면 재미있는 결과를 얻을 수 있다.

동시에 폭과 흘수의 값은 추진 특성을 가장 잘 만족시킬 수 있는 $\frac{B}{d}$ 비를 주어 이를 한계로 하여 만족한 값을 선택해야 한다.

식 (4-4)의 형식은 일반적인 것은 아니지만 가능한 한 폭에 대한 흘수 변화의 영향을 계산해야 한다. 일반적으로, 흘수 d가 증가하는 것과 같이 폭 B가 증가됨을 알 수 있다.

한편, 배의 폭 B의 약산식 제1방법으로 필요한 GM값을 추정하여 상사선의 자료로부터 배 중심의 높이 KG를 결정하면

$$KG + GM = KM$$
$$BM = KM - KB$$

의 식에서

$$BM = \frac{I}{\nabla} = \frac{iLB^3}{C_B LBd} = \frac{iB^2}{C_B d} = \frac{m}{d}B^2 \left(\text{단, } m = \frac{C_1}{C_B}\right)$$

위의 식으로부터

$$B = \sqrt{BM \times \frac{d}{m}} = \sqrt{(KM - KB) \times \frac{d}{m}} \quad \cdots\cdots (4\text{-}5)$$

또한, 약산식의 제2방법으로

$$BM = KM - KB$$

로부터

$$KB = d - \frac{1}{3}\left(\frac{d}{2} + \frac{\nabla}{A_W}\right) = d - \frac{d}{3}\left(\frac{1}{2} + \frac{C_B}{C_W}\right)$$

$$\fallingdotseq d \times \left(\frac{5 - 2C_{VP}}{6}\right)$$

이 식은 Morrish의 근사식으로서

$$KB = d - \frac{C_B}{C_B + C_W} \times d = \frac{C_W}{C_B + C_W} \times d = \frac{1}{1 + C_{VP}} \times d$$

가 된다.

식 (4-3)에서

$$m = \frac{C_1}{C_B}$$

여기서, C_1 : 수선 단면적의 관성 모멘트 계수

$$I = C_1 L B^3$$

$$\therefore \ C_1 = \frac{BM C_B d}{B^2}$$

의 식을 얻을 수 있다.

$$B = \sqrt{\left\{KM - d \times \left(\frac{5 - 2C_{VP}}{6}\right)\right\} \times \frac{d}{m}} \quad \cdots\cdots (4\text{-}6)$$

또한,

$$KB = \frac{1}{1 + C_{VP}} \times d$$

의 약산식을 쓰면

$$B = \sqrt{\left(KM - \frac{d}{1 + C_{VP}}\right) \times \frac{d}{m}} \quad \cdots\cdots (4\text{-}7)$$

로서 구하고자 하는 배의 폭(B)을 산정할 수 있다.

3. 폭의 변화가 다른 요소에 미치는 영향

(1) 폭의 변화가 초기 복원력에 미치는 영향

폭은 가로 메타센터 반지름의 크기에 대해서 큰 영향을 받는다. 그러므로 초기 복원력에 있어서 주요 치수와 선형 계수보다도 가로 메타센터 반지름에 많은 영향을 끼치게 된다.

배수량이 변하지 않고 폭이 변하면 이에 관련된 인자가 반대로 변해야 한다. 즉, 방형 계수 (C_B)와 흘수, 길이가 변하게 되는 것이다.

$$\nabla = C_B L B d \quad \cdots\cdots (4\text{-}8)$$

이라고 하고, 영향을 받는 인자 하나하나를 개별적으로 해석해 보기로 하자.

㈎ 폭과 방형 계수를 변화시키고, 배수량을 일정하게 할 때의 메타센터 높이의 영향

배수량이 일정하고 폭이 증가함에 따라 BM에 대한 영향을 해석해 보면

$$BM = \frac{I}{\nabla}$$

여기서, I : 중심선에 대한 수선 단면적의 관성 모멘트

∇ : 배수 용적

$$I = C_1 L B^3$$

여기서, C_1 : 수선 단면적의 관성 모멘트

C_1값은 수선 단면의 형상인 보통 형상의 수선 형상에 대해서는 0.04～0.06이다.

배수량을 고정시키고 메타센터 반지름과 메타센터 높이에 대해 폭의 증가 영향을 조사해 보자. 길이와 흘수가 변하지 않는다고 가정하고 방형 계수 C_B값의 감소에 따른 다른 선형 계수값을 증가시켜 동일 배수량의 값으로 유지시킨다면

$$B' = C_1 B$$

그리고 B와 GM의 변화와 관련된 Manning의 식을 유도하면,

$$C_B' = \frac{C_B}{C_1}$$

$$\nabla' = \frac{C_B}{C_1} C_1 B L d = C_B L B d = \nabla$$

$$(BM)' = \frac{n L C_1^3 B^3}{\nabla}$$

폭이 변하고 수선 단면적이 변하지 않는다면 C_1의 영향은 아주 작아 C_1값은 대체로 일정하게 된다.

그러므로

$$\frac{(BM)'}{(BM)} = C_1^3$$

따라서, ∇와 L은 역시 일정하다.

여기서, $(BM)' = BM + \delta(BM)$ 이라고 하면

$$\frac{\delta(BM)}{(BM)} = C_1^3 - 1$$

$$C_1 = \frac{B'}{B} = \frac{B + \delta B}{B} = 1 + \frac{\delta B}{B}$$

$$C^3 = \left(1 + \frac{\delta B}{B}\right)^3 = 1 + 3 \times \frac{(\delta B)}{(B)} + 3 \times \frac{(\delta B)^2}{(B)} + \frac{(\delta B)^3}{(B)} \fallingdotseq 1 + \frac{3 \cdot \delta B}{B}$$

만일, $\frac{\delta B}{B}$ 가 1.0보다 작고, 즉 $\lesseqgtr$0.05(5%) 정도라면

$$C_1^3 = 1 + 3 \times \frac{(\delta B)}{(B)}$$

그리고 이제 $GM = \frac{BM}{r}$ (여기서, 보통 $r > 1$임)

$$\frac{\delta(BM)}{(BM)} = 3 \times \frac{(\delta B)}{(B)} \quad \cdots\cdots (4\text{-}9)$$

$$GM = KB + BM - KG \quad \cdots\cdots (4\text{-}10)$$

$$\therefore \quad \frac{C_B'}{C_B} = \frac{B}{B'}$$

또한, 수선 단면적이 변하지 않는다면 연직 주형 계수(C_{VP})값도 변하지 않는다.

$$\frac{C_W'}{C_W} = \frac{\frac{A_W}{B'L}}{\frac{A_W}{BL}} = \frac{B}{B'}$$

$$C_{VP}' = \frac{C_B'}{C_B} = \frac{\frac{C_B B}{B'}}{\frac{C_W B}{B'}} = \frac{C_B}{C_W} = C_{VP}$$

Morrish의 공식에 의하면

$$\frac{KB}{d} = \frac{2.5 - C_{VP}}{3} \quad \cdots\cdots (4\text{-}11)$$

만일 흘수 d가 변하지 않고 연직 주형 계수 C_{VP}도 변하지 않는다면 KB의 값도 변하지 않는다.

KG값은 연직 중량 분포에 의해 정해지므로 배의 폭에 의해 변할 이유는 없다. 따라서 식 (4-9), (4-10)으로부터 메타센터 높이는 메타센터 반지름보다 작으므로,

$$GM = \frac{BM}{r}$$

여기서, r은 모든 수상 선박에 대해서 $r > 1.0$이다.

폭과 방형 계수를 임의로 동시에 변화시켜도 배의 부심과 중심의 수직 위치에는 아무 영향이 없거나 아니면 거의 영향이 없으며, 메타센터 반지름이 변하게 되면 메타센터의 높이도 동일하게 상당히 변한다. 즉,

$$\delta(GM) \fallingdotseq \delta(BM)$$

그리고

$$\frac{\delta(GM)}{(GM)} = 3r \times \frac{(\delta B)}{(B)} \quad \cdots\cdots (4\text{-}12)$$

식 (4-12)으로부터 비교적 좁은 형폭의 변화에 의해서 메타센터 높이가 크게 변화한다는 것을 알 수 있다.

예를 들어

$$GM = 1.000 \text{ m}$$
$$BM = 3.000 \text{ m}$$
$$B = 20.000 \text{ m}$$
$$\delta B = 0.200 \text{ m}$$

라면,

$$\delta(GM) = 3.000 \text{ m} \times 3 \times 0.01 = 0.09 \text{ m} \qquad \therefore \ \delta(GM) = BM \times 3r \times \frac{\delta B}{B}$$

$$\therefore \ (GM)' = 1.09 \text{ m}$$

즉, 폭이 1.0% 증가하면 메타센터 높이는 약 10% 정도 증가하게 된다.

㈏ 폭과 길이를 동시에 변화시키고 배수량을 일정하게 할 때의 메타센터 높이의 영향

$$B_2 = C_2 B$$

라 하고 배수량을 일정하게 하였으므로,

$$\nabla_2 = \nabla$$
$$L_2 = \frac{L}{C_2}$$

이라고 놓으면

$$(BM)_2 = \frac{I}{\nabla} = \frac{\frac{L}{C_2} C_2^3 B^3}{\nabla}$$

$$\therefore \frac{(BM)_2}{(BM)} = C_2^2$$

㈎항에서와 같이 2차 항을 풀면

$$\frac{\delta(BM)}{(BM)} = \frac{2\delta B}{B}$$

여기서, $(GM) = \frac{(BM)}{r}$ 이라고 놓으면

$$\therefore \frac{\delta(GM)}{(GM)} = 2r \times \frac{\delta B}{B}$$

따라서, 길이를 조정, 변화하면서 배수량을 일정하게 하면 폭을 변화시킬 때의 영향은 방형 계수를 조정, 변화시킬 때의 폭에 대한 변화의 영향과 비슷하지만 그 영향의 크기는 더욱 작다.

㈐ 폭과 흘수가 동일한 값을 동시에 변화시키고, 아무 변화도 없을 경우 메타센터 높이의 영향

$$B_2 = C_2 B$$
$$d_3 = \frac{d}{C_3}$$

라 하고 배수량을 일정하게 하였으므로,

$$\nabla_3 = \nabla$$

라고 놓으면

$$(BM)_2 = \frac{nLC_3^3 B^3}{\nabla}$$
$$\therefore \frac{(BM)_3}{(BM)} = C_3^3$$

㈎항에서와 같이 3차 항을 풀면

$$\frac{\delta(BM)}{(BM)} = \frac{3\delta B}{B}$$

여기서 $(GM) = \frac{(BM)}{r}$ 이라고 놓으면,

$$\therefore \frac{\delta(GM)}{(GM)} = 3r \times \frac{\delta B}{B}$$

만일, 배수량이 변하지 않고 폭이 변화하면 메타센터 높이가 크게 변화한다는 결론을 얻을 수 있다.

선박의 초기 복원력은 폭의 선정에 크게 좌우된다. 계획시 선정한 치수에 따라서 메타센터의 높이가 너무 크거나 너무 작을 경우에는 그 선박의 폭을 비교적 적게 변화시켜 현저하게 메타센터의 높이를 변화시킬 수 있다. 이것은 선박설계에서 대단히 중요한 사실이다.

(2) 폭의 변화가 배수량에 미치는 영향

주요 치수를 변화시키지 않는다는 가정하에서 폭이 증가하게 되면 선체 구조 중량은 증가할 것이지만, 만약 종강력 부재의 치수가 일정하다면 폭의 증가는 직접적으로 비례하지 않는다.

일정한 응력에 대해서는 종강력 부재의 치수는 약간 감소할 것이다. 폭의 증가로 휨 모멘트는 증가하지 않으며 단면 계수가 증가하는 결과가 된다.

횡격벽과 늑골의 중량은 그 부재의 치수가 일정하다면 폭이 증가함에 따라 증가한다. 따라서, 폭이 증가하면 선체 구조 중량은 약간 증가하는 결과가 된다.

폭의 증가와 선체 의장품 및 의장품의 중량 사이에는 직접적인 관련성은 그다지 크지 않지만, 우선 폭이 증가하면 하역 장치에서 데릭 붐(derrick boom)의 길이가 길어지는 등의 영향을 받는다. 그러므로 폭의 증가는 일정한 길이와 흘수에 있어서 배수량을 증가시키는 것보다 더 많이 선박의 중량을 증가시키지 않는다는 것을 알 수 있다.

(3) 폭의 변화가 부심 위치에 미치는 영향

폭을 증가시키면 GM이 크게 되고, 복원정(righting arm) 곡선의 경사가 크게 되어 최대 복원정도 증가한다. 폭과 깊이에 대한 비가 폭이 증가하면 작아져 복원력 범위가 작아지고, 최대 복원정이 생기는 각도도 작아진다.

그림 4-19에서 폭의 증가로

- 복원정은 부심의 이동으로 인하여 d'만큼 증가한다. 그러므로 부심의 수평 이동 거리 d는

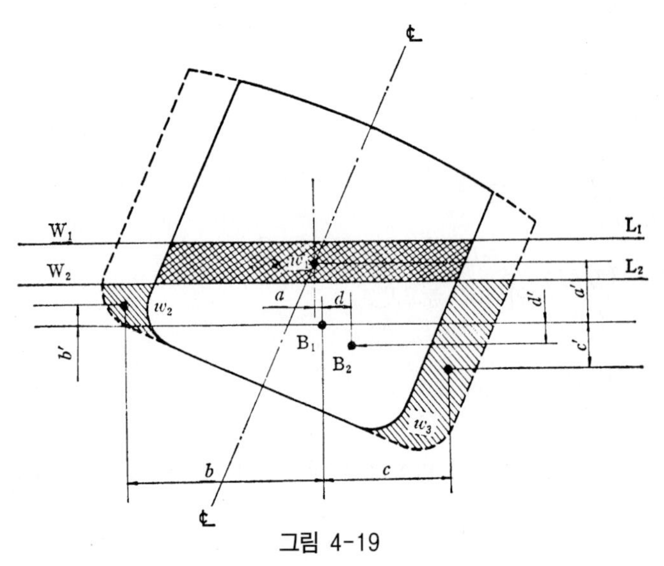

그림 4-19

$$\overline{B_1 B_2} = d = \frac{W_1 a - (W_2 b + W_3 c)}{W - (W_1 + W_2 + W_3)}$$

• 복원정이 부가 중량에 의해 증가하였으면 이로 인한 부심의 상승량 d'은

$$\overline{B_2 B_1} = d' = \frac{W_1 a' - (W_2 b' + W_3 c')}{(W_1 + W_2 + W_3) - W_1}$$

이 됨을 알 수 있다.

4. 폭의 제한

폭의 증가는 선체 구조 중량, 즉 선체의 단면 계수가 증가되므로, 강선 구조 규정 및 규칙에 맞추어 설계되어야 한다.

㈎ A.B.S. 규정에서는

$$B \leqq \frac{L}{10} + 20 \text{ (ft 단위)}$$

㈏ 강선 구조 규정에서는

$$B = \frac{L}{10} + (1.520 \sim 6.100 \text{ m})$$

㈐ N.K. 선급에서는

$$B < \frac{L}{10} + 6.100 \text{ (단위 : m)}$$

㈑ 폭이 깊이의 2배를 넘어서는 안 된다.

이상과 같은 규정의 한계를 넘을 경우에는 부재 치수 규정을 적용할 수 없는 중구조선이 되기 때문이다.

그 밖의 폭 제한으로는

㈎ 건선거의 크기와 운하 폭의 한정

㈏ 항내에서 자선(自船)의 하역 설비에 있어서 데릭 붐(derrick boom)의 길이가 길어지는 문제가 있다.

㈐ 소형선과 같이 복원성이 쉽게 소실되기 쉬운 선박에서는 L/B의 허용 범위를 작게 해야한다.

예제 1. 선박의 길이, 깊이, 흘수 및 배수용적 등의 변화 없이 폭만을 $P\%$ 증가시킬 경우에, $\delta KM = \frac{P}{100}(\frac{\nabla}{3A} + 3BM)$인 관계식이 성립한다고 할 수 있다. 다음의 물음에 답하여라.

(1) KM에 관한 상기 식을 유도하고, 유도 과정에서 사용된 가정도 아울러 설명하여라. 단 $KB = d - \frac{1}{3}(\frac{d}{2} + \frac{\nabla}{A})$를 가정하여라.

여기서, δKM : 용골부터의 메타센터높이 변화량
∇ : 배수 용적
A : 수선 면적
BM : 메타센터 반지름
KB : 용골부터의 부심 높이
d : 흘수

(2) 다음과 같이 설계된 선박이 있다. 폭의 증가는 얼마인가?

메타센터 높이(GM) : -0.1 m
배수량(Δ) : 6,300톤
수선 면적(A) : 1,650 m^2
메타센터 반지름(BM) : 5.95 m

이 배의 GM을 $+0.3$ m가 되도록 하려면 폭을 몇 % 증가시켜야 하는가? (단, 길이, 깊이, 흘수 및 배수 용적 등은 변화가 없도록 한다.)

풀이 (1) 첨자 N을 새로 설계된 선박의 값, k를 비례 계수, A를 수선 면적, C_W를 수선 면적 계수, I를 관성 모멘트, M은 메타센터, B는 부심, K는 용골의 상면점, $x = \frac{P}{100}$라 하고 $KM = KB + BM$임을 감안하여서 다음과 같이 유도할 수 있다.

유사선 및 새로 설계되는 선박의 수선 면적을 $A = L \cdot B \cdot C_W$, $A_N =$ $= L \cdot B \cdot (1+x)(C_W)_N$으로 표시할 수 있으므로, $(C_W)_N = C_W$라 가정하면 $A_N = A(1+x)$가 된다.

또한 $I = k \cdot L \cdot B^3$, $I_N = k_N \cdot L \cdot B^3(1+x)$에서 $k = k_N$이라고 가정하면 $I_N = I(1+x)^3$이 된다.

한편, $KM_N = KB_N + BM_N$

$$= d - \frac{1}{3}\left[\frac{d}{2} + \frac{\nabla}{A(1+x)}\right] + \frac{I(1+x)^3}{\nabla}$$

$\therefore\ \delta KM = KM_N - KM$

$$= d - \frac{1}{3}\left[\frac{d}{2} + \frac{\nabla}{A(1+x)}\right]\frac{I(1+x)^3}{\nabla} - d + \frac{1}{3}\left(\frac{d}{2} + \frac{\nabla}{A}\right) - \frac{I}{A}$$

$$= \frac{\nabla}{3A}\left(1 - \frac{1}{1+x}\right) + \frac{I}{\nabla}\left[(1+x^3) - 1\right]$$

이 된다. 여기서, x^2 이상의 고차항을 무시해서

$$\frac{1}{1+x} = 1 - x + x^2 - x^3 + \cdots \fallingdotseq 1 - x$$

$$(1+x)^3 + 1 + 3x + 3x^2 + x^3 \fallingdotseq 1 + 3x$$

라고 놓으면 다음과 같다,

$$\delta KM = \frac{\nabla}{3A}x + \frac{I}{\nabla}(3x)$$

$$= x\left(\frac{3I}{\nabla} + \frac{\nabla}{3A}\right) = x\left(3BM + \frac{\nabla}{3A}\right) = \frac{P}{100}\left(\frac{\nabla}{3A} + 3BM\right)$$

인 관계식을 얻게 된다.

(2) 전체적으로 증가시켜야 할 메타센터의 양은 0.4 m가 되므로, 위의 (1)항의 문제에서 유도된 식을 이용해서 다음과 같이 구할 수 있다.

$$x = \frac{\delta KM}{3BM + \frac{\nabla}{3A}} = \frac{0.4}{(3 \times 5.95) + \frac{6{,}300 + 1.025}{3 \times 1{,}650}} \fallingdotseq 0.021$$

즉, 폭(B)을 2.100% 증가시키면 되겠다.

4.1.3 배의 형심

배의 형심(moulded depth, D_{MLD})은 선측외판의 내측선과 상갑판 아랫면의 교점까지의 수직거리를 형심이라고 한다. 배의 깊이, 흘수, 그리고 건현은 모두 주요 치수로 주어지지만 깊이는 그 중 2개의 합이 되므로 주요 치수를 개별적으로 논의하는 것은 매우 힘들다.

깊이의 선정에 있어서 단면 계수가 깊이의 제곱근에 비례해서 변하므로, 그 부재 치수를 일정하게 유지한다면 깊이의 증가는 길이 방향의 휨 모멘트로 인한 직접 응력을 감소하는 결과가 된다. 따라서, 응력을 일정하게 해야 할 경우에는 깊이를 증가시키면 선체 세로 구조부재 치수를 감소시킬 수 있다.

한편, 깊이가 증가하면 선체 구조 중량이 약간 감소하는 결과가 된다. 그러므로 깊이 그 자체는 다른 중량군에 대해서 직접적인 영향을 주지 않는다.

또한, 상선의 깊이는 화물 밀도(적부율)에 의해서 크게 영향을 받는다. 화물의 밀도가 크거나 작으면 화물 적재 장소의 용적으로 작은 용적과 큰 용적이 필요하게 된다. 화물선의 깊이는 기술적인 고려보다는 오히려 계획하는 화물 적재 장소의 용적과 선급 협회의 규칙에 따라 결정하게 되며, 때로는 국제 만재 흘수선 규칙에 의해 영향을 받게 된다.

용골 상면의 수평선(기선, base line이라 함)으로부터 선측외판의 내측선과 상갑판 하면선의 교점까지의 연직거리를 형깊이(D_{MLD})라 한다.

대형선에서는 상갑판의 가장자리를 원호 모양으로 굽힌 라운드 거널(round gunwale)을 채택하는 것이 보통인데, 그런 경우에는 기선으로부터 상갑판 하면의 연장선과 선측외판 내측선의 연장선 교점까지의 연직거리가 형깊이(D_{MLD})가 된다.

한편, 상갑판이 가장자리에서 수평해진 경우에는 상갑판 하면의 연장선을 그리지 않고, 수평부의 하면과 선측부 외판의 내측선 교점까지를 측정한 길이이다.

1. 배의 깊이 결정 조건

배의 깊이를 결정할 때 깊이를 증가시키면

㈎ 흘수가 커지게 되고 배수량도 증가하며 재하중량도 커지게 된다.

(ㄱ) 선각 중량의 증가가 필요한 경우 L, B를 늘리는 것보다는 그 영향이 작다.

(ㄴ) 화물 적재 장소의 용적으로 인하여 재하중량이 부족할 경우에는 D를 증가시키는 것이 이상적이다.

(ㄷ) D를 증가시킨다는 것은 구조 부재의 중량을 감소시키고 선가를 싸게 하며, 화물창(cargo hold)의 용적을 증가시키는 잇점이 있다(경제 선형).

㈏ 중량의 중심이 상승하고 흘수가 증가하며 메타센터의 높이가 감소하므로 복원 성능이 나빠진다.

㈐ 화물창이 깊어지므로 화물의 취급이 불편하다.

2. 배의 깊이 결정 방법

(1) A.B.S. 규정과 N.K.의 규정

(ㄱ) 규정에서는

$$\frac{B}{D_S} < 2.0$$

(ㄴ) 실선의 경험값으로는

$$\frac{B}{D_S} = 1.55 \sim 1.90$$

(2) $\frac{d}{D}$에 의한 깊이의 산정

보통 화물선에서는

$$\frac{d}{D} = 0.75 \sim 0.90$$

이 되며, 일반적으로 배가 대형화되면 그림 4-20에서와 같이 직선적으로 작아지게 된다.

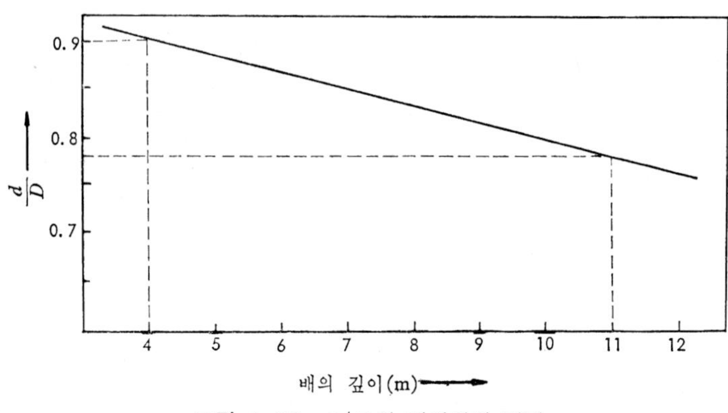

그림 4-20 d/D와 깊이와의 관계

(3) $\frac{D}{L}$에 의한 깊이의 산정

그림 4-21은 용적을 필요로 하는 배(capacity carrier)보다 $\frac{B}{D}$비가 큰 재하중량을 필요로 하는 배(dead weight carrier)와의 비를 나타낸 그림이며, 이러한 배의 복원성은 깊이와 폭에 대해 요구되는 값보다 크다. 즉, 이러한 배는 깊이(D)를 조정하여 파와 화물의 분포에 의한 길이 방향이 모멘트에서 선체 세로 구조 부재의 구조 강도와의 관계로서 $\frac{L}{D}$ 의 비가 중요하다.

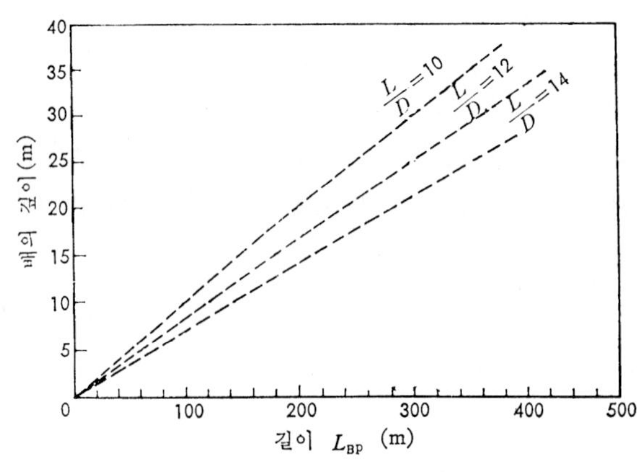

그림 4-21 배의 길이와 깊이의 관계

3. 깊이의 변화가 다른 요소에 미치는 영향

(1) 깊이가 선체 구조 강도에 미치는 영향

$$\sigma = \frac{My}{I}$$

의 식과

$$M_{\mathrm{MAX}} = \frac{\Delta L}{C}$$

의 식을 조합하면

$$\sigma = \frac{\Delta L}{C} \times \frac{y}{I} \quad \cdots\cdots (4\text{-}13)$$

가 된다.

$$I \propto t_S \, G \, D^2$$

과

$$y \propto D$$

를 식 (4-13)에 대입하면

$$\therefore \ \sigma = \frac{K \Delta L}{t_S \, g \, D} \quad \left(\therefore \ K = \frac{1}{C}\right) \quad \cdots\cdots (4\text{-}14)$$

식 (4-14)로부터 배수 톤수(Δ)와 길이(L)가 일정하다면 단일 응력은 $t_S \, g \, D$의 결과에 따라서 거꾸로 변하게 된다.

만일, D를 증가시키면 동주 길이(girth length, g)도 역시 증가하며, t_S를 일정하다고 한다면 σ는 감소한다. 여기서 C는 최대 휨 모멘트 계수가 된다.

깊이의 증가는 종강력 부재의 평균 두께가 변하지 않는다면 길이 방향의 휨 응력은 감소하는 결과가 된다.

(2) 깊이가 선체 의장 중량에 미치는 영향

깊이의 증가는 종강력 부재의 치수가 변하지 않는다면 길이 방향의 휨 응력은 감소하며, 이것은 어디까지나 논리적인 것으로서 길이 방향의 휨 응력이 요구량만큼 감소되지 않는 것은 선체 구조 중량 때문이다.

이것은 깊이의 변화에 의해 매우 강력한 영향을 주는 그루핑과 단지 재료면에 영향을 주는 그루핑이 있다. 이러한 중량 그루핑은 다음과 같이 세 가지로 구분된다.

㈎ 선체 의장품 ㈏ 의장품과 비품 ㈐ 설비, 비품

이 이외의 중량 그루핑은 추진 기관, 연료, 예비 급수, 재하중량, 창고품 및 청수, 승조원, 항해 의장품(aeronautical equipment), 여유와 고정 밸러스트 등으로, 깊이의 변화에 의해 직접적인 영향을 주지 않는 중량 그루핑들이다.

(3) 깊이가 선체 중량에 미치는 영향

다음 식으로부터

$$I = kA_S D^2 = kt_S\, g D^2$$

여기서, A_S : 종강력 부재의 횡단 면적

t_S : 종강력 부재의 평균 두께

g : 동주 길이(girth length)

위 식에서 k, g, D가 변하지 않으면

$$W_H = kt_S A_H$$

여기서 A_H는 선체의 전체 표면적이며, 선체 구조 중량은 종강력 부재의 평균 두께와 선체의 겉표면적에 의한다.

이것을 식으로 표시하면

$$A_H = k_L\, g\, L$$

배의 길이가 변하지 않는다면 동주 길이는 배의 깊이와 같이 거의 직선적으로 직접 변한다.

$$W_H \propto t_S D$$

이것은 앞 항의 단일 응력의 식으로부터

$$\sigma = \frac{K \Delta L}{t_S\, g\, D} \quad \left(\therefore\ K = \frac{1}{C} \right)$$

은 주어지는 응력값에 따라서 증가되는 깊이보다 더욱 비례적으로 감소되는 t_S로 인해 선체 구조 중량이 감소되기 때문이다.

보통 깊이의 증가는 창내 현측 늑골(side frame)의 중량을 증가시키고, 가로 및 세로 방향의 격벽 중량을 증가시키게 된다. 그러나 종강력 부재의 중량을 서로 상쇄시켜 주는 방법은 물론 아니다.

(4) 깊이가 복원력에 미치는 영향

주어진 수직 위아래 방향의 중량 분포에 의해 배의 중심 높이 KG는 깊이(D)와 같이 직선적으로 직접 변하게 된다.

깊이의 증가는 KG를 증가시키고 메타센터 높이 GM을 감소시키는 결과를 초래한다. 그러므로 메타센터 높이 GM을 동등한 값으로 증가시켜야 한다.

$$KM = KB + BM$$

배의 복원력에 대해 깊이의 증가가 미치는 영향으로 부심의 중심 높이 KB와 메타센터의 반지름 BM이 미치는 영향으로 Morrish 공식으로부터

$$KB = d \cdot \frac{2.5 - C_{VP}}{3}$$

부심 중심의 높이 KB의 값은 단지 흘수(d)와 연직 주형계수(C_{VP})에 의해 결정된다는 것이 분명하다. 그러므로 깊이(D)와는 아무 관계가 없다.

일반선에서 부심 중심 높이와 흘수와의 사이는 KB와 C_{VP}와의 관계로 설명할 수 있다.

$$L = \frac{\nabla}{C_B B d}$$

$$BM = \frac{I}{\nabla}, \ I = iLB^3$$

의 3가지 식으로부터

$$BM = \frac{I}{\nabla} = \frac{C_1 LB^3}{C_B LBd} = \frac{i}{C_B} \cdot \frac{B^2}{d}$$

메타센터 반지름 BM은 결과적으로 깊이(D)와는 아무 관계가 없다. 따라서 KM의 어떤 변화가 있어도 깊이의 증가와는 아무 관계가 없다. 그러므로 선박의 복원 성능의 영향에 수반되는 메타센터 높이(GM)의 감소 결과를 증가시키는 것이 중요하다.

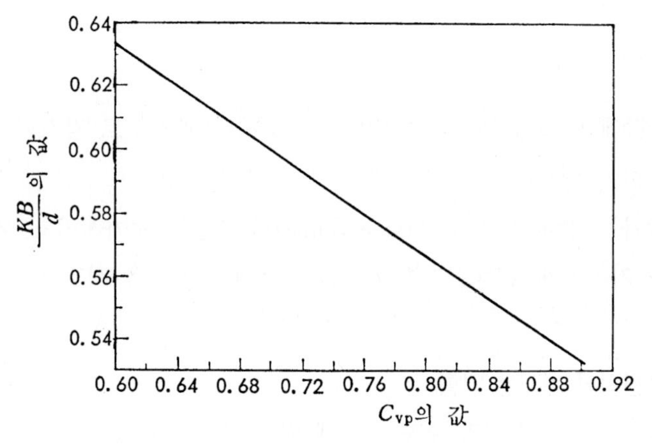

그림 4-22 C_{VP}계수와 KB/d와의 관계

4. 깊이의 제한

L/D_S는 종강도상 중요한 값이 되므로 다음과 같은 규정상의 제한이 따르게 된다.

㈎ 강선 구조 규정과 L.R. 선급에는

$$\frac{L}{D_S} = 10.0 \sim 13.5$$

㈏ A.B.S. 선급에는

$$L \times 7\% < D_S < (L \times 7\%) + 7'$$

강제 화물선으로 건현 규칙에 적용되는 길이와 깊이의 비는 15이다.

㈐ L/D_S와의 비는 실선에서 $L/D_S = 11.3 \sim 13.0$(shelter deck type) 정도이고, 표준은 $L/D_S = 12$ 정도이다.

㈑ 화물선에서 깊이에 대해서는

(ㄱ) 화물 적재 장소의 용적

(ㄴ) 선급 협회의 규칙

(ㄷ) 국제 만재 흘수선에 대한 건현 규칙

에 대한 제한과 영향을 받게 된다.

한편, 배의 폭(B)과 같이 깊이가 결정된다면 큰 문제는 없지만, 항구의 수심에 따라서 깊이를 크게 하면 곤란한 경우도 있다. 또한 너무 작게 하면 항해상 불편이 따르게 되며, 선체 강도면에도 문제가 생긴다.

따라서 배의 깊이 한계는 강도 문제를 고려할 때에는 크게 정하는 것이 좋으며, 복원성 문제를 동시에 충분히 검토하여야 한다.

4.1.4 배의 형흘수

만재 흘수선으로부터 기선까지의 수직 거리를 형흘수(moulded draft)라고 하며, 형흘수에 용골의 두께를 가산한 것을 최대 흘수(extreme draft) 또는 구조 규정의 흘수라고 한다.

항만과 운하 등에서 항행 가능한 흘수라고 한다면 최대 흘수(d_{ext})가 된다.

만재 흘수선의 윗면으로부터 배의 중앙부 선측의 상갑판 윗면까지의 수직 거리를 건현(freeboard)이라 하지만, 건현은 배의 안전상 중요하기 때문에 1966년 국제 만재 흘수선 조약에 의해서 최소 건현을 산정하는 계산 방법이 통일되었다.

배의 흘수=(형심+중앙부 상갑판 선측부의 상갑판 두께)−(국제 만재 흘수선의 조약에 의한 최소 건현)을 넘게 하는 것은 허락하지 않는다.

한편, 비중이 가벼운 화물을 수송하는 배, 예를 들면 대형 컨테이너선, 칩 운반선 등에서는 화물을 만재했어도 국제 만재 흘수선 조약에서 정한 최대의 흘수에 도달하지 않는 배가 있다. 이 경우에는 만재 흘수에 대응하는 건현은 규칙에서 정한 최소 건현보다도 크게 되는 것이기 때문에 건현에 여유가 있는 것과 같은 의미로서 'with freeboard의 선형'이라고 부른다.

만재 흘수를 계획 흘수와 구조 흘수로 구별하고 있다. 계획 흘수는 재하중량, 속력 등 그 배의 성능을 계획할 경우에 기초가 되는 흘수로서, 설계 조건으로 해서 최초에 주어진 흘수를 계획 흘수라고 하는 것이 보통이다. 계획 흘수에 대응하는 건현이 규칙에서 정한 최소 건현에 대한 여유가 있을 때는 최소 건현에 대응한 흘수 또는 그 흘수와 계획 흘수 사이의 적당한 흘수로 구조 흘수라 부르는 흘수를 두어 선각 구조는 구조 흘수로 설계하고 있으므로, 앞으로 비중이 무거운 화물도 적재 가능하게 하면 좋다.

물론, 계획 흘수가 규칙에 충분한 흘수의 경우와 강도상 여유를 둘 필요가 없는 경우에는 계획 흘수에 상당하는 흘수로서 선각 구조를 설계하게 되기도 한다. 이때 계획 흘수는 구조 흘수라고 생각해도 좋다.

1. 배의 흘수 결정 조건

상선에 대한 법정 최대 흘수는 건현 갑판의 선정에 의해서 결정된다. 모든 선박에 있어서 적용되고 있는 흘수는 일반적으로 기술적인 고려보다 오히려 운용 상태에 기준하고 있으며, 일반적으로 기술적인 고찰에 의한 흘수는 실제적으로 허용하는 흘수보다 크게 될 것이다.

2. 배의 흘수 결정 방법

(1) 흘수를 구하는 경험식

N.K. 및 A.B.S. 선급에서는

$$d = \frac{L}{20} + 1.400\ \mathrm{m}\ (1.300 \sim 1.700\ \mathrm{m})$$

한편,

$$d = 0.77 \times \sqrt{\frac{\Delta}{L}}\ (\mathrm{m})$$

그리고 길이에 대해서 흘수 추정 방법으로 일반 화물선에서는

$$d = 0.056\,L + 1.00\ (\mathrm{m})$$

를 적용하기도 한다.

[$\frac{d}{D}$에 의한 흘수의 산정]

$\frac{d}{D}$와의 관계를 건현 규칙에 의해 구체적으로 표현하면 배의 실제 깊이에 의해 길이, 방형

계수, 현호, 캠버와 상부 구조물의 크기가 변하게 된다.

건현 규칙에서 주어진 깊이에 대해 유조선에서는 여유 있는 흘수를, 벌크 운반선에서는 깊은 흘수를 필요로 하고 있다.

(2) 흘수를 구하는 이론식

L, B, D와 C_B가 결정되면 d를 결정할 수 있고, $\frac{d}{D}$의 값에 의해 d의 값을 추정하는 것이 가능하다. 그러나 d를 구하는 이론식으로는

$$d = (\alpha D) + \beta$$

여기서, α, β : 계수

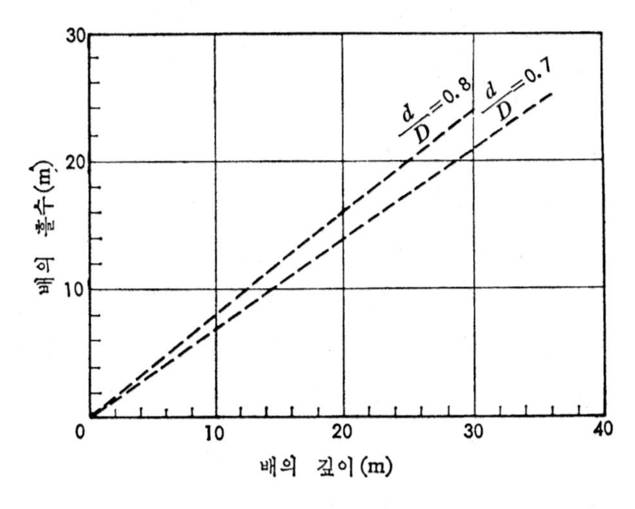

그림 4-23 배의 깊이와 흘수와의 관계

표 4-10 α와 β의 표

C_B= 0.725		β			
L	α	선루의 유효 길이 합/L			
		0.4	0.6	0.8	1.0
90	0.811	0.270	0.434	0.695	0.915
100	0.790	0.334	0.509	0.786	1.019
110	0.768	0.408	0.593	0.887	1.134
120	0.750	0.467	0.663	0.974	1.236
130	0.750	0.366	0.564	0.876	1.137
140	0.750	0.266	0.464	0.776	1.040

α, β의 계수를 표 4-10과 같이 나타내면 표에서 α의 수정값으로는 C_B의 변화에 따라 ±0.005에 대해서 배의 길이 $L=90.0$ m일 때에는 ±0.004로, 배의 길이 $L=140.0$ m일 때에는 ±0.0085의 값으로 수정해 주어야 한다.

흘수의 계산을 좀더 상세히 할 때에는 국제 만재 흘수선의 규정에 의해 계산하여야 한다.

3. 흘수의 변화가 다른 요소에 미치는 영향

(1) 건현은 일정하게 유지하고 흘수가 증가한 만큼 깊이가 증가할 경우

흘수가 증가할 때의 영향에 대한 것은 깊이를 변화시키지 않고 건현이 흘수가 증가한 양만큼 감소한다는 말로 바꾸어 생각할 수 있다.

즉, 흘수를 깊게 하면 선체 응력에 대해서 유리하고, 또 일정한 응력에 대해서 부재 치수, 즉 선체 중량을 감소시킬 수 있다.

이 중량의 감소량은 그다지 크지는 않으며, 그 이유로는 흘수가 증가하면 외판이 더 큰 정수압 하중을 받게 되므로 더 두꺼운 선저외판과 더 높고 큰 치수의 늑판(floor) 및 종통재를 사용할 필요가 생기기 때문이다.

(2) 깊이가 일정하고 흘수가 증가할 경우

배의 깊이가 일정하고 흘수가 증가하면 건현 규칙에 의한 예비 부력과 복원력의 범위가 감소하는 결과가 된다. 흘수가 증가하면 부심이 상승하므로 초기 복원력에 좋은 영향을 주게 되며, 배의 폭을 변화시키지 않으면 메타센터(m) 반지름은 대체로 일정하게 된다. 깊이도 일정하면 무게 중심의 높이 KG도 일정하므로, 결국 흘수가 증가한다는 것은 메타센터가 상승하게 되어 메타센터 높이 GM이 증가하게 된다.

(3) 흘수의 증가가 기타에 미치는 영향

㈎ 선형 계수와 복원력에 미치는 영향

앞에서 설명한 것과 같이 흘수가 증가하고 깊이가 변하지 않는다면 건현이 감소하게 된다.

배의 길이와 폭이 변하지 않고 배수량이 일정하게 유지된다면 흘수의 증가는 방형 계수 (C_B)의 감소가 필연적일 것이다.

수선 단면적 계수 C_W를 같은 값으로 유지시킨다면 연직 주형 계수인 C_{VP}의 크기는 감소한다.

$$C_{VP}=\frac{C_B}{C_W}$$

Morrish의 공식으로부터 부심의 높이는 연직 주형 계수의 값이 변하지 않는다면 흘수의 증가와 함께 직선적으로 증가하게 된다.

C_{VP}의 값이 감소한다면 KB의 증가는 더욱 증가하게 되며, 메타센터 높이(GM)도 역시

증가한다. 왜냐 하면, 폭, 깊이, 그리고 C_B, d가 변하지 않는다면 메타센터 반지름도 아니고 배의 중심 높이도 아닌 흘수의 증가에 의한 영향이기 때문이다.

흘수의 증가는 작은 경사각에서도 복원정은 증가하는 결과가 된다. 배가 지속적인 선속을 내는 데 있어서 정수 상태보다 조금 큰 파랑 상태에서는 불리하지만 조종 성능면에서 보침성, 즉 직진 성능(directional stability)은 유리하다. 흘수에 대한 폭의 비가 증가하면 잉여 저항이 증가하는 결과가 된다.

중앙 횡단 면적 계수가 변하지 않는다면 흘수의 증가는 중앙 횡단면에 대한 침하 면적이 커지게 되므로 종주형 계수(C_P)의 값이 작아지게 된다. 이것은 잉여 저항을 감소시키는 결과가 된다.

(나) 흘수의 증가에 대한 기타 영향

(ㄱ) 일정한 길이(L)에서 흘수의 증가는 수면 아래의 중심선 종단 면적이 크게 되므로 선회 반지름에 대한 타(rudder) 면적과 조타기의 동력이 증가된다.

(ㄴ) 깊은 흘수는 해상의 불량한 조건에서 해상 속력의 효율을 증가시키므로 유리하다.

(ㄷ) 흘수의 증가는 수로에서 수심의 간격이 감소되므로 좌초의 위험성이 증가된다.

(ㄹ) 흘수의 증가는 입 · 출항시의 항만 출입에 제한을 받게 되며, 수리시 건선거의 제한을 받게 된다.

(ㅁ) 항만 내의 수선(水先) 안내료는 흘수에 따라서 책정되므로 운항비가 증가된다.

(ㅂ) 흘수의 증가는 선체 부재 치수를 A.B.S. 선급에서 $L \times 5\%$의 흘수를 기준으로 하기 때문에 그 이상에서는 선체 중량의 증가를 초래하게 된다.

4. 흘수의 제한

흘수에 대한 제한은 국제 만재 흘수선 조약에 의해 규제를 받고 있지만 항구나 하천의 수심에 대해서 충분히 검토되어야 하며, 얕은 흘수선에 대해서는 종강도면을 충분히 고려해 주어야 한다. 한편, 깊은 흘수를 가지는 배에 대해서는 항로에 특히 유의해야 하며, 내항 성능면과 추진 성능면의 검토도 동시에 생각해 주어야 한다.

배의 주요 요목을 결정하는 경우 흘수의 제한값은 매우 중요하며, 같은 재화중량이라도 흘수가 커지면 작은 선체치수로 설계가 되므로 그만큼 건조원가가 싸진다. 또 흘수를 깊게 잡으면 재화중량이 큰 배가 설계되므로 수송원가가 내려가 경제적인 배가 된다.

4.1.5 배의 건현

만재 흘수선의 윗면으로부터 배의 중앙부 선측 상갑판까지의 수직 거리를 말하며, 국제 만재 흘수선 조약(I.L.L.C.)에 따라서 계산 방법이 규정되어 있다. 어떤 경우에서도 I.L.L.C.로부터 정해진 최대 흘수를 넘는 것은 허락하지 않는다. 반대로 흘수가 주어졌을 때 배 깊이의 규칙으로부터 정해진 최소 건현(freeboard)을 만족해야 한다.

따라서 화물창 용적을 만족하게 하기 위해 배의 깊이로 최소 건현이 되도록 유지시킬 것을 가정한다면, 용적은 여유가 있어도 깊이를 더욱 증가시켜야 된다는 것을 알 수 있다. 그런데, I.L.L.C.에서 규정하고 있는 건현은 A형선(유조선 등)과 B형선으로 나누어 적용하고 있다. 따라서 벌크 화물선은 B형선에 포함된다(표 8-14 및 8-15).

유조선과 같이 상갑판에 개구가 전부 없는 배는 화물선과 같이 상갑판에 큰 화물 창구가 있는 배에 비해서 바닷물이 상갑판으로부터 침수해서 침몰할 위험도가 적기 때문에 I.L.L.C.에서는 A형선의 건현은 B형선과 비교해서 적게 되어 있다. 결국 같은 선체 치수에 대해 깊이, 흘수가 이익이 있게 된다.

1. 배의 건현 결정 조건

배의 건현을 결정하는 데는 선박의 안전 항해를 위해 예비 부력, 능파성, 그리고 충분한 선체 강도를 유지시켜야 하며, 상사한 배이면 최대 침하율[예비 부력의 정도, 상형선(箱形船)이라면 이것은 FB/d로 된다]을 같게 잡으면 갑판 끝 부분에서의 몰입되는 최대 경사각은

$$\tan\theta = \frac{FB}{\frac{L}{2}} \ (\text{세로})$$

또는

$$\tan\theta = \frac{FB}{\frac{B}{2}} \ (\text{가로})$$

와 같이 된다. 바꾸어 말하면, $\frac{d}{D}$는 배의 크기에 관계 없이 상사한 배에서는 동일하게 되지만 여러 가지 이유 때문에 배가 크게 되며, θ를 크게 하면 예비 부력의 비율을 크게 잡을 필요가 있다. 따라서 $\frac{d}{D}$는 작아지게 되며

$$\frac{FB}{L} \ \text{또는} \ \frac{FB}{B}$$

는 커지게 된다(예비 부력의 비율은 만재 흘수선 규정에서는 $L=22$ m에서 약 20%, $L=150$ m에서 약 36%로 취한다).

만재 흘수선 규정, 건현 규칙에 따라서 계산되는, 즉 표정 건현(table freeboard)을 구해서 선루, 현호, 깊이와 길이의 비, 깊이의 상단, 방형 계수 등에 대하여 수정을 해서 형상 건현(form freeboard)을 얻게 된다. 이것이 구조, 설비 등의 규정을 만족한다면, 때로는 이것이 그 배의 하기 건현이 된다.

만약 이 규칙에 따를 수 없는 얕은(가벼운) 흘수의 배에서는, 어떤 때에는 그 강도에 대한 건현의 수정이 필요하게 된다(강력 건현). 이 규정은 침수 계산을 더욱 요구하고 있으며, 침수

후의 경사각 GM의 크기, 수선의 위치 등을 전부 만족하도록 조건을 규정하고 있다. 또한, 국제 항로에 종사하는 여객선에서는 어떤 때에는 선박 침수 구획의 규정을 적용한다는 것에 주의해야 한다.

2. 배의 건현 결정 방법

항양 선박의 흘수선 표시는 그림 4-24와 같이 건현 표시(freeboard mark)에 따라 그 치수를 정해야 한다.

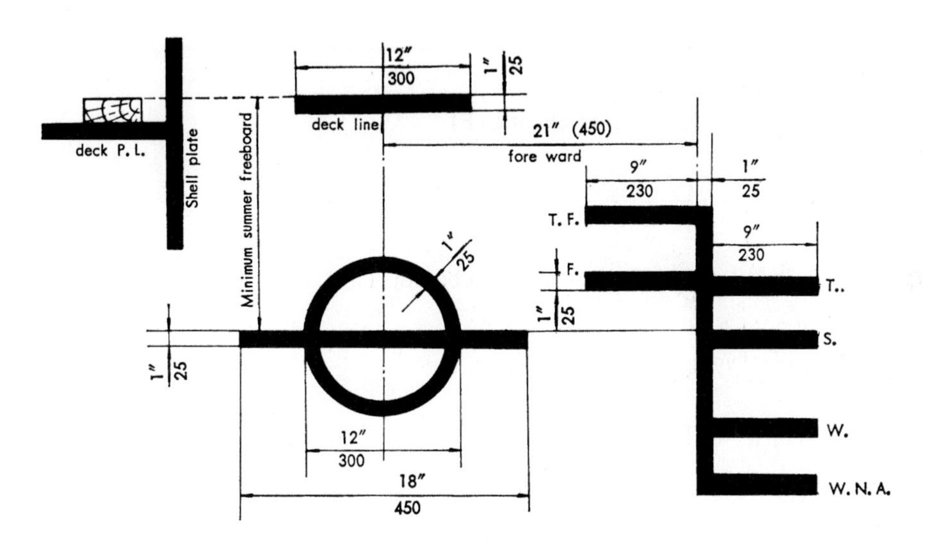

그림 4-24 load line mark

㈎ 하기 건현(summer freeboard, S) : 하기 건현은 다음과 같은 수정을 통해서 얻어진다.

① 배의 깊이에 의한 수정
② 선루에 의한 수정
③ 현호에 의한 수정
④ 선수 높이에 의한 수정

하기 건현은 각종 건현의 표시 기준이 되는 것이며, 선측 원표의 중심 수평선의 높이로 정한다. 하기 건현에 대응하는 등흘수는

$$d_S = (\text{형심}, D_{MLD}) - f_S$$

㈏ 동기 건현(winter freeboard, W) :

$$f_W = f_S + \left(\frac{1}{48} \times d_S\right)$$

(다) 동기 북대서양 건현(winter north Atlantic freeboard, W.N.A.) :

$$f_{WNA} = \begin{cases} f_W + 50\,\mathrm{m/m}, & L \leq 100\,\mathrm{m} \\ f_W, & L > 100\,\mathrm{m} \end{cases}$$

즉, L이 100 m 이상인 대형선에서는 풍파의 영향이 비교적 작기 때문에 f_{WNA}는 f_W와 같아도 되며, 따라서 건현 표시에서 W.N.A.의 표시선은 필요 없게 된다.

(라) 열대 건현(tropical freeboard, T) :

$$f_T = f_S - \left(\frac{1}{48} \times d_S\right)$$

(마) 하기 담수 건현(fresh water freeboard, F) :

$$f_F = f_S - \frac{\Delta}{4 \times \mathrm{T.P.C.}}$$

(바) 열대 담수 건현(tropical fresh water freeboard, T.F.) :

$$f_{TF} = f_T - \frac{\Delta}{4 \times \mathrm{T.P.C.}}$$

여기서, Δ : 하기 만재 흘수선에 있어서 해수 배수 톤수(tons)

T.P.C. : 하기 만재 흘수선에 있어서 해수의 매 cm 배수 톤수(tons)

3. 건현의 변화가 다른 요소에 미치는 영향

(1) 건현이 내해성(seaworthiness)에 미치는 영향

$$\tan\theta = \frac{FB}{\frac{L}{2}}$$

① 전방의 돌출부가 크다.

② 복원성에 있어서 횡경사각이 크다.

(2) 건현이 복원력(stability)에 미치는 영향

$$\tan\theta = \frac{FB}{\frac{B}{2}}$$

① 동복원력을 향상시킨다.

② KG의 상승으로 초기 복원력을 감소시킨다.

③ 건현의 증가로 복원정 곡선을 유지하려면 폭의 증가를 필요로 한다.

(3) 건현의 증가가 제 요소에 미치는 영향

흘수의 경우와 같이 건현의 증가는

① 흘수는 변하지 않고, 건현의 증가는 깊이를 증가시키게 된다.

② 깊이가 변하지 않고, 흘수를 감소시키면 건현이 증가하게 된다.

한편, 흘수가 일정할 때 건현이 증가하면 배의 늑판(floor)이 깊어지고, 따라서 부재 치수를 약간 감소시킬 수 있으며, 수면 상부의 구조가 커지게 되므로 그 결과 선체 중량이 증가 혹은 감소될 때도 있다.

어떤 경우에서도 건현이 증가하면 중심이 상승하는 결과가 되어 구조 중량이 증가하고, 구명 설비품과 같은 상부에 장치된 중량물이 건현 증가량만큼 높아진다.

중심이 증가하면 메타센터가 상승하도록 폭을 증가시키지 않는 한 메타센터의 높이(GM)는 감소하게 된다.

갑판연(甲板緣)의 침수각은 복원력 범위의 척도가 되며, 이 각은 건현과 폭에 직접적으로 영향을 받게 된다.

① 중심의 높이가 고정되었다고 해도 건현이 증가하면 복원력의 범위가 증가한다.

그러나 일반적으로 건현이 높아지면 중심의 상승을 동반하므로 결국 폭을 증가시킬 필요가 있게 된다.

② 폭을 증가하면 복원력의 범위가 감소되어 건현을 더욱 증가시킬 필요가 있다.

건현의 증가는 배의 깊이나 흘수의 변화에는 관계 없이 예비 부력(reverse of buoyancy)을 증가시킨다. 이것은 배수량을 일정하게 유지했을 경우이다.

깊이가 일정하면 KG는 변하지 않고, 배수량과 폭이 일정하면 메타센터의 반지름은 변하지 않는다. 흘수가 감소하면 KB를 약간 감소시킬 것이다.

보통 건현의 증가는 폭이 증가하지 않는다면 메타센터의 높이 GM은 약간 감소하는 결과가 된다. 그러므로 보통 건현의 적당한 증가는 깊이가 일정하다면 정복원력이 개선되는 결과가 된다.

4. 건현의 제한

건현은 국제 만재 흘수선 조약(I.L.L.C.)과 해상 인명 안전 조약(S.O.L.A.S.)에 의한 복원성의 규제를 받는다.

예제 1. 재화중량 9,200톤, 방형계수(C_B) 0.68인 화물선을 설계할 때에 이 선박의 길이, 폭, 깊이, 흘수, 해수에서의 만재 배수량 및 경하 배수량 등을 초기 추정하여라.

$$B=\frac{L}{10}+7.6,\ D=0.56B,\ d=0.75D,\ \text{강재중량}=0.26\Delta,$$
$$\text{목재 및 의장품 중량}=0.09\Delta,\ \text{기관부 중량}=0.08\Delta$$

여기서, B는 최대폭, D는 상갑판까지의 형 깊이, d는 최대 흘수, Δ는 해수에서의 배수량을 각각 의미한다.

풀이 선박의 배수량은 1.025×배수용적을 이용하고 다음과 같이 추정한다. 여기서 Δ_F는 만재 배수량, Δ_L은 경하 배수량, W_S는 선각중량, W_O는 목재 및 의장품 중량, W_M은 기관부 중량, D.W.T.는 재화중량을 각각 의미한다.

L	100	120	140
$B(=0.1L+7.6)$	17.6	19.6	21.6
$D(=0.56B)$	9.86	10.98	12.10
$d(=0.75D)$	7.40	8.24	9.08
$C_B(=0.68)$	0.68	0.68	0.68
$\Delta_F(=1.025 \cdot C_B \cdot L \cdot B \cdot d)$	9078	13,508	19,138
$\Delta_L(=W_S+W_O+W_M)$	3904	5808	8229
D.W.T.$(=\Delta_F-\Delta_L)$	5174	7700	10,909

이 표에서 삽간법으로 재화중량 9,500톤 때의 길이를 구하면 130 m가 되며, 다른 값들을 위 표에서와 같은 방법으로 구하면 다음과 같다.
즉, $L=130\text{ m}$, $B=20.6\text{ m}$, $D=11.54\text{ m}$, $d=8.65\text{ m}$, $C_B=0.68$, $\Delta_F=$ 16,146톤, $\Delta_L=6{,}943$톤, D.W.T. = 9,203톤으로 추정할 수 있다.

예제 2. 다음 물음에 답하여라.

(1) 선형 계수와 주요 치수들이 각각 동일한 유조선과 광석 운반선이 있다. 이 경우에 유조선(oil tanker)의 허용 최소 건현이 광석 운반선(ore carrier)의 그것보다 작을 수 있는 이유 중에서 중요한 것 2가지를 설명하여 보시오.

(2) 다음의 항목과 같은 유조선의 하계 최대 흘수값(extreme summer draught)을 산정하여라.

• 건현 길이(L_F) : 158.500 m

• 형 깊이(D) : 12.400 m

• 방형 계수(C_B) : 0.82

• 규정에 의한 선루 수정값 : 278.2 mm

• 스트링거(stringer) 판 두께 : 22 mm

• 용골 두께 : 25 mm

• 현호(sheer) 수정값 : 400 mm

• 관련된 만재 흘수선 협약

－표정 건현

L(m)	F(mm)
158.000	2,096
159.000	2,111

－깊이에 관한 수정식 : (건현 깊이－표준 깊이)×250(mm)

－방형 계수에 관한 수정식 : $\dfrac{C_B + 0.680}{1.360}$

풀이 (1) ① 유조선은 광석 운반선과 달리 갑판에 창구 구멍(hatch opening)이 없으므로, 손상 시에 복원성 측면에서 구조상 유조선이 유리하다.

② 화물창의 구획법(subdivision) 측면에서 유조선의 구조가 광석 운반선보다 손상 시 복원성에 유리하도록 되어 있다(자유수 표면 효과에 따른 무게 중심 상승 때문이다). 즉, 광석 운반선의 화물창은 유조선의 화물창보다 큰 것이 보통이다.

(2) [하계 최대 흘수＝건현 깊이－하계 건현－용골 두께]인 관계에서 하계 최대 흘수를 구하면 된다. 여기서

• 건현 깊이＝형 깊이＋스트링거 판 두께＝12.400＋0.022＝12.422 m

• 하계 건현＝표정 건현× C_B 수정값－선루 및 트렁크 수정값＋깊이 수정값＋현호 수정값 ± 선수 높이 수정값 ± 갑판선 위치에 의한 수정값

$$=2{,}103.5\times\left(\frac{0.82 + 0.68}{1.36}\right)-278.2+\left(12.422-\frac{158.5}{15}\right)+400\pm0\pm0$$

＝2,904.8 mm

(여기서, 선수 높이 수정값과 갑판선 수정값은 문제에 관련 자료가 없으므로 '0'으로 처리하였다.)

※ 하계 최대 흘수＝12,422－2,904.8＋25＝9,542.2 mm = 9.540 m

》》 4.2 운하톤수 canal tonnage

선체치수에 관해서는 출입하는 항만의 사정에 따라 흘수나 전장이 제한받는 일도 있고, 그 밖에 파나마운하나 말라카해협 등 그 배의 항로 도중에 있는 운하나 협수로에 의해 제한을 받는 경우도 있다. 또 배의 깊이에 관해서는 유조선에서는 하역항의 수송연결관의 높이나 벌크 화물선에서는 안벽의 기중기 등의 높이로 인해 제한을 받게 되는 일이 있으므로, 그와 같은 가능성이 있을 때에는 계획의 초기단계에서 일찍이 검토해 놓아야 한다. 이 경우에 본선이 입항착안한 후 하역을 하고 이안할 때까지의 사이에 육상의 하역장치와 부딪치지 않도록 하여야 하므로, 본선의 깊이뿐만 아니라 밸러스트 탱크의 배치, 용적 또는 밸러스트 펌프의 용량을 포함한 종합적인 검토를 하여야 한다.

운하를 소유하고 있는 나라의 운하를 통과하는 선박에 대하여 운하 통과료를 징수하기 위하여, 각 운하에서 독자적으로 정한 톤수를 말한다. 여기에는 수에즈(Suez) 운하톤수와 파나마(Panama) 운하톤수가 있다. 예전에는 수에즈운하와 파나마운하가 공히 톤수 규칙과 마찬가지로 moorsom 방식에 기초를 둔 종래의 톤수 측정 방식을 적용하였으나, 파나마운하의 경우는 새로운 측도 방식인 PC/UMS 방식을 제정하여 1994년 10월 1일부터 적용하고 있다.

이 밖에 건조 조선소의 선대나 건선거의 치수 또는 기중기 높이의 제한 때문에 건조선의 주요 치수가 제한되어 요구된 재화중량에 적합한 최적의 치수를 잡을 수 없는 일도 있다. 일반상선의 설계에서 문제가 되는 운하와 해협으로서는 파나마운하, 수에즈운하, 센트로렌스수로, 말라카해협이 있으며, 이들 운하와 수로 등에 대하여 간단히 설명하기로 한다.

4.2.1 파나마운하(Panama canal)

중남미 파나마에 있으며 태평양과 대서양을 잇는 약 46해리의 운하로서, 태평양과 대서양 쪽에 각각 3단의 갑문(lock)이 있다. 통행 가능한 배의 최대폭은 106 ft(32.32 m)이므로 B_{MLD}로서는 32.2 m를 잡는 것이 상례이다. 배의 폭을 파나마운하 통행이 가능한 최대폭으로 잡은 선형을 파나맥스(Panamax)형이라 부르고 있다. 허용 최대흘수는 운하의 도중에 있는 거툰호의 수위가 계절에 따라 달라지므로 일정하지 않으며, 최대 39 ft 6 in(약 12.04 m) 정도이나 채산계산 등에서 사용하는 운하 통행시의 재화중량은 일반으로 38～39 ft(약 11.58～11.89 m)에 대응하는 것으로 생각하는 것이 좋다. 그러나 일반으로 파나맥스형의 배의 계획 만재 흘수로서는 위의 흘수로 억제하는 것보다는 다소 깊은 12 m 전후의 값을 잡는 것이 상례이다. 이것은 운하를 통과할 시간에는 흘수가 만재 출항시보다 작아지기 때문이다. 또, 길이에 관해서는 $L_{OA} \le 900$ ft(단, C_B가 작고 중앙평행부가 짧은 컨테이너선과 같은 배에서는 950 ft까지 허용된다)이나 보통의 파나맥스선형에서는 한도 길이까지의 L_{BP}를 잡는 일은 거의 없으며,

길어도 L_{BP} =240~245 m 정도이고, 일반적으로는 L_{BP} =200~230 m 정도로 잡고 있다. 따라서 파나맥스선형의 재화중량은 계획 만재 흘수에서 60,000~75,000톤 정도가 된다. 또, 운하 통행시의 최소 흘수가 배의 길이에 따라서 정해져 있기 때문에 밸러스트 상태의 흘수에 대해서 주의해야 한다. 그 밖에 외판의 빌지 곡률에 따라서 통행시의 흘수가 제한되고 있으므로 빌지 곡률을 결정할 때에는 이 점도 검토하여야 한다. 이상과 같은 제한 이외에 계선정치에 관한 규정과 톤수관계의 규칙이 따로 정해져 있다.

[파나마 운하톤수 측정(Panama canal tonnage)]

수에즈 운하톤수 규칙과 마찬가지로 moorsom 방식에 기초를 둔 종래의 톤수 측정 방식을 적용하였으나 그동안 운하 당국에서 수년 동안 검토한 끝에 새로운 측도 방식인 PC/U.M.S. 방식을 제정하여 1994년 10월 1일부터 적용하고 있다.

운하 통행료는 순톤수를 기준으로 하고 있으며, 다른 톤수 규칙과는 달리 총톤수를 규정하고 있지는 않다. 그 적용상 특징은 다음과 같다.

① 1994년 9월 30일 이전 운하를 통과한 적이 있는 선박: 기존의 순톤수를 영구히 적용함.

② 1994년 10월 1일 현재 운하를 통과한 적이 없는 선박: 기존의 운하톤수 소지와는 관계없이 PC/U.M.S.에 따라 측도하고 증서를 발급함.

③ 1994년 10월 1일 이후 주요 개조로 인해 10% 이상의 전체 용적이 변경되었을 경우 PC/U.M.S.에 따라 측도하고 증서를 발급함.

④ 상갑판 상부에 컨테이너를 운반하는 선박의 경우 on-deck container capacity 측도 rule을 적용함.

⑤ 전장(L.O.A.)이 100 ft(30.480 m) 미만의 선박은 측도가 요구되지 않음.

PC/U.M.S. 순톤수 산정식은 다음과 같다.

$$\text{NT} = K4 + K5(V) + CF1(VMC)$$

여기서, $K4$: $\{0.25 + (0.01 \times \log V)\} \times 0.83$

$K5$: $\log(Da - 10)/\log(Da - 16) \times 17$

Da: $(V/L) \times B$

V: 선박에서 폐위된 장소의 합계 용적

L: 배의 길이

B: 배의 폭

$CF1$: 상갑판상에 컨테이너를 운반하도록 설계된 선박일 경우는 $CF1 = 0.031$로 하며, 그 외 선박의 경우는 $CF1 = 0$으로 함.

VMC: volume of maximum capacity of the container

또한 파나마운하를 통과할 수 있는 최대의 제원은 다음과 같다(2015년까지 목표로 통과 선박 55.200 m, 흘수 15.400 m로 수로 확장을 추진 중임).

- 길이: L.O.A.(bulbous bow 포함) 950 ft(289.600 m)
  단, – 여객선 및 container선: 965 ft까지 통행 가능
  – tug & barge combination: 900 ft
  – 비자항선: 850 ft
- 흘수: 35 ft 6 in(12.040 m)이지만 강우량 등의 계절적 요인에 따라 하향 조정되므로 사전에 파나마운하 위원회에 확인하여야 한다.
- 선폭: 106 ft(32.300 m). 단, 1회 통행에 한하여 최대 흘수가 37 ft를 넘지 않는 조건으로 107 ft까지 통행 가능하다.

4.2.2 수에즈운하(Suez canal)

지중해와 홍해를 잇는 약 88해리의 운하이며, 중동전쟁 때문에 오랫동안 폐쇄되었다가 1975년 6월에 8년만에 다시 개통되었다. 수에즈운하 당국은 대형 유조선이 통과할 수 있도록 운하의 폭과 깊이를 확장하는 제1 및 제2단계의 계획을 수립하였고, 그 제1단계의 확장공사가 1981년에 완성되었다. 따라서, 현재 통행 가능한 최대 선박은 만재 상태에서 D.W.T. 150,000톤, 밸러스트 상태에서 370,000톤이다. 운하의 폭은 85 m에서 160 m로 확장되었고, 수심은 19.5 m가 되었으며, 허용흘수는 38 ft에서 53 ft로 증대되었다.

계획되어 있는 제2단계의 공사는 제1단계의 확충사업의 성과를 보아 적당한 시기에 착공할 것이라고 하며, 그 내용으로는 운하의 깊이를 23.5 m, 허용흘수를 67 ft로 하여 통행 가능 선박을 만재 상태 260,000 D.W.T., 밸러스트 상태 400,000 D.W.T.까지 올릴 계획을 담고 있다. 제2단계의 확장공사가 끝나면 운하의 단면적은 현재의 3,600 m^2에서 5,200 m^2로 증대된다.

수에즈운하를 통행하는 배에 대해서는 수에즈운하 통행규칙에 따라 연료유 탱크와 화물유 탱크 사이에 코퍼 댐(cofferdam)의 배치, 신호장치, 톤수 등이 규제되어 있다.

[수에즈 운하톤수 측정(Suez canal tonnage)]

국제 톤수 협약과는 무관하게 moorsom 방식에 기초를 둔 종래의 톤수 측정 방식을 적용하고 있다. 톤수 측정의 산정 방법은 다음과 같다.

① 총톤수(gross tonnage)

$$\text{GT} = (Vt - \text{제외 장소의 용적}) \times 0.353$$

여기서, Vt: 선박에서 폐위된 장소의 합계 용적

제외 장소의 용적: double bottom, companion way, engine casing 등의 용적 또한 100 ft^3(1000/353 m^3)을 1톤으로 정의한다(즉, 1 m^3 = 0.353 ton).

② 순톤수(net tonnage)

$$NT = GT - (\text{공제 장소의 용적} \times 0.353)$$

여기서, 공제 장소의 용적: 선원 상용실, 선박의 안전 및 위생 등에 사용되는 장소, 항해의 용도에 제공되는 장소, 기관실 장소 등이 해당된다.

③ 통과할 수 있는 선박의 최대 제원

- 최대 길이: 제한 없음
- 최대폭: 245 ft(74.68 m)
- 최대 흘수: 폭에 따라 흘수를 제한하고 있다(Suez canal rule Ch. Ⅲ, Sec. Ⅱ 참조).

4.2.3 센트로렌스수로(St. Lawrence Seaway)

캐나다의 몬트리올항과 5대호의 하나인 에리이호를 잇는 수로이다. 몬트리올항과 도중의 온테리오호를 잇는 센트로렌스운하(전장 157해리)와 온테리오호와 에리이호를 잇는 웰랜드운하(Welland canal, 전장 32.5해리)로 이루어져 있는 수로이며, 겨울철에는 수로가 얼기 때문에 폐쇄된다.

통행 가능한 배의 최대치수는 L_{OA}가 730 ft(약 222.5 m) 이내, 폭이 75 ft 6 in(약 23.01 m) 이내, 흘수가 청수에서 26 ft(7.925 m) 이내로 되어 있다. 따라서, 센트로렌스수로를 지나갈 수 있는 배의 최대폭은 B_{MLD}로서 22.86~22.9 m로 계획된다. 배의 길이는 한도값까지 계획하는 일은 없으며 L_{BP}는 170 m 이하로 하는 것이 보통인데, 때로는 180 m 정도를 잡는 경우도 있다. 센트로렌스수로를 통행하는 배로서 계획하는 경우에도 계획 만재 흘수를 수로의 제한값까지 잡는 일은 거의 없고, 다른 조건에 따라 결정하기 때문에 그 값은 대개 10~11 m 정도로 되어 있다. 따라서, 폭을 수로의 제한값까지 잡은 선형의 재화중량은 20,000~27,000톤이 되는 것이 보통이고, 가끔 30,000톤까지 가는 경우도 있다. 센트로렌스수로를 통행하는 배에 대해서는 계선 및 신호장치 등에 수로의 통행규칙이 적용되나, 수에즈나 파나마운하의 경우와 같은 독자적인 톤수규칙은 없다. 그 밖에 수면으로부터의 마스트의 높이가 110 ft(약 33.5 m)로 제한되어 있으므로, 일반배치를 결정할 때 이 점에도 주의하여야 한다.

4.2.4 말라카해협

말라카해협은 말레이반도와 수마트라섬 사이에 있다. 수마트라섬 북서단으로부터 말레이반도 동남단까지의 약 650해리의 해협이다. 대형 선박의 항행에 있어서 문제가 되는 것은 해협의 동부에 있는 원 패덤 뱅크(One fathom bank)로부터 동중국해에 면한 이스턴 뱅크(Eastern bank)까지의 약 300해리의 해역이며, 해안까지의 거리는 가까운 곳이 2～10해리, 먼 곳은 30해리를 넘으나, 얕은 곳과 암초가 매우 많다. 대형선이 항행하는 항로의 수심은 대체로 23 m는 된다고 하나 곳곳에 23 m 이하의 얕은 곳과 암초가 있으므로, 대형선의 조선(操船)에는 신중한 배려가 필요하다고 한다.

이상과 같은 수심의 제한이 있으므로 현재로서는 해협 항행시의 최대흘수는 19.5～20 m가 한도라고 생각되고 있다. 따라서 이 점을 감안할 때 말라카해협을 만재 상태로 항행할 수 있는 최대선박은 약 280,000톤이다.

또, 1977년 2월에 말라카해협 연안의 3개국(인도네시아, 말레이시아, 싱가포르) 사이에서 대형 유조선의 항행규제의 목적으로 말라카해협 항행규칙에 관한 권고가 채택되었다. 그 권고의 내용은 말라카해협을 항행하는 배의 선저와 해저 사이의 거리(under keel clearance ; UKC)가 3.5 m 이상 있어야 한다는 것이다.

4.3 배의 배수량과 호깅(hogging), 새깅(sagging) 상태

4.3.1 배의 배수 용적 및 배수량 관계식

배의 주요 치수, 즉

$$L\,B\,d\,C_B = \nabla \quad \cdots\cdots (4\text{-}15)$$

식 (4-15)에서 ∇를 배수 용적, C_B를 방형 비척 계수, Δ를 배수 톤수로 하면,

[ft 단위일 때]

$$\Delta(\text{톤}) = \frac{\nabla}{35}\ (\text{해수일 경우})$$

$$\Delta(\text{톤}) = \frac{\nabla}{36}\ (\text{청수일 경우})$$

[m 단위일 때]

$$\Delta(\text{톤}) = \nabla\, 1.025\ (\text{해수일 경우})$$

$$\Delta(\text{톤}) = \nabla\, 1.000\ (\text{청수일 경우})$$

이 된다.

식 (4-15)를 변형하면 다음과 같은 간단한 식을 만들 수 있다.

$$\frac{L}{B} = \sqrt{\frac{C_B Ⓜ^3}{\frac{B}{d}}} \quad \cdots\cdots (4\text{-}16)$$

$$Ⓜ = \frac{L}{\triangledown^{\frac{1}{3}}} = \frac{L}{\left(\frac{\Delta}{1.025}\right)^{\frac{1}{3}}} \quad (\text{m 단위})$$

위 식에서 Ⓜ은 영국 Froude가 만든 사이클(cycle) 기호 중의 하나로서 배의 길이와 배수용적과의 비로, 미국의 Taylor가 사용한 $\frac{L}{\left(\frac{\Delta}{100}\right)^3}$ 과 같은 의미의 것이기 때문에 C_B 계수와 같은 배의 비척 정도를 나타낸다.

Ⓜ과 $\frac{L}{\left(\frac{\Delta}{100}\right)^3}$ 과의 환산식은 아래와 같이 나타낼 수 있다.

$$Ⓜ = \frac{L}{\triangledown^{\frac{1}{3}}} = \frac{L}{(35\Delta)^{\frac{1}{3}}} = \frac{100}{\left\{35 \times \frac{\Delta}{\left(\frac{L}{100}\right)^3}\right\}^{\frac{1}{3}}}$$

$$= \frac{\Delta}{\left(\frac{L}{100}\right)^3} = \frac{100^3}{35Ⓜ^3} \quad (\text{ft 단위})$$

결과가 가장 좋은 선박의 C_B, $\frac{L}{B}$, $\frac{B}{d}$와 Ⓜ의 수치를 속장비를 기선으로 해서 그 여러 점에 대한 곡선에 그 평균값의 곡선을 인출하여 설계 초기에 필요한 값과 결정할 치수의 느낌을 느낄 수 있다. 그림 4-25는 그 예를 나타낸 것이다.

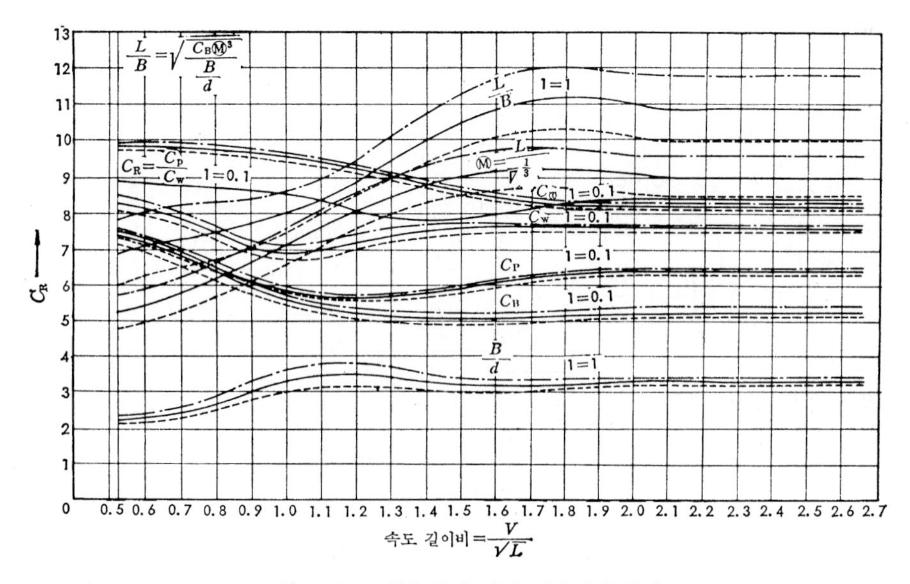

그림 4-25 기본 설계 여러 계수와의 관계

다음에 참고로 Ⓜ 이외의 Froude 사이클 기호를 열거하면,

㈎ 길이 정수(length constant) : U는 배수 용적과 같이 용적의 정입방체의 한 변으로 하면

$$U = \left(LBd\,C_B\right)^{\frac{1}{3}} = \nabla^{\frac{1}{3}} = (35\Delta)^{\frac{1}{3}}$$

로 된다.

$$Ⓜ = \frac{L}{U} = \frac{L}{\nabla^{\frac{1}{3}}} = \frac{L}{(35\Delta)^{\frac{1}{3}}} = 0.3057 \times \frac{L}{\Delta^{\frac{1}{3}}} \quad \text{(ft 단위)}$$

이 계수는 단위에 있어서 수치의 변화가 없으면

$$Ⓜ = \frac{L}{\nabla^{\frac{1}{3}}} \quad \text{(m 단위)}$$

을 채용하여도 좋다.

㈏ 표면 정수(skin constant) :

$$Ⓢ = \frac{S}{\nabla^{\frac{1}{3}}} = \frac{S}{(35\Delta)^{\frac{1}{3}}} = 0.0935 \times \frac{S}{\Delta^{\frac{2}{3}}}$$

여기서, S : 침수 표면적(ft^2)

㈐ 속도 정수(speed constant) :

· 파장 $\frac{U}{2}$의 파의 속력 $= \sqrt{\frac{g}{2\pi} \times \frac{U}{2}} = \sqrt{\frac{g}{2\pi} \times \frac{\nabla^{\frac{1}{3}}}{2}}$

$$Ⓚ = \frac{V \times \frac{6,080}{3,600}}{\sqrt{\frac{g}{2\pi} \times \frac{\nabla^{\frac{1}{3}}}{2}}} = \frac{1.055 \times V}{\nabla^{\frac{1}{6}}} = 0.5834 \times \frac{V}{\nabla^{\frac{1}{6}}}$$

· 파장 $C_P L$ 파의 속력 $= \sqrt{\frac{g}{2\pi} C_P L}$

$$Ⓟ = \frac{V \times \frac{6,080}{3,600}}{\sqrt{\frac{g}{2\pi} C_P L}} = 0.746 \times \frac{V}{\sqrt{C_P L}}$$

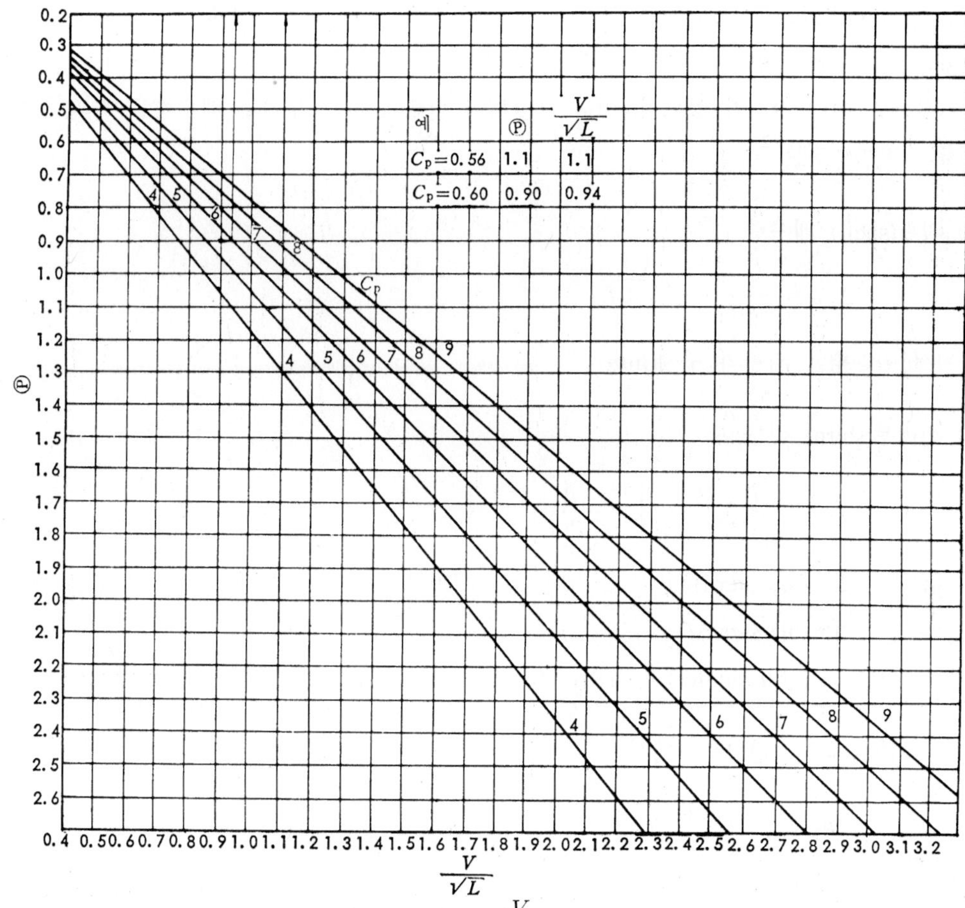

그림 4-26 Ⓟ와 $\frac{V}{\sqrt{L}}$ 와의 환산 도표

· 파장 $\frac{L}{2}$의 파의 속력 $= \sqrt{\frac{g}{2\pi}\frac{L}{2}}$

$$Ⓛ = \frac{V \times \frac{6,080}{3,600}}{\sqrt{\frac{g}{2\pi}\frac{L}{2}}} = 1.055 \times \frac{V}{\sqrt{L}}$$

위의 속도 정수는 속장비와 바꾸어 쓰고 있으며, Baker는 Ⓟ를 사용했기 때문에 Ⓟ와 $\frac{V}{\sqrt{L}}$ 와의 환산 도표를 고찰하여 그림 4-26과 같이 나타내었다.

그러나 근대에는 Ⓟ보다도 Froude 수, 즉 $\frac{v}{\sqrt{Lg}}$ 를 m 단위로 쓰는 사람이 많이 있다. 여기서는 $\frac{V}{\sqrt{L}}$ 를 ft 단위로 사용하였다. 한편, 훌수가 결정되면 만재 배수량을 얻을 수 있지만, 그것은 형 배수량으로서 외판(shell)과 부가물(appendages)의 배수량을 가산, 수정해 줄 필요가 있다.

Watson과 Gilfillan은 배수량 계산에서 계수를 주어 초기 설계과정에서 재화중량과 여유(margin)에 중요한 영향을 주는 이러한 중량 요소들을 근사값에 거의 일치시켰다.

부가물에는 여러 가지가 있으며, 이를 구별하여 필요로 하는 부가물 배수량을 거의 정확히 추정하는 방법으로는

㈎ 외판(shell) 배수량

$$\Delta_{SH} = \frac{t}{380} \times \sqrt{\Delta \times L}$$

여기서, t : 평균 외판의 두께(mm)

㈏ 선미부(stern) 배수량

$$\Delta_{ST} = \left[\left(\frac{d}{H}\right)^{x} - 1\right] \times \frac{\Delta}{1000}$$

여기서, x : 2.5(fine stern)

3.5(full stern)

H : 카운터(counter)의 높이

㈐ 보스(boss) 배수량(2축선에서)

$$\Delta_{BO} = 1.10 \times (d_P)^3$$

여기서, d_P : 프로펠러의 지름

상수 : 0.7(fine bossing)

1.4(full bossing)

㈑ 타(rudder) 배수량

$$\Delta_{RU} = 0.13 \times (\text{면적})^{\frac{2}{3}}$$

㈒ 프로펠러(propeller) 배수량

$$\Delta_{PR} = 0.01 \times (d_P)^3$$

배수량에 영향을 주는 그 밖의 항목으로는 선수(bow)와 선미 스러스트 터널(stern thrust tunnel), 킬(keel), 만곡부 용골(bilge keel), 안정기(stabilizer) 등이 있다.

이런 모든 것은 초기 설계단계에서 중량에 가산해서 생각하는 것이 가장 좋을 것이다. 비록 'lost bouyancy'가 되어도 이 방법이 좋다.

4.3.2 배의 배수량과 호깅(hogging), 새깅(sagging) 상태의 수정

초기 설계시에는 이의 처짐량(撓曲量)은 알 수 없으며, 경사 시험을 할 때 일반적으로 정확한 배수량을 구하기 위한 수정 방법이다. 이때 흘수는 배의 전후 중앙에 흘수표(draft mark)를 정확하게 기입해야 한다.

호깅과 새깅은 선체의 중량과 부력의 길이 방향의 불균일 때문에 선체의 중앙부가 올라가거나 처져 있는 상태의 현상과 그 영향은 유사하나 그때의 처짐량에는 차이가 있다.

그림 4-27에서 전후부 및 중앙부의 흘수를 d_F, d_A 및 $d_{\otimes}$라고 하고 평균 흘수를 d_M이라고 하면,

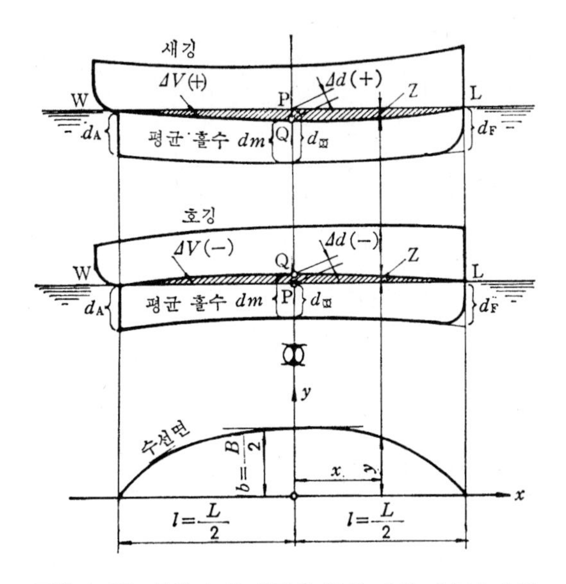

그림 4-27 선체가 휨 상태에 있을 때의 배수량 측정

$$d_M = \frac{d_A + d_F}{2} \qquad \cdots\cdots (4\text{-}17)$$

라 할 때 중앙부의 최대 처짐량 Δd 는

$$\Delta d = d_{\otimes} - d_M = d_{\otimes} - \frac{d_A + d_F}{2}$$

가 된다. 여기서 호깅과 새깅 상태에서 평균 흘수 d_M은 식 (4-17)로서, 이 평균 흘수를 처짐량의 계산에 적용시켜서는 안 된다. 처짐량은 통상 $\frac{3}{4}$을 $\frac{1}{2}(d_A + d_F)$에 대해 수정을 해 주어야 하기 때문이다.

그림에서 $_{\Delta}d$ 가 $(+)$일 때에는 새깅이며 평균 흘수 d_M에 상당하는 배수량 W_M을 배수량 등곡선도에서 읽고, 여기에 처짐량에 대한 배수량 $\Delta V \cdot \gamma$를 가산하여 증가된 실제 배수량

Δ를 얻을 수 있다. 반대로 $_{\Delta}d$가 (−)일 때에는 호깅 상태이므로 빼면 얻을 수 있다. 그런데 평균 흘수 d_M은 선수미 흘수의 평균에 해당하는 상당 흘수가 아니므로 호깅과 새깅에 대한 처짐량에 대해 수정을 하여 얻을 수 있다.

$$d_M = \frac{1}{2}(d_A + d_F) - \frac{3}{4}h \text{ 혹은 } \frac{1}{2}(d_A + d_F) + \frac{3}{4}S$$

여기서, h : 호깅 상태의 처짐량

S : 새깅 상태의 처짐량

이것을 선수미 흘수의 상당 흘수에 대한 호깅, 새깅 처짐량의 수정식으로 나타내면

· 호깅 상태의 평균 흘수 d_M

$$d_M = \frac{d_A}{8} + \frac{3}{4} \times \left\{ \frac{1}{2}(d_A + d_F) - h \right\} + \frac{d_F}{8}$$

· 새깅 상태의 평균 흘수 d_M

$$d_M = \frac{d_A}{8} + \frac{3}{4} \times \left\{ \frac{1}{2}(d_A + d_F) + S \right\} + \frac{d_A}{8}$$

즉, 호깅과 새깅이 어떤 흘수의 일정한 상태에서 일어난다고 하면 초기 설계에서 정확한 선수미 흘수를 읽을 수 없으므로, 이때의 상태에 대한 평균 흘수 d_M은

$$\therefore \ d_M = \frac{d_A + (d \boxtimes 6) + d_F}{8} \quad \cdots\cdots (4\text{-}18)$$

로 구할 수 있으며, 이 평균 흘수 d_M으로 배수량 등곡선도에서 Δ_M을 읽어 호깅과 새깅에 대한 미소 배수량 $\Delta V \cdot \gamma$를 증감하면 상태의 실제 배수량을 구할 수 있다.

그러면 실제 배수량을 구하는 배수량 수정식은

$$\begin{aligned}\Delta &= \Delta_M \times \frac{\gamma}{1.025} \pm (\Delta V \gamma) \\ &= \Delta_M \times \frac{\gamma}{1.025} \pm \gamma \times \{(\Delta V \gamma) K\} \quad \cdots\cdots (4\text{-}19)\end{aligned}$$

여기서, K : 수선 단면적 계수와의 관계 계수

그림 4-27에서 x-y-z축을 잡고 $\frac{L}{2} = l$, $\frac{B}{2} = b$라 하고, 수선면 및 처짐 곡선 방정식을 다음과 같다고 하면,

$$\text{수선면 방정식} : y = b \times \left\{ 1 - \left(\frac{x}{l} \right)^n \right\} \quad \cdots\cdots (4\text{-}20)$$

$$처짐\ 곡선\ 방정식 : z = {}_{\Delta}d \times \left\{1 - \left(\frac{x}{l}\right)^2\right\} \quad \cdots\cdots (4\text{-}21)$$

수선 단면적 계수 C_W와 n과의 사이에는 식 (4-21)을 적분해서 다음 관계가 됨을 알 수 있다.

$$n = \frac{C_W}{1 - C_W} \quad 혹은 \quad C_W = \frac{n}{1+n} \quad \cdots\cdots (4\text{-}22)$$

그러므로 호깅과 새깅으로 인한 처짐 부분의 미소 체적을 배의 길이 L에 대해 구하면,

$$\begin{aligned}
{}_{\Delta}V &= 4\int_0^l y\,z\,d_x \\
&= 4b\,{}_{\Delta}d\int_0^l \left\{1 - \left(\frac{x}{l}\right)^n\right\} \times \left\{1 - \left(\frac{x}{l}\right)^2\right\} d_x \\
&= 4b\,{}_{\Delta}d \times \left(\frac{2}{3} - \frac{1}{n+1} + \frac{1}{n+3}\right) \\
&= bl\,{}_{\Delta}d \times \frac{8}{3} \times \left\{1 - \frac{(1 - C_W)^2}{3 - 2C_W}\right\} \\
&= BL\,{}_{\Delta}d \times \left[\frac{2}{3} \times \left\{1 - \frac{(1 - C_W)^2}{3 - 2C_W}\right\}\right] \quad \cdots\cdots (4\text{-}23)
\end{aligned}$$

즉, 식 (4-23)에서 수선 단면적에 대한 관계 계수 K는 [ ] 속의 값이 된다. 이를 식 (4-19)에 대입하면 구하고자 하는 처짐 후의 실제 배수량 Δ를 구할 수 있다.

한편, 수선 단면적 계수 C_W와 계수 K와의 관계는 표 4-11과 같이 나타낼 수 있다.

표 4-11 K와 C_W와의 관계

C_W	1.00	0.95	0.90	0.85	0.80	0.75	0.70	0.65	0.60	0.55	0.50
K	0.667	0.662	0.650	0.629	0.609	0.584	0.554	0.523	0.489	0.454	0.417

여기서, C_W는 실제로 측정한 상당 흘수 d_M에 대한 배수량 등록선도의 C_W 값을 사용한다. 그러나 처짐량의 수정에 대한 평균 흘수 d_M에 대한 C_W 계수를 사용해도 거의 일치한다. 또한, 처짐량 1 cm에 대한 배수량의 수정식은 다음과 같이 평균 흘수 d_M에 대한 T.P.C.로 구한다.

$$배수량\ 수정량 = \mathrm{T.P.C.} \pm \frac{t \times \mathrm{M.T.C.}}{L}$$

호깅과 새깅의 처짐량에 있어 평균 흘수에 대한 실제 배수량 계산에서 부심 및 가로 메타센터의 높이는 실제의 상당 흘수 d_M에 대한 배수량 등록선도의 값을 그대로 적용하여도 처

짐량 Δd 가 너무 크지 않은 한 큰 차이는 없다.

4.3.3 기하학적인 주요 치수의 상호관계

선박설계를 할 때의 주요 치수비의 값은 선박의 성능에 상당히 영향을 미치며, 주요 치수비의 값은 저항성능, 강도, 복원성능에 영향을 준다.

① $\frac{L}{B}$: 마찰저항 · 추진성능, 직진성능, 종강도 등에 영향을 준다(일반적으로 $5.3 \le \frac{L}{B} \le 7.0$).

② $\frac{B}{d}$: 마찰저항 · 추진성능(너무 크면 잉여저항값이 상승하게 된다), 조정성능, 복원성능 등에 영향을 준다($2.25 \le \frac{B}{d} \le 3.75$).

③ $\frac{F}{B}$: 예비부력의 크기에 영향을 준다.

④ $\frac{L}{d}$: 종강도, 마찰저항 · 추진성능, 직진성능에 영향을 준다.

⑤ $\frac{d}{D}$: 내파성능에 영향을 준다.

⑥ $\frac{B}{D}$: 복원성능에 영향을 준다($1.4 \le \frac{B}{D} \le 2.2$).

⑦ $\frac{L}{D}$: 종강도에 영향을 준다($9.0 \le \frac{L}{D} \le 13.0$).

따라서 적당한 주요 치수비를 갖도록 설계하는 것이 중요하다.

1. 길이와 폭과의 비

$\frac{L}{B}$은 주기관의 마력, 복원성, 종강도 등에 영향을 끼친다.

$\frac{L}{B}$은 선가 감소의 영향으로 치수비가 줄어드는 경향이 있다.

주어진 F_N과 $\frac{\Delta}{L^3}$에서 최소저항과 추진마력을 갖는 최적의 $\frac{L}{B}$과 C_B(또는 C_P)의 조합값을 찾아야 한다. 또한 방형계수와 $\frac{L}{B}$과의 비 $\left[\frac{C_B}{\left(\frac{L}{B}\right)}\right]$는 선박의 조종성능의 측면에서 큰 영향을 미치며 다음 식의 값을 갖는다.

$$\frac{C_B}{\frac{L}{B}} \le 0.14 - 0.16 \qquad \text{(4-24)}$$

$\frac{L}{B}$의 값은 일반적으로 소형선의 복원성에서 $\frac{B}{D}$가 커짐에 따라 작아진다. 또 대형 전용선일수록 선가 및 운항배의 채산성과 항만 안벽 사용에 있어서 길이의 제약 때문에 $\frac{L}{B}$은 작은 값이 된다.

특수한 것을 제외한 $\frac{L}{B}$의 L에 대한 실적선의 $\frac{B}{D}$ 평균값은 다음과 같다.

소형 어선 $\frac{L}{B} \fallingdotseq 2.0 \cdot L^{0.25}$

중형 화물선 $\frac{L}{B} \fallingdotseq 6 \sim 7$

대형 전용선 $\frac{L}{B} \fallingdotseq 7.85 - 0.006 \cdot L$

단, 운하 통항 등으로 인해 B가 제한되는 대형선에서는 $\frac{L}{B}$이 당연히 커진다.

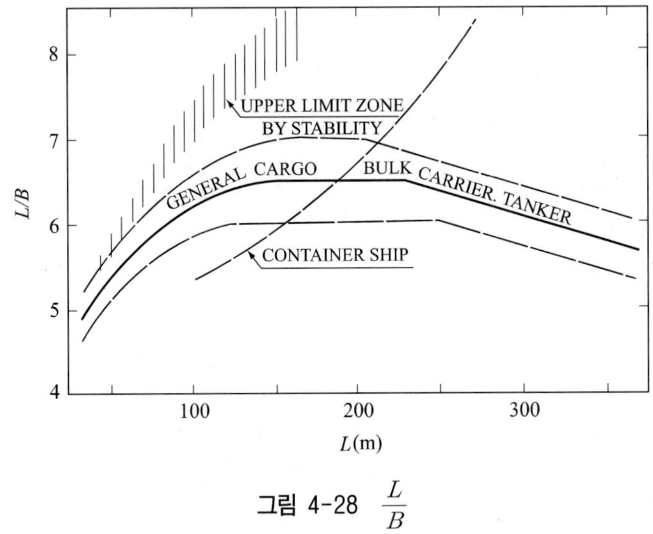

그림 4-28 $\frac{L}{B}$

최근 연료유 값의 급격한 상승을 고려하면 비교적 고속인 화물선 등에서는 복원성능에서 허용되는 범위 내에서 $\frac{L}{B}$을 크게 택하는 것이 운항채산 측면에서 유리하다. 또한 선가 측면에서도 $\frac{L}{B}$을 크게 함에 따라 증가되는 선체 구조부 비용과 저항의 감소에 따라 기관의 운항비가 거의 상쇄되기 때문에 결국 큰 차이는 없다.

대형 전용선인 경우 $\frac{L}{B}$은 항만 또는 건조상의 제약 등에도 영향을 받지만 운항채산적으로 종래의 평균 실적값보다 커지는 경향이 있다.

표 4-12 선종별 L/B 범위 및 표준값

선종	L/B 범위	표준값
대형 유조선	5.3~6.0	VLCC, Suezmax, Aframax : 5.5
벌크 화물선	5.6~6.8	Panamax : 6.7, Handy : 5.9, Capesize : 5.9, VLBC : 6.0

2. 폭과 깊이의 비

$\frac{B}{D}$는 복원성 측면에서 중요하다.

즉, $GM_T = KB + BM_T - KG -$ (자유표면수정값) $\geq$ 규정상 최소의 GM_T이어야 한다.

표 4-13

선종	B/D
대형 유조선	1.6~2.2
벌크 화물선	1.5~2.2
컨테이너선	1.4~1.9

여기서 $(KB + BM_T)$는 폭(B)과 흘수(d)에 따라 변화되며, KG는 특히 깊이(D)의 변화에 영향을 많이 받는다.

이제 최적의 GM_T를 위한 $\frac{B}{D}$값을 소개하면 다음과 같다.

$\frac{B}{D}$는 특히 복원성능에 관련되고 중소형 선박에서 중요한 의미를 갖는다, 특히 소형선일수록 복원성에 대한 여유가 적기 때문에 신중히 선정해야 한다.

폭(B)은 중소형 선박에서 복원성 확보면으로 깊이(D)와 관련해서 결정된다. B의 증대에 의한 영향은 복원 성능의 증대 외에 흘수(吃水)에 관계없이 구조 부재를 크게 증가시키는 일 없이 배수량에 따라 재화 중량을 취할 수 있다. 다만, B의 과도한 증대는 이른바 경두선(輕頭船)으로 되어 횡동요상 바람직하지 않으며 또 저항 증가와 내항성의 저하를 초래한다.

실제로 B의 값은 $\frac{L}{B}$, $\frac{B}{D}$를 고려하면서 L, Δ_F 및 다음 항의 계획 만재 흘수(d_F), 방형 비척 계수(C_B)에서 결정된다.

깊이(D)는 B와의 관련 이외에 계획 흘수에 대한 필요 건현량의 확보에서 결정된다. D 증대의 구조 중량에 대한 영향은 적으며 특히 흘수 제한이 없는 경우는 선가 절감의 가장 유효한 수단이다. 최종 D는 d_F 및 선체 형상에 관련해서 건현 계산에 의해 결정되지만 각 선형에 대한 개략값은 표 4-14와 같다.

표 4-14 APPROXIMATE D

CARGO(FORM DRAFT)	$\frac{d_F}{(0.925 - 0.00135 \times L)}$
BULK ORE CARRIER	$\frac{d_F}{0.73}$
LARGE TANKER *	$\frac{d_F}{(0.685 + 0.00028 \times L)}$
COASTAL CARGO(exct. SHELTER)	$0.94 \times d_F^{1.15}$
COASTAL TANKER	$0.94 \times d_F^{1.1}$

표 4-14에 의한 D 값은 형상 흘수 가득 취하는 선형에 대한 개략값이고 특히 용적 화물을 대상으로 하는 화물선에서는 계획 흘수를 형상 흘수보다 작게 취하는 경우도 많고 $\frac{d_F}{D}$ 값도 여러 가지이다. 또한 SBT 규칙을 적용하는 탱커의 D는 건현 계산에 의한 필요값보다 10% 정도 커진다.

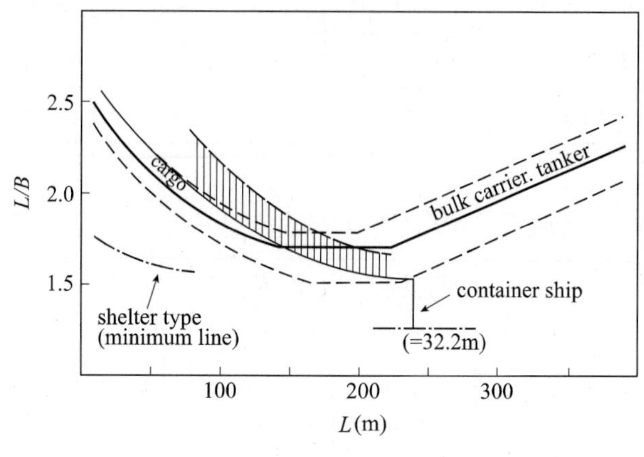

그림 4-29 선종별 B/D 범위

일반 선형에 대한 B/D 값의 실적 범위를 그림 4-29에 나타내었다. B/D는 특히 복원 성능에 관련되고 중소형 선박에서보다 중요한 의미를 갖는다. 한편 소형선 일수록 복원성에 대한 여유가 적기 때문에 신중하게 선정해야 한다.

3. 길이와 깊이와의 비

$\frac{L}{D}$은 종강도에 영향을 많이 미치는 요소이다. 일반적으로 적당한 $\frac{L}{D}$ 값을 소개하면 다음과 같다.

표 4-15

선종	L/D
대형 유조선	9.8～12.4
벌크 화물선	10.1～12.8
컨테이너선	9.0～13.0

4. 폭과 흘수와의 비

만약 $\frac{B}{d}$가 크면 잉여저항값이 증가하고, 이 수치가 너무 작으면 복원성 측면에서 문제가 발생한다. 일반적으로는 $2.25 \leq \frac{B}{d} \leq 3.75$인 값을 갖으며, $\frac{B}{d}$의 선종별 표준값은 다음과 같다.

표 4-16

선 종	표준값
대형 유조선	2.80
수에즈막스급 탱커	3.00
아프라막스급 탱커	3.50
벌크 화물선	2.60～2.90
파나막스급 컨테이너선	2.60～3.00

표 4-17 주요 치수의 상호 관계비

항 로	선 형	$\frac{L}{B}$	$\frac{L}{D}$	$\frac{B}{D}$	$\frac{d}{B}$	$\frac{d}{D}$	C_B
고속 정기선	삽 도 형	7.2～7.4	13.2～13.4	0.54～0.56	0.43～0.45	0.79～0.81	0.68～0.70
	평 갑 판 형	7.2～7.5	11.4～11.8	0.63～0.65	0.45～0.48	0.71～0.75	0.66～0.69
	차량 갑판형	7.3～7.5	11.4～11.6	0.62～0.64	0.42～0.43	0.66～0.67	0.66～0.68
중속 정기선	삽 도 형	7.1～7.4	12.3～13.1	0.54～0.60	0.43～0.47	0.78～0.82	0.71～0.74
	평 갑 판 형	7.1～7.4	11.3～11.8	0.60～0.63	0.45～0.48	0.74～0.76	0.71～0.74
	차량 갑판형	7.1～7.4	11.1～11.5	0.61～0.65	0.42～0.45	0.68～0.70	0.71～0.74
대 형 부정기선	평 갑 판 형	7.0～7.4	11.1～11.7	0.61～0.66	0.46～0.49	0.74～0.76	0.73～0.75
중 소 형 부정기선	삽도형 또는 凹갑판형	0.65～0.70	12.2～13.0	※0.51～0.57	0.43～0.45	0.80～0.86	0.72～0.74

특히, 소형선에서는 $\frac{D}{B} \leq 0.50$으로 할 것.

5. 배수량 -길이의 비(displacement-length ratio, [$\triangle/(L/100)^3$ 또는 (∇/L^3)]

$V/\sqrt{L}$ 및 $R_R/\triangle$의 값이 작은 경우는 [$\triangle/(L/100)^3$]값이 매우 적게 변하지만, $V/\sqrt{L}$=2.00에서는 $R_R/\triangle$과 [$\triangle/(L/100)^3$]가 거의 직접적인 함수 관계를 갖고 변화한다. 여기서 R_R은 선박의 잉여 저항을 의미한다.

이제 몇 가지 대표적인 선종에 따른 [$\triangle/(L/100)^3$]값을 소개하여 보면, 다음과 같다.

선 종	구축함	정기선	소형 탱커	고속 상선	중속 상선	저속 상선
[$\triangle/(L/100)^3$]	50	123	176	133	150	200

6. 수선간장 길이의 근사값(Approximate Length between Perpendicular, L_{BP})

수선간장(L_{BP})의 개략값을 만재 배수톤($\triangle_F$)을 사용하여 추정하는 경우 대표적인 선형에 대한 실적값 C를 다음 표 4-18에 나타내었다.

$$L = C \times \Delta_F^{1/3}\ (\mathrm{m})$$

표 4-18 $C = \dfrac{L}{\Delta_F^{1/3}}$

CARGO SHIP	$(2.9 \sim 3.1)\left(\dfrac{V_S}{\Delta_F^{1/6}}\right)0.5$
CONTAINER SHIP	$5.8 \sim 6.1$, for $B \leq 32.2$ m $4.7 + 0.03\left(\dfrac{\Delta_F}{10^3}\right)$, for $B = 32.2$ m
BULK CARRIER	$4.7 \sim 5.2$
TANKER, ORE CARRIER	$4.7 \sim 5.0$ or $(3.9 \sim 4.1)\left(\dfrac{V_S}{\Delta_F^{1/6}}\right)^{0.27}$
COASTAL SHIP	$4.6 \sim 5.1$

또한, 파나마운하를 통과하는 선박의 최대폭은 32.2 m로 제한되기 때문에 대형선의 C 계수는 표의 값보다 더욱 커지는 수가 있다.

L의 선정은 선박의 계획 속도에 관련되고 저항곡선에 나타나는 "hump"와 "hollow"의 경향에 유의하여야 할 것이다.

조파 저항 계수의 "hump"와 "hollow"는 선수미 양쪽 파계(波系)의 상호 간섭에 의해 Froude 수에 상응해서 나타나는 것으로 조파 저항값이 큰 "hump" 구역은 두 파계의 골이 겹치는 경우이고, "hollow" 구역은 선수파의 산이 선미부에 있어 결과적으로 조파 저항값이 상대적으로 작아지는 경우이다.

L의 증대에 따른 일반적인 득실로는 기관 마력의 감소, 내항성의 향상, 배치 계획이 용이한 이점과 소요 종강도의 증대에 따른 구조 중량의 증가, 필요한 건현의 증대 등의 불리한 점을 들 수가 있다. 또 선급협회의 규칙 등에서 L에 의한 횡수밀(橫水密) 격벽수(隔壁數), 사용 강재 급별 등을 규정하고 있으므로 그들의 경계값 범위일 때는 선정에 주의를 요한다.

특히, L은 선가, 채산에 큰 영향을 미치는 요소가 된다.

7. 계획 만재 흘수(Designed Full Load Draft)

만재 흘수(d_F)는 취항 항로 사정에 따라 제한 지정되는 일이 있는데 DWT에 대한 실적의 평균 근사값은 표 4-19와 같다.

표 4-19 APPROXIMATE d_F

CARGO(max.)	$3.95\times\left(\frac{DWT}{10^3}\right)^{0.33}$
CARGO(min.)	$3.72\times\left(\frac{DWT}{10^3}\right)^{0.32}$
BULK CARRIER, TANKER	$3.05\times\left(\frac{DWT}{10^3}\right)^{0.35}$
COASTAL, SHIP	$3.80\times\left(\frac{DWT}{10^3}\right)^{0.36}$

표에 나타낸 것과 같이 화물선의 최댓값은 형상 허용 최댓값을 나타내지만 탑재 대상 화물에 따라 최댓값과 최솟값의 중간값을 취하는 수도 있다.

d_F의 최대는 D의 증대를 동반하는데 특히 대형 전용선인 경우 주어진 계획 조건 안에서 선가 절감에 가장 효과적인 수단이며 극단적인 값은 가능한 한 크게 취하는 것이 유리하다. 대형 전용선에서 ±3%인 계획 흘수 변화는 선가에 대한 ±3%의 영향이 있다.

4.4 기본 계획 설계의 순서

기본 계획 과정의 주요 요점을 요약하면, 대상 선박에 따라서는 다르기도 하지만 이 과정에서 주요 치수 중에 근사적인 Δ_F, L, d_F, C_B가 결정되면 중점을 두어야 할 기타 관계, 예를 들면 대형 전용선에서 L/B에서 B 이외의 주요 치수를 결정할 수 있다. 또한 정확하게는 Δ_F는 외판 등의 부가물 배수량을 포함하지 않는 것이지만 이것은 DWT에 대한 여유 중량의 일부로 보면 된다.

(1) 주요 치수의 결정에 있어서 L/B, B/D 및 C_B의 선정에 중점을 둔다. 고속선에서 L/B는 복원 성능상에서 허용되는 범위 안에서 크게 취하는 것이 운항 채산상에 유리하다. 소형선 및 벌크 캐리어 등에서는 복원 성능면에서 우선 B/D에 유의하여야 한다.

(2) L의 결정에 있어서는 수밀 횡격벽의 규칙에 따라 요구 매수에 주의한다.

(3) 소정의 재화 중량은 계획 만재 흘수를 가능한 한 크게 취하는 것이 유리하다. 만재 흘수 ±3%의 차이는 선가에 대하여 대략 ∓3%의 영향이 있다.

(4) 재화 중량 확보를 위해 자료가 불충분한 선형은 중앙 횡단면 구조도를 작성하고 특히 강재 중량 추정의 정확도를 올릴 수 있다.

(5) 저항 · 추진상 가장 영향 있는 선형 요소는 L/B, C_B 및 프로펠러 회전수 이다.

(6) 복원 성능은 소형선에서는 최대 GZ 값, 중형선 및 벌크 캐리어에서는 GM_T 값에 중점을 둔다. 특수한 선형을 제외한 대형선의 복원 성능은 거의 문제되지 않는다.
(7) 조종성은 특히 대형 전용선 및 소형선에 대해 L/B 및 C_B에 의해 결정되는 보침성의 확보에 유의하고 관련해서 타 면적을 검토한다.
(8) 주기관의 선정은 선체 저차의 고유 진동수와 동조하는 일이 없도록 디젤 주기의 계획 회전수에 주의하고, 또한 6-실린더 이하의 디젤 주기인 경우에는 잔존 2차 불평형 모멘트가 크기 때문에 경우에 따라 밸런서의 장비를 고려한다.
(9) 특히 선미 선교의 진동에 대해서는 "blade frequency"와의 동조를 피하도록 프로펠러 날개를 검토한다.

배의 운항 채산에서 볼 때에 저선가선이 반드시 경제선은 아니다. 선박 발주자는 종합적인 채산성에 유의해야 할 것이다.

4.4.1 기본 설계 조건

1. 설계 조건

선종 · 선형, $D.W.T.$, 속력(해상 공 시운전 속력 및 항해 속력), 계획 만재 흘수, 화물창 용적, 하역 장치, 승조원수, 선급, 적용 법규, 기타 주요 사양

2. 초기 과정

① 근사값 $\Delta_F \leftarrow (D.W.T. / \Delta_F)$, (표 3-25)

② 개략 $L \leftarrow C \cdot \Delta_F^{1/3}$, (표 4-18)

③ 개략 $d_F \leftarrow D.W.T.$, (표 4-17) 혹은 지정값

④ 개략 $C_B \leftarrow \dfrac{v}{\sqrt{Lg}}$, (그림 5-3)

⑤ L / B 검토, (그림 4-30)
특히 대형선에서는 운항 채산(비교 운항 채산 계산) 및 조종성에서 검토하여야 한다.

⑥ $D \leftarrow d_F / D$, (표 4-14)

⑦ B / D 검토, (그림 5-62)
특히 중소형선, 벌크캐리어는 복원성에서 검토를 하여야 한다.

⑧ 주기 $M.C.O.$ 마력 ← 마력 근사 계산(표 6-33)

⑨ 개략 중량 계산 Δ_L, (표 3-24, 표 3-26)

⑩ $D.W.T. = \Delta_F - \Delta_L$, 검토

⑪ 근사값 L, B, D, d_F, C_B

3. 중간 과정

① 상세 마력 계산, 프로펠러 계획(저항, 추진, 추진기)

- 계획 속력 확인 → 주기 형식 결정 → 마력의 결정

② 진동 계산 ← $I_{\otimes}$ ← (필요하면)

※ 중앙 단면 구조도

③ 개략 일반 배치도 ← 주요 관련 규칙

④ 세목 중량 계산(3장 5절 1항) → Δ_L

- $\Delta_F - \Delta_L = D.W.T.$ 확인

⑤ 건현 계산(8장 6절) → d_F

⑥ 수정 L, B, D, d_F, C_B → 선체 선도 계획

※ 특히 배수량 등곡 선도, 복원력 곡선

4. 최종 과정

① 복원성 검토

특히 소형선 및 벌크캐리어

② 조종성, 타 계획

특히 소형선 및 대형 전용선

③ 침수 계산, 탱커 탱크 계획(선급협회 규칙)

- → 일반 배치도 ← 기관실 배치

④ 용적 계산, 트림 계산, 톤수 계산

⑤ 최종 중량 계산 ← 중앙 단면 중량 ⇒ $D.W.T.$ 확인

⑥ 최종 마력 계산 ← (필요하면) 선형 시험 ⇒ 속력 확인

⑦ | 최종 L, B, D, d_F, C_B, 주기 형식 |

4.4.2 주요 자료표(개략 사양서, 선가 견적)

선박의 경우 설계 과정은 단편적인 것이 아니라 앞에 나타낸 2~4의 대별 과정의 하나에 있어서도 당연히 시행착오가 반복된다. 이러한 시행착오의 정도는 준비된 참고 자료, 설계 경험에 따라 좌우되는데 특히 운항 채산, 주요 성능 등에 직접 영향되는 중요 요소의 결정 과정은 기본 설계의 공통 기초적 문제로서 사전의 광범위한 검토가 준비되어 있어야 한다.

계획선의 선가 견적 및 건조 사양서 작성을 위한 기본 자료로서 필요한 주요 항목을 기재한 주요 계획 자료표(개략 사양서)를 준비 하고, 이 자료표의 기재 항목은 다음과 같다.

① 일반 : 선주, 선적국, 선종(화물 종류), 선형, 선급협회, 적용 규칙, 인도 예정 연월일

② 주요 치수 등 : $L_{OA}-L\times B\times D-d_F$, C_B, L/B, L/D, B/D, B/d_F, d_F/D

③ 중량 관계 : $\triangle_F$, $\triangle_L$, $D.W.T.$, $D.W.T./\triangle_F$, 대구분별 중량

④ 주기, 주요 보조기 : 주기형식, $M.C.O.-PS\times R.P.M.$, $S.C.O.-PS\times R.P.M.$, 연료 소비량, 보일러, 발전기, 프로펠러

⑤ 속력 등 : 해상 공 시운전 속력, 항해 속력, $\dfrac{v_s}{\sqrt{Lg}}$, 항속 거리

⑥ 톤수, 용적 : $G.T.$ 화물 창고(기름 탱크) 용적, 밸러스트 탱크, 연료유 탱크, 청수 탱크

⑦ 승조원수(거주구 그레이드별 인원수)

⑧ 의장수 등 : 의장수, 닻, 닻줄, 로프류

⑨ 갑판 기계 : 윈드라스, 계선기, 조타기(타 형식 및 타 면적비), 냉동기 기타

⑩ 하역 장치 : 하역기계, 데릭 붐, 창구 뚜껑(형식 및 면적), 특수 기계, 화물유 펌프, 스트리핑 펌프, 밸러스트 펌프, 탱크 히팅, 탱크 세척 장치 기타

⑪ 통풍 · 공조 장치 : 선창, 화물유 탱크, 거주구

⑫ 소화 장치 : 선창, 화물유 탱크, 기관실, 거주구

⑬ 구명 장치 : 구명정, 구명동의 기타

⑭ 기타 : 자동화 장치, 무선 장치, 계류 장치

⑮ 개략 일반배치도

표 4-20 PRINCIPAL DATA SHEET

1	OWNER DELIVERY CLASS : *LR*	FLAG : *U.K.* KIND : Tanker, Crude Oil TYPE : Flush-decker with F'cle, Aft bridge & Eng. REGN : SOLAS'74, MARPOL'73 PROTOCOL'78, Suez
2	$L_{OA}-L\times B\times D-d_F$=231.0−221.0×38.0×19.50−12.20 (m), C_B=0.805 $\dfrac{L}{B}$=5.82, $\dfrac{L}{D}$=11.3, $\dfrac{B}{D}$=1.95, $\dfrac{B}{d_F}$=3.1, $\dfrac{d_F}{D}$=0.626, (with freeboard)	
3	$\triangle_F$=84,540 ton $\triangle_L$=14,180 ton DWT=70,360 ton $\dfrac{DWT}{\triangle_F}$=0.832	$\triangle_L$ ITEMS : HULL STEEL=11,400 ton HULL OUTFITT=1,580 ton (incl. ELECT. PART 80 ton) MACHINERY PART=1,200 ton (incl. Oil and Water 55 t)
4	MAIN ENGINE: Diesel 7L67GF×1 *M.C.O.* : 15,200 *PS*×123 *RPM*, *SCO*: 13,900 *PS*×119 *RPM* FUEL CONSN. : 48.5 t/d, PROP.: Ni · Al · Br. 5-Bl, 5.8m, fixed propeller BOILER : W.T. 40 t/hr×1, GENERATOR: Diesel 760 *KW*×2	

5	SPEED: TRIAL at MCO 15.7 $knots$, SCO (15% sea margin) 14.6 $knots$ $\frac{v_S}{\sqrt{Lg}}$=0.162, ENDURANCE: 13,000 n.m.
6	$G.T.$=47,000 ton, CARGO OIL TANK : 85,000 m^3 (98%) BALLAST TANK : $WING\ T.$ 33,000 m^3, FPT 2,000 m^3, FDT 2,000 m^3 APT 1,000 m^3, FOT 2,300 m^3, FWT 400 m^3
7	COMPLEMENT : OFF. 15, P / OFF. 7, CREW 15, TOTAL 37
8	EQUIPT. No. N=3,700, ANCHOR 11.1 ton×3, CABLE 81 mmϕ×687.5 m
9	WINDLASS : E/H 30.5 ton×9 m/min×2, MOORING: E/H 25 ton×40 m/min ×4 STEERING : AEG 75 t · m (RUDDER: Hanging Type, $\frac{A_R}{L}\times d_F=\frac{1}{60}$) HOSE CRANE : E/H 10 ton×2, STORE CRANE : 1.5 ton×2, REF. MACH.×2 BOW THRUSTER : E 2,000 PS×1, ELEVETOR×1
10	CARGO GEAR : HATCH COVER : CARGO OIL PUMP : 2,300 m^3/hr×10.5 kg/cm^2×4 STRIPPING PUMP : 250 m^3/hr×1, BALLAST PUMP : 3,000 m^3/hr×25 m×1 TANK CLEANING : COW, TANK HEATING : for Slop Tank
11	VENTILATION : COT Inert-gas 12,000 m^3/hr×1, ACCOMM. Air-Cond.
12	FIRE EXTING. : COT Foam, ENG. RM. CO_2
13	LIFE SAVING : BOAT Steel 8 m×2

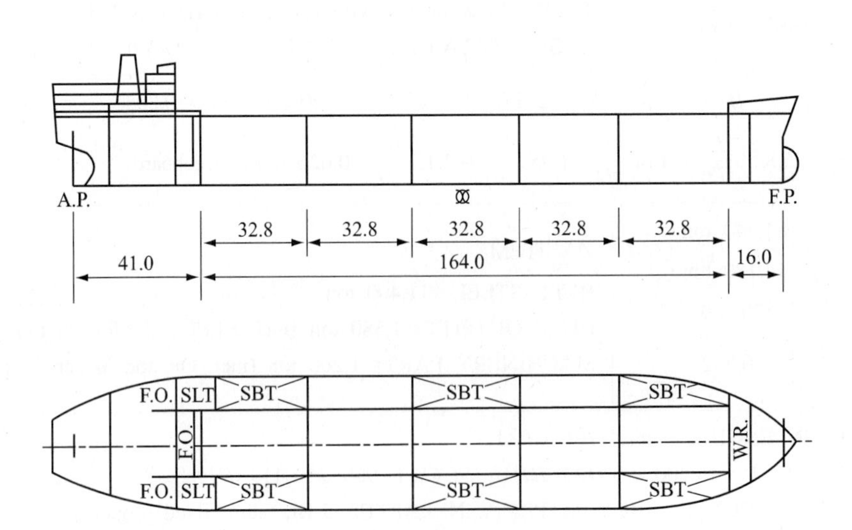

그림 4-30 탱크의 크기 배치도

4.5 주요 치수의 계산 예

선박의 주요 치수 중에서 근사적인 $\triangle_F$, L, d_F, C_B가 결정되면 중점을 두어야 할 기타 관계, 예를 들면 대형 전용선에서 $\frac{L}{B}$와 소형선에서 $\frac{B}{D}$를 선정하고, B 이외의 주요 치수를 결정할 수 있다.

$$
\begin{aligned}
\frac{\triangle_F}{1.025} &= L\times B\times d_F\times C_B \\
&= \frac{L}{B}\times d_F\times C_B\times B^2 \\
&= \frac{L}{B}\times\frac{B}{D}\times\frac{D}{d_F}\times d_F^2\times C_B\times B
\end{aligned}
$$

또한 주요 치수 결정에 있어서 $\triangle_F$는 외판 등의 부가물 배수톤수를 포함하지 않는 것이지만 이것은 DWT에 대한 여유 중량의 일부로 보면 된다.

표 4-21은 주요 치수 결정의 과정을 나타낸 것이며 구체적으로는 중량 계산에 있어서 개략 주기 출력과 경하 중량 추정 결과가 계산된 DWT 값과 차이가 있을 때에는 적당히 수정을 하고 우선 1차 근사한 주요 치수로 하고 다시 이것에 대한 상세하게 마력 계산, 세목 중량 계산, 건현 계산과 복원 성능 등의 성능 검토를 거쳐 최종 주요 치수를 결정하게 된다.

표 4-21 APPROXT. PRINCIPAL DIMENSIONS

GIVEN ITEM S: Diesel Tanker, DWT = 56,000 ton	
V_S=15.0 knots, d_F=12.0 m	
(1) APPROXT. DIMENSIONS	REFER
$\frac{DWT}{\triangle_F}=0.725\times(\frac{DWT}{10^3})0.034=0.831$	표 3-25
$\triangle_F=\frac{DWT}{0.831}=67{,}400$ ton	
$L=\left\{4.05\times(\frac{V_S}{\triangle_F^{1/6}})^{0.27}\right\}\times\triangle_F^{1/3}=207.6$ m	표 4-18
$d_F=3.05\times(\frac{DWT}{10^3})0.35=12.48\rightarrow 12.0$ m	표 4-17
$\frac{v_S}{\sqrt{Lg}}=0.515\times\frac{V_S}{\sqrt{Lg}}=0.171,\ C_B=0.80$	그림 5.3

$B = \frac{67,400}{1.025} \times 207.6 \times 12.0 \times 0.80 = 33.0\ \text{m}$	
$D = \left\{ \frac{d_F}{(0.685 + 0.00028 \times L)} \right\} \times 1.15 = 18.6\ \text{m}$	표 4-14
$\frac{L}{B} = 6.29,\ \frac{L}{D} = 11.2,\ \frac{B}{D} = 1.77$	
(2) APPROXT. POWER	
$N_{SCO}(RPM\ \text{at}\ SCO\ PS) = 120$	
$C_{AD} = C_{ADO} \times k_N \times k_{L/B} \times k_{C_B} = 468 \times 1.00 \times 1.02 \times 1.075 = 513$	그림 3.26, 그림 3.27
$PS\ \text{at}\ V_S = \triangle_F^{2/3} \times \frac{Vs^3}{513} = 10,900\ \text{(knots)}$	
$SCO\ PS = 10,900 \times 1.15 = 12,540\ \text{(PS)}$	
$MCO\ PS = \frac{12,540}{0.90} = 13,930\ \text{(PS)}$	
(3) WEIGHT CHECK	
Hull Steel $W_S = 35 \times \frac{L^{1.6} \times (B+D)}{10^3} = 9,210\ \text{ton}$	표 3-26
Outfit $W_O = 0.18 \times (L \times B) = 1,230\ \text{ton}$	표 3-27
Machinery $W_M = 77 \times (\frac{MCO}{10^3}) = 1,070\ \text{ton}$	표 3-28
$\triangle_L = 11,510\ \text{ton}$	
$DWT = \triangle_F - \triangle_L = 67,400 - 11,510 = 55,890\ \text{ton}\ (-110\ \text{ton})$	
(4) MODIFIED DIMENSIONS	
$L \times B \times D - d_F = 209.0 \times 33.0 \times 18.6 - 12.0 = 128,272.2,\ C_B = 0.80$	
$\frac{L}{B} = 6.33,\ \frac{L}{D} = 11.2,\ \frac{B}{D} = 1.77$	

Chapter 5

선형 계수의 해석

analysis of form coefficient

배의 주요 치수는 선박 내에서 서로 직교하는 3개의 축에 평행한 치수의 비례를 나타낼 뿐이므로 선형을 잘 나타내지는 못한다.

비척 계수(肥瘠係數)는 선형을 정확하게 나타내지만, 여기서도 실제로 정확하게 표현되는 것은 선도(lines)뿐이다. 선형 비척 계수는 배의 만재 흘수선 아래의 형상과 수선면이 어느 정도 제한되고 있는지를 나타내기 때문에 비척 계수가 사용되는 것이다.

비척 계수는 배의 추진 성능, 복원 성능 등과 밀접한 관계가 있기 때문에 이 값을 결정한다는 것은 기본 설계의 중요한 일의 하나가 된다.

비척 계수는 일반적으로 1 이하의 무차원 값으로서 소수점 이하 4자리를 사사 오입해서 3자리 숫자로 표시하는 것이 보통으로 되어 있지만, 대형선의 경우 3자리로는 오차가 크기 때문에 소수점 이하 4자리로 표시하고 있다.

기하학적으로 상사한 선박에서의 주요 치수는 항상 동일한 비례가 된다. 이 치수는 배수량의 세제곱근에 비례해서 변한다.

한 선박의 선도로부터 모든 다른 선박에 대한 선도는 그 선박의 치수를 조정함으로써 작도할 수 있다. 그러므로 선박의 비척 계수는 어느 선박에서나 동일한 값을 가질 수 있으며, 선박의 크기에는 관계가 없다.

또한, 상사선과 계획 설계선과도 기하학적인 상사성이 절대로 보존되는 것은 아니다. 이것은 계획 설계시에 주요 치수가 여러 조건에 의한 제한, 화물의 적부율 및 설비에 의해 변화하므로 배수 용적에 대한 기하학적인 상사가 유지되더라도 선체의 기본 치수에 대한 기하학적인 상사는 유지될 수 없다.

그러므로 상사선과 계획 설계선의 기하학적 상사가 보존되지 않게 되면 주요 치수의 비례가 변화할 뿐만 아니라 비척 계수도 함께 변화한다.

바꾸어 말하면, 기하학적인 상사선의 치수비가 동일하더라도 선형 비척 계수는 변할 수 있으므로 모든 성능을 고려하여 충분한 검토를 한 다음에 결정해야 한다.

››› 5.1 선형 계수의 결정 방법

선박의 주요 치수는 대개 선박 형상의 개념만을 암시해 주는 배의 비례만을 결정해주므로 배의 길이와 폭에 대해서 깊이와 흘수가 어떻게 되는지 그 비례만을 표시하며, 배의 수선 아래 형상에 대해서는 아무 제시도 해 주지 못한다. 배의 형상에 대한 비척에 관해서는 비척 계수(form coefficient)가 이를 제시해 주고 있다.

비척 계수는 선체 치수를 결정한 후 선체의 횡단면과 수선면의 형상을 나타낸 것을 선체 선도에 종합적으로 정확하게 정할 수 있다.

5.1.1 비척 계수와 형상 영향 계수(form coefficient and effected form factor)

1. 비척 계수

배의 수선 아랫부분의 모양이나 수선면의 비척도를 나타내는 데 다음과 같은 비척 계수가 사용되고 있다. 이들 비척 계수는 배의 추진 성능, 복원 성능 등 여러 성능과 밀접한 관계가 있으므로 그 값들을 결정하는 것이 기본 설계의 중요한 한 가지 일이 된다.

(1) 방형 계수(block coefficient, C_B)

방형 계수 C_B값은 주로 선형에 준하는 배의 길이 등에 따라 크게 변한다. 이 값은 저속, 중속, 고속이 됨에 따라 적어지는 것이 보통이다. 다시 말해서, $\frac{L}{B}$ 및 $\frac{L}{d}$이 큰 선박에서는 방형 계수의 값이 적은 것이 보통이다.

일반적으로 방형 계수의 값은 정확하지 못하므로 이것이 선도에서 배의 형상을 결정지워 주는 계수는 아니고, 선박설계 과정에서 초기 설계시에 전반적인 검토를 하는 데 널리 사용되고 있으며, 상사선으로부터 최적의 값으로 선정하는 것이 일반화되어 있다.

방형 비척 계수 C_B를 나타낼 때 길이는 L_{BP}를 쓰고 있지만, 저항 이론에서 배의 깊이가 깊은 일반 화물선과 군함에 적용되는 순양함형 선미(cruiser stern)에 대해서는 L_{BP}를 쓰고 있다.

근래 상선에서도 상당히 깊은 순양함형 선미를 채용해서 L_{BP}를 쓰고 있는 사람이 많이 있어서 실제 C_B값이 3~5%의 차이가 생기므로, $C_B(L_{BP})$ 혹은 $C_B(L_{WL})$과 같이 가능한 한 C_B에 적용된 길이를 함께 기록해 주는 것이 좋다.

일반적으로, 선형 계수의 양호한 결과를 얻기 위해서는 속장비를 기준으로 하여 얻는 것이 최선의 방법이다. 선형 계수의 차이는 마력의 값을 변화시키는 결과가 되므로 계수 사이의 수적 관련을 깊이 고려해야 한다.

배의 배수 용적은

$$\nabla = L_{BP} B_{MLD} d_{MLD} C_B$$

여기서, B_{MLD} : 형폭

d_{MLD} : 형흘수

배의 배수 톤수로는

$$\Delta = \frac{L_{BP} B_{MLD} d_{MLD} C_B}{35\,(\text{해수일 때})\ \text{또는}\ 36\,(\text{청수일 때})}\ (\text{ft 단위})$$

$$\Delta = L_{BP} B_{MLD} d_{MLD} C_B \times 1.025\,(\text{해수일 때})\ (\text{m 단위})$$

$$= L_{BP} B_{MLD} d_{MLD} C_B \times 1.000\,(\text{청수일 때})\ (\text{m 단위})$$

항해시의 화물선은 속장비가 0.630 이하에서 C_B는 0.760～0.780을 보통으로 하고 있지만, Eaker와 Kent는 항천 항해시에 주형 비척 계수(C_P)를 0.740 이하로 하는 쪽이 경제적으로 좋다고 주장하여 C_B값은 더 떨어지게 된다. C_B는 배의 형배수량을 길이 L_{BP}, 형폭 B_{MLD}, 형흘수 d_{MLD}의 직육면체가 밀어낸 해수의 중량으로 나누어 얻는 값이며, 그 배의 날씬한 정도를 나타내는 계수이다. C_B의 값은 객선, 도선, 컨테이너선 등과 같은 고속선에서는 0.50～0.60, 중속의 부정기 화객선에서는 0.65～0.75, 대형 유조선, 벌크 화물선 등과 같은 저속선에서는 0.78～0.85 정도로 되어 있다.

비척 계수는 선체 선도에 의해 계산된다. 배수 용적(▽)은 형 표면의 용적을 나타내므로 실제의 배수 톤수량을 상사선으로부터 배수량($\varDelta_o$)이 주어졌다면, 만재 흘수선에 대한 외판 배수 톤수량을 산출하여 이를 뺀 후의 용적이 선형 계수 산정의 기준이 되는 형 배수 용적이 된다. 만재 흘수선 이하의 실적선의 전체 배수 톤수량에 대한 외판 배수 톤수량은 0.6～0.7%가 된다.

$$\nabla = \varDelta_o \cdot \frac{(1-\alpha)}{1.025} \fallingdotseq 0.97(\varDelta_o)$$

흘수를 읽을 때에는 형흘수 대신 흘수표의 최대 흘수를 적용하여 배수 톤수량에 대한 외판 배수 톤수량을 빼지 않아도 큰 차이가 없는 C_B값을 얻을 수 있다.

㈎ 방형 계수를 구하는 이론식

만재 배수 톤수와 주요 치수를 관련시키기 위해 방형 계수를 이용한다.

$$C_B = \frac{\text{배수 톤수} - \text{부가물 배수 톤수}}{L_{BP} \times B_{MLD} \times d_{MLD} \times 1.025} = \frac{\text{배수 용적(형)}}{L_{BP} \times B_{MLD} \times d_{MLD}}$$

여기서 1.025는 해수의 비중이고, 부가물 배수 톤수(appendage displacement)란 형(moulded)으로부터 외측의 부분, 즉 외판, 만곡부 용골, 타, 프로펠러, 2축선일 경우 보스부 등을 제외한 부분의 중량을 말한다.

배수 톤수로부터 부가물 배수 톤수를 뺀 배수 톤수는 외판 내측 부분의 배수량으로서 형 배수 톤수(moulded displacement)라 부른다. 그리고 배수 톤수를 배가 떠 있는 액체의 비중으로 나누면 배수 용적(m^3)이 된다.

C_B를 구하는 앞의 이론식에서 길이(L_{BP}), 폭(B_{MLD}), 흘수(d_{MLD})의 직육면체가 배제한 해수의 양과 배의 형 배수 용적과의 비율로서, 배가 뚱뚱(太形)하고 홀쭉(細形)한 형의 정도를 나타내는 계수이다.

이 계수의 크기는 다음과 같다.

0.500 ~ 0.600 : 고속인 여객선, 도선, 컨테이너선 등

0.650 ~ 0.750 : 중저속인 부정기 화물선

0.780 ~ 0.850 : 저속인 대형 유조선, 벌크 화물선 등

한편, C_B를 구할 때 형 배수 용적을 사용하지 않고 부가물을 포함한 배수 톤수를 $L_{BP} \times B_{MLD} \times d_{MLD} \times 1.025$로 나눈 값을 사용하고 있는 예가 해외 설계선의 자료와 외국 논문의 문헌 등에 나타난 것을 볼 수 있기 때문에 요목의 비교를 할 때 주의해야 한다.

C_B를 구하는 데는 항해 상태로 구해진다.

· 항해 상태의 벌크 화물선에서는

$$C_B = 1.00 - 0.23 \frac{V[\text{kn}]}{\sqrt{L}[\text{m}]}$$

· 항해 상태의 유조선에서는

$$C_B = 1.00 - 0.19 \frac{V[\text{kn}]}{\sqrt{L}[\text{m}]}$$

· 항해 상태의 V.L.C.C.에서는

$$C_B = 1.00 - 0.175 \frac{V[\text{kn}]}{\sqrt{L}[\text{m}]}$$

이론식으로, 배의 자료인 기하학적으로 상사한 배의 치수비를 이용한 C_B 계산식은

$$\Delta_F = \frac{L_{BP}}{(B)_{MLD}} \times \frac{d_F}{(B)_{MLD}} \times (B)^3_{MLD} \times C_B \times 1.025\ \text{(tons)}$$

로 구할 수 있다.

최근 발표된 외국의 연구 논문에 의하면 Watson과 Gilfillan은 관계선에서 배수량과 선체치수와의 사이에서 C_B는 밀접한 관계가 있기 때문에 관계선의 형상을 Alexander의 식으로부터 C_B를

$$C_B = k - \frac{1}{2} \times \frac{V(\text{kn})}{\sqrt{L}(\text{ft})}$$

여기서, k : 1.12 ~ 1.03

의 식으로 나타내었다. 이의 값은 거의 정확한 값을 추정한다는 장점을 가지고 있다.

㈏ 방형 계수를 구하는 경험식

방형 계수 C_B는 모든 계수 중에서 가장 중요하기 때문에 주요 치수, 배수량, D.W.T. 등에 크게 관련이 있으며, 또 길이와 저항, 즉 그 배의 속력의 크기에 영향을 주고 있다. 이 C_B값

이 크면 D.W.T.에는 유리하지만 속력은 상태에 따라 무리가 있으므로 기준선이나 상사선으로부터 추정하기도 한다.

이를 추정하는 경험식으로는

· Alexander의 식

$$C_B = 1.042 - 0.276 \cdot \frac{V(\text{kn})}{\sqrt{L}(\text{m})}$$

$$= 1.042 - \frac{1}{2} \cdot \frac{V(\text{kn})}{\sqrt{L}(\text{ft})}$$ ……………… 항해 속력

$$C_B = 1.080 - 0.276 \cdot \frac{V(\text{kn})}{\sqrt{L}(\text{m})}$$

$$= 1.080 - \frac{1}{2} \cdot \frac{V(\text{kn})}{\sqrt{L}(\text{ft})}$$ ……………… 시운전 속력

· Yamagata의 식

$$C_B = 1.035 - 0.240 \cdot \frac{V(\text{kn})}{\sqrt{L}(\text{m})}$$

$$= 1.035 - 0.435 \cdot \frac{V(\text{kn})}{\sqrt{L}(\text{ft})}$$

$C_B \leqq 0.685$일 때

$$C_B = 3.116 - 1.668 \cdot \frac{V(\text{kn})}{\sqrt{L}(\text{m})}$$

$C_B < 0.600$일 때

$$C_B = 2.800 - 1.643 \cdot \frac{V(\text{kn})}{\sqrt{L}(\text{m})}$$

……………… 항해 속력

· Alexander의 수정식

$$C_B = 1.072 - 0.276 \cdot \frac{V(\text{kn})}{\sqrt{L}(\text{m})}$$

$$= 1.072 - \frac{1}{2} \cdot \frac{V(\text{kn})}{\sqrt{L}(\text{ft})}$$ ……………… 항해 속력

$$C_B = 1.145 - 0.276 \cdot \frac{V(\text{kn})}{\sqrt{L}(\text{m})}$$

$$= 1.145 - \frac{1}{2} \cdot \frac{V(\text{kn})}{\sqrt{L}(\text{ft})}$$ ……………… 시운전 속력

두 경험식에서 결국 항해 속력에 대한 C_B식은

$$C_B = (1.06 \sim 1.08) - 0.276 \cdot \frac{V(\mathrm{kn})}{\sqrt{L}(\mathrm{m})}$$
$$= (1.06 - 1.08) - \frac{1}{2} \cdot \frac{V(\mathrm{kn})}{\sqrt{L}(\mathrm{ft})}$$

의 범위가 적당하며, Yamagata의 식이 잘 접근하지만, 보통 Alexander의 식이 C_B의 근사값에 더욱 일치하고 있다.

표 5-1 C_B와 $V/\sqrt{L}$ 와의 관계식

발표자	C_B와 $V/\sqrt{L}$ 와의 관계식	비고
Alexander	$C_B = 1.00 - 1.44 \times (v/\sqrt{Lg})$	v : 항해 속력(m/sec)
Yamagata	$C_B = 1.035 - 1.461 \times (v/\sqrt{Lg})$	v : m/sec
Ayre	$C_B = 1.08 - \frac{1}{2} \times (v_s/\sqrt{L}(\mathrm{ft}))$	v_s : 항해 속력(kn)

그러나 수선 아래 배의 형상과 추진에 관한 연구가 계속 진행되고 있지만, 추진 효율 성능면을 좋게 하는 반면에 C_B값도 커져야 하는 것이 경제적인 성능면을 향상시키게 되어 최근에는 실제로 커지고 있다.

다음에 또다른 경험식을 나타내면 일반 고속선에서 Ayre는 그의 경험식을

$$C_B = 1.06 - \frac{1}{2} \cdot \frac{V(\mathrm{kn})}{\sqrt{L}(\mathrm{ft})}$$

로 주었으며, 취항 속도를 경제 속도로 했을 때의 경험식을 Alexander는 다음과 같이 표시하였다.

$$C_B = 1.00 - 1.44 \times \frac{v}{\sqrt{Lg}} \quad (v : \mathrm{m/sec})$$

여기서, Froude 수 $\frac{v}{\sqrt{Lg}}$ 값의 범위로는 $0.176 < \frac{v}{\sqrt{Lg}} < 0.312$로 한정하였다.

이와 같이, 일반 화물선에 대해서 경제성면을 검토하여 최적 선형 계수와 속장비의 관계 경험식을 여러 사람이 제안하였다. 앞의 경험식은 특성이 있다고 볼 수 있다. 그러나 선형 계수의 선정에 있어서는 배의 크기에 대한 치수 중 L, B와 추진 성능면에 대한 $\frac{L}{B}$에 대해 고려하여야 한다. 이러한 특성을 감안하여 미국 해군성 선박 연구소의 화물선 선형 개발에 참여한 Telfer는 최적 C_B에 대한 $\frac{V_S}{\sqrt{L_{BP}}}$ 관계식을 정립하였다.

이에 앞서, Troost는 Mandel과 같이 최적 C_B에 대한 $\dfrac{V_S}{\sqrt{L_{BP}}}$의 식을

$$\frac{V_S(\text{kn})}{\sqrt{L_{BP}}(\text{ft})} = 1.85 - 1.6\,C_B$$

로 제안하였다. 이에 대한 최적 C_B와 속장비에 대해서는 그림 5-1과 같이 나타내었다.

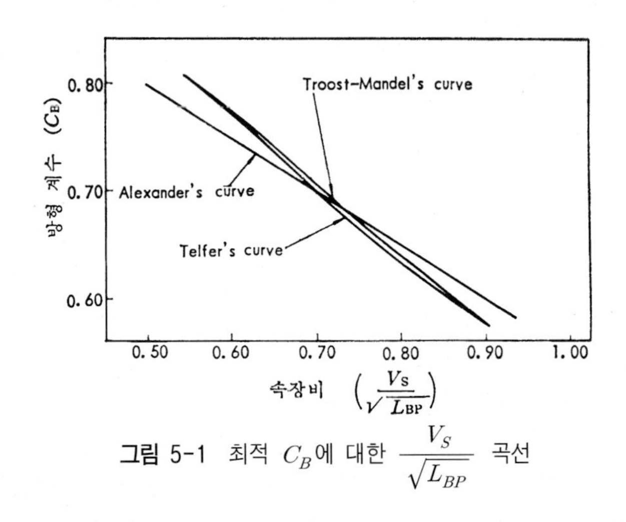

그림 5-1 최적 C_B에 대한 $\dfrac{V_S}{\sqrt{L_{BP}}}$ 곡선

Telfer는 그림에서 Troost-Mandel의 경험값과 거의 일치하고 추진 성능면에 대한 최적 C_B 값을 $\dfrac{V_S}{\sqrt{L_{BP}}}$에 대해,

$$C_B = 1 - \frac{3}{8}\left(\frac{B_{MLD}}{L_{BP}} + 1\right)\cdot\frac{V(\text{kn})}{\sqrt{L}(\text{ft})}$$

로 나타내었다.

여기서, $\dfrac{L}{B}$과 C_B와의 관계에서 Katsoulis는 아무리 상사선(relation ship)에서 C_B계수가 접근되어도 배가 평균적으로 크기가 증가하는 동시에 $\dfrac{L}{B}$비는 감소한다는 중요한 사실을 확인했다.

Katsoulis의 C_B에 대한 주장으로는 C_B가 $\dfrac{V}{\sqrt{L}}$의 함수(function) 관계가 되고, $\dfrac{L}{B}$과 $\dfrac{B}{d}$의 함수 관계가 이루어진다고 밝혔으며, 따라서 배의 저항에 대한 영향과 프로펠러에서의 유체의 흐름도 역시 함수관계를 이루기 때문이라고 주장하여 Telfer의 경험식에 대해 이론적으로 뒷받침하여 주었다.

그러므로 250 m 이상인 대형선(crude carrier)이나 100 m 혹은 그 이하의 배에 넓게 적용할 수 있는 좋은 식인 것이다.

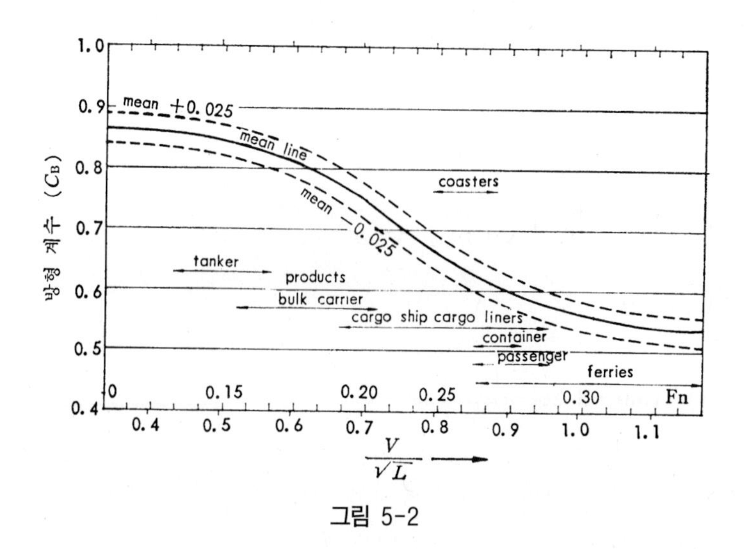

그림 5-2

$\dfrac{L}{B}$과 $\dfrac{B}{d}$의 중요한 영향으로 치수비는 일반적으로 각각의 치수비로서, 선형의 차이는 없어야 하고 $\dfrac{V}{\sqrt{L}}$의 범위는 가능한 한 큰 차이가 없는 범위를 택해야 한다. 속력에 있어서 기후(해상 조건)와 선저 상태 그리고 기관 마력의 한계를 보아 항해 속력은 (85~90%)×M.C.R.의 범위를 적용하는 것이 좋은 결과를 얻을 수 있다.

표 5-2 C_B계수의 한계

선속	선형	C_B값
고속선	고속 여객선	0.50~0.60
	컨테이너 전용선	0.50~0.60
	화객선	0.65~0.70
중속선	부정기 화물선	0.65~0.75
	대형 여객선	0.60~0.65
저속선	유조선	0.78~0.85
	벌크 화물선	0.78~0.85
	대형 화물선	0.70~0.76

Yamagata의 근사 추정식은 다음과 같다.

$$C_B = 1.036 - 1.46\left(\frac{v_s}{\sqrt{Lg}}\right), \quad \frac{v_s}{\sqrt{Lg}} < 0.24$$

$$= 3.116 - 10.15\left(\frac{v_s}{\sqrt{Lg}}\right), \quad \frac{v_s}{\sqrt{Lg}} > 0.24$$

$$= 0.40, \qquad \frac{v_s}{\sqrt{Lg}} > 0.267$$

한편, Ayre와 Telfer의 근사 추정식을 나타내면 다음과 같다.

· Ayre의 근사 추정식

$$C_B = 1.00 - 1.41\left(\frac{v_s}{\sqrt{Lg}}\right), \quad \frac{v_s}{\sqrt{Lg}} > 0.18$$

· Telfer의 근사 추정식

$$C_B = 1.00 - 1.26\left(\frac{v_s}{\sqrt{Lg}}\right)$$

그리고 최근 원양 항해 선박의 운항비 중에서 연료비의 비율이 보다 더 커지는 상황에서 비교적 고속의 속도를 필요로 하는 선박에 대해서는

$$C_B = 1.34 - 3.0\left(\frac{v_s}{\sqrt{Lg}}\right)$$

정도의 값으로 정하여 주는 것이 운항 채산상으로 볼 때에 유리하다고 판단된다.

그림 5-3에 나타낸 것과 같이 상기의 근사 추정식에서 나타낸 값의 실적 범위를 표시하고 있다.

실적 범위는 원양 항로 선박을 대상으로, 그 예를 나타낸 것으로 저속선의 영역은 대형 전용선이나 고속 영역에서 운항되는 컨테이너선은 이의 범위에 대응하는 것이다.

또한 소형선의 실적 C_B는 $\frac{v_s}{\sqrt{Lg}} = 0.23$값의 부근에서 0.03 정도의 큰 값이 필요하지만, 에너지 절약면에서 볼 때 0.03보다 작게 택하는 경향이 있다.

C_B를 크게 잡으면 선박 초기 계획을 할 때에 재하중량에 대한 선체 치수를 작게 할 수 있어서 선체 구조부의 중량에 대한 선가를 감소시킬 수 있는 효과적인 방법이기는 하지만, 한편 항해 속력에 대한 기관 마력의 증대에 따라서 기관부의 선가 요인을 상승시키는 결과가 생기게 된다.

C_B를 지나치게 증가시키면 총 선가가 도리어 높아지는 결과가 될 수도 있고, 또한 연료비가 증가하는 요인이 되므로 운항 채산면으로 판단할 때에 최적의 운항 채산에 적당한 C_B는 연료비의 상승과 함께 초기 투하자인 선가면에서 최적의 선형이 되도록 C_B를 보다 더 작은 쪽으로 결정하기도 한다.

그러므로 C_B의 선가 및 운항 채산성에 대한 영향은 대형 전용선의 경우, 채산적인 관점에서 볼 때 C_B는 그림 5-3에 나타낸 실적 하한(下限)값에 가까운 C_B값을 채택하는 것이 유리하게 된다.

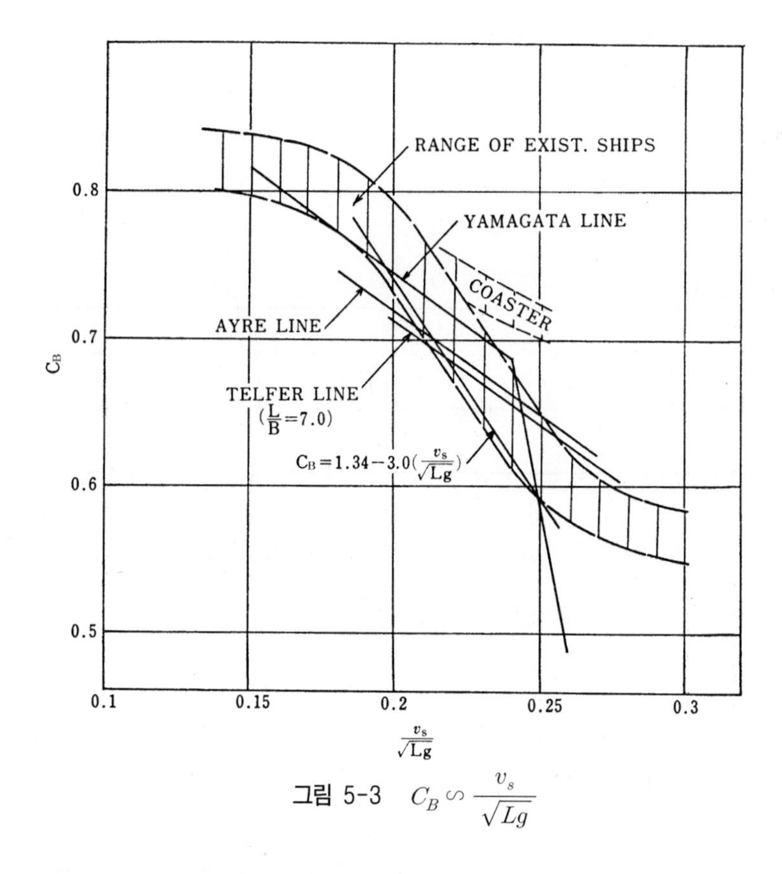

그림 5-3 $C_B \backsim \frac{v_s}{\sqrt{Lg}}$

(2) 중앙 횡단 면적 계수(midship section coefficient, $C_{\text{⊗}}$)

중앙 횡단 면적 계수 $C_{\text{⊗}}$는 배의 형폭과 등흘수와의 곱으로 수선 아래 중앙 횡단 면적 $A_{\text{⊗}}$를 나눈 수로서 1보다 조금 작은 계수이다.

중앙 횡단 면적 계수는 폭과 흘수에 대한 장방형의 면적으로서 필요한 면적을 얻기 위해서 배의 중앙 횡단면을 수정하는 데는 만곡부 반지름(bilge radius, R)이나 만곡부 반지름에 선저 구배(rise of floor, dead rise, r)를 주면 된다.

최소 침수 표면적이 되는 중앙 횡단 면적의 값은 0.9 정도에서 마찰 저항이 최소가 된다. 고속선, 즉 Froude 수 0.45인 배에서의 중앙 횡단 면적 계수의 값은 약 0.8이 되며, 이 값이 더 커지면 폭과 흘수에 대해 중앙 횡단면에 영향을 끼치게 된다. 이때 흘수는 중요한 요소가 된다.

$$C_{\text{⊗}} = \frac{A_{\text{⊗}}}{B_{MLD} \times d_{MLD}}$$

$C_{\text{⊗}}$은 선체 중앙 횡단면의 날씬한 정도를 나타내는 계수이며, 고속선에서는 0.85~0.97, 중속선에서는 0.98~0.99, 저속선에서는 0.995 정도의 값으로 되어 있다.

이의 평균값인 0.926을 Taylor는 자기의 표준 마력 계산에 이용하고 있지만, 저항 이론에 매우 관계가 있는 계수 C_P(주형 계수)에 따라 적당한 $C_{\otimes}$값을 선정한다면 좋기 때문에 다른 비척 계수보다는 가볍게 보는 경향이 있다.

그러나 실제로 중앙 횡단 면적 계수는 주형 계수에 영향을 끼치기 때문에 저항 및 기관 중량에 미치는 영향이 매우 크다.

표 5-3 $C_{\otimes}$계수의 한계

선 속	선 형	$C_{\otimes}$ 값
고 속 선	보통 화물선	0.85～0.97
중 속 선		0.98～0.99
저 속 선		0.995 정도

중앙 횡단 면적 계수 $A_{\otimes}$값에 있어서

① 너무 큰 중앙 횡단 면적 계수값일 때

$\frac{B}{d}$의 값이 나쁘고 중앙 횡단 면적이 너무 크며, 양호한 프로펠러의 심도에 대한 흘수가 부족하고, 충분한 복원력을 얻는 데 있어서 너무 폭이 좁은 결과가 된다.

② 너무 작은 중앙 횡단 면적 계수값일 때

단면 형상이 V형이 되므로 동복원력이 나쁘고 복원력의 범위가 좁으며, 최대 복원력의 각도가 작고 최대 복원정이 작아지므로, 배의 복원 성능면에 있어서 나쁜 결과가 된다. 한편, 큰 중앙 횡단 면적 계수는 선체 중량을 작게 하는 데에는 유리하지만 작은 변화에 대한 효과는 비교적 적다.

중앙 횡단 면적 계수는 주요 치수의 선정과 선도의 설계에 대한 전반적인 설계 과정에서 많은 도움이 된다. 그러므로 이 계수의 선정에 있어서는 취항 중인 우수한 상사선의 값을 선정한다면 좋은 결과를 얻을 것이다.

㈎ 중앙 횡단 면적 계수를 구하는 이론식

방형 비척 계수를 이용하여 중앙 횡단면의 계산식은 다음과 같이 나타낼 수 있다.

$$C_{\otimes} = C_B + \frac{9}{40} \times \frac{V(\mathrm{kn})}{\sqrt{L}\,(\mathrm{m})}$$

로 구할 수 있으며, 중앙 횡단 면적 계수는 매우 작은 값으로 변화하지만 방형 비척 계수가 감소하면 동시에 중앙 횡단 면적 계수도 감소하게 된다.

㈏ 중앙 횡단 면적 계수를 구하는 경험식

중앙 횡단 면적 계수 $C_{\otimes}$는 배의 중앙부 최대 횡단 면적의 크기를 나타내며, 만곡부(bilge circle) R을 결정지워 주기도 한다. 또한, 만곡부 반지름 R의 값은 저속 비대선인 경우 추진 저항은 거의 영향이 없기 때문에 공작상의 문제점만 고려하면 된다.

먼저, 중앙 횡단 면적 계수 $C_{\otimes}$와의 관계를 선저 구배가 있을 때와 없을 때를 생각해 보기로 한다.

㈀ **만곡부에 선저 구배가 없을 경우** : 그림 5-4와 같이 나타냈을 때의 만곡부 반지름과 중앙 횡단 면적 계수와의 관계식을 나타내면

$$R^2 = 2.33(1 - C_{\otimes})Bd$$

로 구할 수 있다.

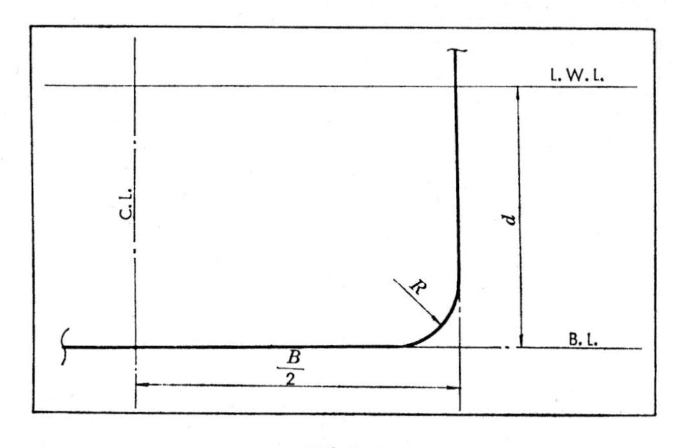

그림 5-4

㈁ **만곡부의 반폭 일부에 선저 구배를 둘 경우** : 그림 5-5와 같이 킬(keel)면에 대한 선저구배 R을 설치할 때의 관계식은

$$R^2 = \frac{2Bd(1 - C\ \ ) - (Br)}{0.8584}$$

한편, 중앙 횡단 면적 계수 $C_{\otimes}$는 다음과 같이 구할 수 있다.

$$C_{\otimes} = 1 - \frac{rb + 0.4_{\otimes}92R^2}{Bd}$$

다른 한편으로는 그림 5-5에서

$$A_1 = R^2\left(\tan\frac{\theta}{2} - \frac{\pi\theta}{360}\right)\ (\mathrm{m}^2)$$

$$A_2 = \frac{1}{2}br\ (\mathrm{m}^2)$$

이고, 중앙 횡단 면적 $A_{\otimes}$는

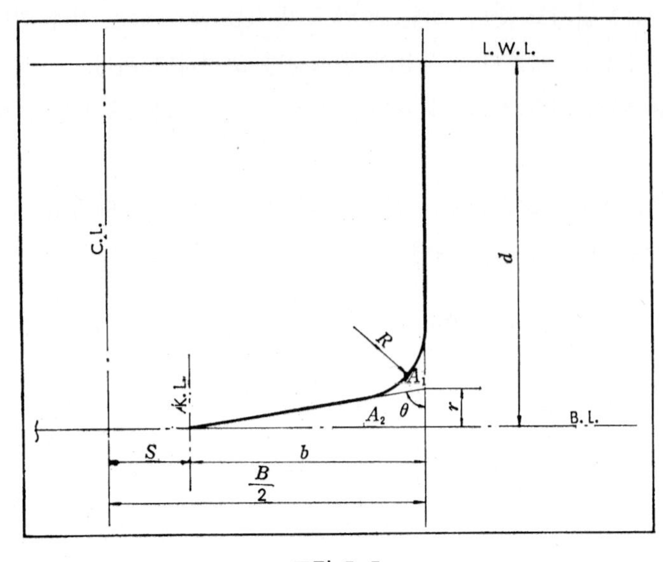

그림 5-5

$$A_{\otimes} = Bd - 2(A_1 + A_2)$$

가 된다. 그러므로 초기 계획된 기본 치수와 선체 구조 형식에 대한 중앙 횡단면으로부터 $C_{\otimes}$ 계수는

$$C_{\otimes} = 1 - \frac{2(A_1 + A_2)}{Bd}$$

로 구할 수 있다.

(3) 종주형 비척 계수(longitudinal prismatic coefficient, C_P)

주형 비척 계수 C_P는 흘수선 아래의 중앙 횡단 면적과 배의 길이와의 곱으로 배수 용적을 나눈 수로서, 미국에서는 longitudinal 혹은 cylindrical coefficient라고 부른다.

$$C_P = \frac{\text{배수 용적 (형)}}{A_{\otimes} L_{BP}}$$

$$= \frac{L_{BP} \times B_{MLD} \times d_{MLD} \times C_B}{L_{BP} \times B_{MLD} \times d_{MLD} \times C_{\otimes}} = \frac{C_B}{C_{\otimes}}$$

즉, C_P는 어떤 흘수에서의 배수 용적을 단면적이 $A_{\otimes}$이고 길이가 L_{BP}인 주상체의 체적으로 나누어 얻는 값이며, 이 계수가 1에 가까울수록 선수미가 뚱뚱하다는 것을 뜻한다.

$A_{\otimes}$을 1로 하여 배의 길이 방향의 횡단면 면적의 분포를 나타낸 곡선을 프리즈매틱 곡선(prismatic curve)이라 부르는데, 이 곡선의 모양은 배의 추진 성능과 밀접한 관계가 있다.

한편, C_B, $C_{\otimes}$ 및 C_P 사이에는 다음의 관계가 있다. 즉,

$$C_B = \frac{\text{배수 용적(형)}}{L_{BP} \times B_{MLD} \times d_{MLD}}$$

이므로, 다음의 관계가 성립한다.

$$C_B = C_P \times C_{\otimes}$$

위 식의 상선에서는 C_B와 $C_{\otimes}$값이 크게 변하지 않는 한 C_P는 같은 저항 이론(조파 저항)으로서 중요한 값이 되며, 군함의 경우 고속이 되면 $C_{\otimes}$값이 급격히 감소하게 된다.

그러나 C_P값이 C_B값보다 작아지지는 않는다. 중앙을 태형(full)으로 하고 선수미를 세형(fine)으로 하면 중속 이하의 배에서 유리한 선형이 된다.

- $\frac{V(\text{kn})}{\sqrt{L}(\text{ft})} = 1.100$에서 C_B가 0.540이면 C_P가 0.570으로 된다.
- $\frac{V(\text{kn})}{\sqrt{L}(\text{ft})} = 2.000$에서 C_B가 0.580이면 C_P가 0.640으로 된다.

일반적으로 C_P의 값은 고속선에서 0.560~0.620, 중속선에서 0.660~0.760 저속선에서 0.780~0.860으로 된다.

주형 계수는 배수 용적의 앞뒤 방향의 분포에 대해서 상당히 정확한 자료이지만, 선체의 일반적인 비척도에 관해서는 그렇게 정확한 자료라고는 볼 수 없다.

그 이유는 주형 계수의 값이 뚱뚱하고 홀쭉하다고 해서 선박도 그렇게 된다는 것은 아니기 때문이다. 다만, 주형 계수의 값이 크다는 것은 각 스테이션(station)의 수선 폭의 변화가 작다는 것을 의미한다.

주형 계수의 값은 잉여 저항에 대하여 큰 영향을 주며, 잉여 저항이 작은 선박이라도 추진 기관의 중량에 대해서 적지 않은 영향을 주게 된다. 속장비 약 1.100까지는 주형 계수가 커짐에 따라서 잉여 저항과 전저항이 증가한다.

가장 적합한 주형 계수값으로는 0.600과 1.100 사이의 속장비에서 약 0.550이다. 속장비가 1.250 또는 그 이상의 속장비에 대응하는 최대 속력에서 C_P의 변화가 적은 비율(%)의 선박에서 잉여 저항은 주형 계수가 작아도 커진다. 즉, 이 주형 계수의 최적값은 $\frac{V}{\sqrt{L}} = 1.250$에서 약 0.600이고, $\frac{V}{\sqrt{L}} = 1.500$에서 0.650이며, $\frac{V}{\sqrt{L}} = 2.000$에 대해서 0.680 정도가 된다.

추진 기관의 중량이 최소가 되려면 저속 선박이나 중속 선박은 약 0.550의 주형 계수를 가져야 한다.

최대 속력에 있어서 마력의 최소값을 얻으려면 주형 계수의 값은 상당히 낮아야 한다. 이것은 최대 속력 및 항속 거리의 요구를 만족시키고 최소 배수 톤수가 되도록 선정되어야 하기 때문이다.

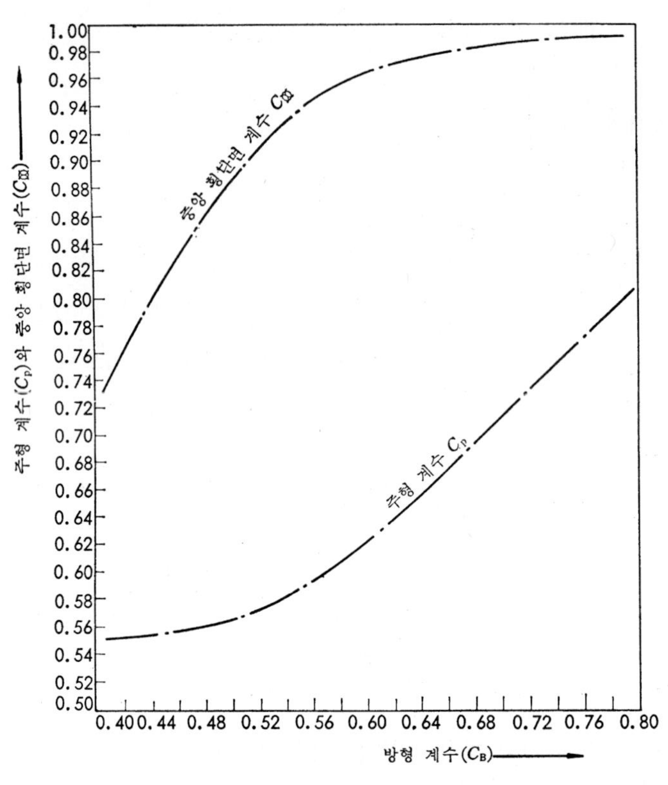

방형 계수(C_B) 종주형 계수(C_P) 중앙 횡단 면적 계수($C_{⊠}$)				0.400 0.554 0.722	0.410 0.554 0.740	0.420 0.554 0.758	0.430 0.554 0.777	0.440 0.554 0.794	0.450 0.555 0.811	0.460 0.556 0.827	0.470 0.558 0.843
C_B	0.480	0.490	0.500	0.510	0.520	0.530	0.540	0.550	0.560	0.570	0.580
C_P	0.560	0.563	0.566	0.570	0.574	0.578	0.583	0.588	0.595	0.601	0.609
$C_{⊠}$	0.857	0.871	0.883	0.895	0.906	0.917	0.926	0.934	0.942	0.948	0.954
C_B	0.590	0.600	0.610	0.620	0.630	0.640	0.650	0.660	0.670	0.680	0.690
C_P	0.616	0.623	0.631	0.639	0.648	0.656	0.665	0.674	0.683	0.693	0.702
$C_{⊠}$	0.958	0.963	0.966	0.970	0.973	0.975	0.977	0.978	0.980	0.981	0.982
C_B	0.700	0.710	0.720	0.730	0.740	0.750	0.760	0.770	0.780	0.790	0.800
C_P	0.712	0.721	0.731	0.740	0.750	0.760	0.769	0.778	0.788	0.798	0.807
$C_{⊠}$	0.983	0.984	0.985	0.986	0.987	0.988	0.988	0.989	0.990	0.991	0.991

그림 5-6

. 저속 및 중속선에 있어서 주형 계수가 최적값보다 더 커짐으로 인하여 그 소요되는 마력에 미치는 역효과는 구상 선수(bulbous bow)를 사용하면 피할 수 있으며, 또 감소시킬 수도 있다.

저속 및 중속선은 최적값 0.550보다도 대단히 큰 주형 계수의 값을 가지며, 고속선은 최소 저항이 되는 값보다 작은 값을 가지게 되는 것이 보통이다. 그 이유는 저속 및 중속선, 특히 상선의 경우에 있어서는 수송 능력, 즉 용적이 기관 중량을 최소로 하는 것보다 더 중요하기 때문이다.

선체 중량이 증가하면 기관 중량에서 감소시킨 것이 상쇄된다. 대단히 큰 속력으로 항행하는 구축함은 최대 속력에 있어서 과대한 저항을 피하고, 추진 장치의 주요부를 수용하기 위해 충분한 용적을 가지고 있는 부분을 길게 하기 위하여 주형 계수값이 크게 된다.

주형 계수의 최적값은 동일 선형, 속력, 그리고 크기가 같은 좋은 선박의 값을 선택하여 계획 설계선에 적용시키는 것이 좋다.

(4) 수선 단면적 계수(water plane area coeffient, C_W)

수선 단면적 계수 C_W는 저항 이론에도 필요하지만 배의 안정 문제를 해결할 때에 가장 필요한 계수로서, 계획의 만재 흘수선 면적 A_W를 LB로 나눈 수이며, 1보다 작은 계수이다.

$$C_W = \frac{A_W}{L_{BP} \times B_{MLD}}$$

이 계수는 수선면의 날씬한 정도를 나타내는 계수이다. C_W의 값은 고속선에서 0.68~0.78, 중속선에서 0.80~0.85, 저속선에서 0.86~0.92 정도로 되어 있다. 그러나 고속선이라도 복원성이 특히 중요한 소형 여객선에서는 위에서 말한 범위를 벗어나는 큰 값을 취하는 수가 있다.

흘수가 조금 증가할 때 배수량이 얼마나 증가하는가를 알고 싶은 경우가 있다. 그런 경우에는 매 cm당 배수 톤수 T.P.C.(tons per cm immersion)라는 계수를 사용한다. T.P.C.는 1 cm의 흘수 증가에 따른 배수량의 증가량이므로 해수 중에서는 다음과 같이 표시된다.

$$\text{T.P.C.} = A_W(\text{m}^2) \times \frac{1.025}{100} = \frac{1.025 \times C_W \times L_{BP} \times B_{MLD}}{100}$$

C_W계수는 C_P계수와 유사한 형을 가지고 있으며, $V/\sqrt{L} = 1.100$ 부근에서 최저값이 되고, C_P로서 0.570, C_W에서 0.670 부근의 값을 나타낸다.

고속선에서는 C_P가 0.640이면 C_W가 0.760이 된다. 저속선에서 C_P가 0.720으로 될 때 C_W는 0.810의 값을 나타내고 있다.

수선 단면적 계수 C_W는 주로 복원력의 영향인 가로 메타센터 반지름과 세로 메타센터 반지름에 미치는 영향을 고려하여 선택하여야 한다.

가로 메타센터의 반지름에 대하여 수선 단면적 계수에 관한 영향을 생각해 보면,

$$BM = \frac{I}{\nabla} \quad \cdots\cdots (5\text{-}1)$$

수선 면적 중심축에 대한 관성 모멘트는 다음 식으로 표시된다.

$$I = k^2 A_W \quad \cdots\cdots (5\text{-}2)$$

여기서, k : 수선면 면적의 환동 반지름(環動 半徑)

A_W : 수선면의 수선 단면적

k에 대한 식은 'General Design of Warship'에서 Hovgaard로부터 주어진 방정식

$$k^2 = B^2(0.0106 + 0.0727\,C_W) \quad \cdots\cdots (5\text{-}3)$$

가 되며, 수선면에 대한 관성 모멘트는 다음과 같이 표시된다.

$$I = n\,L_{BP}\,B^3_{MLD} \quad \cdots\cdots (5\text{-}4)$$

식 (5-4)와 (5-2)로부터

$$n\,L_{BP}\,B^3_{MLD} = k^2\,A_W$$

$$\therefore\ n = \frac{k^2\,C_W\,L_{BP}\,B_{MLD}}{L_{BP}\,B^3_{MLD}} = \frac{k^2\,A_W}{L_{BP}\,B^3_{MLD}} = C_W\,\frac{k^2}{B^2_{MLD}} \quad \cdots\cdots (5\text{-}5)$$

식 (5-3)으로부터

$$\frac{k^2}{B^2} = 0.0106 + 0.0727\,C_W$$

$$\therefore\ n = C_W\,(0.0106 + 0.0727\,C_W) \quad \cdots\cdots (5\text{-}6)$$

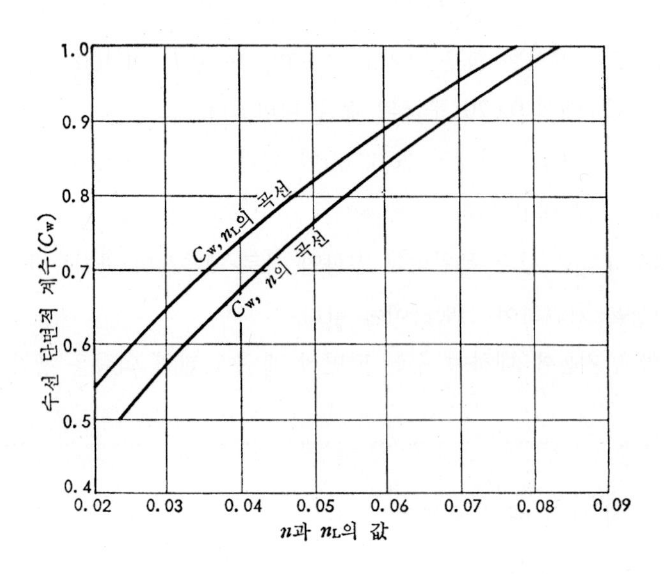

그림 5-7

그림 5-7에서와 같이 C_W값에 대해서 n값을 곡선으로 만든 것이다. 이 곡선으로부터 가로 메타센터 반지름에 대한 수선 면적 계수의 영향을 알 수 있다.

한편, 세로 메타센터 반지름에 대하여 같은 방법으로 다음 식을 얻을 수 있다.

$$BM_L = \frac{I_L}{\nabla} \quad \cdots\cdots (5\text{-}7)$$

$$I_L = k_L^2 \times A_W \quad \cdots\cdots (5\text{-}8)$$

여기서, I_L : 수선면의 관성 모멘트

k_L : 수선면의 세로 환동 반지름

k_L을 C_W와 L로 표시한 'General Design of Warship'에서의 Hovgaard의 방정식은

$$k_L^2 = L_{BP}^2 (0.091\, C_W + 0.013) \quad \cdots\cdots (5\text{-}9)$$

$$I_L = n_L B_{MLD} L_{BP}^3 \quad \cdots\cdots (5\text{-}10)$$

$$\therefore\ n_L = C_W \cdot \frac{k^2}{L_{BP}^2} \quad \cdots\cdots (5\text{-}11)$$

C_W의 여러 값에 대응하는 n_L의 값은 그림 5-7에서와 같다.

수선 단면적 계수가 세로 메타센터 반지름에 큰 영향을 주는 것은 사실이다. 또, n과 n_L은 C_W=1.000(수선면이 제형)과 C_W=0.500(수선면이 2개인 삼각형)일 때에 고정값이 되지만, C_W의 중간값에 대해서는 대단히 상이(相異)한 값이 된다는 것에 주의해야 한다.

이 계수와 마찰 저항 및 잉여 저항에는 아무 관계가 없으나, 복원 성능면의 메타센터에는 크게 영향을 주고 있다.

수선 단면적 계수값이 크면 수선면의 양 끝이 둔하기 때문에 엔트런스(entrance)와 런(run)의 각이 커지게 된다. 그러므로 고속선에서는 비교적 수선 단면적 계수가 작은 것이 보통이다.

수선면에 대한 수선 단면적 계수가 커져서 수선면의 양 끝 형상이 둔하게 되면 주형 계수(縱)가 커지므로 이때 구상 선수 선형을 채택하면 이를 피할 수 있다.

㈎ 수선 단면적 계수를 구하는 이론식

대개 수선 단면적 계수 C_W값은

$$C_W = C_B + 1$$

정도로 주어지며, 약산식으로는

$$C_W = 0.33 + 0.66\, C_B$$

로서, 이 식을 이용해도 구할 수 있다.

한편, 방형 계수와 기본 치수 및 배수량과의 관계식은 다음과 같다.

㈀ **흘수의 변화량에 대한 배수량과의 관계**

흘수의 변화량에 대한 증가 혹은 감소 배수량은

$$\delta\Delta = A_W \delta d\, 1.025$$

$$\frac{\delta\Delta}{\delta d} = L_{BP}\, B_{MLD}\, C_W\, 1.025 \quad \cdots\cdots (5\text{-}12)$$

마찬가지로 $\Delta = L_{BP}\, B_{MLD}\, d\, 1.025$이므로(해수에서),

$$\frac{\delta\Delta}{\delta d} = 1.025\, L_{BP}\, B_{MLD} \left(C_B + d \times \frac{\delta C_B}{\delta d} \right) \quad \cdots\cdots (5\text{-}13)$$

식 (5-12), (5-13)으로부터

$$C_W = C_B + d \times \frac{\delta C_B}{\delta d}$$

$$\therefore \ \frac{\delta C_B}{\delta d} = \frac{C_W - C_B}{d} \quad \cdots\cdots (5\text{-}14)$$

실제로 배의 자료를 해석하면, C_W계수와 C_B계수 사이에는 대체적으로

$$C_W = C_B + 1$$

정도가 된다. 그러므로

$$\frac{\delta C_B}{\delta d} = \frac{C_B + 0.1 - C_B}{d}$$

로서, 흘수 변화에 대한 C_B의 변화량이 된다.

예를 들면, 흘수 d=7.320 m에 대한 C_B=0.720이라면 m당 흘수의 변화에 대한 C_B의 변화량은

$$C_B\text{의 변화량} = \frac{1}{10 \times 7.320\,\text{m}} = 0.0137$$

만약, 흘수가 6.100 m였다면, 이때의 C_B는

$$C_B = 0.720 - (1.22 \times 0.0137) = 0.703$$

이 된다.

(ㄴ) **흘수와 방형 계수에 대한 배수량과의 관계**

흘수와 방형 계수 C_B값이 주어지고, 임의의 흘수에 대한 C_B값에 대응하는 배수량과의 관계식은

$$\Delta = L_{BP}\, B_{MLD}\, d_{MLD} \times 1.025 \left[1 - (1 - C_B) \times \left(\frac{d_o}{d} \right)^{\frac{1}{3}} \right]$$

이 된다.

예를 들면, 흘수 8.540 m에서의 방형 계수 C_B값이 0.740인 배에서 흘수가 6.100 m로 되었을 때의 C_B값에 대응하는 배수량은

$$C_B = 1 - (1 - 0.740) \times \left(\frac{8.540}{6.100} \right)^{\frac{1}{3}}$$

$$= 1 - 0.26 \times 1.12$$

$$= 0.7091$$

$$\therefore \ \Delta = L\,B\,d \times 1.025 \times 0.709 \ (\text{ton})$$

(ㄷ) **선형 계수비에 대한 흘수와 배수량과의 관계**

선형 계수에 대한 흘수비 및 배수량비와의 관계식은

$$\frac{\Delta}{\Delta_o} = \left(\frac{d}{d_o} \right)^{\frac{C_W}{C_B}}$$

$$\frac{d}{d_o} = \left(\frac{\Delta}{\Delta_o} \right)^{\frac{C_B}{C_W}}$$

여기서, Δ_o : 만재 흘수 d_o에 대한 배수량

Δ : 임의 흘수 d에서의 배수량

$\dfrac{C_W}{C_B}$ 값의 변화와 만재 흘수의 여러 가지 분수에 대한 $\left(\dfrac{d}{d_o} \right)^{\frac{C_W}{C_B}}$ 의 값을 표 5-4에 나타내었다.

표 5-4

흘수의 비	C_W / C_B					
	1.10	1.12	1.14	1.16	1.18	1.20
1.0	1.000	1.000	1.000	1.000	1.000	1.000
0.9	0.890	0.889	0.887	0.885	0.883	0.881
0.8	0.783	0.779	0.775	0.772	0.769	0.766
0.7	0.675	0.670	0.666	0.661	0.657	0.652
0.6	0.570	0.565	0.559	0.553	0.548	0.542
0.5	0.467	0.460	0.454	0.448	0.442	0.435
0.4	0.365	0.358	0.352	0.346	0.339	0.333

다음에 방형 계수 C_B를 다음 식으로 나타내면

$$\frac{C_B}{C_{BO}} = \left(\frac{d}{d_o}\right)^{\left(\frac{C_W}{C_B}\right) - 1}$$

$\left(\frac{d}{d_o}\right)^{\left(\frac{C_W}{C_B}\right)^{-1}}$ 의 값을 표 5-5에 나타내었으며, 이 값으로 쉽게 계산할 수 있다.

표 5-5에서 수선 단면적 계수 C_W에 대해서도 결정할 수 있다.

표 5-5

흘수의 비	$C_W / C_B - 1$					
	0.10	0.12	0.14	0.16	0.18	0.20
1.0	1.000	1.000	1.000	1.000	1.000	1.000
0.9	0.990	0.988	0.986	0.983	0.981	0.979
0.8	0.978	0.974	0.970	0.965	0.961	0.956
0.7	0.965	0.958	0.951	0.945	0.938	0.931
0.6	0.950	0.941	0.931	0.922	0.912	0.903
0.5	0.933	0.920	0.908	0.895	0.883	0.871
0.4	0.912	0.896	0.880	0.864	0.848	0.833

$$\frac{C_W}{C_{WO}} = \left(\frac{d}{d_o}\right)^{\left(\frac{C_W}{C_B}\right) - 1}$$

위 식으로부터 흘수에 대한 선형 계수를 구할 수 있다.

㈏ 수선 단면적 계수를 구하는 경험식

경험식으로부터 수선 단면적 계수를 구하면,

$$C_W = \frac{C_P}{0.9} = \frac{[illegible]\, C_B}{C \times 0.9}$$

또는,

$$C_W = \frac{2}{3} C_B + \frac{1}{3}$$

로 구하면 만족한 값을 얻을 수 있다.

표 5-6 선형에 따른 계수비

선종	C_B	$C_{\otimes}$	C_W
고속 정기 컨테이너 운반선	0.56~0.60	0.96~0.98	0.70~0.74
중속 정기 화물선	0.64~0.68	0.98~0.99	0.76~0.80
벌크 운반선, 철광석 운반선, 유조선	0.80~0.84	0.99~0.995	0.88~0.90

C_B에 대한 경험식으로는

$$C_W = 0.107\,C_B + 0.8675\,(C_B)^{\frac{1}{2}}$$

을 적용하면 더욱 정확한 값을 얻을 수 있다.

표 5-7 계수의 비교표

선형	C_B	C_P	$C_{\otimes}$	C_W	비고	
화물선	0.73	0.75	0.98	0.83	고속	$V/\sqrt{L}$
여객선	0.68	0.71	0.96	0.80		↓
고속 화물선	0.62	0.65	0.96	0.78	↓	대
고속 여객선	0.59	0.62	0.95	0.70		

또한, C_W값을 구할 때 C_P값을 알고 있다면

$$C_W = 0.7\,C_P + 0.300 \text{ (상선형일 때)}$$

$$C_W = 0.6\,C_P + 0.410 \text{ (어선형일 때)}$$

(5) 연직 주형 비척 계수(vertical prismatic coefficient, C_{VP})

연직 주형 비척 계수 C_{VP}는 앞에서 설명한 바와 같이 C_B, C_P, C_W 등은 배의 세로 방향의 형 변화를 나타내는 것에 비해 배의 상하 방향의 변화를 나타내기 때문에 추진 이론의 추진기 효율 등에 관련되는 계수이다.

$$C_{VP} = \frac{\text{배수 용적 (형)}}{A_W\, d_{MLD}}$$

$$= \frac{L_{BP}\, B_{MLD}\, d_{MLD}\, C_B}{L_{BP}\, B_{MLD}\, d_{MLD}\, C_W}$$

$$= \frac{C_B}{C_W}$$

연직 주형 비척 계수는 배의 상하 방향 수선 단면적의 분포 상태를 가장 잘 나타내는 계수

로서, 이 값이 작을수록 상부에 보다 많은 배수 용적이 집중해서 평균적으로 V형 단면이 되는 것을 나타내며, 이 값이 1에 가까울수록 상하 방향의 수선 면적 분포가 균일해서 평균적으로 U형 단면이 되는 것을 나타낸다.

C_{VP}계수는 흘수의 변화에 따른 배의 제 계수, 부심 위치, 배수량 등의 변화에 중요한 영향을 주는 계수이다. 즉, 이 계수는 배수량의 종적 분포(수직 분포)를 의미한다.

수직 단면적 계수값이 크면 단면에 있어서 수선의 폭이 거이 변하지 않게 된다. 따라서 이 계수의 값이 커지면 부심의 높이가 작아져서 메타센터 높이가 낮아지고, 일정한 폭과 재화에 대해서 메타센터 높이가 감소하게 되므로 부심의 높이와 연직 주형 계수와의 관계는 반비례하게 된다(그림 4-22 참조).

Morrish의 공식에서

$$\frac{KB}{d} = \frac{2.5 - C_{VP}}{3}$$

이 식에서 $\frac{KB}{d}$가 작아지게 되면 C_{VP}는 증가한다. 메타센터 반지름은 배의 기본 치수에서 폭에 의해, 중량의 중심 높이는 배의 깊이에 의해 영향을 받는다는 것이 발표되었다.

연직 주형 비척 계수 C_{VP}가 증가하면 중량은 중심에서 아무 영향이 없지만 메타센터 높이가 작아지므로 메타센터의 높이와 경사각에 대한 복원정의 값이 감소한다.

C_{VP}가 어느 정도 증가할 때의 영향은 그다지 중요한 사항으로는 되지 않는다. 배에 있어서 연직 주형 비척 계수 C_{VP}가 크면 선체 운동 중 상하 운동에 대해서 저항이 작은 선체 형상이 된다. 이 C_{VP}계수는 보통 화물선에서 0.800~0.950이며, 실선에 대한 종주형 계수와의 관계비는 표 5-8과 같다.

표 5-8 C_{VP}계수의 범위(실선에서)

C_P	0.60	0.65	0.70	0.75	0.80
C_{VP}	0.82	0.83	0.86	0.90	0.94

수선 단면적 계수의 경우와 같이 연직 주형 비척 계수값은 모든 계수 중 방형 계수의 값에 영향을 받는다.

C_{VP}값이 큰 선박은 대체적으로 수선의 끝 부분이 뚱뚱하게 되어 일반적으로 선수 형상이 거의 수직으로 되기 때문에 선수 선형 결정에 있어서 신중해야 한다. 고속선이 되면 연직 주형 계수값은 작은 것이 대부분이다.

2. 선형 계수의 관계 계수와 형상 영향 계수

(1) 관계 계수(relation coefficient, C_R)

배수 용적 ∇에 관해서 형 치수에 대한 계수의 관계식을 다음과 같이 쓰면

$$\begin{aligned}
\nabla &= \frac{\Delta}{\gamma} \\
&= L\,B\,d\,C_B \\
&= A_{\otimes} L\,C_P \\
&= L\,B\,d\,C_{\otimes} C_P \\
&= A_W\,d\,C_{VP} \\
&= L\,B\,d\,C_W\,C_{VP}
\end{aligned}$$

즉, 이를 계수에 대한 관계식으로 나타내면

$$C_B = \frac{\nabla}{L\,B\,d}$$

$$C_P = \frac{\nabla}{L\,A_{\otimes}}$$

$$C_{VP} = \frac{\nabla}{d\,A_W}$$

에서

$$\nabla = L\,B\,d\,C_B \quad \cdots\cdots \quad (5\text{-}15)$$

$$\nabla = L\,A_{\otimes} C_P \quad \cdots\cdots \quad (5\text{-}16)$$

$$\nabla = d\,A_W\,C_{VP} \quad \cdots\cdots \quad (5\text{-}17)$$

식 (5-15)와 식 (5-17)을 서로 같다고 놓으면

$$L\,B\,d\,C_B = d\,A_W\,C_{VP}$$

$$C_B = \frac{A_W\,d}{L\,B\,d}\,C_{VP} = C_W\,C_{VP}$$

$$\therefore\ C_{VP} = \frac{C_B}{C_W} \quad \cdots\cdots \quad (5\text{-}18)$$

식 (5-15)와 식 (5-16)을 서로 같다고 하면

$$L\,B\,d\,C_B = L\,A_{\otimes} C_P$$

$$C_B = \frac{L\,A}{L\,B\,d}\,C_P = C_{\otimes} C_P$$

$$\therefore\ C_P = \frac{C_B}{C} \quad \cdots\cdots \quad (5\text{-}19)$$

$$C_B = C_{\boxtimes} C_P = C_W \ C_{VP} \quad \cdots\cdots (5\text{-}20)$$

식 (5-20)의 각 항을 $C_{\boxtimes} C_W$로 나누면,

$$\frac{C_B}{C_{\boxtimes} C_W} = \frac{C_P}{C_W} = \frac{C_{VP}}{C_{\boxtimes}} = C_R \quad \cdots\cdots (5\text{-}21)$$

여기서, C_R을 관계 계수(relation of coefficient ratio)라고 한다. 관계 비척 계수 C_R은 C_B, C_P 등의 계수와 C_W와의 관계를 나타내는 계수로서, C_W의 계수값을 산출하는 데 중요하게 이용된다.

C_R계수는 식 (5-21)로 나타내는 값으로서,

- $\dfrac{V}{\sqrt{L}} = 1.100$ 이상에서 $C_R = 0.840$으로 하면 큰 차이는 없다.
- $\dfrac{V}{\sqrt{L}} = 0.850 \sim 1.100$에서도 $C_R = 0.835 \sim 0.850$ 부근의 수치로서 선정해도 차이는 없다.

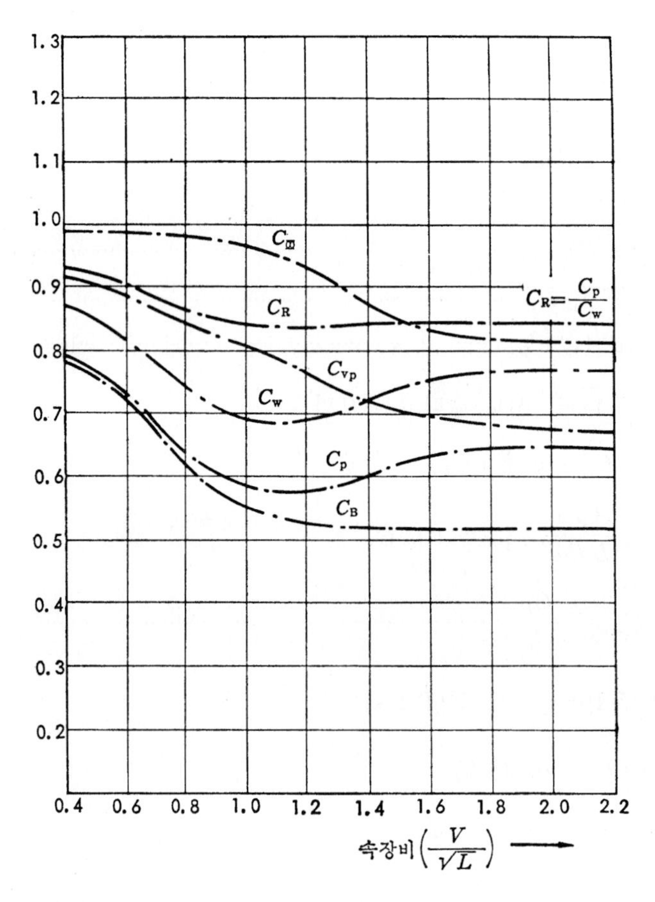

그림 5-8

- $\frac{V}{\sqrt{L}} = 0.850$ 이상의 실제 고속선에서는 C_B, $C_{\otimes}$, C_P를 결정한 후에 $C_R=0.840$으로 C_W값을 직접 결정할 수가 있다.
- $\frac{V}{\sqrt{L}} =0.600 \sim 0.750$의 화물선에서는 $C_R=0.850 \sim 0.900$으로서 C_W를 결정할 필요가 있다.

일반적으로 각 계수와 관계 계수 C_R과의 관계는

- 상선형 배 : $C_B < C_P < C_W \leqq C_{VP} < C_{\otimes} < C_R$
- 어선형 배 : $C_B < C_P < C_{VP} < C_W \leqq C_R < C_{\otimes}$

이 되며, 대체적으로 관계 계수 C_R이 큰 쪽은 단면이 평균적으로 U형에 가깝고, 작은 쪽은 V형에 가깝다고 볼 수 있다.

(2) 형상 영향 계수(form factor, K)

어떤 배의 형상 영향 계수 K값은 수조 시험에 의해서 구하여진다. 즉, 조파 저항이 거의 없는 저속력에서 모형선의 저항 R을 계측하여 이때의 저항 계수를 $R= \frac{1}{2}\rho S v^2$이라고 하면 조파 저항은 0이 되므로 $C= (1+K) C_F$가 된다(모형선의 경우 조도에 의한 저항의 증가 $\Delta R_F= 0$ 으로 한다).

여기서, 마찰 저항 계수 C_F는 표 5-9 중에서 어느 한 식을 이용하여 계산한 C값을 사용하면,

$$K= \frac{C}{C_F} - 1$$

로서 K의 값을 얻을 수가 있다.

표 5-9 마찰 저항 계수와 R_N의 관계식

발 표 자	C_F의 계산식
Schönherr	$0.242/\sqrt{C_F} = \log_{10}(C_F R_N)$
Prantle-Schlichting	$C_F= 0.455(\log_{10} R_N)^{-2.58}$
국제 시험 수조 회의(I.T.T.C) 1957년	$C_F= 0.075(\log_{10} R_N - 2)^{-2}$
Hughes	$C_F= 0.066(\log_{10} R_N - 2.03)^{-2}$

형상 영향 계수 K는 저항면에서 마찰 저항, 즉 점성 저항에 크게 영향을 주기 때문이다. 배의 저항은 바람과 선저의 더러움(fouling) 등의 영향을 받아 배의 저항이 증가하게 되므로,

해상의 시 마진(sea-margin)을 10~15% 주어 항해 속력을 유지시키고 있는 것이다. 최근에 배의 저항은 조파 저항과 점성 저항으로 나뉘는데, 배가 항주 중에 파의 발생으로 인하여 소비되는 에너지에 해당하는 저항을 조파 저항이라 하고, 선체 표면으로 흐르는 물의 점성에 의해서 생기는 저항을 점성 저항(viscosity resistance)이라 한다.

최근에는 점성 저항이 작은 선형을 개발하기 위해 많은 노력을 기울이고 있다. 현재 건조되고 있는 저속 비대선에서는 전저항의 10% 전후이며, 고속 화물선의 경우에도 30% 정도로서 대부분 배의 저항이 점성 저항으로 되어 있다. 이 때문에 선체의 삼차원 곡면에 의해 증가하는 점성 저항의 성분을 형상 저항(form resistance)이라고 하지만, 형상 저항은 마찰 저항에 있어서의 마찰 저항 계수 C_F에 대한 형상 영향 계수 K가 대단히 큰 영향을 주고 있다. 즉,

$$(1+K)R_F$$

가 된다.

새로 건조한 선체 표면은 도장으로 인하여 거울과 같이 완전히 평활하지는 못하므로 마찰 저항이 약간 증가하게 된다. 이 저항의 증가분을 조도 저항(粗度 抵抗, resistance increase due to roughness)이라고 한다.

이와 같이 점성 저항은 마찰 저항에 대한 형상 저항의 증가와 표면 조도에 의한 조도 저항의 증가량(ΔR_F)을 합한 것으로 나타낼 수 있다.

점성 저항 R_V는

$$R_V = (1+K)R_F + \Delta R_F$$

즉, 형상 영향 계수 K의 관계식이 된다. 형상 영향 계수 K의 계산식에서 저항 계수 C와 마찰 저항 계수 C_F는 마찰 저항 R_F와 밀접한 관계가 있다.

마찰 저항을 R_F(kg)라 할 때, 물의 밀도 ρ(kg · sec^2/m^4), 수선 아래 선체의 침수 표면적 S(m^2), 배의 속력 v (m/sec)와의 관계식은

$$R_F = C \times \rho^X \times v^Y \times S^Z$$

으로 표시된다. 여기서, 저항 계수 C는 무차원이다.

이 식에서 차원을 비교해서 $x=1$, $y=2$, $z=1$이라고 하면

$$\frac{\text{kg}\cdot\text{sec}^2}{\text{m}^4}\cdot\frac{\text{m}^2}{\text{sec}^2}\cdot\text{m}^2=\text{kg}$$

으로 되어 식이 성립한다. 따라서, 일반적으로 저항 계수 C값은

$$C = \frac{1}{2}C_F$$

가 되므로, 보통 마찰 저항식을

$$R_F = \frac{1}{2} C_F \rho S v^2$$

이 된다. 여기서, C_F는 무차원 계수로서 마찰 저항 계수(frictional resistance)라 한다.

위 식에서 물의 밀도 ρ는 중력 단위로 표시할 수 있기 때문에 해수의 경우 1,025 kg/m^{3}를 중력 가속도 9.8 m/sec^{2}로 나누면 104.6 kg · sec^2/m^{4}로 되는 점에 주의할 필요가 있다.

마찰 저항 계수 C_F는 무차원 계수이므로, Reynold 수(R_N)와의 함수가 된다. Reynolds 수는 배의 길이 L(m), 속도 v (m/sec), 물의 동점성 계수 ν (m^2/sec)로 하면,

$$R_N = \frac{vL}{\nu}$$

로 정의되는 수치이다.

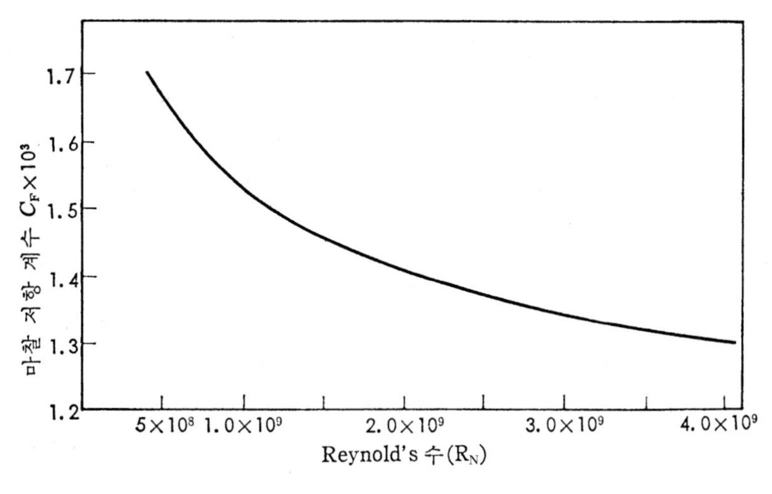

그림 5-9 Schönherr의 마찰 저항 계수

여기서, 동점성 계수 ν는 온도에 따라서 변화하지만 저항 계산에는 15℃에서의 값을 사용하는 것이 보통이며, 해수의 경우에는 1.1883×10^{-6} m^2/sec가 된다.

이의 계산 관계식은 표 5-9에 나타내었다. Schönherr의 식을 그림으로 나타내면 그림 5-9와 같으며, R_N 수가 커지게 됨에 따라서 C_F는 작아지게 된다.

즉, 배의 속력을 같게 하고 배의 길이를 크게 하거나 배의 길이를 같게 하고 배의 속력을빠르게 하면 마찰 저항 계수 C_F는 작아지게 된다.

이와 같이, 관계식으로부터 알 수 있는 것처럼 해석에 사용한 마찰 저항 계수 C_F값에 따라서 형상 영향 계수 K값이 변하기도 한다.

이와 같이 해서 수조 시험에 의한 모형선으로부터 얻은 많은 배의 K값과 배의 치수, C_B 등과의 관계를 구한다면, 초기 계획에서 마력의 계산은 좀더 정확한 값을 얻을 수 있는 편리한 계수이다.

형상 영향 계수 K값의 근사 추정식으로 Sasajima 등의 식이 있다. 또한 수조 시험 자료에서 구한 $\frac{L}{B}>5$, $\frac{B}{d}<3$, $C_B>0.6$인 선형의 만재 배수 톤 상태에 대한 형상 영향 계수 K값의 근사값은 Schönherr의 마찰계수에 대해

$$K \fallingdotseq \left(\frac{\nabla^{1/3}}{L}\right)\left(0.5\,C_B + \frac{2\cdot r^{1.3}}{C_B}\right) \quad \cdots\cdots (5\text{-}22)$$

으로 주어진다. 여기서 r은 Sasajima 식에 의한 선미 비대도(船尾 肥大度)를 나타내는 계수로서

$$r = \frac{\left(\dfrac{B}{L}\right)}{\left\{1.3(1-C_B)-0.031\cdot l_{C_B}\right\}} \quad \cdots\cdots (5\text{-}23)$$

l_{C_B}는 부심 위치의 ⊗으로부터의 거리인 L에 대한 %로서 ⊗보다 전방을 (−)로 한다. 또 r은 C_B만의 함수로서

$$r \fallingdotseq \frac{\left(\dfrac{B}{L}\right)}{(0.91-0.73\times C_B)} \quad \cdots\cdots (5\text{-}24)$$

로 나타낼 수 있다.

형상 영향 계수 K값은 저항 계산에서 중요한 요소이기 때문에 계산식 (5-22)의 정확도를 수조 시험 결과와 비교해서 그림 5-10에 표시하였다.

이 그림에 나타낸 것과 같이 식 (5-22)의 오차 범위는 약 ±10%이다. 또한 K값은 추정식으로 사용한 선형의 주요 요소만 필요한 것은 아니다.

특히 선미부의 형상 변화에 의해서도 상당히 영향을 주며 특이 형상의 경우는 주의를 요할 필요가 있다.

형상 영향 계수 K값에 대하여 예를 들면, 대형 저속 비대선의 경우 계수 K는 대개 0.25∼0.50 범위의 값이다.

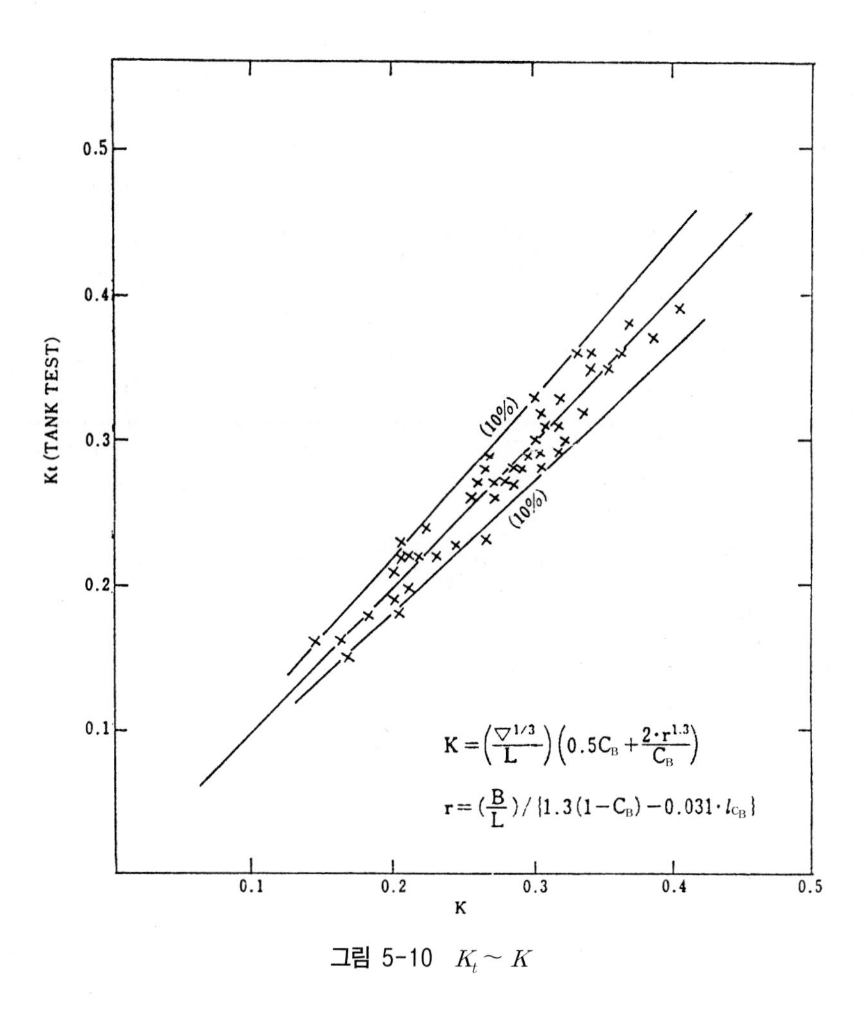

그림 5-10 $K_t \sim K$

표 5-10 형상 영향 계수의 근사식

발 표 자	근 사 식	비 고
Granville	$K=-0.07+\left(C_B\cdot\frac{B}{L}\right)^2$	C_F는 Schönherr의 값
Prohaska	$K=1.728-1.512\cdot\frac{B}{d}+0.2446\cdot\left(\frac{B}{d}\right)^2+5.40\cdot\frac{C_B}{\frac{L}{B}}+13.9\cdot\left(\frac{C_B}{\frac{L}{B}}\right)^2$	C_F는 Schönherr의 값
Sasajima-Oh	$K=3r_A{}^5+0.30-0.035\cdot\frac{B}{d}+0.5\cdot\frac{T}{L}\cdot\frac{B}{d}$	C_F는 Schönherr의 값 T=trim $r_A=\frac{\frac{B}{L}}{1.3(1-C_B)-3.1l_{CB}}$

표 5-10 (계속)

발 표 자	근 사 식	비 고
Tagano	$K=-0.087+0.891\cdot\dfrac{C_{\boxtimes}}{\dfrac{L}{B}\cdot\sqrt{\dfrac{B}{d}C_B}}\cdot\dfrac{B}{L_R}$	C_F는 Schönherr의 값 L_R는 선체 후반부의 C_P 곡선을 2차 곡선과 평행부로 바꾸어 놓았을 때의 2차 곡선 부분의 길이
Sumiyoshi	$K=0.0618$ $+0.79\dfrac{C_B}{\dfrac{L}{B}\cdot\sqrt{\dfrac{B}{d}}}+2.45\cdot\dfrac{C_{\boxtimes}}{\dfrac{L}{B}\cdot\sqrt{\dfrac{B}{d}C_B}}\cdot\dfrac{B}{L_R}$ 또는 $K=0.0804+3.10\cdot\dfrac{C_{\boxtimes}}{\dfrac{L}{B}\cdot\sqrt{\dfrac{B}{d}C_B}}\cdot\dfrac{B}{L_R}$ 또는 $K=0.0905+15.1\cdot\dfrac{C_B}{\left(\dfrac{L}{B}\right)^2\cdot\sqrt{\dfrac{B}{d}}}$	C_F는 Schönherr의 값 L_R는 선체 후반부의 C_P 곡선을 2차 곡선과 평행부로 바꾸어 놓았을 때의 2차 곡선 부분의 길이

5.1.2 선형 계수가 저항 요소에 미치는 영향

설계된 선박이 모든 속장비에 있어서 항상 최적인 선형으로는 존재하지 않으며, 어떤 상태에서 최적의 선형을 구할 것인가를 결정하는 것이 중요한 일이다.

1. 배 길이(L)의 영향

잉여 저항(R_R)에 가장 큰 영향을 주는 것은 배의 길이 L이다. L이 길게 되면 일정한 배수톤수에 있어서 R_R은 감소하고, $\dfrac{v}{\sqrt{Lg}}$는 낮아져 그 영향은 현저해진다.

그러나 길이를 함부로 길게 하면 침수 표면적 S에 따라 마찰 저항 R_F가 증가하므로 전저항 R_T를 작게 하려면 적당한 길이를 선정해야 한다.

길이가 길어지면 선체 중량도 증가하여 선가가 증가되므로 보통은 저항의 증가에 따라 속력의 저하가 크게 되지 않는 정도의 길이로 짧게 한다. 그러므로 7.5 정도의 치수비를 잡으며, R_R 혹은 저항 곡선이 파저(hollow)가 되는 범위의 L을 선택하는 것이 저항상 유리하다.

한편, 배의 길이가 길어지면 선체 중량의 비율이 크게 되고, 재화중량 비율이 작아져서 내파 성능, 복원 성능이 나빠지게 되므로 배의 길이는 내항성, 안정성, 경제성을 고려하여 신중히 해야 한다.

2. 배의 폭(B)과 흘수(d)의 영향

저항 성능면보다도 폭은 복원성, 흘수(d_{MLD})는 항만, 운하의 수심으로부터 정하여지는 수가 많다. 그러나 일반적으로 $\frac{B}{d_{MLD}}$가 큰 쪽의 R_R이 커지지만 $\frac{v}{\sqrt{Lg}}$의 값이 높을 경우에는 그렇지 않을 경우도 있기 때문에 주의해야 한다.

3. 방형 계수(C_B)와 주형 계수(C_P)

주형 계수 C_P는 배의 길이 방향의 배수량 분포가 중앙부에 집중되어 있지만 비교적 양 끝부에도 분산되어 있을 경우를 나타내는 매개 변수(parameter)로서 조파 현상과 밀접한 관계가 있으며, R_R에 대해서는 L에 대하여 중요한 요소이다.

저항에 대해서는 C_B보다도 C_P가 전후 방향의 중앙 횡단 면적에 대한 배수 용적의 분포를 나타내는 데 직접적으로 관계가 많지만, 상선의 $C_{⊠}$는 특수선을 제외하고는 대체적으로 $C_B = C_P$로서 일정하게 된다.

속장비와의 관계는 다음과 같다.

$$\frac{V(\text{kn})}{\sqrt{L}\,(\text{ft})} = 1.000$$

이상에 대해서는 C_P의 경우와 같이 속장비가 증가함에 따라서 C_B를 크게 하는 것이 저항 성능상 유리하다.

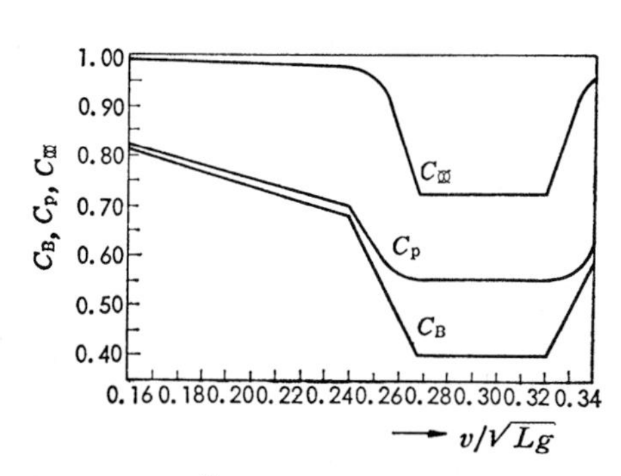

그림 5-11 $\frac{v}{\sqrt{Lg}}$에 대한 C_B, C_P, $C_{⊠}$의 관계

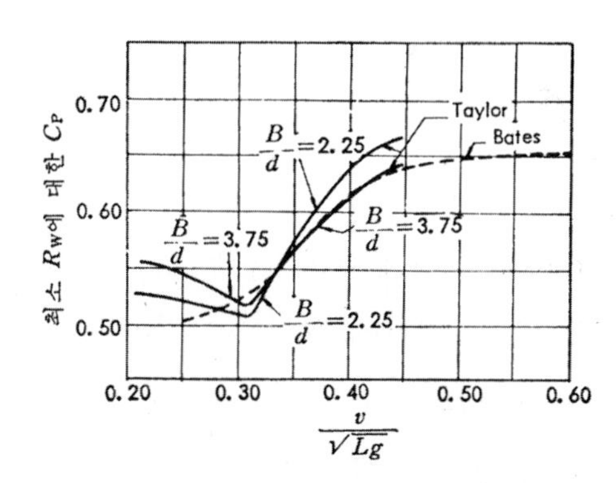

그림 5-12

Froude 수 $\frac{v}{\sqrt{Lg}}$와의 관계는

(가) $\frac{v}{\sqrt{Lg}}$가 0.300 이하의 일반 상선에 대해서는 C_P가 작은 것만큼 잉여 저항은 작아지고, 또 $\frac{v}{\sqrt{Lg}}$가 작은 것만큼 C_P가 잉여 저항에 미치는 영향이 작아지기 때문에

$\frac{v}{\sqrt{Lg}}$가 작은 곳에서는 큰 C_P를 유리하게 쓸 수 있다.

(나) $\frac{v}{\sqrt{Lg}} > 0.31$의 고속함에서는 최소 잉여 저항 R_R은 C_P가 감소함에 따라 감소한다고 한정할 수는 없으며, 반대로 증가하는 경우도 있음을 그림 5-12에서 알 수 있다.

$C_B = C_P C_{\boxtimes}$로서 보통 상선에서는 $C_{\boxtimes}$는 1에 가까운 수이므로 C_B와 C_P는 똑같은 경향을 나타낸다고 하여도 좋다.

따라서 보통은 C_B로 생각한다면 좋지만 $\frac{v}{\sqrt{Lg}}$가 크게 되면 너무 큰 C_B는 저항상 대단히 불리하게 되므로, $\frac{v}{\sqrt{Lg}}$에 대해서 한계가 존재하게 된다. 그림 5-11은 그 한계를 나타낸 것이다.

그림 5-11에서 $\frac{v}{\sqrt{Lg}} = 0.24$ 이상에서 C_B, $C_{\boxtimes}$가 급격히 작아져 그 영향이 C_P에 나타나고 있는데, 최근 건조되는 고속 상선에서는 경제 선형에 역점을 두고 선형 개발이 진행되고 있는 관계로 이 주변의 계수값에는 차이가 있다.

예를 들면, $V = 21.0$ kn, $L = 164.0$ m의 배에서는

$$\begin{aligned} \frac{v}{\sqrt{Lg}} &= 0.1643 \cdot \frac{V}{\sqrt{L}} \\ &= 0.1643 \cdot \frac{21}{\sqrt{164}} \\ &= 0.27 \end{aligned}$$

이 범위의 한계는 $C_B = 0.560$, $C_{\boxtimes} = 0.960$이므로 $C_P = 0.5840$으로서 $C_{\boxtimes}$는 그만큼 작아지지 않기 때문에, C_B를 무조건 작게 하지 않아도 C_P를 상당히 작게 할 수가 있어 그림 5-11의 값을 높게 택하고 있다.

그러나 고속 상선은 만재 흘수보다 적은 흘수에서 항주하는 일이 많으므로 이 정도의 설계값으로 반드시 맞추어 줄 필요는 없다.

4. 횡단 면적 곡선

만재 흘수선 이하의 각 단면(square station)에 있어서의 횡단 면적을 중앙부의 최대 횡단면적 $A_{\boxtimes} = 1$로 나타낸 곡선을 횡단 면적 곡선(prismatic curve)이라고 한다.

그림 5-13은 고속 화물선과 거대한 탱커의 예이다. $\frac{v}{\sqrt{Lg}}$가 낮고 C_B가 큰 배에서는 중앙 평행부(parallel body)를 길게 하는 것이 저항상 유리하지만 $\frac{v}{\sqrt{Lg}}$가 크게 된다는 것은 중앙 평행부를 그림 5-14에서 보여 주는 것과 같이 $\frac{v}{\sqrt{Lg}} = 0.24$ 정도 이상이 되면 중앙 평행부는 거의 없게 하는 것이 좋다.

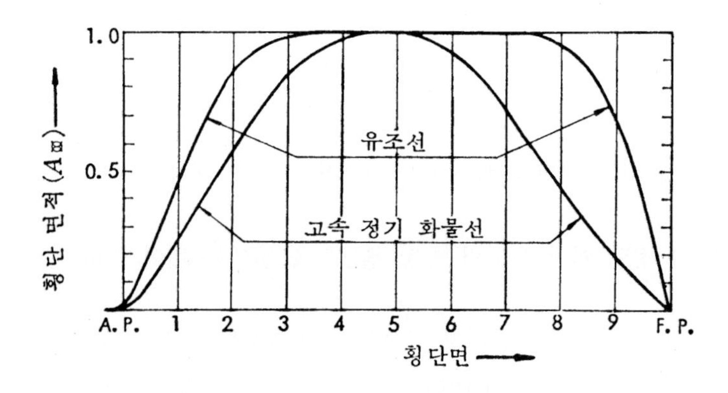

그림 5-13 횡단 면적 곡선

5. 선체 중앙 평행부 길이의 영향

선체 중앙 평행부 길이(parallel middle body)는 길게 하는 것이 건조가 간단하고 경제적이며, 화물을 적재하기에 편리하다.

선체를 계획할 경우 소요 속력에 대한 적당한 배의 길이 및 주형 계수 C_P가 주어지는데, C_P를 일정하게 유지하면서 중앙 평행부 길이를 증대시키면 단면적(C_P가 일정하므로 C_P곡선 면적 및 배수량이 일정)은 전후단에서 감소하고, 중앙 평행부에 연속되는 견부(肩部)가 증대하게 된다. 이 때문에 전후단이 세형(細形)이 되며 잉여 저항이 감소하고, 견부가 팽창되므로 전저항은 커지게 된다.

이것은 중앙 평행부 길이가 너무 크면 견부의 장출(張出)이 과다해짐과 동시에 선미부의 주거장(走去長, length of run)이 짧게 되어 선체에서의 유선의 분리로 인한 조와 저항이 크게 되기 때문에 저항이 증가하게 된다.

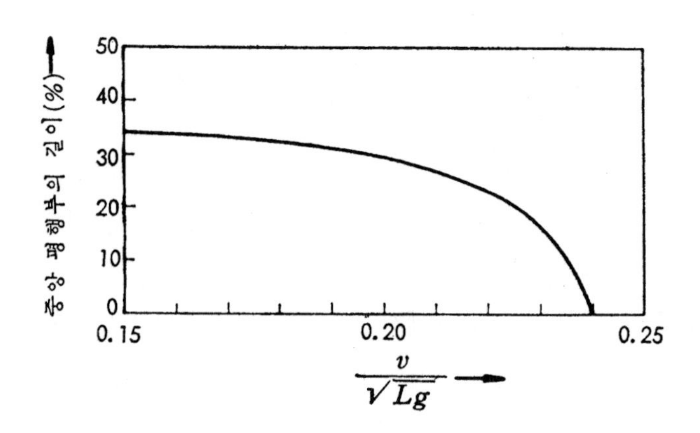

그림 5-14 중앙 평행부의 최적 길이

그림 5-14에서와 같이

- $\frac{v}{\sqrt{Lg}}$가 작고, C_B가 큰 선박에서는 중앙 평행부를 길게 하는 것이 저항상 유리하다.
- $\frac{v}{\sqrt{Lg}}$가 크게 되는 선박에서는 중앙 평행부를 짧게 해야 한다.
- $\frac{v}{\sqrt{Lg}}=0.24$ 정도 이상이 되면 중앙 평행부를 없애는 것이 좋다.

또한, 견부가 장출된 선체에서는 저항 곡선에서 파저(hollow)와 파정(hump)이 현저하게 나타나고 있다. 그 결과로 어느 비율에 대해서 저항이 감소되는 곳이 있게 된다. 선체 중앙 평행부 길이의 최적 길이는 표 5-11과 같이 Taylor와 Barnaby에 의해서 실적 자료로 제시하고 있다.

표 5-11 선체 평행부 길이의 비율

주형 비척 계수 C_P	선체 평행부의 최적 길이	최적 길이의 50% 증가
0.65	6% L	9% L
0.70	15% L	22.5% L
0.75	24% L	36% L
0.80	32% L	48% L

선체 평행부를 중앙에 두는 것이 좋은지 아니면 약간 전후방에 두는 것이 좋은지에 대해서는 부심의 전후 위치와 저항 증감 관계에 문제가 된다.

한편, 선수 끝에서 평행부 전단까지를 주입장(length of entry), 평행부 후단에서 선미단까지를 주거장(lenght of run)이라고 하면, 주거장이 너무 짧으면 선미에 조와 저항이 생기므로 크기를 적당히 정해줘야 한다.

Baker에 의하면 주거장 L_R은 다음 식의 값보다 작아서는 안 된다고 하였다.

$$L_R \geqq 4.08\sqrt{A_{⊠}}$$

여기서, $A_{⊠}$: 중앙 횡단 면적(m^2)

예제 1. 다음 물음에 답하여라.

(1) 상선의 초기 설계 과정에서 중앙 평행부의 길이($L_{평행부}$)를 약간 증가시켜서, 배수 용적(∇)을 증가시키려고 할 때에, 이용되는 다음의 식을 유도하여라. 단 변화 전후의 선박 길이(L) 및 중앙 횡단 면적 계수(C_M)는 일정하게 유지하고, 변화 전의 중앙 평행부 길이는 전혀 없었던 것으로 간주하여라.

$$L_{평행부} = L\left[\frac{(C_B)_N - (C_B)_O}{C_M - (C_B)_O}\right]$$

여기서, C_B는 방형 계수, 첨자 O와 N는 변화 전 및 후에 대한 선박의 값을 각각 의미한다.

(2) 다음 특성을 갖는 선박에서 $L_{평행부}$을 증가시켜서 C_B를 0.700으로 증가시키려 한다. 증기시켜야 할 $L_{평행부}$의 길이는 얼마로 하면 좋은가?
단, 변화 전후의 선박 길이, 폭, 흘수 등은 같게 하여라.

- 변화 전 선박의 특성
  - 길이(L)×폭(B)×흘수(d)=61.000 m × 10.500 m × 4.600 m
  - 중앙 평행부의 길이=6.000 m
  - 중앙 횡단 면적 계수(C_M)=0.950
  - 수선 및 부분의 횡단 면적 곡선의 종축 길이
    단, 종축 길이=(각 스테이션에서의 횡단 면적)÷(중앙부 횡단 면적)

스테이션	AP	1	2	3	4	5	FP
종축 길이	0	0.560	0.920	1.000	0.960	0.600	0

풀이 (1) 변화된 배수 용적(∇_O)=물가름부(entrance) 및 선미단부(run)의 변화 체적 +중앙 평행부의 변화 체적

$$=\nabla_O\left[\frac{(C_B)_N}{(C_B)_O}\right]$$

인 관계로부터 다음 식을 얻을 수 있다. 즉

$$\nabla_O\left(\frac{L - L_{평행부}}{L}\right) + L_{평행부}\cdot A_M = \nabla_O\left[\frac{(C_B)_N}{(C_B)_O}\right]$$

여기서, $A_M = B\cdot d\cdot C_M$을 위 식에 대입하고, 양변을 ∇_O로 나누어서 정리하면 다음의 관계식을 얻게 된다.

$$\frac{L - L_{평행부}}{L} + \frac{L_{평행부}\cdot B\cdot d\cdot C_M}{L\cdot B\cdot d\cdot (C_B)_O} = \frac{(C_B)_N}{(C_B)_O}$$

$$\frac{L_{평행부}}{L}\left[\frac{C_M}{(C_B)_O} - 1\right] = \frac{(C_B)_N}{(C_B)_O} - 1$$

이제 양변에 ((C_B)$_O$를 곱하여 정리하면 문제에 주어진 식을 얻게 된다.
즉,

$$\frac{L_{평행부}}{L}\left[C_M-(C_B)_O\right]=(C_B)_N-(C_B)_O$$

$$\therefore\ L_{평행부}=L\left[\frac{(C_B)_N-(C_B)_O}{C_M-(C_B)_O}\right]$$

(2) 상기 (1)항의 식을 이용해서 구하기 위하여 먼저 심프슨 제1법칙을 이용해서 변화 전 선박의 배수 용적(∇_O)을 구하면 다음과 같다.

스테이션	종축 길이	심프슨 곱수(*SM*)	$f(\nabla_O)$
AP	0.000	1	0.000
1	0.560	4	2.240
2	0.920	2	1.840
3	1.000	4	4.000
4	0.960	2	1.920
5	0.600	4	2.400
FP	0.000	1	0.000
		$f(\nabla_O)$의 합계	12.400

$$\nabla_O=\frac{1}{3}\times\frac{L}{6}\times 12.400\times A_M=\frac{1}{3}\times\frac{61}{6}\times 12.400\times A_M=42.020A_M$$

또한 $C_M=0.950$으로부터 A_M을 구하여서 위의 ∇_O 식에 대입해서 ∇_O를 구하고, 이것으로부터 $(C_B)_O$을 구하면 다음과 같다.

$$\nabla_O=42.020\times A_M=42.020\times 45.885=1{,}928.100$$

$$(C_B)_O=\frac{\nabla_O}{L\cdot B\cdot d}=\frac{1{,}928.100}{61\times 10.500\times 4.600}=0.654$$

이렇게 구한 값을 위의 (1)항에서 제시된 식에 대입해서 중앙 평행부 길이($L_{평행부}$)를 구하면 다음과 같다. 즉

$$\therefore\ L_{평행부}=L\left[\frac{(C_B)_N-(C_B)_O}{C_M-(C_B)_O}\right]$$

$$=61\left(\frac{0.700-0.654}{0.950-0.654}\right)=9.480\ \text{m}$$

6. 중앙 횡단면 형상의 영향

중앙 횡단면의 형상 계수 $C_{\boxtimes}$가 큰 배에 있어서 속장비 $\frac{V(\text{kn})}{\sqrt{L(\text{ft})}}=1.100$ 정도까지는 잉여 저항이 약간 작으나 중앙 횡단면의 형상에 대해서는 잉여 저항에 대부분 영향을 끼치지 않는다.

실선의 자료에서도 선저 구배(dead-rise, rise of floor)를 작게 하고 만곡부 반지름을 작게 하여 중앙 횡단면을 거의 직사각형으로 계수를 1.000까지 근접시켜 선수미부의 유선형에 무리가 없도록 하면, 그 영향은 대단히 작다는 것이 인정되었다.

7. 흘수선과 전후부 단면의 형상

흘수선의 형상에 대해서는 중앙 횡단 면적 곡선에 대하여 전체가 대부분 같은 모양의 것이 된다. 흘수선의 형상을 중앙 횡단 면적 곡선과 같게 해 주면 각 횡단면의 단면 형상은 어느 정도 같아지므로 선택의 자유도가 작아지게 되지만, 실제로는 동시에 생각하여 각각 결정해주어야 한다.

단면 형상은 일반적으로 선수부는 U형, 선미부는 V형이 비교적 저항상 유리하다고 나타낼 수 있지만 선수부가 극단으로 U형이 되면 선수 선저에 손상을 일으키기 쉬우므로 어느 정도 V형을 혼합할 필요가 있다.

V형 선미는 저항은 작지만 1축선의 경우에는 프로펠러에 가까운 쪽을 U형화한 쪽이 전체의 마력은 작아지게 된다.

이것은 저항이 조금 크게 되어도 프로펠러로 들어오는 물의 흐름은 U형 쪽의 흐름 형상이 효율적으로 좋기 때문이다. 즉, 구상 선미 선형(stern bulb)의 채용이다.

어느 쪽으로도 자료와 경험이 요구되므로 간단한 것은 아니다.

8. 상대적인 부심의 전후 위치

부심의 적당한 전후 위치(relative center of buoyancy about midship)를 정하기 위하여 주입장을 길게 하면 조파⊗저항 감소에 유리하고, 주거장을 길게 하면 조와 저항 감소에 유리하다.

주입장, 중앙 평행부 길이 및 주거장 비율의 합계는 100% L이기 때문에 그 분배에 따라 저항에 관계가 있다. 즉, ⊗에서 부심의 전후 위치가 저항에 관계되기 때문이다.

$$l_{CB} = \frac{B}{L} 100\ (\%)$$

실험 결과에 의하면 속장비 $\frac{V\,(\mathrm{kn})}{\sqrt{L}\,(\mathrm{ft})} = 0.650$ 이하, 즉 $\frac{v}{\sqrt{Lg}}$가 비교적 뚱뚱하며 저속인 배에서는 부심을 비교적 중앙보다 앞에 두는 것이 선체 후부를 좁게 하여 유체의 흐름을 쉽게 하는 동시에 저항상 유리하다. 또 $\frac{v}{\sqrt{Lg}}$가 크게 되는 고속선이 되면 선수부를 홀쭉하게 하고 주입장을 크게 하여 부심을 보다 뒤에 두는 것이 저항에 유리하다.

그림 5-15는 1축선에 대한 Todd가 정립한 부심의 전후 위치를 나타낸 것이다. 한편, Ayre의 표준 계수표는 표 5-12와 같다.

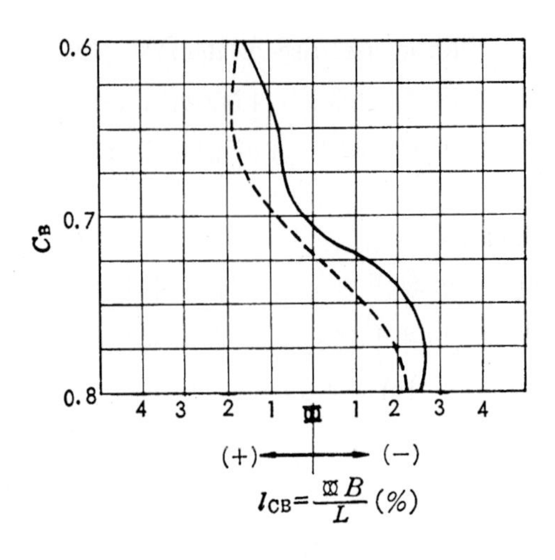

그림 5-15 선속에 대한 최적 부심의 전후 위치

표 5-12 Ayre의 표준 계수표

$\frac{V(\text{kn})}{\sqrt{L(\text{ft})}}$	C_B	C_P	$C_{⊗}$	l_P (% of L)	⊗B (% of L)
0.5	0.830	0.836	0.992	47.1	2.00 ⊗전방
0.6	0.780	0.787	0.991	32.4	1.90 ⊗전방
0.7	0.730	0.738	0.988	17.7	1.66 ⊗전방
0.8	0.680	0.692	0.982	2.9	1.17 ⊗전방
0.9	0.630	0.652	0.966	—	1.13 ⊗전방
1.0	0.580	0.618	0.938	—	0.06 ⊗후방

9. 수선에 있어서의 선수 수절각의 영향

수선의 전단이 선체 중심선과 만드는 각을 수절 반각(half angle of entrance) 혹은 선수 수절각(angle of entrance)이라고 한다.

선수파계가 현저하게 되면 선수부 수압의 전후 방향 분력이 조파 저항으로 작용하게 되므로 수선의 선수 수절각(반각$=\theta$)은 작을수록 조파가 작고 저항이 감소된다. 특히, 이 흘수선에서 수면 아랫부분의 주입각이 중요한 관계를 가진다.

속장비 $\frac{V(\text{kn})}{\sqrt{L}\,(\text{ft})}=1.000\sim1.300$을 넘는 고속이 되면 트림 변화가 생기고, 트림시 수선 수절각이 직접 관계가 된다. 선미부는 선수부와 전혀 다르지만 추진기(propeller)의 존재와 그 작용에 적합하도록 하면 된다.

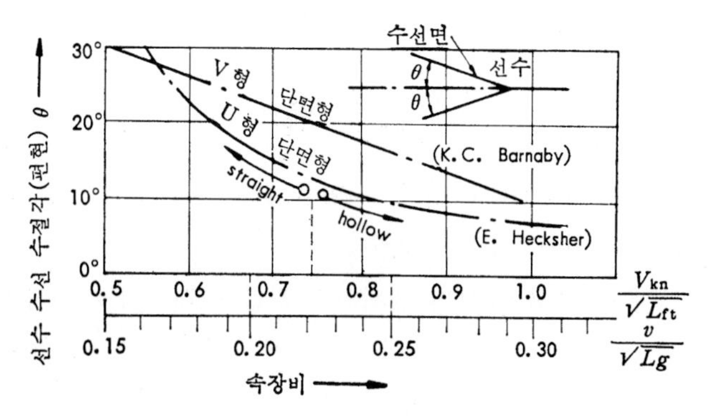

그림 5-16 적당하다고 인정되는 선수 수선 수절각

10. 트림의 영향

만재 상태에서 트림이 0일 때 추진기 성능이 가장 좋게 되는 선형을 설계하지만, 밸러스트 상태에 대해서는 배 길이의 2% 정도 선미 트림(trim by the stern)이 좋다.

등흘수 상태에서 프로펠러의 심도가 낮아져서 회전시 공기의 흡입 등으로 추진기 성능이 떨어질 염려가 있으므로 이런 경우 선미 트림이 필요하게 된다.

11. 파랑의 영향

모형 시험은 일반적으로 정수(靜水) 중에 하기 때문에 그 결과로부터 계산된 실선의 저항도 정수 중 항해할 때의 값이지만, 해양을 항해하는 배는 파랑의 영향을 받아 저항이 증가한다. 파랑 중의 모형 시험 결과에 의하면 배의 고유 종주기와 파 및 배의 어떤 주기의 비, 바꾸어 말하면 동조율(tuning factor)이 1에 가까울 경우 저항의 증가율이 커지게 되며, 또 C_B값이 큰 만큼 저항 증가율도 크게 된다(부록의 계산서 참조).

일반적으로 저항 증가량은 폭 B에 비례해서 커지게 되며, C_B가 큰 만큼 저항 증가율은 커지게 된다.

또한 선수부를 U형화한다면 저항 증가율은 감소한다. 실제 항해에 있어서는 파랑의 영향과 함께 공기 저항의 증가도 생각해야 한다.

배가 강풍을 향해서 항해할 경우 폭이 넓은 배는 강풍에 의해서 일어나는 파의 영향과 함께 공기 저항도 크게 되어서 속력이 많이 떨어지게 되며, 비교적 소형이고 태형(full)인 배는 밸러스트 상태에서 이 두 가지 때문에 항해하지 못하는 수가 있다.

12. 천수의 영향

표주(標柱) 간 속력 시험을 할 경우에 그 곳의 수심이 낮으면 동일 마력에서도 깊이의 정도에 따라 속력이 나지 않는 수가 있다. 이와 같이 수심이 낮은 곳에서 저항이 증가하는 현상을 천수 영향(shallow water effect)이라고 한다.

깊은 바다를 항해하는 배 주위의 물의 흐름은 3차원이지만 낮은 바다가 되면 선저를 흐르는 수류가 제한되기 때문에, 일부는 유속을 증가시키면서 흐르고 나머지는 배의 측면으로 흘러서 2차원적인 흐름에 가깝게 된다.

이와 같이 배 주위의 유속의 증대는 마찰 저항을 증가시키며, 또 조와 저항(eddy making resistance)과 잉여 저항도 일반적으로 증대된다.

선저를 흐르는 물의 유속 증가와 함께 선체의 침하를 증대시키고, 선수부에는 심해파보다 파장이 긴 천수파를 발생시키며, 선미부는 파저에 함몰되어서 선미 트림(trim by the stern)이 크게 되어 전저항이 갑자기 증가하게 된다.

배의 저항에 영향이 없는 최소 수심은 h로서 다음과 같은 식이 많이 쓰여지고 있다.

초대형선 속력 시운전 시행 방안 및 I.T.T.C. trial code에 의해

$$h_1 > 3.0 \times \sqrt{B\,d}$$

$$h_2 > 2.75 \times \frac{v^2}{g} \quad (\because\ v = \text{m/sec})$$

으로서, 천수 영향에 대한 최소 수심 h_1과 h_2의 한계 중 큰 것을 택하도록 지정하고 있다.

예제 2. $L = 305$ m, $B = 53$ m, $d = 19.5$ m의 유조선의 시운전에 필요한 최소 수심(m)은 얼마인가? 단, 예정의 시운전 최대 속력은 17.25 kn로 한다.

$$h_1 > 3 \times \sqrt{53.0 \times 19.5} = 96.440\ \text{(m)}$$

$$h_2 > 2.75 \times \frac{(0.5144 \times 17.25)^2}{9.8} = 22.090\ \text{(m)}$$

$\therefore$ 최소 수심 h는 $h_1 = 96.440$ m 이상

예제 3. $L = 248.0$ m, $B = 32.2$ m, $d = 8.5$ m인 컨테이너 운반선의 시운전에 필요한 최소 수심(m)은 얼마인가? 단, 예정의 시운전 최대 속력은 31.00 kn로 한다.

$$h_1 > 3 \times \sqrt{32.20 \times 8.50} = 49.630\ \text{(m)}$$

$$h_2 > 2.75 \times \frac{(0.5144 \times 31.0)^2}{9.8} = 71.360\ \text{(m)}$$

$\therefore$ 최소 수심 h는 $h_2 = 71.360$ (m) 이상

13. 선수 선형 형상의 영향

(1) 구상 선수 선형

구상 선수(球狀 船首, bulbous bow)는 조파 저항을 받는 대형선의 저항 성능에 큰 효과를 준다. 이는 선수파의 소멸 이외에 선체 주위의 유속 감소를 초래시켜 마찰 저항 감소에도 유리하지만 전체적인 점성 저항 감소에도 유리하다.

구상 선수의 선형은 배수 용적을 선수 하부에 많이 배치하고, 이로 인하여 C_P의 감소 없이 흘수선 부근의 수선 수절각선을 작게 하여 선체 평행부에 접속하는 견부의 유선을 완만하게 하여 잉여 저항 감소에 유리하다.

구상 선수에 관한 실험 결과에 따르면 저속에서는 보통 선형에 비하여 침수 표면적이 커지므로 이에 상응하는 전저항이 약간 커지지만, 속장비 $\dfrac{V\,(\text{kn})}{\sqrt{L}\,(\text{ft})} = 0.800$ 이상이 되면 전저항이 감소한다. 이것은 구상 선수가 클수록 선수파 1파정을 전방으로 이동시켜서 선체의 겉보기 길이가 증가된 결과로 되기 때문이다.

구상 선수는 대형의 고속 화물선에 적합하지만 건조비가 비싸고 황천 항해에 있어서 내해성도 부적당하므로 흘수, 트림이 일정하지 않은 화물선에서는 부적당하다.

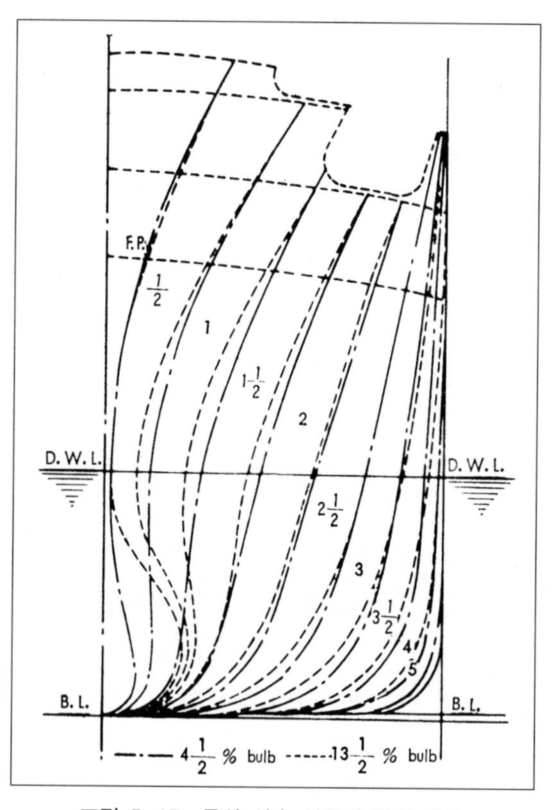

그림 5-17 구상 선수 선형의 정면 선도

최근의 비대선은 대개 선수부의 F.P.로부터 앞에 돌출한 구상 선수 선형으로 되어 있지만, 저속 비대선에 대한 벌브(bulb)의 효과에 대해서는 고려해 볼 만한 문제이기도 하다. 앞부분 수선 F.P.에 있어서의 단면적이 중앙 횡단 면적 $A_{\text{⊠}}$에 대한 비율 f를 크게 할수록 저속에서는 전저항이 감소한다. 저속에서 전저항의 유리한 범위는 고속에서도 유리한 현상이 되기 때문이다.

f값은 보통 4~7%이고, 저항 감소량은 잉여 저항에서 10~15%, 전저항에서 3~8%이다. 특히 뚱뚱하고 길이가 짧은 배가 속장비 $\dfrac{V\,(\text{kn})}{\sqrt{L}\,(\text{ft})} = 1.000$, 또는 그 이상 작은 마력으로 고속을 내기 위해서는 f가 큰 구상 선수를 사용한다.

일반적으로, 저속 비대선의 조파 저항 계수는 C_P곡선의 선수 부분 경사각을 θ라 할 때, θ가 크게 되어서 C_P곡선의 선수부 경사가 크게 되어 C_P곡선의 평행부로부터 선수부에 이르는 변화 부분의 배(肩)가 확장되므로 조파 저항이 증가하게 된다.

그림 5-18은 f%의 벌브를 붙인 선형과 벌브가 없는 선형의 C_P곡선의 전반부를 비교한 것이다.

벌브가 붙은 선수부의 경사각 θ_F는 벌브가 없는 경우의 경사각 θ_o에 비해서 C_P가 같은 값에서도 명확히 작아지며, 따라서 벌브가 있는 선형에서는 조파 저항이 작아진다.

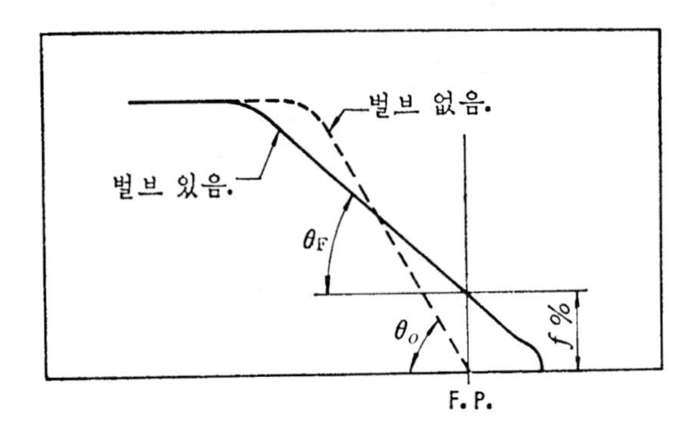

그림 5-18 벌브가 있는 선형과 없는 선형의 C_P곡선

이처럼 비대선에 있어서의 벌브는 C_P곡선의 선수부의 경사를 완만하게 하는 효과가 있게 되므로 조파 저항을 감소시킨다고 생각되며, 선수부의 비대도가 큰 배에서는 벌브의 f %를 크게 할 필요가 있다.

그러나 극단적으로 크게 하면 선수부가 주선체와 벌브의 결합 부근의 유체 흐름이 흐트러지게 되어 이론상 조파 저항이 감소되더라도 반대로 불리하게 되어 전저항면에서는 이득이 없다. 즉, 벌브의 크기에는 한계가 있는 것이다.

엔트런스 계수(length of entrance coefficient, r_E)와 벌브의 크기에 대해서 종래의 실적을 조사해 보면 그림 5-19에서와 같이 선수부의 비대도가 큰 쪽이 큰 벌브를 붙이게 된다는 것을 알 수 있다.

벌브의 형상은 선체의 조파 간섭을 고려해 주어야 하며 조파 저항 이론이나 실적선의 자료를 참고로 계획하는데 벌브 크기의 비를 %값으로 판정한다.

① 배의 선수 수선(垂線) $F.P$에서의 구상 선수 벌브의 돌출 길이와 수선간장(垂線間長, L_{BP})의 길이에 대한 비를 %로서 나타낸다.

② $F.P$에서의 구상 선수의 횡단면적과 선체 ⊗의 수선 아래 횡단 면적과의 비를 %로서 나타낸다.

위의 ②항의 구상 선수의 실적값 a_B를 추정하면 대략 다음과 같다.

$$a_B \fallingdotseq 0.040 + 0.07 \times r_E \quad \cdots\cdots (5\text{-}25)$$

로 표시된다. 여기서 r_E는 선체 앞부분의 비대도를 나타내는 계수로,

$$r_E = \frac{(B/L)}{\{1.3(1 - C_B) + 0.031 \times l_{CB}\}}$$

또한, 벌브의 $F.P.$에서의 전방 돌출량은 벌브의 측면 형상에도 따르지만 보통 L의 크기에 따라 $(3.1 - 1.3 \times r_E)$% 정도이고, 특히 흘수 변화가 큰 경우는 밸러스트 상태에서 최대 팽출부가 선수 흘수 부근이 되지 않도록 배려한다.

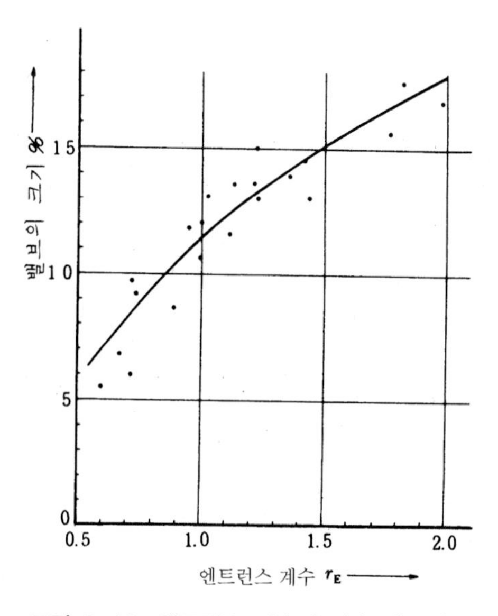

그림 5-19 앤트런스 계수와 선수 밸브의 크기

(2) 유케비치 선수 선형(Yourkevitch form)

고속선의 조파 저항을 감소시킬 목적으로 한 선형으로서, 보통 선형에 비해 약 12%의 이익이 있으며 배수 용적을 선체 중앙부에 집중시켰고, 흘수선 부근의 수선 수절각을 매우 작게 한 선형이다.

수선이 凹 부근에서 凸부로 변하는 반곡점 위치의 선수에서 측정한 거리를 X(m)라 하면

$$X(\mathrm{m}) = \left(\frac{V(\mathrm{kn})}{\sqrt{L(\mathrm{m})}} - 1\right) \times \frac{L(\mathrm{m})}{4}$$

이 되는 점에 두면 좋다는 것이 실험으로 입증되었으며, 이 선형은 구상 선수와 병행하여 사용되는 경우가 많다.

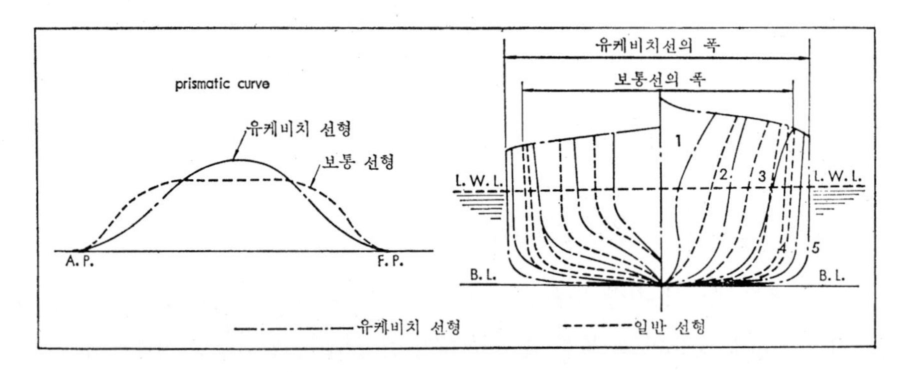

그림 5-20 유케비치 선형의 정면 선도

(3) 마이어 선수 선형(Maier form)

마이어 선수 선형은 그림 5-21에서와 같이 정면 선도에서 선체 앞부분의 늑골선이 직선이며, 또 거의 평행하게 되어 현저한 V형을 하고 있다. 유선에 따른 선체 표면의 길이를 가능한 한 짧고 무리가 없도록 하여 마찰 저항을 감소시킴과 동시에 조파 저항도 감소시키는 데 유리하게 한 선형이다.

마이어 선수 선형은 침수 표면적이 약간 작아짐과 동시에 구상 선수와는 반대로 선수 1파정을 선미측으로 이동시켜 배의 겉보기 길이가 짧아지게 한 것과 동일한 상태이므로, 이것은 중속선에 있어서 속장비 $\dfrac{V(\mathrm{kn})}{\sqrt{L}(\mathrm{ft})} = 0.750 \sim 0.800$ 부근의 보통 선형에 있어서 저항의 정부가 생길 때 특히 유리하다.

마이어 선수 선형은 수선 단면적이 넓고 복원력이 양호하며, V형 단면과 선수부 상방의 플레어(flare)가 크기 때문에 내파 항해 성능이 좋다. 따라서 중소형 어선에 많이 적용되고 있다.

경흘수 상태에서는 수선장이 상당히 짧아져서 고속에서는 저항이 크게 되므로 선미 트림을 작게 하는 것이 유리하다.

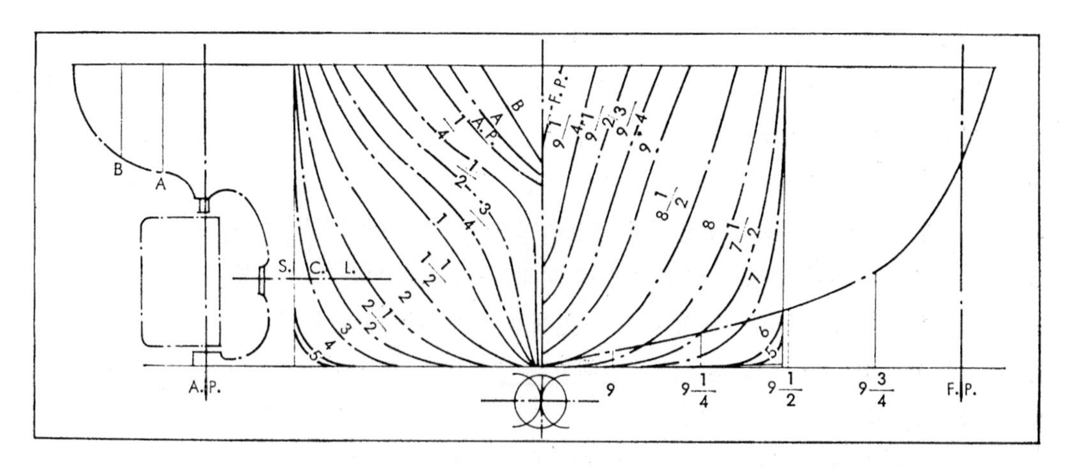

그림 5-21 마이어 선수 선형의 정면 선도

(4) U형과 V형 단면의 선형

전반부는 수선 주입각이 작은 U형 단면을 사용하고, 후반부는 추진기 및 의장에 적합하도록 V형 단면이 널리 사용되어 왔다. 그러나 디젤 고속 화물선이 황천 항해시에 향파(向波)의 종요 주기(縱搖 周期)가 동조하여 앞부분 선저를 손상시킴과 동시에 갑판에 파랑이 침입하기 때문에 이런 선형의 전반부에도 V형을 가미시켜 큰 효과를 보고 있다. 원양 어선 등과 같은 배에서 복원 성능과 항해 성능의 향상을 위해 선수 선형을 V형 선수 선형으로 적당히 사용하여 큰 효과를 보고 있으며, 최근에는 선미 선형에도 U형을 채택한 선형도 있다.

14. 선체 부가물의 저항(appendage resistance)에 의한 영향

모형선에서는 선체 자신에 대한 저항의 좋고 나쁨을 조사하는 일이 많고, 타, 만곡부 용골, 프로펠러, 프로펠러 축, 축 브래킷(shaft bracket), 보스부 등의 선체 부가물은 부착하기가 곤란하므로 특별한 목적 이외는 붙이지 않고 수조 시험을 하는 것이 보통이다.

그러므로 부가물이 없는 모형의 전저항에서 실선의 전저항을 구하여 부가물에 상당하는 비율을 저항 증가분에 더하여 구한다. 적당한 위치에 붙여진 만곡부 용골은 침수 표면적의 증가에 의하여 마찰 저항의 증가만을 발생한다고 생각되며, 위치가 부적당하면 새로운 형상(渦) 저항이 그것에 가해진다.

따라서 부가물 저항은 근사적으로 전부 조와 저항으로 구성된다고 하여 취급할 수 있다. 부가물에 대한 저항 계수는 속도에 관계 없이 일정하다고 생각할 수 있다.

나선체 저항에 대한 부가물 저항의 비율은

- 1축 화물선에서는 7～13%이고,
- 큰 만곡부 용골 및 축 브래킷을 가진 2축선 이상의 군함에서는 15～30%가 된다.

15. 특수 선체 부가물인 벌브(bulb)의 생력화

선수의 만재 흘수선 아래에 장착된 선수 벌브(bow-bulb), 선미 수면 아래의 프로펠러 전방에 장착된 선미 벌브(stern-bulb), 선미 후단의 수면 근처에 장착된 선미단 벌브(stern-end bulb)의 3가지 종류가 있다.

벌브를 부가물이라고 생각하는 것도 가능하지만, 선수 벌브를 구상선수(bulbous bow)라고 부르는 것처럼 주선체 선도의 국부 변형에 따라 개량된 것이라고 생각할 수 있다.

벌브의 효과는 그것이 주선체의 선도와 일체로 설계됨에 따라서 얻어지게 되는 것이다. 일부의 선수 벌브와 선미단 벌브처럼 주선체와 불연속으로 접합시켜 충분한 저항 절감 효과를 얻는 것에 관해서는 동일한 형식과 같다.

따라서 주어진 주선체에 대해서 제일 적합한 벌브를 설치하도록 생각하는 것보다는 오히려 허용된 전장에 따라 주어져서 이러한 조건 아래에서의 최적 선체 형상을 구해 결과적으로 벌브를 붙인 선형을 얻도록 생각하는 편이 합리적일 것이다.

(1) 선수 벌브(bow bulb)

선수 벌브의 역사는 옛부터, 거대한 벌브의 연구가 되면서부터 40년 이상을 경과해 오면서 거의 대형선에 채용되고 있다.

형상은 조선소에 따라 여러 가지가 많이 있다. 선종, 선속, 비대도, 흘수 조건 등의 여러 가지 구속 조건 등에 따라 변화하는 것은 당연하지만, 그 이상의 자유도가 있는 것처럼 생각했다.

동일한 조건 아래서라면 유체역학적인 최적 형상이 큰 자유도가 존재한다고는 생각하지 않으므로, 선수 벌브의 유체역학적인 효과가 충분히 이해되어 있지 않은 것은 이와 같은 자유도가 존재하는 원인일 것이다.

선수 벌브의 효과가 조파 저항의 절감에 있다는 것은 부정할 수가 없다. 조파 저항의 절감 효과는 선형(線型) 분산파(Kelvin 波)의 간섭으로 설명될 수 있다.

선형은 파가 있으니까 중첩이 되어 합쳐질 수 있고, 선수 벌브로 만든 파와 주선체로 만든 파의 위상을 역으로 하면 간섭에 따라 파고가 낮아지며, 따라서 조파 저항이 작아지게 된다.

이것은 파형 해석에서와 같이 실험에 따라 확인할 수가 있다.

정성적으로 계측된 파고가 감소하고 있는 것을 알 수도 있고, 선형 조파 저항 이론에 따라 파형 조파 저항을 산출해서 정량적으로 파형 조파 저항의 감소를 얻을 수도 있다.

그러나 약 20년 전보다 저중속선의 밸러스트 상태에서 선수 벌브는 저항 시험에 따라 해석된 조파 저항의 절감에 기여하고 있지만, 파형 조파 저항에 대한 기여는 거의 없어 실험적으로 나타나도록 되었다.

저중속선의 밸러스트 상태에 한정하지는 않지만, 대단히 홀쭉한 선형을 제외하면 거의 실용 선형에 있어서 저항 시험에 따라 얻어지며, 조파 저항은 파형 해석에 따라 얻어지는 것보다 크다.

이와 같은 실험적 사실은 선수 벌브의 효과가 선형 분산파(Kelvin 波)의 조파 간섭에 따라 유지하도록 생각하는 쪽이 부분적으로는 부정하는 것이 된다.

파형 해석에 나타나지 않는 선수 벌브의 효과는 어떠한 물리 현상에 관한 것이 아닌가 하는 문제에 관해 삼능(三菱) 장기(長岐) 수조(水槽)와 동대(東大) 수조에서 연구가 진행되어 왔다.

현시점에서도 분명치 않은 점이 남아 있지만 선체 근방에는 자유표면충격파(自由表面衝擊波, free surface shock wave)라고 부르는 비선형파가 발생하고 있는 것이 분명하고, 선수 벌브는 선형 분산파의 절감만으로 되며, 자유표면충격파의 절감에는 효과를 나타내는 것이 판명되어 있다.

자유표면충격파는 선체 부근에 발생한 구배에 대단히 강한 파이고, 파정이 붕괴하기도 하며, 자유표면의 비정상성을 수반하기도 한다.

실선에서는 선체 둘레와 그 후방에 흰 거품으로 된 영역을 형성한다. 선수 둘레의 자유표면충격파는 선형과 선속에 따라 원호 상태 또는 직선 상태의 파정선을 형성하지만, 선수 벌브는 원호 상태의 자유표면충격파(normal free surface shock wave)를 직선 상태의 자유표면충격파(oblique FSSW)로 변화시키기도 하고, 직선 상태의 자유표면충격파의 선체 중심선으로 된 각을 작게 해서 동시에 파고를 낮추면 효과를 나타내며, 결과적으로 자유표면충격파에 따른 저항을 작게 한다.

선수 벌브를 부과하는 것에 따라 선체 중심선과 약 70°의 각을 이루는 자유표면충격파가 약 40°의 각을 이루는 것으로 변하는 동시에 파고가 현저하게 낮게 된다.

이에 따라 선수 벌브의 효과에는 선형 분산파의 절감과 자유표면충격파의 절감과의 2개가 있기 때문에 선수 벌브의 설계는 양자를 고려해야 한다.

그런데 선형 분산파에 대해서는 선형 조파 저항 이론의 활용과 파형 해석적인 수법이 유효한 것에 반해 자유표면충격파에 대해서는 아직 충분한 수법이 개발되어 있지 않고, 동대 수조의 근사적인 수법이 있을 뿐이다.

하지만 선형 설계 또한 선형 개량에 있어서 수법이 정량적으로 정확한 정보를 제공하는 것은 반드시 필요하지는 않지만 정성적으로 정확한 정보를 충분히 응용한 경우가 많다.

아주 간단히 말하면 파정선의 선체 중심선과 이루는 각을 작게 하면 좋기 때문에 수선 입각을 작게 하고 밸러스트 상태에서는 벌브 선단을 얇게 하는 것이 유효하다.

2개의 조파 현상 가운데 어느 쪽의 조파 저항이 큰 부분을 차지하고 있는가를 파악해 두는 것이 중요하다.

일반적으로 비대한 선이 흘수가 얕다고 한다면 자유표면충격파 저항이 차지하는 비율이 크며, 반대로 고속 컨테이너선과 같은 홀쭉한 선형에서는 작다.

최근 $C_B≒0.750$, $F_n=0.200$의 내항 화물선의 선수 벌브 부가를 포함한 선형 개량을 특성 해석법과 같이 자유표면충격파의 근사 해법을 써서 시험한 경우 밸러스트 상태에서 약 30% 조파 저항을 절감시키는 데에 성공하였다.

자유표면충격파의 절감만을 생각한다면 최적 선형에 가까운 것을 얻을 수 있다고 말할 수 있으며, 선형 조파 저항 이론은 이와 같은 중속 선형에 있어서는 그다지 유효하지는 않다고 말할 수 있다.

내항 화물선과 어선에도 선수 벌브를 장착할 수 있지만 아직까지의 예는 많지 않다. 중소형선에서도 활주형선에서는 없으며, 반활주형선에서는 할 필요가 있지만 선형학적인 문제는 대형선의 경우와 큰 차이가 없는 경우가 많다.

이와 같이 조파현상에 입각한 선수 벌브의 설계를 행하는 동시에 중소형선에서도 적용을 추진하는 것이 바람직하다.

(2) 선미 벌브(stern bulb)

선미 벌브의 연구가 거대한 선수 벌브의 연구와 거의 같은 시기에 실용 선형에 채용하도록 한 것은 비교적 최근의 일이 된다.

통상 선미 프로펠러 전방의 주축 주위에 소규모 원통형 벌브를 매끄럽고 순조롭게 하며, 규모가 큰 것도 있다.

어느 정도 이상의 고속선에 채용한 예가 많이 있고, 서서히 저중속선에 적용 범위가 확대되어 지고 있는 현상이다.

선미 벌브의 효과는 조파 저항의 절감보다도 오히려 자항 요소의 개선에 있는 쪽이 많이 있은 듯하다. 자항 요소의 문제는 선체, 프로펠러, 타와 상호 간섭의 문제이고, 점성유체 중의 문제도 있기 때문에 복잡하지만, 선미 벌브의 부가에 따라 선각 효율의 향상을 얻을 수 있으므로 가능하게 된 것이다.

반류의 추정 정도는 선형 설계에 응용되고 있기 때문에 선미 벌브의 설계법으로 확립시킨 것은 아니다.

그러나 자항 요소의 항으로 $1-t$는 자항 상태와 예항 상태의 저항의 차로서 상당하고 있기 때문에 주요한 성분은 무한유체 중의 특이점 사이의 힘으로 설명된다. 따라서 파동의 영향을 무시하면 비교적 간단한 계산으로 산정할 수 있다.

이의 계산에 따라서 $1-t$가 작게 되는 선형을 구하여 얻어진 선형($1-w$가 나쁘게 되고 있다)의 C_P곡선을 유지하면서 선미 벌브에 따라서 $1-w$의 증가를 의존하는 방법이 실제적인 방법이다.

만약 조파 저항이 어느 정도 이상의 선형이 있으면 $1-t$의 계산과 동시에 조파 저항의 계산을 행할 필요가 있다. 이 수법을 생각하는 법은 자항 상태 선체의 비점성 저항을 최소로 한 상태에서 선미 벌브에서처럼 반류의 개선을 얻도록 하는 것이다.

선미 후반부의 설계를 위해서는 자항 상태에서의 계산과 실험이 필요하다. 선미 부가물의 성능을 예항 상태에서 음미하는 것은 무의미한 것에 가깝다.

중저속선에서는 조파 저항을 절감하는 것보다도 자항 요소를 개선함에 따라 이득이 크고, 또 선체 후반부가 전반부 정도 최적 형상에 가깝게 하는 것은 좋지 않기 때문에 보다 많은 선형에서 계산과 실험 방법으로 선미 벌브를 장착하는 것은 시험해 볼 만한 것이라고 생각한다. 반류 균일화처럼 견딜 수 있는 Cavitation 성능의 향상은 진동 절감 등의 효과를 얻을 수 있다.

(3) 선미단 벌브(stern-end bulb)

최근 일본의 동대(東大) 수조에서 개발된 새로운 벌브이다. 선미단의 수선 근방에 장착된 조파 저항을 절감하도록 하여 중요한 효과를 내게 한 것이다.

선미에서의 조파 저항 절감을 주목적으로 하기 때문에 고속선에서의 효과는 특히 크고, 항해 속력이 높은 것에서 장착을 시작하였으며, 비교적 간단한 공사로서 부착시킬 수 있기 때문에 취항하고 있는 선박에 쉽게 부착시킬 수 있다.

문제는 수선 근방에 장착되기 때문에 선미 흘수 변화가 큰 선형의 어느 한정된 범위의 흘수 상태에서는 효과가 나올 수는 없다는 점이다.

선미단 벌브는 실선 전저항의 0~10%를 절감할 수 있다. 선미 조파 저항이 작은 선형에 대해서는 효과가 없지만 이에 비해 큰 고속선에서는 최대 10%의 생에너지 효과가 있다.

선미단 벌브의 유체역학적인 효과는 선수 벌브의 경우와 거의 같다. 선수와 같은 모양의 선미단은 선형 분산파와 자유표면충격파가 제일 강하게 발생하는 위치에 있으므로, 선미단 벌브는 이의 2가지 종류의 파보다는 약한 효과를 얻는다. 대부분의 선에서 선체 후반부는 전반부에 비해서 최적화의 정도가 낮지만, 이의 두 가지 종류의 파가 저항이 큰 것이 많고 불연속의 결합된 선미단 벌브가 놀라울 정도의 효과를 나타내는 것이 적지 않다.

물리적인 효과가 선수 벌브와 같기 때문에 설계법도 선수 벌브의 경우와 비슷하고 선형 조파 저항 이론이 어느 정도 유효하지만, 선수보다도 복잡한 유동장 중에 설치되어 있기 때문에 수조 시험에 따라 효과를 확인하는 것이 바람직하다. 선미단 벌브는 점성 저항을 증가시킬 염려는 거의 없지만 일단 유의해 둘 필요가 있다.

5.1.3 선형과 추진 성능

1. 선수 형상과 추진 성능

조파 저항은 선수부의 형상에 의해 정해지므로 조파 저항의 계산에 있어서는 선수부의 형상을 나타내는 지수와 같은 것을 정하고, 그 지수와 조파 저항의 관계를 비교해 놓으면 좋을 것이다. 그런데 저속비대선의 경우에는 선체 중앙부에 평행부를 삽입하여 배의 길이를 연장하여도 선수미의 형상만 바꾸지 않으면 같은 속력에서는 조파 저항이 변하지 않는다. 따라서 조파 저항을 비교하는 경우 Froude 수의 바탕으로서 L_{BP}를 잡는 것은 불합리하므로 배의 폭 B를 잡기로 한다. 그것은 원래 엔트런스 길이 L_E를 잡아야 하나, L_E를 잡으면 취급이 불편하기 때문에 그 대신 배의 폭 B를 잡기로 한 것이다.

따라서, Froude 수는

$$F_{NB} = \frac{v}{\sqrt{Bg}}$$

로 되고, 조파 저항 계수도

$$C_{WB} = \frac{R_W}{\frac{1}{2}\rho B^2 v^2}$$

와 같이 나타낸다.

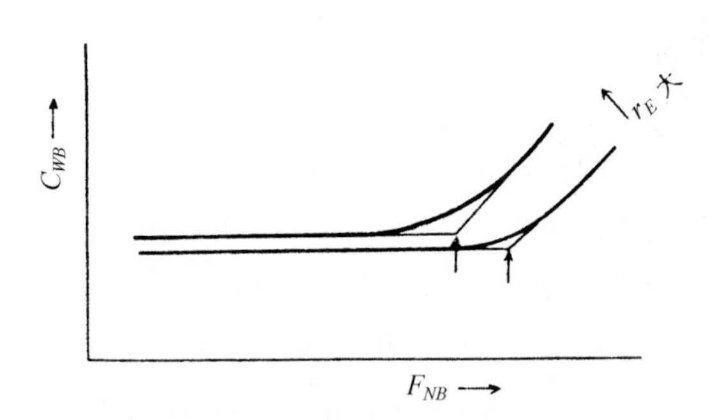

그림 5-22 조파 저항과 F_{NB} 및 r_E와의 관계

조파 저항 계수는 그림 5-22에서 보는 바와 같이 F_{NB}와 r_E가 클수록 커진다. 또한, 조파 저항 계수는 F_{NB}가 어떤 값 이상이 되면 급격히 커진다. 따라서 항해 속력이 주어졌을 때 선수부의 비대도를 조파 저항 계수가 현저히 커지지 않도록 억제하여야 하며, 조파 저항 계수의 곡선이 급격히 상승하기 시작하는 점의 약간 앞에 항해 속력이 오도록 하는 것이 바람직하다.

그림 5-23은 추진 성능이 좋은 배들에 대하여 항해 속력(常用出力, 15% 시 마진)에 있어서의 F_{NB}와 r_E의 관계를 조사한 결과이며, 그림의 실선은 r_E의 기준값을 나타낸 것이다. 이 그림에 나타난 실선의 r_E와 F_{NB}의 관계는 그림 5-22에서 조파 저항 곡선의 급격히 상승하기 시작하는 점의 왼쪽 구역에 속하고 있다.

그런데 최근의 비대선은 거의 모두 선수부의 FP로부터 앞으로 돌출한 구상선수(bulbous bow)를 가지고 있으므로, 저속 비대선에서의 밸브 효과에 대하여 그 개념을 소개하기로 한다.

밸브의 크기는 보통 %로 표시된다. 그것은 FP에서의 수선아래 횡단면적 $A_{\text{⊠}}$과의 비이다. 일반적으로 저속 비대선에 있어서 C_P곡선에 FP에서의 경사각을 θ라고 할 때, θ가 커져서 C_P곡선의 선수부에서의 기울기가 커지고, C_P곡선의 평행부로부터 선수부로 옮겨가는 부분의 어깨가 벌어지면 조파 저항이 증가한다고 한다.

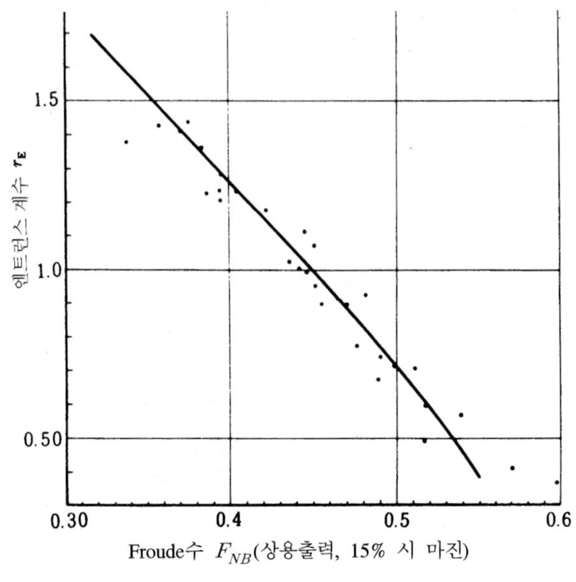

그림 5-23 Froude 수와 엔트런스 계수

2. 선미 형상과 추진 성능

저속 비대선의 경우에는 자항 요소가 주로 선미부의 형상으로부터 정해지므로 선수 형상의 경우와 같이 평행부로부터 뒷부분, 즉 런(run) 부분의 비대도를 정의하고, 그것과 자항 요소들과의 관계를 구해 놓을 필요가 있다. 런 부분의 길이를 L_R이라고 하면 비대선의 실적으로부터

$$L_R = [1.3 \times (1 - C_B) - 3.1 \times l_{CB}] \times L\ [\text{m}]$$

로 나타내지므로, 런 부분에 비대도를 나타내는 계수를 r_A라고 하면

$$r_A = \frac{\dfrac{B}{L}}{1.3(1 - C_B) - 3.1 \times l_{CB}}$$

로 된다. 이것을 런 계수(run coefficient)라고 한다. 런 계수와 형상 영향 계수 K와의 관계는 표 5-10에 나타낸 바와 같이

$$K = 3 r_A^5 + 0.30 - 0.035 \frac{B}{d} + 0.5 \frac{T}{L} \times \frac{B}{d} \quad [\text{단, } T\text{는 트림(cm)}]$$

와 같으며, 배의 주요 치수가 일정하면 선미가 뚱뚱하여 런 계수가 클수록 K는 커진다.

또, 자항 요소 중 추력감소계수 t와 반류계수 w는 런 계수 r_A의 함수로 나타내지며, r_A가 커짐에 따라서 t와 w의 값도 증가한다.

런의 비대도에 대해서는 선미에서 물의 흐름이 선체 표면으로부터 떨어져 나가는 것을 방지하고, 또 추진 성능을 좋게 하기 위하여 어떤 일정한 크기로 억제할 필요가 있다. 런의 비대도가 너무 커지면 추진 성능이 나빠질 뿐만 아니라, 반류분포의 불균일성이 증가하여 프로펠러의 기진력이 커져서 진동을 일으키거나, 캐비테이션이 발생할 위험이 따르므로 충분히 주의하여야 한다. 그림 5-24은 추진 성능이 우수한 배들의 런 계수와 항해 속력(상용출력, 15% 시 마진)에서의 F_{NB}의 관계를 나타낸 것이며, 이 그림의 실선은 선미의 비대도의 기순값을 주고 있다.

다만, 런의 비대도의 검토는 이 그림만으로는 불충분하며, 선도를 작성하는 단계에서 프로펠러 위치에 있어서의 수선면의 런 각(선체 중심선과 수선이 이루는 각도)이 커지지 않도록 배려해야 한다.

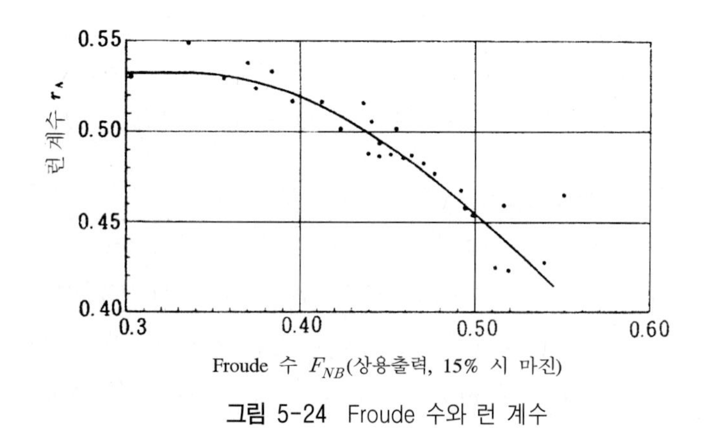

그림 5-24 Froude 수와 런 계수

5.1.4 선형 계수와 기본 치수와의 관계

주요 치수와 C_B와의 관계는 추진 저항상의 면에서 보아 밀접한 관계를 가지고 있어야 한다.

C_B는 계획 속력에 있어서 조파 저항 곡선이 급격히 상승하지 않도록 해야 하며, 배의 길이 L과 항해 속력이 주어진다면 C_B는 배의 속장비(speed length ratio) $\dfrac{V}{\sqrt{L}}$ 또는 Froude 수와의 함수로 관계된다. 이와 같이 생각되면 C_B와 F_N 또는 $\dfrac{V}{\sqrt{L}}$의 관계에 대해서는 표 5-1에 나타낸 것과 같은 관계식이 발표되었다.

그러나 이 식은 저속 비대선의 경우에는 적절한 식이라고 할 수 없기 때문에 주요 치수와 C_B와의 관계를 구해 보는 것으로 한다.

앞에서 선수미 형상의 비대도와 추진 성능의 관계를 설명하였는데, 이의 관계를 이용한다면 어떤 주요 치수가 정해졌을 때 추진 성능상의 점으로부터 적절한 C_B를 구하는 일이 가능해진다. 즉, 어떤 항해 속력에 대응하는 Froude 수(F_{NB})가 주어지면 그림 5-26과 5-27로부터 선수부의 비대도를 나타내는 엔트런스 계수 r_E와 선미부의 비대도를 나타내는 런 계수 r_A를 정하면 C_B와 $\dfrac{L}{B}$의 관계를 구할 수 있다.

1. 주입장과 주거장(length of entrance and length of run, L_E & L_R)

조파 저항은 선수부의 형상에 따라서 결정되므로 조파 저항을 계산하기에는 선수부의 형상을 나타내는 지수(parameter)를 정해서 이 지수와 조파 저항의 관계를 구하면 좋다. 이와 같이 지수는 여러 가지를 생각할 수 있지만 배의 추진은 C_P곡선과 밀접한 관계가 있기 때문에 C_P곡선과 관련하여 생각하기로 한다.

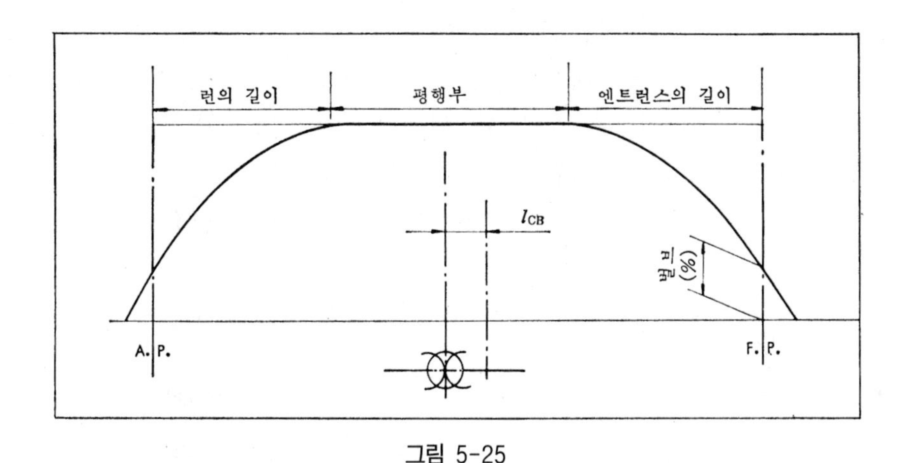

그림 5-25

C_P곡선은 그림 5-25와 같이 배의 중앙부 수선 아래의 최대 횡단 면적을 1로 했을 때, 수선 아래 횡단면의 선수미 방향의 분포를 나타낸 것이기 때문에 이 곡선 주위의 면적을 L_{BP}로 나누어 C_P를 나타내므로, 이를 프리즈매틱 곡선(prismatic curve, C_P-curve) 또는 횡단면적 곡선(sectional area curve)이라 부르고 있다.

C_P곡선은 배의 선도(lines)를 작성할 때 최초의 형상을 결정지워주는 데 필요하다. 그런데 배의 선도에서 수선 아래 횡단면의 면적이 중앙평행부보다 작게 되는 선수의 부분을 엔트런스라 한다. 엔트런스 부분의 길이를 L_E로 하면 배의 폭 B를 L_E로 나눈 값 $\dfrac{B}{L_E}$는 선수부가 뚱뚱한지 등의 크기가 되기 때문에 이것은 선수의 비대도를 나타내는 계수가 된다.

먼저, 엔트런스 길이와 런 길이의 식들을 각각 다음과 같이 나타내면, 주입장 L_E는

$$L_E \fallingdotseq [1.3 \times (1 - C_B) + 3.1\, l_{CB}] \cdot L\,(\mathrm{m})$$

주거장 L_R은

$$L_R \fallingdotseq [1.3 \times (1-C_B) - 3.1 l_{CB}] \cdot L\,(\mathrm{m})$$

로 나타낸다.

2. 엔트런스와 런 계수(entrance coefficient and run coefficient, r_E & r_A)

평행부 전반부의 선수부 비척도를 나타내는 엔트런스 계수와 선미부의 비척도를 나타내는 런 계수와의 관계식은

$$1.3(1-C_B) + 3.1 \times l_{CB} = \frac{\frac{B}{L}}{r_E} \quad \text{(5-26)}$$

$$\therefore \; r_E = \frac{\frac{B}{L}}{1.3(1-C_B) + 3.1 \times l_{CB}}$$

가 된다.

자항 요소 중에서 추력(trust) 감소계수(t)와 반류계수(w)에 대해서도 표 5-13, 5-14에서와 같이 런 계수의 관계 계수로 나타내며, 런 계수가 커짐에 따라서 t와 w의 값도 증가한다.

$$\text{추력}(T) = \frac{R_T}{1-t}$$

$$t = \frac{T - R_T}{T}$$

여기서, T : 추력(kg)

t : 추력감소계수

R_T : 전저항(kg)

표 5-13 추력감소계수의 근사식

발 표 자	근 사 식	비 고
van Lammeren	$t = 0.5C_B - 0.15$(1축선) $t = \frac{5}{9}C_B - 0.205$ (2축선)	
Sasajima-Oh	$t = 0.15r_A + 0.14$(1축선)	$r_A = \frac{\frac{B}{L}}{1.3(1-C_B) - 3.1 l_{CB}}$
Akashi(明石)선형 연구소	$1-t = 0.853 - 0.118r_A$(1축선) $1-t = 0.920 - 0.320r_A$(2축선)	$r_A = \frac{\frac{B}{L}}{1.3(1-C_B) - 3.1 l_{CB}}$

표 5-14 반류계수의 근사식

발 표 자	근 사 식	비 고
van Lammeren	$w=\frac{3}{4}C_B-0.24$(1축선) $w=\frac{5}{6}C_B-0.353$(2축선)	
Sasajima-Oh	$w=0.75r_A+0.14$(1축선, 만재) $w=0.75r_A+0.20$(1축선, 밸러스트)	$r_A=\frac{\frac{B}{L}}{1.3(1-C_B)-3.1l_{CB}}$
Akashi(明石)선형 연구소	$1-w=r_A^2-1.873r_A+1.173$(1축선) $1-w=1.00-0.50r_A$(2축선)	$r_A=\frac{\frac{B}{L}}{1.3(1-C_B)-3.1l_{CB}}$

$$w=\frac{v_W}{v}$$

$$w=\frac{v_W}{v}=\frac{v-v_A}{v}$$

여기서, v : 배의 전진 속도

v_W: 반류 속도

v_A : 프로펠러의 전진 속도

런의 비대도에 대해서는 선미에 있어서 물의 흐름이 선체 표면으로부터 떨어져 나가는 것을 방지하고, 추진 성능을 좋게 하기 위해 어떤 일정한 크기로 줄일 필요가 있다. 런의 비대도가 크게 되면 추진 성능이 나빠질 뿐만 아니라, 반류 분포의 불균일성이 증가하여 프로펠러의 기진력이 크게 되어 진동을 일으키거나, 공동 현상(cavitation)이 발생할 위험이 있기 때문에 충분히 주의해야 한다.

식 (5-26), (5-27)에서 엔트런스 계수와 런 계수를 어느 정도 다음 식으로 변형하기 위해 l_{CB}를 소거하면 다음 식이 얻어진다.

$$2.6\times(1-C_B)+3.1=\frac{B}{L}\times\left(\frac{1}{r_E}+\frac{1}{r_A}\right) \quad \cdots\cdots (5\text{-}27)$$

식 (5-27)에서 F_{NB}가 주어지면 r_E와 r_A의 값이 결정되므로, 결국 F_{NB}를 매개 변수로 하여 그림 5-26과 같이 C_B와 $\frac{L}{B}$의 관계를 결정하는 곡선을 그릴 수 있게 된다.

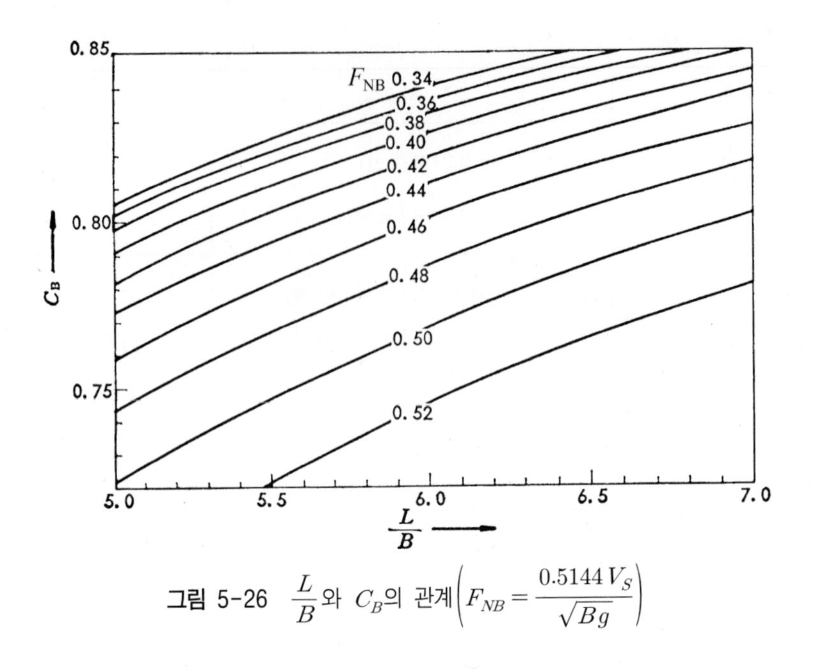

그림 5-26 $\frac{L}{B}$와 C_B의 관계$\left(F_{NB} = \frac{0.5144\,V_S}{\sqrt{Bg}}\right)$

그림 5-26을 이용한다면 어떤 항해 속력이 주어졌을 때 주요 치수와 C_B와의 관계가 적당한지를 검토할 수 있다.

3. 배의 크기와 $\frac{L}{B}$과의 관계

배의 추진 성능을 좋게 하기 위해서는 선도의 모양이나 프로펠러의 설계 등도 중요하지만 무엇보다도 L, B, d, C_B 등의 주요 요목을 적절하게 선정하고, 배수량을 가능한 한 작게 하는 것이 중요하다. 주요 요목을 결정하는 경우에는 특히 $\frac{L}{B}$과 C_B의 관계를 적절히 결정하는 것이 필요하다.

그림 5-27은 45,000톤 벌크 화물선의 선형에 대하여 배수량 54,900톤, 주기마력 14,000 PS를 일정하게 두고, $\frac{L}{B}$과 C_B를 여러 가지로 바꾸었을 때의 항해 속력(NOR, 15% 시 마진)의 변화를 계산한 결과이다. $\frac{L}{B}$을 바꾸면 배수량도 달라지지만 간단히 하기 위하여 배수량은 일정하다고 가정하고 계산하였다. 이 그림으로부터 알 수 있는 바와 같이, $\frac{L}{B}$이 클수록, 또 C_B가 작을수록 속력이 높다.

그러나 $\frac{L}{B}$이 작더라도 C_B가 작으면 소정의 항해 속력을 낼 수가 있다. 그 이유는 $\frac{L}{B}$이 작아지면 형상 저항과 조파 저항은 증가하지만 C_B를 작게 하면 그 증가량을 어느 정도 억제할 수 있고, 또한 $\frac{L}{B}$이 작고 L이 짧아지면 침수 표면적이 줄어서 마찰 저항이 감소되므로 결국 유효마력은 거의 증가하지 않기 때문이다.

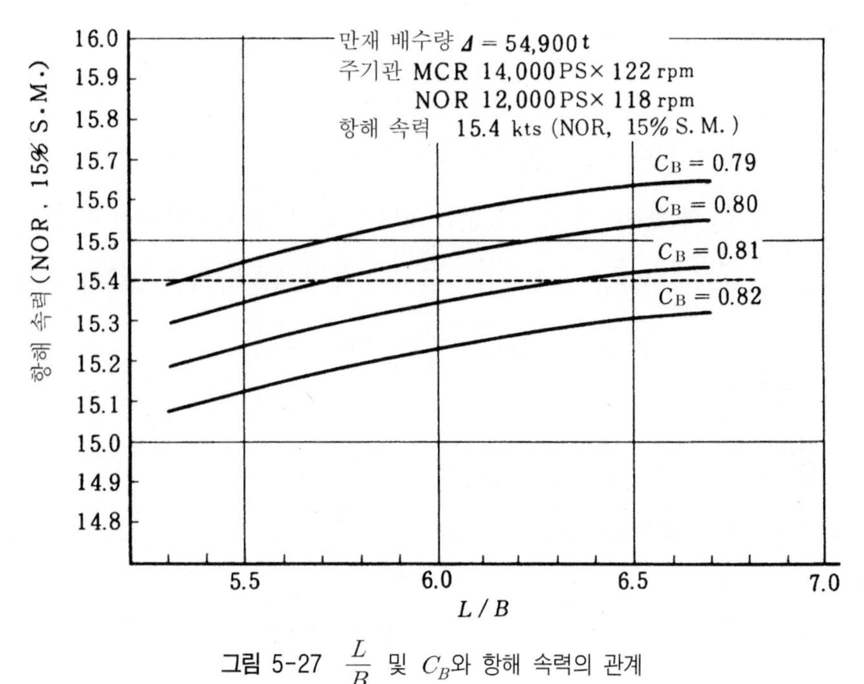

그림 5-27 $\frac{L}{B}$ 및 C_B와 항해 속력의 관계

표 5-15 $\frac{L}{B}$과 C_B의 짝

C_B	L/B	$L \times B \times d$(m)
0.81	6.33	190 × 30 × 11.55
0.80	5.75	182.2 × 31.7 × 11.55
0.79	5.35	177 × 33.1 × 11.55

중소형의 전용선의 경우에는 L이 짧아지면 기관실의 길이가 배의 길이 L에서 차지하는 비율이 커져서 화물의 중심이 선수 쪽으로 밀리므로 선수 트림의 경향이 커진다. 또, 트림을 개선하기 위하여 선수의 격벽을 선미 쪽으로 당기면 이번에는 화물창의 길이가 짧아져서 세로 굽힘 모멘트가 커지고, 따라서 선급 협회 규칙에서 요구하는 단면 계수의 크기가 커지므로 L을 짧게 한 만큼 선각 중량이 감소하지 않는 경우도 있다. 또한, 폭을 파나마운하 통과 가능한 최대폭 32.2 m보다 크게 하는 것은 이 정도의 중소형선에서는 실용적이라 할 수 없다. 한편, 싣는 짐의 종류가 목재와 벌크 화물인 배에서는 화물창의 길이가 적하의 길이에 적합하여야 한다. 그 밖에 프로펠러 지름에 비해 배의 폭이 크면 프로펠러 지름의 범위 안의 반류 분포의 불균일성이 커져서 캐비테이션이 문제가 된다. 이상과 같은 여러 가지 문제점이 발생하므로 중소형의 전용선에서 $\frac{L}{B}$이 극단적으로 작은 선형을 설계하는 것은 추진 문제 이외에도 어려운 점이 많다.

그러나 V.L.C.C.나 U.L.C.C.와 같은 대형선의 경우에는 $\frac{L}{B}$을 작게 해도 기관실의 길이가 배의 길이 L에서 차지하는 비율이 중소형선의 경우에 비해 작으므로 트림이나 종강도에 문제를 일으키는 일은 없다. 따라서, $\frac{L}{B}$이 작은 선형을 설계함으로써 선가를 싸게 할 수가 있다. 이 경우에는 $\frac{L}{B}$과 C_B의 관계를 추진 성능뿐만 아니라 조종 성능도 고려해서 결정하여야 한다.

그림 5-28은 벌크 화물선과 유조선에서의 $\frac{L}{B}$과 L의 관계를 나타낸 것이며, L이 큰 배에서는 $\frac{L}{B}$이 작고, 또 L이 짧아짐에 따라서 $\frac{L}{B}$이 커지고 있다.

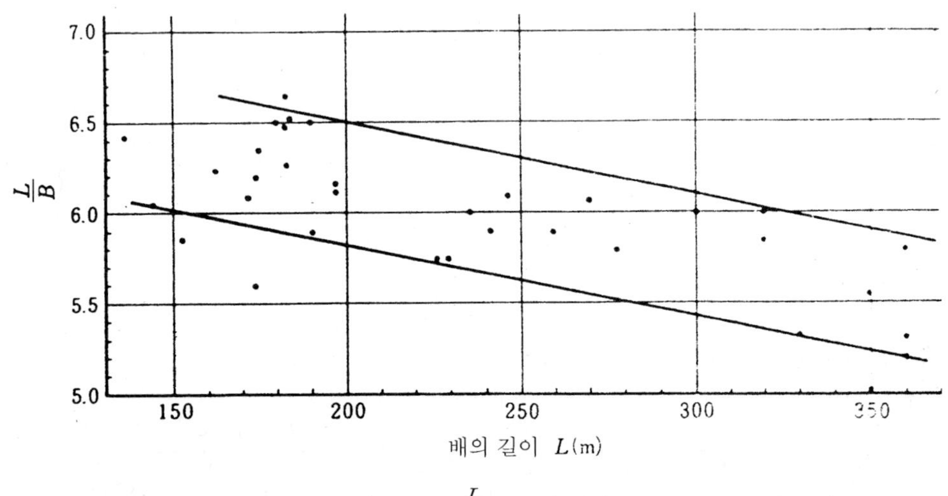

그림 5-28 $\frac{L}{B}$과 L의 관계

한편, 중소형선의 경우에도 L에 비해서 재화중량이 작은 배(이를테면 재화 계수가 매우 큰 화물을 싣는 배)에서는 $\frac{L}{B}$이 작아져도 트림이나 종강도의 문제가 일어나지 않는다. 따라서 가벼운 화물을 적재하는 배에서는 L이 짧고 $\frac{L}{B}$이 5.5와 같이 작은 선형이 성립되는 경우가 있다.

4. 주요 치수와 C_B의 관계

주요 치수와 C_B의 관계는 추진 저항상의 견지에서 적절한 것이 되어 있어야 한다. C_B는 계획 속력에서 조파 저항 곡선이 급격히 상승하지 않도록 억제되어야 하므로, 배의 길이 L과 항해 속력이 주어지면 C_B는 배의 속장비(speed length ratio) $\frac{V}{\sqrt{L}}$ 또는 Froude 수의 함수로 주어진다. 그와 같은 생각에 입각하여 C_B와 F_N 또는 $\frac{V}{\sqrt{L}}$의 관계가 예부터 표 5-16에 보인 것과 같이 발표되었다.

표 5-16 C_B와 $\frac{V}{\sqrt{L}}$의 관계식

발 표 자	C_B와 $V/\sqrt{L}$의 관계식	비 고
Alexander	$C_B = 1.0 - 1.44\frac{v}{\sqrt{Lg}}$	v : 항해 속력(m/sec)
Yamagata	$C_B = 1.035 - 1.461\frac{v}{\sqrt{Lg}}$	v : 항해 속력(m/sec)
Ayre	$C_B = 1.08 - \frac{V_S}{2\sqrt{L'}}$	V_S : 항해 속력(knot) L' : 배의 길이(ft)

그러나 이들 식은 저속 비대선의 경우에는 반드시 적절한 것이라고 생각되지 않으므로 주요 치수와 C_B의 관계를 선수미 형상의 비대도와 추진 성능의 관계에서 어떤 주요 치수가 주어졌을 때 추진 저항상의 점으로부터 적절한 C_B를 구할 수 있다. 즉, 어떤 항해 속력에 대응하는 Froude 수 F_{NB}가 주어지면 선수부의 비대도를 나타내는 엔트런스 계수 r_E와 선미부의 비대도를 나타내는 런 계수 r_A의 기준값들을 잡을 수가 있다.

5. 주요 치수와 부심 위치와의 관계

설계 조건을 배수 톤수 Δ, 흘수 d, 항해 속력 V_S가 주어진 것으로 하면 배수량으로부터 부가물 배수 톤수를 Δ_{MLD}로 했을 때, C_B와 Δ_{MLD}의 관계 및 이때의 부심 위치 l_{CB}의 관계는

$$\Delta_{MLD} = L_{BP} \times B_{MLD} \times d_{MLD} \times 1.025\, C_B$$

로서, 이 식을 변형하면

$$B = \sqrt{\frac{\Delta_{MLD}}{\left(\frac{L}{B}\right) C_B d\, 1.025}}$$

로 된다.

이 식에서 $\frac{L}{B}$과 C_B를 어떤 값으로 가정한다면 B가 구해진다. 이 B와 주어진 항해 속력으로부터 F_{NB}가 계산된다. 이렇게 해서 구해진 F_{NB}와 앞에서 가정한 $\frac{L}{B}$로부터 그림 5-26을 사용해서 C_B를 구하면 된다. 그림으로부터 구한 C_B와 먼저 가정한 C_B를 비교하면 C_B가 적당한 값인지를 판정할 수 있다.

또한, 배를 계획할 경우 항로 사정과 조선소의 선대(船臺) 폭의 제한 등으로 선폭의 최대값이 규제되는 경우가 가끔 있게 된다. 이 경우에는 다음과 같은 방법으로 주요 치수와 C_B를 결정할 수 있다.

$$\frac{L}{B}=\frac{\Delta_{MLD}}{B^2\,d\,C_B\,1.025} \quad \cdots\cdots (5\text{-}28)$$

에서 Δ_{MLD}, B, d가 조건으로 주어지고 있으므로 $\dfrac{\Delta_{MLD}}{(B^2\,d\,1.025)}$는 상수가 되며, 이것을 C라고 표시하면

$$\frac{B}{L}=\frac{C_B}{C} \quad \cdots\cdots (5\text{-}29)$$

가 된다. 식 (5-28), (5-29)로부터 $\dfrac{B}{L}$를 소거하면 C_B는 다음과 같이 구해진다.

$$C_B=\frac{2.6}{\dfrac{1}{C}\left(\dfrac{1}{r_E}+\dfrac{1}{r_A}\right)+2.6} \quad \cdots\cdots (5\text{-}30)$$

C_B가 구해지면 식 (5-29)로부터 L을 계산한다.

$$L=\frac{C}{C_B}\times B$$

한편, C_P곡선을 작성할 때 필요한 부심의 전후 위치 l_{CB}는 선수미의 비대도 r_E, r_A가 정해진다면 이 식으로부터 위치가 정해지며, r_E, r_A의 어느 식이든지 그 식으로부터 계산이 가능하다. 그 예로서 r_A값을 알고 있다면 r_A의 식으로부터

$$l_{CB}=\frac{1}{3.1}\left\{1.3(1-C_B)-\frac{\frac{B}{L}}{r_A}\right\}100\ (\%) \quad \cdots\cdots (5\text{-}31)$$

으로 구해진다.

l_{CB}의 위치는 조파 저항이 작은 저속 비대선인 경우에는 r_A를 작게 해서 형상 영향 계수 K를 감소시키는 쪽이 저항상 유리하기 때문에 선체 중앙보다 전방에 있지만 조파 저항이 커짐에 따라서 r_E를 작게 할 필요가 있으므로 l_{CB}는 선체 중앙에 가깝게 있도록 하여야 한다. 그러므로 조파 저항이 큰 고속 화물선과 같은 선형에서는 l_{CB}의 위치를 선체 중앙보다 후방의 위치에 정할 필요가 있다.

5.2 주요 요목의 결정과 C_B의 결정 방법

5.2.1 주요 요목의 결정 방법

주요 요목과 C_B의 결정 방법에 있어서는 경하중량, 추진 마력, 용적의 추정, 건현 계산에 관한 기초 지식을 이용한다. 주요 치수와 C_B 등의 결정 방법에 따라 제8장의 개략 일반 배치도의 결정 순서 중에서 ①~⑨의 단계에 해당된다.

최근에 대형 전자계산기의 발달과 이용 방법의 숙련으로 대형 유조선의 주요 치수 결정방법은 현저하게 발전하였다. 이 방법은 전자계산기로 중량, 추진 성능, 용적 등의 자료를 저장하고 주어진 설계 조건에 알맞은 주요 요목을 순서에 따라 계산해서 그 각각에 대하여 운항 채산을 검토한 다음 이것으로부터 운항 채산이 아주 유리한 배를 선택하는 것이다. 그러나 이 방법은 대형 전자계산기가 없으면 불가능하므로, 여기서는 설계자가 직접 계산해서 주요 요목을 결정하는 방법을 설명하기로 한다.

이 경우 설계의 척도(design criteria)로는 앞에서 설명한 것과 같이 건조 선가 최소의 선형으로 고려되어야 하며, 건조비에 큰 영향을 끼치는 선각 중량과 주기관 마력이 최소가 되게 주요 요목을 결정할 필요가 있다.

설계 조건으로 재하중량, 흘수, 항해 속력, 재화 계수(또는 화물의 적부율)가 주어지면, 이를 기초로 해서 주요 요목을 다음과 같은 순서에 따라 결정할 수가 있다.

㈎ 주어진 재하중량으로부터 만재 배수량(Δ_F)을 추정한다. 벌크 화물선, 유조선의 재화중량과 만재 배수량 Δ_F와의 관계는 그림 5-29에 표시한 것과 같이 이 그림으로부터 만재 배수량을 추정할 수 있다.

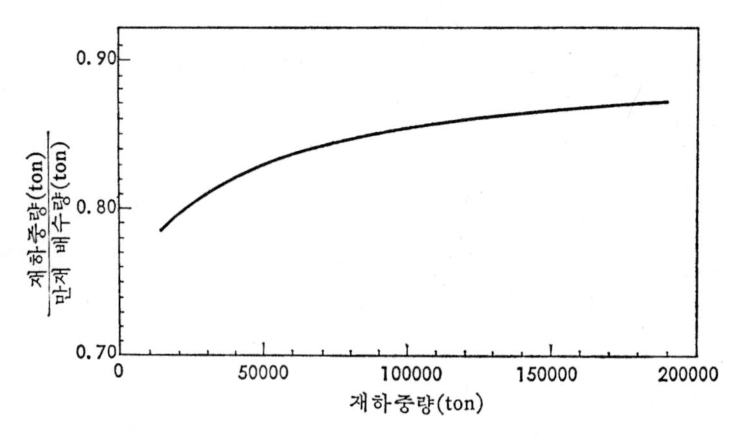

그림 5-29 재하중량과 만재 배수량과의 관계

㈏ 만재 배수량 Δ_F로부터 그림 5-30에 의해 부가물 배수량을 추정하고, Δ_F로부터 이것을 뺀 형 배수량 Δ_{MLD}를 구한다.

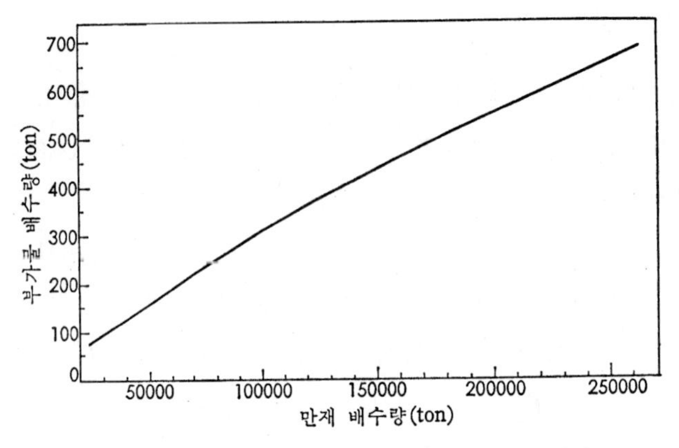

그림 5-30 만재 배수량과 부가물 배수량의 관계

㈐ 형 배수량 Δ_{MLD}를 만족하고 있는가를 주요 치수를 적용하여 계산한다. 이 경우 주요 치수 $\dfrac{L}{B}$과 C_B는 기준선의 자료를 참고로 해서 어떤 값을 정하면 그것으로부터 다음 식을 이용해서 L과 B를 결정한다. 즉,

$$\Delta_{MLD} = L_{BP}\, B_{MLD}\, d_{MLD}\, C_B 1.025$$

로부터 이것을 변형하면

$$B_{MLD} = \sqrt{\frac{\Delta_{MLD}}{\left(\dfrac{L}{B}\right) C_B\, d\, 1.025}}$$

로 된다.

그런데 $\dfrac{L}{B}$, d, C_B는 이미 알고 있으므로 이 식으로부터 폭 B가 계산된다. 그러면 B로 부터 Froude 수를 계산할 수 있다.

$$F_{NB} = \frac{v}{\sqrt{Bg}}$$

여기서 v(m/sec)는 항해 속력 V_S(kn)가 주어졌기 때문에 $v = 0.5144\, V_S$로 계산이 가능하다.

그러므로, L은

$$L = \left(\frac{L}{B}\right) B$$

로 구할 수 있다. 여기서, $\dfrac{L}{B}$은 상사선 비가 된다.

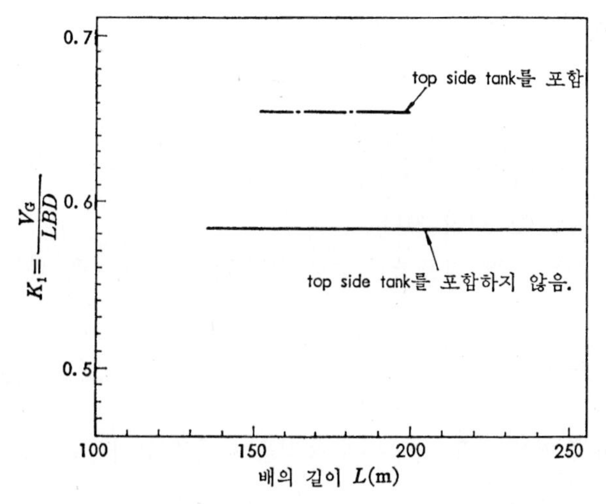

그림 5-31 벌크 화물선의 화물창 용적(1)(주요 치수와 용적과의 관계)

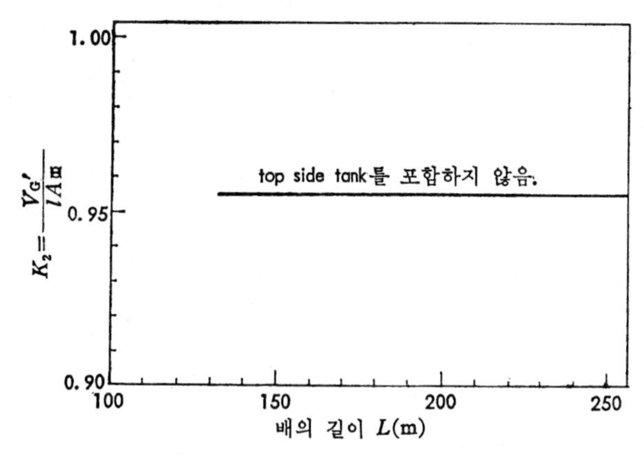

그림 5-32 벌크 화물선의 화물창 용적(2)(중앙부 단면적과 용적과의 관계)

$\frac{L}{B}$과 C_B를 함께 정할 경우에는 배의 조종성으로부터

$$\frac{C_B}{\frac{L}{B}} \leqq 0.16$$

이 되도록 한다.

배의 깊이 D는 정확한 건현을 검토해야 하지만 벌크 화물선의 경우에는 재화 계수, 화물 중량으로 화물창 용적을 구하여 D를 추정한다.

그림 5-32에서 벌크 화물선의 화물창 용적을 주요 치수만으로 추정하는 것으로

$$K_1 = \frac{V_G}{LBD}$$

여기서 V_G는 화물창의 그레인 용적(m^3)의 값과 배의 길이 L(m)과의 관계로 나타내게 된다.

다음 계획으로 얼마간 진전해서 화물창의 단면 형상과 격벽의 배치가 거의 끝난 단계에서는 그림 5-32를 이용하여 검토한다.

그림에서 K_2와 L과의 관계를 나타낸 것이다. 여기서, V_G'은 화물창 용적(grain, m^3)으로부터 창구 부분의 용적을 뺀 것이 된다.

또한, $A_{\otimes}$는 창구 부분을 뺀 화물창의 중앙 단면적(m^2)이며, l은 화물창의 길이(m)이다.

$$K_2 = \frac{V_G'}{l A_{\otimes}}$$

그림으로부터 구한 용적에 화물 창구부의 용적을 계산해서 가산한다면 화물창 전체 용적이 구해진다.

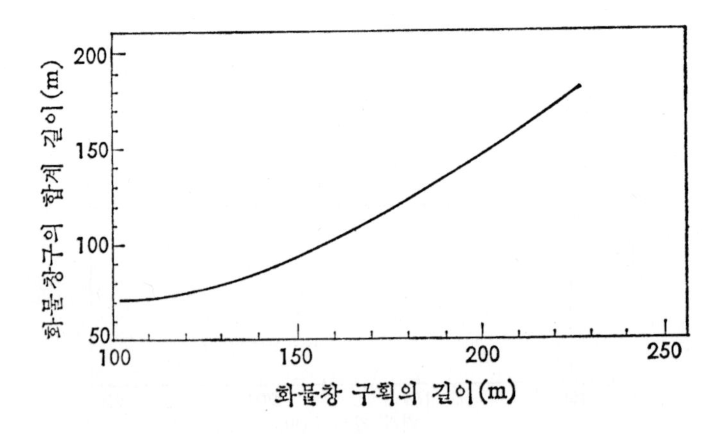

그림 5-33 화물 창구의 합계 길이(m)

화물 창구부의 용적을 구할 때 창구의 길이가 확실하지 않을 때에는 그림 5-33으로 개략의 길이를 추정할 수 있다.

그림 5-34는 유조선의 화물 유조와 화물 유조 구획의 전용 밸러스트 탱크의 합계 용적을 구하기 위한 그림으로 K_3와 길이 V와의 관계를 나타낸 것이다.

$$K_3 = \frac{V}{lBD}$$

여기서, V : 화물 유조와 화물 유조 구획의 전용 밸러스트 탱크의 합계 용적(m^3)

l : 화물 유조 구획의 길이(m)

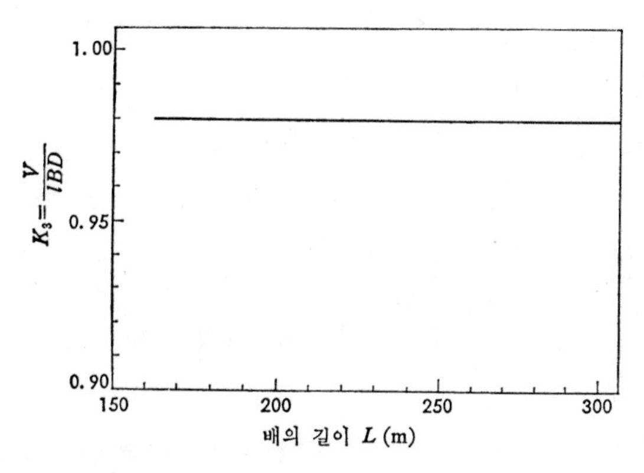

그림 5-34 유조선의 화물 유조 구획의 용적

그림으로부터 V를 구해 지정된 화물 비중으로부터 정해지는 화물 유조의 소요 용적을 빼면 화물 유조 구획 안에 배치할 전체의 전용 밸러스트 탱크의 용적을 구할 수 있다.

이 같이 화물창 용적을 구하는 도표 중에서 그림 5-31을 사용한다면 지정된 재화 계수를 만족하는 벌크 화물선의 깊이 D를 결정할 수 있다. 즉, 재화 계수와 재화중량으로부터 소요의 화물창 용적 V_G를 계산한 다음 L에 대응하는 K_1을 읽으면 배의 깊이는 다음 식으로 구할 수 있다.

$$D = \frac{V_G}{K_1 LB}$$

유조선의 경우 앞에서 설명한 것과 같이 배의 깊이는 계획 흘수 d가 I.L.L.C.에서 요구하는 최소 건현에 상당하도록 정해지는 것이 보통이기 때문에 화물 유조와 용적과는 아무 관계 없이 결정된다.

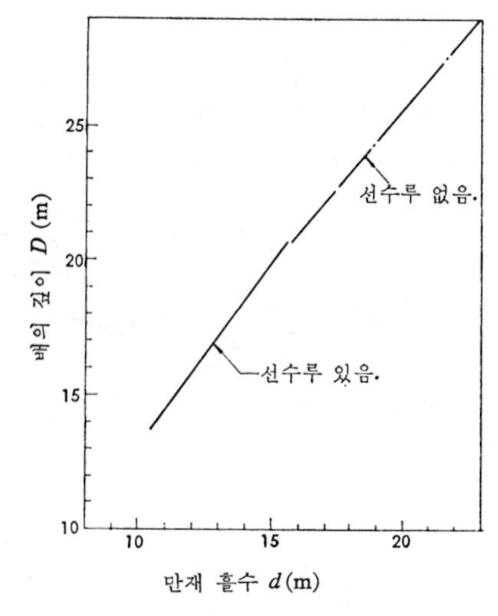

그림 5-35 만재 흘수와 배의 깊이(유조선에서)

더욱이 S.B.T.(분리 밸러스트 탱크)와 같이 전용 밸러스트 탱크의 필요량이 주어지는 경우에는 전용 밸러스트 탱크의 용적에 화물 비중으로부터 정해진 화물 탱크의 용적을 합한 것이 소요의 용적이므로, 최소의 건현으로부터 정해지는 깊이로는 소요의 용적을 얻을 수 없다.

이 경우에는 배의 깊이를 용적으로부터 정해야 하므로 그림 5-35를 사용해서 벌크 화물선의 경우와 같이 배의 깊이를 구할 수 있다.

㈃ 1차 추정된 L과 B에 의해 $\frac{L}{B}$와 C_B의 값을 그림 5-26으로부터 검토하여 적당하지 않은 것은 다시 검토할 필요가 있다.

이를 수정하여 적당한 C_B를 구하는 방법으로 Froude 수 F_{NB}를 알고 있다면 이에 대응하는 엔트런스 계수 r_E와 런 계수 r_A를 F_{NB}와의 관계에서 추정하고(실선 자료를 이용함), F_{NB}와 r_A와의 관계식으로부터 계수 r_A를 추정하여 C_B의 적당한 값을 택할 수 있게 된다.

C_B의 추정식으로는

$$C_B = \frac{2.6}{\frac{1}{C}\left(\frac{1}{r_E} + \frac{1}{r_A}\right) + 2.6}$$

이지만, 이 식에서 계수 C는 다음 식으로부터

$$C = \frac{\Delta_{MLD}}{B^2 d 1.025}$$

를 적용하여 적당한 C_B값을 추정하게 된다.

㈄ 주기관 마력을 추정한다. 즉, 주기관 마력을 추정하는 데 있어서는 그림 5-36으로부터 주어진 만재 배수량으로 추정할 수가 있다.

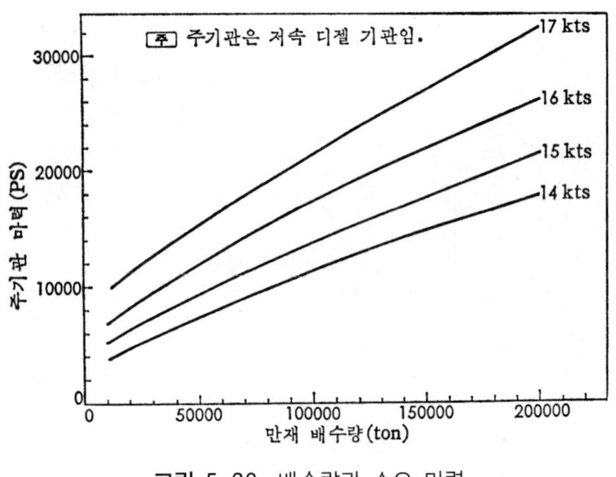

그림 5-36 배수량과 소요 마력

기본 치수와 C_B에 의해 주기관 마력을 재검토하는 방법은 6장 3절에서 상세히 설명할 것이다.

(바) 이와 같이 하여 다음에는 경하중량을 계산한다. 경하중량의 추정 방법에 있어서는 각 조선소에서 비밀로 되어 있으나, 여기서는 이미 발표된 간단한 방법으로 추정한다.

앞에서 설명한 바와 같이 선각 중량은 경하중량에 큰 부분을 차지하여 선가(cost)에 영향이 크기 때문에 정확히 추정할 필요가 있으며, 기본 계획의 초기 단계에서 치수 L, B, D, d 등을 사용해서 선각 중량을 추정해야 한다. 선각 중량 W_H는 배의 표면적에 대한 $L(B+D)$로서 배의 길이 L과의 관계를 그림 5-37에 나타내었다.

중앙 횡단면 형상에 대한 선각 중량에 대해서도 초기 계획 단계에서는 도면이 없기 때문에 L과 $\dfrac{W_H}{L(B+D)}$와의 관계는 거의 직선으로 비례하므로 기준선의 자료로부터 중량을 추정할 수 있다(그림 3-9, 3-10 참조).

한편, 계획이 진행되고 중앙 횡단면도의 형상에 따라 이의 중량을 추정해야 한다. 먼저, 선각 중량을 다음과 같이 구분할 수가 있다.

① 화물 창구부 또는 화물 탱크부의 중량
② 선수미부의 중량
③ 선수루의 중량
④ 갑판실 및 선미루의 중량

①~④의 중량 그루프는 선각 중량에 포함되며, 중앙 단면도가 가능하다면 1 m당 단위 중량을 구한 다음 이것에 기준선의 수정 계수를 가하면 정확한 중량을 추정하는 것이 어렵지 않다(그림 3-13, 3-14 및 3-15 참조). 그리고 선체 의장 중량에 대해서는 개략의 중량을 추정하는 것으로, 벌크 화물선의 선체 의장 중량으로는 하역 장치의 유무에 따라서 상당히 많이 변하기 때문에 그 선박의 사양이 상이하게 된다면 중량도 상당히 다르게 된다(그림 3-16, 3-17 참조). 의장 중량은 의장의 요목이 어느 정도로 윤곽이 나타나면 원가 구분 정도에 따라 나누어서 기준선의 자료를 사용하고, 시방서의 차이에 따른 중량 차이를 가감해서 의장 중량을 추정하는 것이 바람직하다.

기관부와 전기부 중량에 대해서는 주기관 마력을 알고 있으면 개략적인 중량을 추정하는 것이 가능해진다(그림 3-19 참조).

기관부, 전기부 중량은 주기관 마력에 따라서 많이 다르지만 같은 마력이라도 주기관의 형식에 따라서 상당히 다르게 된다. 그러므로 선체 의장 중량과 같이 그 선박의 사양에 따라 상당히 틀려지기 때문에 요목의 윤곽 단계에서 적어도 원가를 계산할 수 있을 정도의 구분된 내역에 대해 중량을 추정하는 것이 필요하다.

(사) 주요 치수의 상호 관계에 의해서 추진 마력을 계산한다. 마력 계산의 결과 전체의 상호 관계에 대해서 속력의 여유가 있다면 주기관 마력을 낮추거나 속력이 부족하면 역시 주기관 마력을 증가할 것인지를 검토해야 한다.

(아) 요구되는 항해 속력을 만족하는 주요 치수와 C_B값을 선택한다. 이 중에서 선각 중량이 제일 가볍게 되는 L_{BP}, B_{MLD}, D_{MLD}, d_{MLD}와 C_B값을 선택해야 한다.

(자) 기본 치수와 C_B에 의한 조종 성능의 검토는 배가 대형화됨에 따라서 $\frac{L}{B}$의 값은 그림 5-37에서와 같이 점차 작아져 왔다.

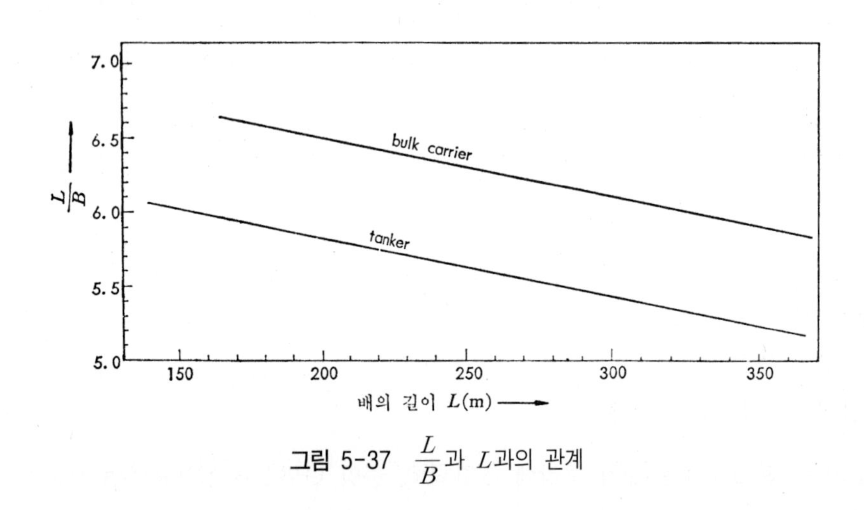

그림 5-37 $\frac{L}{B}$과 L과의 관계

(차) 벌크 화물선의 경우에는 앞에서 설명한 화물창의 길이와 단면 형상을 상상해서 그것으로부터 설명된 방법에 따라 화물창 용적이 확보될 수 있는지를 검토해야 한다.

(카) 건현 계산은 계획 만재 흘수선이 되었는지를 건현 계산에 의해 확인할 필요가 있다.

(타) 이와 같은 검토에 의해서 L_{BP}, B_{MLD}, D_{MLD}, d_{MLD}와 $(C_B)_{MLD}$가 설계 조건, 즉 경하 중량, 용적, 건현, 속력을 만족하는 주요 치수와 C_B인지를 재확인한다.

주요 치수를 조금 변경하면, 선각 중량의 감소에 따른 원가 절감, 즉 건조 원가와 연료비가 감소하는 것에 따라 운항 경제면에서도 유리하게 되므로, 주요 치수의 변경을 검토할 필요가 있다.

(파) 최종적으로 결정된 주요 치수에 대해서 후에 선박 트림과 종강도를 검토할 때 문제가 없는지를 확인해 볼 필요가 있다.

배의 추진 성능을 좋게 하기 위해서는 선도의 형상과 프로펠러의 설계도 중요하지만, 무엇보다도 L_{BP}, B_{MLD}, d_{MLD}, C_B 등의 주요 요목을 알맞게 선택하고 배수량을 가능한 한 감소시키는 것이 가장 중요하다.

5.2.2 주요 치수와 C_B의 결정방법

경하중량, 추진 마력 및 용적의 추정과 건현 계산에 관한 기초 지식을 이용하여 주요 치수와 C_B 등을 결정하는 몇 가지 방법에 대해서 설명하기로 한다.

이 장에서의 설명은 그림 8-1에 보인「주요 요목과 개략 일반 배치의 결정 순서」의 ①~⑨ 단계에 해당한다. 나머지 ⑩ 이후의 단계에 대해서는 8장과 9장에서 설명하기로 한다.

최근에 대형 전자계산기의 이용 방법의 발달과 더불어 대형 유조선의 주요 요목의 결정 방법에 현저한 발전이 있었다. 이 방법은 전자계산기에 중량, 추진 성능, 용적 등의 여러 가지 자료를 저장하고, 주어진 설계 조건에 알맞은 주요 요목의 조합을 3장에서 설명한 것과 같은 절차에 따라 몇 쌍 선정한 뒤 그 각각에 대하여 운항 채산을 검토하고, 운항 채산이 가장 유리하게 되는 배를 골라내는 방법이다.

그러나 그 방법은 대형 전자계산기가 없으면 불가능하므로 여기서는 손계산으로 주요 요목을 결정하는 방법에 대해서 설명하기로 한다. 이 경우의 설계의 기준(design criteria)으로서는 앞에서도 설명한 것과 같이 건조비가 최소인 선형이라고 하는 개념을 잡고, 그 건조비에 큰 영향을 미치는 선각 중량과 주기마력이 최소가 되도록 주요 요목을 결정하는 방법을 생각한다.

1. C_B의 결정방법(1)

설계 조건으로서 재화중량, 흘수, 항해 속력, 재화 계수(또는 화물 비중)가 주어져 있는 것으로 가정하고 그것을 토대로 하여 주요 요목을 결정하는 절차에 대해서 설명한다.

(1) 주어진 재화중량으로부터 만재 배수량 Δ_F를 추정한다.

벌크 화물선이나 재래형 유조선의 재화중량과 만재 배수량 Δ_F와의 관계는 그림 5-38에 보인 것과 같으며, 이 그림으로부터 만재 배수량을 추정할 수 있다.

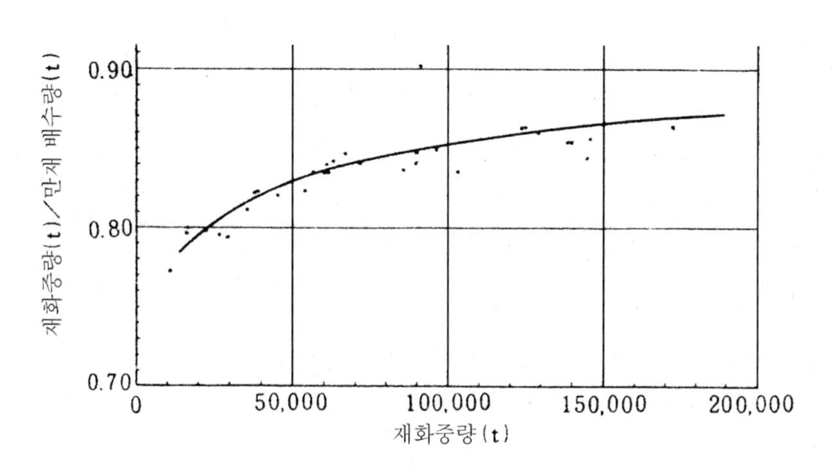

그림 5-38 재화중량과 만재 배수량의 관계

(2) 그림 5-39에서 만재 배수량 Δ_F로부터 부가물 배수량을 추정하고, Δ_F와의 차를 계산하여 형 배수량 Δ_{MLD}를 구한다.

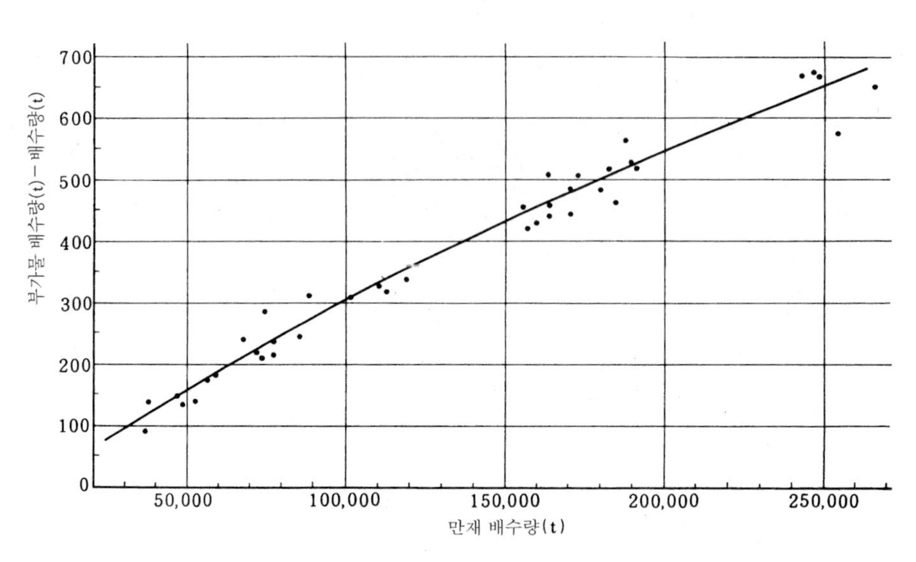

그림 5-39 만재 배수량과 부가물 배수량의 관계

(3) Δ_{MLD}을 만족하는 몇 개의 주요 치수의 짝을 상정한다. 이 경우 주요 치수와 C_B의 짝은 무수히 많으나 $\frac{L}{B}$과 C_B를 기준선의 자료를 참고로 하여 어떤 값으로 정하고, 이것으로부터 다음 식을 이용하여 L과 B를 결정한다. 즉,

$$L_{BP} \times B_{MLD} \times d_{MLD} \times C_B \times 1.025 = \Delta_{MLD}$$

이므로, 이것을 변형하면

$$B = \sqrt{\frac{\Delta_{MLD}}{\left(\frac{L}{B}\right) \times d \times C_B \times 1.025}}$$

와 같이 된다. 그런데 $\frac{L}{B}$, d, C_B는 이미 알고 있으므로 이 식으로부터 B가 계산된다.

L은 $L = \left(\frac{L}{B}\right) \times B$로 구해진다. $\frac{L}{B}$과 C_B의 짝을 결정함에 있어서는 앞에서 말한 것과 같이 조종성의 관점에서 $\frac{C_B}{\left(\frac{L}{B}\right)} \leq 0.16$이 되도록 하여야 한다.

배의 깊이 D를 추정하자면 정확하게는 건현도 검토하여야 하나 벌크 화물선의 경우에는 재화 계수×화물 중량으로 화물창 용적을 구하고, 그림 5-40으로부터 D를 추정한다.

또, 재래형 유조선의 경우에는 D를 흘수 d에 대응하는 최소 건현이 되도록 결정하는 것이 보통이므로, 계획 흘수 d를 토대로 하여 그림 5-40으로부터 구한다.

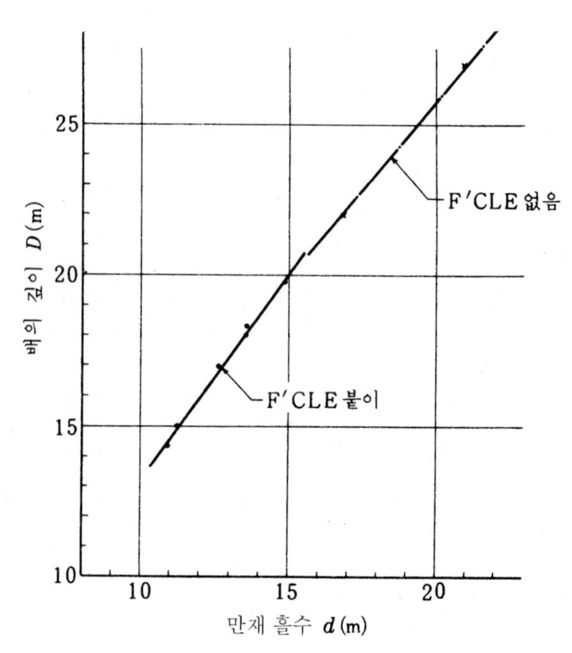

그림 5-40 만재 흘수와 배의 깊이(재래형 유조선)

(4) 이와 같이 하여 주요 치수의 짝으로서

$$(L/B)_1,\ C_{B1},\ L_1\times B_1\times D_1\times d$$
$$(L/B)_2,\ C_{B2},\ L_2\times B_2\times D_2\times d$$
$$(L/B)_3,\ C_{B3},\ L_3\times B_3\times D_3\times d$$
$$\vdots \qquad \vdots \qquad \vdots$$

를 얻는다.

위의 각 짝의 $\dfrac{L}{B}$과 C_B의 값을 검토하여 적당하지 않은 것은 버린다.

(5) 주기관 마력을 추정한다.

(6) 3장에서 설명한 방법으로 경하중량을 계산하고, 그것에 재화중량을 더하여 만재 배수량을 구한다. 그것이 처음에 상정한 만재 배수량과 일치하지 않으면, 경하중량 + 재하중량 = 만재 배수량의 관계를 만족하도록 C_B 또는 $\dfrac{L}{B}$의 값을 조정한다.

(7) 주요 치수의 각 짝에 대하여 추진 마력의 계산을 한다. 마력 계산 결과 모든 짝에 대하여 속력이 남을 것 같으면 주기 마력을 내릴 수 있겠는가를 검토한다. 또, 모든 짝에 대하여 속력이 부족할 것 같으면 주기 마력을 증가시킨다.

(8) 요구되고 있는 항해 속력을 만족하는 주요 치수와 C_B의 짝을 골라낸다. 그 짝 중에서 선각 중량이 가장 가벼운 주요 치수 $L_N\times B_N\times D_N\times d$와 C_{BN}을 선정한다.

(9) 벌크 화물선의 경우에는 그 짝에 대하여 10장에서 설명한 방법으로 화물창의 길이와 단면 형상을 상정하고, 그것으로부터 8장에서 설명한 방법에 따라 화물창 용적이 확보되어 있는가의 여부를 검토한다.

(10) 마지막으로, 8장에서 설명한 것과 같은 방법에 따라 건현 계산을 하고, 계획 흘수가 확보되었는가의 여부를 확인한다.

(11) 이상의 검토가 끝나면 $L_N \times B_N \times D_N \times d$와 C_{BN}을 주어진 설계 조건을 만족하는 주요 치수와 방형 계수로 정한다.

한편, 주요 치수를 조금 변경하면 주기의 기통수를 하나 줄일 수 있고, 그 경우의 선각 중량의 증가에 따른 원가 상승이 주기의 기통수 감소에 따른 원가 절감보다 작으면, 건조 원가와 연료비가 감소하는 것에 따라 운항 경제면에서도 유리하게 되므로 주요 치수의 변경을 검토할 필요가 있으나, 주요 요목을 4장에서 설명한 것과 같은 방법으로 정해 놓으면 저속 비대선의 경우에 주요 치수를 다소 변경함으로써 주기의 기통수가 하나 내려간다는 것은 거의 생각할 수 없는 일이다.

(12) 이와 같이 결정한 주요 요목에 대해서 트림과 종강도를 검토하여 문제가 없다는 것을 확인하면 된다.

2. C_B의 결정방법(2)

배의 주요 요목을 결정하는 경우에 선대 사정 또는 항로 사정(센트로렌스수로나 파나마운하를 통행하는 경우), 혹은 다음 절에서 설명하는 표준선 방식의 배를 설계할 때 등 배의 폭을 억제하면서 설계를 해야 할 때가 있다. 그런 경우에는 다음과 같은 절차에 따라 주요 요목을 결정할 수 있다. 이 경우의 설계 조건은 재화중량, 흘수, 속력, 재화 계수(또는 화물 비중) 및 배의 B가 주어져 있는 것으로 생각한다.

(1) 주어진 재화중량으로부터 그림 5-38을 이용하여 만재 배수량 Δ_F를 추정한다.

(2) 만재 배수량으로부터 그림 5-39에 의해 부가물 배수량을 추정하고, Δ와의 차를 계산함으로써 형 배수량 Δ_{MLD}를 구한다.

(3) 주어진 폭 B로부터 Froude 수 $F_{nB} = \dfrac{v}{\sqrt{Bg}}$를 계산한다. v [m/sec]는 항해 속력 V_S [kts]가 주어져 있으므로 $v = 0.5144\,V_S$로 계산된다.

(4) F_{nB}를 알면 그것에 대응하는 엔트런스 계수 r_E와 런 계수 r_A를 각각 그림 5-25에서 구할 수 있다. 그것들이 얻어지면 C_B를 구할 수가 있다. 즉,

$$C_B = \frac{2.6}{\dfrac{1}{C}\left(\dfrac{1}{r_E} + \dfrac{1}{r_A}\right) + 2.6}, \quad \text{여기서} \quad C = \frac{\Delta_n}{B^2 \times d \times 1.025}$$

(5) L은 식 $L=\left(\frac{C}{C_B}\right)\times B$로부터 계산된다.

(6) 이와 같이 하여 주요 치수와 C_B가 구해지므로 주기마력을 추정한다.

(7) 최종적으로 결정방법(1)에서 설명한 절차에 따라 경하중량, 용적 및 건현의 검토를 거쳐 주요 치수와 C_B를 확정한다.

5.2.3 표준선형의 주요 요목의 결정방법

주요 치수와 C_B의 결정방법의 일반적인 방법으로는 벌크 화물선이나 유조선과 같은 전용선에 대해서는 최근의 경향으로서 5장에서 설명한 것과 같은 표준선 또는 기준선 방식이 채용되고 있다.

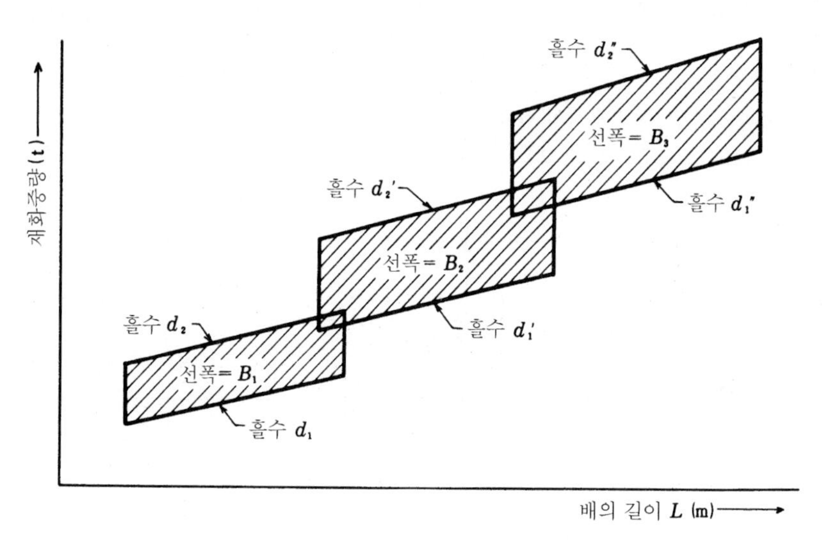

그림 5-41 기준선형

표준선 방식의 경우에는 L, B, D, d가 고정된 주요 치수가 되지만 기준선 방식의 경우에는 배의 폭과 선수미의 선도를 고정하고, 모선형의 평행부의 길이와 흘수를 조정함으로써 주문주가 요구하는 재화중량과 흘수 등을 만족시키도록 한다. 따라서, 그림 5-41에 보인 것과 같이 배의 폭을 몇 가지로 바꾼 선형을 준비해 놓으면 적은 일손으로 선주의 요구의 대부분을 처리할 수가 있다. 이 경우에는 ▨의 범위 안에 있는 주요 요목을 택하면 추진상 또는 그 밖의 기술적인 점에서 문제가 일어나지 않아야 하므로 모형이 되는 선형을 결정할 때 그 점을 염두에 두어 충분히 검토해 두어야 한다.

기준선(基準船)의 주요 요목을 결정할 때에는 다음과 같은 절차에 따른다.

① 기준선이 되는 배의 폭을 결정한다. 이를테면, 파나마운하와 센트로렌스수로 통행 가능

선 사이의 기준 선형군을 만드는 경우에는 파나마운하 통행 가능 선형의 최대폭 32.2 m와 센트로렌스수로 통행 가능 선형의 최대폭 22.86 m 사이를 몇 등분하는가에 따라서 그 사이의 선형의 폭 B_1, B_2, B_3, …이 정해진다. 또, 그들에 대응하는 재화중량의 범위가 정해지게 된다.

그림 5-42는 재화중량과 배의 폭의 관계를 보여주고 있는데, 이 그림을 이용하면 배의 폭을 대중 잡을 수가 있다.

② B_1, B_2, B_3, …의 폭을 가지는 각 선형에 대하여 사용하는 흘수의 범위를 결정한다. 또, 항해 속력을 상정하고 사용하는 주기 형식의 범위도 결정한다.

③ 이상으로부터 L의 범위도 대략 결정된다.

④ 그림 5-41의 ▨의 범위 안에 있는 선형은 모형이 하나이므로 이 범위 안에서 계획하는 한 엔트런스 계수와 런 계수가 한계값 안에 들어가도록 모형의 L/B와 C_B 등을 결정한다.

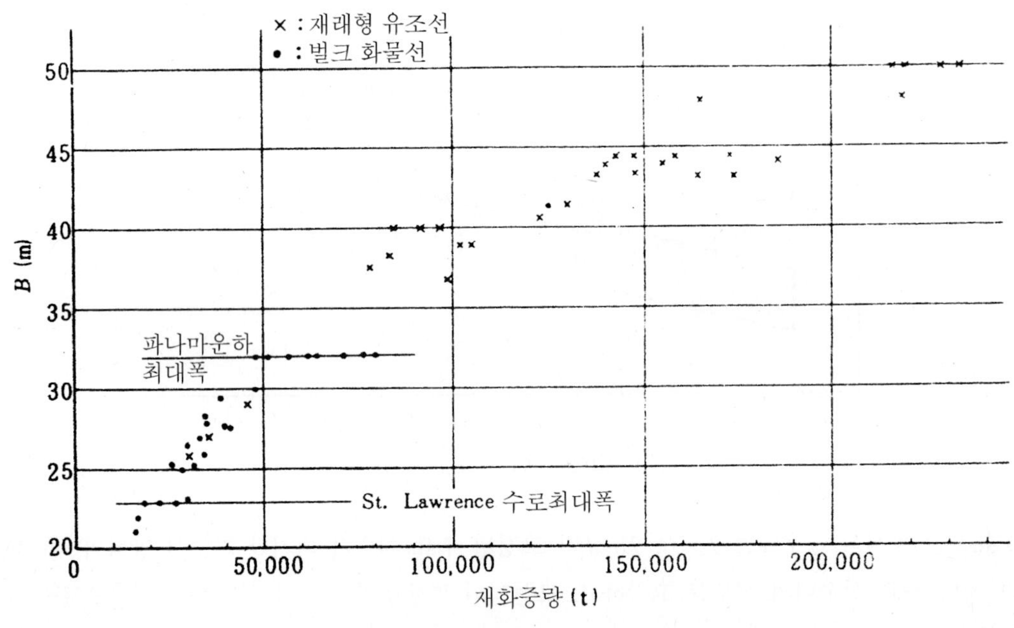

그림 5-42 재화중량과 B의 관계

5.2.4 주요 요목 결정의 실례

앞 절에서 설명한 주요 요목의 결정 방법을 한 가지씩 다시 열거하여 알기 쉽게 다루기로 한다. 주요 요목 결정 순서의 계산 예로서 D.W.T. 45,000톤급 벌크 화물선을 살펴보았다. 즉, 설계 조건은 다음과 같이 주어진 것으로 한다.

재화중량 : 45,000톤

계획 흘수 : 11.550 m

항해 속력 : (N.O.R. 15% S.M.) 15.4 kn

주기관 형식 : 저속 디젤 기관

재화 계수 : 화물 중량 43,500톤에 대한 42 CF/LT 이상으로 한다.

하역 장치 : 없음

또한, 배의 폭은 선대 사정에 의해 30 m로 제한하는 것으로 한다.

이상과 같은 설계조건에 대하여 다음과 같은 순서로 주요 요목을 결정한다.

(1) 만재 배수량을 추정한다.

선주로부터 주어진 재하중량을 그림 5-29로부터 재화중량 계수를 구하여 만재 배수량을 추정하면,

$$\frac{\text{재화중량}}{\text{만재 배수량}} = 0.82$$

로 추정된다. 구하고자 하는 만재 배수량은

$$\Delta_F = \frac{45,000}{0.82} = 54,900 \text{ (ton)}$$

이 된다.

(2) 형 만재 배수량을 구한다.

부가물 배수량을 구하면 그림 5-30에 의해 부가물 배수량을 만재 배수량에 대해 구하면 180톤이 된다.

이 값은 실선에 대한 부가물 배수량으로 형 만재 배수량 Δ_{MLD}는

$$\Delta_{MLD} = \Delta_F - \text{부가물 배수량}$$

의 식으로부터

$$\Delta_{MLD} = 54,900 - 180 = 54,720 \text{ (ton)}$$

이 된다.

(3) 배의 폭 B에 대한 Froude 수를 구한다.

배의 폭 B는 30 m로 제한했으며, 이 선박의 항해 속력은 $V_S = 15.4$ (kn)이기 때문에 Froude 수 F_{NB}는

$$F_{NB} = \frac{v}{\sqrt{Bg}} = 0.462$$

(4) 엔트런스와 런의 계수를 구한다.

엔트런스와 런의 계수를 구해 그의 범위를 설계에 적용하여 수선 아래 형상을 결정하도록 한다.

Froude 수 F_{NB}에 대한 엔트런스 계수를 추정하면

$$r_E \leqq 0.950$$

이 된다.

한편, Froude 수 F_{NB}에 대한 런 계수는 $r_A \leq 0.486$으로서 r_E와 r_A의 범위를 택할 수 있게 된다.

(5) 침하 용적 형상 계수 C를 구한다.

침하 용적 형상 계수를 앞의 본문에서 C라고 표시했으므로, 이 계수는

$$C = \frac{\Delta_{MLD}}{B^2 d 1.025} = \frac{54720}{(30)^2 \times 11.55 \times 1.025} = 5.136$$

이 됨을 알 수 있다.

(6) 방형 계수 C_B를 구한다.

앞의 (4)항과 (5)항에서 구한 엔트런스와 런의 계수 및 침하 용적 형상 계수로서 방형 계수 C_B를 구하면,

$$C_B = \frac{2.6}{\frac{1}{C}\left(\frac{1}{r_E} + \frac{1}{r_A}\right) + 2.6}$$

의 식으로부터 C_B를 추정할 수 있다.

$$C_B = \frac{2.6}{\frac{1}{5.136}\left(\frac{1}{0.950} + \frac{1}{0.486}\right) + 2.6} = 0.811$$

이 된다.

(7) 배의 길이를 추정한다.

(6)항에서 구한 C_B의 값으로부터

$$\frac{L}{B} = \frac{C}{C_B} = \frac{5.136}{0.811} = 6.333$$

이 값은 $\frac{L}{B}$의 비가 되므로 배의 길이 L은

$$L = 6.333 \times 30.0 = 189.99 \text{ (m)}$$

따라서, 약 190.0 m로 추정하기로 한다.

(8) 기본 치수에 의한 조종 성능의 검토는 실적선에 대해서

$$\frac{C_B}{\frac{L}{B}} \leqq 0.16$$

이 되어야 하므로, 추정된 L, B, C_B에 대한 값은 0.128로서 조종 성능면으로 보아 문제가 없는 것으로 생각할 수 있다.

(9) 화물창 용적을 추정하면 재화 계수는 화물 중량 43,500톤에 대하여 $42 \times$CF./L.T. ($-$1.171 m^3/ton)이 되므로 필요한 화물창 용적은

$$43{,}500\ (\text{ton}) \times 1.171(\text{m}^3/\text{ton}) = 50{,}938\ (\text{m}^3)$$

가 된다. 따라서, 화물창 용적을 약 51,000 m^3로 하면 배의 깊이 D는 그림 5-31로부터 $K_1 = 0.560$으로 택하면

$$D = \frac{V_G}{K_1 LB} = \frac{51{,}000}{0.560 \times 190 \times 30} = 15.980\ (\text{m})$$

이므로, 약 16.0 m로 추정하면 된다.

(10) 주기관의 마력을 추정하면 그림 5-36에서와 같이 $V_S = 15.4$ (kn)에 있어서 마력이 11,000 PS로 추정되므로, 주기관 연속 최대 출력은

$$\text{M.C.R.} = \frac{11{,}000 \times 1.15}{0.90} = 14{,}055\ (\text{PS})$$

가 된다(상용 출력은 M.C.R.의 90%이며, 시 마진은 15%로 했을 때). 따라서, 주기관으로는 저속 디젤 기관 14,000 PS를 사용하는 것으로 한다.

(11) 실적선의 자료를 이용해서 경하중량을 추정하면 그림 3-5에 나타낸 것과 같이 주요 치수는

$LBDd$ = 190.0 m $\times$ 30.0 m $\times$ 16.0 m $\times$ 11.55 m

주기관 마력=1 저속 디젤 14,000 PS $\times$ 1대

체적수, $L(B+D) = 8{,}740$

이 되므로, 배의 길이에 대한 선각 중량 계수는

$$\frac{W_H}{L(B+D)} = 0.84$$

그러므로 선각 중량은 7,340톤으로 추정된다.

선체 의장 중량도 그림 3-17 및 그림 3-18에서 배의 체적수에 대해 구해 보면 벌크 화물선에서 1,200톤으로 추정할 수 있다.

또한, 기관, 전기부 중량도 실적선에 대해서도 그림 3-19로부터 주기관 마력에 대하여 합계 중량으로는 1,200톤으로 추정된다.

끝으로 계획 설계 시의 경우에는 적당한 중량의 여유(margin)가 가산되어야 한다. 즉, 이것을 경하중량의 여유라고 하는데, 배가 완성된 상태에서는 큰 차이로 재하중량의 여유가 있게 되어서 너무 적은 중량에서는 소정의 재하중량이 확보되지 않는 경우도 있기 때문에 적당한 값이 되어야 한다.

보통 상사선(type ship)에 있어서 사양적으로도 대개 같게 되면 경하중량에 1% 정도 또는 아주 새로운 선형의 경우에는 1.5～2%로 하는 것이 적당하다. 그렇기 때문에 완전히 동일한 선형의 경우에서도 중량 계산에는 차이가 있어 D.W.T. 20,000톤 정도의 화물선에서도 50톤 정도의 차이가 생기므로, 어느 정도의 경하중량의 여유를 가산해 줄 필요가 있다. 그러므로 경하중량의 여유를 1.6%로 보았을 때 160톤 정도로 된다고 추정하면 이 결과 합계 경하중량은 9,900톤으로 추정할 수 있다.

그렇기 때문에 만재 배수량은 9,900＋45,000＝54,900톤으로 처음 (1)항에서 가정한 만재 배수량과 거의 일치하게 된다.

(12) 화물창 용적을 추정한다.

배의 중앙부 단면의 형상과 화물창의 길이로부터 그림 5-31과 5-32를 사용하여 화물창의 용적을 추정할 수 있다(상세한 계산 예는 생략).

(13) 건현을 검토한다.

건현을 검토하여 그 결과 여유의 부족 여부를 검토하여 이 결과가 I.L.L.C.의 규정에 타당한지를 검토해 볼 필요가 있다.

(14) 상정한 주기관 마력으로 항해 속력이 나오는지를 계산한다.

이 결과는 그림 5-54에 나타낸 실적선 자료로부터 항해 속력 15.4 kn와 잘 일치한다는 것을 알 수 있다.

이와 같이 검토한 결과, 설계 조건을 만족하는 주요 치수는 다음과 같이 요약할 수 있다.

$L \times B \times D \times d = 190.0\text{ m} \times 30.0\text{ m} \times 16.0\text{ m} \times 11.55\text{ m}$

방형 계수, $C_B = 0.811$

경하 중량 : 9,900톤

재하 중량 : 45,000톤

만재 배수량 : 54,900톤

주기관 마력 : M.C.R. 14,000 PS(저속 디젤 기관), N.O.R. 12,600 PS

항해 속력 : 15.4 kn(N.O.R. 15% 시 마진)

화물창 용적 : 51,000 m^3

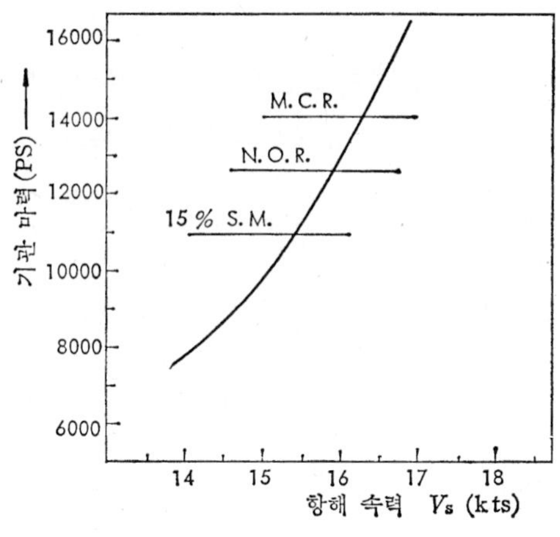

그림 5-43 벌크 화물선의 마력 추정 곡선

이 결과로부터 계산된 주요 치수에 대한 트림, 종강도, 그레인 복원력(grain-stability)을 검토하지 않으면 그 주요 치수를 확정할 수 없기 때문에 이 정도의 재하중량으로 $L/B=6.33$이면 상사선의 예로 보아 주요 치수에 있어서 트림과 종강도면에는 문제점이 없을 것으로 판단된다.

(15) 다음에 C_B를 작게 하고 L을 연장했을 때 소요 마력이 감소할 수 있는지를 검토해 본다.

이 경우의 항해 속력은 $L=195.0$ m로 했을 때 $C_B=0.796$이면 $V_S=14.90$ kn, $L=200$ m로 했을 때 $C_B=0.781$이면 $V_S=15.02$ kn가 되며, 배의 길이를 상당히 길게 하여도 $V_S=15.4$ kn는 되지 않기 때문에 주기관 마력을 감소시킨다는 것은 불가능하다.

그러므로 이 가정을 여러 차례 반복 진행시켜 경제적인 조건이 되면 (14)항의 주요 치수가 설계 조건을 만족하는 최적의 주요 치수가 됨을 알 수 있다.

5.3 배의 조종성 특성

선박의 조종 성능 해석은 전통적으로 정수 중에서 이루어져 왔으며, 이는 초기 설계 단계에서 선박의 조종 성능에 관한 유용한 정보를 제공한다. 정수 중과는 달리 실제 해상에서는 파가 존재하며 이로 인해 선박은 동요 운동을 하며 부가 저항을 받게 된다. 그 결과 실제 해상에서 선박의 조종 성능은 정수중의 그것과 많은 차이를 보이게 된다.

또한 선박의 조종 성능은 운항 안전성과 밀접한 관련이 있으므로 실제 해상에서의 운항 안전성을 평가하기 위해서는 파가 조종 성능에 미치는 영향을 고려하여야 한다.

선박에서 내항 운동은 파에 의해 진동하는 운동이며, 조종 운동은 조종력에 의해 천천히 변화하는 운동이다.

규칙파 중에서 선회 시험을 수행하여 파의 파고가 커질수록 선회 궤적이 파의 진행 방향 및 수직한 방향으로 더 많이 밀려나며, 정수 중에서의 조종 성능과 더 큰 차이를 보이는 것은 파고에 따라서 직경과 전진 거리가 비교적 선형적으로 변하는 것을 알 수 있다.

배에 달린 제어판(control surface)의 목적은 배의 운동을 제어하는 데에 있다. 그것은 흔히 수평 운동을 제어하는 타(rudder)이고, 잠수함의 연직 운동을 제어하는 수평타(diving plane)일 수도 있으며, 배의 롤링을 감소시키는 역할도 한다. 제어판의 전문적인 기능은 제어력을 발생시키는 것이다.

예를 들면, 선미에 붙은 타(rudder)에 의해 전달되는 제어력은 그 배의 모멘트를 발생시키고, 이에 따라 그 배가 선회하게 되어 그 자신이 흐름에 대하여 영각을 가지게 된다. 이와 같은 선회와 영각에 의해 발생하는 힘과 모멘트에 따라 그 배의 조종성 특성이 결정된다.

5.3.1 조종 성능의 검토

1. 조종 성능

조종성이란 먼저 선회 반지름의 크기인데, 이외에도 조타가 발령된 후 배가 선회를 시작할 때까지의 소요되는 시간, 즉 조타에 대한 배의 추종(追從) 성능도 동시에 고려하여야 한다. 여기에 A와 B 두 배의 조타 발령 후의 항적이 그림 5-44에 나타낸 것과 같다고 하면 A선은 B선보다도 선회 반지름이 작으며($R_A < R_B$), 조타가 발령된 후 선회 운동이 시작할 때까지 걸리는 시간은 A선이 B선보다 더 걸리고 있다.

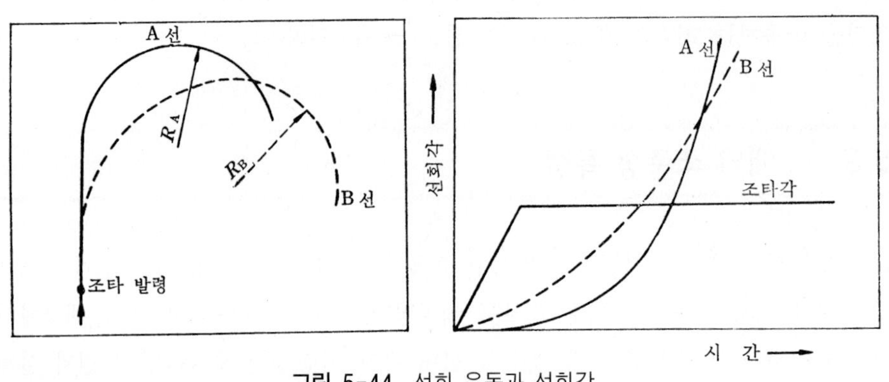

그림 5-44 선회 운동과 선회각

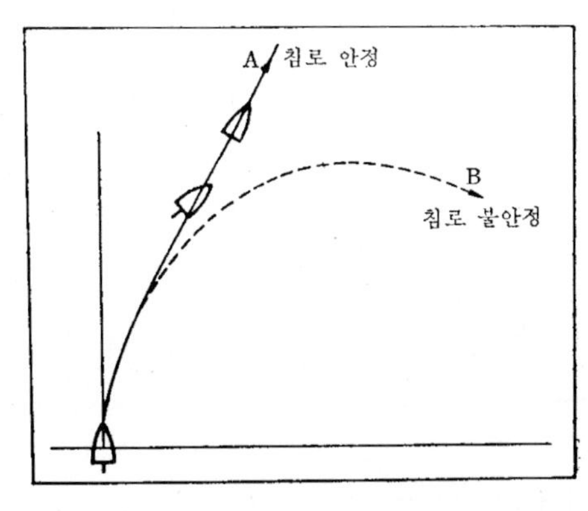

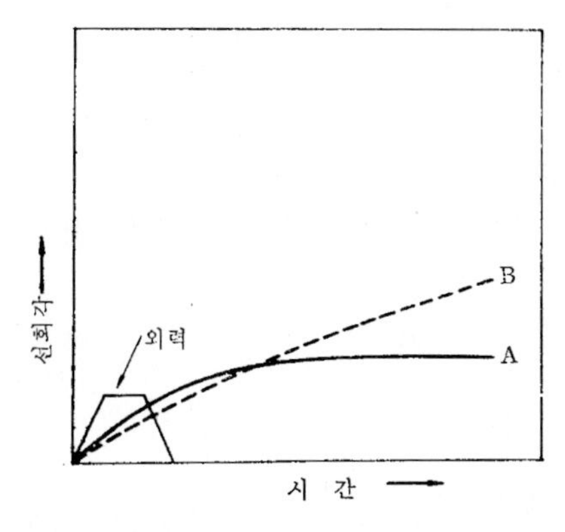

그림 5-45 외력에 의한 선수 회전 운동

항구 내 또는 좁은 수로를 항행하는 경우에는 B선과 같이 조타의 추종성이 좋은 것이 바람직하다. 따라서 A, B선 중 어느 쪽이 조정 성능이 우수한가를 판단하기는 쉽지 않다. 또, 조종 성능을 생각할 때 더욱 중요한 것은 배가 직진으로 항주할 수 있는 성능, 즉 침로 안정성(course stability 또는 direction stability)이다.

침로 안정성이 있는 배는 물결이나 바람의 작용으로 선수부가 한쪽으로 돌았을 때 그림 5-45의 A선과 같이 그대로 키(rudder)를 고정시키지 않아도 외력이 없어지면 직진 항로에 복귀하게 된다.

그러나 직진 항로에 복귀한다 하여도 원항로로 되돌아오는 것은 아니며, 이럴 경우에는 타를 조정하여야 한다. 또, 극단적으로 폭이 넓거나 타 면적이 좁은 배에서는 외력에 의해 선수부가 돌아가기 시작하면 그림 5-45의 B선과 같이 선회 운동을 계속하는 일도 있다. 이러한 경우 B선을 침로 불안정한 배라고 한다.

2. 조종 운동식

선박의 조종(操縱) 성능에 대해서는 Davidson 등이 "Turning and Course Keeping Qualities"에서 조종 운동의 방정식(Equation of Manoeuvring)을 정의한 후, 정략적으로 취급이 가능하게 되었다. 조종 운동의 방정식은 다음과 같다.

$$T\frac{d\dot{\theta}}{dt} + \dot{\theta} = K \times \delta$$

여기서, $\dot{\theta}$: 선회 각속도

δ : 타각(舵角)

K: 선회력의 지수$= \dfrac{\text{선회 모멘트 계수}}{\text{선회 저항 계수}}$(1/sec)

T: 진로 안정성 또는 추종성의 지수$= \dfrac{\text{관성모멘트}}{\text{선회 저항 계수}}$(sec)

K, T는 선박의 선형, 타각 등에 따라 변화하지만 K가 커질수록 선회성은 좋아지며, T가 작을수록 정보침성(程保針性) 및 조타(操舵) 후에 신속하게 정상 선회로 되돌아가는 능력을 나타내어 추종 성능이 좋아진다.

K, T를 무차원화하여 사용하게 된다.

$$K' = \frac{K}{(v/L)}$$

$$T' = T \times \left(\frac{v}{L}\right)$$

K', T'의 관계는 다음과 같이 나타낼 수 있다.

$$\frac{K'}{T'} = \frac{\frac{1}{2}\rho \cdot g}{\Delta / L^2 \cdot d} \times \frac{C_n}{\delta} \times \frac{A_R}{L \cdot d} \times \frac{\overline{GR}/L}{(k/L)^2} \times \cos\delta \quad \text{(5-32)}$$

여기서, A_R : 타(舵)의 면적

C_n : 배 후방에서 타의 직압력 계수

GR : 선체 중심으로부터 타의 압력 중심까지의 거리

k : 겉보기 부가질량을 포함한 환동반경

이 식에서 K', T'은 동일한 선형을 갖는 선박의 동일 상태에서 비례 관계에 있으므로, 선회성과 보침성과는 상반되는 성능을 갖고 있다는 것을 알 수가 있다.

여기서 정상 선회를 생각하면 $\frac{d\theta}{dt} = 0$에서 선회 반경을 R이라고 하면,

$$K' = \left(\frac{L}{R}\right) \times \left(\frac{1}{\delta}\right) \quad \text{(5-33)}$$

이와 같은 식 (5-32)에서 C_n, δ, $\left(\frac{GR}{L}\right)$, $\left(\frac{k}{L}\right)$의 값을 동일하다고 생각하면, C_1을 상수 계수로 하여,

$$T' = C_1 \times \left(\frac{L}{R}\right) \times \left(\frac{B}{L} \cdot C_B\right) \times \left(\frac{L \cdot d}{A_R}\right) \quad \text{(5-34)}$$

로서 진로 안정성 및 추종성능의 지수 평가값을 나타낼 수 있다.

3. 조종성 지수

선수부가 회전하기 시작하면 선수부는 회전 각속도 $\dot{\theta}$에 비례하는 선회 저항 모멘트 $-N\dot{\theta}$와 타각 δ에 비례하는 선회 모멘트 $M\delta$가 작용하므로 배의 중심 둘레의 관성 모멘트를 I라고 하면, 초등 역학에서 많이 취급되는 회전 운동의 방정식으로부터

$$I \times \frac{d\dot{\theta}}{dt} = -N\dot{\theta} + M\delta$$

를 얻을 수 있다. 위 식의 양변을 N으로 나누면,

$$\frac{I}{N} \times \frac{d\dot{\theta}}{dt} + \dot{\theta} = \frac{M}{N}\delta \quad \cdots\cdots (5\text{-}35)$$

가 되며, 여기서, $\frac{I}{N} = T$, $\frac{M}{N} = K$로 놓으면 선회 운동의 방정식은 다음과 같이 된다.

$$T \times \frac{d\dot{\theta}}{dt} + \dot{\theta} = K\delta \quad \cdots\cdots (5\text{-}36)$$

배에서 실제로 선회 운동이 시작되면 선수부가 돌아갈 뿐만 아니라 가로 방향의 이동도 동시에 일어나므로 위 식은 엄밀한 뜻에서는 타당하지 않으나, 식 (5-36)에 의해 배의 운동을 해석해 보면 조종 성능상의 여러 가지 문제를 간단히 설명할 수 있다.

식 (5-36)의 T와 K를 조종성 지수라고 한다. T와 K의 물리적인 뜻을 정의하면

$$T = \frac{\text{관성 모멘트}}{\text{선회 저항 계수}}$$

$$K = \frac{\text{선회 모멘트 계수}}{\text{선회 저항 계수}}$$

가 됨을 알 수 있다.

다음에 K 및 T와 실선의 조종 성능 관계를 검토해 보면 선수부가 회전하기 시작한 후 어떤 시간이 지나면, 배는 정상 선회에 돌입하면서 원운동을 하게 되므로 이때 선수 회전 각속도 $\dot{\theta}$는 일정하게 되며 $\frac{d\dot{\theta}}{dt} = 0$이 된다. 따라서, 식 (5-36)은 $\dot{\theta} = K\delta$로 된다.

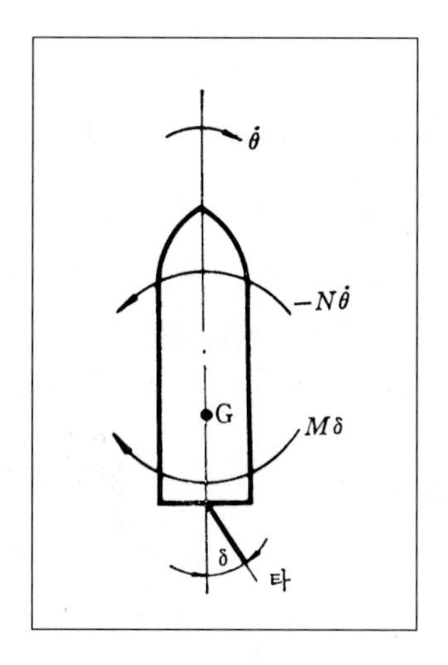

그림 5-46 배에 작용하는 모멘트

이때의 선회 반지름을 R, 속력을 v라고 하면 선수부 회전 각속도 $\dot{\theta} = \frac{v}{R}$가 되므로 $K = \frac{v}{R\delta}$의 관계식이 얻어진다. 이와 같이 선회성이 좋고 선회 반지름이 작은 배는 K가 크고, 반대로 선회성이 나쁘고 선회 반지름이 큰 배는 K가 작다. 따라서, K는 선회성을 나타내는 지수임을 알 수 있다.

그리고 T는 어떤 성능을 나타내는 지수인지를 살펴보면 정상 선회에 도달하기까지는 배의 회전 각속도가 계속 증가하므로 $\frac{d\dot{\theta}}{dt}$는 어떤 값을 가지게 된다. 즉, T가 작아질수록 $T\left(\frac{d\dot{\theta}}{dt}\right)$는 0에 접근하므로 식 (5-36)으로부터 $\dot{\theta} \fallingdotseq K\delta$가 된다. 따라서, 짧은 시간 동안에 정상 선회의 각속도 $\dot{\theta} = K\delta$에 접근하게 된다. 반대로 T가 크면 $T\left(\frac{d\dot{\theta}}{dt}\right)$의 값이 크므로 $\dot{\theta} = K\delta$가 되은데 시간이 많이 걸리게 된다. 즉, 정상 선회에 도달하는 시간이 길어진다는 뜻이다. 이와 같이 T는 조타 발령 후 배의 추종성을 나타내는 지수임을 알 수 있다.

다음에 침로 안정성과 조종성 지수와의 관계를 고려해 보면 침로 안정성을 생각할 때에는 조종 성능에서 설명한 것과 같이 타각은 중앙에 있으므로 $\delta = 0$이 되고, 따라서 식 (5-36)는 다음과 같이 된다.

$$T\frac{d\dot{\theta}}{dt} + \dot{\theta} = 0 \quad \cdots\cdots (5\text{-}37)$$

외력에 의해서 어떤 크기의 선수부 회전 각속도 $\dot{\theta}$가 주어졌을 때 침로 안정성이 좋은 배는 점차로 회전 각속도가 작아지게 되면서 0으로 되기 때문에 $\frac{d\dot{\theta}}{dt} < 0$이 되고, 따라서 식 (5-37)으로부터 $T > 0$이 된다.

이 경우에는 T가 작을수록 $\frac{d\dot{\theta}}{dt}$의 절대값이 커지게 된다. 즉, 선수부의 회전 각속도가 빨리 0에 가까워지기 때문에 직진 항로에 빨리 복귀하게 된다. 반대로 T가 클수록 $\frac{d\dot{\theta}}{dt}$의 절대값은 작으며, 쉽게 직진 항로에 복귀하지 않게 된다.

침로 불안정한 배에서는 그림 5-45에 나타낸 것과 같이 선수부 회전 각속도 $\dot{\theta}$가 점점 커지게 되므로 $\frac{d\dot{\theta}}{dt} > 0$이 되고, 따라서 T는 음($-$)의 값을 가지게 된다. 이것으로부터 T가 양($+$)이고 그 값이 작아지면 추종성도 좋고 배는 침로 안정성이 좋은 배인 것을 알 수 있다. 결국 T는 추종성뿐만 아니라 침로 안정성을 나타내는 지수인 것이다.

4. 조종성 시험

어떤 배의 K와 T의 값은 지그재그 조타 시험, Z조타 시험에 의해 구할 수 있다. 지그재그 조타 시험은 키를 좌우 교대로 어떤 값 δ_o(예를 들면, 10°, 15° 등)로 잡아서 지그재그의 항로를 달리게 하는 시험이며, 그림 5-47에 나타낸 것과 같이 배를 직진시킨 후 일정한 타각(舵角) δ_o로 키를 잡고 선수부가 그 타각 δ_o와 같은 각도(그림 5-47의 B점)만큼 돌아갔을 때 이번에는 반대 현(舷)으로 같은 타각을 준다(그림 5-47의 B→C). 잠시 후에 선수부가 반대 방향으로 돌기 시작하여 원래의 침로를 가로질러 반대 현으로 δ_o만큼 돌아갔을 때(그림 5-47의 D점) 다시 처음의 타각으로 되돌린다(그림 5-47의 D→E). 이것을 되풀이하여 좌우 현으로 2회의 조타가 끝난 다음에 배가 원래의 침로로 되돌아왔을 때 시험을 끝내게 된다.

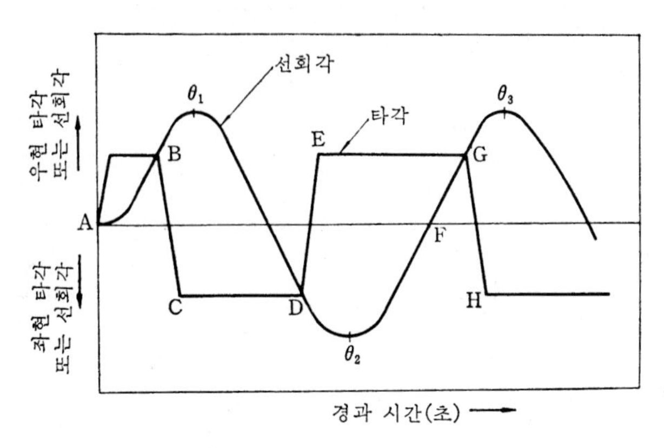

그림 5-47 지그재그 조타 시험

타각은 일반적으로 10°, 15°, 20° 중에 어느 한 값을 정하여 하지만 K와 T의 값은 타각에 따라서 약간 달라지기 때문에 타선(他船)과의 비교 검토에는 같은 타각의 시험 결과를 사용하여야 한다. 지그재그 조타 시험으로부터 K와 T의 값을 구하는 방법에 대해서는 약간 복잡하기 때문에 여기서는 생략하기로 한다.

T와 K는 일반적으로 무차원화하여

$$K' = \frac{K}{\left(\dfrac{v}{L}\right)}$$

$$T' = \frac{T}{\left(\dfrac{L}{v}\right)}$$

로 쓰는 것이 보통이다.

여기서 v는 배의 속력(m/sec)이고, L은 배의 길이(m)이다. $L = 150 \sim 300$ m인 저속 비대선의 경우에 만재 상태에서의 10° 지그재그 조타 시험에서 얻은 K'과 T'이 $K' = 1.7 \sim 4.0$, $T' = 3 \sim 10$의 범위에 있었다면 조타 성능은 우선 문제가 없음을 알 수 있다.

K와 T의 값은 지그재그 조타 시험뿐만 아니라 선회 시험으로부터도 구할 수 있다. 선회 시험일 때 키를 0°로부터 어떤 각도, 예를 들면 35°까지 돌렸을 때의 시간을 t_1이라고 하면 배가 조타 발령 후 잠시 직진하는 시간은 조종성 지수 T에 $\frac{t_1}{2}$을 더한 $T + \frac{t_1}{2}$으로 표시된

다. 따라서 직진시의 선속을 v, 초기 선수부의 회전각을 θ_o라고 하면, 그림 5-48에서의 리치는

$$\text{reach} \fallingdotseq v\left(T+\frac{t_1}{2}\right)\cos\theta_o$$

로 된다. 여기서 초기의 선수부 회전각 θ_o는 일반적으로 10° 이내이므로

$$\cos 10° = 0.985 \fallingdotseq 1$$

이 되고, 결국

$$\text{reach} = v\left(T+\frac{t_1}{2}\right)$$

으로 된다.

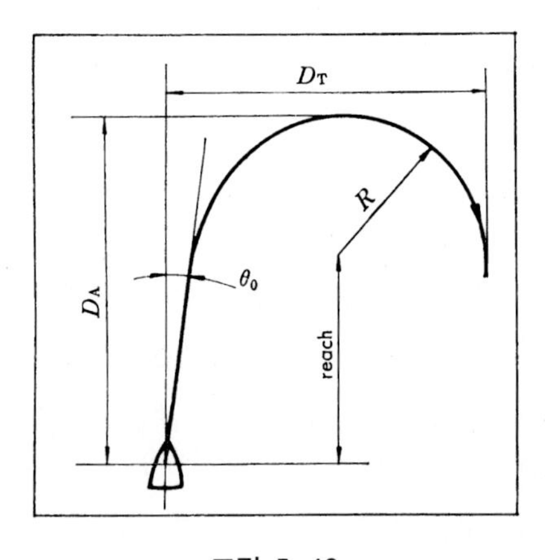

그림 5-48

선회 시험에서 구해지는 것은 그림 5-48에 나타나 있는 진전 거리(advance) D_A와 선회 지름(tactical diameter) D_T이므로 그 값을 이용하여 K와 T를 계산한다.

배의 진전 거리를 D_A라고 하면 $D_A \fallingdotseq$ reach + 선회 반지름 R이지만 선회 반지름 D_T로 하면 $R \fallingdotseq \dfrac{D_T}{2}$이므로, $D_A = v\left(T+\dfrac{t_1}{2}\right)+\dfrac{D_T}{2}$로 된다. 따라서

$$T=\frac{D_A-\dfrac{D_T}{2}}{v}-\frac{t_1}{2}$$

이고, 이 식으로부터 T를 구할 수 있다.

한편, K는 앞에서 설명한 것과 같이 $K=\dfrac{v}{R\delta}$로 구별할 수 있다. 이것을 좌우 양현으로 선회 시험한 결과에 대해서 계산하고, 그 평균값을 구하면 좋다.

지그재그 조타 시험은 K와 T의 값을 구하는 데 모두 좋은 시험이지만, $\frac{L}{B}$이 작고 C_B가 큰 초대형선과 같은 선형에서 침로가 안정한가, 불안정한가를 판정하기에는 다음에 설명하는 나선형 조종 시험(spiral test)을 해야 한다.

나선형 조종 시험은 먼저 어떤 각도, 예를 들면 우현 쪽으로 15° 선회하면서 선수부의 회전 각속도 $\dot{\theta}$가 일정한 값이 되면 그것을 기록한다.

다음에 타각을 10°로 줄여서 선회를 계속하면서 선수부 회전 각속도가 일정한 값이 되면 그것을 기록하고 타각을 5°로 내린다. 이와 같은 방법으로 타각을 3°로 줄이고, 타각을 0°(중앙)로 한 뒤에 타를 좌현 쪽으로 3°, 5°, …, 15°로 바꾸었다가 다시 좌현 쪽에서 10°, 5°, …, 0°로 하면서 그때 그때의 각속도 $\dot{\theta}$를 계측하여 기록한다.

타각을 0°(중앙)로 한 뒤에는 다시 우현 타각을 3°, 5°, …15°로 바꾸어 가면서 그때 그때 선수부의 회전 각속도를 계측한다.

그 결과를 타각을 가로축, 회전 각속도 $\dot{\theta}$를 세로축으로 잡아서 그림으로 그리면 침로 안정한 배일 경우에는 그림 5-49(a)와 같이 되고, 불안정한 배가 되면 그림 5-49(b)와 같이 된다.

이와 같은 경우에는 점선 안의 각도가 크면 작은 타각에서는 배의 침로가 일정하지 않고 보침이 어렵게 된다. 침로 불안정한 배에서는 작은 타각에서 선수부의 회전 각속도는 그림 5-49(b)와 같이 길고 좁은 궤적을 그리기 때문에 이것을 루프(loop)라고 부르며, 이 두 연직 접선 사이의 간격을 루프 폭이라고 한다.

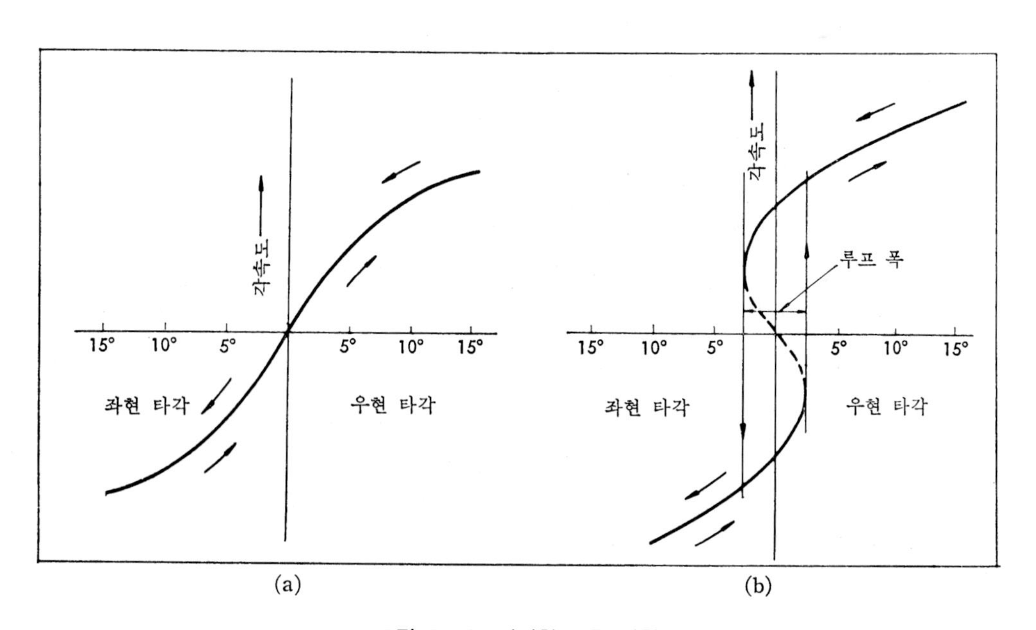

그림 5-49 나선형 조종 시험

루프가 있는 배는 침로가 불안정하지만 배의 조정이 완전히 불가능한 것은 아니다. 이 경우 선박이 클수록 타를 돌린 뒤 선수부가 돌아가기 시작할 때까지의 시간이 길어지므로 조타 작업에 시간적인 여유가 있으며, 타를 조금씩 좌우로 변환시키면서 배를 직진시킬 수 있다. 따라서, 루프 폭이 다소 있어도 배의 조정에는 허용되지만 소형선의 경우에는 루프가 있으면 배의 조정이 불가능하게 된다. 일반적으로 V.L.C.C., U.L.C.C 등의 대형선인 경우에는 루프 폭이 ±2～5°이면 허용되고 있다.

또, 나선형 조종 시험은 시간이 걸리기 때문에 일반적으로는 선수부의 회전 각속도가 어떤 일정한 값이 되도록 타를 잡아 그것을 기록하고, 다음에 각속도를 바꾸어 그때의 타각을 계측하는 방법이 취해지고 있다. 그것을 역나선형 조종 시험이라고 한다. 역나선형 조종 시험의 경우에는 그림 5-49(b)의 점선으로 나타낸 것과 같은 점선 부근의 S자형 각속도의 값을 기록하는 것이 가능하며, 또 루프 폭을 정확히 구할 수 있다.

최근에는 전자계산기를 이용해서 배의 주요 치수, 타 요목 등을 입력하는 것만으로 역나선형 조종 시험을 모사(模寫, simulate)하는 것이 가능하게 되었다. 이와 같은 방법을 사용하면 초기 계획을 할 때 배의 조정 성능을 예상할 수 있어서 대형 비대선을 설계하는 데 대단히 편리하다.

5. 선회 직경의 근사식

Hovgard는 선회 직경(Turning Circle)의 식을 정의하고 식 중에서 계수를 함정 실측 자료의 해석에서 구하고 있는데, K.E. Schoenherr는 이것을 간략화하고 선회 반경(R)의 다음 근사식을 정의하고 있다.

$$R = \frac{k_R \times \nabla}{A_R \times C_N \times \cos\delta} \quad \cdots\cdots (5\text{-}38)$$

이 식에서 쌍나선 선박에 대한 k_R 값을 $\left(\frac{\nabla}{L^2 \times d} = \frac{C_B \times B}{L}\right)$에 대해 도시하고 있으며, k_R은 보통 화물선 범위에서는 $\frac{0.015}{\left(\frac{C_B \times B}{L}\right)^{1.5}}$으로 근사된다. $D_T \fallingdotseq \frac{2 \times R}{0.85}$, $C_N \times \cos\delta \fallingdotseq 1.03$으로 하면 식 5-38은 다음 식으로 표시된다.

$$\frac{D_T}{L} \fallingdotseq 0.034 \times \frac{\left(\frac{L \times d}{A_R}\right)}{\left(\frac{B}{L} \times C_B\right)^{0.5}} \quad \cdots\cdots (5\text{-}39)$$

이 식은 고속 화물선의 시운전 상태에서는 평균적인 값을 부여하지만 상선과 같은 Froude

수, 트림 및 재화 상태 변화에 대해서 공통적으로 적용하기는 어렵고 예로서 탱커의 만재 상태에서는 식 5-39에 의한 값의 $\frac{1}{2}$ 정도로 한다.

여기서, 일반 상선의 선회 직경을 추정하기 위해 우선 주요 영향 요소 중에서 모형 실험 등에서 그 영향 정도를 확인할 수 있는 것은 이를 사용하고 실제 시운전시 계측 자료의 해석에 기초한 선회 직경 추정식을 구한다.

일반 상선은 보통 D_A와 D_T의 계측을 주로 하고 정상 선회 직경을 정확하게 구하는 시험을 행하지는 않는다. 따라서, 여기서는 D_T를 대상으로 하는데 정상 선회 직경은 특별한 경우를 제외하고는 D_T의 대략 85% 정도이다. 선회 직경에 관련하는 요소 항목을 들면,

(1) 타 면적(A_R)

선회 직경에 직접 영향이 미치는 가장 큰 항목인데 특히 밸러스트 상태의 반몰수(半沒水)시 선미부 파형이나 타의 공기 흡입 현상으로 유효 타 면적의 적용하는 방법에 문제가 있지만, 여기서는 밸러스트 상태에서 항주(航走)할 때에 타(舵)는 전몰하고 실적의 해석은 타 한쪽 면적의 100%를 취하는 것으로 한다. 또한 실제로 조작상에 영향을 주는 것은 단순히 타 면적만이 아니고 추진기 후류 속도, 타 부근의 반류값이나 키의 어스펙트비 등을 고려할 수 있지만 여기서는 취급의 간략화를 위해 고려하지 않는다. 그러나 위에서 설명한 유효 타 면적의 적용 방법과 함께 이들을 무시하는 일은 뒤에서 설명하는 해석값 분산이 하나의 원인으로 생각되어 보다 정확한 해석에는 이미 발표되어 있는 이론적 연구 등을 참고로 하는 검토가 필요할 것이다.

(2) 비척도(C_B)

선체 비척도(肥瘠度)의 영향도 커서 $C_B=0.600$인 경우는 $C_B=0.800$인 배에 비해 선회 직경은 2배 가까이 된다. 계통적 모형 시험에서 D_T는 C_B의 거의 2승에 반비례한다고 볼 수 있다.

(3) 트림(trim)

트림은 선회 직경에 크게 영향을 주는 것으로서 선미 트림 1% 증가는 선회 직경에서 약 10% 정도 증대가 된다.

(4) Froude 수 $\left(\frac{v}{\sqrt{Lg}}\right)$

속도 영향은 저속 범위에서는 대부분 인정되지 않지만 Froude 수가 약 0.18 이상에서 선회 직경이 증대하기 시작하고, 고속선은 저속선에 비해 상당히 커진다. 모형 시험 등의 해석에서 $\frac{D_T}{L}$에 대한 속도 영향은 다음 식에 의해 표시된다.

$$\frac{D_T}{L} = \left\{1 + 5.3 \times (C_B - 0.40) \times \left(\frac{v}{\sqrt{Lg}} - 0.18\right)\right\}$$

다만, $\frac{v}{\sqrt{Lg}} < 0.18$인 때에는 0.18로 한다.

(5) 선박 길이·폭의 비$\left(\frac{L}{B}\right)$

특히, 큰 타각 조타 시 $\frac{D_T}{L}$은 $\frac{L}{B}$의 영향이 별로 크지 않아 여기서는 고려하지 않기로 한다.

(6) 폭·흘수의 비$\left(\frac{B}{d}\right)$

앞에서 설명한 것을 기초로 한 중형선 이상의 실적의 해석 결과, 즉, k의 식을 $\left(\frac{B}{d}\right)$에 대하여 점으로 표시한 것이 그림 5-50 이다.

$$k = \frac{\left(\frac{D_T}{L}\right)}{\left(\frac{L \times D}{A_R}\right) \times \left(\frac{1}{C_B^2}\right) \times \left(1 + \frac{10t}{L}\right)} \times \left\{1 + 5.3 \times (C_B - 0.40) \times \left(\frac{v}{\sqrt{Lg}} - 0.18\right)\right\} \quad \cdots\cdots (5\text{-}40)$$

그림에서, $\left(\frac{B}{d}\right)$의 수정은 $\left(\frac{B}{d}\right)$ 단독의 영향에 관한 확실한 자료를 얻기 힘들기 때문에 위에서 설명한 가정을 기초로 한 최종 수정항에서 구한 것으로 결과는 해석 과정의 모든 오차를 포함하고 있다.

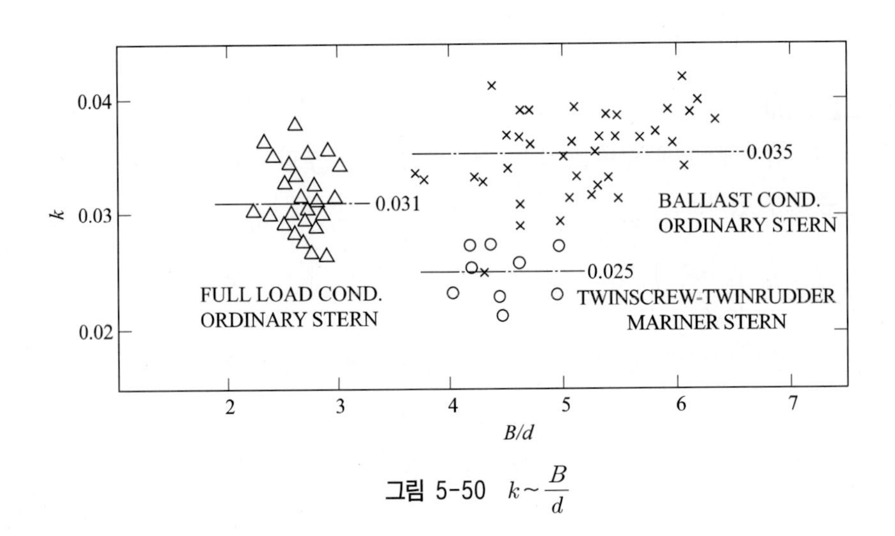

그림 5-50 $k \sim \frac{B}{d}$

그림 5-50에서 k 값은 $\left(\frac{B}{d}\right)$의 증대와 함께 커지는 경향이 있으나 구체적인 수식으로 표시할 정도의 자료는 없다. 이상에 의해 타각이 35°인 보통 상선에서 $\left(\frac{D_T}{L}\right)$의 근사식은 다음과 같다.

$$\frac{D_T}{L} = k \times \left(\frac{L \times d}{A_R}\right) \times \left(\frac{1}{C_B^3}\right) \times \left(1 + \frac{10t}{L}\right) \times$$

$$\left\{1 + 5.3 \times (C_B - 0.40) \times \left(\frac{v}{\sqrt{Lg}} - 0.18\right)\right\} \quad \cdots\cdots (5\text{-}41)$$

k값은 보통형 선미선에 대해서는,

$k \fallingdotseq 0.031$ ……………………… 만재 상태 일 때

$k \fallingdotseq 0.035$ ……………………… 밸러스트 상태 일 때

또한, 쌍나선 · 쌍타선 및 반평형타를 붙인 마리나형 선미선(타 면적은 가동부만을 취한다.)의 밸러스트 상태는 $k \fallingdotseq 0.025$를 취한다.

조종 관계의 실선 계측 자료는 실제 풍파 · 조류 등의 외부 영향을 받기 쉽고 계측 자체의 정확도를 기대하기 어려운 요소가 많기 때문에 어느 정도의 오차는 불가피한 것이다.

D_A의 D_T에 대한 비율은 $\left(\frac{D_T}{L}\right)$의 감소와 함께 커지고 보통 상선의 경우에는 다음 식으로 표시된다.

$$\frac{D_A}{D_T} \fallingdotseq \frac{2.0}{\left(\frac{D_T}{L}\right)^{0.62}} \quad \cdots\cdots (5\text{-}42)$$

또한, $\left(\frac{D_T}{L}\right)$의 실선의 개략값은 다음과 같다.

보통 화물선, 소형선 : 2.7～4.0
고속선 : 4.0～5.0
벌크캐리어선 : 2.8～3.3
대형 탱커 : 2.8～3.3

또한, 식 5-41에 표시되어 있는 각 요소 외에 선회 직경에 실제 영향을 주는 사항에 대해서 알아보면 다음과 같다.

① 단나선 선박의 보통 상선에서는 타 면적을 증대시키고 $\frac{L \times d}{A_R}$을 50 이하로 해도 선미부 배치상의 제약으로 타의 종횡비 감소에 따른 직압력의 감소로 인해 선회 성능 개선상 얻는 것은 적다.

② 단나선 선박은 타각 45° 정도까지는 유효하다. 이것은 큰 타각의 정상 선회에서 배의 편각은 10 여도에 달하고 유효 타각은 아직 실속 상태 이전에 있어 타각의 증대와 함께 직압력은 더욱 증가할 수 있는 상태에 있기 때문이다. 따라서 선회 직경만 문제가 되고 선미 배치상 타 면적의 증대가 곤란한 경우는 타각 증가에 의해 보완하는 방법이 있다.

6. 조정성 지수들 사이의 관계

앞에서 설명한 바와 같이 K와 T는 각각

$$K = \frac{\text{선회 모멘트 계수}}{\text{선회 저항 계수}}$$

$$T = \frac{\text{관성모멘트}}{\text{선회 저항 계수}}$$

로 공통 분모로서 선회 저항 계수를 가지고 있다. 따라서,

$$K = \frac{\text{선회 모멘트 계수}}{\text{관성모멘트}} \times T$$

의 관계가 있다.

이 관계는 K'과 T'에 대해서도 당연히 성립한다. 그런데 선회 모멘트 계수는 타의 면적비, $\frac{A_R}{Ld}$ [여기서, A_R은 타의 면적(m^2), d는 만재 흘수(m), L은 수선간장(m)]에 비례할 것으로 예상된다.

다시 말하면, 선회 모멘트 계수$= k_1 \times \frac{A_R}{Ld}$로 표시된다. 또, 관성모멘트는 $\frac{\nabla}{(L^2 d)} = \frac{C_B}{\frac{L}{B}}$에 비례하므로 관성모멘트$= k_2 \times \frac{C_B}{\frac{L}{B}}$로 표시된다. 따라서, 다음과 같은 관계식을 얻을 수 있다.

$$K' \propto \frac{A_R}{Ld} \times \frac{1}{C_B\left(\frac{L}{B}\right)} \times T' \quad \text{(5-43)}$$

대형 비대선과 같이 보침성, 추종성이 불량한 배에서는 T'이 커지기 때문에 T'보다는 $\frac{1}{T'}$을 생각하는 것이 취급하기에 편리하므로, 위 식을

$$\frac{1}{K'} \times \frac{A_R}{Ld} \times \frac{1}{C_B\left(\frac{L}{B}\right)} \propto \frac{1}{T'} \quad \text{(5-44)}$$

로 바꾸어서 실적값을 그림 5-51에 나타내면, 약간 범위는 넓으나 식 (5-44)의 관계가 성립하고 있다는 것을 알 수 있다. 이 결과로부터 선형과 타의 면적이 일정하다면, 즉 $\frac{A_R}{Ld} \cdot \frac{1}{C_B\left(\frac{L}{B}\right)}$

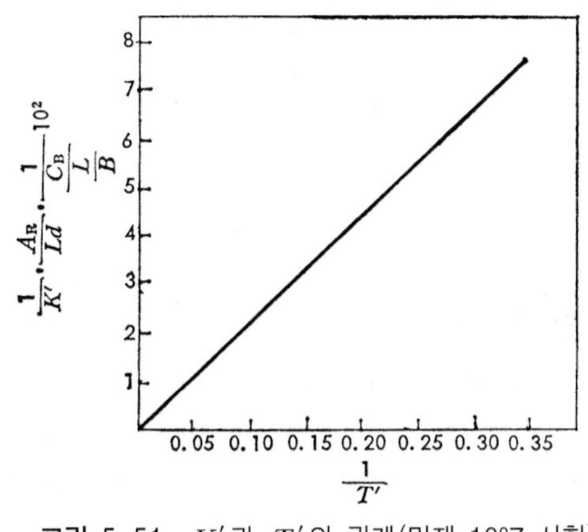

그림 5-51 K'과 T'의 관계(만재 10°Z 시험)

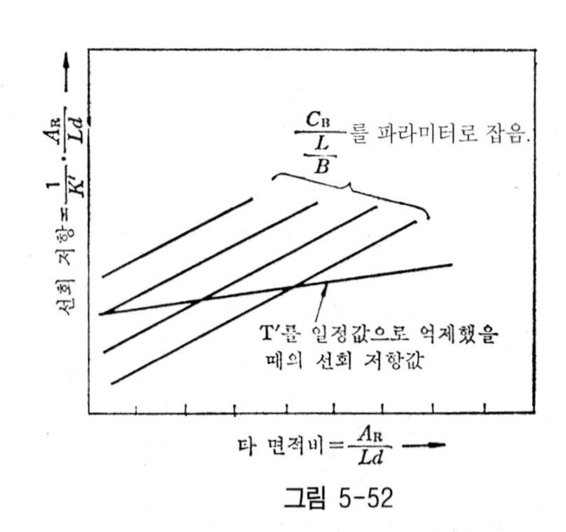

그림 5-52

이 일정하다고 하면 선회성이 좋아져 K'이 큰 배는 T'이 커지게 되어 보침성과 추종성이 나빠지게 된다. 이와 같이 추종성, 보침성과 선회성은 상반되는 성질이 있다는 것을 알 수 있다.

또, 추종성과 보침성을 좋게 하기 위해 T'을 작게 하고 동시에 선회성도 향상시키기 위해 K'을 크게 하려고 한다면 배의 주요 치수에 따라 $\frac{C_B}{\left(\frac{L}{B}\right)}$는 일정하므로 결국 타의 면적을 크게 하는 것 외에는 방법이 없다는 것도 알 수 있다. 더욱 $\frac{C_B}{\left(\frac{L}{B}\right)}$가 큰 선박, 즉 C_B가 크고 $\frac{L}{B}$이 작은 '비행선과 같이 뚱뚱한 선박'일수록 타의 면적을 크게 할 필요가 있다.

타는 선박의 A.P.로부터 후방의 수면 밑에 배치되어 있으므로 타 면적을 크게 한다고 해도 한도가 있다. 따라서, $\frac{C_B}{\left(\frac{L}{B}\right)}$의 값에도 상한이 있으며 일반적으로는 $\frac{C_B}{\left(\frac{L}{B}\right)} \leqq 0.140 \sim 0.150$이지만, 타 면적을 극단적으로 크게 하여 $\frac{C_B}{\left(\frac{L}{B}\right)} \fallingdotseq 0.160$ 정도로 한 선박도 있다.

7. 침로 안정성과 추종성으로부터 요구되는 타 면적비

그림 5-51에서 K'과 T'의 관계가 구해졌기 때문에 K'과 T'의 어느 한쪽과 선형 및 타 면적의 관계를 구해 놓는다면 나머지 한쪽의 값도 구할 수 있다. 반대로 K'과 T'의 어느 한 쪽의 값을 선박 조정에 필요한 값으로 한다면 그 값을 얻기 위해 필요한 타 면적을 결정할 수 있다.

이와 같은 목적으로 $\frac{1}{K'} \times \frac{A_R}{Ld}$을 타 면적비 $\frac{A_R}{Ld}$을 가로축으로 하여 그래프로 나타내면 그림 5-52와 같이 된다.

$\frac{1}{K'} \times \frac{A_R}{Ld}$은

$$K' = \frac{\text{선회 모멘트의 무차원 계수}}{\text{선회 저항의 무차원 계수}} \propto \frac{\dfrac{A_R}{Ld}}{\text{선회 저항의 무차원 계수}}$$

이므로,

$$\frac{1}{K'} \times \frac{A_R}{Ld} \propto \text{선회 저항}$$

으로 되어 선회 저항의 크기를 나타내는 것임을 알 수 있다.

한편,

$$\frac{1}{K'} \times \frac{A_R}{Ld} \times \frac{1}{C_B\left(\dfrac{L}{B}\right)} \propto \frac{1}{T'}$$

이므로 선회 저항의 점으로부터 $\frac{1}{K'} \times \frac{A_R}{Ld}$을 어떤 값으로 정한다면 $\frac{1}{T'}$이 결정되고, 따라서 보침성, 추종성을 일정한 값으로 둔다는 것을 의미한다. 그림 5-52로부터 타 면적을 크게 한다면 선회 저항이 증가한다는 것을 알 수 있다. 타를 크게 한다면 일반적으로 선회성이 좋아진다는 것은 사실이며, 이러한 타에는 선박에 선회력을 주는 작용뿐만 아니라 배가 선회하는 데 저항하는 힘을 발생시키는 작용이 있기 때문이다. 타를 돌린 직후 타에 작용하는 직압력이 배를 선회시키는 모멘트로 작용하는데, 이를테면 배가 우현 쪽으로 선회하면 타는 좌현 쪽으로 물이 들어와 오른쪽 방향으로 힘을 발생시킨다. 이 힘은 선수부가 돌아가는 방향과는 반대 방향의 모멘트, 즉 선회 저항으로 작용하게 된다. 타는 선미 끝에서 선회 중심으로부터의 거리가 크기 때문에 수선 아래의 선체 면적에 비하면 타의 면적은 작은데도 불구하고 큰 선회 저항이 된다.

침로 안정성과 추종성의 점으로부터 요구되는 T'의 값을 실선의 실적값으로부터 어떤 값 이하로 억제하면 선회 저항의 기준선이 그림 5-52에 나타낸 것과 같이 정해지기 때문에 파라미터인 $\frac{C_B}{\left(\frac{L}{B}\right)}$와 기준선의 교점에 있어서 타 면적비의 값을 읽는다. 그렇게 하면 타 면적비는 선형의 비대도 $\frac{C_B}{\left(\frac{L}{B}\right)}$의 함수로서 그림 5-53과 같이 구할 수 있다. 그림 5-54는 지금까지 건조된 배에 대해서 타 면적비와 선형의 비대도 $\frac{C_B}{\left(\frac{L}{B}\right)}$의 관계를 도표로 나타낸 것이기 때문에 선형이 비대화할수록 타 면적이 작아지고 있는 것이 잘 나타나고 있다. 어떤 배의 조종 성능을 유사선과 같게 설계하고자 할 때에는 다음과 같이 생각해 나가면 좋다.

유사선과 추종 성능 및 보침성을 같게 하려면 양자의 $\frac{1}{T'}$을 같게 하면 되는데, 그것은 그림 5-51로부터 알 수 있듯이 $\frac{1}{K'} \times \frac{A_R}{Ld} \times \frac{1}{\frac{C_B}{(L/B)}}$이 같아지도록 타 면적비를 결정하면

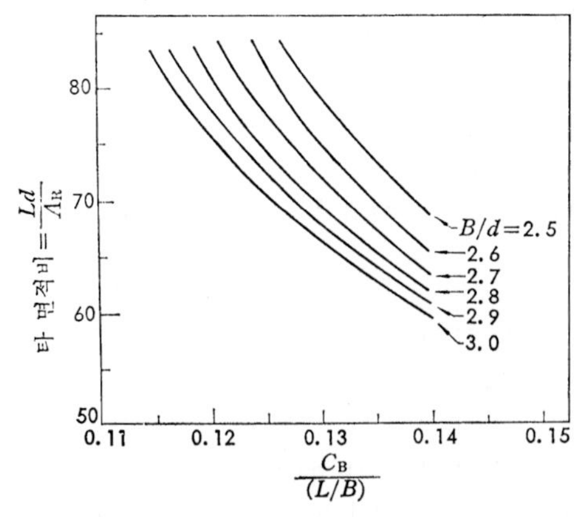

그림 5-53 조종성 지수로부터 정해진 타 면적비

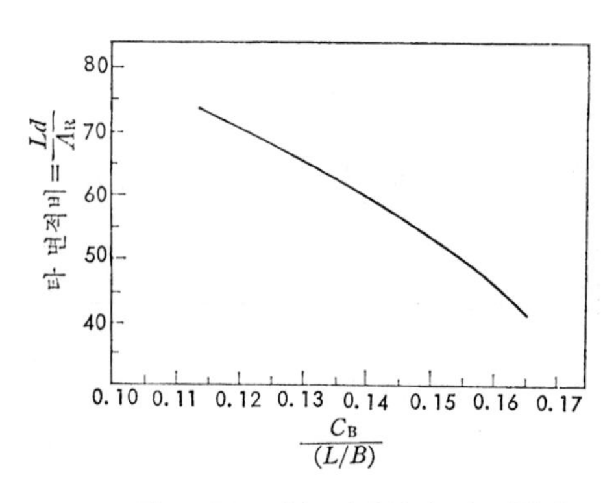

그림 5-54 저속 비대선의 타 면적비

된다. 즉, 유사선의 값에 'S'라는 첨자를 붙이기로 하면,

$$\frac{1}{K_S{}'} \times \left(\frac{A_R}{Ld}\right)_S \times \left(\frac{1}{\dfrac{C_B}{(L/B)}}\right)_S = \frac{1}{K'} \times \frac{A_R}{Ld} \times \frac{1}{\dfrac{C_B}{(L/B)}}$$

따라서, 계획선의 $\frac{1}{K'} \times \frac{A_R}{Ld}$은

$$\frac{1}{K_S{}'} \times \left(\frac{A_R}{Ld}\right)_S \times \left(\frac{1}{\dfrac{C_B}{(L/B)}}\right)_S \times \left(\frac{1}{\dfrac{C_B}{(L/B)}}\right)$$

로 구해지므로, 그림 5-52로부터 필요한 타 면적비가 계산된다.

5.3.2 타 면적(Rudder Area)의 계산 예

현재 상선에 사용되고 있는 타(舵)의 대부분은 유선형 단면의 평형타와 반평형타이며 그 두께 · 폭비도 0.18 전후이다.

반동타(reaction rudder)나 중앙부 팽출타(costa-bulb rudder)는 보통 형의 타에 비해 추진 효율이 2～3% 정도 좋다고 한다. 그러나 여기서 대상으로 하는 조종 성능은 타 면적만을 고려하고 타 형식에 의한 구별은 하지 않기로 한다.

또한, 타 면적의 선정은 엄밀하게는 타 측면 형상의 종횡비, 두께 · 폭비 등에 의해 변화하는 유효 직압력도 고려해야 하지만 타 형상은 보통 선미 배치상 일정 범위 안에 있고 큰 타각 주변에서는 타 형상의 영향은 그다지 크지 않다. 따라서 여기서는 타 면적비$\left(\frac{L \times d}{A_R}\right)$만을 대상으로 한다.

1. 타 면적의 기준(Standard Value of Rudder Area)

타 면적의 가장 단순한 정리 방법은 $\left(\frac{L\times d}{A_R}\right)$ 값을 L에 따라 산정 하는 것으로 그림 5-55는 실적의 범위를 나타낸다. K.R.(Korean Register of Shiping)의 타 면적의 지표는,

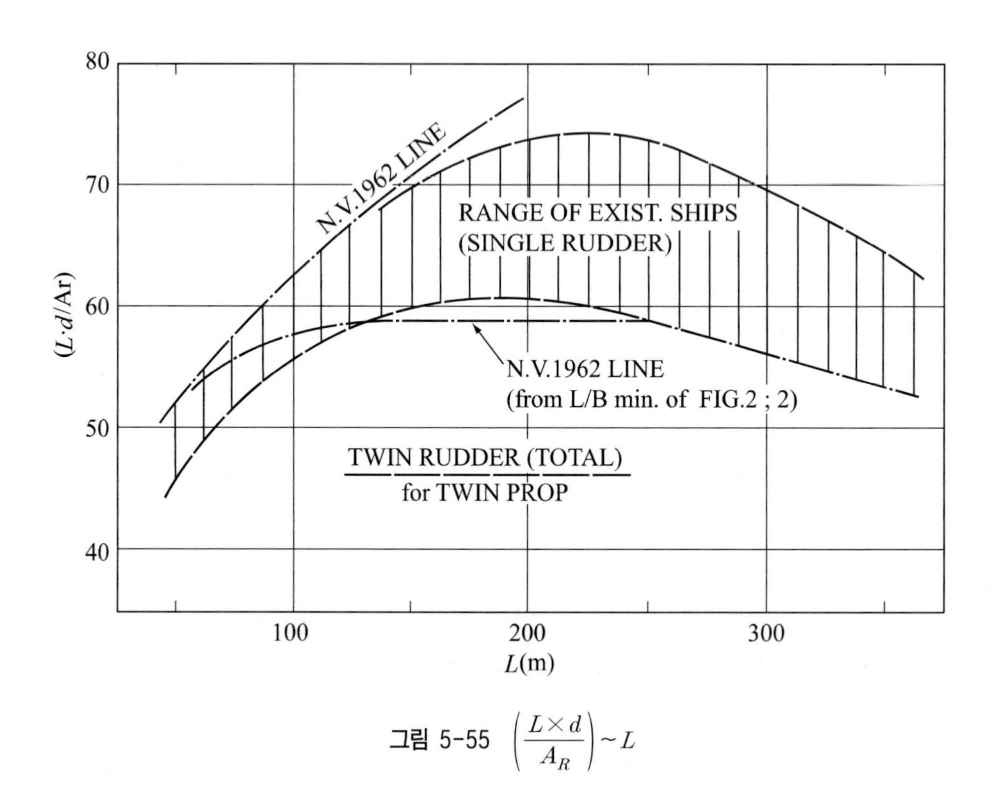

그림 5-55 $\left(\frac{L\times d}{A_R}\right)\sim L$

$$\frac{A_R}{L\times d} = \frac{1}{100}\times\left(0.75 + \frac{150}{L+75}\right) \quad \text{(5-45)}$$

으로서 이 식에 의한 값을 그림 5-55에 나타내고 있으며, 이것은 중 · 소형선에 대한 타 면적비 실적의 하한값에 가깝다. 그후 보다 대형 전용선의 출현으로 다음 식이 제시되었다.

$$\frac{A_R}{L\times d} = \frac{1}{100}\times\left[1 + 25\times\left(\frac{B}{L}\right)^2\right] \quad \text{(5-46)}$$

이 식에 의한 값은 L에 대한 $\frac{L}{B}$의 대략 실적 하한값을 그림 5-56에서 취하고 마찬가지로 그림 5-55에 나타내고 있는데, 이 선은 중대형 비대선 실적의 상한값에 가깝다.

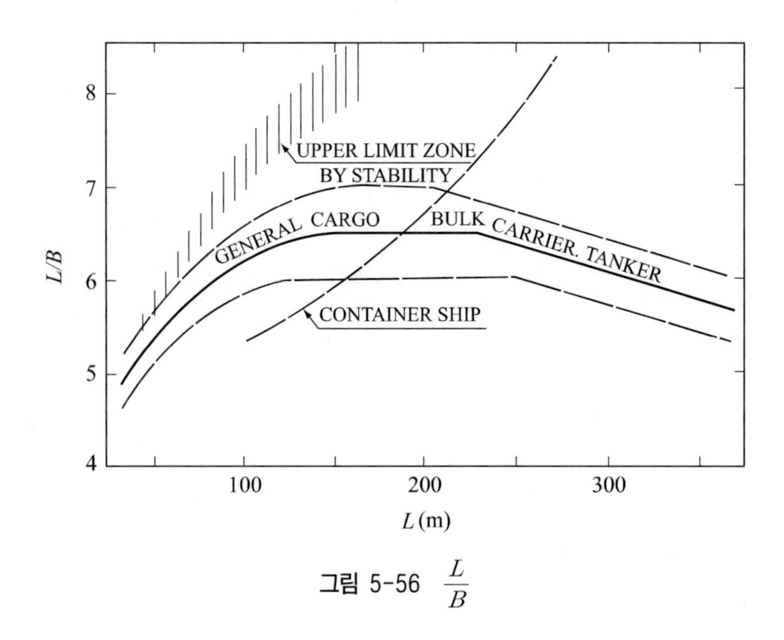

그림 5-56 $\frac{L}{B}$

그러나 어느 것이든 타 면적을 L 또는 $\frac{L}{B}$만을 기준으로 결정하는 것은 1차 가늠값을 얻은 정도이다.

2. 선회 직경과 타 면적(Rudder Area-Turning Circle)

식 5-41에서 만재 상태의 각 요소값을 취하고 $t=0$으로 하여 얻어진 값이 된다.

$$\frac{L\times d}{A_R} \fallingdotseq 32\times\left(\frac{D_T}{L}\right)\times\frac{C_B^2}{\left\{1+5.3\times(C_B-0.40)\left(\frac{v}{\sqrt{Lg}}-0.18\right)\right\}} \quad \cdots\cdots\cdots\cdots (5\text{-}47)$$

따라서 목표로 하는 $\left(\frac{D_T}{L}\right)$에서 타 면적을 구할 수 있다. 또한 $\left(\frac{D_T}{L}\right)$의 실적값의 범위는 앞부분에서 설명하였다.

3. k_T 계수와 타 면적(Rudder Area-k_T)

보침성 계수 $k_T=\left(\frac{B}{L}\right)\times C_B^3$에 대한 $\left(\frac{L\times d}{A_R}\right)$의 실적 분포를 그림 5-57에 나타내었다. 대형 비대선형인 경우 k_T가 0.07 이상으로 k_T 값이 증대함에 따라 타 면적도 증대하는 경향이 있다. 이것은 앞에서 말한 것과 같이 선체 주요 요소가 지배적인 보침 성능을 타 면적에서 보완하는 의미라고 볼 수 있다.

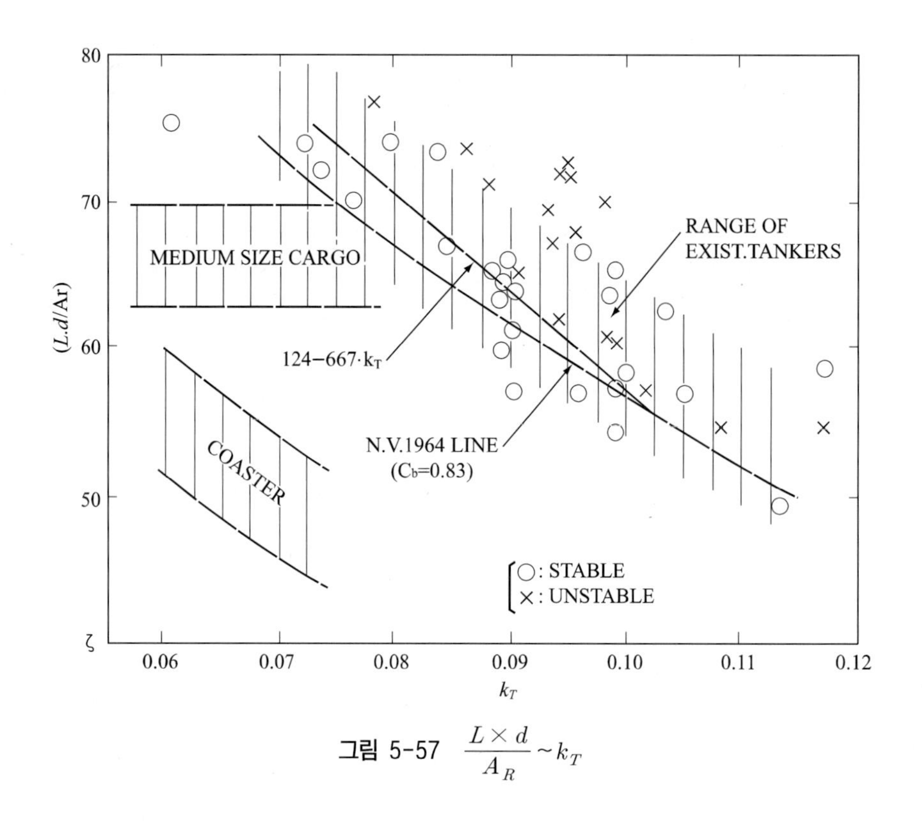

그림 5-57 $\dfrac{L \times d}{A_R} \sim k_T$

그림 5-57 이하에서는 조종성이 안정한가 불안정한가 확실한 실적점을 각각 (○) 및 (×)로 나타내었으며, 불안정선의 판단 기준은 일단 $T_{10}{}'$는 대략 12로 하고, 스파이럴 테스트에 의한 루프 각도를 약 6°로 하고 있다.

그림에서 대형 비대선형에 대해 타 면적비의 개략 기준값이 다음과 같이 얻어진다. 실선의 실적에서는 보침 성능은 타 면적의 증대로 어느 정도 보완할 수 있지만 정도를 넘은 침로 불안정 선은 조종 안정성 외에 빈번한 조타에 의한 저항 증가, 실질 속력의 저하 등의 문제를 동반하고 에너지 절약의 관점에서도 앞으로 더욱 검토를 하여야 할 사항이다.

$$\frac{L \times d}{A_R} \fallingdotseq 124 - 667 \times \left(\frac{B}{L}\right) \times C_B^3 \qquad (5\text{-}48)$$

특히 100 m 정도 이하의 소형선인 경우, 상대적으로 외부의 영향을 받기 쉬우며 그림 5-57과 같이 그 실적 범위는 대형 비대선에 대한 것과 상당히 다른 경향을 나타내고 있다.

4. k_S 계수와 타 면적(Rudder Area-k_S)

$k_S = \dfrac{\left(\dfrac{L/B}{C_B}\right)}{\left(\dfrac{L \times d}{A_R}\right)}$ 의 실적값 L에 대해 나타낸 것이 그림 5-58이다.

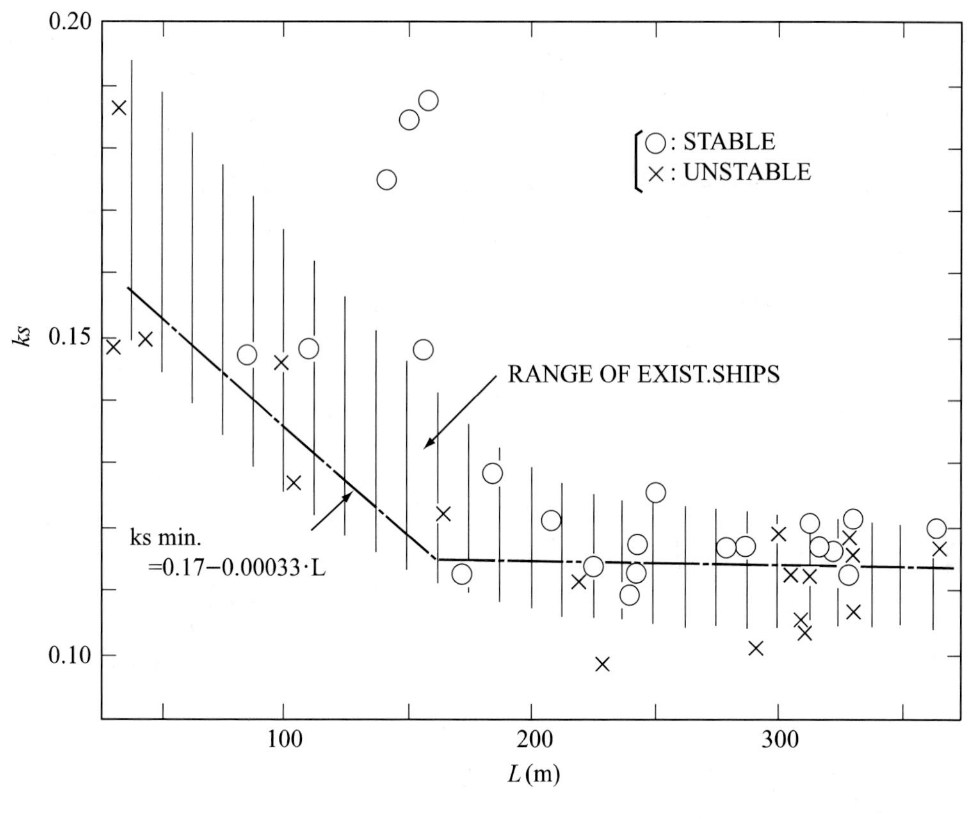

그림 5-58 $k_S \sim L$

다만 이 그림의 실적점은 보침성 · 변침성이 문제가 되는 선형 범위만으로 하고 있다. 중형선 이하는 소형선이 될 수록 k_S 값이 커지고 분산도도 커지지만 그림 5-57과 같은 판단 기준에 따른 안정 · 불안정 점의 분포에서 타 면적비는 길이 백십여 m를 경계로 대략 다음과 같은 값이 된다.

$$\frac{L \times d}{A_R} < \left(\frac{L/B}{C_B}\right) / 0.115, \quad \text{for } L > 160\,\text{m} \quad \cdots\cdots (5\text{-}49)$$

$$\frac{L \times d}{A_R} < \frac{\left(\frac{L/B}{C_B}\right)}{(0.17 - 0.00033 \times L)}, \quad \text{for } L > 160\,\text{m} \quad \cdots\cdots (5\text{-}50)$$

이상의 k_T 및 k_S 계수에 준해서 타 면적을 산정할 수 있는데 대형 비대선에 대한 두 기준을 일체화 시켜 k_T 및 k_S를 양축으로 실적값을 나타낸 것이 그림 5-59이다.

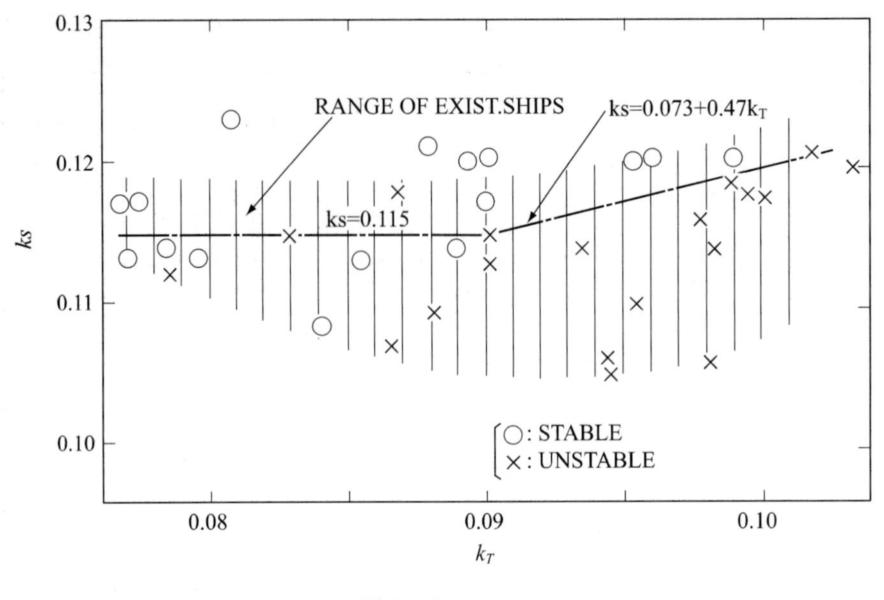

그림 5-59 $k_S \sim k_T$

이 그림의 앞에서 말한 것과 중복되는 것이 있지만 타 면적으로서 얻어진 것이다. 결국 타 면적은 이상의 선회성으로부터 타 면적의 식 **5-47**과 대형 비대선은 식 **5-52**, 소형선은 식 **5-49**와 식 **5-50**에 의한 계산값 중에서 큰 편을 취해 결정하는데 일반적으로 타 면적은 고속선이 선회성에서, 대형 비대선은 보침성 · 변침성에서 결정된다.

$$\frac{L \times d}{A_R} < \frac{\left(\dfrac{L/B}{C_B}\right)}{0.115}, \quad \text{for } \left(\frac{B}{L}\right) \times C_B^3 < 0.09 \quad \cdots\cdots (5\text{-}51)$$

$$\frac{L \times d}{A_R} < \frac{\left(\dfrac{L/B}{C_B}\right)}{\left\{0.073 + 0.47 \times \left(\dfrac{B}{L}\right) \times C_B^3\right\}}, \text{ for } \left(\frac{B}{L}\right) \times C_B^3 > 0.09 \quad \cdots\cdots (5\text{-}52)$$

또한 소형선은 외관에 의한 반응도 빨라 보침 성능에 대해서는 보다 주의를 필요하지만 조종성 관계 자료가 불충분해서 대형 비대선의 확실한 판정 기준을 구하기 어렵다.

소형선의 마리나형 선미는 보침 성능은 좋지 않으며 또 얕은 흘수선으로 $\frac{B}{d}$가 큰 경우는 실질적인 C_B가 보통 흘수선과 비교해서 보다 커지는 경향이 있어 수치적으로 앞에서 설명한 지표값을 만족하는 경우는 실제로는 조종이 불안정해지기도 한다. 따라서 이러한 선형은 선미부 선도(船圖)에 충분히 주의하는 동시에 경우에 따라서는 "skeg"의 부착 등의 대책이 필요하다.

5. 타 면적의 계산 예(Sample Calculation of Rudder Area)

표 5-17 CALCULATION OF RUDDER AREA

(1) CARGO SHIP	
$L\times B\times D-d$(m)=100.0×15.5×8.0−6.6, CB=0.72	
VS=13.0 knots, $\frac{v_S}{\sqrt{Lg}}$=0.214, $\frac{L}{B}$=6.45	
① EXPECTED $\frac{D_T}{L}$=3.6, at FULL LOAD	from $\frac{D_T}{L}$, 식 (5-47)
$\frac{L\times d}{A_R}=32\times\left(\frac{D_T}{L}\right)\times\frac{C_B^2}{\left\{1+5.3\times(C_B-0.40)\times\left(\frac{v_S}{\sqrt{Lg}}-0.18\right)\right\}}$	
② $k_T=\left(\frac{B}{L}\right)\times C_B^3$=0.058, $k_T<0.07$	from k_T, 식 (5-48)
③ $\frac{L\times d}{A_R}=\frac{(\frac{L/B}{C_B})}{(0.17-0.00033\times L)}=\frac{8.96}{0.137}$=65.4	from k_S, 식 (5-49)
④ FINAL $\frac{L\times d}{A_R}$=56.4	from above,
(2) TANKER	
$L\times B\times D-d$(m) = 300.0×50.0×24.0−18.5, C_B=0.83	
V_S=15.5 knots, $\frac{v_S}{\sqrt{Lg}}$=0.147, $\frac{L}{B}$=6.00	
① EXPECTED $\frac{D_T}{L}$=3.0 at FULL LOAD	from $\frac{D_T}{L}$, 식(5-47)
$\frac{L\times d}{A_R}=32\times\left(\frac{D_T}{L}\right)\times C_B^2=32\times3.0\times(0.83)^2$=66.1	
② $k_T=\left(\frac{B}{L}\right)\times C_B^3$=0.0953	from k_T, 식(5-48)
$\frac{L\times d}{A_R}=124-667\times\left(\frac{B}{L}\right)\times C_B^3$=60.4	
③ $\frac{L\times d}{A_R}=\frac{\left(\frac{L/B}{C_B}\right)}{\left\{0.073+0.47\times\left(\frac{B}{L}\right)\times C_B^3\right\}}=\frac{7.23}{0.118}$=61.3	from k_S k_T, 식(5-52)
④ FINAL $\frac{L\times d}{A_R}$=60.4	from above,

5.3.3 타의 압력과 모멘트(Rudder Force & Moment)

타에 작용하는 직압력 및 그의 작용점에 대해서는 종래 사용되고 있는 다음의 Beaufoy-Jossel의 식이 있다.(제8장 2절 1항)

$$F = 58.8 \cdot A_R \cdot v^2 \cdot \sin\delta \quad \cdots\cdots (5\text{-}53)$$

$$xB = (0.195 + 0.305 \cdot \sin\ \delta) \cdot B$$

여기서, F : 직압력(kg)

v : 타에 대한 유속(m/sec)

B : 타의 폭(m)

xB : 타 앞부분부터 압력 작용점까지의 거리(m)

보통 상선에 사용되고 있는 종횡비가 1.5～2.0, 두께 · 폭비가 0.15～0.20인 범위에서 최대 타각일 때에 타 직압력은 큰 변화는 없지만 이들 범위 외 또는 평형타 이외 형식인 것에 대해서는 설계자의 경험으로 구해진다.

또한 추진기 바로 뒤에 위치하는 실제 타의 유입 속도는 선속에 대해 선체 반류나 추진기 후류 등의 영향을 수정한 것을 사용해야 하는데 이들은 상쇄되는 경향이 있다.

직압력, 모멘트는 조타기 소요 마력 등의 결정 과정에 사용되는 것으로 실제값과 비교 계산이 되므로 이들의 산정식은 일정한 것을 사용해야 한다.

보통 단나선 상선인 경우 타각 35°, 종횡비 1.8 또는 v_S를 선속(m/sec)으로 하면, 식 5-55는 다음과 같이 된다.

$$F = 55.0 \cdot A_R \cdot v_S^2 \ (\text{kg}) \quad \cdots\cdots (5\text{-}54)$$

$$x = 0.378$$

이고 또 타축 위치의 타 전단부터의 거리를 $x_O B$로 하면 타축에 대한 모멘트(M)는,

$$M \fallingdotseq 55.0 \cdot (0.378 - x_O)\ B \cdot A_R \cdot v_S \ (\text{kg} \cdot \text{m}) \quad \cdots\cdots (5\text{-}55)$$

로서 x_O의 값은 큰 각도 조타 시 오버 밸런스가 되지 않도록 하며 가능한 M을 억제하도록 선택하여 $x_O = 0.26 \sim 0.27$ 정도로 한다.

마력 추정

power estimation

배의 주요 치수와 모든 계수가 결정되면 그 배의 배수 톤수를 계산해서 선정한 상사선의 자료로부터 선체 강재 중량, 목재 및 철 의장 중량과 기관 중량 등을 결정하여 선주가 요구하는 중량 톤수가 잘 맞는지를 확인할 필요가 있다.

또, 요구하고 있는 속력이 실제로 나올 수 있는지를 선박 수조 시험 결과에 의해 가능한 한 기본 설계의 시기에 정해야 하며, 상사선의 자료를 이용할 수 없는 경우에는 약산법으로 소요 마력을 결정해야 하므로 기관의 종류, 중량 등을 정확히 결정해야 되는 경우가 많다.

설계 대상 선박의 적정 주기관을 선정하기 위해서는 우선 설계 선박의 초기 저항·추진성능 등을 추정하여 소요동력(마력)을 계산하여야 한다. 추정된 저항·추진성능값 및 소요동력을 사용하여 엔진 자료로부터 설계 속력을 낼 수 있는 주기관을 선별(sorting)한 뒤, 선정된 후보 엔진에 대하여 성능, 가격, 설계연료소비율(DFOC, Designed Fuel Oil Consumption), 배치상의 문제점 등에 관해 상세한 검토를 수행하여 주기관을 결정한다.

보통 마력의 약산식은 애드미럴티 계수(admiralty coefficient) C_{AD}를 기존 실적선으로부터 추정한 값을 각자의 경험과 판단으로부터 선택하여 실기관 마력을 추정하여야 한다.

$$\text{실기관 마력(S.H.P. 또는 B.H.P.)} = \frac{\Delta^{\frac{2}{3}} V^3}{C_{AD}}$$

의 식을 이용해서 실기관 마력을 산출했지만 최근에는 미국의 "The Speed and Power of Ship"에서 발표한 마력 약산법이 중요시되고 있으며, 그 밖에 영국의 Ayre, 독일의 Völkerdh, Heckscher, 네덜란드의 Van Lammeren, 일본의 Yamagata 등이 발표한 도표에 의한 마력 계산법도 대표적인 것이다.

Taylor, Heckscher, Yamagata는 마찰 저항과 잉여 저항을 나누어서 계산하는 방식을 채택하여 유효 마력을 산출한 것처럼 되어 있다.

Taylor, Völkerdh의 것은 상선, 군함용으로 $\frac{V(\text{kn})}{\sqrt{L}(\text{ft})} = 0.300 \sim 2.200$까지 계산할 수 있도록 되어 있지만, 다른 사람들의 것은 $\frac{V(\text{kn})}{\sqrt{L}(\text{ft})} = 1.000$ 이하의 상선에 적용할 수 있도록 준비되어 있다.

마력 약산 도표는 선박 수조 시험 결과와 배의 시운전 결과의 자료를 수집하여 만들었기 때문에 기술의 진보에 따라 도표도 때때로 개정해야 되지만 선박 전체의 종류에 응용할 수 있는 도표로 만든다는 것 자체가 불가능하므로, extra proportion의 배에 대해서는 유사한 기존 실적선의 결과에 의존하거나 수조 시험에 의존하는 수밖에 없다.

Baker는 저항면에서 마찰 저항을 길이에 대한 정정값으로 이용하기 때문에 $L_{BP} = 400$ ft인 배에 대한 마력 약산 도표로서, 400 ft 이외의 배에 대해서는 앞에서 예기한 Baker의 마찰 저항 정정값을 곡선으로 표시한 그림 6-1에 의한 Ⓒ값을 정정해 줄 필요가 있다.

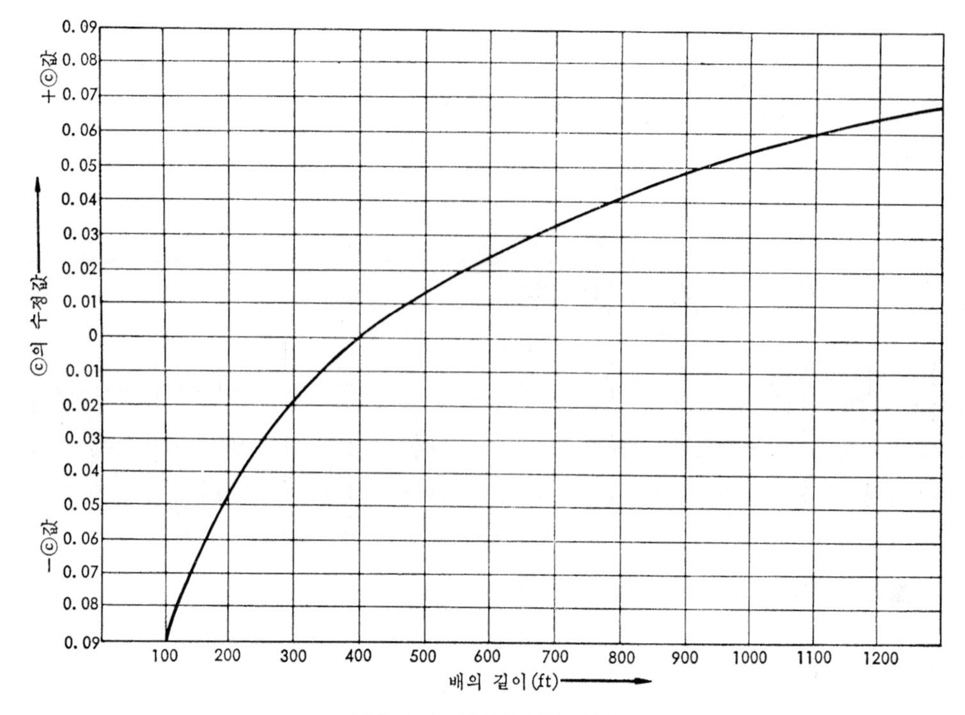

그림 6-1 ⓒ값의 정정 곡선

여기서 ⓒ는 E.H.P.에 있어서 애드미럴티 계수(C_{AD})와 같은 의미의 값으로

$$ⓒ = \frac{427.1 \times \text{E.H.P.}}{\Delta^{\frac{2}{3}} V^3}$$

의 식으로 표시되며, C_{AD}의 관계가 된다.

$$ⓒ = \frac{427.1}{C_{AD}}$$

$$ⓒ = \frac{\Delta^{\frac{2}{3}} V^3}{\text{E.H.P.}}$$

이므로, $\frac{1}{C_{AD}}$에 427.1이라는 상수를 곱하면 ⓒ값으로 되어 길이에 대한 정정이 간단하게 산출된다.

다음에 소개되는 선체 형상과 저항 개념에 대한 ⓒ의 개략 이론을 간단하게 설명하기로 한다.

기본 설계의 일부로 해서 최소의 저항을 얻으려면 선체 형상이 어떤 것인지를 인식해서 배의 선도, 프로펠러 설계와 마력 곡선 등의 결과가 완료되기 전에 상당하는 자신의 할 일을 진전시켜 두어야 하므로 그 과정의 개념만을 설명하기로 한다. 우수한 조선 기술자는 실적선의 모형 시험 결과를 수집하여 비교, 연구해 두는 일이 제일 중요하다.

선형 중에는 최근에 고가의 특허료를 필요로 하는 특허형(patent form), 즉 마이어형(Maier form), 유케비치형(Yourkevitch form) 등 특정 조건의 것으로 좋은 결과를 얻을 수 있다고 생각되는 형의 모형 시험 결과로서, 이의 특허형보다도 양호한 결과를 얻을 수 있는 선도를 작성하여 이 모형 시험 결과를 신뢰하는 것이다.

6.1 상사 법칙과 모형 시험

선박은 항해 중 일부는 수중에, 일부는 공기 중에 있기 때문에 어떤 속력으로 전진할 때 이 두 상태의 저항을 받는 것은 당연하지만, 이 두 상태의 경계에 파를 일으키는 것이 선박의 특징이다. 특히, 속력이 높게 되면 이 현상이 더욱 명확하게 된다. 또한, 배가 강한 역풍을 받는 경우 외에는 공기의 저항은 크지 않기 때문에 보통은 물의 저항만 생각하면 된다.

배의 저항은 다음과 같다.

[수저항]

㈎ 마찰 저항(frictional resistance, R_F) : 물의 점성과 선체 표면의 조도 원인으로 인한 저항으로서, 보통 침수 표면적 등의 상당 평판의 저항 R_{FO}를 사용하고 있다.

㈏ 조와 저항(eddy making resistance, R_E) : 불연속 형상에 의해 만들어진 저항과 급격한 선체 후부의 단면 수축에 의해 만들어지는 저항으로서, 형상 저항(form resistance)이라 한다.

㈐ 조파 저항(wave making resistance, R_W) : 배가 진행함에 따라 없었던 파를 발생시키는 것에 의한 저항을 말한다.

㈑ 공기 저항(air resistance, R_A) : 수면 윗부분의 공기에 의한 마찰과 조와에 의한 저항을 말한다.

㈎~㈑의 저항을 가지고 배를 v(m/sec) 또는 V(kn)로 전진하는 데 유효한 마력을 유효 마력(effective horse power, E.H.P.)이라 하며, 다음 식으로 나타낸다.

$$\text{E.H.P.} = \frac{R_T \cdot v}{75} = \frac{R_T \cdot V}{145.8}$$

R_T는 kg으로 주어지므로 $R_T v$는 kg · m/sec로서, 이것을 75 kg · m/sec로 바꾸어 말한다면 [PS]의 단위가 된다. 즉,

$$1\,(\text{kn}) = 1{,}852\,(\text{m/hr}) = \frac{1{,}852}{60 \times 60}(\text{m/sec}) = 0.5144(\text{m/sec})$$

이므로, 분자가 $R_T \cdot v$로 되면 분모는 $\dfrac{75}{0.5144} = 145.8$로 된다.

최근 거대한 태형(太型, full)인 배가 된다면 R_T의 크기는 R_F와 R_W로 되며, 이같은 비대선에서는 R_{FO}와 R_W를 따로 한 $(R_F - R_{FO}) + R_E$의 값도 상당히 큰 양이기 때문에 이것을 형상 영향(form effect)이라 부르고 있다.

$(R_F - R_{FO}) + R_E = KR_{FO}$로 나타낸 K를 형상 영향 계수(form effect)라 한다. 그러나 보통 모형 시험으로부터 구하기 위한 저항 계산은 공기 저항을 무시해서

$$R_T = R_{FO} + R_R$$

여기서, $R_R = R_W + \{(R_F - R_{FO}) + R_E\} = R_W + KR_{FO}$

의 식으로 하며, 이 R_R을 잉여 저항(residuary resistance)이라고 한다.

6.1.1 유체 운동에 의한 상사 법칙

유체 운동에 관한 실제의 문제를 해결하기 위해 실물보다 작은 모형을 만들어서 실험을 하는 경우, 실선과 모형선에서 취급되는 현상이 기하학적으로는 상사하여도 어느 정도는 같지 않지만 역학적으로도 상사해야 한다.

이러한 조건을 구하는 방법을 상사 법칙(law of similarity)이라고 하는데, 이것은 모형 실험으로 얻어지는 것이 아니고 대개는 법칙으로 적용하고 있다.

1. 역학적인 상사 법칙

저항이 역학적으로 상사하기 때문에 실선 쪽을 S, 모형선 쪽을 M으로 약자를 붙이고, m은 질량, a는 가속도, ρ는 밀도를 나타내는 것으로 하면,

$$\frac{R_S}{R_M} = \frac{m_S a_S}{m_M a_M} = \frac{\rho_S L_S^3 \left(\dfrac{L_S}{T_S^2}\right)}{\rho_M L_M^3 \left(\dfrac{L_M}{T_M^2}\right)}$$

$$= \frac{\rho_S L_S^3 \left(\dfrac{L_S}{T_S^2}\right)^2}{\rho_M L_M^3 \left(\dfrac{L_M}{T_M^2}\right)^2} = \frac{\rho_S L_S^2 v_S^2}{\rho_M L_M^2 v_M^2}$$

으로 해야 한다. 여기서 L은 길이, T는 시간, v는 속도의 치수를 나타낸다. 그래서

$$\frac{R_S}{\frac{1}{2}\rho_S L_S^2 v_S^2} = \frac{R_M}{\frac{1}{2}\rho_M L_M^2 v_M^2} = \frac{R_T}{\frac{1}{2}\rho L^2 v^2} = C_T \quad \cdots\cdots (6\text{-}1)$$

로 나타내며, 여기서 C_T는 전저항 계수(total resistance coefficient)이다.

2. Reynolds의 상사 법칙

"기하학적으로 상사한 두 척의 배가 관성력의 작용과 점성력의 작용을 받으면서 항주할 때, 두 배의 Reynolds 수가 같다고 한다면 이 두 척의 배 사이에 역학적인 상사가 이뤄지며, 또한 두 척의 배 근처의 유선(流線)은 기하학적으로 서로 비슷하게 된다." 이것이 Reynolds의 상사 법칙(Reynolds law of similarity)이다.

두 척의 배가 파를 일으키지 않고 저속으로 항주하고 있을 때에는 이와 같은 상태에 있는 것과 같다.

$$\text{Reynolds의 수} = \frac{\text{관성력}}{\text{점성력}} = \frac{ma}{\tau A}$$

$$= \frac{ma}{\mu\left(\frac{dv}{dy}\right)A} = \frac{\rho L^2 v^2}{\mu\left(\frac{v}{L}\right)L^2}$$

$$= \frac{\rho v L}{\mu} = \frac{vL}{\nu}$$

여기서, τ : 물의 전단 응력 $= \mu\left(\frac{dv}{dy}\right)$

A : 면적

μ : 물의 점성에 의한 마찰 계수

$\frac{dv}{dy}$: 외판에 평행한 방향의 물의 $\frac{\text{속도 변화}}{\text{외판의 직각한 방향의 거리}}$ 비와의 관계

ρ : 물의 밀도

ν : 물의 동점성 계수

로 표시한 것과 같이

$$R_T = R_{FO} + R_R$$

로 나타내지만 R_F, 즉 R_{FO}는 $\frac{vL}{\nu}$의 함수로 되기 때문에 앞의 식으로부터

$$\frac{R_{FO}}{\frac{1}{2}\rho L^2 v^2} = C_{FO}$$

로 나타내며, L^2은 면적의 종류이므로 침수 표면적 S로 변화시켜서

$$\frac{R_{FO}}{\frac{1}{2}\rho S v^2} = C_{FO} = f\left(\frac{vL}{\nu}\right) \quad \cdots\cdots (6\text{-}2)$$

C_{FO}를 마찰 저항 계수(frictional resistance coefficient)라 한다.

3. Froude의 상사 법칙

"형상이 기하학적으로 비슷한 두 척의 배가 관성력과 중력의 작용을 받아도 마찰의 작용을 무시한 상태로 할 경우 Froude 수가 같게 된다면 두 척 사이의 역학적인 상사가 성립한다." 이것을 Froude 상사 법칙(Froude law of similarity)이라고 한다.

두 척의 배가 파를 받는 방향으로 항주하고 있을 경우 마찰을 별도의 방법으로 산정할 수 있다면 조파 성능면에 대해서는 다음과 같은 관계가 있다.

$$\text{Froude 수} = \frac{\text{관성력}}{\text{중력}}$$

$$= \frac{ma}{mg} = \frac{\rho L^2 v^2}{\rho L^3 g} = \frac{v^2}{Lg}$$

하지만 실제로 사용할 때에는 제곱근을 써서 $\frac{v}{\sqrt{Lg}}$를 쓰고 있다.

R_R의 대부분을 차지하는 R_W는 이의 관계 계수가 되기 때문에 이것도 식 (6-1)에 따라서,

$$\frac{R_W}{\frac{1}{2}\rho L^2 v^2} = C_W$$

혹은

$$\frac{R_R}{\frac{1}{2}\rho L^2 v^2} = C_R$$

로 나타내며, 이것을 다시 변화시켜서

$$\frac{R_W}{\frac{1}{2}\rho S v^2} = C_W = f\left(\frac{v}{\sqrt{Lg}}\right) \quad \cdots\cdots (6\text{-}3)$$

혹은

$$\frac{R_R}{\frac{1}{2}\rho S v^2} = C_R = f\left(\frac{v}{\sqrt{Lg}}\right) \quad \cdots\cdots (6\text{-}4)$$

로 나타낸다. 식 (6-3)의 C_W를 조파 저항 계수(wave making resistance coefficient) 혹은 식 (6-4)의 C_R을 잉여 저항 계수(residuary resistance coefficient)라고 한다.

6.1.2 모형 시험의 원리

Froude의 상사 법칙을 모형선의 저항으로부터 실선의 저항으로 환산할 경우에 대해서 생각해 본다.

모형선과 실선에 부여된 $\dfrac{v}{\sqrt{Lg}}$에 따라서 $\dfrac{V}{\sqrt{L}}$를 일치하는 것을 고려해야 한다. 모형선의 R_W는 실선과 상사한 파형을 발생시키고 있을 때에는 문제가 되지 않으며, 이때 배의 속력은 축척의 제곱근에 비례하기 때문에 모형선의 $\dfrac{v}{\sqrt{L}}$를 실선의 $\dfrac{V}{\sqrt{L}}$와 같게 해서 처리하여도 문제가 생기지는 않는다.

이와 같은 실선 및 모형선의 속력을 대응 속도(corresponding speed)라 한다. 따라서, $\dfrac{1}{n}$인 모형선의 대응 속도는 $\dfrac{1}{\sqrt{n}}$이 되며, 이때 두 척의 $\dfrac{V}{\sqrt{L}}$는 같게 된다.

$\dfrac{v}{\sqrt{L}}$ 혹은 $\dfrac{V}{\sqrt{L}}$를 속장비(speed length ratio)라 부르고, v를 [m/sec], V를 [kn]로 나타내며, $\dfrac{v}{\sqrt{Lg}}$, $\dfrac{v}{\sqrt{L}}$, $\dfrac{V}{\sqrt{L}}$의 관계는 다음과 같이 된다.

$$\frac{v}{\sqrt{Lg}} = 0.3193 \cdot \frac{v(\mathrm{m/sec})}{\sqrt{L(\mathrm{m})}} = 0.1643 \cdot \frac{V(\mathrm{kn})}{\sqrt{L(\mathrm{m})}}$$

예를 들면, $L = 256.00$ m, 속력이 26 kn인 컨테이너선의 1/40모형의 상대 속도는

$$\frac{V}{\sqrt{L}} = \frac{26}{\sqrt{256}} = \frac{26}{16} = 1.625$$

$$\frac{v}{\sqrt{L}} = \frac{0.1643}{0.3193} \cdot \frac{V}{\sqrt{L}} = 0.5144 \times 1.625 = 0.836$$

$$\therefore\ v = 0.836 \cdot \sqrt{L} = 0.836 \cdot \sqrt{\frac{256}{40}} = 0.836 \times 2.53 = 2.115\ (\mathrm{m/sec})$$

또다른 방법으로는 다음과 같다.

$$\frac{1}{\sqrt{n}} = \frac{1}{\sqrt{40}} = \frac{1}{6.325}$$

$$26.00(\mathrm{kn}) \cdot \frac{1}{6.325} = \frac{26 \times 0.5144}{6.325} = 2.115\ (\mathrm{m/sec})$$

다음 R_R에 대해서 생각해 보면, 식 (6-4)로부터

$$R_R = \frac{1}{2}\rho S v^2 f\left(\frac{v}{\sqrt{Lg}}\right) = \frac{1}{2}\rho L^2 v^2 f_1\left(\frac{v}{\sqrt{Lg}}\right)$$

Froude의 상사 법칙이 성립한다고 할 때에는 $\dfrac{v}{\sqrt{Lg}}$ = 일정하며, 그 결과 $v^2 \propto L$로 된다.

$$\therefore \ R_R = \frac{1}{2}\rho L^3 f_2\left(\frac{v}{\sqrt{Lg}}\right) = \Delta f_3\left(\frac{v}{\sqrt{Lg}}\right)$$

바꾸어 말하면 $\dfrac{1}{2}\rho S v^2 \propto \Delta$로서 된다.

$$\frac{R_R}{\Delta} = f_3\left(\frac{v}{\sqrt{Lg}}\right)$$

로 된다. 즉, 모형값을 약자로 M, 실선값을 약자로 S를 붙이는 것으로 하면,

$$\left(\frac{R_R}{\Delta}\right)_M = \left(\frac{R_R}{\Delta}\right)_S$$

$$\therefore \ \left(\frac{R_T - R_{FO}}{\Delta}\right)_M = \left(\frac{R_T - R_{FO}}{\Delta}\right)_S$$

따라서,

$$\left(\frac{R_T}{\Delta}\right)_M - \left(\frac{R_T}{\Delta}\right)_S = \left(\frac{R_{FO}}{\Delta}\right)_M - \left(\frac{R_{FO}}{\Delta}\right)_S$$

상대 속도에 있어서는 앞에서 예기한 것과 같이

$$\frac{1}{2}\rho S v^2 \propto \Delta$$

로서 이것으로부터

$$\left(\frac{R_T}{\frac{1}{2}\rho S v^2}\right)_M - \left(\frac{R_T}{\frac{1}{2}\rho S v^2}\right)_S = \left(\frac{R_{FO}}{\frac{1}{2}\rho S v^2}\right)_M - \left(\frac{R_{FO}}{\frac{1}{2}\rho S v^2}\right)_S$$

$$(C_T)_M - (C_T)_S = (C_{FO})_M - (C_{FO})_S \quad \cdots\cdots (6\text{-}5)$$

이것은 대응 속도에 대해서는

전저항 계수의 차 = 마찰 저항 계수의 차

를 의미한다.

Froude의 상사 법칙에서 예기한 마찰은 모형 시험과는 아무 관계가 없이 별개로 계산된다. 즉, 모형의 전저항 계수를 측정한 상당 평판의 마찰 저항 계수는 Reynold 수 $\dfrac{vL}{\nu}$의 차이에 따라서 여러 가지로 계산할 수 있으면 배의 전저항 계수를 찾는 것이 가능하다.

다만, 비대선에 있어서는 앞에서 설명한 것과 같이 마찰 저항 계수 이외에 형상 영향 계수도 생각하여 넣어야 한다. 이것이 시험 수조에의 속력과 마력 관계를 구하는 방법의 원리인 것이다.

Reynold 수= $\frac{vL}{\nu}$ 로부터 실선의 $\frac{1}{n}$ 로 모형을 만들어서 $\frac{vL}{\nu}$ 을 동일하게 하여 시험을 하면, v는 실선의 n배로는 되지 않고 실제 문제에서는 불가능하게 된다. 그러나 Froude 수= $\frac{v}{\sqrt{Lg}}$ 에 따라서 $\frac{v}{\sqrt{L}}$ 혹은 $\frac{V}{\sqrt{L}}$, 즉 일치하게 하면, 실선의 $\frac{1}{n}$ 인 모형의 속력은 $\frac{1}{\sqrt{n}}$ 로도 좋기 때문에 이 경우 좋은 결과를 나타냄을 알 수 있다.

일반적으로, 배의 속력 V와 전저항 R_T의 관계는 그림 6-2와 같이 나타내고 있으므로 V의 변화로 Froude 수, $\frac{v}{\sqrt{Lg}}$, R_T의 변화에 대한 전저항 계수 C_T를 사용하면 그림 6-3과 같이 된다.

여기서, 그림의 $\frac{v}{\sqrt{Lg}}$ 변화는 Reynold 수 $\frac{vL}{\nu}$ 을 횡좌표로 하면, $\frac{vL}{\nu}$ 의 값이 작아지게 되는 쪽이 C_{FO}는 계속 커지게 되기 때문에 그림 6-4와 같은 경향으로 나타내게 된다. 그래서 식 (6-5), 즉

$$(C_T)_M - (C_T)_S = (C_{FO})_M - (C_{FO})_S$$

가 성립하게 되는 경과를 알 수 있게 된다.

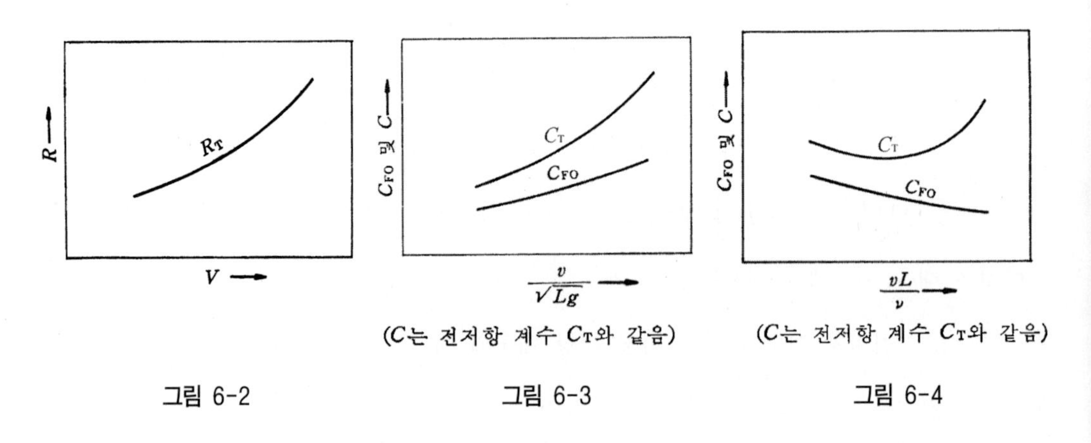

(C는 전저항 계수 C_T와 같음) (C는 전저항 계수 C_T와 같음)

그림 6-2 그림 6-3 그림 6-4

그림 6-5의 모형선의 Reynold 수를 기선으로 해서 속장비 $\frac{V}{\sqrt{L}}$ 와 저항 계수와의 관계를 그림으로 나타내면 다음과 같다.

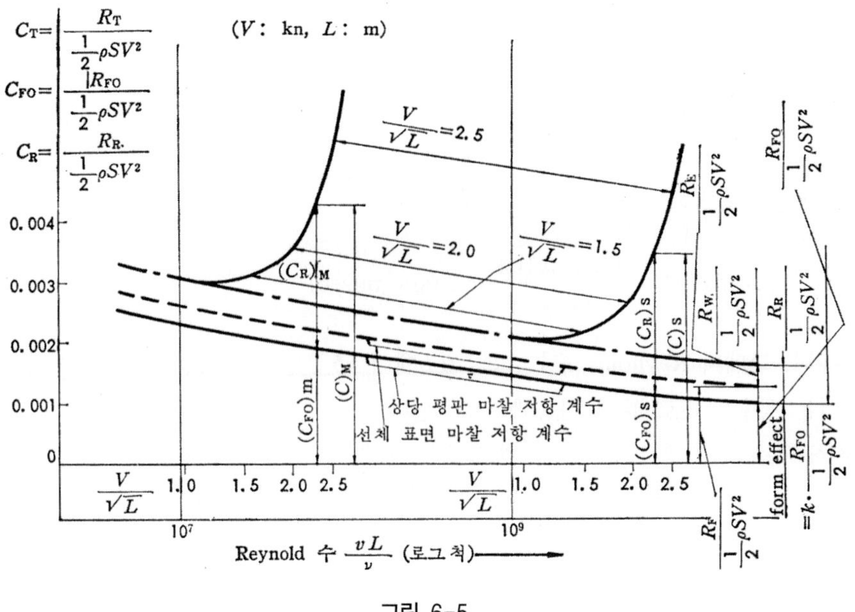

그림 6-5

그림 6-6은 해수와 청수의 ν 값을 수온 t ℃를 기선으로 하여 나타낸 것이다. 예를 들면, 실선의 길이 $L=150$ m, 모형선의 길이 $L=6$ m라 하면

$$n = \frac{150}{6} = 25$$
$$\sqrt{n} = 5$$

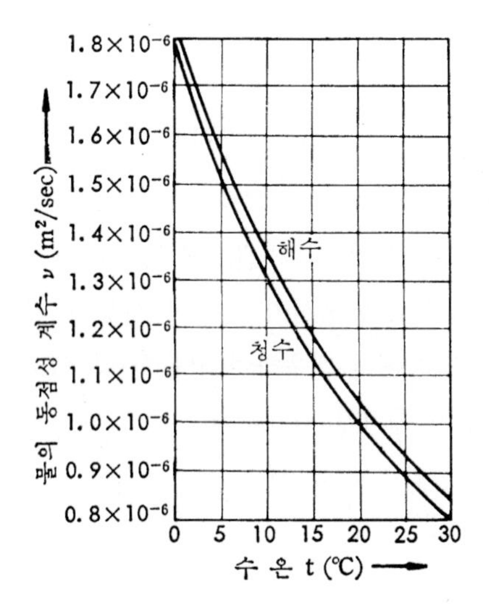

그림 6-6 물의 동점성 계수

실선의 $V=20$ kn일 때의 $\frac{V}{\sqrt{L}}$는

$$\frac{V}{\sqrt{L}}=\frac{20}{\sqrt{150}}=1.633$$

으로서 모형선의 속력은

$$v\,(\mathrm{m/sec})=\frac{20\times 0.5144}{\sqrt{n}}=2.058\ (\mathrm{m/sec})$$

로 하면 좋다. 그때의 Reynolds 수는 그림 6-6에서 15℃일 때를 표준으로 하여 실선은 해수로, 모형선은 청수의 ν로 보면 다음과 같이 된다.

- 실선에서는

$$\frac{vL}{\nu}=\frac{0.5144\times 20\times 150}{1.19\times 10^{-6}}=1.297\times 10^{9}$$

- 모형선에서는

$$\frac{vL}{\nu}=\frac{0.5144\times 4\times 6}{1.14\times 10^{-6}}=1.083\times 10^{7}$$

이 상태에서 시험을 하면 좋은 결과를 얻을 수 있게 된다.

1. 모형선의 제작 방법

시험 수조의 폭 및 수심이 모형선의 기본 치수에 따라서 최소한 또는 선형 속도 등에 따라 매우 다르게 된다.

대체로 수면 아래의 횡단 면적에 대해서 모형선은 시험 수조의 $\frac{1}{150}$ 이하, 모형선의 길이는 시험 수조의 폭 및 수심의 $\frac{2}{3}$ 또는 $\frac{4}{3}$ 이하이면 우선 영향이 없는 것으로 본다.

(1) 파라핀 모형의 제작법

파라핀을 가열하여 주형에 유입시켜 선체 선도에 대응하여 작동하는 회전 절단기로서, 각 수선의 형을 절각한 후 인공적으로 완성시켜 표면의 형상을 평활하게 만든다.

파라핀을 사용하면 재료를 언제든지 회수하여 사용할 수 있고, 모형선의 부분적인 변형 및 개조가 용이하지만 실험시 많은 주의가 필요하다.

(2) 목재 모형의 제작법

선형 변경을 요하지 않고 치수의 변화가 없으며, 장기 보존을 목적으로 모형선을 만들고자 할 때에는 목재로 제작하여 니스를 도포한다.

이때 주의할 것은 페인트 및 목재를 충분히 건조시킨 후 제작해야 한다는 것이다. 주로 사

용되는 목재로는 변형 수축이 적고 가공이 쉬운 ‘마티카’를 많이 사용하고 있다.

2. 난류 촉진 장치

(1) 난류 촉진의 필요성

Froude의 비교 법칙에 의해서 모형 시험을 할 때에는 실선의 $R_N = 10^8 \sim 10^{9.5}$에 대해서 모형선은 $10^6 \sim 10^7$에서 하게 되므로, 모형 시험시에는 거의 난류 경계층에 이르게 된다.

이것은 층류 경계층의 경우보다는 훨씬 마찰 저항이 크게 된다. 따라서, 모형 저항 시험을 할 때에는 모형 표면의 전체 또는 일정한 범위에서 난류를 일으켜 신뢰할 수 있고, 실선과의 연관성을 얻게 하기 위해 시행한다.

(2) 난류 촉진의 종류

㈎ 트립 와이어(trip wire) : 지름 1.0 m/m의 철사를 선수에서 0.05 L 정도의 늑골선(肋骨線)에 따라서 표면에 감고, 이것으로 층류층을 교란하여 난류로 천이시킨다.

㈏ 식입 핀(pin head line) : 지름 2～3 m/m의 핀을 2～3 cm 간격으로 2 m/m 정도 높이로 선수 후방 0.01 L 부근의 선수에 따라 식입한다. 각 핀에서 난류는 방사상으로의 평면을 덮게 된다.

㈐ 사립대(sand band) : 평균 지름 0.7 m/m 정도의 사립을 폭에 수 cm의 띠 모양으로 선수에 따라 붙여 선체 표면에 난류를 발생시킨다.

㈑ 연직봉(vertical rod) : 모형선의 전방 10～15 cm 떨어진 곳에 지름 10 m/m 내외의 둥근 막대를 연직으로 꽂아 예행시에 선체 표면에 난류를 촉진시킨다.

3. 선형 모형 시험법

선형 모형 시험법에는 다음과 같은 방법들이 있다.

- 모형 저항 측정 시험법
- 모형선 반류 속도 측정 시험법
- 모형 추진기 단독 시험법
- 모형선 자항 시험법

(1) 모형 저항 측정 시험법

선형 수조 시험에 있어서 가장 중요한 시험은 배의 전저항을 계측하는 것이며, 정확한 저항을 계측하기 위해서는 미리 다음 조건이 성립되어야 한다.

㈎ 모형선 예행 전차 속도가 일정할 것(1.0 m/sec 속도에서 변동이 ±1.0 mm/sec 이하가 될 것)

㈏ 수조 내의 상하 온도 차이가 작을 것(수조 내의 대류파나 내류파가 없을 것)

㈐ 수조 내의 물이 측벽의 영향을 받지 않을 것
㈑ 모형선의 예항점은 될 수 있는 대로 통일시킬 것
㈒ 모형선의 도장(paint)도 통일시킬 것
㈓ 3회 이상 항주를 실시할 것

선박이 일정한 속도로 항해할 경우 선체가 받는 저항은 마찰 저항(점성), 조파 저항(물의 압력 분포 변화), 조와 저항(수면 아래 형상), 공기 저항 등으로 상이한 저항의 합성으로 구성된다.

동력학적 상사 법칙 이론에 의한 선체 저항은 다음과 같다.

$$\frac{R_T}{\frac{1}{2}\rho S v^2} = f\left(\frac{vL}{\nu} \cdot \frac{v^2}{\sqrt{gL}}\right) = f_1\left(\frac{vL}{\nu}\right) + f_2\left(\frac{v^2}{gL}\right)$$

$$\therefore \ (R_T)_M = (R_F)_M + (R_R)_M$$

시험 수조에서는 모형선을 실선과 Froude 수가 동일한 대응 속도에서 예인하여 그 저항을 측정하고, 이로부터 모형선에 대한 산정 마찰을 감해 주면 모형선의 조파 저항이 구해진다.

(2) 모형선의 반류 속도 측정 시험법

수조 시험에 의한 측정 반류 종류로는 마찰 반류, 유선 반류, 파동 반류의 측정 시험을 한다.

(3) 모형 추진기 단독 시험법

모형 추진기 단독 시험은 회류 수조 내에서 시험하며, 프로펠러의 특성을 구하기 위해서 시행한다.

(4) 모형선 자항 시험법

큰 수조의 대형 모형선에는 타 등의 부가물을 설치하여 모형 내의 전동기로 프로펠러를 회전시켜 회전수, 추력, 토크 등을 측정하는 시험을 말한다.

추진기는 배 안에 설치된 전동기에 의해 구동되며, 속력, 토크, 회전수를 기록하는 동력계가 추진기축에 장치되고, 모형선은 저항 시험의 경우와 마찬가지로 예인차 위의 저항 동력계에 연결된다.

예인차는 임의의 균일 속도로 달리게 되며, 모형선의 저항과 추진기 추력 사이의 차이가 동력계에 기록된다.

4. 선형 시험 수조 설비

모형선의 저항을 측정하기 위해서 길고 큰 콘크리트제 수조를 만들고, 측정 대차로서 모형선을 예주하여 저항값을 기록한다. 수조의 측벽 위에 궤조(軌條)를 직선으로 또는 큰 구면을 하고 있는 수면과 완전히 평행하게 설비한다.

Froude가 비교 법칙을 세우고 Torguay가 시험 수조를 건설하여 그 유효성을 나타낸 이후 많은 시험 수조가 건설되었다.

모형은 대형일수록 신뢰성이 좋으므로, 모형선은 길이가 6～7 m인 것을 속도 약 12 m/sec까지 시험할 수 있는 길이 200～300 m, 폭 12 m, 깊이 6 m의 길고 큰 시험 수조가 주요 해운국에 건설되었다.

그러나 작은 시험 수조도 적은 비용으로 각종 모형 사이의 비교 연구, 천수 영향 등을 쉽게 할 수 있는 장점을 가지고 있다. 또한, Davidson은 소형 수조라도 적당한 난류 촉진법을 사용함으로써 신뢰할 수 있는 성적을 얻을 수 있다고 주장하였다.

수조 단면은 보통 장방형이지만 사다리형 또는 반원형인 것도 만들어져 있다.

수조의 소요 길이는 모형선의 가속, 정속 측정, 감속, 정지를 고려하여 측정되므로 소요 속도가 클수록 길게 된다. 그리고 저항을 측정할 때에는 엄밀히 정속이라야 하며, 궤조의 부설 및 대차는 정밀해야 하고, 자동 전압 조정기나 전지는 특수 방법에 의해 전압이 일정하고 정속을 내게 해야 한다.

수조벽의 수면에는 경사판을 두어 소파를 한다.

모형 시험 수조에는 다음과 같은 것들이 있다.

(1) 고속 시험 수조

활주정 또는 비행체와 같은 고속의 시험 수조는 가속을 빨리 하고 수조 길이를 유효하게 사용하기 위하여 중추 낙하 가속식(重錘 落下 加速式), 사출 가속식(射出 加速式) 등이 사용된다.

중추 낙하 가속식에서는 모형 예인줄을 감은 축을 회전시키기 위해서 축에 감은 줄의 한 끝에 무거운 추를 매달아서 떨어뜨린다. 이 경우 중추 줄의 권축 반지름을 처음에는 크게 하였다가 점차 작게 하여 측정부에서 일정 반지름이 되게 하여 둔다.

중추 낙하 거리를 짧게 하기 위하여 큰 중추를 활차에 많이 매달아 두면 된다.

(2) 회류 시험 수조

모형을 정위치에 정지시켜 두고, 수조의 물을 회류시키는 것으로 예인차가 필요 없으며, 측정 관측도 편리하지만 모형 주위의 수류의 균일 등이 얻어지지 않기 때문에 저항 측정에는 부적당하고 다른 특수 목적에 사용된다.

(3) 공동 시험 수조(cavitation tank)

밀봉형 회류 시험 수조로서 그 내부 압력을 가감할 수 있고, 주로 추진기의 캐비테이션 실험에 사용된다.

(4) 선회 시험 수조

원형 수조로서 그 중심의 주위에 모형 및 측정 장치가 선회하여 측정한다. 배의 선회 성능 및 타의 성능 시험에 사용된다.

(5) 시험 수조의 소파 장치

모형선의 파랑 중 저항, 동요, 강도를 연구하기 위해서 수조의 한 끝에 수조 밑면에 핀 접수가 있는 판의 상단을 앞뒤로 운동시켜 파를 발생시킨다.

그 밖에 계형(楔型)의 부자를 수조 끝에서 위아래로 운동시켜 파를 발생시키는 방법 혹은 수조 끝에 밑면이 없는 공기상을 수면 아래에 넣어서 공기를 압입, 발기시켜 수면 위아래로 파를 발생시키는 방법도 있다. 그리고 그 반대쪽에는 수조 끝의 수면에 경사판을 두어 발생된 파를 소멸시키는 소파 장치(消波 裝置)를 설비한다.

5. 모형 계측 시험의 해석 방법

(1) 모형 계측 시험 과정

표 6-1

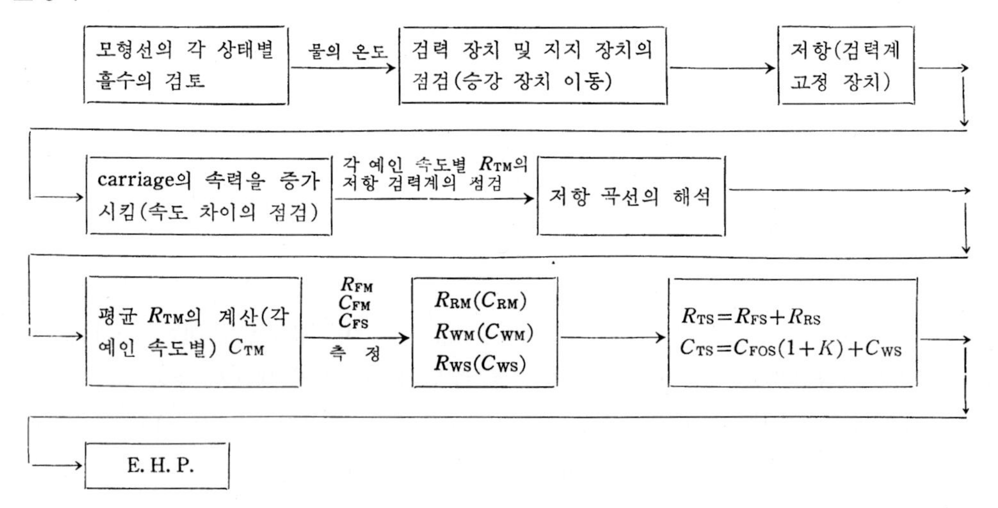

(2) 계측값의 해석 방법

모형 시험 계측 결과로부터

$$C_T = C_F + C_R$$

의 관계식에서

$$C_T = \frac{R_T}{\frac{1}{2}\rho S v^2} = f_1\left(\frac{vL}{\nu}\right) + f_2\left(\frac{v^2}{gL}\right)$$

(가) 실선의 치수를 $\frac{1}{\lambda}$로 축소시킨 모형선을 제작하여 $\frac{V_S}{\sqrt{L_S}} = \frac{V_M}{\sqrt{L_M}}$의 관계가 성립하는 대응 속도의 범위에서 시험을 한다.

(나) 모형선의 전체 저항 R_{TM}을 계측한다.

(다) 모형선의 마찰 저항 R_{FM}은 그 모형선과 동일한 길이 및 표면적을 가지고 있는 매끈한 평판의 마찰 저항과 동일하다는 가정하에 그 값을 계산한다.

(라) 모형선의 잉여 저항은 $R_{RM} = R_{TM} - R_{FM}$으로 계산된다.

(마) 실선의 잉여 저항 R_{RS}는 Froude의 비교 법칙에 의해 계산된다.

$$\frac{L_S}{L_M} = \lambda$$

$$\frac{V_S}{V_M} = (\lambda)^{\frac{1}{2}}$$

$$\frac{R_{RS}}{R_{RM}} = (\lambda)^3$$

$$\therefore \ R_{RS} = R_{RM}\lambda^3$$

(바) 실선의 마찰 저항(R_{FS})을 계산한다.

(사) 이상과 같이 실선의 전저항(R_{TS})은

$$R_{TS} = R_{FS} + R_{RS}$$

의 식으로부터

$$\frac{R_{RS}}{R_{RM}} = \frac{\frac{1}{2}\rho S_S v_S^2}{\frac{1}{2}\rho S_M v_M^2} = \frac{L_S^2}{L_M^2} \cdot \frac{L_S}{L_M}$$

$$= \frac{L_S^3}{L_M^3} = \frac{\Delta_S}{\Delta_M}$$

$$\therefore \ \frac{R_{RS}}{\Delta_S} = \frac{R_{RM}}{\Delta_M}$$

이 된다. 한편, 모형 시험으로부터 실선의 저항 계수를 추정하는 방법으로는 보통 다음과 같은 식들이 쓰인다.

(ㄱ) **Froude 방법** : 동일 속장비에서의 Froude 비교 법칙에서는

$$C_{RM} = C_{RS}$$

$$R_{TM} = R_{FM} + R_{RM}$$

여기서, $R_{FM} = C_{FM} \cdot \frac{1}{2} \rho S_M \cdot v_M^n$

$$R_{RM} = R_{TM} - R_{FM}$$

$$R_{FS} = C_{FS} \cdot \frac{1}{2} \rho S_S \cdot v_S^n$$

$$R_{RS} = R_{TS} - R_{FS}$$

그러므로,

$$R_{RS} = R_{RM} \lambda^3 \frac{\rho_S}{\rho_M}$$

가 되며,

$$\therefore \ R_{TS} = R_{FS} + R_{RS}$$

이 실선의 전저항(R_{TS})으로서 다음 식이 구해진다.

$$\therefore \ \text{E.H.P.} = \frac{R_{TS} v_S}{75}$$

(ㄴ) A.T.T.C. line **방법** : R_{TM}에 대한 C_{TM}의 식을 다음과 같이 나타낼 수 있으므로

$$C_{TM} = \frac{R_{TM}}{\frac{1}{2} \rho S_M v_M^2}$$

그러나 C_{FM}은 Reynolds 수와의 관계이므로, 모형선에서는

$$R_N = \frac{v_M L_M}{\nu}$$

$$C_{RM} = C_{TM} - C_{FM}$$

한편, 실선에 대한 C_{FS}의 Reynolds 수와의 관계는

$$R_N = \frac{v_S L_S}{\nu}$$

$$C_{RS} = C_{RM}$$

$$\therefore \ C_{TS} = C_{FS} + C_{RS}$$

가 된다. 그러므로 다음 식으로 구한다.

$$R_{TS} = \frac{1}{2} \rho S_S v_S^2 C_{TS}$$

$$\therefore \ \text{E.H.P.} = \frac{R_{TS}\, v_S}{75}$$

㈂ **Hughes 방법** : Hughes의 마찰 저항 계수의 공식으로부터

$$C_{FO} = \frac{0.066}{(\log_{10} R_N - 2.03)^2}$$

전저항 계수 C_{TM}은 조파 저항 계수 C_{WM}과 점성 저항 계수 C_{VM}과의 관계가 되므로

$$C_{TM} = C_{WM} + C_{VM}$$

또한, 앞에서 설명하였지만 마찰 저항 계수와 점성 저항 계수는 형상 영향 계수 K에 의해 그 값이 변하므로,

$$(1+K) = \frac{C_{VM}}{C_{FOM}}$$

$$\therefore \ K = \frac{C_{VM} - C_{FOM}}{C_{FOM}}$$

또한,

$$C_{TM} = C_{FORM}(1+K) + C_{WM}$$

이고, 모형선의 Reynolds 수를

$$R_N = \frac{v_M L_M}{\nu}$$

이라고 하면, Hughes의 마찰 저항 계수식에서

$$C_{WM} = C_{TM} - C_{FORM}(1+K)$$

가 되므로,

$$C_{FOS} = \frac{0.066}{(\log_{10} R_N - 2.03)^2}$$

$$\therefore \ C_{TS} = C_{FOS}(1+K) + C_{WS}$$

$$R_{TS} = \frac{1}{2}\rho S_S v_S^2 C_{TS}$$

$$\therefore \ \text{E.H.P.} = \frac{R_{TS}\, v_S}{75}$$

로 유효 마력이 구해진다.

Hughes 방법의 식에서 형상 영향 계수 K의 근사식으로 Granville의 식을 수조 시험시에 많이 이용한다.

$$K = 18.7 \times \left(C_B \cdot \frac{B}{L}\right)^2$$

한편, 형상 영향 계수 K를 수조 시험 결과로부터 결정하는 방법으로는 다음과 같은 것들이 있다.

- 단독 저항 시험으로부터 추정하는 방법
- 상사 모형선에 의해 결정하는 방법
- 저항 성분의 직접 측정에 의하는 방법

㈃ **자료의 이용 방법** : 수조 시험 결과 각각의 t, w, η_O, η_R 등을 계측하고, 설계선의 특성과 유사한 series model의 자료를 이용하여 η_H, η_O, η_R을 구한다.

$$\eta_{QP} = \frac{1-t}{1-w}\eta_O \eta_R = \frac{\text{E.H.P.}}{\text{D.H.P.}}$$

여기서, η_{QP} : 준추진 계수(quasi-propulsive coefficient)

$$\therefore \ \text{B.H.P.} = \frac{\text{D.H.P.}}{0.98} \text{(기관이 선미에 있을 경우)}$$

$$\therefore \ \text{B.H.P.} = \frac{\text{D.H.P.}}{0.97} \text{(기관이 중앙에 있을 경우)}$$

6. 모형 수조 시험 해석 방법의 예

지금까지 국내에서 건조된 설계 실적선에 대한 모형선 수조 시험의 자료로부터 그 결과를 해석해 보기로 한다.

(1) 설계선의 제원

설계선의 모델이 No. 1～4인 4척에 대한 제원은 표 6-2와 같다.

표 6-2

제 원 \ 모형선		모형선 No. 1	모형선 No. 2	모형선 No. 3	모형선 No. 4
	L_{BP}	145.000	145.000	145.000	145.000
	B_{MLD}	21.000	21.000	21.000	21.000
	D_{MLD}	12.000	12.000	12.000	12.000
	d_{MLD}	9.000	9.000	9.000	9.000
	C_B	0.710	0.721	0.707	0.710
	$C_{\otimes}$	0.995	0.995	0.995	0.995
	C_P	0.706	0.717	0.703	0.706
	l_{CB}($\otimes$에서)	+1.13 %	+0.8 %	+0.6 %	+0.6 %
	$\frac{1}{2}\alpha_E$	14	14	16	14
	L_E(L_{BP}: %)	0.359	0.309	0.450	0.438
	L_R(L_{BP}: %)	0.460	0.438	0.450	0.445
	L_P(L_{BP}: %)	0.181	0.254	0.100	0.118
	만곡부 반지름	R 1,500	R 1,500	R 1,500	R 1,500
	선저 구배	없음	없음.	없음.	없음.
선수	벌브 단면적 $A_B/A_{\otimes}$	4.3 %	벌브를 안 붙임.	6.1 %	4.0 %
	벌브 길이 P_M/L_{BP}	1.31 %	벌브를 안 붙임.	0.9 %	1.31 %
	벌브 깊이 Z_M/T	66.7 %	벌브를 안 붙임.	84.4 %	66.7 %
선미	프로펠러의 지름	4.000	4.000	5.000	5.000
	보스의 지름	500	500	800	800
	축심의 높이 (기선에서)	3,130	3,130	3,130	3,130

(2) 시험 상태 및 그 결과

설계 실적선의 시험 상태를 표 6-3과 같이 밸러스트 상태와 재하 상태로 나누어 모형선의 수조 시험 자료를 나타낸 것이다.

표 6-3

상 태 \ 모형선		모형선 No. 1	모형선 No. 2	모형선 No. 3	모형선 No. 4
밸러스트 상태	시험 자료				
	트림	선미 2.34 cm	선미 2.34 cm	선미 2.34 cm	선미 2.34 cm
	흘수	12.24 cm	12.24 cm	12.24 cm	12.24 cm
	Δ(kg)	96,506	95,045	92,760	93,293
	S(m²)	1.39186	1.37993	1.36126	1.36562
	수온(°C)	9.5 °C	9.5 °C	10 °C	9.5 °C
	L(m)	2.91708	2.87808	2.85748	2.88808
	K	0.104161	0.193392	0.228446	0.165472
	ρ (kg·sec²/m⁴)	101.93851	101.93851	101.93378	101.93851
	ν (m²/sec)	1.32526	1.32526	1.30640	1.32526

표 6-3 (계속)

상태 \ 모형선		모형선 No. 1	모형선 No. 2	모형선 No. 3	모형선 No. 4
만재 상태	시험 자료				
	트림	0	0	0	0
	흘수	18 cm	18 cm	18 cm	18 cm
	Δ (kg)	155.661	158.072	155.003	155.661
	S (m²)	1.74165	1.71773	1.75990	1.82049
	수온(℃)	9.0 ℃	10 ℃	9.5 ℃	9.5 ℃
	L(m)	2.971	2.968	2.992	2.9716
	K	0.219251	0.227081	0.304714	0.233879
	ρ (kg·sec²/m⁴)	101.94324	101.93378	101.93851	101.93851
	ν (m²/sec)	1.34459	1.30640	1.32526	1.32526

(3) 수조 시험 결과의 해석

설계 실적 모형선의 수조 시험 결과 자료를 실선으로 환산하여 그 제원을 표 6-4와 같이 표시할 수 있으며, 여기서 전저항 계수와의 관계는

$$C_T = \frac{R_T}{\frac{1}{2}\rho S v^2}$$

로서 배의 길이를 침수 표면적으로 변환 통일시키고 마찰 저항 계수 C_{FO}를 Hughes의 방식에 적용시키면,

$$C_{FO} = \frac{0.066}{(\log_{10} R_N - 2.03)^2}$$

이 된다. 점성 저항 계수, 즉 형상 저항 계수는

$$C_V = C_{FO}(1+K)$$

로 나타낼 수 있다.

(가) 밸러스트 상태에 대한 시험 결과의 해석 모델 No. 4의 수조 시험 자료로부터

(ㄱ) 모형선에 대하여

수온 9.5℃에서

ρ : 101.93851 (kg · sec²/m⁴)

ν : 1.32526×10⁻⁶ (m²/sec)

가 되므로,

표 6-4

상태 \ 모형선		모형선 No. 1	모형선 No. 2	모형선 No. 3	모형선 No. 4
밸러스트 상태	L(m)	145.854	143.904	142.874	144.404
	d_{MLD}(m)	6.12	6.12	6.12	6.12
	트림(m)	1.17 선미	1.17 선미	1.17 선미	1.17 선미
	S(m²)	3409.652	3449.840	3403.150	3414.054
	수온 (℃)	15℃	15℃	15℃	15℃
	K	0.104161	0.193392	0.228446	0.165472
	ρ(kg·sec²/m⁴)	104.61	104.61	104.61	104.61
	$\nu \times 10^{-6}$(m²/sec)	1.18831	1.18831	1.18831	1.18831
만재 상태	L (m)	148.55	148.40	149.60	148.58
	d_{MLD} (m)	9.00	9.00	9.00	9.00
	트림(m)	0	0	0	0
	S(m²)	4354.1334	4294.336	4397.514	4551.248
	수온 (℃)	15℃	15℃	15℃	15℃
	K	0.219251	0.227081	0.304714	0.233879
	ρ (kg·sec²/m⁴)	104.61	104.61	104.61	104.61
	$\nu \times 10^{-6}$ (m²/sec)	1.18831	1.18831	1.18831	1.18831

v_M=1.2 (m/sec)

L_M=2.88808 (m)

S_M=1.36562 (m^2)

R_{TM}=0.519125 (kg)

으로 주어진다면, 전저항 계수 C_{TM}은

$$C_{TM}=\frac{R_{TM}}{\frac{1}{2}\rho S_M v_M^2}=\frac{0.519125}{0.5\times101.93851\times1.36562\times(1.2)^2}=0.005180$$

이 된다.

다음에 모형선의 R_N 수와 F_N 수를 구하면,

$$R_N=\frac{v_M L_M}{\nu}=\frac{1.2\times2.88808}{1.32526\times10^{-6}}=2.615107\times10^6$$

$$F_N=\frac{v_M}{\sqrt{g L_M}}=\frac{1.2}{\sqrt{9.8\times2.88808}}=0.225561$$

모형선의 마찰 저항 계수 C_{FOM}은

$$C_{FOM} = \frac{0.066}{(\log_{10} R_N - 2.03)^2} = \frac{0.066}{(\log_{10} 2.615107 \times 10^6 - 2.03)^2}$$

$$= 3.428 \times 10^{-3}$$

전저항 계수 C_{TM}은

$$C_{TM} = C_{FOM}(1+K) + C_{WM} \ (\because \ C_{WM} \fallingdotseq 0)$$

$$\therefore \ C_{WM} = C_{TM} - C_{FOM}(1+K) = 1.184 \times 10^{-3}$$

으로 조파 저항 계수를 구할 수 있다.

(ㄴ) 실선에 대해서

수온 15℃에서

$$\rho: \ 104.610 \ (\mathrm{kg \cdot sec^2/m^4})$$

$$\nu: \ 1.18831 \times 10^{-6} \ (\mathrm{m^2/sec})$$

가 되므로,

$$v_S = v_M \cdot \sqrt{\lambda} = 8.485 \ (\mathrm{m/sec})$$

$$L_S = L_M \lambda = 144.404 \ (\mathrm{m})$$

$$S_S = S_M \lambda^2 = 3414.054 \ (\mathrm{m^2})$$

가 주어진다면, 다음에 실선에 대한 R_N과 F_N의 수를 구해 보자.

$$R_N = \frac{v_S L_S}{\nu} = \frac{8.485 \times 144.404}{1.18831 \times 10^{-6}} = 1031.135531 \times 10^6$$

$$F_N = \frac{v_S}{\sqrt{g L_S}} = \frac{8.485}{\sqrt{9.8 \times 144.404}} = 0.225561$$

실선의 마찰 저항 계수 C_{FOS}는

$$C_{FOS} = \frac{0.066}{(\log_{10} R_N - 2.03)^2} = \frac{0.066}{(\log_{10} 1031.135531 \times 10^6 - 2.03)^2}$$

$$= 1.353 \times 10^{-3}$$

전저항 계수 C_{TM}은

$$C_{TM} = C_{FOM}(1+K) + C_{WM}$$

$$C_{TS} = C_{FOS}(1+K) + C_{WS}$$

로서, $C_{WM} = C_{WS}$가 되므로

$$C_{WS} = C_{WM} = 1.184 \times 10^{-3}$$

이 된다.

$$\therefore\ C_{TS} = C_{FOS}(1+K) + C_{WM}$$

이 되므로,

$$\begin{aligned}\therefore\ C_{TS} &= C_{FOS}(1+K) + C_{WM} \\ &= 1.353 \times 10^{-3}(1+0.165472) + 1.184 \times 10^{-3} \\ &= 1.576884 \times 10^{-3} + 1.184 \times 10^{-3} \\ &= 2.760884 \times 10^{-3}\end{aligned}$$

그러므로, 실선의 밸러스트 상태에서의 전저항 R_{TS}는

$$\begin{aligned}R_{TS} &= \frac{1}{2}\rho S_S v_S^2 C_{TS} \\ &= 0.5 \times 104.61 \times 3414.054 \times (8.485282)^2 \times 2.760884 \times 10^{-3} \\ &= 35497.218\ (\text{kg})\end{aligned}$$

밸러스트 상태에서의 유효 마력은

$$\begin{aligned}\text{E.H.P.} &= \frac{R_{TS} v_S}{75} = \frac{35497.218 \times 8.485282}{75} \\ &= 4016.0521\end{aligned}$$

(나) 재하 상태에 대한 시험 결과의 해석: 모델 NO.4의 수조 시험 자료로부터

(ㄱ) 모형선에 대해서

수온 9.5℃에서

ρ : 101.93851 $(\text{kg} \cdot \text{sec}^2/\text{m}^4)$

ν : 1.32526×10^{-6} (m^2/sec)

가 되므로,

$v_M = 1.2$ (m/sec)

$L_M = 2.9716$ (m)

$S_M = 1.82049$ (m^2)

$R_{TM} = 0.680357$ (kg)

으로 주어진다면, 전저항 계수 C_{TM}은

$$C_{TM} = \frac{R_{TM}}{\frac{1}{2}\rho S_M v_M^2}$$

$$= \frac{0.680357}{0.5 \times 101.93851 \times 1.82049 \times (1.2)^2}$$

$$= 5.091876 \times 10^{-3}$$

이 된다.

다음에 모형선의 R_N 수와 F_N 수를 구하면,

$$R_N = \frac{v_M L_M}{\nu} = \frac{1.2 \times 2.9716}{1.32526 \times 10^{-6}}$$

$$= 2.690733 \times 10^6$$

$$F_N = \frac{v_M}{\sqrt{g L_M}} = \frac{1.2}{\sqrt{9.8 \times 2.9716}}$$

$$= 0.222369$$

모형선의 마찰 저항 계수 C_{FOM}은

$$C_{FOM} = \frac{0.066}{(\log_{10} R_N - 2.03)^2}$$

$$= \frac{0.066}{(\log_{10} 2.690733 \times 10^6 - 2.03)^2}$$

$$= 3.409 \times 10^{-3}$$

전저항 계수 C_{TM}은

$$C_{TM} = C_{FOM}(1+K) + C_{WM} \quad (\because \; C_{WM} \fallingdotseq 0)$$

$$\therefore \; C_{WM} = C_{TM} - C_{FOM}(1+K)$$

$$= 5.091876 \times 10^{-3} - 3.409 \times 10^{-3}(1 + 0.233879)$$

$$= 0.885579 \times 10^{-3}$$

으로 조파 저항 계수를 구할 수 있다.

(ㄴ) 실선에 대해서

수온 15℃에서

ρ : 104.610 (kg · sec²/m⁴)

ν : 1.18831×10^{-6} (m²/sec)

가 되므로,

$$v_S = \frac{v_M}{\sqrt{\lambda}} = 8.485 \text{ (m/sec)}$$

$$L_S = L_M \lambda = 148.580 \text{ (m)}$$

$$S_S = S_M \lambda^2 = 4551.248 \text{ (m}^2\text{)}$$

가 주어진다면, 다음에 실선에 대한 R_N과 F_N의 수를 구해 보자.

$$R_N = \frac{v_S L_S}{\nu} = \frac{8.485 \times 148.580}{1.18831 \times 10^{-6}}$$
$$= 1060.954802 \times 10^6$$

$$F_N = \frac{v_S}{\sqrt{g L_S}} = \frac{8.485}{\sqrt{9.8 \times 148.580}}$$
$$= 0.222369$$

실선의 마찰 저항 계수 C_{FOS}는

$$C_{FOS} = \frac{0.066}{(\log_{10} R_N - 2.03)^2}$$
$$= \frac{0.066}{(\log_{10} 1060.954802 \times 10^6 - 2.03)^2}$$
$$= 1.348 \times 10^{-3}$$

전저항 계수 C_{TM}은

$$C_{TS} = C_{FOS}(1+K) + C_{WS}$$

여기서, $C_{WS} = C_{WM}$이 되므로

$$C_{TS} = C_{FOS}(1+K) + C_{WS}$$
$$= 1.348\, 10^{-3}(1 + 0.233879) + 0.885579 \times 10^{-3}$$
$$= 2.533333 \times 10^{-3}$$

그러므로, 실선의 밸러스트 상태에서의 전저항 R_{TS}는

$$R_{TS} = \frac{1}{2} \rho S_S v_S^2 C_{TS}$$
$$= 0.5 \times 104.61 \times 4551.248 \times (8.485)^2 \times 2.533333 \times 10^{-3}$$
$$= 43420.653552 \text{ (kg)}$$

밸러스트 상태에서의 유효 마력은

$$\text{E.H.P.} = \frac{R_{TS}v_S}{75} = \frac{43420.653552 \times 8.485}{75} = 4912.486534\ \text{(kg)}$$

로 구해진다.

(4) 상사선의 제원 비교

설계 실적선과 상사선에 대한 시험 결과의 기본 치수와 유효마력(載荷狀態)과의 관계는 표 6-5, 6-6과 같다.

표 6-5 제원

제원	상사선	모형선 No. 4
L	138.000	145.000
B	22.000	21.000
d	9.000	9.000
C_B	0.712	0.710
C_P	0.719	0.706
$C_{\boxtimes}$	0.990	0.995
$L.C.B$	+0.81%	+0.6%

표 6-6 유효마력 비교(full load condition)

속력	상사선	모형선 No. 4
12	1,750	1,612
13	2,190	2,109
14	2,850	2,640
15	3,500	3,305
16	4,460	4,386

모형선의 수조시험 결과를 E.H.P.로서 추정하는 것을 나타내었으며, 밸러스트 상태에서의 유효마력 비교표로서 활용할 수도 있을 것이다.

6.2 저항 및 유효 마력의 계산

물에 떠 있는 배가 항주할 때에는 물과 공기의 양쪽으로부터 저항을 받는다. 배가 요구된 항해 속력을 유지하기 위해서는 이들 저항을 이기는 데 충분한 마력의 주기관을 장비하여야 한다.

주기의 마력을 결정하자면 배가 받는 저항과 그 저항을 이기는 데 필요한 마력을 계산하고,

그것에 풍파나 선저의 오손(fouling) 등의 영향으로 배가 받는 저항이 증가하여도 항해 속력이 유지될 수 있도록 출력의 여유, 즉 시 마진(sea margin)을 더해 준다.

시 마진은 일반적으로 배마다 취항 항로를 고려하여 수치를 결정하는 것이 아니라 유조선과 벌크 화물선에서는 어떤 일정한 수치, 이를테면 10%라든가 15%로 잡고 있다. 그러므로 주기 마력을 결정하기 위한 마력 계산은 모두 평수 중에서의 마력을 구하는 문제가 된다.

공기 저항은 물의 저항에 비하면 매우 작으므로 고속이고, 상부 구조가 큰 배 이외의 배에서는 따로 계산하지 않으며 시 마진 속에 포함시키고 있다.

배가 평수 중을 직진할 때 물로부터 받는 저항은 조파 저항과 점성 저항으로 나뉘어진다. 배가 전진하고 있을 때에는 선체의 주위로부터 물결이 일어나는데, 그 물결의 발생 때문에 소비 되는 에너지에 상당하는 저항이 조파 저항이다. 한편, 점성 저항은 선체 표면을 흐르는 물의 점성 때문에 생기는 저항이다.

현재 건조되고 있는 배의 조파 저항은 매우 낮아졌으며, 저속 비대선에서는 전저항의 10% 내외, 고속 화물선의 경우에는 30% 정도로 되었다.

6.2.1 마찰 저항

직진 중에 있는 배의 점성 저항을 계산하려는 경우에는 그것을 물에 잠겨 있는 선체 부분의 침수 면적과 같은 면적을 갖는 평판의 마찰 저항(frictional resistance)과 선체가 3차원 곡면이기 때문에 평면의 마찰저항 보다 증가하는 만큼의 점성 저항의 성분으로 나누어서 생각하는 것이 보통이다.

따라서, 마찰 저항을 R_F, 형상 영향 계수를 K, 조도 저항을 $\triangle R_F$ 라고 하면, 점성 저항 R_V 는 다음과 같이 표시된다.

$$R_V = (1 + K) R_F + \triangle R_F$$

마찰 저항을 R_F (kg)이라고 하면 R_F는 물의 밀도 ρ(kg · sec^2/m^4)와 수선 하의 선체의 침수 표면적 S(m^2), 배의 속력 v(m/sec)와 함수의 관계로 나타내어진다. R_F는 다음과 같이 표시된다.

$$R_F = \frac{1}{2} C_F \rho S v^2$$

여기서 C_F는 물론 무차원 계수이며, 마찰 저항 계수라 불리고 있다. 더욱이 위 식에서 물의 밀도 ρ는 중력 단위로 나타내고 있으므로 바닷물의 경우에는 1.025 kg/m^{3}을 중력의 가속도 9.8 m/sec^{2}로 나누어 104.6 kg · sec^2/m^{4}가 된다는 점에 주의할 필요가 있다.

마찰 저항 계수 C_F는 무차원 계수이지만 Reynolds 수(Reynolds number, R_N)의 함수이

다. Reynolds 수는 배의 길이를 L(m), 속도 v(m/sec), 물의 동점성 계수를 ν(m^2/sec)라고 하면 $R_N = \frac{vL}{\nu}$로 정의된다.

동점성 계수는 온도에 따라 변화하지만 저항 계수에서는 15℃에서의 값을 사용한다. 그 값은 해수의 경우에는 1.1883×10^{-6} m^2/sec이다.

1. 점성 저항의 성분

직진 중의 배의 점성 저항을 계산하려는 경우에는 그것을 물에 잠겨 있는 선체 부분의 침수 표면적과 같은 면적을 갖는 평판의 마찰 저항(frictionl resistance)과 선체가 3차원 곡면이기 때문에 평면의 마찰 저항보다 증가하는 만큼의 점성 저항의 성분으로 나누어서 생각하는 것이 보통이다.

평판과 비교해서 선체가 3차원 곡면이기 때문에 증가하는 점성 저항의 성분을 형상 저항(form resistance)이라고 부르고 있다. 형상 저항은 평판의 마찰 저항에 어떤 상수 K를 곱해서 나타내며, 그 K값을 형상 영향 계수(form factor)라고 한다.

또, 선체 표면은 신조 시에도 도장 표면에 오목 볼록한 부분이 있으므로 완전히 매끄러운 평판과 비교할 때에 마찰 저항이 다소 높다. 이 저항의 증가분을 조도 저항(resistance increase due to roughness)이라고 한다.

따라서, 마찰 저항을 R_F, 형상 영향 계수를 K, 조도 저항을 ΔR_F라고 하면, 점성 저항 R_V는 다음과 같이 표시된다.

$$R_V = (1+K)R_F + \Delta R_F$$

2. 조도 저항 계수(roughness allowance coefficient)

모형 수조 시험에 기초한 실제 배의 저항 추정값과 실선 실적의 해석에서 구한 저항값과의 차는 마찰 저항 계수에 대한 수정량, 즉 조도 수정 계수(ΔC_F)로서 취급되고 있다.

ΔC_F는 수조 시험이나 계산으로는 구할 수가 없으므로 실선의 시운전 성적을 해석하여 얻는 전 저항과 수조 시험으로부터 얻어진 전 저항을 비교해서 그 차이로부터 ΔC_F를 취한다. 따라서, 그렇게 구한 ΔC_F에는 조도에 기인한 저항 증가뿐만 아니라 시운전 계측의 여러 가지 오차가 함께 포함되어 있다.

ΔC_F는 배의 크기와 속력에 따라 달라지지만, 일반적으로 R_N의 함수로 나타내지며, R_N이 클수록 작은 값을 취한다.

모형 시험으로부터 구한 저항은 $R_T = R_{FO} + R_R$로서, 배의 R_F를 동일한 배의 길이로 동일한 침수 표면적에 상당하는 평판의 마찰 저항(frictional resistance, R_F)을 추정해서 실선의 마찰 저항을 계산하는 것을 말하며, 이에 대해서는 다음과 같은 식으로 쓸 수 있다.

3. 마찰 저항 계수

(1) Froude의 식

1888년에 Froude가 발표한 식으로부터 유도하면 다음 식이 실제로 이용되고 있다.

$$R_{FO} = C_{FO} \cdot \frac{1}{2} \cdot \rho \cdot S \cdot v^{1.825} \quad \cdots\cdots (6\text{-}6)$$

여기서, ρ : 해수의 비중 1.025

C_{FO} : Froude의 마찰 계수

C_{FO}를 Froude의 마찰 저항 계수(Froudes friction constant)라고 한다면 표 6-7과 같은 값으로서, 현재에도 마찰 저항의 표준 계산식으로 이용되고 있다.

식 (6-6)에는

$$C_{FO} = \frac{R_{FO}}{\frac{1}{2}\rho S v^2} = f\left(\frac{vL}{\nu}\right)$$

이 포함되지는 않았지만, v^2와 바꾸어 $v^{1.825}$를 붙여서 $\frac{1}{2}\rho C_{FO}$에 상당하는 Froude의 마찰 저항 계수를 결정해 보는 것도 가능하다.

표 6-7 Froude의 마찰 저항 계수 C_{FO} (metric system)

모형선 청수, 수온 θ=15 °C에 대한 값				실선 해수(비중=1.025), 수온에 대한 수정은 하지 않음.					
L(m)	C_{FO}	L(m)	C_{FO}	L(m)	C_{FO}	L(m)	C_{FO}	L(m)	C_{FO}
0.25	0.23999	4.50	0.17521	10	0.15906	130	0.14116	300	0.13671
0.50	0.22800	4.75	0.17391	15	0.15370	140	0.14084	310	0.13649
0.75	0.21982	5.00	0.17271	20	0.15079	150	0.14050	320	0.13629
1.00	0.21321	5.25	0.17159	25	0.14882	160	0.14020	330	0.13608
1.25	0.20781	5.50	0.17057	30	0.14741	170	0.13992	340	0.13586
1.50	0.20332	5.75	0.16960	35	0.14642	180	0.13964	350	0.13563
1.75	0.19944	6.00	0.16872	40	0.14567	190	0.13936		
2.00	0.19601	6.25	0.16789	45	0.14508	200	0.13910		
2.25	0.19297	6.50	0.16712	50	0.14461	210	0.13884		
2.50	0.19030	6.75	0.16642	55	0.14422	220	0.13854		
2.75	0.18786	7.00	0.16575	60	0.14391	230	0.13831		
3.00	0.18564	7.25	0.16512	70	0.14342	240	0.13807		
3.25	0.18361	7.50	0.16451	80	0.14300	250	0.13783		
3.50	0.18169	7.75	0.16398	90	0.14261	260	0.13760		
3.75	0.17990	8.00	0.16344	100	0.14223	270	0.13737		
4.00	0.17821	8.25	0.16294	110	0.14187	280	0.13715		
4.25	0.17664			120	0.14150	290	0.13693		

[주] 모형선에 대해서는 수온을 θ°C로 하고, $\{1+0.0043(15-\theta)\}$에 대해서는 수정을 한다.

이에 대해 다음 식 (6-7)~(6-15)는

$$C_{FO} = f\left(\frac{vL}{\nu}\right)$$

로 나타내고 있다.

선체 주위의 물 흐름은 층류(層流, laminar flow)가 아닌 난류(亂流, turbulent flow)로 보아 이 식은 난류에 대한 것으로 한다.

(2) Schönherr의 식

1932년에 발표된 난류의 실험값으로 잘 일치하고 있다.

$$\frac{0.242}{\sqrt{C_{FO}}} = \log_{10}\left(\frac{vL}{\nu}C_{FO}\right) \quad \cdots\cdots (6\text{-}7)$$

이것으로부터 C_{FO}를 구하는 것은 간단하지 않지만 표 6-8에서와 같이 $\frac{vL}{\nu}$에 대하여 C_{FO}가 계산될 수 있기 때문에 불편은 없다.

표 6-8 Schönherr의 마찰 저항 계수 C_{FO}

$\frac{vL}{\nu}$	Schoenherr의 마찰 저항 계수 $C_{FO}=R_{FO}/\left(\frac{1}{2}\rho Sv^2\right)$의 값				
	$n=5$	$n=6$	$n=7$	$n=8$	$n=9$
1.0×10^n	—	0.004410	0.002934	0.002072	0.001531
1.2×10^n	—	0.004258	0.002849	0.002020	0.001497
1.4×10^n	—	0.004135	0.002780	0.001978	0.001469
1.6×10^n	—	0.004035	0.002721	0.001942	0.001446
1.8×10^n	—	0.003948	0.002672	0.001911	0.001426
2.0×10^n	0.006138	0.003878	0.002628	0.001884	0.001408
2.5×10^n	0.005847	0.003719	0.002539	0.001828	0.001371
3.0×10^n	0.005624	0.003600	0.002470	0.001784	0.001343
3.5×10^n	0.005444	0.003504	0.002413	0.001748	0.001319
4.0×10^n	0.005294	0.003423	0.002365	0.001718	0.001299
4.5×10^n	0.005167	0.003353	0.002324	0.001693	0.001281
5.0×10^n	0.005058	0.003294	0.002289	0.001670	0.001266
6.0×10^n	0.004874	0.003193	0.002229	0.001632	0.001240
8.0×10^n	0.004605	0.003043	0.002138	0.001574	0.001201

한편, Schönherr의 마찰 저항 계수에 대한 수정량을 가산해 주어야 하며, 이 수정량은 표 6-9와 같다.

표 6-9 Schönherr의 마찰 저항 계수에 대한 수정량

배의 길이	수정량 ΔC_F
100 m 이하	+0.0004
100 ~ 130 m	+0.0003
130 ~ 150 m	+0.0002
150 ~ 170 m	+0.0001
170 ~ 190 m	0
190 ~ 210 m	−0.0001
210 ~ 230 m	−0.0002
230 ~ 250 m	−0.0003

(3) Prandtl-Schlichting의 식

Schönherr의 식에 대단히 가깝고 좋은 값을 구할 수 있다.

$$C_{FO} = \frac{0.455}{\left\{\log_{10}\left(\frac{vL}{\nu}\right)\right\}^{2.58}} \quad \text{(6-8)}$$

(4) I.T.T.C.-1957년 공식

Reynolds 수 $\frac{vL}{\nu} < 10^6$에서는 Schönherr값보다는 급격히 큰 저항값을 나타내지만 $\frac{vL}{\nu}$이 크게 되면 대개 Schönherr값에 일치한다.

식이 간단해서 사용하기에 쉬운 특징이 있다.

$$C_{FO} = \frac{0.075}{\left\{\log_{10}\left(\frac{vL}{\nu}\right) - 2\right\}^{2}} \quad \text{(6-9)}$$

(5) Teller의 게오심스법(Geosims method)

Teller는 모형선과 실선을 막론하고 평활한 면일 때의 마찰 저항 계수는

$$C_{FO} = 0.0012 + 0.34\log_{10}\left(\frac{vL}{\nu}\right)^{-\frac{1}{3}} \quad \text{(6-10)}$$

로 표시할 수 있음을 밝혔다.

그는 이것에 의하여 가로에 Reynolds 수의 세제곱근의 역수 $\left(\frac{vL}{\nu}\right)^{-\frac{1}{3}}$을 눈금으로 나타내어 마찰 저항 계수 C_{FO}를 직선으로 하여 그림 6-7과 같이 나타낼 수 있었다.

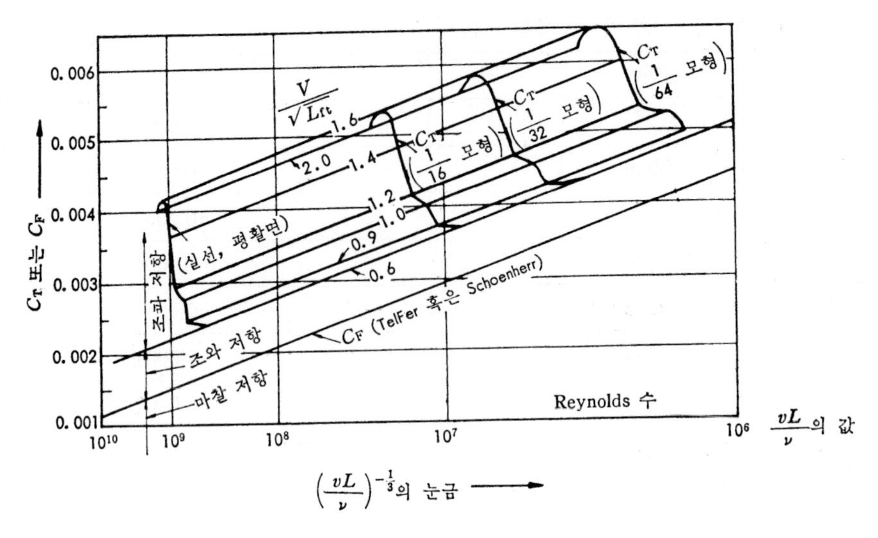

그림 6-7 Teller의 게오심스법

(6) Gebers의 실험식

Gebers는 Froude 계수 중의 일부로서, 잉여 저항을 포함하고 있다고 생각하여 가능한 한 평활하면서 양 선수미단을 예리한 평판으로 사용하였다. 실험 결과는 확실히 Froude보다는 작은 값을 얻었지만, 이것은 표면 평활도와 영향이 보다 많이 표현된 것이라고 생각된다.

난류식에 있어서의 Gebers의 마찰 저항 계수 C_{FO}는 다음 식으로 주어진다.

$$C_{FO} = \frac{R_F}{\frac{1}{2}\rho S v^2} = 0.0258\left(\frac{vL}{\nu}\right)^{-\frac{1}{3}} \quad \cdots\cdots (6\text{-}11)$$

Gebers 식은 모형선의 범위에서는 일부에 층류를 포함하며, 실제보다 상당히 작은 값이 나오게 된다.

(7) Lackenby의 식

난류식에 있어서의 Lackenby 식은 다음과 같이 나타낼 수 있다.

$$C_{FO} = 0.0006 + 0.0791\left(\frac{vL}{\nu}\right)^{-0.21} \quad \cdots\cdots (6\text{-}12)$$

(8) Kempf-Karham의 식

Kempf-Karham의 마찰 저항 계수 C_{FO}의 식은 다음과 같이 나타낼 수 있다.

$$C_{FO} = 0.055\left(\frac{vL}{\nu}\right)^{-0.182} \quad \cdots\cdots (6\text{-}13)$$

(9) Yamagata의 식

$$C_{FO} = \frac{0.740}{\left\{\log_{10}\left(\frac{vL}{\nu}\right)\right\}^{2.84}} \quad \cdots\cdots (6\text{-}14)$$

(10) Hughes의 식

Hughes의 평판 난류에 대한 마찰 저항 계수 C_{FO}의 식은 다음과 같다

$$C_{FO} = 0.066\left\{\log_{10}\left(\frac{vL}{\nu}\right) - 2.03\right\}^{-2} \quad \cdots\cdots (6\text{-}15)$$

이상과 같이 마찰 저항 계수 C_{FO}의 식을 표 6-10과 같이 Reynolds 수와의 관계를 나타내었다.

표 6-10 Modern Friction Lines

Reynolds 수		$C_{FO}=\frac{\text{저항 (lb)}}{\rho\frac{1}{2}Sv^2}$; S (ft²) v (ft/sec)					$C_{FO}=\frac{0.075}{(\log R_m-2)^2}$	
R_n	log R_n	Gebers	Schoenherr	Prandtl-Schlichting	Lackenby	Telfer	Kempf-Karhan	$C_F=\frac{0.075}{(\log R^n-2)^2}$
1×10^6	6.0	0.00366	0.00441	0.004470	0.00495	0.00460	0.004450	0.004688
3.162×10^6	6.5	0.003169	0.003567	0.003637	0.00401	0.00352	0.003610	0.003704
1×10^7	7.0	0.002744	0.002937	0.003004	0.00328	0.00278	0.002930	0.003000
3.162×10^7	7.5	0.002377	0.002452	0.002514	0.00271	0.00228	0.002370	0.002479
1×10^8	8.0	0.002058	0.002073	0.002128	0.00225	0.00193	0.001920	0.002083
3.162×10^8	8.5	0.001782	0.001772	0.001820	0.00190	0.00170	0.001560	0.001775
1×10^9	9.0	0.001544	0.001532	0.001571	0.00162	0.00154	0.001270	0.001531
3.162×10^9	9.5	0.001336	0.001333	0.001366	0.00140	0.00143	0.001030	0.001333
1×10^{10}	10.0	0.001157	0.001172	0.001197	0.00123	0.00136	0.000832	0.001172

frictional E.H.P. $= 0.00867\times C_{FO}\times S\times V^3$ S (ft²) V (kn)

다음은 여러 사람의 식을 이용하여 학생 및 실무자가 직접 산정해 볼 수 있는 계산 예를 들어본다.

예제 1. $L=156$ m, $S=4794$ m^2, $V=20$ kn인 고속 화물선의 마찰 저항을 계산하여라.

① Froude의 식

$$R_{FO} = \rho\, C_{FO}\, S\, v^{1.825}$$

$$R_{FO} = 1.025\times0.14032\times4794\times(0.5144\times20)^{1.825}$$

$= 1.025 \times 0.14032 \times 4794 \times (10.288)^{1.825}$

$x = (10.288)^{1.825}$라 놓으면,

$\log_{10} x = 1.825 \log_{10} 10.288$

$\log_{10} 10.288 = 1.0123$

$\log_{10} x = 1.847$

$\therefore\ x = 70.30$

$\therefore\ R_{FO} = 48473$ (kg)

② Schönherr의 식

$$\frac{0.242}{\sqrt{C_{FO}}} = \log_{10}\left(\frac{vL}{\nu} C_{FO}\right)$$

$$\frac{vL}{\nu} = \frac{0.5144 \times 20 \times 156}{1.19 \times 10^{-6}} = 1.349 \times 10^{9}$$

Schönherr의 마찰 저항 계수는 도표에서

$C_{FO} = 0.001476$

$\rho = 104.610$ (kg · sec²/m⁴)

※ 해수의 밀도 $\rho = \dfrac{\gamma}{g} = \dfrac{\text{해수 단위 체적의 중량}}{\text{중력의 가속도}}$

$$= \frac{\text{비중량}}{\text{중력 가속도}} = \frac{1.025 \times 1000\,(\text{kg/m}^3)}{9.8\,(\text{m/sec}^2)}$$

$$\therefore\ R_{FO} = \frac{1}{2} \rho S v^2 C_{FO}$$

$$= \frac{1}{2} \times 104.61 \times 4794 \times (0.5144 \times 20)^2 \times 0.001476$$

$= 39,169$ (kg)

③ Prandtl-Schlichting의 식

$$C_{FO} = \frac{0.455}{\left\{\log_{10}\left(\frac{vL}{\nu}\right)\right\}^{2.58}}$$

$$\frac{vL}{\nu} = 1.349 \times 10^{9}$$

$$\log_{10}\left(\frac{vL}{\nu}\right) = 9.1300$$

$x=(9.130)^{2.58}$이라 놓으면,

$$\log_{10} x = 2.58 \log_{10} 9.130$$

$$\log_{10} 9.130 = 0.9605$$

$$\log_{10} x = 2.4781$$

$$\therefore\ x = 300.7$$

$$\therefore\ C_{FO} = \frac{0.455}{300.7} = 0.001513$$

$$\therefore\ R_{FO} = \frac{1}{2}\rho S v^2 C_{FO}$$

$$= \frac{1}{2} \times 104.6 \times 4794 \times (0.5144 \times 20)^2 \times 0.001513$$

$$= 40,151\ \text{(kg)}$$

④ I.T.T.C.-1957의 식

$$C_{FO} = \frac{0.075}{\left\{\log_{10}\left(\frac{vL}{\nu}\right) - 2\right\}^2}$$

$$\frac{vL}{\nu} = 1.349 \times 10^9$$

$$\left\{\log_{10}\left(\frac{vL}{\nu}\right) - 2\right\}^2 = (7.13001)^2 = 50.837$$

$$\therefore\ C_{FO} = \frac{0.075}{50.837} = 0.001475$$

$\therefore\ R_{FO} = \frac{1}{2}\rho S v^2 C_{FO}$의 식으로부터

$$= \frac{1}{2} \times 104.6 \times 4794 \times (0.5144 \times 20)^2 \times 0.001475$$

$$= 39,143\ \text{(kg)}$$

이의 마찰 저항 계산식은 유조선일 경우에도 같이 적용시켜 산정할 수 있다.

한편, 마찰 저항에는 표면 조도(roughness)에 대한 영향을 무시할 수 없다. Froude의 마찰 저항식에서 표면 정도에 대한 조도의 이상적인 평활면(smooth surface)의 C_{FO}의 영향을 받기 때문에 외판의 조도 정도에 대해 평판에서 받는 ΔC_F의 값 0.0004 정도를 가산해야 한다.

즉, C_{FO}를 바꾸어 $C_{FO} + \Delta C_F$를 가산하면 Froude R_{FO}의 값에 근사값이 된다. 이때의 ΔC_F를 조도 수정량(roughness correction)이라고 한다.

선체 구조상 외판의 종연(seam)과 충합 접수(butt)선과 같은 것은 큰 차이는 없으나 알기

쉽게 리벳(rivet)과 같은 돌기일 때에는 조도의 영향은 대단히 큰 것이 된다. 이와 같이 조도의 감소는 상당히 큰 값이 된다.

예를 들면,

$L = 150$ m의 고속 화물선에서는

$$\Delta C_{FO} = 0$$

$L = 300$ m의 유조선에서는

$$\Delta C_{FO} = -0.0004$$

인 것을 알 수 있다.

그러나 (−)의 ΔC_F라고 하는 것은 이론상으로 나타나는 것이기 때문에 오히려 ΔC_F가 실적값과의 수정 계수적인 의미가 있는 것으로 생각하는 것은 좋지 않다.

이러한 점으로는 앞에서 설명한 형상 영향 계수 K(form factor)와 Hughes의 식을 사용하여 실선에 대한 R_{FO}를 계산하면,

$$R_F + R_E = R_{FO}(+K)$$

여기서, 형상 영향 계수로서 일반적으로 C_B가 큰 배에서는 큰 값이 된다.

$$R_F + R_E + R_W + R_A = R_T$$

로서 전저항을 정하는 방법이 좋다. 일반적인 것은 아니지만

$$R_{FO} + R_R + R_A = R_T$$

로서 계산할 수도 있다.

ΔC_F를 어느 정도로 하느냐에 대해서는 경험에 따라 결정하고 있는 현상이지만, 경험에 의한 식으로는 대체적으로 다음과 같이 된다. 여기서, L은 수선 간의 길이로서 m로 하면,

$$30\text{ m} \leqq L \leqq 90\text{ m},\ \Delta C_F = \left(6.5 - \frac{L}{20}\right) \times 10^{-4} \quad \cdots\cdots (6\text{-}16)$$

$$90\text{ m} \leqq L \leqq 180\text{ m},\ \Delta C_F = \left(5 - \frac{L}{30}\right) \times 10^{-4} \quad \cdots\cdots (6\text{-}17)$$

$$180\text{ m} \leqq L \leqq 400\text{ m},\ \Delta C_F = \left(3.5 - \frac{L}{40}\right) \times 10^{-4} \quad \cdots\cdots (6\text{-}18)$$

이 식은 만재 상태에 대한 것이므로, d가 작은 시운전 상태 등에 대해서는 1×10^{-4} 정도를 가산할 필요가 있으며, 이 수는 경험에 의해 d에 따라 조정해 줄 필요가 있다. 따라서, ΔC_F가 증가하고 있다는 것을 알 수 있지만, 이에 대해서 외판 표면에 대한 조도를 정확히 계산하는 방법은 아니다.

일반적인 이유로는 속장비 $\frac{V(\mathrm{kn})}{\sqrt{L(\mathrm{ft})}}$가 작고, 태형(full)인 저속선의 쪽이 속장비 $\frac{V(\mathrm{kn})}{\sqrt{L(\mathrm{ft})}}$가 크며, 세형(fine)인 고속선보다도 R_F가 항해 연수가 경과함에 따라 속력 저하(speed drop)가 큰 경향을 볼 수 있다. 보통은 건조한 후 10년이 지나면 1 kn 이상 속력이 떨어지는 예도 있다. 선체뿐만 아니라 프로펠러도 해초류가 붙어 효율에 많은 영향을 끼치게 되어 속력이 떨어지게 된다.

저항 계산에 사용하는 마찰 저항 계수는 만재 흘수선 이하의 침수 표면적에 대한 것이기 때문에 실선의 외판 조도에 대한 수정은 일반적으로 행해지지만, 이 ΔC_F는 결과적으로 저항 각 요소의 산정방법이나 실적 해석과정에서의 오차 등에 의해 직접 영향이 미치므로 결국 계산마력과 실적마력 사이의 조정항의 의미를 갖는다.

앞에서 설명한 것과 같이 ΔC_F의 값은 채용하는 마찰 저항 계수값 또는 형상 영향 계수의 고려 여하에 따라 변하지만 아래에서는 마찰 저항 계수로서 Schönherr 식을 사용한다.

전체 저항을 R_T로 하고 종래의 잉여 저항(R_R)을 사용하는 이른바 2차원 해석법의 경우 그 때의 ΔC_F를 ΔC_{F2}로 하고

$$R_T = (C_F + \Delta C_{F2})\frac{1}{2}\rho S v^2 + R_R \quad \cdots\cdots (6\text{-}19)$$

에서 ΔC_{F2}의 값은 앞의 설명과 같은 이유로 어느 정도의 분산이 있지만 배의 길이에 대한 평균값은 그림 6-8에 표시하고 있다. ΔC_{F2}의 값은 배의 길이(L)와 함께 감소하고 150 m 정도 이상에서 마이너스 값으로 되어 있다.

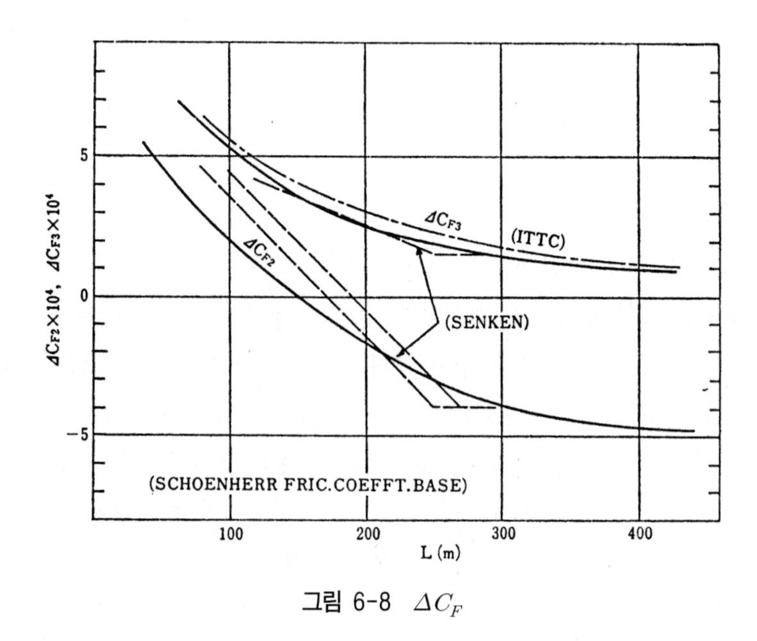

그림 6-8 ΔC_F

또 형상 계수(K)와 조파 저항(R_W)을 사용하는 3차원 해석법의 경우 이때의 ΔC_F를 ΔC_{F3}로 하고

$$R_T = \{C_F(1+K) + \Delta C_{F3}\}\frac{1}{2}\rho S v^2 + R_W \quad \cdots\cdots (6\text{-}20)$$

여기서, C_R을 잉여 저항 계수, C_W를 종래의 모형 시험에 의한 전저항에서 점성 저항을 감안한 이른바 조파 저항에 대항하는 저항 계수로 하고, C_{FM}을 모형선에 대한 마찰 저항 계수라 하면

$$R_R = C_R \frac{1}{2}\rho S v^2$$
$$R_W = C_W \frac{1}{2}\rho S v^2 = (C_R - KC_{FM})\frac{1}{2}\rho S v^2 \quad \cdots\cdots (6\text{-}21)$$

식 (6-19)~(6-21)에서

$$\Delta C_{F3} = \Delta C_{F2} + R_T K(C_{FM} - C_F) \quad \cdots\cdots (6\text{-}22)$$

이 식에서 종래의 해석법에 의한 ΔC_{F2}에서 ΔC_{F3}가 얻어진다. 물론 ΔC_{F3}의 값은 3차원 해석법에 의한 수조 시험을 기초로 실적과의 비교에서 직접 구할 수도 있다. ΔC_{F3}의 개략값도 그림 6-8에 표시하고 있는데, 이 값은 대형선에 대해서도 마이너스 값이 아니다. 또한 밸러스트 상태에 대한 ΔC_F는 만재 상태의 값보다 0.0001 정도 커져 있다.

I.T.T.C.는 ΔC_{F3}의 값으로는

$$\Delta C_{F3} = \left\{105\left(\frac{\alpha}{L_W}\right)^{1/3} - 0.64\right\}10^{-3} \quad \cdots\cdots (6\text{-}23)$$

을 채용하고 있다. 여기에서 α는 외판 표면 조도를 μ로 나타낸 것으로 기준을 $\alpha = 150$으로 취한다. 이 경우의 ΔC_{F3}의 값도 마찬가지로 그림 6-8에 표시하고 있다.

6.2.2 잉여 저항

잉여 저항(residual resistance, R_R) 중에서 고속으로 되면서 크게 차지하는 것은 조파 저항(R_W)으로서 Froude 수와 관계되는 계수이지만, 임의 형상인 선체에 대해서 이 관계 계수의 정확한 형을 간단하게 계산하는 것은 쉽지 않다. 즉, 실용적인 것은 아니다. 모형 시험으로부터 조파 저항에 따라서 잉여 저항을 추정하는 방법이 한결같이 행하여지고 있다.

그림 6-9는 배가 만드는 파의 모양을 나타낸 것이다. 좌우로 나누어진 8자형의 파를 발산파(divergent wave), 배의 진행 방향의 직각에 가까운 파를 횡파(transverse wave)라고 한다.

배가 만드는 파 중에서 중요한 것은 선수부로부터 산 모양으로 시작되는 선수파계(bow waves)와 선미부로부터 산 모양으로 일어나는 선미파계(stern wave)이다.

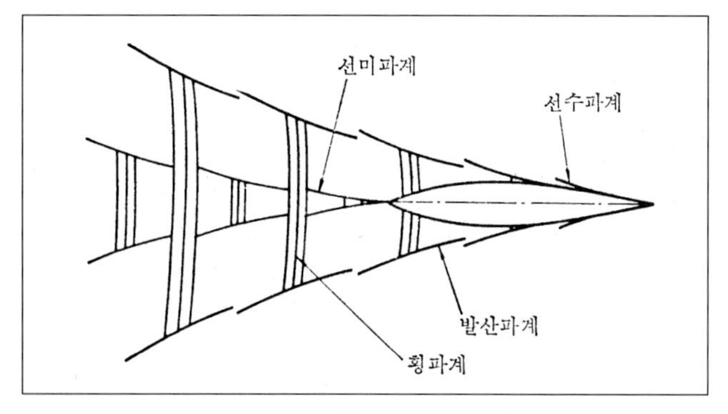

그림 6-9

그 밖에 선체 평행부(parallel body)가 있는 배는 이 전후단의 견부로부터 파저(hollow) 모양의 전후 견파계(shoulder wave)가 있다.

각종 파형의 파정(hump)과 파저가 서로 일치하게 되면 상쇄되어서 R_W는 작아지게 되고, 파정과 파정이 서로 일치하게 되면 동조 현상이 일어나서 R_W는 커지게 된다.

이 때문에 R_W는 속력에 따라서 일반적으로 파의 형상이 변화하여 R_W의 곡선은 파정과 파저를 나타내게 된다.

따라서, R_R, C_W, C_R에도 같은 모양의 파정과 파저가 나타나게 된다. 그러므로, 작은 마력, 즉 적은 연료 소비로 배를 항주시키기 위해서는 항해 속력이 파저의 위치에 있게 하는 것이 바람직하다.

조파 저항 R_W(kg)는 물의 밀도를 ρ(kg · sec²/m⁴), 배의 속력을 v(m/sec), 수선 하의 배의 침수 면적을 S(m²)라고 하면 다음과 같이 표시된다.

$$R_W = \frac{1}{2} C_W \rho S v^2 = (C_R - K \cdot C_{FM}) \frac{1}{2} \rho \cdot S \cdot v^2 \quad \cdots\cdots (6\text{-}24)$$

한편, 침수 면적 S 대신에 배수량의 $\frac{2}{3}$ 제곱을 써서 나타내는 일도 있다. 여기서, C_W는 조파 저항 계수라고 불리며, $\frac{L}{B}$, $\frac{B}{d}$, C_B 등의 주요 요목뿐만 아니라 C_P 곡선이나 수선면 등의 형상에 따라서 복잡하게 변하므로 마찰 저항 계수나 형상 영향 계수와 같이 간단한 식으로 표현할 수가 없다.

한편, 배의 크기는 다르지만 $\frac{L}{B}$, $\frac{B}{d}$ 등의 선체 치수비와 C_B가 동일한 상사 선형 A와 B가 있을 때, 이 양자의 C_W는 $\frac{v}{\sqrt{Lg}}$로 정의되는 Froude 수(Froude number, F_N)가 같은 곳에서는 동일하다고 하는 성질을 가지고 있다.

다만, F_N의 식에서 g는 중력 가속도이며, 9.8 m/sec^{2}이다. 이 성질을 이용하면 수조 시험에 의해 실선의 조파 저항 계수 C_W를 구할 수가 있다.

그림 6-10은 속력과 파계의 파정과 파저를 나타내는 모양을 선측 파형으로 표시한 예이다.

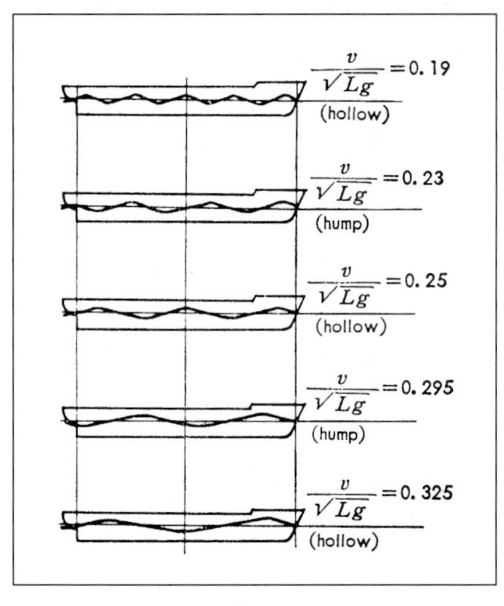

그림 6-10

조파 저항의 이론 계산은 상당히 복잡해서 간단하게 실용적으로 이용하도록 제공될 수는 없지만 이론값은 파정과 파저가 실적값보다 크게 나타나며, 고속에서 이론값은 실제보다 낮게 나타나고 있다.

이것은 이론 계산이 점성, 트림, 침하의 영향을 생략했기 때문인 것으로 생각된다.

Froude의 상사 법칙을 모형 시험에 응용하기 위해서

$$C_W = \frac{R_W}{\frac{1}{2}\rho L^2 v^2}$$

의 식을

$$C_W = \frac{R_W}{\frac{1}{2}\rho S v^2}$$

로 변화시켜 표현하지만, 실제의 모형 시험에서는 L^2의 항을 $\nabla^{\frac{2}{3}}$(∇은 배수 용적)로 바꿔서 계산하는 일이 많기 때문에

$$C_W = \frac{R_W}{\frac{1}{2}\rho \nabla^{\frac{2}{3}} v^2}$$

로 나타내는 수가 많다.

C_W의 값을 바꾸어서 C_R로 나타낼 때에도

$$C_R = \frac{R_R}{\frac{1}{2}\rho \nabla^{\frac{2}{3}} v^2}$$

을 써서 표시하는 예가 많다.

이와 같이 각종 파계의 간섭에 의해 R_W의 곡선에서 파정과 파저가 나타나고 있지만, 그중에서도 선수 파계와 선미 파계의 간섭에 의한 것이 제일 중요한 요소가 된다.

이 파정과 파저를 나타내는 Froude 수는 선체의 형상에 따라서 크게 변화하지는 않게 되며, 이 근사값은 L과 배의 속력에 의해서 일어나는 파의 길이와의 관계로부터 간단하게 추정할 수 있다. 즉, 앞에서 설명한 것과 같이 배가 일으키는 파의 파장을 λ, 파의 속도, 즉 배의 속도를 v(m/sec^2) 또는 V(kn)로 하여 트로코이달 파(trochoidal wave)의 이론으로부터 파저와 파정 범위에 대한 Froude 수로서 잉여 저항을 실제 개략 계산을 해도 큰 차이는 없게 된다.

$$v = \sqrt{\frac{g\lambda}{2\pi}}$$

$$\therefore\ \lambda = \frac{2\pi v^2}{g} = 0.640 v^2 = 0.169\, V^2$$

으로 나타낼 수 있다. 그림 6-10의 선측 파계는 이의 관계를 만족시키고 있다.

선형이 세형(fine)이든지 태형(full)이든지의 영향은, 즉 전후 견파(shoulder wave)의 영향 때문인 것은 아니므로, 항해 속력과 길이와의 관계를 R_W 또는 C_W, 그러니까 R_W 또는 C_R 곡선의 파저(hollow)에서 연료를 절약할 수 있는 경제적인 위치로 될 수 있다는 것이 중요하다.

한편, 이상과 같이 추정된 조파 저항은 실제로 배수 용적의 크기에 영향을 주는 C_B와 선수 비척도에 의해 크게 좌우되는 R_W는 선수부의 선수 파계가 크게 영향을 주므로, 이의 지수로서 C_B와 F_{nB}에 의한 엔트런스 계수와의 관계에서 선수 형상 비척도에 대해서 그림 6-11에서와 같이 조파 저항 계수를 수정하여야 한다.

즉,

$$C_{WB} = \frac{R_W}{\frac{1}{2}\rho B^2 v^2}$$

로 나타낼 수 있기 때문에

$$C_W = \frac{R_W}{\frac{1}{2}\rho S v^2}$$

의 두 식을 같다고 하여 환산하면,

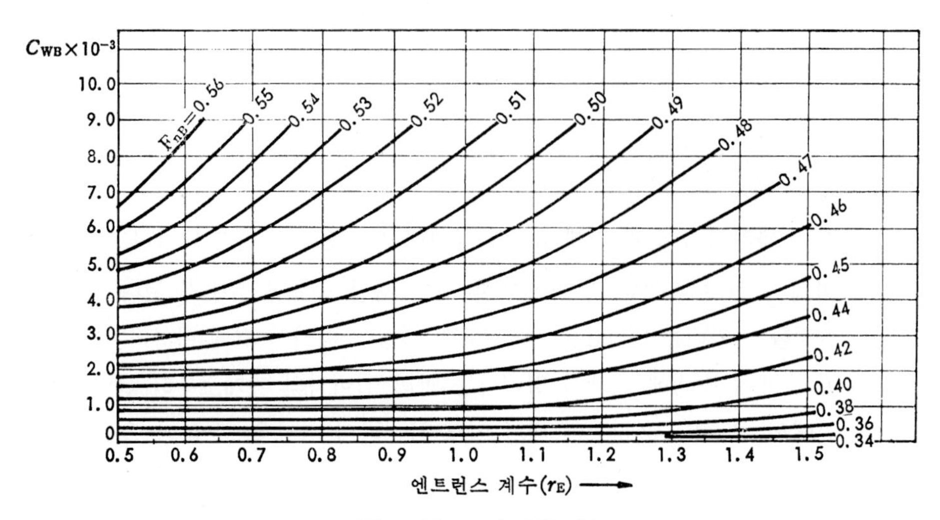

그림 6-11 조파 저항 계수

$$C_W = C_{WB} \cdot \frac{B^2}{S}$$

으로서 C_W 조파 저항 계수는 선폭과 침수 표면적에 대한 C_{WB}만큼 수정을 해 주어야 한다.

조파 저항 계수는 F_{NB}와 선수 선형 비척도 r_E가 커지는 쪽으로 커지게 되며, 조파 저항 계수는 어느 F_{NB} 이상이 되면 급격하게 상승하게 된다.

저항 계수가 계통적으로 정리된 도표는 아직 없지만 잉여 저항 계수의 산출 자료가 명확하면 재해석을 해서 구할 수 있다.

$$R_W = C_W \cdot \frac{1}{2}\rho \cdot S \cdot V^2 = (C_R - K \cdot C_{FM}) \cdot \frac{1}{2} \cdot \rho \cdot S \cdot V^2$$

$$C_W = C_R - K \cdot C_{FM} \quad \cdots\cdots (6\text{-}25)$$

또한, C_R, C_{FM}을 조파 저항이 무시할 수 있는 저속에서의 값이라고 하면 $K = \dfrac{C_R}{C_{FM}}$에서

$$C_W = C_R - \left(\frac{C_R}{C_{FM}}\right) \cdot C_{FM} \quad \cdots\cdots (6\text{-}26)$$

이 관계를 기초로 해서 잉여 저항 계수(C_R)를 조파 저항 계수(C_W)로 나타낸 것이 그림 6-12와 6-13이다. 이의 계산 결과 $\dfrac{L}{B}$=6.2~7.4의 범위에서는 $\dfrac{L}{B}$에 의한 C_W의 변화는 거의 나

타나지 않고 결과에 $\frac{L}{B}$의 영향은 K 계수에 흡수된 형태로 되어 있다. 또, 그림 6-12와 6-13에서 각각 $\frac{B}{d}=2.46$, 2.76에 대한 것인데 $\frac{B}{d}$의 이 정도의 차이는 앞의 두 그림에서는 확실하지 않다.

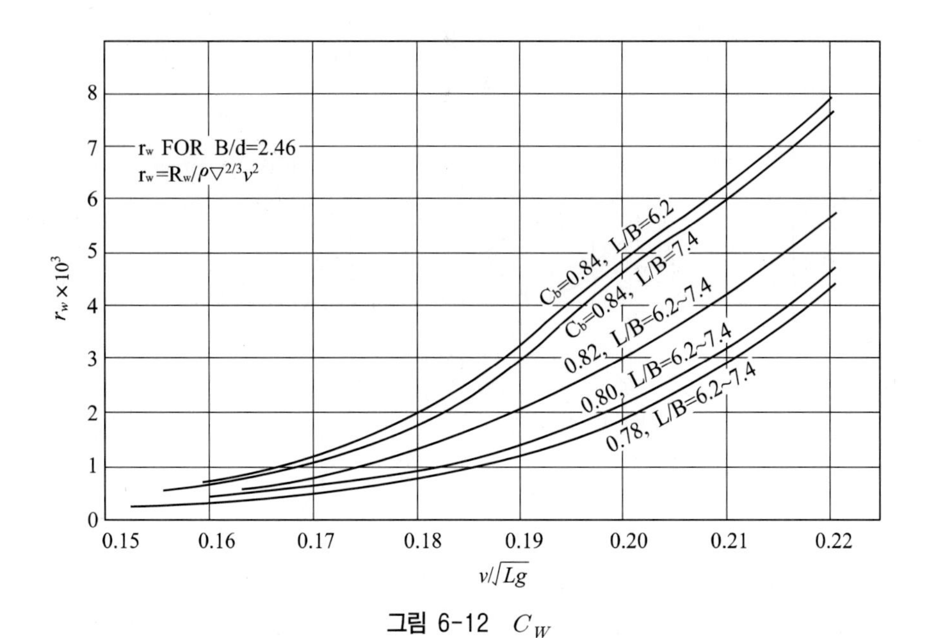

그림 6-12 C_W

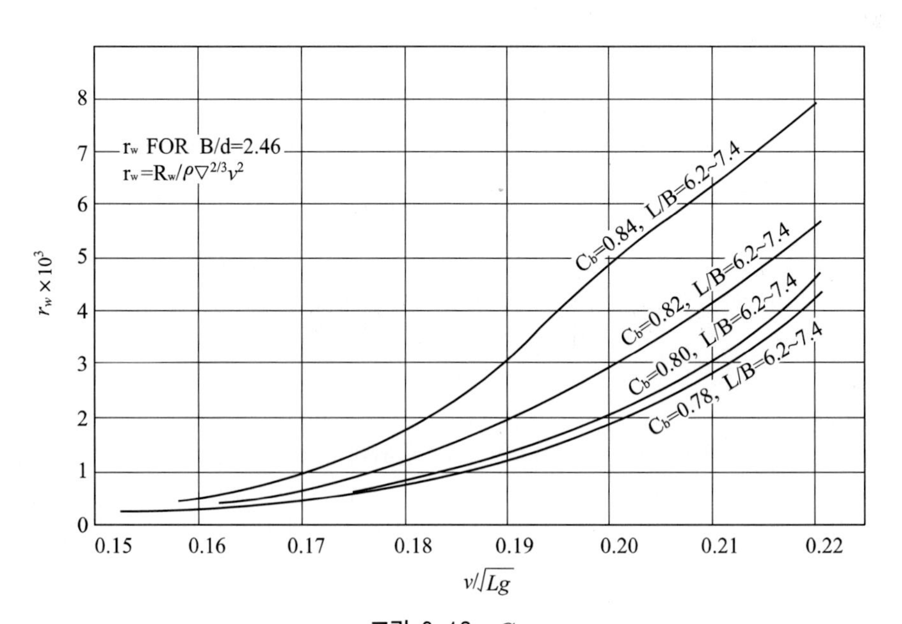

그림 6-13 C_W

저항 계산의 주요 요소는 주요 치수 외에 $\frac{v}{\sqrt{Lg}}$ 및 C_B 이지만 엄밀하게는 다른 선형 요소에 의해서도 영향을 받고 예로서 최근의 저항 이론을 적용한 최적의 프리즈매틱 곡선 등에 의해 선형에 따라서는 조파 저항의 몇 % 정도의 감소도 가능하다.

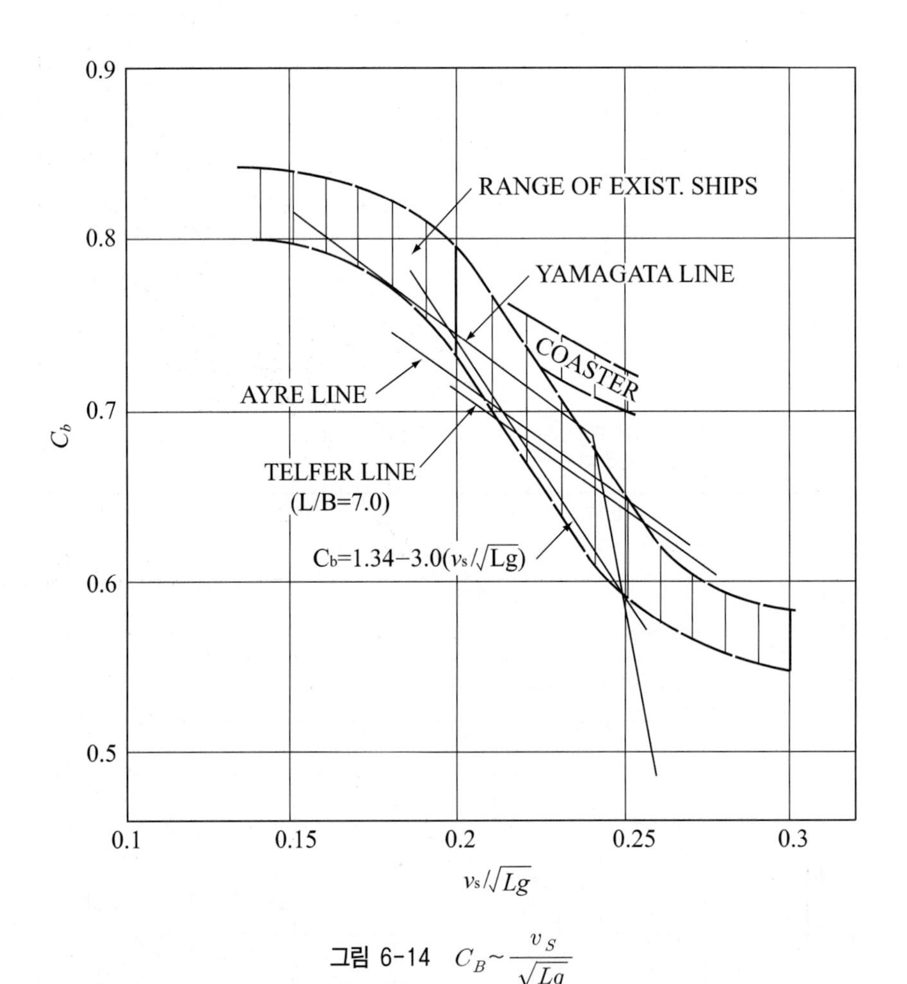

그림 6-14 $C_B \sim \frac{v_S}{\sqrt{Lg}}$

보통 C_B는 $\frac{v_S}{\sqrt{Lg}}$에 대해 그림 6-14와 같은 범위에서 선정되는데 C_B에 대한 다른 선형 요소를 그림 6-15의 기준값에 가깝게 취할 때에 저항 자체에 대한 영향은 그다지 크지 않고 실제로 종래의 도표를 그대로 이용해도 좋다.

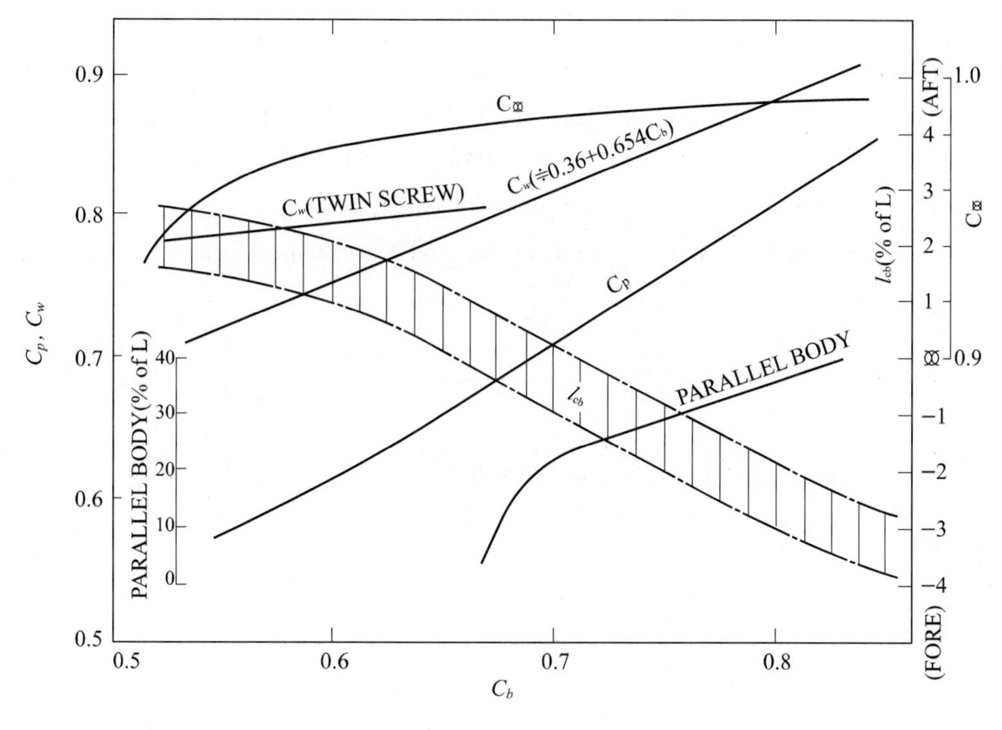

그림 6-15 HULL FORM COEFFICIENT

그림 6-15에 나타낸 선형 요소 수치 중에서 l_{CB}의 변화가 저항값에 영향을 주는 것이 있지만 고속 선형 자료의 한 예에서는 l_{CB}의 최적값으로부터 ±0.4의 차이는 잉여 저항의 약 2% 증대로 나타나는 정도이다. 선형의 대형화와 함께 $\frac{R_W}{R_T}$는 더욱 비율이 반감하고 있다. 그러므로 $\frac{R_W}{R_T}$는 종래의 $\frac{R_W}{R_T}$에 비해서 아주 작은 값이며, 특히 대형 전용선의 저항 계산에서 조파 저항값의 중요도는 비교적 작다.

조파 저항의 계산에서 실제 선형에의 적용한 구상 선수(球狀 船首)에 대해서도 보통형 선수와 비교한 효과를 정확도 있는 구체적 수치로 표현하는 것은 아직은 곤란한 단계에 있다.

잉여 · 조파 저항 계수 값은 보통형 선수에 대해 기초한 것으로 관련되는 형상 계수는 주로 구상 선수 선형의 자료에서 구한 것이기 때문에 이들의 값을 사용한 전 저항값은 약간 큰 값을 주는 경우도 있지만 실용상으로는 특별히 지장은 없다.

다음은 학생 및 실무자가 직접 주어진 조건에 의해 잉여 저항을 산정할 수 있는 계산 예를 들어본다.

예제 2. $\Delta = 20{,}351$톤, $L = 156$ m, $B = 22.6$ m, $d_{MLD} = 9.6$ m, $C_B = 0.583$의 고속 화물선의 $V = 20.0$ kn에 있어서의 잉여 저항 R_R을 구해 보면,

$$\frac{v}{\sqrt{Lg}} = 0.1643 \times \frac{V}{\sqrt{L}}$$
$$= 0.1643 \times \frac{20}{12.49}$$
$$= 0.263$$

그림 6-16에서 $C_{RO} = 0.00630$이며,

$$\frac{B}{L} = \frac{22.600}{156.00}$$
$$= 0.1449$$

$$\frac{B}{L} - 0.1350 = 0.0099$$

가 된다.

그림 6-17에서

$$\frac{(\Delta C_R)_{B/L}}{\dfrac{B}{L} - 0.1350} = 0.06$$

$$\therefore\ (\Delta C_R)_{B/L} = 0.00060$$

이 된다.

$$\frac{B}{d_{MLD}} = \frac{22.600}{9.600}$$
$$= 2.354$$

$$\frac{B}{d_{MLD}} - 2.25 = 0.104$$

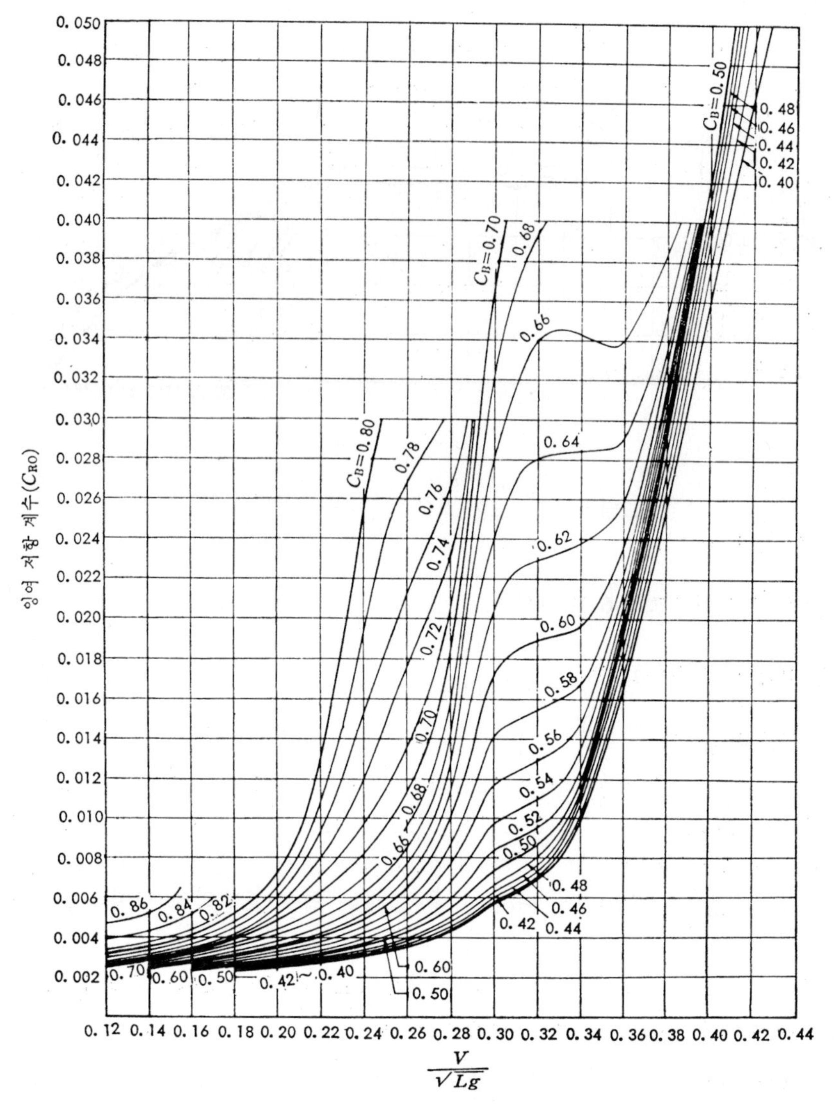

그림 6-16 표준 선형에 대한 잉여 저항 계수

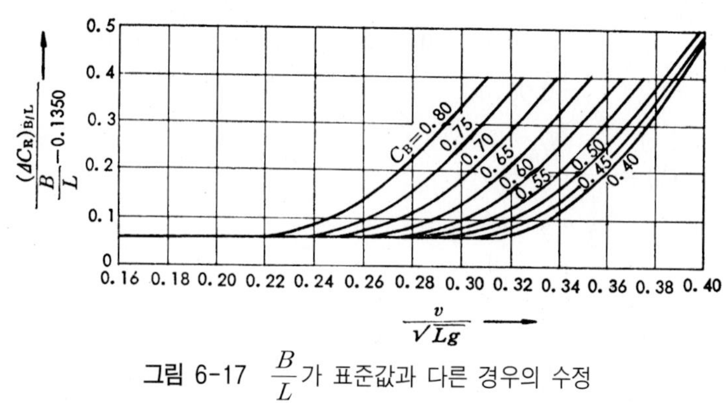

그림 6-17 $\dfrac{B}{L}$가 표준값과 다른 경우의 수정

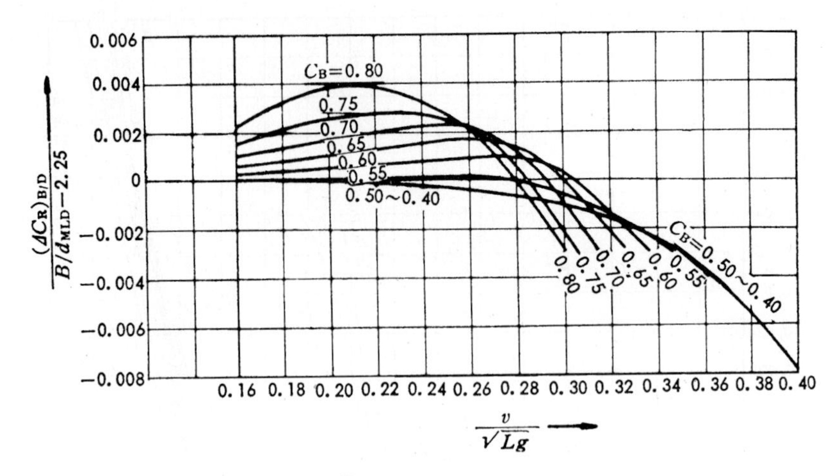

그림 6-18 $\dfrac{B}{d}$가 표준값과 다른 경우의 수정

가 되며, 그림 6-18에서

$$\frac{(\Delta C_R)_{B/d}}{\dfrac{B}{d_{MLD}} - 2.25} = 0.00060$$

$$\therefore\ (\Delta C_R)_{B/d} = 0.00060$$

이 된다.

한편, 그림 6-19에서 Froude 수에 대한 침수 표면적의 잉여 저항 수정 계수를 구하면,

$$\therefore\ (\Delta C_R)_S = 0.00050$$

이 된다. 따라서, 잉여 저항 수정 계수 ΔC_R은

$$\begin{aligned}\therefore\ \Delta C_R &= C_{RO} + (\Delta C_R)_{B/L} + (\Delta C_R)_{B/d} + (\Delta C_R)_S \\ &= 0.00630 + 0.00060 + 0.00006 + 0.00050 \\ &= 0.00746\end{aligned}$$

$$C_R = \frac{R_R}{\dfrac{1}{2}\rho \nabla^{\frac{2}{3}} v^2}$$

$$\therefore\ R_R = \frac{1}{2}\rho \nabla^{\frac{2}{3}} v^2 C_R$$

의 식으로부터 잉여 저항 R_R은

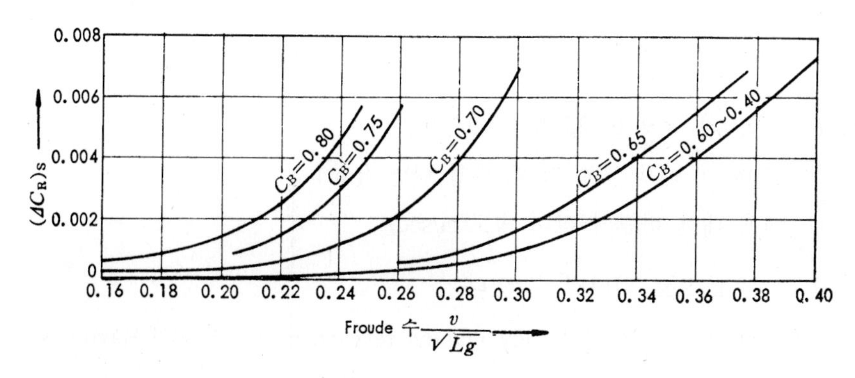

그림 6-19 보통형 선미에 대한 수정

$$\nabla = \frac{\Delta}{1.025} = \frac{20351}{1.025} = 19855\ (\mathrm{m}^3)$$

$$\therefore\ \left(\nabla^{2/3}\right) = 733$$

$$\therefore\ v = 0.5144\,V = 10.288\ (\mathrm{m/sec})$$

$$\therefore\ R_R = \frac{1}{2} \times 104.6 \times 733 \times (10.288)^2 \times 0.00746$$

$$= 30{,}269.6\ (\mathrm{kg})$$

이때, 이 배의 침수 표면적을 알고 있으면 F_{nB}에 대한 C_{WB}의 조파 저항 수정 계수를 수정해 주어야 한다.

6.2.3 공기 저항

모형 시험에서는 건현도 작고 상부 구조물도 없으므로 공기 저항(air resistance, R_A)을 무시하는 일이 있다. 그러나 실선에서는 그에 해당되는 건현을 가지고, 흘수선 위의 선체 이외에 상부 구조물, 데릭 포스트(derrick post), 데릭 붐(derrick boom), 크레인(crane), 마스트(mast) 등이 있으며, 바람이 없는 상태에서도 수저항에 2～3%의 공기 저항을 받는다.

풍속이 크게 되면 당연히 공기 저항도 크게 되지만 동시에 해면에 파랑이 일어나 수저항이 증가하기 때문에, 수저항에 비례해서 생각할 수 없을 정도의 큰 %로는 되지 않는다.

공기 저항을 R_A, 공기 저항 계수(air resistance coefficient)를 C_A라고 하면 수저항 때와 마찬가지로 다음과 같은 식으로 나타낼 수 있다.

$$\frac{R_A}{\frac{1}{2}\rho_A v^2} = C_A$$

따라서,

$$R_A = \frac{1}{2}\rho_A A v^2 C_A$$

여기서, ρ_A : 공기의 밀도 0.125 ($kg \cdot sec^2/m^4$)

A : 수면 위 배의 바람 방향 투영 단면적(m^2)

v : 배에 대한 바람의 상대 속도(m/sec)

로 구하여진 R_A는 kg으로 나타낼 수 있다.

공기 저항의 대부분은 조와 저항(eddy making resistance, R_E)으로서 Reynolds 수에는 대개 아무 관계가 없다고 하지만 C_A는 상부 구조물의 형상에 따라서 여러 가지로 변하게 된다. C_A값은 실험에 의하면 상선에 대해서는 0.4～1.2로 제각각이지만, 평균적으로 0.8 정도로서 R_A를 계산하는 것으로 한다.

예제 3. $L = 156.0$ m인 고속 화물선이 바람이 없는 상태에서 20 kn로 항해하고 있을 때의 공기 저항을 구하여라.

이 배의 정면 풍압 면적을 340 m^2, $C_A = 0.8$로 하면

$$R_A = \frac{1}{2}\rho_A A v^2 C_A \text{의 식으로부터}$$

$$= \frac{1}{2} \times 0.125 \times 340 \times (0.5144 \times 20)^2 \times 0.80$$

$$= 1{,}799 \text{ (kg)}$$

또한, 과거에 저항을 계산할 때에는 수저항만으로 공기 저항은 계산에 포함시키지 않았지만 풍압 면적이 큰 대형 고속선과 $\frac{L}{B}$이 작은 배에서는 무시할 수 없기 때문에 이 책에서는 공기 저항도 계산하는 것으로 하였다.

배의 정면으로부터 바람을 받을 경우에는 이상과 같은 계산으로 가능하지만 기타의 각도로 바람을 받을 경우에는 그림 6-20과 같은 값이 쓰여지며, k를 C_A에 곱해서 다음 식으로 계산한다.

$$R_A = \frac{1}{2}\rho_A A v^2 (k C_A)$$

k값은 배의 크기와 형상에 따라서 변화하는데, 표준값으로는 그림 6-20의 값을 쓰고 있으며 $\theta° \fallingdotseq 30°$에서 최대가 된다.

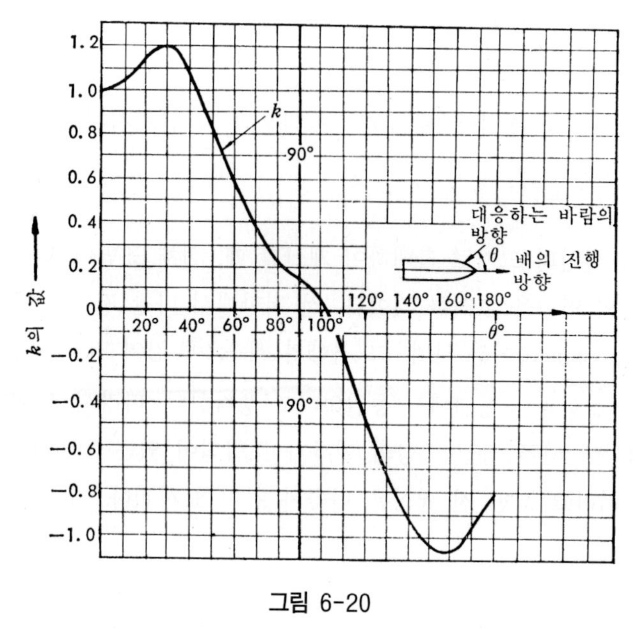

그림 6-20

6.2.4 조와 저항

조와 저항(eddy making resistance, R_E)은 $R_T - R_{FO} = R_R$로서 고속에서는 이 중에서 큰 부분이 R_W로 되지만, 파를 일으키지 않는 저속에서도 조파 저항이 큰 부분을 차지하는 것은 그림 6-5에 나타난 것과 같이 형상 영향 때문이다. 이것은 선체가 곡면이기 때문에 마찰 저항과는 틀리며, 선체 표면이 요철 혹은 단면 형상이 급격하게 변하지 않으면 발생되지 않는 조와 저항, 즉 형상 저항을 포함하고 있다.

조와는 선체 후부에서 단면적의 수축이 급격하다면 발생하기 쉽지만 그 쪽에(단면 수축부) 선미 늑골(stern frame), 타(rudder), 만곡부 용골(bilge keel), 축 브래킷(shaft bracket), 보스(bossing) 등의 선체 부가부(船體副加部)가 선체와 불연속적인 부분이 있으면 발생하므로 부착할 때 주의해야 한다.

6.2.5 전 저항(total resistance)

배의 전 저항 R_T는 점성 저항 R_V와 조파 저항 R_W를 합한 것이다. 그런데 점성 저항 R_V는 $R_V = (1+K)R_F + \Delta R_F$이므로, 결국 전 저항 R_T는 다음과 같이 표시된다.

$$R_T = (1+K)R_F + \Delta R_F + R_W$$

한편, 전 저항 R_T는 전 저항 계수 C_T라고 하면

$$R_T = \frac{1}{2} C_T \rho S v^2$$

으로 나타내어지므로, 결국 전저항 계수 C_T는 다음과 같이 표시된다.

$$C_T = (1+K) C_F + \Delta C_F + C_W$$

수조 시험 결과를 실선의 크기로 확대하여 계산할 때, 선체 표면이 3차원 곡면이기 때문에 나타나는 점성 저항의 영향을 고려한 것이다. 전 저항에서 마찰 저항을 뺀 나머지 저항을 잉여 저항(residuary resistance)이라 하며, 그 저항의 계수, 즉 잉여 저항 계수 C_R이 Froude 수가 동일한 경우에는 실선과 모형선에서 동일하다고 생각한다. 따라서, 잉여 저항 중에는 조파 저항 외에 형상 영향에 따른 점성 저항의 일부가 포함되어 있는 것이다.

잉여 저항을 R_R이라고 하면 전 저항은 다음과 같이 표시된다.

$$R_T = R_F + \Delta R_F + R_R$$

마찰 저항 계수 C_F는 실선 쪽이 모형선보다 R_N이 크므로 당연히 작아진다. 따라서, C_F에 형상 영향 계수 K를 곱한 형상 저항 계수 $K \times C_F$는 실선 쪽이 모형선보다 작아진다. 형상 저항은 잉여 저항에 포함되어 있고, 잉여 저항 계수는 실선과 모형선에서 동일하다고 생각하고 있으므로, 실선의 잉여 저항 계수는 실제의 값보다 크게 추정되고 있다고 말할 수 있다.

6.2.6 유효 마력(effective horse power, E.H.P.)

선박의 주요 치수, C_B, 항해 속력 등으로부터 필요한 주기 마력을 결정하기 위해서는 상당히 복잡한 계산을 하여야 한다. 여기에서는 유조선이나 벌크 화물선과 같은 저속 비대선의 저항 추진 성능 추정에 관해서 비교적 계통적으로 설명하기로 한다.

모형 시험으로부터 구한 저항은 $R_T = R_{FO} + R_R$로서 마찰 저항과 수선 아래의 침하 용적에 대한 잉여 저항, 그리고 수선 위의 투영 단면적에 대한 공기 저항을 계산하여 전 저항에 대한 유효 마력을 구하면 된다.

전 저항 R_T(kg), 배의 속력을 v(m/sec)라고 하면 배를 일정한 속력으로 전진시키는 데 필요한 단위 시간당 일의 양은 $R_T \cdot v$이다.

이 동력의 단위를 프랑스 마력으로 나타내면, 1 [PS]=75 [kg · m/sec] 이므로,

$$\text{E.H.P.} = \frac{R_T \cdot v}{75} \quad [\text{PS}] \qquad \text{(6-27)}$$

가 된다. 이 마력을 유효 마력(effective horse power, E.H.P.) 이라고 하고, 다른 한편으로는 예색 마력(tug rope horse power)이라고도 한다.

$$\text{E.H.P.} = \frac{R(\text{kg}) \cdot v(\text{m/sec})}{75(\text{kg} \cdot \text{m/sec})} = \frac{R(\text{kg}) \cdot V(\text{kn})}{\dfrac{75(\text{kg} \cdot \text{m/sec})}{0.5144}} = \frac{R(\text{kg}) \cdot V(\text{kn})}{145.8(\text{kg} \cdot \text{kn})}$$

$$(\text{E.H.P.})' = \frac{R(l\text{b's}) \cdot \text{v}(\text{ft/min})}{33{,}000(\text{ft} \cdot \text{lb's/min})} = \frac{R(l\text{b's}) \cdot V(\text{kn})}{325.7(l\text{b's/kn})}$$

$$= 0.00307 R \cdot V(\text{PS})$$

로서 얻어진다.

1 마력(미터 단위) = 매초 75 kg-m의 일 = 매분 45 ton-m의 힘
= 0.7355[kW] = 0.9863(미국 · 영국제 마력)

1 마력(미국 · 영국 단위) = 매초 550 lb's · ft의 일 = 매분 33,000 lb's · ft의 일
= 0.715[kW] = 1.014 (meter 제 마력)

6.3 마력과 선체와의 관계

기관에서 발생한 도시 마력, 즉 지시 마력(indicated horse power, I.H.P.)은 그 일부를 기관 내부의 마찰과 추력(thrust) 축수의 마찰로 소비하고, 기관 밖으로 전달된 것은 제동 마력(brake horse power, B.H.P.)이 되며, 중간 축수와의 마찰과 축에 연결된 감속 기어 및 소형 선에서의 보조 기관 연결 등으로 인하여 손실된 마력이 축 마력(shaft horse power, S.H.P.)으로 되고, 선미관(stern tube)의 마찰로 그 중 일부가 감소되어서 프로펠러에 전달되는 전달 마력(delivered horse power, D.H.P.)으로 되어 있다.

증기 왕복동 기관과 디젤 기관의 경우에는 이상과 같게 되어 있지만, 터빈의 경우에는 축 마력으로부터 계측을 시작하게 된다.

그림 6-21은 이와의 관계를 설명한 것이다.

전달 마력에 의해서 프로펠러가 회전하면 그의 상당한 부분이 배를 추진시키는 추력 마력(thrust horse power, T.H.P.)으로 된다.

프로펠러가 선체의 후부에서 회전하면 추력 마력이 프로펠러의 저항, 즉 추력 감소(thrust deduction)와 반류 때문에 배를 추진시켜 나가는 정미 마력, 즉 유효 마력(effect horse power, E.H.P.)으로 된다는 것은 앞에서 설명한 바와 같다.

끝으로, I.H.P.→B.H.P.→S.H.P.→D.H.P.→P.H.P.→T.H.P.→E.H.P.로 마력이 전달되는 과정에서 상당히 작아지게 되는데, 전달되면서 작아지는 비율을 효율(efficiency)이라고 말한다.

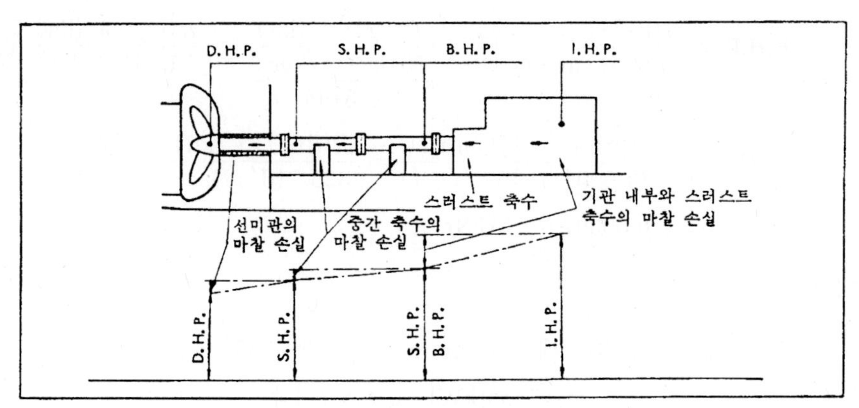

기관으로부터 프로펠러까지의 전달 상태

그림 6-21

6.3.1 마력의 정의

1. 기관 마력

기관의 출력 단위로는 마력 [PS]가 사용되고 있다. 또한 같은 크기의 출력이라 하더라도 주기관의 종류에 따라 그 정의가 다르다.

(1) 지시 마력

지시 마력(indicated horse power, I.H.P.)은 증기 왕복동 기관에 사용되는 마력이며, 실린더 내에서 발생되는 마력으로서 각 기통 내의 압력 변화를 지압 선도(indicated diagram)에 그려 가로축은 피스톤의 행정을, 세로축은 압력 변화를 취하며, 이 폐곡선으로부터 평균 유효 압력 P_E(mean effected pressure)를 측정하면 그 기통의 지시 마력은 다음과 같다.

$$\text{I.H.P.} = \frac{P_E A l N}{75 \times 60}$$

여기서, P_E : 평균 유효 압력(kg/cm^2)

A : 피스톤 단면적(cm^2)

l : 피스톤의 행정(cm)

N : 매분 회전수

고압, 저압의 지시 마력을 합계하면 그 기관의 전 지시 마력이 얻어지며, 이것은 피스톤의 상면에 주어진 마력이지만 회전 주축에 의한 마력은 기관 각부의 마찰 손실 때문에 작게 되어서 86～94%가 된다. 이것을 기관의 기계 효율이라 한다.

한편, 디젤 기관에서는 대략 83% 내외가 된다.

(2) 제동 마력

제동 마력(brake horse power, B.H.P.)은 기관의 출력축에 전달되는 마력으로서, 내연 기관에서는 기통수가 많고 압력 변화가 폭발적이므로 지압 선도에 그리게 하는 것은 곤란하다. 따라서, 크랭크축(crank shaft)에 기계적, 유체적, 전기적 제동기인 동력계(dynamometer)를 취부하여 제동 모멘트와 회전수에 의해 마력을 구하게 된다.

$$\text{B.H.P.} = \frac{2\pi Q_D N}{75 \times 60}$$

여기서, Q_D : 동력계의 제동 모멘트(kg-m)

N : 매분 회전수

지시 마력에 기관의 기계 효율을 곱한 것이 제동 마력이 된다.

(3) 축 마력(shaft horse power, S.H.P.)

증기 터빈에서는 고압, 저압 등의 각 터빈이 감속 기어 부분과 일체로 조립되어 있기 때문에 일반적으로 선미축(propeller shaft, tail shaft) 전단부에 전달되는 마력으로서, 토션미터(torsion meter)를 사용하여 비틀림을 측정하고 회전수를 측정하여 마력을 구한다.

$$\text{S.H.P.} = \frac{2\pi G\left(\frac{\pi}{32}d^4\right)\theta N}{l \times 75 \times 60}$$

여기서, G : 전단 탄성 계수로서 약 8.3×10^5 (kg/cm^2)

d : 추진기축의 지름(cm)

l : 비틀림각 측정 양 단면 사이의 거리(cm)

θ : 비틀림각(radian)

N : 매분 회전수

추진축의 비틀림에 의하여 축 마력을 구하는 것을 비틀림 동력계(torsion power meter) 또는 축 마력계라고 한다.

2. 추진 마력

(1) 전달 마력

전달 마력(delivered horse power, D.H.P.)은 추진기축에 의하여 프로펠러에 전달된 마력으로서, 축계 및 선미관의 마찰 손실만큼 마력이 작아지며, 프로펠러의 입력으로 수중에서 전기적인 방법으로 측정한다.

(2) 프로펠러 마력 또는 추진기 마력(propeller horse power, P.H.P.)

프로펠러를 회전시키는 데 필요한 마력이다.

$$\text{P.H.P.} = \frac{2\pi NQ}{75 \times 60}$$

여기서, Q : 소요 회전 토크(kg-m)

N: 매분 회전수

프로펠러 마력은 전달 마력과 동등해야 하지만 선미의 불균일 유체 흐름 속에서는 손실이 있기 때문에 약간 다르게 된다.

(3) 스러스트 마력 또는 추력 마력

추력 T(kg)는 추력 축수(thrust block)의 유압통 압력에 의하여 계측되기 때문에 선체 속력을 V(kn)라 하고, 단위 시간에 스러스트가 하는 일을 스러스트 마력(thrust horse power, T.H.P.)이라 한다.

$$\text{T.H.P.} = \frac{TV}{145.7}$$

스러스트 마력은 선체 예인 마력(유효 마력)과 같은 것 같지만, 실제로는 선체와 프로펠러의 상호 간섭 작용에 의하여 손실이 있기 때문에 유효 마력보다 큰 값이 필요하다.

6.3.2 효율과 계수

1. 효율의 정의

(1) 기계 효율

기관의 기계 효율(mechanical efficiency, η_M)은 피스톤(piston) 및 기타 가동 부분의 마찰과 가동 부분의 질량을 움직이기 위해 소비된 마력이 원인이므로

$$\eta_M = \frac{\text{B.H.P.}}{\text{I.H.P.}} \quad \cdots\cdots (6\text{-}28)$$

기관의 형식, 크기, 부하에 의해서 변하지만 대체적으로 다음과 같은 값을 가진다.

- 증기 왕복 기관: $\eta_M = 0.820 \sim 0.950$
- 디젤 기관: $\eta_M = 0.740 \sim 0.900$

(2) 전달 효율

전달 효율(transmission effciency, η_T)은 추진축계 운동 부분의 마찰, 예를 들면 선미관, 추진력 축수, 중간 축수 등의 마찰과 이 운동 부분의 질량을 움직이기 위해 소요된 손실 마력이 원인이 된다.

$$\eta_T = \frac{\text{D.H.P.}}{\text{B.H.P.}} \quad \text{혹은} \quad \frac{\text{D.H.P.}}{\text{S.H.P.}} \quad \cdots\cdots (6\text{-}29)$$

η_T의 값은 선미관(stern tube) 형식과 축의 길이에 따라 틀리게 되며, 대체적으로는 표 6-11과 같은 값이 된다.

식 (6-28), (6-29)로부터 다음과 같은 관계식을 얻을 수 있다.

$$\frac{\text{D.H.P.}}{\text{I.H.P.}} = \frac{\text{B.H.P.}}{\text{I.H.P.}} \times \frac{\text{D.H.P.}}{\text{B.H.P.}}$$
$$= \eta_M \eta_T$$

표 6-11

선미관의 형식	선미부 기관(after engine)		중앙부 기관(midship engine)	
	B.H.P.	S.H.P.	B.H.P.	S.H.P.
리그넘 바이티(lignum vitae)	0.975	0.975~0.98	0.96	0.96~0.98
기름 윤활(oil bath)	0.99	0.99~0.995	0.975	0.975~0.995

한편, 전달 효율에 대한 마력과의 관계식에서

$$\eta_T = \frac{\text{S.H.P.}}{\text{B.H.P.}} \times \frac{\text{D.H.P.}}{\text{S.H.P.}}$$

의 식으로 나타낼 수 있으며, 표준값은 다음과 같다.

- $\frac{\text{S.H.P.}}{\text{B.H.P.}}$의 표준값은

  중앙 기관선 : $\frac{1}{1.05} = 0.952$

  선미 기관선 : $\frac{1}{1.03} = 0.971$

- $\frac{\text{D.H.P.}}{\text{S.H.P.}}$의 표준값은 98~99%

가 된다.

디젤 기관에서는 제동 마력(B.H.P.), 터빈 기관에서는 축마력(S.H.P.)을 사용해서 기관 출력을 나타낸다. 디젤 기관에서는 육상 운전에서 제동기에 의해 B.H.P.를 계측하고, 선체 거치 뒤에 B.H.P.는 연료 분사량을 나타내는 지표 등의 육상 운전 자료에 기초해서 간접적으로 산출하고 또한 터빈 기관의 S.H.P.는 직접 축계의 비틀림 각도에서 구하고 있다.

축계(軸系) 각부 개개의 전달 효율은 다음과 같다.

추력 베어링	0.995
중간 베어링(1개에 대해)	0.997~0.998

선미관(船尾管)	0.990
감속 장치(중속 디젤)	0.970
유체 · 전자 접수	0.975

또한 이상의 전달 효율은 연속 최대 회전수 정도의 값으로 축계 마찰 손실은 실제로는 회전수의 약 1.0～1.5 승에 비례한다고 볼 수 있으므로 특히 넓은 속도 범위의 마력 추정 시에는 이 점을 고려할 필요가 있다.

(3) 프로펠러의 효율비

프로펠러 마력 P.H.P.는 프로펠러의 출력이 되며, η_P는 여러 가지의 손실 마력에 기인하는 것이기 때문에 복잡하게 변화한다. 그 원인으로는

① 운동부의 질량

② 프로펠러가 회전할 때 물과의 마찰

③ 프로펠러가 회전할 때 물에 주어진 회전 운동과 와, 파 등의 에너지

등이 있고, 이것들은 프로펠러의 형상, 표면의 조도, 피치, 단면의 형상, 회전수, 수중 속도 등에 따라서 변화하게 된다.

프로펠러 효율에는 두 가지가 있다.

㈎ 프로펠러 효율(open propeller efficiency, η_O)은 어떤 프로펠러가 회전할 때 발생하는 추력 마력(T.H.P.)과 그 구동에 필요한 구동 동력에 대한 비로 정의된다.

$$\eta_O = \frac{T v_A}{2\pi n Q}$$

여기서, T : 프로펠러 추력(kg)

Q : 프로펠러 토크(kg-m)

n : 프로펠러 매초 회전수

v_A : 프로펠러 전진 속도(m/sec)

추진기 효율(프로펠러 효율)이란 보통 추진기가 단독으로 유체 속에 놓인 경우의 효율(η_O)을 말한다. η_O는 추진기에 발생하는 추진마력(T.H.P.)과 전달마력(D.H.P.)의 비로서

$$\eta_O = \frac{(\text{T.H.P.})}{(\text{D.H.P.})} = \frac{T \cdot v_A}{2\pi \cdot n \cdot Q}$$

로 표시된다.

η_O는 추진기 날개의 수 등에 따라 다음에 설명한 추진기 설계 도표에서 구할 수 있다.

대표적인 설계 도표는 출력 계수(B)와 피치비의 양축에 대해 직경 계수(δ)와 η_O로 나타낸 것으로 B 및 δ의 정의는 다음과 같다.

$$\delta = \frac{N \cdot D_P}{V_A}$$

$$B_P = \frac{N \cdot (\mathrm{D.H.P.})^{1/2}}{V_A^{2.5}}$$

$$B_U = \frac{N \cdot (\mathrm{T.H.P.})^{1/2}}{V_A^{2.5}}$$

식의 단위는 보통 **RPM, m, knots** 및 **PS**로 표시되지만, 도표에 따라 사용 단위가 다를 수 있다.

η_O의 값은 설계 도표에서 정해진 추진기에 대해 주어진 조건에 대응하는 것으로 구해지는데, 설계시의 개략 최량(最良) 효율은 화물선의 통상 사용범위인 **4～6**날개 추진기에 대해 $a_E = 0.60$을 기준으로 해서 다음 근사식으로 주어진다.

$$\eta_O \fallingdotseq \left\{ \frac{1}{(0.97 + 0.14\sqrt{B_P})} \right\} \cdot k \quad \text{혹은} \quad \eta_O \fallingdotseq \left\{ \frac{1}{0.84 + 0.19\sqrt{B_U})} \right\} \cdot k$$

$$k \fallingdotseq \left\{ 1.11 - 0.11 \left(\frac{a_E}{0.60} \right) \right\}$$

㈏ 프로펠러가 배에 장착된 상태로 구동할 때의 **T.H.P.**와 **D.H.P.**의 비를 η_P라 하면,

$$\eta_P = \frac{\mathrm{T.H.P.}}{\mathrm{D.H.P.}}$$

여기서, **T.H.P.** : 추력 마력

D.H.P. : 프로펠러에 전달된 전달 마력

㈎항은 프로펠러를 배에 붙이지 않고 단독으로 물 속을 회전하면서 달릴 때의 **T.H.P.**와 프로펠러에 공급된 마력의 비 η_O로서 단독 프로펠러 효율이라고 하며, ㈏항은 이것과 구별하기 위하여 η_P를 선후 프로펠러 효율(**behind propeller efficiency**, η_P)이라 하고 있다. 프로펠러 효율(**propeller efficiency**, η_P)이라고도 하며 ㈏항을 말하는 것이다.

η_O와 η_P의 값이 서로 다른 이유는 프로펠러가 선미에 장착된 상태에서는 불균일한 반류 분포(반류의 세기는 선체 및 선체 부가물에 대한 상대적 위치에 따라 다르다), 즉 불균일한 유속장(流速場)에서 작동할 뿐만 아니라 프로펠러 뒤쪽에 있는 타(**rudder**)의 정류 작용(整流作用)을 받기 때문이다. 프로펠러가 단독일 경우에는 이러한 영향은 없다.

$$\frac{\eta_P}{\eta_O} = \eta_R$$

이 되며, 이것을 프로펠러 효율비(ratio of propeller efficiency, η_R)라고도 한다.

배 뒤의 균일하지 못한 흐름 속에 놓인 추진기의 효율(η_B)은 균일 흐름 속의 단독 추진기의 효율(η_O)과 다른 값이 되고, 이 차이는 다음 관계에서 정의되는 추진기 효율비(η_R)에 의해 표시된다.

$$\eta_B = \eta_O \cdot \eta_R$$

η_R의 값은 추진기와 선체 및 타 등의 유체 역학적 상호 작용 혹은 모형선 자항 시험과 모형추진기 단독 시험에서의 실험조건의 상위 등에도 영향을 준다. 일반 산식은 구하기 어렵지만 개략값으로서,

1축선에 대해 $\eta_R = 0.98 \sim 1.030$

- $C_B > 0.08$의 비대선 $\fallingdotseq 0.88 + 0.02\left(\frac{L}{B}\right)$

2축선에 대해 $\eta_R = 0.96 \sim 1.000$

η_R은 1축선의 경우에는 대체로 1.0～1.05 정도의 값이 되고, 2축선의 경우에는 대략 0.95～1.0 정도의 값이 된다.

회전수 N의 프로펠러가 단독으로 정수 속을 속도 $V_A = V(1-w)$로 전진할 때 프로펠러의 마력을 P.H.P.라 하고, 이 프로펠러가 동일 회전수 N으로 선미의 평균 반류율 w의 불균일 반류 속을 선속 V로 전진할 때의 프로펠러 마력을 P.H.P.라고 하면 P.H.P.는 전달 마력 D.H.P.와 같게 되므로,

$$\eta_R = \frac{\text{P.H.P.}}{\text{D.H.P.}}$$

의 관계가 이루어지게 된다. 그러므로,

$$\eta_P = \eta_R \eta_O$$

로서

$$\therefore \ \eta_P = \frac{\text{T.H.P.}}{\text{D.H.P.}} = \eta_R \eta_O$$

가 되며, η_R의 값은 선체의 형상, 프로펠러, 타 등의 모양, 크기, 위치 등에 따라 다르게 되지만, 이 값은 배의 형상에 크게 영향을 받으므로 표 6-12와 같은 값이 된다.

표 6-12

C_B	η_R
0.60 이하	1.02
0.60 ~ 0.75	1.015
0.75 이상	1.01

η_R은 배가 만재 상태의 1축선일 경우에는 1.00 ~ 1.02, 2축선일 경우에는 0.98 ~ 1.00이며, 특히 반류가 불균일하지 않는 한 η_R ≒ 1.000으로 하여도, 또 변화를 무시해도 큰 지장은 없다.

η_O는 프로펠러의 설계 도표로부터 얻어지고, η_P는 60 ~ 70%이며, 보통은 60 ~ 65%의 값을 줄 수 있다.

(4) 선체 효율

배가 프로펠러에 의해서 추진될 경우 프로펠러의 작용에 의해 추진에 필요한 추력 T(kg)는 저항 R(kg)보다 증가해서 불리하다. 한편, 선미 부근의 전진 속력 v_A(m/sec)는 선체의 영향에 의한 반류에 따라 배의 전진 속력 v(m/sec)보다 작아지고, 배를 추진시키는 면에는 유리하게 움직인다. 이와 같은 선체와 프로펠러의 상호 작용에 의한 추진상 유리하다든지 불리하다든지 하는 면의 결과가 어떻게 되겠는가 하는 것은 선체 효율(hull efficiency, η_H)을 계산해 보면 알 수 있으며, η_H를 선체 효율이라고 부른다.

여기서 $R = (1-t)T$이고, 또한 $v_A = (1-w)v$가 되므로,

$$\eta_H = \frac{1-t}{1-w} \quad \cdots\cdots (6\text{-}30)$$

로 표시된다.

다시 말하면, 이상 설명한 선체와 프로펠러 상호 작용을 나타낸 계수 가운데 추력감소계수 t, 반류계수 w, 프로펠러 효율비 η_R은 모든 계수의 요소를 구성하는 것으로서 자항 요소(self-propulsion factor)라고 한다. 즉, 선체 효율 η_H는 선체의 형상과 프로펠러의 위치 등에 따라 매우 달라지게 된다.

$$\eta_H = \frac{\text{T.H.P.}}{\text{P.H.P.}} \times \frac{\text{E.H.P.}}{\text{T.H.P.}}$$

로 되므로, 선체 효율은 다음과 같이 나뉜다.

선체 효율 η_H는,

① η_H가 클수록 프로펠러 추력에 의한 마력에 대하여 선체 추진이 유효하며, 사용되는 마력이 크다.

② η_H를 크게 하기 위해 t를 가능한 한 작게 하고, w를 가능한 한 크게 결정한다.

③ 프로펠러는 w가 큰 곳에 배치하는 것이 좋으며, 역시 t가 커지지만 좋다.

④ 프로펠러는 마찰 반류가 큰 선미 중심선 위의 유선 확대부에, 즉 선미부의 파정에 배치하는 것이 좋다.

그러므로, 선체 효율 η_H는 1축선에서는 보통 1.000보다 큰 값이고, 2축선에서는 C_B가 0.600 이상인 경우에는 1.000보다 크지만, 그 이하에서는 1.000보다 작은 것이 보통이다.

그림 6-22와 같이 1축선과 2축선을 비교할 때 C_B가 0.700에서 η_H는 1축선에서 1.160 정도이고, 2축선에서 1.040 정도인데, 효율이 0.120 높다는 것은 경제면에서 아주 좋은 뜻이 된다. 추진 장치 계획 설계시에 될 수 있는 대로 1축선을 선택하는 것도 중요한 이유의 하나이다.

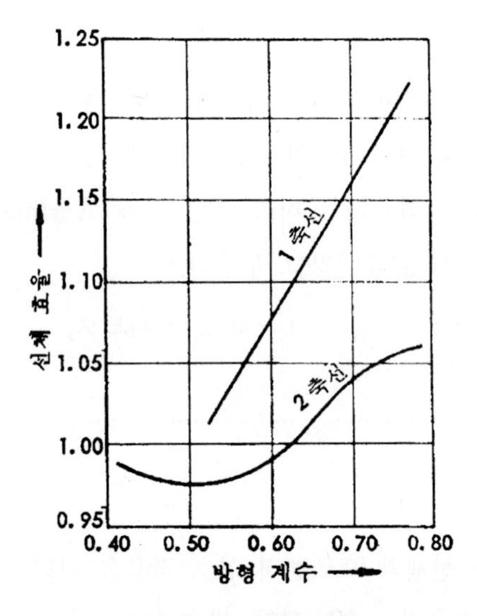

그림 6-22 선체 효율

한편 다른 예를 들면, 선체에 프로펠러를 붙이면 추력 T(kg)를 발생시키게 된다. T는 선체 저항 R(kg)과 프로펠러의 저항 사이에서 배를 v(m/sec) 또는 V(kn)로 전진시키기 때문에 프로펠러는 선체 후부의 반류가 강한 곳에서 회전하므로, 프로펠러는 Tv_A(m/sec) 혹은 TV(kn) 만큼 일을 한다고 보면 좋다.

그림 6-23에서와 같이 프로펠러의 저항은 추력에 대한 비 t를 써서 tT로 나타내고, 프로펠러가 있는 곳의 반류 w와 선속 v와 v_A를 m/sec로 바꾸어 그 비를 나타내면,

• 추력의 균형 :

$$T = R_T \cdot T + tT$$

$$\therefore\ T(1-t) = R_T \cdot T$$

$$\therefore\ T = \frac{R_T \cdot T}{(1-t)}$$

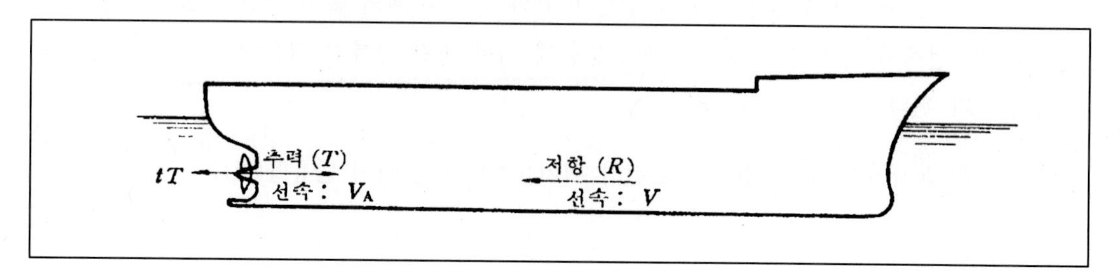

그림 6-23

• 속력의 균형 :

$$v_A = v(1-w) \quad \left(\because \text{Froude의 반류 계수 } w = \frac{v - v_A}{v_A}\right)$$

$$\therefore\ \frac{v_A}{v} = 1 - w$$

프로펠러가 한 일에 대해서 생각하면,

$$Tv_A = \frac{R_T \cdot T}{(1-t)} v(1-w)$$

$$\therefore\ R_T \cdot v = Tv_A \times \frac{1-t}{1-w} \text{ 혹은 } \frac{R_T \cdot v}{Tv_A} = \frac{1-t}{1-w}$$

가 된다. 다시 말하면, 프로펠러가 한 일은 $\frac{(1-t)}{(1-w)}$가 선체 저항 R_T를 받으면서 배를 속력 v로 전진시키게 된 것을 알 수 있으며, $\frac{1-t}{1-w}$를 선체 효율 η_H로 나타내어 선체 효율(hull efficiency)이라고도 부른다.

$$\eta_H = \frac{\text{T.H.P.}}{\text{P.H.P.}} \times \frac{\text{E.H.P.}}{\text{T.H.P.}}$$

$$= \frac{v}{v_A} \times \frac{R_T}{T} = \frac{1-t}{1-w} = \frac{\text{E.H.P.}}{\text{P.H.P.}}$$

로 정의될 수 있다.

이 식에서 알 수 있는 것과 같이 η_H는 $1-t$가 $1-w$보다 커지는 일이 많으므로, 1보다 큰 값으로 하는 것이 추진 성능상 경제적인 면에서 유효한 값이 된다(그림 6-33 참조).

(5) 반류율(Wake Fraction, w)

선체가 진행할 때에 그 표면에 가까운 부분의 물에 진행 방향과 같은 방향의 속도 성분이 발생하는데 이것을 반류(wake)라고 한다.

반류(伴流)에는 유체의 점성에 의한 점성 반류와 선체 주위의 물의 유선 운동에 의한 포텐셜 반류 및 선체에 의해 발생하는 파랑의 운동에 의한 파랑 반류가 있는데 이들의 합계가 전체의 반류가 된다.

추진 성능상 대상이 되는 것은 프로펠러 위치에서의 반류이며 반류율(w)는 $\dfrac{v-v_A}{v}$로 표시된다.

$$\frac{\text{T.H.P.}}{\text{P.H.P.}}=\frac{Tv}{Tv_A}=\frac{v}{v_A}=\frac{1}{1-w}>1.000$$

여기서, T.H.P. : 추진 마력

v : 배의 속력

v_A : 프로펠러의 물속에서의 속도(물과의 상대 속도)

프로펠러는 반류 중에서 회전, 전진하므로 v는 v_A보다 크게 된다.

모형 시험에서 구해진 반류율(w_M)은 Reynolds 수 등으로 인해 그대로 실적값으로 사용할 수 있다.

- 후루-드(R. E. Froude)는 반류 속도를 V_A에 대한 비율로서 표시하고 반류 계수(Wake Fraction, Wake Factor)라고 불렀다. 즉

$$\text{후루-드 반류 계수: } w_F=\frac{V-V_A}{V_A} \quad \cdots\cdots (6\text{-}31)$$

여기서, $\dfrac{V_A}{V}=\dfrac{1}{1+w_F}$

- 테일러(D, W. Tayler)는 반류 속도를 V에 대한 비율로서 표시하였다.

$$\text{테일러 반류 계수 : } w=\frac{V-V_A}{V} \quad \cdots\cdots (6\text{-}32)$$

여기서, $\dfrac{V_A}{V}=1-w$

식 (6-31) 및 식 (6-32)에 의하여 다음 관계식이 얻어진다.

$$w_F = \frac{w}{1-w} \quad \text{및} \quad w = \frac{w_F}{1+w_F}$$

w_F는 반류를 미지의 V_A에 대한 비율로서 구하는 데에 대한 w는 실제의 선속도 V에 대한 비율로서 구하므로 사용에 편리하다.

실선의 반류율(w)의 w_M에서의 환산은 "제14차 ITTC"의 방법(다음 식 (6-33)을 참고로 행해진다.) 식 (6-33)은 상기 도표를 근사화한 것이다.

- $w = (t + 0.04) + \{w_M - (t + 0.04)\} \cdot \dfrac{C_F}{C_{FM}}$ ···································· (6-33)

여기서, C_{FM} : 모형선의 마찰 계수

t : 추력 감소 계수

- $\dfrac{1-w}{1-w_M} \fallingdotseq 1 + 0.10 \cdot w_M^2 \cdot \left(\dfrac{L \cdot B}{d_A}\right)^{1/3}$ ·· (6-34)

여기서, d_A : 선미 흘수(m)

반류의 생성 원인은 다음 3가지로 생각된다.

① 마찰 반류(Frictional Wake)

물의 점성으로 선체에 근접하는 물은 선체에 끌려서 전진 운동이 생긴다. 선체의 길이, 침수 표면적, 표면 조도, 선속에 관계되며 표면에서 떨어지면 급격하게 감소한다.

② 유선 반류(유선, Streamline Wake)

선체 주위의 유선을 생각하면 선수부는 유선의 폭이 넓어지고 유속이 떨어지게 되어 압력이 상승하며, 중앙부에서는 유선의 폭이 좁아져서 유속이 커져서 압력이 떨어지게 되며, 선미부에서는 유선의 폭이 넓어져서 유속이 떨어지게 되어 압력이 상승하게 된다.

즉 선수부와 선미부에서는 선체와 같은 방향의 반류가 생기고 중앙부에서는 역방향의(負) 반류가 생기게 된다. 공간에 고정된 정점에서 선체 항로상의 물의 일입자(一粒子) 운동을 보면 선체가 근접함에 따라서 사전방(斜前方)으로 부딪쳐 떨어지게 되고 선체가 그 점을 통과할 때에는 선측 후방으로 이동하고 선체가 지나감에 따라 사후방(斜後方)으로부터 원위치에 되돌아오고 결국 물의 입자는 원호상(圓弧狀)의 운동을 한다.

③ 조파 반류(Wake by Wave Motion)

배가 파를 발생할 때에는 물의 입자는 원형의 궤도 운동을 고정점 주위에서 행하기 때문에 파정부에서는 파의 진행 방향 즉 선체 진행 방향에 반류가 생기고 파저부에서는 역방향 반류가 생긴다. 이것 때문에 큰 조파를 동반하는 선체는 합성 반류가 크게 되어 겉보기 실각비가 음(負)의 값으로 되는 경우가 있으며 또한 음의 큰 조파 반류를 발생할 때에는 합성 반류가 음의 값으로 되는 경우도 있다.

2. 계수의 정의

(1) 전진 계수

전진 계수(advance coefficient, J)를 전진율(advance ratio)이라고도 하며, 프로펠러 단독 시험 때에 사용되는 무차원 계수로서 다음과 같이 정의된다.

$$J = \frac{v_A}{nd} = p(1 - S_R)$$

여기서, n : 매초 회전수(1/sec)

d : 프로펠러의 지름(m)

p : 프로펠러의 피치비

v_A : 프로펠러의 전진 속도(m/sec)

(2) 준추진 계수

준추진 계수(quasi-propulsive coefficient, η_{QP})는 전달 마력에 대한 유효 마력비가 된다.

$$\eta_{QP} = \frac{\text{P.H.P.}}{\text{D.H.P.}} \times \frac{\text{T.H.P.}}{\text{P.H.P.}} \times \frac{\text{E.H.P.}}{\text{T.H.P.}} = \frac{\text{E.H.P.}}{\text{D.H.P.}}$$

$$= \eta_O \, \eta_H \, \eta_R$$

준추진 계수 η_{QP}는 보통 0.580～0.620의 값이 된다.

(3) 추진 계수

추진 계수(propulsive coefficient, η)는 추진 효율이라고도 하며, 기관의 발생 마력에 대한 유효 마력의 비율을 말한다.

기관의 종류 및 그 발생 마력의 측정 위치에 따라서 증기 왕복동 기관에서는 I.H.P., 증기 터빈 기관에서는 S.H.P., 디젤 기관에서는 B.H.P.를 사용한다.

$$\eta = \frac{\text{E.H.P.}}{\text{I.H.P.}} \text{ 또는 } \frac{\text{E.H.P.}}{\text{S.H.P.}} \text{ 또는 } \frac{\text{E.H.P.}}{\text{B.H.P.}}$$

추진 계수는 준추진 계수에 다시 기관으로부터 프로펠러까지의 축 마찰 손실이 있기 때문에 η_{QP}보다 감소되고, η는 보통 0.500～0.550이다. 즉, 유효 마력에 비해서 1.850～2.000배의 기관 마력이 실제로 필요하게 된다.

위 식은 증기 왕복동 기관의 경우이며, 디젤 기관의 경우에는 B.H.P., 증기 터빈 기관의 경우에는 **S.H.P.**로서 η의 식을 나타내면 다음과 같이 표시할 수 있다.

㈎ **디젤 기관**:

$$\eta = \frac{\text{D.H.P.}}{\text{B.H.P.}} \times \frac{\text{P.H.P.}}{\text{D.H.P.}} \times \frac{\text{T.H.P.}}{\text{P.H.P.}} \times \frac{\text{E.H.P.}}{\text{T.H.P.}} = \frac{\text{E.H.P.}}{\text{B.H.P.}}$$

$$= \eta_T \eta_P \eta_H = \eta_T \eta_O \eta_R \eta_H$$

㈏ **증기 터빈 기관**:

$$\eta = \frac{\text{D.H.P.}}{\text{S.H.P.}} \times \frac{\text{P.H.P.}}{\text{D.H.P.}} \times \frac{\text{T.H.P.}}{\text{P.H.P.}} \times \frac{\text{E.H.P.}}{\text{T.H.P.}} = \frac{\text{E.H.P.}}{\text{S.H.P.}}$$

$$= \eta_T \eta_P \eta_H = \eta_T \eta_O \eta_R \eta_H$$

η의 값은 간단히 결정한다는 것은 쉽지 않지만, 대체적으로 다음과 같은 범위가 된다.

$$\eta = \frac{\text{E.H.P.}}{\text{I.H.P.}} = 0.450 \sim 0.700$$

$$\eta = \frac{\text{E.H.P.}}{\text{B.H.P.}} = \frac{\text{E.H.P.}}{\text{S.H.P.}}$$

이와 같이 기관에 따라서 η가 틀려지는 것은 취급하기가 불편하므로, 프로펠러의 성능 연구에서는 **E.H.P.**와 **D.H.P.**의 비를 써서 기관의 종류에 의해 틀려지지 않도록 준추진 계수를 사용하고 있다.

6.3.3 프로펠러와 선체와의 상호 관계 계수

1. 추진 계수와 프로펠러 단독 효율 및 자항 요소와의 관계

추진 계수는 앞에서도 설명한 바와 같이 $\eta = \frac{\text{E.H.P.}}{\text{기관 마력}}$로 정의되는 값이지만, 이 식을 변형하면

$$\eta = \frac{\text{E.H.P.}}{\text{기관 마력}} = \frac{\text{E.H.P.}}{\text{T.H.P.}} \times \frac{\text{T.H.P.}}{\text{기관 마력}}$$

가 된다.

여기서, $\frac{\text{E.H.P.}}{\text{T.H.P.}}$는 앞에서 설명한 선체 효율 $\eta_H = \frac{1-t}{1-w}$가 되며, $\frac{\text{T.H.P.}}{\text{D.H.P.}}$는 선후 프로펠러 η_P이고, 단독 프로펠러 효율 η_O와 프로펠러 효율비 $\eta_R = \frac{\eta_P}{\eta_O}$의 관계로 쓰면

$$\eta = \frac{1-t}{1-w} \eta_O \eta_R$$

로 된다.

다시 말하면, 추진 계수 중에 $\left\{\frac{(1-t)}{(1-w)}\right\} \eta_R$이 선체와 프로펠러의 상호 작용을 나타낸 값

이 된다. 이 식에서도 알 수 있는 바와 같이 추진 계수를 향상시키는 데에는 프로펠러의 효율을 높여 주어야 하며, 그 외에 선체와 프로펠러의 상호 작용을 나타내는 계수로서 선체 효율과 프로펠러 효율비를 높이는 것도 중요하다. 따라서, 이 값을 주요 치수로 하여 선체의 형상과 프로펠러의 취부 위치에 의해 결정된다.

그러므로, 선체와 프로펠러를 함께 주의하면서 정밀하게 설계하지 않으면 추진 계수가 높고 양호한 배를 계획하는 것은 불가능하다.

2. 프로펠러의 전진 속도 및 반류 분포

배가 전진하면 선체 표면에 가까운 곳을 흐르는 물은 배의 전진 방향과 같은 방향으로 흐른다. 이 배와 같은 방향으로 흐르는 물의 흐름을 반류(wake)라고 한다. 반류에는 물과 선체 외판과의 마찰에 의해서 일어나는 마찰반류, 선체 주위를 흐르는 물의 유선운동에 의해서 생기는 유선반류(또는 퍼텐셜 반류), 선체의 전진에 따라 일어나는 물결의 운동에 의해서 생기는 물결반류의 3종류가 있으며, 이것을 모두 합친 것이 전체의 반류가 된다(6.3.2 (4) 참조).

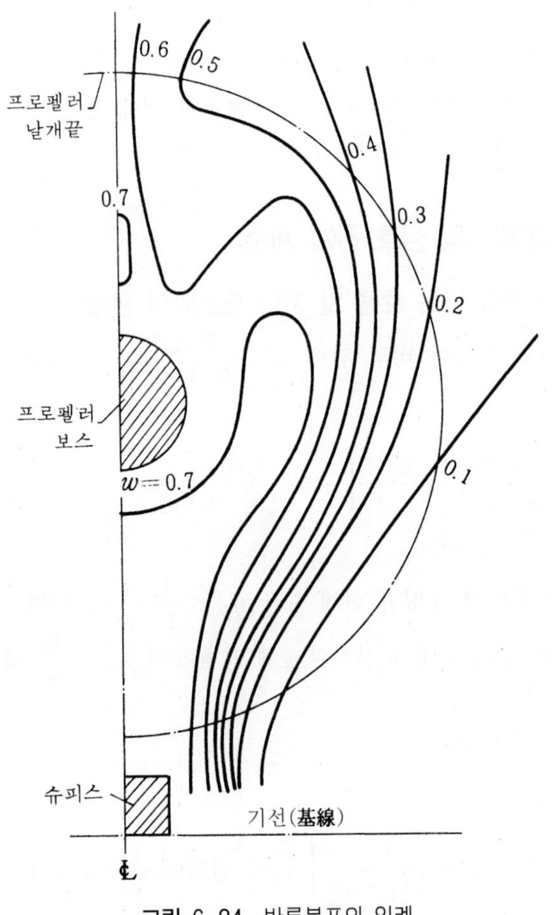

그림 6-24 반류분포의 일례

배의 추진 성능상 중요한 것은 프로펠러 위치에서의 반류의 크기이다. 속력 V로 전진하고 있는 배에서 프로펠러 위치에서의 반류를 V_w라 하면, $w = \frac{V_w}{V}$로 정의되는 계수를 반류계수라고 한다. 뒤에 설명하는 바와 같이, 프로펠러의 효율을 계산하려면 프로펠러의 대수전진속도 V_A를 구할 필요가 있다. 프로펠러의 대수전진속도 V_A는 배의 전진속도 V로부터 반류의 속도 V_w를 뺀 것이므로, $V_A = V - V_w$이며, 따라서 $w = \frac{V_w}{V} = \frac{V - V_A}{V}$가 되고, 결국

$$V_A = (1 - w)V$$

의 꼴로 표시된다. 그러므로, 반류계수 w를 추정할 수 있으면 프로펠러의 전진속도 V_A가 추정된다.

마력 계산에서는 반류계수를 옳게 추정하는 것이 매우 중요하다. 반류계수 w의 값은 프로펠러의 위치에서 균일한 값을 가지는 것이 아니라, 선미 부근의 선체의 형상에 따라 복잡하게 분포한다. 반류분포는 수면에 가까운 곳 및 프로펠러의 중심에 가까운 곳일수록 반류계수의 값이 크다. 그러나 마력 계산에 필요한 것은 프로펠러 회전면 내에 있어서의 반류계수의 평균치이다.

일반으로 반류계수의 평균치는 방형계수가 클수록 크고, 또 같은 배라도 프로펠러의 지름이 작을수록 커진다. 반류계수의 평균치는 수조 시험에 의해서 모형프로펠러의 작동을 해석하여 구해진다.

[Schönherr의 경험식]

Schönherr는 모형 자항 시험 성적으로부터 1축선의 유효 반류계수 w인 다음 실험식으로 구하여 오차는 2~3% 이하임을 확인하였다.

㈎ 단나선 선박에 대해서

$$w = 0.1 + 4.5 \times \frac{C_{VP} C_P \cdot \frac{B}{L}}{(7 - 6C_{VP})(2.8 - 1.8C_P)} + \frac{1}{2}\left(\frac{E}{d} - \frac{D_P}{B} - k\theta\right) \quad \cdots\cdots\cdots\cdots (6\text{-}35)$$

여기서, C_{VP} : 연직 주형 계수

C_P : 종주형 계수

B : 배의 폭

L : 배의 수선간장(LBP)

E : 프로펠러축의 기선상 높이

D_P : 프로펠러의 지름

θ : 프로펠러 날개의 후방 경사각

k : 계수

· $k=0.3$: 보통 선미형

· $k=0.5\sim0.6$: 역재(dead wood)를 설치하지 않은 선미형

$$t = k'w \quad \cdots\cdots (6\text{-}36)$$

여기서, w : 반류계수

k' : 계수

· $k'=0.50\sim0.70$: 보통형 유선타의 선체

· $k'=0.70\sim0.90$: 사각형 단면의 타두재(horn)에 취부된 복판타의 선체

· $k'=0.90\sim1.05$: 보통형 단면타의 선체

반류계수의 평균치를 구하기 위한 근사식을 표 6-13에 소개한다.
표에서 얻는 반류계수의 값은 수조 시험에서 얻어질 모형선의 반류계수의 값이다.

(나) 쌍나선 선박에 대해서

β를 보싱의 수평에 대한 경사각(deg)으로 할 때에

· 보싱 부착 외 회전 프로펠러의 경우

$$w=2\times C_B^5\times(1-C_B)+0.2\times\cos^2\times\left(\frac{3\beta}{2}\right)-0.02 \quad \cdots\cdots (6\text{-}37)$$

· 보싱 부착 내 회전 프로펠러의 경우

$$w=2\times C_B^5\times(1-C_B)+0.2\times\cos^2\times\left\{\frac{3}{2}(90-\beta)\right\}+0.02 \quad \cdots\cdots (6\text{-}38)$$

· 스트래트 지지의 경우

$$w=2\times C_B^5\times(1-C_B)+0.04 \quad \cdots\cdots (6\text{-}39)$$

[van-Lammeren의 식(모형선)]

(가) 1축선에서는

$$w=\frac{3}{4}C_B-0.240 \quad \cdots\cdots (6\text{-}40)$$

$$t=0.500\times C_B-0.150$$

(나) 2축선에서는

$$w=\frac{5}{6}C_B-0.353 \quad \cdots\cdots (6\text{-}41)$$

$$t=\frac{5}{9}C_B-0.205$$

[Taylor의 식(실선)]

단나선선 : $w = 0.50 \cdot C_B - 0.05$ ······ (6-42)

쌍나선선 : $w = 0.55 \cdot C_B - 0.20$ ······ (6-43)

[Tomita의 식(실선)]

w의 값은 단순히 C_B만이 아니고 적어도 $\frac{B}{L}$를 동시에 고려하는 것이 타당하다고 생각된다. 여기서는 단나선선에 대해 실제 배의 시운전의 해석에서 구한 추정식으로, 식 (5-23)에 의한 r 값이 $r < 0.45$인 보통 화물선 선형에 있어서 만재 상태에서는,

$$w \fallingdotseq 1.35\frac{B}{L}(1 + 3.1 \cdot C_B^4) + (0.0005 \cdot L - 0.16) \quad \text{(6-44)}$$

다만, $(0.0005 \cdot L - 0.16)$의 최소 한도값을 **−0.09**로 한다. 밸러스트 상태의 값(w_B)은,

$$w_B \fallingdotseq 1.35\frac{B}{L}(1 + 4.2 \cdot C_B^4) + (0.00045 \cdot L - 0.145) \quad \text{(6-45)}$$

다만, 제2항의 최소 한도값을 **−0.07**로 한다. 또, 보통형 선미의 비대 선형에 대해서는,

· 만재 상태의 반류율(w)은, $w \fallingdotseq 0.56 \cdot r^{0.6}$ ······ (6-46)

· 통상 밸러스트 상태의 반류율(w_B)는, $w_B \fallingdotseq 0.95 \cdot w^{0.8}$ ······ (6-47)

표 6-13 반류계수의 근사식

발 표 자	근 사 식	비 고
van Lammeren	$w = \frac{3}{4}C_B - 0.24$(1축선) $w = \frac{5}{6}C_B - 0.353$(2축선)	
Taylor	$w = 0.5\,C_B - 0.05$(1축선) $w = 0.55\,C_B - 0.20$ (2축선)	
Sasajima-Oh	$w = 0.75r_A + 0.14$(1축선, 만재) $w = 0.75r_A + 0.20$(1축선, 밸러스트)	$r_A = \frac{B/L}{1.3(1-C_B) - 3.1\,l_{CB}}$
Akashi(明石) 선형연구소	$1 - w = r_A^2 - 1.873r_A + 1.173$(1축선) $1 - w = 1.00 - 0.50r_A$(2축선)	$r_A = \frac{B/L}{1.3(1-C_B) - 3.1\,l_{CB}}$

3. 추력감소계수(thrust deduction fraction)

배가 전진할 때에는 물로부터 저항을 받으므로, 소요의 속력을 내려면 그것을 이기기 위하여 전진 방향으로 추진력을 주어야 한다. 이 추진력은 프로펠러의 회전에 의해서 발생하는 전진 방향의 힘에 의해 주어지는 것이며, 추력(thrust)이라고 불린다. 이 추력을 T(kg)라고 하고 프로펠러의 대수전진속도를 v_A(m/sec)라고 하면, 프로펠러추력이 단위시간에 하는 유효일은 $T \cdot v_A$이다. 이것을 마력으로 나타내면 $\frac{T \cdot v_A}{75}$(PS)가 되며, 이 마력을 추력 마력(thrust horse power, T.H.P.)이라고 한다.

지금 어떤 항해 속력을 내는 데 필요한 추력을 T(kg), 저항을 R_T(kg)이라고 하면, 필요한 추력은 $T = R_T$가 아니고 R_T보다 약간 클 것이다.

그 이유는 프로펠러가 선미에서 회전하면 물을 뒤로 밀어내기 때문에 그 부분의 물의 유속이 증가하여 선미부에 압력이 낮은 부분이 생겨서 선체를 뒤쪽으로 잡아당기는 것과 같은 힘이 작용하게 되므로, 결국 저항이 증가하는 것과 같은 효과가 되기 때문이다. 이 저항의 증가는 $T - R_T$(kg)가 되는데, 추력 쪽에서 보면 유효하게 작용하는 추력은 T로부터 $T - R_T$만큼 감소한 것이 되므로, 그 감소분과 추력 T의 비를 잡아서

$$t = \frac{T - R_T}{T}$$

을 추력감소계수라고 한다. t가 알려지면 T는 다음 식으로부터 계산된다.

$$T = \frac{R_T}{1 - t}$$

추력감소계수 t는 수조 시험에서 모형선의 저항치와 모형 프로펠러에서 발생하는 추력을 계측하면 위의 식을 써서 계산할 수 있다. 모형선에서 구한 추력감소계수와 실선의 추력감소계수 사이에는 척도 영향이 거의 없으므로, 모형선의 값을 그대로 사용할 수 있다.

추력 감소 계수의 근사식은 다음과 같은 것이 있다.

[Schoenherr의 식]

- 단나선 선박 $t = (0.5 \sim 0.7)w$ ······ (6-48)
- 쌍나선 선박
  보싱 부착 $t = 0.25 \times w + 0.14$ ······ (6-49)
  스트랩 부착 $t = 0.70 \times w + 0.60$ ······ (6-50)

[Yamagata의 식]

Weingart의 도표를 정리하여 구한 값이다.

· 단나선 선박에 대해서 : $\frac{t}{w} = 1.63 + 1.5 \times C_B - 2.36 \times \frac{C_B}{C_W}$ ····· (6-51)

· 쌍나선 선박에 대해서 : $\frac{t}{w} = 1.73 + 1.5 \times C_B - 2.36 \times \frac{C_B}{C_W}$ ····· (6-52)

· 세형 고속선 : $t \fallingdotseq w$

[Tomita의 식]

식 5-23 또는 식 5-24의 r 값을 사용해서 단나선 선박의 만재 상태에 대해

$t \fallingdotseq 0.77 \times r - 0.11, \ r < 0.36$ ······ (6-53)

$t \fallingdotseq 0.22 \times r - 0.09, \ r > 0.36$ ······ (6-54)

또한 밸러스트 상태에서의 t 값은 만재 상태의 값보다 10% 정도 커진다. 이상의 w, t 값에서 선각 효율(η_H)은 식 6-30에서 구해지는데, η_H의 값은 단나선의 일반 상선에서 1.10~1.30, 쌍나선에서 0.95~1.00 정도의 값이다.

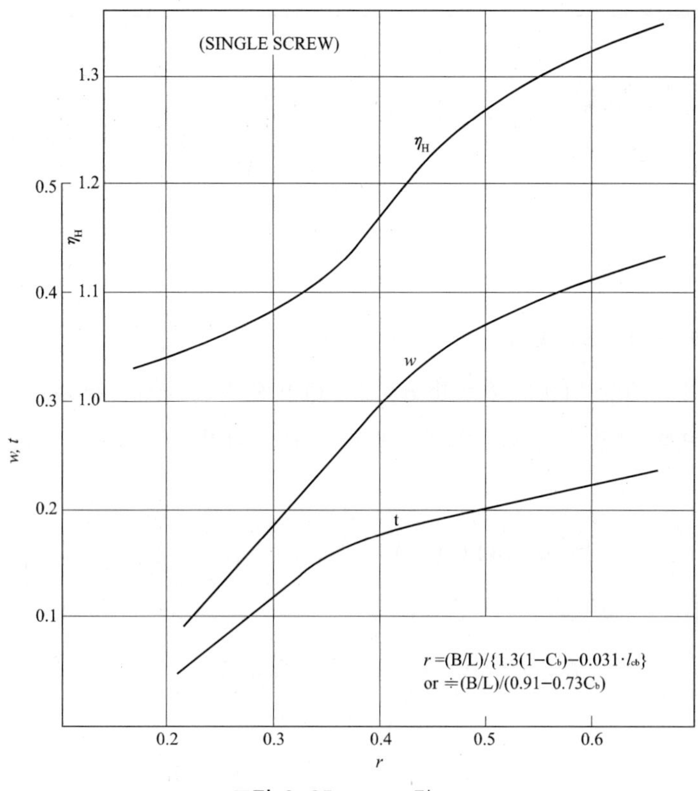

그림 6-25 w, t 및 η_H

$$\eta_H = \frac{1-t}{1-w} \quad \text{(6-55)}$$

r에 대한 w, t 및 η_H의 만재 상태에서의 개략값을 그림 6-25에 나타내고 있다.

저속 비대선의 추력감소계수는 일축선의 경우 대략 0.2 정도의 값이 된다. 추력감소계수의 근사식의 예를 표 6-14에 소개한다.

표 6-14 추력감소계수의 근사식

발 표 자	근 사 식	비 고
van Lammeren	$t = 0.5C_B - 0.15$(1축선) $t = \frac{5}{9}C_B - 0.205$(2축선)	
Yamagata	$t = w(1.63 + 1.50\,C_B - 2.36\,C_{VP})$(1축선) $t = w(1.73 + 1.50\,C_B - 2.36\,C_{VP})$(2축선)	
Sasajima-Oh	$t = 0.15r_A + 0.14$(1축선)	$r_A = \frac{B/L}{1.3(1-C_B) - 3.1\,l_{CB}}$
Akashi(明石) 선형연구소	$1-t = 0.853 - 0.118r_A$(1축선) $1-t = 0.920 - 0.320r_A$(2축선)	$r_A = \frac{B/L}{1.3(1-C_B) - 3.1\,l_{CB}}$

[추정 도표에 의한 방법]

추력감소계수 t와 반류계수 w의 근사식을 추정 도표의 한 예로 Harvald의 도표를 그림 6-38에 의해 구할 수 있다.

6.3.4 유효 마력(effective horse power, E.H.P.)의 계산

1. 저항으로부터 마력의 환산

계산된 각각의 저항을 더해서 전저항 R_T를 구하여 이것에 속력 v를 곱하고, 75 kg · m/sec로 나누면 E.H.P.를 구할 수 있다. 이 경우에 v는 m/sec이지만, 이것이 V(kn)가 되면 다음과 같다.

$$v(\mathrm{m/sec}) = 0.5144\,V\,(\mathrm{kn})$$

이것으로부터

$$\mathrm{E.H.P.} = \frac{R_T \cdot v}{75} = \frac{R_T \cdot V}{\left(\frac{75}{0.5144}\right)} = \frac{R_T \cdot V}{145.8} \quad \text{(PS)}$$

로 되는 것을 주의해야 한다.

(1) 저항의 계산

앞에서 설명한 것과 같이 여러 가지 저항이 서로 섞여서 존재하고 있지만 실선의 E.H.P. 계산에는 배의 길이가 같은 평판의 마찰 저항 R_{FO}에 R_W, R_E, $R_F - R_{FO}$를 포함한 R_R을 더하고, 다음에 R_A를 더해서 $R_T = R_{FO} + R_R + R_A$를 정수 중의 전저항으로 하고 있다.

여기서는 간단히 I.T.T.C. 1957의 식을 적용하면 ΔC_F 값은(6.2.1.의 식 (6-16), (6-17), (6-18)을 써서) 작은 배는 전저항이 크고, 큰 배는 작게 된다.

R_R은 유사선의 모형 시험 성적이 있다면 이것을 사용하는 것이 좋지만, 없을 경우에는 그림 6-16∼6-19에 나타낸 것과 같은 잉여 저항의 모형 시험 결과를 축적한 R_R의 도표를 쓰면 된다. 이 R_R의 도표는 Yamagata의 도표이지만, 이 밖에 유명한 것은 Taylor의 도표로서 고속선에는 지금도 사용하고 있다. 그러나 이것은 feet-founds 치수로 되어 있으며, 선형이 함정에 가깝게 되어 있기 때문에 여기서는 Yamagata의 도표를 쓰는 것으로 한다.

(2) 선체 부가부의 저항

주선체의 저항은 이상의 방법으로 계산할 수 있지만 만곡부 용골(bilge keel)과 타, 프로펠러, 보스, 축 브래킷(shaft bracket) 등의 부가물, 즉 선체 또는 부가부에 대해서는 별도로 생각해야 한다.

R_{FO}의 계산에서 선체 부가부의 표면적은 침수 표면적에 가산해서 계산되므로 문제가 없지만, R_R에 대해서는 선체 또는 부가부로 나누어서 어느 %를 가산하여 정하고 있으므로 다음과 같이 취급한다.

만곡부 용골은 선체의 반류(wake) 분포 중에 있으므로 침수 표면적에 이 표면적을 가산해서 마찰 저항을 나타내면 너무 크게 되기 때문에 만곡부 용골의 R_R을 0으로 하는 것은 안 되지만, 보통은 이것을 고려하지 않는 것으로 한다.

타의 경우도 침수 표면적에 타의 표면적을 가산해서 마찰 저항을 나타내면 만곡부 용골과 같은 모양으로 너무 크게 되기 때문에 타와 조와 저항도 고려하지 않는다.

1축선(single screw)의 경우에 보스는 대단히 작기 때문에 이 저항은 생각하지 않지만, 2축선(twin screw)인 경우의 보스 혹은 축 브래킷은 세형선(fine ship)에서는 주선체로부터 상당히 돌출하여 C_F 대신 R_F를 증가시킨다. 이에 대해서 보스의 경우에는 3.5%, 축 브래킷의 경우에는 5%의 C_{FO}를 증가시킨다.

보스 혹은 축 브래킷으로 인하여 R_R은 크게 변하지 않음을 알 수 있다.

$$R_R = \frac{1}{2} \rho \nabla^{\frac{2}{3}} v^2 C_R$$

∇는 1축선의 경우에는 보스가 작으므로 그 배수 용적에 가산할 필요는 없지만, 2축선의 경우에는 작지 않은 값이 되므로 선체의 배수 용적에 가산해야 한다.

(3) 소형선의 성능

그림 6-26은 I.T.T.C. 1957에 의한 C_{FO}와 Froude 식에 의한 C_{FO}와의 비교이다. 즉, 그림 6-26은 실선 시험의 C_F와 I.T.T.C. 1957에 의한 C_{FO}, Froude식에 의한 C_{FO}와의 비교이다.

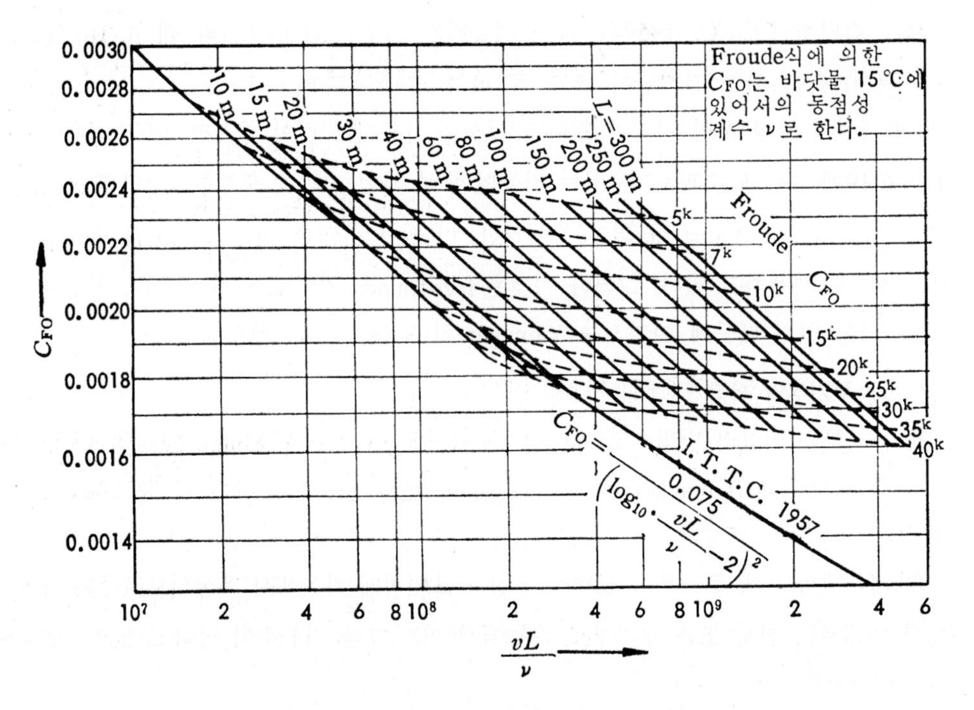

그림 6-26 Froude 식과 계수 C_{FO}와의 관계

Schönherr 식, Prandtl-Schlichting 식, I.T.T.C. 1957의 세 식이 대개 같은 값이 되는 것을 생각한다면, 그림 6-26으로부터 세 식의 $C_{FO} \times 1.500$이 대개 실선의 C_F가 되며, Froude 식에 의한 C_{FO}는 작아지게 되는 것을 알 수 있다.

그림 6-26과 6-27을 비교해 보면 배가 소형으로 되는 쪽이 Froude 식에 따른 C_{FO}가 실선보다 작아지게 된다는 것을 알 수 있다.

이것이 과거 소형선에 있어서 성능이 나빠져 Froude 식에 의한 계산으로는 너무 작은 마력이 나왔던 점에 주의하여야 할 사항인 것이다.

Froude 식 이외의 3개 마찰 저항식을 사용하면 그림 6-26과 같이 리벳 구조인 배의 경우에는 대개 $1.50 \times C_{FO}$로 충분하다.

최근 용접선인 경우 ΔC_F를 어느 것으로 정하는지는 실선 예와 비교해서 각각 검토하는 것 이외의 방법은 없지만, 대부분 ΔC_F의 세 식을 쓰고 있는 것이다.

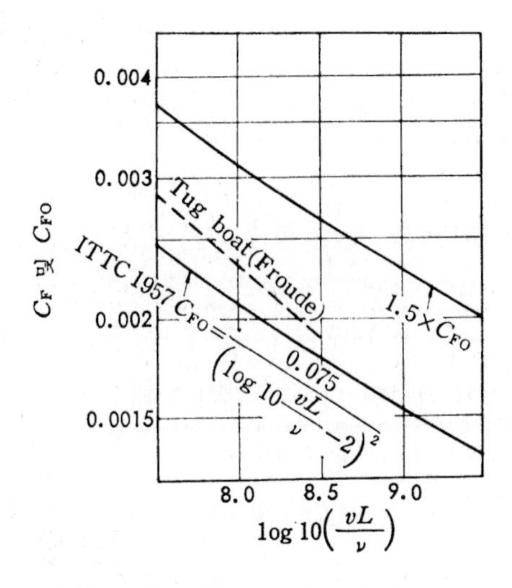

그림 6-27 실선의 마찰 저항 계수 C_F

(4) 구상 선수

그림 6-16~6-19의 도표를 사용할 경우의 계산은 보통형 선수에 대응하는 것이므로, 구상 선수(bulbous bow)를 가지는 경우에는 실적을 참고로 해서 다음과 같은 수정을 해주어야 한다.

구상 선수는 C_R의 곡선이 증가하는 경향을 보여 주는 곳이 고속의 위치로 조파 저항의 파정(hump)을 견디는 것으로 유리하며, 이 속력을 라이징 속력(rising speed)이라고 한다.

이 값을 V_R'(kn)이라고 나타내면 이 값은 $C_B \geqq 0.55$의 대형선에 대해서는 실선의 실적으로부터

$$V_R' = \left(\frac{1.10 - C_B}{0.32}\right)\sqrt{L}$$

로서 계산된다. 그러나

$$\frac{v}{\sqrt{Lg}} \geqq 0.329 \quad \text{혹은} \quad \frac{V}{\sqrt{L}} \geqq 2.000$$

그리고 $0.500 \leqq C_B \leqq 0.550$와 같이 그다지 크지 않은 고속선에 대해서는,

$$V_R' = 2\cdot\sqrt{L}$$

로 한다.

최근 조파 저항 이론의 연구가 계속 진행되었기 때문에 조파 저항이 크거나 주선체에 그다지 크지 않고 무리가 없는 구상 선수를 붙인다면 그림 6-16에서 주어진 R_R보다도 V_R' 이하

의 속력에서 R_R은 어느 정도 작아지게 되지만, $V_R{}'$ 이상에서는 위의 사정으로부터 이것에 다시금 $\frac{V_R{}'}{V}$을 가하는 값으로 하는 것이 좋다고 생각한다.

즉, 앞의

$$\frac{v}{\sqrt{Lg}} \geqq 0.329 \text{ 혹은 } \frac{V}{\sqrt{L}} \geqq 2.0$$

과 같은 고속선에 있어서는 $\frac{V_R{}'}{V}$을 바꾸어 $\left(\frac{V_R{}'}{V}\right)^3$을 곱해 줄 필요가 있다.

이 수정값을 K_B로 나타내어 정하면 다음과 같이 된다.

$$\frac{v}{\sqrt{Lg}} \geqq 0.329 \text{ 혹은 } \frac{V}{\sqrt{L}} \geqq 2.0$$

일 경우에

① $0.500 \leqq C_B \leqq 0.550$에 대하여

$$V_R{}' = 2 \cdot \sqrt{L} \begin{cases} V_R{}' \text{ 이하}, \ K_B = 0.950 \\ V_R{}' \text{ 이상}, \ K_B = 0.950 \left(\frac{V_R{}'}{V}\right)^3 \end{cases}$$

② $0.500 \leqq C_B \leqq 0.750$에 대하여

$$V_R{}' = \left(\frac{1.10 - C_B}{0.32}\right)\sqrt{L} \begin{cases} V_R{}' \text{ 이하}, \ K_B = 0.900 \\ V_R{}' \text{ 이상}, \ K_B = 0.900 \times \frac{V_R{}'}{V} \end{cases}$$

③ $0.750 \leqq C_B \leqq 0.785$에 대하여

$$V_R{}' = \left(\frac{1.10 - C_B}{0.32}\right)\sqrt{L} \begin{cases} V_R{}' \text{ 이하}, \ K_B = 0.850 \\ V_R{}' \text{ 이상}, \ K_B = 0.850 \times \frac{V_R{}'}{V} \end{cases}$$

그런데 $C_B \geqq 0.785$의 저속 비대선이 된다면 $V_R{}'$ 이상에서는 조파 저항을 감소시키는 효과는 있지만 $V_R{}'$ 이하에서도 세련된 구상 선수로 정류 작용에 의하여 형상 영향을 작게 하는 효과가 되는 것은 아니다.

이것을 K_B에 포함해서 나타내는 것으로 하면 다음과 같이 된다(한편, 이와 같은 수정을 하면 속력에 대해서 C_R이 대개 일정한 값이 된다).

④ $0.785 \leqq C_B \leqq 0.820$에 대하여

$$V_R{}' = \left(\frac{1.10 - C_B}{0.32}\right)\sqrt{L}$$

$$\begin{cases} V_R{}' \text{ 이하}, 1 \geqq K_B = \left(\dfrac{C_B}{0.82}\right) \times \dfrac{5.200 - 0.6 \cdot \left(\dfrac{B}{d_{MLD}}\right)}{\sqrt{V}} \\ V_R{}' \text{ 이상}, 1 \geqq K_B = \left(\dfrac{C_B}{0.82}\right) \times \dfrac{5.200 - 0.6 \cdot \left(\dfrac{B}{d_{MLD}}\right)}{\sqrt{V}} \times \sqrt{\dfrac{V_R{}'}{V}} \end{cases}$$

⑤ $0.820 \leqq C_B \leqq 0.855$에 대하여

$$V_R{}' = \left(\frac{1.10 - C_B}{0.32}\right)\sqrt{L}$$

$$\begin{cases} V_R{}' \text{ 이하}, 1 \geqq K_B = \left(\dfrac{C_B}{0.82}\right) \times \dfrac{5.200 - 0.6 \cdot \left(\dfrac{B}{d_{MLD}}\right)}{\sqrt{V}} \\ V_R{}' \text{ 이상}, 1 \geqq K_B = \left(\dfrac{C_B}{0.82}\right) \times \dfrac{5.200 - 0.6 \cdot \left(\dfrac{B}{d_{MLD}}\right)}{\sqrt{V}} \times \sqrt{\dfrac{V_R{}'}{V}} \end{cases}$$

다음 (5)항에서 설명하겠지만 $K_S = 0.950$일 때에는 $\dfrac{C_B}{0.82} = 1$, $K_S = 1$로 되며, $\left(\dfrac{C_B}{0.82}\right)$의 값으로서 그 사이는 비례적으로 변하게 된다((4), (5)의 경우).

(5) 선미 형상

선미부를 U형으로 하던가 V형으로 하든가에 따라서 C_R의 값이 상당히 틀리게 된다. 이 수정값을 K_S로 나타내면 이것은 다음 선체에 대해 앞으로 흐르는 반류(wake)와의 관계가 깊고, 이 크기를 나타내는 반류계수(wake fraction) w도 U형인지 V형인지에 따라서 변하게 된다.

이 수정은 그림 5-26에서 Δw_{UMAX}와 Δw_{VMAX}로 표시하고 있지만,

Δw_{UMAX}일 때에는 $K_S = 1.025$

$\Delta w_U = \Delta w_V = 0$일 때에는 $K_S = 1.000$

Δw_{VMAX}일 때에는 $K_S = 0.950$

으로서 중간값일 때에는 각각 1과의 사이에서 비례하는 것으로 한다.

선미 형상이 몇 %의 U형인지 V형인지는 설계자의 경험에 의한 판단으로 결정한다. 그러나 U형인지 V형인지 확실히 알 수 없을 때에는 $K_S = 1$로 계산해도 나중에 계산되는 B.H.P.와 S.H.P.의 계산에 큰 차이는 없다.

한편, 선수 형상(bow form)이 U형인지 V형인지에 따라서도 당연히 어느 정도 C_R의 변화가 생각되지만, U형의 경우에서도 극단적으로 만곡부를 뾰족하게 한다면 V형과 큰 차이는 없는 것으로 보아 특히 수정은 하지 않는 것으로 한다.

2. E.H.P.의 계산 예

표 6-15, 6-16에는 E.H.P. 계산의 실례를 들었다. 이에 대하여 약간 설명을 하면, 맨 위의 침수 표면적의 계산은 Olsen 식과 Todd 식을 이용하였다. 이 경우 C 값은 Todd 식의 상수를 선택하였다. 그래서 실선의 예와 비교해서 적당한 값 혹은 양쪽의 평균값을 채용하였다.

만곡부 용골과 타는 실선 예와 비교해서 대체적으로 적당한 값을 선택할 필요가 있다. S_{APP}(wetted surface of appendage)는 양자의 합계로 된다.

1축선의 경우, $\nabla^{\frac{2}{3}}$ 을 $1.003 = (1+0.005)^{\frac{2}{3}} \sim 1.002 = (1+0.003)^{\frac{2}{3}}$ (fine ship~full ship)으로서 알 수 있는 것은 $\nabla^{\frac{2}{3}}{}_{MLD}$ 로 했기 때문이다.

세형인 2축선의 경우에는 $\nabla^{\frac{2}{3}}$ 을 변환하여 축 브래킷이 있을 때에는$(0.995\,\nabla)^{\frac{2}{3}}$, 보스가 있을 때에는 $(0.99\,\nabla)^{\frac{2}{3}}$ 을 써서 이것을 1.003으로 하여도 좋다.

C_{FO}의 계산은 I.T.T.C. 1957년의 식을 적용했으며, 이것은 Schönherr 식과 Prandtl-Schlichting의 식 및 모형선으로부터 실선까지의 실용 범위로서 보통 거의 같은 값이 되므로, 이것을 기초로 한 모형 시험값을 그대로 사용해도 지장은 없다. Froude 식을 기초로 한 Yamagata의 C_{RO} 도표를 쓰는 것은 약간의 모순이 있지만 실용적으로 큰 지장은 없다.

- 마찰 저항에 대한 $(\mathrm{E.H.P.})_{FO} = \dfrac{R_{FO}\, v}{75}$
- 잉여 저항에 대한 $(\mathrm{E.H.P.})_{R} = \dfrac{R_{R}\, v}{75}$

를 직접 쓰기 때문에 $\rho = 104.6\ \mathrm{kg \cdot sec^2/m^4}$로 해서 $\dfrac{1}{2} \times \rho \times \dfrac{1}{75} = 0.6973$을 적용하여 결정할 수가 있다.

2축선의 경우에는 앞의 (3)에서 예기한 것과 같이 $(\mathrm{E.H.P.})_{FO}$를 정할 때 K_P로서 보스가 있을 경우 1.035, 축 브래킷의 경우 1.05를 적용하면 된다.

E.H.P.의 계산에 따라서 다음에 설명하겠지만, B.H.P. 혹은 S.H.P.의 계산은 보통 만재 흘수선 상태에 대해서 계산된다. 벌크 화물 운반선, 컨테이너 운반선과 같이 화물이 가벼울 경우에는 계획 만재 흘수선 상태를 대개 $\dfrac{3}{4}$ 적재 혹은 d_{MLD}를 어느 정도 결정해서 그 경우에 대해 계산을 하게 된다.

시운전 상태에서 하는 일은 없지만 트림의 변화 등에 따라서 오차가 생기기 쉽기 때문에 그다지 잘 맞는다고 할 수 없다.

표 6-15는 고속 화물선의 만재 흘수선 상태에서의 E.H.P.를 계산한 것이다.

그 결과는 모형 시험으로부터의 E.H.P.[$(\mathrm{E.H.P.})_A$를 가산한 것]와 잘 일치한다(표 6-15와 그림 6-28 참조). 또한, 거대한 유조선에 있어서도 같은 방법으로 E.H.P.를 계산해 보았다(표 6-16과 6-29 참조).

표 6-15 고속 정기 화물선

E. H. P. 계산서 만재 상태

$L=156.00\,m$ $B=22.60\,m$ $d_{MLD}=9.600\,m$ $C_B=0.583$ $\Delta=20,351\,(ton)$

침수 표면적

$\frac{L}{B}=6.903$ $\frac{B}{d_{MLD}}=2.354$ $\nabla=19855\,m^3$ ① $\nabla^{\frac{2}{3}}=733\,m^3$

$S_{MLD}=L\times B\times\left(1.22\times\frac{d_{MLD}}{B}+0.46\right)(C_B+0.765)$ $=4648\,m^2$

혹은 $S_{MLD}=\frac{\nabla^{\frac{2}{3}}}{1.003}\times\left(0.3\times\frac{L}{B}+0.5\times\frac{B}{d_{MLD}}+*3.09\right)$ $=4632\,m^2$

만곡부 용골 $4\times0.80\times32.00=102\,m^2$ 평균 $=4640\,m^2$

타 $2\times3.90\times6.50=51\,m^2$ $S_{APP}=153\,m^2$

보스 $2\times\quad=$

축과 축 브래킷 $\times\ +2\times\quad=$ ② $S=4,793\,m^2$

$(E.H.P.)_{FO}=\frac{1}{2}\rho Sv^2(C_{FO}+\Delta C_F)\frac{v}{75}K_P=0.6973Sv^3\left\{\frac{0.075}{\left(\log_{10}\frac{vL10^6}{1.19}-2\right)^2}+\Delta C_f\right\}K_P$

$\Delta C_F=-0.020(10^{-3})$[6.2.1.의 (6-16), (6-17), (6-18)의 공식에 의해]

$K_P=1.000$ 1축선에 대해 $K_p=1.0$ 2축선에 대해,

V(kn)	17	18	19	20	21
v (m/sec)	8.745	9.259	9.774	10.288	10.802
③ v^3	668.8	793.8	933.7	1,088.9	1,260.4
$\frac{vL}{\nu}=\frac{vL10^6}{1.19}$ (10^9)	1.146	1.214	1.281	1.349	1.416
$\log_{10}\frac{vL10^6}{1.19}$	9.0592	9.0842	9.1075	9.1300	9.1511
$(\log_{10}\frac{vL10^6}{1.19}-2)^2$	49.832	50.186	50.517	50.837	51.138
$C_{FO}=\frac{0.075}{\left(\log_{10}\frac{Lv10^6}{1.19}-2\right)^2}(10^{-3})$	1.505	1.494	1.485	1.475	1.467
④ $C_{FO}+\Delta C_F$ (10^{-3})	1.485	1.474	1.465	1.455	1.447
$(E.H.P.)_{FO}=0.6973\times②\times③\times④\times K_P$	3,319	3,911	4,572	5,295	6,095

$(E.H.P.)_R$ 그림 6-16,17,18,19에 의해 $(E.H.P.)_R=\frac{1}{2}\rho\nabla^{\frac{2}{3}}v^2C_R\cdot\frac{v}{75}=0.6973\nabla^{\frac{2}{3}}v^3C_R$

$\frac{v}{\sqrt{Lg}}=0.1643\times\frac{V}{\sqrt{L}}$, $\frac{B}{L}=0.1449$, $\frac{B}{L}-0.1350=0.0099$, $\frac{B}{d_{MLD}}-2.25=0.104$

$V_R'=\frac{1.10-C_B}{0.32}\times\sqrt{L}=20.18$ (kn)

$\frac{v}{\sqrt{Lg}}$	0.224	0.237	0.250	0.263	0.276
C_{RO}	0.00398	0.00450	0.00522	0.00631	0.00820
$\frac{(\Delta C_R)_{B/L}}{\frac{B}{L}-0.1350}$	0.060	0.060	0.060	0.060	0.061

표 6-15 (계속)

$(\Delta C_R)_{B/L}$	0.00059	0.00059	0.00059	0.00059	0.00060
$\frac{(\Delta C_R)_{B/dMLD}}{B/d_{MLD}-2.25}$	0.00025	0.00029	0.00032	0.00035	0.00037
$(\Delta C_R)_{B/dMLD}$	0.00003	0.00003	0.00003	0.00004	0.00004
$C_{RO}+\sum \Delta C_R$	0.00460	0.00512	0.00584	0.00694	0.00884
K_B(구상 선수의 수정값) $\times K_S$(선미 형상의 수정값)	0.900 ×1.0125	0.900 ×1.0125	0.900 ×1.0125	0.900 ×1.0125	0.900 ×0.961 ×1.0125
⑤ $C_R=(C_{RO}+\sum \Delta C_R)K_BK_S$	0.00419	0.00467	0.00532	0.00632	0.00774
$(E.H.P.)_R=0.6973\times$①×③×⑤	1,432	1,895	2,539	3,517	4,986
$A=340\ m^2$ $C_A=0.80$ $(E.H.P.)_A=\frac{1}{2}\rho_A A v^2\ C_A\cdot\frac{v}{75}=\frac{A}{1500}v^3=0.227\times$③					
$(E.H.P.)_A$	152	180	212	247	286
$E.H.P.=(E.H.P.)_{FO}+(E.H.P.)_R+(E.H.P.)_A$	4,903	5,986	7,323	9,059	11,367

표 6-16 유조선

E. H. P. 계산서 **만재 상태**

$L=305.00\ m$ $B=53.00\ m$ $d_{MLD}=19.500\ m$ $C_B=0.821$ $\Delta=266205\ ton$

침수 표면적

$\frac{L}{B}=5.755$ $\frac{B}{d_{MLD}}=2.718$ $\nabla=259712\ m^3$ ①$\nabla^{\frac{2}{3}}=4,071\ m^3$

$S_{MLD}=LB\times\left(1.22\times\frac{d_{MLD}}{B}+0.46\right)(C_B+0.765)$ $=23305\ m^2$

혹은 $S_{MLD}=\frac{\nabla^{\frac{2}{3}}}{1.002}\left(0.3\times\frac{L}{B}+0.5\times\frac{B}{d_{MLD}}+*2.92\right)$ $=24400\ m^2$

만곡부 용골 $4\times0.45\times91.80=165\ m^2$ 평균 =

타 $2\times8.60\times12.00=206\ m^2$ $S_{APP}=371\ m^2$

보스 2× = ② $S=24771\ m^2$

축과 축 브래킷 × +2× =

$(E.H.P.)_{FO}=\frac{1}{2}\rho S v^2(C_{FO}+\Delta C_F)\frac{v}{75}K_P=0.6973Sv^3\left\{\frac{0.075}{\left(\log_{10}\frac{vL10^6}{1.19}-2\right)^2}+\Delta C_F\right\}K_P$

$\Delta C_F=-0.413(10^{-3})$ [6.2.1.의 (6-16), (6-17), (6-18)의 공식에 의해]

$K_P=1.000$ 1축선에 대해서 $K_P=1.0$ 2축선에 대해서

V(kn)	14	15	16	17	18
v(m/sec)	7.202	7.716	8.230	8.745	9.259
③ v^3	373.6	459.4	557.4	668.8	793.8

표 6-16 (계속)

$\dfrac{vL}{\nu}=\dfrac{vL10^6}{1.19}$ (10^9)	1.846	1.978	2.109	2.241	2.373
$\log_{10}\dfrac{vL10^6}{1.19}$	9.2662	9.2963	9.3241	9.3504	9.3753
$\left(\log_{10}\dfrac{vL10^6}{1.19}-2\right)^2$	52.798	53.236	53.642	54.028	54.395
$C_{FO}=\dfrac{0.075}{\left(\log_{10}\dfrac{vL10^6}{1.19}-2\right)^2}$ (10^{-3})	1.421	1.409	1.398	1.388	1.379
④ $C_{FO}+\Delta C_F$ (10^{-3})	1.008	0.996	0.985	0.975	0.966
$(E.H.P.)_{FO}$ $=0.6973\times$②$\times$③$\times$④$\times K_P$	6,505	7,903	9,483	11,263	13,245
$(E.H.P.)_R$ 그림 6-16,17,18,19 에 의해 $(E.H.P.)_R=\dfrac{1}{2}\rho\nabla^{\frac{2}{3}}v^2 C_R\cdot\dfrac{v}{75}=0.6973\nabla^{\frac{2}{3}}v^3 C_R$ $\dfrac{v}{\sqrt{Lg}}=0.1643\times\dfrac{V}{\sqrt{L}}$, $\dfrac{B}{L}=0.1738$ $\dfrac{B}{L}-0.1350=0.0388$, $\dfrac{B}{d_{MLD}}-2.25=0.468$					$V_R'=\dfrac{1.10-C_B}{0.32}\times\sqrt{L}=15.23$ (kn)
$\dfrac{v}{\sqrt{Lg}}$	0.132	0.141	0.151	0.160	0.169
C_{RO}	0.00361	0.00381	0.00406	0.00441	0.00491
$\dfrac{(\Delta C_R)_{B/L}}{B/L-0.1350}$	0.060	0.060	0.060	0.060	0.060
$(\Delta C_R)_{B/L}$	0.00233	0.00233	0.00233	0.00233	0.00233
$\dfrac{(\Delta C_R)B/d_{MLD}}{B/d_{MLD}-2.25}$	0.00057	0.00081	0.00108	0.00135	0.00160
$(\Delta C_R)_{B/dMLD}$	0.00027	0.00038	0.00051	0.00063	0.00075
$C_{RO}+\sum\Delta C_R$	0.00621	0.00652	0.00690	0.00737	0.00799
K_B(구상 선수의 수정값) $\times K_S$(선미 형상의 수정값)	0.954 ×1.0125	0.922 ×1.0125	0.892 ×0.976 ×1.0125	0.866 ×0.947 ×1.0125	0.841 ×0.920 ×1.0125
⑤ $C_R=(C_{RO}+\sum\Delta C_R)K_BK_S$	0.00600	0.00609	0.00608	0.00612	0.00626
$(E.H.P.)_R=0.6973\cdot$①$\cdot$③$\cdot$⑤	6,363	7,942	9,620	11,619	14,106
$A=860\ m^2$, $C_A=0.80$, $(E.H.P.)_A=\dfrac{1}{2}\rho_A A v^2 C_A\dfrac{v}{75}=\dfrac{A}{1500}\times v^3=0.573\times$③					
$(E.H.P.)_A$	214	263	319	383	455
$E.H.P.=(E.H.P)_{FO}+(E.H.P.)_R+(E.H.P.)_A$	13,082	16,108	19,422	23,265	27,806

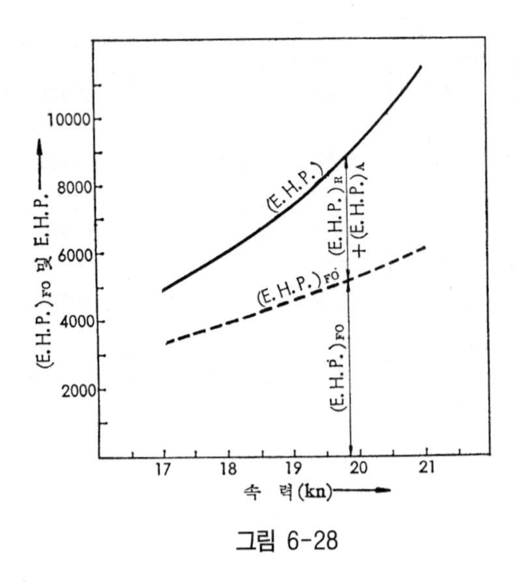

그림 6-28

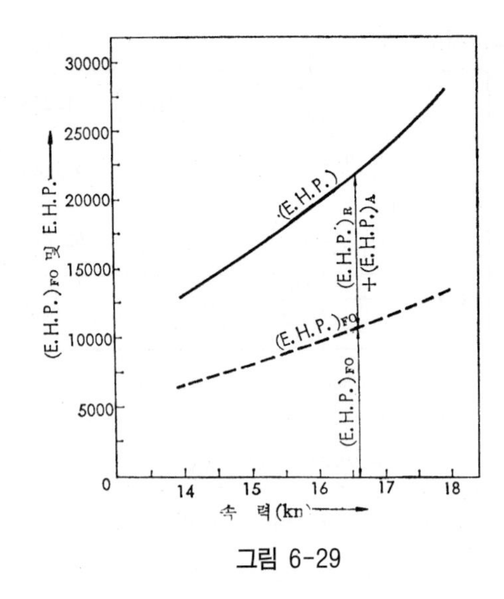

그림 6-29

고속 화물선의 계산에서는 고속에서 조파 저항이 커지게 되며, 정해진 21 kn에서 점차적으로 $(E.H.P.)_A$가 $(E.H.P.)_{FO}$에 근사하게 접근하므로, 실용 범위의 20 kn 이하에서는 마찰 저항 쪽이 상당히 커지게 된다. 그러나 조파 저항이 작은 선형으로 되기 때문에 마찰 저항이 너무 커지지는 않는다.

거대한 유조선의 계산을 보면 $\dfrac{v}{\sqrt{Lg}}$가 0.17 이하로 되면 저속 비대선이 되므로 $(E.H.P.)_{FO}$의 쪽이 큰 %를 차지한다고 생각되지만, 15 kn에서 $(E.H.P.)_{FO} \fallingdotseq (E.H.P.)_A$로서 16 kn 이상에서는 $(E.H.P.)_A$의 쪽이 커지게 되며, 이와 같은 넓은 선폭의 비대선에서는 잉여 저항이 너무 커지게 되어 큰 구상 선수를 붙여서 조금이라도 $(E.H.P.)_A$를 줄이는 것이 좋다.

예를 들은 배도 구상 선수를 가지고 있지만, 그것으로도 형상 영향은 상당히 크므로 이것이 잉여 저항을 커지게 하는 요소로 되어 있다.

이와 같은 거대선이 되면 ΔC_F가 작아져 이것이 마찰 저항, 따라서 $(E.H.P.)_{FO}$를 감소시켜 작아지게 하는 것이라고는 볼 수 없다.

6.4 기관 마력 B.H.P.와 S.H.P.의 계산

6.4.1. 마력 계산 방법의 종류

마력 계산 방법에는 여러 가지가 있지만 우선 다음의 몇 가지 방법만 예를 들어 설명하기로 한다.

1. 애드미럴티 계수에 의한 방법

애드미럴티 계수 C_{AD}는 다음과 같이 정의되는 수치로서 무차원이다.

$$C_{AD}= \frac{\Delta^{\frac{2}{3}} V^3}{PS}$$

여기서, Δ : 배수 톤수(ton)

V : 항해 속력(kn)

PS : 속력 V에 있어서의 소요 마력

상사 선형의 시운전 성적 또는 수조 시험 성적의 결과를 속장비 $\frac{V}{\sqrt{L}}$를 가로축으로 하고, C_{AD}를 세로축으로 해서 정리한다면, 계획선의 배수 톤수 Δ와 속력 V가 주어질 때 동일 속장비로서 C_{AD}가 동일한 값이 되고, 이것은 다음과 같이 표시된다.

$$PS= \frac{\Delta^{\frac{2}{3}} V^3}{C_{AD}}$$

이 식으로부터 구해진 마력은 기관 마력이 되기 때문에 주기관 출력을 추정하는 데에는 매우 편리하다. 그러나 저속 비대선인 경우 속력과 마력의 관계는 매우 여러 가지 복잡한 것이므로 그림 5-36과 같이 배수 톤수의 함수로 나타낼 수 있다.

그러므로 배수 톤수가 주어진다면 이 곡선을 사용해서 주기관 마력을 결정할 수 있으므로 초기 계획의 경우에는 편리하다.

2. 수조 시험에 의한 방법

계획선의 축척 모형을 사용해서 수조 시험을 하고 그 결과를 이용해서 실선의 마력을 추정하는 방법으로서, 대체로 정확한 방법이지만 많은 경우 이 결과를 이용해서 선형의 계획을 직접 다시 하는 것은 시기적으로 불가능한 수가 많으며, 초기 계획에서 확인할 수 없는 것이 결점이다.

따라서 수조 시험에서 계통적인 선형의 개량과 개발을 하고 그 결과를 실선의 설계에 이용할 수 있도록 자료를 정리해 두는 것이 가장 바람직한 이용 방법이지만, 유사선이 많이 있어서 그 자료를 이용할 수 있을 때에는 수조 시험을 반드시 할 필요는 없다. 그러나 유사선이 전혀 없는 선형을 설계할 때에는 수조 시험을 하여 그 결과와 신선의 시운전 성적을 비교하고, 선형 계획에 필요한 자료를 축적해 둘 필요가 있다.

수조 시험에서는 일반적으로 세 가지 시험 방법이 있다.

(1) 저항 시험

실선의 축척 모형(6~7 m 크기의 모형이 사용됨)을 예항하여 속력과 저항 관계를 구하고,

그 시험 결과를 해석하여 조파 저항 계수와 형상 영향 계수를 구한다.

(2) 자항 시험

모형선에 프로펠러를 장치해서 항주시켜 프로펠러의 추력, 토크 및 회전수를 계측한다. 모형선에 붙여진 프로펠러는 보통 시험소가 가지고 있는 비축 프로펠러로 대용하는 경우가 많다.

실선의 마찰 저항 계수는 모형선의 경우보다 작으므로 자항 시험을 할 때에는 이 차이만큼 마찰 저항을 미리 빼 놓을 필요가 있다. 자항 시험에서 계측한 추력과 저항 시험에서 계측한 모형선의 저항으로부터 추력감소계수를 구한다. 또한, 프로펠러의 단독 성능과 자항 시험에서 모형선의 후방에서 작동하는 프로펠러의 특성을 비교하면 반류계수와 프로펠러의 효율비를 구할 수 있다.

(3) 프로펠러의 단독 시험

계획선의 축척 프로펠러를 단독 상태에서 일정한 회전수로 회전시키면서 전진 속도를 여러 가지로 변화시켜 항주시키고, 그 때의 프로펠러 추력과 토크를 계측해서 프로펠러의 단독 성능 곡선을 구한다. 이 시험에서는 프로펠러의 단독 효율을 구할 수 있다.

이상과 같은 여러 가지 시험에 의해서 모형선의 조파 저항 계수, 형상 영향 계수, 자항 요소와 프로펠러의 단독 효율을 알 수 있으므로, 이 자료들을 실선값으로 환산하면 추정 마력곡선이 얻어진다. 다만, 이 경우 조도 수정과 반류의 실선 환산율은 수조 시험에서는 알 수 없으므로 실선과의 비교 자료에 의존하게 된다. 그러나 어떻게 정하는지에 따라서 같은 수조 시험 자료를 사용하여도 결과는 다르게 나타날 수 있다.

3. 계산 도표에 의한 방법

계산 도표를 사용하여 계획선의 유효 마력과 추진 계수를 추정해서 소요 마력을 구하는 방법이다. 이를 위한 도표로서 현재까지 발표된 것 중에 주요한 것을 표 6-17에 소개하기로 한다.

이들의 도표는 모형선의 주요 치수비, C_B 등을 계통적으로 변화시키면서 수조 시험을 하여 그 결과를 도표화한 것이다. 도표 중 번호 5의 일부를 제외하고는 모두 2차원 외삽법에 의한 것이며, 여기서 설명한 3차원 외삽법에 의한 저속 비대선용의 계산 도표는 아직 발표된 것이 없다. 그래서 다음 절에 3차원 외삽법으로 저속 비대선의 마력을 추정하는 계산 방법의 예를 나타내기로 한다.

계산 도표를 사용해서 마력 계산을 할 경우 실제로 설계하려는 배의 C_P곡선의 형상과 도표를 작성하기 위하여 수조 시험을 한 모선의 C_P곡선과 비슷하지 않으면 계산 결과는 반드시 일치하지는 않는다. 따라서, 이 계산 도표는 다음에 설명하는 유사선으로부터 마력 계산을 하는 경우에 사용하는 것이 유효한 사용 방법이라고 할 수 있다.

표 6-17 마력 추정 도표

번호	도표 명칭	저자	비고
1	A reanalysis of the original test data for the Taylor standard series	M. Gertler	주로 중고속선용
2	Series 60-The effect upon resistance and power of the variation in ship proportion	F. H. Todd G. R. Stunty P. C. Pien	일반 상선용
3	Design charts for the propulsion performances of high speed cargo liners : SR45	일본 조선 연구 협회	고속 화물선용
4	보통형 선수를 가진 대형 비대선형에 관한 계통적 모형 시험	Tsuchida 등	대형 저속 비대선용
5	중소형 화물선의 마력 추정 도표	일본 중소형 조선 공업회	중소형 화물선용
6	선형학(저항편)	Yamagata	일반 화물선용

4. 상사선의 자료에 의한 방법

계획선과 주요 요목이 비슷한 배의 수조 시험 결과, 또는 시운전의 해석 결과를 얻을 수 있는 경우에는 이들의 자료를 다음과 같은 방법으로 적당히 수정한다면 계획선의 마력 곡선을 상당히 정확하게 추정할 수 있다.

(가) 어떤 배의 전저항 계수 C_T는 3차원 외삽법에 의한다면 이미 설명한 것과 같이

$$C_T = (1+K)\,C_{FO} + \Delta C_F + C_W$$

로 나타낼 수 있다.

여기서, C_{FO} : 평판의 마찰 저항 계수

K : 형상 영향 계수

ΔC_F : 조도 수정 계수

C_W : 조파 저항 계수

(나) 계획선과 상사선의 형상 영향 계수값들을 근사식을 이용해서 구하고, 그 값을 각각 K_{CAL}과 K'_{CAL}로 한다.

한편, 상사선의 형상 영향 계수의 수조 시험값을 K'이라고 하면 계획선의 형상 영향 계수 K는 다음과 같이 계산된다.

$$K = K_{CAL} \times \frac{K'}{K'_{CAL}}$$

(다) 평판의 마찰 저항 계수는 계산식을 그대로 사용하여 구한다. 즉, ΔC_F는 적당한 도표 그림 6-30의 값을 그대로 사용한다.

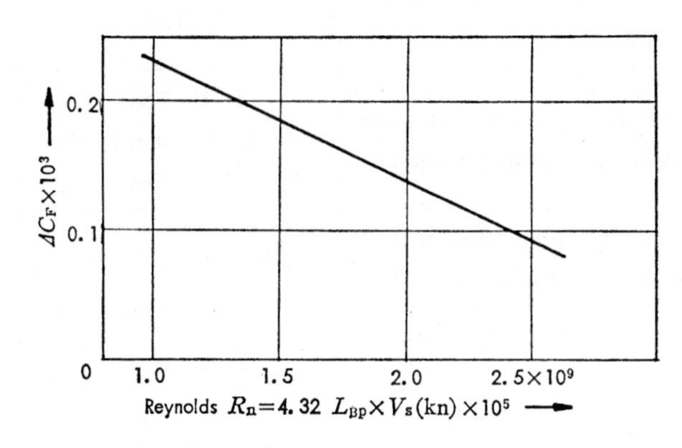

그림 6-30 Reynolds 수와 ΔC_F와의 관계

(라) 상사선의 조파 저항 계수는 계산 도표를 사용해서 구한다. 이 값을 $(C_W{}')_{CAL}$이라 하고 수조 시험의 값 $C_W{}'$과의 비,

$$r = \frac{C_W{}'}{(C_W{}')_{CAL}}$$

을 구한다. 이 값 r을 Froude 수 F_{NB}를 가로축으로 해서 나타낸다.

다음에 계획선의 조파 저항 계수를 계산해서 이것을 $(C_W)_{CAL}$로 하면, $(C_W)_{CAL}$에 상사선과 동일한 Froude 수에 대한 r을 곱해서 $(C_W)_{CAL}\,r$로 하여 조파 저항 계수 C_W를 구한다.

이상의 계산에서 상사선의 자료를 사용하여 계획선의 전저항 계수 C_T가 구해지기 때문에 이것으로부터 계획선의 유효 마력 E.H.P.가 계산된다.

(마) 자항 요소 중 프로펠러 효율비 η_R은 상사선의 값을 그대로 사용한다. 또, 추력감소계수 t, 반류계수 w에 대해서는 상사선의 계획값과 시험 결과의 비를 계획선의 계산값으로 곱해서 구한다.

(바) 프로펠러의 단독 효율에 대해서는 계산 도표의 값을 그대로 잡는다.

(사) 이상에서 계획선의 자항 요소와 프로펠러의 단독 효율이 구해지기 때문에 추진 계수가 계산되며, 따라서 소요 마력이 계산된다. 이 방법으로 계산한 추정 마력 곡선의 정도를 높일 수 있는 것은 계획선의 선도를 상사선의 선도와 같은 경향으로 설계하는 것이 필요하며, 마력 곡선으로는 A선의 자료를 사용하고, 선도는 B선의 것을 선정하는 것과 같이 된다면 추정 마력은 실선의 것과 일치하지는 않게 된다.

6.4.2 마력 계산 방법의 예

1. 저속 비대선의 마력 계산 방법

저속 비대선의 마력 계산은 앞의 예와 같이 3차원 외삽법으로 계산한 도표에 대해서는 아직까지 공표된 것은 없다. 그러므로 여기서는 지금까지 설명한 것과 같은 방법에 따라 만재 때의 마력 곡선을 추정하는 방법에 대해서 설명한다.

여기서, 취급하는 배는 $F_{NB} \leqq 0.520$, $C_B \geqq 0.750$인 배를 대상으로 한다.

(가) 전저항 계수

$$C_T = (1+K)C_F + \Delta C_F + C_W$$

로 표시된다. 위 식에서 C_T는 전저항 계수로서

$$C_T = \frac{R_T}{\frac{1}{2}\rho S v^2}$$

여기서, R_T : 전저항(kg)

ρ : 해수의 밀도 104.6(kg · sec^2/m^4)

v : 속력(m/sec)

S : 침수 표면적(m^2)

C_F는 마찰 저항 계수로서

$$C_F = \frac{R_F}{\frac{1}{2}\rho S v^2}$$

여기서, R_F : 마찰 저항(kg)

ΔC_F는 조도 수정 계수로서

$$\Delta C_F = \frac{\Delta R_F}{\frac{1}{2}\rho S v^2}$$

여기서, ΔR_F : 조도 저항(kg)

C_W는 조파 저항 계수로서

$$C_W = \frac{R_W}{\frac{1}{2}\rho S v^2}$$

여기서, R_W : 조파 저항(kg)

또한, K는 형상 영향 계수가 된다.

(나) 마찰 저항 계수 C_F의 식으로는 표 5-9에 나타낸 것과 같이 여러 가지의 식이 있지만, 여기서는 Schönherr의 식

$$\frac{0.242}{\sqrt{C_F}} = \log_{10}(C_F R_n)$$

을 사용하는 것으로 한다. 이 식을 도표의 형으로 나타내면 표 6-30과 같다.

C_F를 구하려면 Reynolds 수 R_N의 계산이 필요하게 되는데, R_N의 계산에 있어서 속력을 m/sec로 쓰는 것보다 kn로 계산하는 것이 편리하기 때문에

$$R_N = 4.320\, L_{BP}\, V 10^5$$

의 식으로 계산된다.

여기서 V의 단위는 [kn]이다.

(다) 형상 영향 계수 K의 식으로는 표 5-10에 나타낸 것과 같이 여러 가지의 식이 있지만, 여기서는 Sasajima-Oh의 식을 사용하는 것으로 한다.

다만, 만재 상태에서 트림 t(cm)는 0으로 생각하는 것이 좋기 때문에 트림의 수정항은 0으로 한다. 즉,

$$K = 3{r_A}^5 + 0.30 - 0.035 \times \frac{B}{d_{MLD}}$$

위 식에서 r_A는 런 계수로서 다음과 같이 계산된다.

$$r_A = \frac{\frac{B}{L}}{1.3(1 - C_B) - 3.1\, l_{CB}}$$

(라) 조도 수정 계수 ΔC_F는 Reynoldes 수와의 함수로서 그림 6-30과 같이 표시된다.

(마) 조파 저항 계수 C_W에 대해서는 간단한 식으로 나타낼 수 없으므로, 그림 6-11에서와 같이

$$\text{Froude 수 } F_{NB} = \frac{v}{\sqrt{Bg}}$$

를 지수로 해서,

$$\text{엔트런스 계수 } r_E = \frac{\frac{B}{L}}{1.3(1 - C_B) + 3.1\, l_{CB}}$$

의 관계로 표시할 수 있다.

표 6-18 Schönherr 마찰 저항 계수

Reynolds 수 $10^9 \times$	0.00	0.01	0.02	0.03	0.04	0.05	0.06	0.07	0.08	0.09	0.10
1.0	1.531	1.529	1.527	1.526	1.524	1.522	1.520	0.518	1.517	1.515	1.513
1.1	1.513	1.511	1.510	1.507	1.507	1.505	1.503	1.502	1.500	1.499	1.497
1.2	1.497	1.496	1.494	1.491	1.491	1.490	1.488	1.487	1.485	1.484	1.482
1.3	1.482	1.481	1.480	1.477	1.477	1.476	1.475	1.473	1.471	1.470	1.469
1.4	1.469	1.468	1.467	1.464	1.454	1.463	1.462	1.461	1.459	1.458	1.547
1.5	1.457	1.456	1.455	1.452	1.452	1.451	1.450	1.449	1.448	1.447	1.446
1.6	1.446	1.445	1.444	1.442	1.114	1.441	1.440	1.439	1.438	1.437	1.436
1.7	1.436	1.435	1.434	1.432	1.432	1.431	1.430	1.429	1.428	1.427	1.426
1.8	1.426	1.425	1.424	1.433	1.422	1.421	1.420	1.419	1.418	1.147	1.416
1.9	1.416	1.415	1.414	1.423	1.413	1.412	1.411	1.410	1.410	1.409	1.408
2.0	1.408	1.407	1.406	1.406	1.405	1.404	1.403	1.402	1.402	1.401	1.400
2.1	1.400	1.399	1.398	1.398	1.397	1.396	1.395	1.394	1.394	1.393	1.392
2.2	1.392	1.391	1.391	1.390	1.389	1.388	1.388	1.387	1.386	1.386	1.385
2.3	1.385	1.384	1.384	1.383	1.382	1.381	1.381	1.380	1.379	1.379	1.378
2.4	1.378	1.377	1.377	1.376	1.375	1.374	1.374	1.373	1.372	1.372	1.371
2.5	1.371	1.370	1.370	1.369	1.369	1.368	1.367	1.367	1.366	1.366	1.365
2.6	1.365	1.364	1.364	1.363	1.363	1.362	1.361	1.361	1.360	1.360	1.359
2.7	1.359	1.358	1.358	1.357	1.357	1.356	1.355	1.355	1.354	1.354	1.353
2.8	1.353	1.352	1.352	1.351	1.351	1.350	1.350	1.349	1.349	1.348	1.348
2.9	1.348	1.347	1.347	1.346	1.346	1.345	1.345	1.344	1.344	1.343	1.343
3.0	1.343	1.342	1.342	1.341	1.341	1.340	1.340	1.339	1.339	1.338	1.338
3.1	1.334	1.337	1.337	1.336	1.336	1.335	1.335	1.334	1.334	1.333	1.333
3.2	1.333	1.332	1.332	1.331	1.331	1.330	1.330	1.329	1.329	1.328	1.328
3.3	1.328	1.327	1.327	1.326	1.326	1.325	1.325	1.324	1.324	1.323	1.323
3.4	1.323	1.323	1.322	1.322	1.321	1.321	1.321	1.320	1.320	1.319	1.319
3.5	1.319	1.319	1.318	1.318	1.317	1.317	1.317	1.316	1.316	1.315	1.315
3.6	1.315	1.314	1.314	1.313	1.313	1.312	1.312	1.311	1.311	1.310	1.310
3.7	1.130	1.310]	1.309	1.309	1.308	1.308	1.308	1.307	1.307	1.306	1.306
3.8	1.306	1.306	1.305	1.305	1.304	1.304	1.304	1.303	1.303	1.302	1.302
3.9	1.302	1.302	1.301	1.301	1.301	1.300	1.300	1.300	1.300	1.299	1.299
4.0	1.299	1.299	1.299	1.298	1.297	1.297	1.297	1.296	1.296	1.295	1.295
4.1	1.295	1.295	1.298	1.294	1.293	1.293	1.293	1.292	1.292	1.291	1.291
4.2	1.291	1.291	1.290	1.290	1.290	1.289	1.289	1.289	1.289	1.288	1.288
4.3	1.288	1.288	1.287	1.287	1.286	1.286	1.286	1.285	1.285	1.284	1.284
4.4	1.284	1.284	1.283	1.283	1.283	1.282	1.282	1.282	1.282	1.281	1.281
4.5	1.281	1.281	1.280	1.280	1.280	1.279	1.279	1.279	1.279	1.278	1.278
4.6	1.278	1.278	1.277	1.277	1.277	1.276	1.276	1.276	1.276	1.275	1.275
4.7	1.275	1.275	1.274	1.274	1.274	1.273	1.273	1.273	1.273	1.272	1.272
4.8	1.272	1.272	1.271	1.271	1.271	1.270	1.270	1.270	1.270	1.269	1.269
4.9	1.269	1.269	1.268	1.268	1.268	1.267	1.267	1.267	1.267	1.266	1.266
5.0	1.670	1.670	1.669	1.669	1.668	1.668	1.668	1.667	1.667	1.666	1.666
5.1	1.666	1.666	1.665	1.665	1.664	1.664	1.664	1.663	1.663	1.662	1.662
5.2	1.662	1.662	1.661	1.661	1.660	1.660	1.660	1.659	1.659	1.658	1.658
5.3	1.658	1.658	1.657	1.657	1.656	1.656	1.656	1.655	1.655	1.654	1.654
5.4	1.654	1.654	1.653	1.653	1.652	1.652	1.652	1.651	1.651	1.650	1.650

표 6-18 (계속)

Reynolds 수 $10^8 \times$	0.00	0.01	0.02	0.03	0.04	0.05	0.06	0.07	0.08	0.09	0.10
5.5	1.650	1,650	1,649	1.649	1.648	1.648	1.648	1.647	1.647	1.646	1.646
5.6	1.646	1,646	1.645	1.645	1.644	1.644	1.644	1.643	1.643	1.642	1.642
5.7	1.642	1.642	1.641	1.641	1.640	1.640	1.640	1.639	1.639	1.638	1.638
5.8	1,638	1.638	1.637	1.637	1.637	1.636	1.636	1.636	1.636	1.635	1.635
5.9	1.635	1.635	1.634	1.634	1.634	1.633	1.633	1.633	1.633	1.6321	1.632
6.0	1.632	1.632	1.631	1.631	1.630	1.630	1.630	1.629	1.629	1.628	1.628
6.1	1.628	1.628	1.627	1.627	1.627	1.626	1.626	1.626	1.626	1.625	1.625
6.2	1.625	1.625	1.624	1.624	1.624	1.623	1.623	1.623	1.623	1.622	1.622
6.3	1.622	1.622	1.621	1.621	1.621	1.620	1.620	1.620	1.620	1.619	1.619
6.4	1.619	1.619	1.618	1.618	1.618	1.617	1.617	1.617	1.617	1.616	1.616
6.5	1.616	1.616	1.615	1.615	1.615	1.614	1.614	1.614	1.614	1.613	1.613
6.6	1.613	1.613	1.612	1.612	1.612	1.611	1.611	1.611	1.611	1.610	1.610
6.7	1.610	1.610	1.609	1.609	1.609	1.608	1.608	1.608	1.608	1.607	1.607
6.8	1.607	1.607	1.606	1.606	1.606	1.605	1.605	1.605	1.605	1.604	1.604
6.9	1.604	1.604	1.603	1.603	1.603	1.602	1.602	1.602	1.602	1.601	1.601
7.0	1.601	1.601	1.600	1.600	1.600	1.599	1.599	1.599	1.599	1.598	1.598
7.1	1.598	1.598	1.597	1.597	1.597	1.596	1.596	1.596	1.596	1.595	1.595
7.2	1.595	1.595	1.594	1.594	1.594	1.593	1.593	1.593	1.593	1.592	1.592
7.3	1.592	1.592	1.591	1.591	1.591	1.590	1.590	1.590	1.590	1.589	1.589
7.4	1.589	1.589	1.588	1.588	1.588	1.587	1.587	1.587	1.587	1.586	1.586
7.5	1.586	1.586	1.586	1.585	1.585	1.585	1.585	1.585	1.584	1.584	1.584
7.6	1.584	1.584	1.584	1.583	1.583	1.583	1.583	1.583	1.582	1.582	1.582
7.7	1.582	1.582	1.581	1.581	1.581	1.580	1.580	1.580	1.580	1.579	1.579
7.8	1.579	1.579	1.578	1.578	1.578	1.577	1.577	1.577	1.577	1.576	1.576
7.9	1.576	1.576	1.576	1.575	1.575	1.575	1.575	1.575	1.574	1.574	1.574
8.0	1.574	1.574	1.574	1.573	1.573	1.573	1.573	1.573	1.572	1.572	1.572
8.1	1.572	1.572	1.571	1.571	1.571	1.570	1.570	1.570	1.570	1.569	1.569
8.2	1.569	1.569	1.569	1.568	1.568	1.568	1.568	1.568	1.567	1.567	1.567
8.3	1.567	1.567	1.566	1.566	1.566	1.565	1.565	1.565	1.565	1.564	1.564
8.4	1.564	1.564	1.564	1.563	1.563	1.563	1.563	1.563	1.562	1.562	1.562
8.5	1.562	1.562	1.562	1.561	1.561	1.561	1.561	1.561	1.560	1.560	1.560
8.6	1.560	1.560	1.560	1.559	1.559	1.559	1.559	1.559	1.558	1.558	1.558
8.7	1.558	1.558	1.558	1.557	1.557	1.557	1.557	1.557	1.556	1.556	1.556
8.8	1.556	1.556	1.555	1.555	1.555	1.554	1.554	1.554	1.554	1.553	1.553
8.9	1.553	1.553	1.553	1.552	1.552	1.552	1.552	1.552	1.551	1.551	1.551
9.0	1.551	1.551	1.551	1.550	1.550	1.550	1.550	1.550	1.549	1.549	1.549
9.1	1.549	1.549	1.549	1.548	1.548	1.548	1.548	1.548	1.547	1.547	1.547
9.2	1.547	1.547	1.547	1.546	1.546	1.546	1.546	1.546	1.545	1.545	1.545
9.3	1.545	1.545	1.545	1.544	1.544	1.544	1.544	1.544	1.543	1.543	1.543
9.4	1.543	1.543	1.543	1.542	1.542	1.542	1.542	1.542	1.541	1.541	1.541
9.5	1.541	1.541	1.541	1.540	1.540	1.540	1.540	1.540	1.539	1.539	1.539
9.6	1.539	1.539	1.539	1.538	1.538	1.538	1.538	1.538	1.537	1.537	1.537
9.7	1.537	1.537	1.537	1.536	1.536	1.536	1.536	1.536	1.535	1.535	1.535
9.8	1.535	1.535	1.535	1.534	1.534	1.534	1.534	1.534	1.533	1.533	1.544
9.9	1.533	1.533	1.533	1.532	1.532	1.532	1.532	1.532	1.531	1.531	1.531

[주] 저항 계수는 표의 값에 10^{-3}을 곱할 것.

이 도표에서 조파 저항 계수는

$$C_{WB}=\frac{R_W}{\frac{1}{2}\rho B^2 v^2}$$

의 형으로 표시할 수 있기 때문에,

$$C_W=\frac{R_W}{\frac{1}{2}\rho S v^2}$$

로 환산하면 C_{WB}에 $\frac{B^2}{S}$을 곱해서

$$C_W = C_{WB}\left(\frac{B^2}{S}\right)$$

으로 하면 좋다.

한편, 이 그림에서는 구상 선수의 크기가 그림 5-19에 나타낸 것과 같이 그다지 다르지 않다고 생각하고 만든 것으로 큰 차이는 없다.

(바) 이상과 같이 전저항 계수 C_T가 구해지므로 이것으로부터

$$\text{E.H.P.}=\frac{R_T \cdot v}{75}$$

를 계산하면 된다.

속력은 m/sec보다 kn로 나타내는 것이 계산상 편리하므로 kn로 나타낸 속력을 V로 하면 유효 마력은

$$\text{E.H.P.}=\frac{R_T \cdot v}{75}=\frac{S}{10.545}V^3 C_T$$

여기서 침수 표면적을 추정할 필요가 있으므로, 이의 근사식으로서는

$$S=\left\{(0.5\,C_B+1.41)\,Ld+\frac{\nabla}{d}\right\}\left(1.01+\frac{f}{1500}\right)\ (\text{m}^2)$$

를 사용하면 된다.

여기서, d : 흘수(m)

∇ : 배수 용적(m^3)

f : 구상 선수의 크기(%)

(사) 프로펠러 효율비 η_R은 1축선의 경우에는 선형에 관계 없이 1.01로 한다.

㈎ 추력감소계수 t는 근사식의 표 5-13의 Sasajima-Oh의 식을 이용하여

$$t = 0.15 r_A + 0.14$$

를 사용한다.

여기서, r_A : 런의 계수

㈏ 모형선의 반류계수 w_M은 표 5-14의 Sasajima-Oh의 근사식으로 나타낸 것과 같이 $w_{MO} = 0.75 r_A + 0.14$에 $\dfrac{B}{d_{MLD}}$를 수정항으로 하여

$$\Delta w_M = 0.20 - 0.08 \cdot \frac{B}{d_{MLD}} \quad \left(\text{단}, \ \frac{B}{d_{MLD}} = 2.0 \sim 3.0 \right)$$

를 합하여

$$w_M = w_{MO} + \Delta w_M$$

으로 계산한다.

이상과 같이 하여 모형선의 반류계수 w_M이 구해지므로 이것을 실선값 w_S로 환산한다. 이의 환산 방법으로서, 예를 들면 반류계수는 마찰 반류계수 w_F, 퍼텐셜(potential) 반류계수 w_P, 파 반류계수 w_W를 합한 것이므로 반류계수 w는

$$w = w_F + w_P + w_W$$

로 나타낼 수 있다.

그런데 w_P와 w_W는 모형선과 실선에서 같은 Froude 수에서 동일한 값을 가지며, w_F만 실선과 모형선에서 다르다고 생각된다.

w_F는 배와 물의 마찰에 의해서 생기는 반류이기 때문에 이 값은 마찰 저항 계수에 관계한다고 생각할 수 있다. 즉, 실선의 w_F를 w_{FS}, 마찰 저항 계수를 C_{FS}라 하고, 모형선의 마찰 반류계수를 w_{FM}, 마찰 저항 계수를 C_{FM}이라고 한다면,

$$\frac{w_{FS}}{w_{FM}} \approx \frac{C_{FS}}{C_{FM}}$$

로 되는 것을 예상할 수 있다.

그 결과 모형선과 실선의 반류계수를 각각 w_M, w_S로 하면 다음과 같은 관계식이 성립한다.

$$\begin{aligned} \frac{1 - w_S}{1 - w_M} &\fallingdotseq 1 + \frac{w_{FM}}{1 - w_M} \times \left(1 - \frac{C_{FS}}{C_{FM}} \right) \\ &\fallingdotseq 1 + \frac{w_{FM}}{w_M} + \frac{w_{FM}}{1 - w_M} \times \left(1 - \frac{C_{FS}}{C_{FM}} \right) \end{aligned}$$

이 식에서 $\dfrac{w_{FM}}{w_M}$ 값은 실험값의 해석에서 대략 0.400으로 보면 차이는 별로 없다. 즉, $\dfrac{C_{FS}}{C_{FM}}$ 의 값은 모형선의 길이와 실선의 길이가 결정된다면, 표 5-9에서 주어진 마찰 저항 계수와 Reynolds 수와의 관계식에서 계산할 수 있다. 그러므로 w_M의 값을 근거로 하여 위 식을 써서 실선의 반류계수를 추정할 수 있다.

$\dfrac{1-w_S}{1-w_M}$의 값은 200～300 m인 저속 비대선에서는 1.2～1.3, 고속 화물선에서 1.05 정도의 값이 된다.

한편, $\dfrac{1-w_S}{1-w_M}$의 값을 계산하는 도표는 그림 6-31과 같다.

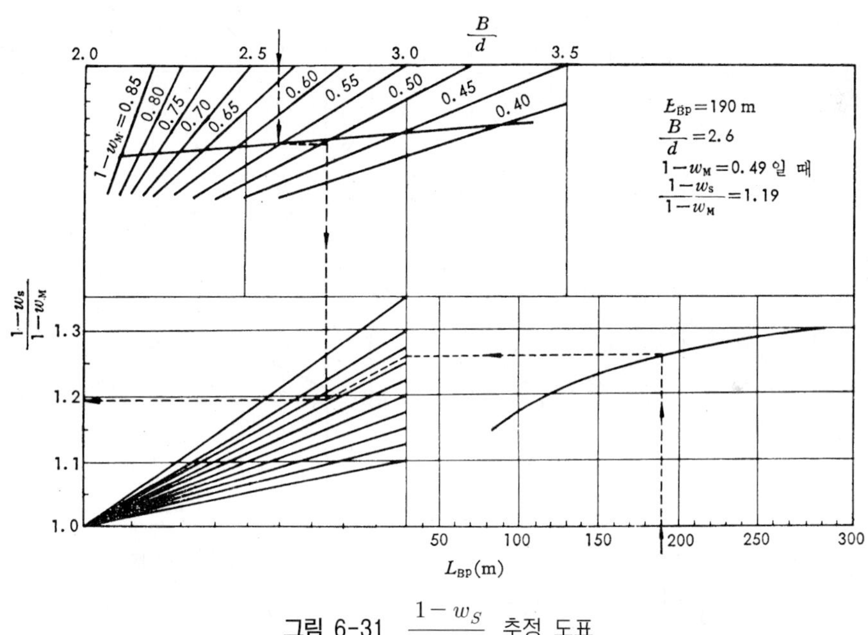

그림 6-31 $\dfrac{1-w_S}{1-w_M}$ 추정 도표

(차) 프로펠러의 단독 효율 η_O는 프로펠러의 도표에 따르는 것으로 하지만 마력 계산에 필요한 것은 프로펠러의 효율값이므로, 4날개와 5날개인 프로펠러 출력 계수 $\sqrt{B_P}$ 와 그때의 프로펠러 최고 효율로서 알 수 있는 도표를 그림 6-32와 6-33에 나타내었다.

프로펠러 요목은 주기관 상용 출력 및 그때의 계획 만재 흘수에 있어서의 속력(sea-margin은 0임)과 회전수에 의해서 정하여지는 것으로 하지만, 상용 출력에서 어떤 속력(kn)을 내는지는 분명하지 않기 때문에 이 경우 프로펠러 효율을 구하는 것은 다음과 같은 방법으로 계산하면 좋다.

프로펠러 설계 도표를 이용하는 방법에서 프로펠러 성능에 가장 영향을 끼치는 프로펠러의 요목으로는 날개수, 피치비, 전개 면적비 등을 생각할 수 있으며, 이것을 계통적으로 여러 가지 변화시켜서 수조 시험을 하여 그 결과를 정리해 놓으면 임의의 배에 맞는 프로펠러의 성능을 추정할 수 있다.

프로펠러의 요목을 결정할 경우 주어진 자료는 주기관의 연속 최대출력 및 상용 출력과 그 때의 프로펠러 회전수, 항해 속력과 반류계수로서 프로펠러의 지름은 처음에는 알 수 없는 것이 보통이다.

그림 7-32에 보인 것과 같은 프로펠러 성능 곡선으로부터 프로펠러 효율을 읽는다는 것은 프로펠러 지름을 알 수 없으면 이 곡선을 이용할 수가 없으므로, 이와 같은 형식의 프로펠러 단독 성능 곡선으로 계획 초기에 마력을 계산할 경우에는 그다지 적당하지 않다.

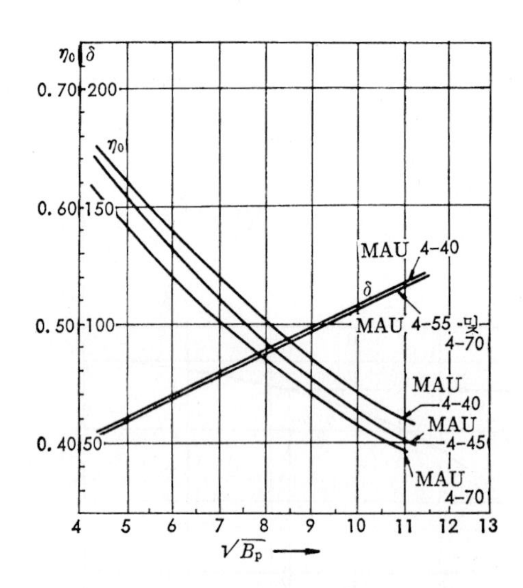

그림 6-32 4날개 프로펠러의 $\sqrt{B_P}$ 에 대한 최적 η_O와 δ의 관계

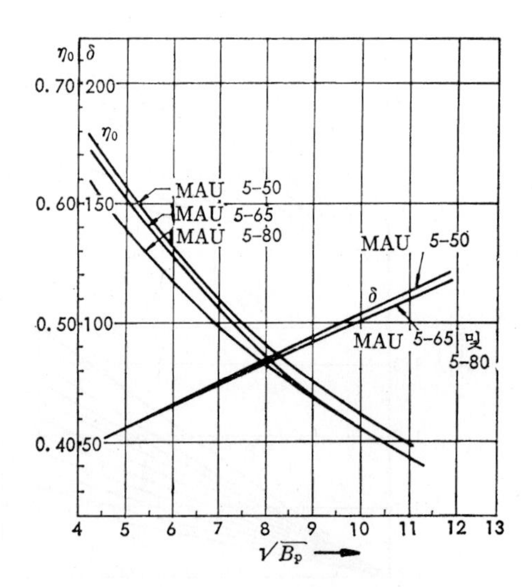

그림 6-33 5날개 프로펠러의 $\sqrt{B_P}$ 에 대한 최적 η_O와 δ의 관계

일반적으로 사용하는 형식으로는 그림 6-34에 보인 것과 같이 가로축에 출력 계수 B_P (power coefficient)의 제곱근 $\sqrt{B_P}$ 를 잡고, 세로축에 피치비 $\dfrac{H}{D_P}$ 를 잡은 평면 위에 프로펠러의 단독 효율 η_O 에 같은 값을 나타내는 곡선군과 지름 계수 δ(diameter coefficient)의 값을 나타내는 곡선군을 그려 넣은 것을 사용한다.

여기서, 출력 계수 B_P 와 지름 계수 δ는 다음과 같이 정의된다.

$$\text{출력 계수} \quad B_P = \frac{N P^{0.5}}{{V_A}^{2.5}}$$

지름 계수 $\delta = \dfrac{ND_P}{V_A}$

여기서, N : 프로펠러의 매분 회전수

P : 전달 마력

V_A : 프로펠러의 전진 속도(kn) $= V_s(1-w)$

V_s : 실선의 속력(kn)

D_P : 프로펠러의 지름(m)

한편, 프로펠러의 설계 도표는 단독 프로펠러를 기준으로 해서 작성된 도표이므로 출력 계수 B_P를 계산할 경우의 배에 장비한 주기관에서 발생되는 전달 마력 P는 프로펠러에 전해지고, 프로펠러가 배를 전진하는 방향으로 미는 힘, 즉 추력(thrust)을 발생시킴으로써 소요의 전진 속력을 얻게 된다.

주기관에서 발생되는 마력은 100% 유효하게 선체의 추진에 쓰이는 것은 아니며, 유효하게 쓰이는 것은 저속 비대선의 경우 60～70%이다.

먼저, 프로펠러에 전해지는 마력은 주기관에서 발생된 마력으로부터 축수와 프로펠러축을 선미에서 지지하고 있는 선미축수 등에서 손실된 마력을 공제한 것으로, 이것을 전달 마력(delivered horse power)이라고 한다.

전달 마력과 주기관 마력의 비를 전달 효율 η_T(transmission efficiency)라 하지만, η_T의 값은 표 6-19와 같이 잡는 것이 보통이다.

표 6-19 전달 효율값

주기관의 종류	선미 기관실	중앙 기관실
저속 직결 디젤	$\dfrac{1}{1.03}$	$\dfrac{1}{1.05}$
증기 터빈	$\dfrac{1}{1.02}$	$\dfrac{1}{1.02}$

감속형 디젤 기관(geared diesel)에서는 직결형 디젤 기관인 경우의 값 이외에 감속 기어의 손실량을 다시 고려해 줄 필요가 있다. 기어 손실량은 유체의 이음과 같은 특수한 이음이 아니면 대체로 2% 정도 예상하면 좋다. 그러나 증기 터빈 기관의 경우, 주기관 출력은 축 출력(S.H.P.)으로 표시되므로 감속 기어에 따른 마력 손실은 예상하고 있기 때문에 다시 고려해 줄 필요는 없다.

유효 마력과 전달 마력의 비 $\eta = \dfrac{\text{E.H.P.}}{\text{D.H.P.}}$는 추진 계수라 부르며, 프로펠러에 전달되는 주기관 마력 D.H.P.가 어느 정도 배를 추진시키는 데 유효하게 사용되었는지를 나타낸 값으로서, 이 값이 크면 클수록 추진 성능이 좋은 배가 된다. 그러나 문헌에 따라 다르지만 우리나라와 일본에서는 $\frac{\text{E.H.P.}}{\text{D.H.P.}}$를 추진 계수라 부르고, 해외 문헌 등에서는 $\frac{\text{E.H.P.}}{\text{B.H.P.}\ (\text{S.H.P.})}$를 추진 계수 또는 추진 효율(propulsive efficiency)이라 부르며, $\frac{\text{E.H.P.}}{\text{D.H.P.}}$를 준추진 계수 η_T(quasi-propulsive efficiency)라 부르는 수가 많다.

마력 계산의 순서로는 각 속력에서의 E.H.P.를 구한 다음 추진 계수 η를 여러 가지 방법에 의해 추정하여 구하며, $\frac{\text{E.H.P.}}{\eta}$로 전달 마력 D.H.P.를 구한다. 다음에 $\frac{\text{D.H.P.}}{\eta_T}$로부터 각 속력에서의 주기관의 소요 마력을 구하는 것이 일반적인 방법이다.

다른 한편으로는 전달 마력 D.H.P.는

$$\text{D.H.P} = \text{주기관 마력} \times \eta_T$$

가 아니며,

$$\text{D.H.P.} = \text{주기관 마력} \times \eta_T \times \eta_R$$

을 써야 한다.

그 결과로 주기관 출력, 항해 속력, 프로펠러 회전수 및 반류계수 네 가지가 주어진다면 그림 7-54～7-56을 사용하여서 프로펠러의 단독 효율 η_O와 지름을 구할 수 있다.

이 도표로부터 프로펠러의 요목을 결정하는 순서는 다음과 같이 계산한다.

일반적으로 프로펠러 요목을 결정하는 경우 주기관 출력, 항해 속력, 프로펠러 회전수는 다음과 같은 값이 된다.

- 주기관 출력 : 상용 출력 또는 연속 최대출력
- 속력 및 회전수 : 계획 만재 흘수에서 주기관 출력이 상용 출력 또는 연속 최대출력에 있어서의 값, 다만 시 마진은 0으로 한다.

상용 출력 근처에서는 앞에서 설명한 바와 같이 출력은 N의 세제곱에 비례하며, 속력은 N에 거의 비례하고 있으므로 프로펠러 요목을 정할 경우 상용 출력이나 연속 최대출력의 어느 것을 선택하여도 B_P의 값에는 대개 큰 차이가 생기지 않는다. 따라서, 프로펠러 지름 등의 요목도 거의 같게 된다.

프로펠러의 요목을 정할 때의 계획으로 주기관 상용 출력, 계획 만재 흘수에서 상용 출력에 대응하는 속력(시 마진은 0이다) V_S를 정하는 것으로 하고, 그때의 전달 마력을 P, 프로펠러 회전수를 N, 반류계수를 w로 하면,

$$V_A = (1 - w)\ V_S \quad \text{(kn)}$$

이므로, 이것으로부터 출력 계수 B_P를 계산하고

$$B_P = \frac{N P^{0.5}}{{V_A}^{2.5}}$$

$\sqrt{B_P}$ 의 값을 구한다.

또한, 프로펠러의 회전수 N은 주기관의 상용 회전수에 대해서 2~5%의 여유를 가산한 값으로 계산한다. 다음에 프로펠러 도표로 주어진 $\sqrt{B_P}$ 의 값에 대한 최고의 프로펠러 효율 η_O를 그림 **6-34**에서 읽는다.

피치비 $\dfrac{H}{D_P}$와 지름 계수 δ가 구해지면 프로펠러 지름 D_P는

$$D_P = \frac{\delta V_A}{N}$$

로 계산되며, D_P를 알고 있으면 피치는

$$H = \left(\frac{H}{D_P}\right) D_P$$

로 구할 수 있다.

프로펠러 설계 도표는 프로펠러의 단독 시험 결과를 바탕으로 한 것이므로 프로펠러를 배와 후방에 장비한 경우에는 설계 도표에서 프로펠러 효율 η_O를 최대로 하는 지름 계수 δ보다 2~5% 작은 값을 가지는 편이 좋다고 알려져 있다.

한편, 큰 마력에 흘수가 얕은 고속선의 경우에는 흘수와의 관계로부터 프로펠러 지름의 최대값을 정하는 것이 제한되는 경우가 있으며, 이때에는 전달 마력 P, 항해 속력 V_S, 프로펠

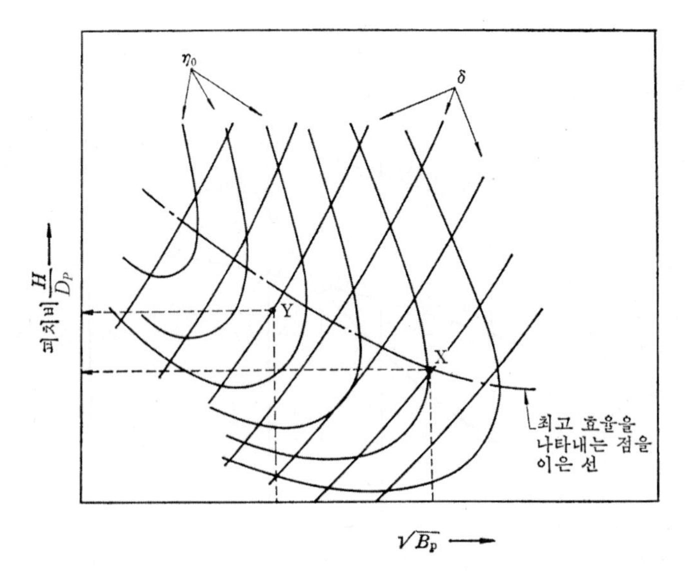

그림 6-34 프로펠러의 설계 도표

러 회전수 N, 반류계수 w 이외에 프로펠러 지름 D_P(m)가 주어지는 조건이 되므로, 이것으로부터 출력 계수 B_P와 지름 계수 δ를 계산하고, 그림 6-34에서와 같이 $\sqrt{B_P}$ 와 δ의 교차하는 점 Y에 있어서의 피치비와 프로펠러 효율을 읽으면 구할 수 있다.

지금까지는 항해 속력 V_S를 주어진 조건으로 생각하였으나 실제로는 상용 출력에서 소요의 항해 속력 V_S가 얻어질 것인지를 처음에는 알 수 없다. 따라서, 상용 출력에 대해서 배의 속력 V_S를 어떤 방법으로든지 구할 필요가 있다. 이것은 다음과 같은 절차에 따라 계산할 수 있다.

먼저 상용 출력으로 낼 수 있는 속력을 예상하고, 그 전후에 몇 가지의 속력 V_1, V_2, V_3를 잡고, 상용 출력으로 V_1, V_2, V_3가 나온다고 가정한다. 속력 V_1, V_2, V_3에 대응하는 출력 계수 B_P를 D.H.P. = 일정으로 보고 각각 계산한 뒤에 프로펠러 도표를 사용하여 프로펠러의 효율 η_{O1}, η_{O2}, η_{O3}를 구한다.

유효 마력 E.H.P.는

$$\text{E.H.P.} = \text{D.H.P.} \times \eta (\text{단}, \eta = \theta_R \times \eta_O \times \eta_H)$$

로 계산되므로, 속력 V_1, V_2, V_3에 대응하는 유효 마력 (E.H.P.)′은 각각

$$(\text{E.H.P.}_{\cdot 1})' = \text{D.H.P.} \times \eta_{O1}$$
$$(\text{E.H.P.}_{\cdot 2})' = \text{D.H.P.} \times \eta_{O2}$$
$$(\text{E.H.P.}_{\cdot 3})' = \text{D.H.P.} \times \eta_{O3}$$

와 같이 계산된다. 이것을 그림 6-35에 나타낸 것과 같이 프로펠러 효율 η_{O1}, η_{O2}, η_{O3}와 더불어 곡선으로 그려 넣고, 각 속력에 대응하는 실제의 유효 마력을 곡선으로 그려 넣는다.

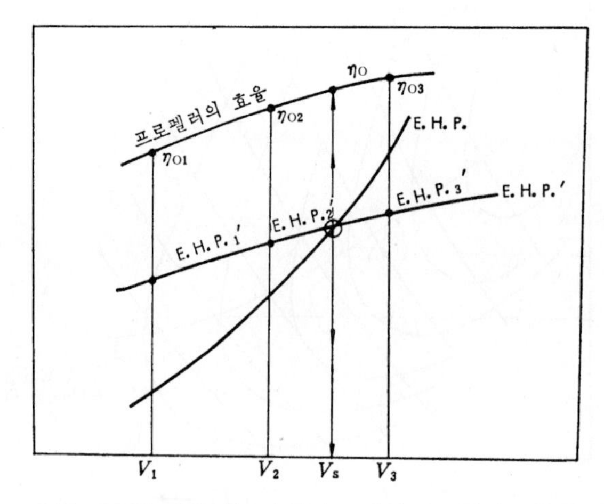

그림 6-35 상용 출력에 대응하는 속력과 그때의 프로펠러 효율을 구하는 방법

E.H.P.와 (E.H.P.)′ 곡선의 교점이 구하는 항해 속력 V_S에 상응하는 유효 마력이므로, 그때의 프로펠러 효율 η_O와 항해 속력 V_S를 읽으면 된다.

이러한 여러 가지 방법으로 유효 마력 E.H.P.는

$$\text{E.H.P.} = \text{D.H.P.} \times \eta (\text{단, } \eta = \theta_R \times \eta_O \times \eta_H)$$

로 구해진다.

한편, 이외에 전달 마력 P와 프로펠러의 회전수 N, 그리고 전진 속도 V_A로부터 간단히 프로펠러 지름을 구하는 도표 및 프로펠러 지름 계수로부터 프로펠러 효율과 피치비를 구하는 간이 도표를 그림 7-57～7-59에 나타내었다.

㈎ 추진 계수 η는

$$\eta = \frac{1-t}{1-w}\eta_O \eta_R$$

로 계산되므로 $\dfrac{\text{E.H.P.}}{\eta}$를 각 속력에 대하여 계산해서 전달 마력 D.H.P.를 구한다.

여기서는, 추진 계수 η가 일정하다고 가정하지만 실제로 η는 속력에 따라서 변화한다. 즉, 선속이 저속으로부터 고속으로 증속됨에 따라서 약간씩 떨어지는 것이 보통이다.

그러나 여기서 주기관 마력의 선정으로는 상용 출력 부근의 소요 마력을 정확히 구하면 충분하기 때문에 계산을 간단히 하기 위하여 η는 일정하다고 가정하였다. 따라서, 계산에 이용하는 상용 출력으로부터 위의 속력에서는 마력을 조금 작게 하고, 또 아래쪽의 속력에서는 마력을 조금 크게 계산하고 있는 것이다.

상용 출력 이외의 점에서 추진 효율을 계산하고자 한다면 상용 출력 이외의 점에서 프로펠러의 회전수를 알 필요가 있다. 그러나 이것은 $\sqrt{B_P}$ 도표에서는 간단히 구해지지 않는다.

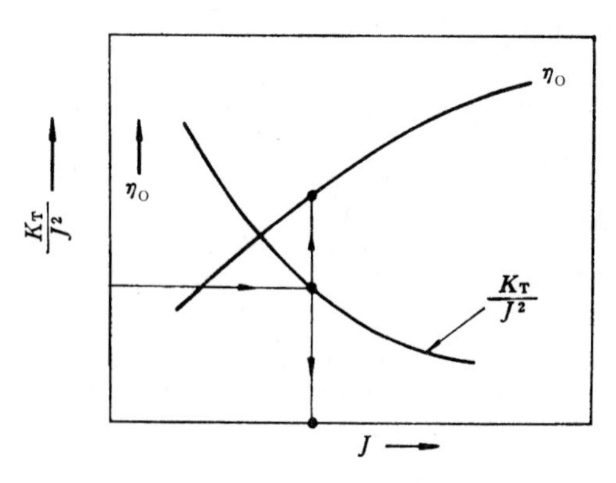

그림 6-36 $\dfrac{K_T}{J^2}$와 J, η_O와의 관계

만약 회전수를 포함하지 않는 프로펠러 도표가 있다면 이 목적으로는 매우 편리할 것이다. 그렇지 못할 경우에는 상용 출력에서의 프로펠러의 요목(지름, 피치 등)을 정해 놓고, 그 프로펠러의 특성 곡선으로부터 $\frac{K_T}{J^2}$, η_O와 J의 관계를 그림 6-36에 나타낸 것과 같이 구해 놓는다(다만, K_T는 추력 계수, J는 전진 상수이다).

한편, $\frac{K_T}{J^2}$는

$$\frac{K_T}{J^2} = \frac{T}{\rho v_A{}^3 D_P{}^2} = \frac{5.27 \times \text{E.H.P.}}{V_A{}^3 D_P{}^2 \eta_H \eta_R} = \frac{5.271 \times \text{E.H.P.}}{(1-t)(1-w)^2 V_S{}^3 D_P{}^2 \eta_R}$$

로 되므로, 어떤 속력 V_S(kn)에서의 위 식 오른쪽을 계산하고, 그림 6-36을 사용하여 η_O와 J를 구한다. 그런데

$$J = \frac{v_A}{N D_P}$$

이므로, 속력 V_S(kn)에서의 프로펠러의 회전수 N은

$$N = \frac{30.864\, V_S(1-w)}{J D_P}$$

에 의해서 계산된다.

이와 같은 설명을 쉽게 이해하기 위하여 표 6-20에 계산 예를 표시하였다.

이 계산에 사용된 배의 요목은 다음과 같다.

D.W.T. 45,000톤 벌크 화물선

$L_{BP} = 190.0$ (m)

$B_{MLD} = 30.0$ (m)

$d_{MLD} = 11.550$ (m)

$C_B = 0.811$ (m)

$l_{CB} = -2.55$ (%)

프로펠러 효율은 그림 6-33의 5날개 프로펠러의 도표를 사용해서 계산한다.

먼저, 전개 면적비는 표 6-22로부터 대략 0.700보다 작다고 예상되기 때문에 MAU 5-65를 사용하여 앞에서 설명한 방법에 따라 계산한다.

표 6-20 소요 마력의 계산(만재 상태)

$L_{BP} \times B_{MLD} \times D_{MLD} \times d_{MLD} = 190.0\,\text{m} \times 30.0\,\text{m} \times 16.0\,\text{m} \times 11.55\,\text{m}$ $\Delta = 54900\,\text{t}$, $\nabla = 53516\,\text{m}^3$

주기관 MCR 14000 PS× 122 rpm $C_B = 0.811$, $l_{CB} = -2.55\,\%$

NOR 12600 PS×117.8 rpm $f = 11.0\,\%$, $\frac{B^2}{S} = 0.1026$

V_S(NOR, 15 % S.M.) = 15.4 kts

$\frac{L}{B} = 6.333$ $\frac{B}{d} = 2.597$ $r_A = 0.486$ $r_E = 0.948$

침수 면적, $S = \{(0.5C_B + 1.41)Ld + \frac{\nabla}{d}\}\left(1.01 + \frac{f}{1500}\right) = 8771\,\text{m}^2$

프로펠러 회전수, $N = 117.8 \times 1.045 = 123.1$ rpm

F_{nB}	0.420	0.440	0.460	0.480	0.500	$F_{nB} = \frac{0.5144\,V}{\sqrt{Bg}}$
F_n	0.167	0.175	0.183	0.191	0.199	$F_n = F_{nB} \Big/ \sqrt{\frac{L}{B}}$
V_S	14.000	14.666	15.333	16.000	16.666	
V_S^3	2,744	3,155	3,605	4,096	4,629	
$R_n \times 10^{-9}$	1.149	1.204	1.259	1.313	1.368	$R_n = 4.32\,LV_S \times 10^5$
$C_F \times 10^3$	1.505	1.496	1.488	1.481	1.473	
K	0.290					$K = 3r_A^5 + 0.30 - 0.035 \times \frac{B}{d}$
$(1+K)C_F 10^3$	1.941	1.930	1.920	1.910	1.900	
$\Delta C_F \times 10^3$	0.218	0.212	0.206	0.201	0.196	그림 6-30에 의함.
$C_{WB} \times 10^3$	0.900	1.450	2.300	3.900	5.900	그림 6-11에 의함.
$C_W \times 10^3$	0.092	0.149	0.236	0.400	0.605	$C_W = C_{WB} \cdot \frac{B^2}{S}$
$C_T \times 10^3$	2.251	2.291	2.362	2.511	2.701	$C_T = (1+K)C_F + \Delta C_F + C_W$
E.H.P.	5,137	6,012	7,083	8,555	10,399	$\text{E.H.P.} = \frac{S}{10.545} V_S^3 C_T$
$1-t$	0.787					$t = 0.15\,r_A + 0.14$
$1-w_{MO}$	0.496					$w_{MO} = 0.75 r_A + 0.14$
$\Delta(1-w_M)$	−0.008					$\Delta(1-w_M) = 0.20 - 0.08 \times \frac{B}{d}$
$1-w_M$	0.488					$1-w_M = (1-w_{MO}) + \Delta(1-w_M)$
$\frac{(1-w_S)}{(1-w_M)}$	1.190					그림 6-31에 의함.
$1-w_S$	0.581					
η_H	1.355					$\eta_H = \frac{1-t}{1-w_S}$
η_O	0.503					표 6-20에 의함.
η_R	1.010					
η	0.688					
D.H.P.	7,467	8,738	10,295	12,435	15,115	
η_T	$\frac{1}{1.03}$					
B.H.P.	7,691	9,000	10,603	12,808	15,568	

표 6-21 추진 계사수의 계산

V_s	$1-t$	$1-\omega_s$	V_A	$V_A^{2.5}$	P (NOR× $\eta_T\eta_R$)	$P^{0.5}$	N	$\sqrt{B_P}$	η_O	η_H	η_R	η	E.H.P. ($P\eta$)
15.333	0.787	0.581	8.908	236.84	12,355	111.15	123.10	7.60	0.490	1.355	1.01	0.671	8,203
16.000	0.787	0.581	9.296	263.48	12,355	111.15	123.10	7.21	0.505	1.355	1.01	0.691	8,453
16.666	0.787	0.581	9.683	291.76	12,355	111.15	123.10	6.85	0.520	1.355	1.01	0.712	8,710

계산점의 속력으로는 계산 도표 표 6-20으로부터 3점, 15.333 kn, 16.000 kn, 16.666 kn를 선정하여 표 6-21에서와 같이 각 속력에서의 추진 계수에 대한 프로펠러의 단독 효율과 E.H.P.를 계산하여 그림 6-37에 나타낸 것과 같은 곡선을 만들고, 이것으로부터 상용 출력에서의 속력과 프로펠러 단독 효율을 읽는다.

그림 6-37에 의하면 전개 면적비 0.65일 때에는 상용 출력에서의 속력이 15.930 kn, 단독 프로펠러 효율 η_O는 0.503임을 알 수 있다. 또, 프로펠러 전개 면적비를 더욱 정확히 계산하여 그때의 프로펠러 효율을 구하려는 경우에는 그림 6-37에서 얻은 것과 같은 계산을 MAU 5-50과 MAU 5-80의 프로펠러 도표에 대해서도 수행하고, 전장 면적비 a_E를 정해 그때의 프로펠러 효율 η_O를 사용해서 계산 표 6-20에서 나타낸 것과 같은 계산을 하면 된다. 다만,전장 면적비를 구할 경우의 계산은 주기관 연속 최대출력에서의 마력과 속력을 사용할 필요가 있다.

계산 표 6-20의 계산 결과를 마력 곡선으로 나타낸 것이 그림 5-54로서, 이것을 검토하면 상용 출력 15% 시 마진에서 정확히 15.4 kn가 확보되어 있는 것을 알 수 있다.

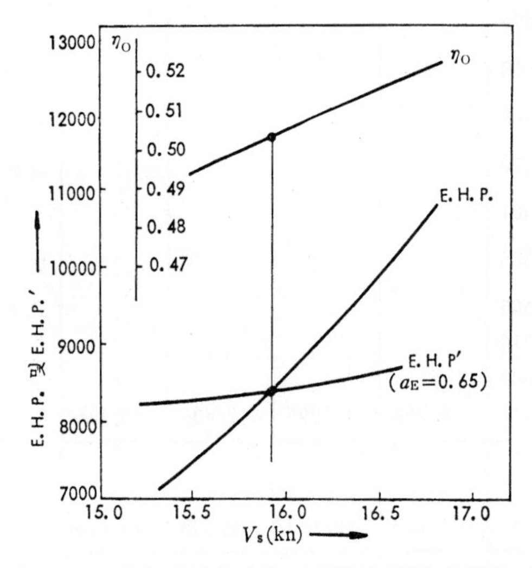

그림 6-37 상용 출력에서의 프로펠러 단독 효율과 속력

표 6-22 선연(船硏) 도표의 종류

프로펠러 기호	날개	전장 면적비	날개 단면의 종류	비 고
AU 4-40 AU 4-55 AU 4-70	4 4 4	0.40 0.55 0.70	선연 AU형 에어로포일 선연 AU형 에어로포일 선연 AU형 에어로포일	
MAU 4-40 MAU 4-55 MAU 4-70	4 4 4	0.40 0.55 0.70	선연 MAU형 에어로포일 선연 MAU형 에어로포일 선연 MAU형 에어로포일	MAU형은 AU형을 수정(modify)한 것임.
AU 5-50 AU 5-65 AU 5-80	5 5 5	0.50 0.65 0.80	선연 AU형 에어로포일 선연 AU형 에어로포일 선연 AU형 에어로포일	
MAU 5-50 MAU 5-65 MAU 5-80	5 5 5	0.50 0.65 0.80	선연 MAU형 에어로포일 선연 MAU형 에어로포일 선연 MAU형 에어로포일	MAU형은 AU형 수정한 것임.
MAU 6-55 MAU 6-70 MAU 6-85	6 6 6	0.55 0.70 0.85	선연 MAU형 에어로포일 선연 MAU형 에어로포일 선연 MAU형 에어로포일	MAU형은 AU형을 수정한 것임.

2. 기관 마력 B.H.P. 및 S.H.P.의 계산

앞 절에서 구한 E.H.P.를 가지고

- 반류계수 w_S
- 추력감소계수 t
- 관계회전계수 η_R

을 추정해서 프로펠러의 설계, 공동 현상의 검토에 의해서 정한 프로펠러의 효율 η_O를 써서 D.H.P.를 계산할 수 있다. 그러므로 D.H.P.를 안다면 η_T로 B.H.P. 혹은 S.H.P.를 구할 수 있다.

이와 같이 하여 속력-B.H.P. 곡선 혹은 속력-S.H.P. 곡선을 이용할 수 있지만, 소정의 B.H.P.와 S.H.P.의 경우 속력이 예정보다 차이가 있어서 틀려질 경우에는 기관을 바꿔서 프로펠러의 설계를 다시 하여야 한다.

다음에는 고속 화물선의 한 예로 속력-B.H.P.곡선을 구해 보자. 앞에서 구한 표 6-15 및 6-16에서 E.H.P.를 계산한 배에 대해서 계산해 보기로 한다.

(가) E.H.P.의 계산 결과로부터 항해 속력을 19.0 kn로 항주시키려면 20 kn에서 디젤 기관의 카탈로그로부터 13,200 B.H.P.에서 121 rpm과 기관에서는 어떻게 되는지 대략 4날개 프로펠러의 설계를 해 본다.

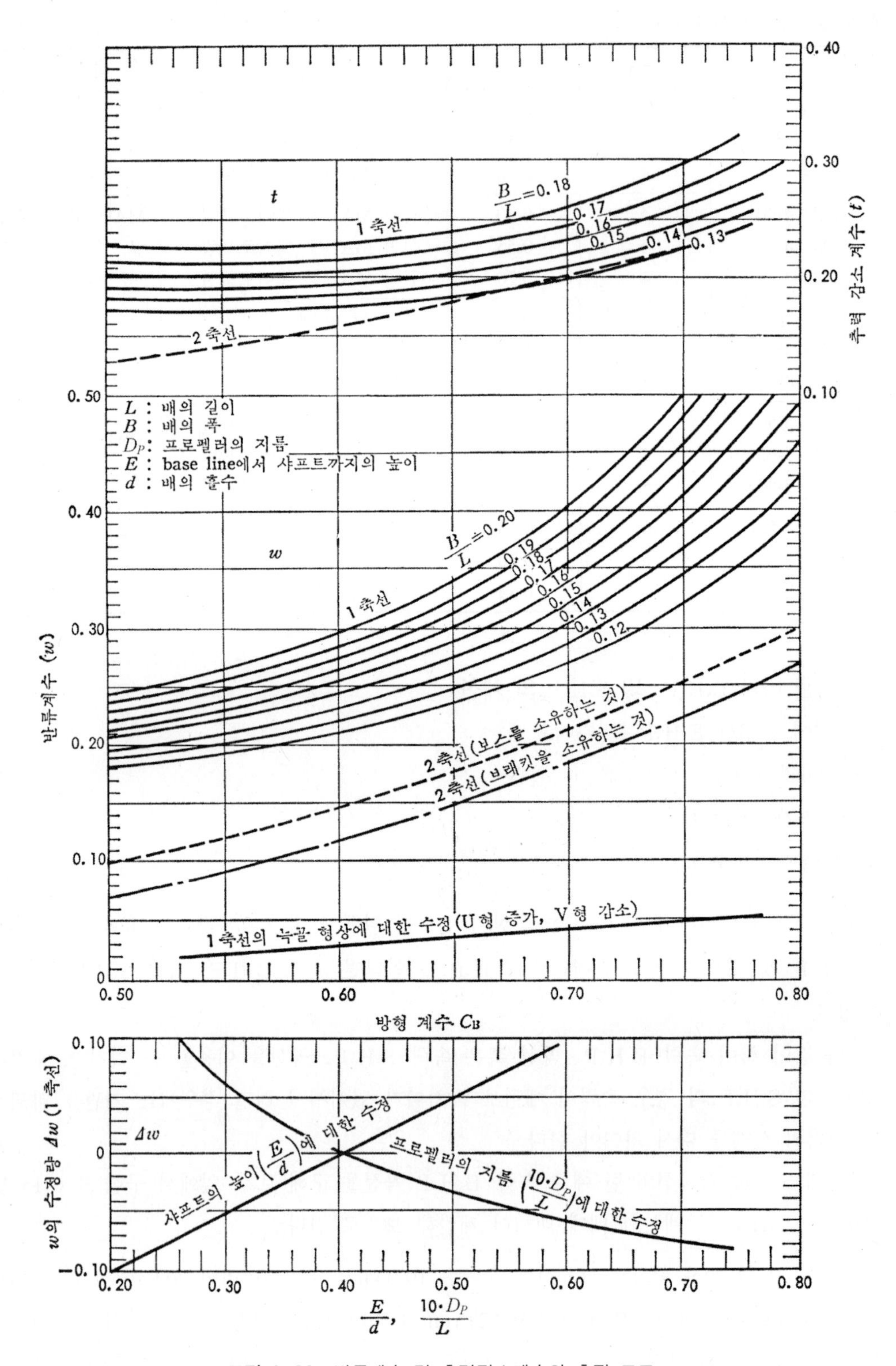

그림 6-38 반류계수 및 추력감소계수의 추정 도표

(나) $\eta_T = 0.965$로 추정해서

$$\text{D.H.P.} = \eta_T \, \text{B.H.P.} = 0.965 \times 13200 = 12738$$

$$N = 121(1 + 0.02) = 123.4$$

$$C_B = 0.583$$

$$\frac{L}{B} = 6.903$$

그림 6-38에서 $w_O = 0.234$를 얻을 수 있으므로 선미 형상을 상당히 U형화(50%)하는 것을 생각하여 $\Delta w_U = 0.013$을 가산해서 $w_M = 0.247$로 한다.

$$\frac{B}{d_{MLD}} = 2.354$$

$$1 - w_M = 1 - 0.247 = 0.753$$

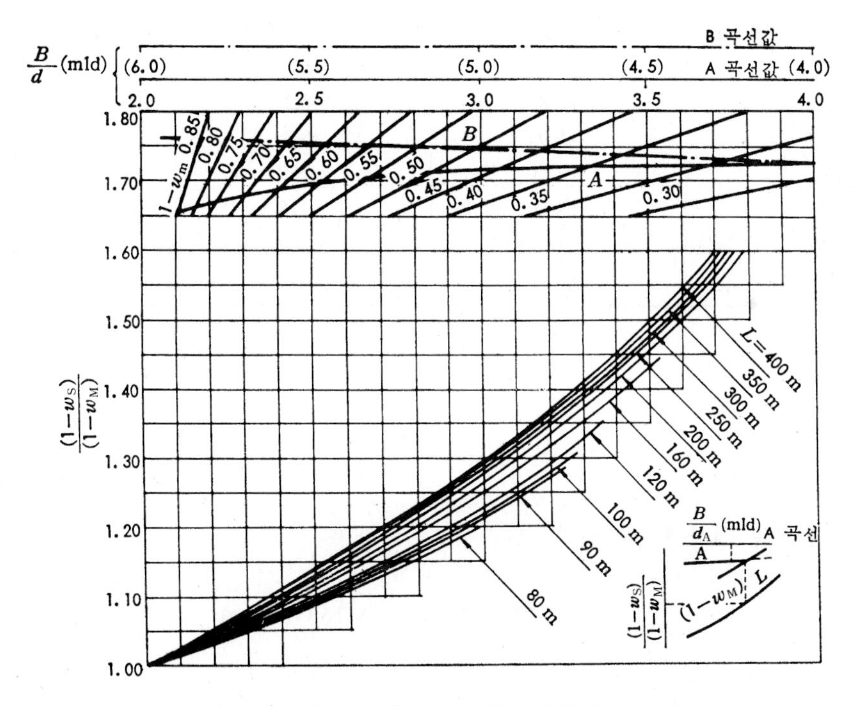

그림 6-39 w의 scale effect 추정 도표

표 6-23 δ의 감소량(%)

추진기 형식	감소량
single	2.0
twin	1.5

그림 6-39로부터

$$\frac{1-w_S}{1-w_M}=1.053$$

$$\therefore\ 1-w_S=(1-w_M)\cdot\frac{1-w_S}{1-w_M}=0.793$$

$$V_A=20\,(1-w_S)=20\times 0.793=15.860\,\text{(kn)}$$

$$B_P=N\times\frac{\sqrt{\text{B.H.P.}}}{{V_A}^{2.5}}=\frac{123.4\times\sqrt{12738}}{(15.86)^2\times\sqrt{15.86}}=13.90$$

$$\therefore\ \sqrt{B_P}=3.730$$

표 6-24에 나타낸 것과 같은 δ_{OPT}보다 2% 작게 δ를 채용하는 것으로 한다.

$$D_P=\frac{V_A\delta}{N}$$

표 6-24

D.A.R.	0.40	0.55	0.70
δ_{OPT}	46.8	46.2	44.7
$\delta=0.98\delta_{\mathrm{OPT}}$	45.9	45.3	43.8
D_P(m)	5.835	5.759	5.568
p	0.882	0.918	1.000
H(m)	5.146	5.287	5.568
η_O	0.689	0.677	0.643

$$\therefore\ \text{피치},\ H=p\,D_p\,\text{(m)}$$

여기서, p : 피치비

가 된다.

(다) 다음에 공동 현상을 검토한다.

$$v_A=0.5144\,V_A=0.5144\times 15.86=8.158\,\text{(m/sec)}$$

$$\eta_R=1.02$$

로 해서

$$T=\frac{13200\times 0.965\times 75\times 1.02}{8.158}\eta_O=119448\,\eta_O$$

$$v=\sqrt{(8.158)^2+\left(0.7\,D_P\pi\cdot\frac{123.4}{60}\right)^2}=\sqrt{66.55+(4.523\,D)^2}$$

$$A_P = \frac{\pi}{4} D_P{}^2 \times (\text{D.A.R.})(1.067 - 0.229\,H)$$

$$p_1 - e = 10100 + 1025 \times 6.400 = 16660\,(\text{kg/m}^2)$$

여기서,

$$\frac{1}{2}\rho v^2 = \frac{1}{2} \times 104.6\, v^2$$

$$\tau_c = \frac{T}{\frac{1}{2}\rho A_P v^2} \qquad \sigma = \frac{p_1 - e}{\frac{1}{2}\rho v^2}$$

표 6-25

D.A.R.	0.40	0.55	0.70
T(kg)	81,083	79,671	75,670
v (m/sec)	$\sqrt{763}$	$\sqrt{745}$	$\sqrt{700.5}$
$\frac{1}{2}\rho v^2$ (kg/m^2)	39,905	38,964	36,636
A_P(m^2)	9.252	12.278	14.283
$\frac{1}{2}\rho A_P v^2$	369,201	487,400	523,272
J_C	0.220	0.167	0.145
σ	0.450	0.461	0.490
J_C로부터 그림 6-35	0.182	0.186	0.192

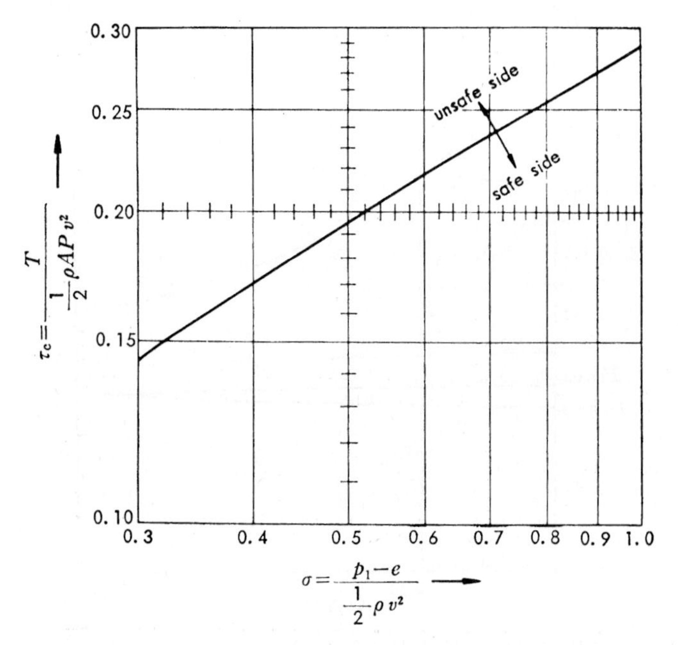

그림 6-40 공동 현상 도표(네델란드의 모형선 자료, N.S.M.B)

이 계산 결과를 그림 6-40과 같은 곡선으로 그려서 τ_c와 $0.929\tau_c$(그림 6-41 참조)의 교점으로부터 D.A.R.을 0.565로 그린다. 이때의 D_P, H, η_O를 다음과 같이 읽는다.

$$D_P = 5.772\,(\text{m})$$

$$H = 5.444\,(\text{m})$$

$$\eta_O = 0.677$$

㈑ $\dfrac{L}{B} = 6.903$

그림 6-38의 추력감소계수와 반류계수의 관계도에서

$$t = 0.182$$

$$1 - t = 0.818$$

$$1 - w_S = 0.793$$

㈏의 계산에서부터

$$\therefore\ \eta_H = \frac{1-t}{1-w_S} = \frac{0.818}{0.793} = 1.032$$

$$\eta_R = 1.020$$

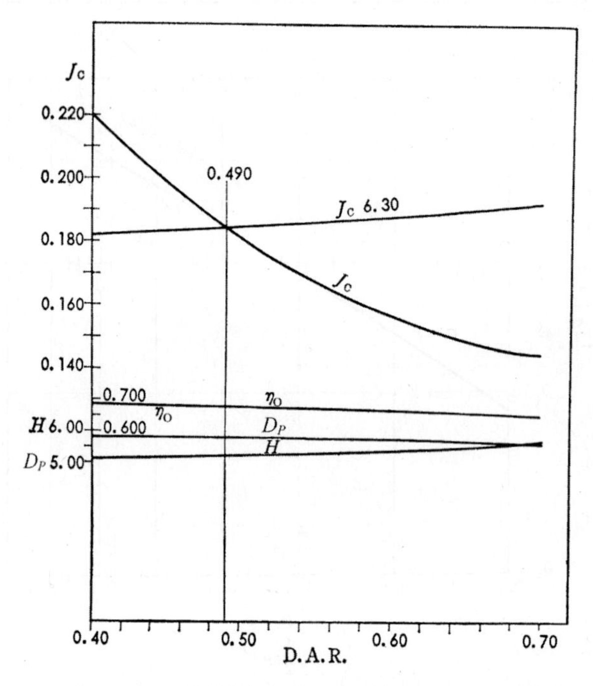

그림 6-41 공동 현상의 검토 곡선(Wageningen 방법)

$\eta_O = 0.677$

$\therefore \ \eta' = 1.032 \times 1.02 \times 0.677 = 0.712$

$\eta_T = 0.965$

$\therefore \ \eta = 0.712 \times 0.965 = 0.687$

표 6-15의 고속 화물선의 E.H.P. 계산서로부터 $V = 20$ kn에서

$$\text{E.H.P.} = 9059 \ (\text{kg})$$

$$\therefore \ \text{E.H.P.} = \frac{\text{E.H.P.}}{\eta} = 13186 \ (\text{kg})$$

Yamagata 도표로부터 E.H.P.를 토대로 해서 적당한 수정 계수를 쓰면 약 13,200 B.H.P.가 되며, 이 기관에서는 충분한 여유를 가지고 있기 때문에 실선의 실적으로부터 η가 속력에 대해서 그다지 영향이 없는 것으로 보아 η=0.687을 써서 B.H.P.를 다음과 같이 계산한다.

N이 300 rpm을 초과한다면 고회전이 되므로 η로 하고, 따라서 고속이 되는 편은 적게 되기 때문에 실적을 보아서 수정을 해야 한다.

표 6-26

V(kn)	17	18	19	20	21
E.H.P.	4,903	5,986	7,323	9,059	11,367
B.H.P.	7,137	8,713	10,659	13,186	16,546

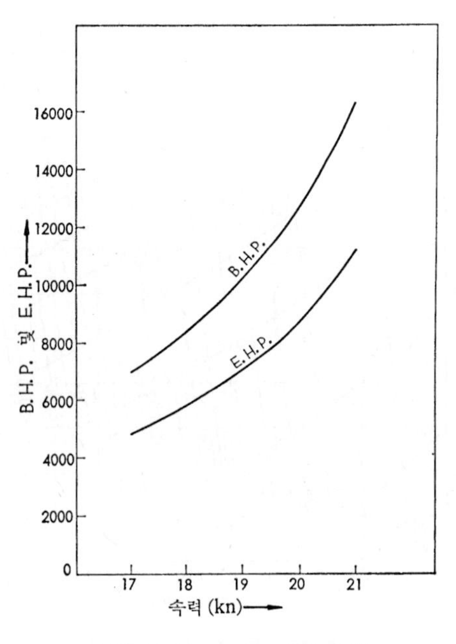

그림 6-42 속력-마력 곡선

이 결과를 E.H.P.와 함께 그림으로 나타내면 그림 6-42와 같이 된다. 이 계산에 있어서 앞의 예들을 명확히 하기 위해 일정한 피치의 경우에 대해서 설명했지만 실제로 설계를 할 때에는 점증 피치(increasing pitch)를 주는 일이 많다.

이때에는 피치비 p를 1.02로 나눈 피치비와 위치에 있어서 η_O를 $\sqrt{B_P}-\delta$의 설계도값으로 정한다면 좋다. η_O가 약간 좋게 되면 E.H.P.는 약간 작아지게 된다.

한편, 계산 결과가 20 kn로서 13,200 E.H.P.로 크게 차이가 날 경우에는 기관을 다른 형으로 바꿔야 한다.

이상의 계산은 그림 6-38과 6-39에서 t, w_S를 추정해서 프로펠러의 요목을 판정하고, 공동 현상(cavitation)을 검토한 후 주요 요목을 결정한다.

실제 설계에 있어서는 모형 시험의 결과로부터 t_M, w_M을 정하여 이것으로부터 w_S를 추정해서, 즉 δ와 N의 것도 항로와 적하의 상황을 고려하여 정해야 하지만 여기서 취급한 계산법에 따라서 대략적인 것을 정하는 것은 충분하다.

3. 기관 마력 B.H.P. 및 S.H.P.의 약산 방법

E.H.P. 계산을 기초로 해서 프로펠러 설계를 하면서 추진 계수 η를 정하여 B.H.P. 혹은 S.H.P.를 구하는 방법을 제시했으나 이것은 상당한 숙련이 필요하다.

여기서 다루기로 하는 것은 단시일 내에 속력에 대한 개략의 B.H.P. 혹은 S.H.P.를 구하는 약산 방법을 Yamagata의 방법으로 소개하기로 한다.

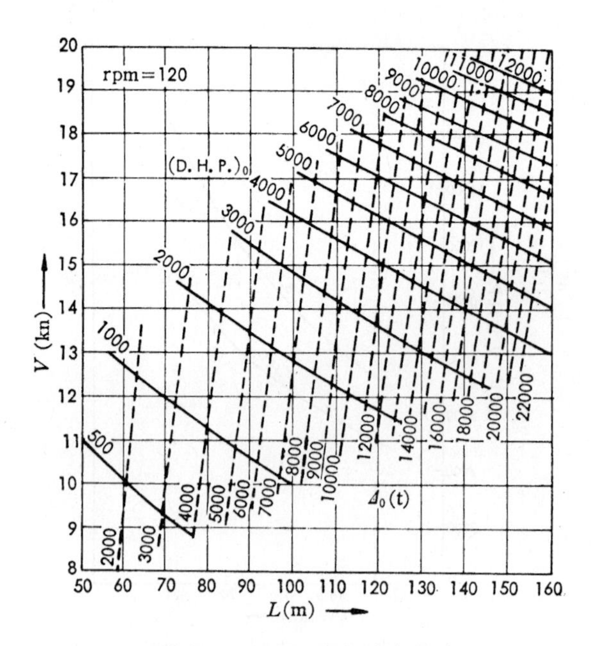

그림 6-43 표준 전달 마력 곡선

[Yamagata의 방법]

그림 6-43에 표시한 L과 V에 대한 표준 배수 톤수(Δ_0)와 표준 전달 마력($(D.H.P.)_0$)이 주어진다고 하면, 이에 대해서 여러 종류의 수정을 하여 소요의 D.H.P.를 구하고, 이 η_T로서 소요의 B.H.P. 혹은 S.H.P.를 얻을 수 있다.

$L \leqq 160$ m, $\Delta_0 \leqq 22{,}000$톤, 속력≦20 kn, $C_B = 0.650 \sim 0.800$의 범위로 비교적 좋게 D.H.P.를 예측할 수 있지만, $C_B = 0.550 \sim 0.600$의 고속선에 대해서는 너무 큰 수치를 적용해서는 안 된다.

L과 V가 주어지면 그 교점에서 Δ_0와 $(D.H.P.)_0$를 읽어 이것에 대해서 다음 수정을 한다. Δ에 약자로 0을 붙인 것은 표준값을, 0이 없는 것은 실제값을 나타낸다.

(가) 회전수(N)에 대해서는

$$k_N = \frac{1}{1.217 - 0.00181\,N}$$

(나) 배수 톤수에 대해서는

$$k_\Delta = \left(\frac{\Delta}{\Delta_0}\right)^{\frac{2}{3}}$$

(다) 길이와 배수 톤수와의 비$\left(\dfrac{L}{\Delta^{\frac{1}{3}}}\right)$에 대해서는

$$k_d = \frac{1}{17.714}\left\{1.447 - \left(\frac{L}{\Delta^{\frac{1}{3}}} - \frac{L}{\Delta_0^{\frac{1}{3}}}\right)\right\}^2 + 0.8818$$

그러나 적용 범위는

$$\frac{L}{\Delta^{\frac{1}{3}}} - \frac{L}{\Delta_0^{\frac{1}{3}}} = -1.0 \sim 1.0$$

으로 한다.

(라) 1축선의 경우에는

$$k_P = 1.000$$

(마) 2축선의 경우에는

$$k_P = 1.100$$

(바) 그 밖에

$$l_{CB} = \frac{\otimes B}{L}\ (\%)$$

에 대한 수정도 해야 하지만 초기 설계에 l_{CB}의 값이 적용되지 않는 일이 많으며, 또한 이 수정은 보통 큰 값이 되지 않으므로 생략한다.

$$\therefore\ \text{B.H.P.} = (\text{D.H.P.})_0 k_N k_\Delta k_D k_P$$

다음에 이 방법에 의한 계산 예를 나타내었다. $L = 150.300$ m, $B = 20.500$ m, $D = 12.900$ m, $d = 9.404$ m, $C_B = 0.652$, 그리고 $\Delta = 19{,}417$톤의 1축인 화물선의 18.5 kn에 있어서의 B.H.P.를 그림 6-43을 써서 구하면(다만, 이때의 $\eta_T = 0.960$, rpm = 118로 한다), 그림 6-43에서 $L = 150.300$ m, $V = 18.5$ kn에 있어서 $\Delta_0 = 17{,}900$톤이고, $(\text{D.H.P.})_0 = 10{,}200$이 된다.

(ㄱ) $k_N = \dfrac{1}{1.217 - 0.00181 \times 118} = 0.997$

(ㄴ) $k_\Delta = \left(\dfrac{19{,}417}{17{,}900}\right)^{\frac{2}{3}} = 1.056$

(ㄷ) $\dfrac{L}{\Delta^{\frac{1}{3}}} - \dfrac{L}{\Delta_0^{\frac{1}{3}}} = \dfrac{150.30}{26.88} - \dfrac{150.30}{26.16} = 5.60 - 5.57 = -0.15$

$k_d = \dfrac{1}{17.714}(1.447 + 0.15)^2 + 0.8818 = 1.026$

(ㄹ) $k_P = 1.000$

$$\therefore\ \text{B.H.P.} = 10200 \times 0.997 \times 1.056 \times 1.026 \times \frac{1.000}{0.960}$$

$= 11477$ (실선에서는 11,500 B.H.P.)

다른 예를 보면 $L = 79.000$ m, $B = 12.200$ m, $D = 6.300$ m, $d = 5.793$ m, $C_B = 0.760$, $\Delta = 4{,}360$톤의 1축 유조선이 있다. 이 배를 261 rpm의 디젤 기관으로서 13.0 kn로 항해시키려면 얼마의 B.H.P.가 필요하겠는가? 다만, $\eta_T = 0.975$, rpm = 118로 한다.

그림 6-43에서 $L = 79.000$ m, $V = 13.0$ kn에 있어서 $\Delta_0 = 3620$톤, $(\text{D.H.P.})_0 = 1550$을 읽을 수 있다.

이에 대해서 다음과 같이 수정하면

(ㄱ) $k_N = \dfrac{1}{1.217 - 0.00181 \times 261} = 1.342$

(ㄴ) $k_\Delta = \left(\dfrac{4{,}360}{3{,}620}\right)^{\frac{2}{3}} = 1.132$

(ㄷ) $\dfrac{L}{\Delta^{\frac{1}{3}}} - \dfrac{L}{\Delta_0^{\frac{1}{3}}} = \dfrac{79.00}{16.34} - \dfrac{79.00}{15.36} = 4.83 - 5.14 = -0.31$

$$k_d = \frac{1}{17.714}(1.447 + 0.31)^2 + 0.8818 = 1.056$$

(ㄹ) $k_P = 1.000$

$$\therefore \text{ B.H.P.} = 1{,}550 \times 1.342 \times 1.132 \times 1.056 \times \frac{1.000}{0.975}$$

= 2,550 (실선에서는 **2,600** B.H.P.)

이상과 같이 설계 초기에 대략 추정해 보는 데 있어서 유효한 방법이라고 생각된다.

6.5 마력 계산 예 Sample Calculation of Power

표 6-33(1) POWER ESTIMATION : Cargo Ship

SHIP : Cargo, Aft - Engine, DWT=14,700 ton

$L \times B \times D - d_F$=138.00×22.00×12.35−9.06 (m)

DESIGNED SEA SPEED(V_S)=16.00 knots, C_B=0.715, Δ=20,150 ton

∇=19,660 m^3, $\nabla^{2/3}$=728,4, $\dfrac{B}{L}$=0.159, $\dfrac{B}{d}$=2.428

$S=1.053 \times L \times B \times \left(1.22 \times \dfrac{d}{B} + 0.46\right) \times (C_B + 0.765) = 4{,}554 \text{ m}^2$

1. RESISTANCE CALCULATION (2-dimension method by Yamagata's Chart)

V (knots)	15	16	17	
v (m/sec)	7.725	8.240	8.755	$= V \times 0.515$
$R_N \times 10^{-6}$	898	958	1,018	$= \dfrac{vL}{1.187}$
C_F	0.001550	0.001538	0.001526	$=0.463 \times (\log_{10} R_N)^{-2.6}$
ΔC_{F2}	0.000050	0.000050	0.000050	from (FIG. 6-8)
$R_F(t)$	22.72	25.66	28.74	$=(C_F + \Delta C_{F2})\dfrac{1}{2}\rho\dfrac{Sv^2}{10^3}$, ($\rho$=104.51)
$\dfrac{v}{\sqrt{Lg}}$	0.210	0.224	0.238	$\sqrt{Lg} = \sqrt{138.0 \times 9.8}$ =36.77

(계속)

r_{RO}'	0.00585	0.00733	0.00785	from (FIG. 6-16)
$(\Delta r_R')_{B/L}$	0.00147	0.00147	0.00147	from (FIG. 6-17)
$(\Delta r_R')_{B/d}$	0.00039	0.00041	0.00043	from (FIG. 6-18)
r_R'	0.00771	0.00921	0.00975	$=r_{RO}'+(\Delta r_R')_{B/L}+(\Delta r_R')_{B/d}$
$R_R(t)$	17.51	23.80	28.45	$=r_R'\frac{1}{2}\rho\frac{\nabla^{2/3}v^2}{10^3}$
$R(t)$	40.23	49.46	57.19	$=R_F+R_R$
EHP	4,144	5,434	6,676	$=\frac{R\times v\times 10^3}{75}$

EHP_S (at V = 16.0 knots)=5.434 PS

MAIN ENGINE : *Diesel*, *SCO RPM*$(N_{SCO})=140$

$$r=\frac{\left(\frac{B}{L}\right)}{(0.91-0.73\,C_B)}=0.410$$

from ($FIG.$ 5.7), w=0.306, t=0.180

$$\eta_H=\frac{(1-t)}{(1-w)}=1.182,\ \eta_R=1.02,\ \eta_T=0.97$$

PROPELLER APROXT. DIMENSIONS : 4-Blade

EHP_S (at V=16.0 knots, from (I))=5,434 PS

$$THP_S\ \text{(at } V=16.0 \text{ knots)}=\frac{EHP_S}{\eta_H}=4{,}597\ PS$$

$V_{AS}=V_S\,(1-w)$=11.10 knots, $V_{AS}^{2.5}$=410.5

$$(\sqrt{B_U})_S,\ \text{(including 15\% sea margin)}=\left(\frac{N_S\sqrt{THP_S\times 1.15}}{V_{AS}^{\ 2.5}}\right)^{1/2}=4.98$$

from (5.52), $\delta_S=13.8(\sqrt{B_U})_S=68.7$, $D_P=\delta_S\times\frac{V_{AS}}{N_S}=5.45$ (m)

from (5.51), $\left(\frac{H}{D_P}\right)=\frac{23.0}{\delta_S}+0.34=0.675$

2. POWER CALCULATION

V(knots)	15	16	17	
$V_A^{2.5}$	359.8	422.8	492.0	
EHP	4,144	5,434	6,676	from (I)
$\sqrt{THP}$	59.21	67.80	75.15	$=\sqrt{\dfrac{EHP}{\eta_H}}$
N	122.1	133.6	143.1	$\fallingdotseq N_S\left(\dfrac{EHP}{EHP_S}\times 1.15\right)^{1/3}$
$\sqrt{B_U}$	4.48	4.63	4.68	$=\left(\dfrac{N\sqrt{THP}}{V_A^{2.5}}\right)^{1/2}$
η_0	0.592	0.586	0.583	from (FIG. 7-51)
$\eta_P \times \eta_T$	0.692	0.685	0.682	$=\eta_0\times\eta_H\times\eta_R\times\eta_T$
BHP	5,988	7,933	9,789	$=\dfrac{EHP}{\eta_P\times\eta_T}$
$SCO\ BHP$ (at V_S=16.0 $knots$)=7,933×1.15≒9,100 PS				

표 6-33(2) POWER ESTIMATION : Tanker

SHIP : Tanker, DWT=78,000 ton

$L\times B\times D-d_F$ = 220.50 × 35.00 × 19.22 − 14.40 (m)

DESIGNED SEA SPEED (V_S)=15.50 knots

C_B=0.810, Δ=92,270 t, ∇=90,020 m^3, $\nabla^{2/3}$=2,008

$$\frac{L}{B}=6.30,\quad \frac{B}{d}=2.43,\quad \frac{\nabla^{1/3}}{L}=0.203$$

$$S=1.053\times L\times B\times\left(1.22\frac{d}{B}+0.46\right)\times(C_B+0.765)=12{,}310\ \text{m}^2$$

$$r=\frac{(B/L)}{(0.91-0.73\,C_B)}=0.498,\quad K=\left(\frac{\nabla^{1/3}}{L}\right)\times\left(0.5C_B+2\times\frac{r^{1.3}}{C_B}\right)=0.285$$

3. RESISTANCE CALCULATION(3-dimension method by r_W - Chart)

V (knots)	14	15	16	
v (m/sec)	7.210	7.725	8.240	$= V \times 0.515$
$R_N \times 10^{-6}$	1,339	1,435	1,531	$= \dfrac{v \times L}{1.187}$
C_F	0.001475	0.001462	0.001450	$=0.463 \times (\log_{10} R_N)$-2.6
$\triangle C_{F3}$	0.000230	0.000230	0.000230	form (FIG. 6-8)
$C_F(1+K) + \triangle C_{F3}$	0.002125	0.002100	0.002093	
$R_F(t)$	71.06	80.97	91.42	$= \{C_F(1+K) + \triangle C_{F3}\} \dfrac{1}{2} \rho \dfrac{S v^2}{10^3}$ ($\rho = 104.51$)
$\dfrac{v}{\sqrt{Lg}}$	0.155	0.166	0.177	
r_W	0.000350	0.000600	0.001000	from (FIG. 6-12, 6-13)
$R_W(t)$	3.82	7.52	14.25	$= r_W \dfrac{\rho \nabla^{2/3} v^2}{10^3}$
$R(t)$	74.88	88.49	105.67	$= R_F + R_W$
EHP	7,200	9,110	11,610	$= R \times v \times \dfrac{10^3}{75}$

EHP_S (at V_S=15.5 knots)=10,350 PS

MAIN ENGINE : Diesel, SCO RPM (N_{SCO})=110

r=0.498, from (FIG. 5.7), w=0.370, t=0.200

$\eta_H = \dfrac{(1-t)}{(1-w)}$ =1.270, η_H=1.02, η_R=0.97

PROPELLER APROXT. DIMENSION : 5 - Blade

EHP_S (at V=15.5 knots, from (I))=10,350

THP_S (at V=15.5 knots)= $\dfrac{EHP_S}{\eta_H}$ =8,150

$V_{AS} = V_S(1-w)$=9.765 knots, $V_{AS}^{2.5}$=298.0

$(\sqrt{B_U})_S$, (including 15% sea margin)= $\left(N_S \times \dfrac{\sqrt{THP_S \times 1.15}}{V_{AS}^{2.5}}\right)$1/2=5.98

from (5.52), $\delta_S = 12.8(\sqrt{B_U})_S$=76.5, $D_P = \delta_S \times \dfrac{V_{AS}}{N_S}$ =6.79 (m)

from (5.51), $\left(\dfrac{H}{D_P}\right) = \dfrac{24.6}{\delta_S}$ +0.37=0.692

4. POWER CALCULATION

V (knots)	14	15	16	
$V_A^{2.5}$	231.0	274.5	322.6	
EHP	7,150	9,110	11,610	from (I)
$\sqrt{THP}$	75.0	84.7	95.6	$=\sqrt{\dfrac{EHP}{\eta_H}}$
N	92.8	100.6	109.1	$\fallingdotseq N_S\left(\dfrac{EHP}{EHP_S}\times 1.15\right)^{1/3}$
$\sqrt{B_U}$	5.49	5.57	5.69	$=\left(N\times\dfrac{\sqrt{THP}}{V_A^{2.5}}\right)^{1/2}$
η_0	0.545	0.539	0.534	from (FIG. 7-52)
η_P, η_T	0.685	0.677	0.671	$=\eta_0\times\eta_H\times\eta_R\times\eta_T$
BHP	10,438	13,456	17,303	
BHP at 15.5 $knots$ = 15,200 PS				
SCO BHP (at V_S=15.5 $knots$) = 15,200×1.15 ≒ 17,500 PS				

Chapter 7

프로펠러의 설계

design for propeller

프로펠러(propeller)는 넓은 의미로는 배를 추진시키기 위한 모든 것을 포함하지만 기계력에 의한 프로펠러만을 취급하는 것으로서, 이것은 배의 종류, 크기, 선형, 용도 및 기관의 종류, 출력, 회전수 등에 의해 정해진다. 프로펠러의 형식도 각각 배에 적당한 것을 사용해야 하지만, 일반적으로 쓰여지는 프로펠러의 형식은 일체형(solid type) 혹은 조립형(built-up type)으로 되어 있다.

조립형은 대개 4매가 많고 그 밖의 것은 일체형으로 되어 있다. 최근에는 스테인리스(rustless steel) 강판제 용접 중공 프로펠러도 제작되고 있다. 용접 구조 프로펠러는 선박의 대형화, 고속화에 따라 프로펠러도 대형화하는 경향이 있으며, 프로펠러의 대형화는 자연적으로 중량이 증대해지게 되고 선미관(stern tube) 내의 지면재의 문제, 프로펠러의 주조 능력과 진동 등으로부터 크기에 제한을 받게 되므로, 이에 대하여 주조를 전부 용접 구조로 하는 것이 고안되었다.

간단히 경량화하도록 한 것은 아니며, 강도와 내식성도 고려해 줄 필요가 있다. 이 각각의 요구를 만족시켜 주지는 못하지만 지금까지 개발, 연구된 것으로서 스테인리스 강판 용접 중공 프로펠러가 있다.

스테인리스 강은 주조성이 상당히 나쁘며 제작이 어려운 점이 있기 때문에, 용접 구조로 판재를 사용하여 고강도, 고내식성의 잇점을 어느 정도 동시에 만족시키면서 경량화를 계획할 수 있어 보통 사용되는 청동계 프로펠러의 약 40%를 경감시킬 수 있다.

프로펠러 날개를 보스(boss)에 용접 부착할 때 응력 집중이 생기기 쉬운 부분이므로 그 부착 부분의 안전성, 날개의 국부 변형, 전체 휨량 등 불안한 감을 주지 않게 된다면 중량을 경감시킬 수 있으며, 크게 기대할 수 있는 프로펠러이다. 일체형 프로펠러는 동일 재료로서 날개와 보스를 일체로 주조하기 좋으나, 조립형은 일반적으로 날개는 동합금으로, 보스는 철로 주조해서 조립한 것을 말한다. 일체형과 조립형은 각각 그 특징이 있으며, 어떤 형식을 선택하든 프로펠러의 크기, 날개수, 주조 능력, 가격 등을 검토해서 적당히 결정하여야 한다.

일체형과 조립형을 비교해 보면 일반적으로 표 7-1과 같다. 한편, 일체형과 조립형의 일반적인 구조에 대해서는 그림 7-1과 7-2에 나타내었다.

프로펠러의 설계에 있어서는 앞에서 설명했듯이 배의 종류, 크기, 형상, 속력 등 그 사용 목적에 따라 배 자체의 설계를 한 다음 기관의 종류, 출력, 회전수, 프로펠러의 장치 위치 등이 결정되면 프로펠러의 설계 순서에 의해 진행하면 된다. 이와 같이 결정된 배를 결정한 속력으로 항해하는 데 성능이 좋은지, 충분한 강도를 가지고 있는지, 공동 현상(空洞 現象)을 일으키지 않는지를 고려하여 설계하여야 한다. 그러나 이 설계 전반에 있어서는 어려운 사항이 많으며, 취급하는 사람이 상세한 것을 미리 알고 있지 않을 경우도 있으므로 그 요점만 설명하기로 한다.

표 7-1 일체형과 조립형의 비교

비교 항목 \ 형식	일체형	조립형
프로펠러 효율	좋다.	조금 나쁘다.
중량	조립형에 비해서 가볍다.	일체형에 비해서 무겁다.
주조 능력	큰 것을 필요로 한다.	비교적 작아서 좋다.
가공 작업	쉽다.	복잡하다.
보스비	작다.	크다.
피치의 변경	할 수 없다.	어느 정도 조절이 된다.
가격	싸다.	비싸다.
보수	1매의 날개가 손상되었을 때 전체를 교환할 필요가 있다.	손상된 날개만 교체하면 된다.
예비	예비로는 1개의 완성된 프로펠러가 필요하다.	예비 날개를 1매 혹은 2매만 가지고 있으면 된다.

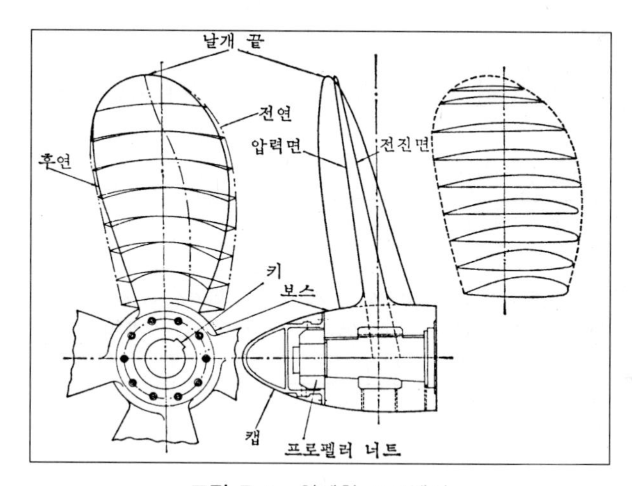

그림 7-1 일체형 프로펠러

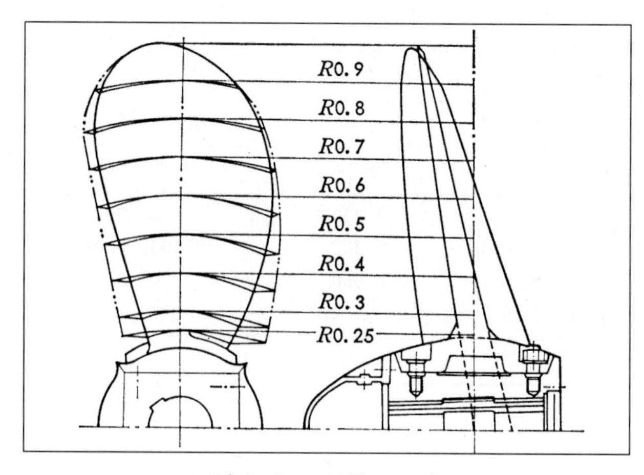

그림 7-2 조립형 프로펠러

현재 일반 선박용 프로펠러의 설계 방법으로는

(1) 계통적 모형 프로펠러의 시험 결과에 의한 방법

(2) 실선의 시운전 결과로부터 구한 경험에 의한 방법

(3) 와 이론(渦 理論)과 풍동 시험(風動 試驗)에 의한 방법

의 세 가지 방법이 있지만, (1)의 방법이 널리 쓰여지고 있다. 이 방법은 간단하면서도 대단히 만족스러운 결과를 얻을 수 있다. 여기에서 가장 좋은 효율을 가지는 프로펠러일지라도 실선에서는 반류 분포가 똑같지 않은 경우가 있으며, 즉 시험 수조와는 틀린 상황의 해양에서 사용되므로 반드시 효율이 좋은 프로펠러만은 아닐런지도 모른다는 점에 주의해야 한다.

현재 (1)항의 계통적 모형 프로펠러의 시험 결과에 의한 설계 도표로는

① AU형 설계 도표

② Troost 설계 도표('B' series라고도 함)

③ Taylor 설계 도표

의 세 가지 설계 도표가 널리 쓰여지고 있는데, 여기서 AU형과 Troost 설계 도표는

표 7-2 보통 사용하는 프로펠러의 설계 도표

형식		날개 수	3	4	5
에어로포일형 단면 (aerofoil)	AU형 도표	보스비	0.180	0.180	0.180
		전개 면적비	0.35, 0.50	0.40, 0.55, 0.70	0.50, 0.65, 0.80
		날개 두께비	0.050	0.050	0.050
		피치 분포	일정	일정	일정
		도표의 형식	$B_P \sim \delta$		
		비고	해수(미터, 노트) 1 PS=75 kg·m/sec		
	Troost 도표	보스비	0.180	0.167	0.167
		전개 면적비	0.35, 0.50, 0.65, 0.80	0.40, 0.55, 0.70, 0.85, 1.00	0.45, 0.60, 0.75, 1.05
		날개 두께비	0.050	0.045	0.040
		피치 분포	일정	점증	일정
		도표의 형식	$B_P \sim \delta$, $B_U \sim \delta$		
		비고	청수(피트, 노트) 1 HP=76 kg·m/sec		
원호형 단면 (ogival)	Taylor 도표	보스비	0.200	0.200	회전수는 낮고, 지름이 대형인 프로펠러 날개 단면에 유리한 단면형이다.
		전개 면적비	0.382	0.508, 0.612	
		날개 두께비	0.050	0.050	
		피치 분포	일정	일정	
		도표의 형식	$B_P \sim \delta$, $B_U \sim \delta$		
		비고	청수(피트, 노트) 1 HP=76 kg·m/sec		

에어로포일(aerofoil)형 날개 단면을 가지는 프로펠러의 설계 자료로 적당하고, 성능면으로 우수하여 많이 사용되고 있으며, Taylor 도표는 원호(ogival section)형인 날개 단면에 적용되고 있다. 이 프로펠러 설계 도표의 적용 범위는 표 7-2와 같이 나타낼 수 있다.

프로펠러를 설계할 때 주의할 사항은 다음과 같다.

㈎ 주어진 기관의 출력을 다만 유효한 추력으로 변환시킬 수 있을 것

이 경우에는 최적의 지름, 피치, 반지름 방향의 피치 분포, 날개의 윤곽과 날개 단면 등 주로 프로펠러의 형상에 대하여 선정 요목으로 되어 있으므로 타(rudder), 기타의 선체 부가물을 포함해서 선체 형상에 대하여 충분히 고려해 둘 필요가 있다.

㈏ 충분한 강도를 가질 것

강도는 주로 날개의 두께와 그의 반지름 방향에 대한 분포와 보스의 형상 등을 결정할 경우에 중요하다.

㈐ 공동 현상이 발생하지 않을 것

공동 현상의 발생 방지에는 날개의 면적과 날개 단면 형상의 결정이 중요하다.

㈑ 프로펠러 회전에 의한 진동이 가능한 한 적을 것

이 경우에 대해서는 프로펠러만의 문제는 아니며, 선미와 프로펠러가 장치된 부근의 선체 형상과 기관의 종류, 출력 등과의 관련도에 있어서 복잡하지만 날개수의 결정이 중요한 요점으로 된다.

㈒ 프로펠러의 심도가 충분할 것

날개 표면의 가공이 좋으면 매끈매끈해져서 마찰 저항이 작아지게 된다. 프로펠러의 심도는 적어도 지름의 0.8배 이상인 것이 바람직하다.

(1), (2), (3) 방법에 대한 절대적인 것은 아니며, 서로 관련이 있는 것을 나타낸 것이다.

프로펠러 요목에 있어서 특히 지름과 피치는 프로펠러 성능에 상당히 관계가 깊으므로 배에 대하여 지름과 피치가 최량의 것이 되어 있는지 확인해야 한다. 위와 같은 계통적 모형은 프로펠러 시험 결과를 이용해서 정한 것을 다시 모형을 만들어서 자항 시험을 하지 않고 그 배에 최적인 것을 확인하는 방법으로 쓰여지는 수가 많다. 이러한 방법을 사용하면 계통적 모형 프로펠러 시험은 프로펠러 형상을 규칙에 따라 조금씩 변화된 많은 모형 프로펠러를 만들어서 수조에서 단독 시험을 하지 않고, 그 결과를 도표로 작성해서 도표를 사용하여 설계한다.

계통적 모형 프로펠러의 시험 결과 도표는 표 7-2와 같이 여러 사람의 것이 있지만, 주로 최근에는 오란다의 Troost가 발표한 것을 많이 이용하고 있다.

7.1 프로펠러에 관한 정의

7.1.1 프로펠러의 이론

프로펠러를 물 속에서 회전시키면 추력이 생겨 배를 추진시킬 수 있다는 것은 경험을 통하여 알고 있지만, 이것과 동시에 프로펠러의 작용은 이론적으로도 많은 학자나 기술인에 의해서 해설되어 왔다. 여러 가지의 난해한 수식이 많이 있으므로 이러한 수식을 쓰지 않고 간단하게 설명하는 것으로 한다.

프로펠러의 이론은 다음의 크게 세 가지로 나눈다.

1. 운동량 이론

프로펠러 이론으로 다만 오래 전에 Rankin, Froude 등에 의해서 제창된 것이다. 운동량 이론(monentum theorem)은 프로펠러의 회전 때문에 물 속에 생긴 운동량의 변화에 의해서 추력이 생기는 것이기 때문에 "힘이 일정할 경우에는 단위시간당 운동량의 변화는 이것을 일으킨 힘과 같다"라고 한 Newton의 운동 기초 법칙에 의한 것이다.

바꾸어 말하면, 프로펠러의 전면으로 흐르는 물은 프로펠러의 작용에 의해서 유속이 증가한다. 이 수류의 속도는 축심을 중심으로 한 임의의 원주상에서 항상 동일하다고 가정하고, 프로펠러 수류의 가로 방향 넓이의 축소를 무시하며, 유체의 점성과 날개 표면의 마찰 저항에 의한 에너지 손실도 무시한다.

또한, 프로펠러 전면으로 흐르는 물의 속도를 v_1(m/sec), 프로펠러의 작용에 의해서 받는 물의 유속을 v_2(m/sec)라 한다면, $v_2 - v_1$이 프로펠러의 추진 작용에 의한 증속(增速)으로 된다.

이 증속에 의해서 운동량이 증가했기 때문에 Newton의 법칙에 의한다면 운동량의 변화가 힘으로 되어 프로펠러의 추진으로 작용하는 것으로 하였다.

이 이론은 실제 프로펠러와의 관련이 적으며, 프로펠러 형상의 변화가 프로펠러의 성능과의 영향 혹은 날개와 날개와의 상호 간섭 등 상세한 점에 대해서는 잘 알 수 없기 때문에, 수리적 해석 과정에서는 비현실적인 가정을 하고 있어 설계상으로는 많이 사용되지 않고 있다.

2. 익소 이론

익소 이론(翼素理論, blade element theorem)은 비행기의 날개 이론을 적용시킨 것이다. 프로펠러의 날개 축심을 중심점으로 한 무수한 동심 원주로 잘라낸 익소가 비행기의 날개와 같은 작용을 하는 것으로 생각하여, 풍동으로서 날개 모양(翼型)의 시험 결과를 적용하여 익소에 작용하는 양력, 항력, 그리고 입사각 등을 해석해서, 그 결과를 반지름 방향으로 적분하여 추력과 효율 등을 구하는 것이다.

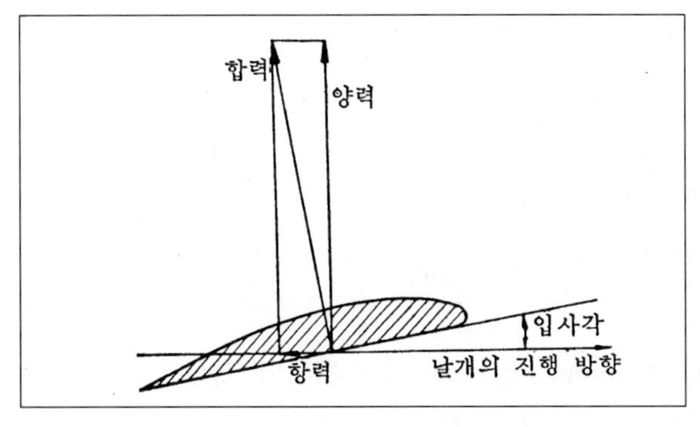

그림 7-3 양력과 항력

그림 7-3은 익소에 작용하는 힘을 나타낸 것으로, 익소가 물 속을 진행할 때에는 비행기의 날개가 공기 속을 통과하는 것과 같은 상태로 되어서 양력과 항력(물의 마찰 저항에 의해서 날개에 작용하는 저항력)이 생기므로, 전익소의 운동에 의해서 생긴 양력과 항력이 합해져 축 방향이 힘이 되어 추력을 얻게 된다.

이 이론은 익소와 익소, 그리고 날개 상호 간섭의 영향, 날개의 형상, 두께 등의 변화에 의한 영향을 알 수는 있지만, 계산이 복잡하여 여러 가지 가정을 하게 되므로 프로펠러 작용의 연구에 사용한다는 것은 비행기의 날개와 선박용의 프로펠러 날개와의 작용이 서로 틀리다는 점이다.

바꾸어 말하면, 날개 끝 부분에 있어서 추력 감소, 프로펠러 유입 전 유체의 속도 증가, 원심력의 작용 등을 가미해서 생각한다면 실제로 프로펠러 설계에 계산 결과를 그대로 전면적으로 취급한다는 것은 문제가 있다. 그러므로, 계산된 추력과 효율은 항상 실험값보다 크며, 실용적이 되지 못한다.

3. 와 이론 혹은 순환 이론

프로펠러의 와 이론(渦理論, vortex theorem)은 순환 이론(circulation theorem) 혹은 익형 이론이라고도 하고, Kutta-Joukowski의 법칙에 기반을 두고 있으며, 항공기 날개의 이론을 선박용 프로펠러에 응용시킨 것이므로 다른 이론보다 잘 일치하고 있다.

항공기 날개의 이론을 간단히 설명하면, 날개가 일정한 속도로 완전 유체 속을 이동할 때 날개 주위의 유체는 속도가 생겨서 압력 변화가 일어나며, 이 압력이 날개에 작용하여 양력을 생기게 한 것이다.

항공기 날개의 와 이론을 선박용 프로펠러에 응용해서 유체 중의 운동량 변화와 익소에 작용하는 힘의 상호 관계를 해석하고, 고속 회전에서는 하중이 적어지며, 저속 회전에서는 하중이 크게 되는 것을 진전시켜 날개의 마찰, 날개수, 원심력의 영향 등을 고려해 넣어 프로펠러의 효율을 구하지만 계산은 복잡한 면이 있다.

이와 같이 운동량 이론과 익소 이론을 일체화해서 발전시킨 것이며 시험 결과와도 잘 일치한다. 따라서, 설계에 이용할 수 있어서 매우 실용적이다.

7.1.2 프로펠러의 치수

배의 프로펠러를 이해하려면 여러 가지 각부의 명칭과 술어(術語)를 충분히 이해해 둘 필요가 있다.

프로펠러는 프로펠러축(propeller shaft)에 장치되어 있으며, 원통형의 부분과 여기에 붙어 있는 몇 매의 날개(blade)로 되어 있다.

앞의 원통형 부분을 보스(boss)라 하며, 그 중심부는 프로펠러축에 경사(taper)되어 있어 원추형의 구멍으로 뚫려 있다.

그림 7-4에서와 같이 날개가 회전하면서 물을 미는 면, 즉 배에 붙어 있을 때 선미 측의 면을 압력면 또는 전진면(face)이라 하고, 그 반대의 면을 배면 또는 후진면(back)이라고 한다. 배의 앞뒤와는 반대로 되어 있으므로 주의해야 한다.

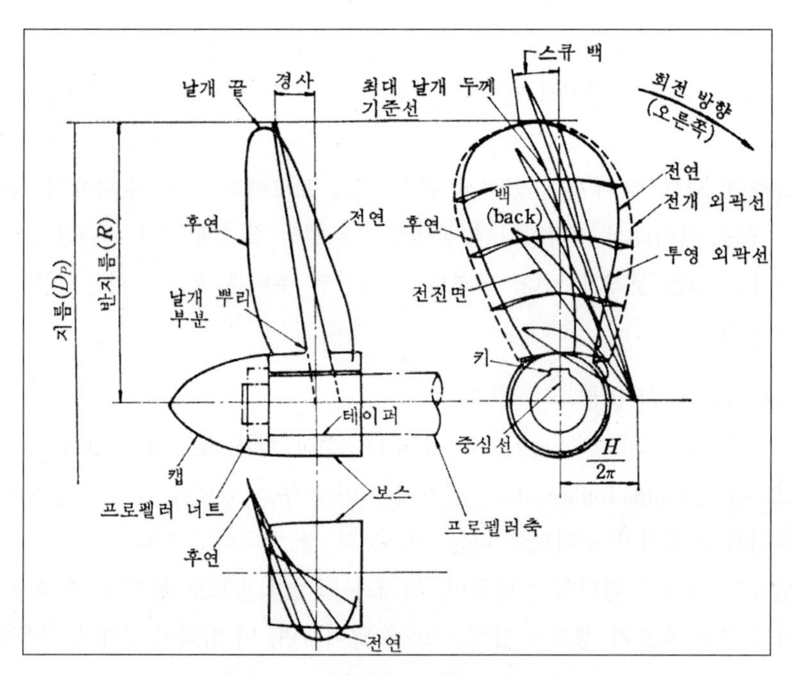

그림 7-4 프로펠러의 주요 부분 명칭

프로펠러가 회전하여 물을 자르는 측연(惻然)을 전연(leading edge, L.E.), 반대 측연을 후연(trailing edge, T.E.)이라 하며, 날개의 끝을 익단(blade tip), 붙어 있는 뿌리 부분을 익근(blade root)이라고 한다. 그리고 중심축(center axis)은 피치(pitch)의 기준선을 나타낸다.

다음에는 프로펠러의 형상과 치수에 대해서 열거하고 간단히 설명하기로 한다.

1. 프로펠러의 치수

(1) 지름

프로펠러가 1회전할 때 날개의 끝 부분(blade tip)이 그리는 원(tip circle)을 지름(diameter)이라고 하는데, 이것은 형상, 치수, 성능을 나타내는 데 대단히 중요한 요소이다(그림 7-5 참조).

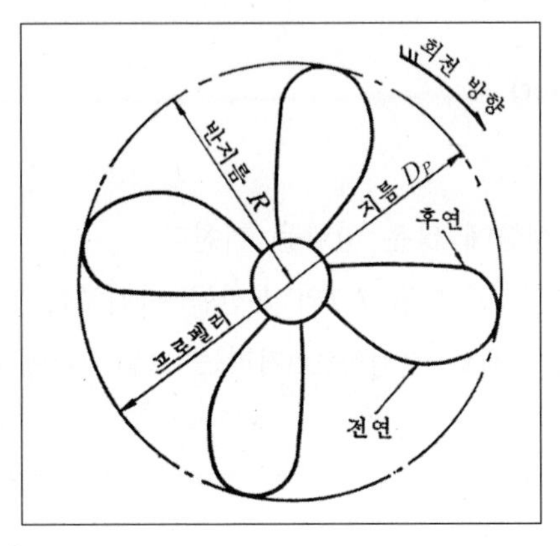

그림 7-5 지름, 전원 면적, 전연, 후연

(2) 피치

프로펠러가 1회전할 때 날개 위의 임의의 한 점이 축 방향으로 이동한 거리를 피치(pitch)라고 한다.

그림 7-6은 어떤 반지름의 동심 원통면에서 프로펠러의 날개를 자른 단면을 나타내고 있으며, 1개의 나사면 중 1/4 회전한 경우의 피치, 즉 1/4 피치는 그림 7-6에서 A로부터 B까지 나타내고 있는 것이 된다.

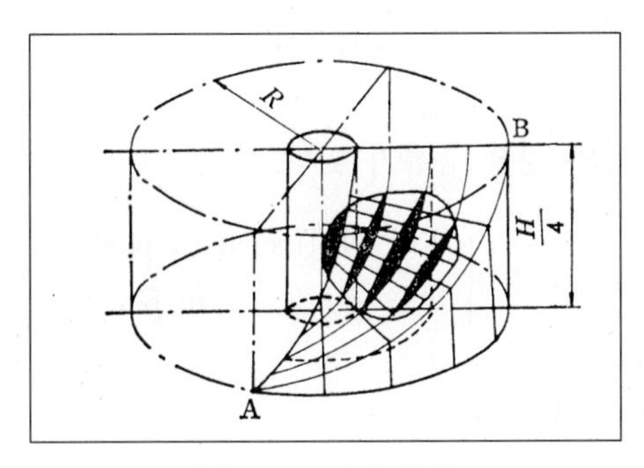

그림 7-6 피치 설명도

또한, 이 원통면을 전개하면 경사 직선이 되는데, 이 경사 직선과 수직 평면에 대해 측정하면 어떤 경사각을 이룬다. 이 경사각을 피치각(pitch angle) 또는 나선각(helical angle)이라고 한다.

이 피치각을 θ라고 표시하면 다음 식으로 구할 수 있다.

$$\theta = \tan^{-1}\frac{H}{2\pi R} = \tan^{-1}\frac{H}{\pi D_P}$$

여기서, H : 피치(pitch)

D_P : 지름(diameter)

R : 반지름

프로펠러 피치의 크기는 성능에 많은 영향을 끼친다.

이론상은 프로펠러가 1회전하면 그림 7-7의 H만큼 전진하는 것이 되지만, 물은 고체가 아니기 때문에 후방으로 흘러 실제로 전진하는 거리는 그림 7-7에서와 같이 줄어들게 된다.

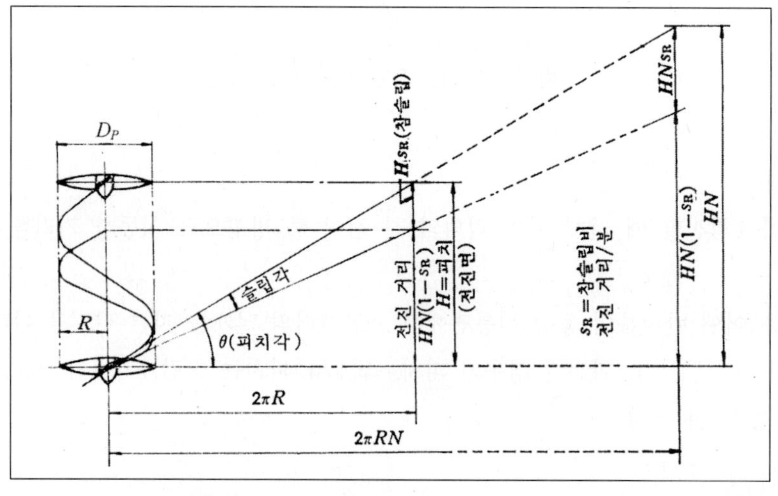

그림 7-7

프로펠러의 피치에는 다음과 같은 종류가 있다.

- 피치
  - 고정 피치(fixed pitch)
    - 일정 피치(constant pitch)
    - 변동 피치(variable pitch)
      - 점증 피치(increasing pitch)
      - 점감 피치(decreasing pitch)
  - 가변 피치(controllable pitch)

변동 피치 프로펠러 요목으로 표시하는 피치는 일반적으로 $R0.7$ 정도의 피치를 상용하는 것을 평균 피치라고 한다.

이것은 $R0.7$ 부근의 날개 부분이 프로펠러로서 상당히 유효하게 작용하는 곳으로, $R0.7$을 그 날개의 성능을 대표하는 날개 단면으로 생각해서 이 부분을 프로펠러의 피치라 하는 것이다.

[피치의 계측]

피치를 계측할 때에는 그림 7-8과 같은 피치 계측기를 사용해서 계측하는 방법과 사용하지 않는 간략한 방법이 있다.

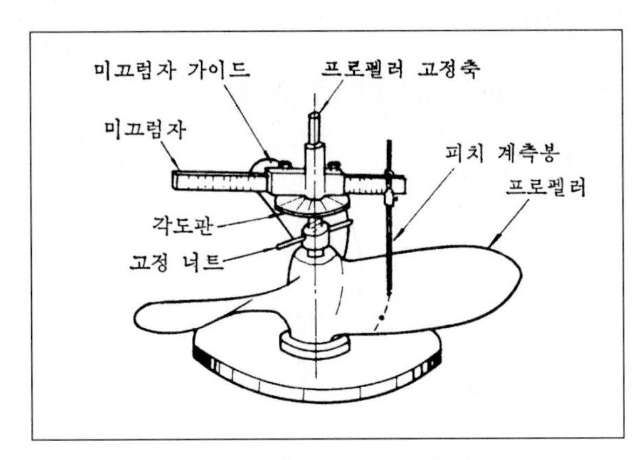

그림 7-8 피치 계측기의 예

(가) 피치 계측기를 사용해서 계측하는 방법은 그림 7-8에서와 같은 프로펠러를 정반 위에 압력면을 위로 해서 프로펠러축을 고정한다. 미끄럼자의 방향과 길이를 가감해서(방향은 각도판 위의 눈금과 일치하도록 하고, 길이는 계측할 반지름 위치와 같게 할 것) 그림 7-9와 같이 계측봉의 끝은 피치를 측정하는 A점에 접촉할 때까지 내리고, 이때의 계측봉의 길이를 읽어 이것을 a(cm)로 한다.

다음에 미끄럼자를 $\theta°$(36° 또는 18°) 회전시켜서 재차 계측봉의 끝이 점 B에 접촉할 때까지 내려 봉의 길이를 읽고 이것을 b(cm)로 한다면, 피치 H는 다음 식으로 구해진다.

$$H(\text{cm}) = \frac{(b-a)360}{\theta°}$$

$\theta°$가 36°일 때에 위 식은

$$H = (b-a)10$$

으로 되며, $\theta°$가 18°일 때에는

$$H = (b-a)20$$

으로 되어 계산하기 쉽게 된다.

(나) 피치 계측기를 사용하지 않을 경우 프로펠러 반지름의 0.7배인 경우의 피치를 평균 피치로 생각하면, 약간 부정확하기는 하지만 다음 방법이 간략법으로 이용되고 있다.

그림 7-9와 같이 프로펠러의 압력면을 위로해서 정반 위에 놓고, $R0.7$의 원이 날개의 전후연을 자르는 점을 각각 A와 B로 하여 A와 B로부터 정반까지의 수직 거리를 각각 a(cm)와 b(cm)로 한다.

호 AB의 길이를 C(cm)로 한다면 피치 H(cm)는 다음 식으로 구해진다.

$$H(\text{cm}) = \frac{4.4R(b-a)}{C}$$

※ $2\pi \times 0.7 = 4.398 \fallingdotseq 4.4$ ($R0.7$일 때)

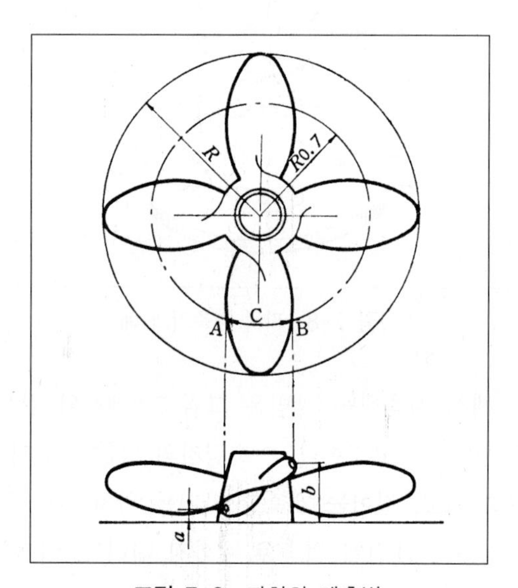

그림 7-9 피치의 계측법

(3) 피치비

프로펠러의 지름을 D_P, 피치를 H로 했을 때

$$p = \frac{H}{D_P}$$

를 피치비(pitch ratio)라고 한다.

피치는 길이이기 때문에 가령 2개의 프로펠러가 상사형이더라도 프로펠러의 크기가 틀리다면 당연히 피치도 틀려지게 되지만, 피치비는 지름과의 관계이므로 상사형이라면 프로펠러의 크기가 틀리더라도 그 값은 같게 되어 프로펠러의 성능을 비교하는 것으로는 아주 좋다.

피치비는 배의 종류, 용도, 기관의 출력, 회전수 등에 따라서 같지는 않지만 0.5~1.2 범위의 것이 많다.

(4) 경사

보통 프로펠러는 그림 7-10(그림 7-1, 7-2 참조)에 나타낸 것과 같이 날개 뿌리는 프로펠러 축의 중심선에 대해서 직각으로 심어져 있지 않으며, 선미 방향으로 어느 정도 경사(rake)되어 있다(후방 경사라 한다).

이 기울어져 있는 각을 경사각(rake angle)이라고 한다. 일반적으로 후방 경사가 보통이지만, 소형 고속정에서는 전방 경사도 있다.

이것은 프로펠러의 회전수가 높아지면 원심력에 의한 휨 모멘트가 축에 작용하게 되며, 이 때문에 날개 뿌리에 생기는 휨 모멘트는 날개의 추력에 의한 휨 모멘트와 반대 방향으로 작용하므로, 결국 뿌리에 작용하는 휨 모멘트는 경사에 의한 휨 모멘트만큼 감소하게 되는 것이다.

일반적으로 프로펠러의 경사각은 10～15°의 범위를 택하고 있는 것이 많다.

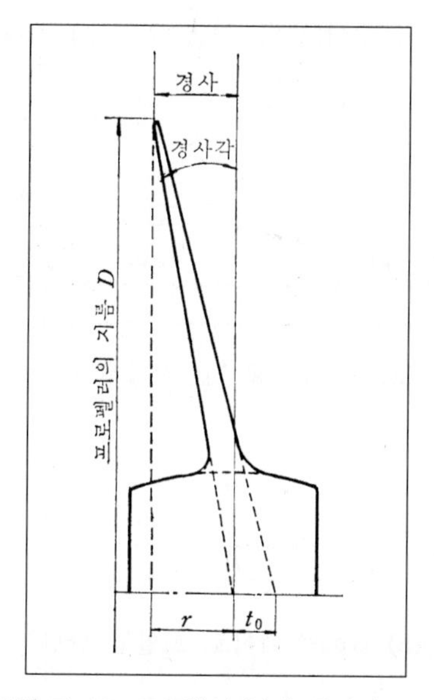

그림 7-10 프로펠러 날개 뿌리의 경사

(5) 경사비(rake ratio)

그림 7-10에서 날개 끝으로부터 프로펠러축의 중심선에 그은 수선과 경사선을 프로펠러축의 중심선 위치에서 계측한 길이를 r(m)이라 하면,

$$경사비 = \frac{r}{D_P}$$

로 표시되며, 이때 D_P는 프로펠러의 지름으로서 [m]로 나타낸다.

(6) 스큐 백

그림 7-4에서와 같이 날개 최대 두께의 선(線)이 회전과 반대 방향으로 기울어진 경우, 다시 말해서 날개의 끝 부분이 회전 방향과 반대 방향으로 기울어진 양을 스큐 백(skew back)이라고 한다.

이것은 선미재(stern frame)와 축 브래킷(shaft bracket)의 근방에서 회전하고 있는 날개가 전장에 걸쳐 동시에 접근하고 있는 충격과 비틀림 모멘트의 급격한 변동이 심해서 회전을 될 수 있는 한 원활하게 하기 위한 것이다.

(7) 날개 단면

날개 단면(blade section)의 전개도에 있어서 압력면의 형상은 보통 1개의 직선이지만, 배면의 형상이 원호나 포물선으로 되어 있다

최대의 두께가 폭의 중앙에 있는 것을 원활 단면 또는 원형 단면(ogival section)이라 부르며, 비행기의 날개 모양인 것을 에어로포일 날개형 단면(aerofoil section)이라고 부른다.

에어로포일 날개형 단면에는 선연형(선박 기술 연구소), troost형 등이 있다. 그림 7-11에 날개 단면을 나타내었다.

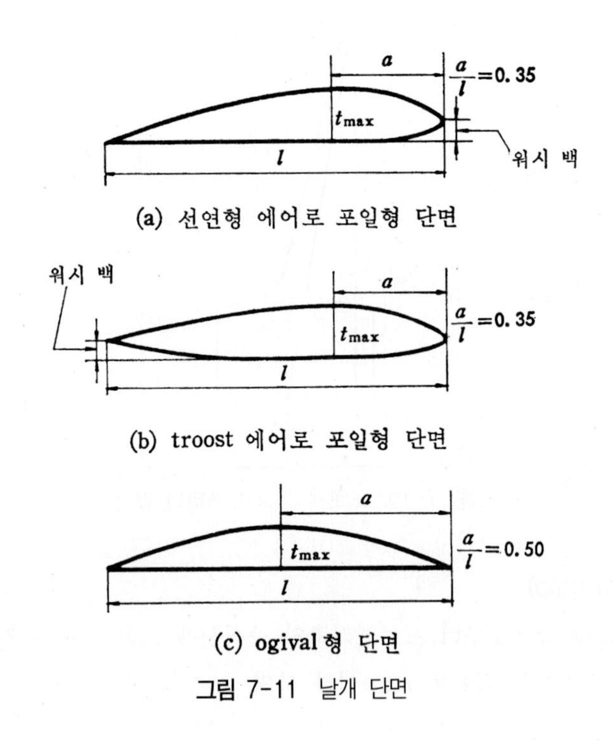

그림 7-11 날개 단면

에어로포일형 날개 단면에서는 최대 두께가 전연으로부터 폭의 약 1/3 부근에 있으며, 날개 단면에 있어서 전후연부에서 압력면의 직선이 급격히 올라가 있는 경우 이것을 워시 백(wash back)이라고 부른다.

일반적으로 에어로포일 날개형은 효율면에서 특히 뛰어난 형상이며, 원호형은 공동 현상 발생 방지와 공기 흡입 현상의 방지상 유효한 형상이다. 원호형 프로펠러 날개 단면에서, 특히 날개 두께가 큰 날개 뿌리 부근에서는 에어로포일 날개형에 워시 백을 두게 되면 유효하게 된다.

(8) 보스비

그림 7-12에 표시한 보스의 지름 D_B와 프로펠러의 지름 D_P의 비를 보스비 d_B라고 한다.

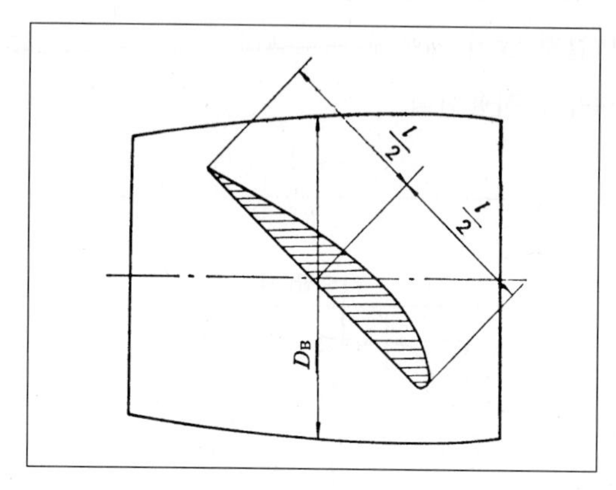

그림 7-12 보스의 지름

보스의 지름은 그림 7-12에서 보는 바와 같이 날개의 중심선이 보스의 중심이 되도록 계획된다. 그러나 대략적으로 보아 보스의 양 끝 평균을 쓰고 있다.

프로펠러 효율을 좋게 하기 위해서는 프로펠러의 지름 D_P값을 일정하게 하고, 구조상 허락하는 범위 내에서 보스비 d_B의 값을 작게 하는 것이 좋다.

$$d_B = \frac{D_B}{D_P}$$

이 d_B의 값은 일체형(solid type)에서는 0.2 이하이며, 조립형(built-up type)의 경우에는 0.2 이상인 것이 보통이다. 또한, 가변피치 프로펠러(controllable pitch propeller)의 경우에는 0.25～0.30이 된다.

(9) 중심 날개 두께(blade thickness fraction, B.T.F.)

날개 뿌리의 두께는 프로펠러의 강도를 계산하여 결정하는 것으로 한다.

날개 단면의 최대 두께는 그림 7-10에서 나타낸 것과 같이 반지름이 감소함에 따라 직선적으로 증가하고 있는 것이 보통이지만, 프로펠러축의 중심선까지 연장해서 중심선 위에 있는 가상 최대 날개 두께를 t_0로 한다면,

$$t = \frac{t_0}{D_P}$$

로서, 표시되는 t를 중심 날개 두께비라고 한다.

프로펠러의 지름 D_P값이 정한 것에 대해서는 t가 크게 되면 프로펠러의 효율은 떨어지게 되므로 강도가 허락하는 한 t의 값을 작게 하는 쪽이 좋다.

t의 실제값은 0.03~0.07의 범위에 있다.

(10) 평균 날개폭비(mean blade width ration, M.W.R.)

날개의 폭은 반지름이 같지 않기 때문에 프로펠러의 작용을 조사하거나 설계와 성능을 조사할 경우에는 평균 날개폭을 사용한다.

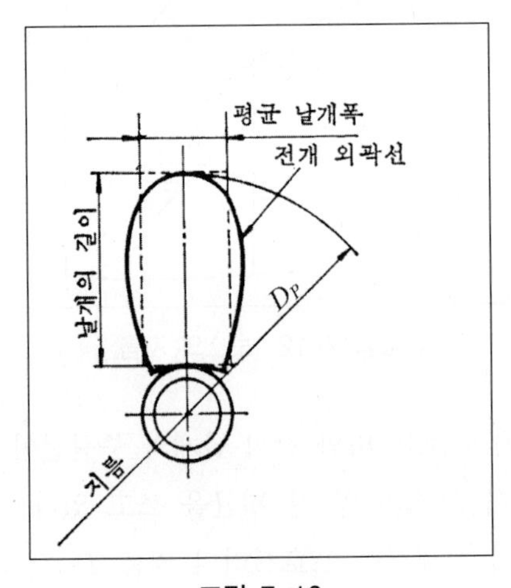

그림 7-13

평균 날개폭은 그림 7-13과 같이 날개 1매의 전개 면적을 날개의 길이로 나눈 값이다.

$$\text{평균 날개폭} = \frac{\text{전개 면적}}{\text{날개수} \times \text{날개의 길이}}$$

$$\text{평균 날개폭비} = \frac{\text{평균 날개폭}}{\text{프로펠러의 지름}}$$

크기가 다른 프로펠러를 비교할 경우에는 평균 날개폭비를 쓰는 쪽이 편리하고 좋기 때문에 이 방법을 많이 사용하고 있다.

(11) 프로펠러의 회전 방향

프로펠러의 회전 방향은 선미로부터 선수를 향해서 볼 때의 회전 방향을 말한다.

프로펠러가 전진 회전할 때에 시계 바늘이 도는 방향으로 도는 것을 우회(right handed turning)의 프로펠러라 하며, 이와 반대의 경우를 좌회(left handed turning)의 프로펠러라고

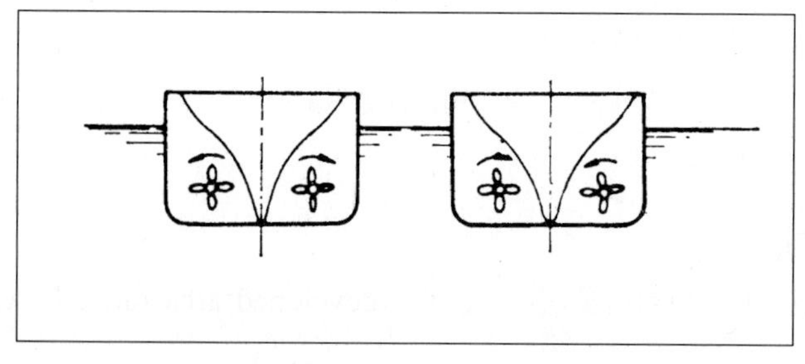

(a) 바깥쪽 회전　　　　(b) 안쪽 회전

그림 7-14

한다. 그림 7-14와 같다.

1축선(single screw)에서는 우회하는 것이 많고, 2축선(twin screw)의 경우에는 우현의 프로펠러는 우회, 좌현의 프로펠러는 좌회로 하는 것이 많으며, 이와 같은 것을 바깥쪽 회전(outward turing 혹은 outer turning)이라 한다. 반대로 우현의 프로펠러는 좌회, 좌현의 프로펠러는 우회하는 경우를 안쪽 회전(inward turning 혹은 inner turning)이라고 한다.

2. 프로펠러의 형상

(1) 전원 면적(disc area)

프로펠러가 회전할 때 날개 끝이 그리는 날개 끝원(tip circle)의 면적을 말한다. 이 원의 면적을 전원 면적이라고 한다.

$$\text{전원 면적} = \frac{\pi {D_P}^2}{4}$$

여기서, D_P : 프로펠러의 지름

(2) 전개 면적

프로펠러 날개의 압력면을 평면상에 펼쳐 놓았을 때의 면적으로, 보스의 면적과 날개 사이의 면적을 포함하지 않은 면적이며, 보통 1매의 날개 전개 면적(developed area, A_D)에 날개수를 곱한 면적이 사용된다.

그림 7-4의 점선을 나타낸 면적을 말한다.

(3) 투영 면적(projected area, A_P)

프로펠러의 날개가 프로펠러축에 직각인 평면에 투영된 면적을 말하며, 전개 면적과 같이 보스와 날개 사이의 부분은 포함하지 않은 날개수 전체의 면적을 나타낸다.

$$A_P = A_E\left(1.067 - 0.229 \times \frac{H}{D_P}\right)$$

여기서, D_P, H : 프로펠러 지름(m)과 피치(m)

(4) 전장 면적(expanded area, A_E)

프로펠러를 설계할 때에 쓰여지는 것이며, 가상의 것이어서 설계, 제도하는 사람 이외에는 주어질 필요가 없는 것이다.

(5) 전개 면적비

전원 면적에 대한 전개 면적비를 전개 면적비(developed area ratio, D.A.R)라 하며, 간단히 면적비라고도 한다.

$$\text{전개 면적비(D.A.R.)} = \frac{\text{전개 면적}}{\text{전원 면적}} = \frac{\text{날개수} \times \text{날개 1매의 전개면적}}{\frac{\pi D_P{}^2}{4}}$$

(6) 투영 면적비

전원 면적에 대한 투영 면적의 비를 투영 면적비(projected area ratio, P.A.R.)라 한다.

$$\text{투영 면적비(P.A.R.)} = \frac{\text{투영 면적}}{\text{전원 면적}} = \frac{\text{날개수} \times \text{날개 1매의 투영 면적}}{\frac{\pi D_P{}^2}{4}}$$

(7) 단면 전개 면적비

전원 면적에 대한 전체 날개 단면의 전개 면적비를 단면 전개 면적비(expanded area ratio, E.A.R.)라 한다.

$$\text{투영 면적비(E.A.R.)} = \frac{\text{전체 날개 단면의 전개 면적}}{\frac{\pi D_P{}^2}{4}}$$

3. 참 슬립 및 겉보기 슬립

프로펠러가 회전해서 생긴 추력(thrust)에 의해서 배는 어느 속도로 진행한다. 이때, 배의 속력과 프로펠러의 회전수, 그리고 피치와의 사이에는 다음과 같은 관계가 있음을 알 수 있다.

프로펠러가 회전해서 이론적으로 진행하는 거리로 프로펠러가 1회전하면 1피치, 즉 H(m) 앞으로 진행한다. 따라서, 1분간 N회전하면 HN(m)만큼 진행한다. 예를 들면, 1분(60초)에 N회전하는 프로펠러는 HN(m/min)이 되며, 혹은

$$\frac{HN \times 60}{1852} \text{(m/min)} = \frac{HN}{30.87} \text{(m/min)}$$

여기서, H: 프로펠러의 피치

이 경우, 프로펠러는 고체 속이 아닌 유체 속에서 회전하므로 유동하기 쉬운 물로 인하여 후방에서 시달림을 받기 때문에 실제로는 HN(m)으로 전진하지 못하게 된다.

이와 같은 것을 겉보기 슬립(apparent slip)이라고 하며, 실제로 배가 진행하는 속력을 V (kn)라고 하면

$$\text{겉보기 슬립} = \frac{HN}{30.87} - V$$

로 나타낼 수 있다.

한편, $\frac{HN}{30.87}$을 프로펠러 속력이라고 한다.

겉보기 슬립을 프로펠러 속력으로 나눈 값을 겉보기 슬립비(apparent slip ratio)라 하며, 일반적으로 슬립이라고도 한다.

겉보기 슬립비의 겉보기를 약해서 부르는 수가 많다. 겉보기 슬립을 S_A라고 표시하면,

$$S_A = \frac{\frac{HN}{30.87} - V}{\frac{HN}{30.87}} = 1 - \frac{30.87\,V}{HN}$$

배가 달릴 때에 물은 움직이지 않는 것으로 취급했지만, 실제로는 선체 주위의 물은 배가 달리면 어느 정도는 배의 진행 방향과 같은 방향으로 흐른다. 이 흐름을 반류(伴流, wake)라고 하는데, 특히 배의 뒷부분에서 그 크기는 대단히 크다.

이 흐름은 대단히 복잡한 흐름이 된다.

㈎ 반류 속도는 선체에 가까워짐에 따라 빨라진다.

㈏ 반류는 선형에 따라서 다르다. 즉, 길이가 작고, 폭이 넓은 배와 깊이가 깊은 배에서는 반류가 크다.

㈐ 동일선에서도 배의 속력에 따라서 변화하며, 고속이 되면 반류율이 점차 작아지게 된다. 즉, 동일선에서는 선미 부근에서 제일 빠르다.

이와 같은 반류가 있어서 회전하는 프로펠러의 속력을 흐르고 있는 물로부터 보면 배의 속력 V보다도 느리게 된다. 따라서, 반류 중에서 프로펠러가 회전하면 V보다 반류만큼 늦게 물 속에서 회전하는 것으로 된다.

프로펠러는 회전하는 물 속에서 회전하며, 회전하는 물의 작용을 받기 때문에 회전하는 물의 속력을 사용하는 것처럼 된다. 물에 대한 속도를 프로펠러의 전진 속도(advanced speed)라 하며, 배의 속력 V와 구별해서 V_A로 나타낸다.

슬립의 경우에도 V를 바꾸어 V_A를 쓰면 바른 뜻의 슬립, 즉 참 슬립(real slip)이 된다.

$$\text{참 슬립} = \frac{HN}{30.87} - V_A$$

또, 이것을 프로펠러 속력으로 나타낸 것을 참 슬립비(real slip ratio)라 하며 이것을 S_R로 표시하면,

$$S_R = \frac{\dfrac{HN}{30.87} - V_A}{\dfrac{HN}{30.87}} = 1 - \frac{30.87\, V_A}{HN}$$

참 슬립비의 방법이 이론상 올바른 것이기는 하지만 실선에서는 프로펠러 주위의 반류로 취급할 수 없기 때문에 겉보기 슬립비가 일반적으로 쓰여지며, 참 슬립비는 이론 혹은 시험 연구일 때에만 쓰이고 있다.

그림 7-7에서는 슬립과 피치의 관계를 나타낸 것이고, 그림 7-15는 프로펠러의 속력, 배의 속력, 전진 속도, 겉보기 슬립, 참 슬립, 반류 등의 관계를 나누어서 쉽게 그림으로 나타낸 것이다.

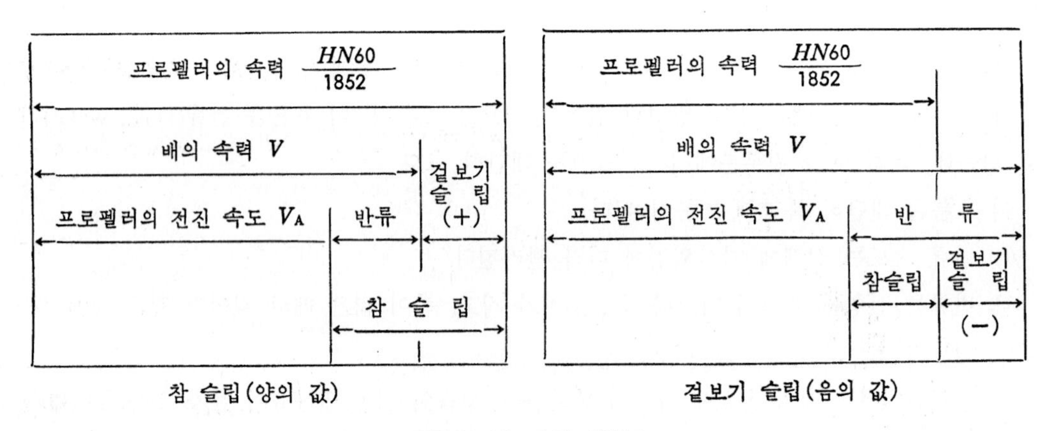

그림 7-15 슬립 설명도

이것을 보면 알 수 있는 것과 같이 참 슬립은 항상 겉보기 슬립보다도 값이 커져서 (+)로 되지만, 겉보기 슬립은 반류가 커지면 (−)로 되는 일이 있다.

반류와 배의 속력 V에 대한 비는 w로 나타내며, 이것을 반류계수(wake fraction)라고 한다. 이 관계를 식으로 표시하면,

$$w = \frac{V - V_A}{V}, \text{ 즉 } V_A = V(1-w) \quad \cdots\cdots (7\text{-}1)$$

가 되며, 겉보기 슬립과 참 슬립과의 식에서 다음과 같이 나타낼 수 있다.

$$\frac{HN}{30.87}(1 - S_R) = V_A \quad \cdots\cdots (7\text{-}2)$$

$$\frac{HN}{30.87}(1-S_A)=V \quad \cdots\cdots (7\text{-}3)$$

식 (7-1), (7-2), (7-3)으로부터

$$\frac{HN}{30.87}(1-S_A)(1-w)=\frac{HN}{30.87}(1-S_R)$$

$$\therefore\ 1-w=\frac{1-S_R}{1-S_A}$$

의 관계식을 얻을 수 있다.

예를 들면, 어떤 배의 프로펠러가 145.8 rpm이 될 때 겉보기 슬립비가 -0.076이었다. 이때 배 속력의 26% 반류가 발생했다면 참 슬립은 얼마이며, 또 프로펠러의 지름이 5.220 m, 피치비가 0.730이라면 배의 속력은 몇 kn가 되겠는가?

$$\text{피치}(H)=pD_P=0.730\times 5.220=3.811\ \text{(m)}$$

$$\therefore\ V=\frac{HN(1-S_A)}{30.87}=\frac{3.811\times 145.81(-0.076)}{30.87}=19.370\ \text{(kn)}$$

$$\therefore\ S_R=1-\frac{30.87\,V_A(1-w)}{HN}=1-\frac{30.87\times 19.37\times(1-0.260)}{3.811\times 145.8}=0.204$$

7.2 축계(system of shaft)

선박은 주기관이 발생하는 동력을 선미 쪽의 선체 밖으로 설치되어 있는 추진기에 전달하는 장치가 필요하다. 주기관에서 발생한 회전 동력을 추진기에 전달하고 다시 추진기에서 얻어진 추력을 선체에 전달하는 일련의 축을 축계라고 한다.

7.2.1 축계와 프로펠러

주기와 프로펠러는 그림 7-16에 보인 것과 같이 단강제 축으로 연결되어 있어서 주기에서 발생한 출력이 그 축을 타고 프로펠러에 전달된다. 그 축은 일반적으로 두 부분으로 이루어지며, 프로펠러가 붙는 축을 프로펠러축(propeller shaft), 주기관과 프로펠러축 사이의 축을 중간축(intermediate shaft)이라 부른다.

중간축은 여러 개의 중간축 베어링(intermediate shaft bearing)에서 지지되고, 프로펠러축은 선미관(stern tube) 속에 마련된 선미관 베어링(stern tube bearing)에서 지지된다. 위에서 말한 프로펠러축, 중간축, 중간축 베어링, 선미관, 선미관 베어링 및 프로펠러를 통틀어 축계라 부른다. 다음에 프로펠러와 선미관 베어링 구조의 개요를 살펴보기로 한다.

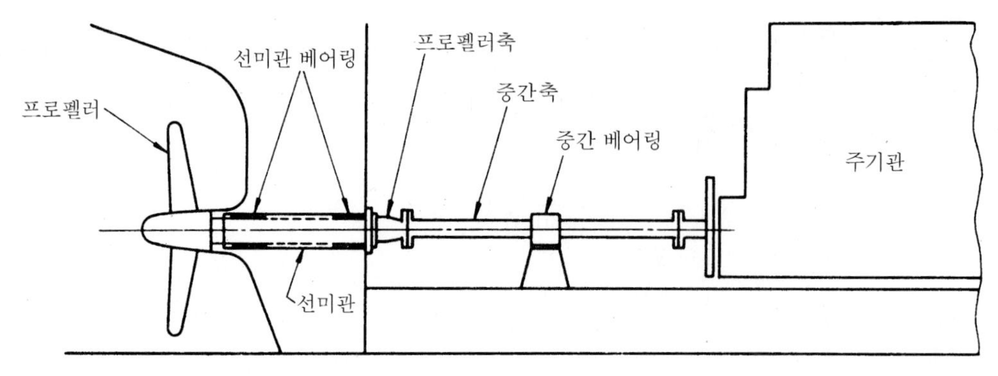

그림 7-16 축계의 개략도

선체와 추진기를 서로 연결하여 회전 동력과 얻어진 추력을 전달하는 장치가 축계가 되며, 선박의 축계는 다음과 같은 기능을 가지고 있다.

(1) 주기관의 회전 동력을 추진기에 전달한다.
(2) 선체와 추진기를 연결하여 추진기를 지지한다.
(3) 추진기와 물의 작용으로 얻어진 추력을 선체에 전달한다.
(4) 축계 자체의 진동이 작아야 하며, 선체 진동을 유발하지 않아야 한다.
(5) 고속의 운전과 역회전에도 잘 견딜 수 있어야 한다.
(6) 주기관의 운전에 대하여 신속히 반응하고, 신뢰성이 있어야 한다.

축(shaft)의 수에 따라 1축선, 2축선 등으로 구분하고 있으며, 전체 선박의 약 85%는 1축선이다. 1축선은 다축선에 비하여 추진 효율이 좋고, 추진 장치의 장비가 간단하다.

1. 추력축(thrust shaft) 및 추력 베어링(thrust bearing)

추력축은 diesel ship에서는 크랭크축의 뒤 끝에, turbine ship에서는 감속 기어의 큰 기어축의 뒤 끝에 연결된 축으로서, 추력 칼라(thrust collar)를 가지고 있다.

그리고 이러한 추력축은 선체에 붙어 있는 추력 베어링(thrust bearing)의 추력 전달면에 밀접해 있으면서, 프로펠러로부터 전달되어 오는 추력을 받아서 선체에 전달하며 배를 추진시킨다.

2. 중간축(intermediate shaft) 및 중간 베어링(plumber block)

중간축은 추력축과 프로펠러축을 연결하는 축으로서, 플랜지 이음에 의해서 연결되어 있다. 축 자체의 무게, 선체의 비틀림 및 베어링면의 압력 등을 고려하며, 중간축에는 1~2개의 중간 베어링(plumber block)을 설치하여 지지하고 있다.

베어링면의 압력은 2.5~3.0 kgf/cm^{2}이고, 또한 중간 베어링 사이의 간격은 대략 균등하게 설치하는 것을 원칙으로 한다. 베어링의 라이너(liner)는 주철제가 많이 사용된다.

3. 선미관(stern tube)

선미관은 프로펠러축이 선체를 관통하는 선미재(stern frame)와 기관실 후단 격벽 사이에 설치하는 것으로서, 선체 안으로 해수가 들어오는 것을 막고 프로펠러축에 대한 베어링의 역할도 한다.

7.2.2 프로펠러의 종류와 구조

프로펠러에는 여러 가지 종류가 있으나, 일반상선에 사용되는 것은 거의 나선 프로펠러(screw propeller)이며, 고정피치 프로펠러(fixed pitch propeller, FPP)와 가변피치 프로펠러(controllable pitch propeller, CPP)가 있다. 그러므로, 여기서는 FPP와 CPP의 구조에 대하여 개략적으로 살펴보기로 한다.

1. 고정피치 프로펠러

그림 7-17은 고정피치 프로펠러의 구조를 개략적으로 보여 준다. 이 프로펠러의 날개(blade)와 보스(boss)는 일체로 주조되어 있고, 보스의 중앙부에는 큰 구멍이 있어서 프로펠러축에 끼워 넣게 되어 있다. 이와 같이 날개와 보스가 일체로 되어 있는 프로펠러를 일체형 프로펠러(solid type propeller)라 하는데, 현재 사용되고 있는 고정피치 프로펠러는 거의 모두

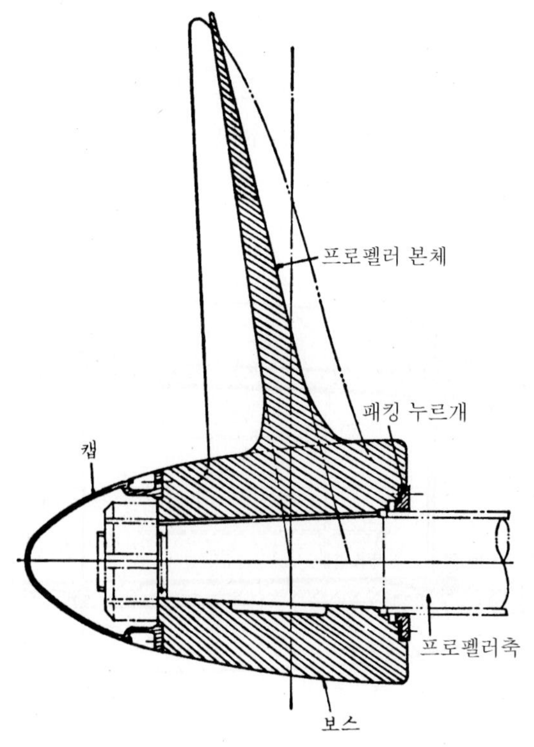

그림 7-17 고정피치 프로펠러의 구조

일체형이다. 이에 반하여, 프로펠러의 날개를 보스에 볼트로 결합하는 구조의 것을 조립식 프로펠러(build up type propeller)라 부른다. 조립식은 날개가 손상을 받았을 때 보수가 간단하다는 잇점이 있어서 약 20년 전까지 널리 사용되었었지만, 보스가 커져서 프로펠러 효율이 나빠지므로 현재는 거의 쓰이지 않게 되었다.

프로펠러의 날개수는 주기관의 출력과 배의 속력에 따라 다르지만, 4～6개가 보통이다. 단축선에서의 프로펠러의 회전 방향은 배의 뒤쪽에서 선수 쪽을 바라볼 때 시계침이 도는 방향과 같은 우회전식으로 되어 있다. 2축선의 경우에는 물 위의 부유물을 빨아당기지 않도록 우현 프로펠러는 우회전식으로 하고 좌현 프로펠러는 좌회전식으로 한 이른바 외향회전식을 채택하는 배가 많지만, 간혹 이와 반대로 우현 프로펠러가 좌회전하고 좌현 프로펠러가 우회전하는 이른바 내향회전식을 채택하는 배도 있다. 그것은 내향회전식 프로펠러 쪽이 외향회전식의 경우보다 추진 효율이 조금 높다고 생각되기 때문이다.

프로펠러는 주기관이 내는 출력을 추력으로 바꾸는 역할을 하므로 기계적 강도가 충분해야 하고, 또 항상 해수에 잠겨 있으므로 내식성이 충분한 재질로 만들어져야 한다. 그래서 프로펠러의 재료로는 망간청동(manganese bronz)이나 니켈-알루미늄청동(nickel-aluminum bronz) 등과 같은 동합금계통의 것이 많이 쓰이고 있다. 니켈-알루미늄청동은 망간청동에 비해 값이 조금 비싸지만 인장강도나 내식성이 우수하므로, 지름이 4.5～5 m를 넘는 대형 프로펠러에 사용되고 있다.

프로펠러 보스와 프로펠러축의 끼워맞춤부분은 그림 7-17에도 나타나 있는 바와 같이, 원추형으로 되어 있고, 프로펠러를 끼운 뒤에 너트로 죄어 그것이 빠져나오지 못하게 한다. 그리고 프로펠러축의 뒤끝 원추형 부분(cone part)에는 키(key)를 끼워서 프로펠러가 겉돌지 못

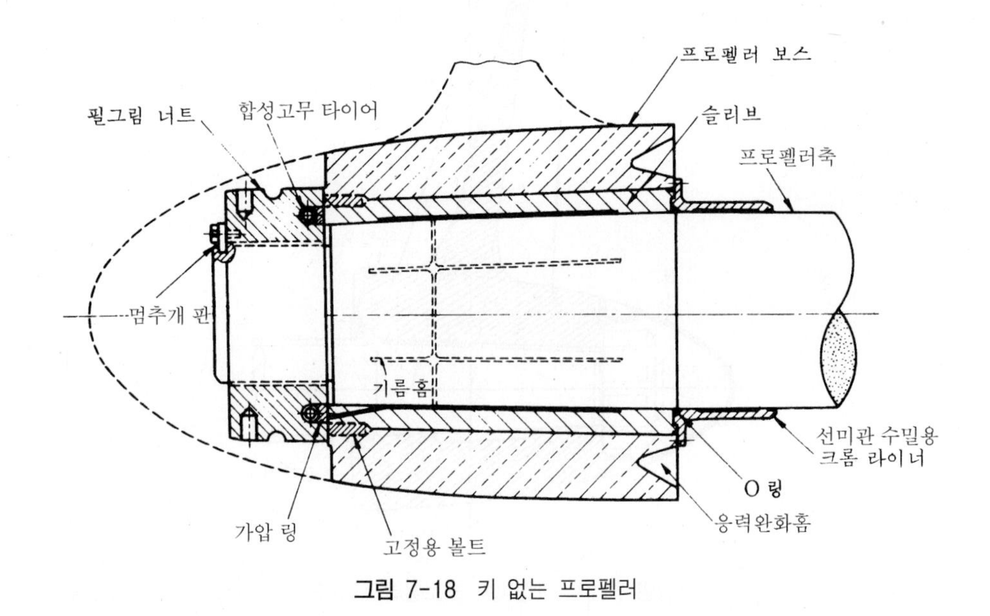

그림 7-18 키 없는 프로펠러

하게 한다. 그러나 주기관의 출력이 큰 경우에는 프로펠러축의 키 홈에 큰 압력이 발생하여 균열이 생길 우려가 있으므로, 그것을 방지하기 위해 키를 없앤 이른바 키 없는 프로펠러(keyless propeller)가 개발되었으며, 대형선에 상당히 많이 사용되고 있다. 그림 7-18은 키 없는 프로펠러의 한 예를 보여주고 있는데, 프로펠러 보스와 프로펠러축 사이에 주철제 슬리브를 필그림 너트(pilgrim nut)라 불리는 축압너트로 밀어 넣거나 빼낼 수 있는 구조로 되어 있으며, 그 주철 슬리브의 마찰력으로 프로펠러를 프로펠러축에 고착시킨다.

2. 가변피치 프로펠러

가변피치 프로펠러(CPP)는 그 날개와 보스 사이의 각도를 유압원격조작에 의해 제어하여 피치를 바꿀 수 있게 한 프로펠러이다. 가변피치 프로펠러 구조에서는 프로펠러축 속으로 유압관이 관통해 있고, 조타실에서 피치조정레버를 조작하면 프로펠러 보스 안의 유압기구가 작동하여 피치를 지시된 값으로 제어하게 되어 있다.

그 밖에 가변피치 프로펠러를 장비한 배에서는 앞서 말한 것과 같이 조선상(操船上) 편리한 점이 여러 가지 있으나, 프로펠러 피치가 0에 가까워지면 프로펠러 후류가 거의 타를 치지 않게 되어 저속에서는 고정피치 프로펠러의 경우에 비해 타가 잘 안 듣는 일이 있으므로, 저속으로 운항할 때 조선(操船)에 유의하여야 한다. 또, 전진 때 우회전하는 고정피치 프로펠러를 장비한 배는 타각 0°로 후진하면 선미가 좌현 쪽으로 돌아가지만, 가변피치 프로펠러를 장비한 배에서는 후진 때도 프로펠러의 회전 방향이 전진 때와 같으므로 각도 0°로 후진하면 선미가 우현 쪽으로 돌아간다. 그러므로, 선주의 요구에 따라 가변피치 프로펠러를 장비한 배에서 전진 때 프로펠러를 좌회전하게 함으로써 후진 때 선미가 돌아가는 방향을 고정피치 프로펠러선의 경우와 같아지게 하는 일도 있다.

가변피치 프로펠러 날개의 재질은 고정피치 프로펠러의 경우와 마찬가지로 동합금계가 많으나, 제작회사에 따라서는 스테인리스 강을 쓰는 경우도 있다.

대형 가변피치 프로펠러의 라이센서로서는 Ka Me Wa(스웨덴), Escher Wyss(스위스), Lips(네덜란드), SMM(영국) 등이 유명하다.

7.2.3 선미관 베어링의 구조

선미관 베어링은 선미관 속에 들어 있는 베어링이며, 프로펠러축을 지지하는 역할을 하는 것이다. 소형선의 선미관은 그림 7-19에 보인 것과 같은 구조의 주철 또는 주강제품이고, 중대형선의 선미관은 그림 7-21에 보인 것과 같이 선미골재(stern frame)에 강판제 관을 용접해 붙인 구조로 되어 있다. 프로펠러는 프로펠러축의 내다지의 뒤 끝에 달려 있으므로, 선미관 베어링에는 큰 하중이 걸린다. 그러므로, 이 베어링은 그런 하중에 견딜 만한 충분한 강도를 가져야 한다. 또한, 선미관은 프로펠러축이 선체를 관통하는 관이므로, 그곳에서 해수가 새어

들어오거나 반대로 선미관 안의 윤활유가 선외로 새어나가는 일이 없도록 밀봉장치가 잘 되어 있어야 한다. 선미관 베어링의 구조는 예부터 여러 가지 형식이 있었으나, 현재 일반선박에 쓰이고 있는 것은 리그넘 바이티(lignum vitae)방식, 커틀리스 베어링(cutless bearing)방식 및 기름윤활(oil bath)방식이다.

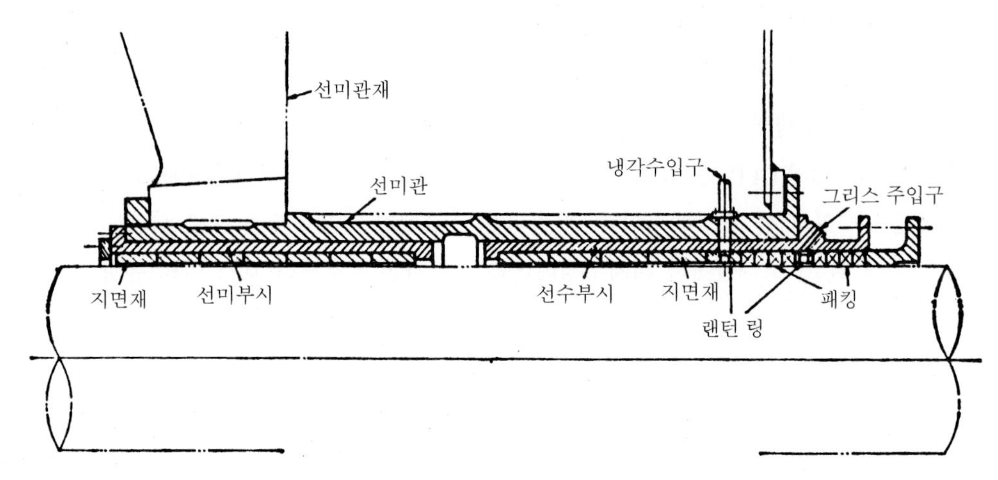

그림 7-19 리그넘 바이티방식의 선미관 베어링

1. 리그넘 바이티(lignum vitae)방식

리그넘 바이티방식에서는 그림 7-19에 보인 바와 같이 선미관의 앞쪽과 뒤쪽에서 부시를 박고, 그 속에 리그넘 바이티라 불리는 열대목재편으로 된 지면재들을 붙여서 베어링의 역할을 하게 한다. 이 베어링 지면재에는 다수의 홈이 파져 있어서 그것을 따라 해수가 흘러들어 프로펠러축과 베어링 사이의 윤활과 냉각을 하게 되어 있다. 이 선미관의 선수 쪽에는 해수가 선내로 새어 들어가지 못하도록 패킹을 끼운다. 또, 해수와 접촉하는 프로펠러축 부분에는 동합금의 슬리브를 씌워서 부식을 방지한다.

이와 같은 리그넘 바이티방식의 선미관 베어링은 배가 커져서 프로펠러축이 굵어지면 베어링의 내압력이 불충분해지고, 또 베어링 지면재의 마모가 심해지거나 슬리브면이 손상될 우려가 있으므로, 현재로는 소형선에만 사용되고 있다.

2. 커틀리스 베어링(cutless bearing)방식

이 방식에서는 베어링 지면재로서 리그넘 바이티 대신에 합성고무를 사용하고, 역시 해수윤활방식을 채택하고 있다. 이 베어링에서는 그림 7-20에 보인 것과 같이 많은 홈이 있어서 해수가 흐르기 쉽게 되어 있다. 커틀리스 베어링의 내압강도는 리그넘 바이티보다 조금 크고, 이 방식의 베어링에서는 그 속에 낀 모래나 흙을 씻어내기가 쉬우므로, 이 베어링은 토사가 많은 수역을 다니는 배나 준설선 등에 적합하다. 이 방식은 미국에서 개발되었으며, 미국해군

함정에 많이 사용되고 있으나 가격이 비싸고 내압강도가 다음에 설명하는 화이트 메탈에 비해 상당히 떨어지므로, 상선용으로서는 주로 소형선에 사용되고 있다.

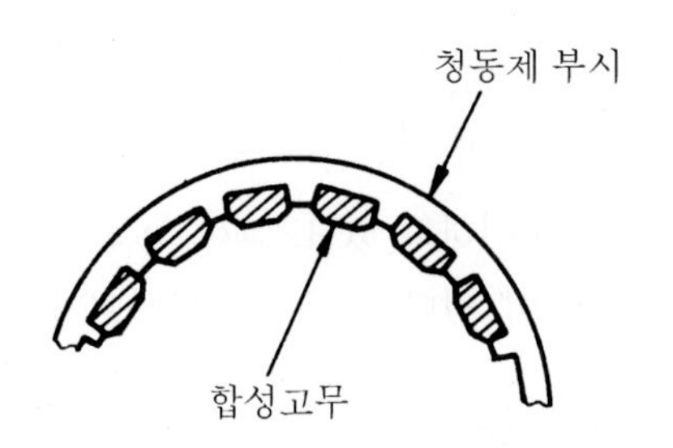

그림 7-20 커틀리스 베어링방식의 선미관 베어링

3. 기름윤활(oil bath)방식

그림 7-21은 기름윤활방식의 선미관 베어링의 한 예를 보여 준다. 이 방식에서는 주철관의 내면에 화이트 메탈(white metal)을 녹여 붙인 것을 선미관의 앞쪽과 뒤쪽에서 박아 넣고 그 사이에 윤활용 기름을 채운다. 그리고 선미관의 앞뒤 끝에는 그 기름이 선미관 밖으로 새어 나오거나 해수가 새어 들어오는 것을 막기 위하여 특수한 막음장치를 마련한다. 이 막음장치는 프로펠러축이 진동하거나 앞뒤로 움직여도 자유로이 따라갈 수 있도록 입술 모양의 합성 고무제품을 2～4개 겹쳐서 구성한다.

화이트 메탈은 허용하중과 내마모성이 리그넘 바이티나 커틀리스 베어링에 비해 크므로 대형선의 선미관 베어링으로서 적합하다. 또, 기름윤활방식이기 때문에 프로펠러축이 직접 해수와 접촉하지 않으므로 프로펠러축에 슬리브를 씌울 필요가 없다. 그러나 이 막음장치의 구조가 복잡하므로 흘수의 변화가 큰 V.L.C.C.나 U.L.C.C.의 경우와 프로펠러축의 지름이 큰 대출력 고속컨테이너선의 경우에는 그 막음장치의 설계와 공작에 충분히 유의하지 않으면 새는 일이 생기기 쉽다. 그와 같이 막음장치에 고장이 나면 배가 운항할 수 없게 되는 일이 많으므로 경제적으로 큰 손해를 보게 된다. 이와 같은 기름윤활방식으로는 Howaldts-werke-Deutsche Werft사(서독)가 개발한 Simplex식이 가장 유명하며, 동사와의 기술제휴 아래 많은 회사들이 그것을 제작하고 있다.

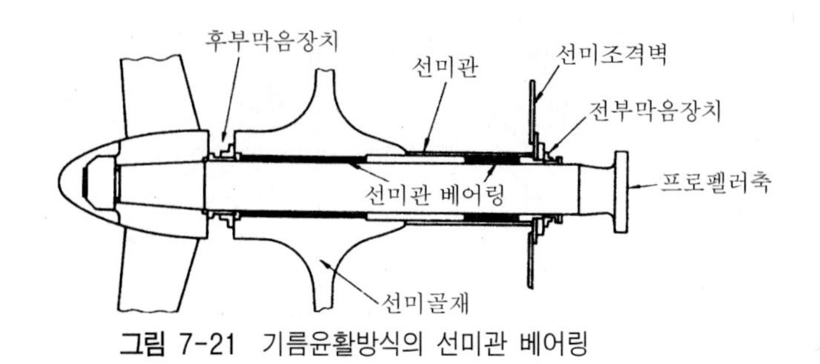

그림 7-21 기름윤활방식의 선미관 베어링

7.3 프로펠러의 성능

프로펠러의 성능(ability of propeller)은 프로펠러의 지름, 피치, 날개수, 날개 두께, 날개 단면 형상 등에 따라 변화하는 것이 많으며, 연구에 의해서 알려지고 있지만 그 결과는 발표하는 사람마다 서로 다른 결론을 제시하고 있다. 그러므로, 여기서는 종합적인 개요만을 설명하기로 하고 각 항목은 서로 관련이 있다는 것에 주의하여야 한다.

7.3.1 프로펠러 요소에 대한 영향

1. 지름과 피치

지름과 피치는 프로펠러 성능에 대단히 중요한 영향을 끼치는 기본적인 요목이다. 어떤 흘수 등의 관계로부터 지름이 제한받을 경우를 빼고서는 주로 프로펠러에 공급되는 전달 마력과 회전수에 따라서 결정된다.

지름, 피치의 크기에 의해서 프로펠러의 성능에 어느 정도 변화를 주는 것을 볼 수 있으며, 이상적으로 프로펠러의 효율을 좋게 하기 위해서는 지름을 크게 한 쪽이 좋다. 즉, 시험 결과를 보면 프로펠러의 회전수가 크면 그 성능에 영향을 주게 된다.

일정한 전달 마력에 대해서 회전수가 작은 쪽이 소요 마력은 작아져서 좋다. 그 전달 마력은 회전수의 세제곱에 비례하기 때문이다.

$$\text{전달 마력(D.H.P.)} \propto \text{회전수}(N)^3$$

피치비의 범위는 일반적으로 0.4～2.0의 범위이지만, 슬립비가 같을 경우와 비교해 보면 피치가 큰 쪽의 효율이 좋다.

그림 7-22는 피치비와 프로펠러의 효율 관계를 표시한 보기이다. 피치비의 값이 작은 것은 높은 하중의 예선(tug boat) 등에, 값이 큰 것은 고속정 등에 사용하지만 일반 상선 등에서는 0.5～1.0이 된다.

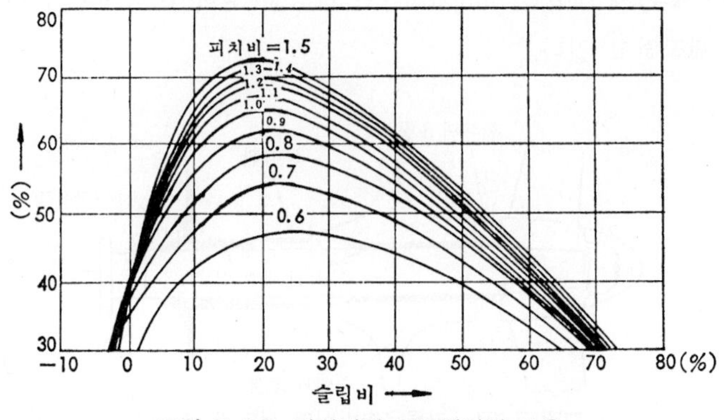

그림 7-22 피치비와 프로펠러의 효율

참고 **프로펠러 지름의 제한**

효율이 좋은 1개의 프로펠러에 전달되는 마력의 최대값은 주로 배의 속력과 설치가 가능한 프로펠러의 최대 지름에 따라서 정해지며, 프로펠러의 높은 효율은 보통 지름을 크게 해서 저속 회전일 때 얻어진다. 그러나 프로펠러의 지름을 무제한으로 크게 하는 것은 다음과 같은 사항 때문에 불가능하다. 즉,

(가) 제작상의 한도 : 제작상의 한계로서 현재까지 주조 능력으로는 지름이 9.2 m 정도의 것이 최대이다.

(나) 배의 흘수 : 배의 흘수는 배 설계의 기본 치수로서 일반적으로 프로펠러에 적합하도록 변화시킬 수 없다. 그러나 모터보트와 같은 배에서는 배 밑 아래로 프로펠러를 돌출시켜서 흘수의 제한을 받고 있으며, 또한 프로펠러의 손상을 입히기 쉬우므로 채택할 수 없다. 대형선에서도 유조선, 철광석 운반선과 같은 경우 편항해는 빈 배로 항해하므로, 밸러스트를 채워 선미를 침하시켜도 프로펠러의 심도는 충분하지 않게 되어 그 성능은 떨어지게 된다.

(다) 프로펠러 날개 끝과 선체와의 간격 : 선체와 프로펠러와의 간격은 프로펠러 부근에서 선체에 지나친 진동을 피하기 위하여 충분히 크게 할 필요가 있다.

(라) 프로펠러 날개 끝의 심도 : 프로펠러의 심도는, 날개 끝으로부터 수면까지의 심도는 충분히 잡아 주어야 하며, 재화에 따라서 변화하는 일체의 흘수에 대해서 항행 중에 프로펠러가 수면으로 나오는 일이 없도록 하여야 한다. 즉, 프로펠러의 최소 지름은 공동 현상의 발생을 방지하기 위해 제한을 받게 된다.

2. 날개의 형상

(1) 윤곽

프로펠러 날개의 윤곽으로는 그림 7-23과 같은 것들이 있으며, 지름, 피치 전개 면적이 일

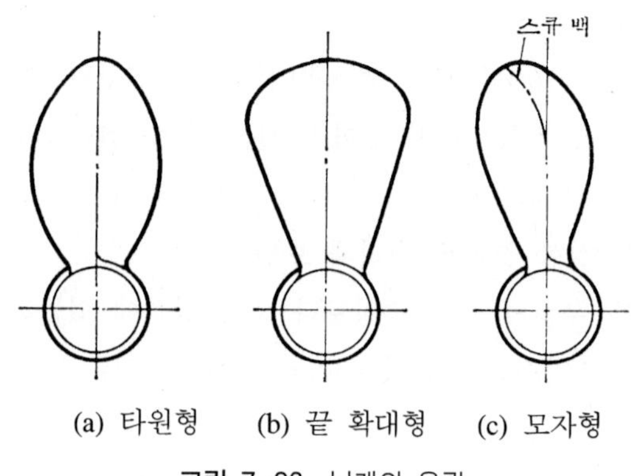

(a) 타원형 (b) 끝 확대형 (c) 모자형

그림 7-23 날개의 윤곽

정할 때 윤곽 모양에 따라서 반지름 방향의 추력 분포가 서로 다르게 되므로, 성능에는 약간의 영향은 있지만 그 변화는 대단히 작아서 일반적으로 타원형에 비슷한 형상의 것을 채용하고 있다.

프로펠러 날개 끝이 세형으로 된 것이 효율이 좋으며 공기 흡입이 적어지게 된다. 그러나 반대로 공동 현상을 염려할 경우에는 날개 끝이 태형인 끝 확대형 쪽이 좋게 되어 있다.

(2) 날개 두께

날개의 두께는 앞에서 설명한 것과 같이 보스의 축 방향 중심선 위에 있어서 날개의 가상 두께이며, 지름과의 비, 바꾸어 말하면 중심 날개 두께비를 쓰고 있다. 날개 두께는 날개의 강도로부터 결정되기 때문에, 날개의 폭 등을 일정하게 해서 중심 날개 두께비를 감소시킨다면 일반적으로 추력 회전 역률은 감소하나 효율은 증대한다. 그러나 날개 강도면으로부터 날개 두께비를 작게 한다면 날개의 폭을 증가시킬 필요가 있지만 날개의 면적이 증가해져서 효율은 떨어지게 된다.

강도 조건을 일정하게 하면 강도가 허락하는 범위 내에서 날개 두께를 작게 하는 것이 좋다. 공동 현상을 일으키는 것을 생각하면 $R0.7$ 위치의 두께와 폭의 비(camber ratio)가 0.07 정도가 좋은 것으로 되어 있다.

(3) 경사

날개의 경사각 10° 정도인 것과 경사각 0°의 것을 단독 시험으로 비교한 결과에서는 그 차이는 대개 없는 것으로 되어 있다. 그러나 배의 뒷부분(배에 프로펠러를 붙여서)에서는 후방 경사의 것은 선체와의 간격이 크게 되고 추력감소계수가 작게 되어 성능이 좋게 된다.

또한, 상당히 경사각이 크고 회전수가 크게 되면 원심력이 강하게 작용하여 날개 뿌리 부분에 영향을 주어서 강도에 영향을 주기 때문에, 높은 회전의 프로펠러에서는 경사를 주지 않는 편이 좋다.

(4) 단면

프로펠러 단면은 그림 7-11(c)와 같은 원호형이었으며, 연구와 진보에 의해서 그림의 (a), (b)와 같은 에어로포일형으로 성능면에서 좋아진 것을 알 수 있다. 최근 들어 대부분 이 형을 채용하고 있다.

에어로포일형에 대해서 실험 결과를 정리해 보면,

㈎ 날개의 가장 두꺼운 부분의 폭이 중앙보다 조금 앞쪽에 있는 것이 효율이 좋다.

㈏ 날개의 두께가 두꺼운 압력면의 전연(leading edge)을 조금 들어 올려서 그림 7-24와 같은 워시 백을 붙이면 성적이 좋다.

또한, 워시 백을 날개 뿌리 부근에 주게 되면 인접한 날개와의 간섭이 적어지게 되어 좋다.

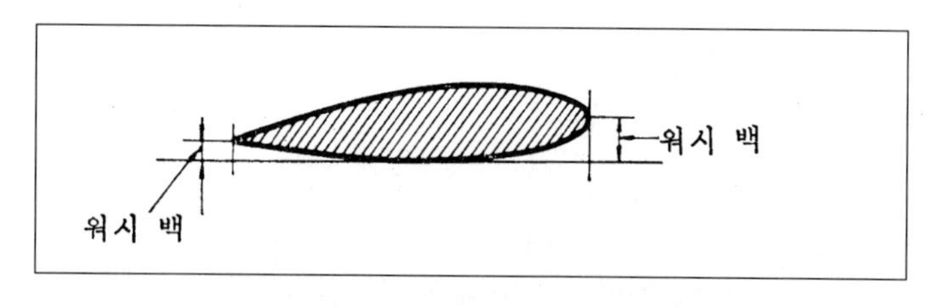

그림 7-24

㈐ 날개의 후연(trailing edge)에도 그림 7-24와 같이 워시 백을 주면 효율에는 그다지 영향이 없지만 유효한 피치가 감소하기 때문에 회전수가 많아지게 된다.

에어로포일형은 일반적으로 날개형으로서, 성능은 좋으나 공동 현상이 발생하는 수가 있으므로 비교적 공동 현상을 일으키기 쉬운 날개의 끝 부분에는 원호형을 채용해서 $R0.7$ 부근에는 에어로포일형으로 하는 것이 좋다.

예를 들면, 예선(曳船)의 프로펠러와 같이 높은 하중을 받는 프로펠러에서는 양 날개형의 효율을 보면 대부분의 차이는 없지만, 역전할 때 프로펠러의 효율이 약 10% 높아지기 때문에 원호형을 채택하고 있다.

그림 7-25의 프로펠러를 세분한 일부분을 날개 요소(blade element)라 한다. 이 단면은 물속을 진행할 때 비행기의 날개가 공기 중을 진행하는 것과 같은 자세로 되며, 그림 7-26과 같은 양력(lift)과 항력(drag)을 일으키게 되다.

이 합력의 축 방향 분력을 전 날개 요소에 대해서 적분하면 축 방향의 힘으로 추력(thrust)이 얻어지게 된다. 이것을 날개 요소 이론(blade element theory)이라 하고 있다.

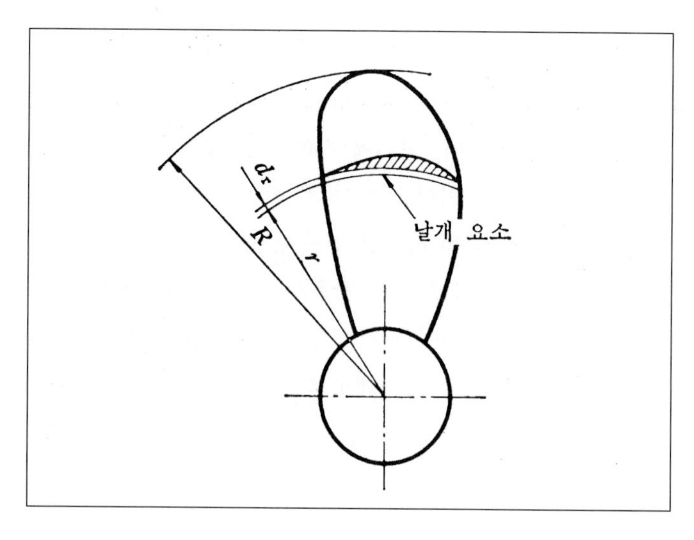

그림 7-25

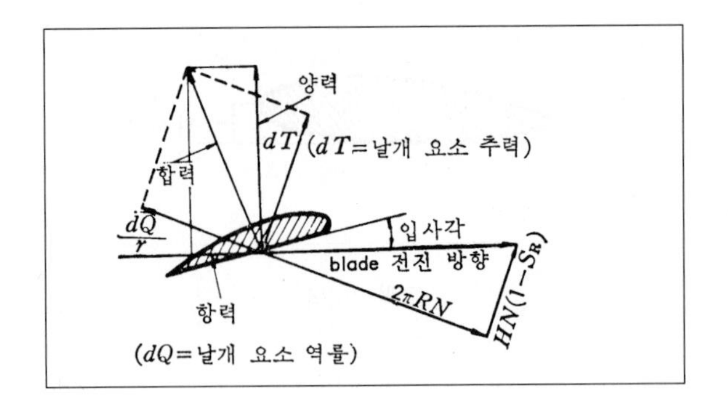

그림 7-26

날개의 압력 분포 예를 보면, 날개가 돌면서 물을 미는 것은 압력면이며 압력(정압)은 전연 부근에서 커지고, 후연 쪽으로 가면서 대개 압력의 차이는 없게 된다. 이에 대해서 배면(back)에 작용하는 압력(부압)은 전연보다 얼마간 후부로 갈수록 대단히 크며, 그 이후 점차 감소하는 것을 그림 7-27에서와 같이 볼 수 있다

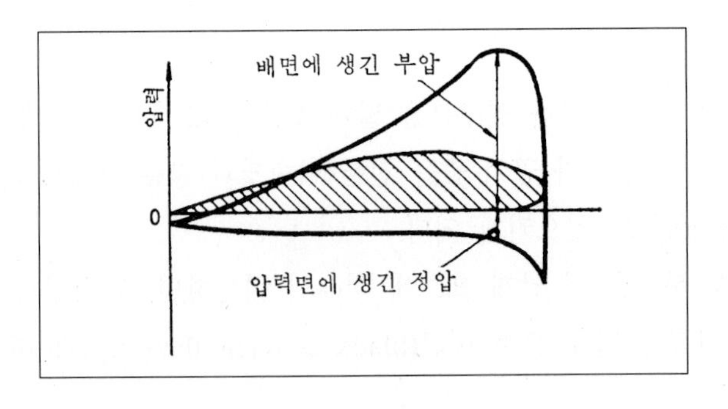

그림 7-27

그림과 같이 압력면의 정압력(positive pressure)과 배면의 부압력(negative pressure)이 함께 일어나게 되어 날개를 띄우게 되며, 여기에 가해지는 힘은 그림에서와 같이 양력이 된다. 날개는 물이 흐르는 방향으로 물의 저항을 받는 힘을 항력이라고 한다.

날개와 물이 유입되는 각도는 그림에 나타난 입사각(angle of incidence)으로서, 이것을 여러 가지로 나타내면 양력과 항력비의 최대로 되는 경우가 있으며, 이때가 날개의 작용이 가장 좋다.

그림 7-28에 보기를 나타내었지만, 이것은 3° 근처에서 양력/항력이 최대로 되어 있다.

에어로포일형 단면은 배면의 부합력이 최대로 되기 때문에, 바꾸어 말하면 압력이 떨어지기 때문에 원호형 단면에 비해 공동 현상이 빨리 일어날 가능성이 있다. 그래서 에어로포일형 단면의 프로펠러에서도 날개 끝 가까운 부분은 최대 두께의 위치를 후방으로 하여 원호형 단면에 가깝게 해서 공동 현상의 발생을 피하도록 하고 있다.

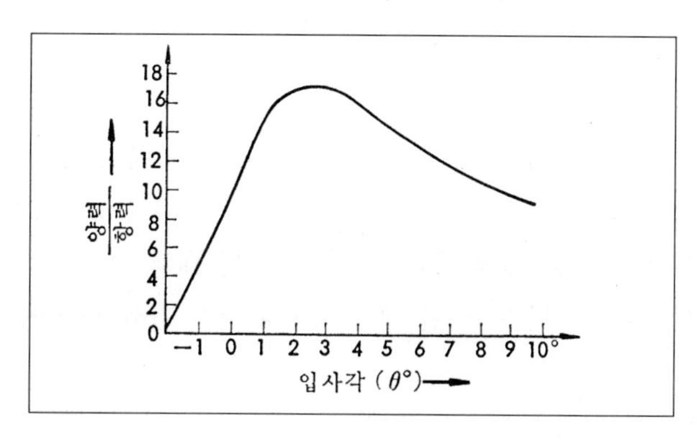

그림 7-28

3. 전개 면적비

중심 날개 두께비가 같은 경우에는 전개 면적비가 작은 쪽이 효율은 좋다.

전개 면적비가 작아짐에 따라서 추력(thrust), 회전 토크(torque) 등이 감소하지만 추력이 감소할 경우에는 회전 역률의 감소보다 적지 않기 때문에 효율은 좋아지게 된다. 그러나 날개 면적은 최소한 공동 현상 방지를 위해 신중히 검토할 필요가 있다. 즉, 피치비가 비교적 작은 경우에는 전개 면적비가 커지며, 날개 상호 간섭의 영향이 커지기 때문에 효율은 떨어지게 된다.

전개 면적비가 상당히 작아지게 된다는 것은 날개의 강도와 관련지을 때 두께를 증가시킬 필요가 있게 되며, 그 때문에 효율이 나빠질 경우가 있다.

4. 날개의 수

프로펠러의 날개수는 배의 크기와 종류 등에 따라서 별도로 정해지고 있는 것은 아니지만, 현재 실선에서 그 통계를 보면 그 지름과 기관의 출력, 톤수 등에 의해 3장, 4장, 5장, 6장으로 그 수가 정해지고 있다.

프로펠러의 지름으로 분류해 보면 1.3 m 이하의 것은 날개수가 3장, 1.3～1.7 m의 것은 3장 혹은 4장, 1.7～5.8 m의 것에서는 4장, 5.8～6.5 m의 것에서는 4장 혹은 5장, 6.5 m 이상이 되면 5장 또는 6장으로 하고 있다.

또한, 기관의 마력, 톤수별로 보면 소형 프로펠러에서는 250 PS 이하의 것은 3장, 250～450 PS는 3장 혹은 4장, 450 PS 이상은 4장, 대형에서는 20,000 D.W.T.의 10,000 PS 이하는 4장, 20,000～40,000 D.W.T.의 10,000～15,000 PS에서는 4장 혹은 5장, 40,000 D.W.T.의 13,000 PS 이상의 것은 5장, 그 밖에 100,000 D.W.T.의 30,000 PS 이상의 탱커에서는 6장의 것도 채용되고 있다.

마력과 회전수로 다시 구별해 보면, 대체적으로 2,000 B.H.P. 이하의 300 rpm 이상인 소마력 고회전으로는 3장이 쓰여지고 있으며, 이것보다 10,000 B.H.P.의 200 rpm 이하인 것은 4

장의 범위로서 10,000 B.H.P.를 넘고, 100 rpm 전후의 대마력 저회전으로는 5장 또는 6장이 쓰여지고 있는 것이 많다.

물론 마력이 크게 되어 날개수가 적어지게 되면 평균 날개 폭비가 크게 되어서 날개 상호간 간섭의 영향으로 효율은 약간 떨어지게 된다. 그러므로, 날개수로 인한 효율의 변화는 시험 결과의 차이가 있으며, 확실한 결과는 얻을 수 없지만 대체적으로 날개수가 적지 않은 쪽의 효율이 좋게 된다. 날개수가 증가하면 날개 사이의 상호 간섭의 영향으로 효율은 약간 떨어진다.

날개수가 많은 경우의 영향은 다음과 같다.

① 최량의 효율 지름은 작아진다.
② 프로펠러 효율은 저하하지만 3～6개의 날개 범위에서의 그 차는 근소하다.
③ 제조 가격이 상승한다.
④ 캐비테이션 방지면에서 날개 단면의 두께 · 폭비가 커져 불리하지만 날개 면적의 증대에 의해 보충할 수도 있다.
⑤ 선체 진동에 대해서는 1-날개당의 발생 추력이 작아지고 변동 기진력도 작아지므로 일반적으로는 유리하다.

원칙적으로는 날개수는 될 수 있는 대로 적은 쪽이 상호 간섭이 적게 되어서 효율이 좋게 되지만, 소요 추력이 크게 되고 날개수가 적어지면 전개 면적비와 평균 날개 폭비가 크게 되기 때문에 효율은 나빠지게 된다. 그러나 날개수는 물론 효율과 진동을 잘 검토해서 결정할 필요가 있다.

프로펠러의 날개수×회전수(blade frequency＝number of blade×rpm)의 값이 선체 후부의 어떤 거주 구역 갑판실의 고유 진동수에 가까우면 거주 구역의 진동이 크게 되어 선체의 고유 진동수와 동조하게 된다. 이 경우에는 날개수를 변화시켜서 동조를 피하도록 고려해 주어야 할 경우도 있다.

5. 보스비

일체형과 조립형의 보스(boss)는 축의 회전을 날개에 전달하는 것으로서, 추력, 회전 역률, 효율 등이 각각 증가한다.

다만, 보스의 안지름은 테이퍼(taper)로 되어 있어서 축이 회전함에 따라서 추력 때문에 보스는 안쪽으로부터 힘이 퍼지게 되므로, 이와 같은 힘에 견디도록 충분한 두께가 필요하다. 하지만 전후 방향의 형상을 유선형으로 저항을 작게 하기 위해서는 보스의 바깥지름은 효율면으로 보아서도 작게 하는 것이 좋다.

이 보스비의 값은 보통 상선에서는 0.15～0.23이 된다.

6. 날개 표면의 조도

프로펠러 날개의 표면이 매끈매끈하지 않으면 마찰이 커지게 되고, 추력의 감소, 회전 역률의 증가, 효율이 현저하게 떨어지는 등의 현상은 와 이론과 시험에 의해서 연구, 판명되었다.

Yamagata의 연구에 의하면 황동, 주철 및 주강제인 프로펠러의 성능은 각각 4%, 9% 및 17% 떨어져서 주철과 주강제는 황동제보다도 효율은 5%와 13% 떨어지고 있다.

날개 표면의 작은 상처와 돌기부는 국부적인 공동 현상을 일으키는 원인이 되므로 날개의 표면은 매끈매끈한 곡선이 되도록 하여야 한다. 이미 취항하고 있는 배의 경우에는 입거할 때 날개, 보스 등의 표면에 부착하고 있는 해충(海蟲)과 해조류(海藻類)를 떼어 내지 않으면 이에 의한 효율의 저하는 매우 크다.

7. 회전수

보통 매분 회전수(revolution per minute, rpm)로 나타내고 있다. 일반적으로, 프로펠러의 지름은 설계상 rpm의 높낮이 및 크기와 거의 비례하고 있다.

프로펠러의 지름은 앞에서 설명한 것과 같이 크게 하는 편이 단독 효율 η_O가 좋게 되기 때문에, 일반적으로 저회전의 프로펠러 쪽이 고회전의 것보다 효율이 좋게 된다. 따라서, 흘수 d가 허용하면 저회전, 큰 지름의 프로펠러로 하게 되겠지만 상당히 크게 되면 밸러스트 상태에서 프로펠러 끝 부분이 수면 위로 나오게 되기 때문에, 기관의 형식과도 관련해서 극단적으로 크게 또는 작게 되지 않도록 대개 표 7-3과 같은 범위의 rpm으로 하고 있다.

표 7-3 프로펠러의 매분 회전수의 범위

<table>
<tr><th rowspan="2">배 의 종 류</th><th colspan="2">주 기 관</th></tr>
<tr><th>디 젤</th><th>터 빈</th></tr>
<tr><td>컨테이너선
고속 차량 운반선
고속 일반 화물선</td><td>110~120*</td><td>120~150</td></tr>
<tr><td>고속 일반 화물선
목재 운반선
냉동 화물 운반선</td><td>120~150*</td><td>* 최근 연료비의 절감 목적으로 저회전의 프로펠러를 쓰기 위해 90 rpm의 디젤 기관도 가능하게 되었다.</td></tr>
<tr><td>벌크 화물선
철광석 운반선
원유 운반선(유조선)</td><td>110~120*</td><td>80~90</td></tr>
</table>

8. 프로펠러의 심도

프로펠러의 심도(수면으로부터 프로펠러 중심까지의 거리)가 크지 않으면 추력은 감소한다. 프로펠러의 단독 시험 때 그 심도는 프로펠러의 지름과 같게 하고 있지만, 심도가 $0.8D_P$에서는 심도의 영향은 보통 없으며, $0.5D_P$로 되면 추진 계수 및 회전 역률 계수는 두드러지게 감소해져서 공기 흡입의 경우에는 성능이 보다 떨어지게 된다.

7.3.2 프로펠러 요소와 성능 관계

1. 프로펠러의 단독 성능

프로펠러의 추력 T(kg)는 배 저항의 경우와 같이 $\rho v^2 S$에 비례한다고 생각할 수 있다. 지금 프로펠러의 속도 v (m/sec)로서 프로펠러 끝단의 원주 속도 $\pi n D_P$ [D_P : 프로펠러의 지름(m), n : 프로펠러의 매초 회전수]로 잡고, 면적 S를 프로펠러면의 원면적$=\left(\frac{\pi}{4}\right){D_P}^4$으로 잡으면 추력 T는 다음과 같이 된다.

$$T \propto \rho(nD_P)^2 {D_P}^2 = \rho n^2 {D_P}^4$$

따라서, 비례 계수를 K_T라 하면 다음과 같이 된다.

$$T = K_T \rho n^2 {D_P}^4$$

이 계수를 추력 계수(thrust coefficient)라고 한다.

또, 프로펠러를 회전시키려면 회전력, 바꾸어 말하면 토크(torque)가 필요하다. 토크는 주기관으로부터 프로펠러축을 통해서 프로펠러에 전달되게 된다.

토크는 힘(kg)×착력점(着力點)으로부터 회전 중심까지의 팔(arm) 길이(m)로 표시되지만, 여기서의 힘이라 함은 추력과 같은 힘$\propto \rho n^2 {D_P}^4$에 비례하고, 팔길이$\propto D_P$에 비례한다고 생각하면 토크 Q는 다음과 같이 표시된다.

$$Q \propto \rho n^2 {D_P}^5$$

여기서 비례 계수를 K_Q라고 하면 다음과 같이 쓸 수 있으며, K_Q는 토크 계수(torque coefficient)라 한다.

$$Q = K_Q \rho n^2 {D_P}^5$$

프로펠러 날개에 발생하는 추력 등의 성능은 날개와 물의 흐름 방향(이것은 입사각이라 함)의 함수로 생각할 수 있다.

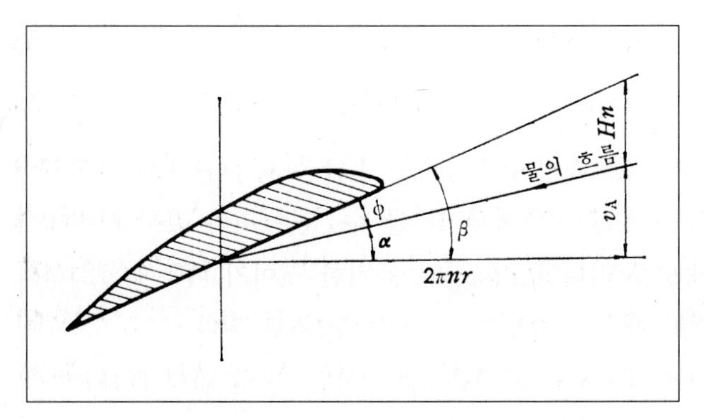

그림 7-29 수류(水流)의 입사각

프로펠러의 어느 반지름 r인 곳에서 물의 흐름과 날개의 이루는 각을 생각하면, 프로펠러의 전진 속도는 v_A가 되므로 수류는 그림 7-29와 같이 나타낼 수 있다. 수류는 원주 방향의 회전속도 $2\pi nr$과 v_A방향의 합성 속도가 되며, 입사각은 피치각 β로부터

$$\alpha = \tan^{-1}\frac{v_A}{2\pi nr}$$

를 뺀 값이 된다. 다시 말하면, 수류의 입사각 ϕ는

$$\phi = \beta - \tan^{-1}\frac{v_A}{2\pi nr}$$

가 된다. 프로펠러의 날개 끝에서는 $r = \frac{D_P}{2}$이므로

$$\phi = \beta - \tan^{-1}\frac{v_A}{\pi n D_P}$$

이 식에서 β와 π는 상수이므로, 결국 프로펠러 날개의 성능은

$$J = \frac{v_A}{nD_P}$$

의 함수로 되어, 이 J의 값을 전진 상수(advance coefficient)라 부르고 있다.

프로펠러의 효율은 앞 절에서 설명한 바와 같이

$$\eta_O = \frac{\text{T.H.P.}}{\text{D.H.P.}}$$

가 된다. 또한 추력 마력 T.H.P.는

$$\text{T.H.P.} = \frac{T(\text{kg})\,v_A}{75}$$

여기서, T: 프로펠러의 추력

v_A : 프로펠러의 전진 속도 (m/sec)

프로펠러축으로부터 프로펠러에 전달되는 전달 마력 D.H.P.와 토크의 관계를 조사해 보면, 마력과 토크의 관계는 초등 역학에서 잘 알 수 있는 바와 같이 마력 = 토크 × 각속도이다.

각속도란 회전 속도를 라디안/초(sec)로 표시한 것이기 때문에, 1회전의 360°는 2π라디안이므로 매초 n회전할 때의 각속도는 $2\pi n$라디안/초로 된다.

따라서, 프로펠러에 전달되는 토크를 Q라 하면, 전달 마력 D.H.P.는

$$\text{D.H.P.} = \frac{2\pi n Q}{75}$$

가 된다. 결국 η_O는

$$\eta_O = \frac{\text{T.H.P.}}{\text{D.H.P.}} = \frac{T v_A}{2\pi n Q}$$

여기서 $T = K_T \rho n^2 {D_P}^4$, $Q = K_Q \rho n^2 {D_P}^5$이므로, 결국 η_O는

$$\eta_O = \frac{K_T \rho n^2 {D_P}^4 v_A}{2\pi K_Q \rho n^3 {D_P}^5} = \frac{K_T}{2\pi K_Q}\left(\frac{v_A}{n D_P}\right) = \frac{K_T J}{2\pi K_Q}$$

가 된다. 프로펠러 효율은 전진 상수 J와 추력 계수 K_T 및 토크 계수 K_Q를 사용해서 나타낼 수 있다. 이 관계를 그림 7-30에 나타내었으며, 이 곡선을 프로펠러의 단독 성능 곡선이라고 한다.

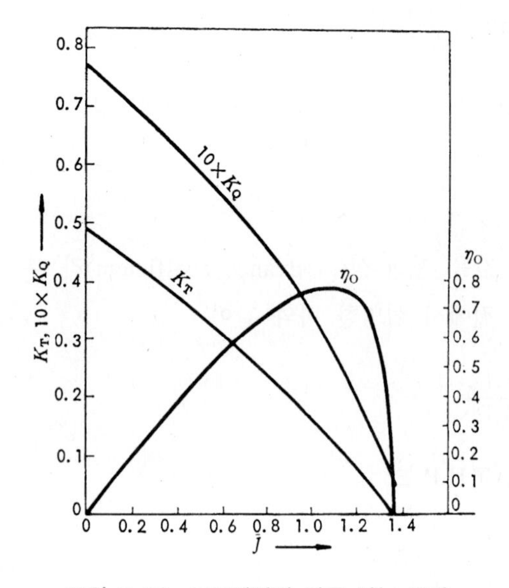

그림 7-30 프로펠러의 단독 성능 곡선

K_T와 K_Q 둘 다 무차원 값이므로, 실선의 프로펠러보다 어느 정도 이상으로 큰 모형 프로펠러가 그 형상이 기하학적으로 상사하다고 하면 모형 프로펠러의 K_T, K_Q와 J의 관계는 같게 된다. 따라서, 모형 프로펠러의 수조 시험 결과를 그림 7-30과 같이 정리해 두면, 이것으로부터 실선의 프로펠러 성능을 읽을 수 있다.

$$\text{D.H.P.} = \frac{2\pi n Q}{75} = \frac{2\pi \rho K_Q n^3 {D_P}^5}{75}$$

으로 표시되는데, 항해 속력 근처에서는 $K_Q \fallingdotseq$ 일정하다고 생각할 수 있으므로 $\dfrac{(2\pi K_Q \rho {D_P}^5)}{75}$ 은 상수가 되고, 따라서 $\text{D.H.P.} \propto n^3$으로 볼 수 있다. 즉, 전달 마력은 프로펠러 회전수의 세제곱에 비례하게 된다.

이것은 프로펠러 특성상 그렇게 되기 때문에 이 관계를 프로펠러 법칙(law of propeller)이라 하고 있다.

프로펠러의 단독 성능 곡선을 사용하면 시운전 결과로부터 다음 방법으로 실선의 반류계수가 구해질 수 있다. 먼저, 시운전 결과로부터 속력에 대응하는 프로펠러의 매분 회전수 N과 전달 마력 D.H.P.와의 관계를 구한다.

이 관계로부터 프로펠러의 토크 계수

$$K_Q = \frac{Q}{\rho n^2 {D_P}^5}$$

를 계산한다.

이를 위해 K_Q와 D.H.P.의 관계식을 구해 놓는다.

$$Q = \frac{75 \times \text{D.H.P.}}{2\pi n}$$

$$n = \frac{N}{60}$$

이므로, 이것을 K_Q식에 대입하면 다음 식이 얻어진다.

$$K_Q = \left(\frac{75 \times \text{D.H.P.}}{2\pi n}\right) \cdot \frac{1}{\rho n^2 {D_P}^5} = \frac{75 \times \text{D.H.P.}}{2\pi n^3 \rho {D_P}^5}$$

$$= \frac{75 \times \text{D.H.P.}}{2\pi \left(\dfrac{N}{60}\right)^3 \rho {D_P}^5} = \frac{24{,}670 \times \text{D.H.P.}}{N^3 {D_P}^5}$$

여기서 계산된 K_Q는 배의 후방에서 작동하는 프로펠러의 성능으로부터 얻어진 것이므로,

단독 성능으로 환산하기 위하여 수조 시험 또는 추정에 의해서 얻어진 프로펠러 효율비 η_P를 K_Q에 곱하고, 이것을 $K_Q{}'$이라 하면 다음에 프로펠러 단독 성능 곡선을 사용해서 $K_Q{}'$에 대한 프로펠러의 전진 상수 $J=\dfrac{v_A}{nD_P}$를 읽는다. 전진 상수 J로부터 $v_A = JND_P$를 계산한다. 여기서는 $n=\dfrac{N}{60}$(N은 매분 회전수), 1노트 = 0.5144 m/sec이므로

$$V_A(\mathrm{kn}) = \frac{JND_P}{60 \times 0.5144} = \frac{JND_P}{30.864}$$

그러므로, 반류계수는 실선의 속력을 V(kn)라 하면 다음과 같다.

$$w = 1 - \frac{V_A}{V}$$

이와 같이 구한 반류계수는 토크 계수를 사용해서 구하기 때문에 토크 반류계수 w_Q(wake fraction on torque indentity)라 부른다.

수조 시험의 경우에는 모형선에 장치된 프로펠러의 토크와 추력을 계측하지만, 계측 정도의 점으로부터 추력 계수를 사용해서 반류계수를 구한다. 이와 같이, 추력 계수로부터 구한 반류계수를 추력 반류계수 w_T(wake fraction on thrust indentity)라 부른다. 이 양자는 약간 다르지만 실용적으로는 같다고 생각해도 큰 차이는 없다.

2. 프로펠러 직경과 피치비(Propeller Diameter & Pitch Ratio)

프로펠러를 계획할 때의 계획 회전수(N), V_A 및 DHP 또는 THP에서 B_P 혹은 B_U를 구하고 도표상의 대응점에서 직경(D_P) 및 피치비 (H/D_P)를 결정할 수 있는데 사용 도표는 프로펠러 날개수, 전개 면적비를 고려해서 선정하고 경우에 따라 2종의 도표에서 삽간법으로 해서 구한다.

MAU 설계 도표에서 보통 상선의 범위에 대해 최량 효율점에서와의 각 요소 간의 관계를 근사적으로 나타내면 다음과 같이 된다.

$$\delta_O \fallingdotseq k_1 \sqrt{B_P} + k_2$$

$$\left(\frac{H}{D_P}\right)_O \fallingdotseq \frac{k_3}{\delta_O} + k_4 \quad \cdots\cdots (7\text{-}4)$$

여기서 δ_O 및 $\left(\dfrac{H}{D_P}\right)_O$는 최량 효율점에서의 값으로 식 (7-4) 중에서의 각 계수는 표 7-4에 나타내고 있다.

표 7-4

TYPE	Z	a_E	k_1	k_2	k_3	k_4
B-3	3	0.35	10.9	7.0	25.0	0.31
		0.50	10.8	7.0	26.2	0.31
AU-4	4	0.40	10.6	7.0	23.0	0.34
		0.55	10.4	7.0	25.2	0.34
AU-5	5	0.50	10.0	7.0	24.6	0.37
		0.65	9.8	7.0	25.8	0.37
AU-6	6	0.55	9.9	7.0	25.5	0.35
		0.70	9.7	7.0	26.2	0.35

또한, B_U를 사용할 때에는 다음과 같이 나타낼 수 있다.

$$\delta_O \fallingdotseq 13.8\sqrt{B_U} \quad (3,\ 4\ \text{- 날개일 때})$$

$$\delta_O \fallingdotseq 12.8\sqrt{B_U} \quad (5,\ 6\ \text{- 날개일 때})$$

위의 값에 대응하는 프로펠러 최량 효율을 프로펠러 최량 효율점에서 5%의 변화는 η_O으로는 약 1% 저하되는 영향이 있다.

피치비에서 전개 면적비가 결과적으로 사용 도표와 다를 때에는 삽간법에 의해 수정하고 또 날개 두께비 혹은 보스비의 차이에 대한 수정은 여러 가지 방법에 의해 행해지고 있다.

프로펠러 익근부(翼根部)에서 피치비가 20% 감소하는 선연형 체증 피치 분포인 경우 유효 피치는 일정한 피치 분포에 비해 2% 감소하고 마찬가지로 체감 분포의 경우는 2% 증대가 된다. 체증 혹은 체감 등의 피치 분포는 채용하는 타의 형식과의 종합 효율을 고려해서 결정되는데 보통 유선형 키에 대해서는 체증 분포, 반동타에 대해서는 체감 분포가 유리하다고 되어 있다.

3. 프로펠러의 날개수와 전장 면적비

프로펠러의 단독 성능 도표에 나타낸 것과 같이 날개와 전개 면적비에 의해서 여러 종류로 나누어져 있다. 이 도표를 사용해서 프로펠러 요목을 정할 때에는 먼저 날개수를 결정해서 그것으로부터 전개 면적비와 다른 도표로부터 각각의 지름, 피치비를 계산하고, 다음에 설명하는 방법에 따라서 전개 면적비를 결정한 후에 삽간법(挿間法)에 의해서 요목을 산출한다.

그러나 계획 초기 단계에서 소요 추진 마력의 개략값을 추정할 경우에는 프로펠러 요목을 정확히 정할 필요는 없기 때문에, 유사선의 자료로부터 전개 면적비를 상정해서 그것에 가까운 전개 면적비와 프로펠러 도표를 사용하면 좋다. 먼저 날개수에 관해서 설명하면, 20,000～150,000톤의 전용선인 경우에는 대부분 4장이나 5장이지만 큰 마력의 경우에는 6장이 사용되는 것도 있다.

날개수는 주기관 마력과 속력 등으로는 확실히 알 수 없지만 실선에서 프로펠러를 장비한 예를 보면 그림 7-31과 같다.

프로펠러 날개수가 증가하는 데 따라서 효율이 가장 좋아지는 프로펠러의 지름은 조금씩 작아진다. 또한, 프로펠러 효율은 그림 7-32에 나타낸 것처럼 전장 면적비가 작은 곳에서는 날개수가 적은 프로펠러 쪽이 좋지만, 전장 면적비가 큰 마력의 고속선에서는 날개수가 적은 프로펠러 쪽이 나쁘게 된다. 따라서, 낮은 흘수의 큰 마력의 고속선에서는 전장 면적비를 크게 할 필요가 있으므로 날개수가 많은 쪽이 프로펠러 효율면으로 보아서는 유리하다.

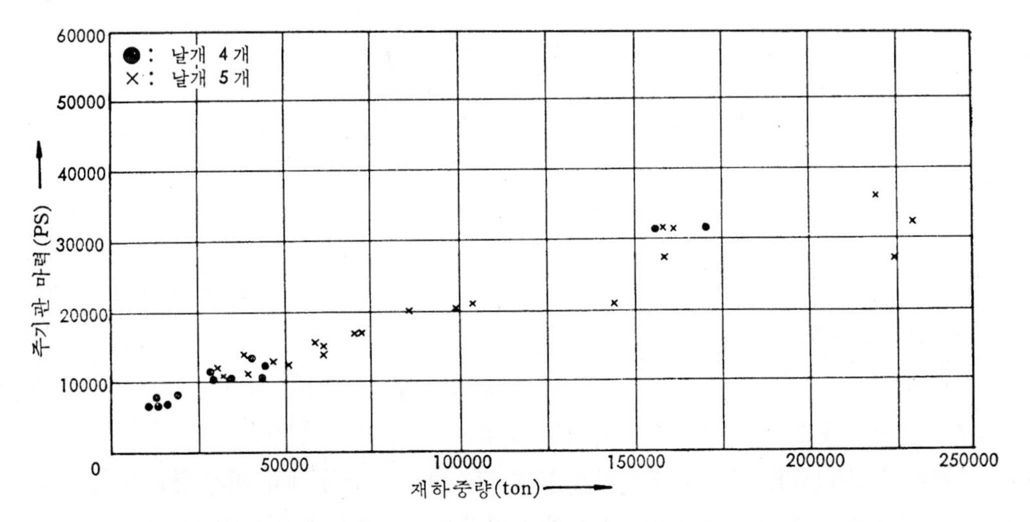

그림 7-31 프로펠러 날개수와 주기관 마력, 재하중량과의 관계

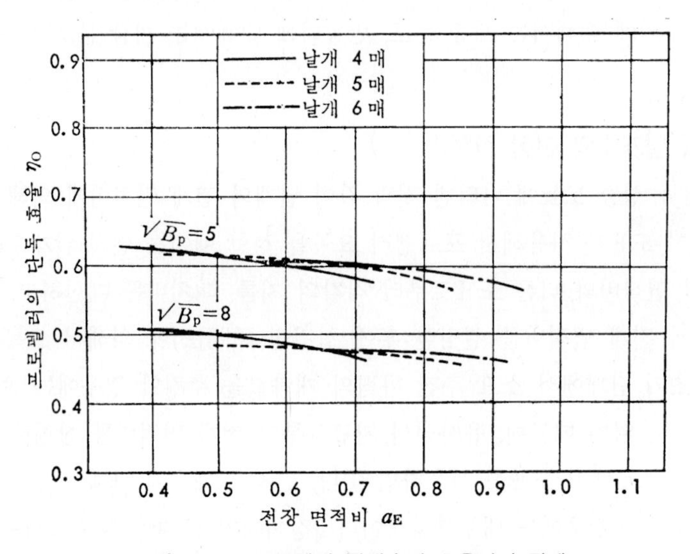

그림 7-32 프로펠러 날개수와 효율과의 관계

프로펠러의 날개수 선정에 중요한 것은 선체 진동과의 관계이다. 프로펠러는 그림 7-33과 같이 불균일한 반류 속에서 회전하고 있으므로 프로펠러 날개에 대한 물의 입사각은 1회전 중에도 때때로 변하게 된다. 이 때문에 프로펠러 1장의 날개에 발생하는 추력과 토크도 변동하며, 프로펠러 전체로서는 날개수를 Z, 프로펠러의 매분 회전수를 N이라고 하면 매분 NZ회의 변동이 있게 되는 것이다. 따라서, 배 전체의 고유 진동수 또는 상부 구조물의 고유 진동수가 NZ와 일치하게 되면 공진해서 심한 진동이 일어난다.

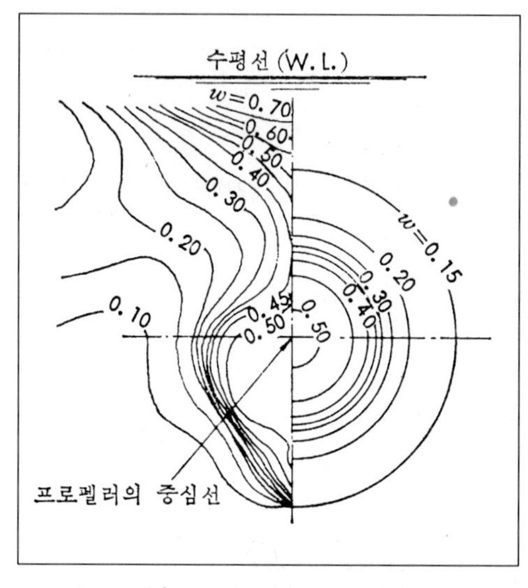

그림 7-33 반류 분포의 예

상용 출력 부근에서 선체 구조물과 공진해서 심한 진동을 일으키면 상용 출력에서는 배를 항행시키기가 불가능하게 되고, 배의 운항에 중대한 지장을 초래하게 된다. 이와 같은 공진을 피하려면 프로펠러의 회전수를 변화시키거나 날개수를 변화시켜야 된다. 그러나 프로펠러의 회전수는 주기관의 저속 디젤을 사용할 경우에는 변화시킬 수 없기 때문에 날개수를 적절히 선택할 필요가 있다.

날개수는 흘수 제한에 의해 억제되는 프로펠러 지름의 제한, 선체의 고유 진동수, 전개 면적비 등을 고려해서 결정할 필요가 있지만 주요 요목을 결정할 단계의 마력 계산에서는 그것까지 자세히 검토할 수 없으므로, 그림 7-31로부터 계획선에 가까운 선형을 참고로 하여 날개수를 가정하여 계산하도록 해야 한다. 그리고 주요 요목을 결정한 다음에는 새로운 프로펠러 요목을 검토하여야 한다.

흘수로 인하여 계획한 프로펠러가 침하하지 않으면 프로펠러 효율에 큰 영향을 끼치기 때문에 초기 계산에서 충분히 검토해야 한다. 흘수로부터 허용되는 프로펠러 지름은 1축선의 경우에는 계획 만재 흘수에 70~73%가 대체적인 한계이며, 그 이하의 지름이 되면 우선 문제는 없다.

프로펠러 설계 도표를 사용할 때에는 전개 면적비를 가정해야 한다. 전개 면적비의 크기는 프로펠러의 공동 현상으로부터 반드시 정해지기 때문에 이에 대해서 충분히 검토할 필요가 있다(공동 현상의 발생 참조).

다음에 계획 초기 단계에서 개략적인 전개 면적비를 추정하는 계산 방법의 예를 들어 설명하기로 한다(제 7.3.2절 4항 참조).

그림 7-34는 이 경우에 사용되는 간이 도표이며, 이 도표는 다음에 설명하는 것과 같이 생각할 수 있다.

캐비테이션 판정 도표의 한 예로 그림 7-35처럼 Burrill의 방법에 의한 도표를 설명한다. Burrill의 방법에서는 캐비테이션 수 σ와 추력 하중 계수 J_C의 관계를 그림과 같이 나타내어 설계 프로펠러의 J_C가 실선보다 밑에 있으면 캐비테이션에 대해서 안전하다고 판정하였다.

여기서, 추력 하중 계수 J_C는

$$J_C = \frac{T}{\frac{1}{2}\rho A_P v^2}$$

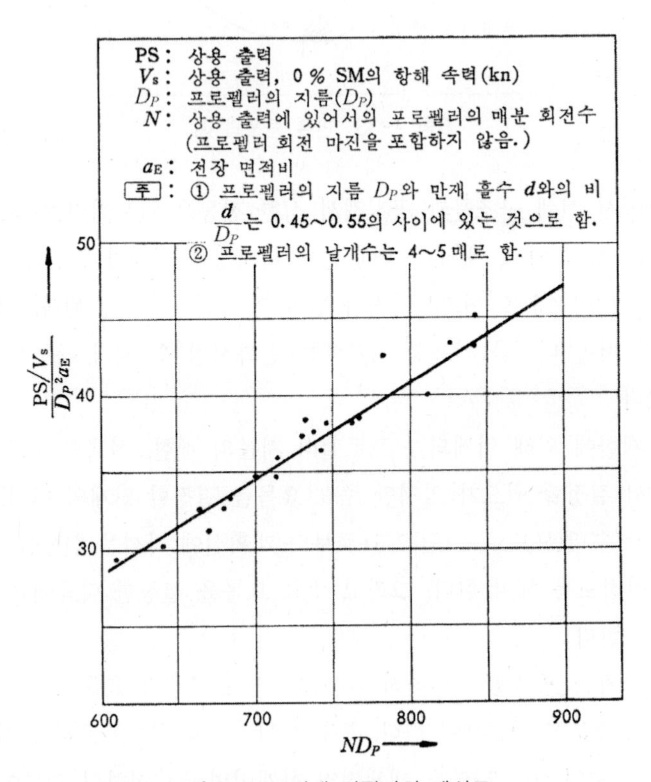

그림 7-34 전개 면적비의 계산도

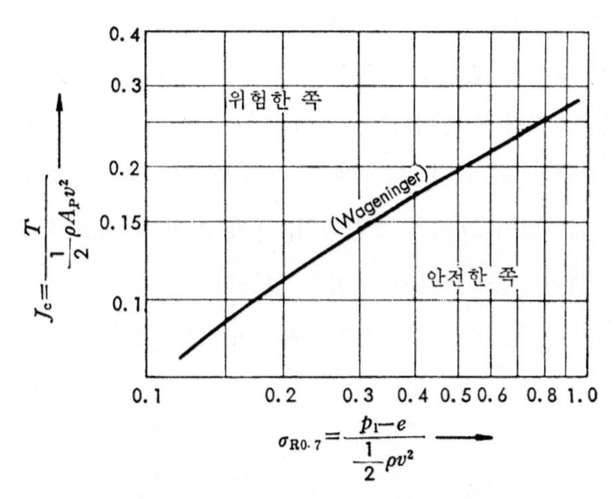

$J_c = \dfrac{T}{\frac{1}{2}\rho A_P v^2}$ →

$\sigma_{R0.7} = \dfrac{p_1 - e}{\frac{1}{2}\rho v^2}$ →

그림 7-35 Burrill의 캐비테이션 도표

로 정의되는 값이며, 위 식에서 T는 프로펠러의 추력 T(kg)가 된다.

$$T = \frac{\text{D.H.P.} \times 75\,\eta_O \eta_R}{v_A}$$

로부터 계산된다. 또, A_P는 프로펠러의 투영 면적(projected area)이며, A_P와 전장 면적 A_E 사이에는 근사적으로

$$A_P = A_E\left(1.067 - 0.229 \times \frac{H}{D_P}\right)$$

의 관계가 있으므로, 이 식을 써서 A_E로부터 A_P를 계산할 수 있다. 또, v는 프로펠러의 전진 속도 v_A(m/sec)와 프로펠러의 $R0.7$에서의 원주 속도를 합성한 속도이며, 다음과 같이 계산된다.

$$v = \sqrt{v_A^2 + \left(0.7 D_P \pi \cdot \frac{N}{60}\right)^2} \text{ (m/sec)}$$

여기서, N: 프로펠러의 매분 회전수

캐비테이션 수 σ는 $\sigma = \dfrac{p_1 - e}{\frac{1}{2}\rho v^2}$로 정의되며, $(p_1 - e)$는 25℃의 해수에 대해서 $p_1 - e \approx 10{,}000 + 1{,}025I$(kg/m²)와 같다. 여기서 I는 프로펠러축이 잠긴 깊이(m)이다. 또, v는 위 식과 마찬가지로 v_A와 $R0.7$에서 프로펠러의 원주 속도를 합성한 속도이다.

이 도표를 사용하면 프로펠러의 전장 면적비를 다음과 같이 결정할 수 있다. 먼저 그림 7-51~7-53에서 보인 것과 같은 프로펠러 도표를 사용하여 각 전장 면적비에 대응하는 프로펠러의 지름 D_P, 피치비 $\dfrac{H}{D_P}$, 프로펠러 효율 η_O를 구하고, 그것을 그림 7-36에 보인 것과

같이 전장 면적비를 가로축으로 잡은 평면 위에 점을 찍고 곡선으로 잇는다.

이를테면, AU-4의 프로펠러 도표를 사용하기로 하면 표 6-22에 보인 프로펠러 도표로부터도 알 수 있는 바와 같이 전장 면적비가 0.40, 0.55, 0.70인 3종류에 대하여 준비되어 있으므로, 그 3점에 대해서 계산할 수 있다. 다음에 각 프로펠러의 J_C를 계산하고, 또 그림 7-35로부터 J_C의 한계값을 읽은 뒤에 그들을 그림 7-36의 평면 위에 점을 찍고 각각 곡선으로 이으면, J_C의 한계값의 곡선과 J_C곡선과의 교점을 얻는다.

그 교점이 필요로 하는 최소의 전장 면적비에 대응하는 점이다.

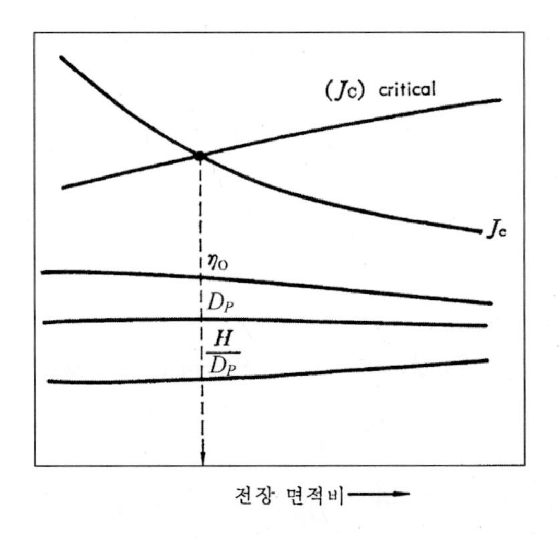

그림 7-36 전장 면적비의 결정

이와 같이 하여 전장 면적비가 결정되면 그림 7-36으로부터 그에 대응하는 프로펠러 지름 D_P, 피치비 $\dfrac{H}{D_P}$, 효율 η_O가 얻어지며, 프로펠러의 요목을 정할 수 있게 된다.

결정된 프로펠러 요목이 초기 단계에서 개략적으로 전장 면적비에 대해 프로펠러의 공동현상이 일어나면 이 프로펠러의 공동 현상을 방지해야 하며, 그 방법으로는 프로펠러 날개면에 발생하는 단위면적당 추력을 어떤 값 이하로 억제할 필요가 있다.

공동 현상이 발생하는 한계 추력을 T, 프로펠러의 전장 면적을 A_D라 하면, 단위면적당 한계 추력 $\dfrac{T}{A_D}$는 프로펠러 회전수 N과 프로펠러 지름 D_P의 곱 ND_P의 함수로 나타낼 수 있다.

전장 면적비를 a_D라고 하면

$$A_D = \frac{\pi}{4} {D_P}^2 a_D$$

가 되므로

$$\frac{T}{A_D} = \frac{T}{\frac{\pi}{4} {D_P}^2 a_D}$$

가 된다.

한계 추력 T는 프로펠러의 전진 속력을 V_A(kn), 배의 전진 속력을 V_S(kn), 상용 출력을 PS, 전달 효율을 η_T, 단독 프로펠러 효율을 η_O, 프로펠러 효율비 η_R을 1.0으로 하면,

$$T = 146 \times \frac{\text{T.H.P.}}{V_A} = \frac{146 \times PS}{V_S} \times \frac{\eta_T \eta_O}{1-w}$$

로 된다.

그런데 200,000톤 이하의 저속 디젤 기관을 장비한 저속 비대선의 $\frac{\eta_O}{(1-w)}$값을 조사해 보면 대체적으로 0.830～0.860 사이에 있으며, 크기는 대략 일정하다고 볼 수 있으므로

$$T = C_1 \cdot \frac{PS}{V_S}$$

로 나타낼 수 있다. 따라서, 단위면적당 추력은 다음과 같이 표시된다.

$$\frac{T}{\frac{\pi {D_P}^2}{4} a_D} = C_2 \cdot \frac{\frac{PD_P}{V_S}}{{D_P}^2 a_D}$$

프로펠러의 공동 현상은 M.C.R.에서의 주기관 마력에 대해서 검토되는데, 그림 7-34에서는 계산하기 쉽게 상용 출력의 마력을 사용하여 계산하도록 하고 있다.

프로펠러의 지름은 날개수 4～5매의 경우에는

$$D_P = \frac{15.95 \times (\text{D.H.P.})^{0.2}}{N^{0.6}}$$

의 근사식으로 추정할 수 있다(설계할 때에는 $a_D \fallingdotseq a_E$로 하고 있다).

4. 전개 면적비와 추력과의 관계

앞의 항에서 Burrill 의 방법을 간략화하고 $T(t)$를 추력 1,000 kg 단위로서 A_P의 근사값은 다음과 같이 표시된다.

$$A_P \fallingdotseq 160 \times \frac{T(t)}{(D_P \times N)^{0.8}} \times (10 + I)^{0.6} \ (\text{m}^2) \quad \cdots\cdots (7\text{-}5)$$

그리고 다음과 같이 근사화를 행한다.

① • 만재 상태에 대해서 : $T(t) \fallingdotseq 0.12 \times \frac{PS_{SCO}}{V_S}$

• 밸러스트 상태에 대해서: $T(t) \fallingdotseq 0.13 \times \frac{PS_{SCO}}{V_S}$

여기서, V_S는 만재 · 밸러스트 상태 각각에 대응하는 항해 속력을 취한다. 또한 만재 상태와 밸러스트 상태에서의 상대 속력을 구하면 된다.

② 전개 면적은 투영 면적의 10% 정도의 증가로 한다.

③ I 는 실적을 참고로 하고 D_P의 함수로서 표현한다. 위에 기초로 해서 D_P가 약 4 m 이상에 대한 근사식은 다음과 같다.

• 고속선의 만재 상태에 대해서 : $a_E \fallingdotseq 7.5 \times \frac{PS_{SCO}}{V_S} \times {D_P}^3 \times N^{0.8}$

• 보통 화물선, 전용선의 밸러스트 상태일 때: $a_E \fallingdotseq 8.6 \times \frac{PS_{SCO}}{V_S} \times {D_P}^3 \times N^{0.8}$

일반적으로 a_E 값은 만재 상태에서 $\frac{v_S}{\sqrt{Lg}}$가 0.23 정도 이상에서는 만재 상태로 하고, 비교적 대형 저속선은 밸러스트 상태에서 결정된다.

전개 면적의 결정은 일반적으로 여러 식에 의한 계산값 중에서 큰 편을 취하는데 캐비테이션 발생에 의해 상당히 커지는 "blade frequency"의 "surface force"에 의한 기진력을 감소시키는 의미에서 특히 진동이 문제가 될 수 있다고 예상되는 경우는 계산값보다 어느 정도 크게 취한다.

5. 프로펠러의 회전수와 효율

프로펠러의 단독 효율은 지름의 제한이 없다면 회전수를 낮출수록 좋다. 이것은 7.5절의 프로펠러 설계 도표로부터도 알 수 있으며, 마력과 속력이 일정할 때 회전수를 낮추면 $\sqrt{B_P}$가 작아지게 되므로 효율은 좋게 된다. 증기 터빈이나 감속형 디젤 기관과 같이 회전수를 자유롭게 변화시킬 수 있는 주기관의 경우에는 추진 효율이 좋아지도록 프로펠러의 회전수를 선택할 수 있기 때문에 주기관 마력을 절감시킬 수 있다.

그림 7-37은 D.W.T. 100,000톤인 벌크 화물선에 대해서 주기관의 마력을 24,000 PS로 잡고, 프로펠러 회전수를 120 rpm으로부터 80 rpm까지 변화시켰을 때의 항해 속력을 계산한 것이다. 그림에서 프로펠러 회전수를 40 rpm 내리면 0.7 kn의 속력을 올릴 수 있다.

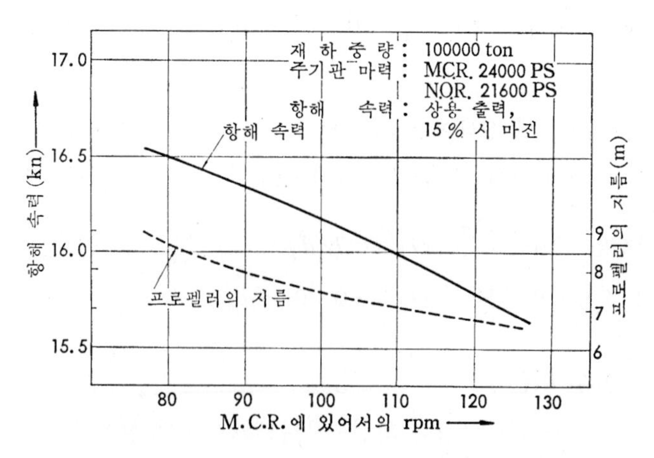

그림 7-37 프로펠러 회전수와 지름 및 속력의 관계

그 대신 프로펠러의 지름은 약 2.0 m 증가했기 때문에 흘수의 제한이 있으면 이와 같은 개선은 할 수 없다. 그림 7-37의 경우에는 회전수를 낮출수록 속력이 증가하고 있지만, 흘수의 제한이 있는 경우에는 프로펠러 지름이 어느 일정값으로 억제되므로 어느 회전수 이하로 내리면 속력은 다시 감소한다.

프로펠러의 회전수를 낮추어서 프로펠러의 지름을 증가시키면 프로펠러축의 축수(bearing) 설계가 어렵게 될 경우도 있으므로, 프로펠러 회전수는 추진뿐만 아니라 축계도 포함해서 종합적으로 검토하여 결정하여야 한다.

6. 추진 기관의 회전수(Revolution of Main Engine)

디젤기관의 마력당 가격은 회전수 변화에 따라 큰 차이는 없고 프로펠러 효율의 향상에 의한 연료비 절감을 고려하면 배치상의 제약 등의 허용하는 한 일반적으로 저(低) 회전수 기관을 선정하는 것이 좋을 것이다. 다만, 회전수의 선택에서 다음을 고려해 주어야 한다.

(1) 장비가 가능한 프로펠러 최대 지름에서의 최저 회전수

(2) 선체 고유 진동수와의 동조를 피하기 위한 허용 회전수의 범위

프로펠러 최대 지름에서의 최저 프로펠러 회전수와 지름 · 출력과의 관계는 비교적 저속선인 경우 SCO에서의 출력 및 RPM을 각각 PS_{SCO}, N_{SCO}로 하고, 프로펠러 지름을 D_P로 하면 이들의 관계는 근사식으로 다음과 같다.

$$N_{SCO} = \frac{C \times \sqrt{PS_{SCO}}}{{D_P}^2}$$

여기서, $C \fallingdotseq 39$: 4-날개 프로펠러에 대해

$C \fallingdotseq 37$: 5-날개 프로펠러에 대해

즉, 장비가 가능한 최대 D_P 값이 결정되면 이 식에서 대응하는 개략의 최저 회전수가 얻어진다.

허용 최대 지름은 밸러스트 상태에서 확보할 수 있는 후부 흘수에도 따르지만 실적에 의한 개략값은 만재 흘수(d_F)에 대해 다음과 같이 표시된다.

화물선인 경우 : $D_P \fallingdotseq 0.7 \times d_F$

대형 전용선의 경우 : $D_P \fallingdotseq 3.0 + 0.3 \times d_F$

7. 프로펠러의 회전수 마진

프로펠러의 회전수는 주기관의 정격 회전수보다 약간 높게 설계하는 것이 보통이다. 회전수 마진은 주기관의 종류에 따라서 다르며, 디젤 기관의 경우에는 3~5.5%, 증기 터빈 기관의 경우에는 1~2%로 하고 있다.

프로펠러 회전수에 약간의 마진을 고려하는 이유를 간단히 설명하기로 한다.

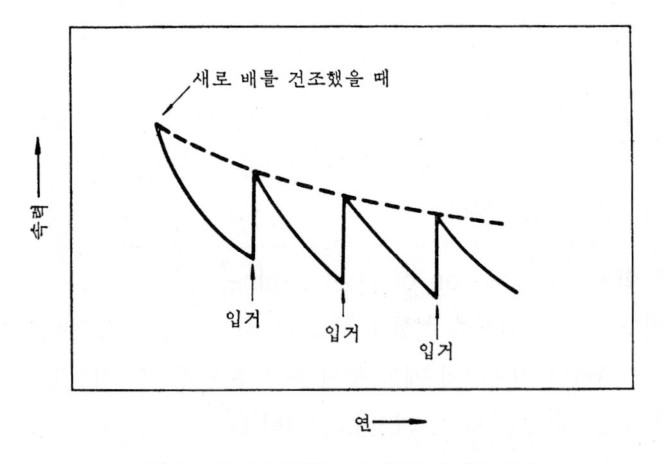

그림 7-38 더러워짐으로 인한 속력의 감소

신조선(新造船)이 취항하여 풍파가 없는 잔잔한 바다를 항해하여도 건조시의 속력은 유지할 수 없다. 또, 프로펠러의 회전수도 점차 떨어지게 된다. 이것은 수선 아래의 선체부나 프로펠러의 표면이 거칠어져서 선체 저항이 증가하고 프로펠러의 효율이 떨어지기 때문이다. 이와 같은 더러워짐에 따른 속력의 저하는 배를 입거(入渠)시켜 선저나 프로펠러 표면을 청소하여도 신조시의 속력, 회전수로는 되돌아 오지 않는다. 그림 7-38에 도식적으로 나타낸 것과 같이 건조시로부터 최초의 입거까지에는 대체적으로 1.0~1.5 kn의 속력이 떨어지게 되며, 회전수도 2~4 rpm 떨어지게 된다. 또한, 그림에서와 같이 속력의 저하는 약 0.1 kn/년이 됨을 나타내고 있다. 이 속력 저하를 경년변화(經年變化, age effect)라고 부른다.

그런데 선체나 프로펠러의 표면이 거칠어짐에 따라 프로펠러 회전수가 떨어지면 주기관, 특히 디젤 기관에는 대단히 큰 영향을 끼치게 된다. 디젤 기관의 출력은

$$\text{B.H.P.} = CP_{ME}N$$

여기서, C: 상수

P_{ME}: 정미[實] 평균 유효 압력

N: 회전수

으로 나타낼 수 있다.

디젤 기관의 P_{ME}는 기관의 강도와 그 밖의 연속 최대출력에 상당하는 값을 넘는 것은 허용되지 않는다. P_{ME}를 각각 M.C.R.과 N.O.R.(90% M.C.R.)에 상당하는 값으로 제한하면, 프로펠러에 결합시키지 않은 상태의 회전수와 출력의 관계는 위 식에 따라 그림 7-39에서 원점을 통과하는 직선식으로 나타난다.

프로펠러의 회전수와 프로펠러가 발생한 출력과의 관계는 7.3.2절 1항에서의 설명과 같이 회전수의 세제곱에 비례한다고 생각하는 것이 좋기 때문에 그림 7-39의 A곡선으로 나타난다. 그러므로, 상용 출력에서 항해한다면 직선과의 교점 X에서 주기관과 프로펠러가 회전하게 된다.

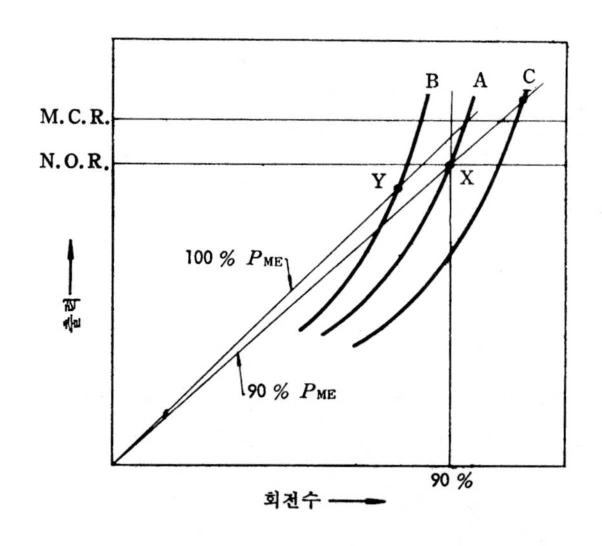

그림 7-39 주기관 출력과 프로펠러와의 관계

따라서, 주기관의 상용 출력에 상당하는 회전수에서 마치 주기관의 상용 출력과 일치하도록 프로펠러를 설계해 놓으면, 황천시와 선체가 더러워짐에 대해 배의 저항이 증가해서 B곡선과 같이 되어 주기관 출력과의 교점은 P_{ME}를 100% P_{ME}가 되도록 운전해도 Y점에 대응하는 상용 출력밖에 낼 수 없게 된다. 이 경우 그림으로부터 알 수 있는 바와 같이 출력과 함

께 회전수가 점점 내려가는 운전이 된다. 이와 같이 P_{ME}가 일정한 상태에서(디젤 기관의 경우에는 크랭크축 암의 길이가 그 기관에서는 일정하므로, P_{ME}가 일정하다면 토크도 일정하게 된다) 회전수가 내려간 그대로 장기간 운전하면 피스톤 크라운(cylinder crown)의 온도와 실린더 라이너(cylinder liner)의 온도가 상승하여 피스톤 링의 부러짐, 라이너의 균열(crack), 이상 마멸 등 주기관에 현저한 손해를 끼치게 된다. 그 이유는 연소 가스의 온도는 연료 분사량에 비례하며, 또 실린더 내에 공급된 공기량에 반비례하기 때문이다.

그런데 P_{ME}가 일정하면 분사된 연료의 양은 항상 일정하므로 연소 가스의 온도는 실린더 내에 공급된 공기량에 따라서 반드시 정해지는 것은 아니지만 회전수가 내려가면 공급 압력이 떨어져서 실린더 내에 공급된 공기량은 감소하고, 따라서 연소 가스의 온도가 상승하게 된다. 출력이 내려갔을 때에는 과급도가 높은 기관 등은 과급 압력의 저하가 심하기 때문에 회전수가 내려가는 영향을 받기 쉽다. 최근 디젤 기관에서는 과급도를 높여서 P_{ME}가 크게 설계되고 있기 때문에 이런 영향은 피할 수 없다.

이상의 설명에서 OY선상에서 주기관을 장시간 운전할 경우에는 반드시 피해야 되는 것을 알 수 있다. 이런 위험을 피하려면 황천 항해 등의 짧은 기간을 제외하고는 프로펠러의 출력 곡선이 A곡선의 왼쪽에 오지 않도록 프로펠러를 설계할 필요가 있다. 즉, 신조시에는 프로펠러의 회전수와 출력의 관계가 C곡선이 되도록 프로펠러를 설계해야 한다.

다시 말하면, 프로펠러의 회전수 마진을 가지게 해서 선저가 더러워져 저항이 증가해도 프로펠러의 출력 곡선이 A곡선보다 왼쪽으로 오지 않도록 하면 디젤 기관으로는 대단히 상태가 좋아진다.

이와 같이, 회전수에 마진을 예상해서 프로펠러 설계하는 것을 일반적으로 '가볍게' 설계한다고 말하고, 기간이 지나면서 프로펠러의 회전수가 떨어지는 것을 프로펠러가 '무겁게' 된다고 말한다.

한편, 시운전에서 배를 항주시키면서 회전수와 마력 관계를 구해 보면 프로펠러가 예정한 대로 가볍게 되었는지 직접 알 수 있는데, 계획된 회전수 마진을 주지 않은 프로펠러를 '무거운 프로펠러'라고 말한다. 무거운 프로펠러는 짧은 기간에 프로펠러 토크가 주기관의 토크 허용값에 접근하기 쉽고[이것을 토크 리치(torque-rich)라고 한다], 주기관에는 앞에서 말한 것과 같은 손상이 발생할 경우가 많다.

프로펠러를 계획할 때 반류계수의 추정을 잘못하면 시운전시와 계획시의 프로펠러 회전수가 일치하지 않는다. 따라서, 반류계수를 정확하게 추정하는 것이 대단히 중요하다.

예비 프로펠러를 배에 비치하는 경우는 어느 정도 세월이 지나서 장비시키기 때문에 상용 프로펠러보다 더욱 가볍게 설계하는 것이 좋다.

디젤 기관의 토크 제한값은 주기관의 종류에 따라 다르지만, 예를 들면 Sulzer-RND형의 경우에는 그림 7-40과 같고, ▨의 부분은 연속적으로 사용이 허락되는 범위이며, ▩의 부분은 황천 항해시 등 비교적 짧은 기간에 운전이 허락되는 범위이다.

새로 건조하여 배를 인도한 후 오랜 세월이 지나서 선저가 더러워져도 ▨의 범위로 안전하게 했기 때문에 신조시에서는 주기관의 정격 회전수 100%에서 M.C.R.의 85% 출력을 내는 것과 같은 프로펠러를 설계하는 것이 바람직하다. 이렇게 설계된 프로펠러는 주기관의 출력이 M.C.R.로 되면 회전수가 정격값의

$$\sqrt[3]{\frac{100}{85}} \times 100 \fallingdotseq 105.5\ (\%)$$

가 된다. 결국 약 5.5%의 회전수 마진을 가진 프로펠러로 된다.

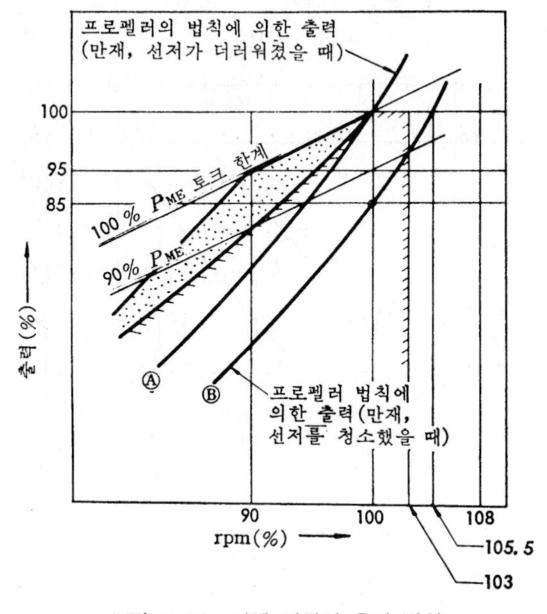

그림 7-40 디젤 기관의 운전 범위

그림 7-40에서 정격 회전수의 108%는 시운전 등 짧은 시간(약 30분) 동안의 운전에서 허용되는 최대 회전수이다.

일반 화물선과 벌크 화물선 등의 밸러스트 상태에서 이와 같은 시운전이 불가능한 배에서는 시운전 상태에서의 프로펠러 법칙에 의해 출력 곡선이 만재시의 출력 Ⓑ곡선보다 조금 오른쪽으로 경사지는 경우가 많다.

이 경우 출력이 M.C.R.을 낼 수가 없는 경우도 있을 수 있으므로 보증 속력을 결정할 경우에는 이 점에서 충분히 주의할 필요가 있으며, M.C.R.을 낼 수 없다는 것을 알 수 있다면 상용 출력에서의 속력을 보증 속력으로 할 필요가 있다.

이상의 설명은 디젤 기관의 경우에 대한 것을 자세히 설명하였으며, 증기 터빈 기관의 경우에는 다음과 같이 설명할 수 있다.

증기 터빈 기관 본체는 회전수 0에서 정격값에 약 200%의 토크 발생이 가능하므로, 감속 기어의 강도 때문에 긴급 후퇴(clutch-astern) 등의 짧은 시간인 경우를 제외하고 연속 운전일 때에는 보통 M.C.R.일 때 토크의 약 103%까지 허용된다.

또한, 연속 운전시의 상한을 정격시의 약 103%로 하고 있기 때문에, 결국 운전 범위는 그림 7-41의 ▨ 부분이 된다.

따라서, 2% 정도의 마진을 잡아 놓으면 회전수의 저하에 따른 출력 감소에 대해서는 충분한 여유가 있다고 생각할 수 있다.

그림 7-40의 디젤 기관의 운전 범위와 비교해 보면 증기 터빈의 운전 범위가 넓으며, 선저가 더러워져서 선체 저항이 어느 정도 증가하여도 상용 출력을 충분히 유지할 수 있다.

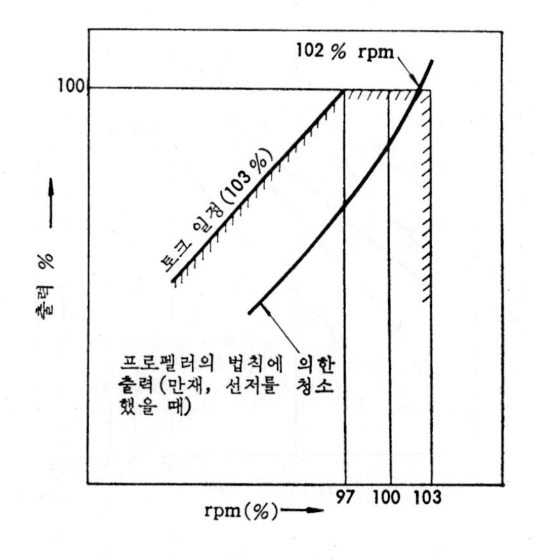

그림 7-41 증기 터빈의 운전 범위

8. 프로펠러의 전진 속도(Advance Speed of Propeller, V_A)

프로펠러의 전진 속도(V_A)는 $V_A = V(1-w)$이고, 반류율(w)은 취항 상태에서 그다지 큰 변화는 없지만 선속(V)은 선저 오손 혹은 해상 상황에 따른 저항 증가에 의해 일정한 상용 출력에서는 당연히 저하한다.

프로펠러 계획에 있어서는 이 저항 증가 즉 "sea margin"을 예상한 항해 속력을 사용하고 취항 시의 기관 출력과 회전수의 관계가 기관의 계획점에서 아주 벗어나 보수 유지상 불리한 조건을 초래하는 일이 없도록 주의를 요한다.

"sea margin"의 값은 동일 항로의 유사선 실적에서 추정하는 것이 확실하지만 대형선에서는 약 15%, 소형선에서는 해상 영향의 상대적 증가를 예상해서 약간 크게 취할 필요가 있을 것이다.

프로펠러 계획에서의 선속(船速)은 신조(新造)할 때에 배의 만재 시운전의 추정 마력 곡선에서 "sea margin"을 15%로 취할 때(상용 마력 / 1.15)에 대응하는 속력이 된다.

만재 상태에서 15% 정도의 "sea margin"을 예상해서 설계한 프로펠러는 밸러스트 상태의 시운전에서는 상용 출력에 대해 회전수는 4~5% 정도가 커진다.

7.3.3 프로펠러의 상사 법칙(law of similitude for propeller)

선체가 저항을 받을 때의 저항을 R이라고 하면 다음과 같이 나타낼 수 있다.

$$\frac{R}{\frac{1}{2}\rho L^2 v^2} = f\left(\frac{vL}{\nu}, \frac{v}{\sqrt{Lg}}\right)$$

배의 저항 R은 물 속을 운동할 때의 후방으로 향하여 생기는 힘이지만 프로펠러의 추력 T도 날개가 물 속으로 운동할 때 축방향으로 생기는 힘으로서 거의 같은 모양으로 나타나는 것이다.

L을 변화시켜 지름 D_P로, v를 변화시켜 v_A로 쓰면 프로펠러의 경우에는 양력(lift)에 비례하여 점성에 의한 마찰 저항은 매우 작아지므로 Reynolds 수 vL/ν와 관계 없다고 생각해도 된다. 따라서, 다음과 같이 나타낼 수 있다.

$$\frac{T}{\rho {D_P}^2 v_A^2} = f\left(\frac{v_A}{\sqrt{D_P\, g}}\right)$$

상사 모형 프로펠러의 축척비를 λ로 하고, 모형값을 기호 m으로 붙인다면

$$\text{축적비:}\quad \lambda = \frac{D_P}{D_m} = \frac{H}{H_m}$$

$\frac{v_A}{\sqrt{D_P\, g}}$는 실물과 모형이 같다면 다음과 같이 나타낼 수 있다.

$$\frac{v_A}{\sqrt{D_P\, g}} = \frac{(v_A)_m}{\sqrt{D_m g}}$$

$$\therefore\ (v_A)_m = v_A \times \sqrt{\frac{D_m}{D_P}} = \frac{v_A}{\sqrt{\lambda}}$$

동일한 축척비의 모형선과 같은 속도(실선과 동일한 속장비)로 모형 프로펠러를 전진시킨다면,

$$\frac{T}{\rho D_P{}^2 v_A^2} = \frac{T_m}{\rho_m D_m^2 (v_A)_m^2} \quad \cdots\cdots (7\text{-}6)$$

또한, 실물과 모형이 동일한 참 슬립비(real slip ratio, S_R)로 회전할 때 회전수를 매초 $n = \frac{1}{60} N$ (rpm)으로 나타낸다면,

$$\left.\begin{aligned} &\frac{v_A}{(v_A)_m} = \frac{Hn(1-S_R)}{H_m n_m (1-S_R)} = \frac{Hn}{H_m n_m} = \frac{D_P n}{D_m n_m} = \sqrt{\lambda} \\ &\text{한편} \\ &\frac{D_P n}{D_m n_m} = \frac{\lambda D_m n}{D_m n_m} = \frac{\lambda n}{n_m} \\ &\therefore \ \frac{\lambda n}{n_m} = \sqrt{\lambda} \\ &\therefore n_m = n\sqrt{\lambda} \end{aligned}\right\} \cdots (7\text{-}7)$$

식 (7-7)를 식 (7-6)에 대입하고 상사 프로펠러를 대응 속도에서 동일한 참 슬립비로 작동시키면 다음과 같이 된다. 식 (7-6)으로부터

$$\left.\begin{aligned} &\frac{T}{T_m} = \frac{\rho D_P{}^2 v_A^2}{\rho_m D_m^2 (v_A)_m^2} = \frac{\rho D_P{}^4 n^2}{\rho_m D_m^4 n_m^2} = \frac{\rho \lambda^4}{\rho_m \lambda} = \lambda^3 \times \frac{\rho}{\rho_m} \\ &\frac{T}{\rho D_P{}^4 n^2} = \frac{T_m}{\rho_m D_m^4 n_m^2} = \text{constant} \end{aligned}\right\} \cdots\cdots (7\text{-}8)$$

즉, 추력은 척도비의 세제곱과 물의 밀도에 비례한다.

다음에 프로펠러를 회전시키는 데 필요한 토크 Q는 각 날개 요소(blade element)의 양력과 항력의 회전 방향 분력으로 반지름을 곱한 것의 합계이므로, T에 다시 D_P를 곱한 치수가 된다.

$$\left.\begin{aligned} &\frac{Q}{Q_m} = \frac{\rho D_P^5 n^2}{\rho_m D_m^5 n_m^2} = \lambda^4 \frac{\rho}{\rho_m} \\ &\frac{Q}{\rho D_P^5 n^2} = \frac{Q_m}{\rho_m D_m^5 n_m^2} = \text{constant} \end{aligned}\right\} \cdots\cdots (7\text{-}9)$$

이상과 같은 상사 법칙에 의해서 모형 시험으로부터 실물 프로펠러의 성능을 알 수 있다.

프로펠러의 모형 시험을 하게 되면 그 성적을 기록할 때 상사 프로펠러에 대해서는 전부 일정한 값이 되도록 무차원의 양으로 기록하면 편리하다. 이것을 프로펠러 계수(propeller coefficient) 또는 프로펠러 정수(定數, propeller constant)라 하며, 다음과 같이 나타낼 수 있다.

㈎ **추력 계수(thrust coefficient) 또는 추력 정수(thrust constant)**

$$K_T = \frac{T}{\rho {D_P}^4 n^2} \quad \text{식 (7-8)로부터}$$

㈏ **토크 계수(torque coefficient) 또는 토크 정수(torque constant)**

$$K_Q = \frac{Q}{\rho {D_P}^5 n^2} \quad \text{식 (7-9)로부터}$$

㈐ **속도 계수(speed coefficient) 또는 전진 계수(advance constant)**

$$J = \frac{v_A}{D_P n} \quad \text{식 (7-7)로부터}$$

㈑ **단독 프로펠러 효율(open propeller efficiency)**

$$\eta_P = \frac{\text{T.H.P.}}{\text{D.H.P.}} = \eta_O \eta_R$$

이지만 단독 시험에서는 $\eta_R = 1$로 되므로,

$$\eta_O = \frac{\text{T.H.P.}}{\text{D.H.P.}} = \frac{T v_A}{Q 2\pi n} = \frac{K_T \rho {D_P}^4 n^2 v_A}{K_Q \rho {D_P}^5 n^2 2\pi n} = \frac{K_T v_A}{K_Q 2\pi D_P n} = \frac{K_T J}{K_Q 2\pi}$$

이것을 사용할 수 있도록 모든 부호의 단위는 다음과 같이 통일할 수 있다.

여기서, T : 추력 (kg)

Q : 토크 (kg-m)

ρ : 물의 밀도

D_P : 프로펠러의 지름 (m)

v_A : 프로펠러의 전진 속도 (m/sec)

앞에서 η_O의 $Q 2\pi n$은 다음과 같이 기초 역학에 의한 회전체의 한 일 W에 대해서

$$W = Fr\theta = Q\theta$$

W만큼 일을 하기 위한 동력 P는

$$P = \frac{W}{t} = Q \cdot \frac{\theta}{t} = Qw = Q 2\pi n$$

이 된다.

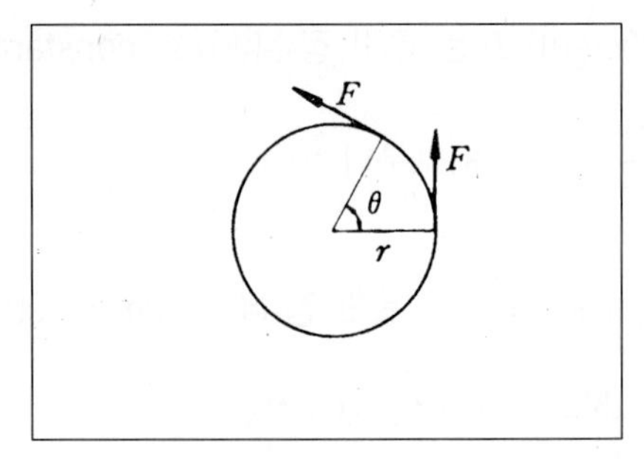

그림 7-42

그림 7-43은 이 계수를 써서 프로펠러의 단독 시험 결과를 나타낸 보기이다.

보통 곡선이 혼잡하기 때문에 $J=1.2$와 $S_R=1.0$을 연결한 직선은 보편적인 것은 아니지만 필요에 따라서 P값이 같은 J점과 $S_R=1.0$을 연결하여 사용하면 좋다.

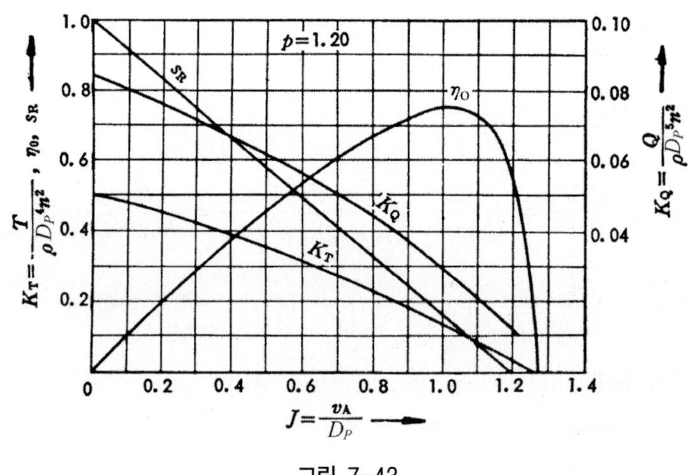

그림 7-43

그림 7-43을 이용해서 이것과 상사한 다음의 프로펠러 추력과 토크를 구해 보자.

$D_P=4.800$ m, $N=140$ rpm, $w_S=0.200$, $S_A=0.100$이라 하면,

$$1-w=\frac{1-S_R}{1-S_A}$$

의 식으로부터 w는 w_m이 아닌 w_S를 쓰는 것으로 해서

$$1-w_S=\frac{1-S_R}{1-S_A}$$

의 식으로

$$1-S_R=(1-w_S)(1-S_A)=(1-0.200)(1-0.100)=0.720$$

$$\therefore\ S_R=0.280$$

그림 7-43에서 S_R의 종선 위치에서 K_T, K_Q를 읽으면

$$K_T=\frac{T}{\rho {D_P}^4 n^2}=0.200$$

이 되므로,

$$T=0.200\times 104.6\times (4.8)^4\times \left(\frac{140}{60}\right)^2=60,462\ \text{(kg)}$$

$$K_Q=\frac{Q}{\rho {D_P}^5 n^2}=0.040$$

가 된다. 따라서, 다음과 같이 구할 수 있다.

$$Q=0.040\times 104.6\times (4.8)^5\times \left(\frac{140}{60}\right)^2=58,043\ \text{(kg)}$$

7.4 프로펠러의 공동 현상

프로펠러로부터 일어나는 공동 현상(cavitation)으로는 프로펠러 날개의 주위 속도가 어느 한계를 넘으면 날개면의 압력이 떨어지게 되어, 물은 날개의 후진면으로 따라서 흐르지를 않고 수증기와 공기로 채워진 공동부가 날개면에 생기는 것을 말한다.

추진기의 날개 면적은 효율에 대해서는 작을수록 유리하지만 그 하한값은 공동 현상 발생 방지면에서 억제된다. 공동 현상의 발생이 어느 정도 이상이 되면 발생 추력의 저하, 날개면의 부식 혹은 기진력의 증가 등의 불합리점이 발생한다. 공동 현상에 대한 대책으로는 실제 단순히 날개 면적의 확보만이 아니고, 특히 날개 선단부에 대한 면적 분포의 증대, 원호형 날개 단면의 채용 등이 있다.

7.4.1 공동 현상의 발생

1. 공동 현상의 발생 원인

프로펠러 날개의 단면에 대하여 입사각 α로 물이 흘러 들어올 때, 날개 표면에서의 압력분포는 물 속에서 회전하는 프로펠러 날개의 전진면(face)에는 (+)의 압력, 후진면(back)에는 (−) 압력이 작용하지만, 큰 마력에서 고속 회전인 프로펠러의 경우에는 특히 후진면의 (−) 압력이 더욱 떨어지게 되기 때문에 절대 압력값이 0에 접근하게 되며, 물은 인장력에는 견디지 못하므로 그 부분에는 물이 존재하지 않는 공동이 생긴다. 그러나 실제로는 절대 압력이

0이 되는 조금 앞에서부터 공동이 발생할 가능성이 생긴다. 즉, 물의 비등점은 대기압에서는 100℃ 이나 기압이 낮아질수록 내려가서 절대 압력이 0.025 kg/cm^2 정도가 되면 20℃ 정도에서 비등이 시작된다.

그러므로, 프로펠러 날개 주위에 상온에서도 물이 비등할 정도의 저압 부분이 생기면 물은 증발하기 시작하며, 기포가 되어서 날개 표면에 달라붙어 공동이 생긴다. 그 밖에 공기의 분리 현상이 합세한다.

이와 같이 프로펠러의 후진면에 붙은 수증기는 물 속에 함유되어 있는 공기와 함께 모이게 되어서 후진면으로 찰싹 달라붙게 되어 유체의 흐름을 후진면으로부터 격리시킨다든지, 또는 산소가 많이 포함되어 있는 공기나 수증기는 후진면의 재료를 산화, 침식시켜 주어 수증기의 기포 압력 (−)가 이동하면서 순간적으로 소실(collapse)되어 그 부분에 충격적인 압력 상승이 일어나고 음향과 부식 작용이 생긴다. 한편, 기포의 발생과 소실은 연속적으로 그림 7-44와 같이 반복되게 된다. 이런 현상을 공동 현상(cavitation)이라고 한다.

그러므로, 프로펠러 날개의 공동 현상은 유입되는 물의 입사각과 날개 단면의 현상이 크게 관계되고 있다. 즉, 입사각과 날개 단면에 의해서 공동 현상이 발생하는 부분도 다르다.

그림 7-44에서와 같이,

① 입사각이 (+)인 일반적인 입사각의 상태
② 입사각이 0이면서 특히 비교적 날개가 두꺼운 경우
③ 입사각이 (−)의 경우로서 날개 후진면으로부터 유입된 단면의 압력 측이 공동을 일으키는 경우

를 나타낸 것이다.

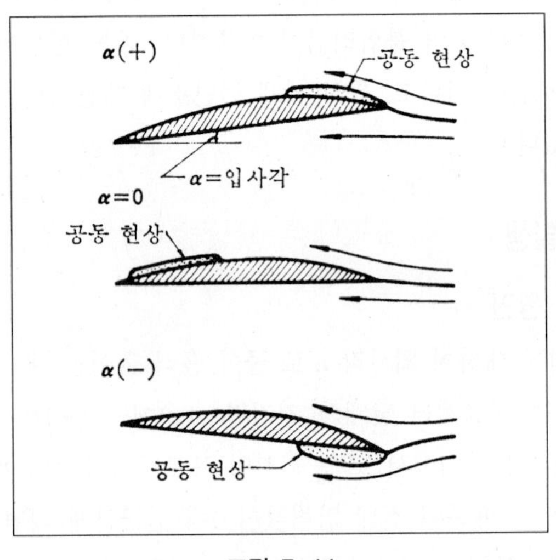

그림 7-44

공동 현상은 프로펠러의 회전수가 어느 정도까지 올라갈 때 급격히 일어나며, 그 때문에 추진력은 갑자기 떨어지게 되어 격렬한 진동과 음향을 일으켜 속력을 낼 수 없게 된다. 이와 같은 현상을 피하기 위하여 프로펠러를 설계할 때 프로펠러의 하중도가 어느 한도를 넘지 않도록 전개 면적비(D.A.R.)를 결정해야 한다.

또한, 날개 요소(blade element) 단면의 현상으로부터 보면 에어로포일(aerofoil)형 단면에서의 압력 분포는 부압의 최대값은 후진면의 전연 근처에 있으나 원호(ogival)형 단면에서는 날개형상이 거의 중앙에 있어서 그 값은 에어로포일형보다 작다. 그러므로, 동일한 입사각의 경우에 에어로포일형은 원호형보다도 공동 현상을 일으키기가 쉽다.

2. 공동 현상의 발생 상태

프로펠러의 공동 현상을 조사하려면 캐비테이션 시험 수조에서 실물의 프로펠러와 비슷한 모형 프로펠러를 회전시켜서 캐비테이션 발생 상태를 관찰하여야 한다. 그림 7-45는 프로펠러의 날개면에 발생하는 캐비테이션을 그림으로 나타낸 것이다.

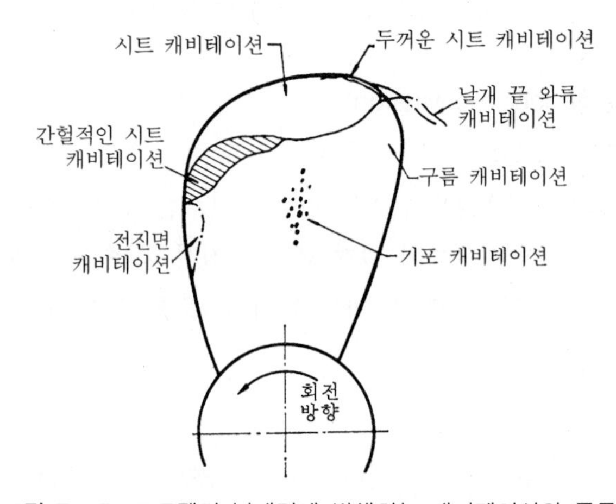

그림 7-45 프로펠러 날개면에 발생하는 캐비테이션의 종류

실물의 프로펠러와 모형 캐비테이션 수(cavitaion number)라 부르는 계수를 같게 한다면 캐비테이션이 발생하는 상태가 비슷하다고 생각할 수 있다.

캐비테이션 수 σ는 다음과 같이 정의된다.

$$\sigma = \frac{p_1 - e}{\frac{1}{2}\rho v^2}$$

여기서, p_1 : 프로펠러축 중심에 있어서의 압력 (kg/m^2)

e : 물의 증기압 (kg/m^2)

ρ : 물의 밀도 (kg · sec^2/m^4)

v : 프로펠러에 유입하는 물의 속도 (m/sec)

프로펠러에 캐비테이션이 발생하면 배의 추진 성능 상태면에서 여러 가지 좋지 못한 점이 발생하며, 아직 프로펠러 날개에 발생하는 캐비테이션은 전부 유해한지는 알 수 없다. 그러나 프로펠러에서 발생하는 추력이 감소하며 효율이 낮아지고, 배의 속력이 떨어지는 것을 알 수 있다.

캐비테이션 중에서 시트 캐비테이션(sheet cavitation)과 날개 끝 와류 캐비테이션(tip vortex cavitation)은 침식(corrosion)의 원인은 되지 않지만 기포 캐비테이션(bubble cavitation)과 구름 캐비테이션(cloud cavitation)은 침식을 일으키는 원인이 된다.

(1) 얇은층 공동 현상(sheet cavitation)

그리 크지 않은 받음각으로 작동하는 날개의 뒷면에 생성되는 음의 압력 때문에 날개 앞날에서부터 시작하여 얇은층 형상으로 발생하는 공동 현상을 말한다. 실선 프로펠러에서 가장 많이 관찰되는 것으로, 이런 종류의 공동 현상은 대체로 안정적이나 공동체적의 변화가 선체 진동의 주요 원인이 된다.

(2) 기포형 공동 현상(bobble cavitation)

고속 프로펠러의 경우 프로펠러 날개의 두께가 비교적 두껍고, 받음각이 작은 경우에 날개의 최대두께 위치 근처에서 기포형태의 공동 현상이 발생한다. 이러한 공동 현상은 매우 불안정하기 때문에 프로펠러의 성능 저하와 날개 표면의 침식 등 손상의 원인이 된다. 이러한 공동 현상이 공동 시험 과정에서 관찰되면 반드시 회피하도록 프로펠러를 다시 설계해야 한다.

(3) 전진면 공동현상(face cavitation)

받음각이 비교적 작거나 음의 값을 가질 때, 날개 앞면 앞날 근처에 공동 현상이 발생할 수 있다. 이러한 종류의 공동 현상은 프로펠러의 허브 가까이의 날개 단면에서 많이 관찰되며, 프로펠러 날개가 6시 방향위치에 있을 때 날개 끝부분에서 발생할 수 있다. 이러한 종류의 공동 현상은 매우 불안정하여 날개 침식의 주요 원인이 된다.

7.4.2 공동 현상의 방지 대책

프로펠러의 캐비테이션은 배의 추진 성능상 좋지 않기 때문에 이의 발생을 적극 방지해야 하며, 방지하는 방법에는 다음과 같은 것이 있다.

㈎ 프로펠러의 잠김률을 크게 할 것

프로펠러가 수면으로부터 깊은 곳에 있을수록 수압이 증대하므로 물은 증발하기 어려워진다. 그런 경우 프로펠러의 아래 끝부분과 수면과의 거리를 I(m), 프로펠러 지름을 D_P(m)

라고 하면, 이 I/D_P는 프로펠러가 물에 잠겨 있는 정도를 나타내는 값이 되는데, 이것을 프로펠러 잠김률(propeller immersion ratio)이라고 한다.

프로펠러는 프로펠러 잠김률 1.0 이상이 되면 수면 아래에서 완전히 잠기게 된다. 잠김률은 클수록 좋지만 배 전체가 떠오르는 밸러스트 상태에서도 110~115% 이상인 것이 바람직하다.

(나) 프로펠러의 지름을 적당한 것으로 할 것

프로펠러의 최적 지름으로부터 프로펠러의 지름을 작게 하면 그림 7-73에서 알 수 있는 것과 같이 피치가 커지게 된다. 피치가 커지면 수류의 입사각이 크기 때문에 캐비테이션이 발생하기 쉽게 된다. 이 점으로 보아 최적 지름으로부터 지름을 작게 할 경우에는 될 수 있는 대로 5% 이내로 억제하는 것이 좋다.

(다) 프로펠러의 날개 면적을 크게 할 것

프로펠러 날개의 단위면적당 추력이 크게 되면 프로펠러 날개 단면의 후진면에 압력 저하가 크게 되므로 캐비테이션이 발생하기 쉽다.

그러므로, 주기관 마력, 속력, 프로펠러의 잠김 깊이에 따라 적당한 날개 면적을 확보해야 한다.

(라) 선체의 선미 형상을 최적의 모양으로 할 것

프로펠러의 위치에 있어서 반류 분포는 그림 7-33에 나타낸 것과 같이 변동이 매우 심하며 불균일한 분포로 되어 있다.

이와 같은 불균일한 분포의 위치에서 프로펠러가 회전하면 프로펠러 날개면에 유입한 물의 입사각은 여러 가지로 변화한다. 반류계수가 큰 곳에서는 유속이 작아지므로 앞에서 설명한 그림 7-29에서 보는 바와 같이 입사각이 작아지게 되어 경우에 따라서는 압력이 부압이 되는 수도 있다.

이와 같이 입사각의 변동은 반류 분포의 변화가 클수록 커지며, 장소에 따라서는 캐비테이션의 발생과 소멸이 반복하여 일어난다.

프로펠러가 1회전하는 사이에 발생하였다가 곧 소멸하는 따위의 캐비테이션도 프로펠러가 장시간 회전하고 있으면 침식(erosion)의 원인이 되기도 한다. 이것을 방지하기 위하여 선미의 형상이 불필요하게 뚱뚱하지 않도록 하는 것이 중요하며, 또 늑골선(frame line)의 형상과 프로펠러와 선체의 간격을 알맞게 정하는 것도 필요하다.

선미 형상을 알맞게 설계하면 불균일한 반류 분포가 감소되므로 캐비테이션의 방지에도 유효할 뿐만 아니라, 추력과 토크의 변동도 감소되므로 진동의 원인이 되는 프로펠러의 기진력도 감소시킬 수 있다.

캐비테이션을 방지하는 데에도 프로펠러의 형상만을 생각하기 쉬운데, C_B가 큰 비대선의 경우에는 선미 형상에 주의하는 것이 무엇보다도 중요하다.

(마) 프로펠러의 날개 단면 형상을 적절하게 할 것

프로펠러의 날개 끝부분은 원주 속도가 빠르므로 프로펠러 날개의 후진면으로 캐비테이션이 일어나기 쉽다. 이 때문에 끝부분에는 원호형(ogival) 단면을 사용하여 캐비테이션의 발생을 방지한다.

한편, 프로펠러 날개의 보스 가까운 부분에 압력면의 전연부에서는 물의 입사각이 비교적 작아지기 때문에 압력면 전연부는 물의 유속이 증대하여 압력이 떨어지게 되므로 이 부분에서 캐비테이션이 발생할 때가 있다.

날개의 전연부에 발생하는 캐비테이션을 방지하기 위하여 그림 7-11에서와 같이 날개 단면의 전연부에 워시 백(wash back)을 주어 조금 위로 올리는 수가 있다.

(바) 그 밖에 니켈, 알루미늄, 청동 등을 사용하여 캐비테이션이 약간 발생하더라도 프로펠러에 침식이 생기지 않도록 한다.

특히, 고속, 대마력인 배의 경우에는 날개의 앞날 부분을 침식에 강한 특수한 금속을 용착시켜서 침식을 방지하는 경우도 있다.

실선에 장비한 프로펠러에 캐비테이션이 발생할 것인지의 여부에 대한 정확한 것은 모형 프로펠러에 의한 캐비테이션 시험을 실시하기 전에는 알 수 없다. 그러나 모든 선박의 설계에서 모형 시험을 하는 것은 어려운 일이기 때문에 앞에서 설명한 것과 같이 설계 단계에서 간단히 판정하기 위한 설계 도표를 이용하여 캐비테이션 범위에 드는지를 판정하는 수밖에 없다.

(사) 프로펠러의 날개 표면의 조도는 될 수 있는 대로 울퉁불퉁하지 않도록 경사 없이 매끈하게 가공하여야 한다.

(아) 프로펠러의 날개 끝(blade tip)이 그리는 궤적은 가능한 한 3,000~3,500 m/min 이하로 하면 좋다.

이상과 같은 조건을 충분히 주의하면 캐비테이션을 방지시킬 수 있다. 캐비테이션과 같은 현상으로 공기 흡입 현상(air draw)이 있는데, 이것은 캐비테이션과는 다르므로 혼동하여 취급되지 않도록 주의해야 한다.

7.4.3 공동 현상의 검토

캐비테이션 도표 그림 7-35를 사용하여 캐비테이션을 검토한 후 전개 면적을 정한다. 이것은 경험적으로 얻어진 Burrill의 방법에 의한 N.S.M.B.의 도표인 것이다.

캐비테이션 수 σ를 기초로 추력 하중 계수(load factor of thrust, J_C)를 써서 J_C를 그림으로 나타낸 것, 즉 그림 7-35의 곡선을 이용하면 좋다는 것을 알 수 있지만, 불균일한 반류 중에서 회전하는 것으로 생각해서 설계할 때에는 항로 사정을 고려하여 5~10%의 여유를 보아 0.95~0.90J_C(평균 0.925J_C)의 경우에서 곡선을 추정하여 전개 면적을 정하면 안전하다.

한편, 캐비테이션의 검토는 보통 프로펠러 지름 $R0.7$에서 계산된다. 그러므로,

$$J_C = \frac{T}{\frac{1}{2}\rho A_P v^2}$$

$$\sigma_{R0.7} = \frac{p_1 - e}{\frac{1}{2}\rho v^2}$$

여기서, T : 추력 $= \frac{\text{D.H.P.}75\eta_O\eta_R}{v_A}$ (kg)

ρ : 해수의 밀도 $= 104.6$ (kg · sec^2/m^4)

A_P : 투영 단면적

$\fallingdotseq \frac{\pi}{4}D_P{}^2(\text{D.A.R.})(1.067 - 0.229p)$ (m^2)

$= A_W\left(1.067 - 0.229 \times \frac{H}{D_P}\right)$

D_P : 프로펠러의 지름 (m)

p : 피치비

v : 전진 속도 v_A와 프로펠러의 지름 $R0.7$에 있어서의 원주 속도를 합성한 속력

$= \sqrt{v_A^2 + \left(0.7D_P\pi \cdot \frac{N}{60}\right)^2}$ (m/sec)

N : 매분 회전수 (rpm)

p_1 : 대기압 + 프로펠러축 중심에서의 해수에 대한 동압 (kg/m^2)

= 프로펠러축 중심에서의 정수압

e : 물의 증기압 (kg/m^2)

$p_1 - e$: $10,100 + 1,025I$ (kg/m^2)

I : 프로펠러축 중심에서 물 표면까지의 거리(m)

$\sigma_{R0.7}$은 캐비테이션 수(cavitation number)라고 부르며, 캐비테이션을 실험할 때에는 모형과 실물로 이것을 같게 할 필요가 있다.

예를 들면, 다음 조건에 따라 계획할 때 이 프로펠러는 캐비테이션을 일으키는지에 대해 검토하기로 한다. 배의 길이가 164 m인 고속 화물선에 대해서 주기관의 B.H.P는 18,400 B.H.P이고, η_T는 0.97, V는 21.75 (kn), w_S는 0.193이며, 프로펠러의 요목으로 프로펠러 날개수는 6장, 지름은 5.908 m, 피치비는 1.065, 전개 면적비는 0.741, 회전수는 $115 \times (1 + 0.02)$ $= 117.3$ rpm, I는 5.780 m, η_O는 0.679이고, η_R은 1.02라면

$$V_A = V(1-w_S) = 21.75 \times (1-0.193) = 17.55 \text{ (kn)}$$

$$\therefore \; v_A = 0.5144 \times 17.55 = 9.028 \text{(m/sec)}$$

$$T = \frac{18400 \times 0.97 \times 75 \times 0.679 \times 1.02}{9.028} = 102{,}690 \text{ (kg)}$$

여기서, 전진 속도 v_A와 프로펠러의 지름 $R0.7$에서의 원주 속도를 합성한 속도는

$$v = \sqrt{(9.028)^2 + \left(0.7 \times 5.908\pi \times \frac{117.3}{60}\right)^2}$$

$$= \sqrt{81.50 + 645.17} = \sqrt{726.67} \text{ (m/sec)}$$

$$\frac{1}{2}\rho v^2 = \frac{1}{2} \times 104.6 \times 726.67 = 38{,}005 \text{ (kg/m}^2\text{)}$$

$$A_P = \frac{\pi}{4} \times (5.908)^2 \times 0.741 \times (1.067 - 0.229 \times 1.065) = 16.718 \text{ (m}^2\text{)}$$

$$\frac{1}{2}\rho A_P v^2 = 635{,}368 \text{ (kg)}$$

$$J_C = \frac{T}{\frac{1}{2}\rho A_P v^2} = 0.162$$

$$p_1 - e = 10100 + 1025 \times 5.780 = 16{,}025 \text{ (kg/m}^2\text{)}$$

$$\sigma_{R0.7} = \frac{p_1 - e}{\frac{1}{2}\rho v^2} = 0.422$$

위의 값 캐비테이션 수 $\sigma_{R0.7}$과 추력 하중 계수 J_C곡선에서 항력 계수에 대한 J_C의 범위를 검토하면, 그림 7-35에서와 같이 캐비테이션 도표에서 캐비테이션 수 $\sigma_{R0.7} = 0.422$의 값에 대한 J_C의 값은

$$J_C = 0.176$$

그러므로, 본선의 프로펠러에서는 $J_C = 0.162$이므로 도표의 범위값의 92.6%에 있기 때문에 캐비테이션에 대해서는 고속 화물선의 설계 계획 프로펠러로는 충분히 안전하다.

7.4.4 프로펠러의 생력화

1. ducted propeller

보통형 프로펠러 이외의 프로펠러 중에서 제일 실용화되어 있는 것은 ducted propeller일 것이다. 프로펠러 하중도가 큰 경우 보통형 프로펠러에 대하여 가속형의 ducted propeller를 채용하면 프로펠러 단독 효율의 개선을 기대할 수 있다는 것은 잘 알려져 있고, 오래 전부터

예선과 어선 등에 많이 사용되었지만, 최근에는 대형 비대선에서도 채용하도록 되어 있다.

그러나 ducted propeller는 ducted와 그 안에서 작동하는 impeller를 조합시켜 하나의 추진기로 되어 있어 선체와의 상호 간섭이 보통형 프로펠러보다 복잡하게 되어 있기 때문에, 추진 효율 향상의 원인을 비교, 검토하는 데 여러 가지 문제가 있다.

200,000 D.W.T. 탱커선에 대하여 행한 모형 시험 결과에 따르면, 만재 및 밸러스트 상태와 함께 $1-t$ 및 η_O는 보통형 프로펠러 및 ducted propeller의 경우와 거의 차이가 없지만, $1-w$ 및 η_R은 보통형 프로펠러의 경우보다 큰 값을 나타내고 있다.

결국, ducted propeller의 경우에는 보통형 프로펠러에 비해서 프로펠러 선후 효율은 좋지 않지만 반류 이득이 크기 때문에 만재 상태에서는 약 10%, 밸러스트 상태에서는 약 15% 정도의 추진 효율의 향상을 얻을 수가 있다.

2. overlapping propeller

종래부터 프로펠러 하중도를 내려주면 프로펠러 효율이 향상하는 것은 잘 알려져 있다. 프로펠러 하중도를 내리는 한 가지 방법으로 2축 또는 3축 프로펠러로서 하중을 분산시키는 방법이 있다.

2축 프로펠러를 생각해 보면 1축 프로펠러에 비해서 프로펠러 단독 효율은 같이 향상된다. 그러나 bosing 및 bracket 등에 따라 저항 증가나 선체 효율이 떨어지는 등의 추진 효율은 1축 프로펠러에 비해 개선되지 않은 예가 많이 있다.

부가물 저항을 작게 해서 반류 이득을 크게 하기 위하여 양현의 프로펠러의 축간거리를 작게 하고, 양현의 프로펠러가 서로 겹치도록(overlap) 하여 선체 중심에 가까운 위치에 배치하는 것이 overlapping propeller이다.

여기서 overlapping propeller의 응용 예에는 컨테이너선이 많지만, 통상적으로 2축선에 비해 6～7%의 마력 절감이 가능하다.

500,000 D.W.T. 탱커선을 대상으로 한 모형 시험의 결과에 따르면, 프로펠러 하중도가 높은 비대선에도 통상적으로 2축 선형에 비해 5～6%의 마력 절감은 달성이 가능하였다. 그 주된 원인으로는 반류 이득의 증가가 있는 것으로 알려져 있다.

3. contra-rotating propeller

contra-rotating propeller는 같은 축상에 어떤 짧은 간격으로 장치하여 서로 반대 방향으로 회전하면 2개의 프로펠러에 따라 구성되고, 2개의 프로펠러 하중도를 분산하면 서로 프로펠러 후류 중의 회전 손실을 감소시켜서 프로펠러 효율 향상을 도모한 것이다. 상선용으로는 앞의 프로펠러가 4익, 뒤의 프로펠러가 5익인 일반적인 구성으로 되어 있다.

150,000 D.W.T. 탱커선 및 12,000 D.W.T. 컨테이너선에 관해 통계적인 모형 시험을 실시하여 통상의 1축선과의 성능이 비교된다. 탱커선의 경우에는 추진 효율이 약 6% 정도 개선되

어 있고, 그 원인은 η_H와 η_R의 향상에 따르게 되어 있다.

또한 컨테이너선의 경우에는 추진 효율의 개선에는 약 12%로서, 그 이유는 탱커선의 경우와 조금 다르고, η_H가 다소 나빠졌음에도 불구하고 η_R 및 η_O, 즉 프로펠러 선후 효율이 향상되었기 때문이다.

contra-rotating propeller는 특수 프로펠러 중에서도 특히 추진 효율의 향상에 유리한 추진법이 있지만, 프로펠러 회전의 반전 기구가 있고 또한 축수 등에 기술적으로 어려움이 수반되기 때문에 이러한 것까지 실용화시킨 예는 거의 없다. 금후에 기술개발이 크게 기대되는 것이다.

4. 가변익(可變翼) 프로펠러(Controllable Pitch Propeller)

부가물을 붙이는 것은 아니고 Blade의 Pitch를 바꾸어 주는 장치이다. 프로펠러는 같은 방향으로 돌아도 Pitch 변환에 의하여 추진력을 앞쪽이나 뒤쪽으로 바꿀 수 있다.

전후진을 능률적으로 하기 위하여 TUG Boat에 많이 쓰이며, 프로펠러 두 개를 붙일 경우에 한 개는 앞쪽으로 추진하며, 다른 하나는 뒤쪽으로 추진하면 선회도 이루어진다.

Side Thruster도 오른쪽 또는 왼쪽으로 동등한 추진력이 필요하므로 CPP라야 한다.

Ferry 선은 Twin CPP와 Bow Thruster(때로는 Stern Thruster도 함께 장착)만 가지고 예인선의 도움 없이 능률적으로 부두에 접안할 수 있다.

프로펠러 Shaft를 중공축(中空軸)으로 만들고 Blade의 각도를 돌려 Pitch를 바꾸어 주는 Rod를 관통시키고, Rod의 전후진 운동이 Blade 각도를 움직여 주도록 하는 고안이다. 엔진의 회전력을 전달하면서 Rod를 움직여 주어야 하므로 복잡한 CPP Unit가 필요하다.

5. 저회전 대직경 프로펠러

각종 프로펠러는 경제적인 면 및 기술적으로 어려움 등이 수반되기 때문에 실용화가 곤란한 것은 사실이다. 그래서 보통형 프로펠러를 이용해서 보다 한층 더 효율 향상이 가능하다면 그렇게 하는 것일 것이다.

종래 프로펠러 직경을 크게 하여 그것에 대응시켜 프로펠러 회전수를 절감시키는 것보다 프로펠러 하중도를 감소시키는 것이 프로펠러 효율 향상의 유효한 방법이라는 것은 잘 알려져 있는 사실이다. 그러나 이것까지는 주기관 회전수의 제한 등에서 프로펠러의 회전수를 상당히 낮추는 것으로 하여 선택하는 것이 가능하지만, 최근에 와서 유성(遊星) 치차 등의 감속장치의 개량에 진보된 발전이 있고, 프로펠러 회전수를 큰 폭으로 절감시키는 것이 가능케 되어 소위 저회전 대직경 프로펠러가 채용되기에 이르렀다.

프로펠러 회전수와 프로펠러 직경과의 관계는

$$\frac{D_D}{D_O} = \left(\frac{N_O}{N_D}\right)^{0.56}$$

여기서, D_O, N_O : 처음 설계선의 직경과 회전수

D_D, N_D : 절감된 회전수와 그때의 직경

회전수를 반감시킬 때에 직경이 약 46% 크게 되고, 계산에 따르면 추진 효율은 약 16% 향상한다.

또한, 60,000 D.W.T.의 bulk carrier를 대상으로 해서 프로펠러 회전수를 거의 반감시킬 경우 모형 시험 결과에 따르면, 회전수를 절감시킨 경우에는 만재 상태 $\eta_R = -3\%$, $\eta_H = -9\%$, $\eta_O = +24\%$ 에서 $\eta = +12\%$, 밸러스트 상태에서도 대개 같은 경향의 변화를 나타내며, $\eta = +16\%$ 로 된다.

이의 시험 결과를 보면 프로펠러 효율을 큰 폭으로 향상함에도 불구하고 선체 효율이 현저하게 저하하기 때문에 기대할 정도의 마력 절감은 얻지 못한다.

여기서는 프로펠러 직경을 크게 했기 때문에 반류 이득이 크게 감소한 것으로 해석되고, 대직경 프로펠러를 채용하는 데에는 이에 적합한 선미 형상의 개발이 필요할 것이다.

7.5 프로펠러의 설계

프로펠러 설계(design of propeller)의 목적은 선체에 있어서 최적의 추진 성능을 좋게 하는 주요 요목을 선정하여, 선체의 조건, 기관의 조건, 축계의 조건을 만족하면서 최소의 마력에 의해 최소의 연료로 운항 능률을 향상시키는 것이다.

프로펠러의 주요 요목 중에서 지름 D_P와 피치 H는 프로펠러의 성능을 지배하는 매우 중요한 항목이다. 캐비테이션을 일으키지 않는 최소의 전개 면적비(D.A.R.)를 선정하는 것도 프로펠러의 설계에 있어서 중요한 항목이다.

프로펠러의 모형 시험에서는 똑같은 전개 면적비 대신 E.A.R.을 쓰는 수가 많다.

표 7-5

프로펠러 날개수	전개 면적비								
4	0.40			0.55			0.70		
5			0.50			0.65			0.80

E.A.R.은 각 반지름의 위치에 전개한 날개의 단면형을 그린 전개 면적으로서 단면 전개 날개 면적으로 되지만, 이것은 전개 면적의 수치와는 큰 차이가 없다. 따라서, 단면 전개 면적비도 실용상 E.A.R. ≒ D.A.R.로서 차이는 없다고 생각되며(표 7-5 참조), 실제 모형 시험에서는 E.A.R.로 발표되고 있다.

[선체에 관계하는 조건]

① 선형

② 선체의 주요 치수와 형상, 비척 계수값

③ 선미 형상

④ 프로펠러의 설치 위치 부근의 구조, 보스의 형상 및 치수, 선미재의 슈 피스(shoe piece) 형태 및 치수, 타(rudder)의 형태 및 치수

⑤ 선체 저항의 크기

⑥ 추진 성능

⑦ 반류계수값

⑧ 추력감소계수값

⑨ 계획 연속 최대출력에 있어서의 계획 속력

[기관에 관계하는 조건]

① 기관의 종류, 형식, 수 및 특징

② 기관의 출력과 회전수와의 관계

③ 프로펠러에 전달된 전달 마력의 크기(설계에 기준 되는 상용 출력, 연속 최대출력 등)

④ 허용된 회전수의 상한

⑤ 토크(torque)의 크기

[축계에 관계하는 조건]

① 감속 기어 등의 사용 유무와 형식

② 프로펠러의 회전수와 회전 방향

③ 프로펠러의 전달 마력

④ 축수(軸受)의 유무, 형식 및 수

⑤ 주축 구동 보조 기관의 유무 및 그 소비 마력

⑥ 축계의 고유 진동수

⑦ 프로펠러축의 치수

이와 같은 조건 중에서 어느 것을 구체적으로 주는가에 따라서 프로펠러의 설계 방법이 다르게 된다. 그러나 프로펠러는 어느 특정한 선박에 대하여 장비되는 것이므로 장비된 선박에 대하여

① 선박의 사용되는 수면

② 시 마진(sea-margin)

③ 프로펠러 재질상의 특별한 요구

④ 특수선에서 프로펠러의 작동 조건

등 정보를 될 수 있는 대로 상세하게 수집하여야 한다. 조건들에 의한 정확한 정보는 프로펠러 설계에 있어서 안전을 기할 수가 있기 때문이다. 그러나 배가 어느 속력으로 항주하기 위하여 또는 실제 항해시에 그 속력을 달성시키기 위해서는 상당한 양의 시 마진을 주어야 하며, 선박을 계획할 때에는 어느 정도의 시 마진을 주는가에 따라 프로펠러의 요목에 크게 영향을 받는 한편 시운전 속력이 크게 좌우되기도 한다.

배는 건조된 다음 폐선될 때까지 대부분 바다에 있으므로 효율이 좋은 프로펠러가 바람직하기 때문에 시 마진에 대해 충분한 검토가 필요하다. 프로펠러를 설계할 경우에 정격 출력에 있어서의 여유(통상 1~3회전 또는 정격 회전수의 1~2%)를 감안해서 정격 출력에서 다소 여분으로 프로펠러가 회전하도록 설계 조건을 잡을 수 있으며, 때에 따라서는 정격 회전수보다 약간(1축선에서는 3% 정도) 낮은 회전수를 설계에 채택하는 경우도 있다.

이와 같이 정격 회전수와 다른 회전수를 설계에 채택하는 것은 기초적인 것으로 다음과 같이 크게 네 가지로 나눌 수 있다.

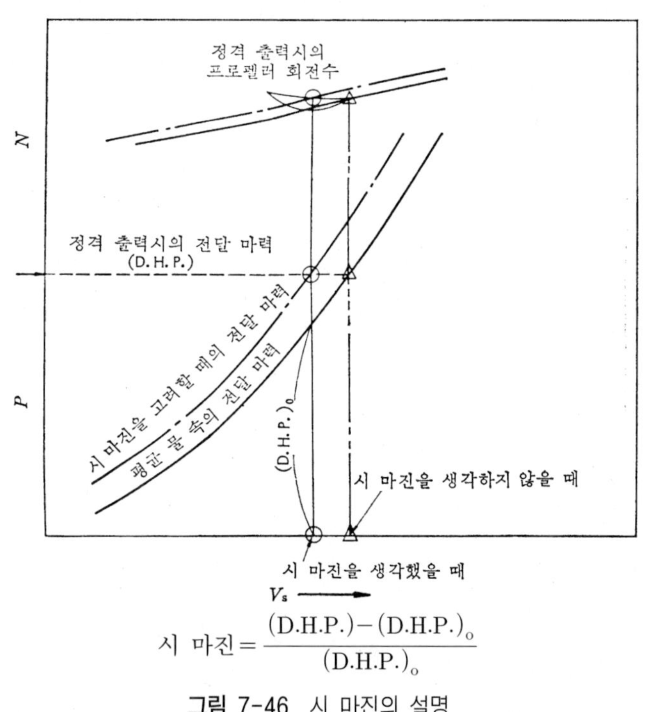

$$\text{시 마진} = \frac{(\text{D.H.P.}) - (\text{D.H.P.})_0}{(\text{D.H.P.})_0}$$

그림 7-46 시 마진의 설명

(가) 여러 가지 자료로부터 추정한 반류계수는 비교적 작은 모형선의 수조 시험 결과를 이용한 것이므로, 프로펠러를 설계하려고 하는 실선의 반류계수는 위의 추정값과 다르며 약간 작을 가능성이 있다. 만약, 실선의 반류계수값이 추정값보다 작다고 하면 프로펠러의 회전수를 정격 회전수대로 설정하기 위해서는, 추정한 반류계수값을 사용하여 프로펠러의 지름과 피치

를 결정할 때에는 프로펠러 설계시 정격 출력에서의 회전수를 정격 회전수보다 약간 낮게 상정해야 한다.

그러나 실선의 반류계수값을 정확하게 추정할 수 있다면 이와 같은 회전수의 변경은 생각할 필요가 없다.

㈏ 시 마진을 생각하면 그림 7-46으로부터 알 수 있는 것처럼 프로펠러의 지름을 일정하게 한 경우, 피치를 약간 작게 하면 정격 출력에서 정격 회전수를 확보할 수가 없다. 피치를 작게 한다고 하는 것은 시 마진을 생각하지 않는 경우를 기준으로 하여 생각하면, 정격 회전수보다 약간 여유가 있는 프로펠러를 설계할 수가 있다. 따라서, 이 경우 프로펠러는 시운전 속력 때와 같은 풍랑이나 파도가 없는 해면을 항해할 때에 정격 출력에서 정격 회전수 이상으로 회전하게 된다.

㈐ 기관의 경과 연수와 선체의 경과 연수의 변화를 미리 예견해서 '가벼운 프로펠러'로 해 둔다. 기관의 경과 연수 변화에 따라 출력이 떨어짐을 초래한다고 하면 그것을 예견해서 프로펠러의 회전수를 높여 두는 것도 필요하다. 또한, 선체의 경과 연수 변화에 따라 선체 저항이 증가되고 동일 출력에서의 계획 속력도 떨어지게 되어 반류계수도 증대되는 현상을 상정한다면, 프로펠러를 미리 가볍게 계획해 둘 필요가 있다.

㈑ 새로운 형식의 기관에서는 출력과 회전수의 관계에 약간의 위험도가 있으므로 안전면을 고려하여 프로펠러를 가볍게 계획한다.

㈏, ㈐는 넓은 의미로 시 마진 중에 포함하여 생각할 수 있는 항목이다. 따라서, ㈑로서 특별한 고려가 필요한 경우를 제외하고는 프로펠러의 주요 요목을 결정할 때 시 마진과 회전수 마진을 별개의 것으로 생각할 필요가 없다.

일반적으로 시 마진은 다음과 같은 내용으로부터 성립된다.

㈎ 선저 및 프로펠러의 더러움에 기인하는 것

㈏ 바람에 기인하는 것

㈐ 파랑에 기인하는 것

㈑ 조타에 기인하는 것

㈒ 기타

시 마진을 사용하는 데 있어서 편의상 시간적, 공간적으로 국소적인 시 마진, 단기적인 시 마진, 중간적인 시 마진, 그리고 장기적인 시 마진으로 나누어 생각할 수 있으나, 프로펠러의 설계는 장기간에 걸친 선박의 운항 성능에 관계가 있는 장기적 시 마진에 대하여 생각하는 것이 편리하다. 장기적 시 마진은 위의 다섯 가지 중 ㈎와 같은 선박에서 준공 후 시간의 경과에 따르는 것으로 나누어진다.

앞의 경우에 의해서 나타나지 않는 것으로는

㈎ 선체에 대해서 {표면 조도의 증대, 반류계수의 증가}

㈏ 프로펠러에 대해서는 표면 조도의 증대

㈐ 기관에 대해서는 최대 허용 토크의 감소

등이 있으며, 이것들 때문에 선박의 운전 시간의 경과에 따라서 주기관의 출력과 프로펠러 회전수의 관계가 변화하고, 프로펠러의 회전수가 감소된다는 것은 경험적으로 잘 알려진 현상인 것이다. 이와 같이, 더러움의 영향이 크게 나타나는 것은 선체 저항 중 점성 저항이 차지하는 비율이 큰 선형, 즉 대형선에서의 비대 저속형인 것이며, 선박에서는 시 마진 중에서 더러움에 기인한 부분이 큰 비중을 차지하게 되는 것이다. 이에 대하여 세형인 고속선형에서는 바람, 파랑에 기인한 시 마진이 중요하게 된다.

바람, 파랑 따위에 기인하는 시 마진은 선종, 선형, 항로, 계절, 재하 상태, 속력에 의하여 변화하기 때문에 간단히 말할 수 없다. 그러므로, 상사선의 실적을 참고로 하여 결정할 필요가 있다. 이와 같이, 프로펠러의 설계에 관여하는 항목은 많이 있다. 이들 중 어느 항목이 어느 정도 주어지는지에 따라 프로펠러의 설계 기법이 달라진다.

앞에서 제시한 조건들 중에 적합한 프로펠러의 설계 방법을 나열하면 다음과 같은 세 가지 방법이 있다.

㈎ 상사선의 취항 실적을 감안하여 상사선의 프로펠러에 적당한 수정을 거친 후 설계선의 프로펠러를 구하는 방법

㈏ 와 이론, 기타 이론 등의 유체 역학적인 이론을 중심으로 그것에 약간의 경험적 요소를 가하여 설계선의 프로펠러를 구하는 방법

㈐ 모형 프로펠러에 의해 계통적 단독 시험 결과를 작성한 많은 프로펠러의 설계 도표를 사용하여 설계선의 프로펠러를 구하는 방법

㈎의 방법은 상사선으로 선정된 배의 선형과 주기관이 설계선과 서로 닮고, 또한 상사선의 프로펠러가 거의 만족스러운 경우에는 비교적 쉽게 설계선의 프로펠러를 구할 수 있는 잇점이 있다. 즉, 상사선의 성적, 속도, 출력, 회전수, 진동, 캐비테이션 등을 해석해서 상사선의 프로펠러를 설계선의 프로펠러로 적용할 경우 불합리한 점을 수정한다면 좋다.

㈏의 방법은 프로펠러를 약간 전문적으로 다루는 방법으로서 유체 역학에 관한 전문적인 소양을 필요로 하며, 아직 완전하다고 말할 수 있는 이론적 순서가 발표되고 있지 않은 결점이 있다. 계산은 복잡하지만 전자계산기를 이용하면 해결할 수 있다.

앞으로 이론적 방법에 의해서도 완전한 프로펠러의 설계가 가능할 것으로 생각되지만, 현재로서는 ㈐의 방법에 대하여 이론적, 이를테면 캐비테이션 방지 대책에 관련해서(여러 가지

설계 조건이 서로 틀린 프로펠러 성능의 비교, 계산이라든지, 프로펠러 요소), 예를 들면 날개의 두께비, 캠버(camber)비, 날개 면적비 등의 성능 관계 등을 조사하는 것으로 활용되어 왔다. 여기서는 ㈐의 방법에 따른 프로펠러의 설계 방법을 설명하기로 한다.

㈐의 방법에 이용되는 계통적 단독 시험(open water test) 결과를 기초로 하여 작성된 설계 도표 등에는 과거에 많은 연구자에 의해서 발표되어 왔지만, 비교적 넓게 사용되고 있는 것은 표 7-2의 AU형 도표, Troost 도표, Taylor 도표이다.

AU형과 Troost 도표는 날개 단면이 에어로포일형(aerofoil)을 하고 있는 것이고, Taylor 도표는 원호형(ogival section)인 날개 단면을 가지고 있는 것이다. 에어로포일형 날개면을 가지는 프로펠러의 종류 중에서는 앞의 AU형 도표가 설계 자료로서 잘 정리되고 또한 성능이 우수하므로, 현재는 이 도표가 널리 사용되고 있다.

7.5.1 프로펠러의 설계 방법

프로펠러의 설계에 있어서 주어진 설계 조건과 설계 항목은 앞에서 설명한 것과 같이 여러 조건에 적합하고 만재 상태에서 가장 좋은 효율을 보이는 프로펠러로 설계되어야 한다. 이와 같은 프로펠러 설계에 대해서 '프로펠러 설계 계산서'를 작성해 두고, 이 순서에 의해 진행하는 것이 실수할 위험이 없어 좋다.

프로펠러의 설계 과정을 설계자가 이용하기 쉽게 다음에 4-날개 프로펠러에 대해 설명하였다.

1. 설계 조건

선체 관계 및 기관 관계의 조건들이 기입된다. 선체 관계에서 타(rudder)는 제11.2.3항에서 설명한 것과 같이 타와의 간격을 유지한다면 어떤 프로펠러가 조립되어도 된다.

출력과 프로펠러 회전수와의 관계에서는 연속 최대출력(M.C.R.) 및 상용 출력(N.O.R.)의 두 종류에 대하여 기입한다. 전달 마력은 전달 효율값에 따라 프로펠러에 바르게 전달되는 마력으로서 그 값을 기입하여야 한다.

프로펠러 회전수의 경우에는 주기관으로부터 결정한 정격 회전수 이외에 시 마진 등을 고려했을 때의 프로펠러 설계 조건으로서 회전수도 기입한다. 예를 들면, 정격 회전수 125 rpm일 때 프로펠러 설계 회전수는 129 rpm 등과 같은 것이다.

2. 프로펠러의 계획 조건

직접 프로펠러와 관계가 있는 항목을 기입한다. 구조라고 하는 것은 일체형, 조립형, 가변피치 등을 기입하고, 단면 형상의 경우에는 각각 에어로포일형, 원호형이라고 쓰지 않고 에어로포일일 경우에는 AU형 또는 Troost형인지를 구별하여 기입한다.

그 이외에 이를테면 제한 지름값이거나 주기관 쪽으로부터 토크의 상한, 회전수의 상한 등 특기할 사항을 기입한다.

3. 반류계수의 추정

반류계수의 추정 방법과 추정된 결과를 기입한다. 여기에 기입하는 반류계수값은 실선, 즉 설계선에 대한 값이다. 추정 방법의 상세한 설명은 생략하기로 한다.

모형 시험의 결과를 정리한 자료에서 추정한 반류계수값 w_M은 배가 커질수록 실선값 w_S와는 달라지므로 w_M을 w_S로 수정할 필요가 있다.

길이가 80 m 정도 이하인 중소형 선에서는 $w_M \fallingdotseq w_S$로 해도 큰 잘못은 없지만, 그 이상의 배에서는 w_M과 w_S는 구별해서 생각해야 한다. w_M과 w_S의 관계는 배의 길이, 형상, 프로펠러의 형상 등에 따라 복잡하게 변화한다.

반류계수의 대략 추정값은 표 7-6과 같다. 반류계수값은 배의 속도와 함께 프로펠러 설계의 기초가 되므로 믿을 수 있는 반류계수값을 얻도록 몇 가지의 추정 방법으로 추정하여 적당한 값을 구하도록 노력해야 한다.

표 7-6 $\dfrac{1-w_S}{1-w_M}$의 개략값(만재 상태)

배의 길이(m)	$\dfrac{1-w_S}{1-w_M}$의 값
80 이하	1.00
80～100	1.01～1.02
100～130	1.02～1.04
130～160	1.04～1.07

4. 배의 속력 추정

연속 최대출력(M.C.R.) 및 상용 출력(N.O.R.)으로 도달하는 배의 속력을 추정한다.

배의 속력 추정에 대해서는 앞에서 설명하였으므로, 여기서는 계산된 실선의 전달 마력－속력 곡선을 기초로 하여 연속 최대출력 및 상용 출력으로서 읽은 속력 및 지시한 또는 적당한 시 마진을 예측한 때의 속력을 기입한다.

여기에 기입한 속력과 계획 속력이 일치하지 않는 수가 가끔 있지만, 프로펠러의 설계 계산을 진행하는 데 기준이 되는 속력은 여기에 기입한 속력이지 계획 속력은 아니다.

5. 프로펠러의 지름 추정

$\sqrt{B_P} \sim \delta$ 형식 설계 도표를 사용해서 다음 계산을 한다.

먼저, 출력 계수 B_P와 $\sqrt{B_P}$를 계산한다. 설계선의 프로펠러 효율비의 값을 추정할 수 있을 때에는 B_P의 계산으로 η_R을 쓰지만, 추정이 곤란할 때에는 $\eta_R = 1.000$으로 해도 좋다.

B_P의 계산에 쓰여지고 있는 $V_A [= V_S(1-w_S)]$와 N값은 시 마진을 어떤 형으로 프로펠

러 설계에 넣어 주는지에 따라서 다르게 된다. 즉, 선속 V_S로는 시 마진이 없는 값으로 하고, 프로펠러 회전수 N에 시 마진을 주는 형으로서 시 마진을 생각하거나, 전달 마력의 크기로서 적당한 시 마진을 잡았을 때의 선속 V_S를 생각하여 그 속력에서 프로펠러는 정격 회전으로 회전한다고 생각함에 따라서 B_P의 계산식 중의 V_A와 N값은 달라지게 된다. 그러나 어느 쪽의 방법을 택해도 양자를 적당히 조절한 방법이고, 시 마진은 생각하는 방법이 타당하면 얻어진 값은 같다.

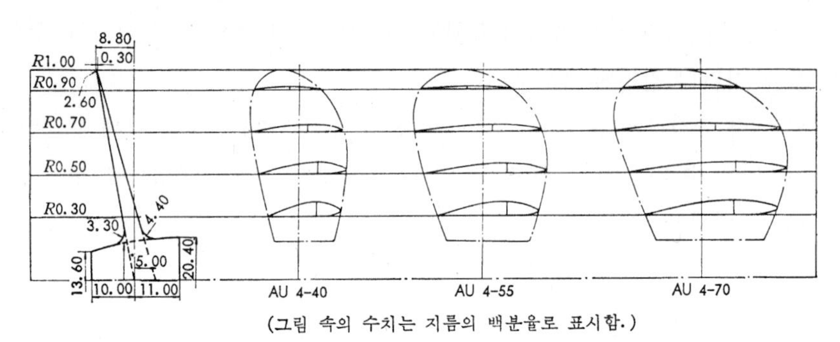

(그림 속의 수치는 지름의 백분율로 표시함.)

그림 7-47 AU형 4날개 프로펠러의 형상도

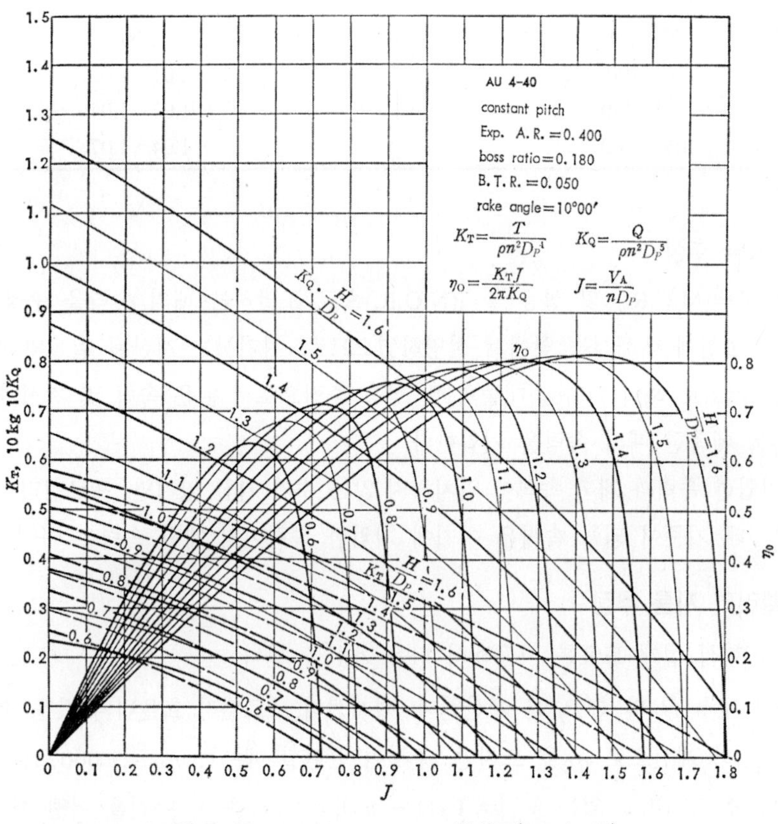

그림 7-48 $J - K_T$, K_Q, η_O 곡선도(AU 4-40)

설계 프로펠러에 예상되는 전개 면적비를 가진 두 종류의 $\sqrt{B_P} \sim \delta$ 형식 설계 도표에 있어서, 앞서 계산한 $\sqrt{B_P}$에 대응한 최적량의 지름 계수 δ_o의 값을 전개 면적비를 다르게 한 2매의 $\sqrt{B_P} \sim \delta$ 형식 설계 도표인 그림 7-51～7-53에서 읽는다.

δ_o로부터 최적량의 지름 D_o를 계산한다.

$$D_o = \frac{\delta_o V_A}{N}$$

여기서 구한 D_o값과 설계 조건에서 주어진 제한 지름값, 프로펠러의 형상 등을 참고로 하여 설계선의 지름 D_P를 결정한다. 이렇게 해서 구한 설계선 지름값은 위에서 구한 최적량의 지름값보다 보통 0～2% 작은 편이 좋다고 하고 있다. 설계선의 지름은 그 값을 cm 단위로 하는 편이 좋다고 생각된다.

프로펠러축 지름은 기관 관계자가 임의로 결정짓는 경우도 있으나 프로펠러 설계자가 추정해야 한다. 그림 7-60에서 프로펠러축의 지름 d(mm)가 대략 산출된다. 이와 같이 하여 프로펠러축의 지름 d가 구해지면 보스의 지름 d_o는 다음의 경험식으로 계산된다.

㈎ 조립식 프로펠러인 경우 $d_o = (2.6 \sim 2.8)d$

㈏ 일체식 프로펠러인 경우

① 프로펠러의 지름이 2.0 m 미만인 경우 $d_o = 1.8d$

② 프로펠러의 지름이 4.0 m 이하인 경우 $d_o = 2.0d$

③ 프로펠러와 지름이 4.0 m보다 클 경우 $d_o = 2.1d$

이와 같이 해서 구해진 후 보스비 x_1은 조립식 프로펠러에서 대략 0.20～0.23, 일체식 프로펠러에서 0.16～0.19이다. 또, 참고하기 위하여 보스의 길이 l_o의 대략값을 1축선인 경우에 표시하면 다음과 같다.

㈎ 조립식 프로펠러인 경우

$$l_o = d_o \quad \text{혹은} \quad l_o = 2.7d_o$$

㈏ 일체식 프로펠러인 경우

$$l_o = 2.5d_o \quad \text{혹은} \quad l_o = d_o - 100 \text{ (mm)}$$

이상과 같이 하여 결정한 보스의 치수로 소요 날개에 무리 없이 보스 표면에 붙일 수 있는지 검토해 볼 필요가 있다. 또한, 설계 프로펠러에 예상되는 전개 면적비의 값은 상사선 등의 자료로부터 대략적으로 정해 두면 좋다. 왜냐하면 설계 순서가 진행되는 단계에서는 먼저 예상한 전개 면적비가 타당한지에 대해 검토할 기회가 있기 때문이다.

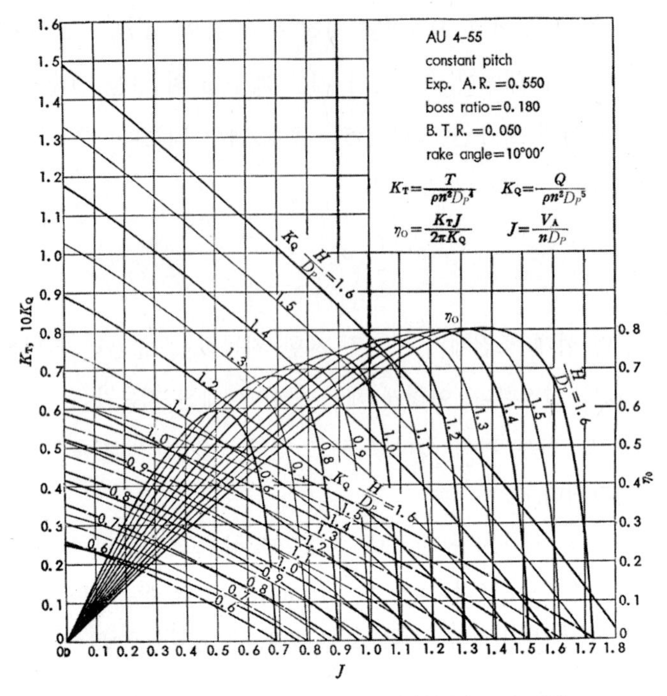

그림 7-49 $J-K_T$, K_Q, η_O 곡선도(AU 4-55)

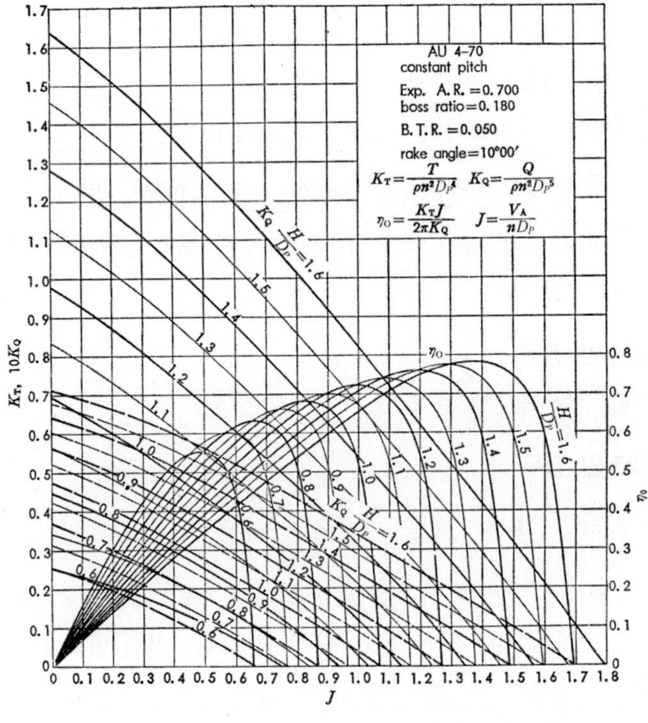

그림 7-50 $J-K_T$, K_Q, η_O 곡선도(AU 4-70)

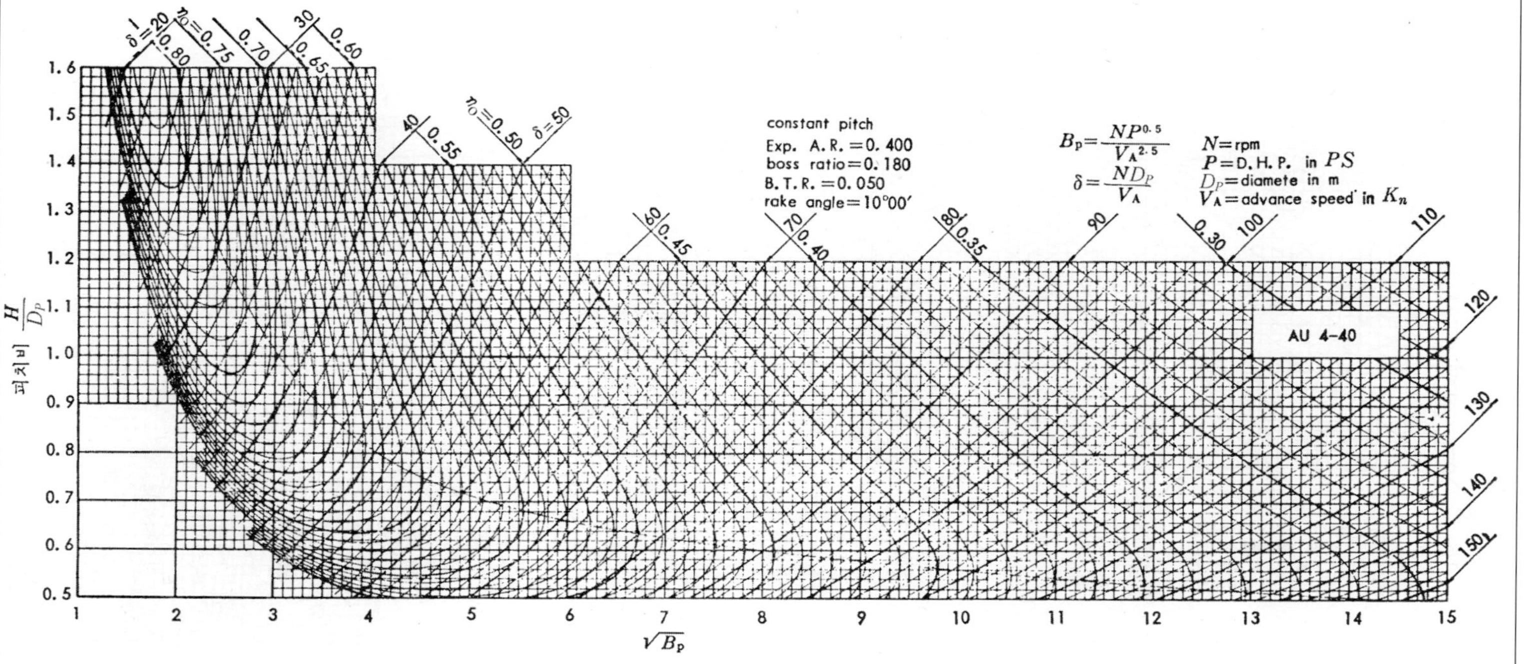

그림 7-51 $\sqrt{B_P}-\delta$ 형식 설계 도표(AU 4-40)

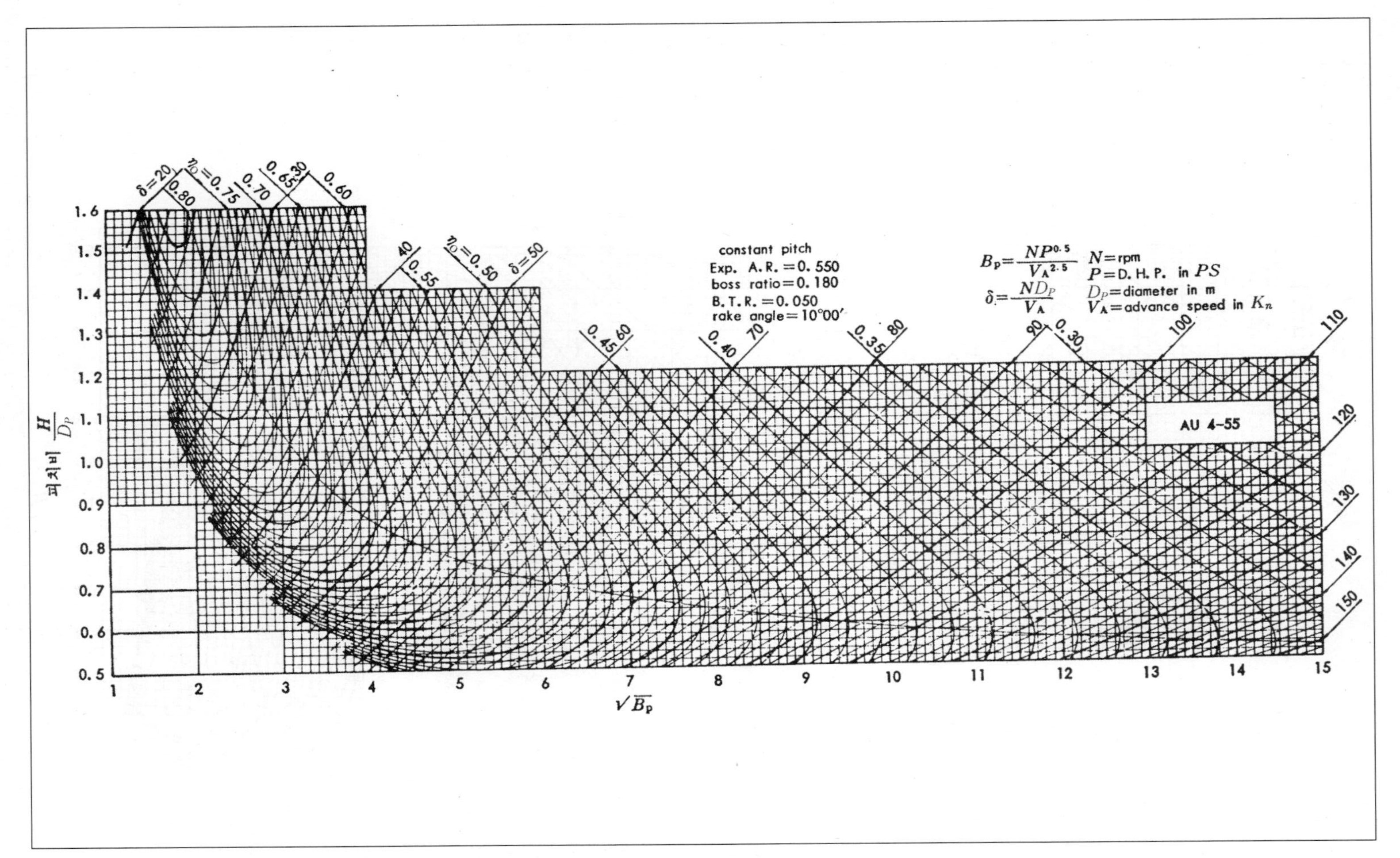

그림 7-52 $\sqrt{B_P}-\delta$ 형식 설계도(AU 4-55)

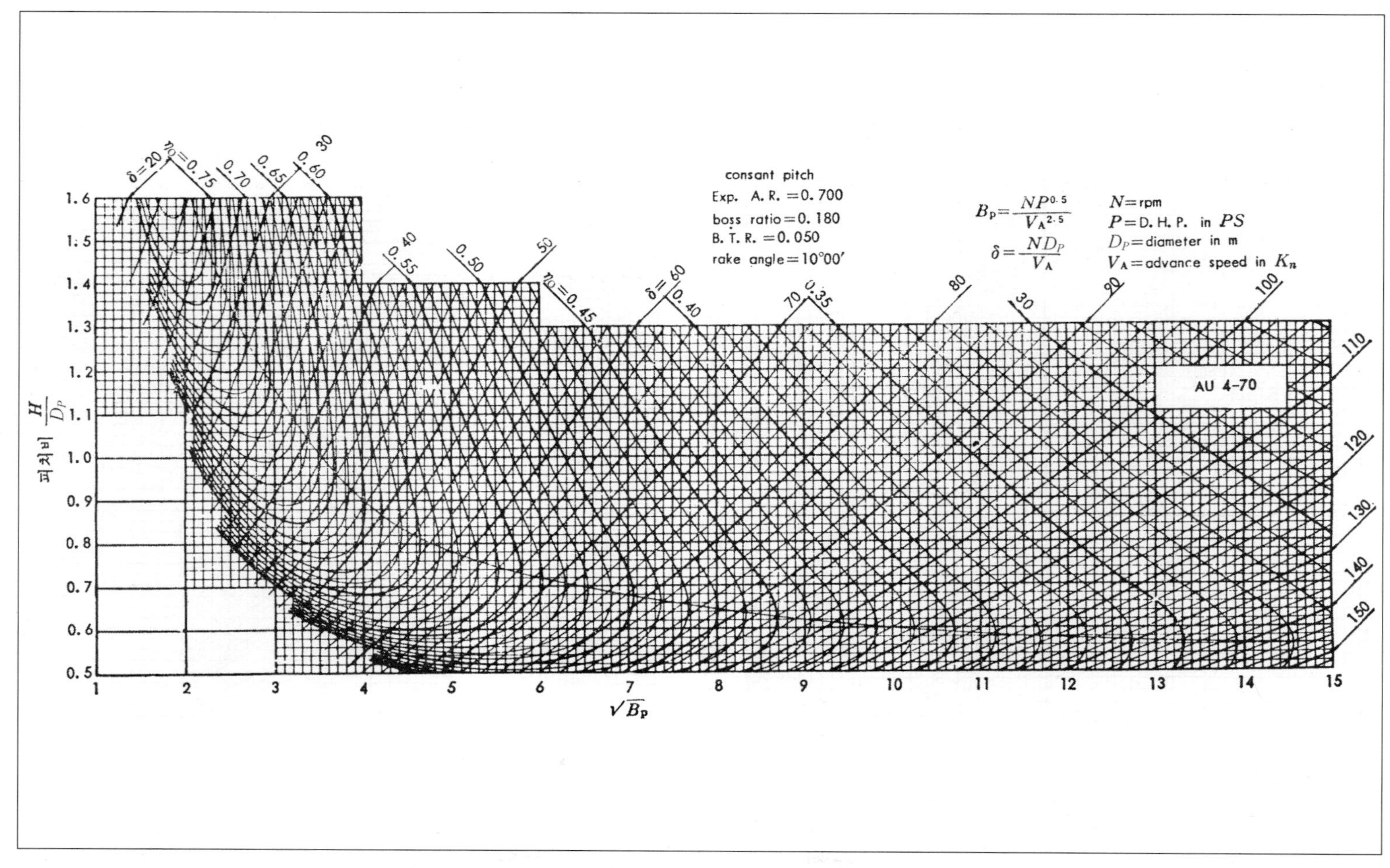

그림 7-53 $\sqrt{B_P}-\delta$ 형식 설계 도표(AU 4-70)

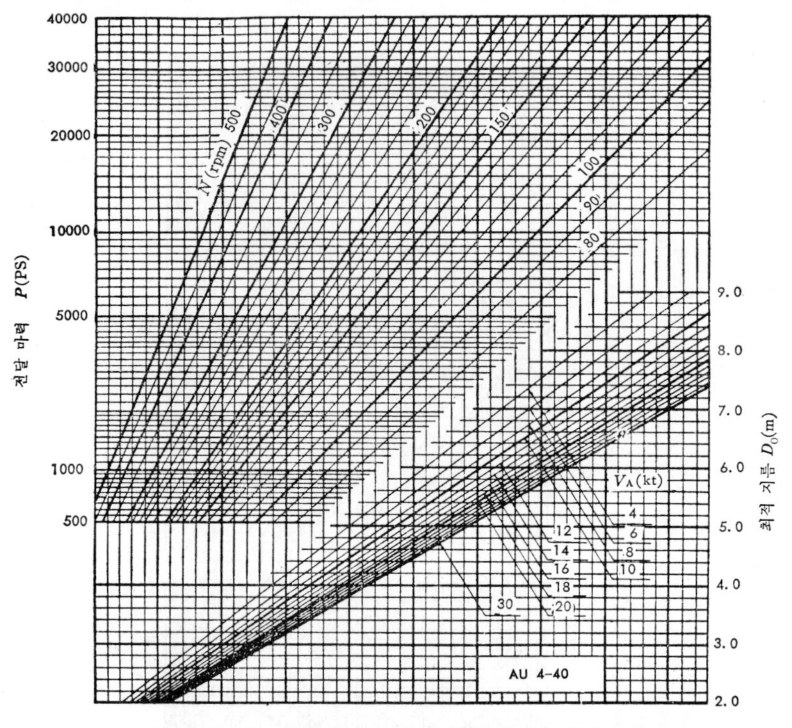

그림 7-54 최적량 지름 산출 간이 도표(AU 4-40)

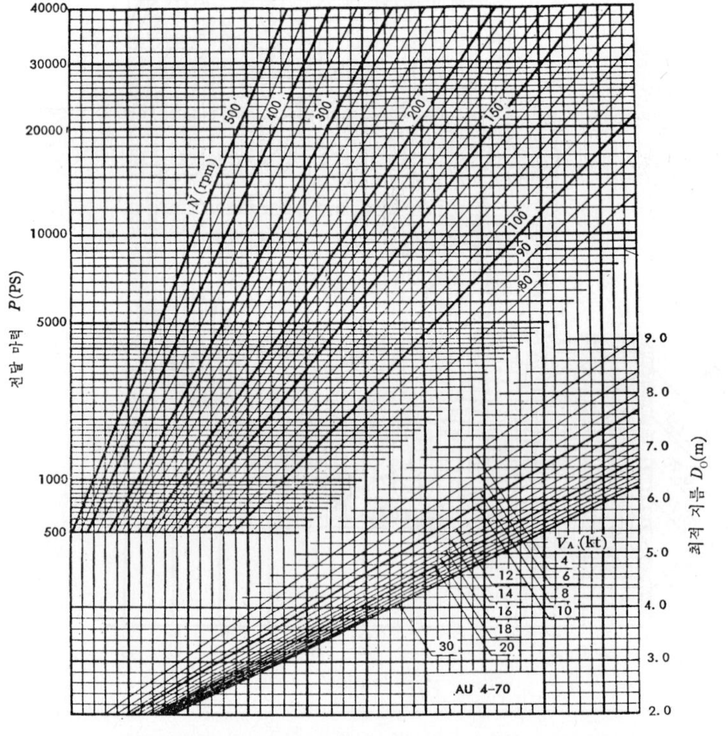

그림 7-55 최적량 지름 산출 간이 도표(AU 4-55)

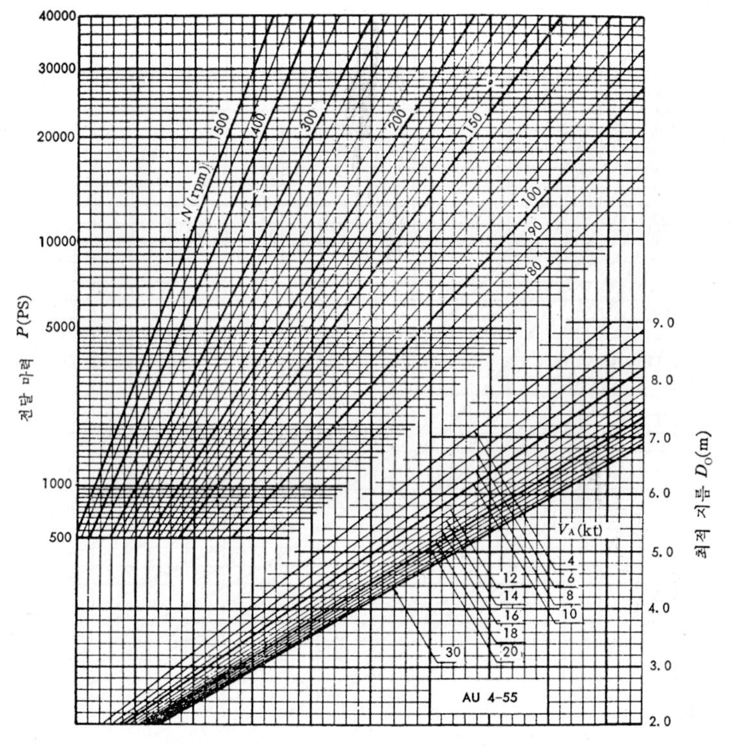

그림 7-56 최적량 지름 산출 간이 도표(AU 4-70)

6. 피치비 등의 추정

설계 프로펠러에서 최종적으로 채용되는 피치비의 값은 설계 계산이 상당히 진척되어서 피치비에 영향을 끼치는 요인, 즉 전개 면적비, 보스비, 날개 폭비 등이 결정된 후에 결정되지만, 여기서는 지금부터 앞의 계산을 진행해가기 위한 잠정적인 피치비의 값을 구한다.

앞의 항에서 결정한 설계선의 지름 D_o값을 써서 지름 계수 δ_o를 다음 식에 따라 계산한다.

$$\delta_o = \frac{ND_o}{V_A}$$

이 δ_o의 값과 앞의 항에서 계산한 $\sqrt{B_P}$값으로 $\sqrt{B_P} \sim \delta$ 형식 설계 도표상의 값에 대응하는 피치비 $\dfrac{H}{D_P}$ 및 프로펠러 단독 효율 η_O를 그림 7-57～7-59에서 읽는다.

이들의 계산 결과와 예상되는 전개 면적비의 값 등으로 잠정적인 피치비와 프로펠러의 단독 효율값을 결정한다.

여기서, 참 슬립비 S_R을 다음 식에 따라 계산한다.

$$S_R = 1 - \frac{30.866\ V_A}{HN}$$

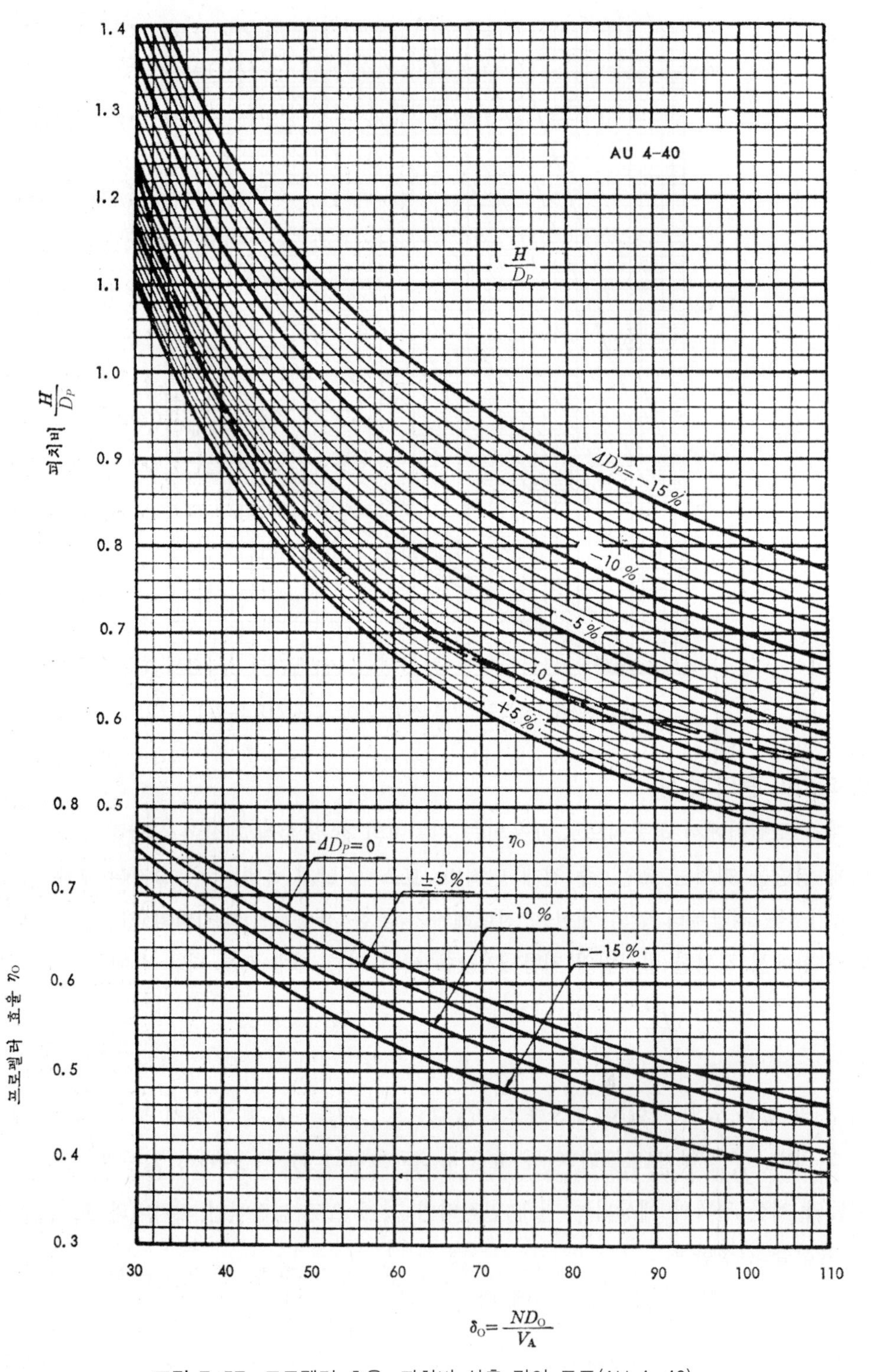

그림 7-57 프로펠러 효율, 피치비 산출 간이 도표(AU 4-40)

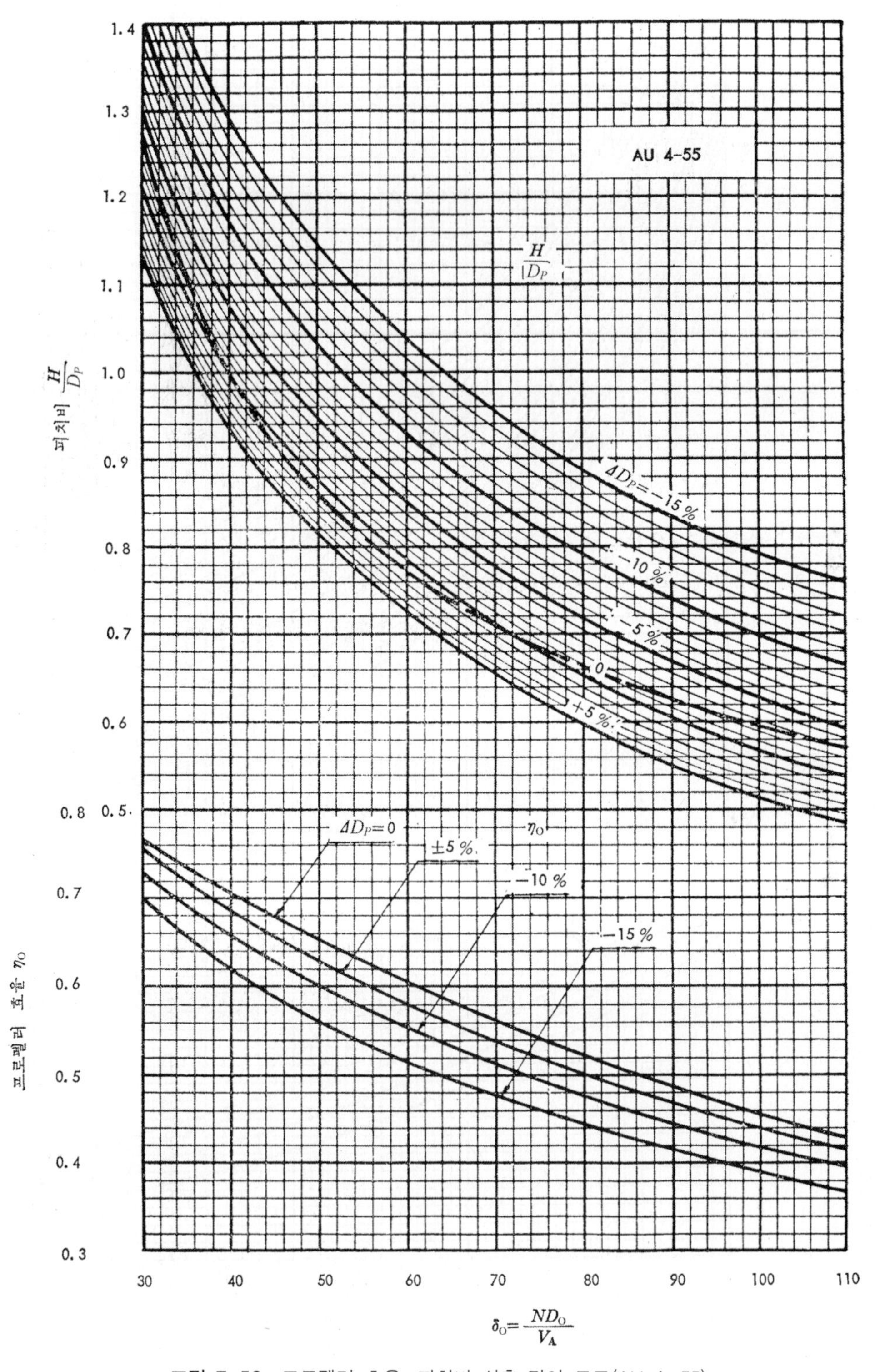

그림 7-58 프로펠러 효율, 피치비 산출 간이 도표(AU 4-55)

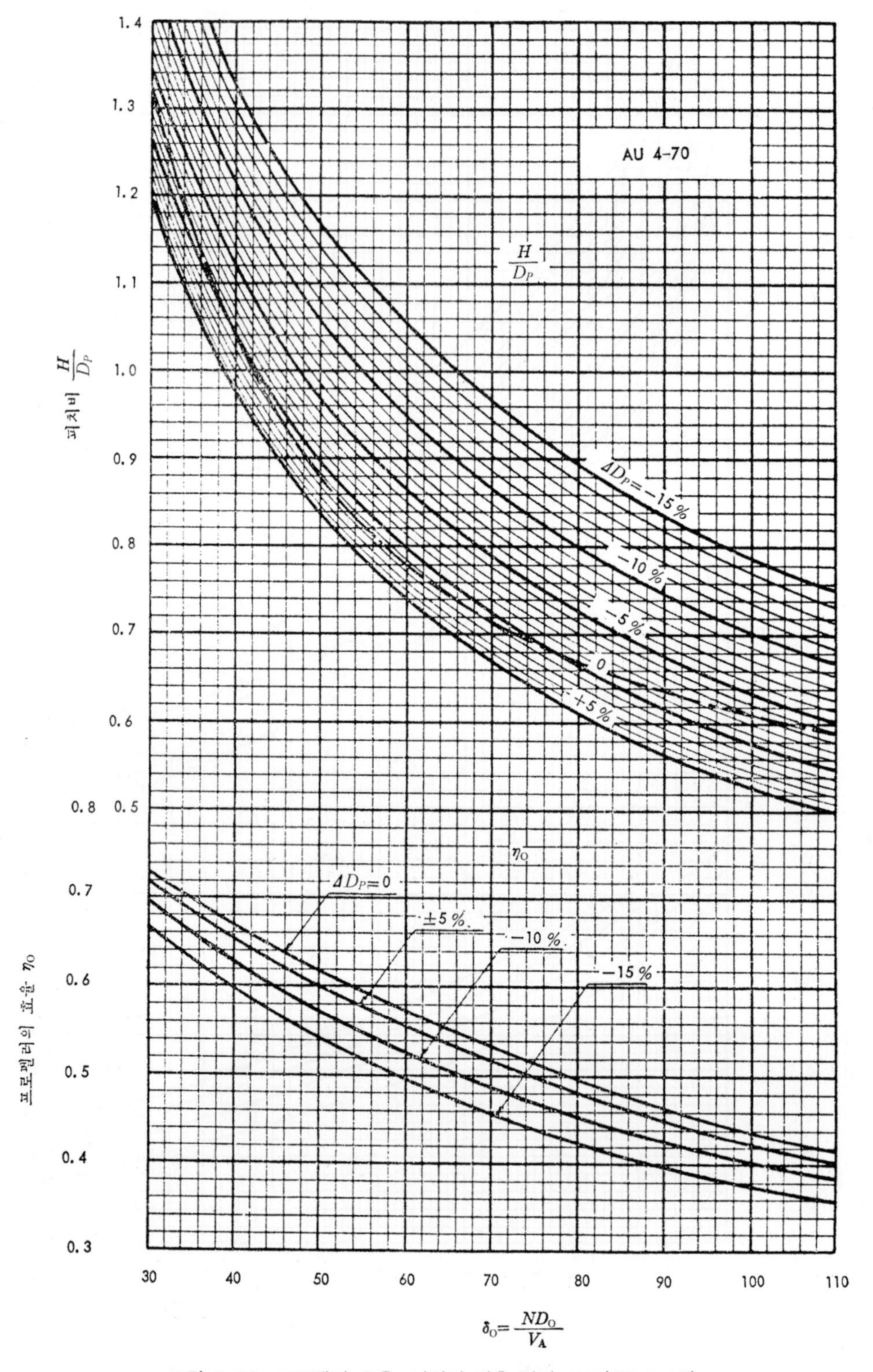

그림 7-59 프로펠러 효율, 피치비 산출 간이 도표(AU 4-70)

예로서, 프로펠러의 지름과 피치 및 η_O의 값을 구해 보기로 한다.

배의 길이 $L = 145$ m, $B = 19.4$ m, $D = 12.2$ m, $d_{MLD} = 8.70$ m, $C_B = 0.675$인 배의 기관은 디젤 9,000 B.H.P.에서 128 rpm이었으며, 배의 속력은 17.7 kn로 달린다고 가정하자(이 배는 중앙 기관실형이다).

$$\text{D.H.P.} = \eta_O \times \text{B.H.P.} = 0.950 \times 9000 = 8550$$

$$N = 128 \times (1 + 0.025) = 131$$

여기서, N의 증가를 2.5%로 할 때

$$\frac{L}{B} = \frac{145.0}{19.40} = 7.474$$

이 값으로 그림 6-39에서 $w = 0.270$을 얻지만 선미 형상(stern form)을 U형화하는 일을 생각하여 $\Delta w_U = 0.040$을 가산해서 $w_M = 0.310$으로 한다.

$$\frac{B}{d_{MLD}} = \frac{19.4}{8.7} = 2.230$$

$$1 - w_M = 1 - 0.310 = 0.690$$

$$\frac{1 - w_S}{1 - w_M} = 1.065 \ \text{(그림 6-39에서)}$$

$$1 - w_S = (1 - w_M) \times \frac{1 - w_S}{1 - w_M} = 0.735$$

$$\therefore \ V_A = V(1 - w_S) = 17.7 \times 9.735 = 13.01 \ \text{(kn)}$$

$$B_P = \frac{N\sqrt{\text{D.H.P.}}}{V_A^{2.5}} = \frac{131 \times \sqrt{8550}}{(13.01)^2 \times \sqrt{13.01}} = 19.84$$

$$\therefore \sqrt{B_P} = 4.450$$

$\sqrt{B_P} \sim \delta$ 형식 설계 도표로서 그림 7-51에서 $\sqrt{B_P} = 4.450$과 $(\eta_O)_{\max}$인 곳에서 δ를 읽으면,

$$\delta_{OPT} = 54.8$$

이 된다.

$$\delta_o = \delta_{OPT}(1 - 0.02) = 53.7$$

여기서 δ 감소를 2%로 볼 때 δ와 $\sqrt{B_P} = 4.450$의 교점에 있어서의 p와 η_O를 읽으면

$$p = 0.789$$

$$\eta_O = 0.651$$

이 된다. δ_o의 식으로부터

$$\delta_o = \frac{ND_o}{V_A}$$

$$\therefore\ D_o = \frac{V_A\delta_o}{N} = \frac{13.01\times 53.7}{113} = 5.333\ (\text{m})$$

$$\therefore\ \text{피치}(H) = pD_o = 0.798\times 5.333 = 4.256\ (\text{m})$$

그러므로, 프로펠러의 지름과 피치를 구할 수 있다.

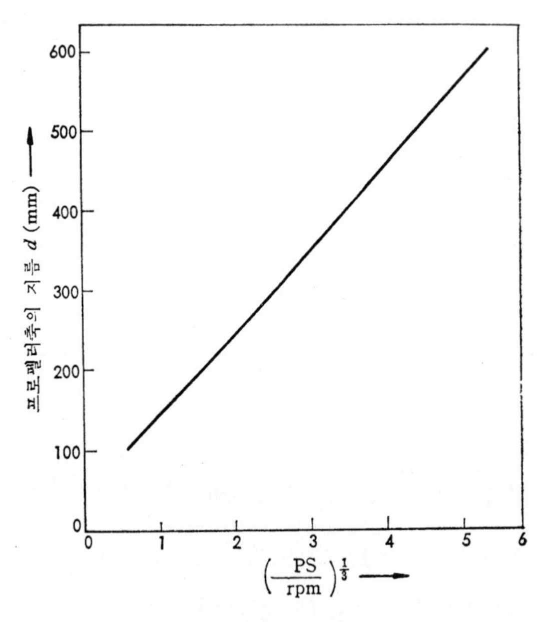

그림 7-60 프로펠러축 지름의 추정도

7. 보스 지름 d_o의 추정

프로펠러축의 지름 d를 알고 있어야 한다. 축계 장치도 등에 의해 프로펠러축의 지름을 이미 알고 있을 경우에는 그것을 이용하고, 알지 못할 경우에는 $\left(\frac{\text{D.H.P.}}{N}\right)^{\frac{1}{3}}$을 계산해서 그림 7-60을 사용하여 프로펠러축 지름을 추정한다.

보스 지름 d_o는 프로펠러축 지름 d에 프로펠러의 지름 크기에 따라서 일체식 프로펠러의 경우에는 1.8~2.1을, 조립식 프로펠러의 경우에는 2.6~2.8을 곱하면 계산된다. 이 계산값에 적당한 라운드 수(round number)를 채택하여 보스 지름으로 한다. 이때, 프로펠러 날개 뿌리와 보스 지름이 유체 역학적으로 무리가 없도록 연결하여야 하며, 무리가 있을 때에는 보스비에 따라 계산된 보스의 지름은 수정되어야 한다.

8. 경사각의 추정

선미재(stern frame)에서 알 수 있듯이 프로펠러의 경사각(rack angle)과도 깊은 관계가 있다. 적당한 경사각의 각 θ를 다음 식으로 계산해서 이 계산값을 적당히 수정한 수정 경사각 θ_o를 계산한다.

$$경사각 = R\tan\theta$$

여기서 R은 프로펠러의 반지름이다. 경사각 θ_o의 값은 약 10° 내외까지는 프로펠러의 단독 성능에는 영향이 없다. 또한, 적당한 경사각을 프로펠러에 주므로 선박의 추진 성능과 캐비테이션에 대한 조건, 프로펠러 기진력 등도 개선되는 예가 많다.

표 7-7 프로펠러의 재료

A : 각종 재료의 중요한 성질 비교

항목	망간(Mn) 황동	알루미늄(Al) 청동	나일론(nylon)-6	폴리에스테르 글라스
인장 강도(kg/mm²)	40~60	55~70	7.9	35
휨 강도(kg/mm²)	–	–	10.4	30
세로 탄성계수(kg/mm²)	10.5×10^3	12.5×10^3	170	2×10^3
굳기(단단한 것)	브리넬 120~150	브리넬 160~190	로크웰 R107	로크웰 M70
흡수율(%)	0	0	20℃ 물 24 hr 2.9	20℃ 물 24 hr 0.1
비중	8.3	7.6	1.13	1.5
신장율(%)	20~30	15~25	290	–
비고	각종 평균값	각종 평균값	동양 레이온㈜ CM100의 수치를 표시	㈜신호 제련소에 위한 시험값을 표시

재질	인장 강도(kg/mm²)	압축 강도(kg/mm²)	인장 피로 강도(kg/cm²)
망간(Mn) 황동	44~60	44~60	7~10
알루미늄 청동	55~70	55~70	14~16
주철	15~23	40~75	–
주강	35~50	35~50	11~18

B : 보통으로 사용되는 프로펠러용 재질의 허용 응력의 대략값

주　철…………허용 인장 응력 FC19는 190 kg/cm²
　　　　　　　　　　　　　FC21은 210 kg/cm²
망간(Mn) 황동…………허용 압축 응력 450~500 kg/cm²
주　강…………허용 압축 응력 450 kg/cm²
알루미늄 청동…………허용 압축 응력 550~600 kg/cm²

㊟ 원심력을 기초로 한 응력을 가미한 경우 이들의 허용 응력값은 80~100 kg/cm²의 큰 값으로 된다.

9. 날개 뿌리부의 날개 폭 l과 날개 두께 t의 추정

프로펠러의 전개도를 그리기 위해서는 우선 이것들이 계산되어야 한다. 프로펠러 날개의 파손 상태 등에 따르면 프로펠러 날개의 절손은 날개 단면에 작용하는 반복 인장 응력에 기인하는 것이 분명하다.

따라서, 날개 강도 계산의 기초는 날개 뿌리부에 작용하는 최대 인장 응력을 취할 것이지만, 여기서는 재래의 프로펠러 강도 계산 결과와의 비교에 있어서 새로운 설계 프로펠러의 날개 강도를 판단하는 입장이므로 종래에 취해 온 것과 같은 방법, 즉 날개 뿌리부의 날개 단면에 작용하는 최대 압축 응력을 계산하여서 날개 단면의 치수를 결정하는 방법을 채택하였다.

응력 계산 결과의 수치와 새로운 관점으로부터 날개 강도 설계 등에 대해서 논의할 경우에는 물론 인장 응력을 기준으로 해야 한다.

사용 재료로부터 최대 허용 압축 응력을 표 7-7을 참고로 하여 정한다.

다음으로 날개 뿌리부의 날개 단면의 두께와 폭비 m를 0.21～0.23이라고 가정하여 m^2를 계산한다.

그리고 그림 7-61을 써서 K_1과 K_2를 구한다. 이때, 지금까지 구한 보스비, 피치비(날개 뿌리부인 곳 및 반지름의 0.7배의 날개 단면인 곳)를 사용한다.

이 K_1 및 K_2, $\dfrac{\eta_O}{1-S_R}$의 값, 연속 최대출력시의 전달 마력 D.H.P., 프로펠러의 회전수 N, 날개수 Z 등을 써서 다음 식에 따라 날개 뿌리부 단면의 정면에 수직한 휨 모멘트 M_C를 계산한다.

먼저, 프로펠러 날개를 보스로 고정된 외팔 기둥이라고 생각하면 날개 뿌리부에 최대 응력이 발생한다.

그림 7-62와 같이 날개 뿌리부의 단면에 있어서 이 단면에 직각 및 평행하게 작용하는 휨 모멘트를 구하는 계산식으로 표시하면

$$M_C = M_1 \cos\theta + M_2 \sin\theta$$
$$M_L = M_1 \sin\theta - M_2 \cos\theta$$

여기서, M_1 : 추력에 의한 휨 모멘트

M_2 : 토크에 의한 휨 모멘트

θ : 피치각

M_C : 날개 단면의 정면에 직각인 휨 모멘트

M_L : 날개 단면에 평행한 휨 모멘트

의 식 중에서 $M_C > M_L$로 되는 것이 보통이므로, 프로펠러 날개의 강도 계산 기준으로는 M_C만이 취해지는 수가 많다.

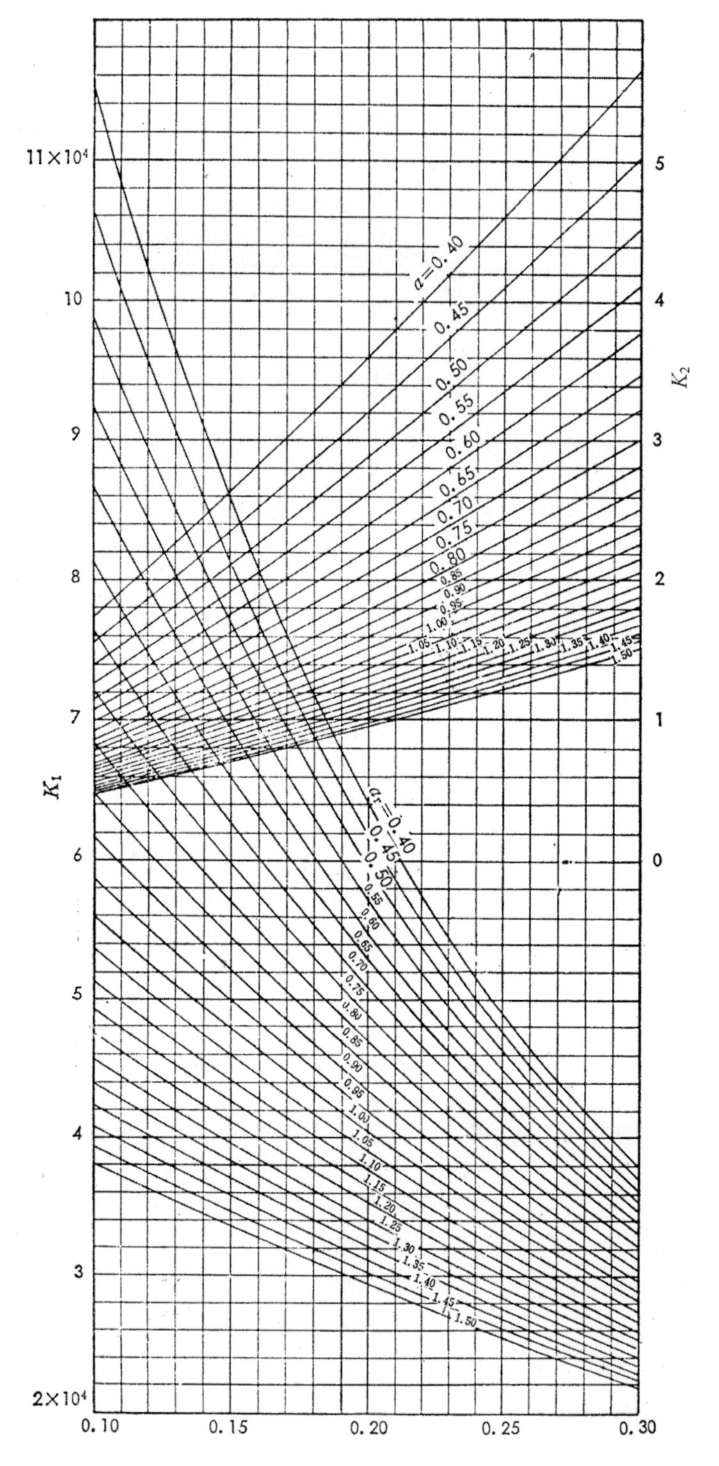

그림 7-61 날개부의 날개 단면의 정면에 수직으로 움직이는 휨 모멘트를 구하기 위한 계수 K_1, K_2를 주는 도표

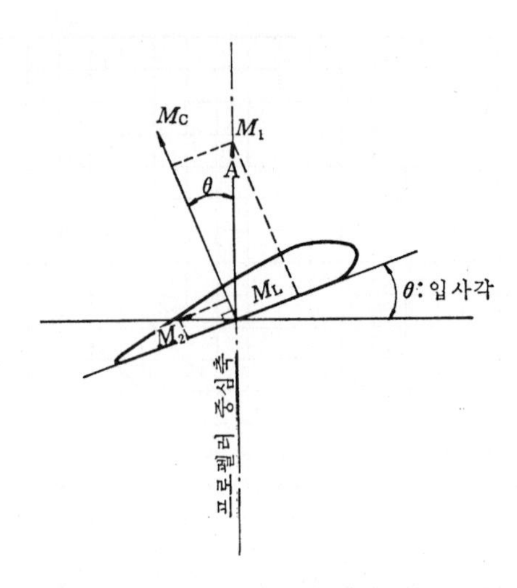

그림 7-62 날개부의 단면에 작용하는 모멘트

$$M_C = K_1 \times \left(K_2 \times \frac{\eta_O}{1 - S_R} + a_r \right) \times \frac{\text{D.H.P.}}{ZN}$$

여기서 K_1 및 K_2는 피치비 및 보스비에 따라 변화하는 계수로서, 그림 7-61과 다음 식에 따라 표시할 수 있다.

$$K_1 = \frac{45,000 \times (1 - x_1)}{2\pi(1 + x_1)\sqrt{a_r^2 + \pi^2 x_1^2}}$$

$$K_2 = \frac{\pi x_1 (2 + x_1)}{3a}$$

여기서, η_O : 프로펠러 단독 효율

S_R : 프로펠러 참 슬립비

x_1 : 보스비

a_r : 날개깃에 있어서의 날개 단면의 피치

a : $R0.7$인 곳의 날개 단면의 피치비

이것으로 K_1은 보스비와 날개깃에 있어서의 피치비 관계이고, K_2는 보스비와 $R0.7$의 날개 단면에 있어서의 피치비와의 관계임을 알 수 있다.

M_C가 구해지면 날개 단면에 작용하는 최대 인장 응력 S_T 및 최대 압축 응력 S_C가 다음의 근사식으로 구해진다. 이것은 그림 7-63에 의하여,

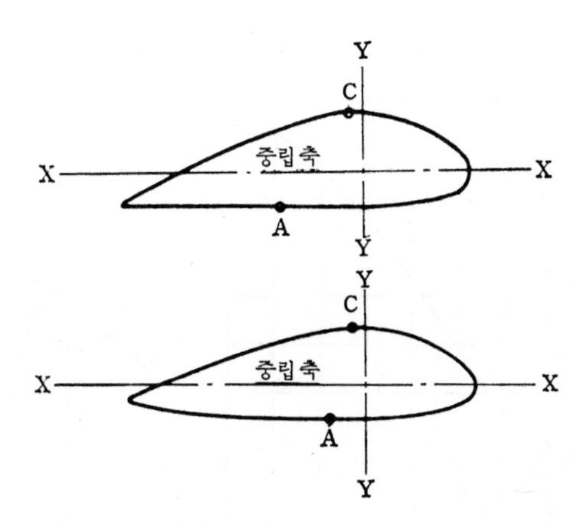

그림 7-63 날개 단면에 발생하는 대응력의 위치

$$S_C = \left(\frac{lt^2}{Z_C} M_C\right) \div m^2 l^2 \quad \text{또는} \quad S_C \fallingdotseq \frac{M_C}{Z_C}$$

여기서, Z_C: XX축 주위의 단면 계수로 C점에 대응하는 점

$$S_T \fallingdotseq \frac{M_C}{Z_A}$$

여기서, Z_A: XX축 주위의 단면 계수로 A점에 대응하는 점

Z_C, Z_A는 날개 단면의 날개 폭을 l, 두께를 t로 하면 둘 다 lt^2에 비례한다.

$\frac{lt^2}{Z_C}$ 또는 $\frac{lt^2}{Z_A}$의 값은 날개 단면의 형상이나 형태에 따라 변화하는 것은 물론이고, 반지름 방향에 있어서 날개 단면의 위치가 바뀌면 변화하므로, 날개 단면형이 결정되면 표 7-8에 따라 $R0.7$에 있어서 그 값을 구할 수 있다.

$$l^3 = \left(M_C \cdot \frac{lt^2}{Z_C}\right) \div m^2 S_C$$

l이 구해지면 날개 두께는

$$t = ml$$

로 계산된다.

표 7-8 주된 프로펠러형종의 날개 단면의 $\frac{lt^2}{Z_A}$, $\frac{lt^2}{Z_C}$값 ($R0.2$에 있어서)

	$\frac{lt^2}{Z_A}$	$\frac{lt^2}{Z_C}$
AU형 프로펠러	9.09	13.08
원호형 프로펠러	8.77	13.16

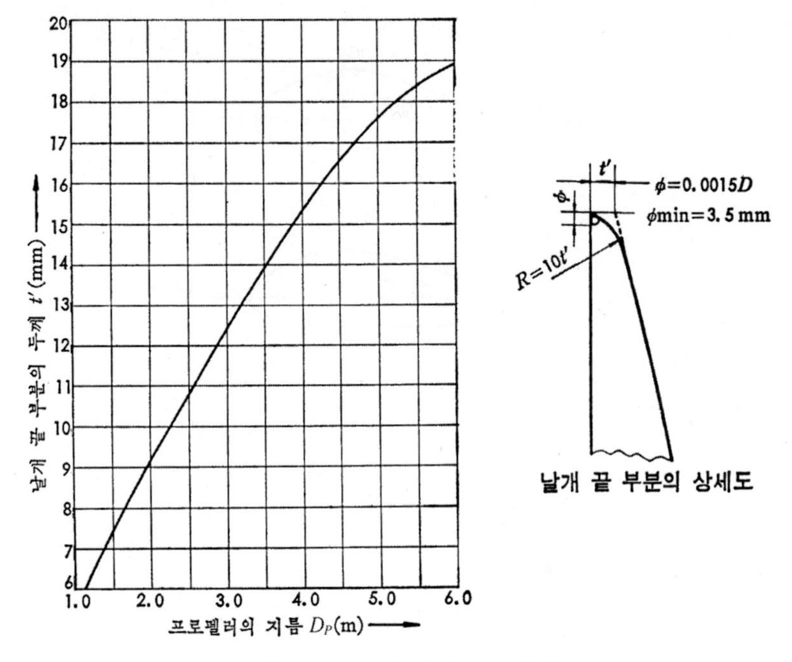

그림 7-64 날개 끝 부분의 두께

다음으로 날개 끝 부분의 두께 t'은 그림 7-64를 이용하여 구할 수 있으므로, 반지름 방향의 날개 두께 분포를 직선 형태로 가정하면 프로펠러축 중심선의 날개의 가상 두께 t_C는 다음 식으로 계산된다.

$$t_C = t' + \frac{t - t'}{1 - x}$$

따라서, 날개 끝 부분의 두께에 의해 결정된다. t'은

① 프로펠러 지름이 3.0 m 이하일 때

$$t' = 0.0045 D_P$$

② 프로펠러 지름이 3.0 m 이상일 때

$$t' = 0.0035 D_P$$

한편, 프로펠러의 날개 두께비(B.T.R.)는 다음 식과 같이 된다

$$(\text{B.T.R.}) = \frac{t_C}{D_P}$$

10. Burrill 방식에 의한 캐비테이션의 검토

Burrill 방식인 캐비테이션 판정도는 그림 7-65를 쓴다. 이 그림을 사용하는 데 필요한 값을 열거하면 캐비테이션 계수 σ_B와 설계 프로펠러가 내야 할 최대 추력 T를 계산한다.

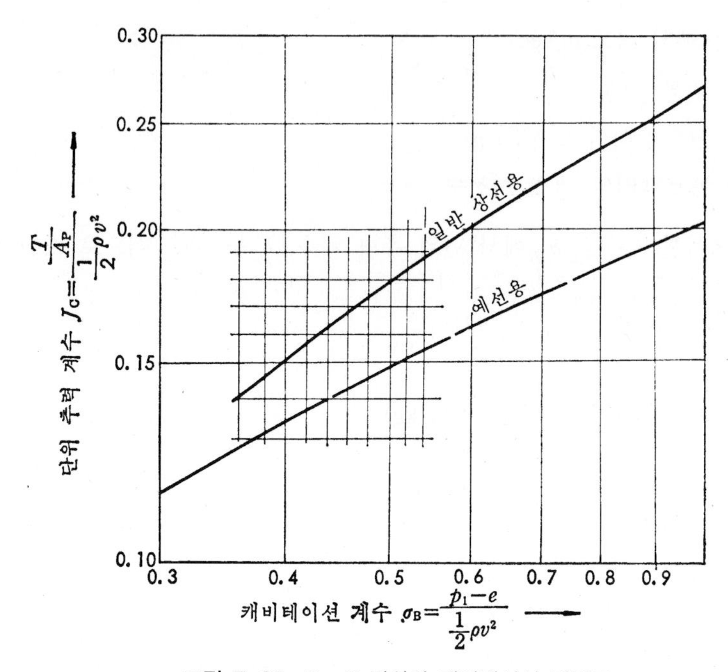

그림 7-65 Burrill 방식의 캐비테이션 판정도

이 σ_B를 써서 곡선으로부터 J_C를 읽고, 이 J_C로부터 프로펠러가 필요로 하는 투영 단면적 A_P를 계산한다. 캐비테이션 계수 σ_B는

$$\sigma_B = \frac{p_1 - e}{\frac{1}{2}\rho v^2} \quad \cdots\cdots (7\text{-}10)$$

여기서, $p_1 - e$: 프로펠러축 중심에 작용하는 압력(kg/m^2)

$\therefore\ p_1 - e = 10{,}340 + 1{,}025I$

$\therefore\ I$: 수면으로부터 프로펠러축 중심까지의 거리(m)

v : 프로펠러 반지름의 0.7배인 곳의 날개 단면과 물의 상대 속도(m/sec)로서 다음 식으로 계산한다.

$\therefore\ v^2 = v_A^2 + u$

$\therefore\ u$: 프로펠러의 $R0.7$에 있어서 날개 단면의 회전 속도(m/sec)

$$u = R0.7 \times 2\pi n$$

$$v = \left[v_A^2 + (0.7 D_P \cdot \pi \cdot n)^2\right]^{1/2} \text{(m/sec)}$$

v_A : 프로펠러 반지름의 전진 속도(m/sec)

$$\therefore \ v_A = v_S(1-w)$$

v_S : 배의 속도(m/sec)

w : 반류 계수

R : 프로펠러의 반지름(m)

n : 프로펠러의 매초 회전수

계산된 캐비테이션 계수로 σ_B에서 단위 추력 계수 J_C를 다음 식으로 계산하면,

$$J_C = \left(\frac{T}{A_P}\right) \div \left(\frac{1}{2}\rho v^2\right) \cdots\cdots (7\text{-}11)$$

여기서, T : 프로펠러에 발생하는 추력(kg)

A_P : 프로펠러의 투영 면적(m^2)

그러므로 프로펠러에 필요한 최소의 날개 투영 면적 A_P는

$$A_P = T \div \left(\frac{1}{2}\rho v^2 J_C\right) \cdots\cdots (7\text{-}12)$$

로서 계산된다.

위 식에서 프로펠러가 발생해야 할 추력 T(kg)는 다음 식에 의해 근사적으로 계산된다.

$$T = 75 \times \frac{(D.H.P.)}{v_A} \eta_O \eta_R \cdots\cdots (7\text{-}13)$$

여기서, η_O : 프로펠러의 단독 효율

η_R : 프로펠러의 효율비

1-축선일 때 = 1.04

2-축선일 때 = 0.98로 계산하여도 별로 차이는 없다.

이와 같이 구한 A_P의 면적을 설계 프로펠러가 가지도록 날개 윤곽을 정하면 캐비테이션의 발생 위험성이 적다고 할 수 있다.

투영 면적비 a_P는 전원 면적 A를 πR^2에 따라서 계산하고, A_P를 A로 나누면 구해진다. 이 투영 면적비 a_P를 그림 7-66에 나타낸 것을 이용하여 전장 면적비(展長 面積比) a_E로 환산한다.

전장 면적 A_E와 투영 면적 A_P 또는 전장 면적비 a_E와 투영 면적비 a_P 사이의 관계식은 다음의 근사식인 타원형 날개 윤곽인 경우에 성립되는 것을 이용해서 작성된 것이다.

$$A_P \fallingdotseq A_E\left(1.067-0.229\times\frac{H}{D_P}\right)\ (\mathrm{m}^2) \quad \cdots\cdots (7\text{-}14)$$

$$A_E=\frac{\pi}{4}\times D_P^2\cdot a_E\ (\mathrm{m}^2)$$

여기서, H : 프로펠러의 피치

D_P : 프로펠러의 지름

여기서 구한 전장 면적비의 값은 설계 순서의 처음에 예상한 전장 면적과 약간 다른 것이 보통이다. 이 경우 2차 예상 전장 면적비의 값으로는 여기서 구한 전장 면적비의 값을 채택해서 이 이후의 설계 계산을 진행하여 간다.

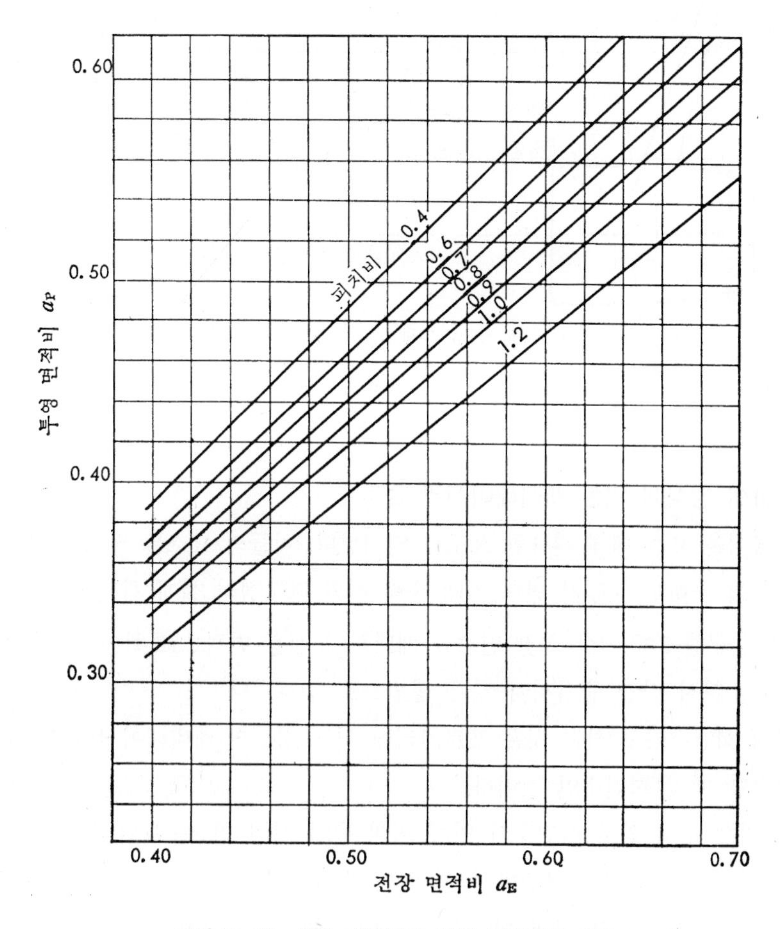

그림 7-66 투영 면적비와 전장 면적비의 대응

앞에서 구한 날개 뿌리부 폭의 값과 여기서 구한 2차 예상 전장 면적비의 값, AU-형 프로펠러의 표준 날개 윤곽 형상을 참고로 해서 설계 프로펠러의 날개 윤곽 형태를 그림 7-67과 같이 그리면 된다.

이 식에서 알 수 있는 것과 같이 선체 효율은 $1-t$가 $1-w$보다 커지는 일이 많으므로, 1보다 큰 값으로 하는 것이 추진 성능상 경제적인 면에서 유효한 값이 된다.

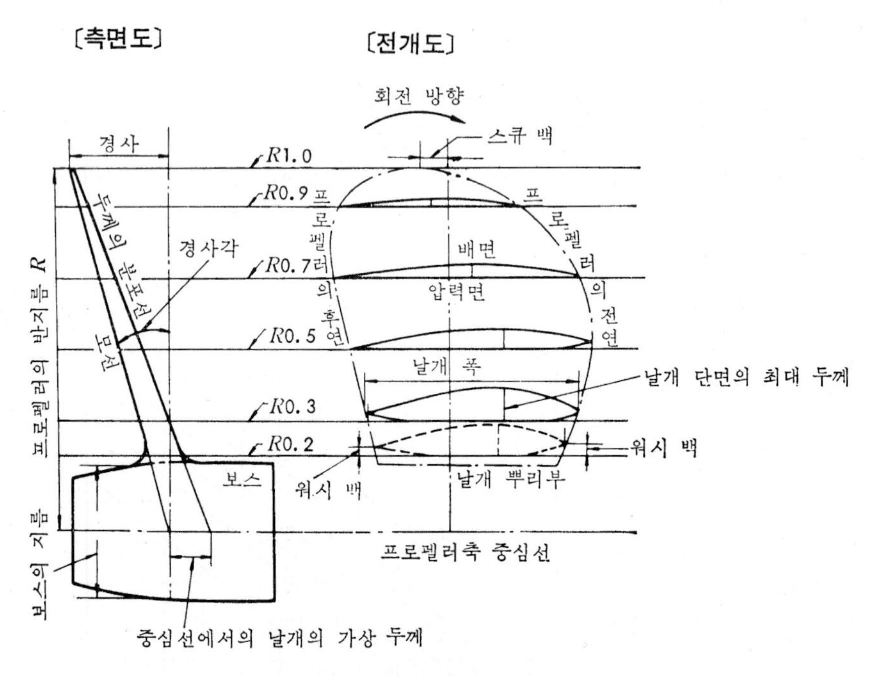

그림 7-67 프로펠러의 치수선 표시

11. Eckhardt 방식에 의한 캐비테이션의 검토

Eckhardt 방식을 쓰는 데에 필요한 요소를 열거한다. 이들의 요소를 써서 그림 7-61에서 임계 회전수 N_C를 구하고, N_C가 연속 최대 출력 시의 프로펠러 설계 회전수를 상회하고 있다면 앞의 항에서 구한 2차 예상 전장 면적을 채택하여 전장 면적으로 한다. 만약, 하회할 때에는 전장 면적을 다시 약간 증가시켜 같은 방법으로 검토한다.

여기서 임계 회전수라고 하는 것은 프로펠러에 어느 정도의 캐비테이션이 발생해서 추력이 떨어지기 시작할 때의 회전수인 것이다.

이 방식에 의해 구한 임계 회전수가 연속 최대 출력 시의 회전수보다 크다면, 그 프로펠러는 일단 캐비테이션에 대해서 안전한 쪽에 있다고 생각할 수 있다.

Eckhardt에 의하면 상기의 임계 회전수 N_C(매초)는 다음 식에 의해서 계산된다.

$$N_C = \frac{0.635}{D_P} \times \sqrt{h \cdot \frac{1+4b_M}{(a+c)K}} \quad \cdots\cdots (7\text{-}15)$$

여기서, D_P : 프로펠러의 지름(m)

K : 프로펠러축 중심으로부터 상방의 회전수(m), 즉 프로펠러 중심축에 걸리는 압력을 물기둥의 높이로 나타낸 것

$\therefore h = 10.34 + I$

I : 프로펠러축 중심의 수면으로부터 깊이(m)

b_M : 평균 날개 폭의 비

$$\therefore b_M = \frac{\pi}{2Z} \cdot \frac{a_E}{1-x_1}$$

$$\therefore a_E = \frac{1}{\pi} \cdot 2Z \cdot b_M (1-x_1)$$

Z : 날개수

x_1 : 보스비

∴ 일체형 프로펠러의 경우=0.18

∴ 조립형 프로펠러의 경우=0.25

∴ 가변 피치식 프로펠러의 경우=0.30

a : 다음 식으로 나타나는 계수

$$\therefore a = \frac{\left(\frac{H}{0.9D_P}\right) S_R'}{2\pi K}$$

S_R' : R0.9에 있어서의 참 슬립비

K : 다음 식으로 나타나는 계수

$$\therefore K = 1 + \left[\left(\frac{\frac{H}{0.9D_P}}{\pi}\right) \cdot \left(1 - \frac{S_R'}{2}\right)\right]^2$$

C : R0.9의 경우와 날개 단면의 두께 폭비

N_C 값은 밸러스트 상태의 항해 속력에 대해 상용 회전수와 동등하게 되도록, 또 만재 상태를 기준으로 하는 경우는 N_C 값이 상용 회전수보다 15~20%까지 커지도록 b_M을 선택한다.

위에서 설명한 Eckhardt의 계산식에 따라 N_C를 계산하여도 별로 지장이 없음을 알 수 있지만, 그림 7-68(부록 참조)을 이용하면 계산할 필요 없이 목적을 달성할 수 있다.

또한, 앞 항에서 전개 면적이 적당히 정해졌다면 프로펠러 날개의 전개 윤곽도를 그려 둘 필요가 있다. 따라서, 본 항의 검토에 따라 다시 큰 날개 면적이 필요할 경우에는 다시 한 번

전개 윤곽도를 그리고 설계 전개 면적을 구할 필요가 있다.

최종적으로 결정한 전개 면적비가 1차 예상 전개 면적비와 상당히 틀릴 때에는 여기까지의 계산을 최종 전개 면적비로 다시 반복하여 설계 프로펠러의 제원을 검토할 필요가 있다.

12. 규칙에 따른 날개 두께의 검토

날개 두께 및 날개 윤곽이 확정되면 선박에 준하는 법칙에 따라 날개 두께를 검토한다.

설계된 날개 두께가 규칙 요구 최소 날개 두께를 상회한다면 좋은 것이 된다. 만약, 하회하는 것과 같은 경우에는 무조건 그 날개 두께까지 두껍게 하여야 한다.

13. 피치비의 검토

여기까지 설계를 진행시켜 프로펠러 설계의 $\sqrt{B_P} \sim \delta$ 형식 설계 도표의 근본으로 되어 있는 원형 프로펠러의 주요 요목과 이 설계 프로펠러의 주요 요목과의 차이가 명백하게 된다.

주요 요목 중 피치비의 값에 영향을 끼치는 항목으로서 채택하는 것은 다음의 3항목이다.

(1) 전개 면적비의 수정

2종류 이상의 기준 전개 면적비의 $\sqrt{B_P} \sim \delta$ 형식 설계 도표를 써서 각각의 기준 면적비에 있어서의 피치비를 구하여 그것을 설계 면적비에 대해서 내삽 또는 외삽한다.

(2) 보스비의 수정

다음 식에 의해 수정한다.

$$\begin{aligned}\Delta\left(\frac{H}{D_P}\right)_B &= (\text{설계 프로펠러 보스비} - \text{기준 프로펠러 보스비}) \times \frac{1}{10} \\ &= (x_1 - x_{10}) \times \frac{1}{10}\end{aligned}$$

$\Delta\left(\frac{H}{D_P}\right)_B$ 가 (+)값의 경우에는 그 값을 잠정 피치비 $\left(\frac{H}{D_P}\right)_0$ 의 값에 가산한다.

AU형 프로펠러에서는 기준 프로펠러의 보스비 x_{10}은 0.180이다.

(3) 날개 두께의 수정

다음 식에 의해 수정한다.

$$\Delta\left(\frac{H}{D_P}\right)_T = -2\left(\frac{H}{D_P}\right)_0 \times (1 - S_R)\left\{\Delta\left(\frac{t}{l}\right)_{R0.7}\right\}$$

$$\Delta\left(\frac{t}{l}\right)_{R0.7} = \left\{\text{설계 프로펠러의 }\left(\frac{t}{l}\right)_{R0.7} - \text{기준 프로펠러의 }\left(\frac{t}{l}\right)_{R0.7} \times \frac{\text{기준 프로펠러의 전장 면적비 } a_{E0}}{\text{설계 프로펠러의 환산 전장 면적비 } a_E{}'}\right\} \times 0.75$$

위 식에서 설계 프로펠러의 환산 전장 면적비 $a_E{}'$ 이라는 것은 설계 프로펠러의 보스비를 기준 프로펠러의 보스비로 환산했을 때의 설계 프로펠러의 전장 면적비의 것으로, 다음 식에서 근사식으로 표시된다.

$$a_E{}' \fallingdotseq \{1+1.1\ (x_1 - x_{10})\}\, a_E$$

또한, 프로펠러의 재질에 따라서 주강형, 주철제 등과 같이 표면의 완성 상태가 비교적 험한 프로펠러에 있어서는 위 식에 의해 수정한 피치비를 다시 0.003~0.005 감소시켜 준다.

표 7-9에 표시한 것은 기준 프로펠러의 기준 전개 면적비에 있어서의 $R\,0.7$ 날개 단면의 두께 폭비의 값이다.

표 7-9

프로펠러의 형종	AU형 에어로포일 단면					
	AU 4-40	AU 4-55	AU 4-70	AU 5-50	AU 5-65	AU 5-80
$\left(\frac{t}{l}\right)_{R_{0.7}}$	0.0760	0.0552	0.0434	0.0760	0.0584	0.0475

14. 원심력의 계산

고속 회전의 프로펠러가 아닐 경우, 허용 응력에 대한 적당한 안전율을 생각하여 두면 특별히 계산할 필요는 없다. 비정상적인 힘을 고려할 경우, 안전율은 프로펠러의 작동 조건에 따라 약간 다르지만 다음 식과 같이 안전율을 정하면 대략값을 구할 수 있다.

$$\text{안전율} = \frac{\text{파단 강도}}{\text{허용 응력}}$$

중소형 선박의 프로펠러인 경우에는

$$(7 \sim 10) \fallingdotseq \frac{\text{굽힘 파단 강도}}{\text{토크 및 추력에 따른 허용 응력}}$$

이고, 소형 프로펠러일수록 안전율의 값은 작게 되는 경향이 있다.

15. 피치비의 결정

계산상 피치비의 값은 구해진 셈이지만 최후로 시 마진과 주기관의 특성(예를 들면, 회전수의 상한에 대한 제한, 강도의 정도, 과부하시의 특성 등) 등을 종합적으로 생각해서 최종적인 피치비, 즉 피치를 결정한다.

16. 날개 단면 치수표 및 설계 프로펠러 도면

결정된 요목에 기초를 두어 날개 단면 치수표를 작성하고 설계 프로펠러를 그린다. 설계 프로펠러 중에는 결정된 요목을 표의 형태로 넣어 둔다.

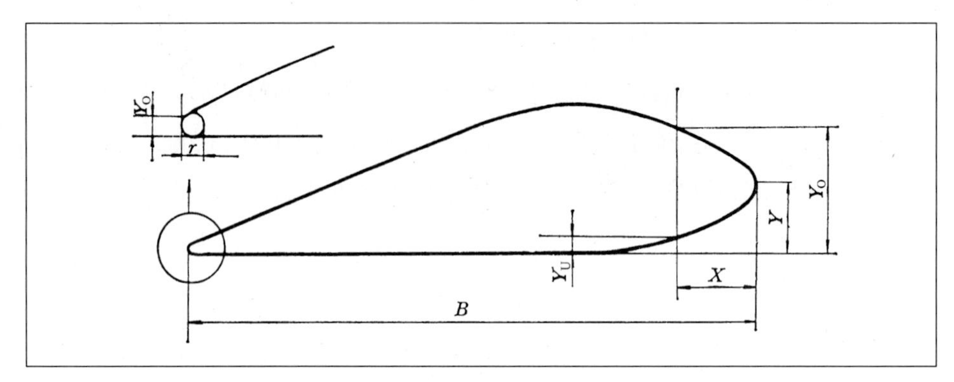

그림 7-69 AU형 에어로포일의 날개 단면의 치수

또한, 날개 단면의 치수 작성에 있어서는 그림 7-69에서와 같이 AU형 날개 단면의 치수를 표시하는 방법에서

$$\frac{X}{B} = 1.00$$

인 경우의 값을 그림 7-64, 70, 71에 표시한 것에 따라 표준 치수표에 대한 약간의 수정이 필요하다.

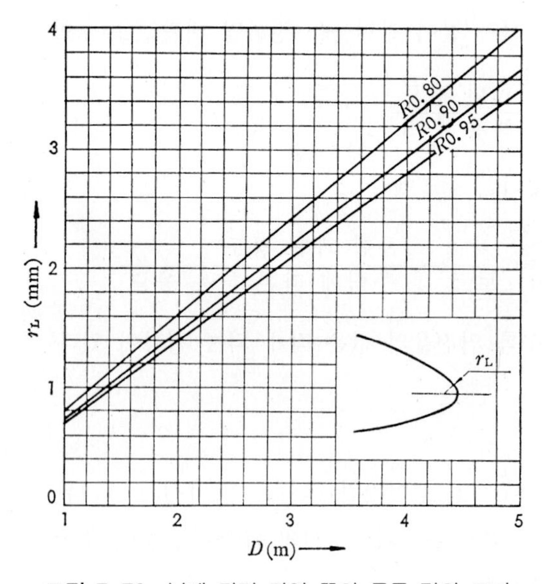

그림 7-70 날개 단면 전연 끝의 둥근 것의 크기

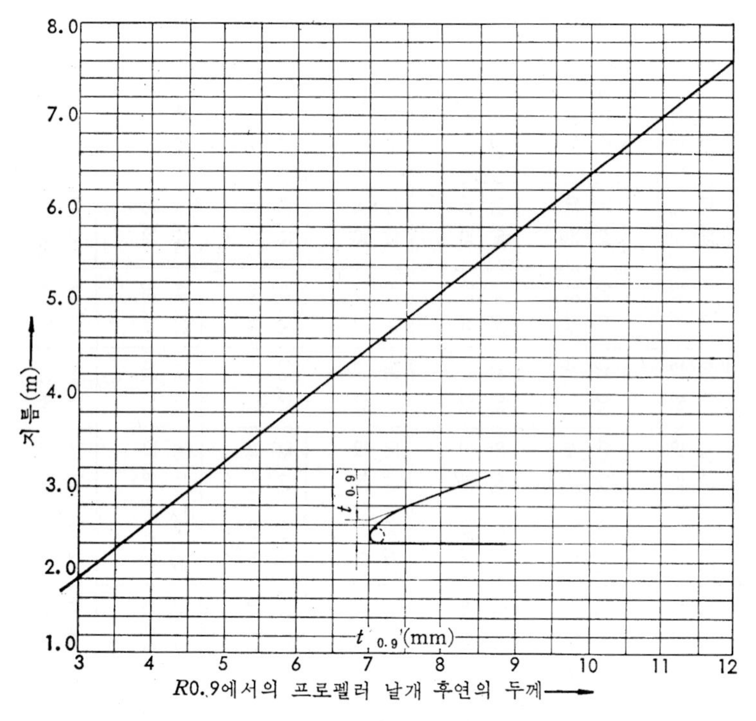

그림 7-71 날개 끝 부분 날개 단면의 후연 끝의 두께

AU형 프로펠러의 날개 윤곽 치수표와 날개 단면의 치수표를 표 7-10과 7-11에 표시했으며, 프로펠러의 형상도는 그림 7-47에 나타내었다. 날개 단면의 표준 치수를 계산함에 있어서는 표를 만들어 두면 계산상 편리하다.

표 7-10 AU형 프로펠러의 날개 윤곽의 치수표

	$\frac{r}{R}$	0.2	0.3	0.4	0.5	0.6	0.66	0.7	0.8	0.9	0.95	1.00	1 날개의 전개 면적비가 0.10일 때 R0.66에 있어서의 날개 폭 : $l_{0.66} = 0.226D$
R0.66의 날개 폭을 100으로 했을 때의 각 반지름 위치에 있어서의 날개 폭	중심선으로부터 후연까지	27.96	33.45	38.76	43.54	47.96	49.74	51.33	52.39	48.49	42.07	17.29	
	중심선으로부터 전연까지	38.58	44.25	48.32	50.80	51.15	50.26	48.31	40.53	25.13	13.55		
	전 날개 폭	66.54	77.70	87.08	94.34	99.11	100.00	96.64	92.92	73.62	55.62		
지름을 100으로 했을 때의 각 반지름 위치에 있어서의 최대 날개 두께		4.06	3.59	3.12	2.65	2.18	1.90	1.71	1.24	0.77	0.54	0.30	프로펠러축 중심선상의 가상 최대 날개 두께 : 5.00
각 반지름 위치에 있어서의 날개 폭을 100으로 했을 때의 각 날개 단면에 있어서의 최대 두께 위치의 전연부터의 거리		32.0	32.0	32.0	32.5	34.9	37.9	40.2	45.4	48.9	50.0		

표 7-11 AU형 프로펠러의 날개 단면 치수표

r/R																		
	X	0	2.00	4.00	6.00	10.00	15.00	20.00	30.00	32.00	40.00	50.00	60.00	70.00	80.00	90.00	95.00	100.00
	Y_O	35.00	51.85	59.75	66.15	76.05	85.25	92.20	99.80	100.00	97.75	89.95	78.15	63.15	45.25	25.30	15.00	4.50
0.20	Y_U		24.25	19.05	15.00	10.00	5.40	2.35										
	X	0	2.00	4.00	6.00	10.00	15.00	20.00	30.00	32.00	40.00	50.00	60.00	70.00	80.00	90.00	95.00	100.00
	Y_O	35.00	51.85	59.75	66.15	76.05	85.25	92.20	99.80	100.00	97.75	89.95	78.15	63.15	45.25	25.30	15.00	4.50
0.30	Y_U		24.25	19.05	15.00	10.00	5.40	2.35										
	X	0	2.00	4.00	6.00	10.00	15.00	20.00	30.00	32.00	40.00	50.00	60.00	70.00	80.00	90.00	95.00	100.00
	Y_O	35.00	51.85	59.75	66.15	76.05	85.25	92.20	99.80	100.00	97.75	89.95	78.15	63.15	45.25	25.30	15.00	4.50
0.40	Y_U		24.25	19.05	15.00	10.00	5.40	2.35										
	X	0	2.03	4.06	6.09	10.16	15.23	20.31	30.47	32.50	40.44	50.37	60.29	70.22	80.15	90.07	95.04	100.00
	Y_O	35.00	51.85	59.75	66.15	76.05	85.25	92.20	99.80	100.00	97.75	89.95	78.15	63.15	45.25	25.30	15.00	4.50
0.50	Y_U		24.25	19.05	15.00	10.00	5.40	2.35										
	X	0	2.18	4.36	6.54	10.91	16.36	21.81	32.72	34.90	42.56	52.13	61.70	71.28	80.85	90.43	95.21	100.00
	Y_O	34.00	49.60	58.00	64.75	75.20	84.80	91.80	99.80	100.00	97.75	89.95	78.15	63.15	45.25	25.30	15.00	4.50
0.60	Y_U		23.60	18.10	14.25	9.45	5.00	2.25										
	X	0	2.51	5.03	7.54	12.56	18.84	25.12	37.69	40.20	47.23	56.03	64.82	73.62	82.41	91.21	95.60	100.00
	Y_O	30.00	42.90	52.20	59.90	71.65	82.35	90.60	99.80	100.00	97.75	89.95	78.15	63.15	45.25	25.30	15.00	4.50
0.70	Y_U		20.50	15.45	11.95	7.70	4.10	1.75										
	X	0	2.84	5.68	8.51	14.19	21.28	28.38	42.56	45.40	51.82	59.85	67.88	75.91	83.94	91.97	95.99	100.00
	Y_O	21.00	32.45	41.70	50.10	64.60	78.45	88.90	99.80	100.00	97.75	89.95	78.15	63.15	45.25	25.30	15.00	4.50
0.80	Y_U		14.00	10.45	8.05	5.05	2.70	1.15										
	X	0	3.06	6.11	9.17	15.28	22.02	30.56	45.85	48.90	54.91	62.42	69.94	77.46	84.97	92.49	96.24	100.00
	Y_O	8.30	21.10	31.50	40.90	57.45	74.70	87.45	99.70	100.00	98.65	92.75	83.05	69.35	51.85	30.80	19.40	6.85
0.90	Y_U		4.00	2.70	2.05	1.20	0.70	0.30										
	X	0	3.13	6.25	9.38	15.63	23.44	31.25	46.87	50.00	55.88	63.23	70.59	77.94	85.30	92.65	96.32	100.00
	Y_O	6.00	19.65	30.00	39.60	56.75	74.30	87.30	99.65	100.00	99.00	93.85	84.65	71.65	54.30	33.50	21.50	8.00
0.95	Y_U																	

주 (1) X 값은 그 날개 단면에 있어서의 날개 폭에 대한 %로 표시　(2) Y 값은 그 날개 단면에 있어서의 최대 두께에 대한 %로 표시

프로펠러의 날개를 프로펠러 축심과 동심축을 갖는 반지름 r의 원통으로 잘랐을 때에 각 반지름 위치에서의 단면 및 날개 단면은 빠른 유속 때문에 음의 압력을 갖는 흡입면(suction side) 혹은 뒷면(back)과 낮은 유속으로 양의 압력을 갖는 압력면(pressure side) 혹은 앞면(face)으로 이루어진다.

날개의 앞날과 뒷날을 날개 끝에서 연결하여 날개 윤곽을 나타낸다. 날개 윤곽의 종류로는 투영윤곽(projected contour)과 확장윤곽(expanded contour)을 들 수 있다

투영윤곽은 프로펠러를 축방향으로 프로펠러 평면에 투영했을 때의 날개 윤곽의 자취를 말하며, 확장 윤곽은 각 단면위치에 있는 날개 단면을 평면 위에 펼쳐서 배열한 도형의 윤곽을 말한다.

확장윤곽비(expanded area ratio)는 확장윤곽도의 면적 A_E와 프로펠러 원판의 면적 A_O ($\pi D^2/4$)의 비로 프로펠러의 추진력, 날개 표면의 점성 저항의 크기를 지배하는 중요 인자가 된다.

7.5.2 프로펠러의 설계 방법 실례

프로펠러의 설계 계산 예는 설계자에 따라 사용하는 계산표가 다르겠지만, 다음과 같은 항목으로 정리해 두면 불필요한 시간을 단축할 수 있어 도움이 될 것이다. 이 계산 예는 중소형 선박의 '프로펠러 설계법과 참고 도표집'에서 발췌한 것이다.

1. 주어진 조건

(1) 선체 관계

선주 : ○○ 해운

ship No. 1983

GT : 약 2,000톤

선종 : 화물선

항로 :

L_{BP} : 78.0 m

B : 12.6 m

d : 5.8 m

∇ : 4200 m^3

C_B : 0.735

C_P : 0.745

$C_{⊠}$: 0.987

l_{CB} : −1.28%

$\dfrac{L}{B}$: 6.18

$\dfrac{B}{d}$: 2.17

타형식 : 유선형 타(舵)

계획 속력 : 만재 상태(상용 출력) 11.2 kn

(2) 기관 관계

종류, 형식, 수 : 디젤 기관×1대

위치 : 선미 기관실

전달 효율 η_T : 0.97

주축 구동 보조 기관 : 없음

회전 방향 : 오른쪽

출력 및 회전수(M.C.R.) : 1500 B.H.P. (1456 D.H.P.)×260 rpm(정격)

출력 및 회전수(N.O.R.) : 1275 B.H.P. (1238 D.H.P.)×246 rpm(정격)

선저 프로펠러축 중심 높이 : 1.9 m

2. 프로펠러의 설계 조건

날개 : 4날개

구조 : 일체형

날개 단면 형상 : 에어로포일형(AU형)

재질 : 망간 황동

3. 반류계수의 추정

추정 방법 : 과거의 자료에 의한다. 중소형 선이므로 반류계수의 크기 영향은 없는 것으로 한다.

반류계수값 : $1-w=0.65$

$\therefore\ w=0.35$

4. 배의 속력 추정

그림 7-72에 의해서

(가) M.C.R.로 : 시 마진이 없다면

$$V_S=11.68\ \text{(kn)}$$

25% 시 마진으로 하면

$$V_S=11.08\ \text{(kn)}$$

(나) N.O.R.로 : 시 마진이 없다면

$$V_S=11.24\ \text{(kn)}$$

25% 시 마진으로 하면

$$V_S=10.06\ \text{(kn)}$$

5. 지름의 산정

$\eta_R=1.0$으로 가정하고, $V_S=11.08$ kn(M.C.R.), 10.60 kn(N.O.R.)를 계산에 사용한다.

표 7-12

	M.C.R.	N.O.R.
η_R(D.H.P.)(η_R=1.0)	1,456	1,238
$(\eta_R \text{ D.H.P.})^{0.5}$	38.16	35.19
N	260	246
V_S	11.08	10.60
$V_A=(1-w)\,V_S$	7.20	6.89
$V_A^{2.5}$	139.1	124.6
$B_P=\dfrac{N(\eta_R \text{ D.H.P.})^{0.5}}{V_A^{2.5}}$	71.33	69.47
$\sqrt{B_P}$	8.45	8.34

표 7-13

	설계도표	M.C.R.	N.O.R.
δ_O	AU 4-40	94.0	93.1
	AU 4-55	92.7	91.7
D_O	AU 4-40	2.603	2.607
	AU 4-55	2.567	2.568

제1차 예상 전개 면적비를 0.55로 하고, 또 위의 결과 및 선미 형태 등을 생각하여 채택한 지름 D_P를 2.57 m로 한다.

표 7-14

	M.C.R.		N.O.R.	
설계도표	$\dfrac{H}{D_P}$	η_O	$\dfrac{H}{D_P}$	η_O
AU 4-55	0.620	0.471	0.625	0.473

6. 피치비 $\dfrac{H}{D_P}$ 등의 산정

잠정적인 피치비, 일정 피치 분포

$$\left(\frac{H}{D_P}\right)_0 = 0.623$$

$$\eta_O = 0.472$$

$$H_0 = 1.601\,\text{m}$$

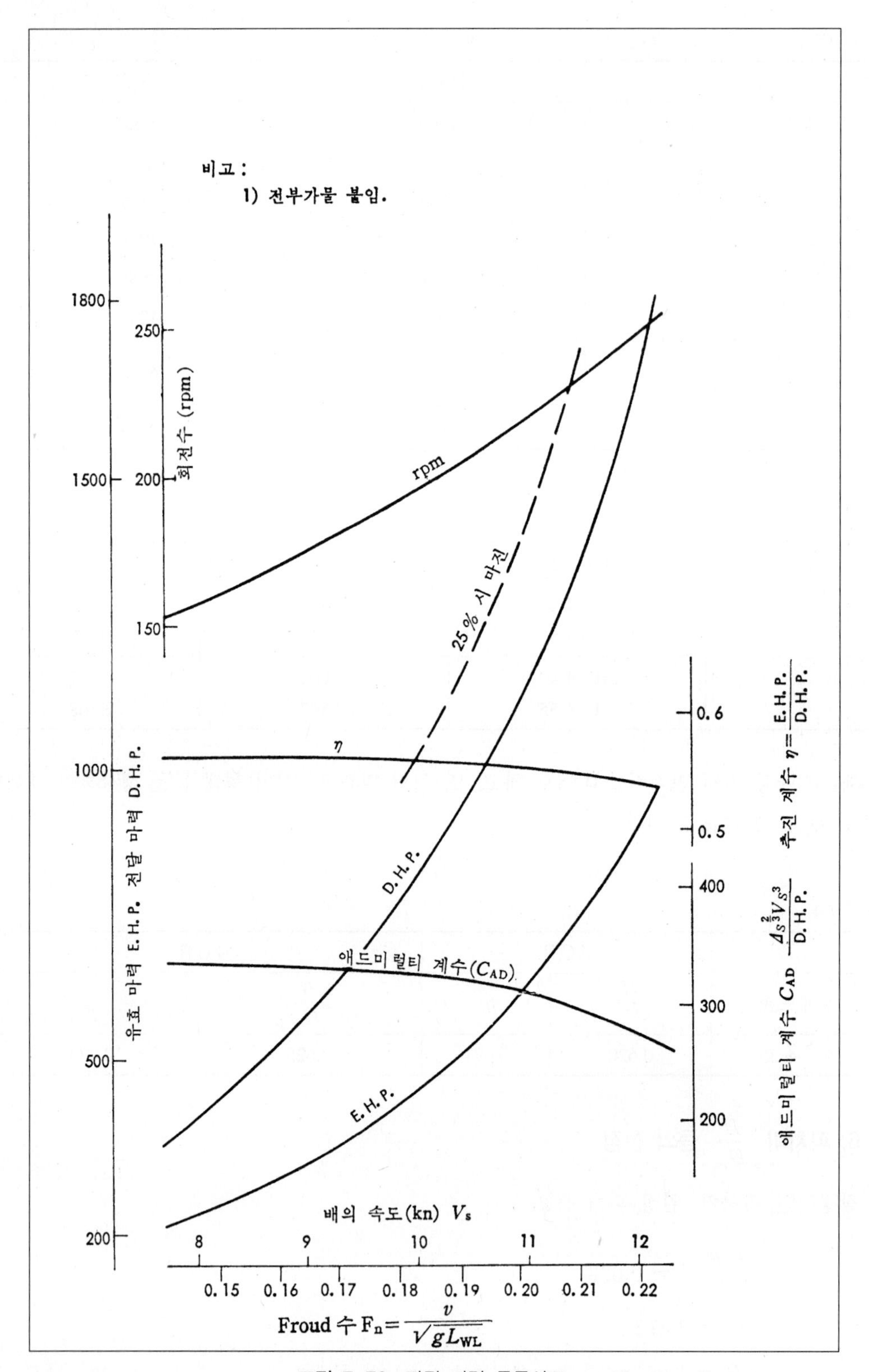

그림 7-72 전달 마력 등곡선도

실제의 참 슬립비 : (M.C.R.로 계산)

$$S_R = 1 - \frac{30.866\,V_A}{NH_0} = 1 - \frac{30.866 \times 7.20}{260 \times 1.601} = 1 - 0.534 = 0.466$$

7. 보스의 지름 d_o 등의 산정

$$\left(\frac{\text{D.H.P}}{N}\right)^{\frac{1}{3}} = \left(\frac{1,456}{260}\right)^{\frac{1}{3}} = 1.775$$

그림 7-60으로부터 프로펠러축 지름

$$d = 213 \fallingdotseq 220(\text{mm})$$

보스의 지름

$$d_o = 220 \times 2.0 = 440(\text{mm})$$

약간의 여유를 두고 보스 지름을 460 mm로 한다.

$$\text{보스비 } x_1 = \frac{460}{2,570} = 0.179$$

8. 경사각의 산정

$\theta = 10°$는 선미 골재 및 타 구조 기본 설계 계획 도표를 참조하면 경사각 10° 정도의 경사각이 적당하다.

$$R\tan\theta = 1.285 \times 0.1763 = 0.2266 \fallingdotseq 0.230$$

$$(\therefore \tan 10° = 0.1736)$$

$$\tan\theta_o = \frac{0.230}{R} = \frac{0.230}{1.285} = 0.1790$$

$$\therefore \theta_o = 10° - 10'$$

프로펠러 지름 D_P=2.57 m, 경사각 $\theta = 10° - 10'$으로 해서 설계선의 선미 형상에 써 넣어 그림 7-73에 표시한다.

프로펠러와 선미 골재와의 관계를 검토하면, 11.2.3절의 선미재 치수를 만족하고 있기 때문에 위의 프로펠러 지름, 경사각, 프로펠러의 위치를 선택하기로 한다.

9. 날개 뿌리부의 날개 폭(l) 및 날개 두께(t)의 추정

망간 황동에 대한 최대 허용 압축 응력 S_C = 450 kg/cm², 날개 뿌리부의 날개 단면의 두께 폭비 m=0.22라고 가정하면

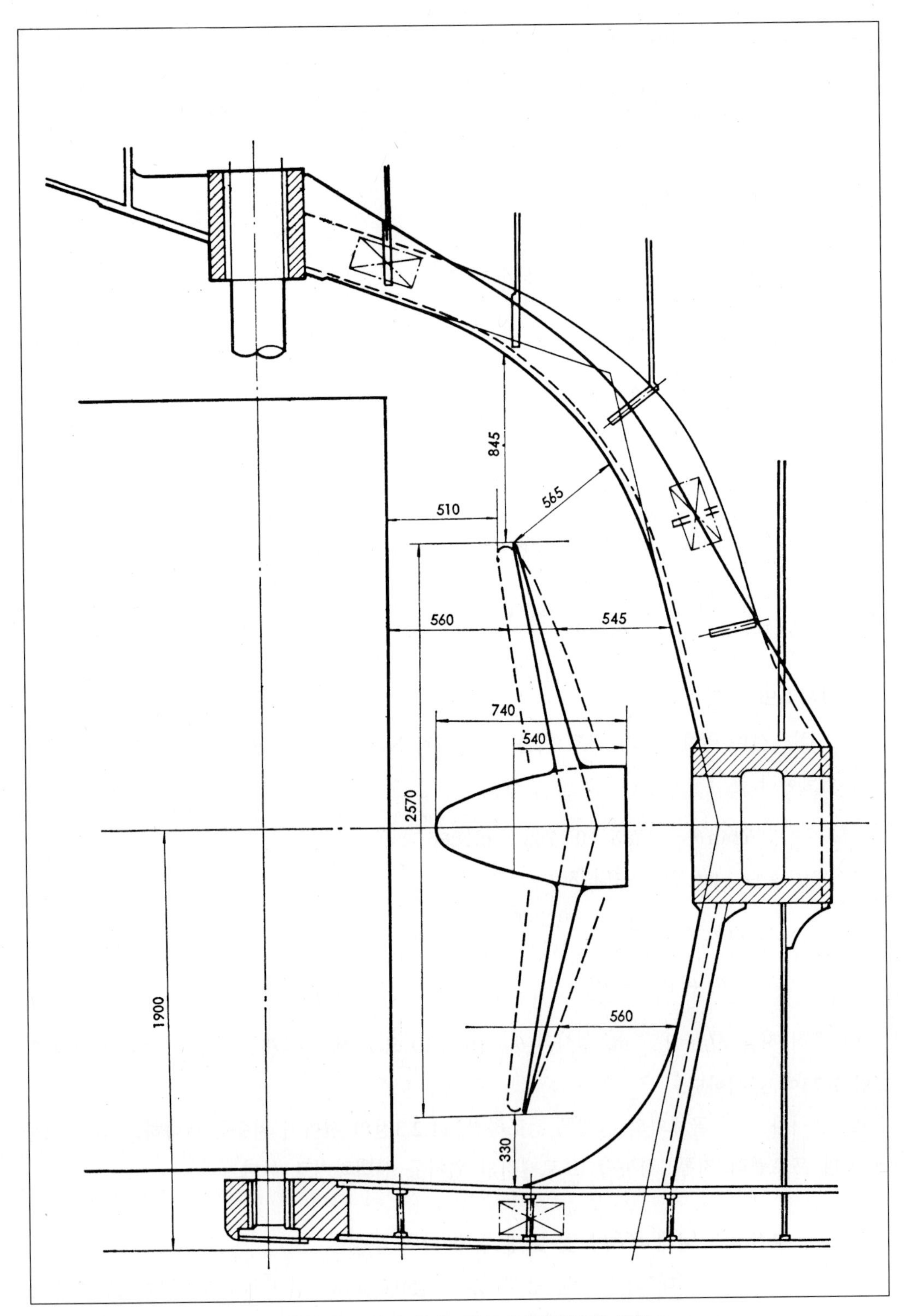

그림 7-73 선미 골재, 타와 프로펠러와의 관계

$$\therefore \; m^2 = 0.0484$$

$$\frac{\eta_O}{1-S_R} = \frac{0.472}{0.534} = 0.884 \fallingdotseq 0.90$$

$$M_C = K_1 \left(K_2 \cdot \frac{\eta_O}{1-S_R} + a_r \right) \cdot \frac{\text{D.H.P}}{ZN}$$

$$K_1 = 5.90 \times 10^4$$

$$K_2 = 2.05$$

$$\text{D.H.P.} = 1,456 \, \text{(PS)}$$

$$Z = 4$$

$$N = 260 \; \text{(rpm)}$$

$$a_r = 0.623$$

$$\therefore \; M_C = 5.90 \times 10^4 \times (2.05 \times 0.90 + 0.623) \times \frac{1456}{4 \times 260}$$

$$= 2.039 \times 10^5 \; (\text{kg} \cdot \text{m})$$

$$l^3 = \left\{ M_C \times \frac{l\,t^2}{Z_C} \right\} \div \left\{ S_C \times m^2 \right\} = \frac{2.039 \times 10^5 \, 13.08}{450 \times 0.0484} = 122,400 \; (\text{cm}^3)$$

여기서 AU형 날개 단면에 대해서는 표 7-8에서

$$\frac{l\,t^2}{Z_C} = 13.08$$

인 값을 사용한다. 따라서,

$$l = 49.7 \; \text{(cm)}$$

$$t = m\,l = 10.94 \, \text{(cm)}$$

$t' = 1.1 \, \text{(cm)}$(그림 7-64로부터)

프로펠러축 중심선상의 가상 두께 t_C

$$t_C = 1.1 + \frac{10.94 - 1.1}{1 - 0.179} = 1.1 \times 11.99 = 13.09 \; \text{(cm)}$$

$$\therefore \; \text{B.T.R.} = \frac{0.1309}{2.57} = 0.0509$$

10. Burrill 형식 도표에 의한 전개 면적비의 추정에 필요한 제원

$$I = 5.80 - 1.90 = 3.90 \; \text{(m)}$$

$$V_A = 7.20 \; \text{(kn)}$$

$$R = 1.285 \, \text{(m)}$$

$$N = 260 \text{ (rpm)}$$

$$p_1 - e = 10{,}340 + 1025\, I = 14{,}338 \text{ (kg/m}^2\text{)}$$

$$\eta_O = 0.472$$

$$\eta_R = 1.00$$

$$v^2 = v_A^2 + u^2$$

$$v_A^2 = (0.5144\, v_A^2)^2 = (0.704)^2 = 13.720 \text{ (m/sec)}^2$$

$$u^2 = \left(0.7 \times 2\pi R \cdot \frac{N}{60}\right)^2 = (24.50)^2 = 600.25 \text{ (m/sec)}^2$$

$$\therefore\ v^2 = 613.97 \text{ (m/sec)}^2$$

$$\rho = 104.51 \text{ (kg} \cdot \text{sec}^2\text{/m}^4\text{)}$$

$$\therefore\ \frac{1}{2}\rho v^2 = 32{,}080$$

$$\therefore\ \sigma_B = \frac{p_1 - e}{\frac{1}{2}\rho v^2} = \frac{14{,}338}{32{,}080} = 0.447$$

그림 7-65 일반 상선용의 선으로부터

$$J_C = 0.166$$

또한,

$$T = 75 \times \frac{\text{D.H.P.}}{v_A}\eta_O \eta_R = 75 \times \frac{1{,}456}{3.704} 0.472 \times 1.00 = 13{,}920 \text{ (kg)}$$

$$\therefore\ A_P = \frac{T}{\frac{1}{2}\rho v^2 J_C} = \frac{13{,}920}{32{,}080 \times 0.166} = 2.614 \text{ (m}^2\text{)}$$

전원 면적,

$$A = \pi R^2 = \pi 1.651 = 5.188 \text{ (m}^2\text{)}$$

$$\therefore\ a_P = \frac{2.614}{5.188} = 0.504$$

그림 7-66으로부터

$$a_E = 0.539$$

여기서 이 면적비와 먼저 구한 지름 보스비, 날개 뿌리부의 날개 폭, 기준 프로펠러의 형상 등을 생각하여 날개 1개의 전개 형상을 그려 그 면적을 면적기(planimeter) 등에 의해 검토하므로 필요한 프로펠러 전개 형상을 구한다.

이 설계 예의 경우 전개 형상을 그림 7-74와 같이 했다. 그림에 따른 전장 면적비는 0.540 으로 구할 수 있다.

11. Eckhardt 방식에 따른 캐비테이션의 검토

필요한 제원

$$\left(\frac{H}{D_P}\right)_{R0.9} = 0.623$$

$$S_R = 0.466$$

$$D_P = 2.57 \text{ (m)}$$

$$b = \frac{\pi a_E}{2Z(1-x_1)} = \frac{3.14 \times 0.540}{2 \times 4 \times (1-0.170)} = 0.259$$

$$I = 3.90 \text{ (m)}$$

$$C = \left(\frac{t}{l}\right)_{R0.9} = 0.0405$$

(∴ 두께의 반지름 방향의 분포를 직선 형태로 한다)

그림 7-68로부터

$$a = 0.049$$

$$a + C = 0.0895$$

$$\sqrt{K}\,\pi d = 24.0$$

$$N_C = 262$$

위에서 N_C값은 M.C.R.에 있어서의 rpm을 상회하고 있기 때문에 전개 면적 및 날개 윤곽 형상은 그림 7-74와 같이 결정한다.

12. 규칙에 따른 두께의 검토

선박 기관 규칙에 의하여 검토한다. 반지름 $R\,0.125$에 있어서 날개의 두께

$$t = \sqrt{\frac{k_1}{k_2} \times \frac{\text{B.H.P.}}{ZNl}}$$

여기서, B.H.P. : 주기관의 연속 최대출력=1,500 (PS)

Z : 날개수=4

N : 날개의 연속 최대 매분 회전수를 100으로 나눈값=2.6

l : 반지름 $R0.125$에 있어서의 날개 폭=55.4(cm)

$$k_1 = 45 \times \left\{ \frac{0.9 H_1}{H} \times \left(\frac{0.46 D_P}{H_1} - 0.2 \right) - \frac{H_1}{D_P} \times \left(\frac{0.1 H_1}{D_P} - 0.26 \right) \right\}$$

D_P : 프로펠러의 지름=2.57 m

H_1 : 반지름 $R\,0.125$에 있어서의 피치=1.601(m)

H : 반지름 $R\,0.35$에 있어서의 피치=1.601(m)

$$\therefore\ k_1 = 45 \times \left\{ \frac{0.9 \times 1.601}{1.601} \times \left(\frac{0.46 \times 2.570}{1.601} - 0.2 \right) - \frac{1.601}{2.570} \times \left(\frac{0.1 \times 1.601}{2.570} - 0.26 \right) \right\} = 27.50$$

$$k_2 = k - \left(\frac{1.92 E}{t_o} + 1.71 \right) \times \frac{{D_P}^2 N^2}{1000}$$

k : 재질에 따라 결정하는 수=1.00 (∴ 고력 황동 주물에 대해서)

E : 날개 끝 부분에 있어서의 경사=23(cm)

t_o : 축 중심선에 있어서의 날개의 두께=13.09(cm)

$$k_2 = k - \left(\frac{1.92 \times 23}{13.09} + 1.71 \right) \times \frac{(2.570)^2 \times (2.6)^2}{1,000} = 0.773$$

위의 수치를 다음 식에 대입하면

$$t = \sqrt{\frac{27.50 \times 1,500}{0.773 \times 4 \times 2.6 \times 55.4}} = \sqrt{92.62} = 9.624\,(\text{cm})$$

이 설계 프로펠러의 반지름 방향의 날개 두께 분포로서 직선 분포를 선택하고 있기 때문에, $R0.125$의 날개 두께는 10.1 cm가 되므로 규칙보다도 약 5%의 여유가 있다. 따라서, 규칙에 적당하다.

13. 피치비의 검토

(1) 전장 면적비의 수정량

표 7-15

	M.C.R.	N.O.R.
AU 4-40	0.615	0.620
AU 4-55	0.620	0.625
a_E= 0.540 을 대상	0.620	0.625

이상에서 $\left(\frac{H}{D_P} \right)_1$ 으로서 0.623을 취한다.

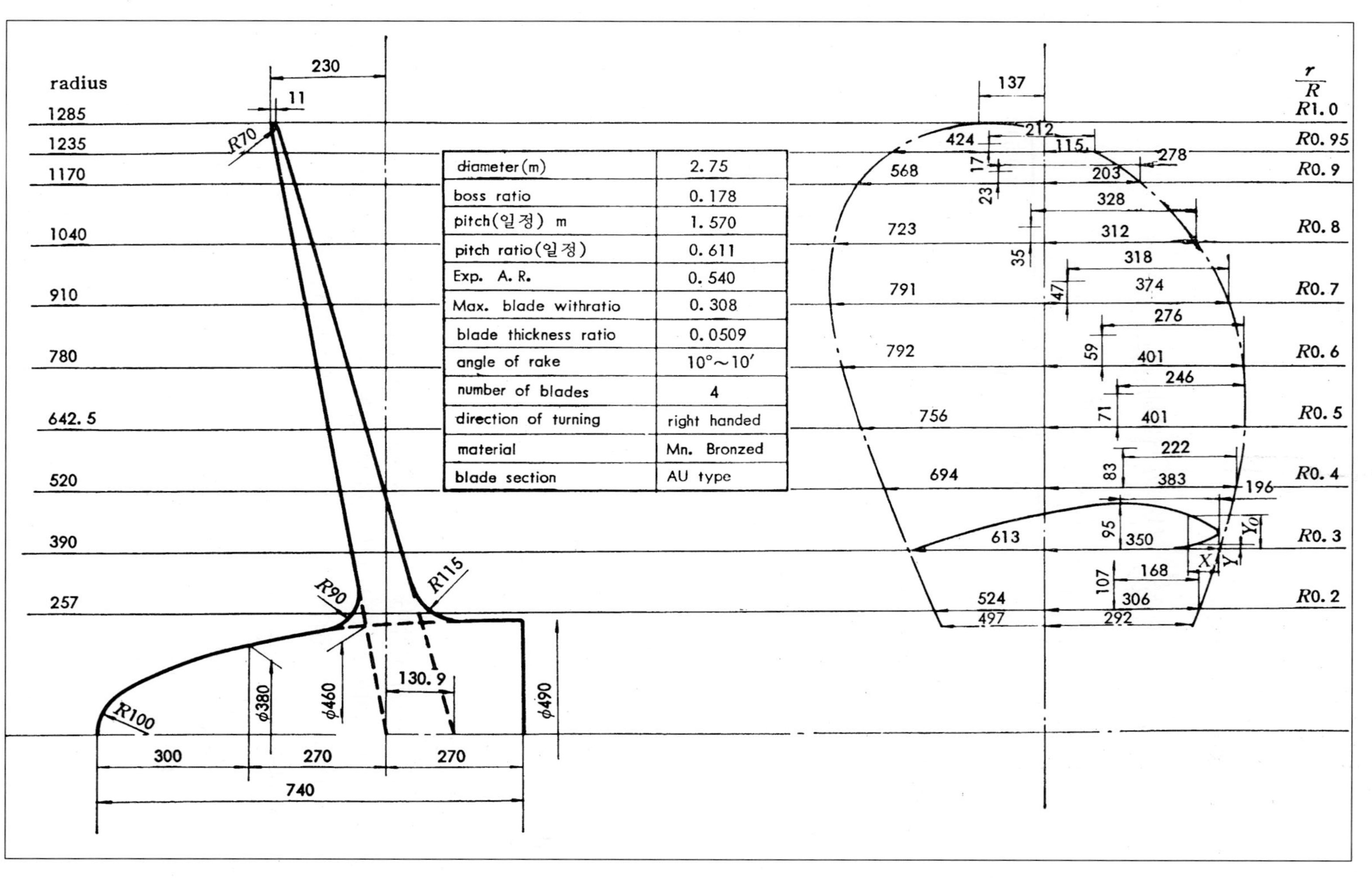

diameter (m)	2.75
boss ratio	0.178
pitch(일정) m	1.570
pitch ratio(일정)	0.611
Exp. A. R.	0.540
Max. blade withratio	0.308
blade thickness ratio	0.0509
angle of rake	10°～10′
number of blades	4
direction of turning	right handed
material	Mn. Bronzed
blade section	AU type

그림 7-74 계산 예에 따른 프로펠러

(2) 보스비에 의한 수정량

$$\Delta\left(\frac{H}{D_P}\right)_B = \frac{1}{10}\times(0.179-0.180) = -0.001$$

(3) 날개 두께에 의한 수정량

$$\Delta\left(\frac{H}{D_P}\right)_T = -2\left(\frac{H}{D_P}\right)_0 (1-S_R)\left\{\Delta\left(\frac{t}{l}\right)_{R0.7}\right\}$$

$$\Delta\left(\frac{t}{l}\right)_{R0.7} = \left\{\left(\frac{t}{l}\right)_{R0.7} - \left(\frac{t}{l}\right)_{R0.7}\times\frac{a_{EO}}{a_E{}'}\right\}\times 0.75$$

$$a_E{}' = \{1+1.1(x_1-x_{10})\}a_E = \{1+1.1(0.179-0.180)\}\times 0.540 = 0.539$$

$$a_{EO} = 0.550$$

$$\left(\frac{t}{l}\right)_{R0.7} = 0.0552$$

$$\left(\frac{t}{l}\right)_{R0.7} = 0.0594$$

$$\therefore\ \Delta\left(\frac{t}{l}\right)_{R0.7} = \left\{0.0594-0.0552\times\frac{0.55}{0.539}\right\}\times 0.75 = 0.002$$

$$\Delta\left(\frac{H}{D_P}\right)_T = -2\times 0.623\times 0.534\times 0.002 = 0.0013$$

(4) 형상에 대한 수정 후의 피치비 $\left(\frac{H}{D_P}\right)$

$$\frac{H}{D_P} = \left(\frac{H}{D_P}\right)_1 + \Delta\left(\frac{H}{D_P}\right)_B + \Delta\left(\frac{H}{D_P}\right)_T = 0.623-0.0001-0.0013 \fallingdotseq 0.622$$

14. 피치비의 결정

피치비의 최종 결정에 있어서는 시 마진을 고려해 주어야 한다.

25% 시 마진이 피치비에 대해서 어느 정도의 영향을 주고 있는지 구해 본다. 다만, 본 설계선의 예에서는 $a_E = 0.540$이므로 설계 도표로는 그림 7-52만을 사용한다.

M.C.R.에 대하여 시 마진이 없는 경우를 택하면

$V_S = 11.68$ (kn) $\qquad V_A = 7.59$ (kn)

$V_A^{2.5} = 158.7 \qquad (\eta_R\,\text{D.H.P.})^{0.5} = 38.16$

$N = 246 \qquad D_P = 2.57$ (m)

$\therefore\ B_P = 59.90 \qquad \sqrt{B_P} = 7.74$

$\delta = 86.5$

그림 7-52 도표로부터 $\left(\frac{H}{D_P}\right) = 0.635$이다.

이상에 의해서 25%의 시 마진을 생각한 경우 피치비는 시 마진이 없는 경우에 비해서 0.01 정도 작아지고 있는 것을 알 수 있다.

25%의 시 마진은 항해시의 소형선으로는 약간 너무 작다고 생각되는 점을 고려하여 선정하면 피치비는 0.60~0.62 전후로 된다.

이상의 고찰로부터 피치값을 cm 단위로 적용하는 것으로 하고 다음의 값을 결정, 피치비 및 최종 피치로 한다.

결정 피치비 $\frac{H}{D_P} = 0.611$

결정 피치 $H = 1.570$ m

이것이 구하는 피치가 되며, 결국 그림 7-74에 표시하는 표의 요목이 설계 프로펠러의 기본 요목이 된다.

프로펠러를 설계할 때에 주의해야 하는 것은 프로펠러의 경사각도의 크기에 대하여 연안 항로선과 연근해 항로선 그리고 원양 항로선을 구별하여 결정하여 주어야 한다. 그 크기에 대해서는 10~15°의 범위이다.

7.6 프로펠러 주요 항목 계산 예 Sample Calculation of Propeller Dimension

프로펠러의 상세 설계에서 선급 협회의 규정 등에 의한 강도 계산을 필요로 하지만 여기서는 기본 설계 단계에서 프로펠러의 주요 항목 계산 예를 표 7-16에 나타내었다.

표 7-16 PROPELLER DIMENSION (계속)

SHIP : CARGO, Aft - Engine.
$L \times B \times D - d_F = 138.00 \times 22.00 \times 12.35 - 9.06$ (m), $C_B = 0.715$, $\Delta = 20{,}150$ ton
MAIN ENGINE : Diesel, $SCO.$ 9,100 $BHP \times 140$ RPM
DESIGNED SEA SPEED (V_S)=16.00 $knots$, $\frac{v_S}{\sqrt{Lg}} = 0.224$.
$w = 0.306$, from (FIG. 6-25)
$V_A = V_S\,(1 - w) = 11.10$ knots

(Ⅰ) PROPELLER DIMENSION

$DHP=(SCO-BHP)\times\eta_T=9{,}100\times0.97=8{,}827\ PS$

$$\sqrt{B_P}=\left(\frac{N\sqrt{DHP}}{V_A^{2.5}}\right)^{1/2}=\left(\frac{140\sqrt{8{,}827}}{11.10^{2.5}}\right)^{1/2}=5.66$$

NO. OF BLADE (Z)=4, BOSS RATIO=0.18

MATERIAL : Mn - Br

from (AU4 - 55) CHART, $\frac{H}{D_P}=0.73,\ \delta=\frac{D_P\times N}{V_A}=65.00$

then, $D_P=5.22$ m, $H=3.81$ m

(Ⅱ) EXPANDED AREA RATIO by CAVITATION CHECK

BALLAST CONDITION :

MEAN DRAFT=3.94 m, AFT DRAFT=5.48 m, $C_B=0.646$, $I=2.61$ m

BALLAST SEA SPEED (V)=18.00 knots

$w=1.35\left(\frac{B}{L}\right)(1+4.2\times C_B^4)-0.070=0.303$, from (6-39)

$v_A=V\,(1-w)\times0.515=6.46$ m/sec

(1) BY EGGERT'S FORMULA

$$s=\frac{1-v_A}{(N/60)}\times H=0.273$$

$$k=1+\left[\frac{(H/D_P)_{0.9}}{0.9\pi}(1-\frac{s}{2})\right]^2=1.050$$

$$\alpha=\frac{(H/D_P)_{0.9}}{0.9\times2\pi}\times\frac{s}{k}=0.0336,\ H_d=10+\mathrm{I}=12.6\text{ m}$$

b_m	0.24	0.26	0.28	0.30
$c\fallingdotseq\left(\frac{0.0072}{b_m}\right)+0.004$	0.0340	0.0317	0.0297	0.0280
$(a+c)\times k$	0.0710	0.0686	0.0665	0.0647
$(1+4b_m)$	1.9600	2.0400	2.1200	2.2000
$N_C=\frac{38.1}{D_P}\left[\frac{H_d(1+4b_m)}{(\alpha+c)\times k}\right]^{1/2}$	136.1	141.4	146.2	151.2

※. from the above table.

b_m corresponding to N_C $(=SCO-RPM140)\fallingdotseq0.260$

then, $a_E = \frac{1}{\pi} \times 2Zb_m(1-\text{boss ratio})$

$$a_E = \frac{1}{\pi} \times 2 \times 4 \times 0.260 \times (1-0.18) = 0.543$$

(2) BY BURRILL'S METHOD

$$T = DHP \times \eta_O \times \eta_R \times \frac{75}{v_A} = 8{,}827 \times 0.615 \times 1.02 \times \frac{75}{6.46} = 64{,}290 \text{ kg}$$

$$v_C = \left\{ v_A^2 + \left(0.7 \times D_P \times \pi \times \frac{N}{60} \right)^2 \right\}^{1/2} = 27.55 \text{ m/sec}$$

$$p - e = 10{,}000 + 1{,}025 \times I = 12{,}675 \text{ kg/m}^2$$

$$\sigma = (p-e) \,/\, \frac{1}{2} \rho \times v_C^2 = 0.319$$

$\tau_C = 0.28 \times \sigma^{0.6} = 0.141$, from (3-5)

$$A_P = T \,/\, \frac{1}{2} \rho \times v_C^2 \times \tau_C = 11.50 \text{ m}^2$$

$$A_E = A_P \,/\, \left\{ 1.067 - 0.229 \left(\frac{H}{D_P} \right) \right\} = 12.78 \text{ m}^2$$

$$a_E = A_E \,/\, \frac{1}{4} \pi \times D_P^2 = 0.597$$

(3) BY APPROXIMATE FORMULA

by (3-7)

$$A_P = 160 \times T(\text{t}) \,/\, (D_P \times N)^{0.8} \times (10+I)0.6 = 160 \times \frac{64.3}{(5.22 \times 140)^{0.8}} \times 12.6^{0.6} = 11.57 \text{ m}^2$$

$A_E = A_P \times 1.11 = 12.84 \text{ m}^2$, $a_E = 0.600$

by (5.58)

$$a_E = \frac{8.6 \times \frac{PS_{SCO}}{V_S}}{D_P^3 \times N^{0.8}} = \frac{8.6 \times \frac{9{,}100}{18.0}}{5.22^3 \times 140^{0.8}} = 0.587$$

개략 일반 배치의 계획

the plan of rough arrangement

충분한 자료는 초기 설계의 일반 과정에서 자료 및 기술이 축적되므로 매우 중요하다. 주어진 설계 조건에 따라 상세한 주요 요목의 결정과 배치는 구성하고 있는 배의 형상과 그 특성을 도면에 표현한다는 뜻에서도 중요한 일이다.

이와 같이, 주어진 조건에 따라서 배의 주요 요목을 결정하는 데에는 여러 가지 방법이 있으며, 설계자의 기술 능력에 따라 약간 다르기는 하지만 결과에 대해서는 별로 차이가 없다.

선주의 요구사항에 만족할 수 있는 최적의 배치, 설계 및 건조 과정이 되면 설계자는 만족한 보람을 느낄 것이다. 그러나 오랫동안의 설계 경험이 없으면 쉽게 이루어지지 않는다.

다시 말해서 주어진 설계 조건, 재하중량, 흘수, 속력, 재화 계수에 따라 이 조건을 만족하는 범위에서 경하중량을 가볍게 하고 기관 마력을 작게 해서 운항 효율은 감소시키지 않고, 배의 선가를 최소로 감소시킬 수 있는 주요 요목을 선정하는 것이다.

개략 배치에 있어서는

㈎ 트림(trim)

㈏ 종강도(longitudinal strength)

㈐ 그레인 복원력(grain-stability)

의 기본 성능을 검토하여 최적의 주요 요목을 결정하게 되는 것이다.

선박을 설계할 때의 기본 계획에서는 어떤 가정의 수치를 설정, 검토하여 설계된 수치를 수정하는 것을 시행착오(trial and error)라 하며, 많은 작업을 거치는 것이 특징이다. 그러므로, 이러한 시행착오의 횟수를 적게 하는 단계의 흐름 도표(flow chart)를 작성하여 이와 같은 순서로 진행하는 것이 시행착오의 횟수를 줄여 상세한 개략 일반 배치를 할 수 있는 방법인 것이다.

8.1 개략 일반 배치의 결정

8.1.1 개략 일반 배치 결정의 기본원리

초기의 설계에 있어서 일반 배치도는 주요 치수가 결정되는 대로 바로 시작해야 한다. 그러나 초기 배치를 할 때에는 항상 일정한 기본 원리와 고찰할 점을 생각하고 진행해야 한다.

함정과 상선에 다 같이 적용되는 기본 원리는 다음과 같다.

㈎ 선박의 유효한 작업에 필요한 모든 활동과 기능에 대하여 잘 생각하여야 한다. 대형 상선과 군함에서는 고려해야 할 많은 사항이 있으므로 무엇하나 빠뜨리거나 남겨 놓지 않도록 주의하여야 한다.

㈏ 초기 배치에 있어서 시설은 제일 적당한 위치에 배치하여야 한다. 각 시설에 대해 그 기

능과 작업 또는 활용 위치를 정확히 파악하여 적절한 위치에 결정하는 것이 중요하다.

(다) (가), (나)항의 원리를 잘 이용하면 초기 배치에서 일어나는 중복되는 것을 해결할 수 있다. 또, 선박의 능력에 가장 크게 공헌하는 시설에 대하여 우선권을 주어야 한다. 이렇게 하여 설계자는 이미 정해진 특성을 가지는 가장 좋은 선박을 발전시킬 수 있다.

(라) 군함에 있어서는 전투 능력이 절대적으로 중요하다. 여러 가지의 활동이 같은 장소를 차지하려고 하는 중복을 해결함에 있어서 함정의 경우 전투 능력에 가장 크게 공헌하는 사항에 우선권을 주어야 한다. 다른 사항은 모두 2차적인 중요성이 된다.

(마) 상선에 있어서는 가동 능력이 절대적으로 중요하다. 함정과 상선의 중요한 차이가 여기에 있는데, 이것은 대부분 그 배치와 구조의 차이에 의한 것이다.

최고 가동 능력을 얻으려면 고정된 여객 및 적재 능력이 있는 선박에서(능력이 전적으로 사용되었다 하고) 운항비를 최소로 하여야 한다. 운항비는 원가의 상각, 봉급, 연료, 창고품, 항구세, 보험 및 기타 많은 항목을 포함한다. 일반 배치를 할 때에는 각 결정이 운항 체제에 미치는 영향을 세심히 비교하여야 한다.

(바) 만족한 항해를 희생시키지 않도록 충분한 강력과 최소 중량이 되도록 하는 것이 가장 좋은 배치이다. 운항 상태에 대한 완전한 지식과 균형에 대한 좋은 감각으로 배치함에 있어서 여러 가지 요점을 결정해 줄 필요가 있다. 특히, 가치 있는 것은 분할 격벽과 관계를 지어 필요한 구조 부재를 사용하는 것이다. 분할 격벽과 통로 등이 선박의 구조상 필요한 부재의 역할을 하도록 배치한다면 많은 중량과 장소가 절약될 것이다. 마찬가지로 환기 및 배선관, 배관 계통을 설치하는 데 구조 부재나 쓸모없는 공간을 써서 이득을 얻을 수 있다.

(사) 일반 배치는 적하의 모든 상태에 있어서 적당한 복원력을 가지도록 해야 한다. 어떤 상태에서나 적재할 수 있는 중량은 배치가 결정되었을 때 고정되는 중량의 하나이다. 이것은 선박의 중심 위치에 따라 운항에 있어서 그 복원력에 큰 영향을 준다.

(아) 기능과 조건이 상반되는 시설은 분리시켜야 한다. 예를 들면, 여객선에 있어서 공실(公室)과 침실은 충분히 떨어져 있어야 한다.

(자) 집중하면 효능이 좋은 시설은 되도록 가깝게 설치하여야 한다. 예를 들면, 각종 사무실은 통신이 편리하도록 선박의 동일 위치에 함께 두는 것이 좋다.

이와 같이 기본 원리를 설계에 적용하기 위한 시설과 기능에 대하여 배치된 장소의 적합성을 결정할 때에는 다음과 같은 조건을 고려해야 한다.

(ㄱ) 해운업계에 있어서의 법률, 규정, 관습 및 전통의 모든 요구 조건에 응해야 한다.

① 면적과 용적에 있어서 장소의 크기

② 다른 시설과 기능에 관련된 선박에 있어서의 위치

③ 등급의 분리(여객선에 있어서)

④ 안전 설비

(ㄴ) (면적과 용적 이외에) 그 적합성에 영향을 주는 장소의 모양

(ㄷ) 설치해야 하고, 또 설치하기 쉬워야 하는 통로의 성질

(ㄹ) 좋지 못한 영향으로부터 격리되어야 할 정도

① 소음

② 진동

③ 취기

④ 먼지 및 오물

(ㅁ) 위험으로부터 보호하여야 할 정도

① 포화

② 항공기 공격

③ 화재

④ 유류, 배관에 의한 누설

⑤ 도난

⑥ 기밀 보전

등이 기본 원리에 대한 결정 조건이 된다.

8.1.2 개략 일반 배치의 결정 순서

선박의 개략 일반 배치의 흐름도(flow chart)에 그 순서를 간단히 설명하기로 한다(그림 8-1 참조).

1. 주요 요목의 결정 방법

① 벌크 화물선(bulk carrier)에 대한 설계 조건으로 재하중량, 만재 흘수, 항해 속력, 화물의 재하중량 계수, 하역 장치의 유무 등을 주어진 것으로 한다.

② 재하중량의 요구값으로부터 실적 자료를 사용해서 만재 배수 톤수를 추정한다.

③ ②항에서 추정한 만재 배수 톤수를 만족하는 L, B, d, C_B의 몇 개의 값을 선정한다. 이 경우, 주요 치수와 C_B의 관계는 추진 성능과 조종 성능의 점으로부터 문제가 없는 값을 선정할 필요가 있다.

또, 항만, 통행하는 운하의 제약으로부터 B 또는 L의 최대 치수가 제약을 받을 때에는 그 범위 내에 포함되도록 결정하여야 한다. D는 주요 치수와 화물창 용적 관계를 나타내는 실적 자료로부터 개략값을 추정한다.

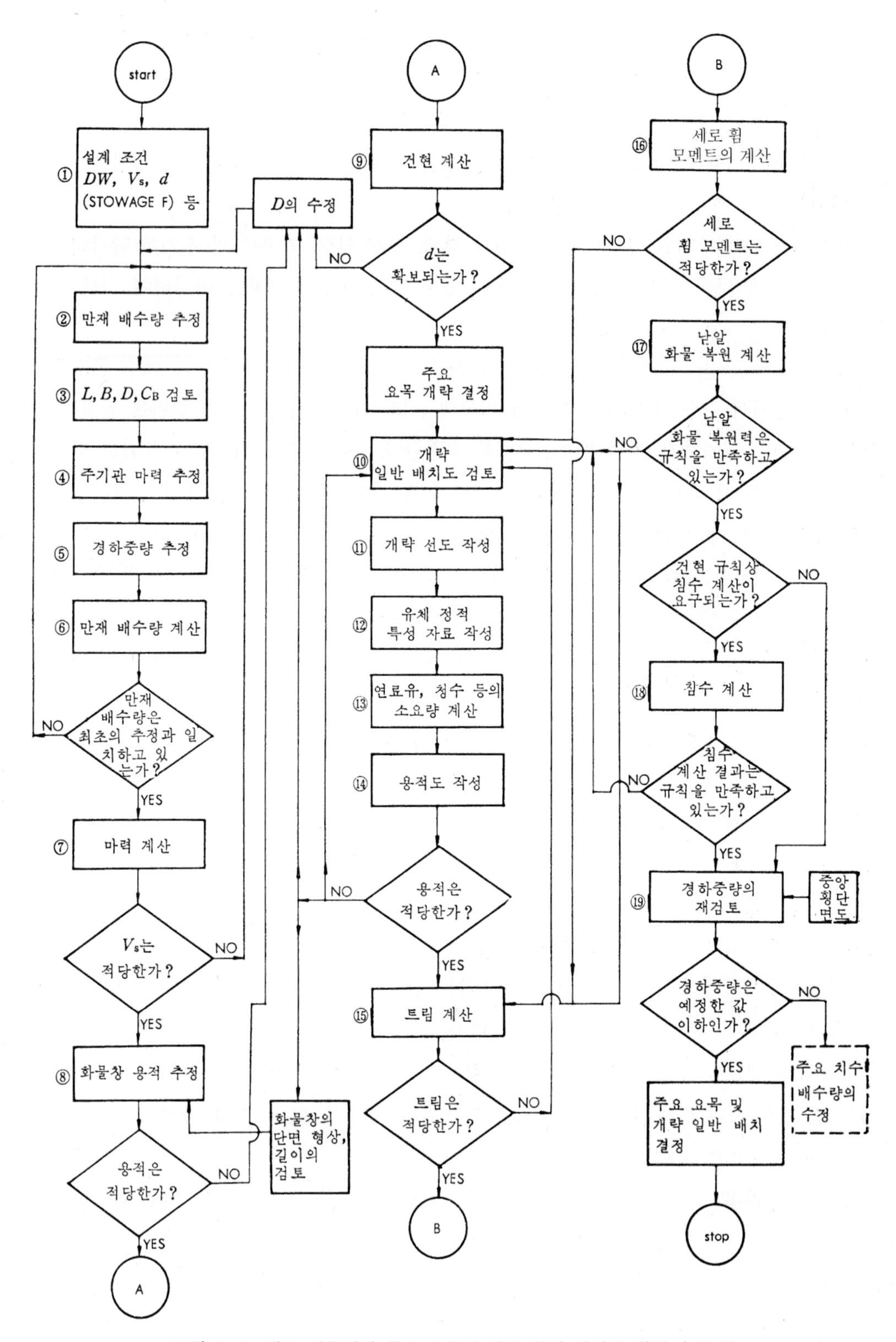

그림 8-1 벌크 화물선의 주요 요목과 개략 일반 배치의 결정 순서 예

화물창 용적의 필요한 값이 지정되어 있지 않을 때에는 재하중량 계수값으로부터 구한다. 이렇게 해서 주요 치수의 제1차 근사값이 여러 개 구해지면 그 각각의 관계를 나타내어 다음의 검토를 한다.

④ 만재 배수 톤수와 속력, 소요 마력의 관계를 나타내는 실적 자료로부터 주기관 마력을 추정한다.

⑤ 주요 치수와 주기관 마력으로부터 선각 강재, 선체 의장, 기관부 및 전기부 각각의 중량을 실적 자료에 의해 추정하고, 각부 중량을 합한 것에 적당한 여유를 고려하여 경하중량을 추정한다.

⑥ ⑤항에서 구한 경하중량의 추정값에 재하중량의 요구값을 합하여 만재 배수 톤수를 계산한다. ②항에서 구한 만재 배수 톤수와 비교해 본다. 최초의 추정값과는 한번에 일치하기는 어려운 일이며, 일치하지 않을 때에는 C_B를 수정한다. C_B가 추진 저항상 허용되는 범위 내에서 수정될 수 있다면 그것으로 좋으나, 그렇지 못하고 추진 저항상 문제가 된다면 초기에 상정하였던 만재 배수 톤수가 잘못된 것이므로 처음부터 다시 한다.

⑦ ⑥항까지의 검토에서 결정된 주요 치수의 각각을 관련시켜 마력을 계산한다. 그리고 ④항에서 가정한 주기관 마력에서 요구되는 항해 속력이 얻어지는지를 검토한다. 그 결과 모든 치수와의 관계에서 항해 속력이 충분하다면 주기관 마력을 낮출 수 있는지 검토하고, 항해 속력이 부족하면 주기관 마력을 증가시킨다.

주기관 마력을 변경시켰을 경우에는 경하중량과 만재 배수 톤수가 변하게 되므로 처음부터 다시 시작해야 한다.

주기관 마력은 임의의 값으로 정할 수 없다. 예를 들면, 디젤의 경우에는 1실린더당 OOPS라고 정해지기 때문에, 가정한 주요 치수로 마력 계산을 했을 때 요구의 항해 속력이 15 kn인 것에 대해서 15.2 kn로 되어도 적당히 주기관 마력을 낮출 수는 없다. 낮출 경우에는 1실린더당의 마력을 감소시켜야 하기 때문이다.

따라서, 1실린더를 감소시킬 경우 15 kn 이하가 된다면 15.2 kn 그대로 두어야 한다. 0.2 kn 여유가 있으므로 그에 해당하는 만큼 L을 줄이고 C_B를 크게 하면 될 것으로 생각되지만, 추진 성능상 한계값을 넘는 C_B값으로 하는 것은 반드시 피해야 한다.

이상의 검토 결과 항해 속력을 만족하고 있는 주요 치수와 C_B의 관계 중에서 선각 중량이 가장 가벼운 치수를 하나 선정한다.

⑧ 다음에 화물창 용적을 추정해야 한다. ③항에서 화물창 용적과 주요 치수 관계를 검토하였는데, 이 단계에서도 좀더 상세히 검토한다.

이를 위해서 화물창 길이와 중앙 횡단면의 형상을 상정하고, 화물창 길이와 중앙 횡단면의 화물창 저부 면적으로부터 화물창 용적을 추정한다.

용적을 검토한 결과 요구값보다 부족하면 단면 형상과 D를 수정해서 필요한 값이 얻어지도록 한다. 또, 용적에 여유가 있다면 D를 작게 한다. D를 수정한 결과 배수량이 크게 변할 것 같으면 ⑦항까지의 검토를 반복할 필요가 있지만, 경하중량의 수정값이 근소하다면 추진 성능상 지장이 없는 범위에서 C_B를 수정하든가 경하중량의 여유를 수정한다.

⑨ I.L.L.C.에 따라서 건현 계산을 하고, 가능한 D로 요구되는 흘수를 얻을 수 있는지를 검토한다. 흘수가 얻어지지 않을 때에는 D를 크게 하고, 여유가 있을 경우에 D는 화물창 용적의 요구값으로부터 결정된 것이므로 그대로 두어야 한다.

일반적으로 벌크 화물선에서 재화중량 계수를 47～50 C.F./L.T.와 같은 큰 값을 써서 주요 치수를 결정하면 많은 경우에 'with freeboard'의 선형이 되어 건현에 여유가 있게 된다.

한편, 벌크 화물선에서도 B_1 건현을 취할 경우에는 구획 침수를 계산하여 침수 후의 복원성, 경사각에 대해 규칙의 요구값을 만족할 필요가 있지만, 이 계산에는 선도와 용적도가 필요하므로 이 단계에서는 계산이 가능하지 않아 뒤에서 검토하게 된다.

이와 같은 검토에 의해 주요 요목의 개략값이 결정된다.

2. 개략 일반 배치도의 결정 방법

주요 요목이 결정되면 개략의 일반 배치도를 작성하고, 그것에 따라 용적 계산과 그 밖의 여러 가지 계산을 해서 ①～⑨항까지의 순서에서 결정한 주요 치수와 문제가 없는지 검토해 보아야 한다.

그 다음의 개략 일반 배치도의 결정 순서는 다음과 같이 계속 진행된다.

⑩ 앞의 흐름도에서 나타낸 것과 같이 주요한 격벽의 위치, 연료 탱크, 청수 탱크, 밸러스트 탱크 등의 배치를 상정해서, 우선 개략의 일반 배치도를 작성한다.

⑪ 기관실 배치도, 용적 계산에 필요한 개략의 정면 선도(body plan)를 만든다. 정면 선도는 선체의 횡단면 형상을 나타낸 도면이다.

⑫ 정면 선도를 이용해서 흘수와 배수량, 부심 위치 등의 관계를 구하고 이것을 곡선형으로 만들어 준다. 이 곡선을 배수량 등곡선도(hydrostatic curves)라 하는데, 이것은 트림 계산을 하는 데 필요한 곡선이다. 배수량 등곡선도를 구하는 계산은 조선 공학 중에서 가장 기초적인 것이다.

⑬ 요구되고 있는 항속 거리에 따라서 연료유, 청수의 소요량을 계산한다.

⑭ 정면 선도와 개략 일반 배치도를 사용해서 화물창, 연료 탱크, 청수 탱크, 밸러스트 탱크 등의 용적을 계산한다. 그 결과 연료유, 청수 등의 소요량을 얻지 못하거나 너무 많이 남게 되면 배치를 다시 해야 한다.

또, 화물창 용적을 계산해 보아 약간 부족할 것 같으면 화물창의 단면 형상을 수정한다. 그래도 어느 정도 부족한 것 같으면 배의 깊이를 수정할 필요가 있다.

다음에 화물창과 연료유 등이 요구값만큼의 용적을 확보하고 있는 것이 확인되면 각종의 성능 계산을 해서 가정한 주요 치수, 개략 일반 배치도로 그 배의 성능상 문제가 없는지를 확인한다. 그 계산 결과 한 가지라도 불합리한 점이 있다면 선박으로서 사용 가치가 떨어지게 되므로 문제가 없도록 배치, 수정하여야 한다.

벌크 화물선의 일반 배치를 결정하는 경우에 검토하여야 할 계산으로는

(ㄱ) 트림

(ㄴ) 세로 휨 모멘트

(ㄷ) 그레인 복원력(grain-stability)

(ㄹ) 구획 침수(단, B_1 건현을 취득할 경우에만)

등이 있다.

⑮ 개략 일반 배치도를 결정하는 데 있어서는 만재 상태와 밸러스트 상태에 대하여 트림 계산을 하고 출·입항시의 트림이 여러 조건을 만족하고 있는지 확인한다. 각 상태의 트림에 불합리한 점이 있으면 배의 조종 성능상 불편한 일이 생기므로 탱크의 배치를 다시 검토해야 한다.

⑯ 트림을 계산한 각 상태에 대하여 세로 휨 모멘트 계산을 한다.

세로 휨 모멘트는 어느 상태에서도 단면 계수가 최소의 수준에 머물러 있을 만한 값이 되는 것이 바람직하다. 세로 휨 모멘트의 값이 M_{MAX} 보다 커지면 선각 중량이 증가해서 비경제적인 선형이 되므로, 화물창의 길이와 배치 및 여러 탱크의 배치를 재검토하여 세로 휨 모멘트가 가능한 한 소정의 크기 이하가 되도록 하여야 한다.

⑰ 벌크 화물선의 경우에는 S.O.L.A.S.에서 요구하는 그레인 복원력을 만족해야 한다. 그레인 복원력을 계산하는 상태에 대해서는 물론 트림과 세로 휨 모멘트도 소정의 값이 되어야 한다.

계산 결과 규칙에서 요구하고 있는 경사각을 넘게 되면 화물이나 연료유의 적재 방법을 바꾸거나 화물창의 길이 및 단면 형상을 수정하여야 한다. 이 정도의 수정으로 충분하지 않으면 주요 치수를 재검토하여야 한다.

⑱ B_1 건현을 취득할 경우에는 구획 침수 계산을 하여 침수 후의 경사각과 G_oM 등이 요구값 이상의 값으로 충족하고 있는지 확인할 필요가 있다. 계산 결과 부적당하면 화물창의 길이나 탱크의 구획을 수정한다.

⑲ ①~⑱항까지의 검토에서 불합리한 점이 없으면 이 배치는 성능적으로는 일단 문제가 없다고 생각되므로 경하중량을 다시 검토해 본다. 이것을 위하여 중앙 횡단면도를 작성한 뒤 이것에 따라서 화물창 구획의 중량을 계산하고, 또 선수미 구획, 갑판실, 선루의 중량을 실적 자료로부터 추정해서 선각 중량을 계산한다.

선각 강재의 중량이 추정값과 큰 차이가 없으면 경하중량의 여유값을 조정하거나 C_B를 추정 성능에 지장이 없는 범위 내에서 조정한다. 그러나 이것으로 조정이 되지 않으면 처음으로 다시 되돌아가 주요 치수를 수정하는 것부터 해야 한다.

⑲항까지의 검토를 거쳐서 주요 요목과 개략 일반 배치가 결정되는 것이다. 이것이 결정되면 결정된 요목을 기초로 해서 선가를 견적하여 선주에게 제출하게 된다. 상사선의 자료가 충분히 정리되어 있어서 중앙 횡단면도를 작성하지 않고도 선각 중량이 정확히 추정될 때에는 중앙 횡단면도에 의한 중량 계산의 단계는 생략할 수 있다.

더욱이 주요 치수의 일부와 주기관 마력을 약간 변경해서 설계가 유용할 경우에는 선도의 작성, 트림 계산, 중앙 횡단면도 작성의 각 단계를 생략하고 선가를 견적하여, 배의 수주가 결정된 뒤에 상세 설계로 옮겨갈 때 다시 위의 작업을 하는 수도 많다. 따라서, 항상 표준선이나 기준선을 정리해 놓으면 선주로부터 요구가 있을 때 짧은 기간 안에 견적을 제출할 수 있다. 이상과 같이, 벌크 화물선을 예로 들어 주요 요목과 개략 일반 배치의 절차에 대해 설명하였다. 유조선인 경우에도 벌크 화물선의 경우와 대부분 같다.

다른 점을 몇 가지 들면, 우선 S.B.T. 이외에 재래형 유조선인 경우 배의 깊이는 화물유 비중으로부터 계산되는 화물 탱크 용적에 의해 결정되는 것이 아니다. A 건현이 얻어지도록 결정하고, 화물 탱크 구획 전체의 용적으로부터 소요의 화물 탱크 용적을 뺀 나머지 용적을 전용 밸러스트 탱크로 하는 것이 일반적인 방법이다.

이와 같은 방법으로 배의 깊이를 결정하면 20,000～30,000톤의 유조선에서는 화물유 비중이 작을 경우에 전용 밸러스트 탱크를 계획할 수 없는 경우도 있다. 그러나 이와 같은 중소형 유조선의 경우에는 전용 밸러스트 탱크가 없어도 화물 탱크의 배치를 적절하게 하면 세로 휨 모멘트가 과대하게 되는 것을 막을 수 있다.

S.B.T.의 경우에는 M.A.R.P.O.L. 1973년에 의해서 전용 밸러스트 탱크의 용량이 결정되므로, 배의 깊이는 전용 밸러스트 탱크와 소요의 화물 탱크 용량이 만족되도록 결정되어야 한다. 그 밖의 탱크에는 앞에서도 설명한 것과 같이 화물 탱크의 배치를 결정할 때에는 M.A.R.P.O.L. 1973년에 의해서 탱크 길이, 탱크 용량에 대한 제한이 있기 때문에 이것을 만족하도록 화물 탱크의 배치를 결정하여야 한다.

또한, 유조선의 경우에는 I.L.L.C.에 의해서 구획 침수뿐만 아니라 M.A.R.P.O.L. 1973년에 의해서 구획 침수 계산을 요구하고 있기 때문에, B_o 이하의 건현을 취득할 경우에는(건현 계산서 참조) 양쪽을 모두 검토하여야 할 필요가 있다. 주요 요목의 결정 순서에 대해서 설명하였지만, 설계자는 상사선의 자료가 없는 배를 설계할 경우 어떻게 하든지 의문이 생긴다고 생각할 수 있다.

예를 들면, 지금까지 100,000톤까지의 벌크 화물선의 설계 자료는 있는데 새로운 150,000

톤의 벌크 화물선을 설계할 때에는 문제가 있다. 어떤 경우에도 순서는 설명한 것과 전부 같지만 시행착오의 횟수가 다를 뿐이다. 예를 들면, 선각 중량을 추정할 경우에 상사선의 자료가 정리되어 있다면 주요 치수로부터 대개 큰 차이가 없는 값이 추정되지만, 상사선의 자료가 없는 범위에서는 자료를 모두 추정해야 하기 때문에 주요 치수로부터 추정한 것은 크게 틀릴 가능성도 있다.

따라서, 중앙 횡단면도를 그려서 계산한 결과 추정값과는 다르게 되어 주요 치수를 수정할 확률이 상당히 높아지기 때문에 시행착오의 횟수가 많아지는 수가 있다. 또, 주요 치수비, 예를 들면 $\frac{L}{B}$, $\frac{B}{d}$ 등이 재래선과 큰 차이가 있는 새로운 배를 설계할 경우에는 선각 중량 이외에 마력 계산의 정확성도 틀려지게 되므로 대개 수조 시험에 의하지 않으면 마력 계산에 필요한 자료는 정리할 수 없으며, 그 결과 종래의 실적 자료로부터 추정할 경우와 비교해서 시간이 걸리지만 주요 요목의 결정 순서는 본질적으로 큰 차이는 없다.

8.2 개략 일반 배치도 그리는 방법

선체 주요 치수가 결정되면 중량, 용적 등을 개략적으로 계산하기 위해 개략 배치도를 그린다. 보통 축척 $\frac{1}{200}$의 도면을 계획 설계(contact design)라 하며, 이것은 선주에게 제출해서 사전에 승인을 얻을 필요가 있다.

8.2.1 개략 일반 배치도 그리는 방법

최초에 측면도를 정하여 기선(base line, B.L.)을 그리고 후부 수선 A.P.와 전부 수선 F.P.를 정한다. 상갑판의 높이를 중앙에서 잡고 현호(sheer)와 캠버(camber)를 선주의 요구 또는 설계자의 생각에 의해서 결정한 다음, 상갑판의 현측선(side line)과 중심선(center line)을 기입한다.

제2갑판 이하와 선루 갑판이 있으면 상갑판의 갑판 중심선을 기준으로 해서 갑판 중심선, 갑판 현측선의 순서로 그린다. 갑판선(deck line)의 기입과 동시에 선수미의 형상을 결정한다. 이것은 선도와 불가분의 관계가 있기 때문에 선도의 작성과 관련지어 결정하여야 한다.

1. 선수의 형상

선수의 형상을 결정하는 데에는 치수와 성능에 적당한 요소(factor)로 결정하여야 한다. 일반적으로 선수 선형에는 다음과 같은 많은 원호가 있다.

(1) 선수부 하부의 절취

선수부 하부의 절취(cut up of fore-foot) 길이는 5～7%, 고속선에서는 길이의 7～9%로서 다음의 성능 관계가 있다.

㈎ 배의 직진성

㈏ 배의 선회성

그림 8-2에서 'a'의 값이 되며, 즉 절취가 적지 않으면 직진성(보침성)이 좋고 선회성은 나쁘게 되며, 일반적으로 절취 길이와 반대 효과가 있다. 대개 상선에서는 직진성, 군함에서는 선회성에 중점을 두고 결정한다.

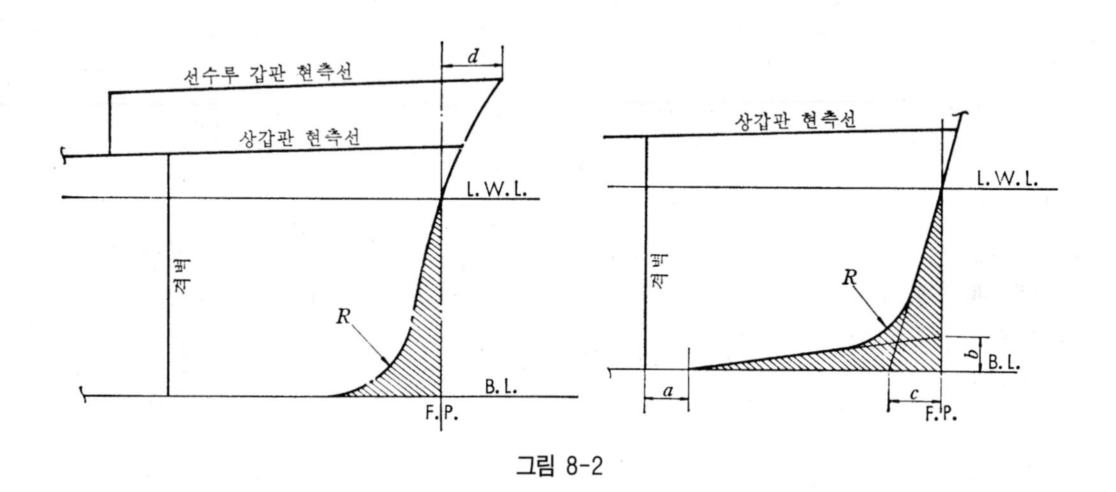

그림 8-2

(2) 선수의 경사

직선 선수의 경사(rake of stem)는 다음과 같이 크게 해 주는 경향이 있으며, 현재는 그림 8-2에서 'c'의 값으로 $\frac{2}{10} \sim \frac{3}{10}$의 값을 택하고 있다.

이것은 배의 비척도에 관계하기도 하며 외관상으로도 많은 영향을 주므로, 고속선, 여객선 등에서는 약간 큰 $\frac{3}{10} \sim \frac{4}{10}$의 것이 많다. 또한, 이것은 단면의 형상에 따라서도 영향을 받기 때문에 직선 선도의 선형에서는 $\frac{6.5}{10}$ 전후의 크기로 경사시키는 것도 있다.

(3) 전부 현수(懸垂) 또는 앞부분의 돌출(foreward over-hung)

그림 8-2에서 'd'의 크기를 말하며, 이것은 배의 길이 L의 1~3%이지만 선수의 경사와 직접 관련이 있다. 또한 상부의 외곡, 즉 flare를 가지는 것도 있으므로 이것을 고려해서 결정한다.

선수 형상의 특징은 선수 벌브 형상에 따라 정해진다. 선수 벌브는 조파 저항을 감소시킬 목적으로 부착하지만, 저속 비대선의 경우는 벌브 길이만큼 수면 하의 수선(waterline) 길이가 늘어나 배수량을 효과적으로 분포시킴으로서 점성 저항을 감소시키고, 선수 유입각(entrance angle)의 감소로 인한 쇄파 저항(wave breaking resistance) 감소 등의 목적으로 부착하고 있다.

선수 형상의 특징은 선수 벌브 형상에 따라 정하여 지는데, 그 형상의 변화는 다양하다. 벌브의 선수 수선(FP)에서의 전방 돌출량은 벌브의 측면 형상과도 관계가 있으므로 밸러스트(ballast) 상태에서 최대 돌출부가 선수 흘수 부근이 되지 않도록 배치하여야 한다.

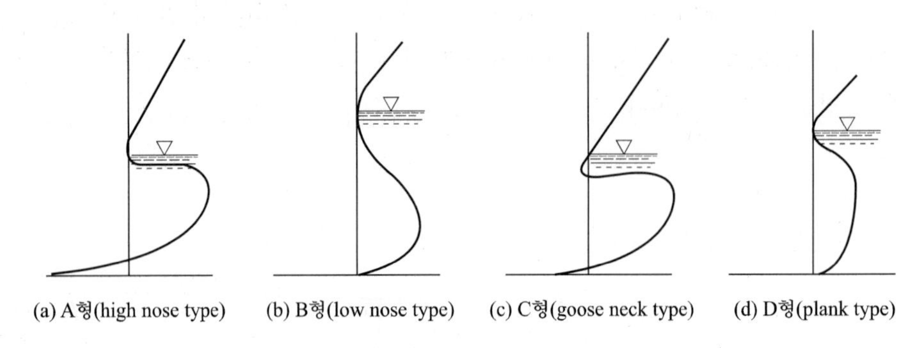

(a) A형(high nose type) (b) B형(low nose type) (c) C형(goose neck type) (d) D형(plank type)

그림 8-3 선수 벌브의 종류

선수 벌브의 형상은 대략 4가지의 형태로 분류할 수 있는데, 여기서 A형 및 D형은 저속 비대선형에 많이 채용하며, B형은 중속 비대선형, 특히 밸러스트 상태에서 조파 저항을 감소시킬 목적으로 많이 채택된다. 또한 C형은 컨테이너 혹은 페리 등의 고속선형에 많이 채택하고 있다.

2. 선미의 형상

선미의 형상에는 다음과 같은 종류가 있다.

㈎ 보통형 선미(ordinary or counter stern)

㈏ 순양함형 선미(cruiser stern)

대부분의 우수한 배에는 일반적으로 순양함형 선미가 채용되고 있다. 순양함형 선미는 만재 상태에 있어서 배의 L_{WL}이 증가하여 저항이 감소하는 잇점이 있고 외관상으로도 근대적 감각에 합치하며, 선미루의 용적과 그 갑판 면적이 크게 되어 대형의 조타기를 탑재하기에 편리한 잇점이 있으나 구조와 제작비가 비싸다.

선미의 만재 흘수선 이하의 형상은 선미재의 형상과 구조, 타의 형상, 프로펠러수와 그 크기 등에 따라 변하게 된다.

(1) 선미의 표준 형상

㈎ 보통형 선미

보통형 선미(ordinary or counter stern)의 표준 형상은 그림 8-4와 같아 나타낼 수 있다. 선미 형상은 선형, 프로펠러, 타(rudder)의 상호 작용으로 자항 및 조종 성능에 민감한 영향을 미칠 뿐만아니라 선체 진동에도 큰 영향을 주는 요소이므로, 최적의 형상이 되도록 노력하여야 한다. 선미 형상을 결정할 때에 특히 고려할 사항들은 트랜섬(transom)의 잠김 정도, 프로펠러의 지름 및 수, 축 중심 높이(통상 폭의 10% 이상이 되도록 함), 타의 형상, 프로펠러 끝단부의 간격(propeller clearance) 등이다.

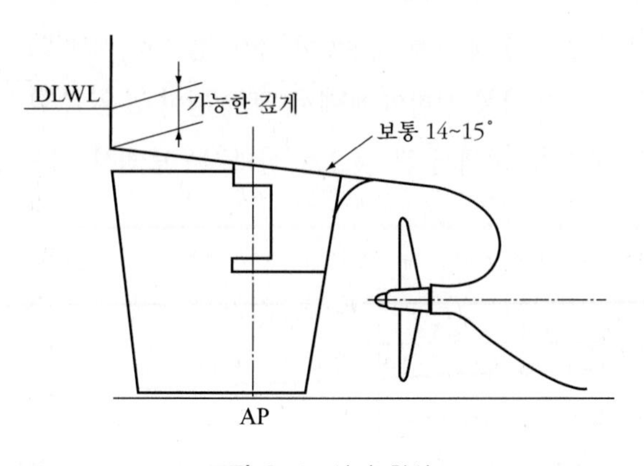

그림 8-4 선미 형상

또한 선미 형상은 그림에서 보는 바와 같이 트랜섬의 잠김 정도와 경사 각도 및 선속에 따라서 선미 후류에 많은 영향을 미치게 되므로, 선체와 프로펠러 끝단부의 간격 확보와 선미 끝단부에서 와류 현상을 피할 수 있는 범위 내에서 선미 끝단부의 높이와 경사 각도를 결정하게 된다.

㈏ 순양함형 선미

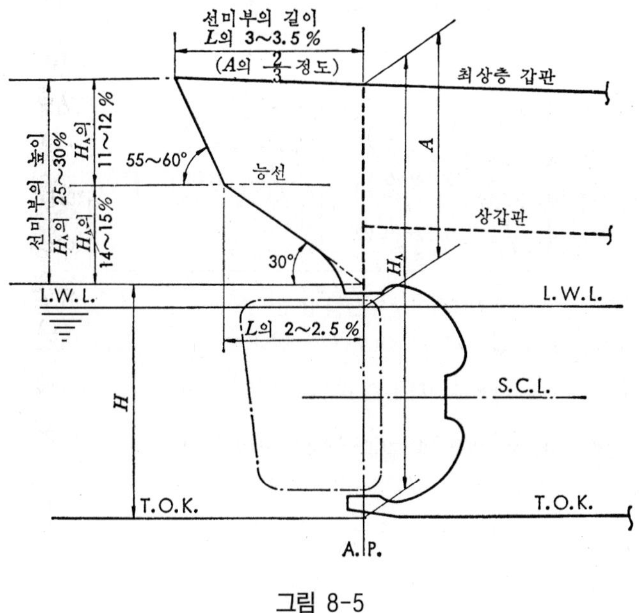

그림 8-5

그림 8-5의 선미부 경사(cant) 출발점의 높이 H는 선미재의 프로펠러 간격(Propeller aparture)에 중요한 관계가 있으며, A.P에 있어서 T.O.K. 위로 프로펠러 지름의 1.25 ~ 1.45배의 것이 있다. 또한, 선미부의 길이는 배의 길이 L에 3 ~ 3.5%, 높이 H_A는 25 ~ 30%이다.
순양함형 선미(cruiser stern)의 그림 8-6과 같은 표준 형상은 다음과 같다.

선미부의 길이는 배의 길이 L에 3.5~4.5%인 것이 많으며, 상당히 길어지면 자연히 만재흘수선이 길어지게 되고, '순양함형 선미의 배에서 배의 길이 L은 수선 간의 길이 L_{BP}와 만재흘수선상의 길이 L_{WL}의 96% 중에서 큰 것으로 한다.'는 법칙상 배의 길이에 관계하기 때문에 주의해야 한다.

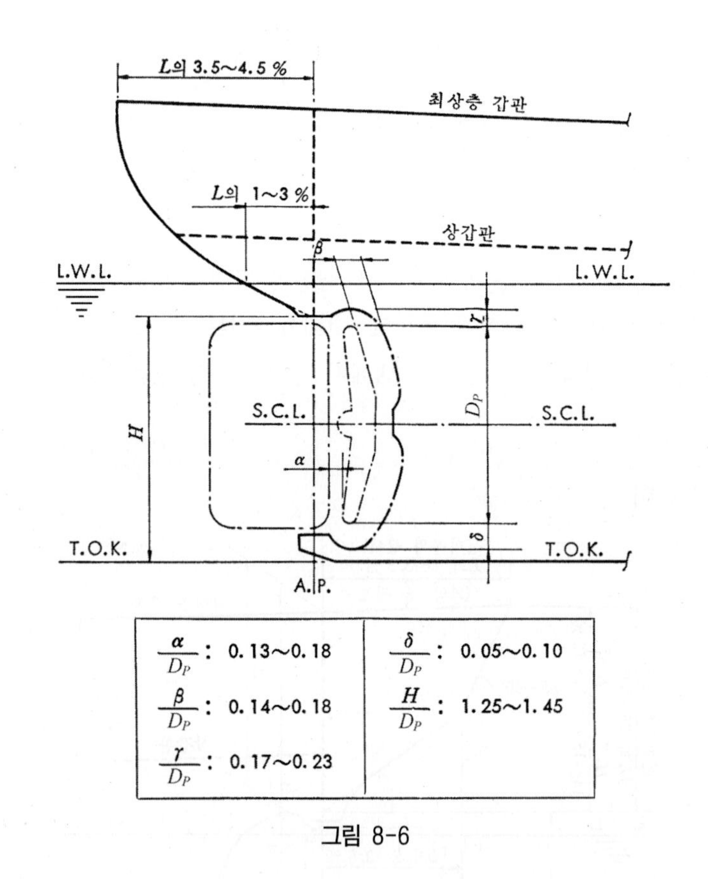

그림 8-6

(2) 타

타(rudder)에는 크게 나누어 다음과 같은 것이 있다.

(가) 불평형 타

(나) 반평형 타

㈐ 평형타 $\begin{cases}\text{지지형}\\ \text{현수형}\end{cases}$

㈑ 특수타

10장 선체와 프로펠러의 관계에서 설명하겠지만 타판에 작용하는 물의 압력 중심은 타각에 따라 약간 변화는 있지만 압력의 중심이 타축에 오거나 타축에 매우 가까운 것을 평형타라 하며, 타축이 타의 전연에 있는 것은 불평형 타로서 중소형선 및 대형선에 아주 넓게 채용되고 있다.

상반부가 불평형이고 하반부가 평형 상태에 가까운 타를 반평형 타라 한다. 이것은 2축 또는 4축의 고속 여객선에 많이 쓰이고 있다.

타를 구조 형식으로 구분하면 다음과 같다.

㈎ 단판타

㈏ 복판타

단판타는 타판이 1장으로 되어 있으며, 타 심재와 타 구조재에 의해 보강되어 있으므로 구조는 간단하지만 효율은 나쁘다.

복판타는 타심재와 타 구조재를 내부에 두어서 타면에 강판을 씌워 유선형 단면으로 되어 있기 때문에 효율이 좋다. 단판타는 보통 불평형 타이다. 최근의 1축인 상선에서는 유선형 단면의 복판타인 반평형 타가 많이 쓰이고 있다. 평형타의 일종인 현수타(hunging rudder)는 선미가 절취형(transom stern)인 선형의 양호한 선회 성능을 요구하는 군함 등에 채용하고 있으며, 현수타는 2축 이상일 때에는 2매 타로 하는 수도 있고, 또 고속정에서는 각각의 프로펠러 바로 뒤에 타를 설치하는 것이 보통이다.

특수타에는 반동타(reaction rudder), 콘트라 타(contra rudder), 플레트너 타(flettner's rudder), 전평형 타(full balanced rudder) 등이 있다.

㈎ 타의 면적

타의 면적 A_R(m^2)는 배의 선회 성능에 매우 큰 영향을 주기 때문에 배의 수선 아래 종단면적, 즉 투영 단면적 Ld와의 관계로 나타내게 된다.

$$A_R\,(\mathrm{m}^2) = \left(\frac{1}{70} \sim \frac{1}{50}\right) \times (Ld)$$

여기서, $\dfrac{A_R}{Ld}$의 값은

고속 정기선 : 1.2～1.7%

대형 화물선 : $1.4 \times \left(\dfrac{1}{70}\right) \sim 2.0 \times \left(\dfrac{1}{50}\right)$ %

소형 화물선 : 1.7～2.3%

연안 항로선 : 2.0～2.3%

㈏ 타판의 모멘트 계산

타가 임의의 각도에서 그림 8-7과 같을 때

㈀ 타판에 받는 직압력(P)은 Beaufoy의 식에 의해

$$P = 0.0156\,A\,V^2 \sin\theta°$$

여기서, P : 직압력(ton)

A_R : 타의 면적(m^2)

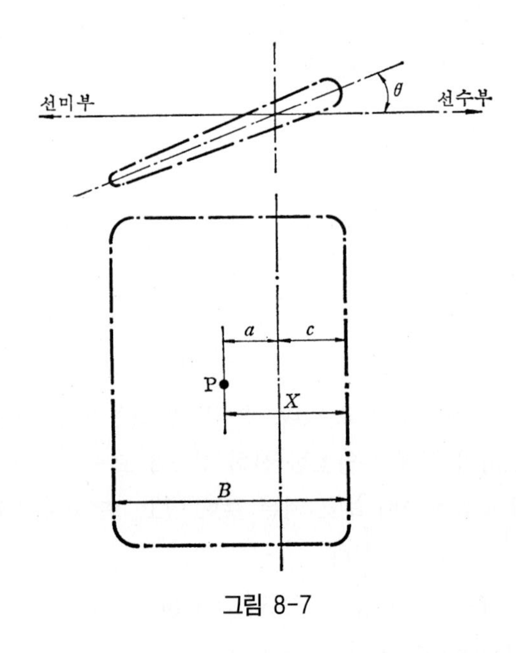

그림 8-7

V : 유속(kn)

유속은 시운전 속력의 1.15배

$\theta°$: 타각(θ = 35°로 계산)

㈁ 타 전연에서 압력 중심까지의 거리(X)는 Jössel의 식에 의해

$$X = 0.195\,B + 0.305\,B \sin\theta°$$

여기서, X : 타 전연에서 압력 중심까지의 거리(m)

B : 타의 폭(m)

$\theta°$: 타각(θ = 35°로 계산)

㈂ 비틀림 모멘트(T_E)

타두재(rudder stock)에서 타판에 걸리는 압력으로 인한 타두재에 걸리는 비틀림 모멘트는

$$T_E(\text{ton}-\text{m}) = Pa$$

여기서, a : 타두재의 중심에서 압력 중심까지의 거리(m)

㈃ 유효 마력(E.H.P.)

$$\text{E.H.P.} = 0.543\, T_E$$

㈄ 조타기(steering gear) 마력(H.P.)

$$\text{H.P.} = f(\text{E.H.P.})$$

여기서, f : 효율(조타기의 종류에 따라서 다르다)

표 8-1

조타 기관의 종류	f
증기식	2.5
전동 유압식	1.5
전기식	1.5

(1 HP = 0.746 [kW], 1 [kW] = 1.34 HP)

㈐ **타축의 토크 계산**

타에 작용하는 수류의 저항에 따라 타축의 토크(torque) T는 Jössel의 식에 의해서

$$T(\text{ton}-\text{m}) = A_R B V_T^2 \left(4.36 - 11.8 \times \frac{C}{B}\right) 10^{-3}$$

여기서, T : 타축에 작용하는 최대 토크(ton · m)

A_R : 타의 면적(m^2)

B : 타의 폭(m)

C : 타의 전연으로부터 타축 중심까지의 거리(m)

V_T : 시운전 속력(kn)

토크(T)는 너무 커서는 안 되며, 일반적으로 대개 2.0 ton · m의 범위 이내로 한정하고 있다. 한편, 단일 유선형 평형타(single streamlined balanced rudder)의 경우 조타기의 소요 정격 토크(T_S)는

$$T_S = (1.5 \sim 1.9) \times T$$

로 되기 때문에 조타기의 마력은

$$PS= \frac{1}{\eta}\times \frac{2\pi n T_S}{4.5}$$

여기서, PS : 조타기의 축 마력

T_S : 조타기의 정격 토크(ton－m)

η : 조타기의 효율

증기 기관 : 0.35～0.45

전동기 : 0.50～0.80

전동 유압 : 0.70～0.80

n : 타두재의 매분 회전수

타각을 28초 사이에 작동시킬 경우 회전수는 대개 0.387이 된다.

$$\therefore\ PS = \frac{0.540\, T_S}{\eta}$$

가 된다.

이상은 단일 유선형 평형타의 경우이지만, 형상비(aspect ratio)가 1.25 이하의 경우와 각재(horn)부를 가지는 배, 조타(hanging rudder) 등에 대해서는 별도로 상세히 검토해 볼 필요가 있다(제5장 3절 참조).

8.2.2 구획의 결정 방법

배의 구획 결정에 대해서는 선미 기관형에 준하였다.

1. 선수미 수창

(1) 선수 수창

선수 수창(fore peak tank, F.P.T.)에는 앵커 체인 격납고(chain locker)와 선수 수창을 배치한다.

선수 수창은 특별한 요구가 없는 한 트림의 조절에 필요한 용적을 고려해야 하나, 보통은 여유의 용적을 이용하기도 한다.

앵커 체인 격납고와 선수 수창의 용적을 고려해서 선수 격벽의 위치가 정해지지만, 배의 안전성을 고려할 때에는 배의 화물창 용적면에서 너무 앞으로 설치하거나 너무 뒤로 설치해도 나쁘기 때문에, 강선 규칙에서는 F.P.보다 $\frac{5}{100}L$과 $\frac{13}{100}L$ 범위의 사이에 설치하도록 정하고 있다.

또한, 선수 수창과 화물창과의 사이에 선수 격벽은 충돌 격벽(collision bulkhead)이라고 부르는 격벽을 설치하며, 충돌시 배의 안전을 위해 그 위치를 선급 협회 규칙으로 정하고 있다.

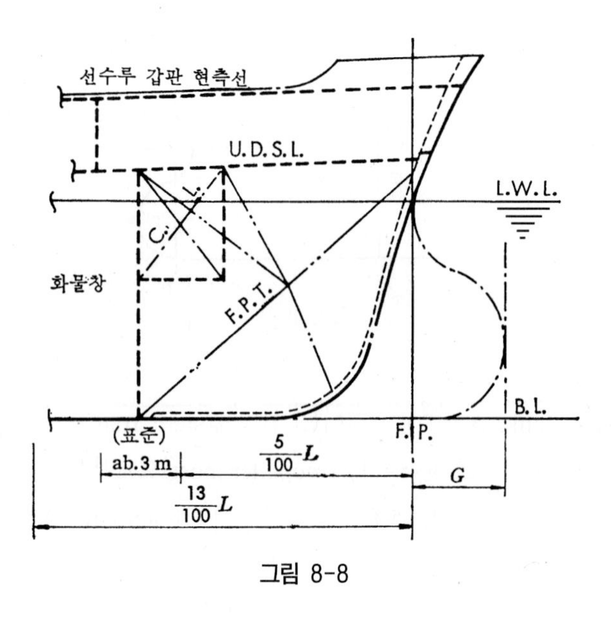

그림 8-8

표 8-2

배의 길이(m)	F.P.로부터의 최소 거리(m)	F.P.로부터의 최대 거리(m)
$L \leqq 200.0$ m	$0.05L - f_1$	$0.08L - f_1$
$L > 200.0$ m	$10.0\text{ m} - f_2$	$0.08L - f_2$

표 8-2에서 f_1은 F.P.로부터 선수 [bulb] 선단까지의 거리 G의 $\frac{1}{2}$이 $0.015\,L$의 것보다 작은 쪽의 값이 되며, f_2는 $\frac{G}{2}$ 또는 3.0 m의 것보다 작은 쪽의 값이 된다.

선수 수창의 용적은 여유 용적으로 이용하는 것이 원칙으로 되어 있기 때문에 문제되는 예는 거의 없으며, 중앙 횡단면에 따라 결정되고 선도에 의해 계산된다. 보통 전용적의 4～6% 공제분이 순용적으로 되며, 100톤 이하의 배에서는 구조 부재의 돌출로 인하여 8% 정도 공제되기도 한다.

[선수격벽(collision bulkhead)]

선수격벽(船首隔壁)의 F.P.에서부터인 거리 $(l-m)$은 $0.05L$이나 10 m 중 작은 것 이상 및 $0.08L$ 이내로 한다. 선수격벽은 건현 갑판까지 수밀 구조로 하는데, 긴 선수루가 있는 경우는 건현갑판 상부의 갑판까지 연장한다.

또 구상선수(球狀船首)와 같이 수선(水線) 아래에 선체가 F.P.보다 돌출되어 있을 때, l은 그림 8-9의 x를 고려해서 계측한다.

x는 $\frac{p}{2}$, $0.015L$ 또는 3 m 중 최소값으로 한다.

선미기관에서는 트림 조정상 충분한 선수 수조(水槽) 용량을 취하기 위해 선수격벽 위치는 위의 최대값에 가까운 곳이 많다.

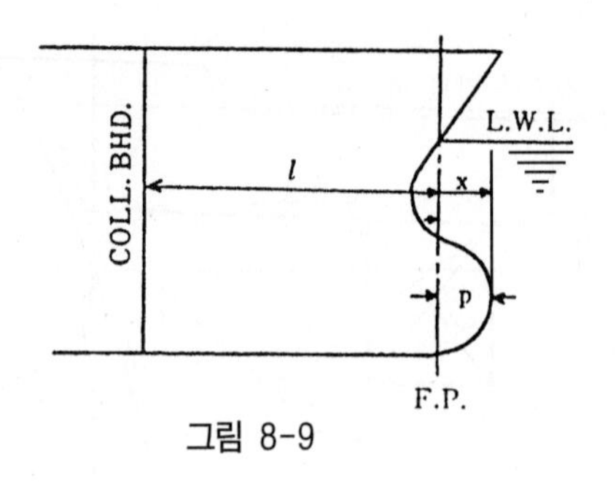

그림 8-9

(2) 선미 수창

선미 수창(after peak tank, A.P.T.)의 길이는 선미재(stern frame)의 프로펠러 거치 구획에 따라서 대략 정해지며, 보통 프로펠러 기둥(propeller post)으로부터 3～4 F.S.(frame space)이고, A.P.로부터 배의 길이 L에 4～5%의 전방에 선미관(stern tube)의 길이를 고려하여 선미 격벽의 위치를 결정한다.

선미관의 길이는 대개 1,800～2,400 m/m로서 이 부분의 늑골 심거는 610 m/m 이하로 규정하고 있다.

선미 수창은 청수 탱크(fresh water tank, F.W.T.)로 이용하고 있는 것이 많지만, 이것도 여유 용적을 이용할 뿐이다.

[선미 격벽(aft peak bulkhead)]

선미 격벽(船尾隔壁)은 선미관을 하나의 수밀 구획으로 폐위하도록 적당한 위치에 설치한다.

선미 격벽 위치의 A.P.로부터 거리의 개략값은 다음과 같다.

$$\left\{0.061-0.011\left(\frac{L}{100}\right)\right\}L(\mathrm{m})\ (\text{단, } L>200\ \mathrm{m} : 0.033\ L) \cdots\cdots (8\text{-}1)$$

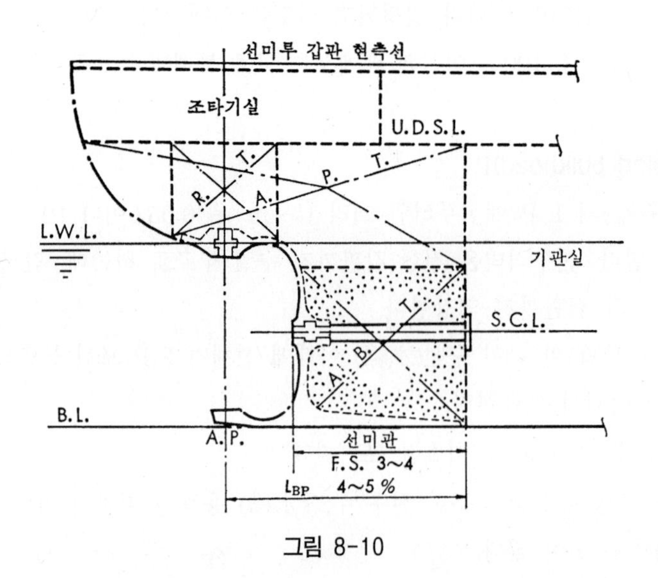

그림 8-10

(3) 앵커 체인 격납고(chain locker, C.L.)

앵커 체인의 길이와 지름은 의장수(equipment number)에 의하여 선박 설비 규정에서 정해지고 있으며, 지름은 규정 치수보다 한 단계 큰 것을 쓰고 있는 것이 습관으로 되어 있다.

앵커 체인 격납고의 용적은 작업원이 앵커 체인을 정리하여 감아서 쌓는 최후의 작업을 할 수 있는 여유가 필요하다.

$$1-\text{shackle length} = 27.500\ \text{m}$$

그 밖에 중간 칸막이를 설치하여 양현으로 나누며 내부에 목재 위벽(side sparring)을 설치하고, 하부에는 더러운 물을 받기 위한 빌지 상자(bilge well)를 설치하여야 한다.

조선 설계 기준에 의한 앵커 체인 격납고의 상부 여유는 다음과 같다.

소형선 : 700 m/m 이상
중형선 : 1,500 m/m 이상

그 여유는 양묘시 작업원이 작업을 용이하게 하기 위한 것이며, 또 앵커를 내릴 때에 앵커 체인의 토출 올려본 각(앙각)을 작게 하기 위한 것이기도 하다.

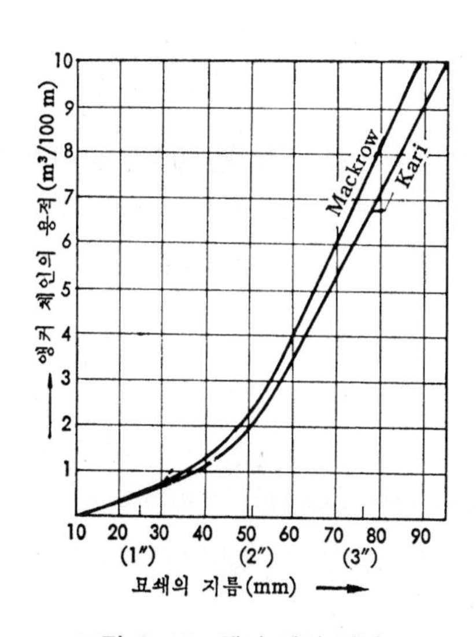

그림 8-11 앵커 체인 격납고

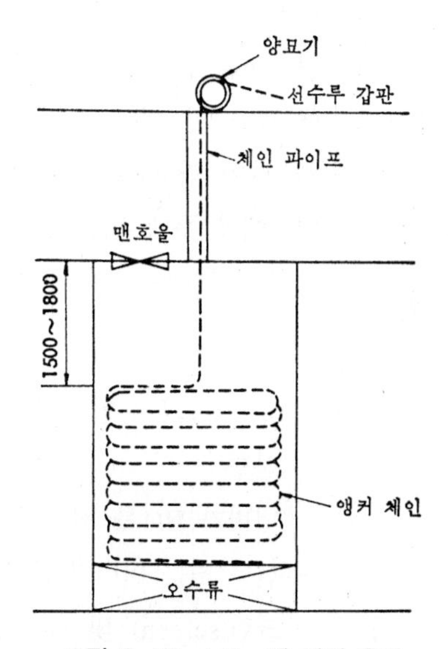

그림 8-12 100 m에 대한 용적

(4) 의장수(equipment number)

의장수는 선박의 계선(繫船)에 필요한 앵커(anchor)의 중량, 앵커체인(anchor chain)의 종류와 크기 및 길이, 예인줄(tow line)과 무어링 로프(mooring rope)의 전단하중과 길이 및 개수를 결정하는 기준이 된다. 선급협회의 기준의 산정 때에는 선박의 배수량과 풍압을 기본으로 하여 흘수선(water line) 하부는 배수량, 흘수선 상부는 선박의 측면 투영 면적 및 정면 투영 면적을 적용한다. 의장수의 산정 방법은 다음과 같다.

$$\text{의장수}(E) = \Delta^{2/3} + 2.0B \times h + 0.1A \quad \cdots\cdots (8\text{-}2)$$

여기서, Δ: 하기 만재 흘수선에 대한 형 배수량(ton)

B: 선폭(m)

h: $f + h'$(m)

f: 선체 중앙의 선측에서 만재흘수선으로부터 최상층 전통 갑판보의 상면까지의 수직거리(m)

h': 최상층 전통갑판으로부터 폭이 B/4를 넘는 선루(superstructure) 또는 갑판실(deck house) 중에서 가장 높게 위치한 곳까지의 높이(m)인데, 이때 현호(sheer) 및 트림은 무시한다. 한편, 폭이 $B/4$ 이하가 되는 갑판실의 높이는 계산하지 않는다.

$A = f \times L + \sum(h'' \times l)$이며, 여기에 포함된 기호는 다음과 같다.

- $\sum(h'' \times l)$: 최상층 전통갑판보다 윗부분에 있는 폭이 $B/4$보다 넓고, 높이가 1.500 m 이상인 선루와 갑판실 또는 트렁크(trunk) 등의 높이인 h''(m)과 길이 l m를 곱한 것의 합이다. 단, 선박의 길이(L)의 범위를 벗어난 경우는 계산에 넣을 필요가 없다.
- L: 하기 만재 흘수선상의 선수재 전면으로부터 타두재(rudder post)가 있는 경우에 타두재 후면, 타두재가 없는 경우 타두재(rudder stock) 중심까지 선박 길이(즉, 수선간 길이, L_{BP})의 96% 이상 97% 이하의 길이(m).

$(0.1 \times A)$에 산입되는 범위

- $\sum(h'' \times l)$의 산입 대상
  - 선루
  - 너비가 B/4를 넘고 높이가 1.5 m를 넘는 갑판실과 트렁크
  - 선루 또는 너비가 $B/4$를 넘는 갑판실과 연속하는 길이가 1.5 m를 넘는 스크린(screen) 및 블워크(bulwark)

    ※ 1.5 m보다 긴 스크린과 블워크 등은 갑판실이나 선루 부분으로 간주함
- $\sum(h'' \times l)$의 산입되지 않는 대상 제외
  - L의 전·후단의 바깥쪽
  - 선루 또는 갑판실과 연속되어 있는 데릭붐(derrick boom), 벤트(vent), 트렁크 등
  - 창구코밍(hatch coaming) 및 창구덮개(hatch cover)

- 연돌(funnel)
- 갑판 위의 화물(on deck cargo)

(5) 이중저 배치(duble bottom)

I.M.O. 이중선체규칙은 해상기름오염방지법 예방을 위한 새로운 규칙의 선박에 이중저 설치가 요구된다.

선급 협회에 의한 이중저 높이 $(h-m)$의 기준은

$$NK : h \ge \frac{B}{16}$$

$$LR : h \ge \frac{B}{36} + 0.205\sqrt{d_F}$$

$$AB : h \ge 0.032B + 0.190\sqrt{d_F}$$

또한 원양항해에 종사하는 여객선에 대해 이중저는 $50\,\text{m} \le L < 61\,\text{m}$에서 전창(前倉)구역, $61\,\text{m} \le L < 76\,\text{m}$에서는 전창 및 후창구역, $L \ge 76\,\text{m}$에서는 전통(全通) 이중저가 요구된다.

(6) 창내 격벽(Hold Bulkhead)

보통 화물선의 창내 격벽(艙內 隔壁)을 포함하는 수밀(水密) 격벽의 수는 선급 협회에 따라서 약간의 차이가 있으며, 그의 규정 수는 다음 표 8-3과 같다.

표 8-3 TOTAL NOUMBER OF BULKHEADS(N)

KR(NK)		LR(NV)			ABS	
L(m)	N	L(m)	⊗ ENG, N	AFT-ENG, N	L(m)	N
$90 \le L < 102$	5	$L \le 65$	4	3	$87 \le L < 102$	5
$102 \le L < 123$	6	$65 < L \le 85$	4	4	$102 \le L < 198$	6
$123 \le L < 143$	7	$85 < L \le 105$	5	5(4)	$198 \le L$	7
$143 \le L < 165$	8	$105 < L \le 115$	6	5		
$165 \le L < 186$	9	$115 < L \le 125$	6	6(5)		
$186 \le L$	*	$125 < L \le 145$	7	6		
		$145 < L \le 165$	8	7		
		$165 < L \le 190$	9	8		
		$190 < L \le 225$	*(10)	*(9)		

※ CASE BY CASE

*ABS*는 표 8-3에 대한 규정의 추가로 창내 격벽은 화물창의 길이가 거의 동등하도록 배치하고, 선수 격벽에 인접하는 창내 격벽의 위치는 선수재에서 $0.2L$ 이내이며, 선미 격벽에 인

접하는 창내 격벽의 위치는 선미 수선으로부터 $0.2L \sim 0.25L$ 사이로 한다. 또한

① $L \leq 102$ m로서 하고, 건현 $< 0.15d_F$일 때,

② 102 m $< L < 133$ m로서, 건현 $< \left\{\frac{(L-102)\times 0.05}{31} + 0.15\right\}\times d_F$일 때,

③ $L \geq 133$ m로 하고, 건현 $< 0.2d_F$일 때,

수밀 격벽을 선루 갑판까지 연장하든가 중앙 기관실 선박에서는 그 앞뒤에 각 하나로 하며, 선미 기관 선박에서는 앞부분에 하나의 격벽을 증설한다. 120 m $\leq L \leq$ 230 m의 광석 운반선에 대한 규정은 다음과 같다.

① 종통(縱通) 수밀 격벽과 외판 사이의 거리는 선수미(船首尾)에서 배의 폭이 좁아지는 곳에도 $(4\times L+500)$ mm, 미만으로 해서는 안 된다.

② 철광석 운반선의 창고는 지장이 없다고 인정된 경우를 제외하고 그 길이의 중앙부터 선수에 치우친 위치에 1개의 횡수밀 격벽을 만들어야 한다.

③ 이중저의 높이는 만재 상태에서 배의 중심이 특히 낮아지지 않도록 유의하여야 하고 그 높이의 표준을 $0.2D$로 한다.

2. 기관실의 구획

기관실은 배의 종류, 크기, 화물의 종류, 적재량과 설계상, 운항상의 특별한 이유 등으로부터 배의 중앙 또는 중앙으로부터 선미 측의 위치에 설치하는 두 가지의 경우가 있다. 여러 가지의 경우로부터 기관실을 어느 부분에 둘 것인가를 검토하여 결정해야 한다.

기관실의 길이는 기관실의 위치 및 기관의 종류와 마력에 따라서 변하며, 중앙부는 선미보다 폭이 넓기 때문에 기관실의 길이는 짧은 것이 좋다. 대마력의 기관은 보다 넓은 장소가 필요하다.

증기 기관일 때 기관실은 보일러와 기계실로 나누며 그 사이에는 사절 격벽(screen bulkhead)으로 구분되고, 내연 기관일 때에는 기계(발동기)실만한 구획으로 하고 있다.

상선에서 최적의 기관실 위치를 결정하는 기술적인 요소는 다음과 같다.

(가) 프로펠러의 크기와 수 및 설치 위치

(나) 추진 기관의 크기

(다) 배의 모든 적재 상태에서 안전성 유지

(라) 축계와 축수의 중량

(마) 기관 운전자의 출구와 통행이 쉬울 것

(바) 기관의 보수가 쉬울 것

(사) 주기관의 관련 설비

(아) 기관 운전자의 필요 인원수

기관실 구획의 최적 위치로는 일반적으로 선미부가 좋다. 벌크 화물선이나 유조선에서는 기관실을 선미에 두게 되는데, 먼저 기관실 앞뒤의 격벽 위치를 결정해야 한다. 기관실 위치에 따라 조금 다르겠지만 디젤 선미 기관형인 배에서 기관실의 길이는 다음과 같은 요소를 검토한 결과, 될 수 있는 대로 짧게 하는 것이 효율적이다.

그림 8-13에서와 같이,

(가) A는 프로펠러축(tail shaft)을 발췌할 때 기관실 내에서 발췌 가능한 길이가 되도록 잘 검토해 줄 필요가 있다.

(나) B는 주기관 외형의 전길이로서, 만약 A와의 사이에 중간축(intermediate shaft)과 중간축수(plumber block, intermediate shaft bearing)를 장비할 경우도 충분히 고려하여야 한다. 또, 중요한 것은 디젤 기관 및 증기 터빈 기관에서는 감속 기어 장치가 설치되는지를 검토해야 하는 것이다.

(다) C는 기기의 배치나 배관 등에 필요한 공간이며, 일반 화물선에서는 보조 기관(발전기) 및 배전반이 설치되는 장소로서 좌우현과 3대일 경우에는 기관 전방에 충분한 위치 및 길이를 잡아 주어야 한다. 벌크 화물선의 경우에는 밸러스트 펌프의 설치에도 사용되는 장소이다. 유조선의 경우에는 기관실과 화물 탱크 사이에 화물유 펌프나 밸러스트 펌프를 별도로 설치한 펌프실을 두게 된다.

(라) D는 화물유 펌프나 밸러스트 펌프를 구동하는 터빈을 설치하는 데 필요한 공간이다.

최근 유조선의 화물유 펌프의 형식은 일반적으로 수직형이므로, 펌프실의 단면 형상은 그림 8-13 (b)와 같은 모양이 된다.

선도가 완성되어 기관실 평면의 외형이 결정되면 보일러, 발전기, 보조 기관류, 열교환기 및 모든 탱크를 배치해 보아서 공간에 문제가 없는지를 검토해 볼 필요가 있다. 또한, 주기관의 감속 기어 장치부와 선체 외판과의 거리 l이 통행 및 회전 장치(turning bar) 작동과 보수, 그리고 해체, 조립 작업에 지장이 없는지 검토해 볼 필요가 있다.

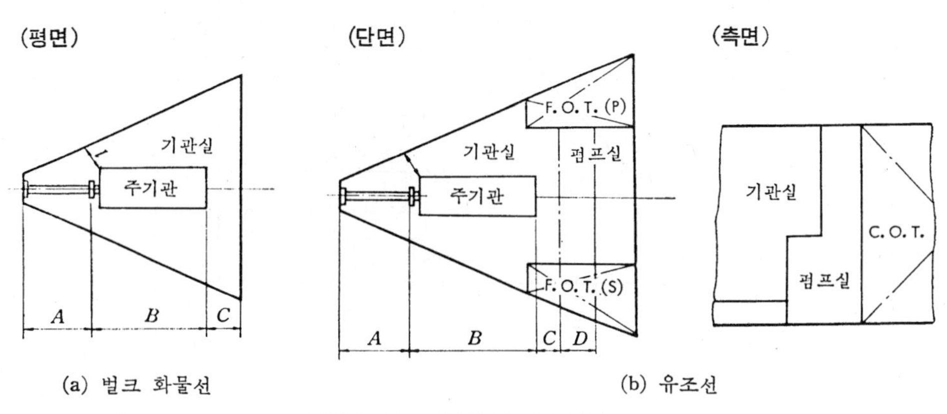

(a) 벌크 화물선

(b) 유조선

그림 8-13 기관실 길이의 결정 요소

기관실 뒷부분 격벽의 위치는 프로펠러 주위의 간격과 타 및 프로펠러축의 배치에 필요한 공간으로부터 그 위치가 결정된다.

기관실의 늑골 간격은 소형선에서는 별도로 정하여 D.W.T. 20,000톤 이상의 벌크 화물선, 유조선에서는 방진, 기관실 내의 특설 늑골의 배치, 상부 구조물과의 관계 등을 고려해서 800~900 m/m로 하고 있다.

따라서, 기관실의 길이도 이 늑골 간격의 정수배로 배치할 필요가 있다. 또한, 기관실 후단 벽으로부터 선미 측의 늑골 간격은 선급 협회의 규칙에서 610 m/m 이하로 할 필요가 있기 때문에 중대형선인 경우에는 일반적으로 610 m/m로 하고 있지만, 건조시의 공작상 700~900 m/m로 할 경우도 있다.

다만, 이 경우에도 강도, 진동의 문제에 있어서는 610 m/m의 경우와 동등하게 해 둘 필요가 있으며, 선급 협회의 특별 승인을 받을 필요가 있다.

이상과 같은 순서에 따라서 기관실의 길이가 결정되지만, 계획의 초기 단계에서는 그림 8-14에 따라 개략의 길이를 추정할 수 있다. 기관실의 길이는 기관실의 소요 상면적과 용적에 의해서도 결정되며, 앞에서 설명한 것과 같이 기관실의 위치, 기관의 종류, 수, 마력 등에 따라서 변하기도 한다.

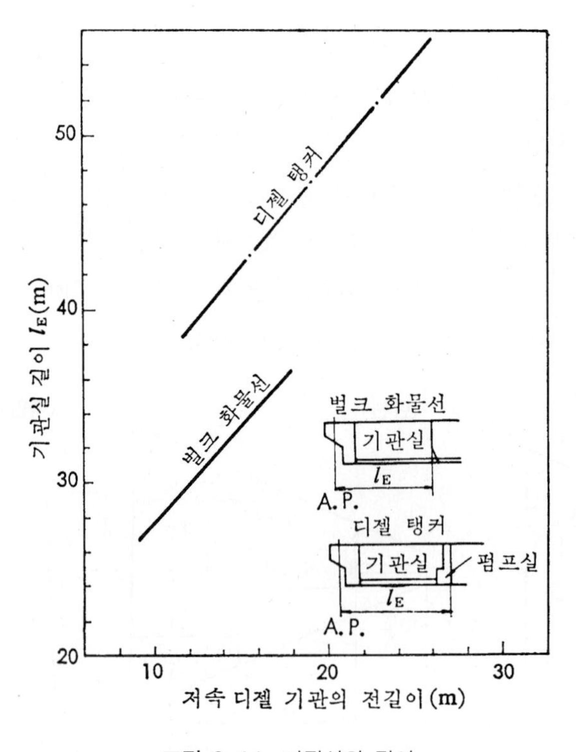

그림 8-14 기관선의 길이

㈎ 디젤 기관의 경우(선미 기관실형)

선미에 기관실을 설치할 때에는 선미가 매우 좁아서 상면적과 용적이 부족하기 때문에 15～25% 기관실의 길이를 크게 해 주는 데 주의할 필요가 있다.

최근의 선박에서는 보일러와 보조 기관을 입체적으로 배치해서 좁은 용적을 보다 효과적으로 이용하고 있기 때문에 중앙 기관선도 같은 형식으로 하는 수가 많다. 특히, 선미 기관선에서는 개략 배치도를 검토하여 결정해야 한다.

㈏ 디젤 기관의 경우(중앙 기관실형)

$$\text{기관실의 길이} = C\,(\text{실린더 지름의 총 합계})$$

여기서, C : 3.5～4.0

디젤 기관은 제조 회사에 따라서 여러 가지 형식이 있으며, 또한 기관이 2사이클, 4사이클과 단동 및 복동, 과급기의 유무 등의 형식에 따라서 동일 출력에서도 치수의 차이가 생긴다. 따라서, 위 식으로는 간단히 추정하기가 매우 곤란하므로 제조 회사의 카탈로그(catalogue)에 따라 기관의 치수를 조사해서, 개략의 배치도를 그려 기관실의 길이를 결정할 필요가 있다.

㈐ 증기 터빈 기관의 경우

증기 터빈의 형식과 조립하는 방법 등 여러 가지 경우를 고려해야 하기 때문에 기관실의 길이를 간단히 표시하는 것은 매우 힘들다.

$$\frac{(\text{기관실의 길이})^3}{\text{S.H.P.}} = 0.18 \sim 0.25$$

$$\frac{(\text{기관실의 길이})^2}{\text{S.H.P.}} = 0.022 \sim 0.025$$

$$\frac{(\text{기관실의 길이})^1}{\text{S.H.P.}} = 0.0015 \sim 0.0025$$

증기 터빈의 경우에는 보통 2단 감속 기어(reduction gear)를 쓰고 있지만, 1단 감속으로 하면 기관실의 길이가 짧아진다.

㈑ 2축선의 경우

2축선에서는 기관을 병렬로 2대를 배치할 때에 보조 기관의 배치가 매우 어렵게 되기 때문에 기관실의 길이는 10～15% 전후하여 길어지게 된다.

3. 기관실 및 선미부 구획

벌크선, 탱커 등은 보통 기관실을 선미에 두고 기관실의 길이를 가능한 짧게 해야 화물창을 크게 할 수 있다. 기관실 구획 검토 때에 고려해야 할 주요 사항은 다음과 같다.

① 프로펠러축(propeller shaft)을 빼낼 수 있도록 고려
② 주기관(main engine) 길이
③ 주기관 앞쪽의 배관 및 펌프 배치용 공간 확보
④ 주기관 뒤쪽 끝단과 탱크톱(tank top) 부근에서 주기관과 외판과 외판과의 거리는 통행과 배관 배치 및 장비의 보수 유지 등에 문제가 없도록 처리
⑤ 보일러, 디젤 발전기(diesel generator), 보기(auxiliary machinery) 및 소형 탱크(FO, DO, LO 등의) 배치 공간 확보
⑥ 유조선의 경우 기관실과 화물 탱크 사이에 펌프실(pump room)을 배치하며 펌프실 길이는 화물 펌프(cargo pump) 및 밸러스트 펌프(ballast pump) 크기, 파이프 배치, 접근(access), 보수 유지 공간 확보 등을 고려하여 결정
⑦ 축 발전기(shaft generator) 설치 여부
⑧ 진동 댐퍼(vibration damper) 설치 여부
⑨ 공간을 많이 차지하는 특수 시스템 적용(refrigerating system) 등의 특기 사항

상기 ④ 항목과 관련하여서 저속선의 경우는 C_B (block coefficient)가 커서 탱크톱 면적이 여유 있으므로 주기관을 설치하는 데 별 문제가 없는 것이 보통이지만 고속선의 경우는 문제가 발생되는 경우가 많다. 이런 경우는 주기관을 가능한 전진 배치해서 기관실 길이를 길게 할 수 밖에 없다.

선도가 작성되면 기관실 탱크톱 및 기타 플랫폼 갑판(platform deck)상에 보일러, 디젤 발전기(diesel generator), 보기(auxiliary machinery) 및 소형 탱크(FO, DO, LO) 등을 배치해 보면서 공간 문제가 없는지 검토해야 한다.

기관실 후부 격벽의 위치는 프로펠러 주위의 공간 거리(clearance)와 타(rudder) 및 프로펠러(propeller) 및 축(shafting) 배치에 필요한 거리 등을 고려해서 정한다. 또한 고정 피치 프로펠러(FPP, fixed pitch propeller) 장착한 배들에 있어서 프로펠러 발출 장치(propeller removal device)에 따라 구획 길이의 차이가 난다. 이를테면 테일축(tail shaft)을 기관실 쪽으로 인발(引拔)하지 않고 프로펠러 발출이 가능하도록 한 경우는 그만큼 구획 길이가 길어진다.

기관실의 늑골 간격(frame space)은 20,000톤 이상의 벌크 화물선 및 탱커는 진동, 기관실 내 특설 늑골(web frame) 배치, 상부 구조물(deck house)과의 관계 등을 고려하여 800 ~ 900 mm로 배치하고 있다. 따라서 기관실 길이도 이 늑골 간격의 정배수로 취할 필요가 있다.

AP 격벽(bulkhead) 뒤쪽의 늑골 간격은 선급 규정에서 요구하는 표준 간격(spacing)이 있으나 건조 때의 공작성 및 작업 공간 등을 이유로 700 ~ 900 mm로 잡는 것이 보통이다.

기관실 내 탱크톱 하부와 선미부의 조타 장치판(steering gear flat) 하부에는 강도 및 진동 특성을 고려하여 매 늑골마다 늑판(floor)을 배치하는 관계로 작업성과 단순화를 위하여 양

구간의 늑골 간격을 동일하게 적용하고 있는 추세이다.

주기관을 설치한 후에 통로(passage way) 및 사이드 스토퍼(side stopper)를 설치할 공간을 그림 8-13에서의 'A'를 주기대(main engine bed)와 선측외판(side shell) 사이에 확보해 놓아야 한다.

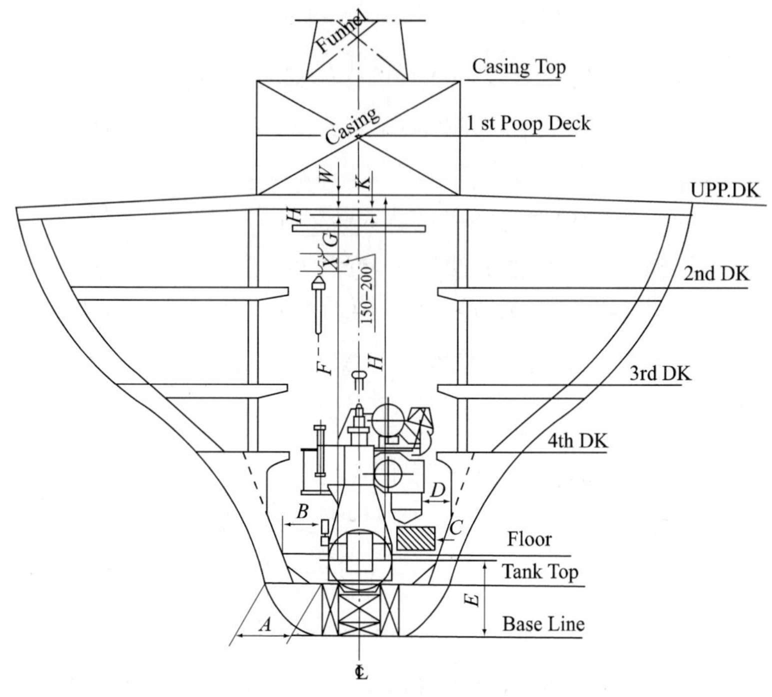

그림 8-15 주기관 설치 단면도

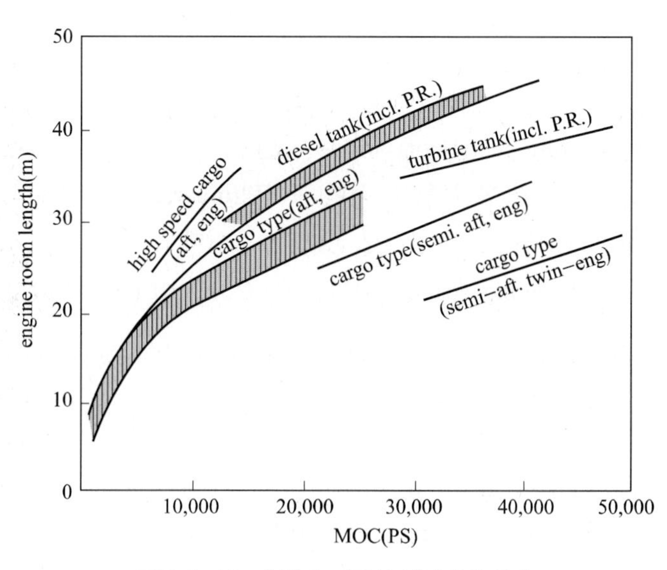

그림 8-16 출력과 기관실 길이와의 관계

대형 탱커의 기관실 길이는 대략 식 8-3과 같이 나타낼 수 있으며, 주기관 출력과 기관실 길이와의 관계는 그림 8-16에 나타내었다.

$$기관실\ 길이 \fallingdotseq \left\{0.168 - 0.000225(\triangle_F / 10^3)\right\} L \quad \cdots\cdots (8\text{-}3)$$

실제 설계를 할 때에 주기관실 길이를 결정하는 과정을 좀 더 구체적으로 예시하면 그림 8-17과 같이 나타낼 수 있다. 즉 그림 8-17에서의 A, B, C, D에 관해서는 다음과 같다.

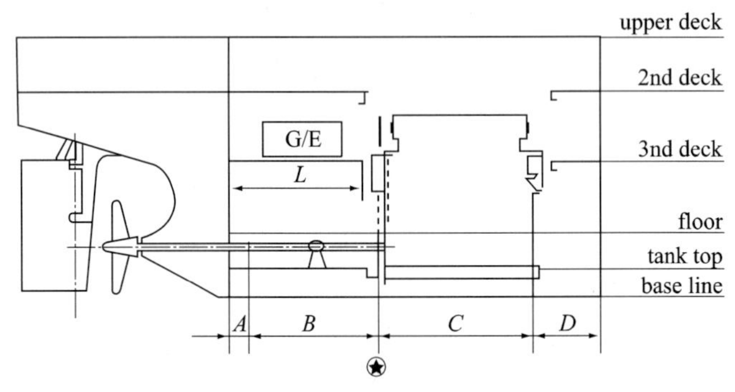

Description	Item	Length(mm)	Remark
A	BHD	800 ~ 1,000	
B	intermediate shaft	depend on hull form	1 PCS max. : 12,000 mm
C	M/E Length	depend on M/E	
D	fore space	5 ~ 7 FR	

그림 8-17

한편 선미부 결정 때에 고려되는 요소(parameter)는 선미 형상, 타 크기, 선미 갑판선, 프로펠러 지름, AP(선미 수선)와 선미 보스(stern boss)와의 거리, AP와 기관실 후부 격벽과의 거리, 조타 장치 플루어(steering gear floor)의 높이 등이며, 평가를 위한 요소는 선미 피크 탱크(after peak tank)의 용량, 트림 및 복원성, 선미 무어링(mooring) 및 컨테이너 배치, 비상 탈출용 트렁크, 타두재(rudder)의 길이, 공작성, 경제성 등이다.

한편 조타 장치 플로어(steering gear floor)의 높이(H_S)는 식 (8-4)와 같이 나타낼 수 있다.

$$H_S = \text{scantling draft} + (0.6 \sim 1.200)\ \text{m} \quad \cdots\cdots (8\text{-}4)$$

설계를 할 때에 청수 탱크 설치 시 특기 사항 몇 가지 중요 사항을 소개하면 다음과 같다.

- 탱커 및 벌크 화물선의 경우는 조타실 내 양현 쪽에 설치
- 컨테이너의 경우는 기관실 앞 또는 뒤쪽의 통로 하부에 설치
- 증류수 탱크(distilled water tank)와 포터블 청수 탱크로 구분하여 설치

• 그리스 규정에는 포터블 청수 탱크와 밸러스트 탱크 사이에 공탱크를 설치토록 함

또한 냉각수 탱크(cooling water tank)는 독립 탱크로 하든지 선미 피크 탱크와 일체로 하며, 독립 탱크의 경우는 프로펠러축 상방 0.300 ~ 0.500 m에 설치하되 기관실 4층 높이와 일치시킨다.

한편 기관실 높이를 정할 때에는 주기관 피스톤의 총합이 가능하도록 기관실 크레인 높이를 확인한다. 또한 비상 탈출구 트렁크는 APT를 통해서 조타실까지 배치하여야 한다.

또한 구조의 연속성을 확보해서 진동을 줄이기 위하여 다음과 같이 하는 것이 권장되고 있다.

• 기관실 전부 격벽은 거주구 전부 벽과 일치
• 기관실 후부 격벽은 기관실 위벽 후부벽과 일치
• 기관실 내부에 설치되는 FOT, DOT의 벽도 상부 구조의 벽과 일치

8.2.3 중앙 횡단면의 형상

중앙 횡단면의 형상을 결정하는 과정에 있어서는 일반 배치 계획에 의해 다음과 같은 여러 가지 계산을 하여서 기본 성능에 대한 문제가 없는지를 사전에 확인해 둘 필요가 있으며, 이를 충분히 고려하여 계획해야 한다.

그 전제 조건은 다음과 같다.

(가) 화물창 또는 화물 탱크, 연료 탱크, 청수 탱크 등의 용량 계산
(나) 트림과 세로 휨 강도 계산
(다) 그레인(grain) 복원 성능 계산(벌크 화물선)
(라) 탱크 용량의 제한 계산(유조선)
(마) 침수 계산

여러 계산 중에서 (다), (라), (마)는 S.O.L.A.S.와 M.A.R.P.O.L. 1973 및 I.L.L.C.에 따라서 요구하는 규칙을 만족하여야 한다. (나)의 세로 휨 강도 계산은 선급 협회에서 요구하는 값 이상을 유지해야 하므로, 설계자는 이 전제 조건을 여러 가지로 상정하여 사전에 계산과 검토를 충분히 하고 결정해야 한다.

1. 중앙부 단면의 형상

배의 중앙부에서 최하단부의 선체 폭은 선저 구배가 있는 경우에는 킬의 폭과 같지만, 선저 구배가 없는 경우에는 최하단부의 선체 폭은 만곡부(bilge circle)와 기선의 교차점 위치까지 필요하다. 그렇지만 이러한 경우에는 톤수가 상당히 증가하는 일이 있기 때문에 일반적으로 10 m/m 정도의 선저 구배를 설치하는 것이 보통이다.

그림 5-5에서와 같이 $\tan\theta$, A_1, A_2 및 $A_{\otimes}$을 구하면 $C_{\otimes}$을 계산할 수 있다.

선저 구배 r이 10 m/m 정도의 작은 값이라면 $\theta \fallingdotseq 90°$가 되기 때문에 A_1의 식에서 $\theta =$ 90°로 놓으면 $C_{\otimes}$은 다음 식으로 구할 수 있다.

$$C_{\otimes} = 1 - \frac{rb + 0.4292\,R^2}{B \cdot d} \quad \cdots\cdots (8\text{-}5)$$

$A_{\otimes}$이나 $C_{\otimes}$과 선저 구배 r과 만곡부 반지름 R과의 관계에서 그림 5-5에 나타낸 것과 같이 $A_{\otimes}$이나 $C_{\otimes}$과 S를 일정하게 했을 때에는 다음과 같다.

(가) r과 R은 그 증감이 반대 관계가 되므로 r이 크면 R은 작아지게 되고, 그 반대일 때에 R은 커지게 된다.

(나) 보통의 화물선에서는 r을 작게 하고 R을 크게 해서 저항상 유리하게 하고 있지만, r은 건조 공작상 약간 있는 쪽이 좋으며 좌초했을 때와 입거시에 유리하다.

2. 만곡부와 선저 구배의 결정

(1) 만곡부 반지름값

만곡부의 반지름값은 저속 비대선의 경우 추진 저항은 거의 영향이 없기 때문에 공작상 문제점을 고려하여 R의 값을 가능한 한 큰 값으로 하는 것이 좋다. D.W.T. 20,000톤의 배에서는 1.2～2.0 m의 값으로 하는 것이 보통이다.

또한, 파나마운하를 통행하는 배에서는 운하 통행 규칙에 의해서 흘수에 따른 만곡부 반지름이 정해지고 있으므로 이 점을 고려하여야 한다.

(2) 선저 구배값

선저 구배(rise of floor, rise) r값은 저속 비대선인 경우 추진 저항의 성능면으로 볼 때 아무 상관은 없다. 그러므로, 선저 구배 r은 고속선에서는 200 m/m 정도가 되고 보통화물선에서는 50～150 m/m로 되어 있지만, 저속선에서는 0～25 m/m로 하는 수도 있다.

어선 등에서는 목적에 따라 다르지만 1,000 m/m 전후의 큰 값을 가지는 것도 있다. 일반적으로 실선값을 제공하면 표 8-4와 같다.

표 8-4

$C_{\otimes}$	0.99	0.98	0.97	0.93
$\dfrac{r}{\frac{B}{2}}$ (%)	0.8	1.6	2.6	7.0

8.2.4 일반 배치도를 설계할 때의 주의사항

① 화물창 용적(cargo capacity)을 계산하기 위해서는 화물창(또는 화물탱크)의 앞뒤 부분에서는 선형이 바뀌면서 변화하기 때문에 선체 중앙부의 화물창(또는 화물탱크) 형상을 그대로 유지할 수가 없다. 따라서 호퍼(hopper)나 톱사이드(top side) 구조가 전·후부에서는 선형 변화에 따라서 함께 바뀌어야 한다.

② 펌프실의 높이는 통상 선박 깊이의 $\frac{1}{3}$ 이하로 한다.

③ 선급협회에서 규정하는 것에 따라 위험 장소에는 코퍼댐(cofferdam)을 설치하여야 한다.

④ 선수수선(FP)에서 선수격벽(collision bulkhead)까지의 거리는 가능한 한 최소로 하되, 무어링 공간(mooring space) 및 FPT(fore peak tank, 선수탱크)의 용량을 고려해서 정해야 한다.

⑤ 선수수창(FPT)의 용적은 적하(loading)가 허용하는 한 최소로 하는 것이 좋지만 통상 수선길이의 5% 이상으로 한다.

⑥ bosun store(또는 boatswain store라고도 함)와 관련해서 다음의 사항을 참조해야 한다.

- 선수루(f'cle)가 있는 배는 선수루에 설치하며, 선수루가 없는 배는 상갑판 하부에 설치한다.
- access는 승강구실(companion way)을 좌현 쪽(port side)에 배치하되, 무어링(mooring)에 방해되지 않도록 해야 한다.
- 갑판의 개구(opening)는 특설늑골(web frame) 바로 앞쪽에 배치하고, 사다리(ladder)는 55° 정도로 경사지게 설치한다.
- 승강구실(companion way)은 포마스트(foremast)와 혼합된 형(combined type)으로 하면 좋다.

⑦ 선수루(f'cle) 길이가 수선길이의 7% 미만이면 건현이 감소한다. 또한 규정상의 선수루 높이는 125 m 이상의 선박에서 2.3 m이지만 통상 3.0 m로 한다.

⑧ 불워크(bulwark)는 윈들러스(windlass, 양묘기)의 당김줄감개(warping end)를 지나며, 경사 부분은 45°로 한다. 또한 불워크의 높이는 1.2 m로 한다.

8.3 화물창과 화물 탱크의 배치 및 탱크 용량의 제한

벌크 화물선과 유조선의 화물창 및 화물 탱크의 용적 추정에 대해서는 이미 앞 장에서 설명한 바와 같다. 여기서는 화물창과 화물 탱크의 배치, 검토에 대하여 간단히 설명하기로 한다.

MARPOL 73/78을 적용하면서 탱커의 구획을 할 때에 검토해야 할 일반적인 사항들은 화물창 용적, 트림 및 비손상시 복원성, 손상시 복원성, 종강도, PL(protective locaton of segregated ballast tanks) 및 SBT(segregated ballast tanks) 계산, 구조치수(scantling), 배관 등이다.

또한 해상오염 방지를 위하여 1993년 7월 6일 이후 계약되는 모든 배는 MARPOL 73/78의 Reg. 13을 적용하여 이중 선각(double hull) 또는 이와 동등한 보호 방식으로 설계되어야 한다. 이때 슬롭탱크(slop tank)를 포함해서 내각(inner hull)은 외판과 최소한 2 m의 간격이 있어야 한다.

아울러 구획 결정시 MARPOL 73/78에서 요구하는 탱크 길이 및 탱크 용적 제한, 분리 밸러스트 탱크(SBT) 및 원유 세정 설비 등의 설치 규정에 맞도록 설계하여야 한다.

뿐만 아니라, 탱커의 경우도 2006년 4월 1일부터 의무적으로 적용된 CSR의 요구사항에 맞도록 설계하여야 한다.

이중선각 탱커로서 VLCC급보다 작은 배인 경우는 일반적으로 중심선에 타이트 격벽(tight bulkhead)을 설치할지 여부에 따라서 탱크 구획수가 달라진다. 아울러 중심선 격벽(centerline bulkhead)의 유무에 따라 설계, 중량, 부재 수, 스로싱(sloshing) 보강, 충전 수준(filling level) 제한 등이 달라진다.

화물 탱크의 길이를 결정할 때에는 횡간격(transverse spacing)을 정할 필요가 있다. 이중선각 탱크의 경우에는 횡 링늑골(transverse ring frame)이나 중간 늑골(intermediate frame) 시스템의 두 가지 중에서 한 가지를 택하는 것이 보통이다.

횡 링늑골은 선저(bottom), 현측(side), 갑판의 각 횡부재(transverse member)가 동일 위치에 배치되어 링(ring)을 이루는 형태이며, 중간 늑골은 현측과 갑판의 1개 횡부재(transverse) 간격 사이에 선저에는 보조적 늑골 1개를 더 배치한 구조를 의미한다.

8.3.1 벌크 화물선의 화물창 및 여러 가지 탱크의 배치

1. 화물창의 배치

벌크 화물선의 화물창은 수밀 횡격벽으로서 배의 크기에 따라 5~9개로 나눌 수 있다.

화물창의 길이가 너무 짧으면 화물 창구가 작아지게 되어 그랩 하역에 있어서 지장이 생기게 된다. 또, 길이가 너무 길어도 이중저 강도의 문제가 생길 수 있기 때문에 배의 길이에 따라 적당히 화물창 수를 결정하여야 한다.

선급 협회의 규칙에서는 배의 길이에 따라서 격벽 수를 규정하고 있으며, 화물창 수를 결정할 경우에는 이 점을 만족시킬 필요가 있다.

다만, 격벽 1매 정도의 생략은 강도와 구획 침수에 문제가 없음을 선급 협회로부터 승인 받는다면 허락되는 것이 일반적인 상례이다.

각 선급 협회의 규칙에서는 선미 기관실형의 경우에 격벽의 총수를 표 8-5와 같이 규정하고 있다(다만, 길이는 100 m 이상인 경우이다).

배의 길이와 화물창 수에 대한 지금까지의 실적을 그림 8-18에 나타내었다.

표 8-5 선미 기관실형 배에서의 격벽 수

KR		LR		ABS	
배의 길이(m)	개수	배의 길이(m)	개수	배의 길이(m)	개수
102 이상~123 미만	6	102 초과~115 이하	5	102 이상~198 미만	6
123 이상~143 미만	7	115 초과~145 이하	6	198 이상	7
143 이상~165 미만	8	145 초과~165 이하	7		
165 이상~186 미만	9	165 초과~190 이하	8		
186 이상	개별적으로 검토	190 초과	개별적으로 검토		

벌크 화물선에서도 철광석을 탑재하도록 계획하는 경우가 많다. 이와 같은 경우에는 앞에서도 설명한 바와 같이 전 화물창에 균일하게 철광석을 적재하면 화물의 중심이 낮아져서 배의 동요 주기가 너무 짧아지기 때문에, 승조원의 안전감과 선체 강도면에서 문제점이 생기게 된다.

이런 문제점을 해결하기 위해서 1개의 화물창을 건너 철광석을 적재한다. 또, 중심을 올리기 위하여 철광석을 적재하는 화물창은 다른 화물창보다 길이를 짧게 할 때도 있다. 따라서 철광석을 1개 건너 화물창에 적재하는 경우에는 트림과 종강도의 점으로부터 화물창 수를 홀수로 하는 것이 좋다.

일반적으로 5, 7, 9와 같은 홀수 개의 화물창을 채용하고 있으며, 철광석을 적재할 때에는 홀수번의 화물창에 화물을 적재한다. 그러나 길이가 170~180 m인 배의 경우에는 화물창 수를 5개로 하면 각 화물창의 길이가 너무 길어져 트림, 종강도에 문제가 발생하는 일이 있기 때문에, 이와 같은 경우에는 화물창 수를 6개로 하고 No. 1, 3, 4, 6에 철광석을 적재하도록 계획할 때도 있다.

D.W.T. 40,000톤 정도보다 작은 벌크 화물선의 경우에는 트림과 종강도 이외에 그레인복원력(grain stability)이 화물창의 배치를 결정하는 요소가 되는 수도 있다. 그 때문에 슬랙(slack) 화물창의 길이를 다른 화물창보다 짧게 하여 경사 모멘트를 줄이도록 계획하기도 한다.

재화 계수가 작은 그레인 화물(즉, 비중이 큰 화물)을 적재했을 때에는 슬랙 화물창에 적재되는 화물 중량이 가벼우므로 호깅 모멘트가 커지게 된다. 이와 같은 경우에는 슬랙 화물창의 길이를 짧게 하면 호깅 모멘트를 줄이는 데 도움이 된다.

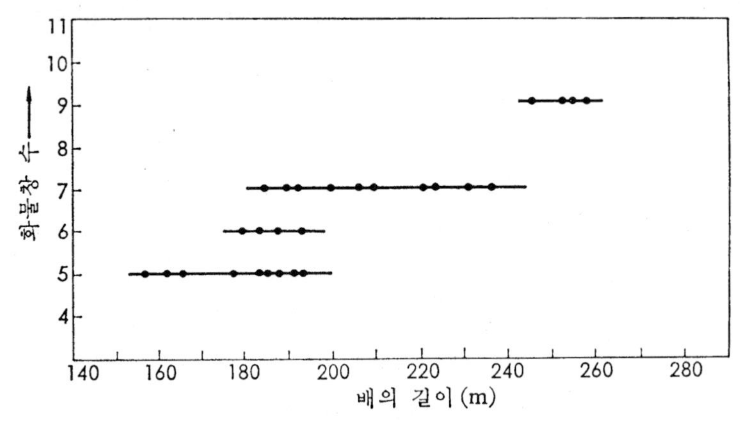

그림 8-18 배의 길이와 화물창 수

화물창 수가 결정되면 다음에는 늑골의 간격(frame space)을 결정한다. 늑골 간격은 선급협회 규칙으로 규정된 횡늑골의 표준간격, 이중저의 늑판(floor) 배치, 호퍼(hopper)부의 트랜스버의 배치와 관련시켜서 결정하게 된다.

일반적으로, D.W.T. 20,000톤 정도인 벌크 화물선의 늑골 간격은 800 m/m 전후로 정해지고 있다. 선수 수창과 화물창 사이의 선수 격벽은 특히 충돌 격벽(collision bulkhead)이라고 부르며, 충돌시의 안전성을 유지하기 위하여 그 위치가 선급 협회 규칙에 의해 표 8-6과 같이 정해지고 있다. 그러므로, 선수 격벽은 선급 협회가 규정한 범위 이내로 배치해야 한다.

표 8-6 선수 격벽의 위치

배의 길이(m)	F.P.로부터의 최소 거리(m)	F.P.로부터의 최대 거리(m)
$L \leq 200$ m	$0.05L - f_1$	$0.08L - f_1$
$L > 200$ m	$10\text{ m} - f_2$	$0.08L - f_2$

㈜ 1. f_1은 F.P.로부터 선수 벌브의 앞 끝까지 거리 G의 $\frac{1}{2}$ 또는 $0.015L$ 중 작은 값

2. f_2는 $\frac{G}{2}$ 또는 3 m 중 작은 값

3. L은 선급 협회 규칙에 의해서 정의된 길이

4. 선급 협회에 따라 계산식이 약간 다르므로 주의할 것

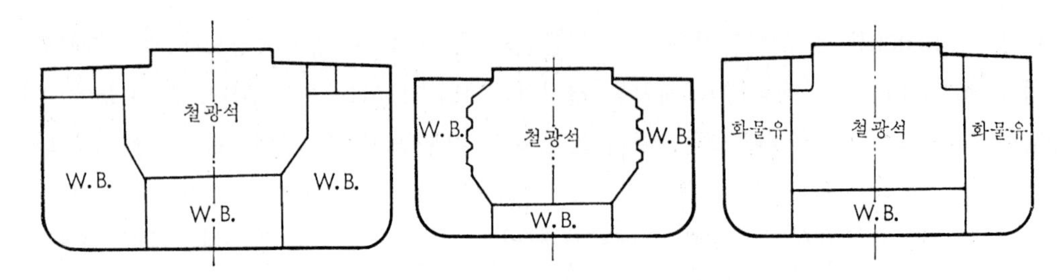

그림 8-19 벌크 화물선의 단면도(1)

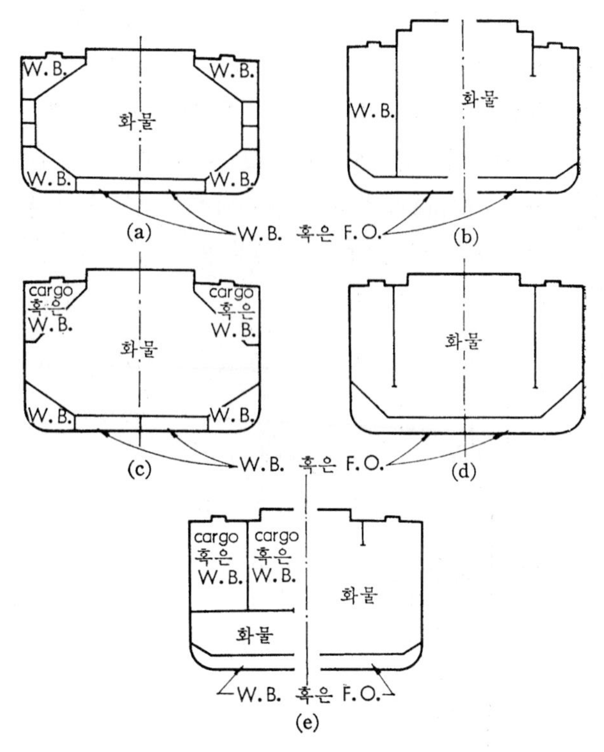

그림 8-20 벌크 화물선의 단면도(2)

선수 격벽으로부터 전방의 늑골 간격은 선미의 경우와 같이 선급 협회 규칙에서 610 m/m 이하로 하도록 요구되고 있다.

그러나 벌크 화물선의 경우에도 그 부분의 구조 방법에 따라서 종늑골식을 채용하고 있을 경우에는 2～3 m의 횡늑골 간격으로 한다.

다음에는 중앙부 화물창의 단면 형상을 결정한다. 벌크 화물선의 중앙부 단면 형상은 그림 8-19, 8-20과 같이 여러 가지 형상이 있다.

즉, 벌크 화물을 적재하고 항해할 때 배의 동요로 화물이 흐트러지지 않도록 30° 이상 경사를 가진 톱 사이드 탱크가 설치되어 있으며, 또 이중저의 양쪽에는 양하시에 화물이 자연적으로 떨어지도록 40～50°의 경사를 붙인 호퍼(hopper)부를 설치한다.

창구의 폭 b_H는 가능한 한 큰 것이 하역할 때에 바람직하나 너무 크게 하면 창구 덮개의 크기가 커지고, 또 선각 구조의 중량도 증가하여 선가가 높아지므로 일반적으로는 배의 폭에 45～50%로 하는 경우가 많다(그림 8-21 참조).

그러나 주로 제재목과 펄프 등을 수송하는 경우에는 선가가 약간 비싸지더라도 하역 능률을 향상시키는 것이 유리하다고 생각되어 창구 폭을 컨테이너선과 같은 정도로 넓게 한 개방형 벌크 화물선(open bulk carrier)이라고 하는 배가 많이 건조되고 있다. 이런 경우 창구의 폭이 배의 폭에 80% 정도가 된다.

창구 옆 거더(side girder)의 깊이 a는 화물창 용적을 확보하는 점에서는 가능한 한 작은 쪽이 좋으나, 강도나 공작상 일반적으로 700~800 m/m로 하고 있는 예가 많다.

이중저 내저면(inner bottom plate)의 폭 b와 창구 측면으로부터 내저판의 경사가 시작되는 점까지의 거리 d의 실적값들이 그림 8-21에 나타나 있다.

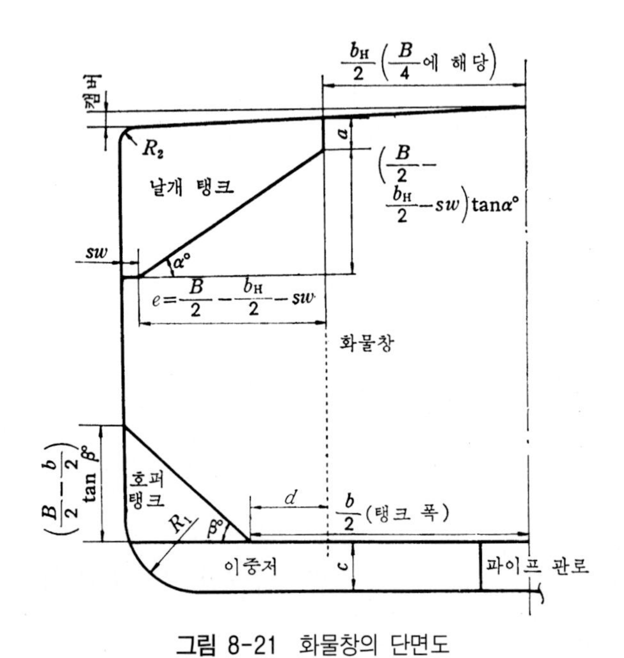

그림 8-21 화물창의 단면도

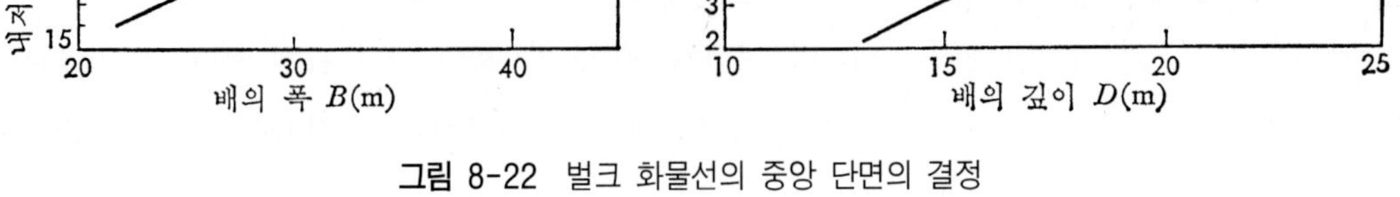

그림 8-22 벌크 화물선의 중앙 단면의 결정

내저판의 경사가 시작되는 점이 중심선에 가까우면 화물창 용적의 손실이 크고, 또 외판에 너무 가까우면 창구 측면으로부터의 거리가 커져서 그래브 하역을 할 때 불편하므로 적당한 위치로 결정해야 한다. 또한, 내저판의 폭 b의 양 끝은 이중저의 종통 늑골의 위치와 일치하도록 결정해야 한다. 이중저의 높이 c는 선급 협회의 규칙에 의해 그 최소 높이가 정해지므로, 그것을 만족하도록 결정하면 된다.

횡격벽(transverse bulkhead)의 경우 석유 제품 운반선(product carrier)에는 파형격벽(corrugated bulkhead)을 사용하며, 유조선(crude oil carrier 또는 CC선이라고도 한다.) 에는 평면 격벽(plane bulkhead)을 주로 적용하고 있다.

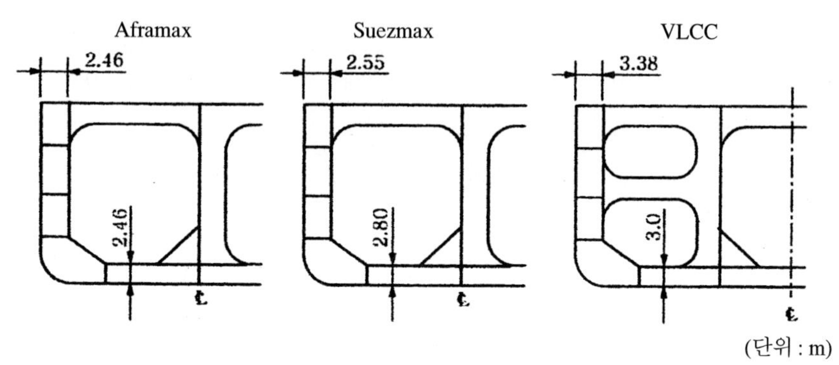

그림 8-23 대표적인 탱커의 중앙단면 형상

유조선의 화물 구획 분할에 대해서는, 선체의 손상에 의한 화물유의 유출과 해상 오염을 방지하기 위하여 선저(Bottom)와 외판(Shell Plate)의 구조가 이중 선체(二重船體, Double Skin)로 되어 있으며, 선체의 크기와 화물의 종류에 따라 종방향 격벽이 없거나 좌우 탱크로 2구분 또는 3구분으로 분할되어 있다. 이중 선체에는 대개 발라스트 탱크로 하여 공선 시에 적정한 침하(Immersion)를 가능하게 하고, 트림 또는 횡경사가 없이 배가 직립할 수 있도록 균형을 잡아 주는 데에 쓴다.

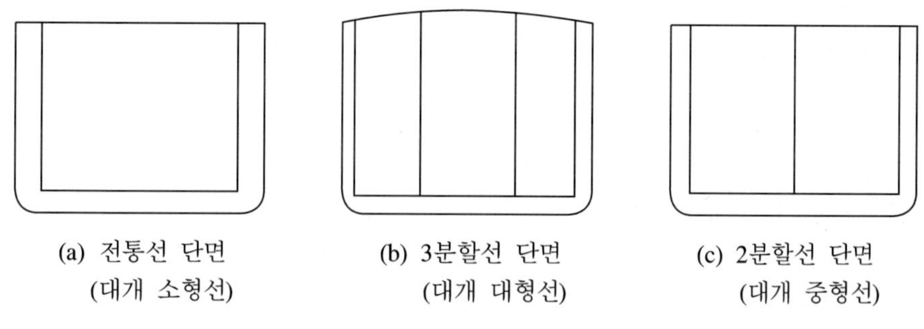

그림 8-24 화물 구획의 종단면 형상

격벽은 구조상의 강성 목적 및 화물을 분할하는 목적과 유체 화물이 유동 시에 충격력(Sloshing Force)을 완충하는 목적 이외에 손상 시에 손상 복원력(Damage Stability)을 확보하기 위하여 설정한다.

살물 화물선(撒物貨物船)에 있어서는, Top Side Tank와 Double Bottom Tank는 강력한 종강력 구조로서 역할을 한다.

Double Bottom Tank의 Bilge Part의 경사진 부분은 Bottom 구조와 Shell 부분의 강성에 큰 영향을 주며, Top Side Tank의 위벽이 경사진 것도 외판의 강성에 큰 기여를 하는 브래킷(Bracket)으로서 구실을 한다. 이 위벽의 경사는 자연 표면 형성 경사각으로서 안식각(安息角, Rest Angle)이라고 한다.

화물의 응집력 및 조도(粗度)의 크기에 따라 안식각의 크기는 다르지만, Top Side Tank 위벽에 따라 용적 형성 내용에 큰 차이를 준다면, 대개는 갑판과의 각도가 30° 정도가 된다.

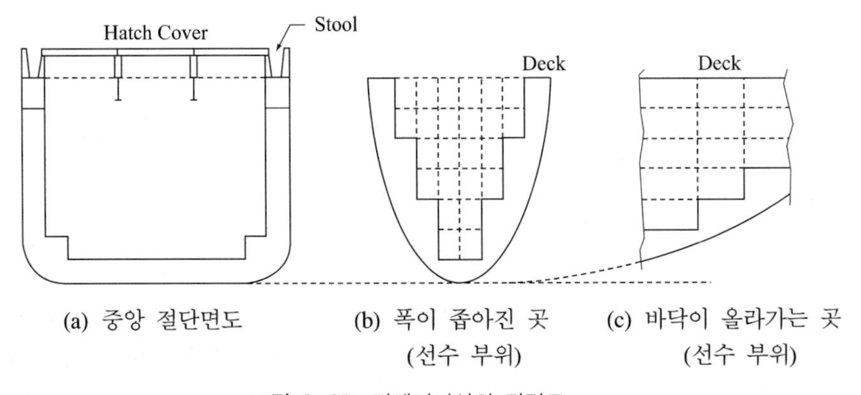

그림 8-25 컨테이너선의 단면도

배에 장착된 Pinion and Rack Gear 이동 장치나 체인(Chain) 이동 장치 방식을 쓴다. 창구의 폭은 대개 배 폭의 절반 정도이고 Cover 강도는 깊이 2 m 정도까지의 해수가 균일하게 위에 압력을 가하여도 괜찮도록 한다.

한편, 컨테이너선에 있어서는, 컨테이너 적재를 신속히 하기 위하여 Hold에 Cell Guide를 설치한다. 컨테이너 네 Coner 부분에 부드럽게 유도되고 또 적치된 뒤에는 유동을 방지하기 위한 일종의 간단한 격자 구조이다.

큰 Bilge Radius로 인하여 배의 중앙 부위에서까지도 Hold 저판의 좌우측이 좁아지고 또한 선수미 쪽에서는 저판이 치켜올려지므로, 폭이 더욱 더 좁아지므로 고정 형태로 생긴 컨테이너 박스를 놓기 위해서는 선저판이 계단식(Stepped Bottom)으로 단을 지을 수 밖에 없다. 이 경우 배의 외판과 저판 각이 진 곳이 너무 가까워져서 선체의 강도 유지상 어려움이 생기고 또한 협소하여 건조 작업에 어려움이 많다.

갑판과 Hatch Cover 위의 컨테이너를 튼튼히 또는 능률적으로 고정하고 해체하기 위하여 Lashing Gear 또는 Container Fitting이라고 하는 금물(金物, Hardware)이 표준화품으로 잘 개발되어 사용되고 있다.

초대형 탱커의 중앙 단면(Midship Section) 개형을 그림 8-23에 나타냈으며, 표 8-7은 이중저 높이 및 윙탱크(Wing Tank)의 폭 기준을 나타내었다. 대표적인 탱크 배치의 실적선 예를 표 8-8에 나타내었다.

표 8-7 대표적 탱커의 이중저 높이 및 윙탱크 폭

	Aframax	Suezmax	VLCC
double bottom depth(m)	2.46	2.80	3.00
wing tank width(m)	2.46	2.55	3.38

표 8-8 종격벽 및 중앙부의 탱크 배치

	cargo hold	ballast tank	slop tank	tank arrangement in midship
Aframax	6 pairs	4 pairs	2 ea	화물창-폭 방향으로 2개 조(port & starboard)로 배치 (종격벽 1개 종중심선에 배치)
Suezmax	6 pairs	4 pairs	2 ea	화물창-폭 방향으로 2개 조(port & starboard)로 배치 (종격벽 1개 종중심선에 배치)
VLCC	5 center 5 pairs	5 pairs	2 ea	화물창-폭 방향으로 3개 조(center, port & starboard)로 배치(종격벽 2개 좌우 현에 배치)

2. 화물창 및 탱크 용적 추정

벌크 화물선 화물창의 용적은 많은 경우에 용적 그 자체의 수치로 지정되지 않고, 3장에서 설명한 것과 같이 재화 계수로 지정된다. 또 유조선의 경우에도 원유의 비중의 지정되는 일이 많다. 재화 계수나 화물의 비중을 알면 필요한 화물창 용적은 재화 중량으로부터 쉽게 계산된다.

주요 치수가 가정되면 그 주요 치수로 소요의 화물창(조) 용적이 확보되는가를 검토하여야 한다. 계획의 초기단계에서는 물론 주요 치수나 간단한 배치밖에 모르므로, 그것만으로 화물창(조)의 용적을 추정하게 되는 것이다.

그림 8-26에서는 벌크 화물선의 화물창 용적을 주요 치수만으로 추정하는 것으로,

$$K_1 = \frac{V_G}{L\,B\,D}$$

여기서 V_G는 화물창의 그레인 용적(m^3)의 값과 배의 길이 L (m)과의 관계로 나타내게 된다.

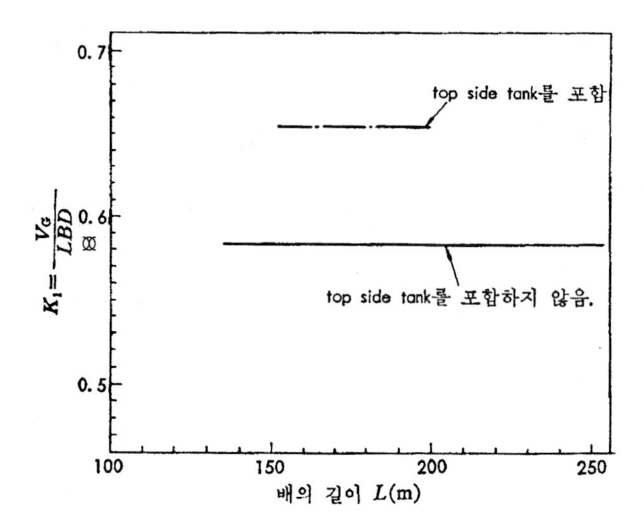

그림 8-26 벌크 화물선의 화물창 용적(1) (주요 치수와 용적과의 관계)

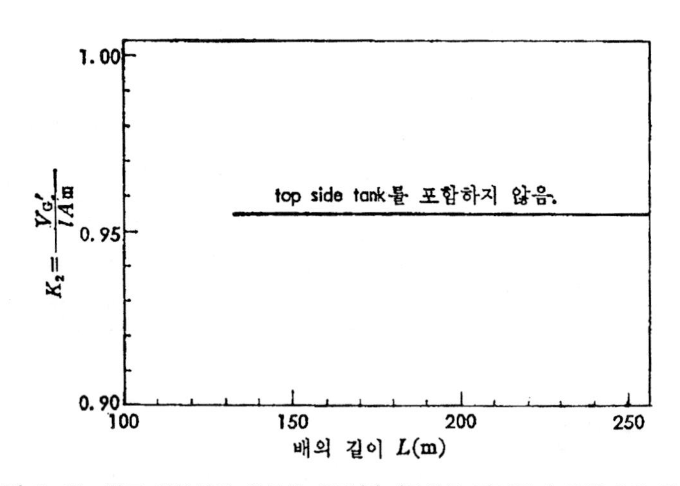

그림 8-27 벌크 화물선의 화물창 용적(2) (중앙부 단면적과 용적과의 관계)

다음 계획으로 얼마간 진전해서 화물창의 단면 형상과 격벽의 배치가 거의 끝난 단계에서는 그림 8-27을 이용하여 검토한다.

그림 8-27은 K_2와 L과의 관계를 나타낸 것이다. 여기서, V_G'은 화물창 용적(grain, m^3)으로부터 창구 부분의 용적을 뺀 것이 된다.

또한, $A_{四}$은 창구 부분을 뺀 화물창의 중앙 단면적(m^2)이며, l은 화물창의 길이(m)이다.

$$K_2 = \frac{V_G'}{l\,A}$$

그림으로부터 구한 용적에 화물 창구부의 용적을 계산하여 가산한다면 화물창 전체 용적이 구해진다.

화물 창구부의 용적을 구할 때 창구의 길이가 확실하지 않을 때에는 그림 8-28로 개략의 길이를 추정할 수 있다.

그림 8-29는 유조선의 화물 유조와 화물 유조 구획의 전용 밸러스트 탱크의 합계 용적을 구하기 위한 그림으로, K_3와 길이 V와의 관계를 나타낸 것이다.

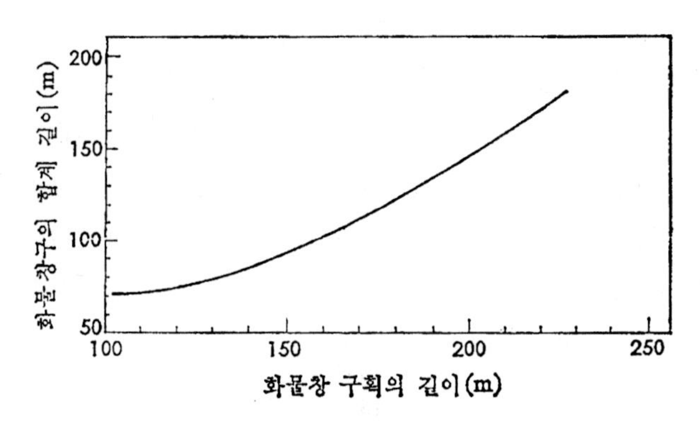

그림 8-28 화물 창구의 합계 길이(m)

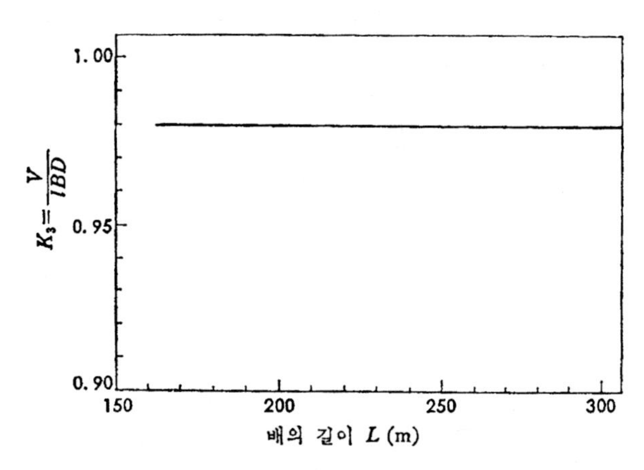

그림 8-29 유조선의 화물 유조 구획의 용적

$$K_3 = \frac{V}{l\,B\,D}$$

여기서, V : 화물 유조와 화물 유조 구획의 전용 밸러스트 탱크의 합계 용적(m^3)

l : 화물 유조 구획의 길이(m)

그림으로부터 V를 구해서 지정된 화물 비중으로부터 정해지는 화물 유조의 소요 용적을 빼면 화물 유조 구획 안에 배치할 전체의 전용 밸러스트 탱크의 용적을 구할 수 있다.

이와 같이 화물창 용적을 구하는 도표 중에서 그림 8-26을 사용한다면 지정된 재화 계수를 만족하는 벌크 화물선의 깊이 D를 결정할 수 있다. 즉, 재화 계수와 재화중량으로부터 소요의 화물창 용적 V_G를 계산한 다음 L에 대응하는 K_1을 읽으면, 배의 깊이는 다음 식으로 구할 수 있다.

$$D = \frac{V_G}{K_1 \, L \, B}$$

유조선의 경우에는 앞에서 설명한 것과 같이 배의 깊이는 계획 흘수 d가 I.L.L.C.에서 요구하는 최소 건현에 상당하도록 정해지는 것이 보통이기 때문에, 화물 유조와 용적과는 아무 관계 없이 결정된다.

더욱이 S.B.T.와 같이 전용 밸러스트 탱크의 필요량이 주어지는 경우에는 전용 밸러스트 탱크의 용적에 화물 비중으로부터 정해진 화물 탱크의 용적을 합한 것이 소요의 용적이므로, 최소의 건현으로부터 정해지는 깊이로는 소요의 용적을 얻을 수 없다. 이런 경우 배의 깊이를 용적으로부터 정해야 하므로, 그림 8-29를 사용해서 벌크 화물선의 경우와 같이 배의 깊이를 구할 수 있다.

3. 여러 가지 탱크의 배치

여러 가지 탱크의 배치에 있어서는 연료 탱크, 청수 탱크, 밸러스트 탱크 등의 배치를 결정할 때 고려해야 할 사항에 대해서 설명하기로 한다.

(1) 윙 탱크

벌크 화물선의 윙 탱크(wing tank, top side tank)는 일반적으로 밸러스트 탱크로 사용되지만, D.W.T. 20,000~30,000톤의 배에서는 재하 계수의 요구값이 크므로 윙 탱크를 그레인 화물과 밸러스트 겸용의 탱크로 사용하는 경우가 많다. 이런 경우에는 윙 탱크의 경사면에 몇 개의 맨홀(man hole)을 설치해 놓고, 밸러스트를 넣을 때에는 맨홀을 닫고 그레인 화물을 적재할 때에는 맨홀을 열어서 화물창 안으로 그레인 화물이 떨어지도록 한다. 그레인 화물은 상갑판 위에 마련된 작은 창구를 통하여 공기식 하역 장치로 적재한다.

밸러스트를 적재했을 때 만일 윙 탱크의 경사면에 설치된 맨홀에 이상이 생기면 화물창에 바닷물이 침수하게 되므로, 침수 구획을 최소한으로 억제하기 위하여 윙 탱크는 화물창의 격벽 위치에 칸막이를 할 필요가 있다. 그러므로, 윙 탱크를 밸러스트 전용 탱크로 사용할 때에는 파이프, 밸브 등의 자재를 절약하기 위하여 화물창을 2개씩 구획한다.

다만, No. 1 화물창의 윙 탱크에 대해서는 배의 안전성에 따라서 선급 협회에서 1구획으로 할 것을 요구하는 경우도 있다. 또한, B_1 건현을 취득하는 경우에는 선수부의 윙 탱크를 2개의 화물창에 걸쳐서 배치하면 침수 구획의 용적이 증가하여 트림이나 경사가 커져 규칙을 만족시키지 못하는 경우가 있으므로, 이와 같은 경우에는 윙 탱크를 화물창의 격벽 위치에서 칸막이를 할 필요가 있다.

(2) 이중저 구획의 탱크

화물창 구획의 이중저에는 연료 탱크와 밸러스트 탱크를 배치하게 된다. 연료 탱크의 배치에는 여러 가지 방식이 있겠으나, 그의 한 예를 그림 8-30에 소개하였다. 연료 탱크의 배치를 결정하는 데에는 여러 가지의 요소가 있으며, 그 어떤 점에 중점을 두는지에 따라 배치가 달라진다.

연료 탱크에는 먼저 항속 거리로부터 요구되는 연료유의 용적이 확보되어 있는지가 중요하며, 그 밖에 다음과 같은 점을 고려해서 배치를 결정하여야 한다.

㈎ 트림의 조정이 쉬운 배치여야 한다. 일반적으로 벌크 화물선이 기항하는 항구의 수심은 얕으며, 또 계획 흘수는 기항지의 항만 사정에 맞추어 허용되는 최대값으로 정하는 경우가 많으므로, 만재 출 · 입항시에는 등흘수 또는 30 cm 이내의 트림으로 제한할 필요가 있다. 입항시의 트림 조정은 벌크 화물선의 경우에는 연료유 또는 밸러스트에 의존할 수밖에 없으며, 밸러스트를 적재하는 양은 될 수 있는 대로 적게 하는 것이 좋으므로, 연료 탱크는 배의 전후부에 배치하거나 전후부에 걸쳐 균일하게 배치한다.

그러나 전후부에 배치하더라도 극단적으로 선수미부에 배치하면 종강도의 문제가 발생하는 일이 많으므로 이와 같은 배치는 피해야 한다. 또한, 너무 큰 구획의 탱크는 트림 조정이 불편하므로 일반적으로 화물창의 길이와 같은 정도로 하는 경우가 많다.

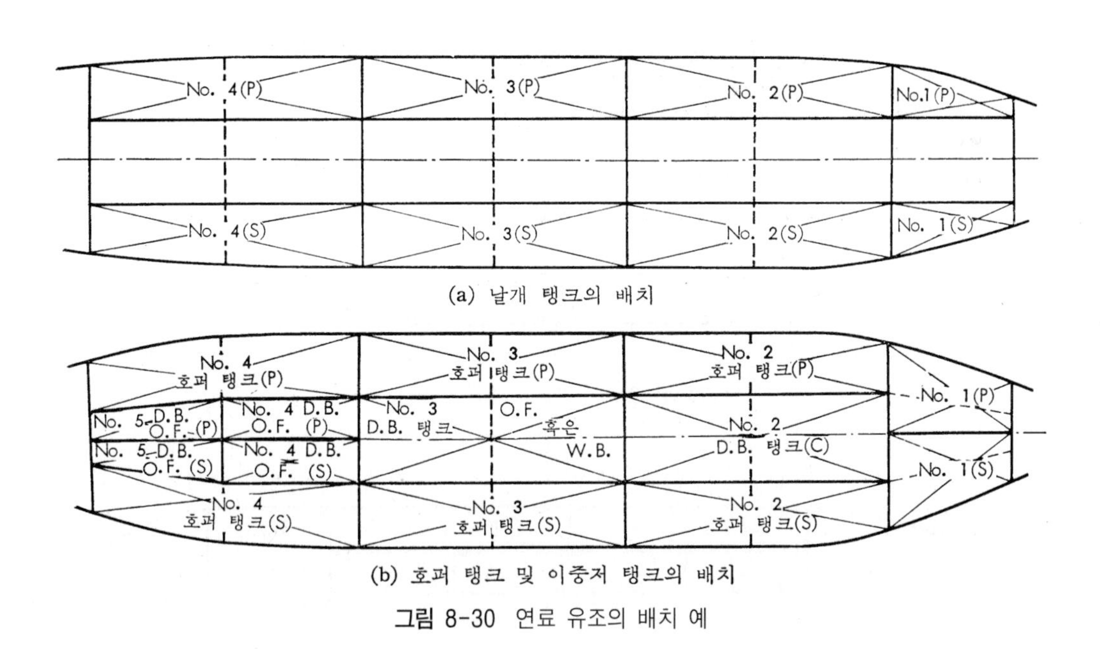

(a) 날개 탱크의 배치

(b) 호퍼 탱크 및 이중저 탱크의 배치

그림 8-30 연료 유조의 배치 예

㈏ 연료유 파이프나 밸러스트 파이프의 배관을 충분히 고려하여 배치해야 한다.

이중저 내의 밸러스트 파이프의 배관 방식에는 그림 8-31과 같은 방식들이 있다. 즉, 기관실로부터 파이프를 1개씩 독립적으로 배관하는 독립 배관 방식(independent line system)과 기관실로부터 굵은 주관(main line)을 한 개 또는 환상으로 이중저 안에 배관하고 그 주관으로부터 가지관(branch line)을 각 탱크 안에 배관하는 주관 방식(main line system)으로 분류된다(그림 8-33 참조).

주관 방식의 경우에는 각 가지관에 밸브를 설치하므로 그 밸브의 보수 점검을 위해서 파이프 덕트(pipe duct)라 하는 빈 공간을 이중저 내에 설치하고, 그 속에 주관과 밸브를 설치한다(그림 8-32 참조).

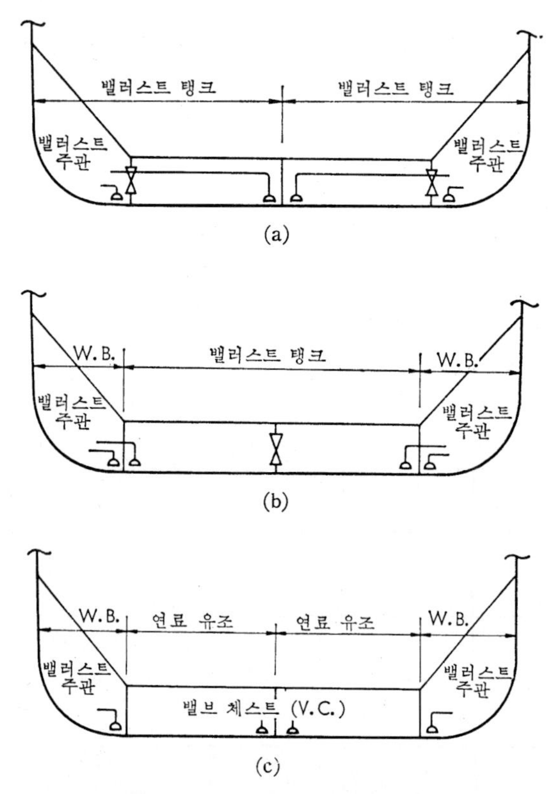

그림 8-31 파이프의 배관 방식(1)

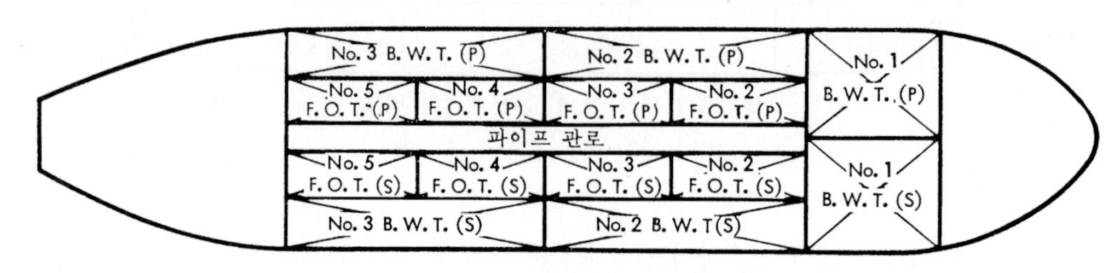

그림 8-32 파이프 덕트 설치 예

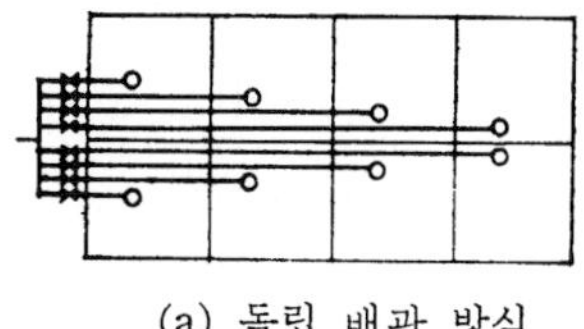

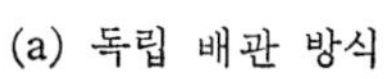
(a) 독립 배관 방식

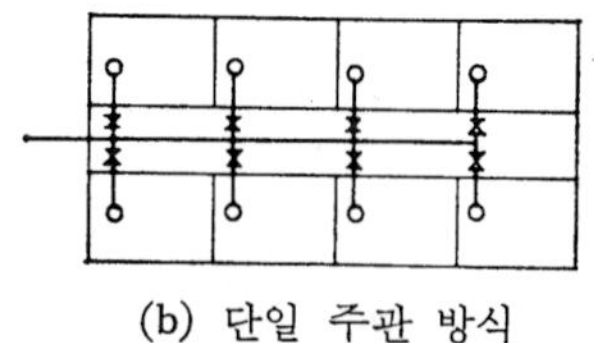
(b) 단일 주관 방식

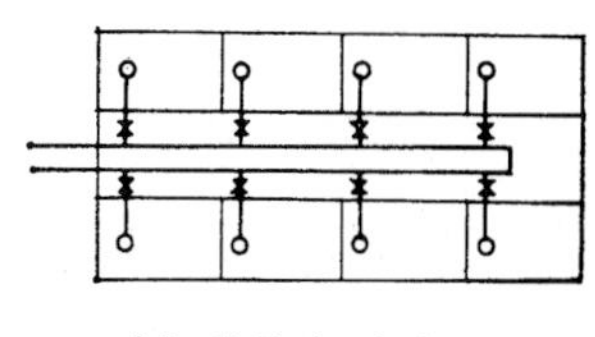
(c) 환주관 방식

그림 8-33 파이프의 배관 방식(2)

밸러스트 파이프의 배관 방식으로서 어느 것을 선택하느냐는 설치 비용과 선주의 생각을 고려하여 결정해야 하지만, 일반적으로 파나맥스(panamax)형 정도 이상의 대형 벌크 화물선인 경우에는 주관 방식을 채용하는 경우가 많다.

파이프 덕트를 설치한 경우에는 그림 8-33(b), (c)와 같이 배치한다.

연료유 파이프의 배관에 있어서는 앞에서 말한 바와 같이 트림 조정을 위하여 전방 탱크로부터 후방 탱크로 연료를 옮기거나, 또 경사를 조정하기 위하여 좌우현 사이의 이송도 가능하게 하려면 주관 방식은 채용할 수 없으므로 독립 배관 방식으로 되어야 한다.

이 경우에는 연료유 파이프가 밸러스트 탱크 속을 통과하게 배관하면 연료유 파이프 속의 기름이 주위의 바닷물에 의해 냉각되므로, 한랭지에서는 기름의 점도가 높아져 펌프로 빨아들이는 것이 어려워지는 경우가 있다.

또, 파이프가 손상되면 연료유가 밸러스트 탱크 속으로 흘러 들어가서 선박 밖으로 배출될 위험성도 있으므로, 독립 배관 방식의 경우에는 연료 탱크를 그림 8-33(a)에서와 같이 선수미 방향으로 연속해서 배치하고, 연료유 파이프가 밸러스트 탱크 속을 지나가지 않도록 배관할 필요가 있다.

주관 방식의 경우에는 연료유 파이프가 파이프 덕트 속을 통과할 수 있으므로, 그림 8-33(b)와 같이 밸러스트 탱크 사이에 연료 탱크를 배치하는 것이 가능하다. 또, 연료 탱크를 외판면에 접하도록 배치하면 접안할 때 외판이 손상되어 연료유가 선박 밖으로 흘러나갈 가능성이 있으므로 이와 같은 배치를 원하지 않는 선주도 있다.

따라서, 이와 같은 경우에는 파이프 덕트를 설치했을 때에도 그림 8-33(c)에 나타낸 것과 같이 연료 탱크를 선체 중심부에 배치하게 된다. 그리고 항속 거리가 긴 경우에는 연료 탱크를 이중저뿐만 아니라 기관실 안의 양현에 배치하는 일도 있다.

연료 탱크로는 C중유용뿐만 아니라 A중유용 탱크도 필요하다. A중유는 발전기의 원동기용 디젤 기관에 사용하는 것 이외에 출·입항할 때에는 주기관의 연료로도 사용된다. A중유 탱크는 배관의 편리상 기관실의 이중저 안에 배치하는 것이 보통이지만 A중유 탱크를 화물창의 이중저 구획에 일부 배치하기도 하고, 기관실의 이중저에는 C중유 탱크를 배치하는 예도 많다. 이것은 A중유는 가열할 필요가 없으므로 이중저 탱크의 가열에 의한 그레인 화물의 손상 위험성을 조금이라도 줄일 수 있다고 생각되기 때문이다.

또, 종전의 선박에서는 이중저의 한 탱크를 연료 탱크와 밸러스트 탱크로 겸용하는 일이 많았으나 앞으로는 국제 조약에 의해 이와 같은 배치와 이용은 할 수 없도록 규제하고 있다.

(3) 기타 구획의 탱크

밸러스트 탱크로는 윙 탱크와 선수미 탱크가 있고 또 연료 탱크를 제외한 이중저 구획이 사용되지만, 이것으로는 밸러스트 상태에 필요한 흘수가 확보되지 않는 경우가 많기 때문에 화물 탱크 중 1개 또는 2개를 밸러스트 탱크 겸용으로 한다.

밸러스트 겸용창에는 창구 덮개(hatch cover) 아랫면까지 밸러스트가 적재되므로 선각 구조가 이에 견딜 수 있는 충분한 강도를 가지고 있어야 한다. 또, 밸러스트를 넣거나 배수하기 위한 배관을 설치할 필요가 있다.

한편, 창구 덮개도 화물창 내부로부터의 수압에 견딜 수 있어야 하며, 일반 화물창의 창구 덮개와는 강도 기준이 달라야 한다. 화물창 내면의 도장 시방도 밸러스트 탱크의 경우와 거의 같은 것으로 해야 한다.

이와 같이 밸러스트 겸용창은 구조와 의장이 일반 화물창과 다르므로 한번 결정되면 간단하게 변경할 수가 없다.

청수 탱크는 배관의 편의를 고려하여 기관실 구획에 설치하는 것이 일반적이며, 잡용 청수용과 음료수용으로 나누는 경우가 많다.

8.3.2 유조선의 화물 탱크 및 여러 가지 탱크의 배치

1. 화물 탱크와 전용 밸러스트 탱크의 배치

유조선의 화물 탱크를 검토하는 경우에는 용적, 화물의 종류 등 하역에 관계되는 항목뿐만 아니라 국제 조약이나 선급 협회 규칙에 따라서 각각 화물 탱크의 크기와 길이가 제한을 받게 되므로, 벌크 화물선의 경우보다 검토해야 할 사항도 많고 약간 복잡하다. 즉, 유조선의 경우 M.A.R.P.O.L. 1978에 규정된 재하중량 D.W.T. 20,000톤 이상인 S.B.T. 방식의 유조선은 재래형 유조선과는 화물 탱크의 배치가 상당히 틀리게 된다.

(1) 화물 탱크의 용량과 길이의 규칙

화물 탱크는 초대형 유조선이나 소형 유조선의 경우를 제외하고는 일반적으로 2줄의 종통격벽과 몇 개의 횡격벽으로 나누어져 있고, 그 길이와 각 화물 탱크의 용적에 대해서는 다음과 같은 규제가 있다.

㈎ M.A.R.P.O.L. 1978에는 각 화물 탱크의 용량과 길이에 대해 다음과 같이 요구되고 있다.

㈀ 각 화물 탱크의 길이 l_T는 $l_T \leq 10\,\mathrm{m}$ 또는 표 8-9에서 규정된 길이 중 큰 것 이하로 한다.

㈁ 선측 또는 선저에 어떤 범위의 사고에 의해 파손되었다고 산정했을 때, 화물 탱크로부터 흘러나오는 가상의 유출 유량이 30,000 m^3 또는 $400 \times \sqrt[3]{\mathrm{D.W.T.}}\ \mathrm{m}^3$ 중 큰 것을 넘지 않고

40,000 m^3 이하여야 한다. 그리고 $400 \times \sqrt[3]{\text{D.W.T.}} = 30,000\ \text{m}^3$가 되는 D.W.T.는 421,875톤이므로, D.W.T.가 그 이하인 유조선에서는 30,000 m^{3}이면 된다.

(ㄷ) 현측 탱크의 용량은 가상 유출 유량 제한값의 75%를 넘어서는 안 된다. 따라서, D.W.T. 421,875톤 이하인 유조선의 경우에는 현측 탱크의 용량을 $30,000 \times 0.75 = 22,500\ \text{m}^3$ 이하로 제한할 필요가 있다. 또, 중앙 부분의 탱크와 용량은 50,000 m^3 이하로 해야 한다.

(ㄹ) 슬롭(slop) 탱크의 용량은 화물 탱크의 3% 이상으로 하여야 한다. 다만, 화물 탱크의 스트리핑(stripping) 장치에 이덕터(eductor)를 쓰고 있지 않은 경우에는 2% 이하라도 좋은 것으로 되어 있다. 또, D.W.T. 70,000톤을 넘는 경우에는 슬롭 탱크가 적어도 2개 이상 있어야 한다.

표 8-9 화물 유조의 제한(M.A.R.P.O.L. 1978)

<table>
<tr><th>종통 격벽의 수</th><th colspan="4">길이의 제한 (m)</th></tr>
<tr><td>없 음</td><td colspan="4">$0.1L_F$</td></tr>
<tr><td>1줄</td><td colspan="4">$0.51L_F$</td></tr>
<tr><td rowspan="4">2줄 이상</td><td>현측 탱크</td><td colspan="3">$0.2L_F$</td></tr>
<tr><td rowspan="3">중앙부 탱크</td><td>$\frac{b_i}{B} \geq \frac{1}{5}$</td><td colspan="2">$0.2L_F$</td></tr>
<tr><td rowspan="2">$\frac{b_i}{B} < \frac{1}{5}$</td><td>중심선에 종통 격벽이 없는 경우</td><td>$\left(0.5 \cdot \frac{b_i}{B} + 0.1\right) L_F$</td></tr>
<tr><td>중심선에 종통 격벽이 있는 경우</td><td>$\left(0.25 \cdot \frac{b_i}{B} + 0.15\right) L_F$</td></tr>
</table>

㈜ 1. L_F : 건현용 길이
2. B : 배의 폭
3. b_1 : 현측 탱크의 폭이며, 하기 만재 흘수선에서 선측으로 배의 중심선에 직각 방향으로 잰 길이를 취한다.

(나) 선급 협회에 따라서는 화물 탱크의 길이에 대해서 규정하고 있는 데도 있다. 이를테면, L.R. 규칙에서는 수밀 격벽의 길이를 $0.2L_F$(m), 제수 격벽(制水 隔壁)의 길이를 $0.1L_F$(m)와 15 m 중 큰 쪽으로 택하게 되어 있다.

이상의 여러 규칙 이외에 화물 탱크의 길이를 결정할 때에는 선각 중량과 조선소의 공장설비와의 연관성을 항상 정확히 고려하여야 한다. 화물 탱크의 길이를 결정하려면 먼저 트랜스버스(transverse)의 간격을 결정해 줄 필요가 있다.

트랜스버스의 간격과 선각 중량의 관계는 선각 중량이 최소가 되는 범위가 있으므로 그 범위 안에서 처리하는 것이 좋다. 또, 건조하는 조선소의 시설에 따라서 블록(block)의 길이에 제한이 있으므로 트랜스버스의 간격을 정수배한 길이가 블록 길이의 제한값과 일치되도록 하는 것이 건조 효율면에서 바람직한 것이다.

그 밖에 선급 협회 규칙에서 트랜스버스 간격의 최대값이나 격벽 사이의 트랜스버스의 개수를 규정하고 있는 경우도 있으므로, 이런 경우에는 그것도 고려하여야 한다.

이와 같은 규칙에 의해서 제한되는 화물 탱크의 최대 길이 및 용량, 공장 설비에 의해서 제한되는 블록의 최대 길이, 그리고 선각 중량을 고려하면서 트랜스버스 간격과 화물 탱크의 길이를 결정하게 되는 것이다.

재래형 유조선의 화물 탱크 트랜스버스 간격의 실적값을 그림 8-34에 나타내었다.

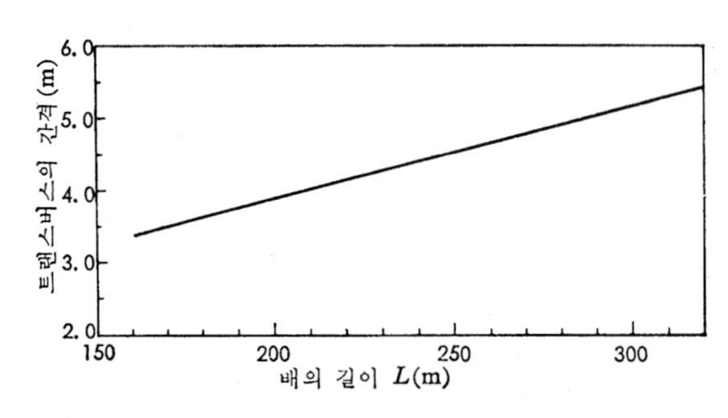

그림 8-34 재래형 유조선의 트랜스버스 간격

(2) 종통 격벽의 위치

최근에 건조되는 대형 유조선은 중심선 거더를 폐지한 구조로 되어 있으므로, 종통 격벽은 배의 폭을 거의 3등분한 33～38% B의 간격으로 배치하고 있다.

종통 격벽은 종늑골 간격에 맞추어 배치되며, 그 종늑골 간격은 20～30만 톤인 유조선에서는 800～900 m/m의 값이 된다.

(3) 전용 밸러스트 탱크의 위치

화물 탱크의 배치를 검토하는 데 있어서는 먼저 화물 탱크 구획의 전용 밸러스트 탱크의 용량과 위치를 산정한다.

재래형 유조선의 전용 밸러스트 탱크 용량은 화물 탱크 구획의 전용적으로부터 화물의 비중에 따라 요구되는 화물 탱크의 용적을 뺀 값으로 하고 있다. 또, 밸러스트 탱크의 위치는 트림과 종강도면에서 최적 위치를 계획할 필요가 있으며, 최종적으로는 소요 용적과 제한 용량 등을 계산한 후에 결정하여야 한다. 그러나 최초의 개략적인 위치 추정은 기준선의 자료를 써서 계산하여야 하지만, 일반적으로 선체 중앙보다도 약간 선수 쪽으로 치우친 곳이 된다.

종통 격벽이 선폭의 3등분 위치에 배치되는 경우에는 전용 밸러스크 탱크를 중앙부 탱크에 배치하는 경우가 많다. 전용 밸러스트 탱크의 위치가 산정되면 화물 탱크의 최대 길이, 트랜스버스 간격, 화물 탱크의 용량 제한을 고려하면서 배치를 검토한다. 유조선에서는 종류가 다른 화물유를 동시에 수송하는 일이 있으며, 그때 각 종류의 화물유 용적의 비율이 지정되는 경우도 있다.

이와 같은 경우에 종류가 다른 화물유는 동일한 항구에서 적재되는 일은 드물고 다른 항구에서 적재되는 것이 보통이므로, 어떤 종류의 화물유를 적재한 후에 다른 항구로 항행할 때에 트림이나 종강도의 문제가 일어나지 않도록 배치되어야 한다. 이를테면, A와 B 두 종류의 기름을 50 : 50으로 적재하도록 요구되고 있다면, A와 B 중 어느 한 화물유를 적재하고 나머지 화물 탱크가 비어 있는 상태에서 트림과 종강도상의 문제가 일어나지 않도록 배치해 놓아야 한다.

2. 여러 가지 탱크의 배치

(1) 연료 탱크

유조선의 연료 탱크는 화물 탱크 구획 안에 배치할 수는 없기 때문에 기관실의 양현이나 선수조와 화물 탱크 사이에 배치한다.

선수부에 연료 탱크를 배치했을 경우 연료유 파이프가 화물 탱크 안을 지나가도록 배관하는 것은 규칙에 의해 금지되고 있으므로, 상갑판 위를 지나 기관실로 통하게 배관한다. 따라서, 펌프의 흡입 성능면에서 기관실 내의 연료 이송 펌프로 선수부의 연료유를 빨아들이는 것은 불가능하므로, 이와 같은 경우에는 선수부에 따로 연료유 이송 펌프를 설치할 필요가 있다. 유조선의 경우에는 항속 거리면에서 기관실의 양현에 배치한 연료 탱크만으로도 용량이 충분한 경우가 많으므로 선수부에 연료 탱크를 설치할 필요가 없다. 이런 배에서는 연료유의 조정만으로는 출 · 입항 때에 등흘수를 만들지 못하므로 선미 트림으로 출항하여 입항 때 등흘수에 접근시킨다.

항구의 흘수 제한 때문에 출 · 입항 때 등흘수로 하여야 할 경우에는 전부 화물 탱크에 있는 화물유의 일부를 후부 화물 탱크에 화물유 펌프로 이송하여 트림을 조정하는 일도 있다. 이와 같은 경우에는 화물 탱크에 여분의 용적을 계획해야 하므로, 화물의 비중이 지정되어 있을 경우에는 화물 탱크의 용적을 결정할 때 그 만큼의 여유를 계획해 두어야 한다.

(2) 그 밖의 탱크

전용 밸러스트 탱크로는 화물 탱크 구획 안의 전용 밸러스트 탱크와 선수미 탱크가 사용되고 있다. 그러나 재래형의 유조선에서는 화물 탱크를 밸러스트 탱크로 이용할 수 있기 때문에 밸러스트양이 충분히 적재될 수 있으므로 선수창을 100% 사용하지 않아도 될 때가 있다. 이와 같은 경우에는 선수창의 일부를 막아서 밸러스트 탱크로 하고 나머지를 빈 탱크(void tank)로 할 수 있다.

청수 탱크는 벌크 화물선의 경우와 같이 잡용 청수와 음료수 탱크를 기관실 구획 안에 설치한다. 또, 유조선의 경우에는 디젤선이라도 대형 보조 보일러를 사용하므로 급수 탱크(feed water tank) 또는 증류수 탱크(distilled water tank)를 설치해 둘 필요가 있다.

3. S.B.T. 방식 유조선의 화물 탱크 및 밸러스트 탱크의 배치

M.A.R.P.O.L. 1978에 의하면 재하중량 D.W.T. 20,000톤 이상인 유조선에서는 분리 밸러스트 탱크(S.B.T.)를 설치하게 되어 있으며, 밸러스트 탱크의 배치와 용량이 규정되어 있고, 재래형 유조선과는 상당히 다르다.

국제 조약에 따르면 배의 경하 상태에서 S.B.T.에 밸러스트를 적재하였을 때 다음 상태가 확보될 수 있어야 한다.

(가) 평균 흘수 $d_M = 2.0 + 0.02\,L_F$ (m) 이상

(나) 트림은 $0.015\,L_F$ (m) 이하

(다) 프로펠러 심도율 $\dfrac{I}{D}$는 100% 이상

다만, 황천시에는 선장의 판단으로 화물 탱크에도 밸러스트를 적재할 수 있다. 또, S.B.T. 방식의 경우에도 재래형 유조선과 같은 화물 탱크의 길이나 용량의 규제가 동일하게 적용되지만, 다음과 같은 사항이 재래형 유조선의 경우와 약간 다르다.

(ㄱ) 재래형 유조선의 경우에는 현측 탱크의 용량이 가상 유출 유량 제한값의 75%를 넘어서는 안 된다. 그러나 S.B.T.의 경우에는 현측 탱크가 전용 밸러스트 탱크 사이에 낀 배치로 되어 있기 때문에 전용 밸러스트 탱크의 길이가 규정의 손상 길이를 넘고, 또 폭이 규정의 손상 폭을 넘고 있을 경우에는 현측 탱크의 용량을 가상 유출 유량의 100%까지 취해주어도 관계없다. 손상 길이나 손상 폭에 대해서는 8.3.4절에서 다시 설명하기로 한다.

(ㄴ) 슬롭 탱크의 용량은 화물 탱크의 2% 이상이면 된다.

그림 8-35는 S.B.T. 방식 유조선의 탱크 배치 예이다.

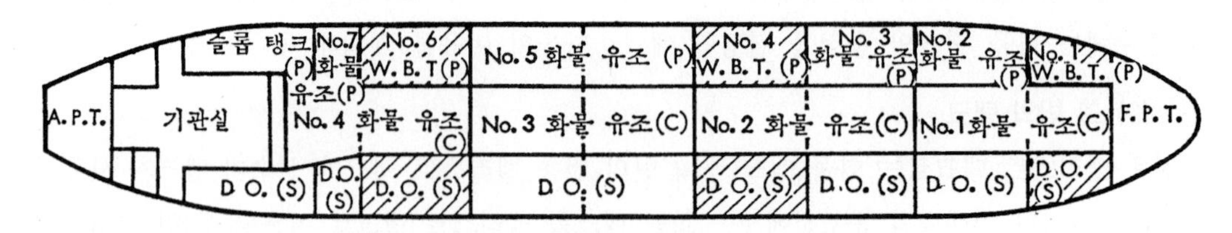

그림 8-35 S.B.T. 방식 유조선의 화물 유조 배치 예

S.B.T.의 경우에는 전용 밸러스트 탱크를 화물 탱크의 용량 규제 관점에서 현측에 배치하는 것이 유리하다. 물론, 중앙부에 배치하는 것도 가능하지만 해상 오염 방지 조약의 정신은

충돌이나 좌초되었을 때에 흘러나오는 화물유의 양을 적게 하려는 것이 목적이기 때문에, S.B.T.의 경우에는 밸러스트 탱크를 현측에 배치하는 것이 본래의 계획에 맞는 것으로 생각된다.

M.A.R.P.O.L. 1978에 의하면 S.B.T.는 보호적 배치(protective location)를 하도록 정해져 있다. S.B.T.를 현측에 배치하는 경우에는 그 폭을 2 m 이상으로 할 것과 이중저에 배치하는 경우에는 그 깊이를 $\frac{B}{15}$와 2 m 중 작은 쪽의 값 이상으로 해야 한다는 것이 요구되고 있다.

그 밖에 M.A.R.P.O.L. 1978에 의하면 재하중량 20,000톤 이상인 유조선과 화물 탱크에는 원유 세척(crude oil washing, C.O.W.) 장치를 설비하는 것이 요구되고 있다.

8.3.3 구획과 탱크 용량의 제한

선박으로부터의 오염 방지를 위한 국제 조약(M.A.R.P.O.L. 1978)에 의한 유조선의 구획과 제한에 있어서, 이 조약에 의해 이후에 건조되는 유조선의 화물 탱크 배치는 크게 제약을 받게 되었다. 즉, 화물 탱크 등의 배치에 대해 크게 영향을 받게 되는 사항은 다음과 같다.

㈎ 탱크 용량의 규제

㈏ 분리 밸러스트 탱크(S.B.T.) 방식의 밸러스트 전용 탱크의 용량 및 밸러스트 상태에서의 흘수, 트림의 규제

㈐ 손상시의 복원 성능

이에 대해 간단히 설명하기로 한다.

1. 국제 조약에 의한 구획 등의 제한

(1) 탱크 용량의 규제

유조선이 충돌 혹은 좌초에 의해 원유가 새어 나오면 주변의 해상을 오염시켜 큰 손해를 끼치므로 화물유 탱크의 크기를 규칙에 따라 각각 제한시키고 있다. 즉, 규정되어 있는 계산 방식에 의해 산출한 가상적인 기름 유출량이 30,000 m^3 또는 $400\sqrt[3]{D.W.T.}$ 중 큰 것을 넘지 않고, 또 40,000 m^3를 넘어서는 안 된다.

각각의 화물 탱크 용량은 중앙 탱크는 50,000 m^3, 선측 탱크는 위의 가상 유출 유량의 75%를 넘지 않을 것을 요구하고 있다. 그 밖의 화물 탱크의 길이는 10 m 또는 일정한 계산식으로 산출한 값 중 큰 것을 넘지 않도록 제한시키고 있다.

(2) S.B.T. 방식에서의 밸러스트 상태에 관한 규칙

밸러스트 상태로 항해하는 도중에 탱크의 세척 작업을 하지 않는다면 기름이 섞인 바닷물이 바다에 유출될 위험은 적어진다. 그렇게 되기 위해서는 전용 밸러스트 탱크만으로 밸러스트 항해가 될 수 있도록 하여야 한다.

M.A.R.P.O.L. 1978에서는 재하중량 20,000톤 이상인 유조선은 분리 밸러스트 탱크(S.B.T.)

를 설치하도록 규정하고 있으며, 이 전용 밸러스트 탱크에 해수를 넣은 상태에서 흘수와 트림이 다음과 같은 조건을 만족하도록 요구하고 있다.

(가) 흘수가 $d_M = 2.0 + 0.02\,L_F$ (m) 이상일 것
(나) 트림이 $0.015\,L_F$ (m) 이하일 것
(다) 프로펠러가 완전히 물에 잠기게 할 것

또한, 여기서 L은 L_{BP}가 아니고 건현용 길이 L_F가 되는 것에 주목해야 한다. 따라서, 전용 밸러스트 탱크의 용량과 배치는 위의 조건을 만족하도록 되어야 한다. 배의 완성시 선수미 방향의 중심 위치와 경하중량은 계획할 때와는 차이가 있으므로, 그 만큼의 여유를 미리 생각하여 계획할 때의 트림과 흘수를 결정할 필요가 있다.

(3) 손상시 복원성

화물 탱크의 크기를 제한하여 손상을 받았을 때 기름의 유출량을 제한하여도 손상으로 인해 배가 침몰하게 되면 기름이 유출되므로, 배가 충돌이나 좌초로 인해 침몰되지 않도록 하는 것이 가장 중요하다.

그러므로 이 조약에서는 손상시의 복원성을 다음과 같이 요구하고 있다.

선측이나 선저에 규정 크기의 손상을 받고 침수했을 때 침수 후의 경사각이 25°를 넘어서는 안 된다. 그러나 갑판 측선(upper deck side line)이 물에 잠기지 않을 경우에는 30°까지 허용된다. 또, 침수 후의 최대 복원정이 0.1 m 이상이고, 복원정이 양의 값을 가지는 범위가 20° 이상이어야 한다.

손상 범위에 관해서는 다음과 같은 것을 고려하여야 한다.

(가) $L > 225$ m인 경우에는 배의 전길이에 걸쳐서 어떤 부분이라도 규정 크기의 손상을 받는다고 생각한다.

(나) 225 m $\geq L > 150$ m인 경우에는 기관실 이외의 장소는 어떤 부분이라도 규정 크기의 손상을 받는다고 생각하고, 또 기관실은 1구획 침수로 한다.

(다) $L \leq 150$ m인 경우에는 기관실 이외의 부분은 1구획 침수로 하고, 또 기관실은 침수하지 않는 것으로 생각한다.

이 조약에서 요구하고 있는 손상시 복원성과 I.L.L.C.에서 B_o 건현보다 작은 건현을 취할 때에 요구되는 손상시 복원성과의 사이에서 차이점을 살펴보면, 침수 후의 경사각과 복원성의 조건이 다를 뿐만 아니라 손상 범위로서 I.L.L.C.가 화물 탱크를 생각하고 있지 않은 데 비해 이 조약에서는 화물 탱크도 포함시키고 있으며, 또 계산 상태로서 I.L.L.C.는 만재 상태만을 고려하는 데 비해 이 조약에서는 화물유를 탑재한 모든 상태를 고려해야 하는 점이 다르다.

2. 선급 협회의 규칙에 의한 제한

선급 협회 규칙에 의한 배의 강도면에서 볼 때 격벽의 수, 유조선의 화물 탱크 길이, 벌크 화물선의 이중저 높이 등을 규정하고 있다.

그러므로 화물 탱크나 화물창의 배치와 단면 계수를 결정하는 데 있어서는 이 규정을 만족하도록 하여야 한다. 이를테면, 유조선의 제수 격벽은 $0.1\,L_F$, 유밀 격벽은 $0.2\,L_F$의 간격까지 인정되고 있다.

건조 공장의 설비 때문에 최대의 블록 길이가 제한되므로, 화물 탱크의 길이는 선급 협회의 규정과 M.A.R.P.O.L. 1978의 규정뿐만 아니라 이 블록의 길이도 생각하여 결정하여야 한다.

8.3.4 탱크 용량의 제한 계산

1. 가상 유출 유량의 계산식

유조선의 화물 탱크 용량 및 배치에 관해서는 다음의 두 가지 조건을 만족해야 한다.

(가) 가상 유출 유량이 30,000 m^3 또는 $400 \times \sqrt[3]{\mathrm{D.W.T.}}$ (m^3) 중 큰 쪽을 넘지 않고, 또 40,000 m^3 이하일 것

(나) 각 화물 탱크의 크기는 다음 제한값 이내일 것

(ㄱ) 현측 탱크의 용량 $\leq 0.75 \times$ 가상 유출 유량

(ㄴ) 중앙 탱크의 용량 $\leq$ 50,000 m^3

화물 탱크 용량의 제한값을 계산하려면 가상 유출 유량을 계산할 필요가 있는데, 그것은 M.A.R.P.O.L. 1978에 따라 다음과 같이 구해진다.

먼저 충돌이나 좌초에 따라서 표 8-10과 표 8-11에 나타낸 바와 같은 범위의 손상을 받는 것으로 한다.

표 8-10 충돌로 인한 선측 손상의 범위와 크기 (단위 : m)

손상의 범위	손상의 크기(m)
길이 방향(l)	$\left(\frac{1}{3}\right)L_F^{2/3}$ 또는 14.5 m 중 작은 쪽
가로 방향(만재 흘수선에서 선측으로부터 선체 중심선에 수직하게 안쪽을 향하여 계측한다.) (t_C)	$\frac{B}{5}$ 또는 11.5 m 중 작은 쪽
연직 방향(v_C)	기선으로부터 위로 무한(無限) 높이

표 8-11 좌초로 인한 선저 손상의 범위와 크기

손상 범위	손상의 크기(m)	
	F.P.로부터 $0.3L_F$ 사이	그 밖의 부분
길이 방향(l_S)	$\frac{L_F}{10}$	$\frac{L_F}{10}$ 또는 5 m 중 작은 쪽
가로 방향(t_S)	$\frac{B}{6}$ 또는 10 m 중 작은 쪽 (다만, 5 m 이상)	5 m
연직 방향(v_S)	기선으로부터 $\frac{B}{15}$ 또는 6 m 중 작은 쪽	

㈜ L_F : 건현용 길이
B : 배의 폭

이상과 같은 범위에 손상을 받았다고 가정한 경우 유출되는 기름의 양을 다음 식으로 계산한다.

- 선측의 손상에 따른 가상 유출 유량을 O_C라고 하면,

$$O_C = \sum W_I + \sum K_I C_I$$

- 선저의 손상에 따른 가상 유출 유량을 O_S라고 하면,

$$O_S = \frac{1}{3}\left(\sum Z_I W_I + \sum Z_I C_I\right)$$

다만, 동시에 4개의 중앙 탱크가 손상을 받았다고 가정하는 경우에는 다음과 같다.

$$O_S = \frac{1}{4}\left(\sum Z_I W_I + \sum Z_I C_I\right)$$

여기서, W_I : 손상에 의해서 파손된 현측 탱크의 용량이며, 전용 밸러스트 탱크의 경우에는 0으로 잡는다.

C_I : 손상에 의해서 파손된 중앙 탱크의 용량

K_I : $1 - \frac{b_I}{t_C}$, b_I는 손상받은 곳의 현측 탱크의 폭

또한, $b_I \geq t_C$일 때, $\frac{b_I}{t_C} = 1$로 한다.

따라서, $K_I = 0$이 된다.

Z_I : $1 - \frac{h_I}{v_S}$, h_I는 이중저의 최소 깊이이지만 이중저가 없을 때에는 0으로 한다.

또한, $h_I \geq v_S$일 때, $\frac{h_I}{v_S} = 1$로 한다.

따라서, $Z_I = 0$ 이 된다.

한편, l_C보다 짧은 길이의 공간 또는 전용 밸러스트 탱크가 그림 8-36에서 보인 것과 같이 현측 탱크(기름) 사이에 배치되어 있을 때에는 O_C의 식 W_I는 그림에서의 W_1, W_3 중 작은 쪽의 값에 $\left(1-\frac{l}{l_C}\right)$을 곱한 값으로 잡을 수가 있다.

예를 들면, 앞의 그림에 따라 손상 구획 안에 현측 탱크 W_1, W_2, W_3가 있고, $W_1 < W_3$ 이면 O_C의 식에서 W_I는

$$W_I = W_1 \times \left(1-\frac{l}{l_C}\right) + W_S$$

로 된다.

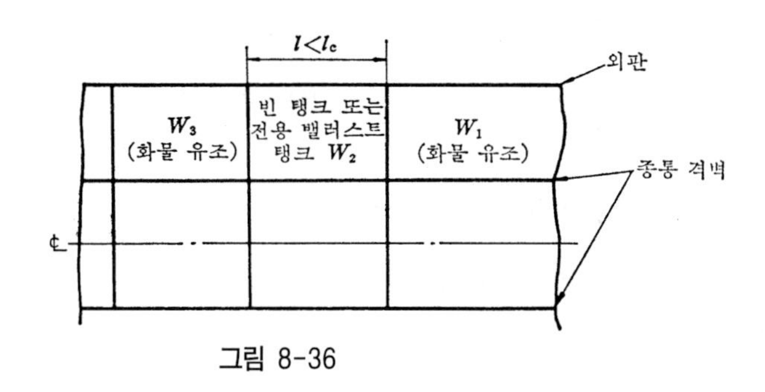

그림 8-36

$W_1 = W_3$일 때에는 어느 한쪽 탱크에 $\left(1-\frac{l}{l_C}\right)$을 곱한다.

종통 격벽의 폭이 배의 폭 B의 30% 정도일 경우 현측 탱크의 폭 b_I는 $\frac{B}{5}$ 이상이므로 $b_I \geqq t_C$로 되어 $K_I = 0$이 된다. 따라서, $O_C = \sum W_I$가 된다. 또, 재래형 유조선의 경우에는 이중저가 없으므로 $Z_I = 1$이 된다.

또한, 종통 격벽이 두 줄인 경우에는 일반적으로 4개의 중앙 탱크 선저가 손상되는 일은 없기 때문에

$$O_S = \frac{1}{3}\left(\sum W_I + \sum C_I\right)$$

가 된다.

2. 탱크 용량의 제한 계산 예

M.A.R.P.O.L. 1978에 따라서 가상 유출 유량의 제한값과 각 탱크의 용량 제한을 계산한 예를 들어본다. 이 계산 예는 다음의 D.W.T. 61,000톤인 유조선에 대해 계산해 보기로 한다.

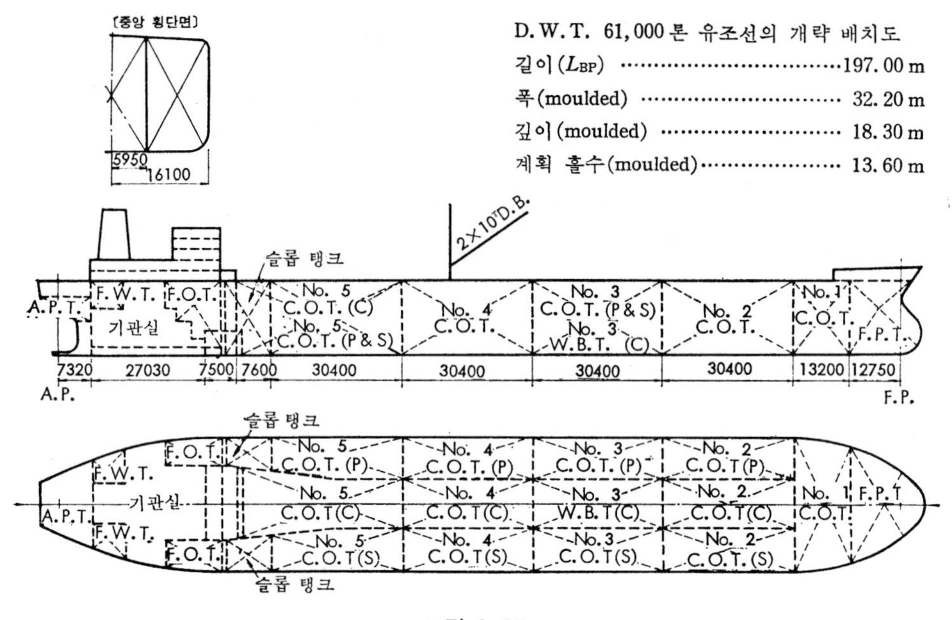

그림 8-37

(1) 가상 유출 유량의 계산

선측의 손상 범위는 표 8-10에 따라 다음과 같이 가정된다.

- 길이 방향

$$\frac{1}{3}L_F^{\frac{2}{3}} = 11.32 \text{ m} < 14.5 \text{ m}$$

따라서, $l_C = 11.32$ m

- 가로 방향

$$\frac{B}{5} = 6.44 \text{ m} < 11.5 \text{ m}$$

따라서, $t_C = 6.44$ m

선측의 손상에 따라서 흘러나오는 유량은 그림 8-38에서와 같이 No. 1 화물 탱크와 No. 2 화물 탱크 사이의 횡격벽이 파손되어서 No. 1 화물 탱크와 No. 2 화물 탱크의 한쪽 현(그림에서 좌현)의 현측 탱크로 기름이 흘러나오는 경우가 가장 많다.

따라서, 선측의 손상에 따른 가상 유출 유량은 이 경우에 대해서 계산해 두면 좋다.

예를 든 배의 화물 탱크 배치의 경우에는 현측 탱크의 폭 b_I가 손상된 가로 방향의 크기 6.44 m보다 크므로 $K_I = 0$이 된다. 따라서, $O_C = \sum W_I$가 된다.

여기서, No. 1 화물 탱크와 No. 2 화물 탱크(좌현)의 용적은 표 8-12에 나타낸 것과 같이

각각 6,095 m^3, 5,470 m^{3}이므로, 선측의 손상에 따른 가상 유출 유량은

$$O_C = 6{,}095 + 5{,}470 = 11{,}565\ \mathrm{m}^3$$

가 된다.

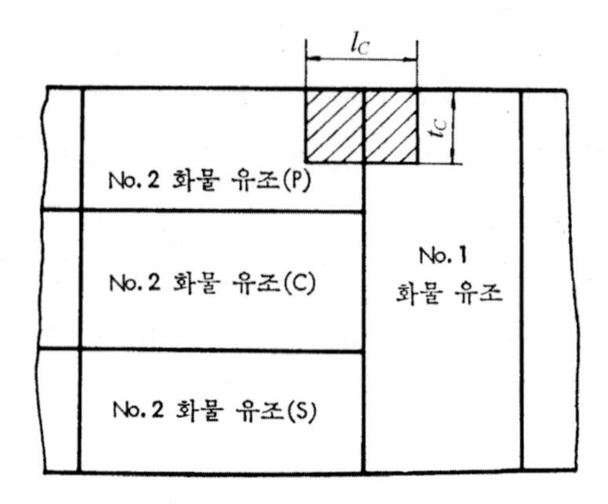

그림 8-38 선측 손상 범위

표 8-12 D.W.T. 61,000 ton 유조선의 각 화물 탱크 용적

화 물 탱 크	용량(100%) m^3	화 물 탱 크	용량(100%) m^3
No. 1 C.O.T.	6,095	No. 2 C.O.T.(P&S)	5,470 × 2
No. 2 C.O.T.(C)	6,805	No. 3 C.O.T.(P&S)	5,643 × 2
No. 3 C.O.T.(C)	6,805	No. 4 C.O.T.(P&S)	5,643 × 2
No. 5 C.O.T.(C)	9,240	No. 5 C.O.T.(P&S)	5,358 × 2

선저의 손상 범위는 표 8-11에 따라 다음과 같이 가정된다.

- (F.P.$\sim 0.3\,L_F$)의 장소

① 길이 방향 : $\dfrac{L_F}{10} = 19.79\,\mathrm{m} > 5\,\mathrm{m}$

$$l_S = 19.79\ \mathrm{m}$$

② 가로 방향 : $\dfrac{B}{6} = 5.37\ \mathrm{m} > 10\,\mathrm{m}$

$$t_S = 5.37\ \mathrm{m}$$

③ 깊이 방향 : $\dfrac{B}{16} = 2.15\ \mathrm{m} < 6\,\mathrm{m}$

$$v_S = 2.15\ \mathrm{m}$$

• 그 밖의 장소

① 길이 방향 : $l_S = 5.00$ m

② 가로 방향 : $t_S = 5.37$ m

③ 깊이 방향 : $v_S = 2.15$ m

선저의 손상에 따라 유출되는 유량은 그림 8-39와 같이 F.P.$\sim 0.3L_F$의 장소에서는 No. 1 화물 탱크와 No. 2 화물 탱크의 중앙 탱크 및 어느 한쪽의 현측 탱크의 3 탱크가 동시에 손상되었을 때 가장 커진다.

또, 그 밖의 장소에 대해서는 No. 4 화물 탱크와 No. 5 화물 탱크의 중앙 탱크와 어느 한쪽의 현측 탱크의 4 탱크가 동시에 손상되었을 때 가장 크다. 따라서, 선저의 손상에 따른 가상 유출 유량은 이런 경우에 대해서 계산해 놓으면 좋다.

이 배는 이중저가 없으므로 $Z_I = 1$이며, 또 동시에 4개의 중앙 탱크가 손상될 경우에는 없으므로 O_S는

$$O_S = \frac{1}{3}\left(\sum W_I + \sum C_I\right)$$

가 된다.

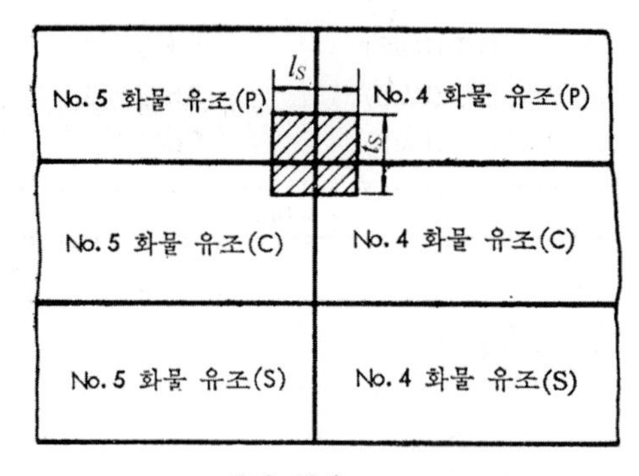

그 밖의 경우

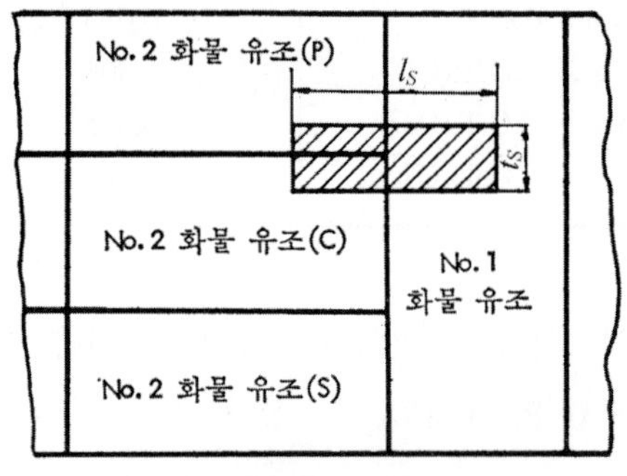

(F. P. ~0. 3Lf)의 경우

그림 8-39 선저 손상 범위

No. 1 화물 탱크, No. 2 화물 탱크(중앙, 현측), No. 4 화물 탱크(중앙, 현측), No. 5 화물 탱크(중앙, 현측)의 각 화물 탱크 용량은 표 8-12에 나타나 있는 것과 같으므로, 선저의 손상에 따른 가상 유출 유량 O_S는 다음과 같이 된다.

• (F.P.$\sim 0.3L_F$)의 장소

$$O_S = \frac{1}{3}\times(6095 + 5470 + 6805) = 6123\,\text{m}^3$$

• 그 밖의 장소

$$O_S = \frac{1}{3} \times (5643 + 5358 + 6805 + 9240) = 9015\,\mathrm{m}^3$$

(2) 가상 유출 유량의 제한

D.W.T.= 61,000톤이므로

$$400 \times 3\sqrt{\mathrm{D.W.T.}} = 15{,}745\,\mathrm{m}^3 < 30{,}000\,\mathrm{m}^3$$

따라서, 가상 유출 유량의 제한값은 30,000 m^3가 된다.

O_C와 O_S는 (1)항의 계산에서 얻었던 것과 같이 O_C= 11,565 m^3이고, O_S= 6,123 m^3(F.P.~$0.3\,L_F$의 장소), 9,015 m^3(그 밖의 장소)이므로 모두 30,000 m^3 이하이다.

(3) 탱크 용량의 제한

단일 현측 탱크의 용량 제한값은 30,000 m^3 × 0.75 = 22,500 m^3 이하이고, 단일 중앙 탱크의 용량 제한값은 50,000 m^3 이하이다.

표 8-11에서 이 배의 탱크 용량표로 알 수 있는 것과 같이 각 탱크의 용량은 모두 제한값 이내에 들어가 있다.

이상의 검토로 이 배의 화물 탱크의 배치는 M.A.R.P.O.L. 1978의 요구를 만족하고 있다는 것이 확인되었다. 또, 탱크 길이의 제한값의 검토에 대해서는 문제 없다고 판단할 수 있다.

3. 탱크 용적도의 작성 방법

용적도(capacity plan)는 화물창(조), 연료 탱크, 청수 탱크, 밸러스트 탱크의 각 구획에 대해서 그 용적(m^3)과 중심의 위치를 기입한 도면이다.

트림 계산을 하려면 배수량 등곡선도가 필요하며, 용적도를 작성하려면 배의 정면 선도를 이용하여야 정확한 용적을 추정할 수 있다. 이를테면 화물창의 용적을 계산하는 경우에는 다음과 같은 순서에 의한다.

먼저, 선도에 의한 정면 선도의 각 스테이션의 위치에서 화물창의 단면 형상을 기입하고, 그 단면의 면적(다만, 화물 창구 부분은 제외)을 계산한다. 각 화물창마다 선도의 외판 곡선이 나타나며, 이 곡선으로 둘러싸인 면적을 Simpson 법칙으로 계산하면 창구 부분을 제외한 각 화물창의 용적이 구해진다. 또, 동시에 중심 위치도 계산된다. 이에 창구 부분의 용적과 중심 위치를 계산해서 합한다.

이와 같이 해서 구해진 화물창의 용적은 선체 구조 부재에 의해 점유된 체적도 포함한 것이므로 전체 체적으로부터 먼저 횡격벽 위아래의 지지부 부재의 체적을 빼고, 그 뒤에 늑골이나 횡격벽 구조물의 골재나 판에 의해 점유된 체적을 빼야 한다.

구조물의 골재나 판재에 의해 점유된 체적을 빼는 것을 구조물의 공제라고 하는데, 이것을 각 화물창에 대해서 일일이 계산하는 것은 매우 복잡하므로 각 용적의 몇 %가 되는지를 적당히 추정하여 공제한다.

이 값은 배의 구조와 크기에 따라 다르나 대략 기준은 표 8-13과 같다.

같은 방법으로 연료 탱크, 청수 탱크, 밸러스트 탱크의 용적과 중심 위치를 계산하여 용적도를 완성한다.

그림 8-40은 D.W.T. 45,000톤 벌크 화물선의 용적도이며, 이때 계산된 용적도가 화물창(조), 연료 탱크, 청수 탱크, 밸러스트 탱크의 용적이 실제 운항에 필요한 필요량을 만족하고 있는지를 다시 확인해 볼 필요가 있다.

표 8-13 구조물 공제

구 획	공제량(%)	구 획		공제량(%)
선수미 탱크	1.5~2.0	화물탱크	선 측 탱 크	0.6~1.0
이중저 탱크	1.5~2.0		중 앙 탱 크	0.4~0.7
심 수 탱 크	1.0		어깨(윙) 탱크	0.8~1.2
			화 물 창	0.2

설계 단계에서 요구되는 모든 현상을 충실히 만족스럽게 추정할 수 있는 것은 유조선과 화물선의 모든 선형의 기능과 목적에 접근시킬 수 있는 계산 방법을 선택해야 한다.

이때에 탱크의 중심 위치와 창구 부분의 탱크 용적 중심 위치를 계산하고, 탱크 용적도를 작성할 때에 배의 정면 선도를 이용하여 화물창의 용적을 계산해야 한다.

화물창의 용적은 선체 구조 부재에 의해 점유된 체적도 포함되므로 전체의 탱크 용적에 대한 횡격벽 위·아래의 지지된 부재의 용적과 횡격벽 구조물의 골재들이 차지한 체적을 뺀 용적을 충족시켜야 한다.

한편, 연료, 청수 그리고 밸러스트의 양을 검토하여 초기 설계 단계에서 배의 내구성과 건조 및 공작 상태를 검토해야 한다.

선급협회 규칙에 의한 배의 강도 면에서 볼 때에 격벽의 수, 유조선의 화물 탱크의 길이, 벌크 화물선의 이중저 높이 등을 규정하고 있다.

마지막으로, 가능한 한 트림과 복원력도 검토되어야 하며, 만일 불합리한 점이 발견되면 수정하여 다시 용적 계산을 진행해야 한다.

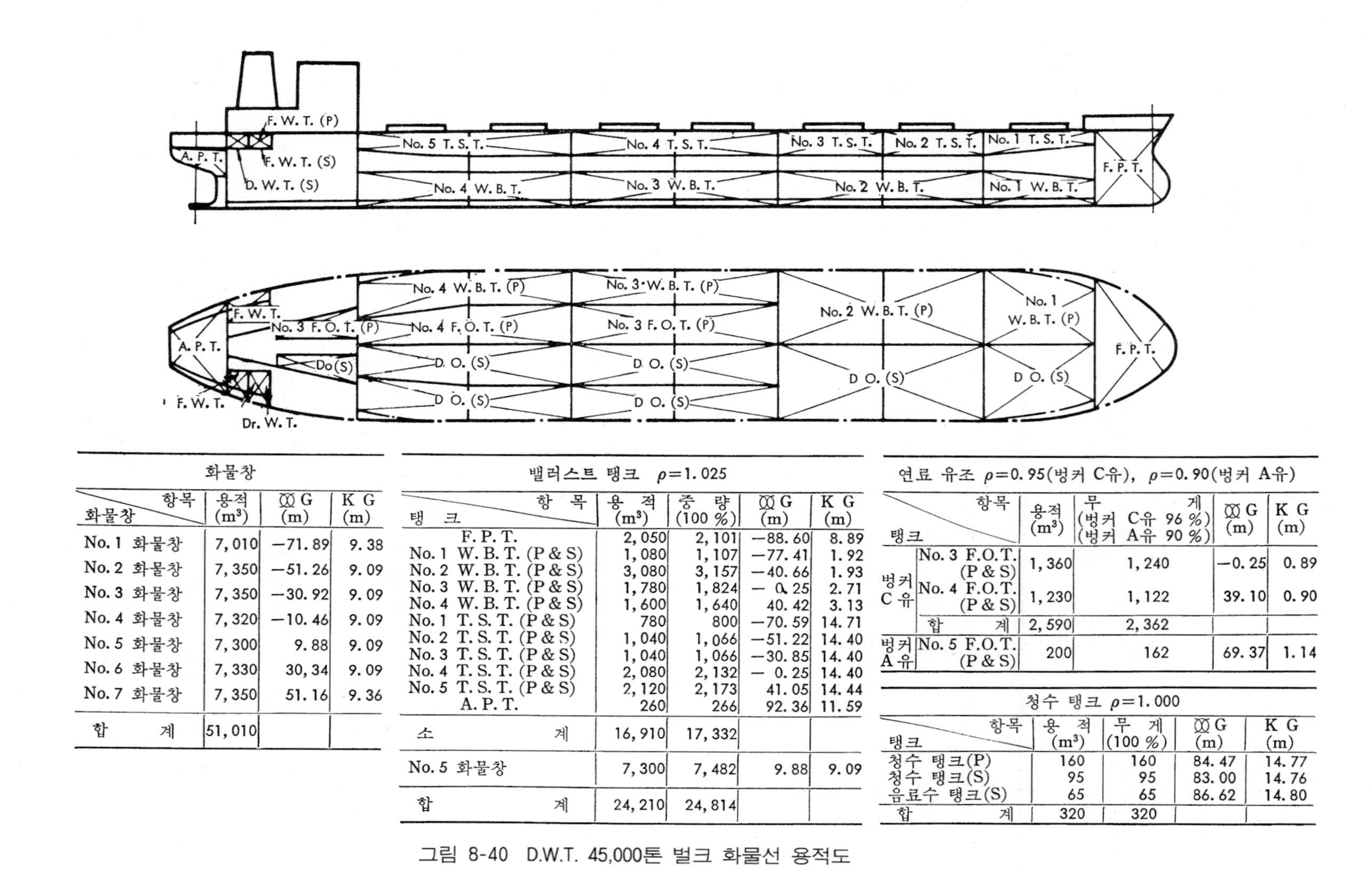

화물창

화물창 \ 항목	용적 (m³)	⊗G (m)	K G (m)
No. 1 화물창	7,010	−71.89	9.38
No. 2 화물창	7,350	−51.26	9.09
No. 3 화물창	7,350	−30.92	9.09
No. 4 화물창	7,320	−10.46	9.09
No. 5 화물창	7,300	9.88	9.09
No. 6 화물창	7,330	30,34	9.09
No. 7 화물창	7,350	51.16	9.36
합 계	51,010		

밸러스트 탱크 $\rho=1.025$

탱크 \ 항목	용적 (m³)	중량 (100 %)	⊗G (m)	K G (m)
F. P. T.	2,050	2,101	−88.60	8.89
No. 1 W. B. T. (P & S)	1,080	1,107	−77.41	1.92
No. 2 W. B. T. (P & S)	3,080	3,157	−40.66	1.93
No. 3 W. B. T. (P & S)	1,780	1,824	− 0.25	2.71
No. 4 W. B. T. (P & S)	1,600	1,640	40.42	3.13
No. 1 T. S. T. (P & S)	780	800	−70.59	14.71
No. 2 T. S. T. (P & S)	1,040	1,066	−51.22	14.40
No. 3 T. S. T. (P & S)	1,040	1,066	−30.85	14.40
No. 4 T. S. T. (P & S)	2,080	2,132	− 0.25	14.40
No. 5 T. S. T. (P & S)	2,120	2,173	41.05	14.44
A. P. T.	260	266	92.36	11.59
소 계	16,910	17,332		
No. 5 화물창	7,300	7,482	9.88	9.09
합 계	24,210	24,814		

연료 유조 $\rho=0.95$(벙커 C유), $\rho=0.90$(벙커 A유)

탱크 \ 항목		용적 (m³)	무게 (벙커 C유 96 %) (벙커 A유 90 %)	⊗G (m)	K G (m)
벙커 C유	No. 3 F.O.T. (P & S)	1,360	1,240	−0.25	0.89
	No. 4 F.O.T. (P & S)	1,230	1,122	39.10	0.90
	합 계	2,590	2,362		
벙커 A유	No. 5 F.O.T. (P & S)	200	162	69.37	1.14

청수 탱크 $\rho=1.000$

탱크 \ 항목	용적 (m³)	무게 (100 %)	⊗G (m)	K G (m)
청수 탱크(P)	160	160	84.47	14.77
청수 탱크(S)	95	95	83.00	14.76
음료수 탱크(S)	65	65	86.62	14.80
합 계	320	320		

그림 8-40 D.W.T. 45,000톤 벌크 화물선 용적도

8.4 침수 계산

1966년의 I.L.L.C.를 적용할 경우 8.6절의 건현 계산에서 설명하는 건현 계산에 따라 규칙에서 요구하는 조건들을 만족시켜야 한다. 한편, M.A.R.P.O.L. 1978이 적용되는 유조선의 경우에도 침수(浸水) 계산이 요구되고 있다. 복잡한 계산 방법은 조선 공학의 선박 계산에서 다루기로 하고, 여기서는 계산 조건에 대해 설명하기로 한다.

8.4.1 I.L.L.C. 1966에 의해 요구되는 침수 계산

I.L.L.C.에서 요구하고 있는 침수 계산에 관해서는 I.L.L.C.의 제27조 규칙에 기술되어 있으며, 그 규칙의 해석에 대해서는 I.M.O.로부터 1968년 11월 28일부터 권고되어 있다. 여기서는 그것에 따라서 설명하기로 한다.

1. 침수 구획의 범위

8.6절의 건현 계산에서 설명하겠지만 배의 형식, 길이, 건현의 종류가 주어지면 그림 8-33에 나타낸 것과 같이 계산 흐름도에 따라 1구획 또는 2구획 침수의 어느 것으로 계산해야 하는지를 결정하여야 한다. 예를 들면, D.W.T. 45,000톤 벌크 화물선의 경우에는 8.6절의 건현 계산에서 계산되겠지만 B형선으로서 길이가 190 m이고 취득할 건현의 종류는 B-60이므로, 기관실을 제외한 각 구획에 대하여 1구획 침수를 계산할 필요가 있다.

침수 계산을 할 경우에는 손상 범위를 상정할 필요가 있으며, 이것은 다음과 같이 생각한다.

㈎ 손상의 연직 방향 범위는 배의 깊이와 같다고 생각한다. 선루나 갑판실이 있는 경우에도 손상 구획실 바로 위의 선루 또는 갑판실은 없는 것으로 보고 부력(浮力)을 계산할 때에는 계산에 넣지 않는다.

㈏ 손상의 가로 방향 범위는 하기 만재 흘수선에서의 선체 중심선에 수직하게 선측으로 부터 안쪽으로 재어 $\frac{B}{5}$까지 취한다. B는 배의 중앙부에서의 폭이 된다. 다만, $\frac{B}{5}$보다 적은 손상을 생각하는 쪽의 조건이 상당히 나빠질 경우에는 이와 같은 손상 범위에 대해서도 역시 계산해 줄 필요가 있다.

㈐ 배의 길이 방향은 그림 8-40과 같이 계산 흐름도에 따라 1구획 또는 2구획 침수로 계산한다. 횡격벽의 가로 방향의 손상 범위 내에 3.05 m 이상의 계단이나 요철(凹凸)부가 있을 경우에는 그 횡격벽은 손상되는 것으로 가정하고, 인접한 2구획에 침수하는 것으로 하여 계산한다. 또한, 3.05 m + $0.03L_F$와 10.65 m 중 작은 값보다 좁은 간격으로 배치된 횡격벽은 없는 것으로 생각한다.

㈑ 기관실 구획 안의 연료유, 디젤유, 윤활유, 청수 등의 소비용 액체를 적재하는 탱크는 원

척적으로 침수하지 않는 것으로 보고 계산하지만, 이들 탱크도 현측에 붙은 탱크와 같이 비대칭 침수에 따라 큰 경사 모멘트를 발생시키는 탱크는 침수되는 것으로 생각하고 계산하여야 한다.

또, 기관실 구획 이외의 연료유 등의 탱크는 다음 항에서 설명하는 중심 계산에 관계 없이 모두 침수하는 것으로 보고 계산한다. 그러나 유조선의 화물 탱크는 침수하지 않는 것으로 한다.

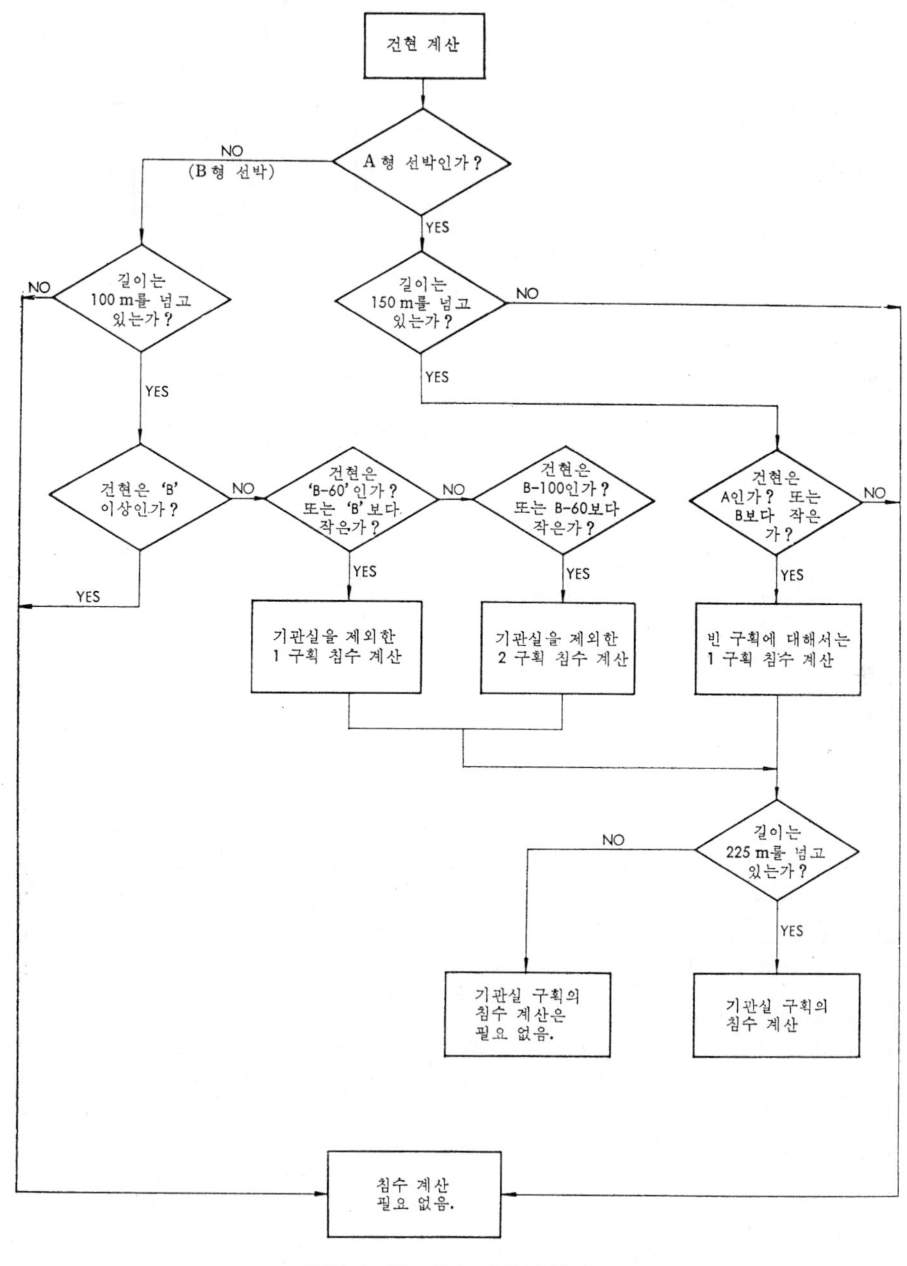

그림 8-41 침수 계산의 적용

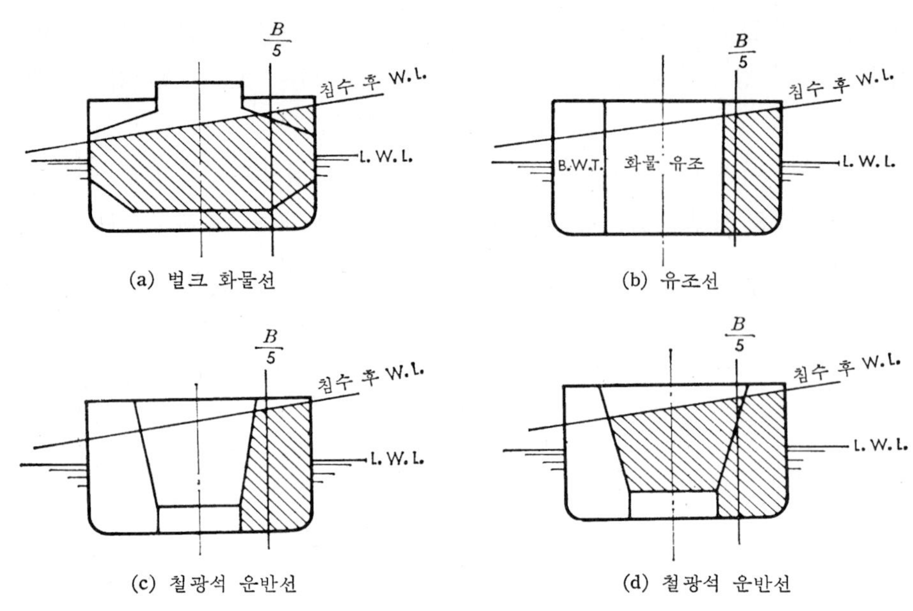

(a) 벌크 화물선 (b) 유조선

(c) 철광석 운반선 (d) 철광석 운반선

그림 8-42 가로 방향의 침수 범위(1/2)

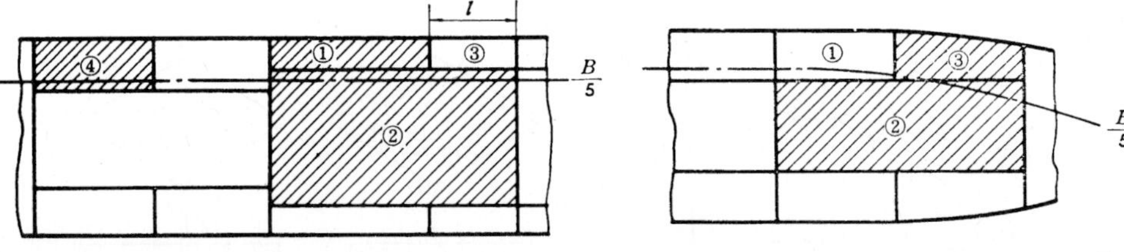

(a) ①이 손상되었을 경우에 l이 3.05 m보다 작을 때에는 침수 구획을 ①과 ②로 본다.
①이 손상되었을 경우에 l이 3.05 m보다 클 때에는 침수 구획을 ①, ②, ③으로 본다. ④가 손상되었을 경우에는 침수 구획을 ④로 본다.

(b) ①이 손상되었을 경우에는 침수 구획을 ①로 본다.
③이 손상되었을 경우에는 침수 구획을 ②와 ③으로 본다.

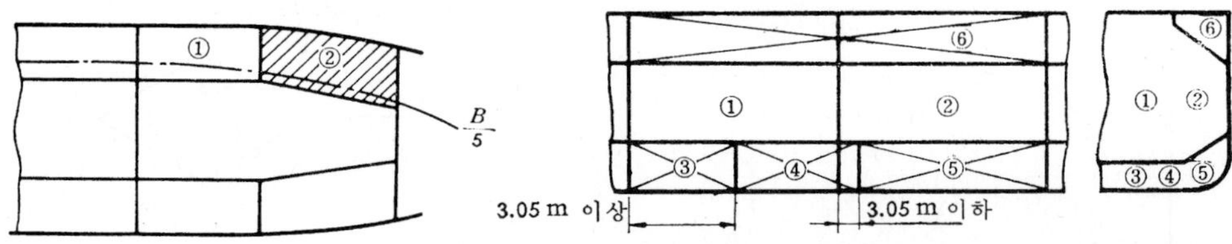

(c) ①이 손상되었을 경우에는 침수 구획을 ①로 본다.
②가 손상되었을 경우에는 침수 구획을 ②로 본다.

(d) ①이 손상되었을 경우에는 침수 구획을 ①, ③, ④, ⑥으로 본다.
②가 손상되었을 경우에는 침수 구획을 ②, ⑤, ⑥으로 보고, ④에는 침수하지 않는 것으로 본다. 또, ⑥의 어깨 탱크에 그레인 화물을 적재하는 경우에 ⑥은 수밀 구획이 되지 않으므로, ①이 손상되었을 경우에는 침수 구획에 반대 현의 어깨 탱크와 인접한 선창 ②도 포함된다.
따라서, 그와 같은 경우에는 ⑥의 탱크를 ①과 ② 사이에서 칸막이 할 필요가 있다.

〔(a), (b), (c)는 철광석 운반선, (d)는 벌크 화물선의 1 구획 침수의 예를 나타낸다.〕

그림 8-43 가로 방향의 침수 범위(2/2)

㈒ 침수 구획의 침수율은 기관실 구획 0.85, 그 밖의 구획 0.95로 계산한다.

침수율이란 침수한 다음 평형 상태에서의 수면 아래 침수 구획 용적과 실제로 침수한 용적과의 비이며, 침수율 0.85라고 하면 침수 부분의 용적 중 85%가 실제로 침수하는 것을 의미하는 것이다.

그림 8-42는 이와 같은 설명을 알기 쉽게 일반적인 유조선, 철광석 운반선, 벌크 화물선의 침수 구획을 취하는 방법을 나타낸 것이다.

2. 중심 높이의 계산

I.L.L.C.에서 요구하는 침수 계산은 하기 만재 흘수선에 대해서만 계산하면 된다. 만재 상태에서도 연료유나 청수를 적재하는 데 따라서 중심(重心)의 위치가 달라지므로, 규칙에서는 다음과 같은 상태를 규정하여 중심 위치를 계산하도록 요구하고 있다.

㈎ 연료유, 청수, 윤활유, 식료품 등과 같이 항해 중에 소비되는 액체 및 저장품은 각 종류마다 계획 용적의 50%가 적재되고 있는 것으로 가정한다. 이와 같은 경우에는 연료유와 청수 등에 대한 자유 표면의 영향이 나타나게 되므로 자유 표면이 생기는 탱크는 액체의 종류마다 좌우현에 한 쌍 또는 중심선 위에 1개로 한정하고, 그 중에서 자유 표면의 영향이 최대가 되는 것을 계산에 산정시킨다. 나머지 탱크는 완전히 비어 있거나 완전히 만재되어 자유 표면의 영향이 일어나지 않는 것으로 가정한다. 또한, 각 탱크는 중심 높이가 최대가 되도록 적재하는 것으로 한다.

㈏ ㈎항의 상태에서 계획 균질 화물을 만재 흘수에 이르기까지 적재한다. 화물의 중심은 화물창 용적의 중심을 잡는다. 이와 같이, 화물, 연료유, 청수 등을 적재했을 경우에는 계획 만재 상태와는 다르게 되므로 이상한 트림 상태가 되는 일도 있으나, 이것은 모두 무시하고 침수 전의 비손상 상태(intact condition)는 등흘수라고 가정한다.

㈐ 보통 만재 상태에서 액체 화물을 적재했을 때에는 자유 표면의 영향을 고려해 주어야 한다.

㈑ 액체의 비중은 다음과 같이 정한다.

- 해수 : 1.025
- 디젤유 : 0.900
- 청수 : 1.000
- 윤활유 : 0.900
- 연료유 : 0.950

3. 침수 후의 잔존 조건

배가 1구획 또는 2구획이 침수되어 평형 상태에 이르렀을 때에는 다음 조건들을 만족하여야 한다.

(가) 침수 후의 최종 흘수선이 침수를 진행시킬 가능성이 있는 구멍의 하단보다 밑에 있어야 한다. 침수를 진행시킬 가능성이 있는 구멍으로서는 공기관, 수밀문, 수밀 창구 및 덮개, 현창 등이 있다. 또, 침수의 가능성이 없는 구멍으로서는 수밀 맨홀, 강재 또는 그것과 동등한 재료로 만들어진 개스킷 붙이 창구, 고정식 현창, 규칙에 의한 배수관(non-return native 붙이) 등이 인정되어 있다.

또, $\frac{B}{5}$ 이내에 있는 빌지관이나 밸러스트관 등의 파이프, 횡격벽을 관통한 통풍통 관로나 파이프 덕트 등은 손상시에 침수가 확대되지 못하도록 하는 장치가 설치되어 있지 않는 한 침수가 진행되는 것으로 간주한다.

(나) 비대칭 침수에 따른 최대 경사각은 15°를 넘지 않아야 한다. 다만, 현측에서의 갑판선이 잠기지 않는 경우에는 17°를 넘지 않아야 한다.

(다) 침수 후의 상태에서 메타센터의 높이는 50 mm보다 커야 한다.

이상의 조건들을 만족시키지 못하면 계산 상태의 흘수를 확보할 수 없게 되므로 침수 구획의 배치나 침수 구멍의 위치를 다시 검토하여야 한다.

8.4.2 M.A.R.P.O.L. 1978에서 요구하는 침수 계산

유조선의 경우에는 M.A.R.P.O.L. 1978에서도 침수 계산을 요구하고 있다. 따라서, 탱크선에서 A형 건현을 취득할 경우에는 I.L.L.C.와 M.A.R.P.O.L.에서 요구하는 침수 계산의 양쪽을 만족시킬 필요가 있다. I.L.L.C.와 M.A.R.P.O.L.의 요구에 따른 침수 계산을 하는 방법은 침수 후의 잔존 조건(殘存 條件) 등이 상당히 다르기 때문에 그 차이에 중점을 두고 설명하기로 한다.

1. 초기 상태

I.L.L.C.의 경우에는 연료와 화물 등을 규정의 방법으로 적재한 만재 상태(등흘수)를 규정하고 그 경우에 대해서만 계산하면 되지만, M.A.R.P.O.L.의 경우에는 모든 항해 상태에 대해서 계산할 필요가 있다.

다만, 밸러스트 상태는 생각하지 않아도 좋다. I.L.L.C.의 경우에는 트림을 0으로 가정하지만 M.A.R.P.O.L.의 경우에는 항해 상태에서 트림이 있으면 그 상태를 침수 전의 초기 상태로 한다.

2. 손상 범위와 침수 구획

침수 계산을 하는 데 있어서 손상 범위는 표 8-10 및 표 8-11에서 나타낸 것과 같이 가상 유출 유량 계산의 경우와 같은 범위를 생각한다. I.L.L.C.에서는 배의 충돌만을 고려하고 있으므로 손상 범위로서 선저는 생각하지 않으나, M.A.R.P.O.L.의 경우에는 좌초도 생각하여 선저의 손상까지 고려해야 한다.

또한, 손상 범위를 생각하는 경우에 표 8-10 및 표 8-11에 주어진 손상 범위보다 작은 구획을 생각하는 것이 조건이 매우 나빠지는 경우가 있으므로 이러한 손상 범위의 경우에도 계산할 필요가 있다.

I.L.L.C.의 경우에는 어떤 길이 이상의 간격으로 배치된 횡격벽은 손상되지 않는 것으로 생각하지만, M.A.R.P.O.L.의 경우에는 표 8-10 및 표 8-11에 나타낸 것과 같은 손상 길이의 범위 안에 있는 횡격벽은 손상되는 것으로 생각하고 있다.

I.L.L.C.의 경우에는 유조선의 화물 탱크 구획은 침수하지 않는 것으로 하고 있으나, M.A.R.P.O.L.의 경우에는 화물 탱크 구획은 침수하는 것으로 생각한다. 다만, 그 경우에는 화물 탱크 구획이 비어 있다고 생각하는 것이 아니라 기름과 해수가 바뀌는 것으로 생각하고 계산한다.

손상 범위의 적용은 배의 길이에 따라서 다음과 같이 변한다.

㈎ 배의 길이가 $L > 225$ m이면 배의 길이 방향의 선측 또는 선저에 손상을 받는 것으로 한다.

㈏ 배의 길이가 150 m $< L \leqq 225$ m이면 배의 뒤쪽에 놓인 기관실의 앞뒤 격벽은 손상되지 않는 것으로 생각하고, 그 밖의 부분인 선측이나 선저는 손상을 받는 것으로 한다. 또한, 기관실은 1구획 침수로 한다.

㈐ 배의 길이가 $L <$ 150 m이면 기관실 이외의 부분에서는 1구획 침수로 생각한다. 또한, 침수율에 대해서는 표 8-14와 같이 규정한다.

표 8-14 침수율

구 획	침 수 율	구 획	침 수 율
화물창, 창고	0.60	공 간	0.95
거 주 구	0.95	연료, 청수, 윤활유	0 또는 0.95[1)]
기 관 실	0.85	그 밖의 액체 구획	0~0.95[2)]

㈜ 1) 이중저에 배치된 연료 탱크 등은 침수하지 않는 경우, 즉 침수율 0인 쪽이 침수했을 경우보다 조건이 가혹해지는 일이 있으므로 어느 쪽이건 가혹해지는 쪽을 선택한다.
2) 실제로 운항하고 있는 상태의 값을 사용한다.

3. 침수 후의 잔존 조건

잔존 조건은 다음과 같이 되지만 ㈎항 이외에는 모두 I.L.L.C.와 다르다.

㈎ 침수 후의 최종 흘수선은 침수를 진행시킬 가능성이 있는 구멍의 하단보다 밑에 있어야 한다.

㈏ 비대칭 침수에 따른 최대 경사각은 25°를 넘지 않아야 한다. 다만, 현측에서의 갑판선이

잠기지 않으면 횡경사각은 30°까지 허용된다.

㈐ 최종 평형 상태에서의 복원력 곡선이 그림 8-43에서와 같이 평형점을 넘어서 20° 이상의 복원 범위가 남아 있고, 또 복원정이 0.1 m 이상이 되어야 한다.

㈑ 침수가 시작되어 평형 상태에 도달하기까지의 중간 단계에서도 충분한 복원력이 있어야 한다.

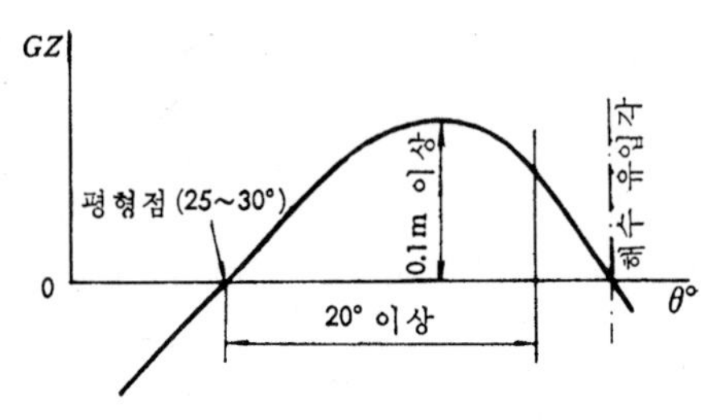

그림 8-44 평형 상태에서의 복원력 곡선

8.4.3 침수량과 침수 시간

수력학에 있어서 Torricelli의 이론에 의하면 어느 용기의 밑바닥에 어떤 작은 구멍으로부터 내부로 물이 들어오는 속력 u는 다음 식으로 나타낼 수 있다.

$$u = \sqrt{2gh} \fallingdotseq 4.4\times\sqrt{h}$$

여기서, g : 중력 가속도(9.8 m/sec^2)

h : 수선면으로부터 구멍 중심까지의 깊이(m)

구멍의 단면적을 A(m^2)라고 할 때 시간 t(sec) 사이의 흐르는 물의 체적을 Q(m^3)로 하면,

$$Q = C\times A\times\sqrt{2gh}\times t$$

위 식에서 C는 유량 계수(discharge coefficient)라 부르며, 0.6 정도이다. 즉,

$$\frac{Q}{t} = C\times A\times\sqrt{2gh}$$

는 단위 시간에 흐르는 물의 체적으로서 유량(流量)이라고 한다.

예를 들면, 충돌한 배의 수선 아래 4.9 m에 선측 지름 20 cm의 파공이 생겼다. 1분 동안에 배에 들어오는 물은 몇 톤이 되겠는가? 다만, 유량 계수는 0.6이고, 해수의 비중은 1.025로 한다.

1분 동안에 흐르는 물의 체적을 Q(m^3)라 하면

$$Q = C\times A\times\sqrt{2gh}\times t = 0.6\pi(0.1)^2\sqrt{2\times 9.8\times 4.9}\times 60 = 11.08\ \text{m}^3$$

해수의 비중을 곱하면 $Q = 11.36$톤이 된다.

8.5 슬랙 화물창의 경사 모멘트

유조선이나 벌크 화물선에서 그레인(grain) 화물을 적재하는 경우에는 특히 S.O.L.A.S.에서 요구하는 그레인 복원력의 여러 가지 조건을 만족하여야 한다. 따라서, 일반 배치를 검토하는 단계에서 트림 및 종강도를 검토하는 동시에 그레인 복원력의 계산을 하여 규칙에 적당한가의 여부를 확인할 필요가 있다.

8.5.1 S.O.L.A.S. 규칙에 의한 요구값

화물창에 밀, 콩 등의 곡물을 포장하지 않고 그레인으로 적재하면 화물의 표면은 배의 동요에 따라 기울어진다. 그 때문에 화물의 중심 위치가 선체의 중심선에서 벗어나고, 또 처음 위치보다 위로 올라가기 때문에 배가 기울어지는 모멘트가 발생하며, 그것이 커지면 배를 전복시키는 위험이 따르게 된다. 따라서, 포장하지 않은 곡물을 적재하는 경우에는 S.O.L.A.S.에서 규정된 계산 방법으로 화물의 표면 경사에 따른 화물의 경사 모멘트를 계산하여야 한다. 그러므로, 그레인 화물을 적재했을 때에는 항해 중 화물의 이동으로 인하여 배가 기울어졌을 경우에 다음의 조건들이 만족되어야 한다.

㈎ 포장하지 않은 화물의 이동으로 인해 발생하는 선체의 경사각이 12° 이내일 것

㈏ 선체 경사각 40°까지의 정적 복원력 곡선과 포장하지 않은 화물의 이동으로 인한 경사 모멘트 곡선 사이의 둘러싸인 잔존 동적 복원력이 0.075 m-rad 이상이 될 것

다만, 유입각(流入角) θ_F가 40°보다 작을 때에는 40° 대신에 θ_F를 취한다. 여기서, 유입각이란 배가 기울어져 해수가 배 안의 공기관 등으로 넘어들어 오는 경우의 경사각이다(3.2.8절 참조).

㈐ 탱크의 자유 표면의 영향을 수정한 다음의 메타센터 높이($G_O M_T$)가 0.300 m 이상일 것

여기서, D.W.T. 20,000톤 이상인 벌크 화물선의 경우 ㈎와 ㈐의 조건이 만족되면 대체로 ㈏의 잔존 동적 복원력의 조건이 만족되므로, 계획의 초기 단계에서는 ㈎와 ㈐의 조건을 검토하면 대부분 틀림없다.

곡물의 재화 계수는 화물의 종류에 따라 40～60 CF/LT 정도이며, 보통 이 사이의 적당한 재화 계수에 대하여 그레인 복원력을 계산하고, 그것이 규칙의 요구값을 만족하는지 확인한다.

예를 들면, 만재 흘수에서 재화 계수가 48 CF/LT로 취해지도록 화물창의 용적을 결정했다고 하면 그 이상의 무거운 화물, 이를테면 40 CF/LT라든가 45 CF/LT의 화물에 대해서는 화물창의 용적이 남게 된다. 즉, 화물창의 일부에 공간이 생긴다. 이 남은 용적은 일반적으로 한 곳의 화물창에 몰아서 조정한다. 즉, 5개의 화물창이 있는 배가 있을 때 No. 1, 2, 4, 5의 4개 화물창에 화물을 만재하고 나머지의 No. 3 화물창에는 $\frac{1}{2}$만 적재하는 방식으로 화물을 적재

하는데, 이와 같이 만재하지 않은 화물창을 슬랙 화물창(slack hold)이라고 한다.

슬랙 화물창에서는 화물의 재화 계수값에 따라서 화물의 표면이 상부 현측 탱크(top side tank)와 아래에 있는 호퍼 탱크(hopper tank)의 중간에 오는 경우가 많다. 이때에는 화물 표면의 폭이 가장 넓어지므로 경사 모멘트가 커지게 된다. 또한, 재화 계수값에 따라서는 슬랙 화물창이 거의 빈 상태가 되는 일도 있다. 이때에는 그레인 화물로 인한 경사 모멘트는 작으나 호깅 모멘트가 커져서 세로 휨 모멘트의 값이 과대하게 되므로 주의해야 한다.

슬랙 화물창을 어디에 두는가, 또 그 화물창의 길이를 어느 정도로 하는가는 그레인 복원력의 계산뿐만 아니라 트림과 세로 휨 모멘트의 계산을 하여 세 가지 모두 만족시키도록 결정하여야 한다.

일반 화물선에 곡물을 적재하는 경우에는 화물창의 일부에 시프팅 보드(shifting board)라고 하는 목재, 강재의 조립식 부분 칸막이를 설치하여 경사 모멘트를 감소시킨다. 그러나 전용 벌크 화물선의 경우에는 이와 같이 시프팅 보드가 없어도 그레인 복원력이 만족된다고 하는 것이 선형상 큰 특징이다. 따라서, 벌크 화물선의 경우에서 시프팅 보드를 설치하지 않으면 그레인 복원력이 만족되지 않을 경우에는 벌크 화물선으로서 쓸 만한 것이 되지 못하므로, 화물창의 길이나 형상을 바꾸든지 경우에 따라서는 배의 주요 치수를 변경시켜야 한다.

8.5.2 슬랙 화물창의 경사 모멘트와 경사각

1. 슬랙 화물창의 경사 모멘트

슬랙 화물창의 화물 표면 위치는 재화 계수값에 따라서 다르므로, 미리 표면 위치를 몇 군데 잡아 그 위치에서 표면이 25° 경사했을 때의 용적 경사 모멘트를 계산하여 그것을 그림 8-45에 나타낸 것과 같이 그림으로 그린다.

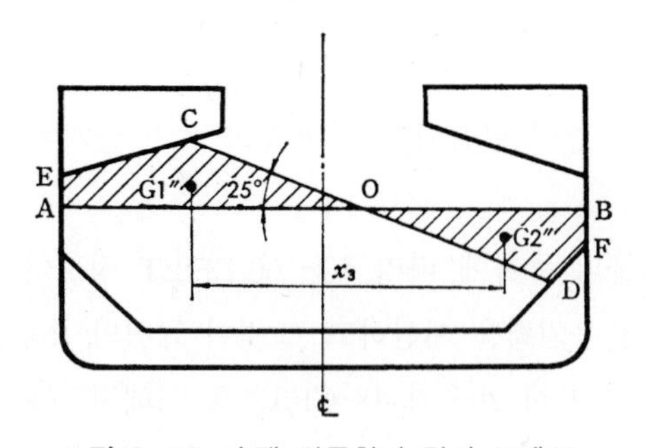

그림 8-45 슬랙 화물창과 경사 모멘트

- 면적 경사 모멘트 $= \begin{pmatrix} \text{사각형} \\ AOCE \end{pmatrix} \times x_3$ (m³) 이때 화물창의 길이를 l_3 (m)라 하면
- 용적 경사 모멘트 $= \begin{pmatrix} \text{사각형} \\ AOCE \end{pmatrix} \times x_3\, l_3$ (m⁴)

따라서, 이때 슬랙 화물창의 화물 용적은 화물 중량에 재화 계수($m^3 \times$ ton)를 곱하면 구해진다. 그 용적을 알고 있으면 그림 8-46에 나타낸 점선에 따라 그때의 용적 경사 모멘트와 화물창의 KG를 알 수 있다.

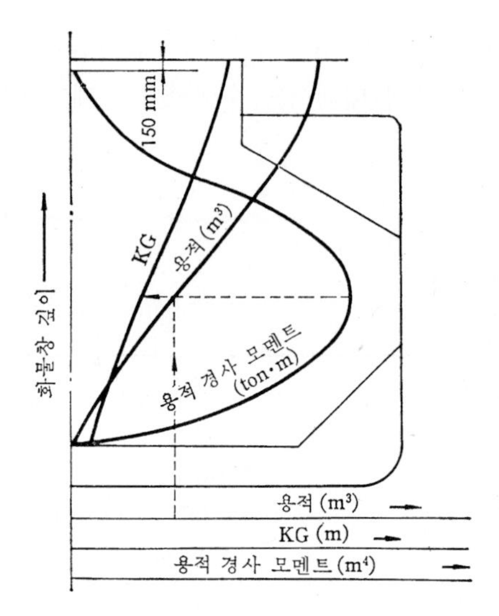

그림 8-46 슬랙창의 용적 경사 모멘트

화물창의 KG 곡선은 트림을 계산할 때 슬랙 화물창의 중심 위치를 구하는 데 사용된다.

또, 그림 8-45에서 알 수 있는 것과 같이 슬랙 화물창의 경사 모멘트는 그레인 화물의 표면이 어깨 탱크(wing tank)와 호퍼 탱크(hopper tank) 중간에 왔을 때 가장 커진다. 슬랙 화물창의 경사 모멘트를 계산할 때에는 가로 방향의 이동 모멘트 이외에 화물의 중심 위치의 상하 방향 이동에 따른 영향도 고려하여 가로 방향의 이동으로 인한 경사 모멘트를 1.12배로 한다.

만재된 화물창의 용적 경사 모멘트와 슬랙 화물창의 용적 경사 모멘트를 합하면, 어떤 재화 계수에 대한 용적 경사 모멘트를 알게 된다.

2. 경사각의 계산

용적 경사 모멘트를 알면 선체의 경사각(傾斜角)은 다음과 같은 방법에 따라 계산된다. 먼저 각 재화 계수에 대응하는 트림 계산을 하고, 각 상태에 대한 $G_O M_T$을 계산한다. 이 경우에 각 화물창의 중심 위치는 만재된 화물창에 대해서는 100% 만재 상태의 값을 취하고, 슬랙 화물창에 대해서는 각 화물 용적에 대응하는 KG를 그림 8-46에서 읽어서 사용한다.

다음에 용적 경사 모멘트(m^4)를 재화 계수(m^3/ton)로 나누어서 경사 모멘트(ton · m)를 구한다. 그 경사 모멘트에서 선체를 1° 경사시키는 데 필요한 모멘트[=배수 톤수(ton) $\times G_O M_T$ (m)$\times$ sin 1°]로 나누면 선체 경사각이 구해진다. 그러나 이와 같이 해서 경사각을 구하는 것은 약산법이며 초기 계획시 개략값을 구할 때에는 사용할 수 있으므로, 정확하게 경사각을 계산하는 경우에는 그림 8-45에 나타낸 방법에 따라야 한다.

이상의 계산을 D.W.T. 45,000톤 벌크 화물선의 경우에 대해서 수행하여 그 개략을 나타내면, 표 8-15에 나타낸 것과 같다. 따라서, 규칙에서 요구하는 경사각 ≦ 12°, $G_O M_T \geqq 0.30$ m의 조건을 만족하는 것을 알 수 있다. 이와 같은 계산을 재화 계수가 40 CF/LT인 경우뿐만 아니라 45, 50, 55 CF/LT인 경우에 대해서도 수행하여 문제가 없는지 확인하면 좋다.

표 8-15 선체 경사각의 계산 예

계산 상태 : 재화 계수 40 CF/LT (1,115 m^3/ton)
배수 톤수 52,000 ton
$G_O M$ 3.00 m

항 목	계 산 값
용적 경사 모멘트	창 구 부 2,238 m^4 창구 전후부 2,996 m^4 슬 랙 창 15,400 × 1.12 = 17,248 m^4 합 계 22,482 m^4
경사 모멘트	$\frac{22,482}{1.115} = 20,163$ ton−m
1° 경사 모멘트	배수량 × $G_O M_T$ × sin 1° = 52,200 × 3.00 × 0.01746 = 2,734 ton−m
선체 경사각	$\frac{\text{경사 모멘트}}{1° \text{ 경사 모멘트}} = \frac{20,163}{2,734} = 7°$—22'

8.6 건현 계산

8.6.1 만재 흘수의 결정

배에 허용되는 최대 흘수는 침수에 대한 안전성에서 볼 때 매우 중요한 것이므로, 1966년의 국제 만재 흘수선 조약(International Convention on Load Line, 1966, 약자로 I.L.L.C.)에 의해서 국제적으로 계산 방법이 통일되었다.

I.L.L.C.는 군함, 길이 24 m 미만의 배, 유람선(요트), 어선을 제외한 국제 항해에 종사하는 선박에 대하여 적용한다. 이 규칙에 의해 배에 허용되는 최소의 건현이 계산되고, 이것으로부터 최대의 흘수가 주어지게 된다. 건현 계산에 있어서는 우선 배의 길이와 형식에 따라 표정건현(表定乾舷)을 정하고, 이것에 방형 계수, 깊이, 선루, 시어(sheer)에 따른 수정을 하여 최종값을 결정하게 된다.

I.L.L.C.에서는 세계의 해역(海域)을 장소와 계절에 따라 열대역, 하기 대역(夏期帶域), 동기 대역 등으로 나누고, 각 대역에서 허용되는 흘수를 정하게 된다. 주요 요목표 등에 기재되는 만재 흘수는 하기 대역에서의 값이며 하기 만재 흘수라고 한다.

표정 건현의 배의 형상에 따라 수정을 하여 얻은 건현을 하기 만재 흘수에 대응하는 하기 건현이라 하며, 이것을 기준으로 하여 열대 건현, 동기 건현, 동기 북대서양 건현, 담수 건현, 열대 담수 건현 등이 계산된다. 또, 건현 갑판이나 선루 갑판 위에 목재를 적재하는 목재 운반선에서는 갑판 위의 목재가 어느 정도의 부력을 배에 주기 때문에, 파도에 대하여 배를 보호하고 있다는 견지에서 일반 화물선보다 작은 건현을 허용하고 있다. 이것을 목재 건현(timber freeboard)이라고 한다.

I.L.L.C.에서는 배의 형식을 유조선과 같이 액체 화물만을 수송하는 선박(A형)과 기타 선박(B형)으로 나누어서 규칙을 적용하는데, 150 m를 넘는 A형 선박 및 100 m를 넘는 B형 선박으로 B형보다 더욱 작은 건현을 취하는 배는 위에서 말한 배의 형상에 의해 정해지는 건현을 계산하는 것 이외에 소요의 침수 계산을 하고, 침수 후의 가로 경사각과 메타센터 높이 등이 요구값을 만족하는지를 알아볼 필요가 있다.

이 밖에 I.L.L.C.에서는 하기 만재 흘수선으로부터의 선수 높이가 길이와 방형계수의 관계로부터 정해지는 계산식의 값을 넘는 것을 요구한다. I.L.L.C. 1966 조약의 본문만으로는 구체적인 계산 방법을 전체 이해할 수 없기 때문에, 각 조문에 대하여 I.M.O.와 각 선급 협회로부터 상세한 해석이 나와 있다.

그 중에는 조문의 원문 치수가 변경된 것과 새로 추가된 것도 있다. 선박설계에서는 현시점에서 발표되어 있는 것을 가능한 한 포괄적으로 취급된 것으로 생각한다. 그러나 현재 I.M.O.에서 개정안이 검토되고 있어서 가까운 장래에 개정될 것으로 추측되므로 계속 I.M.O.의 협의회에 주의해야 한다.

I.L.L.C.에서 허용되는 최소 건현을 취득하는 데 있어서는 배의 구조와 의장에 관하여 다음 조건이 만족되어야 하는 전제 조건이 있다.

㈎ 지정 건현(指定乾舷)에 대응하는 흘수에 대하여 선체 강도가 충분할 것, 구조에 관해서는 선급 협회의 규칙을 만족할 것

㈏ 폐위된 선루 격벽의 강도, 출입구의 문짝, 창구, 창구 덮개, 통풍통, 기관실 구역의 구멍, 건현 갑판 및 선루 갑판의 구멍, 공기관, 배수관, 현창, 방수구, 선원의 보호 장치 등이 조약의 규정을 만족할 것

㈎에 대해서는 특히 설명할 필요는 없으며, ㈏에 대해서도 의장 설비이므로 여기서는 생략하기로 한다.

배의 설계에 있어서는 주요 치수와 배수량을 가정한 단계에서 소정의 흘수가 얻어지는가

검토해 보아야 한다. 배의 형상에 의해 정해지는 건현을 규칙에 따라 계산하여야 하며, 다음 자료가 필요하다.

(가) 배의 주요 치수

(나) $0.85 \times D_{MLD}$에서의 C_B

(다) 선루의 크기와 형상

(라) 현호(sheer)의 형상

(마) 선체 중앙에서 건현 갑판의 스트링어판(stringer plate)의 두께

이런 것으로 보아 일반 배치도, 선도, 중앙 횡단면도가 없으면 정확한 계산을 할 수 없음을 알 수 있다.

주요 요목의 개략을 결정하는 단계에서는 (가)와 (다)의 개략값만 알고 있으므로, 그 밖의 것은 추정하여 계산할 수밖에 없다. 한편, 침수 계산은 선도와 용적도 등이 필요하기 때문에 주요 요목을 결정하는 단계에서는 불가능하다. 따라서, 일반 배치도, 선도, 용적도가 개략적으로 결정된 단계에서 계산하게 된다.

8.6.2 용어의 정의

건현 계산에 사용되는 주요 치수 등의 정의는 제4장에서 설명한 것과 같으며, 각각의 차이점에 대하여 주의해야 한다.

1. 길이

길이(length for freeboard, L_F)는 용골의 상면으로부터 추정한 최소 형 깊이의 85% 높이에서 흘수선 전길이의 96%, 또는 그 흘수선에서 선수재의 전면으로부터 타두재(舵頭材)의 중심선까지 길이 중에서 큰 쪽을 잡는다. 따라서, 건현 계산에 사용되는 배의 길이는 보통의 수선 간장(垂線 間長, L_{BP}) 길이와 다르다.

2. 수선

선수 수선 및 선미 수선이란 길이 L_F의 전단 및 후단에 세워진 수선(垂線, perpendiculars)을 말한다. 선수 수선의 위치는 길이를 재기 위한 흘수선, 즉 형 깊이의 85% 높이의 수선(水線)이 선수재의 전면과 만나는 점이다. 따라서, 수선(垂線)들의 위치는 보통 L_{BP}의 정의에 사용한 F.P. 및 A.P.의 위치와 반드시 일치하는 것은 아니다.

3. 배의 중앙

배의 중앙(midship)이란 길이 L_F의 중앙을 말한다. 따라서, 길이 L_F와 배의 주요 치수 L_{BP}가 다르면 배의 중앙이 이른바 ⊗과 일치하지 않는다.

4. 배의 폭(breadth, B)

배의 중앙에서 늑골의 외면으로부터 외면까지의 수평 길이를 측정한 최대 폭을 말한다. 폭 B는 보통 유조선이나 벌크 화물선에서는 B_{MLD}와 일치한다.

5. 형 깊이

형 깊이(moulded depth)는 제3장에서 정의한 D_{MLD}와 같다. 한편 건현 갑판에는 하단의 갑판으로부터 상단의 갑판에 평행하게 연장선을 그어 형 깊이를 계측한다.

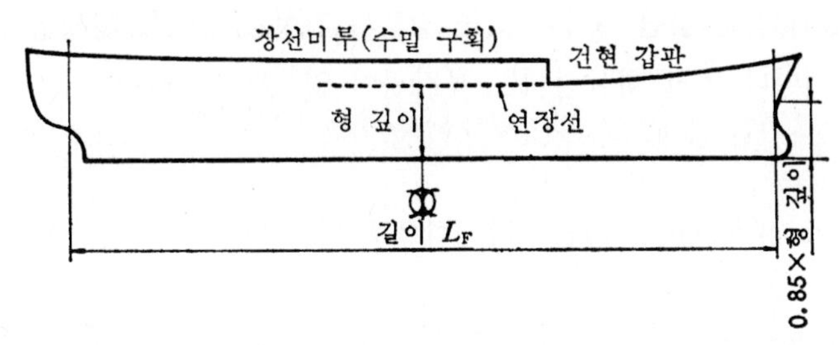

그림 8-47 건현 갑판에 끝이 있을 때의 형 깊이의 측정 방법

6. 건현용 깊이

건현용 깊이(depth for freeboard, D_F)란 배의 중앙에서 형 깊이에 갑판 스트링어판(stringer plate)의 두께를 더한 것을 말한다. 둥근 거널(round gunnel)의 반지름이 $\frac{B}{25}$를 넘는 경우에는 그림 8-48에 나타낸 것과 같이 수정한 깊이를 형 깊이로 사용한다. 즉, 그림에 ▨로 나타낸 부분의 면적을 $\frac{B}{2}$로 나눈 값을 실제의 D_{MLD}로부터 뺀 것을 D_{MLD}로 한다.

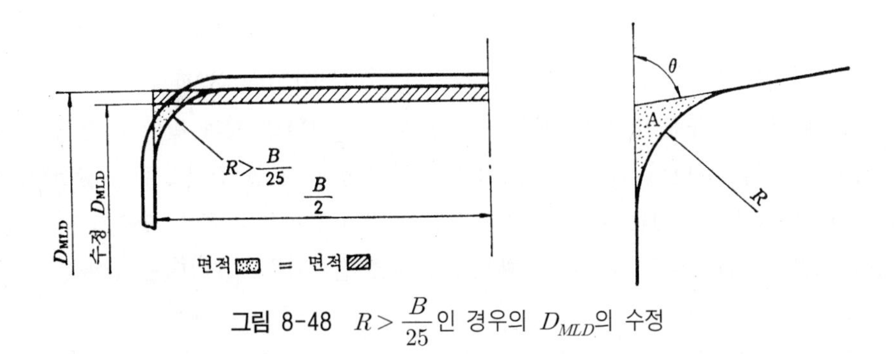

그림 8-48 $R>\frac{B}{25}$인 경우의 D_{MLD}의 수정

계산에 의해 수정량을 구하는 경우에는 다음과 같다.

면적 A는

$$A = R^2 \times \left(\tan\frac{\theta}{2} - \frac{\pi\theta}{360}\right)$$

이므로, 그 수정량 δ는

$$\frac{A}{\frac{B}{2}} = \frac{2R^2}{B} \times \left(\tan\frac{\theta}{2} - \frac{\pi\theta}{360}\right)$$

가 된다. 따라서

$$D_F = D_{MLD} - \frac{2R^2}{B} \times \left(\tan\frac{\theta}{2} - \frac{\pi\theta}{360}\right) + \text{스트링어판의 두께}$$

이다. 또, 목갑판 등과 같은 갑판 피복이 있는 경우의 건현용 깊이에 대해서는 다른 정의가 있지만, 보통의 유조선이나 벌크 화물선에는 목갑판이 없으므로 생략한다.

7. 방형 계수

방형 계수(block coefficient, C_B)는 다음 식으로 나타낸다.

$$C_B = \frac{\nabla}{L_F\, B\, d_F}$$

여기서, ∇ : 형 배수 용적(m^3)

d_F : 최소 형 깊이의 85%로 잡음

8. 건현

건현용 깊이 D_F로부터 흘수 d_F를 뺀 값을 건현이라고 한다.

9. 건현 갑판

건현 갑판(freeboard deck)이란 외기(外氣) 및 해수에 노출된 최상층의 전통 갑판이며, 노출부의 모든 구멍에는 상설 폐쇄 장치가 설치되어 있고, 그 전통 갑판으로부터 밑에 있는 선측의 모든 구멍에는 상설(常設) 수밀 폐쇄 장치가 설치되어 있는 갑판을 말한다.

건현 갑판에 불연속 부분이 있을 때에는 그림 8-47에 나타낸 것과 같이 노출 갑판의 최하선(最下線)과 그것을 상단의 갑판에 평행하게 연장한 선을 건현 갑판으로 취급한다. 가벼운 화물을 운반하는 화물선에서는 최상층 전통 갑판을 건현 갑판으로 하면 흘수가 너무 남는 경우가 많이 생긴다. 이와 같은 경우에는 최상층의 전통 갑판보다 밑에 있는 갑판을 건현 갑판으로 할 수도 있다.

다만, 이런 경우에는 그 갑판이 적어도 기관실과 선수미 격벽 사이에서 전후 및 가로 방향으로 연속되어 있는 상설 전통 갑판이어야 한다. 그 갑판에 불연속 부분이 있을 경우에는 그 갑판의 최하선과 그것을 상단의 갑판에 평행하게 연장한 선을 건현 갑판으로 취급한다. 또한, 이와 같이 하층 갑판을 건현 갑판으로 했을 경우에는 그 갑판보다 윗부분의 건현 계산에서는 선루로 취급하여야 한다.

10. 선루

선루(superstructure)란 건현 갑판 위에 설치된 구조물로서, 그 상면이 갑판이고 측면이 선측 외판과 일치하거나, 그 측면판이 선측외판으로부터 안쪽으로 배의 폭 B의 $\frac{1}{25}$을 넘지 않은 위치에 있는 경우를 말한다. 그림 8-49에 나타낸 것과 같이 선루의 측면판과 선측외판과의 거리를 셀-인(set-in)이라고 하는데, 그것이 $\frac{B}{25}$를 넘는 경우에는 선루로 취급하지 않고 갑판실로 취급한다.

건현 계산에 있어서 유효한 선루로 취급되려면 폐위된 선루여야 하고 다음 조건을 만족하여야 한다.

㈎ 선루 끝의 격벽이 유효한 구조일 것

㈏ 선루 끝의 격벽에 설치된 출입구에는 I.L.L.C.의 규칙 제12조에서 요구하는 상설 폐쇄 장치가 설치되어 있을 것

㈐ 선루의 측면 및 끝 부분에 있는 출입구 이외의 모든 구멍에는 유효한 풍우밀(風雨密, watertight)의 폐쇄 장치가 설치되어야 할 것. 풍우밀의 장치란 어떠한 해면 상태에서도 빗물이나 해수가 배 안으로 침수하지 않도록 설치된 장치이다.

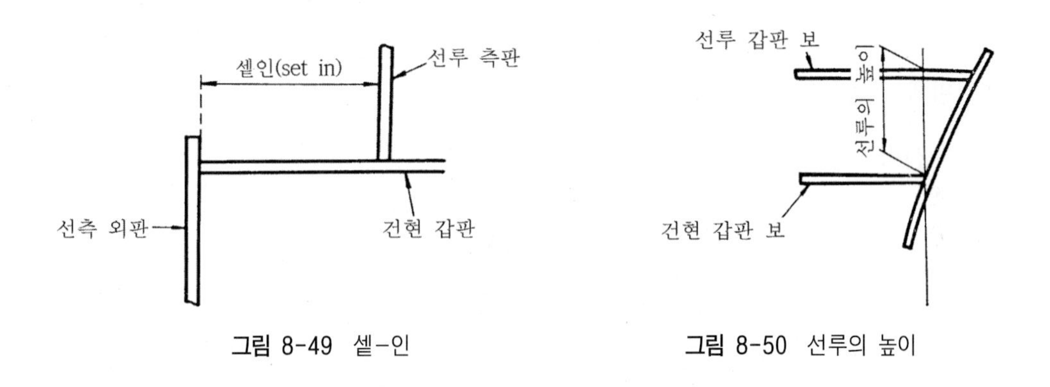

그림 8-49 셸-인　　**그림 8-50** 선루의 높이

건현 계산에서 선루를 취급하려면 선루의 길이, 높이 등이 필요하게 되는데, 그 정의는 다음과 같다.

㈎ 선루의 높이는 선측에서 선루 갑판 보(beam)의 상면으로부터 현측 갑판 보의 상면까지 측정한 최소의 연직 높이가 되며, 선측이 연직하지 않을 경우에는 그림 8-50에 나타낸 것처럼 건현 갑판을 기준으로 하여 측정한다.

㈏ 선루의 길이는 배의 길이 L_F의 범위 안에 있는 선루 부분의 평균 길이이며, 선수미 수선(垂線)보다 밖으로 나간 부분은 선루의 길이에 포함시키지 않는다.

8.6.3 배의 형식과 건현 계산

건현 계산에는 배를 A형과 B형으로 분류한다.

1. A형 선박

A형 선박은 유조선과 같이 액체 화물만을 운송하도록 설계된 배로서, 화물 탱크에는 수밀 덮개가 달린 작은 구멍만 설치되어 있다.

A형 선박의 특징은 다음과 같다.

㈎ 노출 갑판의 구멍이 작아서 해수가 들이치는 데 대하여 안전하다.

㈏ 만재 상태에서 해수가 화물유 구획에 침수해도 액체 화물이 해수와 바뀌어질 뿐이므로 화물 구획의 침수에 따른 흘수의 증가가 적다. 또, 화물유 탱크는 보통 가로 방향뿐만 아니라 세로 방향으로도 칸막이가 되어 있으며 구획의 수도 많다.

따라서, 침수에 대해서는 다른 선박보다도 안전하다고 생각되며 작은 건현이 인정되고 있다. 반면에 길이가 150 m를 넘는 경우로서 빈 구획실을 가지도록 설계된 배에서는 빈 구획실에 대하여 1구획씩 침수 계산을 하고, 최종 상태에서 규정에 적합한 평형 상태로 떠 있을 수 있다는 것을 확인하여야 한다. 더욱 225 m를 넘는 경우에는 기관실 구획도 침수 구획으로 취급한다. 또, A형 선박인데도 B형 선박보다 건현이 큰 경우에는 침수 계산을 할 필요가 없다.

A형 선박의 지정을 받으려면 그 밖의 기관실 구역 덮개(engine room opening), 통로, 창구, 방수 설비에 관해서도 규칙에 어긋나지 않아야 한다.

2. B형 선박

A형 선박 이외의 배는 모두 B형 선박이다. B형 선박에서 제1위치(position 1)의 규칙에 적합한 상자형 창구 덮개(pontoon hatch cover)나 개스킷 붙이 강재, 또는 그것과 동등 재료의 제품으로 풍우밀 창구 덮개 이외의 창구 덮개를 설치했을 때에는 표정 건현(表定乾舷)을 증가시킬 필요가 있다. 그러나 소형선 이외의 선박에서는 그와 같은 것은 거의 생각할 수 없으므로, 여기서는 설명을 생략하기로 한다.

제1위치란 I.L.L.C.의 제13규칙에 설명되어 있는 창구와 문 및 통풍통의 위치에 관한 정의에 따라 노출된 건현 갑판 및 저선미루 갑판(低船尾樓甲板) 위와 노출된 선루 주갑판 위에서 선수 수선(垂線)으로부터 배의 길이에 $\frac{1}{4}$만큼 떨어진 점보다 앞쪽의 장소를 말한다. 제1위치 이외의 노출된 선루 갑판, 위의 장소, 즉 선수 수선으로부터 배의 길이에 $\frac{1}{4}$만큼 떨어진 점보다 뒤쪽의 장소를 제2위치(position 2)라고 한다.

B형 선박의 경우에는 다음 조건을 만족하면 표정 건현(tabular freeboard)을 감소시킬 수 있다.

㈎ A형 선박과 B형 선박의 표정 건현의 차이가 60%를 넘지 않는 범위에서 감소시키는 경

우(B-60 ship 또는 B_1-ship이라고도 한다.)

(ㄱ) 길이가 100 m를 넘는 배일 것

(ㄴ) 제1 및 제2위치에 있어서의 창구 덮개가 규정에 적합한 개스킷 붙이 강재 또는 그것과 동등 재료의 제품으로 풍우밀 창구 덮개일 것

(ㄷ) 만재 상태에서 어느 한 구획(기관실을 제외)이 침수하여도 규정에 적합한 평형 상태로 떠 있을 수 있을 것. 다만, 225 m를 넘는 배에서는 기관실도 침수 구획으로 취급한다.

(ㄹ) 선원의 보호 설비와 방수 설비가 충분할 것

(나) A형 선박과 B형 선박의 표정 건현의 차이가 60%를 넘어 A형 선박의 값까지 감소시킬 경우(B-100이라고도 한다.)

(ㄱ) (가)의 (ㄱ), (ㄴ), (ㄷ)의 조건에 적합할 것

(ㄴ) 기관실 구역 덮개, 통로, 창구, 방수 설비가 A형 선박에 대한 규칙을 만족할 것

(ㄷ) 만재 상태에서 전후에 인접하고 있는 2구획실(다만, 기관실을 제외함)에 침수하여도 규정에 적합한 평형 상태로 떠 있을 수 있을 것. 다만, 225 m를 넘을 경우에는 기관실만 침수한 뒤에도 규정에 적합한 평형 상태로 떠 있을 수 있을 것

8.6.4 배의 형상으로부터 정해지는 건현 계산

1. 표정 건현

A형 선박과 B형 선박의 표정 건현은 각각 표 8-16과 8-17로부터 구해진다. 배의 길이가 표의 값 중간에 있을 때에는 선형 보간 방식(線型 補間 方式)에 의해 계산한다.

B형 선박의 표정 건현은 앞에서 설명한 바와 같이 A형 선박과 B형 선박의 표정 건현 차이의 60%까지 감소시켜도 좋으므로, 이런 경우의 표정 건현은 {B형 선박−(B형 선박−A형 선박) × 0.6}과 같이 나타낼 수 있다.

또, 길이가 100 m 미만이고 배 길이의 35% 미만인 유효 길이의 폐위된 선루를 가지는 배에서는 표 8-16이나 8-17에서 주어지는 수치에 어떤 수정값을 더해 줄 필요가 있지만, 여기서는 생략한다.

방형 계수 C_B가 0.68을 넘을 경우에는 표 8-16 및 8-17에서 구한 표정 건현에 $\dfrac{(C_B + 0.68)}{1.36}$ 을 곱한다. C_B가 0.68 이하일 때에는 수정할 필요가 없다.

여기서, C_B는 8.6.2절의 (7)에서 설명한 것과 같이 형 깊이의 85%에서 C_B이므로 만재 흘수에 대한 C_B보다 상당히 커진다. 선도(線圖)가 만들어진 단계에서는 이 C_B를 정확하게 계산할 수 있으나 초기 단계에서는 선도가 없으므로 적당한 방법으로 추정하여야 한다.

그 추정 방법으로는 다음과 같은 Kanda의 공식을 쓰는 것이 편리하다.

$$C_B = C_{BO} \times \left(\frac{d_F}{d_O} \right)^{\frac{C_{WO}}{C_{BO}} - 1}$$

여기서, C_B : 형 깊이의 85%에서 방형 계수

d_F : 형 깊이의 85%

C_{BO} : 만재 흘수에서의 방형 계수

C_{WO} : 만재 흘수에서의 수선 단면 계수

d_O : 만재 흘수

이 공식으로 계산할 때에는 C_{WO}를 추정해야 하며, 그것은 그림 8-51을 사용하여 예측할 수가 있다.

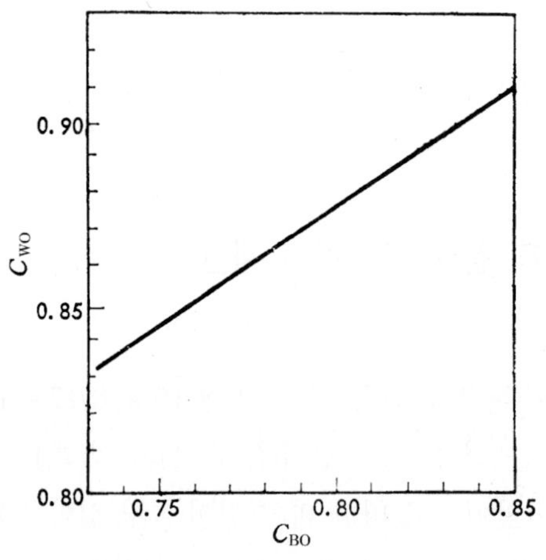

그림 8-51 C_{BO}와 C_{WO}의 관계

2. 깊이에 따른 수정

건현용 깊이 D_F가 $D_F > \frac{L_F}{15}$인 경우에는 다음 계산식으로부터 구해지는 수정량(mm)을 표정 건현에 더해 주어야 한다.

(가) $L_F < 120\,\text{m}$일 때에는

$$\frac{L_F}{0.48} \times \left(D_F - \frac{L_F}{15} \right)$$

(나) $L_F \geqq 120\,\text{m}$일 때에는

$$250 \times \left(D_F - \frac{L_F}{15} \right)$$

$D_F \leq \dfrac{L_F}{15}$ 일 경우에는 수정할 필요가 없으며 표정 건현의 값을 그대로 적용한다. 다만, 다음 조건을 만족할 때에는 위 식으로부터 계산된 값의 절대값을 표정 건현으로부터 뺄 수가 있다.

(ㄱ) 배의 중앙부에 $0.6\,L_F$ 이상의 폐위된 선루를 가지고 있을 때

(ㄴ) 전통(全通) 트렁크를 가지고 있을 때

(ㄷ) 폐위된 선루와 트렁크가 연속되어 선수미에 걸쳐 전통되어 있을 때

다만, 선루 또는 트렁크의 높이가 표준 높이보다 낮을 때에는 수정량에 표준 높이와 실제 높이의 비를 곱한 값을 사용한다. 또, 트렁크란 그림 8-52에 나타낸 것과 같이 상갑판의 일부가 융기한 구조물이며 소형의 내항(內港) 유조선 등에서 볼 수 있는 구조로서, 여기에서 다루고 있는 2~3만 톤 이상의 일반 벌크 화물선이나 유조선에서 사용하고 있는 구조는 아니다.

건현용 깊이 D_F는 D_{MLD}에 L_F의 중앙에서 스트링어판의 두께를 더한 것이므로, 그 판의 두께를 추정해 둘 필요가 있다. 그림 8-53은 벌크 화물선과 유조선의 경우에 대하여 D_{MLD}와 스트링어판 두께의 관계를 조사한 것이며, D_{MLD}를 알고 있으면 이 도표로부터 스트링어판 두께의 개략값을 추정할 수 있다.

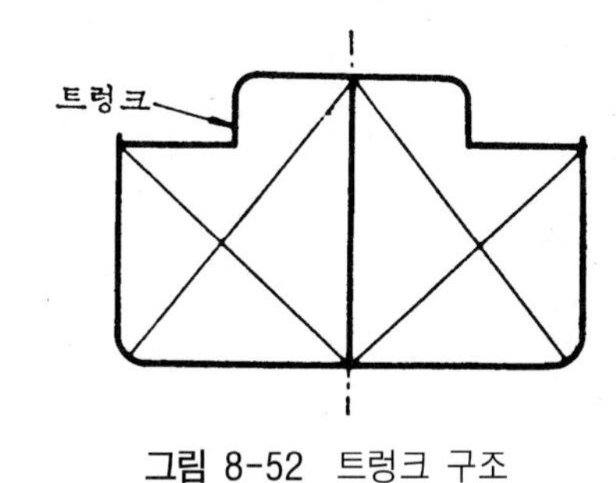

그림 8-52 트렁크 구조

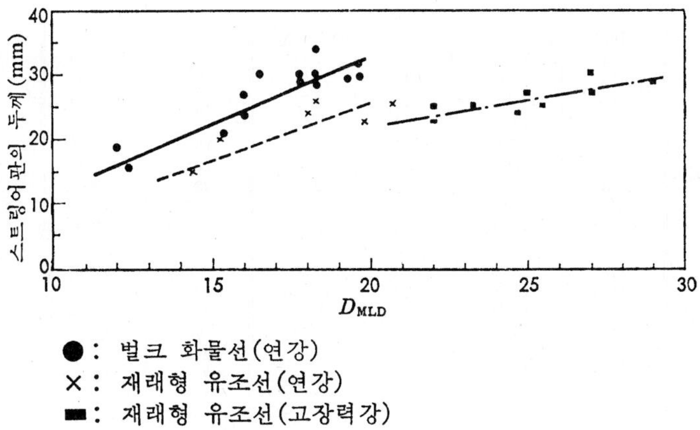

●: 벌크 화물선(연강)
×: 재래형 유조선(연강)
■: 재래형 유조선(고장력강)

그림 8-53 스트링어판의 두께

표 8-16 A형 선박에 대한 표정 건현

배의 길이 (m)	건현 (mm)	배의 길이 (m)	건현 (mm)	배의 길이 (m)	건현 (mm)	배의 길이 (m)	건현 (mm)	배의 길이 (m)	건현 (mm)
24	200	93	1,029	162	2,155	231	2,880	300	3,262
25	208	94	1,044	163	2,169	232	2,888	301	3,266
26	217	95	1,059	164	2,184	233	2,895	302	3,270
27	225	96	1,074	165	2,198	234	2,903	303	3,274
28	233	97	1,089	166	2,212	235	2,910	304	3,278
29	242	98	1,105	167	2,226	236	2,918	305	3,281
30	250	99	1,120	168	2,240	237	2,925	306	3,285
31	258	100	1,135	169	2,254	238	2,932	307	3,288
32	267	101	1,151	170	2,268	239	2,939	308	3,292
33	275	102	1,166	171	2,281	240	2,946	309	3,295
34	283	103	1,181	172	2,294	241	2,953	310	3,298
35	292	104	1,196	173	2,307	242	2,959	311	3,302
36	300	105	1,212	174	2,320	243	2,966	312	3,305
37	308	106	1,228	175	2,332	244	2,973	313	3,308
38	316	107	1,244	176	2,345	245	2,979	314	3,312
39	325	108	1,260	177	2,357	246	2,986	315	3,318
40	334	109	1,276	178	2,369	247	2,993	316	3,322
41	344	110	1,293	179	2,381	248	3,000	317	3,325
42	354	111	1,309	180	2,393	249	3,006	318	3,328
43	364	112	1,326	181	2,405	250	3,012	319	3,331
44	374	113	1,342	182	2,416	251	3,018	320	3,334
45	385	114	1,359	183	2,428	252	3,024	321	3,337
46	396	115	1,376	184	2,440	253	3,030	322	3,339
47	408	116	1,392	185	2,451	254	3,036	323	3,342
48	420	117	1,409	186	2,463	255	3,042	324	3,345
49	432	118	1,426	187	2,474	256	3,048	325	3,347
50	443	119	1,442	188	2,486	257	3,054	326	3,350
51	455	120	1,459	189	2,497	258	3,060	327	3,353
52	467	121	1,476	190	2,508	259	3,066	328	3,355
53	478	122	1,494	191	2,519	260	3,072	329	3,358
54	490	123	1,511	192	2,530	261	3,078	330	3,361
55	503	124	1,528	193	2,541	262	3,084	331	3,363
56	516	125	1,546	194	2,552	263	3,089	332	3,366
57	530	126	1,563	195	2,562	264	3,095	333	3,368
58	544	127	1,580	196	2,572	265	3,101	334	3,371
59	559	128	1,598	197	2,582	266	3,106	335	3,373
60	573	129	1,615	198	2,592	267	3,112	336	3,375
61	587	130	1,632	199	2,602	268	3,117	337	3,378
62	600	131	1,650	200	2,612	269	3,123	338	3,380
63	613	132	1,667	201	2,622	270	3,128	339	3,382
64	626	133	1,684	202	2,632	271	3,133	340	3,385
65	639	134	1,702	203	2,641	272	3,138	341	3,387
66	653	135	1,719	204	2,650	273	3,143	342	3,389
67	666	136	1,736	205	2,659	274	3,148	343	3,392
68	680	137	1,753	206	2,669	275	3,153	344	3,394
69	693	138	1,770	207	2,678	276	3,158	345	3,396
70	706	139	1,787	208	2,687	277	3,163	346	3,399
71	720	140	1,803	209	2,696	278	3,167	347	3,401
72	733	141	1,820	210	2,705	279	3,172	348	3,403
73	746	142	1,837	211	2,714	280	3,176	349	3,406
74	760	143	1,853	212	2,723	281	3,181	350	3,408
75	773	144	1,870	213	2,732	282	3,185	351	3,410
76	786	145	1,886	214	2,741	283	3,189	352	3,412
77	800	146	1,903	215	2,749	284	3,194	353	3,414
78	814	147	1,919	216	2,758	285	3,198	354	3,416
79	828	148	1,935	217	2,767	286	3,202	355	3,418
80	841	149	1,952	218	2,775	287	3,207	356	3,420
81	855	150	1,968	219	2,784	288	3,211	357	3,422
82	869	151	1,984	220	2,792	289	3,215	358	3,423
83	883	152	2,000	2210	2,801	290	3,220	359	3,424
84	897	153	2,016	222	2,809	291	3,224	360	3,425
85	911	154	2,032	223	2,817	292	3,228	361	3,427
86	926	155	2,048	224	2,825	293	3,233	362	3,428
87	940	156	2,064	225	2,833	294	3,237	363	3,430
88	955	157	2,080	226	2,841	295	3,241	364	3,432
89	969	158	2,096	227	2,849	296	3,246	365	3,433
90	984	159	2,111	228	2,857	297	3,250		
91	999	160	2,126	229	2,865	298	3,254		
92	1,014	161	2,141	230	2,872	299	3,258		

표 8-17 B형 선박에 대한 표정 건현

배의 길이 (m)	건현 (mm)	배의 길이 (m)	건현 (mm)	배의 길이 (m)	건현 (mm)	배의 길이 (m)	건현 (mm)	배의 길이 (m)	건현 (mm)
24	200	93	1,135	162	2,560	231	3,750	300	4,630
25	208	94	1,154	163	2,580	232	3,765	301	4,642
26	217	95	1,172	164	2,600	233	3,780	302	4,654
27	225	96	1,190	165	2,620	234	3,795	303	4,665
28	233	97	1,209	166	2,640	235	3,808	304	4,676
29	242	98	1,229	167	2,660	236	3,821	305	4,686
30	250	99	1,250	168	2,680	237	3,835	306	4,695
31	258	100	1,271	169	2,698	238	3,849	307	4,704
32	267	101	1,293	170	2,716	239	3,864	308	4,714
33	275	102	1,315	171	2,735	240	3,880	309	4,725
34	283	103	1,337	172	2,754	241	3,893	310	4,736
35	292	104	1,359	173	2,774	242	3,906	311	4,748
36	300	105	1,380	174	2,795	243	3,920	312	4,757
37	308	106	1,401	175	2,815	244	3,934	313	4,768
38	316	107	1,421	176	2,835	245	3,949	314	4,779
39	325	108	1,440	177	2,855	246	3,965	315	4,790
40	334	109	1,459	178	2,875	247	3,978	316	4,801
41	344	110	1,479	179	2,895	248	3,992	317	4,812
42	354	111	1,500	180	2,915	249	4,005	318	4,823
43	364	112	1,521	181	2,933	250	4,018	319	4,834
44	374	113	1,543	182	2,952	251	4,032	320	4,844
45	385	114	1,565	183	2,970	252	4,045	321	4,855
46	396	115	1,587	184	2,988	253	4,058	322	4,866
47	408	116	1,609	185	3,007	254	4,072	323	4,878
48	420	117	1,630	186	3,025	255	4,085	324	4,890
49	432	118	1,651	187	3,044	256	4,098	325	4,899
50	443	119	1,671	188	3,062	257	4,112	326	4,909
51	455	120	1,690	189	3,080	258	4,125	327	4,920
52	467	121	1,709	190	3,098	259	4,139	328	4,931
53	478	122	1,729	191	3,116	260	4,152	329	4,943
54	490	123	1,750	192	3,134	261	4,165	330	4,955
55	503	124	1,771	193	3,151	262	4,177	331	4,965
56	516	125	1,793	194	3,167	263	4,189	332	4,975
57	530	126	1,815	195	3,185	264	4,201	333	4,985
58	544	127	1,837	196	3,202	265	4,214	334	4,995
59	559	128	1,859	197	3,219	266	4,227	335	5,005
60	573	129	1,880	198	3,235	267	4,240	336	5,015
61	587	130	1,901	199	3,249	268	4,252	337	5,025
62	601	131	1,921	200	3,264	269	4,264	338	5,035
63	615	132	1,940	201	3,280	270	4,276	339	5,045
64	629	133	1,959	202	3,296	271	4,289	340	5,055
65	644	134	1,979	203	3,313	272	4,302	341	5,065
66	659	135	2,000	204	3,330	273	4,315	342	5,075
67	674	136	2,021	205	3,347	274	4,327	343	5,086
68	689	137	2,043	206	3,363	275	4,339	344	5,097
69	705	138	2,065	207	3,380	276	4,350	345	5,108
70	721	139	2,087	208	3,397	277	4,362	346	5,119
71	738	140	2,109	209	3,413	278	4,373	347	5,130
72	754	141	2,130	210	3,430	279	4,385	348	5,140
73	769	142	2,151	211	3,445	280	4,397	349	5,150
74	784	143	2,171	212	3,460	281	4,408	350	5,160
75	800	144	2,190	213	3,475	282	4,420	351	5,170
76	816	145	2,209	214	3,490	283	4,432	352	5,180
77	833	146	2,229	215	3,505	284	4,443	353	5,190
78	850	147	2,250	216	3,520	285	4,455	354	5,200
79	868	148	2,271	217	3,537	286	4,467	355	5,210
80	887	149	2,293	218	3,554	287	4,478	356	5,220
81	905	150	2,315	219	3,570	288	4,490	357	5,230
82	923	151	2,334	220	3,586	289	4,502	358	5,240
83	942	152	2,354	221	3,601	290	4,513	359	5,250
84	960	153	2,375	222	3,615	291	4,525	360	5,260
85	978	154	2,396	223	3,630	292	4,537	361	5,268
86	996	155	2,418	224	3,645	293	4,548	362	5,276
87	1,015	156	2,440	225	3,660	294	4,560	363	5,285
88	1,034	157	2,460	226	3,675	295	4,572	364	5,294
89	1,054	158	2,480	227	3,690	296	4,583	365	5,303
90	1,075	159	2,500	228	3,705	297	4,595		
91	1,096	160	2,520	229	3,720	298	4,607		
92	1,116	161	2,540	230	3,735	299	4,618		

3. 선루에 따른 수정

선수루나 선미루 등의 선루(船樓)가 있을 때에는 그 길이나 높이에 따라서 결정되는 어떤 값을 표정 건현으로부터 뺄 수가 있다. 선루를 설명하기 전에 선루의 표준 높이와 유효 길이의 정의에 대하여 설명하기로 한다.

(1) 선루의 표준 높이

선루의 표준 높이는 표 8-18에 나타낸 것과 같다. L_F가 표의 값 중간에 있는 경우에는 선형 보간 방식으로 표준 높이를 구한다.

한편, 저선미루(raised quarter deck)란 선미루가 배 속으로 내려간 형상을 한 구조이며, 현재 건조되고 있는 일반 벌크 화물선이나 유조선에서는 사용되고 있지 않다.

표 8-18 선루의 표준 높이 (단위: mm)

L_F	저선미루	그 밖의 선루
30 이하	0.90	1.80
75	1.20	1.80
125 이상	1.80	2.30

(2) 선루의 길이

선루의 길이는 8.6절에서 설명한 것과 같이 배의 길이 L_F의 범위 안에 있는 선루 부분의 평균 길이이며, L_F보다 밖에 있는 부분은 선루의 길이에 포함되지 않는다.

선루 끝은 요철(凹凸)이 있는 경우가 많기 때문에 이런 경우에는 평균 길이를 택한다. 선루의 높이가 표 8-18에 나타낸 표준 높이 이상이고 또 폐위된 선루이면, 평균 길이의 100%가 수정량 계산에 사용되는 선루의 유효 길이가 된다.

선루의 높이가 표준 높이 이하이면 유효 길이는 실제 높이와 표준 높이의 비를 곱하여 수정한 길이로 해야 한다. 다만, 실제 높이가 표준 높이 이상일 경우에는 유효 길이를 증가시키지는 않는다.

또, 폐위되어 있지 않은 선루는 유효 길이에 산입할 수 없다. 여기서 선루의 평균 길이 계산 방법이 문제이며, 그림 8-54~8-56에 몇 가지 예를 들었다.

이 평균 길이 계산 방법의 상세에 대해서는 각 나라에 따라서 어느 정도 차이점이 있으므로 주의해야 한다.

그림 8-54는 I.A.C.S.에 의한 것이다.

(ㄱ) 凹형으로 들어간 부분이 있을 경우

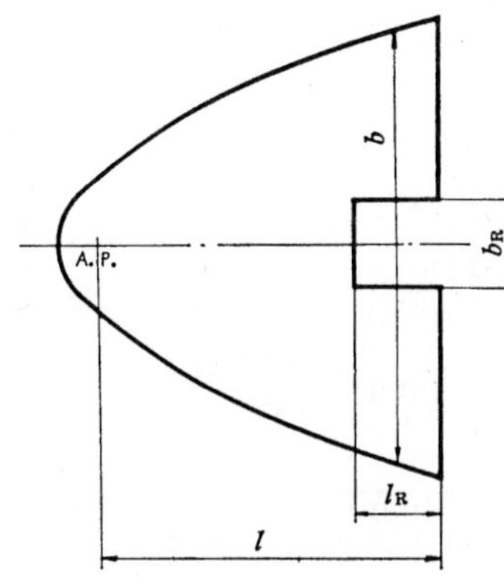

선루의 평균 길이 $= l - \dfrac{l_R b_R}{b}$

l : 선루의 길이
l_R : 凹부의 길이
b_R : 凹부의 폭
b : 凹부 길이의 중앙에서 배의 폭

단, 凹부가 선체 중심선에 관해서 비대칭인 경우에는 한 현의 凹부의 최대 형상이 양현에 있는 것으로 보고 계산한다.

그림 8-54 선루의 평균 길이(a)

(ㄴ) 凸형으로 돌출된 부분이 있을 경우

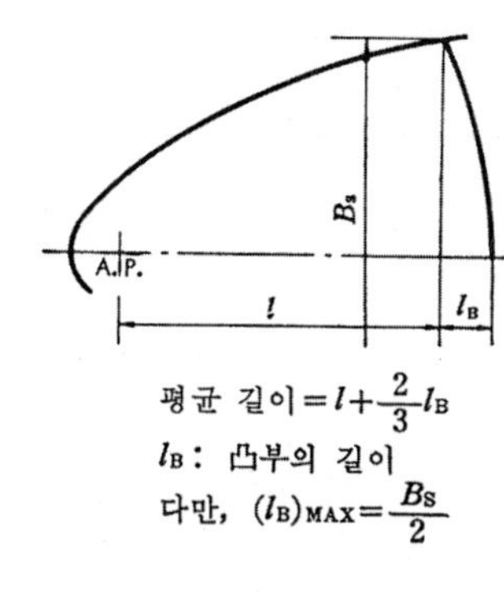

평균 길이 $= l + \dfrac{2}{3} l_B$
l_B : 凸부의 길이
다만, $(l_B)_{MAX} = \dfrac{B_S}{2}$

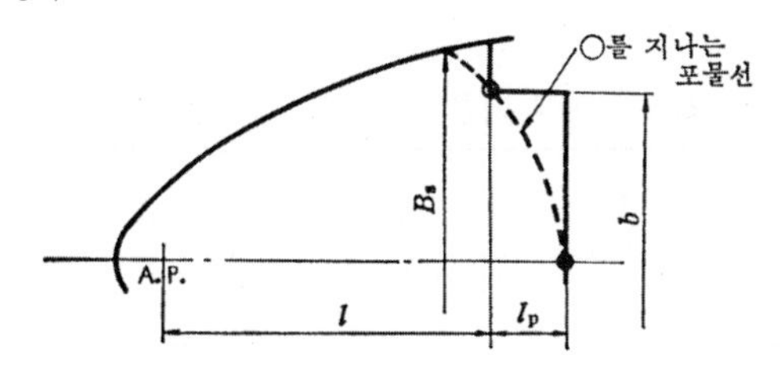

평균 길이 $= l + l_P \left\{ 1 - \dfrac{1}{3} \cdot \left(\dfrac{b}{B_S} \right)^2 \right\}$
l_P : 돌출부의 길이
b : 돌출부의 폭(선측으로부터 $\dfrac{B}{25}$ 이상 셀-인되어 있고, 또 $\dfrac{b}{2} > 0.3B$일 것.)
B_S : ○를 지나는 포물선이 선측과 교차하는 점에서 배의 폭

그림 8-55 선루의 평균 길이(b 및 c)

(ㄷ) 선루와 연속된 길고 큰 갑판실이 있는 경우

이 경우에 갑판실은 폐위된 선루와 동등 이상의 강도가 있어야 한다.

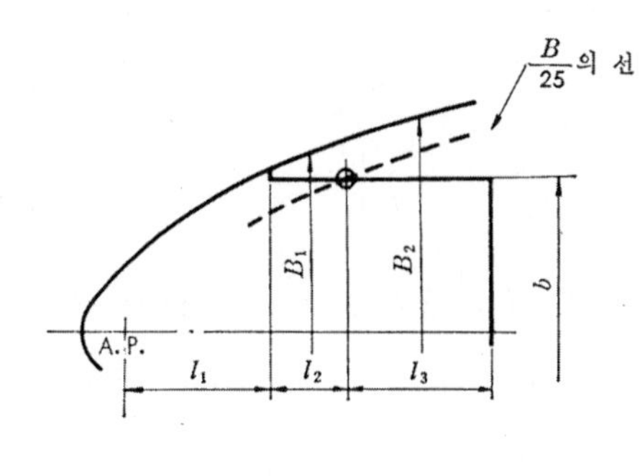

평균 길이 $= l_1 + l_2 \cdot \dfrac{b}{B_1} + \dfrac{2}{3} l_3 \cdot \dfrac{b}{B_2}$
다만, $l_3 > \dfrac{B}{2}$, $b \geq 0.75B_1$
b : 갑판실의 폭
B_1 : l_2의 중앙에서 배의 폭
B_2 : l_3의 중앙에서 배의 폭
l_1 : 선루 부분의 길이
l_2 : 셀-인이 $\dfrac{B}{25}$보다 작은 부분의 갑판실 길이
l_3 : 셀-인이 $\dfrac{B}{25}$보다 큰 부분의 갑판실 길이

그림 8-56 선루의 평균 길이(d)

(3) 선루에 따른 건현의 수정량

선루에 따른 건현의 감소분을 계산하려면 먼저 선루 및 트렁크의 유효 길이 L_E가 배의 길이 L_F와 같을 때의 기본 수정량을 구하고, 그것에 $\frac{L_E}{L_F}$로부터 정해지는 수정 계수를 곱하면 된다.

L_E가 L_F와 같을 때의 기본 수정량은 다음 식으로 주어진다.

$$24\text{ m} \leqq L_F < 85\text{ m}일\ 때,\ 350 + \frac{510(L_F - 24)}{61.0}\ (\text{mm})$$

$$85\text{ m} \leqq L_F < 122\text{ m}일\ 때,\ 860 + \frac{210(L_F - 85)}{37.0}\ (\text{mm})$$

$$122\text{ m} \leqq L_F\ 일\ 때,\ 1{,}070\text{ mm}$$

L_E가 L_F보다 작을 때의 수정 계수는 표 8-19에서 얻어지는 값으로 한다.

표 8-19 선루의 유효 길이에 따른 수정 계수(%)

배의 형식	선루의 형식		선루 및 트렁크의 유효 길이 합계(L_E)										
			0	0.1 L_F	0.2 L_F	0.3 L_F	0.4 L_F	0.5 L_F	0.6 L_F	0.7 L_F	0.8 L_F	0.9 L_F	1.0 L_F
A	모든 형식		0	7	14	21	31	41	52	63	75.3	87.7	100
B	선수루가 있고 분리 선교루가 없는 경우	I	0	5	10	15	23.5	32	46	63	75.3	87.7	100
	선수루 및 분리 선교루가 있는 경우	II	0	6.3	12.7	19	27.5	36	46	63	75.3	87.7	100

L_E가 표의 값 중간에 있을 때에는 선형 보간 방식에 의해 계산한다. 또, B형 선박에 대해서는 선루의 길이에 따라 다음과 같은 수정이 더 필요한 경우가 있다.

(가) 선교루의 유효 길이가 0.2 L_F보다 작을 때에는 표 8-19의 I 및 II의 값을 다음과 같이 수정한다.

$$\text{I} + \frac{(\text{II} - \text{I})b}{0.2\,L_F}$$

여기서, b : 선교루의 유효 길이

(나) 선수루의 유효 길이가 0.4 L_F보다 클 때에는 선교루가 없어도 II의 값을 사용한다.

(다) 선교루의 유효 길이가 0.07 L_F보다 작을 때에는 다음 식으로 구하는 값을 수정 계수로부터 감한다.

$$5 \times \frac{0.07\,L_F - f}{0.07\,L_F}\,(\%)$$

여기서, f : 선수루의 유효 길이

B형 선박으로서 선루가 없는 평갑판선에서는 ㈐항의 식에서 $f = 0$이므로, 이 식의 값이 5%가 된다. 따라서, 수정 계수 = 0−5 = −5%로 되는데, 이와 같이 음(−)의 값이 될 때에는 수정 계수를 0으로 취급한다. 또, ㈎와 ㈐의 조건이 겹칠 때에는, 즉 선수루의 유효 길이 f가 $0.07\,L_F$보다 작고, 선교루의 유효 길이가 $0.2\,L_F$보다 작을 때에는 ㈎와 ㈐에서 설명한 수정을 동시에 할 필요가 있다. 즉,

$$\mathrm{I} + \frac{(\mathrm{II} - \mathrm{I})\,b}{0.2\,L_F} - 0.05 \times \frac{0.07\,L_F - f}{0.07\,L_F}$$

로 동시에 수정하면 된다.

4. 현호에 따른 수정

(1) 현호

현호(舷弧, sheer)란 그림 8-57에 나타낸 것처럼 옆에서 본 갑판선이 수평하지 않고, 선수미가 중앙보다 올라간 형상을 말한다. 현호의 높이는 선측에서 형 기선(moulded base line)으로부터 측정하는 것이 보통이다. 과거에는 배의 현호 형상이 포물선이었으나 최근에 건조되고 있는 소형선 이외의 선박에서는 공작(工作)을 간편하게 하기 위하여 선수루가 있는 배에서 상갑판에는 현호를 주지 않는 것이 통례이다. 또, 선루가 없는 평갑판선에서는 선수부에만 직선 상태의 현호를 주고, 나머지 부분은 수평하게 하는 배가 많다. 그런데 선수루가 있고 현호가 없는 배에서도 엄밀하게 보면 선측에 현호가 있다.

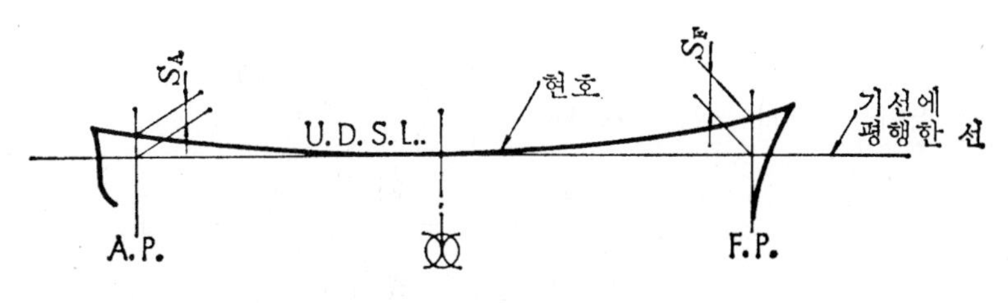

그림 8-57 현호

배의 상갑판은 파도가 칠 때 물이 흘러 나가게 하기 위하여 그림 8-58에 나타낸 것과 같이 볼록하게 만들어져 있다. 이러한 볼록 형상을 캠버(camber)라고 한다.

캠버의 형상은 과거에는 원호형이었으나 최근의 선박에서는 공작을 편리하게 하기 위하여 그림 8-58에 나타낸 것처럼 갑판의 중앙부만 수평 또는 원호 상태(圓弧 狀態)로 조금 높이고, 양 현부에는 $\frac{50}{1000}$ 정도의 기울기를 가지는 직선으로 하고 있다. 그 형상은 배 길이의 중앙

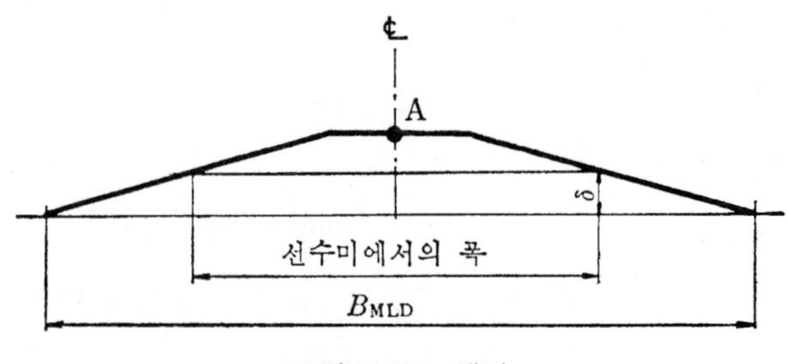

그림 8-58 캠버

부에서 정하고, 그것을 선수미 부분까지 유지시킨다.

그런데 그림 8-58에서 점 A의 위치는 배의 전길이에 걸쳐서 같은 높이에 있으므로, 선수미 부분에서 배의 폭이 좁아지면 갑판의 현측선이 중앙부에서보다 δ만큼 높아진다. 즉, 그만큼 현호가 주어지게 된다. 이것을 캠버에 의해서 생긴 현호(sheer due to camber)라고 부르고 있다.

선루의 현호 형상과 건현 갑판의 현호 형상은 반드시 일치하지는 않으나, 건현 계산에서는 다음과 같이 생각한다.

(가) 분리된 선루가 있는 경우에는 건현 갑판의 현호 높이를 잡는다.

(나) 배의 전길이에 걸쳐 표준 높이의 선루가 있을 때에는 선루 갑판의 현호 높이를 잡는다. 다만, 선루의 높이가 표준 높이를 넘을 때에는 실제 높이와 표준 높이와의 최소차(最少差) Z를 F.P.와 A.P.에서 현호의 높이에 각각 더해 주고, 또 $\frac{L_F}{6}$ 및 $\frac{L_F}{3}$의 각 점에서 높이에 각각 $0.444Z$ 및 $0.111Z$를 더하여 현호의 형상을 결정하도록 한다.

(2) 현호에 따른 수정값

현호에 따른 수정값을 계산하려면 먼저 배의 길이에 따라 현호의 표준 높이를 구하고, 그것과 실제 현호의 높이 차이에 선루의 유효 길이와 배 길이의 비에 의해 결정되는 계수를 곱한다.

(가) 현호의 표준 높이는 표 8-20에 나타낸 값으로부터 구한다.

현호의 표준 높이를 구하는 식은 다음과 같다.

$$\text{현호의 표준 높이 } S_O = \frac{S_A + S_F}{2} = 12.51 \times \left(\frac{L_F}{3} + 10 \right)$$

이 식은 현호의 형상을 포물선으로 생각하고 Simpson의 제2법칙으로 현호 부분의 면적을 계산한 다음, 전(후)반부의 평균 높이를 구하기 위하여 그것을 $\frac{L_F}{2}$로 나눈 값이다.

Simpson의 제2법칙에서 면적 A를 구하는 식은 다음과 같다.

$$A = (\sum y S_2) \times \frac{3}{8} h$$

여기서, y : 각 분점(分點)에서의 현호 높이

S_2 : Simpson의 제2법칙 계수로서 표 8-20의 계수값

h : 분점 사이의 거리이며, 위의 경우에는 $\frac{L_F}{6}$가 된다.

따라서, 전반부 및 후반부의 평균 높이는

$$S_F = \frac{A}{\frac{L_F}{2}} = (\sum y S_2) \times \frac{1}{8} = 16.68 \times \left(\frac{L_F}{3} + 10\right)$$

$$S_A = 8.34 \times \left(\frac{L_F}{3} + 10\right)$$

또, 현호 전체의 평균 높이 S_O는

$$S_O = \frac{A}{L_F} = (\sum y S_2) \times \frac{1}{16} = 12.51 \times \left(\frac{L_F}{3} + 10\right)$$

이 된다.

표 8-20 표준 현호의 형상과 높이

	분 점	각 분점에서의 현호 높이(mm)	계 수
후반부	선미 수선(A. P.)	$25 \cdot \left(\frac{L_F}{3}+10\right)$	1
	A. P.로부터 $\frac{L_F}{6}$인 점	$11.1 \cdot \left(\frac{L_F}{3}+10\right)$	3
	A. P.로부터 $\frac{L_F}{3}$인 점	$2.8 \cdot \left(\frac{L_F}{3}+10\right)$	3
	선체 중앙점	0	1
	후반부의 평균 높이(S_A)	$8.34 \cdot \left(\frac{L_F}{3}+10\right)$	
전반부	선체 중앙점	0	1
	F. P.로부터 $\frac{L_F}{3}$인 점	$5.6 \cdot \left(\frac{L_F}{3}+10\right)$	3
	F. P.로부터 $\frac{L_F}{6}$인 점	$22.2 \cdot \left(\frac{L_F}{3}+10\right)$	3
	선수 수선(F. P.)	$50 \cdot \left(\frac{L_F}{3}+10\right)$	1
	전반부의 평균 높이(S_F)	$16.68 \cdot \left(\frac{L_F}{3}+10\right)$	

(나) 다음에 실선에서 실제 현호의 높이를 표 8-20과 같이 $\frac{L_F}{6}$ 간격의 각 분점에서 재고, Simpson의 제2법칙을 사용하여 전반부의 평균 높이 S_F와 후반부의 평균높이 S_A를 구한다.

㈐ 실선의 현호 평균 높이 S는 실제 현호의 전반부와 후반부의 평균 높이를 표준 건현의 전반부와 후반부의 평균 높이와 비교하여 다음과 같이 구한다.

- $S_F > S_f$, $S_A \geqq S_a$일 때

$$S = \frac{S_f + S_a}{2}$$

- $S_F > S_f$, $S_A < S_a$일 때

$$S = \frac{S_f + S_a}{2}$$

- $S_F \leqq S_f$, $0.75\ S_A \leqq S_a$일 때

$$S = \frac{S_f + S_a}{2}$$

- $S_F \leqq S_f$, $0.75\ S_A > S_a \geqq 0.50\ S_A$일 때

$$S = \frac{S_f' + S_a}{2}$$

여기서 S_f'은 각 분점에서 현호의 높이를 다음과 같이 계산하고, 이것으로부터 전반부의 평균값을 구한 것이다.

$$S_i' = S_{oi} + (D_i - S_i) \times \left(4 \times \frac{S_a}{S_A} - 2\right)$$

여기서, S_{oi} : 각 분점에서의 표준 높이

S_i : 각 분점에서의 실제 높이

- $S_F \leqq S_f$, $0.50\ S_A > S_a$일 때

$$S = \frac{S_f + S_a}{2}$$

㈑ 선수루 및 선미루의 높이가 표준 높이보다 클 때에는 다음 계산식으로 구한 값을 실제 현호의 전반부 또는 후반부의 평균 높이에 더해 줄 수 있다.

$$s = \frac{y}{3} \times \frac{L'}{\frac{L_F}{2}}$$

여기서, s : 현호의 평균 높이 증가분

y : F.P. 또는 A.P.에서의 선루의 실제 높이와 표준 높이의 차이

L' : 폐위된 선수루 또는 선미루의 평균 길이(다만, 0.5 L_F 이하로 한다)

(마) 현호에 따른 건현의 수정량은 다음 식에 의해 구하여진다.

$$(S_o - S) \times (0.75 - 0.5\,r_1)\ (\mathrm{mm})$$

여기서, S_o : 현호의 표준 높이

S : 실제 현호의 평균 높이

r_1 : 폐위된 선루의 합계 길이(유효 길이가 아닌 것에 주의할 것)를 L_F로 나눈 값

$S_o > S$ 인 경우에는 위의 수정량을 표정 건현에 더하고, $S_o < S$ 일 때에는 표정 건현에서 빼게 된다. 또, $S_o < S$ 인 경우에 배의 중앙을 끼고 폐위된 선루가 있을 때에는 다음 계산식으로 계산한 값을 표정 건현으로부터 뺄 수 있다.

$$(S_o - S) \times (0.75 - 0.5\,r_1) \times \frac{5E}{L_F}$$

위 식에서 E는 배의 중앙으로부터 앞쪽 또는 뒤쪽으로 각각 0.1 L_F 이내에 있는 폐위된 선루의 길이(m)이다. 다만, 이 식에 의한 수정량은 L_F= 100 m당 125 mm 이내를 한도로 한다.

이상의 방법에 의해서 현호에 따른 수정량이 계산된다. 일반 벌크 화물선이나 중형 유조선에서 흔히 볼 수 있는 선수루 붙이 평갑판 선형으로서 상갑판에 현호가 없는 배에 대해서는, 초기 단계에서는 선도(線圖)가 없으므로 캠버에 의해 생기는 현호의 평균 높이를 추정해 둘 필요가 있다.

그림 8-59는 그런 목적을 위해서 작성된 도표이며, 배의 폭으로부터 현호의 평균 높이 S를 구할 수 있다.

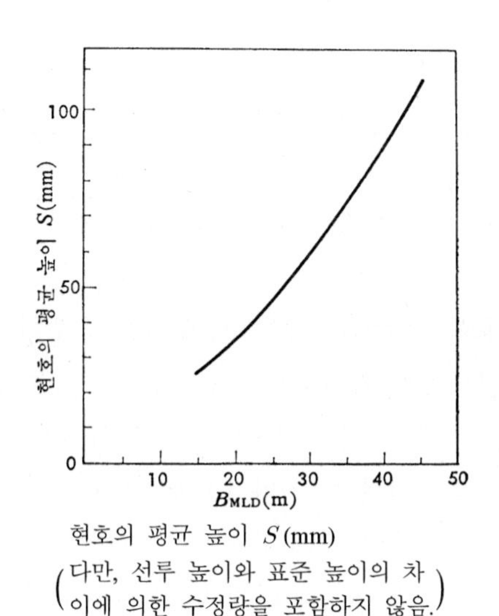

그림 8-59 갑판 중심선이 수평한 경우의 현호의 평균 높이

종합해 보면 하기 만재 흘수 d_S를 다음과 같이 구할 수 있다.

$$d_S = \text{건현용 깊이} - (\text{표정 건현} \pm \text{깊이에 따른 수정} - \text{선루에 따른 수정} \pm \text{현호에 의한 수정})$$

건현의 수치는 mm 단위로 계산된다.

배의 형상으로부터 정해지는 건현은 주요 요목과 배치가 결정되면 정확하게 계산되기 때문에 계획값에 대해서 대개 마진을 잡지 않는 것이 보통이며, 형상 건현(形狀 乾舷)대로 흘수를 결정하는 경우에도 15～20 mm를 취하여 주면 된다.

만재 흘수는 건현용 깊이로부터 하기 건현을 빼면 얻어진다. 배의 기본 계획에 직접 관계되는 것은 하기 건현(夏期 乾舷)이다. 한편, 하기 건현은 하기 만재 흘수 이외에 열대, 동기, 동기 북대서양 및 담수(淡水)의 각 만재 흘수의 위치가 나타나 있다. 그들 각 흘수는 하기 만재 흘수(d_S)를 알면 표 8-21의 계산식에 의해 간단히 계산된다.

표 8-21 각종 만재 흘수의 종류 (단위 : mm)

흘수의 종류	계 산 식	
열 대	$d_T = d_S + \frac{d_S}{48}$	
동 기	$d_W = d_S - \frac{d_S}{48}$	
동기 북대서양	$d_{WNA} = d_W - 50,$ $d_{WNA} = d_W,$	$L_F \leqq 100\,\text{m}$ $L_F > 100\,\text{m}$
하기 담수	$d_{SF} = d_S + \frac{\Delta}{4T}$	Δ : d_S에서의 배수 톤수(ton) T : 해수에서의 매 cm 배수 톤수
열대 담수	$d_{TF} = d_T + \frac{\Delta}{4T}$	

이와 같이 각 대역(帶域)을 잘 이용하면 계획 만재 흘수에 상당하는 화물 중량보다 화물의 적재량을 증가시킬 수 있다.

예를 들면, 페르시아만으로부터 극동(極東)까지 원유를 운반하는 유조선의 항로는 페르시아만 → 아라비아해 → 인도양 → 말라카 해협 → 남지나해 → 극동이 되는데, 각 대역으로부터 알 수 있는 바와 같이 아라비아해는 9월 1일～5월 31일 사이에 열대기가 되므로, 그 기간에는 페르시아만을 출항하여 말라카 해협을 지나 10°N선(線)을 넘을 때까지는 열대 흘수로 항행할 수 있다. 따라서, 페르시아만을 출항해서 항해하는 사이에 연료를 소비하여 점차적으로 흘수가 낮아져서 10°N선에 왔을 때 흘수가 하기 만재 흘수가 되도록 원유를 적재하면, 화물의 적재량을 가장 슬기롭게 증가시킬 수 있게 된다.

이 밖에 갑판 위에 목재를 적재하는 배는 갑판 위에 목재 때문에 부력(浮力)이 증가된다고 생각되므로, 일반적인 B형 선박보다 더욱 깊은 흘수가 인정되고 있다. 그러나 이런 경우에는 배의 구조나 목재의 적재 장치 등이 규정에 적합하게 되어 있어야 한다. 목재 건현의 지정을 받는 경우 건현 계산 방법의 설명은 여기서는 생략하겠지만, 선루에 따른 수정항(修正項) 이외는 일반 선박의 경우와 동일하다.

8.6.5 최소 선수 높이

선수 수선(垂線) F.P.에서 하기 만재 흘수선으로부터 노출(露出) 갑판의 선측 상면까지의 연직 거리는 다음 식으로 주어지는 값 이상이어야 한다.

- $L_F < 250$ m일 때

$$56\,L_F \times \left(1 - \frac{L_F}{500}\right) \times \frac{1.36}{C_B + 0.68}\ \text{(mm)}$$

- $L_F \geq 250$ m일 때

$$7{,}000 \times \frac{1.36}{C_B + 0.68}\ \text{(mm)}$$

위 식에서 L_F는 배의 건현용 길이로서 단위는 m이고, C_B는 방형 계수이며 0.68을 최소로 한 것이다. 또, 이 경우에 선수루의 길이는 $0.07L_F$ 이상이며, 길이 100 m 이하의 배에서는 폐위된 선루여야 하고, 100 m를 넘는 배에서는 폐위된 선루일 필요는 없으나 주무 관청(主務官廳)이 충분하다고 인정하는 폐쇄 장치를 갖추어야 한다.

또, 건현의 기점(起點)은 선수 수선(船首 垂線)으로부터 $0.15L_F$ 이상 후방에 있어야 한다. 선수루의 길이나 현호에 대한 이상의 조건이 만족되고 있지 않을 때에는 선수 높이로 노출 갑판까지의 선측 높이를 취할 수 없으며, 표 8-22에 나타낸 것처럼 취하여 주면 된다.

표 8-22 선수루나 현호가 규정의 조건을 만족시키지 못할 때의 선수 높이

선수루와 현호의 유무	선수루의 길이	F.P.로부터 현호의 기점까지의 거리	만재 흘수선으로부터의 선수 높이
선수루와 현호가 있는 경우	$0.07L_F$ 미만	$0.15L_F$ 이상	F.P.에서 건현 갑판의 상면까지 높이
선수루와 현호가 있는 경우	$0.07L_F$ 미만	$0.15L_F$ 미만	중앙부에서 건현 갑판의 상면까지 높이
선수루와 현호가 있는 경우	$0.07L_F$ 이상	$0.15L_F$ 미만	중앙부에서 건현 갑판의 상면까지 높이+F.P.에서 선수루 높이
선수루가 있고 현호가 없는 경우	$0.07L_F$ 미만	–	F.P.에서 건현 갑판의 상면까지 높이
선수루가 없고 현호가 있는 경우	–	$0.15L_F$ 미만	중앙부에서 건현 갑판의 상면까지 높이

8.6.6 건현의 계산 예

8.6.4절과 8.6.5절에서 설명한 건현 계산의 방법에 대한 이해를 돕기 위하여, 그림 8-60에 나타낸 것과 같이 D.W.T. 45,000톤 벌크 화물선에 대한 계산 예를 들어본다.

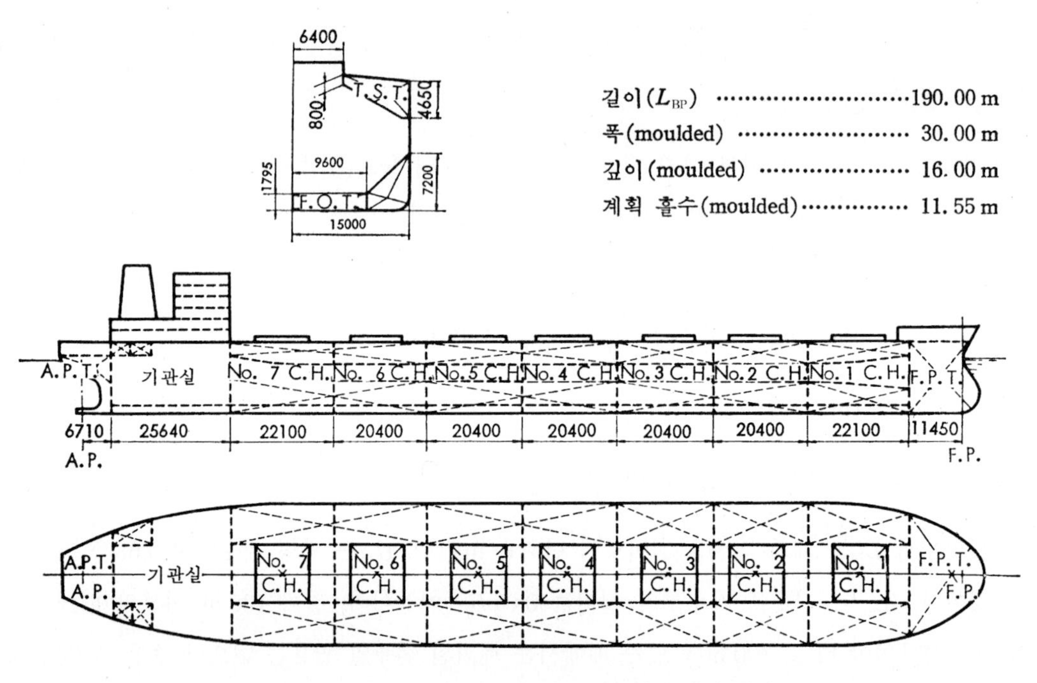

그림 8-60 D.W.T. 45,000톤 벌크 화물선의 개략 배치도

여기서 보인 계산은 초기 단계에서 선도가 아직 작성되어 있지 않을 때의 계산 예이다.

1. 주요 치수

L_{BP} = 190.0 m

B_{MLD} = 30.0 m

D_{MLD} = 16.0 m

d_{MLD} = 11.55 m

C_B = 0.811 (d = 11.55 m에서)

건현의 종류 B_1

2. 표정 건현

(1) 건현용 길이

$0.85\, D_{MLD} = 0.85 \times 16 = 13.6$ m

$$L_F = 190.0 + 0.610$$
$$= 190.61\,\text{m}$$
$$0.96\,L_{WL} = 0.96 \times (190\,\text{m} + 0.61\,\text{m} + 5.52\,\text{m})$$
$$= 188.285\,\text{m}$$

㈜ F.P.의 앞쪽에 있는 부분의 길이 0.61 m 및 A.P.의 뒤쪽에 있는 부분의 길이 5.52 m는 상사선의 선도로부터 추정한다.
따라서, 건현용 길이 L_F는 190.61 m로 잡는다.

(2) 표정 건현

- A형 선박의 표정 건현(표 8-16에 의함)

$$2{,}508 + \frac{0.61 \times (2{,}519 - 2{,}508)}{1.0} = 2{,}515\,\text{mm}$$

- B형 선박의 표정 건현(표 8-17에 의함)

$$3{,}098 + \frac{0.61 \times (3{,}116 - 3{,}098)}{1.0} = 3{,}109\,\text{mm}$$

- B_1 건현의 표정 건현

$$3{,}109 - (3{,}109 - 2{,}515) < 0.60 = 2{,}753\,\text{mm}$$

(3) 표정 건현의 C_B에 따른 수정

$d = 13.6$ m에서의 C_B는 8.6.4절에서 기술한 근사식에 의해서 구한다.

$$C_B = 0.811 \times \left(\frac{13.60}{11.55}\right)^{0.0888} \quad (C_W = 0.883\text{으로 잡는다})$$
$$= 0.811 \times 1.0146$$
$$= 0.823$$

C_B에 따라 표정 건현을 수정하면,

$$2{,}753 \times \frac{0.823 + 0.680}{1.36} = 3{,}042\,\text{mm}$$

로 된다.

3. 깊이에 따른 수정

(1) 건현용 깊이

$$F_F = 16.0 + 0.024 = 16.024\,\text{m}$$

상갑판 스트링어판의 두께는 그림 8-53으로부터 읽는다.

(2) 수정량

$$\frac{L_F}{15} = 12.707$$

$$250 \times (16.024 - 12.707) = 829\text{ mm}$$

4. 선루에 따른 수정

㈎ 선수루의 유효 길이 14.610 m (7.665% L_F)

㈏ 수정 계수 $= \dfrac{5 \times 0.07665}{0.1} = 3.83\,\%$

(표 8-19의 I의 계수를 사용한다)

㈐ 수정량 $= -1{,}070 \times 0.0383 = -41$ mm

5. 현호에 따른 수정

㈎ 현호의 표준 높이

$$S_O = 12.51 \times \left(\frac{L_F}{3} + 10\right)$$

$$= 920\text{ mm}$$

㈏ F.P.에서의 선수루 높이가 3.0l m이므로, 선수루의 표준 높이 2.30 m와의 차이에 따른 현호 전반부의 평균 높이 수정량 S를 구하면 다음과 같다.

$$S = \frac{(3.01 - 2.30) \times 14.61 \times 2}{3 \times 190.61}$$

$$= 36\text{ mm}$$

따라서, 평균 높이에 대한 수정량은 $\dfrac{36}{2} = 18$ mm로 된다.

㈐ 이 배의 현호는 캠버에 의한 것밖에 없으므로, 그 현호의 평균 높이는 그림 8-59로부터 $B = 30$ m에 대해서 60 mm가 된다. 따라서, 현호의 평균 높이는 $S = 60 + 18 = 78$ mm가 된다.

㈑ 수정량

$$(920-78)\times\left(0.75-\frac{14.61}{2\times190.61}\right)=842\times0.7117=599\ (\text{mm})$$

6. 하기 만재 흘수

표정 건현 : 3,042 mm

깊이에 따른 수정 : +829 mm

선루에 따른 수정 : −41 mm

현호에 따른 수정 : +599 mm

형상(形狀) 건현 : 4,429 mm

건현용 깊이 : 16.024 m

형상 건현 : 4.429 m

하기 만재 흘수 : 11.595 m

현재 계획하고 있는 만재 흘수는 11.55 m이므로 45 mm의 여유가 있다.

7. 최소 선수 높이

$$56\,L_F\times\left(1-\frac{L_F}{500}\right)\times\frac{1.36}{C_B+0.68}$$

$$=56\times190.61\times\left(1-\frac{190.61}{500}\right)\times\frac{1.36}{0.823+0.68}$$

$$=5.977\ \text{m}$$

실선의 선수 높이는

$$16.00+0.550+3.01-11.55=8.01\ \text{m}$$

↑ D_{MLD}　↑ F.P.에서 현호의 높이　↑ F.P.에서 선수루 높이

이므로, 전혀 문제가 되지 않는다.

이상의 계산에 의하면 이 배의 계획 만재 흘수 11.55 m는 형상 건현으로부터 결정되는 흘수 이내에 있다는 것을 알았으나 이 배의 건현은 B_1이므로, 8.4절의 침수 계산을 하여 침수 후의 여러 조건이 규칙에서 요구하는 값을 만족하고 있다는 것을 확인하여야 한다.

[국제만재흘수선협약(I.L.L.C.)의 개정 내용(2005년부터 적용)]

1966년에 제정된 국제만재흘수선협약(I.L.L.C.) 중에서 1988년에 개정된 협약과 2004년에 수정된 프로토콜(Revised Protocol)의 조문 번호(Regulation No.)와 제목을 다음 표에서 간단

히 요약하였다. 여기서 조문이 부분적으로 수정된 것은 '수정'으로 표기하였으며, 추가된 부분은 '첨가', 위치가 이동된 것은 '위치이동', 삭제된 것은 '삭제'로 각각 표기하였다.

표 8-23 국제만재흘수선협약(ILLC, 1966)의 1988년 개정 내용(2005. 1. 1.부터 적용)

Reg. No.	Key Contents
2	Application / (6), (7) – 삭제
22	Scuppers, Inlets and Discharges / (1) : except as provided in paragraph (2) – 첨가
23	Side Scuttles / Summer Load Line – 첨가 Side Scuttles, windows and skylights / (5) – 수정
24	Freeing Ports / (1) (c) – 수정
27	Type 'A' SHIPS / (2) A Type 'A' SHIP IS ONE - IN BULKS – 수정 / (a), (b), (c), (3) – 수정 Type 'B' SHIPS / (6) – 수정 / (7), (8), (9), (10) – 첨가 Initial condition of loading / (11) – 첨가 Damage assumption / (12) – 첨가 Condition of equilibrium / (13) – 첨가 Ships without means of propulsion / (14) -– 첨가
37	Percentage of deduction for type 'A' and 'B' ships / context – 삭제
38	Measurement of Variation from Standard Sheer Profile / (12) – 수정
44	General / (2) Context – 수정 Uprights / (5) – 수정 Lashing / (6) – 수정 Stability / (7) – 수정 Protection of Crew, Access to Machinery Spaces, etc. / (11) → (8) – 위치이동 / (8) – 수정 ※ 길이 단위 변경 / (9) – 첨가
45	Computation for Freeboard / (5) – 수정
46	Northem Winter Seasonal Zones and Area / (b) – 수정
47	Southem Winter Seasonal Zone / Context – 수정
48	Tropical Zone / (2) Context – 수정
49	Seasonal Tropical Areas / (b) Context – 수정

표 8-23(계속) 1988년 수정된 프로토콜 / [Resol. MSC 143 (77), 2004]

Reg. No.	Key Contents
1	Strength and Intact Stability / (1) – 수정 / (2), (3) – 첨가
2	Application / – 수정 / (2) – 수정 / (3) – 수정 / (6), (7), (8), (9) – 첨가
2-1	Authorization of recognised organizations – 첨가
3	Definitions of terms used in the Annexes / (1) Length / a), b), c) – 첨가 / d) – 수정 / Figure 3.2 – 첨가 / (6) – D데소 랙 Freeboard (D) / (a) – 수정 / (7) – Block Coefficient / (a) – 수정 / (b) – 첨가 / (9) – Freeboard Deck / b) – 수정 / b) – Ⅲ. – 첨가 / (c) – 첨가 (–7p) / (9) – Freeboard Deck / Figure 3.3 – 첨가 / (10) – Superstructure – 수정 / (11), (12) – 삭제 / (e), (f), (g), (h), (i) – 첨가 / (11), (12), (13), (14), (15) – 첨가
4	Deck Line / 수정 / Figure 4.1 – 첨가
5	Load Line Mark – 수정
6	Lines to be used with the Load Line Mark / (1) – 수정 / (3) – 수정 / (6) – 수정 / (7) – 첨가 / (8) – 수정
9	Verification of Mark / Context – 수정
10	Information to be supplied to the Master / (1) Context – 삭제 / (2) loading information – 첨가 / (2) (3) – 위치이동 / (3), (c) – 첨가 / (b) → (d), (d) → (b) – 위치이동 / (4) – 첨가
11	Superstructure End Bulkheads / an acceptable level of strength – 첨가 / Efficient construction and shall be to the satisfaction of the Administration – 삭제
12	Doors / (2) – 첨가 / (2) → (3) – 위치이동 / (4) – 첨가
13	Position of Hatchways, Door Ways and Ventilators / Superstructure decks situated – 첨가
14	Cargo and other Hatchways / (1) Hatchways – 첨가 / 15 and 16 of this Annex – 삭제
14-1	Hatchway coamings / (1), (2) – 첨가
15	Hatchway Covers / (1) – 삭제 / (2) → (1), (3) → (2), (4) → (3) – 위치이동 / (3) HATCHWAYS IN POSITION – 삭제 / (5) – 삭제 / (4) 4.25 → 1.25, 0.0028 → 0.0056 – 위치이동 Portable Beams / (6) → (4) – 위치이동 / (5) – 첨가 Pontoon Covers / (7) → (6), (8) → (7) – 위치이동 / (6) – 수정 Carriers or SOCKETS / (9) → (8) – 위치이동 Cleats / (10) → (9) – 위치이동 Battens and Wedges / (11) → (10) – 위치이동 / (1/2 inch) – 삭제 Tarpaulins / (12) → (11) – 위치이동 Security of Hatchway Covers / (13) → (12) –위치이동 / (4.9 feet) – 삭제

표 8-23(계속) 1988년 수정된 프로토콜 / [Resol. MSC 143 (77), 2004]

Reg. No.	Key Contents
16	Hatchway Coaming / (1) – 삭제 Weathertight Covers / (2), (3) All – 첨가 Means for Securing Weathertightness / (4) All – 삭제 / All hatchways in position – 첨가 Hatch cover minimum design loads / (2) For ships of 100 m in length and above / (3) For ships 24 m in length / (4) For ships between 24 m and 100 m in length and for positions between FP and 0.25L / (5) All hatch covers shall be designed / Securing arrangements / (6), (7) – 첨가
17	Machinery Space Openings / (1) The sills (23.5 inches), (15 inches) – 삭제 / (2) → (3) – 위치이동 / (2) – 첨가 / (3) Coamings of any fiddley – 수정 / (2) → (5) – 위치이동
18	Miscellaneous Opening in Freeboard and Superstructure Decks / (2) – 수정 / (3) → (4) – 위치이동 / (3), (4), (5), (6), (7) – 첨가 / (4) (23.5 inches), (15 inch) – 삭제
19	Ventilators / (1), (4) – 수정 / (3) – 수정, ※ 길이에 대한 단위가 수정되었음
20	Air Pipes / (1) – 수정 / ※ 길이에 대한 단위가 수정 되었음 / (2), (3), (4) – 첨가
21	Cargo Ports and similar Openings / (1), (2) – 수정 / (3), (4), (5) – 첨가
22	Scuppers, Inlets and Discharges / (1), (a) – 수정 / (b), (c), (d), (e), (f), (g) : Table 22.1 – 첨가 / (7) – 첨가
22-1	Garbage chutes / (1), (2), (3), (4) – 첨가
22-2	Spurling pipes and cable lockers / (1), (2), (3) – 첨가
23	Side Scuttles / (1), (2), (3) – 삭제 Side Scuttles, windows and skylights / (1), (2), (3), (4), (5), (6), (7), (8), (9), (10), (11), (12) – 첨가 / (2) → (5) – 위치이동
24	Freeing Ports / (1) : (a), (b), (c) 항목으로 나뉨 / (d), (e), (f), (g) – 첨가 / (1) – 수정 (길이에 관한 용어가 바뀌었음) / (2) – 삭제 / (3) → (2) – 위치이동 / (3) – 첨가 (길이에 관한 식이 추가되었음) / (4) – 수정 / (4) : (a), (b), (c), (d), (e) – 첨가(Freeing port area에 관한 식이 추가되었음) / (5), (6) – 수정
25	Protection of the Crew / (1) strength of the, to the satisfaction of the Administration – 삭제 / (2), (3), (4), (5) – 수정 / (3) : (a), (b), (c), (d) – 첨가(길이에 관한 정의가 추가되었음)
25-1	Means for safe passage of crew / (1) – 첨가(길이에 관한 표가 추가되었음, Table 25–1.1) / (2), (3), (4), (5) – 첨가
26	Special Condition of Assignment for Type 'A' Ships / (1) one of the following arrangements – 수정 / (a), (b) – 수정 / (2) – 수정 Gangway and access / (2) → (3), (3) (4) – 위치이동 / (3) – 수정 / (4) and satisfactory – 삭제 / Hatchways / (4) → (5) – 위치이동 Freeing Arrangements / (5) → (6), (6) → (7) – 위치이동 / (6) – 수정

표 8-23(계속) 1988년 수정된 프로토콜 / [Resol. MSC 143 (77), 2004]

Reg. No.	Key Contents
27	Type 'A' ships / (a) – 수정 / (a) → (b), (b) → (c) – 위치이동 / (4) table 28.1 – 첨가 / (2) – 수정 / (3) 492 feet, 225 meter(738 feet) in length, a permeability of 0.85 – 삭제 / (a), (b), (c) – 삭제 / (4) Table A of Regulation 28 – 삭제 Type 'B' ships / (6) – 수정 / Table 27.1 – 첨가 / (7), (8), (9), (10), (11) – 삭제 / (8), (9), (10) – 수정 Initial condition of loading / (11) – (iii) – 수정 Condition of equilibrium / (13) – (a) – 수정 Ships without means of propulsion / (14) – (b) – 수정
28	Freeboard Table / (1) From Table 'A' to Table 28.1 – 수정 / (1) From Table 'B' to Table 28.2 – 수정
29	Correction to the freeboard for ships under 100 m in length / Context – 수정
30	Correction for Block Coefficient / Context – 수정
31	Correction for Depth / (2) (of this regulation) – 삭제 / (3) – 수정
32–1	Correction for Recess in Freeboard Deck / (1), (2), (3) – 첨가 / Figure 32.11 – 첨가
33	Standard Height of Superstructure / Standard Height – Deleted / Table 33.1 – 첨가
34	Length of Superstructure / (1), (2) – 첨가 / (1) of the Regulation – 삭제 / (3) : (a), (b), (c) – 첨가 / Figure 34.1 – 첨가 / Figure 34.2 – 첨가
35	Effective length of superstructure / (1) of this regulation – 삭제 / (3), (4) – 삭제
36	Trunks / (1), (e) – 수정 / (4) regulation 15 (1) – 수정 / (5), (6), (7), (8) – 첨가
37	Deduction for Superstructures and Trunks / (1) – 수정 / Table 37.1 – 첨가 Percentage of Deduction for type 'A' and type 'B' ships (Table) – 수정 Length of Superstructures and Trunks / (3) – 수정 / (a), (b), (c) – 삭제
38	General / (5), (7) – 수정 / Figure 38.1, Figure 38.2 – 첨가 Standard Sheer Profile / Table 38.1 – 수정 Measurement of Variation from Standard Sheer Profile / (12) – 수정 / (13), Figure 38.3 – 첨가 Correction for Variation from Standard Sheer Profile / All – 삭제 Correction for Variation from Standard Sheer Profile / (14) – 첨가 Addition for Deficiency in Sheer / (14) → (15) – 위치이동 Deduction for Excess Sheer / (15) → (16) – 위치이동 / (16) – 수정
39	Minimum Bow Height and Reserve Bouyancy / (1) Context – 수정 / (2) – 수정 / (4) – 첨가 / Figure 39.1, 39.2, 39.3 – 첨가
40	Minimum Freeboards / (2), (4) – 수정 / (2), (4), (6), (단위) – 삭제 ※ 길이 단위 수정 / (7) inch – 삭제
42	Definition / Reference – 첨가
43	Construction of the Ship / (3) – 수정 ※ 길이 단위 수정
44	General / (1) – 수정 Lashing / (6) – 수정 / (7), (8), (9) – 삭제 Stability / (10) → (7) – 위치이동 Protection of Crew, Access to Machinery Spaces, etc. / (11) → (8) – 위치이동 / (8) – 수정
45	Computaton Freeboard / (6), (7) – 첨가
47	Southern Winter Seasonal Zone and Area / Context – 삭제
48	Tropical Zone / (2) Context – 삭제
49	In the South Indian Ocean / (b) Context – 삭제 in the South Pacific / (b) Context – 수정

8.7 탱커의 탱크 구획·배치 Layout Arrangement of Tanks of Tanker

8.7.1 선급 협회의 규칙(Rule of Classification)

일반적으로 탱커의 탱크 구획은 만재 흘수선 규칙에 의한 침수 계산 및 다음 항의 "선박으로부터의 오염 방지를 위한 국제 조약 - 1973" 등에 의해 결정되는데 LR에서는 이와 같은 기준을 부여하고 있다.

표 8-24

NO. OF LONG. BULKH.		1	2	3
LENGTH OF WING T.		$0.15L_F$	$0.2L_F$	$0.2L_F$
LENGTH OF CENTER TANK	$b_W \geq 0.2B$	−	$0.2L_F$	$0.2L_F$
	$b_W < 0.2B$	−	$\left(0.5\dfrac{b_W}{B}+0.1\right)L_F$	$\left(0.25\dfrac{b_W}{B}+0.15\right)L_F$

여기서, L_F : 1966년 국제만재흘수선조약에 의한 배의 길이
b_W : 만재 흘수선에서의 선측 탱크의 폭

또한, 격벽에 관련하는 것으로 코퍼댐(cofferdam)의 설치가 요구된다. 코퍼댐은 화물유를 실는 장소의 앞뒤 끝이나 화물유를 실는 장소와 거주구의 사이에 설치하고 기밀(氣密)하고 출입에 필요한 폭으로 한다. 다만, 인화점이 65℃를 넘는 기름을 실는 탱커는 적당하게 고려한다. 화물유 탱크와 연료유 또는 밸러스트 탱크 사이의 코퍼댐은 승인(承認)에 의해 생략할 수 있다. 또 펌프실은 코퍼댐으로 인정한다.

8.7.2 국제 조약에 의한 구획(Subdivision by International Convention)

"선박으로부터의 오염 방지를 위한 국제 조약 - 1973년" 및 "의정서 - 1978년"의 주요 요점은 다음과 같다.

1. 분리 밸러스트 탱크(Segregated Ballast Tank, SBT)

분리 밸러스트 탱크란 화물유 및 연료유의 계통과 완전히 분리하고 또한 밸러스트의 적재, 또는 기름 혹은 규정되어 있는 유해 물질 이외의 화물의 적재를 위해 연속적으로 설치되어 있는 탱크에 넣어진 밸러스트 물을 말한다.

본 조약 제13규칙에 따르면 DWT 20,000 ton 이상의 원유 탱커 및 DWT 30,000 ton 이상의 프로덕트 캐리어는 분리 밸러스트 탱크(segregated ballast tank, SBT)를 갖추고 이 탱크 용량은 오일 탱크를 물 밸러스트용으로 사용하는 일 없이 경하 상태에 분리 밸러스트만을 더

한 상태에 있어서는,

$$\text{수평 흘수} \geq 2.0 + 0.02 \cdot L$$
$$\text{트림} \leq 0.015 \cdot L$$

프로펠러는 완전 몰수 상태

가 되는 배치와 함께 요구되고 있다.

2. 슬롭 탱크(Slop Tank)

슬롭 탱크란 탱크 배수, 탱크 세척 및 그 밖의 유성 혼합물을 모으기 위해 특별히 지정된 탱크를 말한다.

슬롭 탱크의 용량은 기름 적재 용적의 3% 이상, 분리 탱크를 갖추고 있는 경우는 2%가 인정되지만 DWT가 70,000 ton을 넘을 때에는 적어도 2개의 슬롭 탱크를 갖춘다.

3. 화물유 탱크의 크기와 배치 제한(Limitation of Size & Arrangement of Cargo Tanks)

표 8-25

<table>
<tr><td colspan="2">가상 유출량(O_C, O_S)의 제한((주,4) 참조)</td><td colspan="3">30,000 m^3 또는 $400\sqrt[3]{DWT}$ 중 큰 쪽을 넘지 않고 40,000 m^3 이하일 것(O_A)</td></tr>
<tr><td colspan="2" rowspan="2">개개의 탱크 용량 제한</td><td colspan="2">센터 화물유 탱크</td><td>50,000 m^3 이하</td></tr>
<tr><td colspan="2">윙 화물유 탱크</td><td>가상 유출 제한량의 75% 이하</td></tr>
<tr><td rowspan="6">화물유 탱크 길이의 제한 (10 m 또는 오른쪽의 값 중 큰 값 이하로 한다)</td><td>종통 격벽 없음</td><td colspan="3">$0.10 \cdot L$</td></tr>
<tr><td>종통 격벽 1곳</td><td colspan="3">$0.15 \cdot L$</td></tr>
<tr><td rowspan="4">종통 격벽 2곳 이상</td><td>윙 탱크</td><td colspan="2">$0.20 \cdot L$</td></tr>
<tr><td rowspan="3">센터 탱크</td><td>$\frac{b_I}{B} \geq \frac{1}{5}$</td><td>$0.20 \cdot L$</td></tr>
<tr><td rowspan="2">$\frac{b_I}{B} < \frac{1}{5}$</td><td>중심선 종통 격벽 없음
$\left(0.50\frac{b_I}{B} + 0.10\right) \cdot L$</td></tr>
<tr><td>중심선종통격벽 있음
$\left(0.25\frac{b_I}{B} + 0.15\right) \cdot L$</td></tr>
</table>

주 1) DWT : 지정 하절기 건현에서의 재하 중량(t)

2) b_I : 윙 탱크의 폭(m), 지정 하절기 건현은 선측에서 선체 중심선에 수직으로 계측한다.

3) l_C를 넘는 길이인 2개의 밸러스트 전용 탱크 사이에 끼워진 t_C를 넘는 폭의 윙 화물유 탱크의 용량은 최대의 가상 유출량까지 허용한다.

4) 가상 유출 유량의 계산

표 8-26

선측 손상에 의한 가상 유출 유량 O_C	$\Sigma W_I + \Sigma K_I C_I$
선저 손상에 의한 가상 유출 유량 O_S	$\dfrac{(\Sigma Z_I W_I + \Sigma Z_I C_I)}{3}$ 다만, 4개의 센터 탱크가 동시 손상인 경우는 위 식 중에서 3을 4로 한다.

① 손상 범위는 다음 표와 같다고 한다. 손상 위치는 전체 길이에 걸쳐 고려한다.

② W_I : 손상된 윙 탱크의 용량(m^3)

C_I : 손상된 센터 탱크의 용량(m^3)

전용 밸러스트 탱크일 때에는 0

$$\therefore K_I = 1 - \frac{b_I}{t_C},\ b_I \geq t_C \text{ 일 때, } K_I = 0$$

$$\therefore Z_I = 1 - \frac{h_I}{v_S},\ h_I \geq v_S \text{ 일 때, } Z_I = 0$$

h_I : 이중저의 최소 깊이(m)

표 8-27

선측 손상	길이 방향(l_C)	$\dfrac{L^{2/3}}{3}$, 14.5 m 중 작은 쪽	
	가로 방향(t_C)	$\dfrac{B}{5}$, 11.5 m 중 작은 쪽	
	수직 방향(v_C)	기선 상부부터 위쪽 무한	
선저 손상		F.P로부터 0.3L 사이	기 타
	길이 방향(l_S)	$\dfrac{L}{10}$	$\dfrac{L}{10}$, 5 m 중 작은 쪽
	가로 방향(t_S)	$\dfrac{B}{6}$, 10 m 중 작은 쪽, 다만, 5 m 이상 일 것	
	수직 방향(v_S)	기선부터 $\dfrac{B}{15}$, 다만, 6 m 중 작은 쪽	좌와 동일

③ 다음 그림의 경우 A 또는 B 중에서 작은 쪽 탱크의 용량에 S_I 를 곱한 것으로 다른쪽 탱크의 용량을 더한 것을 W_I로 한다.

여기서, $S_I = 1 - \dfrac{l_I}{l_C}$

④ 이중저 탱크가 비었든가, 담(淸) 해수를 탑재하고 있을 때에 또는 이중저 탱크의 전체 길이, 전체 폭에 걸쳐 존재하지도 않을 때 k_I=0으로 한다. 이중저 깊이의 $\frac{1}{2}$을 넘는 섹션웰이 있을 때에$\left(\frac{1}{2}\right.$ 이하는 무시 한다.$\left.\right)$, h_I=(이중저 깊이)−(섹션웰 깊이)로 한다.

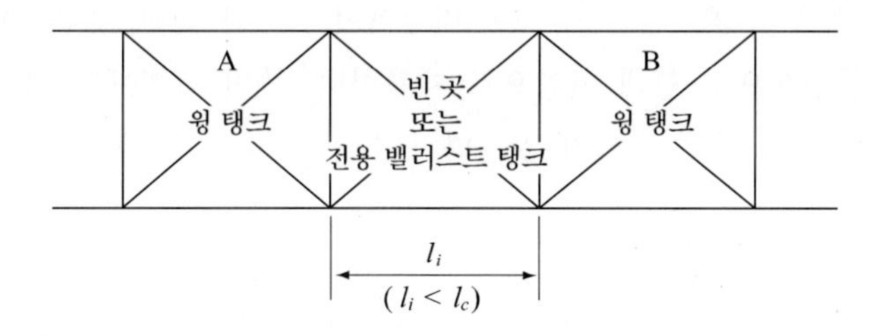

⑤ 선저 손상 시에 손상된 탱크 중에서 최대인 탱크의 기름 $\frac{1}{2}$ 이상을 그것에 알맞은 얼레이지를 갖는 밸러스트 탱크나 화물유 탱크로 2시간 이내에 옮길 수 있는 배관 장치가 있을 때에, O_S는 4센터 탱크 동시 손상의 산식을 사용해도 좋다. 이 경우의 배관의 높이는 v_S 이상일 것

4. 분리 밸러스트 스페이스의 방호적 배치(Protective Location of Ballast Tanks)

화물유 탱크 길이의 범위 안에 있는 분리 밸러스트 탱크는 좌초 또는 충돌 시에 기름 유출에 대처하고 다음의 요건에 따라 배치한다.

화물유 탱크 길이(L_T) 범위 내에 있는 분리 밸러스트 탱크(seagrated ballast tank) 및 오일 탱크 이외의 스페이스는 다음에 의해서 배치한다.

$$\Sigma PA_C + \Sigma PA_S \geq J\ [L_T(B + 2D)]$$

여기서, PA_C : 계획형 치수에서 분리 밸러스트 탱크 또는 오일 탱크 이외의 스페이스의 선측 외판 면적(m^2)

PA_S : 계획형 치수에서 위의 탱크나 스페이스의 선저 외판 면적(m^2)

J=0.45, DWT=20,000 ton

J=0.30, $DWT \geq$ 200,000 ton

중간 DWT의 경우는 1차 보간법에 의한다. 또, $DWT \geq$ 200,000 ton인 탱커에서 J는 다음에 따라서 감해도 좋다.

$$J_{\mathrm{REDUCED}} = \left[J - \left(a - \frac{O_C + O_S}{4 \cdot O_A} \right) \right] \text{ 또는, 0.2 중에서 큰 쪽}$$

여기서, $a = 0.25$, $DWT = 200{,}000$ ton

$a = 0.40$, $DWT = 300{,}000$ ton

$a = 0.50$, $DWT \geq 420{,}000$ ton

중간 DWT의 경우는 1차 보간법에 의한다. PA_C 및 PA_S의 결정에도 다음을 적용한다.

① 선측(船側)의 전체 깊이에 걸쳐 있으며 갑판에서부터 이중저의 정판(頂板)에 걸쳐 있는 윙 탱크 또는 스페이스의 최소폭은 2m 미만이어서는 안 된다. 폭은 선박의 직립 상태에서 선측부터 중심선으로 향해 안쪽으로 계측한다. 폭이 그것보다 작을 때에는 윙 탱크나 스페이스는 PA_C에 고려되지 않는다.

② 이중저 탱크 또는 스페이스의 최소 깊이는 $\frac{B}{15}$나 2m 중 작은 값 이상으로 한다. 깊이가 이것보다 작은 경우는 이중저 탱크나 스페이스는 PA_S에 고려되지 않는다.

윙 탱크 또는 이중저의 최소폭 및 최소 깊이는 빌지 부분을 제외하여 계측되는 것으로 하고, 최소폭은 둥근형의 현연 부분을 제외하여 계측되는 것으로 한다.

위에서 설명한 탱크 규칙을 고려할 때에 화물유 탱크 구획 안의 탱크수는 2열 종통 격벽으로 배치하고 DWT은 개략 다음과 같다.

표 8-28

$\frac{DWT}{10^3}$ (ton)	50	100	200	300	400	500
탱크수	14~17	16~18	18~22	22~28	28~34	35~41

5. 침수 계산(Flooding Calculation)

만재 흘수선 규칙에서 요구하는 침수 계산(浸水計算)에 대해서는(8.6 건현 계산)에서 설명하였으며, 여기서는 "오염 방지 조약, 1973" 제25규칙에 의한 탱커에 대한 계산법에만 한정한다. 이 규칙의 요점은 다음과 같다.

(a) 실제로 부분 재화 상태 또는 만재 상태에서 어떠한 항행 흘수에 대해서도 규정하는 가상 손상(損傷)이 생긴 후에 (c) 항에서 정하는 구획 및 손상시의 복원성 기준을 만족할 것

배의 길이에 따른 손상 범위의 적용은,

① $L > 225$ m인 경우 : 배의 길이 방향의 모든 장소

② 150 m < L ≤ 225 m인 경우 : 뒤에 있는 기관실의 전후부 격벽은 손상되지 않은 것으로 하고 그 외 부분의 선측이나 선저가 손상받은 것으로 한다. 기관실은 단일 가침 구획으로서 취급한다.

③ L < 150 m인 경우 : 기관실 이외에 대해 1구획 침수로 본다.

(b) 손상 범위는 국제 조약에 의한 화물유 탱크의 크기와 배치 제한에서 가상 유출량의 계산에 사용하는 손상 범위와 마찬가지로 한다.

(c) 손상 시 복원성 기준

① 침하, 횡경사 및 트림을 고려한 최종 수선(水線)은 침수가 진행될 가능성이 있는 개구보다 아래에 있을 것.

② 비대칭 침수에 의한 최대 경사각은 25° 이하로 하고, 다만, 갑판선이 몰수되지 않았을 때는 30°까지로 한다.

③ 최종 평형 상태에서 복원정(挺) 곡선이 평행 위치에서 최소한 20°의 범위에 있고 최대 잔류 복원정이 0.1 m에 있을 것

④ 침수의 중간 단계에서 복원 성능이 충분할 것

(d) 침수 계산의 조건

① 비어 있거나 부분 적재 탱크, 적재 화물의 비중 및 손상 구획으로부터 액체의 유출을 고려한다.

② 침수율은 다음과 같이 가정한다.

표 8-29

화물창, 창고 0.60	빈 곳 0.95
거주 구역 0.95	연료, 담수, 윤활유 0~0.95*
기관실 0.85	기타 액체 구역 0~0.95**

* : 보다 심한 상태를 발생하는 편

** : 부분 적재 구획의 침수율은 적재되어 있는 액체의 총량과 일치시킨다.

③ 손상된 선측 바로 위에 있는 선루의 부력은 무시한다.

④ 자유 표면 영향은 각각의 구획에 대해 횡경사각이 5° 이하로 한다.

8.7.3 구획·배치(Layout Arrangement)

1. 이중저 배치(Layout of Double Bottom)

IMO 이중 선체 규칙은 기름 오염 방지법 예방을 위한 신규칙 선박에 이중저 설치가 요구된다. 선급 협회에 의한 이중저 높이(h)의 기준은 다음과 같다.

$$NK : h \geq \frac{B}{16}$$

$$LR : h \geq \frac{B}{36} + 0.205\sqrt{d_F}$$

$$ABS : h \geq 0.032B + 0.190\sqrt{d_F}$$

또한 국제 항해에 종사하는 여객선에 대해 이중저는 50 m $\leq L <$ 61 m에서는 전창(前倉) 구역, 61 m $\leq L <$ 76 m에서는 전창 및 후창 구역, $L \geq$ 76 m에서는 전통(全通) 이중저가 요구된다.

2. 기관실 구획(Layout of Engine Room)

기관실 길이는 내부의 보수 작업에 지장이 없는 범위 내로 가능한 짧은 것이 선창 용적의 확보나 종강도면에서도 바람직하다. 그림 8-61은 주기 출력에 대해 기관실 길이의 개략값을 나타내고 있다.

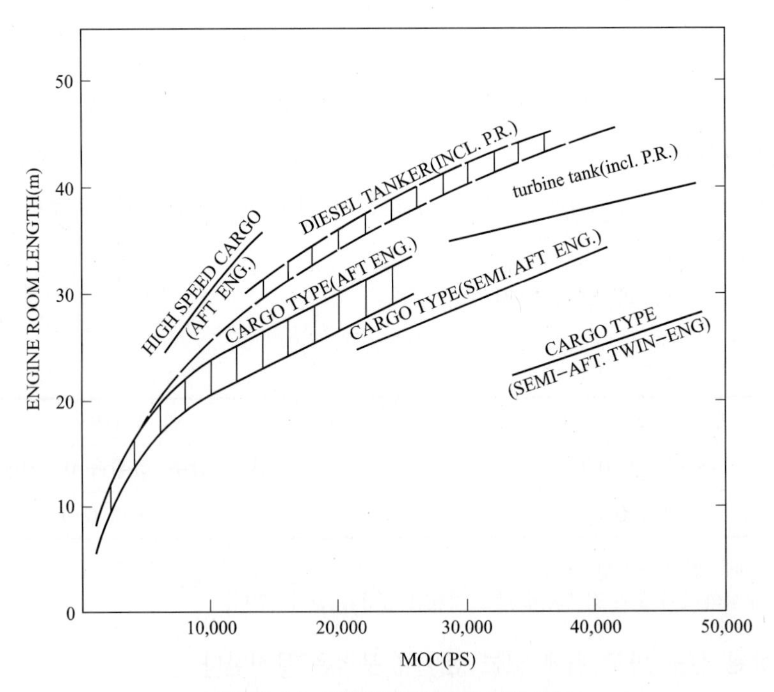

그림 8-61 ENGINE ROOM LENGTH

특히, 대형 탱커의 기관실 길이는 대략 다음과 같다.

$$\text{기관실 길이} \fallingdotseq \left\{0.168 - 0.000225\left(\frac{\Delta_F}{10^3}\right)\right\} \cdot L \quad \cdots\cdots (8\text{-}6)$$

로 주어진다.

최근 소형선 및 전용선 이외의 보통 화물선에도 하역의 효율화, 선가 절감 등의 이유로 대부분 선미 기관으로 되어 있는데 C_B가 대략 0.70 이하가 되면 선미 기관실은 비교적 길어지고 공선시 및 만선 시 트림 조정이 곤란해지는 경우가 있으므로 계획 시 주의가 필요하다.

3. 밸러스트 탱크의 배치(Layout of Ballast Tank)

일반적으로 공선시에 항해, 조선 성능상 밸러스트 해수의 보전에 의해 배수량 및 전부(前部) 흘수의 필요 최소값을 유지한다. 밸러스트 상태에서 조선자(操船者)의 희망값은 비교적 소형선에 대해

$$(\text{밸러스트 상태 배수량}) > 0.53 \cdot \triangle_F$$

$$(\text{전부 흘수}) > 0.032 \cdot L - 0.63(\text{m})$$

와 같은 수치가 되지만 실제로 보통 화물선에서는 아직 이 값을 확보하기 곤란하며 실적 개략값은 만재 배수량의 약 45%, 전부 흘수는 약 $(0.018 \cdot L + 0.6)$ (m) 정도이다.

벌크 캐리어에서는 이중저 양현 쪽에 설치되는 호퍼 탱크와 톱 사이드 탱크 및 선수 수조를 밸러스트 탱크로 사용할 수 있기 때문에 만재 배수량의 약 50% 정도의 밸러스트시 배수량을 취할 수 있다.

광석 운반선에서 필요 철광석 창고의 용적은 작고 밸러스트량 확보에 문제는 없지만 철광석창 이중저의 높이는 만재 시의 중심 저하를 막기 위해 $0.2D$를 표준으로 하고, 또한 광석창 하부 양현은 글래브 하역면과 중심 저하를 막기 위해 셀프 트리밍형으로 많이 한다.

또한 어떠한 선형이든지 일반적으로 악천후 시에 선수 흘수가 과소하면 배의 피칭에 의해 선수 선저가 파랑에 부딪혀 손상을 동반하는 즉, 슬래밍 현상이 일어나기 쉽다. 선급 협회는 다음과 같이 운항 시 선수 흘수(d_F)와 선수 선저 보강 정도를 규정하고 있다.

표 8-30

Description		*KR* (*NK*)	*LR*	*ABS*
선수 선저 외판의 보강	완전 보강	$d_F \leq 0.025L$	$d_F \leq 0.030L$	$d_F < 0.027L$
	보강 불필요	$d_F \geq 0.037L$	$d_F \geq 0.040L$	$d_F \geq 0.027L$
				(탱커 규칙과 같음)
	판 두께 보강	d_F : 상기의 중간값	d_F : 상기의 중간값	
		$L > 230$ m일 때 • 230 m와 같다고 한다.	$L > 215$ m일 때 • 215 m와 같다고 한다.	

또 선미 흘수는 악천후 중에서 추진기의 공전 즉 레이싱 현상에 의한 심한 조선(操船)의 곤란을 피하기 위해 추진기 몰수율 : $\left(\dfrac{\text{수면 아래 추진기의 중심 심도}}{\text{추진기 직경}}\right) \times 100$이 60 이상이 되도록 밸러스트 상태를 조정하는 것이 바람직하다.

3차원 물체인 선형의 결정

lines of a ship

배의 성능을 검토한다는 것은 다음과 같은 계산을 하여 기본 성능면에서 볼 때 문제가 없음을 확인할 필요가 있다.

S.O.L.A.S.와 M.A.R.P.O.L. 1978에 의해 요구되는 그레인(grain) 복원력 계산(bulk carrier의 경우), 탱크 용량의 제한 계산(oil tanker의 경우) 및 침수 계산과 I.L.L.C.에서 요구하는 건현 계산, 기타의 트림 및 종강도 계산, 화물창(탱크), 연료 탱크, 청수 탱크의 용량은 규칙에 따라 계산되어야 한다. 그러나 종강도 계산은 선급 협회의 규칙에 의해 요구되는 계산이므로 규칙에 따라 계산하면 좋으나, 트림 계산에 대해서는 S.B.T. 유조선의 밸러스트 상태 이외에는 특히 규칙에 정해져 있는 것이 없으므로, 설계자가 그 전제 조건을 여러 가지로 상정해서 계산하면 된다.

이상과 같이 계산을 진행하는 데에는 일반 배치도뿐만 아니라 중앙 횡단 면도와 선도, 그리고 배수량 등곡선도 등이 필요하므로, 그 개요에 대해서 간단히 설명하기로 한다.

배의 주요 치수와 선형 계수가 결정되면 개략 배치도의 작업 시작을 병행하여 선도를 작성하게 되며, 이를 기초로 하여 초기 계산(preliminary calculation), 즉 배수량, 재하중량, 용적, 톤수, 복원성, 속력 등을 다시 검토한다. 초기 계획할 때에 계산이나 배치를 검토하는 데 있어서 개략적인 정면 선도(rough body plan)가 있으면 매우 편리하다.

선체의 형상은 3차원 물체이므로 선체 표면을 평면적으로 표시하기 위해서는 정면 선도(body plan), 측면도(sheer plan 또는 profile) 및 반폭도 또는 평면도(half breadth plan)의 세 가지로 나누어서 나타낼 필요가 있다.

선체의 형상을 나타내는 데에는 수선(만재 흘수선, 즉 하기 만재 흘수선) 위의 형상과 수선 아래의 형상으로 구별되며, 이 중에서 조선 공학의 이론과 규칙 그리고 법규에 의해 결정되는 것은 수선 아래의 형상으로서, 이것은 모든 계산의 기본이 된다. 이 결정은 매우 신중하게 계획하여야 한다. 이 형상을 계획 선도의 계획이라고 한다.

형상을 계획할 때에는 다음과 같은 점을 고려해야 한다.

[수선 위의 형상]

수면으로부터 윗부분의 형상으로서 일반 배치도에서 대체적으로 결정되지만, 선수부의 플레어(flare)에 관해서는 파랑과 갑판 면적을 넓게 할 것을 생각한 원양 항로와 C_B가 작은 선박에서는 선단(船端)을 좁게 하고 있는 것이 비교적 많다.

선미부는 갑판이 현호(sheer)에 의해 비교적 낮기 때문에 수면 아래의 형상과 연장시켜 생각하여야 한다. 이 형상은 공작하기 쉬우며 외관상 아름답고, 파랑에 대한 제파 성능을 향상시키도록 선수부의 플레어를 특히 크게 한 것이지만, 호즈 파이프(hawse pipe)의 경사와 앵커(anchor) 및 앵커 체인(anchor chain)을 격납시키는 데 충분히 주의해야 한다.

[수선 아래의 형상]

수선 아래의 형상은 조건이 허락하는 범위 내에서 추진 성능에 있어서 가장 좋게 되어야 한다.

선수재의 경사는 수선에 대하여 10~20°인 직선의 것이 많으나 구상 선수, 마이어(maier)형, 곡선형(raket type)의 것도 있다. 선수 하부는 일반적으로 적당한 곡선과 직선으로 되어 있으며, 선미부는 보통형 선미와 순양함형 선미이지만, 1축선에 있어서는 프로펠러 지름이 큰 것을 고려해서 결정하여야 한다.

프로펠러의 전후 위치에 대해서는 1축선에 있어서 반류를 가장 유효하게 이용하므로 선체 진동을 적게 하며, 선미 골재, 프로펠러의 지름 D, 회전수, C_B 등에 따라서 타와의 사이가 달라지므로 적당한 사이를 두어서 배치하는 것이 좋다(8장 2절 참조).

9.1 선도 작성의 개요

선체의 저항을 보다 감소시키기 위한 이론적 연구는 특히 최근에 적극적으로 전개되고, 선체 선도(船體 線圖) 혹은 구상 선수(球狀 船首)의 설계에 관한 구체적인 지침에 대해서도 많은 논문이나 보고서가 발표되어 있는데 이것은 상세 설계의 분야에 속하므로 여기서의 기술은 생략하기로 한다.

선체 선도에 의해 배수량 등곡 선도(hydrostatic curves), 크로스 커브(cross curve), 복원력 곡선도(stability curve) 등의 선박 계산법 관계 자료가 준비되고, 또한 부피, 톤수 관계의 상세 계산이 행해진다.

배는 3차원 물체이므로 선체 표면을 2차원으로 나타내기 위해서는 정면도(body plan), 측면도(profile plan) 및 반폭도(half breadth plan) 등의 3개 도면으로 나누어 표현하고, 2차원의 선체 표면과 오프 셋(off-sets)으로 나타낼 필요가 있다.

일반적으로 선형 설계의 주요 내용에는 기본 계획, 즉 주요 요목의 추정, 선도 개발, 프로펠러 등이 포괄적으로 포함된다. 4장에서 설명한 것처럼 주요 요목의 결정 때에는 항로, 항만, 선대 등에 따른 환경적 제한을 받는 경우가 있지만, 선형의 설계는 일반적으로 물리적 또는 법적 제약이 다른 분야에 비해서 적은 특성이 있다. 반면에 선박의 저항 및 추진 성능, 복원성능, 조종 성능, 내해 성능 등의 제 성능, 선체 강도, 일반 배치 등의 측면에서 선형이 미치는 영향이 클 뿐만아니라 선형 설계 도면은 출도(出圖) 후에 수정이 거의 불가능한 것이 보통이다. 이를테면 선체 선도는 기본도의 하나이고, 그 작도가 완료됨과 동시에 각 설계 부서의 상세 설계가 시작된다. 또 선체의 외형도이기 때문에 일단 제작 단계에 들어가면 변경이 불가능해 진다. 더욱이 선형 설계 작업은 통상 건조 공기(建造 工期)에 맞추기 위하여 조기의 출도가 요구되는 경우가 많다.

일반적인 선형 설계 과정을 소개하면, 먼저 선체 주요 요목과 C_B를 결정하고, 주어진 조건 하에서 성능이 좋았던 여러 가지 유사선을 이용해서 설계 개념을 정립하며, 이들 각각에 대하여 컴퓨터를 이용하여 비교 검토한 선형 중의 하나로 선형을 선택하여서, 선도(Lines) 수정 작업을 수작업 또는 C.A.D. 시스템을 이용하여 수행하게 된다. 이 결과로 작성된 선도를 모형 시험 과정을 통하여 계약 또는 목표로 속도 성능이 만족될 때까지 선형 수정 작업을 반복 수행하게 된다.

선형이 개발되는 개략적인 과정은 표 9-1과 같이 계약 전과 후로 구분하여서 수행되는 경우가 많다. 여기서 선도(Lines) 설계 과정을 살펴보면 다음과 같은 특성이 있다.

(1) 선형에 영향을 미치는 주요 요소

- 설계 공정 : 선도 설계는 최우선 공정
- 계약 보증 사항 : 계약 속력, 재화 중량(컨테이너 적재수), 연료 소모량 등
- 철강 자재비 및 건조 공수
- 선박 건조비 및 운항비
- 일반 구획 배치 및 공작성
- 프로펠러의 추진 성능 및 캐비테이션 현상

표 9-1 계약 전 및 후의 선형 설계 개요

	계약 전 선형 설계	계약 후 선형 설계
작성 시기	계약 전	계약 후
용 도	기본 계획 및 계산	모형 시험 및 건조
설계 방법	C.A.D.	C.A.D.+수작업
설계 내용	• 주요 치수(LOA, LBP, B, f, D, d, C_B, C_M, LCB, 경하 중량, DWT 등) 추정 • 속도-마력 추정 / 주기관 선정 • 단면적 곡선(C_P-curve) • 정면도(body plan)	• lines 작성(단면적 곡선 및 정면도 수정, 선수 및 선미부 형상 설계) • 모형 시험 수행 및 선형 확정 • 프로펠러 및 타(rudder)의 예비 설계
설계 주안점	• 사양서 조건 위주의 기본 계획용 설계 -초기 선형 설계(유사 실적선 이용) -일반 배치(G/A) -각종 용량의 개략적 추정(기관실 및 제 의장 장비의 배치 공간, 적재 화물 용량, loading 계산) -복원성(손상 / 비손상) 검토 -기타 각종 기본 계산	• 유체역학적 및 속도 성능 고려 -저항 / 추진 성능 -반류(wake) 성능 -진동 문제 (캐비테이션 및 프로펠러 관련 -조종성(manoeuvrability) -내해성(seaworthiness)

(2) 목표로 하는 최적의 선형

- 유체역학적 특성(저항 및 추진, 조종성, 내해성, 복원성)이 양호한 선형
- 최적의 속도 성능(최소의 유지비를 갖는 계약 선속의 선박)
- 최소의 경하 중량을 갖는 선체 강도의 선형
- 선체 진동 및 소음 측면에서 유리한 선형
- 효과적으로 일반 배치가 가능한 선형
- 모든 항해 장비의 작동 조건이 편리한 선형
- 선박 건조 공수 및 보수, 유지가 쉬운 선형

(3) 저항 및 추진 특성 등에 영향을 미치는 주요 선형 요소

- 횡단면적 곡선(sectional area curve 또는 C_P-curve) 및 $L.C.B.$
- 횡단면 늑골 형상, 특히 선미 늑골 형상
- 선수 벌브 형상
- 선미부 형상(stern contour)
- 계획 만재 흘수선 형상

(4) 주요 요목 선정 및 설계 개념에 영향을 미치는 주요 요소

- 선종 및 크기
- 방형 비척 계수(C_B)
- 계획 속력
- 만재 배수 톤수($\Delta_F = \Delta_L + D.W.T.$)
- 화물 적재 용량
- 선박 운항 조건
- 일반 배치도

근래에 조선소에서 선도 설계는 전산기 원용 설계를 하는 것이 보통이지만 선도 설계용 C.A.D. 시스템의 성능, 즉 순정(fairing) 기능 개선이 요구되고 있다. 이러한 시스템의 개발이나 개선을 위한 바탕 지식을 위하여 선도의 고전적인 수작업 과정을 요약하면 다음과 같다.

① 단면적 곡선 작성

② 중앙부 횡단면의 외곽선 작도

③ 반폭도에서 계획 수선(L.W.L.) 및 주갑판선(main deck line) 작도

④ 측면도에서 선측 외곽 형상 작도

⑤ 정면도에서 각종 스테이션 작도

⑥ 반폭도에서 각종 수선(WL) 작도
⑦ 정면도 및 반폭도의 스테이션과 수선 순정(fairing)
⑧ 버톡 라인(buttock lines)의 작도 및 순정
⑨ 다이아고널선(diagonal line) 작도에 의한 순정 작업 내용 확인

9.1.1 선도 작성의 개요

1. 중앙 횡단면 형상

중앙 횡단면 형상은 용골판(keel plate)을 기선(base line)에 평행하게 배치하고, 선저구배(rise of floor) r을 취하며, 선저와 선측과를 반지름 R의 원호로 이은 형상이 된다. 이러한 원호 부분을 빌지 원호(bilge circle)라고 한다.

빌지 원호의 반지름의 값은 저속 비대선의 경우에는 추진 저항에 거의 영향이 없으므로 조선공작에 편리하도록 고려하여 가능한 한 1.2～2.0 m 정도의 작은 값으로 하는 것이 좋다. 한편, 선저구배 r은 저속 비대선의 경우에는 추진 저항의 성능면으로 볼 때에 0이라도 상관은 없다.

그러나 단저구조(single bottom structure)의 배에서 톤수 계산을 할 때 선저구배가 있는 경우에는 최하단부의 선체의 폭이 용골판의 폭으로 되지만, 선저구배가 0이면 최하단부 선체의 폭을 빌지 원호와 기선의 교점 위치까지 계산하여야 한다. 따라서 그 양만큼 톤수가 증가하게 되므로, 일반적으로는 10.0 mm 정도의 선저구배를 주는 것이 보통이다. 선저구배 r과 빌지 원호의 반지름 R이 정해지면 중앙횡단면적 계수 $C_{⊠}$가 구해진다.

2. 횡단면적 곡선의 작성

선도(line)를 작성하려면 먼저 프리즈매틱 곡선(횡단면적 곡선, sectional area curve)을 작성하여야 한다. 이 곡선은 소요의 C_P값으로 계획한 부심의 전후 위치와 평행 부분의 길이를 가지고 프리즈매틱 곡선을 결정한다.

프리즈매틱 곡선은 만재 흘수선, 즉 하기 만재 흘수선까지의 선체 횡단면적을 배의 길이 방향을 가로축으로 하여 그린 곡선으로서 선도 작성의 기초가 되며, 또 이 곡선 주위의 면적이 만재 흘수선 하부 체적과 일치해서 이 도심의 가로 방향 위치가 배 부심의 세로 방향 위치와 일치한다.

즉, 배의 길이 방향의 각 스테이션(station)에서 만재 흘수선 아래 횡단면적을 취하여 그린 곡선은 중앙부의 최대 면적을 1.0으로 하고 있으며, 프리즈매틱 곡선을 작성함에 있어서는 좋은 추진 성능을 가진 선형을 기준선으로 택하고, 그 배의 프리즈매틱 곡선을 바탕으로 하여 새로 설계하는 배의 곡선을 작성하기도 한다.

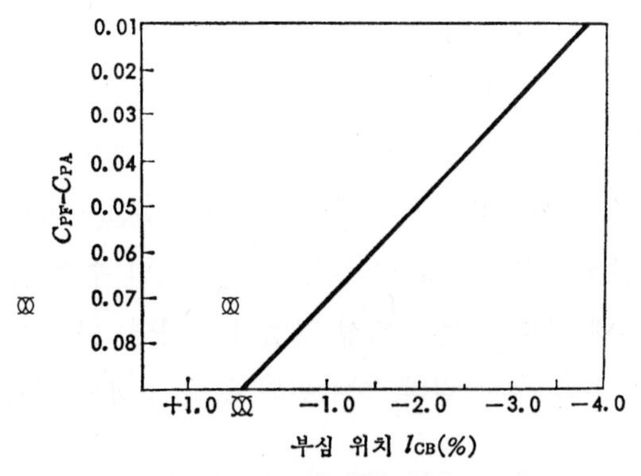

그림 9-1 l_{CB}와 $(C_{PF} - C_{PA})$의 관계

기준선으로부터 계획선의 프리즈매틱 곡선을 구하려면 다음과 같은 방법에 따르면 된다. 먼저 C_P가 다른 기준선을 몇 종류 선정하고, 부심의 위치 l_{CB}와 선체 전반부의 주형 계수 C_{PF} 및 선체 후반부의 주형 계수 C_{PA}와의 관계를 그림 9-1에⊗와 같이 구해 놓는다.

한편

$$C_P = \frac{1}{2} \times (C_{PF} + C_{PA})$$

가 되므로, C_{PF}와 C_{PA}는 각각 다음과 같이 표시된다.

$$C_{PF} = C_P + \frac{(C_{PF} - C_{PA})}{2}$$

$$C_{PA} = C_P - \frac{(C_{PF} - C_{PA})}{2}$$

그러므로 계획선의 l_{CB}가 정해지면, 그림 9-1로부터 $(C_{PF} - C_{PA})$의 값을 읽고, C_P와 $(C_{PF} - C_{PA})$의 값으로부터 C_{PF}와 C_{PA}를 구할 수 있다.

또한, C_P는

$$C_P = \frac{\triangledown}{C\ LBD} = \frac{C_B}{C}$$

이므로, 중앙횡단면의 형상을 결정하여 중앙횡단면적 계수 $C_{⊗}$를 계산하면 구해진다.

$C_{⊗}$ 계수에 의한 중앙횡단면적이 계산되면, 이 $A_{⊗}$을 1.0으로 하여 각 단면적과의 비를 기준선으로부터 구하여 다음과 같이 계획할 수가 있다.

3. 프리즈매틱 곡선

중앙횡단면적 계수 $C_{⊗}$ 계수에 의한 중앙횡단면적이 계산되면, 이 $A_{⊗}$을 1.0으로 하여 각 스테이션의 단면의 면적 A와 중앙횡단면의 면적 $A_{⊗}$와의 비 $\frac{A}{A}$와 C_{PF} 및 C_{PA}와의 관계를 기준선에 대해서 구해 놓는다. 계획선의 C_{PF}와 C_{PA}가 정해지면 각 스테이션에 있어서의 중앙횡단면적비 $\dfrac{A}{A_{\otimes}}$의 값을 계산하여 프리즈매틱 곡선을 작성할 수가 있다.

각 횡단면의 형상을 결정하는 데에 있어서는 각각의 횡단면적이 프리즈매틱 곡선에 나타나 있는 횡단면적과 같이 되도록 해야 할 뿐만 아니라, 각각의 수선(water line)과 버턱선(buttock line)의 단면 형상이 매끈하게 이어지도록 되어야 한다. 이러한 수정 작업을 페어링(fairing)이라고 한다. 만재 흘수선 아래 부분의 선도 작성 작업이 끝나면, 다음에는 만재 흘수선과 상갑판 사이의 횡단면 형상을 결정하여야 한다. 상갑판의 평면 형상은 개략적인 일반 배치도로부터 결정된다.

(1) 기준선의 면적비 $\dfrac{A_x}{A_{\otimes}}$에 의한 방법

계획선과 상사한 배의 기본 치수를 가지는 배의 중앙횡단면적과 각 단면적과의 비를 이용하는 방법으로서, 기준선의 동일한 L, $\dfrac{L}{B}$, $\dfrac{B}{d}$의 값을 가질 때 기준선과 계획선과의 사이에서는 동일한 횡단면적비 $\dfrac{A_x}{A_{\otimes}}$를 가지고, 각각 단면의 위치에서 횡단면 형상은 모두 같게 된다.

예를 들면, $L = 142.00$ m
$B = 19.300$ m
$d = 8.250$ m
$l_{CB} = 0.746\%$
$C_B = 0.6808$
$C_P = 0.6891$
$C_{\otimes} = 0.9879$
$C_{PA} = 0.7039$
$C_{PF} = 0.6743$

일 경우의 면적비 $\dfrac{A_x}{A_{\otimes}}$의 비는 표 9-2와 같이 나타낼 수 있다.

표 9-2

세로 좌표 번호	A.P.	$\frac{1}{4}$	$\frac{1}{2}$	$\frac{3}{4}$	1	$1\frac{1}{2}$	2	$2\frac{1}{2}$	3	4	5
면적비 $\frac{A_x}{A_{\otimes}}$	0.0068	0.0565	0.1500	0.2507	0.3525	0.5510	0.7215	0.8541	0.9395	0.9918	1.0000
세로 좌표 번호	6	7	$7\frac{1}{2}$	8	$8\frac{1}{2}$	9	$9\frac{1}{4}$	$9\frac{1}{2}$	$9\frac{3}{4}$	F.P.	
면적비 $\frac{A_x}{A_{\otimes}}$	0.9919	0.9291	0.8238	0.6662	0.4736	0.2778	0.1887	0.1092	0.0404	0	

그러므로 이의 비를 이용하면 계획선의 횡단면적 곡선을 그릴 수 있다.

(2) 기준선의 면적비 $\dfrac{A_x}{A_{\boxtimes}}$와 C_{PA}, C_{PF}와의 관계에 의한 방법

각 횡단면적 A_x와 중앙횡단면적 $A_{\boxtimes}$와의 비 $\dfrac{A_x}{A_{\boxtimes}}$와 C_{PF}, C_{PA}의 기준선 값을 구하여 계획선의 C_{PF}와 C_{PA}를 알 수 있다면, 각 단면에서의 횡단면적비 $\dfrac{A_x}{A_{\boxtimes}}$의 값을 읽어서 계획선의 프리즈매틱 곡선을 작성할 수 있다. 그 한 예를 그림 9-2에 표시하였다.

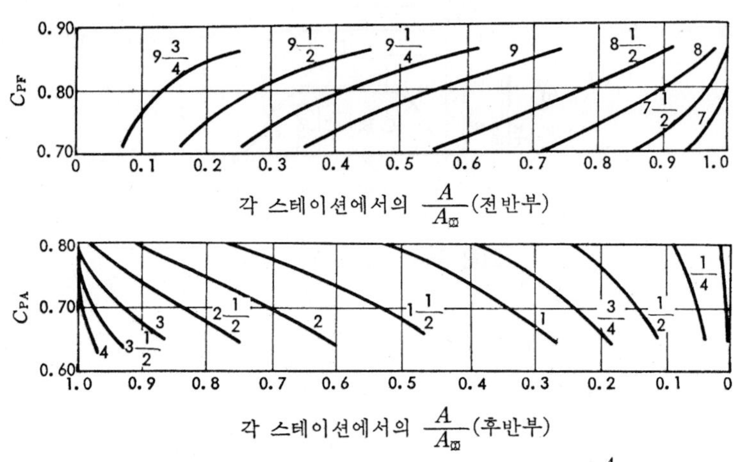

그림 9-2 기준선과 유사한 선형에서의 C_{PF} 및 C_{PA}와 $\dfrac{A}{A_{\boxtimes}}$의 관계

그러나 계획선의 L, $\dfrac{L}{B}$, $\dfrac{B}{d}$의 값이 기준선의 값과 다를 때에는 그 횡단면의 형상은 흘수 방향, 폭 방향으로 각각 두 선박의 흘수비, 폭의 비로 신축된 형상이 된다.

(1)항의 방법을 자세히 설명한다면 그림 9-3(a)에 있어서 A.P.에서 x의 위치, 만재 흘수선 아래의 선체 횡단면적을 A_x라고 한다.

그림 9-3(b)에 있어서 x의 위치에 A_x를 세로 좌표로 표시하고, 이 A_x의 선단을 연결하면 프리즈매틱 곡선이 된다.

평행 부분은 횡단면적이 일정하므로 축과 평행한 직선이 되며, 이 평행 부분 전방을 주입장(entrance length), 그리고 후방을 주거장(run length)이라고 한다.

중앙횡단면적 $A_{\boxtimes}$를 단위로 한 세로 좌표 $\dfrac{A_x}{A_{\boxtimes}}$를 잡고, 이를 곡선으로 한 것이 그림 9-3(c)이다. 그림 9-3(d)는 세로 좌표는 그림 9-3(c)와 같고 $A_{\boxtimes}$를 단위로 해서 가로 좌표도 배의 길이 L을 단위로 한 것이다. 그림 9-3(d)와 같은 좌표의 쪽을 정리해 두면 서로 다른 배를 계획할 때 이용하기 편리하다. 그러므로 그림 9-3(d)와 같은 곡선을 프리즈매틱 곡선이라고 보통 부르고 있는 것이다.

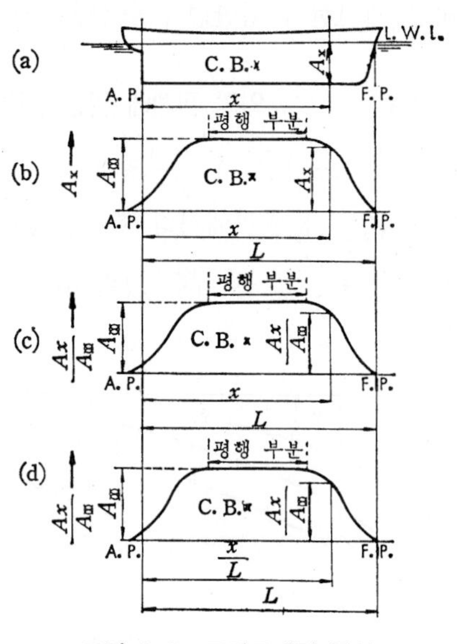

그림 9-3 프리즈매틱 곡선

이때 이 곡선에 둘러싸인 부분의 면적은 C_P 의 값으로 되며, 도심은 동일한 세로 방향의 부심 전후 위치로 나타내게 된다.

실제로는 계획하고 있는 배와 유사한 조건인 배의 프리즈매틱 곡선을 계획선의 조건에 맞도록 수정해서 쓰고 있는 것이 보통이다. 이 수정은 보통 손으로 그려서 하고 있지만 기하학적인 방법도 있다. 기하학적인 수정 방법에 대해서는 다음 항에서 설명하기로 한다.

프로펠러가 1축선일 때에는 선미재 때문에 만재 흘수선이 A.P.보다 짧아지게 되며, 또한 순양함형 선미에서는 만재 흘수선이 길어지게 되므로 프리즈매틱 곡선을 작성할 경우에 주의하여야 한다. 그의 비교는 그림 9-4와 9-5의 두 곡선에서 나타나므로 매우 중요한 일이다.

프리즈매틱 곡선의 주입장 부분은 그림 9-5에서 $C_B > 0.75$의 저속선에서는 凸형이 되고, 반대로 $C_B \leqq 0.75$에서는 직선형이며, $C_B < 0.75$에서, 즉 고속선이 되면 凹형으로 된다.

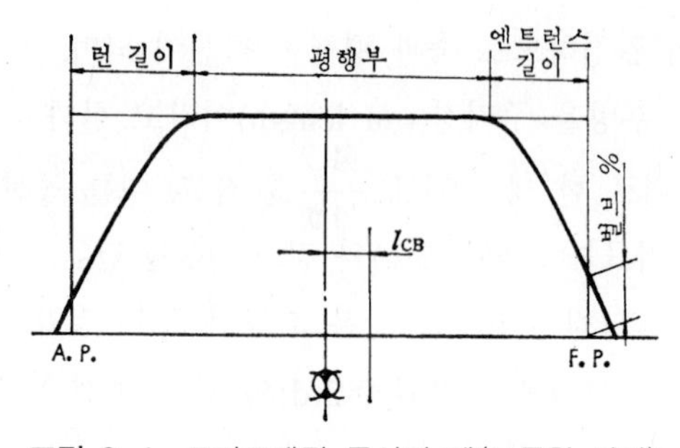

그림 9-4 프리즈매틱 곡선의 예(보통형 선미)

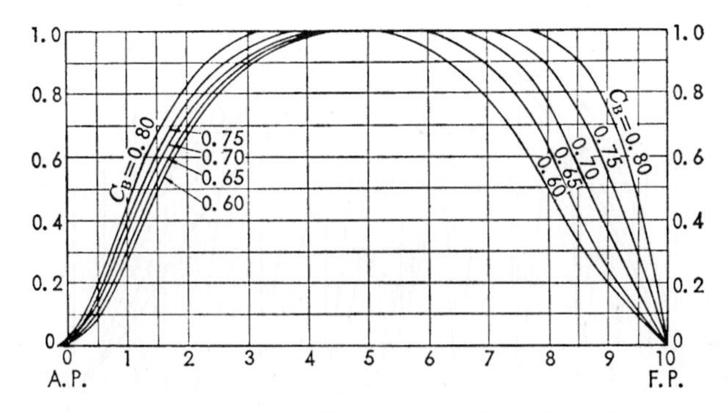

그림 9-5 프리즈매틱 곡선의 예(순양함 선미)

4. 프리즈매틱 곡선의 기하학적인 수정 방법

기준선의 프리즈매틱 곡선을 계획선에 대해서 수정하려고 하면 보통 손으로 하지만, 기하학적인 수정 방법도 있기 때문에 여기서는 이 방법에 대해서 설명하기로 한다.

그림 9-6에서와 같이 AB_0MC_0F를 기준선의 프리즈매틱 곡선으로 해서 이 곡선 주위의 면적 도심을 g_0라고 하자.

g_0로부터 수평선을 그어 $\overline{g_0 g_1}$은 계획선과 기준선 부심 위치의 차이, 즉

$$\frac{\text{ꝏ}B}{L} - \frac{\text{ꝏ}B_0}{L_0}$$

와 같게 되며, K와 g_0를 연결해서 KP를 그어 이에 평행하게, 예를 들면 스테이션 2의 B_1을 그리려면 B_0에서 수평선을 그어(이때 $B_0B_1 = b_0b_1$이 되게 한다) B_1을 구한다. 이 B_1과 같은 점을 여러 개 구해서 이것을 연결한다면 C_P값을 변화시키지 않고서, 즉 프리즈매틱 곡선 주위의 면적을 변화시키지 않으면서 다만 ꝏB의 크기를 변화시킨 경우의 프리즈매틱 곡선, AB_1MC_1F(도심, 즉 부심은 g_1)가 얻어지게 된다.

다음에 계획선과 기준선의 C_P값 차이 $(C_P - C_{PO})$와 같게 PQ_A, PQ_F를 잡는다(단위는 $L=1$이다. 그림에서는 $C_P < C_{PO}$일 때를 표시하고 있지만, $C_P > C_{PO}$일 때에는 Q_A와 Q_F는 P의 바깥쪽으로 된다).

선미 측은 KQ_A에, 선수 측은 KQ_F에 평행이며, 예를 들면 $8C$를 그려 C_1에서 수평선을 그어(또는, $C_1C = c_1c$로 되며) C를 구한다.

이 C에 의한 점을 다수 구해서 이것을 연결한다면 프리즈매틱 곡선 AB_1MC_1F에 대한 ꝏB의 크기를 변화하지 않고서, 다만 C_P값을 변화시킬 경우의 프리즈매틱 곡선 $ABMCF$(도심, 즉 부심은 g)가 얻어질 수 있다.

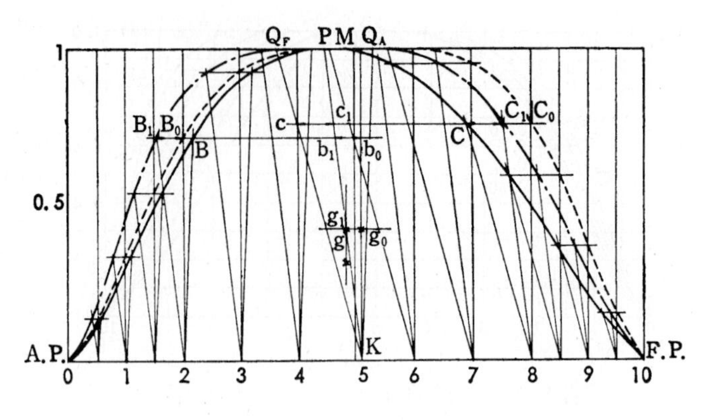

그림 9-6 프리즈매틱 곡선의 수정법

결국 기준선의 AB_0MC_0F에 대한 소요의 C_P값과 $\frac{\otimes B}{L}$의 크기를 가지고 수정한 계획선의 프리즈매틱 곡선 $ABMCF$가 구해질 수 있다. 이때에 평행 부분의 길이 l_P와 그의 위치 혹은 최대 횡단면적의 위치는 스스로 결정되어지고, 또 구한 곡선은 원곡선을 수평에 비례 이동한 것이므로, 최적의 소요 프리즈매틱 곡선이 얻어질 수 있다는 것은 의심할 여지가 없다. 특히,

$$\frac{1}{2} \times \frac{l_{PO}}{L_O} < C_{PO} - C_P$$

일 때에는 계획선의 프리즈매틱 곡선은 중앙부에서 불연속이 된다.

따라서, 이 방법을 쓸 때에는 기준선으로서 될 수 있는 대로 계획선에 충분히 유사한 것을 선택할 필요가 있다.

9.1.2 선도 작성의 계획

1. 현호와 상갑판 현측선(upper deck side line, U.D.S.L.)

현호(sheer)는 설계자 또는 선주의 요구에 의해 결정되는 일이 있지만, 특별히 요구가 없는 한 선박 만재 흘수선 규정에 나타내고 있는 표준 현호를 채용하고 있으며, 최근의 대형선에서는 특히 캠버에 의한 현호(sheer due to camber)를 주는 예가 많다.

실제 현호가 필요한 것은 파도 때문에 선수 부분과 갑판의 배수, 침수시의 세로 경사(선미부는 침수의 기회는 적고, 또 구획도 적어 그다지 문제가 되지 않는다), 외관 등 때문에 현호를 주고 있다(8.6.4절의 국제 만재 흘수선 규정의 표준 현호 참조).

2. 캠버와 상갑판 중심선

캠버(camber, round-up of beam)의 크기는 배의 폭 B에 대해서 측정되며 이 표준은 $\frac{B}{50}$이지만, 이것은 설계자나 선주의 요구에 의해서 결정된다.

보통은 각 갑판과도 동일한 캠버 곡선을 쓰고 있다. 따라서, 그의 크기는 그 위치의 갑판 폭에 따라 결정되고 있다.

$$C_x = C \times \left(\frac{B_x}{B} \right)^2$$

여기서, C_x : 임의 횡단면의 임의 갑판 캠버의 크기

C : 중앙횡단면의 상갑판 캠버의 크기

B_x : 임의 횡단면의 임의 갑판 폭

B : 중앙횡단면의 상갑판 폭

각 횡단면 폭에 대한 캠버의 최대값을 연결하여 그리면, 이것이 곧 상갑판 중심선(upper deck center line, U.D.C.L.)이 된다.

3. 수선과 버턱선

만재 흘수선 이하의 수선(water line, W.L.)은 아래로 내려가면 점차적으로 곡선의 경사도를 감소시켜 주게 된다. 아래쪽의 수선은 버턱선(buttock line, B.L.)의 순정(fairing)에 큰 영향이 있다. 또, 선수부의 수선 형상은 보침 성능의 영향이 있으며, 선미부의 형상은 추진 효율과 중대한 관계가 있기 때문에 이 점에 유의하여 수선을 그려야 한다.

버턱선의 간격은 수선의 간격과 같이 정면 선도에 표시하는 것이 원칙이며, 이 버턱선은 선도의 순정에 매우 큰 영향을 주기 때문에 급격한 곡선의 변화는 가능한 한 피할 필요가 있다. 이 선이 적당히 구성되어 선형이 좋은지 나쁜지가 판별이 되며, 무리하지 않은 선도를 그리는 것이 좋다.

4. 만재 흘수선 곡선

만재 흘수선 곡선(full load water line curve, F.L.W.L.)은 선도를 그릴 때 하나의 기준이 되기 때문에 중요하다. 선체의 선수 끝 부분을 수절부(entrance), 선미 끝 부분을 선미 끝부(run)라고 부른다.

만재 흘수선 곡선과 선체 중심선과의 교점에서 접선과 선체 중심선과의 각 중에서 수절부의 것을 수절각(angle of entrance), 선미 끝부의 각을 선미 끝각(angle of run)이라고 한다.

(1) 수절각

부정기선과 같은 비대 선형에 있어서의 만재 흘수선 곡선의 수절부는 凸형으로 되어 수절각은 커지게 되고, 보통의 선형에서는 대체로 직선 상태로서 수절각은 작아진다(L_{WL}의 수절부는 보통의 선형에서는 凹형으로 되는 것은 아니다).

한편, 속력이 빠른 선박 등은 수절각을 작게 할 필요가 있지만 보통 15～30°의 범위이며,

대체적으로 C_P에 비례하고 있다. 즉, 수절각 θ는

$C_P = 0.680$일 때에는

$$\theta = 14 \sim 20°$$

$C_P = 0.760$일 때에는

$$\theta = 25 \sim 35°$$

만재 흘수선 곡선의 평행 부분(이 평행 부분은 프리즈매틱 곡선의 평행부보다 상당히 길게 된다)과 접속한 부분은 가능한 한 평활한(smooth) 곡선으로 연결하여야 한다.

구상 선수(bulbous bow)의 벌브 형상은 모선체의 조파 간섭을 고려하고 조파저항 이론이나 실적도 참고로 계획하는데, a_B(F.P.에서의 구상선수의 횡단면적과 선체의 수선아래 횡단면적과의 비)의 실적값은 대략

$$a_B \fallingdotseq 0.040 + 0.07 \times r_E \quad \cdots\cdots (9\text{-}1)$$

로 표시된다. 여기서, r_E는 선체 앞부분의 비대도를 나타내는 계수로

$$r_E = \left(\frac{B}{L}\right) / \{1.3(1 - C_B) + 0.031 \times l_{CB}\} \quad \cdots\cdots (9\text{-}2)$$

또, 벌브의 F.P.에서의 전방 돌출량은 벌브의 측면 형상에도 따르지만 보통 L의 $(3.1 - 1.3 \times r_E)$% 정도이고, 특히 흘수 변화가 큰 경우는 밸러스트 상태에서 최대 팽출부가 선수 흘수 부근이 되지 않도록 배려한다.

선수 수절각의 근사식으로 계획 만재 흘수선의 선수부 선체 중심선과 이루는 각도(entrance angle ; $\frac{1}{2}\alpha_E$)의 개략 계산값은

$$\left.\begin{array}{l} \text{구상 선수의 } C_{PF} > 0.700 \text{에 대해} \\ \dfrac{1}{2}\alpha_E \fallingdotseq 80 \times \dfrac{C_{PF}^{5.4}}{\left(\dfrac{L/B}{7.5}\right)^{0.40}} \\ \text{구상 선수의 } C_{PF} < 0.700 \text{에 대해} \\ \dfrac{1}{2}\alpha_E \fallingdotseq 22 \times \dfrac{C_{PF}^{1.7}}{\left(\dfrac{L/B}{7.5}\right)^{0.40}} \end{array}\right\} \quad \cdots\cdots (9\text{-}3)$$

여기서, C_{PF}는 선체 전반부의 C_P값으로

$$C_{PF} \fallingdotseq C_P \pm 0.025 \times l_{CB}^{0.90} \quad \cdots\cdots (9\text{-}4)$$

식 중에서 ±의 기호는 l_{CB}가 (−)일 때에 (+)이고, (+)일 때에는 (−)로 한다.

(2) 선미 단각

선미 단각(angle of run)을 기준으로 정하기는 곤란하지만, 가능한 한 작고 평활한 곡선으로 연결되도록 할 필요가 있다.

예를 들면, 20～28°가 많지만 순양함형 선미에 있어서는 경사가 완만하게 되어 15～18°의 것도 있으며, 보통형 선미에서는 반대로 크게 되어 30° 이상인 것도 있다. 그러나 이 각도가 크게 된다면 와저항이 크게 되기 때문에 가능한 한 작게 하는 쪽이 유리하며, 수선 면적 계수 등을 고려해서 결정하여야 한다. 또한, 선미 단각(船尾端角)은 소용돌이 저항의 감소면에서는 가능한 작은 편이 유리하지만 비척도와 관련이 있고 수선 전체로서 무리가 없는 형상으로 한다. 추진기 주위의 선체와의 간격은 선체 진동 경감을 위해 충분히 취해야 하며, 선미 형상(stern form)을 계획할 때에는 너무나 과도한 날개끝 간격은 무리한 후부 수선각이 되므로 주의를 요한다.

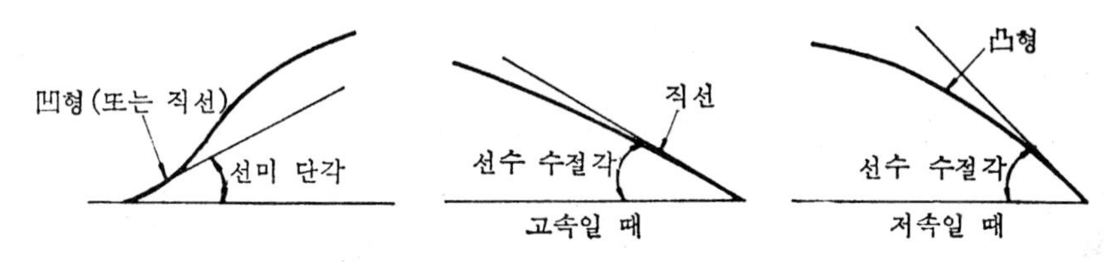

그림 9-7 L.W.L.의 수절각과 선미 단각

표 9-3

항목 \ 선형	저속 화물선	중속 화물선	정기 화물선	중속 정기선	고속 정기 및 쾌속 연안 여객선	해협선
종주형 계수 (C_P)	0.82～0.78	0.78～0.75	0.75～0.70	0.70～0.65	0.65 이하	0.65 이하 (최적값, 0.57)
평행부의 길이	34 %	25 % 이상	25 % 이상 20 % 이상	10 % 0 % 전방의 L_{WL}은 凹 L_{WL}은 직선	없음.	없음.
⊗으로부터의 L.C.B.의 위치	S.S. 2 %F.～1 %F.	S.S. 2 %F.～1 %F.	S.S. $1\frac{1}{2}$ %F.～$\frac{1}{2}$ %F.	1 % F.～1 % A. S.S. 1 % F.～2 % A. T.S.	$1\frac{1}{2}$ % A.～2 % A. T.S.	2 %～3 % A. T.S.
L_{WL}에 대한 $\frac{1}{2}$선수 수절각	35° 32°	30° 27°	24° 16° 직선 혹은 12° 凹부	18° 12° 凹부 또는 직선 16° 이상	6° 이하의 凹부	6～7° 6°의 凹부 9°의 직선

㈜ S.S. : 1축선, T.S. : 2축선

5. 등분선

각 단면의 면적은 횡단면적 곡선에서 주어지고 있다. 이 횡단면적으로부터 각 위치의 등분선(square station line)을 그린다.

여기서 횡단면적을 A라고 하면 그림 9-8에서와 같이 횡단면적에 적당한 단면을 작성할 수 있다.

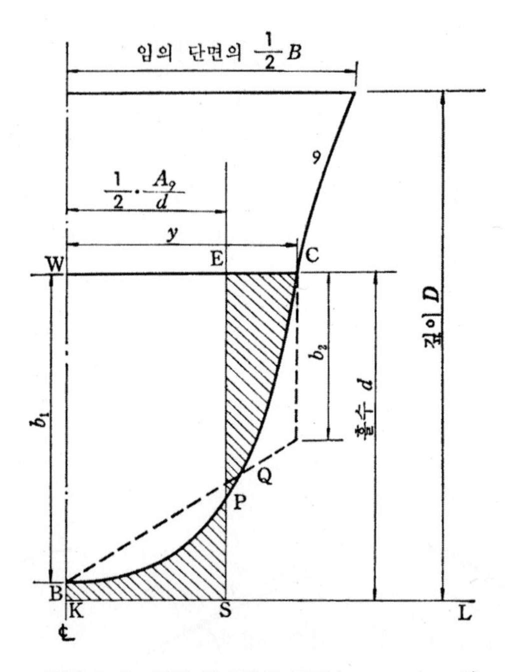

그림 9-8 임의 횡단면의 평가(a =section 9)

만재 흘수 d를 알고 있으면

$$\frac{1}{2} \times \frac{A_9}{d}$$

의 값을 각 단면에 대해서 구하여 이것을 정면 선도(body plan)에 기입한다. 이때 임의 단면에 대한 $WEPB$의 면적에 있어서 면적 ECP와 $BKSP$의 면적은 같다.

이것을 만재 흘수선으로부터 L_{WL}을 잡고 각 단면의 L_{WL}의 반폭을 잡아 이 부분의 면적을 면적계(planimeter)를 써서 확인한다. 이때에 상갑판 현측선을 생각해서 수선 아래와 그 연장 부분과의 연속성을 유지하도록 해 줄 필요가 있다.

그림 9-8에서 등분선에 대한 횡단면의 수정으로는 반폭에 대한 단면에 대해서

$$\frac{1}{2} \times A_9 = \frac{1}{2} \times (b_1 + b_2)$$

의 식으로부터

$$b_2 = \frac{A_9}{y} - b_1$$

이 된다. 즉, 그림에서 이 값을 그려 이 두 가지 방법에 의한 단면의 면적을 프리즈매틱 곡선에 의한 그 위치에서의 단면적과 일치되도록 면적을 조정하면서 사선 부분의 면적을 같게 하면, 단면 형상을 구하는 데 상당히 쉽고 편리한 최적의 형상을 그릴 수 있다.

6. 순정

순정(fairing)으로는 선도의 각 선을 원활한 선으로 연결시키기도 하고 또한 되어 있는가를 확인하는 일로서, 각 선의 교점을 정면도, 측면도, 평면도(반폭도)에서 정확히 일치하는지를 점검하는 일이다.

다이애거널 선(diagonal line)과 다이애거널 면(diagonal plane)은 선체의 표면상에서 곡률이 가장 큰 부분의 선도의 순정 상태를 검토하기 위해 표시하며 수선면과 버턱면에 경사하고, 스테이션면에 수직한 평면을 설정하여 이 평면을 다이애거널 면이라 한다.

이 평면과 선체 표면이 교차하여 이루는 곡선을 다이애거널 선이라 하는데, 다이애거널 선은 정면도에서는 직선, 측면도와 평면도에서는 곡선이다. 다이애거널 선의 진형상(true form)은 평면도에 나타나며, 이 다이애거널 선의 순정 상태를 검토함으로써 선도의 순정 상태를 평가하는 데에 이용한다.

이 선을 사용하여 전개된 진실선을 살펴보면 배의 전후 및 중앙부와의 선 연결이 원활한지를 직접 확인할 수 있는 편리한 곡선이 된다.

순정은 일반적으로 선도를 완성한 후에 행해지는 방법이기 때문에 완성한 후 검토된 선도로서 오프 셋(off-set)을 읽게 된다. 완성된 선도로는 모든 계산과 구조용 정면 선도를 그리게 되며, 이것은 선체 공작용 도면으로 이용하게 된다.

9.2 선도 계획 방법의 예

선박의 저항, 추진 성능을 모형선에 따라 수조 시험에 의해서 조사하는 한 가지 수단으로서 모형 선형의 선도를 가지고, 그것을 계통적으로 변화시키는 방법을 취하는 예가 자주 있지만, 그 때에 '$1-C_P$법'이 쓰이는 기회가 많다.

또, $1-C_P$법은 기존 자료 중에서 좋은 성능을 나타내는 선형을 기준선(type ship)으로 하여, 이것을 기본으로 새롭게 설계하도록 하는 계획선의 선도를 구하는 경우에도 사용되는 방법이다.

선도를 작성하는 방법에는 설계자에 따라 여러 가지 방법이 있겠지만, 여기서는 $1-C_P$법을 사용해서 기준선에 유사한 계획선의 선도를 작성하는 순서에 대해서 간단히 소개한다.

9.2.1 기준선과 유사한 계획선의 프리즈매틱 곡선을 구하는 순서

선주 등이 요구하는 조건들로부터 수선 간장 L_{BP}, 폭 B, 계획 만재 흘수 d, 계획 만재 배수량 Δ_s, 방형 계수 C_B, 중앙횡단면적 계수 $C_⊗$ 및 부력의 중심 길이 방향의 위치 l_{CB} 등이 결정되어 있다고 하면, 주형 계수 C_P는 $\frac{C_B}{C_⊗}$에 의해서 구해질 수 있다.

선도에 착수하기 전 배수량의 길이 방향 분포를 표시하는 프리즈매틱 곡선을 계획한다. 이 경우 가지고 있는 기존 자료 중에 성능이 좋은 기준선이 있다면, 이 배의 프리즈매틱 곡선을 기본으로 해서 '$1-C_P$법'에 따라 계획선의 프리즈매틱 곡선을 구할 수 있다.

일반적으로 기준선과 계획선의 C_P 및 l_{CB}의 값은 같지 않다. 그 때문에 $1-C_P$법을 써서 다음과 같은 순서에 따라 계획선의 프리즈매틱 곡선을 구할 수 있다.

쉽게 이해하기 위하여 계산 예를 표시해 보면서 설명하기로 한다.

1. 계획선과 기준선의 l_{CB}값이 동일할 경우

기준선의 프리즈매틱 곡선을 선체의 중앙 S.S. No. 5에서 선체 전반부와 선체 후반부로 나누고(홀쭉하고 뚱뚱한 형의 선형에 따라 최대 횡단면이 선체 중앙 S.S. No. 5가 아닐 때에는 최대 횡단면의 위치로 나눈다), 그 각각에 관해서 다음 식에 따라 기준선의 프리즈매틱 곡선의 각 S.S. No. 위치에서의 횡단면적비 $\frac{A_x}{A_⊗}$와 동일값을 가지는 계획선 종선(ordinate)의 위치를 계산한다.

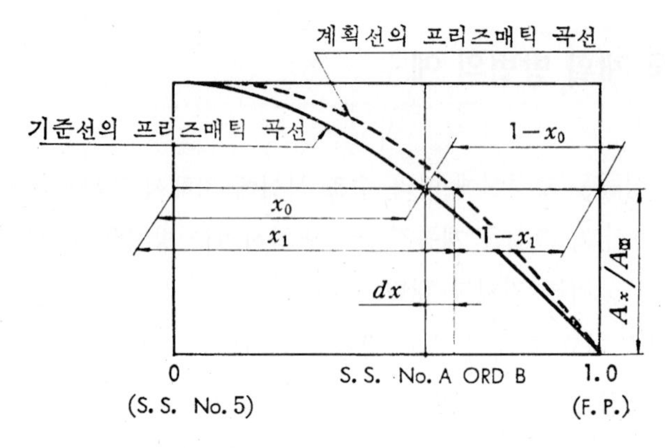

그림 9-9 $1-C_P$법에 의한 프리즈매틱 곡선을 구하는 방법

그림 9-9는 선체 전반부의 경우를 나타내고 있다.

$$d_x = \left(\frac{\Delta C_P}{1 - C_{POF}} \text{ 혹은 } \frac{\Delta C_P}{1 - C_{POA}} \right) \times (1 - x_0)$$

여기서, ΔC_P : 계획선의 C_P와 기준선의 C_P와의 차

C_{POF} : 기준선의 선체 전반부의 C_P값

C_{POA} : 기준선의 선체 후반부의 C_P값

$1 - x_0$: 선체 중앙 S.S. No. 5(혹은 최대 횡단면의 위치)로부터 F.P. 또는 A.P.까지의 거리를 1.0으로 해서 기준선의 각 S.S. No. 위치까지의 거리를 그의 비율(x_0)로 한 값

d_x : 동일한 값의 횡단면적비 $\left(\frac{A_x}{A_{\otimes}} \right)$를 가지고 있는 기준선의 S.S. No. 위치와 계획선 종선의 위치 사이의 거리

계산 예로서, $C_P = 0.748$, $C_{POA} = 0.7326$, $C_{POF} = 0.7634$, $l_{CB} = -0.7\%\ L_{BP}$를 가지고 있는 기준선의 프리즈매틱 곡선으로부터 C_P값이 0.711과 0.789 두 종류 계획선의 프리즈매틱 곡선을 구하는 계산 순서를 표 9-4~9-9에 나타내었다.

표 9-6 및 9-7 중에 선체 전반부와 선체 후반부 각각에 관해서 기준선의 프리즈매틱 곡선의 S.S. No. 위치와 그 횡단면적비와 같은 값을 가진 계획선의 프리즈매틱 곡선의 종선(ordinate) 위치 사이의 거리 d_x를 계산한다.

계산 예의 d_x값은 $\left(\frac{L_{BP}}{2} \right)$를 단위길이 1.0으로 해서 그 비율로 계산한다. 또, 이 경우 $\left(\frac{L_{BP}}{2} \right)$를 200 mm로 해서 나타낸 프리즈매틱 곡선을 작도하기 위한 의도가 있기 때문에 오른쪽 끝의 칸에서 d_x의 양을 mm 단위로 환산해 둔다.

표 9-4

선형 \ 항목	계획선 A	기준선	계획선 B
C_B	0.700	0.740	0.780
C_P	0.711	0.748	0.789
$C_{\otimes}$	0.958	0.989	0.989
$\Delta C_P = C_{P1} - C_{P0}$	−0.037	−	+0.041

표 9-5

선형 \ 항목	계획선 A	기준선	계획선 B
C_B	0.700	0.740	0.780
$\frac{\Delta C_P}{(1-C_{POA})}$	−0.1384	−	+0.1533
$\frac{\Delta C_P}{(1-C_{POF})}$	−0.1565	−	+0.1733

㈜ 기준선의 C_{PO}와 $1-C_{PO}$

$C_{POA}=0.7326$, $1-C_{POA}=0.2674$

$C_{POF}=0.7334$, $1-C_{POF}=0.2366$

표 9-6 (1) C_{PA}

종선	x_0	$1-x_0$	d_x	$d_x\,200$(mm)
B	1.054	0.054		
A	1.027	0.027		
A.P.	1.00	0	0	
$\frac{1}{4}$	0.95	0.05	−0.0069	−1.4
$\frac{1}{2}$	0.9	0.10	−0.0138	−2.8
$\frac{3}{4}$	0.85	0.15	−0.0208	−4.2
1	0.8	0.20	−0.0277	−5.5
$1\frac{1}{2}$	0.7	0.30	−0.0415	−8.3
2	0.6	0.40	−0.0554	−11.1
$2\frac{1}{2}$	0.5	0.50	−0.0692	−13.8
3	0.4	0.60	−0.00831	−16.6
4	0.2	0.80	−0.1107	−22.1
5	0	1.00	−0.1384	−27.7

표 9-6 (2) C_{PF}

종선	$1-x_0$	d_x	$d_x 200$(mm)
F.P.	0	0	
$9\frac{3}{4}$	0.05	−0.0078	−1.6
$9\frac{1}{2}$	0.10	−0.0156	−3.1
$9\frac{1}{4}$	0.15	−0.0235	−4.7
9	0.20	−0.0313	−6.3
$8\frac{1}{2}$	0.30	−0.0469	−9.4
8	0.40	−0.0626	−12.5
$7\frac{1}{2}$	0.50	−0.0783	−15.6
7	0.60	−0.0939	−18.8
6	0.80	−0.1252	−25.0
5	1.00	−0.1565	−31.3

표 9-7 (1) C_{PA}

종선	$1-x_0$	d_x	$d_x 200$(mm)
B	0.054		
A	0.027		
A.P.	0		
$\frac{1}{4}$	0.05	0.0077	1.5
$\frac{1}{2}$	0.10	0.0153	3.1
$\frac{3}{4}$	0.15	0.0230	4.6
1	0.20	0.0307	6.1
$1\frac{1}{2}$	0.30	0.0460	9.2
2	0.40	0.0613	12.3
$2\frac{1}{2}$	0.50	0.0767	15.3
3	0.60	0.0920	18.4
4	0.80	0.1226	24.5
5	1.00	0.1533	30.7

표 9-7 (2) C_{PF}

종선	$1-x_0$	d_x	$d_x 200(\mathrm{mm})$
F.P.	0		
$9\frac{3}{4}$	0.05	0.0087	1.7
$9\frac{1}{2}$	0.10	0.0173	3.5
$9\frac{1}{4}$	0.15	0.0260	5.2
9	0.20	0.0347	7.9
$8\frac{1}{2}$	0.30	0.0520	10.4
8	0.40	0.0693	13.9
$7\frac{1}{2}$	0.50	0.0867	17.3
7	0.60	0.1040	20.8
6	0.80	0.1386	27.7
5	1.00	0.1733	34.7

표 9-8 $C_P = 0.711$ ($C_B = 0.700$)

종선	Simpson 계수 S	$\frac{A}{A_{\boxtimes}}$	$S \cdot \left(\frac{A}{A_{\boxtimes}}\right)$	l	$lS \cdot \left(\frac{A}{A_{\boxtimes}}\right)$
B	0.137	0		5.274	
A	0.548	0.012	0.007	5.137	0.034
A.P.	0.387	0.027	0.010	5	0.052
$\frac{1}{4}$	1	0.069	0.069	4.75	0.328
$\frac{1}{2}$	0.5	0.152	0.076	4.5	0.342
$\frac{3}{4}$	1	0.238	0.238	4.25	1.012
1	0.15	0.330	0.248	4	0.990
$1\frac{1}{2}$	2	0.518	1.036	3.5	3.626
2	1	0.693	0.693	3	2.079
$2\frac{1}{2}$	2	0.834	1.668	2.5	4.170
3	1.5	0.933	1.400	2	2.799
4	4	1	4.000	1	4.000
5	1	1	1.000	0	—

)10.445 19.432

$C_{PA} = 0.6964$ 0.3482

5	1	1	1.000	0	—
6	4	1	4.000	1	4.000
7	1.5	0.960	1.440	2	2.880
$7\frac{1}{2}$	2	0.890	1.780	2.5	4.450
8	1	0.763	0.763	3	2.289
$8\frac{1}{2}$	2	0.576	1.152	3.5	4.032
9	0.75	0.379	0.284	4	1.137
$9\frac{1}{4}$	1	0.284	0.284	4.25	1.207
$9\frac{1}{2}$	0.5	0.188	0.094	4.5	0.423
$9\frac{3}{4}$	1	0.095	0.095	4.75	0.451
F.P.	0.25	—	—	5	—

)10.892　　20.869

C_{PF}=0.7262　0.3631

C_{PA}=0.3482　10.445　19.432

C_{PF}=0.3631　10.892　20.869

C_P=0.7113　) 21.337　)−1.437

C_B=0.701　0.711　0.67 % 선수부

표 9-9　$C_P = 0.789$ ($C_P = 0.780$)

종선	Simpson 계수 S	$\frac{A}{A_{\boxtimes}}$	$S \cdot \left(\frac{A}{A_{\boxtimes}}\right)$	l	$lS \cdot \left(\frac{A}{A_{\boxtimes}}\right)$
B	0.137	0		5.274	
A	0.548	0.014	0.008	5.137	0.039
A.P.	0.387	0.033	0.013	5	0.064
$\frac{1}{4}$	1	0.093	0.093	4.75	0.442
$\frac{1}{2}$	0.5	0.210	0.105	4.5	0.473
$\frac{3}{4}$	1	0.328	0.328	4.25	1.394
1	0.75	0.452	0.339	4	1.356
$1\frac{1}{2}$	2	0.693	1.386	3.5	4.851
2	1	0.878	0.878	3	2.364
$2\frac{1}{2}$	2	0.970	1.940	2.5	4.850
3	1.5	0.998	1.497	2	2.994
4	4	1	4.000	1	4.000
5	1	1	1.000	0	—

)11.587　　23.097

C_{PA}=0.7724　0.3862

5	1	1	1.000	0	–
6	4	1	4.000	1	4.000
7	1.5	1	1.500	2	3.000
$7\frac{1}{2}$	2	0.992	1.984	2.5	4.960
8	1	0.937	0.937	3	2.811
$8\frac{1}{2}$	2	0.790	1.580	3.5	5.530
9	0.75	0.537	0.403	4	1.611
$9\frac{1}{4}$	1	0.398	0.398	4.25	1.692
$9\frac{1}{2}$	0.5	0.264	0.132	4.5	0.594
$9\frac{3}{4}$	1	0.128	0.128	4.75	0.608
F.P.	0.25	0	–	5	–

)12.062 24.806

$C_{PF}=0.8042$ 0.4021

$C_{PA}=0.3862$ 11.587 23.097

$C_{PF}=0.4021$ 12.062 24.806

$C_P=0.7883$) 23.649)−1.709

$C_B=0.780$ 0.7883 0.722 % 선수부

이와 같이 해서 구하여진 계획선 2종의 프리즈매틱 곡선을 기준선의 것과 비교해서 그림 9-12～9-13에 나타내었다.

여기서 구해진 계획선의 프리즈매틱 곡선의 선체 전반부 및 선체 후반부에 대해서 각각 C_{PA}, C_{PF}를 계산하고, 다시 C_P 및 l_{CB}의 값도 계산해 둔다.

계산 예로는 이들의 결과를 표 9-8과 9-9에 나타내었다. 이와 같이 해서 구한 계획선의 l_{CB}값은 기준선의 값과 잘 일치한다.

2. 계획선의 l_{CB}가 기준선의 것과 다를 경우

계획선의 l_{CB}값이 기준선의 그것과 같은 경우는 드물다.

양자의 l_{CB}값이 다를 때에는 계산 순서가 약간 많아져서 다음과 같은 순서를 취한다.

계획선의 C_P값을 사이에 둔 수종의 C_P값을 적당히 선택하여 (1)항의 순서에 따라 이들의 프리즈매틱 곡선을 구하여, 각각의 프리즈매틱 곡선에 대해서 C_{PF}, C_{PA}, C_P 및 l_{CB}를 계산한다.

다음에 기준선을 포함한 이들의 프리즈매틱 곡선의 선체 전반부와 선체 후반부의 각각에 대해서 조합하여 만들고, 이 조합에 따라서 될 수 있는 대로 프리즈매틱 곡선군의 C_P,

$\left(\dfrac{C_{PF}}{C_{PA}}\right)$와 l_{CB}를 계산해서 그림 9-11에 표시한 것과 같은 C_P값에 따른 l_{CB}와 $\left(\dfrac{C_{PF}}{C_{PA}}\right)$의 관계를 표시한 도면을 작성한다.

또, 별도로 위의 순서일 때 표 9-8 및 9-9에 나타낸 것과 같이 계산을 한 것으로부터 그림 9-12, 9-13과 같은 C_{PF} 또는 C_{PA}에 대응하는 각 S.S. No. 위치에서의 횡단면적비 $\left(\dfrac{A_x}{A_{☒}}\right)$의 관계를 나타낸 도면도 작성해 둔다.

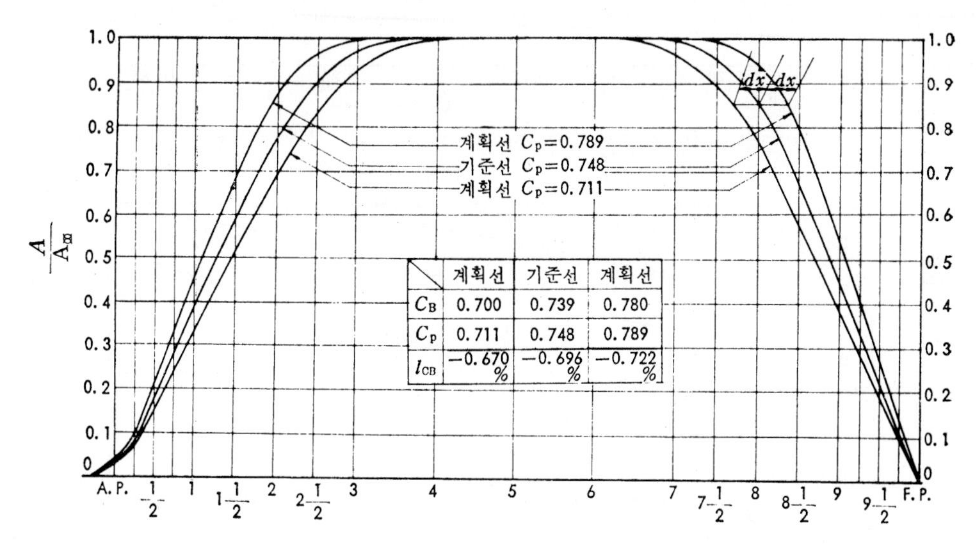

그림 9-10 기준선으로부터 계획선의 프리즈매틱 곡선을 구한 예(계획선과 기준선의 l_{CB}가 같은 경우)

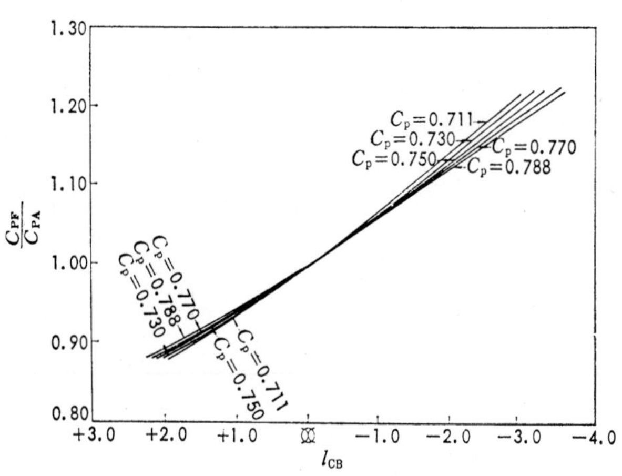

그림 9-11 기준선에 유사한 선형의 l_{CB}와 $\left(\dfrac{C_{PF}}{C_{PA}}\right)$의 관계

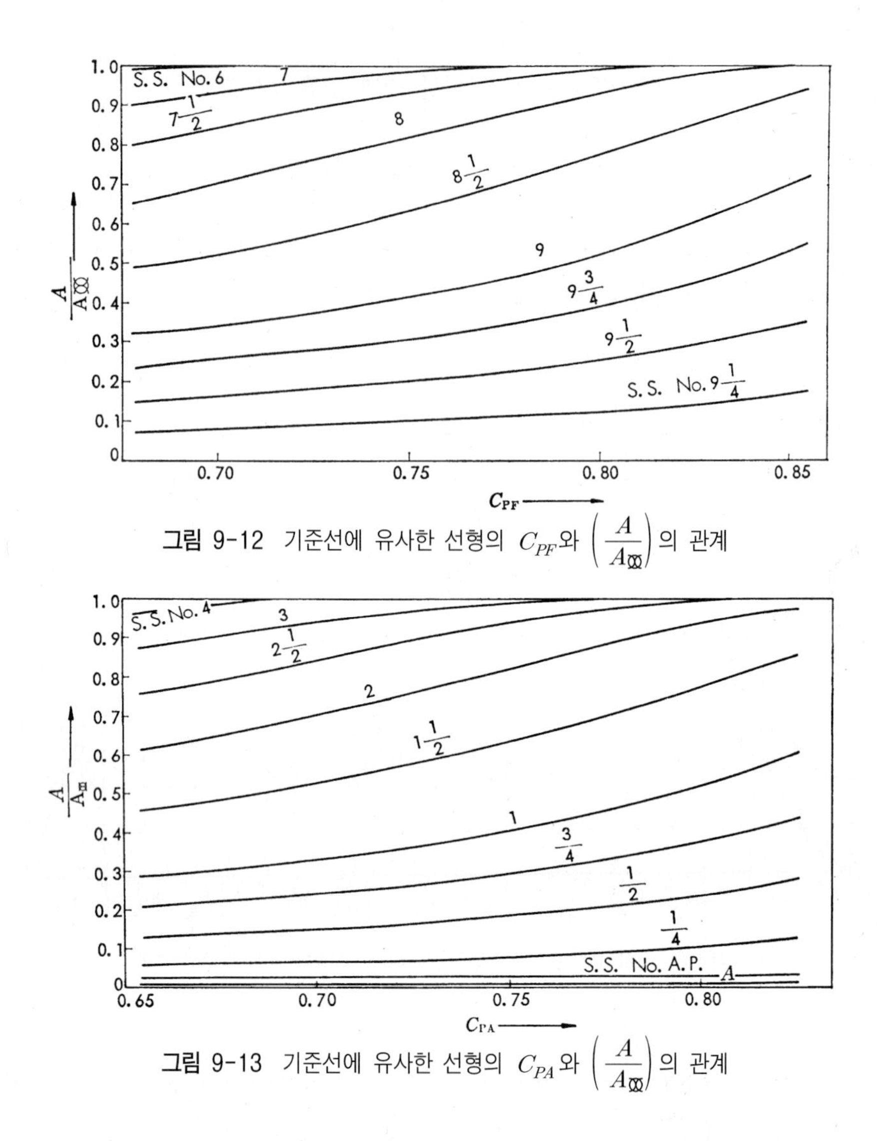

그림 9-12 기준선에 유사한 선형의 C_{PF}와 $\left(\frac{A}{A_{\text{⊠}}}\right)$의 관계

그림 9-13 기준선에 유사한 선형의 C_{PA}와 $\left(\frac{A}{A_{\text{⊠}}}\right)$의 관계

계산 예로 $C_P = 0.711$의 계산한 배의 l_{CB}는 $-0.4\% L_{BP}$를, $C_P = 0.789$의 계획선에 대한 l_{CB}는 $-1.0\% L_{BP}$를 생각하고 있기 때문에, 그림 9-11로부터 $\left(\frac{C_{PF}}{C_{PA}}\right)$의 값을 읽어 두면 표 9-10과 같은 결과가 된다.

표 9-10

C_P	0.711	0.789
l_{CB}	$-0.4\% L_{BP}$	$-1.0\% L_{BP}$
$k = \frac{C_{PF}}{C_{PA}}$	1.024	1.057

다음에 계획선의 C_{PF} 및 C_{PA}를 다음 식에 따라서 계산한다.

$$\frac{C_{PF}}{C_{PA}} = k$$

로 해서

$$C_{PF} = \left(\frac{2k}{1+k}\right) \times C_P$$

$$C_{PA} = \left(\frac{2}{1+k}\right) \times C_P$$

계산 예에 대해서 위 식에 따라 구한 값을 표 9-11에 나타내었다.

표 9-11

C_B	0.700	0.780
C_P	0.711	0.789
l_{CB}	$-0.4\% L_{BP}$	$-1.0\% L_{BP}$
C_{PF}	0.719	0.811
C_{PA}	0.703	0.767

계획선의 C_{PF}, C_{PA}를 구하면 앞에서 작성한 그림 9-12 및 9-13으로부터 C_{PA}, C_{PF}에 대한 S.S. No. 위치에 있어서 횡단면적비 $\frac{A_x}{A_{⊠}}$의 값을 읽어 두면, 프리즈매틱 곡선을 작도할 수가 있다.

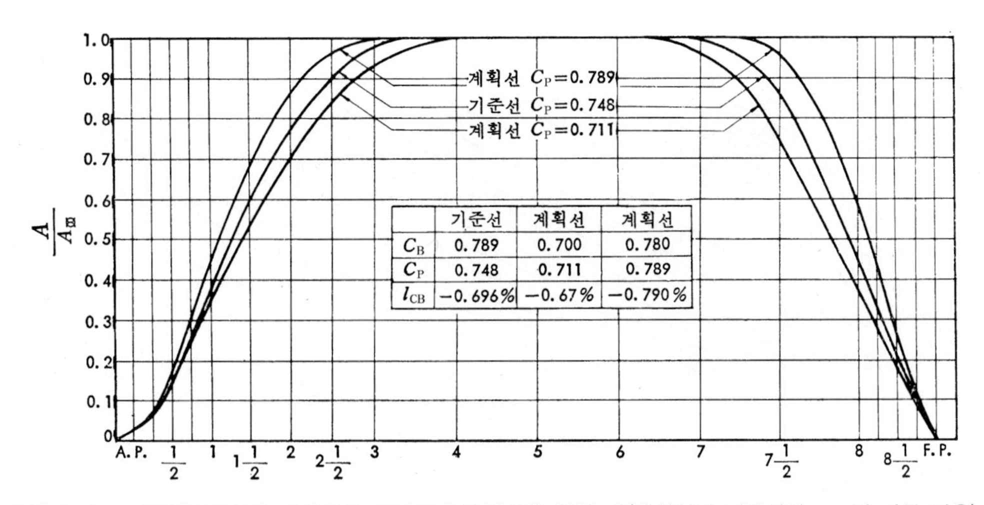

그림 9-14 기준선으로부터 계획선의 프리즈매틱 곡선을 구한 예(계획선과 기준선의 l_{CB}가 다른 경우)

그림 9-14에는 위에서 예기한 것과 같은 순서로 구한 계획선의 프리즈매틱 곡선을 표시했으며, 이 프리즈매틱 곡선으로 C_P 및 l_{CB}의 값을 계산해서 같은 그림 중의 목표값과 비교하면 잘 일치하고 있다는 것을 알 수 있다.

9.2.2 기준선으로부터 계획선의 선도를 그리는 방법

기준선의 선도 및 프리즈매틱 곡선에 의해 각 S.S. No. 위치의 횡단면적비 $\left(\frac{A_x}{A_{\text{⊠}}}\right)$를 기선(base)에 대응한 횡단면에서의 각 수선과 함께

$$\frac{\text{반폭 치수}\left(\frac{y}{2}\right)}{\text{최대 반폭 치수}\left(\frac{B}{2}\right)}$$

를 작도한다. 이 경우 각 수선의 높이는 계획 만재 흘수를 단위길이 1.0으로 하고, 이 흘수를 10등분한 간격으로서 무차원으로 표시해 놓은 쪽이 편리하다. 이와 같이 해서 선체 후반부 및 선체 전반부 모두 작도한 것을 그림 9-15와 9-16에 표시하였다.

앞 절의 (1)항 또는 (2)항에서 계획선의 프리즈매틱 곡선으로부터 각 S.S. No. 위치의 횡단면적비 $\left(\frac{A_x}{A_{\text{⊠}}}\right)$의 값은 구할 수 있기 때문에, 그림 9-15 및 그림 9-16에 따라 각 S.S. No.와 함께 수선 위에서의 $\left(\frac{\frac{y}{2}}{\frac{B}{2}}\right)$의 값을 읽는다.

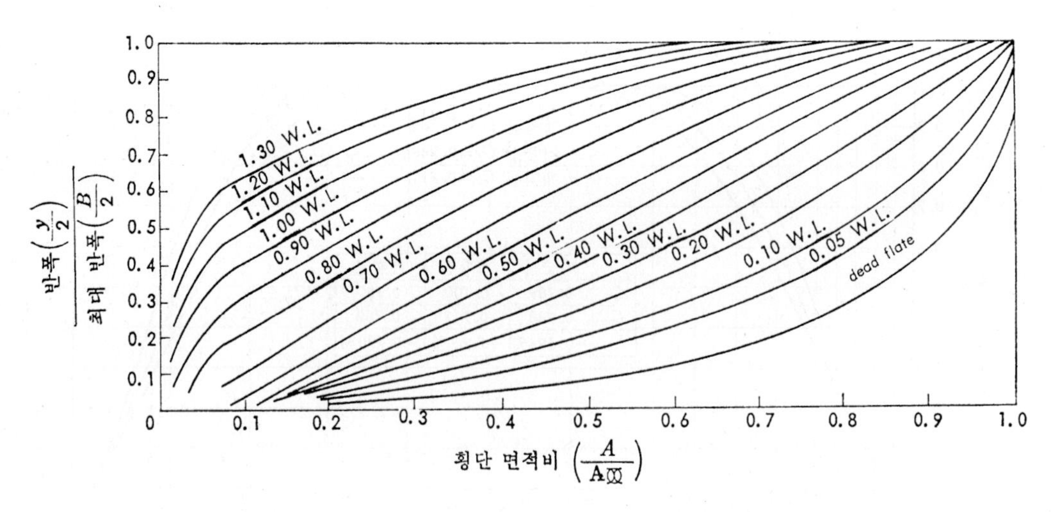

그림 9-15 기준선으로부터 작성된 횡단면적비와 $\left(\frac{y/2}{B/2}\right)$와의 관계(선체 후반부)

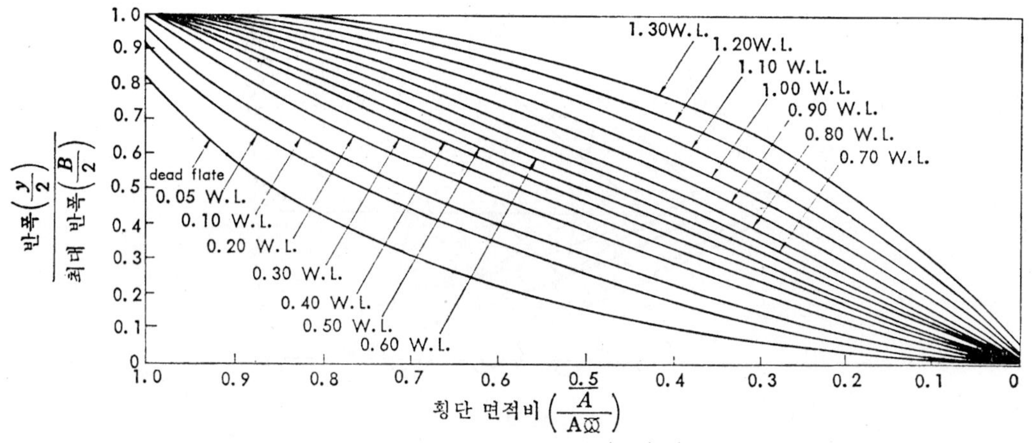

그림 9-16 기준선으로부터 작성된 횡단면적비와 $\left(\frac{y/2}{B/2}\right)$와의 관계(선체 전반부)

계획선의 폭 B, 계획 만재 흘수 d의 값을 미리 알고 있으므로 계획선의 오프 셋(off-set) 치수가 구해지며, 따라서 그의 선도를 작성할 수 있다.

다만, 여기서 주의할 것은 계획선의 중앙횡단면 형상이 기준선의 것과 다를 때(특히, bilge circle 및 rise of floor)에는 계획선 선도의 중앙 평행 부분 하부의 형상을 약간 수정, 즉 순정(fairing)을 할 필요가 있고, 다음에 선수미 형상이 기준선과 다를 때에는 서로 틀린 것을 관련지어 다시 한 번 수정하면 된다.

선미부 형상에 대한 기준선과의 차이점에 대해서는 선미 형상을 순양함형 선미로 할 것인가 아니면 보통형의 선미로 할 것인가를 결정해야 한다.

순양함형 선미일 때는 A.P. 기준점에서의 L_{WL}의 길이가 달라지므로 A.P. 기준점에 있어서의 $\left(\frac{A}{A_{\text{X}}}\right)$비의 값을 주어 선체 후반부의 프리즈매틱 곡선의 연결이 평활하도록 수정해 주어야 한다.

그러나 보통형의 선미를 가지는 배에서는 $L_{BP} = L_{WL}$이 되므로 프리즈매틱 곡선의 형상만 조정한다면 큰 문제는 없다.

특히, 중앙횡단면적 곡선을 그릴 때에는 F.P. 기준점에서는 모든 배의 선수재를 포함한 외측면이 되므로, L_{BP} 길이와 늑골 간격(frame space)을 분할할 때에 치수의 차이가 생기지 않도록 주의해야 한다.

결국 $1 - C_P$법에 따라서 그려진 계획선의 정면 선도는 다음과 같이 된다.

(가) 기준선과 동일한 L, $\frac{L}{B}$, $\frac{B}{d}$의 값을 가질 때에는 기준선과 계획선 사이에서 동일한 횡단면적비 $\left(\frac{A}{A_{\text{X}}}\right)$를 가지고, 각각의 종선(ordinate) 위치에서의 횡단면 형상은 모두 동일하게 된다(그림 9-17 참조).

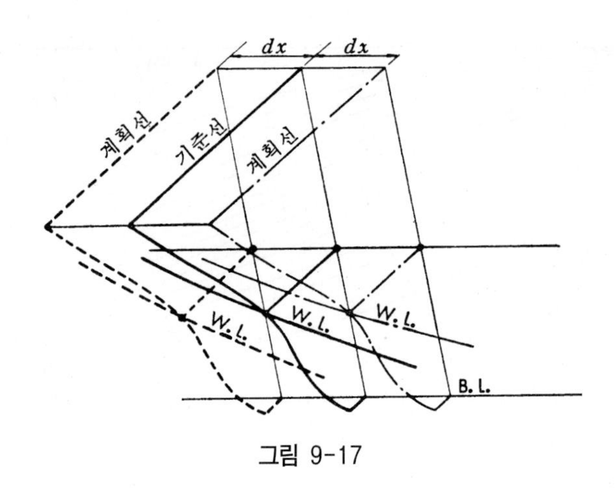

그림 9-17

(나) L, $\dfrac{L}{B}$, $\dfrac{B}{d}$의 값이 기준선과 다를 때에는 그의 횡단면 형상은 흘수 방향, 폭 방향으로 각각 두 선박에 대해 흘수의 비, 폭의 비로서 신축한 형상으로 된다.

9.3 배의 트림

9.3.1 트림 계산의 중요성

선도(線圖)가 완성되면 실제 용적에 대한 배의 운항 상태에 따라 화물과 연료유 등의 중량 및 적재 위치가 여러 가지로 변하게 되므로 그때 그때 전후의 흘수가 달라진다. 그러나 계획 초기에 여러 가지 운항 상태를 예상하여 상태에 대한 트림을 계산해 놓는다는 것은 불가능하다.

그러므로 화물과 연료유의 적재 방법을 달리하여 A, B, C, … 몇 개의 운항 상태를 상정하고, 이들 상태에 대해서 트림과 종강도를 계산하여 배의 일생을 통해서 특히 큰 지장이 생기지 않을 것이라는 것을 확인해 두어야 한다.

배의 종강도(단면 계수)는 이와 같이 상정한 각 상태에서의 세로 휨 모멘트를 계산하고, 그 중에서 가장 큰 세로 휨 모멘트를 기준으로 하여 선급 협회의 규칙에 따라 계산하면 된다. 따라서, 배의 종강도도 최초에 상정한 운항 상태로부터 정해지게 된다.

이와 같이 해서 종강도가 결정되면, 그 배에는 기준이 된 세로 휨 모멘트를 넘는 화물의 적재는 허용되지 않는다. 이런 이유로 최초에 어떤 계산 상태를 계획하는지가 매우 중요하다.

벌크 화물선이나 유조선은 화물의 종류도 적고, 또 원유, 곡물 및 철광석과 같은 단일 화물을 균일하게 적재하므로, 일반 화물선에서와 같이 무거운 화물과 가벼운 화물을 잘 배치하여 트림을 조정하는 것은 불가능하며, 화물창의 배치가 정해지면 트림과 종강도는 거의 결정되게 된다.

따라서, 일반 배치가 트림에 매우 큰 영향을 끼치게 된다. 또, 벌크 화물선이나 유조선 등의 전용선에서는 만재 상태뿐만 아니라 밸러스트 상태에서의 트림과 종강도의 검토도 중요하다.

이들 전용선은 일반적으로 적재 항구와 양륙 항구 사이에서 피스톤 수송을 하는 것이 특징이며, 잡화 적재하는 일반 화물선과는 달리 출항(出航)할 때와 입항(入航)할 때의 재하 상태가 현저하게 달라진다.

즉, 적재 항구로부터 양륙 항구로 가는 동안은 화물이 만재 상태가 되지만, 양륙 항구로부터 적재 항구로 가는 사이의 화물은 전혀 없기 때문에 해수 밸러스트와 연료유 및 청수로 적당한 흘수를 확보하고 항해하게 되므로, 1 항해 중 $\frac{1}{2}$은 만재 상태, 나머지 $\frac{1}{2}$은 밸러스트 상태가 되는 것이다. 따라서, 밸러스트 상태에서도 안전한 항해를 할 수 있도록 충분한 밸러스트 탱크를 가지고 있을 필요가 있다. 그러나 벌크 화물선이나 유조선의 경우에 밸러스트 탱크가 필요 이상으로 많으면 주요 치수가 커져서 경제적인 배가 되지 않으므로 이와 같은 것은 피해야 한다.

재래형의 유조선에서는 화물 탱크에 밸러스트를 적재하여 정상 밸러스트 상태를 만들 수가 있으나, 밸러스트 탱크로 겸용되는 화물 탱크에는 방식(防蝕) 처리 또는 도장(塗裝)할 필요가 있으므로 필요 없이 겸용 탱크를 증가시키는 것은 비경제적이다. 따라서, 밸러스트 탱크의 배치는 트림과 종강도의 검토를 충분히 하여 최소한의 밸러스트 탱크 용량으로 필요한 흘수와 트림이 확보될 수 있도록 해야 한다.

트림과 종강도를 계산하려면 이상과 같이 만재와 밸러스트 상태에 대해서 계산 상태를 상정할 필요가 있으며, 그들의 계산 조건에 대해서는 그 배의 운항 상태와도 밀접한 관계가 있으므로 될 수 있는 대로 초기 단계에서 선주와 의논해 두어야 한다.

그러나 조선소에서 표준 선형을 설계할 경우에는 선주와 이런 점에 관해서 타협할 수가 없기 때문에 설계자가 그 조건을 상정하여 계획을 진행하게 된다. 따라서, 그 계산 조건은 대부분의 선주에게 받아들여질 수 있는 것이라야 하며, 다수의 선주로부터 뒤에 큰 변경이 요구되어 화물창(탱크)의 배치가 변경되어야 할 결과를 초래하게 된다면 표준 선형의 뜻이 없어지므로, 특히 신중하게 결정해야 한다.

1. 밸러스트 상태의 흘수

벌크 화물선이나 유조선의 경우에는 앞에서 설명한 바와 같이 1 항해의 $\frac{1}{2}$은 밸러스트 상태이기 때문에 밸러스트 상태의 검토는 만재 상태와 같이 중요성을 지니고 있다. 밸러스트 상태의 트림이나 종강도를 검토하려면 먼저 밸러스트 상태에 필요한 흘수를 정해야 한다.

해상이 평온한 상태에서는 밸러스트 상태의 흘수가 될 수 있는 대로 작아야 속력을 내는데 유리하지만, 이와 같은 흘수 상태에서는 해상이 거칠어지면 종동요(pitching)에 의해 선수부의 선저가 해면을 강타하게 된다. 즉, 이것을 슬래밍(slamming)이라고 한다.

프로펠러가 공전(空轉), 즉 레이싱(racing)하여 배의 조정이 매우 어렵게 된다. 황천 때에는 속력을 낮추고, 침로를 적당히 바꿔 이런 현상이 일어나지 않도록 하여야 하지만, 선수미의 흘수가 얕으면 이런 현상은 피해지지 않는다. 따라서, 바다가 거칠 때에는 흘수를 깊게 할 필요가 있다.

그러므로, 밸러스트 상태의 흘수를 생각할 때에는 해상이 평온한 상태에 적당한 것과 황천 상태에 적당한 것의 두 가지를 구별해서 검토해 두어야 한다.

바다가 평온할 때에 적당한 밸러스트 상태를 정상(正常) 밸러스트 상태(normal ballast condition), 황천시에 적당한 밸러스트 상태를 중(重) 밸러스트 상태(heavy ballast condition)라고 한다.

정상 밸러스트 상태에서는 추진 성능에 중점을 두어 흘수를 결정하면 되므로, 선미 흘수는 프로펠러의 캐비테이션이 일어나지 않도록 되어 있으면 된다. 그 흘수는 제7장에서 설명한 바와 같이 프로펠러의 잠김률로 110% 정도 있으면 좋다고 생각된다. 또, 트림을 크게 하게 되면 배수량이 적어도 되지만, 트림이 너무 크면 선미의 반류 분포가 등흘수의 경우보다 매우 불균일하게 되므로, 트림은 배 길이의 1.5% 정도 이하로 억제하는 것이 요망된다. 따라서, 선수 흘수는 트림을 이와 같이 억제하면 자연히 정해진다. 그런데 이와 같이 해서 정한 정상 밸러스트 상태로 어떤 해상 상태까지 항해할 수 있는지가 문제이다.

일반적으로 해상 상태는 Beaufort 풍력 계급으로 나타내며, 위에 말한 흘수로 Beaufort 6까지는 항해가 가능하다고 한다. 전 항해 일수 중 Beaufort 풍력 계급이 6 이하가 되는 일수의 비율은 각종 조사 자료에 의하면 80~90%가 된다. 따라서, 앞에서 설명한 것과 같은 흘수 상태로는 대부분의 항해 일수를 보낼 수 있다. 이와 같은 흘수 상태를 정상 밸러스트 상태라고 부르는 이유가 여기에 있다.

바다가 거칠 때 얕은 흘수로 항행하면, 앞에서 설명한 것과 같이 슬래밍과 프로펠러 레이싱이 발생한다. 그것을 방지하기 위해서는 정상 밸러스트 상태보다 깊은 흘수로 항해하여야 한다.

표 9-12 선수 선저외판의 보강과 흘수의 관계

선수 선저외판의 보강	KR	LR	ABS
① 완전 보강	$d_F \leqq 0.025L$	$d_F \leqq 0.03L$	$d_F \leqq 0.027L$
② 보강 필요 없음	$d_F \geqq 0.037L$	$d_F \geqq 0.04L$	$d_F \geqq 0.027L$
③ 판 두께 보강	①, ② 중간의 d_F	①, ② 중간의 d_F	유조선 규칙과 동일
비 고	L이 230 m 이상일 경우에는 230 m일 때와 같게 한다.	L이 215 m 이상일 경우에는 215 m일 때와 같게 한다.	–

㈜ d_F : 선수 흘수(m)

L : 선급 협회의 정의에 의한 배의 길이(m)

선급 협회의 규칙에서는 슬래밍 대비책으로서 선수부의 선저외판을 보강할 필요가 있는지의 여부와 보강을 경감할 수 있는 선수 흘수의 한계를 표 9-12에 나타낸 것과 같이 규제하고 있으므로, 그 흘수가 황천시 선수 흘수의 대략 기준이 된다.

프로펠러의 레이싱을 방지하려면 프로펠러를 깊이 잠기게 하는 것이 가장 효과적이다. 프로펠러 레이싱이 발생하는 한계의 풍력과 배의 크기 및 프로펠러 잠김률과의 관계는 그림 9-18에 보인 것과 같이 추정된다. 이 그림은 프로펠러 지름의 $\frac{1}{3}$ 이상이 노출되는 확률이 3%가 되는 프로펠러 잠김률을 계산해서 구한 것이다.

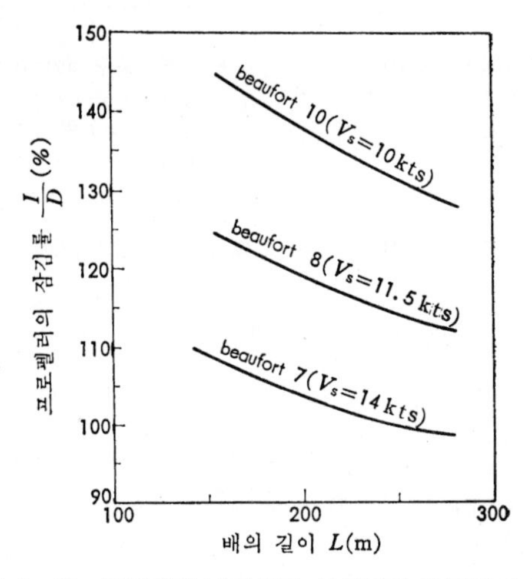

그림 9-18 프로펠러 레이싱과 프로펠러 잠김률의 관계

그림에서 정상 밸러스트 상태는 Beaufort 6 이하에 대응하는 상태이므로, 정상 밸러스트 상태에서는 프로펠러 잠김률을 110%로 하면 프로펠러 레이싱에서는 문제가 없다.

또, 중 밸러스트 상태에서는 프로펠러 잠김률을 120% 정도로 취하면 Beaufort 8 정도에서 견딜 수 있다. Beaufort 8을 넘는 해상(海象)은 매우 드물며, 이와 같은 상태에서는 속력을 대폭 감소시키고 잠김률을 120% 정도로 취하면, 우선 문제가 일어나지 않을 것이다.

재하중량 D.W.T. 20,000톤 이상인 유조선의 경우에는 M.A.R.P.O.L. 1978에 의해 분리 밸러스트 탱크(S.B.T.)를 설치해야 하고, S.B.T.에 넣은 밸러스트 상태에 대해서는

(가) 평균 흘수 $d_M = 2.0 + 0.02\,L_F$ (m) 이상

(나) 트림, $0.015\,L_F$(m) 이하

(다) 프로펠러 잠김률 $\frac{I}{D} \geq 100(\%)$

가 되도록 요구되고 있으므로, 이와 같은 검토 이외의 규칙에 의한 흘수가 확보되어 있는지를 확인할 필요가 있다.

재래형 유조선의 경우에는 화물 탱크에도 밸러스트를 적재할 수 있으므로, 정상 밸러스트 상태나 중 밸러스트 상태의 흘수를 확보하는 것이 쉽다. 예를 들면, 그림 8-36에 나타낸 D.W.T. 45,000톤의 유조선에서는 그림 9-19처럼 No. 3 중앙 탱크의 전용 밸러스트 탱크에 주수(注水)하고, No. 4 중앙 탱크에 밸러스트를 채우며, No. 2 및 5 중앙 탱크에 밸러스트를 알맞게 넣으면 정상 밸러스트 상태가 된다.

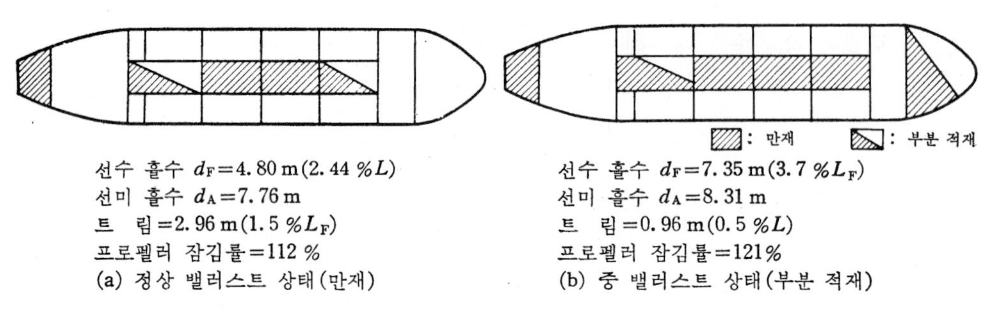

그림 9-19 유조선의 밸러스트 입항 상태

중 밸러스트 상태는 No. 2와 No. 5의 중앙 탱크에 밸러스트를 더 넣고, 선수 수조(船首 水槽)에도 약간의 밸러스트를 적재하면 된다. 정상 밸러스트 상태를 만드는 데는 탱크 내면에 골재(骨材)가 적고 청소하기 쉬운 중앙부 탱크에 밸러스트를 넣는 것만으로 소요의 흘수가 확보되는 것이 바람직하다. 그리고 청소를 요구하는 탱크의 수를 될 수 있는 대로 줄이도록 배치를 검토할 필요가 있다.

중 밸러스트 상태는 정상 밸러스트 상태에서 이미 해수 밸러스트가 적재되어 있는 화물 탱크에 밸러스트를 추가하는 것만으로 만들어지는 것이 바람직하다. 화물 탱크에 해수 밸러스트를 적재하려면 그 화물 탱크를 청소해 두어야 한다. 탱크를 청소하지 않은 화물 탱크에 그대로 해수 밸러스트를 적재하면 기름이 섞이게 되어 입항할 때에 그대로 배 밖으로 버릴 수 없기 때문이다.

탱크의 청소 작업은 밸러스트 항해 중에 이루어진다. 그 때문에 출항 때에 우선 다른 화물 탱크에 해수를 넣어서 필요한 흘수를 확보하고, 항해 중에 깨끗한 밸러스트를 넣는 화물 탱크를 세척한다.

청소가 끝난 화물 탱크에 새로 해수 밸러스트를 넣고, 출항할 때 화물 탱크에 적재했던 더러운 밸러스트는 분리 밸러스트 탱크(S.B.T)에 보관했다가 입항한 후 배 밖으로 버린다.

따라서, 밸러스트 상태로 출항할 때에는 더러운 밸러스트를 적재한 상태, 입항할 때에는 깨끗한 밸러스트를 적재한 상태가 된다. 그림 9-20은 D.W.T. 45,000톤인 유조선의 밸러스트 출항 상태를 나타낸 것이며, No. 2 및 No. 4의 현측 탱크에 더러운 밸러스트를 넣어서 출항 때의 흘수를 확보한 것이다.

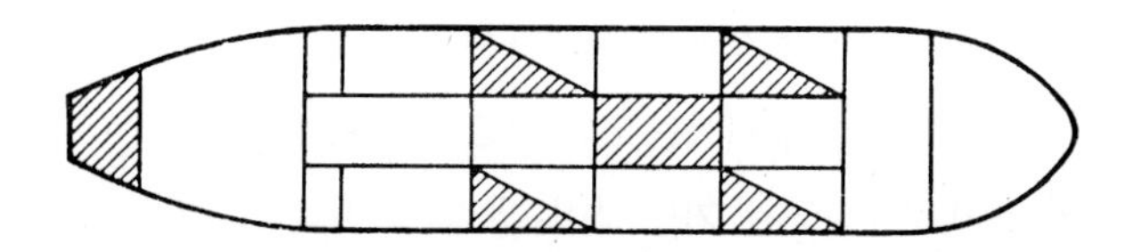

선수 흘수 d_F=4.75 m(2.4 % L)
선미 흘수 d_A=7.85 m
트 림=3.10 m(1.6 % L_F)
프로펠러 잠김률=113 %

그림 9-20 유조선의 밸러스트 출항 상태

한편, S.B.T.의 경우에는 전용 밸러스트 탱크만으로 8.3.2절에서 설명한 밸러스트 상태가 확보될 수 있게 되어 있으므로, 더러운 밸러스트와 깨끗한 밸러스트를 바꾸어 넣는 작업은 필요하지 않다. 또, 이와 같은 작업을 없애 버리는 것이 S.B.T.의 목적이다.

벌크 화물선의 경우에는 유조선만큼 밸러스트를 채울 수 있는 탱크의 용적이 확보되지 못하므로, 화물창의 한두 개를 밸러스트 겸용창으로 하고 있다. 그러나 이것만으로는 선수부 흘수가 확보되지 않는 경우도 있다.

화물창에 밸러스트를 넣는 경우에는 화물을 적재하기 위해서 입항하기 전에 밸러스트를 버리고, 화물창을 건조시키는 시간과 노력이 더 걸리므로 화물창에 해수 밸러스트를 넣지 않고도 정상 밸러스트 상태가 만들어질 수 있도록 계획해 놓으면 배의 운항면에서는 매우 편리할 것이다.

그림 8-56의 D.W.T. 45,000톤인 벌크 화물선의 경우에는 표 9-13에 나타낸 것과 같이 화물창에 밸러스트를 적재하지 않고도 정상 밸러스트 상태를 만들 수가 있다.

한편, 중 밸러스트 상태에서는 화물창 1개에 해수 밸러스트틀 넣어서 흘수를 깊게 하고 있는데, 선수부 흘수 d_F는 표 9-12을 보면 알 수 있는 바와 같이 적용 선급이 L.R.인 경우에는 선수 선저의 보강이 필요 없는 흘수와 완전 보강을 필요로 하는 흘수의 중간에 있다.

표 9-13 D.W.T. 45,000톤 벌크 화물선의 밸러스트 상태

상태	흘수	화물창 밸러스트 적재
정상 밸러스트 입항 상태	d_F = 4.60 m (2.4% L) d_A = 7.10 m (프로펠러 잠김률 113%) 트림 : 2.50 m (1.3% L_F)	없음
중 밸러스트 입항 상태	d_F = 5.87 m (3.1% L) d_A = 7.74 m (프로펠러 잠김률 125%) 트림 : 1.87 m (1% L_F)	없음

또, 밸러스트 상태에서 한 가지 주의해야 할 점은 항구의 하역 설비와의 관계이다. 기항지의 제한에 알맞은 크기로 설계된 배에서는 밸러스트 상태로 입항했을 때, 안벽의 하역 설비가 배의 갑판이나 하역 설비에 부딪칠 가능성이 생긴다. 따라서, 이와 같은 일이 예상되는 항구에 대해서는 계획 초기 단계에서 충분히 검토하여 밸러스트 상태의 흘수를 깊게 하는 방법을 강구하는 동시에, 짐을 적재하면서 밸러스트를 배수(排水)할 경우가 있기 때문에 하역 시간에 맞는 용량의 밸러스트 펌프를 설치할 필요가 있다.

2. 트림 계산을 수행할 계산 상태

트림을 계산하려면 먼저 계산 상태를 상정하여야 한다. 기본 계획이 진척되어 선주와 자세한 기술적인 협의를 시작하게 되면 시방서의 타협과 병행하여 트림 계산을 수행해야 할 상태에 대해서 타협을 해 두어야 한다.

트림 계산을 수행할 계산 상태는 크게 나누어서 밸러스트 상태와 만재 출항 및 입항 상태이다. 기타 화물과 연료 등을 전혀 적재하지 않은 가벼운 상태에 대해서도 계산해 놓을 필요가 있다.

연료유의 적재량에 대해서는 탱크 용량을 완전히 채운 상태(full bunker 또는 long voyage)보다 항속 거리가 이를테면 5,000해리와 같은 짧은 항로(short voyage)를 상정한 쪽이 화물중량이 증가하여 선수 트림의 경향이 나타나게 되며, 이와 같은 조건으로는 매우 나쁜 경우가 되는 수가 많으므로 항로가 분명하게 정해져 있는 경우를 제외하고는 후자의 상태를 꼭 검토해 둘 필요가 있다.

이와 같은 계산 상태는 여러 가지가 있으나 벌크 화물선에 대해서 그 한 예를 나타내면 표 9-14와 같다.

일반적으로, 벌크 화물선의 항로는 정해져 있지 않기 때문에 입항 상태로는 연료를 80~100% 소비한 상태를 상정한다. 물론, 항로가 정해져 있는 경우에는 그 항로의 사정에 타당한 소비량을 계산해서 입항 상태로 하면 된다.

표 9-14 벌크 화물선의 트림과 종강도 계산 상태

(1) 만재 상태 (입·출항시)	화물 비중	① 그레인 화물 : 균질 화물 재화 계수(CF/LT) 40, 45, 50, 55 ② 철광석 : 재화 계수(CF/LT) 20
	연료 적재량	① 100% 탱크 용량 ② 항속 거리 : 5,000해리
(2) 밸러스트 상태 (입·출항시)	밸러스트량	① 정상 밸러스트 상태 ② 중 밸러스트 상태
	연료 적재량	① 100% 탱크 용량 ② 항속 거리 : 5,000해리

유조선의 경우에는 세계의 항로로서 주로 중근동(中近東) ↔ 극동, 중근동 ↔ 구주(歐洲), 중근동 ↔ 미국으로 정해져 있으며, 항로가 지정되어 있지 않은 경우의 취항 항로를 예를 들면, 중근동 ↔ 극동으로 가정하여 계산을 한다. 이 경우에 연료는 원유를 적재하는 중근동에서 1 왕복량을 적재하는 경우와 편도 항해량만을 적재하는 수가 있는데, 만재 상태에서는 연료의 적재량에 따라 화물의 중량이 달라지므로, 이 두 상태에 대해서 계산할 필요가 있다. 밸러스트 상태는 화물유의 양륙지(揚陸地)에서 적재지(積載地)까지의 항해 상태이므로, 연료의 적재량은 편도 항해량만을 계산해 두면 된다. 또, 유조선의 경우에는 화물 탱크의 배치가 2, 3종류의 화물유를 나누어서 적재할 수 있도록 되어 있으므로, 적어도 두 종류를 적재할 경우의 트림과 종강도를 검토할 필요가 있다.

3. 재하중량의 명세와 화물 중량의 배치

트림 계산을 할 계산 상태가 결정되면 각 상태에 대하여 재하중량(載荷重量)의 명세를 계산한다. 재하중량은 만재 출항 상태에서는 화물, 연료유, 청수, 콘스턴트(constant)의 합계 중량이며, 또 밸러스트 상태에서는 밸러스트, 연료유, 청수, 콘스턴트의 합계 중량이다.

콘스턴트란 승조원과 그 소지품, 식료품, 경하중량에 포함되지 않는 창고품, 비품, 기관부의 물과 기름의 합계인데, 기관부의 물과 기름이 대부분의 중량을 차지하므로 배의 크기뿐만 아니라 주기관 마력과 터빈, 디젤 등 주기관의 종류에 따라 다르게 된다. 출항시와 입항시에는 식료품의 중량이 다르지만, 승조원수가 적은 벌크 화물선이나 유조선의 경우에는 그 차이가 적으므로 무시한다.

콘스턴트의 계산 예는 제2장에서 취급하였으므로 여기서는 생략하고, 그림 9-21에 실적 자료를 소개하였다.

화물 중량은 계획 만재 흘수에 상당하는 재하중량에서 만재 출항 때 적재되는 연료유, 청수 및 콘스턴트의 중량을 빼면 구해진다. 다만, 그레인 화물인 경우에 탑재 화물의 비중이 계획

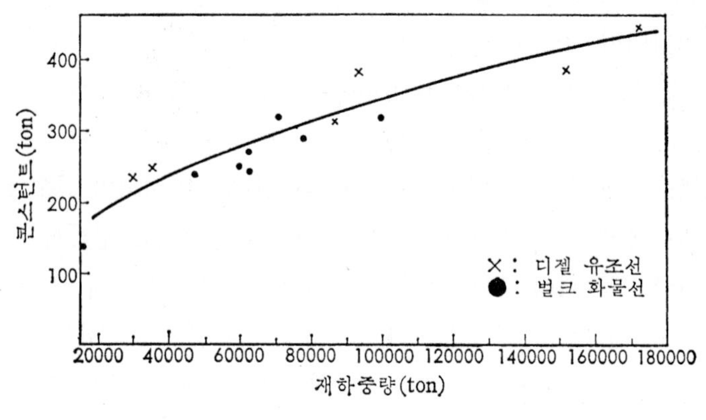

그림 9-21 재하중량과 콘스턴트

균질 화물의 비중보다 가벼울 때에는 배를 계획 흘수까지 잠기게 할 수가 없으므로, 화물 중량은 화물창 용적(m^3) × 화물 비중(ton/m^3)으로 구한다. 탑재 화물의 비중이 계획 균질 화물의 비중보다 무거운 경우 화물 중량은 만재 흘수에 상당하는 재하중량에서 연료유, 청수 및 콘스턴트 중량을 뺀 것이다.

이런 경우에는 필요한 화물창 용적이 실제의 화물창 용적보다 작으므로 그 차이만큼 용적이 남게 된다. 또, 목재 운반선이나 컨테이너선과 같이 복원성이 문제가 되는 배에서는 만재 출항시에도 밸러스트를 적재하는 수가 있다. 다음에 이런 경우의 D.W.T. 45,000톤인 벌크 화물선에서의 재하중량 명세의 계산 예를 소개한다.

(1) 만재 출항 상태

- 벙커 C유 : 항해 일수는 $\dfrac{5,000}{(15.4 \times 24)} = 13.5$일, 마진 2일, 1일의 주기관 소비량이 49.1톤이므로, C중유의 필요량은 49.1 × 15.5 ≈ 760톤
- 벙커 A유 : 통상 항해시 발전기의 연료 소비량은 $\dfrac{2.6\,(\text{톤})}{1\,(\text{일})}$이므로, A중유의 필요량은 2.6×15.5 ≈ 40톤에 주기관의 소비량 30톤을 합하면 70톤
- 잡용 청수 : 100% 탱크 용량을 채우는 것으로 보고 255톤
- 음료수 : 100% 탱크 용량을 채우는 것으로 보고 65톤
- 콘스턴트 : 그림 9-21로부터 200톤

으로 하였을 때 연료, 청수, 콘스턴트의 합계 중량은 1,350톤이 된다. 화물 중량은 재하중량 45,000톤으로부터 연료, 청수, 콘스턴트의 합계 중량 1,350톤을 뺀 45,000 − 1,350 = 43,650톤이 된다(3.2.4절과 3.2.5절 참조).

(2) 만재 입항 상태

계산 예에서 입항 상태는 물과 기름을 100% 소비한 상태로 보았다. 따라서, C중유, A중유, 음료수 탱크의 남은 양은 0이 된다.

잡용 청수는 제3장에서 설명한 것과 같이 소비한 만큼 항상 조수 장치(造水裝置)에서 보급되고 있으므로, 트림 계산에 있어서는 입항시에도 출항시와 같이 100% 적재한 것으로 보고 계산한다.

일반적으로, 입항 상태에서는 선미에 있는 연료나 청수가 소비되어 선수 트림이 되는 경향이 있기 때문에, 등흘수로 하기 위하여 연료유를 뒤로 이송하여 조정하거나 밸러스트 탱크에 해수를 넣는다. 이때, 배수량이 증가하는 것을 방지하기 위하여 밸러스트의 적재량을 될 수 있는 대로 적게 할 수 있도록 검토해야 한다. 또, 유조선의 경우에는 화물 탱크의 용적이 여유가 있으면 화물유를 전방으로부터 후방으로 이송함으로써 트림 조정이 가능하므로, 연료 탱크가 기관실의 양현에만 있는 경우에도 선미의 연료 탱크에 밸러스트를 넣지 않고 트림을 조정

할 수 있다.

밸러스트의 적재량과 적재 위치에 대해서는 시행착오법(試行錯誤法)에 의해 계산을 진행하면서 결정하여야 하므로, 처음부터 몇 톤이라는 것은 알 수 없으나 45,000톤 벌크 화물선의 계산 예에서는 9.3.2절 4항에서 설명하겠지만 616톤으로 하면 등흘수가 된다. 따라서, 만재 입항 상태에 있어서의 재하중량(載荷重量)은 다음과 같다.

화물 중량	43,650톤
벙커 C유	0톤
벙커 A유	0톤
잡용 청수	255톤
음료수	0톤
콘스턴트	200톤
밸러스트	616톤
재하중량	44,721톤

다음에 화물 중량을 각 화물창의 용적에 배분한다. 이 배의 화물 중량은 43,650톤이고, 화물창의 용적과 각 화물창의 명세는 그림 8-36의 용적도에 나타낸 것과 같으므로, 이를테면 No. 1 화물창에는 $43{,}650 \text{ 톤} \times \dfrac{7{,}010}{51{,}010} = 5{,}999 \text{ 톤}$의 화물이 배정된다. 다른 화물창에 대해서도 마찬가지로 계산해 나가면 된다.

계획 균질 화물(計劃 均質 貨物)의 경우에는 설명한 바와 같이 각 화물창의 용적에 비례하여 화물 중량을 배분해 나가면 되지만, 적재 화물의 재화 계수가 계획 균질 화물의 그것과 다를 때에는 다음과 같이 해서 각 화물창의 중량을 계산하면 된다. 먼저, 적재할 화물의 재화 계수가 계획 균질 화물의 그것보다 클 때, 즉 화물의 비중이 작을 때에는 화물 중량이 계획 균질 화물을 싣는 경우보다 작아지고 각 화물창은 100% 적재되므로, 각 화물창의 용적에 화물의 비중을 곱하면 각 화물창에 적재될 중량이 계산된다.

적재 화물의 재화 계수가 계획 균질 화물의 그것보다 작을 때, 즉 화물의 비중이 클 때에는 화물 중량의 합계는 계획 균질 화물을 싣는 경우와 같으나, 각 화물창에 적재되는 화물의 중량 배분은 달라진다.

예를 들면, 앞에서의 D.W.T. 45,000톤인 벌크 화물선의 예에서는 계획 균질 화물의 재화 계수가 $\dfrac{43{,}650\,(\text{ton})}{51{,}010\,(\text{m}^3)} = 0.8557$ (ton/m^3)로 계산해서 41.9 CF/LT가 되므로, 이보다 재화 계수가 작은 40 CF/LT의 화물을 적재하는 경우의 계산 예를 나타내면 다음과 같다.

이 경우 먼저 트림과 종강도를 고려하면서 어느 화물창을 슬랙으로 하는가를 상정한다. 화물창이 5개인 배에서는 No. 3 화물창, 7개의 화물창이 있는 배에서는 No. 4 화물창을 슬랙 화물창으로 생각하면 대부분 문제점이 없다. 이 배의 경우에는 No. 4 화물창을 슬랙 화물창으로 상정하면, 나머지 화물창에는 100% 화물을 적재할 수 있게 된다.

따라서, No. 4 화물창 이외에는 다음과 같이 적재하도록 한다. 즉, 40 CF/LT는 0.897 ton/m^3이므로,

No. 1 화물창 : 7010 × 0.897 = 6,288톤
No. 2 화물창 : 7350 × 0.897 = 6,593톤
No. 3 화물창 : 7350 × 0.897 = 6,593톤
No. 5 화물창 : 7300 × 0.897 = 6,548톤
No. 6 화물창 : 7330 × 0.897 = 6,575톤
No. 7 화물창 : 7350 × 0.897 = 6,593톤
합계 = 39,190톤

따라서, No. 4 화물창에는 화물 중량의 합계 43,650톤으로부터 39,190톤을 뺀 4,460톤이 적재되게 된다. No. 4 화물창에 40 CF/LT의 화물을 채울 경우에는 7,320 × 0.897 = 6,566톤이 적재되기 때문에, 4,460톤을 적재했을 때에는 $\frac{4,460\ (\mathrm{ton})}{6,566\ (\mathrm{ton})} = 0.680$ 이 되어 68%의 적재율이 된다.

9.3.2 트림 계산(Trim Calculation)

트림(trim)은 배의 선수미의 흘수 차이로서 배의 선수미 방향의 자세를 나타내는 값이다. 선수미의 흘수가 같아서 트림이 0인 상태를 등흘수(even keel) 상태라 하며, 선미 흘수가 선수 흘수보다 큰 배가 선미 방향으로 경사되어 있는 상태를 선미 트림((trim by the stern 또는 aft trim), 선수 흘수가 선미 흘수보다 큰 배가 선수 방향으로 기울어져 있는 상태를 선수 트림(trim by the stem 또는 bow trim)이라고 한다.

어떤 재하 상태에 있어서의 트림은 선박 계산법에 의해서

$$\text{트림} : t\ (\mathrm{cm}) = \frac{(\otimes B \pm \otimes G)\Delta}{100 \times M.T.C.}$$

여기서, Δ : 배수 톤수(tons)

$\otimes B \pm \otimes G$: 부심의 위치($\otimes B$)와 선체 중심 위치($\otimes G$)와의 선수미 방향의 수평 거리(m)

$M.T.C.$: 트림을 1 cm 변화시키는 데 필요한 모멘트(ton-m)

트림에 대해서는 만재 상태일 때에 등흘수(even keel) 상태가 되어야 하며, 밸러스트 상태에서 적당한 선수미 흘수가 되도록 초기 계획할 때에 화물 창고 및 밸러스트 탱크 배치가 검토되고 또 부심 위치는 저항·추진 성능상 지장이 없는 범위에서 선정된다.

트림 계산은 선박의 일반 배치에 기초한 각부분의 중량 모멘트와 배수량 등곡선으로 표시되는 선형 요소에 의한 수치를 사용하는데 여기서는 초기 계획에 사용되는 근사식을 예로 들기로 한다. 트림이 1 cm 변화하는 데 필요한 모멘트($M.T.C.$)는 다음과 같다.

$$M.T.C. = \frac{\Delta \times GM_L}{100 \times L} \fallingdotseq \frac{\Delta \times BM_L}{100 \times L} \text{ (t-m)} \quad \cdots\cdots (9\text{-}5)$$

여기서, GM_L : 종미터센터 높이(m)

BM_L : 종미터센터의 부심 높이(m)

또한 BM_L은 근사적으로 다음과 같다.

$$BM_L \fallingdotseq 0.087 \times \frac{{C_W}^{2.8} \times L^2}{C_B \times d} \text{(m)} \quad \cdots\cdots (9\text{-}6)$$

보통 선형의 만재 상태에서는 $BM_L \fallingdotseq L$ 이다. 식 9-5 및 9-6에서 $M.T.C.$는 다음에서 근사식 범위의 값으로 나타낼 수 있다

$$M.T.C. \fallingdotseq 0.00089 \times {C_W}^{2.8} \times B \times L^2 \text{(ton-m)} \quad \cdots\cdots (9\text{-}7)$$

화물창과 연료 탱크 등의 배치를 정할 때에는 이와 같은 트림에 관한 계산을 화물을 만재했을 때와 화물을 탑재하지 않은 빈 배의 밸러스트 항해시 입·출항할 때의 각 상태에 대해서 행할 필요가 있다.

부심의 위치는 추진 저항 성능 때문에 크게 변화시킬 수 없으므로, 트림의 크기는 위 식으로도 알 수 있듯이 주로 화물창과 화물 탱크, 그리고 각 탱크의 배치에 따라서 조절, 결정되어야 한다.

만재 상태의 트림은 출입항 모두 등흘수, 또 어떤 때에는 약 30 cm 이내의 선미 트림이 요구되는 경우가 많다. 그 이유는 만재 상태의 흘수는 보통 입항 가능한 항구의 제한 흘수로 정해져 있는 것이 많기 때문에 트림이 커지면 만재 상태에서 그 항구에 입항이 불가능하게 되는 일이 있기 때문이다.

또, 선수 트림이 되면 선미 프로펠러의 잠김률이 감소하고, 조종 성능으로도 좋지 않기 때문에 통상 항해 상태에서는 이와 같은 것이 일어나지 않도록 배치를 정하여야 한다.

벌크 화물선이나 유조선과 같은 선미 기관실형 전용선에서는 만재 상태에서 선수 트림이 되기 쉽지만, 이것을 방지하기 위해 추진 성능의 견지에서 허락되는 범위 안에서 부심의 위치

를 선수 쪽으로 취하는 동시에 기관실의 길이를 가능한 한 짧게 하여 화물의 중심이 선미 방향으로 오도록 배치하는 것이 필요하다.

밸러스트 상태에서는 만재 상태보다 배수 톤수가 가볍게 되어 만재 배수 톤수의 50% 전후가 된다. 그러나 이 경우에도 프로펠러가 수면 아래에 있으면서 조선(操船)에 지장이 없게 하려면 1~2% L 정도의 선미 트림으로 되게 하는 것이 필요하다.

벌크 화물선의 경우 전용 밸러스트 탱크만으로는 밸러스트 상태에서 필요한 흘수를 확보할 수 없는 경우가 많다. 이 때문에 화물창의 중앙부에 1~2개의 화물창에 밸러스트를 넣어 필요한 흘수를 확보하는 수가 있다.

유조선의 경우에는 밸러스트 전용 탱크와 화물 유조의 일부에 해수를 넣어 적당한 밸러스트 상태를 만들 수 있다.

밸러스트 상태는 보통 두 가지의 상태로 나뉜다.

㈎ 정상(正常) 밸러스트(normal ballast) 상태 : 해상이 비교적 평온할 때 선속이 될 수 있는 한 많이 나오도록 흘수를 얕게 한 상태를 말한다.

㈏ 중(重) 밸러스트(heavy ballast) 상태 : 황천 시에 파랑의 영향을 될 수 있는 한 받지 않도록 흘수를 확보한 상태를 말한다.

선급 협회에서는 배의 길이에 따라서 선수 선저의 보강이 필요하지 않거나 경감 가능한 선수의 흘수값을 정하고 있다. 따라서 중 밸러스트 상태의 선수부 흘수는 이와 같은 선수 선저의 보강이 필요하지 않은 흘수까지 충분히 배를 침하시키는 것을 목표로 하고 있다.

유조선의 경우에는 비교적 간단히 이런 흘수가 얻어지지만 벌크 화물선에서는 이와 같은 흘수를 확보한다는 것은 매우 어려운 경우가 많다. 더욱 분리 밸러스트 탱크(S.B.T.) 방식의 경우에는 밸러스트 상태의 흘수와 트림이 규칙에 따라서 정해지고 있기 때문에 그것에 의해야 한다.

1. 트림된 수선에 대한 배수 톤수의 수정

트림된 수선에서의 선수와 선미의 흘수는 실제로 동일하지는 않다. 일반적으로 배수량 계산에 있어서 주어진 상태일 때에는 다르지만, 배수량 등곡선도에서는 기선에 평행한 상태의 수선에 대한 계산이 된다.

실제로는 선형에 따른 배수 톤수 혹은 배수량의 크기로 얻어지며, 흘수는 선수와 선미가 같게 되는 것은 드물지만 같게 하고, 결과적으로 상태는 계산 상태와 다르지만 반드시 수정해 줄 필요가 있다. 동일한 배수량으로 둘러싸인 실제의 수선을 수평 흘수선으로 하는 것이 필요한 것이다.

이때 이 수선은 그 수선면의 부면선(center of flotation, ⊗F)을 통과하게 된다. ⊗F를 통과하는 평균 흘수는

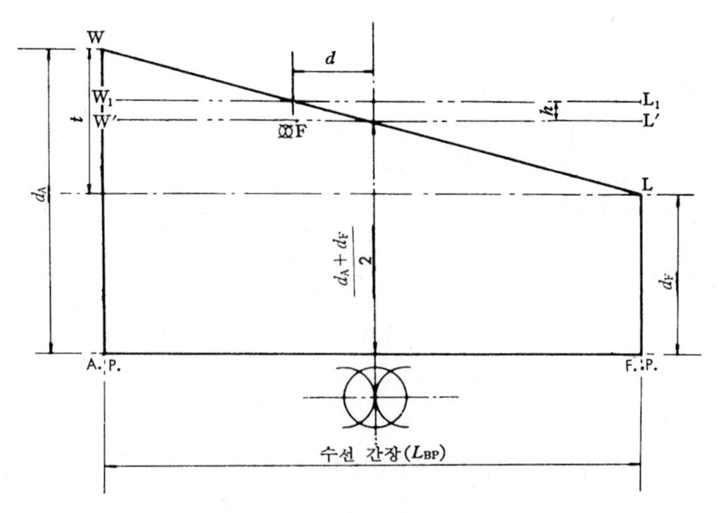

그림 9-22 트림된 수선에 대한 배수 톤수

$$\frac{d_A + d_F}{2} \ (\mathrm{m})$$

여기서, d_A, d_F : 배의 선미, 선수 흘수

실제 평균 흘수에 대한 배수량은 그림 9-22에서와 같이 수선 $W'L'$과 W_1L_1의 수평 수선의 깊이 수정량 h는 수선 WL에 대한 부면심 ⊗F의 후방 이동량 d로 인한 흘수의 증가량으로서 F의 위치가 되며, 평균 흘수에 가산하여 계산하지 않으면 실제 배수 톤수를 계산할 수 없다.

그림 9-22로부터

$$\frac{h}{d} = \frac{t}{L} \quad \cdots\cdots (9\text{-}8)$$

여기서, d: 배의 중앙으로부터 수선 $W'L'$에 대한 ⊗F의 거리

그러므로,

$$h = \frac{t\,d}{L}$$

여기에서 h의 양은 트림된 수선에 대한 흘수의 수정량으로서, 상태에 따라 ±(증감)의 값을 가진다.

예를 들면, 배의 길이는 137.0 m이고, 등흘수 상태의 평균 흘수 8.0 m, 부면심이 배의 중앙에서 후방으로 2.0 m에 있다. 실제의 선미 흘수는 8.520 m, 선수 흘수는 7.480 m라면, 실제 평균 흘수는

$$측정된\ 평균\ 흘수 = \frac{d_A + d_F}{2} = 8.000\ \text{(m)}$$

$$\begin{aligned} 트림(t) &= d_A - d_F \\ &= 8.520 - 7.480 \\ &= 1.040\ \text{(m)} \end{aligned}$$

$$\begin{aligned} 흘수의\ 수정량,\ h &= \frac{td}{L} \\ &= \frac{1.04 \times 2.00}{137.00} \\ &= 0.0152 = 1.52\ \text{(cm)} \end{aligned}$$

$$실제\ 평균\ 흘수 = 8.000 + 0.0152 = 8.0152\ \text{(m)}$$

이때, 배의 T.P.C.가 23.640톤이었다면 수정된 후의 실제 평균 흘수에 대한 (T.P.C.)c는 다음과 같다.

$$\begin{aligned} \text{(T.P.C.)c} &= 23.64 \times 1.52 \\ &= 36.000\ \text{(톤)} \end{aligned}$$

2. 선박이 임의 흘수에서 부양된 배의 선수미 흘수 수정 방법

(1) 배수량과 중심 위치로 전후부 흘수를 구하는 방법

일반 배치에 의한 중량 분포로서 배의 상당 흘수(배의 중앙에서의 평균 흘수)를 계산, 배수량 등곡선도에서 $\otimes F$, $\otimes B$, $\otimes G$ 등을 계산한다.

$$트림(t) = \frac{\Delta(\otimes G \pm \otimes B)}{100 \times \text{M.T.C.}}\ \text{(cm)} \qquad \text{(9-9)}$$

여기서, M.T.C. : 매 cm당 변화 모멘트

- $\otimes G$와 $\otimes B$가 선미에 있을 경우에는 ＋로 계산한다.

$$전부\ 흘수\ d_F = d_M - \frac{t}{L}\left(\frac{L}{2} + \otimes F\right)\ \text{(m)} \qquad \text{(9-10)}$$

$$후부\ 흘수\ d_A = d_M + \frac{t}{L}\left(\frac{L}{2} - \otimes F\right)\ \text{(m)} \qquad \text{(9-11)}$$

여기서, d_M : 배의 중앙에서의 평균 흘수

- $\otimes F$가 후부에 있을 경우에는 ＋로 계산한다.

(2) 상갑판 위에서 세로 방향으로 중량물을 이동할 경우의 트림 변화량(t)

$$t\ (\mathrm{cm}) = \frac{wl}{\mathrm{M.T.C.} \times 100} \quad \cdots\cdots (9\text{-}12)$$

여기서, l : 이동 중량물의 이동 거리

3. 임의 흘수로 부상 시 배의 배수량과 관계없이 전후부 흘수 수정 방법

일반적으로 배의 흘수를 계산할 경우에는 경사 시험에 의한 평균 흘수, 즉 상당 흘수로 계산한다.

흘수표에 의한 수정으로서, 실제 배수량 계산에서 선수미 수선에 대한 오차의 수정이 필요하다.

- 선수 수선에 대한 흘수의 수정

$$d_F = d_F' - \frac{(d_A' - d_F')\, l_F}{L - l_A - l_F}\ (\mathrm{m}) \quad \cdots\cdots (9\text{-}13)$$

- 선미 수선에 대한 흘수의 수정

$$d_A = d_A' + \frac{(d_A' - d_F')\, l_A}{L - l_A - l_F}\ (\mathrm{m}) \quad \cdots\cdots (9\text{-}14)$$

4. 갑판 위 중량물 편적에 의한 횡경사와 흘수의 추정 방법

(1) 선체 중심선 위에 중량물을 적재할 때

상당 흘수에 대한 흘수의 증가량 δ는

$$\delta(\mathrm{cm}) = \frac{w}{\mathrm{T.P.C.}} \quad \cdots\cdots (9\text{-}15)$$

- ⊗F가 변하지 않고 $\tan\theta$와 트림이 0인 상태

(2) 선체의 편측에 중량물을 적재할 때

적재 중량으로 인하여 화물을 실은 후의 중심의 높이 G'은 처음 중심 G의 상방 h(m) 정도로 증가되므로 중심의 이동량, 즉 경사 후 중심의 수직 증가량 GG'은

$$GG' = h \times \frac{w}{W + w}\ (\mathrm{m}) \quad \cdots\cdots (9\text{-}16)$$

여기서, W : 화물을 적재하기 전의 초기 배수량

- 증가된 흘수 d'은

$$d' = d + \frac{\delta}{100}\ (\mathrm{m}) \quad \cdots\cdots (9\text{-}17)$$

• 흘수가 d에서 d'만큼 변하므로 초기 부심 B도 B'으로 증가하게 된다.

(3) $B'M'$의 산정

$B'M'$은 새로운 수선 $W'L'$에 대한 2차 모멘트 I' 및 배수 용적 $V+v$로 구하면 된다. 새로운 $G'M'$의 산정으로는

$$G'M' = KB' + B'M' - KG'$$

그러므로

$$G'M' = KB' + \frac{I'}{V+v} - \left(KG' + h \times \frac{w}{W+w}\right) \quad \cdots\cdots (9\text{-}18)$$

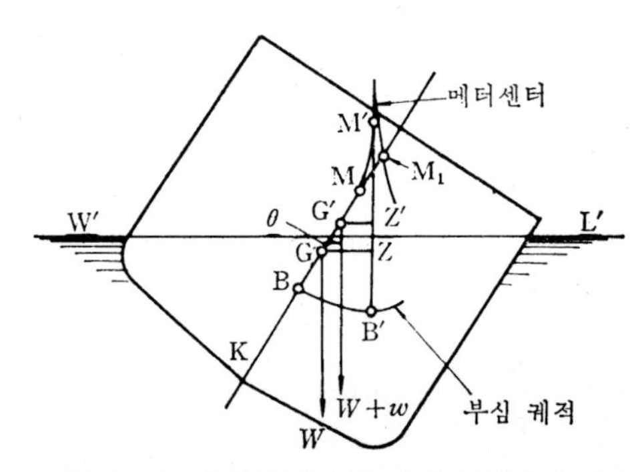

그림 9-23 중심의 상승에 따른 복원정의 감소

(4) 경사각($\theta°$)의 산정

중량물 w(톤)의 편적으로 인하여 중심 G에서 G'으로 이동되었으므로 GM도 역시 $G'M'$으로 이동되었다.

이때, 경사각 $\theta°$는

$$\tan\theta° = \frac{wl}{(W+w) \times G'M'} \quad \cdots\cdots (9\text{-}19)$$

• 갑판 위에 화물을 적재할 때에는 $+w$(톤)가 되고, 반대로 화물을 내릴 경우에는 $-w$(톤)로 된다.

(5) 화물의 편적으로 인한 트림의 산정

수선 $W'L'$에 대한 매 cm당 트림 모멘트를 M.T.C.라 하고 적재 중량으로 인한 세로 경사 모멘트를 wl이라고 하면,

$$\text{트림}(t) = \frac{wl}{\text{M.T.C.} \times 100}$$

(6) 화물의 편적으로 인한 흘수

먼저 계산에 필요한 계수(factor)를 다음과 같이 표시하면,

w : 중량물의 중량(톤)

$⊗F_1$: 수선 $W'L'$의 부면심

T.P.C. : 수선 $W'L'$에서의 평균 흘수에 대한 1 cm 침하 톤수

(가) 수선 WL에서 $W'L'$으로 변화한 중량물 w(톤)에 대한 흘수 침하량을 δ_1이라고 하면,

$$\delta_1 = \frac{w}{\text{T.P.C.}} \quad \cdots\cdots (9\text{-}20)$$

(나) 적재 중량 w(톤)를 l 위치로 이동시켜 적재했을 때의 트림은

$$t\,(\text{m}) = \frac{wl}{\text{M.T.C.}} \quad \cdots\cdots (9\text{-}21)$$

(다) 수선 WL이 $W'L'$으로 변하므로 $⊗F$가 선수 방향 $⊗F_1$에 있으면서 선미 트림이 생겼을 때의 선수미 흘수의 증가량은

- 선수 흘수의 감소량(δ_F)

$$\delta_F = -\frac{\left(\frac{L}{2} - ⊗F_1\right)}{L} \times \frac{wl}{\text{M.T.C.}}\ (\text{감소}) \quad \cdots\cdots (9\text{-}22)$$

- 선미 흘수의 증가량(δ_A)

$$\delta_A = +\frac{\left(\frac{L}{2} + ⊗F_1\right)}{L} \times \frac{wl}{\text{M.T.C.}}\ (\text{증가}) \quad \cdots\cdots (9\text{-}23)$$

(라) 수선 WL에서 $W'L'$으로 변한 후의 트림으로 인한 선수미 흘수 증가량에 대한 수정된 선수미 흘수는

- 선수의 흘수(d_F')

$$\begin{aligned} d_F' &= d_F + \delta_1 - \delta_F \\ &= d_F + \frac{w}{\text{T.P.C.}} - \frac{\left(\frac{L}{2} - ⊗F_1\right)}{L} \times \frac{wl}{\text{M.T.C.}} \end{aligned} \quad \cdots\cdots (9\text{-}24)$$

· 선미의 흘수($d_A{}'$)

$$d_A{}' = d_A + \delta_1 + \delta_A$$
$$= d_A + \frac{w}{\text{T.P.C.}} - \frac{\left(\frac{L}{2} + \otimes F_1\right)}{L} \times \frac{wl}{\text{M.T.C.}} \quad \cdots\cdots (9\text{-}25)$$

이상의 트림과 흘수의 수정에 대한 계산식은 설계에 있어서 항상 취급되는 기본식으로서 익혀 두어야 한다.

배의 트림 문제는 앞에서 설명한 것과 같이 가로 복원력과 같이 배의 중대한 사고에는 관계가 없고, 동질의 화물(homogeneous cargo)을 만재할 경우 등흘수(even keel)에 대한 문제는 없지만 선수가 너무 침하하여 트림이 생기면 항해에 부적당하므로 No. 1 화물창의 화물을 감해서 선수부를 가볍게 하여 적당한 트림으로 정정할 필요가 있으며, 화물을 적재할 장소를 비우는 등 불이익을 피하는 것이 좋다.

일반 화물선에서 여러 가지 화물을 섞어 적재할 경우에는 화물의 비중(density)을 고려하여 좋은 트림으로 안배시켜야 한다. 그러나 석탄, 곡류와 같은 종류의 화물일 경우에는 중앙 기관선 또는 선미 기관선에서 No. 1 화물창의 이중저를 깊게 하고 적은 심수 탱크(deep tank)를 선수 수창(fore peak tank) 후부에 설치해서 No. 1 화물창의 재화 용적을 감소시키는 동시에 빈 배 항해의 경우 밸러스트로 최적의 선수 흘수가 되도록 배치를 하고 있다.

유조선에서는 이전부터 선수 수창 직후에 건화물창(dry cargo space)과 심수 탱크를 설치해서 화물유(cargo oil)를 적재하지 않고 만재 상태에서 등흘수가 되도록 설계하는 것을 보통으로 하고 있지만, 근래의 대형선에서는 심수 탱크 구획만 남기고 건화물창 구획을 폐지한다든지 하여 트림에 대해 충분히 주의를 하고 있다.

또한, 최근 유행하는 대형 선미 기관형인 화물선에서 No. 1 화물창에 트림 조절 탱크(trimming tank)를 설치하지 않은 배가 있지만, 외국 설계선과 같이 장선미루 갑판 구획(long poop deck space)을 설치해서 소형선의 저선미루 갑판(raised quarter deck)에 대응하는 No. 1 화물창의 디프 이중저 탱크와 심수 탱크를 병행한 탱크를 설치하여 트림 조정에 충분한 용량의 설계를 연구 채용하는 것을 바라고 있다.

공선 항해에 필요한 트림 조정용 심수 탱크를 설치한 배는 많이 있지만 만선 항해 시 'good trim'을 얻기 위해 No. 1 화물창에 트림 조정용 탱크를 설치하고, 동시에 후부 선창에 통과하는 shaft tunnel의 양측을 심수 팅크로 해서 공선 항해시 세미 디프 밸러스트 탱크로 쓴다. 과거의 하역이 곤란한 깊은 심수 탱크를 설치한 것보다도 횡동요에 있어서 유효한 결과를 얻을 수 있다는 것도 고려할 수 있다.

최근 선박 수조 시험 결과, 최소 저항을 얻기 위해서는 항해 속력의 대소에 따라서 부심의 세로 방향 위치를 적당히 결정할 필요가 있으며, 동시에 배의 중심이 부심과 동일 연직선상에 오도록 배의 배치를 결정지어야 하기 때문에 배의 중심을 먼저 결정해서 부심이 이에 부합되도록 부심을 움직이지 않게 해야 하며, 또한 배의 배치에 있어서도 주의해야 한다.

각 상태에 있어서의 트림(trim)을 계산하려면 먼저 경하중량, 화물 중량, 연료유, 청수 및 콘스턴트의 각 중량에 각각의 선체 중앙으로부터의 중심 거리를 곱하여 모멘트를 계산하고, 그 모멘트를 합쳐서 그때의 배수 톤수로 나누면 배 전체 중심의 선체 중앙으로부터의 거리 $\otimes G$가 구해진다. $\otimes G$의 부호는 선체 중앙으로부터 전방을 $(-)$, 후방을 $(+)$로 잡는 것이 습관으로 되어 있다.

다음에 그 배수 톤수에 상당하는 흘수를 유체 정특성 곡선(流體 靜特性 曲線)에서 읽고, 또 그 흘수에서의 부심 위치 $\otimes B$를 유체 정특성 곡선, 즉 배수량 등곡선도에서 구한다. $\otimes B$의 부호도 $\otimes G$의 경우와 마찬가지로 선체 중앙보다 전방을 $(-)$, 후방을 $(+)$로 잡는다. $\otimes G$와 $\otimes B$의 값으로부터 부심과 중심 사이의 수평 거리 HBG를 계산한다.

각 상태에서의 배수 톤수를 Δ라고 하면 트림을 일으키는 모멘트는 ΔHBG가 되므로, cm당 트림 모멘트 M.T.C.를 유체 정특성 곡선으로부터 알아내면 트림은 다음 식으로 계산된다.

$$\text{트림(cm)} = \frac{\Delta\,(\mathrm{ton}) \times HBG\,(\mathrm{m})}{\mathrm{M.T.C.} \times 100}$$

선수미의 흘수는 부면심의 선체 중앙으로부터의 거리 $\otimes F$를 유체 정특성 곡선으로부터 찾아 내면, 9.3.2항의 2 식으로부터 계산할 수 있다. 여기서, d_M은 상당 흘수(corresponding draft)라고도 한다.

$$\text{선수흘수 } d_f = d_m - \frac{\dfrac{L}{2} + \otimes F}{L} \times \text{트림}\,(\mathrm{m})$$

$$\text{선미흘수 } d_a = d_m + \frac{\dfrac{L}{2} - \otimes F}{L} \times \text{트림}\,(\mathrm{m})$$

여기서, d_m은 각 상태에서의 배수량에 대응하는 흘수(평흘수)이며, 상당 흘수라고 한다. d_m은 트림이 작을 때에는 선수미흘수의 평균치와 같으나, 트림이 클 때에는 값이 달라진다. 트림계산을 할 때에는 트림 이외에 각 상태에서의 중심의 높이 KG와 정적 복원력, 즉 배의 중심위치와 메타센터 사이의 연직거리 G_oM_T를 구한다. G_oM_T는 벌크 화물선의 경우에는 8.4에서 설명한 침수 계산에 KG의 값이 필요하게 된다.

KG와 G_oM_T는 다음과 같이 계산된다. 즉, 트림 계산 때와 같이 경하중량, 연료유, 청수 및 콘스턴트의 각 중량과 각각 중심의 기선상 높이를 곱하여 모멘트를 계산하고, 그 모멘트의 합을 그때의 배수 톤수로 나누면 배 전체의 중심 높이 KG가 구해진다.

다음에 각 상태의 흘수에 상당하는 KM_T를 유체 정특성 곡선에서 읽어 $GM_T = KM_T - KG$

로부터 GM_T를 구할 수 있지만, 연료, 청수 등의 액체를 적재한 구획에서는 자유 표면(free surface)의 영향이 생기므로, 이것에 의한 중심의 겉보기 상승량 GG_o를 계산해서 빼야 한다. GM_T로부터 GG_o를 빼면 G_oM_T가 구해진다.

연료 탱크는 출항 때에 연료를 만재했을 경우에도 4∼10%의 얼리지 마진을 취하므로, 액체 표면은 항상 자유 표면을 가지고 있는 것으로 생각하여 GG_o의 수정이 필요하다. 이에 비하여 청수 탱크나 밸러스트 탱크는 만재되면 자유 표면이 없는 것으로 간주되기 때문에 GG_o의 수정은 필요 없게 된다.

GG_o는 다음과 같이 계산된다. 즉, 탱크 내의 자유 액면의 2차 모멘트를 i, 액체의 비중을 γ, 그때 배의 배수 톤수를 Δ라고 하면

$$GG_o = \frac{i\gamma}{\Delta}$$

가 되므로, 자유 액면이 생기는 각 탱크에 대해서 이것을 계산하여 합하면 된다.

i를 계산하는 경우에는 탱크의 형상으로부터 엄밀하게 계산하지 않고 표 9-15에 나타낸 것과 같이 직사각형, 삼각형 등 근사적으로 형상을 바꾸어 계산해도 충분하지만, 선도가 완성된 후에는 탱크의 위치에 따라 확정된 형상에 의해 계산하면 더욱 정확하게 계산할 수가 있다.

표 9-15 관성 모멘트의 계산식

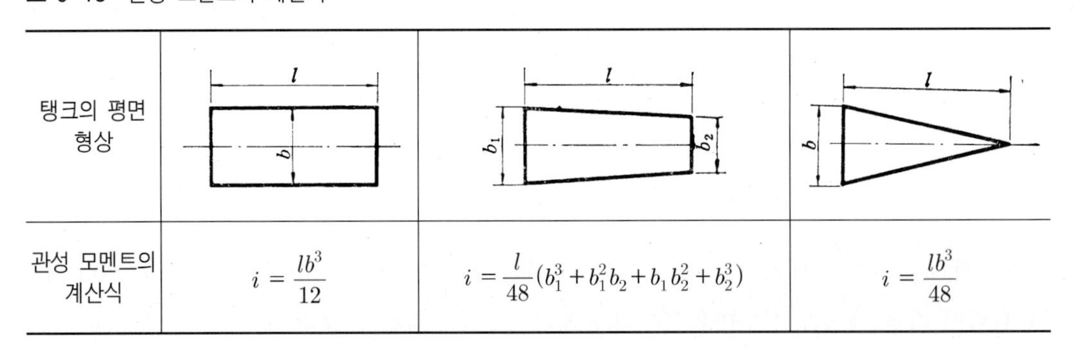

탱크의 평면 형상	(직사각형)	(사다리꼴)	(삼각형)
관성 모멘트의 계산식	$i = \frac{lb^3}{12}$	$i = \frac{l}{48}(b_1^3 + b_1^2 b_2 + b_1 b_2^2 + b_2^3)$	$i = \frac{lb^3}{48}$

표 9-15의 식으로부터 알 수 있는 바와 같이 i는 탱크의 길이에 비례하고 폭의 세제곱에 비례하므로, GG_o를 줄이려면 탱크의 폭을 줄이는 것이 가장 효과적이다. 그런데 배 전체의 $\otimes G$와 KG를 계산할 때 화물, 연료, 청수 등의 중심 위치는 그 적재 위치로부터 정확하게 계산될 수 있지만, 경하중량의 중심을 초기 단계에서 계산으로 구하는 것은 거의 불가능하기 때문에 기준선의 자료로부터 추정하는 것이 좋다.

그림 9-22 및 9-23은 각각 가벼운 상태에서의 KG와 $\otimes G$의 실적값을 나타낸 것이다.

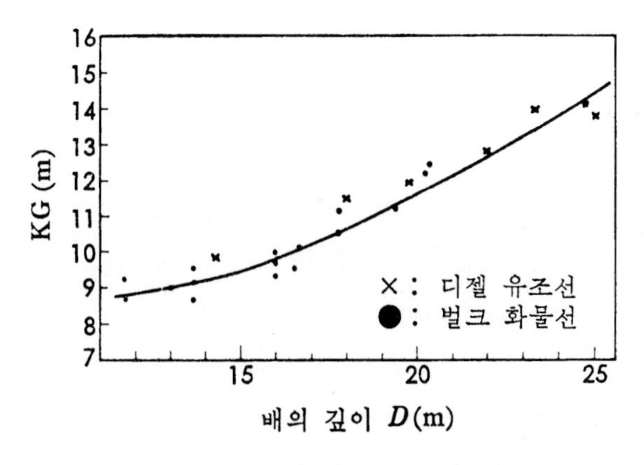

그림 9-24 배의 깊이와 KG의 관계

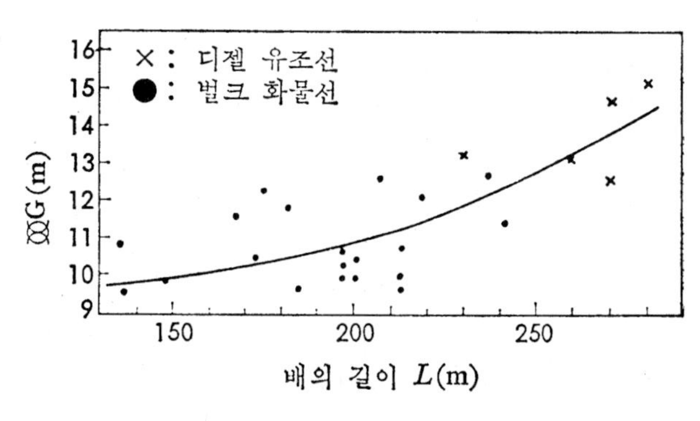

그림 9-25 배의 길이와 ⊠G의 관계

KG와 ⊠G의 값은 배의 시방서에 따라 상당히 변화하기 때문에, 기준선의 자료로부터 시방서의 차이에 의한 중량 수정을 해서 구하는 방법이 가장 좋다고 생각된다. 중심 위치는 초기의 추정값과 완성 후의 중심값이 잘 일치하지 않는 것이 보통이기 때문에, 초기 추정값이 약간 틀리는 경우가 있어도 트림이나 G_oM의 값이 문제가 되지 않도록 적당한 여유를 둘 필요가 있다.

이상 설명한 트림 계산을 그림 8-56에 나타낸 D.W.T. 45,000톤인 벌크 화물선에 대하여 수행하면 표 9-15(1), (2)에 나타낸 것과 같이 된다. 이 계산 상태는 9.3.1절의 3항에서 설명한 계획 균질 화물을 만재한 짧은 항해의 출입항 상태이다.

이 배의 연료 탱크의 배치는 특수 사정 때문에 선미부에 집중되어 있다. 따라서, 연료 탱크가 완전히 만재(full bunker)되었을 때의 선미 트림은 약 30 cm 이상이다. 연료 탱크를 채운 상태에서도 등흘수가 되게 하려면 연료 탱크의 폭을 약간 좁히고 No. 3 화물창의 하부에 연료 탱크를 배치할 필요가 있다.

표 9-16(1) 트림 계산$\left(\frac{1}{2}\right)$ (1)

만재 출항 상태(균질 화물)

항 목		%	무게 (ton)	⊗G (m)	모멘트(ton·m) 후 방	 전 방	KG (m)	모멘트 (ton·m)
경하 상태			9,900	10.15	100,485		10.45	102,960
콘스턴트			200	63.00	12,600		17.70	3,540
벙커 C유	No. 3 F.O.T. (P & S)		0		100,485			
	No. 3 F.O.T. (P & S)	65	760	39.10	29,716		0.90	684
	합 계		(760)		(29,716)	(　)		(684)
벙커 A유	No. 5 F.O.T. (P & S)	37	70	69.37	4,856		1.14	80
청 수	F.W.T. (P)	100	160	84.47	13,515		14.77	2,368
	F.W.T. (S)	100	95	83.00	7,885		14.76	1,402
	D.W.T. (S)	100	65	86.62	5,630		14.80	962
	합 계		(320)		(27,030)	(　)		(4,727)
밸러스트수	F.P.T		0					
	No. 1 W.B.T. (P & S)		0					
	No. 2 W.B.T. (P & S)		0					
	No. 3 W.B.T. (P & S)		0					
	No. 4 W.B.T. (P & S)		0					
	No. 1 T.S.T. (P & S)		0					
	No. 2 T.S.T. (P & S)		0					
	No. 3 T.S.T. (P & S)		0					
	No. 4 T.S.T. (P & S)		0					
	A.P.T.		0					
	합 계		(0)		(　)	(　)		(　)
화 물	No. 1 화물창		5,999	−71.89		431,268	9.38	56,271
	No. 2 화물창		6,290	−51.26		322,425	9.09	57,176
	No. 3 화물창		6,290	−30.92		194,487	9.09	57,176
	No. 4 화물창		6,263	−10.46		65,511	9.09	56,931
	No. 5 화물창		6,246	9.88	61,710		9.09	56,776
	No. 6 화물창		6,272	30.34	190,292		9.36	57,012
	No. 7 화물창		6,290	51.16	321,796			58,874
	합 계		(43,650)		(573,798)	(1,013,691)		(400,216)
배수 톤수(ton)			54,900	4.83	748,485	1,013,691 265,206	9.33	512,207
상당 흘수 (m)			11.55				KM (m)	12.34
⊗B (m)			4.85				KG (m)	9.33
⊗G (m)			4.83				GG_0 (m)	0.15
HBG (m)			0.02				G_0M (m)	2.86
M.T.C (ton·m)			678					
트림 (m)			0.02					
⊗F (m)			−0.11					
흘 수	선수 흘수 (m)		11.54					
	선미 흘수 (m)		11.56					
	평균 흘수 (m)		11.55					
$\frac{d_F}{L_{BP}}$ (%)			6.0					
프로펠러 잠김률			144					

표 9-16(2) 트림 계산$\left(\frac{2}{2}\right)$ (2)

[만재 입항 상태(균질 화물, 100% 연료유 소비)]

항 목		%	무게 (ton)	⊗G (m)	모멘트(ton·m)		KG (m)	모멘트 (ton·m)
					후 방	전 방		
경하 상태			9,900	10.15	100,485		10.45	102,960
콘스턴트			200	63.00	12,600		17.70	3,540
벙커 C유	No. 3 F.O.T. (P & S)		0					
	No. 3 F.O.T. (P & S)		0					
	합 계		(0)		( )	( )		( )
벙커 A유	No. 5 F.O.T. (P & S)		0					
청 수	F.W.T. (P)	100	160	84.47	13,515		14.77	2,368
	F.W.T. (S)	100	95	83.00	7,885		14.76	1,402
	D.W.T. (S)		0					
	합 계		(255)		(21,400)	( )		(3,765)
밸러스트수	F.P.T		0					
	No. 1 W.B.T. (P & S)		0					
	No. 2 W.B.T. (P & S)		0					
	No. 3 W.B.T. (P & S)		0					
	No. 4 W.B.T. (P & S)		0					
	No. 1 T.S.T. (P & S)	21	350	40.42	14,147		3.13	1,096
	No. 2 T.S.T. (P & S)		0					
	No. 3 T.S.T. (P & S)		0					
	No. 4 T.S.T. (P & S)		0					
	A.P.T.	100	266	92.36	24,568		11.59	3,083
	합 계		(616)		(38,715)	( )		(4,179)
화 물	No. 1 화물창		5,999	−71.89		431,268	9.38	56,271
	No. 2 화물창		6,290	−51.26		322,425	9.09	57,176
	No. 3 화물창		6,290	−30.92		194,487	9.09	57,176
	No. 4 화물창		6,263	−10.46		65,511	9.09	56,931
	No. 5 화물창		6,246	9.88	61,710		9.09	56,776
	No. 6 화물창		6,272	30.34	190,292		9.36	57,012
	No. 7 화물창		6,290	51.16	321,796			58,874
	합 계		(43,650)		(573,798)	(1,013,691)		(400,216)
배수 톤수(ton)			54,621	4.88	746,998	1,013,691 266,693	9.42	514,666
상당 흘수 (m)			11.50				KM (m)	12.33
⊗B (m)			4.88				KG (m)	9.42
⊗G (m)			4.88				GG_0 (m)	0.02
HBG (m)			0				G_0M (m)	2.89
M.T.C (ton·m)			677					
트림 (m)			0					
⊗F (m)			−0.14					
흘 수	선수 흘수 (m)		11.50					
	선미 흘수 (m)		11.50					
	평균 흘수 (m)		11.50					
$\frac{d_F}{L_{BP}}$ (%)			5.8					
프로펠러 잠김률			143					

선박의 구조

ship structure

1980년대 상반기까지는 배가 눈에 띄게 커지던 시대였다. 즉, 1950년대에 '슈퍼 탱크'라 불렸던 20,000 D.W.T.급 유조선으로부터 시작하여 40,000 D.W.T.급 '매머드 탱크'로 이어졌고, 뒤이어 100,000 D.W.T.를 넘어 1980년에 들어서면서 200,000 D.W.T. 이상의 'VLCC (very large crude oil carrier)'의 시대가 되었다. 그 뒤 세계 정세의 급변에 따라 한 동안 대형유조선의 건조가 유보되고 있었으나, 언젠가 다시 시작될 것으로 기대된다.

대형선의 건조를 가능하게 한 기술적 배경에는 다음에 열거하는 선각구조의 발달이 있었다는 것을 잊어서는 안 된다.

① 용접법의 급속한 발달과 대형블록의 지상조립으로 선박건조공정이 크게 합리화되었다.

② 용접에 적합한 강재의 발달과 안정된 공급이 이루어졌다.

③ 20,000 D.W.T.급 슈퍼 탱크로부터 현재의 VLCC까지 오는 동안에 한 발 한 발 경험을 쌓아 올렸다. 특히, 구조강도상의 문제들이 대형화의 진전에 따라 하나씩 하나씩 해결되어 왔다.

④ 전산기의 발달로 대규모의 구조해석이 가능해졌고, 실험값 및 실적값과 비교할 수 있게 되었다.

⑤ 선급 협회의 규칙에서도 최근의 해양파의 이론을 도입하여 대형선의 부재치수들을 산정할 수 있게 되었다. 이와 같이, 선체 거대화의 역사는 선각구조의 발전의 역사라 해도 지나친 말이 아닐 것이다.

선각을 한마디로 말하면 배의 몸체이며, 요구된 강도를 갖는 구조물이다. 선각의 기능은 다음과 같다.

① 소기의 추진 성능, 안정 성능 및 배수량을 얻도록 계획된 선형을 유지한다.

② 외판과 보강재를 적절히 조합하여 선체를 형성하고, 계획된 화물을 계획량만큼 실을 수 있는 공간과 구조강도를 마련한다.

③ 좌초나 충돌로 인하여 배 안 일부에 물이 들어와도 적절히 배치된 격벽이 있어서 쉽게 가라앉지 않는다.

④ 배의 운항에 필요한 기관과 의장품 등을 설치할 공간과 구조강도를 마련한다.

⑤ 승조원의 거주에 적합하고 안전한 구조계획을 마련한다.

즉, 이와 같은 기능을 갖춘 선각에 기관과 의장품이 탑재되어 선박이 이루어지는 것이다. 선각을 구조부재별로 나누면 아래와 같이 된다.

① 갑판구조(갑판, 갑판보, 횡거더 등으로 이루어진다)

② 선측구조(외판, 늑골, 횡거더 등으로 이루어진다)

③ 선저구조(선저외판, 늑판, 횡거더 등으로 이루어진다)

④ 격벽구조(격벽판, 보강재, 보강거더 등으로 이루어진다)

이들은 이를테면 평면적인 구조이며 이들이 결합되어 선각이 이루어지는데, 그 선각을 위치별로 나누면 다음과 같이 된다.

① 중앙부선창(중앙횡단면도에 표시되는 중앙부 화물창 또는 화물유 탱크의 구조)

② 선수부구조(선수격벽으로부터 앞쪽의 구조)

③ 기관실구조(주기관이 설치된 구획의 구조이며, 유조선에서는 그 앞쪽에 인접된 펌프실이 포함된다)

④ 선미부구조(선미격벽으로부터 뒤쪽의 구조이며, 슈 피스(shoe piece)와 거전(gudgeon)이 포함된다)

⑤ 키구조(키 자체와 타두재와 핀틀(pintle)의 구조)

그러나 키를 제외한 다른 구조들은 한 덩어리로 결합되어 있으므로, 위와 같이 나누는 것은 편의상의 분류에 불과하다. 구조설계에 있어서는 한 장의 도면 위에 모든 것을 그릴 수 없으므로, 먼저 선체구조를 대표하는 중앙횡단면도를 작성하고, 다음에 선체 전체를 전망하면서 구조의 개략을 파악하기 위하여 강재배치도를 그린다. 뒤이어 외판의 평면적 배치를 보기 위하여 외판전개도가 작성된다. 이들 도면이 이른바 기본구조도이며, 이것을 바탕으로 하여 위에 말한 위치별 분류에 따른 상세도들이 그려지게 된다. 따라서, 위치별 구조를 따로 떼어 그리지만 기본구조도에 나타난 선체 전체를 염두에 두어야 한다.

설계자가 그린 도면들을 작성할 때는 선급 협회의 규칙을 만족시키도록 부재치수를 잡아주어야 하는데, 그 규칙의 바탕이 되어 있는 것은 다음과 같다.

① 종강도

② 횡강도

③ 국부강도

종강도는 선체의 세로굽힘강도이며, 그 평가에 있어서는 선체를 물 위에 뜬 보로 생각하고 선체 중량과 화물 중량에 의한 굽힘모멘트와 부력에 의한 굽힘모멘트의 차를 계산하여, 그로 인해 선체에 발생하는 굽힘응력을 구한다.

횡강도는 선체구조가 화물과 외적 수압 등에 의한 횡하중에 견디는 강도이며, 그런 하중하에서의 응력상태를 계산하여 평가한다.

국부강도는 국부구조가 화물 중량이나 수압 등 국부하중에 견디는 강도이며, 그런 하중하에서 판이나 보강재에 발생하는 응력을 계산하여 평가한다.

이와 같은 강도 계산은 본래 서로 떼어 생각할 수 없는 성질의 것이며, 다만 계산의 편의 때문에 분리하여 다루고 있으나 앞으로는 대형전산기를 이용하여 한번에 다룰 수 있게 될 것이다.

이 밖에 최근에 관심을 끌게 된 것으로는 진동의 문제가 있다. 즉, 기관 및 프로펠러로부터 발생되는 기진력에 의해 선체에 불쾌하고 해로운 진동이 생기지 않도록 하기 위하여 선체구조의 공진 여부를 반드시 검토해 보아야 한다.

다음에 구조, 강도 및 진동에 대하여 차례로 좀더 자세히 살펴보기로 한다.

››› 10.1 선박구조설계 개요

상선 설계에서 가장 중요한 3대 조건은 경량화, 충분한 강도 및 최적의 기동성이라는 것은 주지의 사실이다. 여기서 '경량화'와 '충분한 강도'는 이율배반적인 성격을 갖고 있다. 이들을 잘 조화시켜서 선박의 최적 구조설계를 하는 것이 필요하다.

일반적으로 상선의 구조설계는 선급의 규정을 사용해서 설계하면 충분한 것으로 본다. 하지만 선급의 규정은 실적선들의 자료를 바탕으로 작성된 경험적인 것이므로, 새로운 형상의 선종(예를 들면, 새로 개발된 대형선, 특히 대형 컨테이너선이나 새로운 선형의 군함 등)에 적용하기에는 문제가 있다. 이를테면 과거 소형선의 경우는 선체를 하나의 보(beam)로 보고 해석한 종강도(longitudinal strength) 중의 세로굽힘(longitudinal bending moment)만을 고려했다.

하지만 근대 상선은 계속적으로 대형화되는 추세에 있다. 선박이 커지면 종강도뿐만 아니라 횡강도나 국부강도에 대한 보강이 필요한 사례가 많이 나타나고 있다. 이를테면 대형선의 경우는 세로굽힘강도 외에 전단강도도 중요한 문제가 되며, 뿐만 아니라 횡강도와 국부강도의 부족에 의한 손상의 사례도 증가하는 추세에 있다. 또한 컨테이너선과 같이 갑판에 대형 창구가 있는 경우는 비틈강도도 중요한 문제로 대두된다. 따라서, 각 선급에서도 종강도 부재의 치수는 줄이고 횡강도 부재의 치수를 늘리는 추세로 규정을 개정해 가고 있다. 그러나 선급 규정의 간단한 계산식만으로는 최적의 구조설계가 될 수 없다는 견지에서 직접 강도계산을 해서 부재치수를 정하려는 소위 직접계산법(direct calculation)의 경향이 높아지고 있다.

[구조의 형성]

그림 10-1은 전체 격자 구조가 탄탄해 보이고 웬만한 힘을 어느 쪽에서 가하더라도 모양이 변형되지 않을 것처럼 보인다. 강인한 구조로 보이는 이유는 다음과 같다.

① 크기에 비하여 부재가 두꺼워 보인다.

② 부재 간격이 조밀하다.

③ 부재가 쉽게 일그러지지 않는 단단한 모양을 하고 있다.

이런 것들은 생활 경험으로부터 얻은 감각으로 평가하는 것이다. 더욱 튼튼하게 만들려면 다음과 같은 방법을 쓰면 된다.

① 더 두껍게 한다.
② 직선 부재의 외형을 더 키운다.
③ 부재를 더 조밀하게 많이 붙인다.
④ 힘을 더 쓰기 좋게 Bracket 같은 구속 보조 부재를 더 붙인다.
⑤ 이중 선체 구조로 한다(Double skin).

이런 기본형을 가지고 변화해 가면서 모든 부위의 구조를 최적화하는 것이다. Frame이라고 쓴 부재는 기본 부재라고 해서 Primary Member라고도 한다. 선체에서는 대개 종방향을 Primary로 잡는다.

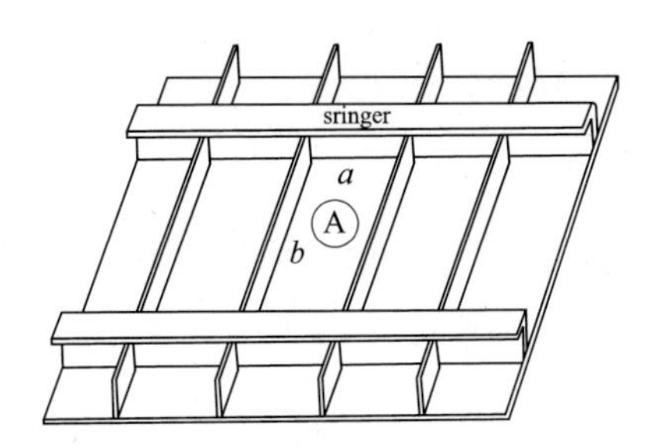

그림 10-1 이방향(二方向) 보강재

재료는 L 형 Angle, T- Bar, Bulb Plate 등의 다양하게 사용한다. Stringer라고 쓴 횡부재는 Transverse Member 라고도 하고, Web Frame이라고도 한다.

Stringer라는 말은 묶어 준다는 뜻으로 Longitudinal이 제 역할을 잘 하도록 중간 지지점을 마련해 준다.

그림 10-1에서 거리 a와 b는 Frame Space 또는 Span이라고 하고 a나 b가 너무 크면 Ⓐ부분의 구조 강성 안전도(Structural Stability)가 문제되므로 다시 Span을 잘게 나누는 방요재(防撓材, Stiffener)라고 하는 소(小) 부재를 추가로 붙어야 한다.

Longitudinal만 가지고는 긴 선박의 종강력이 충분하지 못하므로 대단히 큰 종부재를 붙이는데, 이 부재는 Trans Member를 다발로 묶어 주는 Stringer 역할을 할 뿐만 아니라 Trans에 의하여 자신이 지지되어지게 한다. 이 종부재를 Longitudinal Girder라고 부른다.

10.1.1 종강도

선체를 양단이 자유로운 보(beam)로 보고 세로굽힘모멘트를 구한 다음, 이것을 단면계수로 나누면 굽힘응력이 얻어진다는 식 (10-1)을 이용하여 해석한다.

$$\sigma = \frac{BM}{Z} \quad \cdots\cdots (10\text{-}1)$$

여기서, BM : 세로굽힘모멘트

Z : 선체 중앙단면의 단면계수(section modulus, 상갑판값과 선저판값으로 구분)

σ : 상갑판 또는 선저판에 걸리는 굽힘응력(bending stress)

또한 세로굽힘모멘트는 정수 중과 파랑 중으로 나누어서 구한다. 먼저 정수 중의 경우는 중량분포곡선(선체, 연료유, 밸러스트, 화물 등의 무게 고려)과 부력분포곡선을 구하고, 이들을 합성해서 하중곡선(load curve)을 구하며 이것을 적분해서 전단력과 굽힘모멘트를 구한다. 다음으로 파랑 중의 해석은 쉬운 문제가 아니지만 식 (10-2)인 관계로 얻은 규칙파의 물결굽힘모멘트를 파랑스펙트럼을 이용해서 장・단기적으로 해석한다. 이때 스펙트럼으로는 Pierson-Moskowitz의 수정스펙트럼이 일반적으로 추천되고 있다.

$$M_W = M_{TW} - M_S \quad \cdots\cdots (10\text{-}2)$$

여기서, M_W : 물결굽힘모멘트

M_{TW} : 규칙파 위에 선박이 올라앉았을 때의 굽힘모멘트

M_S : 정수 중의 굽힘모멘트

식 (10-1)에서 굽힘응력(σ)의 허용치를 정해 두면, BM에 따른 Z의 값을 구할 수가 있다. 선급의 규정은 σ의 최대 허용치가 통상 15～16 kg/min^{2}로 되어 있다. 굽힘모멘트는 정수 중의 굽힘모멘트(M_S)와 물결굽힘모멘트(M_W)의 합으로 표시되므로 식 (10-1)은 식 (10-3)과 같이 표현된다.

$$\sigma = \frac{M_S}{Z} + \frac{M_W}{Z} = \sigma_S + \sigma_W \quad \cdots\cdots (10\text{-}3)$$

여기서, σ_S : 정수굽힘응력 σ_W : 물결굽힘응력

선박의 주요 종통부재로는 외판, 갑판, 종격벽, 종늑골 등을 들 수 있다.

10.1.2 횡강도

대형선 손상의 대부분은 횡강도 부족이 원인인 경우가 많다고 알려져 있다. 횡강도 해석을 10.1절에서 소개한 직접계산법으로 수행해서 주요 횡강도 부재의 치수를 결정하는 추세로 가고 있다. 횡강도 해석상의 특성을 다음과 같이 두 가지 경우로 나누어서 소개한다.

(1) 갑판의 창구 구멍(hatch opening)이 작은 경우

탱커나 석유제품 운반선과 같이 갑판에 큰 구멍이 없는 배의 단면은 선측외판, 종통격벽, 갑판 및 선저외판 등의 종강도 부재로 둘러막힌 다중폐곡선형으로 되어 있다. 여기에 트랜스버스와 횡격벽 같은 횡강도 부재가 종강도 부재의 변형을 보완하는 역할을 하고 있다. 따라

서, 이러한 종류의 선박은 파랑 중을 비스듬히 항행할 때 발생되는 비틀림에 대하여 충분한 강도가 있다고 볼 수 있다.

유조선과 같은 이런 종류 선박의 횡강도를 고려할 때는 먼저 이 배의 형상을 유지하기 위하여 어떤 간격으로 횡격벽을 설치해야 할 것인가를 정하는 일이다. 하지만 일반적으로는 강도상 필요한 횡격벽의 수보다 I.M.O.의 탱크 용적 제한조건 때문에 요구되는 횡격벽의 수가 더 많으므로, 이런 종류의 선박은 강도상의 격벽 설치를 신경 쓸 필요가 없다.

이의 해석법에는 트랜스버스환(transvers ring)의 구성부재들을 분리하여 그 각각을 양단 고정보로 간주하여 해석하는 '뼈대구조의 간이 강도계산법'과 종통부재의 영향을 고려한 입체뼈대구조를 해석하는 '입체뼈대구조의 해석법'이 있다.

(2) 갑판의 창구 구멍이 큰 경우

벌크 화물선과 같이 갑판에 큰 창구 구멍이 있는 선박의 경우는 주요 종강도 부재로서 외판이 있고, 주요 횡강도 부재로서 횡격벽과 선측늑골이 배치되어 있는 이외에 종강도와 횡강도에 모두 기여하는 이중저 구조와 빌지 호퍼(hopper) 및 톱사이드 탱크(topside tank)가 있어서 유조선에 비하여 구조가 더 복잡할 뿐만 아니라 횡강도 부재만 분리해서 해석하는 것이 어렵다.

10.1.3 국부강도

선각구조는 수압 등의 하중을 직접 받는 판(plate)과 이것을 받쳐 주는 보강재(stiffener)와 다시 이것을 받쳐 주는 거더(girder)로 구성되어 있는데, 대형화된 선형과 같은 경우의 손상이 배 전체의 강도 부족보다는 국부적 강도의 결핍이 원인으로 나타난 경우가 증가하고 있다. 따라서, 다음과 같은 유형의 국부강도 해석의 필요성이 고조되고 있다.

- 보강재(종통재, 횡늑골, 갑판보, 격벽 보강재 등)의 강도
- 판(외판, 격벽판)의 굽힘강도
- 슬롯(slot; 트랜스버스를 관통하는 곳에 뚫린 구멍) 주변의 강도
- 피로강도[평균응력, 인장강도, 노치효과(notch effect), 부식, 각종 이음부, 피로파단(疲勞破斷) 등의 영향]

10.2 유조선의 구조

10.2.1 화물유 탱크의 구조

일반적으로 유조선은 원유를 선체구획 탱크 안에 직접 싣고 수송하는 배이므로, 될 수 있는 대로 탱크 용적을 크게 잡기 위하여 단선각(single hull)으로 만드는 것이 보통이다.

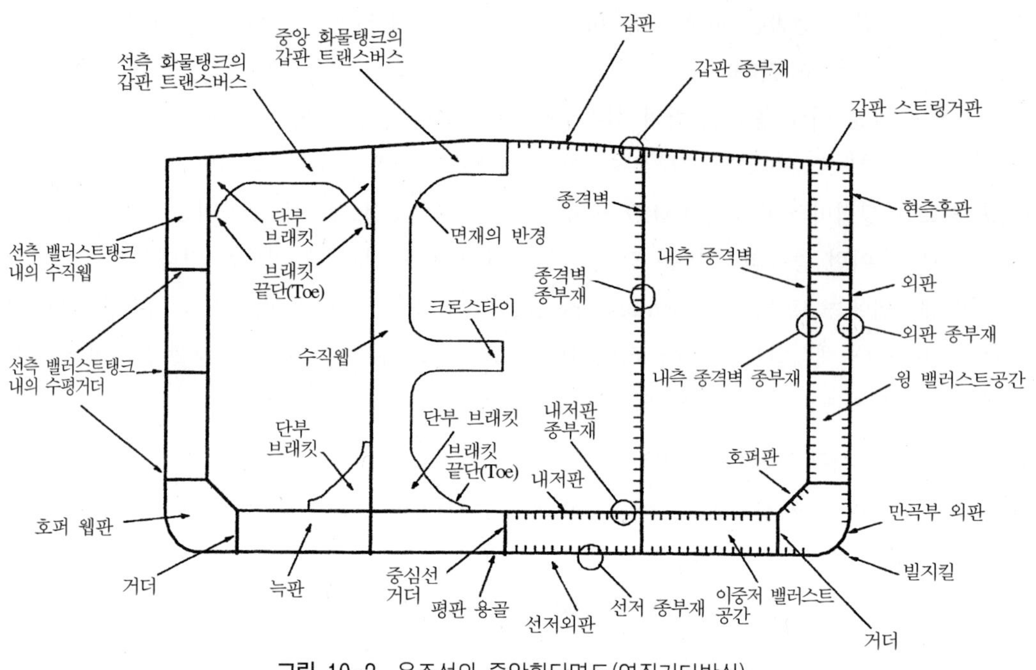

그림 10-2 유조선의 중앙횡단면도(연직거더방식)

그 한 예로서, 그림 10-2에 전형적인 대형유조선의 중앙횡단면도를 보였고, 그 그림에 따라 각 부재의 구조를 설명하기로 한다.

(1) 트랜스버스(transverses or transverse web)

트랜스버스는 대개 3.5~5.0 m 간격으로 설치되는 큰 횡늑골환이며, 선저트랜스버스(bottom transverses), 선측트랜스버스(side transverses), 종격벽연직거더(vertical girder on longitudinal bulkhead), 상기 두 연직부재를 수평으로 연결하는 크로스 타이(cross tie or strut), 및 상갑판트랜스버스(deck transverses)로 이루어지고, 중앙횡단면도에 반드시 기재된다.

트랜스버스의 구성부재들은 이른바 대골재들이며, 외판 및 격벽과 더불어 선체의 강도를 유지하는 가장 중요한 부재들이다.

이 밖에 종전에는 배의 중심선상에 중심선거더(center girder)를 두어 선저트랜스버스를 중앙점에서 지지하는 구조로 만들었다. 그러나 최근의 대형선에 대한 이론해석에 의하여 중심선거더를 지지하는 횡격벽과 제수격벽에 큰 지지반력이 발생하여 그들 격벽에 전단좌굴이 생길 우려가 있다는 것이 밝혀져서, 최근의 대형선에서는 중심선거더를 없앤 구조방식(center line girderless system)이 채용되고 있다.

그러나 그런 구조방식의 경우에도 중심선상의 선저횡늑골(bottom longitudinals)은 배가 입거했을 때 용골반목으로부터의 지지반력을 직접 받게 되므로, 다른 선저종늑골들보다 크게 하는 것이 보통이다.

트랜스버스는 웹(web)과 면재(face plate)로 이루어져 있고, 크로스 타이를 제외한 부재들은 웹을 관통하는 종늑골(longitudinals)들을 지지하고 있다.

트랜스버스의 구성부재들은 서로 직각으로 결합되어 있고 종늑골로부터 전달되는 힘을 받으므로, 그 결합부에는 큰 굽힘모멘트와 전단력이 발생한다. 부재들이 직교하는 곳에서는 응력의 흐름에 불연속이 생기기 쉽고, 따라서 집중응력이 일어나므로, 그것을 완화하기 위하여 모퉁이 부분은 둥글게 되어 있다.

트랜스버스는 그림 10-3에 보인 바와 같이 면재와 웹과 외판에 의해 이루어진 I형 단면의 보로서 거동하게 되며, 위에 말한 굽힘모멘트와 전단력을 지탱한다.

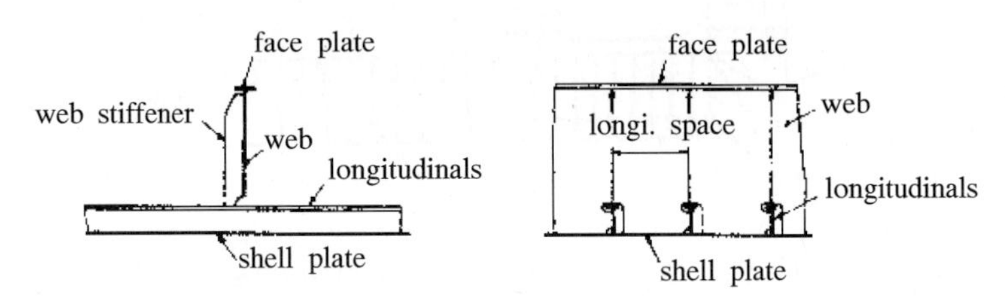

그림 10-3 트랜스버스의 구조(선저트랜스버스와 종통재의 교차방식)

트랜스버스의 치수를 규정하는 선급 협회 규칙은 트랜스버스환을 그림 10-3에 보인 것과 같은 보 구조물로 바꾸어 놓고, 그것이 1 트랜스버스 간격에 걸리는 하중에 견딜만한 강도를 가져야 한다는 것을 기본으로 하고 있다. 그런 방식에 따라 선저트랜스버스, 선측트랜스버스, 갑판트랜스버스, 종격벽연직거더 등에 대하여 부재의 깊이, 부재단에서의 웹의 단면적, 외판을 포함시킨 I형 단면의 2차 모멘트와 단면계수가 규정되어 있다. 또, 크로스 타이에 대해서는 단면의 2차 모멘트의 최소값과 양단의 결합부의 두께가 규정되어 있다.

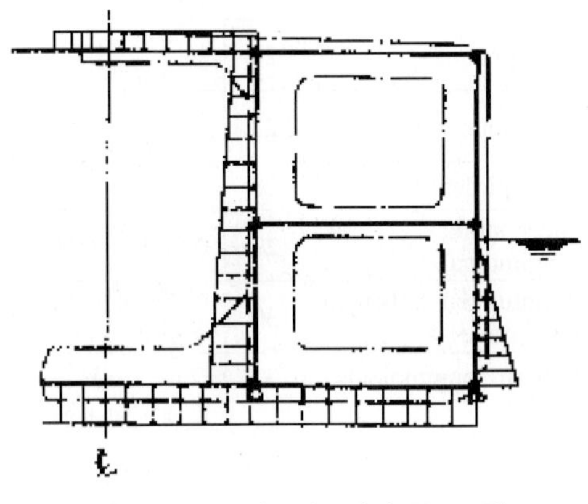

그림 10-4 트랜스버스환의 구조모델

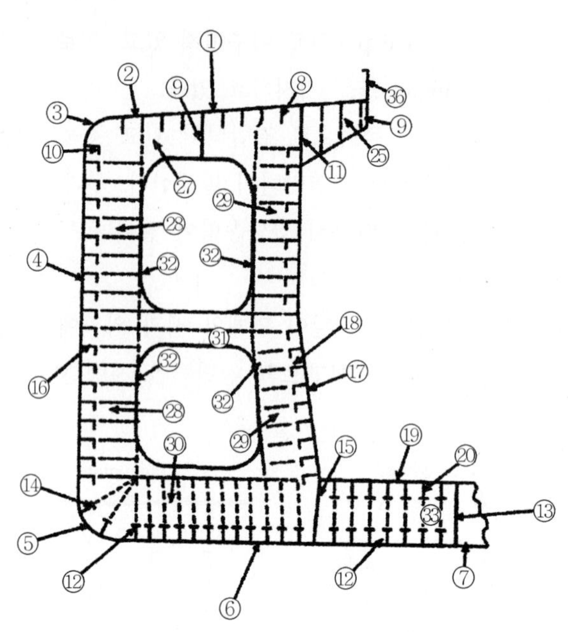

그림 10-5 유조선의 중앙횡단면도(수평거더방식)

용 어					
번호	국 문	영 문	번호	국 문	영 문
1	강력갑판플레이트	strength deck plating	16	선측외판늑골	side shell longitudinals
2	스트링거판	stringer plate	17	종격벽판	longitudinal bulkhead plating
3	현측외판, 현측후판	sheer strake	18	종격벽종통재	longitudinal bulkhead longitudinals
4	선측외판	side shell plating	19	내저판	inner bottom plating
5	빌지외판	bilge strake	20	내저종늑골	inner bottom longitudinals
6	선저외판	bottom shell plating	25	갑판트랜스버스 센터탱크	deck transverse center tank
7	용골판	keel plate	26	선저트랜스버스 센터탱크	bottom transverse center tank
8	갑판세로보	deck longitudinals	27	갑판트랜스버스 윙탱크(현측탱크)	deck transverse wing tank
9	갑판거더	deck girders	28	선측연직웹	side shell vertical web
10	종현측외판	sheer strake longitudinal	29	종격벽연직웹	longitudinal bulkhead vertical web
11	종격벽 톱스트레이크	longitudinal bulkhead top strake	30	선저트랜스버스 윙탱크	bottom transverse wing tank
12	선저종늑골	bottom longitudinals	31	크로스 타이	cross ties
13	선저거더	bottom girders	32	트랜스버스웹 페이스판	transverse web face plate
14	빌지종통재	bilge longitudinals	33	이중저	double bottom floor
15	종격벽 하부스트레이크	longitudinal bulkhead lower strakes	36	창구코밍	hatch coamings

여기서 주의해야 할 일은 위에서 말한 트랜스버스의 부재들이 전체로 연속된 라멘(rahmen) 구조를 이루어야 하므로, 설사 규칙에 의해 각 부재의 치수들이 따로 주어졌더라도 부재치수를 결정할 때 이웃 부재들이 서로 잘 어울리게 조정해야 한다는 것이다.

이와 같은 치수 조정은 배의 깊이와 선측탱크의 폭의 비 등에 따라 달라지지만, 최종적으로는 계산을 통하여 전 부재에서의 응력분포상태와 변형상태 등을 검토한 뒤에 결정한다.

한편, 유조선의 구조방식에는 그림 10-2에 보인 것과 같은 연직거더방식(vertical main system)과 그림 10-5에서 보인 것과 같은 수평거더방식(horizontal main system)이 있다. 연직거더방식에서는 2줄의 종통연직격벽이 트랜스버스들을 지지하고 있으나, 수평거더방식에서는 종통격벽 이외에 배의 깊이의 중앙에 수평하게 붙여진 넓은 거더가 트랜스버스들을 지지하고 있다.

연직거더방식은 일반적으로 20만 DWT 정도의 유조선에 많이 쓰이고 있다. 그보다 배가 더 커지면 배의 깊이가 격벽 간격보다 커지므로, 수평거더방식을 채택하는 편이 선각 중량을 줄이는 데 도움이 된다.

트랜스버스의 웹에는 종늑골이 관통하는 곳마다 그림 10-3에서 보인 것과 같이 웹보강재(web stiffener)를 붙여 웹이 전단응력에 의해 좌굴하는 것을 막고, 또 종늑골로부터 오는 하중의 일부가 그 보강재를 통하여 웹에 전달되게 한다.

보강재는 깊이가 트랜스버스 깊이의 8% 이상이고, 두께가 트랜스버스 웹의 두께 이상인 평강을 쓰도록 되어 있다.

트랜스버스의 설계에 있어서는 규칙에 따르는 것 이외에 부재치수가 전체적으로 어울리게 조정되어야 한다는 것을 앞에서 설명하였으나, 그 밖에도 다음 사항들에 유의하여야 한다.

(가) 웹의 깊이는 그 부재의 길이의 약 $\frac{1}{8} \sim \frac{1}{10}$을 표준으로 한다. 그것보다 작으면 결합부에서의 굽힘응력과 전단응력이 커질 뿐만 아니라 부재의 처짐이 커지므로 주의를 요한다.

(나) 웹에는 종늑골이 관통하는 곳마다 보강재를 붙이고, 또 종늑골 3~4개마다 웹이 넘어지는 것을 방지하기 위한 브래킷을 붙여야 한다. 또한, 웹의 깊이가 큰 경우에는 웹보강재를 종늑골에 연결할 뿐만 아니라, 웹의 깊이 중앙에 면재와 평행하게 평강이나 역L형강을 붙이면 웹의 좌굴방지에 효과가 있다.

(다) 트랜스버스의 부재결합부의 모퉁이에는 큰 굽힘응력이 발생하지만 그 응력은 면재에 따라서 흐르므로, 면재로부터 조금 떨어진 웹에 면재와 평행하게 평강이나 역L형강을 붙이면 웹의 좌굴방지에 효과가 있다.

(라) 트랜스버스의 부재결합부의 모퉁이에서는 면재가 원형으로 굽어 있어서 응력의 흐름이 흐트러지므로, 면재의 단면적이 100%의 효력을 발휘하지 못한다는 것이 실험에 의해 밝혀져 있다. 그와 같은 효력의 감소를 방지하기 위해서는 모퉁이부의 면재에 직각으로 브래킷을 붙이는 것이 효과가 있다.

(2) 종늑골(longitudinal frame)

종늑골은 종늑골식 구조(longitudinal framing system)에서의 세로방향의 늑골이며, 종통재(longitudinals)라고도 불린다. 종늑골은 그 위치에 따라 선저종늑골(bottom longitudinals), 선측종늑골(side longitudinals), 종격벽보강재(stiffeners on longitudinal bulkhead) 및 갑판종늑골(deck longitudinals)로 나누어진다.

종늑골은 그림 10-2에 보인 것과 같이 일정한 간격으로 외판 또는 종통격벽에 직각으로 고착되어 있고, 앞서 말한 바와 같이 트랜스버스의 웹에 뚫린 구멍으로 지나간다. 이 그림에 보인 배에서는 종늑골 간격이 모두 900 mm로 되어 있다.

종늑골로는 일반적으로 부등변 L형강이 많이 쓰이고 있으나 대형선에서는 단면계수가 큰 것이 요구되므로, 시판되는 강재를 쓸 수 없어서 그림 10-6에 보인 것과 같은 조립재를 사용한다. 이 조립종늑골은 강판으로부터 필요한 치수의 면재와 웹을 잘라내어 용접하여 조립한 것이다.

종늑골은 1 종늑골 간격의 외판 또는 횡격벽에 걸리는 하중을 지탱하는 것이므로, 요구되는 단면계수는 각 선급 협회 규칙에 의해 모두 다음 식의 꼴로 주어지고 있다.

$$Z = CShl^2 \, (\mathrm{cm}^3)$$

여기서, C : 선저, 선측 등 부재위치에 따라 정해진 계수

S : 종늑골 간격

h : 그 종늑골에 걸리는 규정수두

l : 트랜스버스 간격

이 요구치는 종늑골에 붙은 외판 또는 종격벽판의 일부를 포함시킨 단면계수이며, 이 계산에 포함시키는 판의 폭은 선급 협회에 따라 다르다(표 10-1 참조).

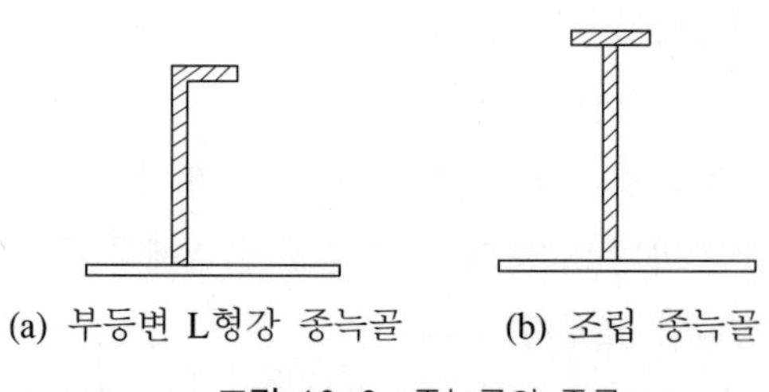

(a) 부등변 L형강 종늑골 (b) 조립 종늑골

그림 10-6 종늑골의 종류

표 10-1 종늑골에 붙은 판의 유효면적(1978년)

KR	ABS	LRS
0.2l과 종늑골 간격 중 작은 값(mm) × 종늑골에 붙은 판의 두께(mm)	종늑골 간격(mm) × 종늑골에 붙은 판의 두께(mm)	600과 40×종늑골에 붙은 판의 두께 중 큰 값. 다만, 종늑골 간격 이하(mm)×종늑골에 붙은 판의 두께(mm)

한편, 종늑골의 치수를 결정하는 데는 다음 두 가지 점에 유의하여야 한다. 먼저, 요구된 Z의 값을 만족하는 종늑골 중에서는 웹이 깊고 얇을수록, 또 면재의 단면적이 클수록 부재단면적이 작다.

따라서 중량이 가볍지만 웹을 너무 깊고 얇게 만들면 하중이 걸렸을 때 웹이 좌굴할 우려가 있다. KR규칙에서는 그것을 고려하여 웹의 두께를 다음 식으로부터 얻어지는 값 이상으로 할 것을 규정하고 있다.

$$t = 0.015\,d_o + 3.5\ (\mathrm{mm})$$

여기서, t : 웹의 두께(mm)

d_o : 웹의 깊이(mm)

다음에 종늑골의 깊이에 비해 면재의 폭이 작고 그 스팬이 클 경우에는 하중을 받았을 때 종늑골이 옆으로 넘어질 우려가 있다. LR규칙에서는 그것을 감안하여 면재의 최소폭을 표 10-2에 보인 것과 같이 규정하고 있다.

표 10-2 LR규칙에 의한 종늑골의 면재의 폭(1977년)

종늑골의 위치	면재의 종류	면재의 폭 (b_F)(mm)	비 고
base line과 deck line으로부터 0.15D 사이	대칭면재	$K_1 S$	$\frac{t_W}{d} \geq 0.0182$
	비대칭면재	$K_1 K_2 S$	
깊이의 중앙으로부터 0.35D 사이	대칭면재	$K_2 S$	$\frac{t_W}{d} \geq 0.0167$
	비대칭면재	$K_2 K_3 S$	

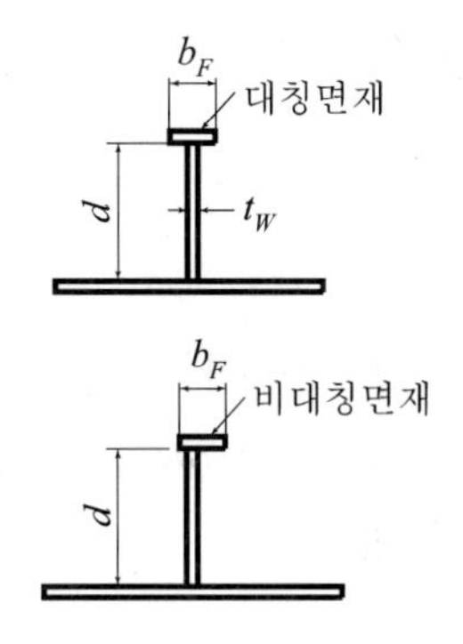

$$K_1 = 25 \times \sqrt{1 + \frac{A_W}{2A_F} \times \left[1 - \left(\frac{20t_W}{d}\right)^2\right]}$$

$$K_2 = 20 \times \sqrt{1 + \frac{A_W}{1.66A_F} \times \left[1 - \left(\frac{25t_W}{d}\right)^2\right]}$$

$$K_3 = \frac{1}{\sqrt{1 + 0.35 \times \sqrt{\frac{A_W}{A_F}}}}$$

여기서, A_W : 웹의 단면적(cm^2)

A_F : 면재의 단면적(cm^2)

t_W : 웹의 두께(mm)

d : 웹의 깊이(mm)

S : 종늑골의 스팬(2.44 m 이상일 것)

(3) 외판(shell plate)

유조선에서는 평판용골, 선저외판, 선측외판, 갑판, 종통격벽 등이 화물유 탱크의 위벽을 이루고 있으므로(그림 10-7 참조), 그들은 탱크 안에 실린 기름의 압력에 견딜 수 있어야 한다. 다음에 그들의 기능에 대하여 살펴보기로 하자.

먼저 유조선의 평판용골은 화물선에서와 같은 등뼈라는 뜻은 약해졌지만, 해저에 닿아 상하기 쉽고 입거 때 큰 반목반력을 받을 뿐만 아니라 선저도장 때 반목을 빼기 어렵기 때문에 도장이 잘 안 되는 경향도 있으므로, 이웃 판보다 두껍게 하는 것이 보통이다.

선저외판은 탱크 안의 기름의 압력과 바깥쪽으로부터의 해수의 압력을 받을 뿐만 아니라, 선체가 호깅 모멘트를 받았을 때 좌굴을 막기 위하여 보강재들을 세로방향으로 넣는 종늑골 구조로 하고 있다. 그 밖에도 선저외판은 선체 중앙단면의 종강도의 요구치를 만족시킬 만한 치수를 가지고 있어야 한다.

선측외판은 선체의 종굽힘응력에 견딜 뿐만 아니라, 접안할 때 안벽에서 오는 반력이나 해상부유물에 부딪쳤을 때의 충격에 견딜 만한 판 두께를 가지고 있어야 한다.

선저외판과 선측외판의 이음새(seam)는 빌지부 원호의 상단에 두고, 거기까지 선저외판의 두께를 유지한다. 빌지부에서는 종늑골을 선저에서와 같은 간격으로 배치하면 면재들이 너무 가까워져서 공작이 불가능해지고, 또 빌지부 외판은 곡면이어서 평판보다 튼튼하므로, 그 부분에서는 종늑골 간격을 선저에서보다 20~30% 넓게 하는 것이 보통이다(그림 10-8 참조).

현측(gunwale)에서는 지금까지 갑판 가장자리판(stringer plate)과 현측후판(sheer strake)이 현측L형재(gunwale angle)를 사이에 놓고 리벳으로 결합된 직각현측(square gunwale)형이 많이 쓰여 왔었다(그림 10-9 참조). 그와 같은 구조방식은 갑판 또는 외판에 균열이 발생했을 때 그것이 결합부를 건너 다른 쪽으로 퍼져나가는 것을 막기 위한 것이다.

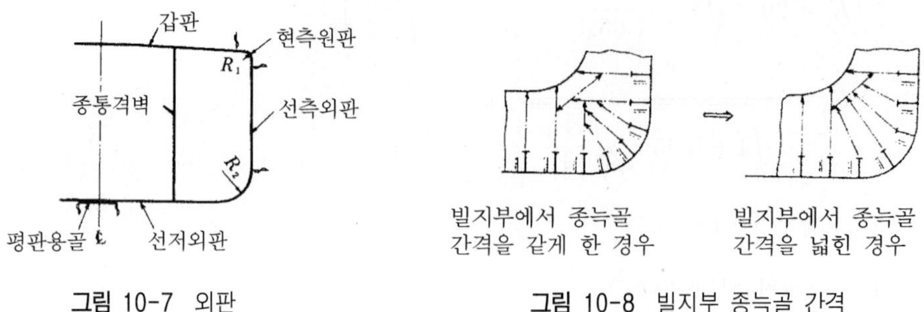

그림 10-7 외판

그림 10-8 빌지부 종늑골 간격

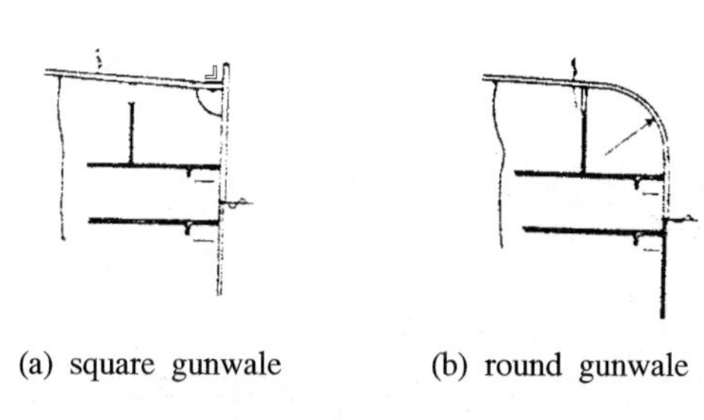

그림 10-9 현측의 구조

그러나 최근에는 균열전파방지용 고급강재(E급)가 개발되었고 또 리벳공도 귀해졌으므로, 최근의 유조선에서는 갑판 가장자리판과 현측후판을 한 장으로 합쳐서 원통형으로 굽힌 둥근 현측(round gunwale)구조가 일반화되었다.

둥근현측구조의 경우 곡률반경은 판의 가공변형도가 일정치 이하로 억제되어야 한다는 조건으로부터 결정된다. 즉, 판의 두께를 t, 내측곡률반경을 R이라 하고, 다음 식으로 주어지는 가공변형도 η가 3% 이하가 되도록 R을 결정한다.

$$\eta = \frac{\frac{t}{2}}{R + \frac{t}{2}}$$

(4) 격벽(bulkhead)의 배치

유조선에는 소형선과 초대형선을 제외하고, 좌우에 한 줄씩 종통격벽(longitudinal bulkhead ; L. BHD)이 설치되어 있다. 이들 격벽은 화물탱크를 중앙탱크와 좌우현측탱크로 구분함으로써 화물액의 자유표면 폭을 줄이고, 또 선측외판과 더불어 트랜스버스를 지지한다.

또한, 유조선은 많은 횡격벽(transverse bulkhead ; T. BHD)들로 구획되어 있어서 그림 10-10에 보인 것과 같은 격자구조를 이루고 있다.

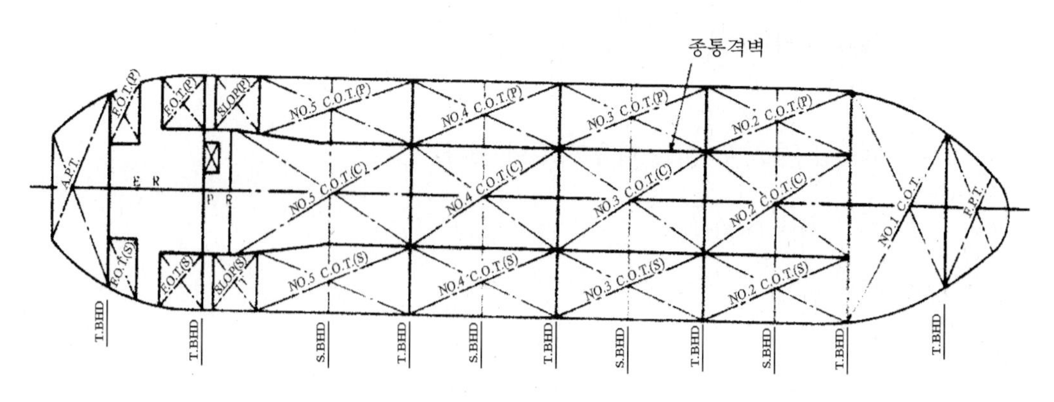

그림 10-10 격벽배치

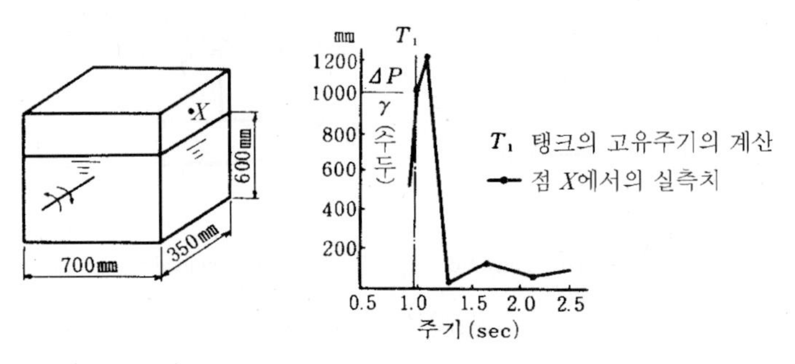

그림 10-11 탱크의 동요와 탱크 안의 압력

종통격벽의 간격은 트랜스버스의 항에서 설명했던 것과 같이 중심선거더가 없는 배에서 배의 폭의 35~40% 정도로 잡으면, 중앙탱크와 양현측탱크 안의 트랜스버스가 구조적으로 균형이 맞고, 또 선각 중량도 최소가 되는 것으로 알려져 있다.

횡격벽은 선급 협회 규칙에 따라 $0.1L$ 이내의 간격으로 설치하는 것이 원칙이지만, 하나 건너 비수밀제수격벽(SWASH bulkhead ; S. BHD)으로 하여도 무방하다.

이와 같은 규정의 근거는 다음과 같다. 실험에 의하면, 그림 10-11에 보인 것과 같이 직육면체 탱크에 물을 넣고 그것을 주기적으로 동요시키면 어떤 주기에서 탱크 안의 물이 심하게 춤추며 탱크의 주벽에 큰 압력을 준다. 이때 탱크 주벽 위의 점 X에 작용하는 수압과 탱크의 동요주기 사이의 관계는 그림 10-11에 보인 바와 같다.

이론적 해석에 의하면 탱크 안의 액체가 심하게 춤출 때의 이른바 횡요고유주기 T_n은 다음 식으로 주어진다.

$$T_n = \frac{2\pi}{\sqrt{\frac{k\pi g}{2l} \times \tanh \frac{k\pi h}{2l}}}$$

여기서, $k = 1,\ 2,\ 3,\ \cdots$

$l =$ 탱크 길이의 $\frac{1}{2}$

$h =$ 수심

h가 $2l$에 비해 클 경우 위 식은 다음과 같이 된다.

$$T_n = 1.13 \times \sqrt{2l}$$

여기서, l : m

T_n : sec

위의 실험에서 사용했던 탱크에 대한 고유주기 T_1을 위의 식으로부터 계산하여 그림 10-11의 곡선도 위에 기입해 보면 실험결과와 잘 일치함을 알 수 있다.

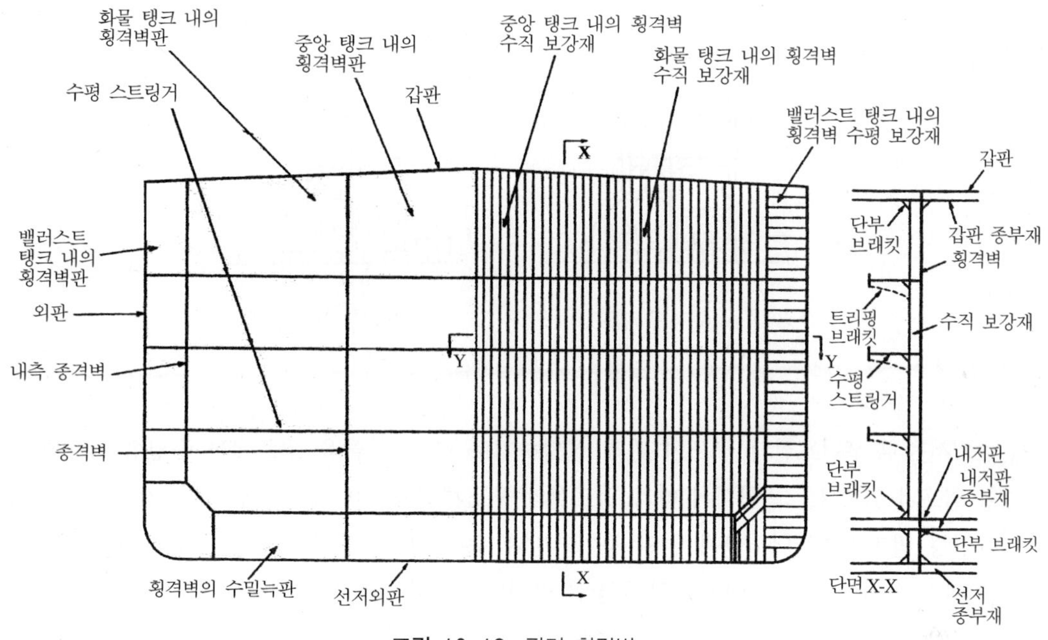

그림 10-12 평면 횡격벽

선체운동에는 세로동요(pitching)와 가로동요(rolling)가 있으며, 그로 인하여 탱크 안의 액체가 탱크 주벽에 큰 압력을 미치는 일을 피하자면 탱크 안의 액체운동의 고유주기가 선체운동의 고유주기와 일치하지 않도록 하여야 한다.

유조선의 경우에는 피칭의 주기가 대개 4～5초이므로 탱크 안의 액체의 고유운동주기를 그보다 짧게 하면 안전할 것이며, 위의 이론식으로부터 탱크의 길이를 $0.1L$보다 짧게 하면 대개 그런 조건이 충족된다는 것이 알려져 있다.

한편, 위의 실험에서 그 탱크의 중앙에 격벽을 설치하고 그 격벽에 그 면적의 30% 이하의 구멍을 뚫어도, 그 격벽은 탱크의 길이를 반으로 줄인 것과 같은 효과를 나타낸다는 것이 밝혀져 있다.

그러므로, 유조선에서는 수밀격벽과 비수밀제수격벽을 번갈아 설치하되 그 간격을 $0.1L$ 이하가 되도록 하고 있다.

또한, 유조선의 롤링주기는 10초 전후인데, 두 줄의 종통격벽 때문에 탱크 안의 액체의 동요주기가 그보다 훨씬 짧으므로 동조의 우려가 없다.

10.2.2 펌프실(pump room) 구조

유조선에는 화물유를 퍼올리기 위한 펌프가 기관실 바로 앞의 펌프실 안에 설치되어 있다. 그 밖에 전부 연료유 탱크로부터의 연료유 이송용 펌프를 위한 전부펌프실을 선수격벽 바로 뒤에 마련한 배도 있다.

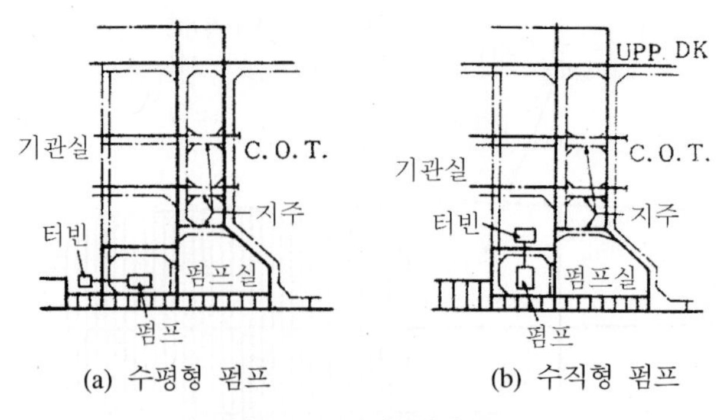

(a) 수평형 펌프　　(b) 수직형 펌프

그림 10-13　펌프실의 구조

여기서는 후부펌프실의 구조에 관해 설명하기로 한다. 화물유 펌프에는 수평형 펌프와 수직형 펌프가 있는데, 그 형식에 따라 펌프실의 구조가 그림 10-13에 보인 것과 같이 달라진다.

수평형 펌프는 기관실 안에 놓인 증기터빈과 수평축으로 연결되어 구동되고, 수직형 펌프는 기관실 안의 단이 진 바닥판 위에 놓인 증기터빈과 수직축으로 연결되어 구동되므로, 후자의 경우가 펌프실이 짧다. 그러나 수직형 펌프의 경우에 증기터빈이 얹혀 있는 바닥판이 펌프실 전벽과 그림 10-13에 보인 것과 같이 지주로 연결되어 있으면, 화물유의 압력으로 인한 펌프실 전벽의 처짐이 터빈의 바닥판에 전달되어 터빈과 펌프의 연결축이 휘어서 펌프의 베어링이 과열되어 녹아 붙는 사고가 발생할 수 있다. 그러므로, 펌프실의 앞뒤 벽은 각각 독자적인 강도를 갖도록 하고, 지주로 연결하는 것은 하지 않는 편이 좋다.

펌프실 안에서의 종늑골이나 트랜스버스의 간격은 화물유 탱크 안에서의 그것과 같지만, 펌프의 위치를 낮추기 위하여 선저트랜스버스의 깊이를 줄이는 일이 있다.

종통격벽과 관련하여 살펴보면 중심선거더가 있는 배에서는 중앙탱크의 폭이 $\frac{B}{2}$(B는 배의 형폭) 정도가 되므로 펌프실에서도 펌프를 설치하기에 튼튼한 폭이 되지만, 중심선거더가 없는 배에서는 중앙탱크의 폭이 $\frac{B}{3}$ 정도이기 때문에 펌프실에서의 폭이 부족하므로 펌프실 바로 앞에서 종통격벽을 꺾는 일이 많다. 그런 경우에 종통격벽을 꺽는 각도는 15°를 넘기지 않는 것이 좋다.

10.2.3 기관실(engine room) 구조

현재의 유조선은 모두 선미기관실형이며, 기관실은 펌프실 바로 뒤에 놓여진다. 화물유 탱크 구역을 종통하는 두 줄의 종통격벽은 그림 10-14에서 보는 바와 같이 펌프실의 측벽을 이루면서, 그곳을 지나 기관실 안까지 연장되어 기관실 안의 연료탱크의 위벽을 구성하고 있다. 이들 종통격벽의 후단에는 위아래에 충분히 큰 브래킷을 붙여 각각 거더와 이중저에 연결함으로써 구조의 불연속을 완화하고 있다.

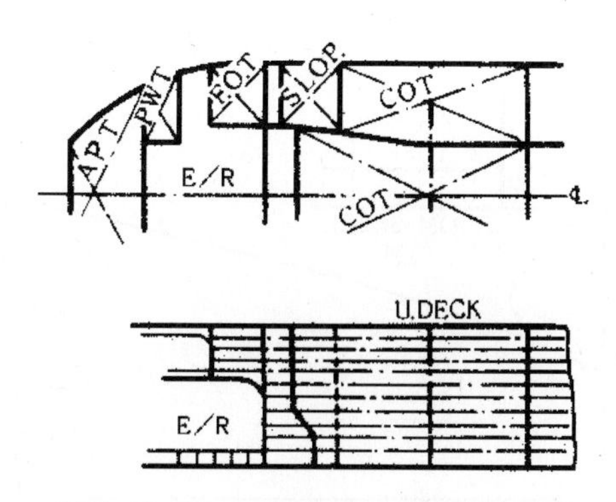

그림 10-14 기관실 안의 종격벽의 배치

주기관으로서는 30,000마력 정도까지는 디젤기관이 많이 쓰이고 있으나, 그 이상의 출력이 필요한 배에서는 증기터빈을 쓰는 경우가 많다. 그러나 어느 경우에도 기관출력에 알맞는 기관실 구조를 마련하여야 한다.

기관실 구조를 설계할 때 고려해야 할 가장 중요한 사항은 기관 및 선체의 방진문제와 프로펠러축 및 크랭크축의 처짐을 억제하는 문제이다.

그것을 위해서는 우선 이중저의 높이를 충분히 크게 잡아야 한다. 이중저의 높이가 충분치 못하면 디젤기관선의 경우에는 주기의 피스톤의 왕복운동으로 인한 진동이 선체에 크게 전달될 뿐만 아니라 흘수차로 인한 이중저의 처짐이 커서 크랭크축에도 큰 처짐이 생기므로, 베어링메탈의 마모가 심하고 경우에 따라서는 녹아 붙는 일도 일어날 수 있다. 또, 터빈선의 경우에는 이중저의 처짐에 따라 프로펠러축이 처져서, 감속기어의 앞뒤에서 처짐각의 차가 커지면 기어의 물림압력이 커져서 기어에 피팅(pitting)이 생길 수 있다.

최근의 이론적 및 실험적 연구에 의하면, 이중저의 처짐에서는 선측웹과 입체적으로 결합된 구조로서의 처짐뿐만 아니라 선체의 처짐도 큰 몫을 차지하고 있다는 것이 밝혀졌으나, 이중저의 높이는 기관실의 구조 및 배치의 첫 단계에서 중요한 인자임에 틀림이 없다.

그림 10-15는 디젤기관선과 터빈선에서의 이중저 높이의 표준값을 보여주고 있다.

디젤기관선의 경우에는 기관 자신이 기진원이므로, 방진대책으로서 전통 이중저를 높이 설치하고 있다.

한편, 터빈선의 경우에는 콘덴서 펌프를 낮추기 위하여 터빈 앞쪽에서는 이중저를 낮추고 있으나 감속기어 뒤쪽에는 프로펠러로부터의 추력을 받는 추력베어링(thrust bearing)이 붙으므로 이중저를 한 단 높여서 튼튼하게 만들고 있다.

기관실 이중저는 늑골 위치마다 늑판이 들어 있는 횡늑골식 구조이며, 디젤기관선의 경우에는 기관고착볼트 자리를 마련하기 위하여 한쪽 현에 2~3줄의 거더를 넣어 격자구조로 만들고 있다. 또, 터빈선의 경우에는 터빈과 감속기어 아래에 몇 줄의 거더를 넣어 튼튼하게 꾸미고 있다.

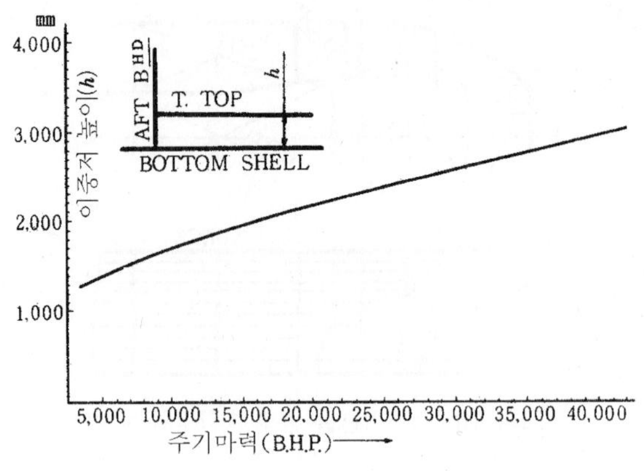

(a) 디젤기관선

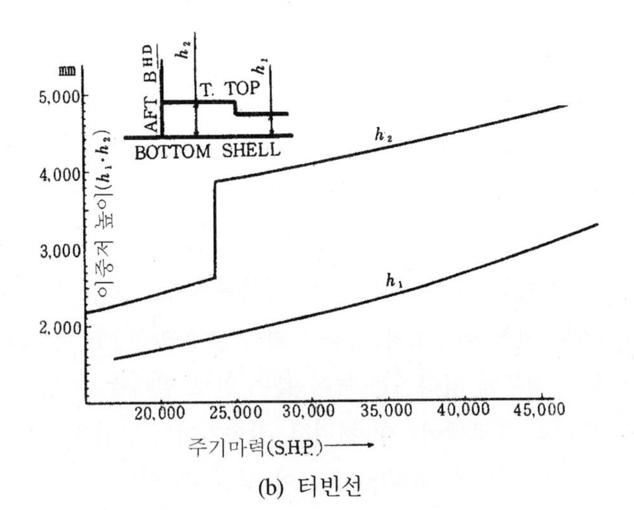

(b) 터빈선

그림 10-15 기관실 이중저 표준높이

한편, 선측과 갑판은 4~5늑골 간격마다 트랜스버스를 배치한 종늑골식 구조이며, 트랜스버스의 위치마다 갑판과 이중저를 잇는 필러(pillar)가 설치되어 갑판하중을 지지하고, 동시에 갑판트랜스버스, 선측트랜스버스 및 이중저와 일체가 되어 늑골환을 형성함으로써 기관실을 튼튼하게 꾸며주고 있다.

최근의 연구에 의하면 기관실 위의 상부구조의 전후진동은 상부구조의 받침이 약한 것이 한 원인임이 밝혀져 있다. 그 받침구조는 기관실 안의 필러와 트랜스버스환이다.

필러의 배치를 보면 디젤기관선에서는 기관 둘레에 많은 필러를 세울 수 있어서 별문제가 없지만, 터빈선에서는 폭이 넓은 터빈이나 콘덴서가 중앙을 차지하기 때문에 필러를 충분히 배치할 수 없어서 진동이 생기는 경우가 있다.

그러므로, 상부구조에서는 벽과 갑판거더 및 필러의 위치를 맞추어 배치하는 것이 바람직하다.

10.3 벌크 화물선의 구조

10.3.1 중앙횡단면도(midship section)

벌크 화물선은 밀이나 석탄 또는 철광석 등을 포장하지 않은 채로 싣는 배이다. 이들 배에서는 짐이 허물어지는 일을 없애기 위해 선창의 어깨부분을 경사판으로 막고, 그 구석을 탱크로 이용하고 있다. 그 탱크를 상부현측탱크(top side tank) 또는 어깨탱크(shoulder tank)라 부른다. 그리고 짐을 풀 때 마지막에 불도저 등으로 긁어 모으기 쉽고, 또 선측의 짐이 자연낙하하기 쉽게 하기 위하여 선창바닥의 양쪽 구석에 경사판을 붙여 호퍼(hopper)를 만들어 둔다. 따라서, 이들 배를 일반 화물선과 비교하면 중갑판이 없고 상갑판뿐이지만, 위아래 구석이 경사판으로 막혀 있고 그 삼각주부분을 탱크로 이용하고 있다.

벌크 화물선 선창의 어깨부분의 경사판은 선창에 밀을 부을 때 자연히 이루어지는 무더기의 사면각(안식각) 30°와 일치하도록 하고 있다. 한편, 호퍼판의 경사는 40°~60°로 되어 있다.

그림 10-16는 전형적인 벌크 화물선의 중앙횡단면인데, 이것을 예로 하여 각 부의 구조를 설명하기로 한다.

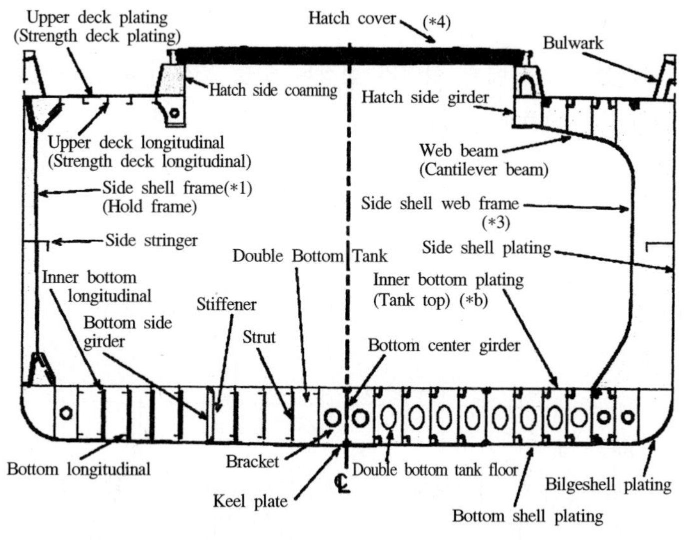

그림 10-16 벌크 화물선의 중앙횡단면도와 횡격벽구조

(1) 이중저구조

이중저는 선저외판(bottom shell)과 내저판(inner bottom plate) 사이의 이중선각구조이며, 그 속에서 거더와 늑판이 격자를 이루고 있다.

화물선에서는 L이 100 m 이상이면 선급 협회 규칙에 따라 이중저구조로 하도록 규정되어 있다. 이중저의 본래의 목적은 ① 좌초 등으로 선저외판이 터져서 침수할 때 내저판으로 하여금 외판의 역할을 하게 하고, ② 화물의 하중에 대하여 충분한 선저강도를 유지하는 데 있으나, 벌크 화물선의 경우에는 선창바닥에 보강재들이 노출되면 하역이 어려워지므로 단저(single bottom)구조로는 할 수가 없다.

이중저의 높이와 부재배치에 대해서는 각 선급 협회 규칙에 규정되어 있지만, 그것을 지배하는 가장 중요한 인자는 창 내 화물의 비중과 선창의 길이이다.

벌크 화물선은 처음에는 밀이나 석탄 등과 같은 비중이 낮은 화물을 운반하고 있었으나 차차 대형화되면서 철광석도 운반하게 되었다. 밀의 비중은 약 0.7 t/m^{3}이고, 석탄의 비중이 약 0.8 t/m^{3}인데 대하여 철광석의 비중은 약 2.2 t/m^{3}에 달한다. 그러므로, 밀이나 석탄을 실을 때 모든 선창에 짐을 채우는 이른바 균일적재(homogeneous loading)를 할 수 있는 배에 철광석을 실을 경우 재화중량만큼의 짐을 모든 선창에 나누어 싣는다면, 창내 용적의 반에도 미치지 못할 것이다. 그렇게 되면 만재 상태에서의 중심이 낮아지기 때문에 롤링주기가 짧아져서 승선감이 나빠진다. 그래서 그것을 완화하면서 창구덮개의 여닫이 횟수도 줄이기 위하여 선창 하나 건너마다 짐을 싣는 이른바 격창적재(alternate loading) 방식이 사용되고 있다. 그와 같이 적재하면 짐이 실린 선창 안의 겉보기비중(창 내 화물중량/창 내 용적)의 값은 1.5～2.0이 되고, 빈 선창에서는 그 값이 0이 된다. 따라서, 격창적재의 경우에 더 큰 이중저강도가 요구된다.

그림 10-17은 기존선들에서 배의 길이와 선창의 수를 조사하여 얻은 결과이다. 이 그림에서는 균일적재(×표)와 격창적재(・표)의 경우가 구분되어 있다.

이 그림에 의하면 균일적재만 하는 배에서는 선창이 4～5개인 것이 보통이고, 격창적재를 하는 배에서는 6～7개인 경우가 많다. 그것은 균일적재만 하는 배에서는 선창이 비교적 길지만, 격창적재를 하는 배에서는 선창을 짧게 하여 이중저의 면적을 줄임으로써 그 강도를 높이고 있다는 것을 뜻한다.

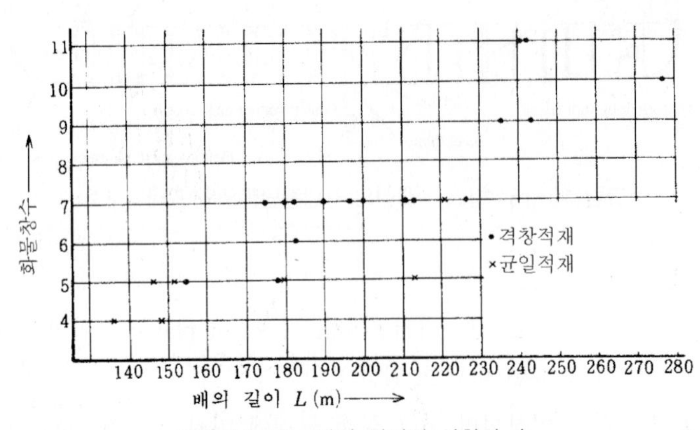

그림 10-17 배의 길이와 선창의 수

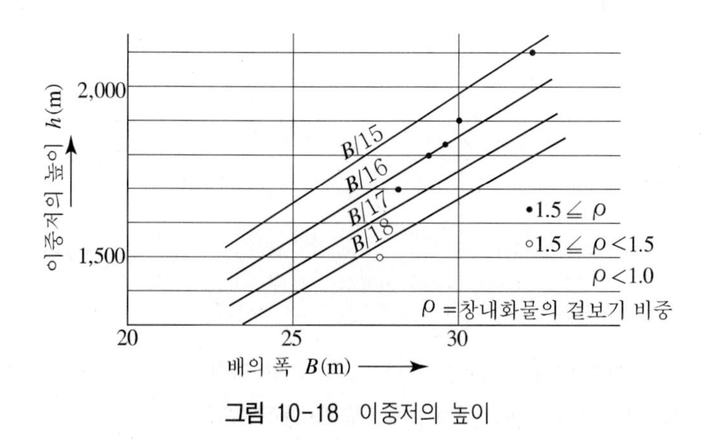

그림 10-18 이중저의 높이

그림 10-18은 창 내 선들에서 배의 폭과 이중저의 높이를 조사하여 얻은 결과이다. 이 그림에 의하면 화물의 겉보기비중 ρ가 1.5 이상일 경우에는 이중저의 높이가 $\frac{B}{15} \sim \frac{B}{16}$이고, ρ가 1.5 미만일 경우에는 $\frac{B}{16} \sim \frac{B}{18}$로 되어 있으며, B가 25 m 이하인 배에서는 격창적재를 하는 경우는 드물지만 이중저의 높이가 연료유 탱크로서의 용적이나 작업공간의 확보 때문에 일반적으로 높게 되어 있다.

다음에 늑판(floor plate)의 배치 간격은 선급 협회 규칙에 그 최대치가 규정되어 있는데, 기존선에서의 늑판 간격을 조사해 보면 그림 10-19에 보인 것과 같이 창 내 적재화물의 겉보기비중이 0.8 이하인 배에서는 4늑골 간격으로 하고, 0.8 이상인 배에서는 균일적재나 격창적재냐에 관계 없이 3늑골 간격으로 한 경우가 많다.

거더의 배치에 대해서도 선급 협회 규칙에 그 최대간격이 규정되어 있으나, 실제로는 2~4종 늑골 간격마다 배치하되 중심선 근처에서는 촘촘하게, 빌지 근처에서는 성기게 넣는 것이 보통이다. 이와 같이 거더의 배치 간격을 달리하는 것은 이중저하중이 크게 걸리는 중심선 근처를 강화시키려는 의도이며, 구조적으로 합리적이라 할 수 있다. 그러한 논리는 늑판에 대해서도 성립하며, 선창의 중앙부에서의 늑판 간격을 좁히는 것이 합리적이다. 한편, 종늑골의 스팬이 달라지는 것은 바람직하지 못하므로, 결국 늑판은 일정한 간격으로 배치할 수 밖에 없다.

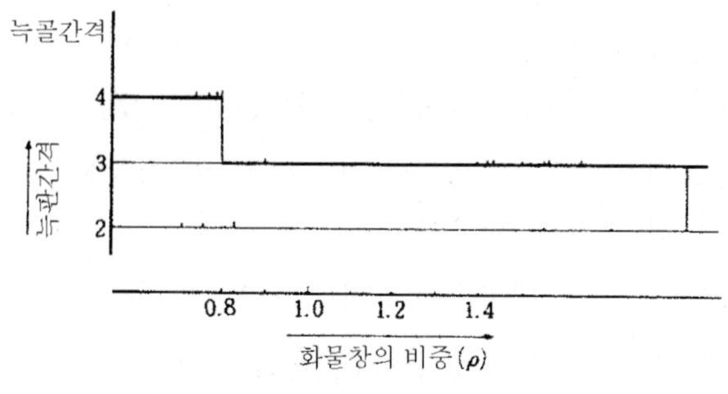

그림 10-19 화물창의 비중과 늑판 간격

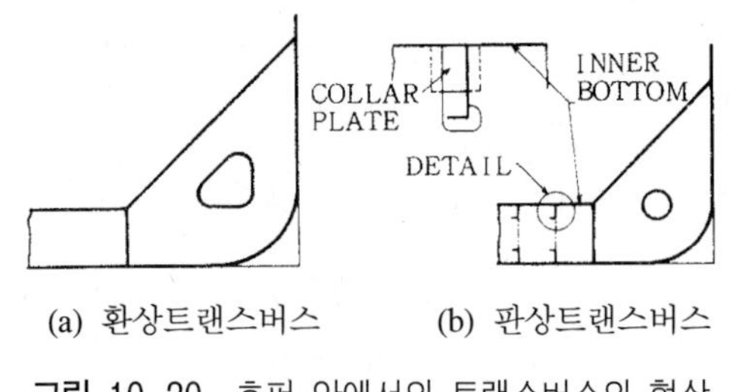

(a) 환상트랜스버스　　(b) 판상트랜스버스

그림 10-20 호퍼 안에서의 트랜스버스의 형상

선저종늑골(bottom longitudinals)과 내저종늑골(inner bottom longitudinals)은 늑판을 관통하며 같은 간격으로 선저외판과 내저판의 내측면에 붙여지고, 늑판에 붙은 연직보강재에 의해 서로 연결되어 있다. 종늑골로는 모두 L형강재가 사용되고 있다. 선창 내 화물의 비중이 큰 배에서는 내저판 아래 종늑골이 커져서 늑판을 관통하는 구멍이 커지기 때문에 늑판의 단면적이 작아지므로 주의하여야 한다.

일반적으로 이중저의 가장자리에서는 늑판이나 거더에 큰 전단력이 걸리므로, 맨홀(manhole)을 뚫을 때 이중저의 가장자리로부터 각각 이중저의 폭 또는 길이의 10% 이내인 곳은 피해야 하고, 또 그들 구멍의 지름은 이중저 높이의 20% 이내로 하여야 한다. 한편, 그것을 지킬 수 없는 경우에는 구멍으로 인해 감소된 면적을 보상해야 한다.

그리고 늑판의 양단으로부터 이중저 폭의 10% 범위 안에 있는 종늑골 관통구멍들은 칼라판(collar plate)으로 막아주어야 한다(그림 10-20 참조).

(2) 호퍼(Hopper)의 구조

호퍼는 선창바닥의 양쪽 모퉁이에 붙은 경사판으로 이루어져 있고, 앞서 말한 바와 같이 짐이 그 경사면에 따라 미끄러져 내려오게 함으로써 하역능률을 올리려는 데 그 목적이 있다. 그런데 양쪽 호퍼부분은 선창구역을 종통하는 중공삼각주를 형성하며, 그 비틂강성도가 크기 때문에 이중저구조를 양쪽에서 잡아주는 역할을 하게 된다.

일반적으로 호퍼의 구조는 그림 10-16에 보인 것과 같은 종늑골방식이며, 그 부분에 걸리는 화물하중과 밖으로부터의 해수압을 지탱하고 있다. 한편, 그 종늑골들은 늑판과 같은 위치에 설치된 트랜스버스에 의해 지지되어 있다.

호퍼부분에서의 트랜스버스의 형상으로는 그림 10-20에 보인 것과 같은 환상과 판상의 두 가지 종류가 있다. 그 부분에서의 트랜스버스의 웹의 깊이가 종늑골의 관통구멍의 깊이의 2.5배 이상이면 환상트랜스버스로 할 수 있지만, 호퍼가 작을 경우에는 중앙에 교통구멍을 1개 뚫은 판상트랜스버스로 할 수밖에 없다.

호퍼의 구조에서 중요한 곳은 내저판과 호퍼 경사판과의 결합부이다. 소형선이나 비중이 작은 화물을 싣는 배에서는 그 결합부의 트랜스버스 구석에 슬롯(slot)구멍을 따낸 대로 두어도 되지만, 대형선이나 비중이 큰 화물을 싣는 배 또는 선창에 해수밸러스트를 넣는 배에서는

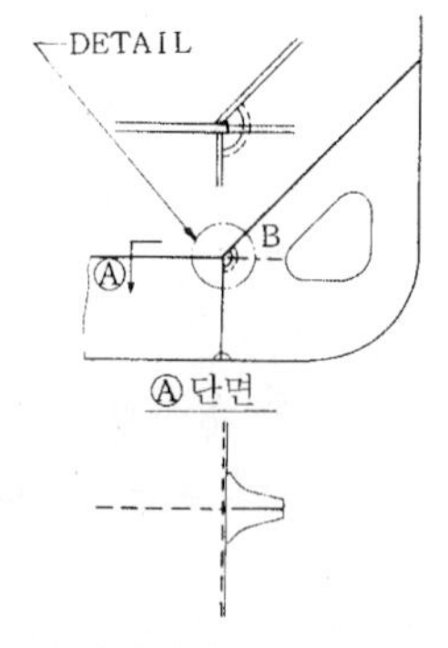

그림 10-21 내저판과 호퍼 경사판의 결합부

그 슬롯으로부터 균열이 생겨서 안으로 뻗어나가기 쉽다. 그것을 방지하기 위한 가장 좋은 방법은 그림 10-21에 보인 것과 같이 슬롯을 칼라판으로 막고, 내저판을 연장한 꼴의 브래킷을 붙이는 것이다.

(3) 선측늑골(side frame) 구조

늑골은 호퍼와 어깨탱크 사이의 선측부분에 걸리는 해수압을 지탱하는 부재이다. 벌크 화물선에서는 선측부를 종늑골식으로 하면 짐이 흘러내리는 데 지장이 있기 때문에, 그것을 피하기 위하여 선측부는 횡늑골식 구조로 하는 것이 보통이다.

종전에는 어깨탱크 안의 밸러스트수나 기름의 중량을 받쳐줄 목적으로 깊은 특설늑골을 호퍼 탱크의 트랜스버스의 위치에 세우고 있었다(그림 10-22 참조). 그러나 최근의 구조해석의 결과에 의하면 호퍼부는 이중저의 변형에 따라 회전하며, 늑골의 굽힘강성에 비해 훨씬 큰 비틂강성을 가지고 있으므로, 그 변형에 따를 수밖에 없는 늑골은 유연하면서 단면계수가 큰 것이 유리하다는 것이 밝혀져 있다. 그런 관점에서 보면 깊은 특설늑골은 오히려 해롭다. 그러므로, 각 선급 협회 규칙은 특설늑골의 설치를 강요하지 않고, 보통늑골의 단면계수를 고르게 증가시키는 것을 권장하고 있다.

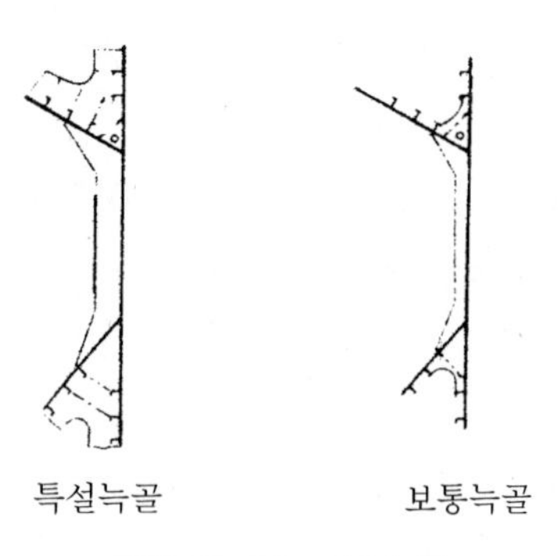

그림 10-22 선측늑골

한편, 위아래 탱크 안에 트랜스버스가 없는 위치에 붙는 늑골의 상하단에는 큰 브래킷을 붙이고, 그것은 다시 탱크 안에 붙은 브래킷과 결합된다(그림 10-22 참조).

(4) 어깨탱크(shoulder tank) 및 갑판구조

어깨탱크의 목적은 적재된 벌크화물이 배의 동요에 따라 허물어지지 않도록 윗면을 덮어주는 데 있다. 그 덮개의 역할을 하는 경사판은 상갑판 및 선측판과 더불어 삼각주 모양의 탱크를 형성한다. 그 탱크는 대개 밸러스트 탱크나 연료탱크로 사용되며, 그 구조는 그림 10-23에 보인 바와 같이 종늑골식으로 되어 있다.

종늑골들을 지지하는 트랜스버스는 호퍼 안의 트랜스버스와 일치하는 위치에 설치되지만 그 간격은 2배로 하는 것이 보통이다. 즉, 호퍼 안 트랜스버스가 2～3늑골 간격으로 설치된 경우에는 어깨탱크 안의 트랜스버스를 4～6늑골 간격으로 배치하는 것이다. 그러나 어떤 경우에도 트랜스버스 간격이 5,100 mm를 넘어서는 안 된다.

어떤 배에서는 어깨탱크 안에 밀을 싣는 경우가 있다. 그런 경우에는 그림 10-23에 보인 것과 같이, 탱크의 측면은 횡늑골식 구조로 하고 바닥면에서는 종늑골과 트랜스버스를 바깥쪽(선창 쪽)에 붙인다.

벌크 화물선의 어깨탱크 안에 붙어 있는 종통재들은 갑판종늑골(deck longitudinals), 선측종늑골(side longitudinals) 및 탱크바닥종통재(longitudinals on tank bottom)들인데, 갑판종늑골로는 일반적으로 선체종강도에 필요한 갑판 단면적을 주기 위하여 단면적이 큰 평강이 사용된다. 또, 평강에는 L형강에서와 같은 면재가 없으므로 화물찌꺼기가 남지 않아서 좋다.

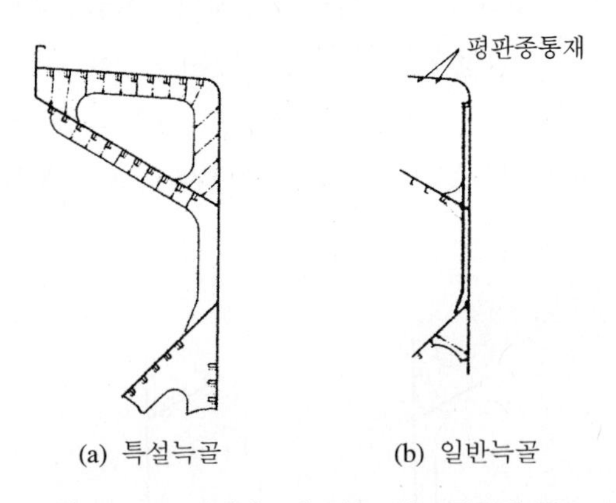

그림 10-23 어깨탱크에 밀을 싣는 경우의 구조

(5) 격벽(Bulkhead)

벌크 화물선에서의 격벽배치는 일반 화물선에 대한 선급 협회 규칙에 따르게 되어 있으나 배의 길이가 어떤 값 이상인 경우에는 개별적으로 승인을 받게 되어 있으므로, 일반적으로는 침수계산에 따라 격벽배치를 결정한 뒤에 선급 협회에 제출하여 승인을 받고 있다. 앞의 (1)

항 이중저구조에서 말한 바와 같이 선창의 수는 이 격벽의 수와 직접 관계가 있다.

벌크 화물선은 건조화물을 운반하므로 그 격벽의 구조와 강도는 일반 화물선의 수밀격벽에 대한 규칙에 따르고 있지만, 화물이 입자들이므로 수평거더 위에 그 입자들이 쌓이는 구조는 안 되며, 일반적으로는 파형격벽(corrugated bulkhead)이 많이 쓰이고 있다. 그러나 깊이가 15 m 이하인 배에서는 연직보강재가 붙은 평판격벽이 쓰이는 일도 있다.

파형격벽은 그림 10-25에 보인 바와 같이, 이중저 위의 하부스툴(lower stool)과 창구 간 갑판 아래의 상부스툴(upper stool) 사이에 파형판을 배치한 구조로 되어 있다. 그것은 파형판을 이중저와 갑판 사이에 그대로 설치하면 그 스팬이 너무 길어져서 격벽의 중량이 커지므로, 상하단부에 스툴을 붙임으로써 파형판의 스팬을 줄이고 양단의 고착을 확실하게 하기 위한 것이다.

또, 하부스툴은 빌지 호퍼와 같이 경사하고 있어서 하역에도 유리하다.

한편, 하부스툴과 파형판의 결합부에는 화물입자들이 쌓이는 것을 막기 위한 경사판(slant plate)이 붙어 있다.

벌크 화물선에서는 밸러스트 항해에 필요한 흘수를 얻기 위하여 선체 중앙부의 한 화물창을 밸러스트 탱크로 겸용하는 배가 많다. 그런 화물창의 앞뒤 격벽은 선급 협회의 심수탱크의 규칙을 적용하여 튼튼하게 만들어야 하는데, 그런 선창에 밸러스트수를 반만 채우면 유조선의 (4)항에서 설명했던 대로 심한 물의 운동으로 격벽을 비롯한 선각구조가 손상을 입게 되므로, 벌크 화물선에서의 화물창 겸 밸러스트 탱크에 대해서는 '만수 또는 공창(full or empty)'의 조건을 붙여 선급 협회의 승인을 받고, 조선(操船)자료에 그 지침을 기재한다.

그런 겸용창의 앞뒤 격벽을 파형판으로 만드는 경우에 주의해야 할 점은 하부스툴 위에 앞서 말한 경사판을 붙일 때 용접이 불완전하면 물이 안으로 스며들어 부식을 일으키므로, 공사를 꼼꼼히 해야 한다는 것과 하부스툴이 내저판에 붙는 부분의 용접이 불완전하거나 늑골위치가 어긋나게 되면 내저판에 균열이 생기기 쉽다는 것이다.

(6) 브래킷(Bracket)과 브레이싱(Bracing)

두 부재가 격자(格子)를 이루고 있는 부재 사이를 견고히 역어 주는 부품으로서 대개는 작은 면재로 생긴 것을 브래킷(Bracket)이라 하고, 길며 봉재(棒材)로 생긴 것을 브레이싱(Bracing)이라고 부른다. 두 부재 모두가 압축과 인장력에 강하게 대응하므로 가장 보편적인 보강 방식으로 널리 쓰인다.

면재가 많이 쓰이는 선박 구조에는 브래킷이 많이 쓰이고, 광폭 지붕구조, 크레인 붐, 송전철탑 등에 봉재를 써서 강한 구조를 형성하는 트러스(Truss)에서 브레이싱(Bracing)이 많이 쓰인다. 파리의 에펠탑이나 도쿄 타워도 트러스 구조로서 수 많은 브레이싱이 쓰이고 있다.

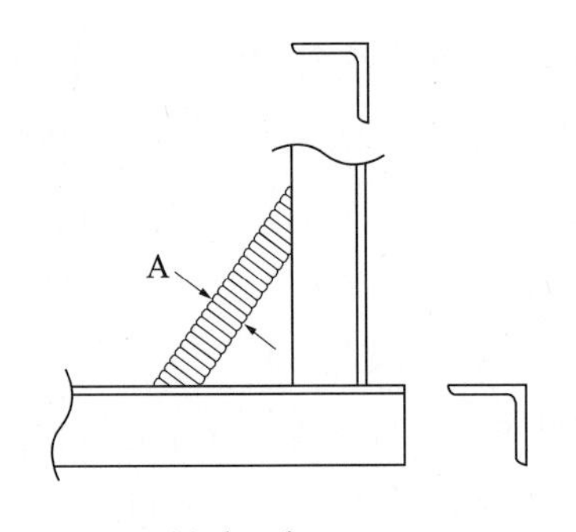

(a) bracket

A부분이 더 많은 힘을 쓰고 나머지 작은 삼각형 부분은 큰 힘을 받지 않는다.

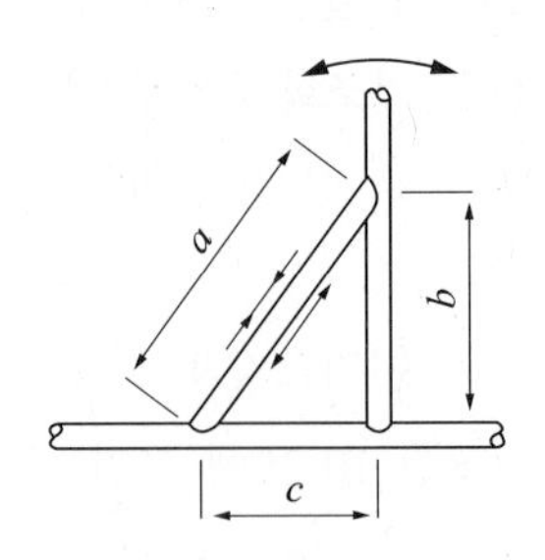

(b) bracing

구간 a, b, c가 변형을 일으키지 않도록 너무 길지 않게 설정해야 한다. 또 결속점은 견고하여야 한다.

그림 10-24 Bracket과 Bracing

(7) 창구 간 갑판

벌크 화물선은 양현 어깨탱크 부분에서는 이층갑판선으로 볼 수 있지만 창구 사이에서는 상갑판만 있는 일층갑판선이다.

따라서, 선급 협회 규칙에서도 창구 사이 부분에 대해서는 일층갑판선의 규칙을 적용하고 있다. 현재 그림 10-25에 보인 것과 같은 횡늑골식 구조를 채택하고 있다.

횡늑골식으로 하는 경우에 선급 협회 규칙에서 일층갑판선으로 보고 횡늑골의 단면계수를 구하면 계산식에 쓸 최소 스팬이 0.2～0.25B이어서 상당히 큰 치수가 얻어진다.

그 경우에 횡늑골로 형강을 쓰면 플랜지에 화물입자들이 쌓이기 쉬우므로, 밸브평강이나 평강을 사용하는 경우가 많다.

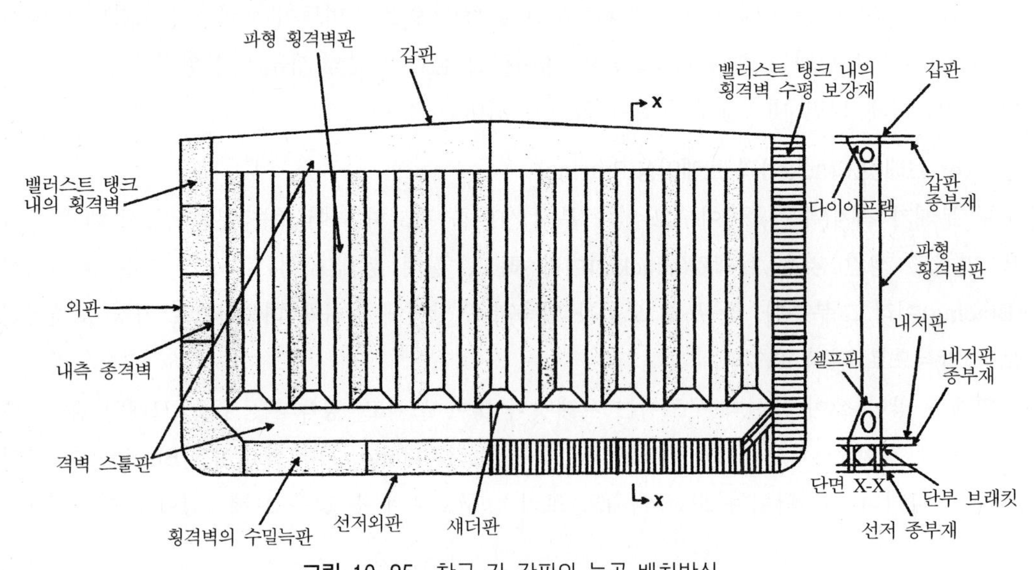

그림 10-25 창구 간 갑판의 늑골 배치방식

10.3.2 중앙단면 설계

선박 구조의 경우 통상 중앙부 $0.4L$ 정도의 구간에서는 일정한 치수의 구조를 하고 있으며, 구조강도의 연속성을 유지시키기 위해서 $0.4L$ 밖의 구간에서도 상당 부분 비슷한 부재의 치수를 갖도록 설계되어 있다. 따라서, 중앙단면 구조도는 선박의 강도를 대표한다고 할 수 있으므로 여기서는 중앙부 구조설계에 관한 사항에 초점을 맞추어서 좀 더 소개한다.

중앙단면을 설계할 때는 국부적인 치수(load scantling)로 정해진 부재치수를 이용해서 선체 중앙단면의 단면계수(section modulus)를 구하고, 이 단면계수가 선급에서 요구하는 값보다 작을 때는 부재치수를 적당히 증가시켜서 선급에서 요구하는 단면계수가 되도록 한다. 이 과정을 반복해서 최적의 것이 나오도록 한다. 각 선급에서는 자기들의 경험을 바탕으로 각각 나름대로의 규정을 정하였으므로, 규정 내용이 선급에 따라 달라서 판 두께나 보강재 치수도 다르게 요구된다. 일반적으로 국부적 치수는 선체중앙부에서 횡하중(lateral load)을 받는 구조 부재들에 대하여 해당 하중(정하중 및 동하중)에 견디도록 부재의 치수를 결정하고, 여기에 덧붙여서 좌굴강도와 피로강도 등을 검토하여 이것을 만족하도록 설계하는 것을 말한다.

이때 직접적으로 횡하중을 받지 않는 지지재(supporting member)들은 대부분 구조해석을 통하여 구조강도를 검증하므로 국부적 치수에서는 생략하는 경우가 많다.

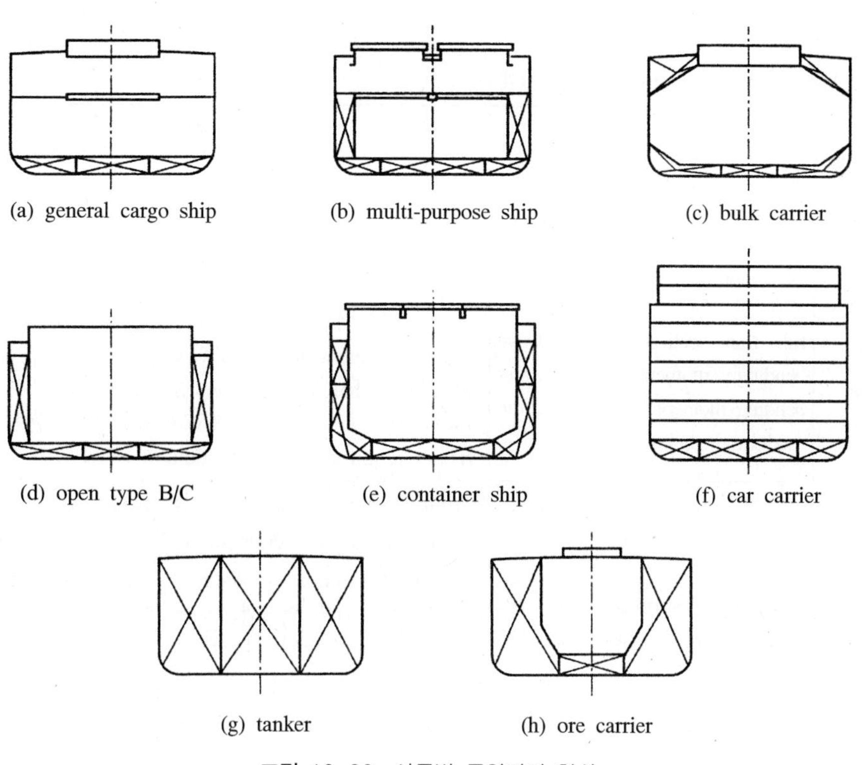

그림 10-26 선종별 중앙단면 형상

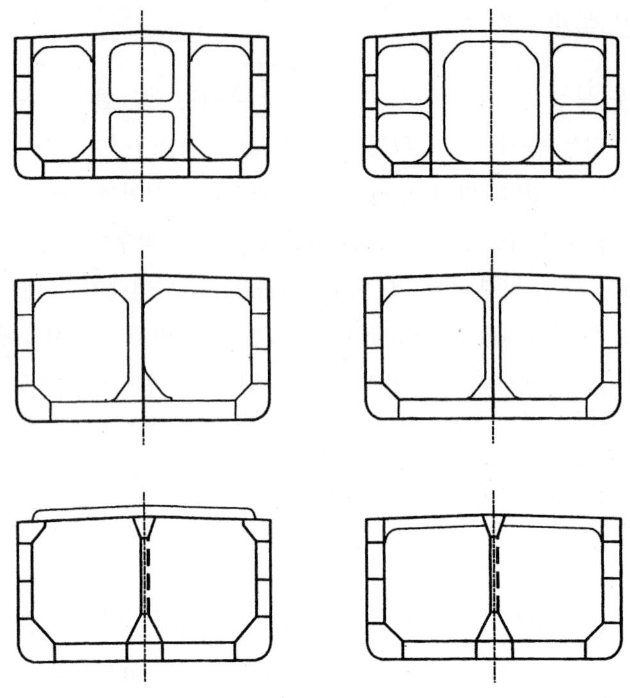

그림 10-27 이중선체탱커의 전형적인 배치

표 10-3 Midship section scantling 과정 (계속)

step	main work	remarks
step 1. 중앙 단면 형상 결정	double bottom의 높이, hopper size, top side tank size, camber, bilge radius, side long · BHD 위치, inner skin BHD의 위치	그림 10-26, 10-27 선종별 중앙 단면 형상 참조
step 2 global scantling	rule min. section modulus wave bending moment, still water bending moment, required section modulus higher tensile zone	rule의 산식에 의한 최소의 section modulus, wave bending moment를 각각 구하고, rule에서 언급한 최소의 still water bending moment(S.W.B.M)와 모든 loading condition에서의 가장 큰 S.W.B.M과 비교하여 큰 값을 취하여 required section modulus를 구함
step 3 F_B , F_D	assuming : surplus factor F_B (bottom), F_D (deck)	surplus factor F_B(bottom에서의 actual section modulus에 대한 required section modulus의 비)와 F_D(deck에서의 actual section modulus에 대한 required section modulus의 비)를 추정함으로써 종강도에서의 잉여 강도를 local scantling에 적용하여 경제적인 설계를 하도록 함. surplus factor를 초기에 적절히 가정하면 반복 작업을 줄일 수 있어 효율적인 설계를 할 수 있음. 이 값은 설계하는 배의 주요 제원의 특성이다.

step	main work	remarks
step 4 F_B , F_D	assuming : surplus factor F_B (bottom), F_D (deck)	deck나 bottom 부위에 어떤 재질을 사용하여 설계하는가 등에 따라 다름. 이 과정은 종강도 해석에 있어서 가장 중요한 부분이며, 이 F_B , F_D에 가장 근접한 section modulus를 구하는 것이 중앙 단면도 설계의 관건이라고 할 수 있음. 주의해야 할 사항은 actual section modulus 값이 적어도 required section modulus 값과 같거나 그 이상이 되도록 설계하여야 한다.
step 5 local scantling	check : hull structure(plate 및 longitudinal)의 thickness 및 F_B, F_D check	global scantling과 local scantling을 상호 비교하여 시행착오법으로 체크함. 이때 설계선의 중앙단면도에 나타내는 각 부재의 실제 scantling을 결정하기 위해 선급 규정을 기준으로 해서 각 부재에 작용하는 loading을 고려하여 두께 및 section modulus를 결정하고, 종강도 계산에서 추정한 surplus factor F_B, F_D를 이용해서 local scantling을 감소시켜 최종 scantling을 결정함. 이 과정에서는 step 2에서 나온 section modulus와 본 설계과정을 거쳐 계산된 값을 비교함으로써 step 3에서 추정한 F_B, F_D값과 일치하도록 시행착오법으로 반복적인 작업을 수행하여야 함
step 6 횡강도 check	rule scantling, 3-D FEM을 통한 구조 해석, shear flow, welding, grillage 등을 수행함.	CC선(crude oil carrier), PC선(product carrier), 탱커(tank) 등과 같이 hatch opening이 작은 경우는 통상 횡강도 체크를 생략함
step 7 buckling, sloshing, fatigue 등	3D FEM법으로 buckling, sloshing, fatigue 등 검토	

〉〉〉 10.4 선체 종강도 Longitudinal Hull Strength

선체의 구조 설계는 특별한 경우 이외에 조건을 설정하고 유한 요소법 등에 의해 전산기를 사용하는 일도 있지만 구조 부재 치수 또는 선체 종강도의 단면 저항율 등은 선급 협회 또는 법규의 정하는 바에 따라서 설계된다. 여기서는 초기 설계의 입장에서 가장 기본적인 선체 종강도만을 대상으로 한다.

상선의 종강도는 1930년의 국제 만재 흘수선 조약에서 건현의 지정을 받는 선박의 종강도 기준으로서 선체 중앙의 단면 저항율이 주어졌지만 현재는 주관청이 인정한 선급협회의 규정에 의해 건조되는 선박은 충분한 강도를 갖는 것으로 본다.

10.4.1 선체 종강도의 기준(Longitudinal Strength Standard)

선체 종강도 계산은 선체가 정수속에 떠 있는 경우의 종휨모멘트와 통과하는 파랑에 의해 생기는 휨모멘트로 분리하고 있다.

정수 속의 휨모멘트는 수선 아래 선형에 의한 부력 분포 및 선체 자중, 탑재물 등의 중량 배치를 알면 계산에 의해 구할 수 있다.

파랑(波浪)에 의한 휨모멘트는 선형의 크기에 대응하는 파랑 형상의 선정, 즉 파랑 중에서 선체 운동의 영향 등의 미미한 분야에 속하는 요소도 많고 특히 실적으로 비교적 적은 대형선 등에 대한 각 선급협회 규칙도 빈번한 개정이 되고 있다.

일반적으로 파랑 휨모멘트는 배의 길이와 거의 같은 파장의 파랑에서 최댓값을 발생하고 일정 파고까지는 이것에 비례한다고 볼 수 있다.

항양선(航洋船)에 대한 휨모멘트 계산의 표준 파고는 약 9 m를 한도로 하고 대략 $L^{1/3}$에 비례하는 파고로 산정한다.

실제의 선체 종강도는 위에서 산정한 기초로 휨모멘트를 구하고 다시 안전율, 부식 여유를 예상해서 결정된다.

10.4.2 종강도의 계산

트림을 계산한 각 상태에 대해서 정수 중의 세로 휨 모멘트를 계산하여 문제가 없다는 것을 확인한다.

세로 휨 모멘트의 계산 방법에 대해서는 여기서 생략하기로 한다. 세로 휨 모멘트는 계산식으로 계산하는 것은 너무 시간이 걸리므로 일반적으로 전자계산기를 사용하여 계산하는 것이 매우 편리하다. 예로서, D.W.T. 45,000톤인 벌크 화물선에 대하여 정수 중 세로 휨 모멘트를 계산한 결과를 표 10-4에 소개하기로 한다.

세로 휨 모멘트를 계산할 때에는 동시에 전단력(剪斷力) 계산을 하여 선측외판의 두께를 점검하지만, 표 10-4에서는 생략하였다.

표 10-4으로부터 알 수 있는 바와 같이 이 배의 경우에는 철광석을 격창 적재(隔艙 積載)하고 입항한 상태에서 호깅 모멘트가 가장 커지는데, 배에 따라서는 재화 계수가 작은 그레인 화물(grain cargo)을 적재했을 때 슬랙 화물창이 거의 비면 호깅 모멘트가 커지므로, 그때의 세로 휨 모멘트가 철광석을 격창 적재했을 때보다 커지는 수도 있다.

또, 유조선과 같이 재하중량에 비해 흘수가 깊고 L이 짧은 선형에서는 화물의 하중(荷重)이 중앙에 집중하게 되므로, 일반적으로 만재 입항 때의 새깅 모멘트가 가장 커지게 된다.

이와 같이, 각 상태의 정수 중 세로 휨 모멘트를 계산하고, 그 중에서 가장 큰 세로 휨 모멘트 M_S를 바탕으로 하여 단면 계수를 계산한다.

표 10-4 D.W.T. 45,000톤인 벌크 화물선의 각 상태에 있어서 정수 중 최대 세로 휨 모멘트

상 태	항 로	재화 계수	출항과 입항	최대 세로 휨 모멘트(ton-m) (정수 중에서)
만재 상태(균질 화물)	짧은 항로	41.9	출항	19,990
			입항	12,133
	긴 항로	43.6	출항	31,945
			입항	10,139
만재 상태(그레인 화물)	짧은 항로	40.0	출항	−23,202
			입항	−26,932
		45.0	출항	18,152
			입항	9,166
		50.0	출항	10,586
			입항	8,143
	긴 항로	40.0	출항	−38,752
			입항	−61,257
		45.0	출항	42,239
			입항	14,658
		50.0	출항	23,109
			입항	8,143
만재 상태(철광석)	짧은 항로	20.0	출항	−93,913
			입항	−97,624
	긴 항로	20.0	출항	−75,788
			입항	−98,451
정상 밸러스트	짧은 항로		출항	−65,872
			입항	−72,522
	긴 항로		출항	−50,032
			입항	−72,522
중 밸러스트	짧은 항로		출항	−56,846
			입항	−54,572
	긴 항로		출항	−52,726
			입항	−54,572

㈜ 새깅 모멘트는 (+), 호깅 모멘트는 (−)로 표시

선급 협회 규칙에 의해 요구되는 단면 계수는 각 선급 협회마다 조금씩 다르기 때문에 D.W.T. 45,000톤인 벌크 화물선의 적용 선급인 L.R.(1981)를 예로 잡아서 설명하기로 한다.

단면 계수 $\frac{I}{y}$ (cm^3)는 제3장에서 설명한 바와 같이 세로 휨 모멘트를 M (ton−m), 응력을 σ (kg/mm^2)라고 하면 $\frac{I}{y} = \left(\frac{M}{\sigma}\right) \times 10^3$ (cm^3)로 된다.

총 세로 휨 모멘트는 표 10-4에 나타낸 정수 중의 세로 휨 모멘트 M_S와 파도로 인한 세로

휨 모멘트 M_W를 합한 것이다. 정수 중 세로 휨 모멘트는 트림 계산을 수행한 각 상태에 대해서 계산하고, 그 중에서 가장 큰 값을 취한다.

표 10-4의 예에서는 철광석을 적재했을 때의 98,451(ton−m)이 호깅(hogging)에 해당한다.

파도로 인한 세로 휨 모멘트 M_W는 $M_W = \sigma_W \cdot \left(\frac{I}{y}\right)_M \times 10^{-3}$으로 계산되고, 여기서 $\left(\frac{I}{y}\right)_M$은 L, B, C_B가 주어지면 $\left(\frac{I}{y}\right)_M = C_1 L^2 B(C_B + 0.7)$로 간단히 계산된다. 다만, 여기서 C_1은 L에 따라 변하는 계수가 된다. 또, σ_W는 파도로 인한 응력이며, $\sigma_W = 10$ (kg/mm^2)으로 잡고 있다.

이것을 다시 계산식으로 나타내게 되면 다음과 같다. 즉, 선체의 길이 방향 전단력(shear force) 및 세로 휨 모멘트 값의 분포는 선체를 얇은 두께의 속이 빈 단면보(section beam)로 가정하고 선체 중량(hull weight) 및 화물(cargo)은 밑으로, 부력(buoyancy)은 위로 작용하는 하중(load)으로 보고 순수한 보 이론(beam theory)에 따라 계산된다. 그러므로 총 전단력(total shear force) 및 총 세로 휨 모멘트(total bending moment)의 계산은 정수, 파랑 상태에서의 전단력 및 세로 휨 모멘트의 합으로서, 종강도에 기여하는 모든 선체 부재 치수는 이 전단력과 세로 휨 모멘트 값에 따라 결정된다.

$$F_T = F_S + F_W$$
$$M_T = M_S + M_W$$

여기서, F_T, M_T : 총 전단력과 세로 휨 모멘트 값
F_S, M_S : 정수 중에서의 전단력과 세로 휨 모멘트 값
F_W, M_W : 파랑 중에서의 전단력과 세로 휨 모멘트 값

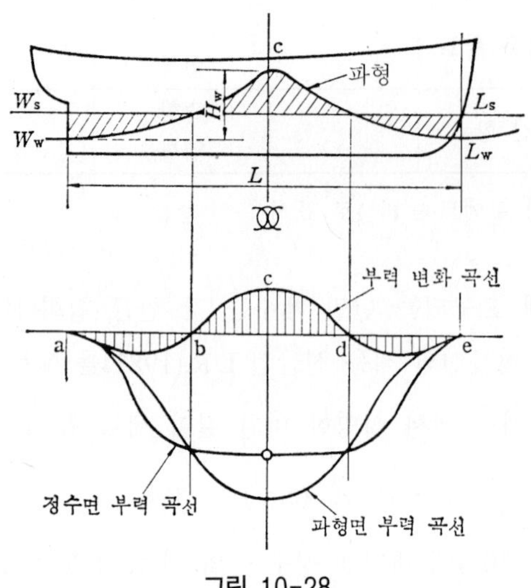

그림 10-28

한편, 설계 초기에는 정확한 세로 휨 모멘트 값을 계산할 수 없으므로, 상사선의 자료나 근사식으로 모멘트 값을 추정하게 된다.

1. 최대 세로 휨 모멘트의 근사식

최대 세로 휨 모멘트가 선체 중앙부에서 발생한다고 가정하였을 경우,

$$M_T = \frac{WL}{C_M} = \frac{1.025\ C_B L^2 B d}{C_M} \fallingdotseq \frac{\Delta L}{C_M}$$

여기서, C_B : 방형 계수

W : 만재 배수 톤수

d : 만재 흘수

C_M : 세로 휨 모멘트 계수로서 25 ~ 35(≒30)

$\left(H_W = \frac{L}{20} \text{의 표준파에서} \right)$

일반적으로 화물선에서는 호깅 상태(hogging condition)에서, 유조선은 기관실이 선미에 있을 때 새깅 상태(sagging condition)에서 가장 큰 세로 휨 모멘트가 발생한다.

2. 총 전단력 최댓값의 근사식

$$F_T = \frac{W}{C_F} = \frac{1.025\ C_B L B d}{C_F}$$

여기서, C_F : 전단력 계수로서 7 ~ 10

$\left(H_W = \frac{L}{20} \text{의 표준파에서} \right)$

그러므로 이 전단력과 세로 휨 모멘트에 충분한 단면의 단면 계수를 계산하여야 하며, 선체 각 단면이 충분한 종강도를 보유하기 위한 필요 단면 계수(required section modulus) SM_R은 다음과 같이 구해진다.

$$SM_R = \frac{M_T}{\sigma_c} = \frac{(M_S + M_W)}{\sigma_c} \times 10^3\ (\text{cm}^2 - \text{mm})$$

여기서, σ_c : 허용 응력(allowable stress)(kg/cm^2)

SM_R : 임의 단면의 소요 단면 계수(cm^2 − mm)

또, 선체의 단면에 발생되는 세로 휨 응력은 허용 휨 응력 σ_c를 초과하지 않는 종강력

부재의 치수를 결정하여야 한다.

이와 같이 해서 M_S와 M_W가 계산되면 앞에서와 같이 단면 계수 $\frac{I}{y}$는

$$\frac{I}{y} = \frac{(M_S + M_W)}{\sigma_c} \times 10^3 \ (\mathrm{cm^2-mm})$$

으로 구해진다. σ_c는 허용 응력이 되므로 배의 종류에 따라 달라지며, 유조선이나 재화 계수가 1 ($\mathrm{m^3/ton}$) 이하인 무거운 화물을 적재하는 배의 경우에는 16.40 ($\mathrm{kg/mm^2}$)로 잡고 있다.

다음에 $\frac{I}{y}$와 $\left(\frac{I}{y}\right)_M$을 비교하여 그 중에서 큰 값을 취한다. $\left(\frac{I}{y}\right)_M$과 M_W는 L, B, C_B가 앞에서와 같이 주어지면 정해지므로 $\frac{I}{y} \leq \left(\frac{I}{y}\right)_M$이 되도록 M_S의 값을 억제할 수가 있으면 종강도의 점에서는 바람직한 설계가 되었다고 볼 수 있다.

한편, M_S가 커서 $\frac{I}{y} > \left(\frac{I}{y}\right)_M$이 되는 일이 생기면 종통 구조 부재의 치수를 증가시켜 $\frac{I}{y}$를 증가시킬 필요가 있기 때문에 중량도 증가한다.

따라서, $\frac{I}{y}$가 배의 주요 요목으로부터 결정되는 최소값이 되도록 M_S의 값을 억제하여야 한다. D.W.T. 45,000톤인 벌크 화물선의 경우에 대해서 $\frac{I}{y}$와 $\left(\frac{I}{y}\right)_M$을 계산하면

$$\frac{I}{y} = 15,442 \times 10^6 \ (\mathrm{cm^3})$$

$$\left(\frac{I}{y}\right)_M = 15,475 \times 10^6 \ (\mathrm{cm^3})$$

가 얻어진다.

따라서, $\frac{I}{y} < \left(\frac{I}{y}\right)_M$이므로 이 배의 화물창이나 여러 가지 탱크의 배치 및 연료, 청수 등의 적재 방법은 종강도면에서는 문제 없는 설계로 되었다고 할 수 있다.

(1) 한국 선급 협회의 종강도 기준(Korean Resister, KR)

선체 종강도의 기준은 각국 선급 협회에서 선박 구조의 강력 구조 부재를 기초로 해서 규정하고 있으며, 실질적으로 큰 차이는 없지만 선박 설계에 대한 이와 같은 기본적인 중요한 사항은 국제적으로 통일되는 것이 바람직하다.

또한, 각국 선급 협회에서는 종강도 기준에 관해서 허용 전단응력에 대해서도 규정하고 있는데, 여기서는 선체 횡단면의 횡단면적 계수에 중점을 두어 설명하기로 한다.

선체 횡단면의 횡단면적 계수(Z)는 다음에 나타낸 2개의 근사 계산식에 의한 값 중 큰 쪽의 것 이상으로 한다.

표 10-5

배의 종류	C_1		C_2			
			새깅 상태		호깅 상태	
	강력 갑판	선 저	강력 갑판	선 저	강력 갑판	선 저
I	1.0	1.06	1.0	1.06	1.03	1.03
II	1.02	1.06	1.02	1.06	1.05	1.03
III	1.03	1.09	1.03	1.09	1.06	1.06

I : 일반 화물선 및 II, III 이외의 선박
II : 강력 갑판이 화물유 탱크의 일부를 구성하고 있는 선박, 다만 III은 제외
III : 탱커

$$Z_1 = C_1 K_1 L_1{}^2 B(C_B + 0.7) \quad (\mathrm{cm}^3)$$

$$Z_2 = 65 C_2 \times \left[0.14 K_2 L_1{}^2 B C_B \times \left(1 + 0.04 \frac{L_1}{B}\right) + M_S\right] \quad (\mathrm{cm}^3)$$

여기서 L_1은 수선 간 길이(L_{BP}) 또는 만재 흘수선상 배 길이의 97% 중 작은 쪽의 값이고, C_B가 0.6 미만일 때에는 0.6으로 한다.

계수 C_1, C_2의 값은 표 10-5에 의한다.

$$K_1 = 10.75 - \left(\frac{300 - L_1}{100}\right)^{1.5}, \quad L_1 < 300\,\mathrm{m}$$

$$K_1 = 10.75, \quad L_1 \geq 300\,\mathrm{m}$$

$$K_2 = \left[1 - \left(\frac{300 - L_1}{300}\right)^2\right]^{1/2}, \quad L_1 < 300\,\mathrm{m}$$

$$K_2 = 1.0, \quad L_1 \geq 300\,\mathrm{m}$$

여기서, M_S : 정수 중 종휨모멘트(t−m)

M_S는 모든 재화 상태에서의 새깅, 호깅의 최댓값을 취한다.

고장력강을 사용하는 경우 앞에서 기록한 Z의 값에 다음 값을 곱한 것으로 해도 지장은 없다.

고장력강 $KA32$, $KD32$ 및 $KE32$: 0.78
고장력강 $KA36$, $KD36$ 및 $KE36$: 0.72

다만, 선체 횡단면적의 단면 2차모멘트는 다음 계산식에 의한 값 미만으로 해서는 안 된다.

$$3ZL_1 \ (\mathrm{cm}^4)$$

선급 규칙에 의한 경우 $Z_1 = Z_2$으로서 구한 M_S의 값을 $M_S = \Delta_F \cdot \dfrac{L}{C}$로 나타내면 대형 전용화물선인 경우 C값은 대략 $C \fallingdotseq 1.62 \cdot L^{0.8}$으로 표시되고 화물탑재 배치는 이 정수 중에서 휨모멘트 M_S를 넘지 않도록 하는 것이 구조 강도상 유리하다.

(2) Lloyd's Register(LR)

보통의 선형·선체 치수비 및 속력을 갖는 항양선(航洋船)은 직접 계산이 안 되는 경우 아래의 규정을 적용한다. 다음의 특징을 하나라도 갖는 경우는 직접 강도 계산이 요구된다.

① $L > 400$ m

② 만재 상태에서의 최대 항해 속력이 C_B에 관련되고 다음 표의 값을 넘을 때에는 중간의 C_B에 대해서는 보간법을 적용

표 10-6

L	C_B	V (knots)
$L \leq 200$ m	$C_B > 0.80$	17
	$C_B = 0.70$	19.5
	$C_B < 0.60$	22
$L > 200$ m	$C_B > 0.80$	18
	$C_B = 0.70$	21.5
	$C_B < 0.60$	25

③ 특수 형상 또는 특수 설계

④ 특수한 선체 중량의 분포

⑤ $\dfrac{L}{D} > 17$, $\dfrac{L}{B} < 5.0$, $\dfrac{B}{D} > 2.5$

⑥ 큰 갑판 개구 또는 워핑 응력이 $1.5\ \mathrm{kg/mm^2}$를 넘는 경우

⑦ 한쪽의 두꺼운 판과 보 위쪽판에 현측 하역 개구가 있는 경우

⑧ $C_B < 0.60$인 경우

선체 중앙 단면 계수 (Z_R)는 다음 값의 큰 것보다 작지 않을 것

(가) $Z_R = C_1 \times L^2 \times B(C_B + 0.7)$ (cm^3)

여기서, C_B는 만재 흘수의 값으로 0.6 보다 작지 않은 값으로 한다. C_1은 다음 표의 값으로 한다. 중간 값은 보간법에 의한다.

표 10-7

L (m)	C_1
$L < 90$	$0.0412L + 4.0$
$90 \leq L \leq 300$	$10.75 - \left(\frac{300 - L}{100}\right)^{1.5}$
$300 < L \leq 350$	10.75
375	10.69
400	10.63

(나) $Z_R = \frac{M_S + M_W}{\sigma_C} \times 10^3$ (cm^3)

M_S는 정수 중에서 휨모멘트(t-m)로서 모든 재화 상태에서의 호-깅 또는 새-깅의 최댓값으로 한다.

M_W는 파랑 중에서 휨모멘트 (t-m)로서 항양선(航洋船)은 다음 식에 따른다.

$$M_W = 10 \times C_1 L^2 B\ (C_B + 0.7) \times 10^{-3}\ (\text{cm}^3)$$

또한, Type-1 선박은 $M_S > 0.8M_W$

Type-2 선박은 $M_S > M_W$

인 경우 Z_R은 다음 값보다 작지 않을 것

여기서, Type-1 선박이란 액체 화물을 적재하는 선박과 1-구획당 1.0 m^3/t을 쌓는 계수보다 조밀한 산적 화물선이며, Type-2의 선박이란 액화 가스 운반선 및 산적 화물선 중에서 Type-1 이외의 것

- Type-1의 선박에 대해

$$Z_R = \left[\frac{2}{3\sigma_S}(M_S - 0.8M_W) + \frac{1.8M_W}{\sigma_C}\right] \times 10^3\ (\text{cm}^3)$$

- Type-2의 선박에 대해

$$Z_R = \left[\frac{2}{3\sigma_S}(M_S - M_W) + \frac{2M_W}{\sigma_C}\right] \times 10^3\ (\text{cm}^3)$$

항양선에 대한 σ_C, σ_S, σ_W의 값은 다음과 같다.

표 10-8

	σ_C	σ_S	σ_W
Type - 1	16.40	6.40	10.00
Type - 2	18.15	8.15	10.00

고장력강이 선체 주요 구조 부재에 사용되는 경우 위의 산식에 의한 Z_R 값에 k 또는 0.059(L/D) 중에서 큰 쪽을 곱한다. 고장력강은 현측 갑판선이나 킬에서 $(1-k)z$ 또는 $\left[1-0.059\left(\frac{L}{D}\right)\right]_Z$ 중에서 작은 거리까지 전체 종통(縱通) 연속재에 사용한다.

고장력강이 선체의 상부에만 사용되는 경우 k 값이나 $0.059\frac{(L/D)}{[2-0.059(L/D)]}$ 중에서 큰 편을 곱한다. 이 경우 고장력강은 선측 갑판 선의 아래쪽 $(1-k)z$가 되므로 $\left[\frac{1-0.059L/D}{(2-0.059L/D)}\right]_Z$ 중에서 작은 쪽의 거리까지 모든 종통 연속재에 사용한다.

여기서, k는 고장력강 계수로 $\frac{25}{\sigma_0}$ 이지만 0.72 중에서 큰 쪽, σ_O는 사양 최저 항복점 응력으로 $\sigma_O > 36\ \text{kg/mm}^2$ 인 경우 별도 산정한다. z는 중성축으로부터 현측 갑판선이나 킬 윗면까지의 수직 거리가 된다.

(3) AMERICAN BUREAU(ABS)

종강도에 관한 규정은 L이 61 m 이상이 되거나 D가 L의 $\frac{1}{15}$ 이상인 항양선(航洋船)에 적용된다.

선체 중앙부의 단면 저항률(Section Modulas, SM) 은 아래의 (Ⅰ)이나 (Ⅱ)에 의한 값 중에서 큰 쪽에 의한다.

$$(\text{I})\ SM = \frac{M_T}{f_P}$$

M_T는 정수 중에서 종휨모멘트(M_S)와 파랑 중의 휨모멘트(M_W)의 합(t-m)로 나타낸다.

설계 초기 단계에서 상세한 계산 자료가 준비되어 있지 않는 경우에는 다음의 표준식에 의한다.

① $M_S = C_{ST}\ L^{2.5} B\ (C_B + 0.5)\ (t-m)$

L은 수선 간 길이로 여름철 만재 흘수선상의 배 길이의 96% 이상 97% 이하의 값으로 한다. 또한 C_B는 0.60 이상의 값으로 한다.

표 10-9

L(m)	C_{ST}
$61 \le L \le 110$	$\left(0.618 + \frac{110 - L}{462}\right) \times 10^{-2}$
$110 < L \le 160$	$\left(0.564 + \frac{160 - L}{925}\right) \times 10^{-2}$
$160 < L \le 210$	$\left(0.544 + \frac{210 - L}{2,500}\right) \times 10^{-2}$
$210 < L \le 250$	0.544×10^{-2}
$250 < L \le 427$	$\left(0.544 - \frac{L - 250}{1786}\right) \times 10^{-2}$

② $M_W = C_2 L^2 B H_E K_B\ (t-m)$

여기서, $K_B = 1.0\ :\ C_B \ge 0.80$

$= 1.4 - 0.5\,C_B\ :\ 0.64 \le C_B < 0.80$

$C_2 = (2.34\,C_B + 0.2) \times 10^{-2}$

C_B는 0.64 이상의 값으로 한다. H_E는 표준파의 유효 파고(m)로서 다음 식에 의한다.

표 10-10

L(m)	H_E(m)
$61 < L \le 150$	$0.0172 \times L + 3.653$
$150 < L \le 220$	$0.0181 \times L + 3.516$
$220 < L \le 305$	$(4.50 \times L - 0.0071 \times L^2 + 103) \times 10^{-2}$
$305 < L \le 427$	8.151

③ f_P는 허용 휨응력으로 다음 식에 의하여 구해진다.

표 10-11

L (m)	f_P (t/cm^2)
$61 \le L \le 240$	$1.663 - \dfrac{240 - L}{1,620}$
$240 < L \le 427$	$1.663 - \dfrac{L - 240}{4,000}$

(Ⅱ) 최소 단면 저항률

$SM = 0.01 \ C_1 L^2 B (C_B + 0.70)$ (cm^2-m)

C_1은 다음 표에 의하며 C_B는 0.60 이상의 값으로 한다.

표 10-12

L (m)	C_1
$90 \le L \le 300$	$10.75 - \left(\dfrac{300 - L}{100}\right)^{1.5}$
$300 < L \le 350$	10.75
$350 < L \le 427$	$10.75 - \left(\dfrac{L - 300}{150}\right)^{1.5}$

이상에 의한 SM(Ⅰ)와 SM(Ⅱ)의 대형 전용선에 대한 비교를 다음에 들어 둔다.

표 10-13

L (m)	200	250	300	350
B (m)	33.2	41.6	50.0	61.0
C_B	0.82	0.82	0.83	0.83
SM(Ⅰ), (m^3)	20.56	43.68	77.91	130.78
SM(Ⅱ), (m^3)	19.68	41.10	74.01	122.90
SM(Ⅰ) / SM(Ⅱ)	1.045	1.063	1.053	1.064

고장력강 사용의 경우, 고장력강은 $0.4L_{\otimes}$ 사이의 연속재에 사용하고 ⊗에서의 단면 2차모멘트 값은 다음 식의 값 이상으로 한다.

$$I_{HTS} = \frac{L \times (SM)}{34.1} \ \ (\text{cm}^2\text{-m}^2)$$

여기서 I_{HTS}는 고장력강의 사용할 때에 단면 2차 모멘트, (SM)은 위에서 설명한 연강에 대한 값으로 한다.

또한, 선체 구조 상부나 선저 또는 양자에 고장력강을 사용하는 경우 그 단면 저항률은 연강일 때에 다음의 Q의 비율로 감소할 수 있다.

$$Q = \frac{49.92}{(Y + 2U/3)}$$

여기서, Y 는 고장력강에 대한 사양 최저 항복점이나 0.2%의 영구 왜곡에 대한 사양 최저 항복 강도 또는 사양 최저 인장 강도의 72% 중에서 작은 값(kg/mm^2)으로 한다. U는 고장력재의 사양서 상의 최저 인장 강도(kg/mm^2) 이다.

10.4.3 종강도 계산의 예

예제를 간단하게 보여 주기 위해 종방향 부재 중 많은 수의 형강재는 생략하고 판재만을 표기했다(○는 두께의 표시이고, ●는 부재의 중심 표시임).

종강도의 계산을 각 부재의 자체축에 대한 2차 모멘트 값의 합계 Σi_O가 산입되어야 되지만 본 계산서에서는 값이 매우 작으므로 생략하였다. C_i는 부재촌법이고, 두께는 mm이다.

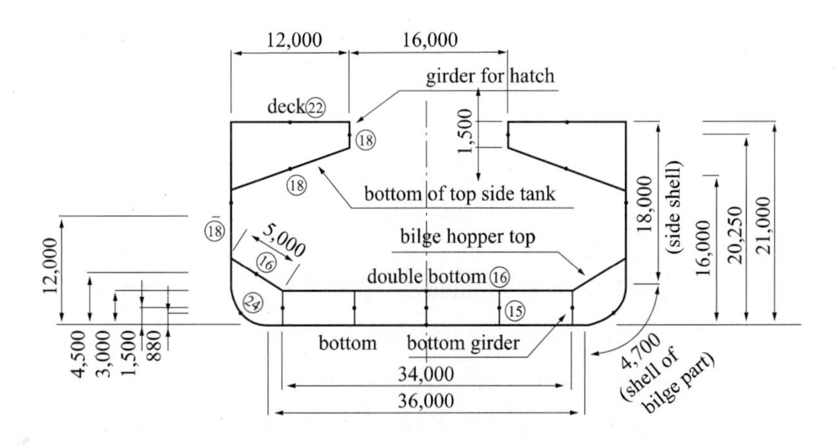

그림 10-29 중앙 종단면도

$$C_2 = \frac{\Sigma(A_i C_i)}{\Sigma A_i} = \frac{314,855}{36,806} = 8.55 \text{ (m)}$$

$$C_1 = 21 - 8.55 = 12.45 \text{ (m)}$$

Description	C_i (mm)	A_i (cm^2)	A_iC_i (m − cm^2)	$A_iC_i^2$ (m^2 − cm^2)
Deck	21,000	2×12,000×22=5,280	110,880	2,328,480
Girder for Hatch	20,250	2×1,500×18=540	10,935	221,434
Bottom of Top Side Tank	16,000	2×15,000×18=5,400	86,400	1,382,400
Side Shell	12,000	2×18,000×18=6,480	77,760	933,120
Bilge Hopper Top	4,500	2×5,000×16=1,600	7,200	32,400
Double Bottom	3,000	34,000×16=5,440	16,320	48,960
Bottom Girder	1,500	5×3,000×15=2,250	3,375	5,063
Shell of Bilge Part	880	2×4,700×24=2,256	1,985	1,747
Bottom	0	36,000×21=7,560	0	0
Sum(Σ)		36,806	314,855	4,953,604

$$I_{\text{중립축}} = \Sigma A_i C_i^2 - C_2 \Sigma A_i C_i$$
$$= 4,953,604 - 8.55 \times 314,855$$
$$= 2,261,594\ (\text{m}^2 - \text{cm}^2)$$

$$Z_{\text{BOTTOM}} = \frac{I}{C_2}$$
$$= \frac{2,261,594}{8.55} = 264,514\ (\text{cm}^2 - \text{m})$$

$$Z_{\text{DECK}} = \frac{I}{C_1}$$
$$= \frac{2,261,594}{12.45} = 181,654\ (\text{cm}^2 - \text{m})$$

정해진 구조 설계 단면으로 Section Modulas를 구해 보았는데 이것은 Stress Level을 검토해 보기 위한 수순이고, 반대로 Stress Level의 허용치를 규제해 놓고 소요 Section Modulas를 계산한 다음 구조 단면을 설정하는 작업 과정도 필요한 것이다.

어떤 수순을 밟더라도 엄청난 양의 계산이 반복적으로 필요하고 결과적으로 도출된 최종 설계도는 모든 선박 이용 차원에서의 요구 조건을 모두 만족하는지 간편하고 빠른 검색이 이루어져야 한다.

시행착오 방식의 가역 작업을 줄이기 위하여 또한 선박 사용상의 허용기준을 설정하기 위하여 허용 굽힘 모멘트, 허용 전단력, 허용 전단 응력 등의 경험 약산식이나 선급 규칙이 정하여져서 쓰이는 것이다.

Chapter 11

선박의 소음과 진동대책

countermeasure of noise and vibration

소음은 공해의 하나로 최근 중요한 문제가 되고, 선박 분야에서도 각국이 엄격하게 규제하고 있다. 여기에서는 소음의 기초 지식과 선박에서의 소음 실태 및 대책 등의 기본적인 해석 방법에 대해서 설명하기로 한다.

11.1 소음의 일반

11.1.1 음의 성질

소음(騷音)은 '신경을 거슬리는 음(音, sound)'이라고 정의된다. 음은 어느 물체가 진동할 때 발생되며 공기, 물, 고체와 같은 매개체를 통해 매개체 내에서 분자들의 압축과 팽창에 의해 연속적인 사이클로 전달된다.

이때, 전달 속도인 음속은 매개체의 종류에 따라 다르다. 20℃의 공기 속에서 그 속도는 약 340 m/sec이며, 물 속에서는 약 1,470 m/sec, 철(steel)에 있어서는 5,000 m/sec이다. 한편, 음은 여러 가지의 주파수가 복잡하게 서로 섞여 일어나게 되므로 사람이 감지할 수 있는 음은 20～20,000 Hz[Hz, hertz(cycle/sec), 1초 사이의 진동수]의 진동역(振動域)이라고 하지만, 보통 문제가 되는 범위는 40～8,000 Hz이다. 선박에서는 일반적으로 250～2,000 Hz 범위가 가장 심하다. 주파수는 낮은 만큼 저음으로 느껴진다.

음파는 고체, 액체, 기체 등의 매질(媒質) 속에 전해지는 소밀(疏密)이나 농담(濃淡)의 파로서, 이 파가 사람의 고막(鼓膜)을 진동시켜 음으로 느껴지는 것이다. 그림 11-1은 어느 순간에 있어서의 정현파 음파(正弦波 音波)의 상태를 나타낸 것으로, 그림 (a)의 농담의 모양에 대해서 그림 (b)와 같은 압력 변화가 있는 것을 나타내었다. 그림 (b)의 압력 변화가 그 장소의 대기압으로 가해져 있는 것이다.

음이 공기 속을 통과할 때 그림 (a)와 같은 상태가 음의 진행 방향으로 음속을 진행하며,

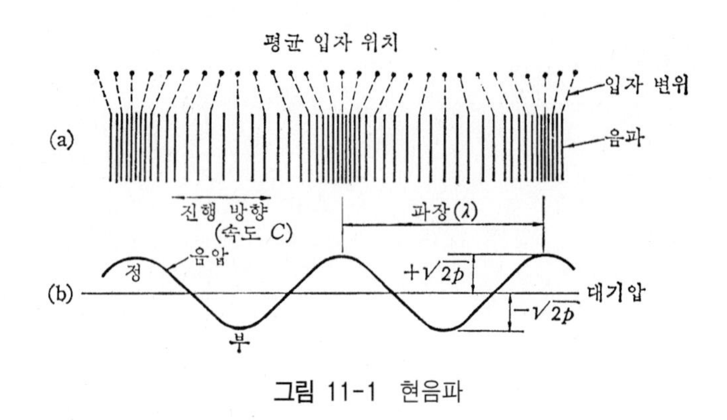

그림 11-1 현음파

이때 흐르는 것은 음의 에너지로서 기체 분자 자신은 흐르지 않는다. 음이 전달되는 속도 C는 온도의 영향을 받게 된다.

절대 온도를 T, 섭씨 온도를 $\theta°$로 하면 표준 대기압에서는

$$C = 331.5 \times \sqrt{\frac{T}{273}} \fallingdotseq 331.5 + 0.61\theta \ \text{(m/sec)} \cdots\cdots (11\text{-}1)$$

즉, 0℃ 때의 음속은 표준 대기압에서는 약 331.5 m/sec이다.

소음의 문제를 생각할 경우, 예를 들면 주기관의 소음기처럼 고온의 음속을 생각할 경우도 있지만, 일반적으로는 상온으로 해서 $C = 340$ m/sec로 하면 좋다.

음의 속도 C와 주파수 f, 그리고 파장 λ(단위 : m)와의 사이에는 다음과 같은 관계가 있다.

$$C = \lambda f \cdots\cdots (11\text{-}2)$$

11.1.2 음의 전달 경로

음의 전달 경로에는 다음의 세 가지 경우가 있다.

1. 음원 → 고체의 진동 → 공기의 소밀파

그림 11-2의 ①을 1차 고체음(1st solid borne sound 또는 1st structure borne noise)이라고 한다. 예를 들면, 디젤 기관이 기관대를 통해 선체 구조물로 높은 주파수의 진동을 주게 될 때, 멀리 떨어져 있는 거주구의 갑판과 벽면으로 전달되어 이것들을 진동시켜 음을 발생시키는 것이다. 강재는 콘크리트나 목재에 비해서 진동 감쇄가 적지 않으므로 멀리까지 진동이 전달되게 된다. 그런데 선박은 강판 구조물이므로 콘크리트나 목재를 사용한 육상의 건축물에 비해 고체음의 감쇠가 적지 않고, 그 때문에 선박의 소음은 고체음의 영향이 매우 큰 비율을 차지하고 있는 특징이 있다.

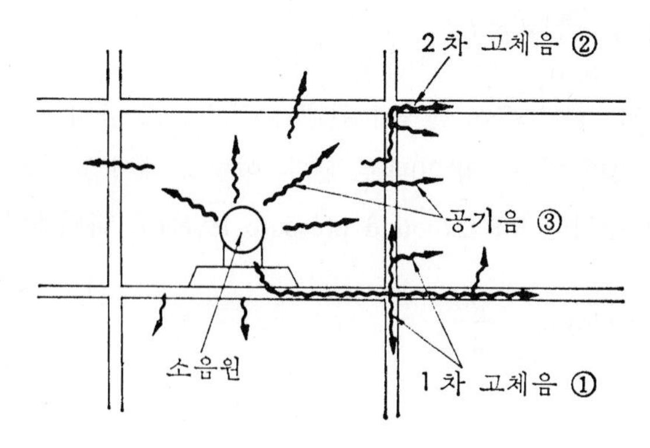

그림 11-2 음의 전달 경로

2. 음원 → 공기의 소밀파 → 고체의 진동 → 공기의 소밀파

그림 11-2의 ②를 2차 고체음(2nd solid borne sound 또는 2nd structure borne noise)이라고 한다. 예를 들면, 기관실 내의 소음 때문에 상갑판과 기관실 위벽이 공기의 소밀파를 받아 진동할 때, 그것이 강판을 통해서 상부 거주실의 측면벽과 갑판이 진동하고 음을 퍼뜨리게 되는 것이다.

1차 및 2차 고체음은 실제로 확실하게 구별하기란 매우 힘이 들며, 이 두 가지 음을 합쳐서 고체음(solid borne sound 또는 structure borne noise)이라 하고 있다.

3. 음원 → 공기의 소밀파

그림 11-2의 ③을 공기음(air borne sound 또는 air borne noise)이라고 부른다. 예를 들면, 폭로부에 있는 통풍기의 개구부는 폭로 갑판상 소음원의 하나이므로, 이 경우의 소음은 통풍통 개구부로부터 공기음이 주로 소음 원인이 되는 것이다.

11.1.3 음의 세기

음의 세기는 물리적으로는 1 m^2의 단면을 통과하는 음의 에너지를 와트(watt)로 나타내고 [W]/m^2의 단위로 하지만 이 값은 매우 작다.

예를 들면, 건강한 사람이 들을 수 있는 음의 세기는 10^{-12} ~ 10 [W]/m^2의 범위라고 한다. 이처럼 적은 음의 에너지이지만 어느 평면에 음파가 닿으면 평면은 압력을 받게 된다. 이것을 음압(sound pressure)이라고 하며, 그 단위는 N/m^2(여기서, N은 newton, 1 N = 10^5 dyne, 1 N/m^2 = 10 μbar = 1 Pa)로 표시하고, 보통 음압의 실효값으로 나타내고 있다.

어느 쪽이든 이들의 물리 단위로는 너무 작아 실용적인 것은 아니기 때문에 어느 기준의 세기비의 대수를 10배 한 값을 잡아 이것을 데시벨(decibel)이라 하며, dB로 표시한다.

또한, 음의 강약 J와 음압 P와의 사이에는 다음과 같은 관계가 성립한다.

$$J = \frac{P^2}{\rho C}, \quad 즉\ J \propto P^2$$

위 식에서 ρ는 공기의 밀도, C는 음속과 관계가 있으므로, 음의 세기 대신에 음압을 취한다면 기준 음압값과의 비의 대수값의 20배로 된다. 이렇게 해서 표현한 값을 음압 세기의 정도(level)라 부르며, 그 단위는 S.P.L.(sound pressure level)로 나타낸다.

$$\text{S.P.L.} = 10 \log_{10} \times \frac{J}{J_0}$$

또는,

$$\text{S.P.L.} = 20 \log_{10} \times \frac{P}{P_0}\ (단위 : dB) \quad \cdots\cdots (11\text{-}3)$$

여기서, J : 대상이 되는 음의 그 장소에서의 에너지

J_0 : 기준음의 에너지(사람이 들을 수 있는 가장 작은 음의 에너지로서, $J_0 = 10^{-12}$ [W]/m^2)

P : 대상이 되는 음의 그 장소에서의 음압

P_0 : 기준음의 음압 또는 표준 가청 압력(사람이 들을 수 있는 가장 작은 음의 음압으로, $P_0 = 2\times10^{-5}$ [W]/m^2)

예를 들면, $J = 10^{-6}$ [W]/m^{2}의 음은

$$P = \sqrt{\rho CJ} = \sqrt{400\times10^{-6}} = 2\times10^{-2}\,(\mathrm{N/m^2})$$

$$\mathrm{S.P.L.} = 10\log_{10}\times\frac{10^{-6}}{10^{-12}} = 10\log_{10}10^6 = 60\,(\mathrm{dB})$$

혹은

$$\mathrm{S.P.L.} = 20\log_{10}\times\frac{2\times10^{-2}}{2\times10^{-5}} = 20\log_{10}10^3 = 60\,(\mathrm{dB})$$

로서 어느 것이나 60 dB로 된다.

이상은 계측한 장소에서 음의 세기 및 크기는 어느 정도인지를 나타내는 것이지만, 음원 자체의 세기를 나타내기 위하여 음원의 출력과 기준 출력비의 대수의 10배로 잡아 데시벨로 나타낸 것이다. 이것을 힘의 세기 정도(power level)라 부르며, P.W.L.로 표시한다.

즉, 같은 방법으로

$$\mathrm{P.W.L.} = 10\log_{10}\times\frac{P}{P_0}\ (\text{단위 : dB}) \cdots\cdots (11\text{-}4)$$

여기서, P : 대상이 되는 음원의 출력[W]

P_0 : 기준이 되는 음원의 출력($P_0 = 10^{-12}$ [W]로 한다)

이와 같은 음의 세기 정도는 S.P.L.과 P.W.L.의 두 종류이지만, P.W.L.은 직접 계기로는 계측할 수 없다. 보통 소음 계측으로 계측한 레벨은 소음계의 마이크로폰이 음압을 받아서 전기 신호로 변환시킨 지시계(指示計)의 눈금을 읽을 수 있으므로, 확실하게 음압의 세기 정도(S.P.L.)를 얻을 수 있다. S.P.L.과 P.W.L.은 다음과 같은 관계가 있으므로, 간단한 경우 S.P.L.을 계측하면 P.W.L.을 계산으로 구할 수 있다.

자유 공간에서 점 음원으로부터 거리 r의 위치에 있는 음압의 세기 정도 S.P.L.(dB)은

$$\mathrm{S.P.L.} = \mathrm{P.W.L.} - 20\log_{10}r - 11 \cdots\cdots (11\text{-}5)$$

반자유 공간(음원이 지상에 있을 경우)의 경우에는 같은 방법으로

$$S.P.L. = P.W.L. - 20\log_{10} r - 8 \quad \cdots\cdots (11\text{-}6)$$

의 식으로 그 관계를 구할 수 있다.

다만 식 (11-5)와 (11-6)은 공간이 무한히 넓은 경우로서, 예를 들면 선박의 기관실 등에서는 주위 벽에 의한 반사 때문에 상당히 다른 모양으로 나타나게 된다.

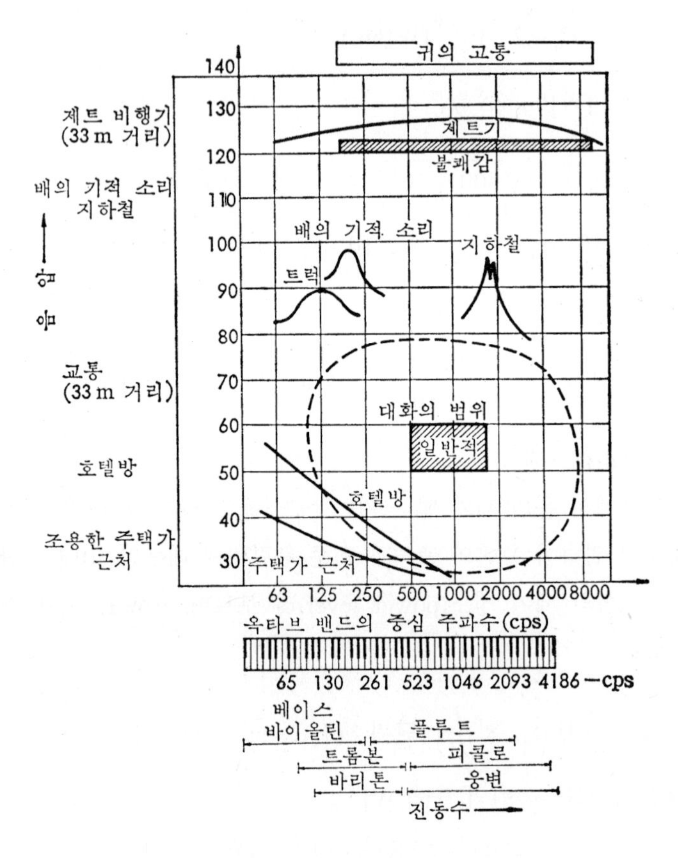

그림 11-3 소음의 진동수와 음압

표 11-1 음압의 세기 정도와 음의 세기 및 음압

음의 세기 ([W]/m²)	10	1	10^{-1}	10^{-2}	10^{-3}	10^{-4}	10^{-5}	10^{-6}	10^{-7}	10^{-8}	10^{-9}	10^{-10}	10^{-11}	10^{-12}
음압의 세기 정도(dB)	130	120 104	110	100 94	90	80	70	60	50	40	30	20	10	0
음압(N/m²)	60	20 10		2 1		2×10^{-1}		2×10^{-2}		2×10^{-3}		2×10^{-4}		2×10^{-5}

11.2 소음의 용어

11.2.1 암소음

어느 장소에서 어느 음원으로부터 발생된 소음을 측정하려고 할 때, 그 음원 이외의 소음을 암(暗)소음(back ground noise)이라고 한다.

예를 들면, 발전기에 의한 소음이 어느 장소에서 어느 정도 음압의 세기 정도를 나타내는지를 계측할 때 발전기를 정지시켜 놓아도 무엇인지의 세기 정도를 나타내는 수가 있는데, 이것이 암소음이다.

소음을 계측할 때 소음계는 암소음과 대상 음원에 의한 소음의 세기 정도와의 가산값을 나타내므로, 양자의 차이가 10 dB 이상이 되면 그의 계측값은 암소음의 영향을 받아서 부정확하게 된다. 따라서 소음을 계측할 때에 주의할 필요가 있다.

11.2.2 흡음과 흡음률

어느 벽에 음파가 입사(入射)할 때 그의 일부는 반사하며, 그 외의 일부는 벽에 흡수되고 남은 것은 통과한다.

이와 같은 음의 입사면에 서 있는 사람은 반사음 이외에는 전부 그 측면으로 흡수되었다고 느낄 것이다. 이 현상을 흡음(吸音, sound absorption)이라고 한다.

여기서, 입사음의 세기를 I, 반사음의 세기를 R이라 한다면, $I-R$은 전부 흡음되었다고 생각되기 때문에

$$\alpha = \frac{(I-R)}{I}$$

은 입사음의 세기에 대한 흡음의 세기비를 나타낸다. 이 α를 흡음률(sound absorption factor)이라고 한다.

11.2.3 차음

항상 인접하여 있는 두 방 사이의 칸막이벽(杜切壁)으로 인접한 방의 공기음의 음압 세기 정도를 가리켜 차음(遮音, noise insulation)이라 한다. 선박에 있어서 가끔 "인접한 방에서 대화 소리가 들린다."는 문제가 생기는데, 이것은 칸막이벽의 차음 성능이 떨어지기 때문이다.

차음 성능은 다음 항의 투과 손실(transmission loss)값의 크기로 판정된다.

11.2.4 투과 손실과 투과율

투과 손실(透過損失)값 T.L.은 인접한 두 방 사이의 칸막이벽에 대해서 차음 효과를 나타

내는 수치로서 dB로 나타낸다. 즉,

$$\text{T.L.} = 10\log\left(\frac{1}{\tau}\right)\ (\text{dB}) \quad \cdots\cdots (11\text{-}7)$$

다만, $\tau = \dfrac{I_T}{I_i}$ 이다.

위 식에서 τ는 투과율(transmission factor)로서 방 사이의 칸막이벽의 차음 능력을 나타내는 양이다. 또한, I_T는 격벽을 투과하는 음의 에너지, I_i는 격벽에 입사하는 전체 음의 에너지이다. τ는 주로 칸막이벽면의 밀도에 좌우되며, 비중이 큰 재료의 벽인 경우에는 면밀도(面密度)가 큰 만큼 투과 손실값 T.L.은 크다. 즉, 차음 성능이 좋다. 또한 복합 재료의 벽에서는 면밀도 이외에 보통 복합 재료의 지지 조건과 칸막이벽 사이의 입사각(入射角) 등에도 관계한다.

11.2.5 음의 차단

고체음은 고체의 진동에 의한 것이므로, 고체음을 작게 하기 위해서는 고체가 진동하기 어렵게 하거나 그 전달 경로에 방진(防振) 고무 등을 개입시켜서 강체(剛體)가 연속되지 않도록 하여 진동의 전달을 막을 수밖에 없다. 후자와 같은 강체의 연속성으로 고체음의 전달을 막는 것을 음의 차단(遮斷, noise isolation)이라고 한다.

11.2.6 음의 방사와 방사 계수

스피커의 두절반(diaphragm)의 방법은 측면이 진동하면 음이 발생한다. 선박의 측면에 있어서도 기관실 내의 기기 등에서 발생한 고주파의 진동이 전달되어 거주실의 측벽을 진동시켜 음을 방사(放射, radiation)하게 된다.

즉, 벽면의 진동과 방사하는 음의 에너지와는 밀접한 관계가 있어서 벽면의 진동 상태를 알 수 있다면 그것으로부터 방사된 음을 구할 수 있다.

판의 진동과 방사음과의 관계를 나타내면

$$k = \frac{W}{W_0} \quad \cdots\cdots (11\text{-}8)$$

여기서, W : 어떤 면적 S의 판이 굴곡 진동에 의해서 방사한 음의 힘(power)

W_0 : 무한대의 판이 같은 속도 진폭의 진동에 의해서 진동할 때 그 일부 면적 S 부분으로 방사한 음의 힘

으로서 정의하며, k를 방사 계수(radiation factor) 또는 방사율이라고 한다. 방사 계수를 이용한다면 벽면 진동으로부터 거주실 내 음압의 세기 정도를 계산할 수 있다.

11.2.7 실정수

방의 전체 내부 표면(가구 등의 표면적도 계산에 넣음)을 $S\,(m^2)$, 평균 흡음률을 $\bar{\alpha}$로 할 때

$$R = \frac{\bar{\alpha} S}{1-\bar{\alpha}} \ (m^2) \quad \cdots\cdots (11\text{-}9)$$

로 정의시켜 R을 실정수(室定數, room constant)라 하는데, 이것은 실내의 음원(音源)과 외부로부터의 침입음의 힘 세기 정도가 주어질 때, 실내 음압의 세기 정도 분석과 흡음량을 계산할 때 사용된다.

11.2.8 무향실

실내의 천장, 바닥, 위벽 전체를 흡음 효과가 좋은 재료로 만들고, 그 위에 콘크리트 등 투과 손실이 큰 재료로 내장된 방은 외부로부터의 음을 차단함과 동시에 그 내부의 음원을 설치하여도 측면으로부터 반사음이 거의 없기 때문에 자유 음장(自由 音場, 음파의 진행을 방해하는 장해물이 없는 무한히 넓은 공간을 일컫는 말)에 가까운 상태로 되어, 음원으로부터 직접 음만을 들을 수 있어 보다 정확한 S.P.L.을 계측할 수 있다. 이러한 방을 무향실(無響室, un-echoic room)이라 하며, 소음원 기기의 S.P.L. 측정 등에 쓰여지고 있다.

11.2.9 잔향실

실내음의 에너지 분포가 전체의 어느 곳에서나 같고 또 실내의 어느 한 점으로 입사하는 음의 에너지가 어느 방향에서 같을 때 이와 같은 음장을 확산 음장(擴散 音場)이라 하며, 확산 음장을 얻을 수 있도록 만든 방을 잔향실(殘響室, reverberant room)이라고 한다.

잔향실은 벽면에 닿는 음의 흡수를 가능한 한 적게 해서 음의 반사를 크게 한 것이다. 한 변에 서로 붙은 2개의 잔향실을 만들어 그의 경계면에 측정하고자 하는 재료를 놓고 다른 방향의 방을 음원실, 그 반대 방향의 방을 수음실(受音室)로 하여 그 경계면에 시험 재료를 놓으면, 그 시험 재료의 투과 손실을 측정할 수 있다. 또, 잔향실 내의 잔향 시간(음장의 세기가 일정값 E_0에 달한 후 음원을 정지시킨 다음 음이 감쇠하여 $E_0 \times 10^{-6}$에 도달할 때까지의 시간을 말함)을 측정해서 재료의 흡음력과 흡음률을 측정하는 일에도 쓰이고 있다.

11.2.10 감쇠재

물체가 진동을 하고 있을 때 그 표면에 붙어 기계적 진동 에너지를 열에너지로 변환시키는 작용을 할 경우, 이 붙임재를 댐핑재(減衰材, damping material)라 한다.

댐핑재의 용도는 진동을 막는 데 있으며, 물체의 판 두께가 얇을 경우 효과적이지만 일반 상선의 선각 부재처럼 두꺼운 강판에서는 실용적인 효과를 얻기는 어려운 일이다.

11.2.11 차음의 질량측

비중이 큰 재료의 벽일 경우, 일반적으로 차음재의 투과 손실은 벽의 면밀도와 주파수의 곱의 대수에 비례한다. 이것을 차음의 질량측(遮音의 質量則, mass-law of noise insulation)이라 한다. 즉, 실용 범위로는 근사적으로 다음과 같이 나타낼 수 있다.

$$\text{T.L.} = 18\log(f \times M) - 43 \qquad (11\text{-}10)$$

여기서, T.L. : 투과 손실(dB)

f : 주파수(Hz)

M : 면밀도(kg/m^2)

T.L.은 위와 같은 관계를 가지므로, 예를 들어 면밀도가 두 배로 되거나 주파수가 두 배로 되면 T.L.은 5~6 dB 증가한다.

11.2.12 코우인시던스 효과

그림 11-4처럼 주파수(Hz)×면밀도(kg/m^2)를 가로축으로, 투과 손실(dB)을 세로축으로 잡아 어느 재료의 시험 자료를 그려 보면, fM이 어느 범위에서 투과 손실값이 급격히 작아지게 되는 현상이 생긴다.

이것은 벽면의 굴곡 진동 파장과 입사 음파 파장의 벽면 성분이 일치하여 일종의 공진 상태 때문이라고 말하고 있다. 이러한 현상을 코우인시던스 효과(coincidence effect)라 부른다.

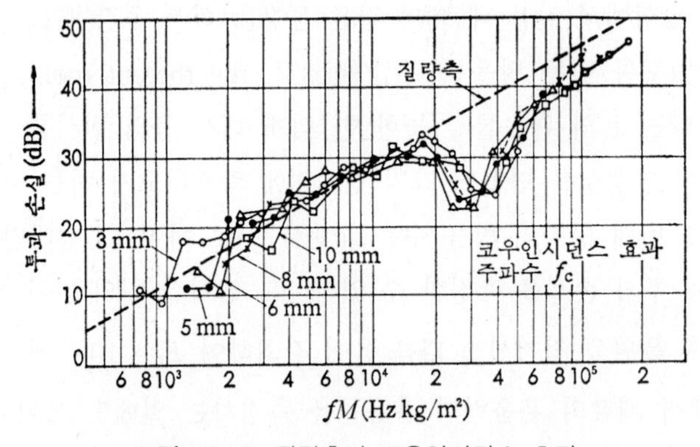

그림 11-4 질량측과 코우인시던스 효과

11.2.13 마스킹

2개의 음이 동시에 귀에 들어오면 한쪽의 음 때문에 다른 방향의 음이 들리지 않는 현상을 마스킹(masking)이라 한다. 부근의 소음에 의해서 텔레비전과 라디오가 듣기 어렵거나 항공기의 소음 때문에 대화하기 어렵게 되는 현상이다. 어느 주파수의 순수한 음은 그보다 높은 주파수의 음을 차폐하는 작용이 강하여 그보다 낮은 주파수의 음에 대해서는 별로 차폐시키지 못한다.

11.3 선박에서의 소음

11.3.1 선내 소음의 특수성

선박은 주요 구조 부재가 강판으로 되어 있어 고체음이 매우 전달되기 쉬우며, 거주구가 주 소음원이 되는 프로펠러와 기관실 가까이에 위치하고 있는 아주 나쁜 조건이기 때문에 소음의 문제는 육상 건축물에 비해서 매우 특이한 것이다. 특히 선박의 소음은 공기음의 영향보다도 고체음의 영향이 크므로, 선박은 다른 수송 기관과 비교해서도 음원의 힘이 크고, 강판의 두께가 두껍기 때문에 고체음 대책이 매우 곤란하다.

선박의 소음 문제는 비교적 새로운 과제이므로 최근 연구하고 있는 단계에 있다. 일본 조선학회 설계위원회의 보고서에 의한 선박 소음의 개요는 다음과 같다. 이것은 특히, 소음 대책을 고려하지 않은 일반 선박에 대한 개요이다.

㈎ 거주실의 소음은 소형선일수록 높다.

㈏ 거주실의 소음은 대형선일수록 점차 낮아지지만 12만 D.W.T. 이상에서는 거의 일정한 값으로 되며, 그 이상에서는 선형이 크게 되어도 동일 선종에서는 소음의 세기 크기는 낮아지지 않는다. 그 값은 대개 56~58 dB(A)이다.

㈐ 갑판층 수에 있어서는 상층으로 될수록 소음의 세기는 낮아지지만 연통(funnel)의 배기구에 가깝게 되어 약간 상승하는 경향이 있다. 특히, 디젤선에서 현저하며 최상층보다 2층 정도의 갑판에서 높아지게 된다. 또한, 소음의 세기 크기는 상갑판과 그 위의 갑판 사이에서 가장 크며, 그 이상으로 되면 갑판 사이의 소음의 세기 크기는 점차 작아지게 된다.

㈑ 공실(公室)과 작업실은 부근의 일반 거주실보다 2 dB 정도 높다.

㈒ 통로는 거주실, 공실, 작업실의 어느 쪽보다도 높다.

㈓ 유조선, 벌크 화물선, 겸용 화물선 및 일반 화물선을 비교하면, 선종에 따른 소음의 세기 차이는 특별히 인정할 수 없다.

㈔ 기관실 위벽이 붙은 취권형 거주실과 분리된 거주실을 비교하면 분리형의 쪽이 낮으며, 그 값은 아래층 거주실에서 2 dB 정도이다.

㈕ 거주 구역의 소음은 선미 선교형이 평균적으로 높고 세미 선미 선교형은 중 정도이며, 중앙 선교형은 가장 낮은 경향이 있다.

㈎ 선미루가 있는 선박은 없는 선박보다 상갑판에서 1～2 dB, 전체 층수의 평균보다 1～3 dB 낮다.

㈏ 선미 선교형 배에서는 거주실이 기관실 위벽에 붙은 형과 분리된 형 모두가 거주실의 소음은 각 갑판 모두 전방보다 후방 쪽이 2～4 dB 높다.

㈐ 디젤 기관선과 터빈 기관선을 비교하면 일반적으로 디젤 기관선 쪽이 높다.

㈑ 같은 선형에서도 일반적으로 2～3 dB의 차이는 있다. 각 거주실과의 사이에는 5 dB 이내, 최대로 9 dB의 차이를 나타낸 예도 있다.

㈒ 20만～28만 D.W.T. 유조선의 비교에서는 만재 상태와 밸러스트 상태에서 어느 쪽이 높다고 말할 수는 없다.

㈓ 거주실 내에서는 주기관 출력 N.O.R.과 M.C.R.에서 확실히 서로 다르다고 말할 수는 없다.

세계의 선진국은 자국적 선내의 소음의 세기 크기에 대한 독자적인 규제값을 정해 놓고 선원의 건강 보호에 노력하고 있다.

표 11-2는 1980년 말 세계 각국이 선내 소음의 세기 규제값을 일람표로 정리한 것이며, 일반적으로는 거주실이 60 dB(A), 기관 제어실이 75 dB(A) 정도가 표준적인 값으로 되어 있다.

일반적으로 선박이 항해할 때 주요 소음원이 되는 것들은 대개 다음과 같다.

① 프로펠러 및 타로 인해 생기는 선미 소음
② 주기관, 발전기 등 기관실 내 기기
③ 연통의 배기음
④ 기관실용 등 폭로부의 급·배기구
⑤ 공기 조절 장치
⑥ 거주실 내의 통풍 토출구
⑦ 식량 냉장용 냉동기
⑧ 유조선 등의 화물유 펌프
⑨ 유조선 등의 탱크 세척수용 가열기
⑩ 불활성 가스(inert gas) 통풍기와 그 배관
⑪ 유압 펌프와 그 배관
⑫ 엘리베이터 트렁크와 그 기계실
⑬ 인접한 거주실의 대화음
⑭ 계단의 승강음, 통로의 보행음
⑮ 목욕탕, 변기의 사용음
⑯ 무선기와 자동 전화 교환기

표 11-2 각국의 선내 소음 규제값 비교

나라명	규제명	발효 연월일	적용 범위	소음 규제값	비고
일본	선주 단체와 전국 해기원 조합과의 사이에 정한 선내 소음 방지를 위한 확인서	1975년 7월 1일	G/T≧3000 ton의 선박에서 새로 건조하는 선박. 단, 외항선에 적용한다. 전국의 해기원 조합원이 승선하는 선박	*1. '설계 수치'의 상한계 값은 다음과 같다. 〔기관실〕 G/T≧20,000 톤에 대해서는 {기관 제어실 : 75 dB(A) {공작실 : 85 dB(A) G/T<20,000 톤에 대해서는 상기의 수치에 가까울 것. *2. 〔거주실〕 거실(침대가 있는 방, 병원실): G/T≧65,000 톤 : 60 dB(A), 20,000 톤≦G/T<65,000 톤 : 65 dB (A) G/T<20,000 톤의 선박은 가능한 한 65 dB(A)에 가깝게 한다.	내항선에 대해서는 따로 규제한다. *1. 이 수치는 본선의 설계 단계에서 과거의 실적을 근본으로 한 선주와 조선소 사이의 예상값이다. *2. 노력 목표값 : 55 dB (A)
미국	Maritime Administration Standard Specification for Merchant Ship Construction	1968년 3월 1일	일반 상선	소음 규제로서, NC-곡선에서 규정하고 있다. 기관실 : NC-85 곡선 이하, 약 90 dB(A) 거주구 : NC-50 곡선 이하, 약 56 dB(A) 통로 : NC-55 곡선 이하, 약 61 dB(A)	
영국	The British Ship Research Association (NS 220, 1968)의 제안		일반 상선	소음 규제로서, NR-곡선에서 규정하고 있다. 기관실 : NR-90 곡선 이하, 거주구 : 거주실 {여객선—NR 45 {상 선—NR 55 통 로 {여객선—NR 55 {상 선—NR 65	작업선 등의 특수선에 대해서는 별도로 규제(1970년 발행)하고 있다. 영국에서는 옳다고 인정 가능한 선박의 소음 규제값은 없기 때문에 상기의 제안을 참고로 해서 나타내었다.
서독	선박의 허용 소음 세기의 정도에 관한 규정 (S. B. G.)	1968년 6월 1일	서독 선원이 승선하고 있는 선박	소음 규제값으로서, 아래의 over all 값과 허용 곡선으로 규정하고 있다. 기관실 : 장시간 운전할 때 : 90 dB(A) *3 기관실 : 상한값 : 110 dB(A) *4 거주구 {거주실 : 60 dB(A) {식당, 휴게실 : 65 dB(A) 조타실 {조타실 : 60 dB(A) {무전실 : 60 dB(A)	기준값을 넘을 때에는 개조를 명령할 수가 있다. *3. 기관 제어실이 없는 경우. *4. 기관 제어실이 있는 경우. 기관 제어실 : 75 dB(A)
노르웨이	Direction Reprotection Aga-	1974년 7월 1일	G/T≧100 톤 원동기	소음 규제값으로서, 아래의 over all 값과 I.S.O.의 곡선(NRN 곡선)	배의 건조 전에 소음 대책을 시행할 도면을

	inst Noise on Board Vessels		구동 선박. 단, 어선에는 적용하지 않음. 또한 객실에도 적용하지 않음.	이 있다. 기관실 { 제어실이 있는 경우 110 dB(A) 제어실이 없는 경우 90 dB(A) 작 업 실 85 dB(A) 제 어 실 75 dB(A) } 선교루 : 조타실 65 dB(A) 거주구 : 거주실(침실) 60 dB(A) MESS 및 DAY ROOM 65 dB(A) 취사실 70 dB(A) 〔기구로부터의 최대 허용값, 75 dB(A)〕	SFD에 제출할 것. 거주실에 인접한 벽의 최소 차음량을 규정하고 있다. 본 규정에 위반할 경우에는 형법에 따라 벌을 받을 수가 있다.
스웨덴	Regulations and Recommendations of the National Swedish Administration of Shipping and Navigation on Noise on Board Ships	1976년 1월 1일	어선 및 요트를 제외한 모든 선박	소음 규제값으로서, 아래의 over all 값과 허용 한계 곡선이 있다. 기관실 { 제어실이 있을 경우 100 dB(A) 제어실이 없을 경우 85 dB(A) 제 어 실 70 dB(A) } 항해 선교 : 조타실 65 dB(A) 화물창 및 갑판 : 하역 중 65 dB (A) 거주구 { 물건의 사이음을 제외 55 dB(A) 물건의 사이음을 포함 65 dB(A) mess 및 day room 65 dB(A) 취사실, 체육실 65 dB(A) } 〔기구로부터의 최대 허용값 70 dB(A)〕	거주실에 인접한 벽의 최소 차음량을 추정하고 있다.
유고슬라비아	Regulations on Technical Precaution and Standards of Protection Against Accidents at Work for Ship Sea-Going	1970년 7월	항양선, 작업선	아래의 over all 값을 넘지 않을 것. 또한, I.S.O.의 곡선을 넘지 않을 것. 기관실 { 방음된 제어실 75 dB(A) 비방음 제어실 85 dB(A) } 거주구 : 거주실 65 dB(A)	I.S.O. 곡선에서 1 옥타브에 3 dB을 넘어도 좋다.
폴란드	Work Safety Conditions and Crew Accommodation Conditions in Sea-Go-	1973년 9월	G/T 200톤 이상의 일반 상선	소음 규제값으로서, 아래의 over all 값과 I.S.O.의 곡선이 있다. 기관실 { 기관 제어실 75 dB(A) 작업장 90 dB(A) }	I.S.O. 곡선에서 2 옥타브에 3 dB을 초과하여도 좋다.

	ing Merchant Ships			거주구: mess room 60 dB(A) recreation room 60 dB(A) 체육실 60 dB(A) medical room 55 dB(A) 항해 선교: 조타실 60 dB(A)	
소련	해양 선박에 있어서 소음 허용량과 그 유해(有害) 작용 예방에 관한 규제	1962년 9월 24일	자항 및 비자항의 선박. 단, 스포츠선은 제외	주파수 분석을 행하여 한계 곡선과 비교할 것. 또, 아래의 over all 값을 한계값으로 해도 좋다. 기관실: 제어실이 있는 보일러실 85 dB(A) 제어실이 없는 보일러실 95 dB(A) 제어실 70 dB(A) 거주구: 제 I, II급, 해양 선박 50 dB(A) 제 III급, 해양 선박 55 dB(A) 제 IV급, 해양 선박 침실이 있을 경우 60 dB(A) 침실이 없을 경우 65 dB(A) 기타: 작업선 등 60 dB(A)	규제값을 초과한 경우 규제값 이하로 되도록 개조를 하며, 만약 기술적으로 그것이 곤란한 경우 승조원을 소음으로부터 보호받을 수 있도록 할 것. ※제 I 급선 : 무제한 항해 선박 제 II 급선 : 상기 선박에서 항해 시간이 24시간 이내 제 III 급선 : 항해 시간이 6~24시간 이내 제 IV 급선 : 항해 시간 6시간 이내

⑰ 풍파 및 기타

①~⑥은 연속음(連續音)이고, 기타는 간결음(間缺音)이다. 특히, ①~⑥의 연속음은 선내 소음원의 주요 원인이 되며, 이들의 발생음을 될수록 적게 하거나 그의 영향을 될 수 있는 한 적게 받도록 하는 것이 거주실의 소음을 절감시키는 하나의 수단인 것이다. 다음에는 이들에 대하여 간단히 설명하기로 한다.

11.3.2 선내 소음의 종류

1. 프로펠러와 타

일반적으로 프로펠러와 타(rudder) 주변의 소음을 선미 소음이라 할 수 있으며, 선미 소음의 영향이 기관실 소음보다 큰 것이 가끔 있다. 선미 소음은 정량적(定量的)인 것이지만, 정성적(定性的)인 것도 아직 충분히 해석할 수는 없다.

프로펠러 날개에 의한 선미 외관 부근의 수압 변동이 선체 진동의 주원인 중의 하나이지만, 주축 회전수, 프로펠러 날개수 자체는 저주파에 불과하고, 음으로 되지 않는다. 그러나 이 압력 변동에 의해서 외판과 타를 포함, 선미 구조가 진동할 경우 충분히 음의 발생을 생각할 수 있다.

같은 회전수의 경우 날개수를 증가시키면 압력 변동값이 작게 되지만, 계측 결과 선미 소음도 날개수가 증가하면 떨어지는 경향이 있다. 이것은 위에서 말한 관계라고 할 수 있다. 즉, 캐비테이션이 발생하면 3 ~ 5 kHz의 고주파 음압이 일어나는 동시에 1 ~ 3 kHz 부근을 최대로 하는 가청음도 발생한다는 것이 보고되었다.

또, 중앙 기관실, 중앙 선교형의 컨테이너선에서는 거주 구역이 선미보다 충분히 분리되어 있기 때문에 배의 크기에 비해 컨테이너선이 고마력의 주기관을 탑재하고 있지만, 다른 저마력인 선미 기관실, 선미 선교형인 배보다 거주 구역의 소음이 낮은 경향이 있다.

이들의 선미 소음은 외판과 선미 구조 부재를 통한 고체음으로서, 현재에는 유효한 차단 대책이 없으므로 거주 구역은 가능한 한 선미로부터 떨어지는 것이 좋다.

특히, 소형선 등에서 상갑판 아래(선미루가 있는 배는 선미루 갑판 하부)에 거주실을 설치한 경우에는 기관실 위벽의 뒤 끝보다 뒷부분은 창고와 작업장의 공간으로서 거주실을 설치하지 않도록 하여야 한다. 만일, 부득이 거주실을 설치할 경우에는 띄운 구조(浮構造)로 해서 고체음을 차단함과 동시에 주위벽으로부터 차음(遮音)도 충분히 고려하여야 하므로, 그 대책에는 상당한 비용이 필요하다.

2. 기관실 내 기기

앞 항에서의 프로펠러와 타 회전과 함께 기관실 내 기기는 선박의 주요 소음원의 하나로서 매우 중요하다. 특히, 배에서 기관실과 거주실의 배치는 항상 관계가 깊기 때문에 일반적으로 거주실에 대한 최대의 소음원이 된다.

기관실 내 기기 중 소음에 크게 관계하는 것은 다음과 같다.

㈎ 주기관(특히, 디젤 기관)

㈏ 디젤 발전기

㈐ 과급기(過給機)

㈑ 공기 압축기

가끔 터빈선과 고속 디젤선에 있어서 감속 기어의 소음이 문제가 되는 일이 있다. 음향 에너지로는 디젤 기관이 매우 크지만, 주기관은 기관실의 맨 밑 중앙 부분에 설치하는 것에 비해서 발전기는 기관 제어실 근방과 거주실 바로 밑에 설치하는 경우가 간혹 있으므로, 이와 같은 경우 디젤 발전기는 대단히 큰 문제가 된다.

이들의 기기로부터 발생되는 소음은 기관대를 통해서 선체 구조로 전해지는 1차 고체음과 음압이 상갑판과 기관실 위벽을 진동시켜 발생하는 2차 고체음, 그리고 강판과 출입구를 통해서 전해지는 공기음 등으로 되어 거주실에 전해지게 된다.

일반적으로 기관실 내에는 강판 도장면이 노출되어 있어 흡음(吸音) 효과가 크지 않으므로 반향음(反響音)이 충만한 대표적인 확산 음장(擴散 音場)을 형성하고 있다. 그 결과, 평균적인 소음의 세기 크기는 배의 크기, 주기관 마력의 크기에는 별로 영향이 없다. 보통 100 dB(A) 전후이며, 부분적으로는 상기 기기 부근에서 105 dB(A) 전후로 된다.

따라서, 기관실 내에 설치된 제어실은 이들의 소음 기기로부터 영향을 직접 받지 않도록 배치한다. 또, 소형선 등에서 부득이한 사정으로 거주실 바로 밑에 디젤 발전기를 설치하게 되면, 거의 상부 거주실은 소음의 세기 정도가 대단히 높아지게 되는 문제가 일어나므로, 이와 같은 배치는 적극 피하든지 부득이한 경우에는 충분히 소음 대책을 구상해 두어야 한다.

기관실 내 기기의 일반적인 소음 대책은 다음과 같다.

㈎ 디젤 발전기와 공기 압축기의 아래에는 방진(防振) 고무를 설치하여, 1차 고체음의 전달을 감소시킬 것

㈏ 과급기의 급기 측(給氣側)에 소음기(消音器)를 설치할 것

㈐ 상갑판의 아랫면 기관실 측과 기관실 위벽의 내면 기관실 측에 유리섬유(glass wool)와 암면(rock wool) 등의 흡음재를 써서 기관실 내의 흡음 효과를 높여 2차 고체음을 감소시킬 것

㈑ 상갑판과 기관실 위벽에 지지시킨 배관과 관로(duct)에 지지재(supporter)로 고체음 차단 대책을 할 것

㈒ 강판제 관로와 강관의 중간에 캔버스 관로(canvas duct)와 고무관 등으로 신축성 있는 부재를 삽입시켜 고체음의 차단 대책을 할 것

㈓ 소음원 기기 전체를 방음 덮개(cover)로 덮거나 별실을 설치해서 기관실과 격리시킬 것

특히, ㈎의 경우에 그 지지(support) 방법으로서 경사지지(傾斜支持)와 수평지지(水平支持)의 두 가지 방법이 있다. 이들은 그림 11-5에 표시한 방식이며, 그림에서 알 수 있는 것처럼 경사지지 방식은 기구상(機構上) 위아래, 수평의 두 방향 지지로 되므로, 배의 동요에 대해 보다 확실한 지지 방법인 것이다.

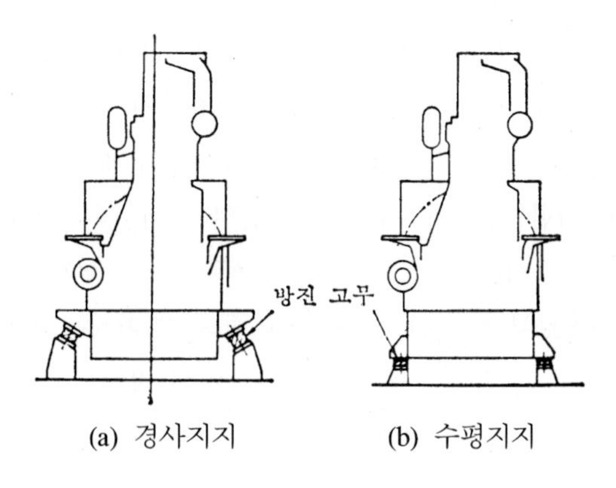

그림 11-5 경사지지와 수평지지

또, 고체 전달음의 차단 효과로도 수평지지 방식보다 효과가 있다고 말할 수 있지만, 그 차이는 특히 현저한 것은 아니다. 일반적으로 경사지지의 경우에는 수평지지의 경우보다 가격이 비싸다.

어느 경우에도 방진 고무를 삽입할 때에는 보통 기관대(common bed)의 보강, 배관, 배선 관계를 완만하게 하는 것 등의 부대 공사가 따르게 되기 때문에 상당히 비싸게 된다.

이상의 여러 대책은 단순히 기관실 내의 기기에만 한정하지 않고 소음원이 되는 기기가 설치될 경우 전체에 적용되는 대책이다.

3. 연통의 배기음

앞에서 설명한 것과 같이 디젤선의 거주구는 최상층 부근에서 거주실의 소음 세기 정도가 높아지는 경향이 있다. 그 원인의 하나가 주기관과 디젤 발전기의 연통(煙突)으로부터 발생되는 배기음이다. 특히, 조타실의 양 날개 폭로부에서는 이 영향을 직접 받게 된다.

디젤 주기관과 디젤 발전기 중 어느 쪽의 배기음이 높은지는 각각 관로의 상황에 따라 일정하지 않다. 배기음은 250～500 Hz 부근에서 저주파음의 영향이 크기 때문에 배기음의 방향이 커져 배기음의 방향성은 그다지 기대할 수 없다. 이 영향을 피하기 위해 디젤 발전기의 배기관 출구를 연통 상부에서 90° 엘보우(형보)에 의해 후방으로 구부렸을 때의 계측값이며, 선교 갑판에서 3～5 dB, 조타실 내에서 2 dB 정도 감소되었다는 보고가 있다.

조타실 양 날개 폭로부에서 배기음의 영향을 적게 하는 방법은 될 수 있는 대로 배기구를 멀리하여 그의 개방 방향에 주의함과 동시에 소음기의 소음 효과를 향상시키는 것 이외의 다른 방법은 없다.

4. 폭로부 급 · 배기구

기관실용 급 · 배기와 거주실의 에어컨디셔너용 급 · 배기구(給 · 排氣口)는 항상 기관실 위벽(engine casing) 상부 부근에 설치된다. 특히, 기관실용 급 · 배기는 축류(軸流), 송풍기(fan)를 내장시켜 바람만 보내게 되지만, 송풍기의 날개가 공기를 가를 때 내는 소음이 개구로부터 방사(放射)되어 그 부근의 폭로부(暴露部) 소음의 주원인이 되는 수가 많다.

이 소음은 때로는 거주실의 소음에도 영향을 끼치는 일이 있으며, 대개는 공기음으로 되기 때문에 개구부의 방향에 대한 급 · 배기구와 거주실의 현창과의 상대 위치 관계를 고려하여 거주실의 영향을 상당히 경감시킬 수 있다. 즉, 개구부를 거주실과 반대 방향으로 향하게 하여 될 수 있는 대로 거주실로부터 멀리 하는 것이 좋다. 과거에는 톱니바퀴형 통풍통이 자주 사용되었지만 이것은 소음을 사방으로 퍼뜨려서 갑판면에 방사된 소음이 반사되어 전체 주위에 나쁜 영향을 주게 되므로, 오히려 연관(煙管, Kasier형) 또는 그와 비슷한 한 방향으로 개구된 방식의 것이 좋다.

급·배기음의 소음은 주로 송풍기의 날개가 공기를 가를 때 발생하는 음이므로 송풍기의 회전수를 감소시키고, 날개수와 날개 형상을 연구하여 송풍기 자체 소음의 세기 강도를 상당히 감소(대형 송풍기에서는 1,200 rpm을 720 rpm으로 날개수와 날개 형상을 개량하여 약 15 dB 감소시킨 예가 있다)시킬 수 있으며, 또 관로(duct) 내면에 흡음 처리를 하든지 관로 도중에 소음 박스(box)나 그와 비슷한 공간을 두어 발생된 소음을 개구부로부터 방사시켜 앞에서 흡음해 버리는 것도 하나의 방법이다.

폭로 갑판부의 급·배기구 소음은 조타실 양 날개부의 폭로부에 자주 영향을 주게 되므로 주의해야 한다.

5. 공기 조절 장치

공기 조절 장치(air-conditioner unit)는 보통 거주구에 설치하게 되며, 거주구의 소음원으로 무시할 수 없다. 공기 조절 장치 자체의 주요 소음원은 냉매용(冷媒用) 압축기와 송풍기로서, 압축기가 왕복식(reciprocating type)일 경우에는 송풍기보다 압축기 쪽이, 또 압축기가 나선식(screw type)일 경우에는 일반적으로 송풍기 쪽이 소음이 높다.

이들의 소음 세기의 정도로 장치 자체의 소음 세기의 정도가 결정되게 된다. 따라서, 왕복식 압축기의 경우에는 압축기를 기관실 내의 별실로 하거나 최소한 압축기 설치대에 방진 고무를 끼워서 고체음을 차단시키는 것이 좋다.

보통 공기 조절 장치실은 실내에 흡음과 2차 고체음의 발생을 방지하기 위해 천장과 위벽에는 50 mm 정도의 유리섬유(glass wool) 등으로 흡음 시공을 하는데, 이 경우 공기 조절 장치실 내에서 80～85 dB(A)의 소음 세기가 된다. 일반적인 실선의 경우 계측에 의하면 공기 조절 장치에 한하지 않고, 펌프실과 송풍실 등 페위된 소음원실 내의 소음은 내부에 설치된 음원의 힘(power)의 크기에는 별로 관계가 없으며, 거기의 종류에 따라서 거의 일정한 값이 된다.

이것은 선박의 경우, 기기의 크기(즉, 마력과의 관계임)와 실내의 크기 사이에 거의 일정한 관계가 있어서 아주 넓은 실내에 기기가 적게 격납된다고는 생각할 수 없으므로, 자연히 실내의 반향음에 따라서 대개 일정하게 확산 음장으로 되는 것이라고 생각된다.

기관실 내의 소음의 세기 정도도 같은 예이며, 주기관 마력의 크기보다 주기관 형식에 따라 대개 일정하다고 할 수 있다. 그러나 이와 반대로 폭로부의 급·배기구와 같이 개방된 구역에서의 소음은 음원 기기의 출력이 증가하면 소음의 세기 정도도 직선적으로 증가하는 경향이 있다.

이상과 같이 천장과 주위의 벽을 흡음 처리하여 왕복식 압축기의 설치대에 방진 고무를 끼울 경우에는 공기 조절 장치실의 주위에 있는 거주실의 소음 영향은 상당히 감소시킬 수 있지만, 직접 장치실에 인접한 구획은 한편으로는 소음의 세기 정도가 높기 때문에 그러한 곳에 거주실을 설치하는 것은 될 수 있는 대로 피해야 한다. 또, 이러한 장치들의 바로 위아래에도 될 수 있는 대로 거주실을 설치하지 않는 것이 좋다. 만일, 부득이 설치해야 할 때에는 적절한 소음 대책을 세우는 것이 좋으며, 특히 장치실 바로 밑에는 거주실을 설치해서는 안 된다.

6. 거주실 내의 통풍 토출구

거주실 내의 통풍 토출구로부터 방사되는 소음은 직접 거주실의 소음으로 되지만, 이들의 토출 장치(金物)들에 따라서 10~15 dB의 소음 세기 정도 차이가 있으므로, 이들의 선택에 충분한 주의를 해야 한다.

통풍 토출구 장치들로부터 발생되는 소음은 기타 거주실의 소음과 직접 합세되므로, 거주실 소음의 규제값이 60 dB(A)일 경우에는 토출구 장치들에 의한 소음의 세기 정도는 이상적으로 50 dB(A) 이하로 제한한다. 또, 이것이 불가능할 때에도 가능한 한 발생 소음이 적은 장치들을 사용하여야 한다.

토출구 장치들로부터 발생한 소음이 장치들을 통과하는 급기(給氣)의 유속에 관계하므로, 적당히 낮은 소음형의 토출 장치들을 구하기 힘들 때에는 용량이 큰 형을 채택하여서 토출 풍속을 떨어뜨려 사용하면 효과적이다.

보통 현장 공작상의 요구로부터 공기 조절 장치와 고정 관로 사이에 캔버스로 만든 관로를 삽입하는 것은 장치로부터의 고체음을 차단시켜 소음 방지 효과가 있다. 그러나 관로 속을 통과하는 공기음은 캔버스 관로만으로는 완전히 방지할 수 없으므로, 장치실 부근의 거주실은 멀리 떨어져 있는 거주실보다 약간 높은 소음이 토출구로부터 방사된다. 따라서, 공기 조절 장치실 근방에 있는 거실의 토출 장치는 다른 거실보다 소음 효과를 좋게 할 필요가 있다.

기타 다른 방에서 토출량을 조절하여도 자체의 방의 풍량 변동이 없는 것과 같은 의미이므로 토출 압력 자동 조절 장치를 토출구에 설치하는 것이 있지만, 이것이 의외로 소음원이 되는 수가 있다. 이러한 경우에는 조절 장치 외부를 유리섬유로 포장하므로, 5 dB(A) 정도 소음의 세기 정도를 낮출 수 있었던 실선의 예가 있다.

7. 식량 냉장고용 냉동기

식량 냉장고용 냉동기도 공기 조절 장치의 냉동기와 같은 형식으로서, 왕복식의 경우에는 소음원으로 한층 더 주의하여야 한다.

냉동기실은 일반 거주실로부터 떨어져 있는 장소에 설치되므로 거주실로부터 떨어져 있는 장소에 설치된다. 거주구의 소음에 직접 영향을 주는 경우는 적지만 냉동기실 내 소음의 세기 정도는 일반적으로 공기 조절 장치실과 같고, 왕복식의 경우 80~85 dB(A)로 더욱 소음 대책이 때때로 필요하며, 천장과 벽의 흡음 처리를 하고 압축기 하부 설치대를 방진 고무로 지지하면 더욱 좋다.

8. 화물유 펌프실

유조선 등의 화물유 펌프실은 기관실에 대하여 중요한 선내 소음원의 하나이다. 화물유 펌프는 항해 중 계속 사용하지는 않으므로 일반적으로 소음 규제 대상에서는 제외되고 있지만, 스웨덴 규제 등 특수한 경우에는 정박(碇泊), 하역 중의 소음원으로 규제되고 있기 때문에 주의하여야 한다.

화물유 펌프실의 소음은 화물유 펌프 본체로부터 발생되는 소음과 밸브로부터 발생하는 소음의 두 가지가 있지만, 어떤 경우에서도 펌프 자체의 소음이 크다.

펌프실 내 소음의 세기 정도는 기관실 내와 거의 같으며 90～100 dB(A)에 달한다. 특히, 펌프로부터 캐비테이션이 생기면 일단 소음이 커지게 된다. 펌프실의 소음은 그 배치상 선미루 전단벽으로 전해지기 쉬우며, 후방보다 전방의 거주실에 영향을 주기 쉽다. 이 현상은 일반적으로 항해할 때의 항해 중 소음이 전방보다 후방 거주실에 영향을 주기 쉬운 것에 대한 반대 현상인 것이다. 즉, 그때의 값은 선미루 전단의 아랫부분의 거주실에서는 항해 중 소음을 넘는 일도 있지만, 항해 중 소음보다도 영향을 주는 범위는 좁으며, 펌프를 사용하는 시간이 한정되어 있는 것(즉, 연속 운전 기기가 아님)이므로 일반적으로는 그다지 문제되지는 않는다.

펌프실 내의 소음도 펌프의 출력에는 그다지 영향이 없으며, 위의 범위로 일정한 것이 특징이다. 그러나 전체의 수두(水頭)가 높으면 약간 증가하는 경향이 있다.

9. 탱크 세척수용 가열기

유조선 등에서 화물유 탱크를 온수(溫水)로 세척할 때 세척수를 가열기로 가열하는데, 이때 가열기에서 2～4 kHz의 소음을 일으킨다. 이것은 가열용 증기가 가열기 내로 고속으로 방출되는 것에 의해서 생기며, 가열기의 기기 자체에서 약 110 dB(A)을 기록한 경우도 있다. 일반적으로 세척수 가열용 가열기는 화물유 펌프실의 입구나 그 근방에 설치되므로, 거주구의 영향을 적게 하기 위해서는 펌프실 내에서 될 수 있는 대로 상갑판으로부터 아래쪽에 설치하는 것이 좋다.

그러나 이것도 일반적으로는 규제 대상에서 제외되어 있기 때문에 특히 문제가 되는 경우는 거의 없다.

10. 불활성 가스 송풍기와 그 배관

불활성 가스 송풍기는 일반 송풍기와는 달라서 원심형의 송풍기가 쓰여지고 있다. 원심형 송풍기는 축류형(軸流型)보다 낮은 소음을 내지만 불활성 가스 송풍기의 경우에는 상당히 용량이 크므로 소음원으로 무시할 수 없다. 다만, 불활성 가스 배관은 화물유 탱크까지 폐위되어 있고, 더구나 송풍기실이 거주구로부터 떨어져 설치되기 때문에 거주구에 직접 영향을 주는 일은 적다.

그러나 불활성 가스관이 거주구 근방을 통과할 때 거주실의 소음원이 된 예도 있으므로, 관 설치(導設)는 되도록 거주실로부터 떨어져 외현부(外舷部)를 지나도록 한다. 실선에서의 계측에 의하면 불활성 가스 송풍기실 내의 소음은 송풍기의 역량에 관계 없이 83 dB(A) 정도로 일정하다.

11. 유압 펌프와 그 배관

유압 펌프의 소음은 펌프 그 자체의 소음과 전동기로부터 발생되는 소음의 두 가지가 있지만, 일반적으로는 펌프 자체의 소음 세기 정도가 크다. 유압 펌프의 소음은 유압관을 통해서 전해지므로, 그 소음이 미치는 범위는 의외로 광범위하게 되는 특징이 있어서 그 대책은 세밀히 대처해 줄 필요가 있다.

선박 기기의 경우에는 어느 것이든 크기에 관계 없이 공장에서 단독 시험을 할 때의 소음의 세기 정도보다도 배 안에 설치한 다음 소음의 세기 정도가 큰 경향이 있으며, 특히 유압 펌프의 경우에는 좁은 실내에 배치되는 경우가 많기 때문에 유압 펌프실 내에서의 소음은 공장 단독 시험시보다 10 dB 정도 증가하므로 소음이 큰 유압 펌프를 설치하고, 소음 대책을 생각하지 않을 경우에는 약 100 dB(A)의 소음 세기 정도를 나타내는 수가 있으므로 주의해야 한다.

이러한 유압 펌프의 소음은 설치대를 통해서 직접 선체로 고체음을 전하는 이외에, 유압 파이프와 그 지지 장치(金物)들을 통해서 선체로 고체음을 전하게 된다. 이 때문에 여러 가지의 소음 대책으로는 우선 유압 펌프의 설치대에 방진 고무를 끼워서 1차 고체음을 차단시키는 동시에 펌프와 강관과의 접속부에 고무 호스를 끼워서 고체음의 유압 강관으로 전달되는 것을 적게 해야 한다.

또, 유압 강관의 지지는 고무 밴드 등을 끼워서 직접 강관과 지지 강벽(鋼壁) 사이가 금속으로 연결되지 않도록 한다.

다음에 유압 펌프실 벽의 2차 고체음을 경감하는 의미로 천장, 주위벽과 유압관에 흡음재를 사용하는 것도 좋다. 그러나 이러한 배치를 하여도 10 dB 정도 떨어뜨리는 것이 한계이므로, 거주실 근방에 대용량의 유압 펌프를 설치하거나 유압관을 통과시키는 것은 가능하지만 부득이한 경우에는 충분한 대책을 생각해야 한다.

12. 엘리베이터 트렁크와 그 기계

대형선에서는 기관실과 거주구 사이의 승강용으로 엘리베이터를 설치하는 수가 있는데, 이 경우에 엘리베이터 트렁크가 기관실과 거주구를 연결하는 전성관(傳聲管)의 역할을 해서 각 갑판의 엘리베이터 출입구 부근에 소음을 방사하게 된다.

물론 출입구의 문을 밀폐할 수 있다면 그 소음은 큰 것은 아니지만, 엘리베이터가 멈추고 타고 내리기 위해 문이 열렸을 때 그 주위의 소음은 대단히 크게 방사된다. 특히, 밤에 소음의 세기 정도 변화에 의해서 부근 거주실의 사람이 잠을 깬다고 하며 손해 배상을 요구하는 일이 있다. 이러한 변상 요구를 피하기 위해서는 엘리베이터의 출입구는 가능한 한 통로의 포켓(pocket)부에 설치하고, 출입구의 입구를 설치하며 방음시킨 이중문으로 한다. 또, 엘리베이터 트렁크 내면에 흡음재를 사용하는 것도 좋다.

또한, 엘리베이터 기계실과의 인접한 방과 그 바로 밑의 방도 간결음(間缺音)의 소음이 크기 때문에 거주실로는 피하는 것이 좋다.

13. 기타의 거주실 소음

기타의 거주실 소음으로서 인접한 방의 대화음과 통로, 계단의 보행자, 인접한 방에서의 목욕탕, 변기의 사용음 등을 들 수 있다.

이들의 음은 보통 공기음으로서, 그 대책으로는 보다 투과 손실값(透過 損失値)이 큰 재료를 사용해서 차음(遮音) 효과를 높여 주거나 통로, 계단에 융단 등을 깔아서 보행자의 충격 완화와 흡음 효과를 높게 해주면 좋다.

특히, 대화음(이야기의 내용은 알아들을 수 없지만 신경이 쓰이는 음)에 대해서는 가끔 변상 요구를 한다고 하지만, 이것은 소음 대책이 진전되어 선실 내부가 조용해지더라도 클로즈업되는 미묘한 문제이다. 다른 외국의 규제에서는 거주실과의 사이를 막는 칸막이 재료의 투과 손실값을 40~45 dB로 하고 있는 예가 많다.

목욕탕, 변기의 사용음에 대해서는 급·배수관이 직접 노출되어 있지 않는 한 별로 문제는 되지 않는다.

14. 무선기와 자동 전화 교환기

이들의 기기가 작동 중 어느 정도의 소음을 내는 것은 피할 수 없다. 그러나 그 소음은 주로 공기음이므로 주위벽의 차음 성능(遮音 性能)을 향상시키면 인접한 방의 영향은 없어진다. 또, 무선실에서는 통신사 때문에 무선실 내의 소음의 세기 정도가 규제되는 수가 많지만, 이 경우 흡음 처리로 천장에 전선 트립기(電線 引出器)의 구멍을 사용하기도 하나 천장 면적이 넓으면 공명 보드(촘촘히 구멍 뚫린 판)를 쓰는 경우가 많다.

이 판의 흡음 효과는 그 개공(開孔) 부분의 면적이 전면적의 20% 이상이고, 개공된 다공질(多孔質)의 흡음재가 연결되지 않으면 큰 효과는 기대할 수 없다. 이러한 뜻에서 보통 사용되는 흡음용 천장 내장재는 생각하는 것보다 효과가 적은 것이 많기 때문에, 만약 엄밀하게 흡음 효과를 목표로 할 경우에는 주위벽과 천장의 내장재를 다시 검토할 필요가 있다.

15. 풍파의 영향

풍파(風波)의 영향에 의한 소음의 세기 정도를 규제한 법규는 없지만 풍파가 강하면 선내의 소음도 높아지는데, 소형선일수록 그 영향은 크다. 현재 이와 같은 영향에 대한 연구는 하고 있지 않지만, 시운전 등에서 소음 계측을 할 때 상식(常識) 이상의 기상과 해상 조건 아래에서 계측하는 것은 피해야 한다.

11.4 선체의 진동

배는 복잡한 탄성 구조물로서, 프로펠러나 디젤 기관에서 발생하는 주기적인 기진력에 의해 진동을 일으키게 된다.

일반적으로 프로펠러는 완전한 구조물이 되지 못할 뿐만 아니라 운항 중에 손상을 입을 수도 있고, 디젤 기관을 장비한 배에서는 기관의 균형이 또한 완전하지 못하며, 화물의 적재 상태가 달라짐에 따라 여러 가지 고유 진동수의 영역이 서로 겹치게 되므로, 선체의 진동과 공진을 일으키게 된다.

선체의 진동 양식과 프로펠러로 인한 진동 및 추진 기관에서는

㈎ 잘 균형된 감속 기어붙이 터빈 기관에서는 감속 기어의 잡음은 있을 수 있으나 터빈 기관으로 인한 선체 진동은 없는 것이 보통이다.

㈏ 디젤 기관을 장치한 배에서는 불균형력으로 인한 진동이 일어날 수 있으므로, 이러한 기관에서는 크랭크축이나 기어에 균형추를 붙여 불균형력을 최소로 줄이거나 제거할 수 있다.

㈐ 프로펠러로 인한 주기적인 힘이 불균형되었을 때 강제 진동이 수반될 수 있다. 프로펠러로 인한 기진력의 날개 진동수는 프로펠러의 rpm에 날개수를 곱한 값이 되며, 회전할 때 일어나는 불규칙한 반류, 선미 부근의 수심과의 상호 작용 및 프로펠러의 간격과 피치의 불균일로 인한 오차력(error force)이 되므로, 완전한 프로펠러라고 하면 오차력이 없어서 진동은 나타나지 않을 것이다.

그러므로, 선체의 내외부의 영향으로 인한 모든 진동과 공진을 피하려고 한다면 배를 운항할 수 없게 될 것이다.

여기서는 선체에 일어나는 고유 진동수와 공진의 허용 한계를 계산하는 방법과 해결책을 소개하기로 하지만, 실제 선박설계 과정에서 진동이 없는 배를 만들기 위해서는 기진력을 최소한으로 줄이는 노력이 선행되어야 할 것이다.

11.4.1 선체 진동의 종류

선체 진동(ship vibration)이란 배에서 일어나는 전반적인 진동을 말하지만, 여기서는 배 전체의 진동, 즉 선체가 양 끝 자유의 탄성보로서 진동하는 것을 말하며, 국부적인 진동과 구별하여 취급하는 것으로 한다. 선체 진동에는 여러 가지 형태가 있으며, 그 작용방향에 따라서 다음과 같이 분류된다.

㈎ 선체의 휨 진동 : 상하 진동, 수평 진동

㈏ 선체의 비틀림 진동

㈐ 선체의 종진동

1. 상하 진동

그림 11-6에 나타낸 선체의 중립축을 기준으로 해서 상하방향으로 휨 진동하는 것으로서, 선체 진동 중에서 가장 중요하다. 선체는 하나의 진동체이므로 상하 진동의 고유 진동수(natural frequency)는 진동의 형(mode)에 따라서 무수히 존재한다. 선체 진동에서는 진동의 차수(次數)를 절(node)로 표시해서, 1절 진동, 2절 진동, …이라 부르며, 1절 진동은 종요에 상당하는 강체 운동에서 진동하는 것으로는 취급하지 않고, 2절 이상의 선체 진동으로 취급하

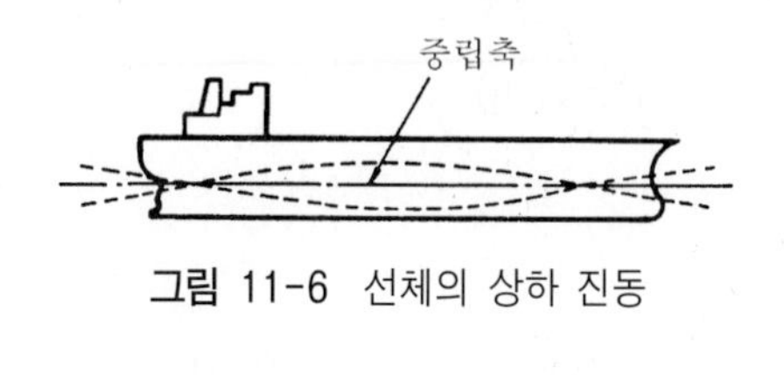

그림 11-6 선체의 상하 진동

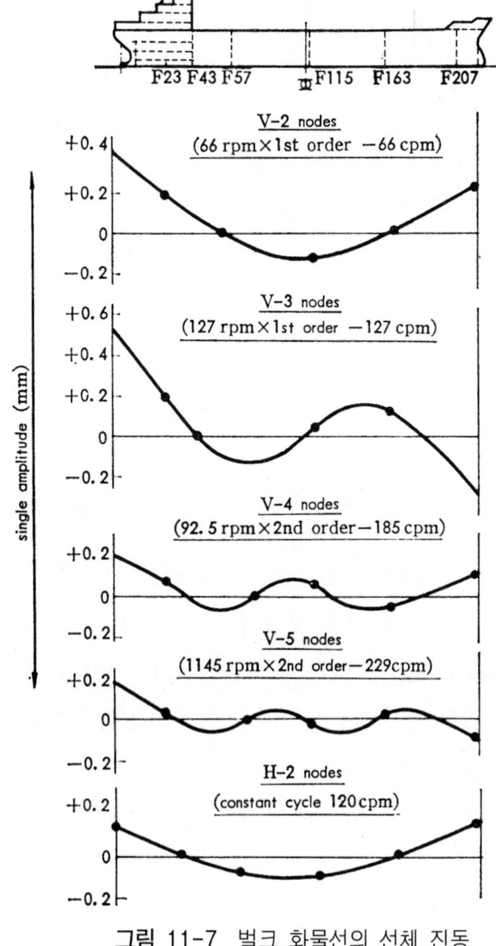

그림 11-7 벌크 화물선의 선체 진동

고 있다. 그림 11-7에 D.W.T 300,000톤인 벌크 화물선에 대해서 계측한 진동의 형으로 고유 진동수의 예를 나타내었다. 그림으로부터 알 수 있는 것과 같이 절수가 증가함에 따라 고유 진동수가 증가하고 있다. 진동수의 단위로서 Hz를 쓰고 있으며, 1초 동안의 진동수를 나타내고 있지만 조선 공학 이외에서는 일반적으로 cycle per minute(cpm)의 단위를 쓰고 있다.

가로축은 절 수, 세로축은 고유 진동수로 하면 그림 11-8에 나타낸 것처럼 대개 하나의 곡선 위에 있게 되며, 근사적으로는 보통 식 (11-11)과 같이 나타낼 수 있다.

$$N_N = N_2 \times (n-1)^{\mu} \qquad (11\text{-}11)$$

여기서, N_N : n 절의 고유 진동수(cpm)

n : 절수

μ : 계수

이들의 진동수를 계측하는 방법으로는 많은 진동 계측용 픽업(pickup)을 상갑판 위에 선수부로부터 선미에 이르기까지 배치하여 동시에 계측하면 얻을 수 있다.

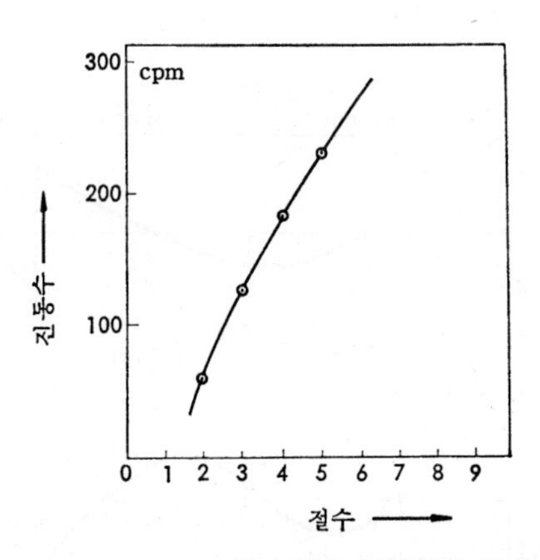

그림 11-8 D.W.T. 30,000톤인 벌크 화물선의 선체 상하 진동

계측할 때의 기진력으로는 선미에 기진기를 설치해서 기진 진동수를 모두 계측하는 방법과 항해 중 주기관과 프로펠러의 기진력에 의한 방법이 있지만, 후자의 경우 기진력의 기구가 복잡해서 확실한 공진점(resonant point)을 파악하기 곤란하고, 전자의 경우에는 충분히 기진력을 알 수 있으므로 상당히 정밀한 공진점을 얻을 수 있다. 선체의 상하 진동은 선체 진동 중 매우 중요하다. 그 이유는 다음과 같다.

(가) 상하방향의 고유 진동수는 다른 진동에 비해서 적고, 디젤 주기관 회전수의 1차, 2차(각각 회전수의 1배, 2배)의 기진력과 동조하기 쉬우며, 고유 진동수는 낮아 대개 1.33～2.33 Hz가 된다.

(나) 적은 기진력에서의 기본 고유 진동수가 낮은 배에서는 쉽게 진동이 일어난다.

(다) 선체의 상하 진동수에 따라 상부 구조의 전후 진동을 일으키며, 특히 선미의 상부 구조가 있는 배에서는 상하 진동과 전후 진동이 동시에 일어난다. 따라서, 선체 상하 진동에 있어서는, 즉 주기관 주요 회전수와 공진하지 않도록 할 것과 공진하지 않기 위해서는 기진력을 감소시키는 대책이 필요하다.

2. 수평 진동

선체의 수평 진동(horizontal vibration)은 그림 11-9에 나타낸 것처럼 중심선을 기준으로 해서 수평 방향으로 선체가 휨 진동을 하는 것이다.

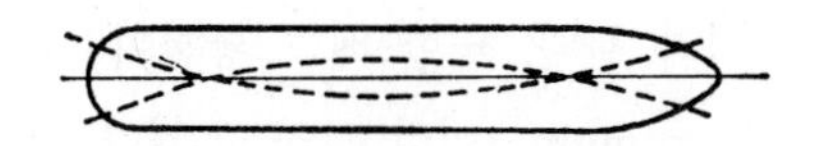

그림 11-9 선체의 수평 진동

이 진동도 상하 진동과 같은 모양으로 2절 이상 무수한 고유 진동수가 존재한다. 이 고유 진동수는 앞에서 설명한 여러 점을 동시 계측하는 방법에 의해서 얻어진다. 수평 진동에서는 상하 진동에 비하여 고유 진동수가 크지만, 디젤 주기관의 1차 기진력과 2절 진동이 동조하기 쉬운 것 이외에는 주기관의 기진력과의 동조는 크지 않다.

3. 비틀림 진동(torsional vibration)

컨테이너선과 같이 넓은 폭의 화물 창구가 있는 배에서는 선체 횡단면의 비틀림 중심이 상당히 아래쪽에 있기 때문에 수평방향의 기진력에 따라 그림 11-10의 경우, 선체 단면의 비틀림 변형을 일으켜서 진동하게 된다. 그 이유는 수평 진동과의 연성 진동으로 되어서 형(mode)이 명확하게 되는 경우가 많기 때문이다.

그림 11-10에서는 배의 길이 210 m인 컨테이너선의 비틀림 1절 진동의 형곡선을 나타내었다. 그림에서 알 수 있는 것처럼 비틀림 1절 진동과 수평 3절 진동이 연성하고 있다.

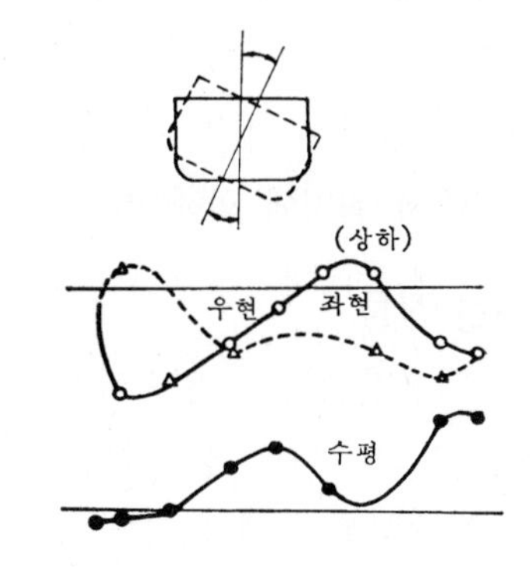

그림 11-10 컨테이너선의 비틀림 진동

4. 세로 진동

세로 진동(axial vibration, longitudinal vibration)은 탄성계로 해서 선체의 길이 방향의 압축과 인장력을 가했을 때 생기는 진동으로서, 주로 프로펠러의 추력 진동에 의해서 일어난다.

일반적으로 선체의 세로 진동의 고유 진동수는 D.W.T. 100,000톤 정도의 유조선에서 그의 1절 진동이 500～600 cpm으로 보고되었지만, 기진력당 응답은 상하 진동에 비해서 상당히 작은 것으로 되어 있다.

5. 파랑에 의한 진동

배가 황천인 바다를 항해하면 선수 선저부가 파도의 충격력으로 선체 상하 2절 진동을 일으킨다. 이것을 휘핑(whipping)이라 한다. 또한 배는 황천이 아닌 해면에서도 상하 2절 진동을 지속하는데, 이것을 스프링잉(springing)이라고 하고 있다. 이들의 진동은 모두 주기관 혹은 프로펠러에 의한 것은 아니다.

승조원은 이 진폭을 선수부로 보고 있기 때문에 상당히 불안감을 주며, 이 변동 응력은 복(複) 진폭으로서 4～6 kg/mm^{2}인 것을 알 수 있다. 이 진동이 발생할 경우 밸러스트량을 증가시켜서 흘수를 증가시키는 것이 파도의 출회 주기(出會 周期)를 변화시키기 때문에 선속을 떨어뜨린다든지, 침로를 변경하는 일 이외의 적당한 방법은 없다.

11.4.2 프로펠러의 진동

프로펠러는 선체와 축계에 의해 여러 가지 진동을 일으키게 된다. 프로펠러 자체로 인한 진동과 프로펠러축을 구동하는 추진 기관, 특히 디젤 기관과 같은 크랭크축의 휨에 의한 진동도 합쳐져서 복잡한 진동계(振動系)가 되지만, 여기서는 프로펠러 자체의 것만을 취급, 설명하기로 한다.

프로펠러의 진동 원인으로 되는 것을 보면 다음과 같다.

(가) 프로펠러의 공작 불량과 균형의 불량에 의한 것
(나) 불균일한 반류 중에서 회전하기 때문에 일어나는 것
(다) Karman 와의 발생에 의한 것
(라) 공동 현상 발생에 의한 진동
(마) 날개가 수면보다 노출된 상태에서 회전에 의해 일어나는 진동

1. 공작의 불량 및 불균형에 의한 진동

프로펠러의 공작상 불량한 점이 있으면 진동을 일으키게 된다. 바꾸어 말하면, 각 날개의 피치가 같지 않거나 날개면의 가공 정도가 나쁠 경우이다.

조립형 프로펠러에서는 날개를 보스에 붙일 때 피치가 같게 되지 않거나 날개의 중심선이 정확하지 않게 되어서 날개 사이의 피치가 틀려져 균형을 이루지 못하므로 진동의 원인이 된

다. 즉, 프로펠러의 중심이 프로펠러축심과 일치하지 않게 되면 추력의 변동 때문에 진동이 일어난다. 더욱, 이와 같은 공작상 결함이 없어도 프로펠러 추력의 중심과 축심이 일치하지 않기 때문에 일어나는 진동은 피할 수 없게 된다. 프로펠러가 정적 혹은 동적에서 균형이 되지 않을 경우에는 원심력에 의해 1회전 때에 1차 진동을 일으킨다.

2. 불균일 반류 때문에 일어나는 진동

프로펠러가 그림 7-33에 나타낸 것과 같은 불균일 반류 중에서 회전하기 때문에 일어나는 진동이다. 프로펠러 날개에 대한 입사각은 1회전 중에 그 값이 변하는 것이기 때문에 1개의 프로펠러에는 여러 개의 날개가 심어져 있으므로, 프로펠러 전체로는 각 날개, 특히 각각 1회전 중에 추력이 변동한다.

추력의 변동은 날개에 대해 휨 모멘트가 작용하게 된다. 반류의 원주 방향의 변동은 주기적이므로, 날개수가 달라진다면 변동수도 변화한다.

그림 11-11은 날개수와 회전 중 추력 변동과의 관계를 나타낸 예이다. 홀수 날개수의 쪽이 짝수 날개수의 경우보다 그 추력의 변동은 크다. 바꾸어 말하면, 프로펠러의 매초 회전수를 n, 날개수를 Z로 하고, 프로펠러 전체로 하면 매초 nZ회 변동하는 것이 된다. 이와 같이 변동한 추력은 프로펠러축으로부터 선체에 전해지므로, 선체의 고유 진동수와 일치하면 공진(共振)을 일으켜서 진동이 심하게 된다. 이와 같은 경우에는 날개수를 변화시키거나 선체를 보강해야 한다. 또, 선체 구조의 일부를 개조하는 것에 의해서 선체의 고유 진동수를 변화시켜야 된다.

한편, 설계자는 이와 같은 공진을 일으키는 프로펠러의 회전수를 절대적으로 피해 주어야 하며, 주기관 선정에 있어서의 시운전과 만재 상태의 상용 출력에 있어서의 위험 회전수를 확인할 필요가 있다.

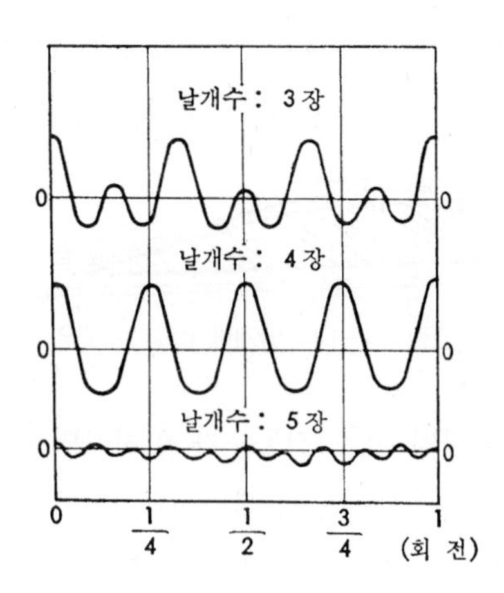

그림 11-11 날개수와 추력 변동

3. Karman 와(渦)의 발생에 의한 진동

Karman 와는 날개의 압력면 측과 배면 측(背面側)으로부터 서로 교대로 발생하기 때문에 이것이 날개의 진동을 유발시킨다. 이 Karman 와의 발생이 후연에 충격을 주어서 진동의 원인으로 되기 때문이며, Karman 와열(渦列)의 발생 횟수와 날개 자체의 진동수가 일치할 경우, 날개는 공진을 일으켜서 명음(鳴音, singing of screw propeller)을 내게 된다. 프로펠러가 어떤 회전수에서 작동하고 있을 때 '윙- 윙-' 또는 '깅- 깅-' 하는 소리를 내는데, 이것을 프로펠러의 명음(鳴音)이라 부른다.

(1) 명음의 발생 원인

명음을 내는 원인은 날개의 후연을 떨어져나간 수류 중에 Karman 와열(Karman vortex street)이 일어나는데, 이것은 공기나 물과 같이 점성이 그다지 크지 않은 유체 속에 어떤 물체를 놓아 둘 때 또는 유체 속을 물체가 움직일 때 물체의 후방에 와가 생긴다.

그림 11-2와 같이 이 물체를 지나는 적당한 속도 범위의 흐름 속에 놓아 두면, 같이 규칙적으로 상호 같은 2열의 와가 생기기 쉽다. 이것을 von Karman이 이론적으로 설명했기 때문에 Karman 와(渦) 또는 와열(渦列)이라고 부른다.

프로펠러 날개의 경우에도 그림 11-14에서 보여주는 것과 같이 날개의 압력면과 배면으로부터 규칙적으로 와열이 후방으로 떨어져 있다. 이러한 현상은 의장품 중 하역 장치의 와이어류가 '윙- 윙-' 하고 내는 소리와 같은 원리인 것이다.

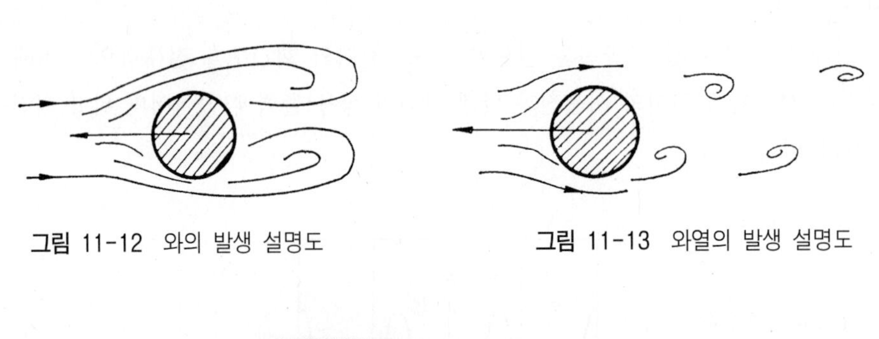

그림 11-12 와의 발생 설명도

그림 11-13 와열의 발생 설명도

그림 11-14 날개에 생기는 와열

Karman 와열의 주파수와 날개의 고유 진동수가 일치하면 위와 같은 공명음을 내게 된다. Karman 와열은 어떤 회전수의 경우에서도 발생되지만, 프로펠러의 회전수가 특히 높은 프로펠러에서는 더욱 명음이 일어나기 쉽다.

(2) Karman 와의 발생 주파수

Karman 와의 발생 주파수는 다음 식으로 나타낼 수 있다.

$$f = C \times \frac{v}{t}$$

여기서, f : 와의 발생 주파수(sec)

v : 물체의 진행 속도, 즉 물이 흐르는 상대 속도(m/sec)

t : 물체의 치수(m)

C : 계수 (≒0.180)

위 식에서의 v는 프로펠러의 반지름 위치에 따라 다르지만, 명음 발생의 유력한 힘을 내는 경우에는 $R\,0.6$ 부근에 있는 것이 시험 결과 판명되었으므로, $R\,0.6$의 경우 Karman 와의 주파수는

$$f = 0.180 \times \frac{2\pi D_P N}{t} = 0.360\pi \times \frac{D_P N}{t}$$

여기서, D_P : 프로펠러의 지름(m)

N : 프로펠러의 매분 회전수

$R\,0.6$에 대한 주파수는

$$f = 0.360\pi \times \frac{0.6 D_P N}{(2 \times 60)t} = 0.0018\pi \times \frac{D_P N}{t}$$

$$= 0.0018\pi \times \frac{D_P N}{t}$$

으로 계산할 수 있다.

(3) 명음의 발생 방지법

Karman 와열의 주파수는 날개 가장자리의 두께와 속도에 따라서 변화하므로 후연의 두께를 가감해서 공진을 피하게 하고 있다. 명음이 발생되기 쉬운 진동수는 300~800 cps 혹은 1,000 cps라고 하지만, 확실한 것은 알 수 없기 때문에 실제 명음이 발생되었던 프로펠러의 실적을 기초로 해서 날개 후연의 두께를 가능한 한 얇게 하여야 명음을 피할 수 있다. 그러나 너무 얇게 하면 강도가 부족하게 되고 후연이 굽는 수가 있다.

원주의 배후에는, $R_N = 2 \sim 70$에서는 대칭와류가 발생하고, 70을 넘으면 그림 11-15에 나타낸 바와 같이 회전방향이 반대인 소용돌이가 서로 교대로 발생한다.

상열(上列)의 소용돌이는 시계반향으로, 하열의 소용돌이는 반시계방향으로 회전하는 것으로서, 이 와열을 Karman의 와열(渦列, Karman's trail)이라 한다.

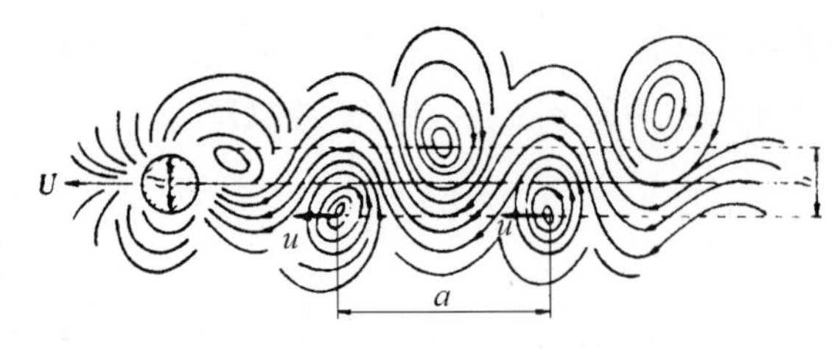

그림 11-15 Karman의 와열

4. 공동 현상의 발생으로 인한 진동

공동 현상의 발생 부분이 넓어지게 되면 공동의 경계면이 불안정하게 되어 날개에 진동을 일으키는 원인이 된다.

한편, 공동 현상에 대해서는 7.4절에서 자세히 설명한 바와 같이 프로펠러와 선체의 사이가 작아지게 되면 날개가 그 부분(1축선일 때에는 날개의 바로 위아래 부분)을 통과할 때에 공동 현상을 일으키고, 그 때문에 추력의 변동이 생겨서 진동의 원인이 된다.

5. 프로펠러와 선체와의 관계 요소

이것은 11.2.3절에서 상세히 설명한 것과 같이, 프로펠러와 선체 사이의 간격, 프로펠러와 타의 간격, 선미 형상 등이 부적당하면 선체 진동의 원인이 된다.

6. 프로펠러의 심도가 부족하기 때문에 일어나는 진동

프로펠러의 심도가 불충분하면 1회전 중 각 날개의 추력이 다르게 되어 진동을 일으키는 원인이 된다. 바꾸어 말하면, 화물선 등이 공선 상태로 항해할 때 날개의 일부가 수면 위로 나올 경우와 황천 항해 때문에 선체가 크게 동요하면 프로펠러의 심도가 어느 정도 변화하며, 심할 때에는 프로펠러의 대부분이 수면 위로 솟아 나와 진동을 일으키게 된다.

11.4.3 선체 진동의 방지 대책

선체 진동의 원인이 되는 기진력은 ① 프로펠러의 기진력, ② 주기관의 불평형 우력이 주 원인이 된다.

여기서는 이 두 가지 원인에 의해 문제(trouble)가 일어나는 것을 예상해서 그 대책을 다음과 같이 예를 들어 설명하기로 한다.

1. 프로펠러 기진력에 의한 선체 진동

프로펠러 기진력과 동조한 선체 고유 진동수는 대단히 높기 때문에 이것을 자세히 추정하는 것은 거의 불가능에 가깝다.

따라서, 이 문제를 예방하기 위해 프로펠러 기진력을 가능한 한 작아지게 하도록 선미 부근의 선형과 프로펠러를 설계하여야 한다.

그 대책으로서 다음에 설명하는 세 가지의 방법이 있다.

(1) 프로펠러의 간격을 크게 할 것

프로펠러와 선체의 간격을 크게 잡아 프로펠러에 유입하는 수류를 원활하게 한다. 간격의 표준으로서 표 11-3에 L.R. 및 N.V. 선급 협회의 기준값을 나타내고 있지만, 이 값 이상으로 하는 것이 바람직하다.

(2) 프로펠러의 날개수의 선정

날개 진동수(blade frequency)와 선체 진동과 공진할 경우에는 프로펠러 날개수를 변화시키는 것이 가장 효과적이다. 7장에서 설명한 것과 같이 날개수는 기진력에 큰 영향이 있고, 또 변경 후의 날개 진동수와 별도로 절수의 진동과 공진하는 수가 있다. 프로펠러를 바꾸는 일은 많은 비용과 시간을 필요로 하는 것 등의 어려운 점이 있다.

(3) 밸러스트의 조정

선미 탱크 내의 밸러스트를 조정함에 따라서 진동을 경감시킬 수 있다. 결국 탱크에 물을 넣으면 선체 고유 진동을 떨어뜨리고 동시에 프로펠러의 심도를 깊게 하므로, 프로펠러의 기진력이 감소된다.

2. 주기관의 불평형 우력에 의한 선체 진동

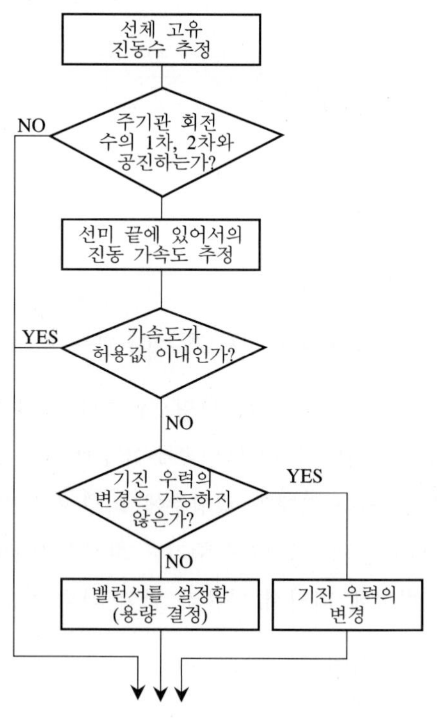

그림 11-16 주기관의 불평형 우력에 대한 검토 순서

디젤 주기관 불평형 우력에 의한 선체 진동은 주기관 회전수의 1차, 2차에서 이에 대응하는 절수가 2~6절이기 때문에 고유 진동수의 추정이 가능하며, 또한 불평형 우력이 크기도 이미 알고 있기 때문에 공진시의 진동 가속도 역시 추정할 수 있다. 이러한 이유 등으로 인해서 대책은 한결 쉬워진다.

이 순서는 그림 11-16에 나타낸 것처럼 이루어진다.

(1) 선체 고유 진동수의 추정

앞에서 설명한 방법에 의해서 추정한 주기관 회전의 1차, 2차와 공진할 수 있는지를 검토한다. 사용 빈도가 높은 밸러스트 상태와 만재 상태에 대해서 상용 회전과 최대출력 회전으로 인한 주기관 불평형 우력과의 공진은 특히 주의할 필요가 있다.

(2) 진동 가속도의 추정

앞 항에서 공진이 예상되는 경우의 방법으로서, 선미 끝에서의 진동 가속도를 추정한다.

(3) 가속도 감소 대책

앞 항의 진동 가속도의 허용값(선미 끝에서 상하 방향 40 gal, 수평 방향 20 gal)을 추측해서 주기관의 불평형 우력의 크기를 감소시킨다. 2차 불평형 우력의 경우에는 밸런서(balancer)를 설치한다. 앞의 방법인 밸런서에 대해서는 다음에 설명하기로 한다.

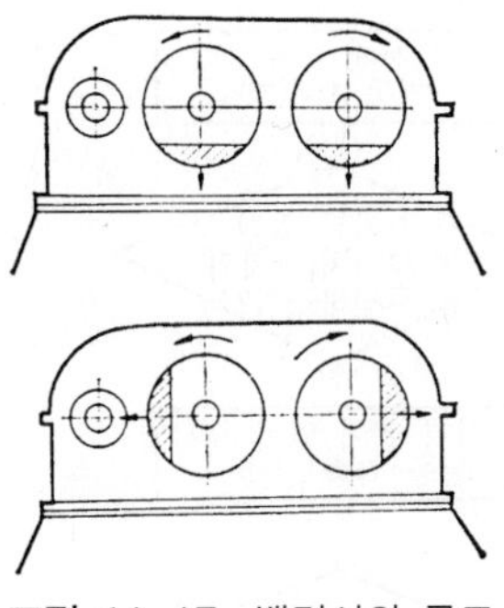

그림 11-17 밸런서의 구조

밸런서는 기진기의 일종으로서, 그 구조는 그림 11-17에 나타낸 것처럼 기어로 구동되는 2개의 평형추(balance weight)가 장비되어 있고, 주축의 1배 또는 2배의 속도로 회전하여 원심력을 발생시키는 구조로 되어 있다. 2개의 평형추에 의해 수평방향은 서로 감쇠하는 사이에 상하방향만 남게 된다. 감쇠된 진동력에 의해 주기관 회전수에 1배, 2배의 회전수로 회전하지만, 주기관의 회전의 전달 방법에 따라서 다음과 같이 나눌 수 있다.

- 기계식 밸런서
  - 기어식
  - 체인식
- 전동식 밸런서

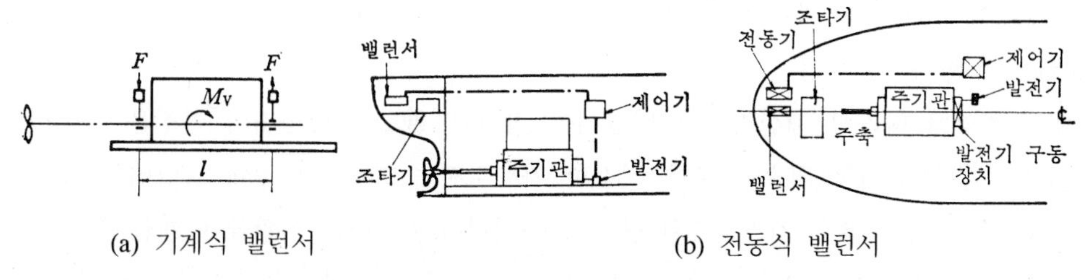

(a) 기계식 밸런서 (b) 전동식 밸런서

그림 11-18 밸런서의 종류

기계식 밸런서는 주기관의 전후 끝에 기전기를 설치, 이것을 주기관축으로부터 기어 또는 체인으로 회전을 전달하는 것이다.

이 기구는 그림 11-18에 표시한 것과 같이 상하의 불평형 우력 M_V에 대해 이것을 감쇠하는 것과 같은 힘 F를 주기관의 전후에 더해주기 때문에, 그 결과 남은 우력은 다음과 같다.

$$M_V' = M_V - Fl \quad \cdots\cdots (11\text{-}12)$$

$Fl = M_V$가 되므로 불평형 우력은 완전히 없어진다.

전동식 밸런서는 불평형 우력에 의해서 일어나는 선체의 상하 진동으로 진동방향과 반대의 힘을 가해서 진폭을 감소시키는 것이다. 이 경우, 선미 끝에서 진폭이 최대로 되기 때문에 여기에 힘을 가하는 것이 가장 효과적이다. 그림 11-18에 나타낸 것과 같이 조타기실 후부 끝에 설치하기로 한다.

전동식 밸런서의 구동기구는 그림에 나타낸 것과 같이 주축과 밸런서의 회전수를 같은 회전수로 하기 위해 기관의 선수부 또는 선미부에 전용 발전기를 설치하여, 이것을 조타기실 내의 유도 전동기에 전해 밸런서를 회전시키는 시스템으로 하고 있다. 이 기구를 쓸 경우 미리 선체의 상하 진동과 밸런서의 진동형을 서로 감쇠해서 합치는 방향으로 조정해 둘 필요가 있다.

전동식 밸런서를 설치했을 때의 효과에 대한 한 예를 그림 11-19에 나타내었다. 이 배는

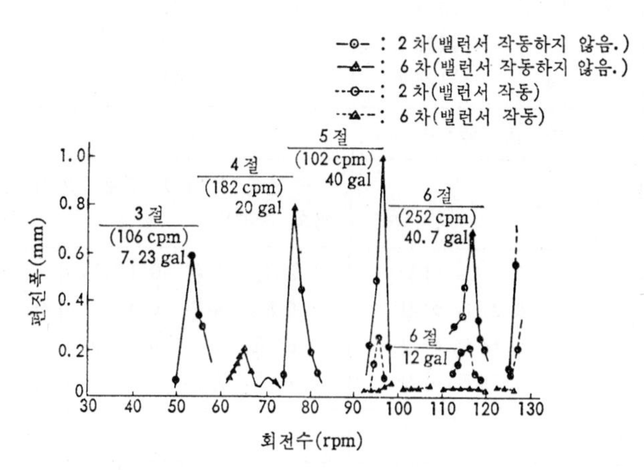

그림 11-19 밸런서의 효과

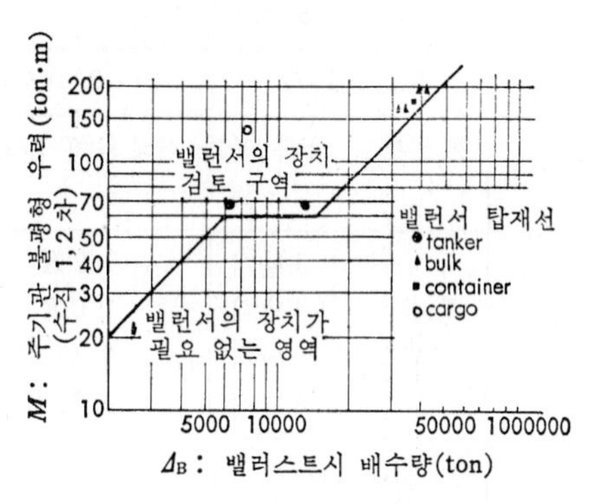

그림 11-20 밸런서의 여부 판정도

D.W.T. 60,000톤의 벌크 화물선이지만 5톤의 제진력(制振力)을 더해 줌으로써 40 gal로부터 12 gal로 떨어졌다.

이상의 설명에 따라서 계산한다면 밸런서를 장비할 필요가 있는지의 판정은 가능하지만, 설계 초기단계에 있어서 필요 여부를 결정할 자료로서는 그림 11-20에 나타내었다. 여기서 문제로 할 수 있는 것은 주기관의 2차 불평형 우력이다. 6실린더 기관을 탑재할 경우에는 밸런서를 장비한 배가 많다.

11.4.4 프로펠러의 간격

1. 프로펠러의 간격

선체 주위의 수류가 프로펠러에 평활하게 유입되도록 하기 위해 프로펠러와 선체와의 간격을 크게 하는 것이 좋다는 것은 경험에 의해 밝혀졌다. 간격의 값으로는 그림 11-21에 표시한 a, b, b', c, d, f의 거리를 지름으로 나눈 값을 일반적으로 쓰고 있으며, 이 크기에 따라서 프로펠러의 힘에 따른 진동의 정도를 추정하는 요목으로 하고 있다.

이론적으로는 이들의 값과 기진력과의 관계를 구하는 것이 곤란하기 때문에 일반적으로 경험에 의해 표준값을 결정하고 있다.

표 11-3은 L.R. 규칙과 N.V. 규칙에 따라 프로펠러의 간격(propeller aperture)의 표준값을 나타내었다. 선도 및 프로펠러의 형상을 결정할 때에는 반드시 이들의 값이 표준값 이상이 되는 것이 바람직하다.

표 11-3 프로펠러 간격의 표준값

			$\frac{c}{D_P}$	$\frac{a}{D_P}$	$\frac{b}{D_P}$	$\frac{b'}{D_P}$	$\frac{d}{D_P}$	$\frac{f}{D_P}$
1축	L.R. (1978)	3 날개	$1.2K_1$	0.12	$1.8K_1$	—	0.03	—
		4 날개	$1.0K_1$	0.12	$1.5K_1$	—	0.03	—
		5 날개	$0.85K_1$	0.12	$1.275K_1$	—	0.03	—
		6 날개	$0.75K_1$	0.12	$1.125K_1$	—	0.03	—
	N.V. (1977)		$(0.24\sim0.01Z)$	0.10	$(0.35\sim0.02Z)$		0.035	
2축			프로펠러 날개 끝과 선체와의 간격			추진축 브래킷 혹은 보스와의 간격		
	L.R. (1978)	3 날개	$1.2K_2$ 혹은 $0.2D_P$ 이상			$1.2K_2$ 혹은 $0.15D_P$ 이상		
		4 날개	$1.0K_2$ 혹은 $0.2D_P$ 이상			$1.0K_2$ 혹은 $0.15D_P$ 이상		
		5 날개	$0.85K_2$ 혹은 $0.16D_P$ 이상			$0.85K_2$ 혹은 $0.15D_P$ 이상		
		6 날개	$0.75K_2$ 혹은 $0.16D_P$ 이상			$0.75K_2$ 혹은 $0.15D_P$ 이상		
	N.V. (1977)		$(0.30\sim0.01Z)$			—		

(1) L.R. 규칙

1축의 경우 $\dfrac{c}{D_P} \geqq 0.10$, $\dfrac{b}{D_P} \geqq 0.15$, $a \geqq$ 타의 두께

$$K_1 = \left(0.1 + \frac{L}{3{,}050}\right) \times \left(\frac{3.48\, C_B P}{L^2} + 0.3\right)$$

$$K_2 = \left(0.1 + \frac{L}{3{,}050}\right) \times \left(\frac{2.56\, C_B P}{L^2} + 0.3\right)$$

여기서, L : 배의 길이(m)

C_B : 만재 흘수에서의 방형 비척 계수

P : 계획 최대 마력(PS)

$\dfrac{b'}{D_P}$ 의 값은 없지만 $\dfrac{b}{D_P}$ 를 잡아 주어도 된다.

(2) N.V. 규칙

Z = 프로펠러의 날개수

2. 프로펠러의 간격과 선미재(stern frame)와의 영향

프로펠러의 간격은 선체 진동과 프로펠러의 성능에 큰 영향을 주며, 더욱 선체 구조에 의해서도 제한을 받고 있기 때문에 프로펠러의 지름 혹은 회전수의 선정에도 영향을 끼치게 된다.

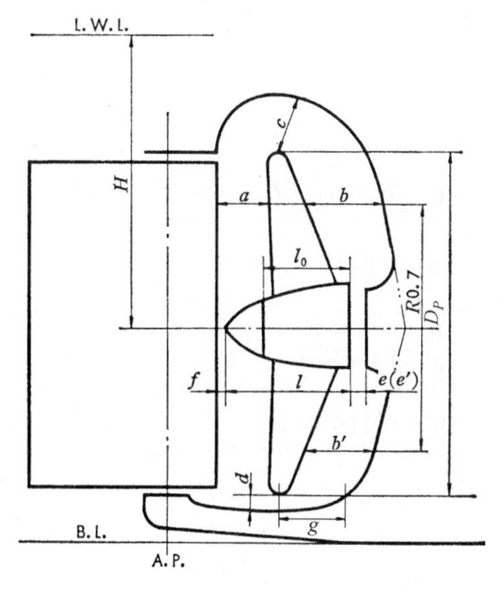

그림 11-21

그림 11-21은 앞에서 예기한 1축선의 표준값으로 프로펠러와 선체(타를 포함해서)와의 간격을 나타낸 것이다. 프로펠러 지름과의 일반적인 비는 다음과 같다.

$$\frac{a}{D_P} = 13 \pm 4(\%)$$

$$a = (0.120 \sim 0.153) \times D_P$$

$$\frac{b}{D_P} = 20 \pm 4(\%),\ D_P < 5.5(\mathrm{m})$$

$$b = (0.240 \sim 0.261) \times D_P$$

$$\frac{b}{D_P} = (2D_P + 9) \pm 4(\%),\ D_P > 5.5(\mathrm{m})$$

$$\frac{b'}{D_P} = 18 \pm 4(\%),\ D_P < 5.5(\mathrm{m})$$

$$\frac{b'}{D_P} = (2D_P + 7) \pm 4(\%),\ D_P > 5.5(\mathrm{m})$$

$$b' = (0.261 \sim 0.290) \times D_P$$

$$\frac{c}{D_P} = 14 \pm 4(\%)$$

$$c = (0.160 \sim 0.167) \times D_P$$

$$\frac{d}{D_P} = 3.5 \pm 1.5(\%)$$

$$d = (0.049 \sim 0.054) \times D_P$$

$$\frac{f}{D_P} = 2 \pm 1(\%),\ D_P > 5(\mathrm{m})$$

$$\frac{f}{D_P} = 100 \pm 50(\mathrm{mm}),\ D_P > 5(\mathrm{m})$$

$$\frac{e}{D_P} = (11 - D_P) \pm 1.5(\%)$$

$$g = (0.243 \sim 0.279) \times D_P$$

따라서, $\frac{e}{D_P}$의 최소값은 4%로 한다.

$$\frac{e'}{D_P} = \left(4.5 - \frac{D_P}{4}\right) \pm 0.5(\%)$$

$$h = (0.206 \sim 0.216) \times D_P$$

$$\frac{l}{D_P} = \left(34 - \frac{D_P}{2}\right) \pm 4(\%)$$

$$\frac{l_0}{D_P} = \left(23 - \frac{D_P}{2}\right) \pm 3(\%)$$

여기서, C : 프로펠러의 날개 끝과 선체와의 가장 짧은 거리

D_P : 프로펠러의 지름(m)

e : 선미관 본체가 너트로 부착되는 구조인 경우의 치수

e' : 선미관 본체가 용접 구조 등으로 너트를 장비하지 않는 구조인 경우의 치수

그림 11-21에서 ① 간격 b와 b'을 크게 한다면 선체 진동을 작게 하기 때문에 유리하지만, 상당히 크게 되면 프로펠러의 과회전에 따른 휨 모멘트가 커지게 되므로 선미관 축수부에 나쁜 영향을 끼치게 되며, 또한 추진 성능도 어느 정도 떨어지게 된다.

② 간격 a와 b를 크게 하는 것은 선체와 타의 진동을 작아지게 하여서 효과가 있으나 프로펠러의 추진 성능에 미치는 영향은 비교적 크다. ③ 간격 b와 d가 작아지면 프로펠러의 공동 현상에 의한 침식 작용을 일으키거나 선미 골재에도 같은 영향의 침식을 일으킬 수 있다.

이러한 것을 종합해 보면 다음과 같다.

㈎ 프로펠러와 선미 골재의 사이는 가능한 한 큰 쪽이 선체 진동, 추진 성능의 예로부터, 즉 프로펠러 지름, 회전수 선정의 예로도 좋지만, 선체 구조에 따라서 제한을 받는 경우가 많다.

㈏ 그림 11-21에 있는 표준 치수는 많은 실적을 기초로 해서 조선 관계자들이 발표하고 있는 것이다. 각 치수는 상당히 큰 범위로서 차이가 있다. 이것은 과거에 발표되어 있는 것과 비교해서 어느 정도 큰 값으로 되어 있다.

특히, 최근 선형이 대형화됨에 따라 추진 기관도 커지기 때문이다. 소형선과 어선 등의 경우에는 직접 적용할 수 없는 것은 아니지만, 이 값이 너무 크면 선미관 축수 하중이 증가하므로 좋지 않다.

㈐ 간격 a를 크게 하면 선체와 타의 진동을 감소시킬 수 있지만, 추진 성능이 어느 정도 떨어지게 된다.

㈑ 간격 b와 b'은 선체 진동, 선미 골재 직후의 와류 또는 불균일 수류부를 피하는 점으로는 간격이 큰 쪽이 좋지만, 간격이 상당히 크게 되면 프로펠러의 과회전에 의하여 선미관 축수에 나쁜 영향을 주게 되고, 또 반대로 이 간격이 작아지게 되면 공동 현상의 발생을 초래하게 되어 프로펠러와 선미 골재가 침식되는 수가 있다.

㈒ 간격 c는 프로펠러 날개 끝과 선체와의 가장 짧은 거리로서, 선미의 형상에 의해서 이 치수에는 비율의 차이가 있지만 간격이 작아지게 되면 선체 진동의 원인이 된다.

㈓ 간격 d는 프로펠러 심도의 예로 관찰한다면 작은 쪽이 좋다. 그러나 d가 작아지면 선체 진동에 큰 영향을 끼치게 되는 한계는 아니지만 프로펠러 날개 끝의 공동 현상에 의한 침식, 슈 피스(shoe piece)부의 부식 등이 일어나게 된다. 특히, 용접 조립 구조인 선미 골재의 경우에는 슈 피스의 폭이 주강재에 비해서 크게 되므로 간격을 약간 크게 한다.

(사) e의 치수는 프로펠러축의 지름, 선미관 후단의 구조와 프로펠러 보스 전단의 패킹을 넣는 구조에 의해서 틀려지지만, 필요 이상 크지 않은 쪽이 선미관 축수에 미치는 영향이 작아지게 된다.

3. 프로펠러와 타와의 관계

(1) 타의 종류

타(rudder) 종류는 대단히 많으며, 선형, 크기, 용도 등에 따라서 그때 그때 적합한 것을 채용하고 있다. 일반적인 것을 열거하면 평형타, 평형 반동타 및 타 면적을 증가시켜 타 효율을 좋게 한 콘트라(contra) 타, 복판타, 반평형타, 단판타 등이 있다.

상선에서 많이 채용하고 있는 것으로는 그림 11-22와 같은 복판타와 평형 반동타 및 콘트라 타이다.

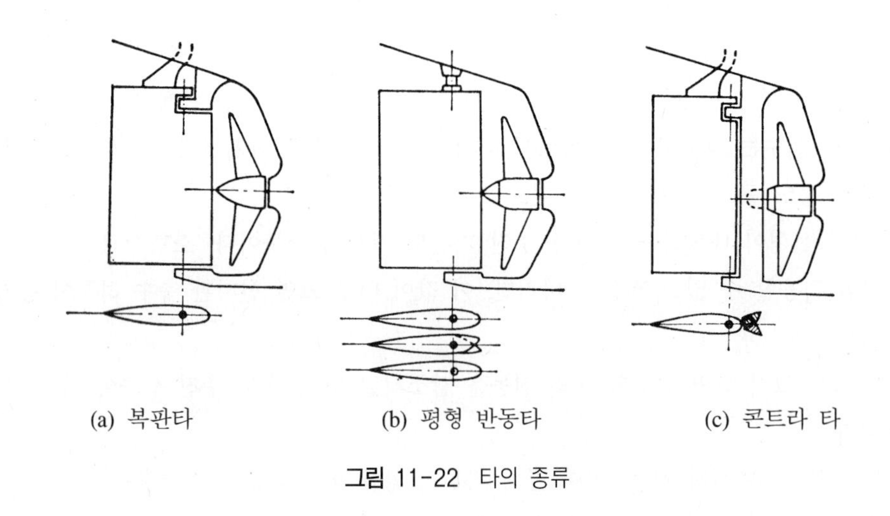

그림 11-22 타의 종류

평형 반동타와 콘트라 타는 그림에서 보는 바와 같이 구조는 약간 다르지만, 타의 앞부분을 좌우 방향으로 변화시켜 프로펠러에 의해서 흐르는 수류의 회전 에너지의 일부를 회수해서 효율을 좋게 한 것이다.

(2) 프로펠러가 타에 미치는 영향

타의 작용이 배를 움직이는 데 큰 비중을 차지하는 것은 아니다. 타의 목적을 효과적으로 하기 위해서는 타의 위치는 물론 프로펠러의 위치도 중요한 요소이다. 바꾸어 말하면, 타의 위치에서 본다면 타와 선체와의 간격은 가깝고 프로펠러의 바로 뒤에 배치하는 것이 좋다.

1축선에서는 프로펠러의 바로 뒤에 반드시 타를 배치해야 좋지만, 2축선에서는 프로펠러의 바로 뒤에 타를 배치하거나 선미의 중앙에 1축선과 같이 배치해야 하는 문제가 있다.

일반적으로 1축선의 경우에는 프로펠러 간격의 항에서 설명한 것과 같이 프로펠러와 타와의 간격이 좁게 되면 나쁜 영향이 있다. 즉, 1축선과 같이 프로펠러의 바로 뒤에 있는 타는 프로펠러 레이스(propeller lace)의 정류(整流)를 하는 형태로 되지만 프로펠러 레이스는 타에 대해서 기울어지게 되므로, 일반타의 수평 단면이 중심선에 대해서 좌우 대칭으로 되어 있는 것보다도 그림 11-2의 (b)에 나타낸 평형 반동타, (c)와 같은 콘트라 타처럼 타의 앞부분이 비틀어져 있는 것과 같은 특수 유선타로 하는 것이 좋다.

11.5 디젤 기관의 기진력

일반적으로, 터빈 주기관의 경우 기진력은 무시되지만 여기서는 디젤 주기관에 대해서 설명하기로 한다. 디젤 주기관의 기진력과 이에 대응해서 선체에 생기는 진동은 표 11-4와 같다.

표 11-4 디젤 주기관의 기진력과 선체에 발생하는 진동

원인	기진 방향	차수	선체의 진동
기관 운동 부분의 불균형 관성력, 모멘트에 의한 것	상하, 좌우	주기관 회전수의 1차, 2차	선체 휨 진동
기통 내의 주기적인 연소 압력에 의한 것	좌우, 전후	주기관 회전수 × 기통수	상부 구조의 전후 진동, 선체 세로 진동, 기관 가로 진동, 축계 세로 진동, 비틀림 진동
크랭크축의 회전에 의한 것	전후 축 비틀림		선체 세로 진동, 휨 진동, 상부 구조의 전후 진동

디젤 기관의 진동에는 크랭크축 중심 좌표를 원점으로 하는 세로 방향 불균형력과 가로 방향 불균형력, 가이드부에 걸리는 반력에 의해 생기는 모멘트와 축의 회전 모멘트로서 4개의 힘으로 분리된다.

이들의 불균형력 및 우력의 구성은 다음과 같다.

1. 세로 방향 불균형력

직선 왕복 운동부의 세로 방향 불균형력과 크랭크의 회전에 의해 생기는 원심력 및 세로 방향 분력의 합이다.

2. 가로 방향 불균형력

연접봉의 가로 방향 관성력과 크랭크의 회전에 의한 원심력의 가로 방향 분력과의 합이다.

3. 가이드부의 모멘트

폭발 압력 및 왕복 운동부가 연접봉의 경사에 의해 생기는 가이드부에 있어서의 가로 방향 반력과 연접봉의 가이드부에서의 가로 방향 관성력의 합에 의해 생기는 힘과 가이드와 축심과의 거리의 곱이다.

4. 회전 토크

실린더 내의 폭발 압력으로 왕복 운동부의 관성력과 자중(自重)의 합에 의한 힘과 회전 암의 곱이다.

4개의 불균형력 및 우력은 실린더가 많은 기관에서는 중량 배치와 이것을 연결하는 탄성체에 의해 진동체를 형성하고, 각각 고유의 자연 진동을 가지고 있는 기관 전체에 작용하여 강제 진동을 일으킨다. 즉,

(1) 세로 방향력은 기관 전체에 상하 처짐 진동을 일으킨다.
(2) 가로 방향력은 기관 전체에 각각 휨 진동을 일으킨다.
(3) 가이드부 모멘트는 각각의 실린더에 비틀림 진동을 일으킨다.
(4) 회전 토크는 축계 및 프로펠러와 같이 비틀림 진동을 일으킨다.

11.6 디젤 기관의 진동

디젤 기관은 피스톤이 움직임에 따라 여러 가지 진동을 하지만 아래위로 큰 소리를 내면서 움직이는 가장 격심한 진동이므로, 이를 원천적으로 줄이기 위해 모멘트 보상 장치(Moment Compensator)라는 무게 중심이 편심된 바퀴들을 붙이고 Crank Shaft와 Belt로 연결해서 작동시킨다. 이 보상 장치가 생성하는 반대 진동력이 엔진의 상하진동을 감쇄시키는 것이다. 상하진동에 대한 내성을 갖도록 기관실 바닥 구조가 튼튼해야 하고 Accommodation House도 견고한 하부 구조 위에 잘 지지되도록 해야 한다.

그럼에도 불구하고 상하 진동이 클 경우 Electric Balancer라는 진동 감쇄 기계를 선미 부분에 놓아 대개는 문제를 해결한다.

엔진은 또 피스톤이 올라가거나 내려올 때에 운동 속성상 실린더의 측면을 좌우측으로 밀게 되므로 엔진이 좌우로 Bending 하거나 나란히 밀리거나 수직축 중심으로 선회하는 모습으로 흔들린다.

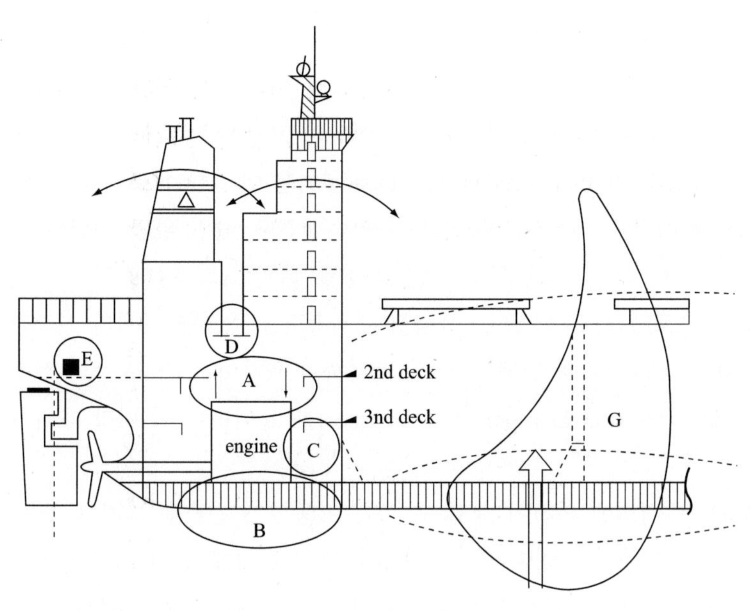

A : 상하 진동
B : 충분히 튼튼히 해야 할 곳
C : Moment Compensator
D : 중량 집중점이므로 잘 보강해야 할 곳이다. 종방향으로 움직이는 천정 기중기의 Clear Height를 확보해 주다 보면 주지지용 Trans Member 크기가 제한 받게 되므로 배치 최적화가 시도되어야 한다.
E : Electric Balancer
F : 엔진의 횡진동을 막아 주는 Top Bracing
G : 파랑 및 엔진의 상하 진동 등의 외력에 의하여 Hull Main Girder(주선체)가 상하 진동을 하는 모습

그림 11-23 Main Engine Induced Vibration

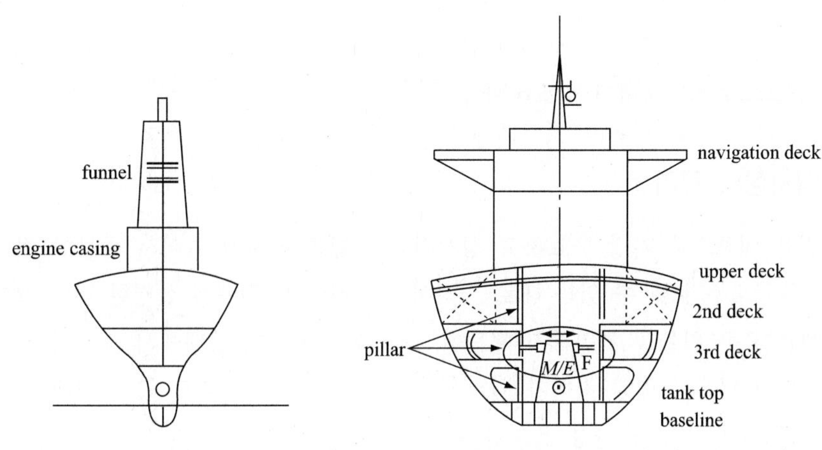

(a) engine room AFT bulkhead (b) section foreward end of main engine

그림 11-24 Top Sway Bracing

이것은 Top Sway Bracing이라는 어느 정도 신축성이 있는 체결 Fitting을 직접 엔진과 선체 사이에 설치하여 그림 11-24와 같이 엔진을 고착시킴으로서 해소시킨다.

완전 고박을 할 경우 Bracing이 파단되거나 엔진의 고박용 Eye가 깨어지거나 선체가 변형될 수 있으므로 일종의 마찰 접수(Friction Tensioner)를 체결하여 조정해 가면서 쓴다. 이것도 실제적으로는 빠지거나 깨어지는 등의 부작용이 생긴다. 유압 완충식으로 고안된 고가품도 쓰인다.

Crank Shaft는 프로펠러로부터 오는 불평형 추진축력을 받으면 자체의 신축적인 생김새 때문에 심한 Axial Vibration이 유발된다. 이를 해결하기 위하여는 Crank축의 선수쪽 끝단에 유압식 완충기(Axial Vibration Damper 또는 Detuner)를 붙이는 것이 가장 효과가 좋다고 보고되고 있다.

그림 11-24에는 수평력에 의하여 생길 수 있는 진동의 모습들을 그려 보았는데, 엔진이 키가 크고 길이가 짧은 편이며 하부 구조가 견고하고 튼튼하게 선체에 붙어 있으므로 자유단(Free End)를 형성하고 있는 윗부분의 네 귀에만 좌우로 흔들리지 못하도록 묶어 주면 상당히 효율적으로 모든 종류의 수평력에 의한 움직임들을 한꺼번에 크게 줄일 수 있다.

››› 11.7 선박의 소음 대책

소음을 전해지는 종류에 의해 나누면 공기음와 고체음으로 구별되지만, 그 어느 것이나 최종적으로는 공기의 소밀파(疎密波)로 우리들의 귀에 느끼게 된다. 따라서, 소음 대책을 생각하는 데에는 이들의 음이 전해지기 어렵도록 하면 좋다.

가장 쉬운 방법으로 설계자는 우선 음원(音源)을 수음점(受音點)으로부터 될 수 있는 한 멀리 떨어지게 배치상의 고려를 해야 하지만, 한정된 선내에서는 반드시 이상적으로 할 수 없는 경우가 많으므로 그 대책이 필요하다.

11.7.1 배치상의 고려

선박의 소음 대책으로 가장 유효하고 경제적인 방법은 배치에 있어서 충분한 검토를 하여 소음원을 거주구로부터 될 수 있는 대로 격리시키는 것이다. 앞에서 설명한 것과 같이 선박의 소음은 고체음이 큰 비율을 차지하기 때문에, 소음원을 배치한 상태에서 소음의 세기 정도를 낮추려고 한다면 많은 노력과 경비가 필요하며, 또 그에 비해 효과도 크게 기대할 수 없으므로 초기에 배치상의 검토는 가장 유효한 대책을 세워야 한다.

11장 3항 (1)에서 설명한 바와 같이 프로펠러 및 타 주위의 선미 소음과 기관실 내 소음은 선박의 소음 중 가장 큰 두 가지의 소음원으로서, 거주구는 이 두 가지로부터 가능한 한 멀리 하는 편이 좋다. 중앙 선교루형보다 선미루형 쪽이 소음의 세기 정도가 높고, 또 분리형 거주구보다 기관실 위벽 취권형 쪽이 소음의 세기 정도가 높다는 것을 말해 준다.

또, 1층 갑판선의 상갑판과 2층 갑판선의 제2갑판 기관실 상부는 직접 기관실 소음의 영향을 받기 때문에, 이 부분은 높은 소음의 세기 정도를 나타낸다. 한편, 발전기 등 기관실 내의 특정 기기와 급·배기구 등 특수한 소음원 기기 및 거주구와의 상대 위치도 중요한 요소(factor)가 된다.

배치상 고려해야 할 중요한 점은 다음과 같다.

㈎ 바로 밑에 기관실로 되어 있는 장소에는 거주실, 공실(公室), 병실을 설치하지 말 것

㈏ 거주실, 공실, 병실은 기관실 위벽에 인접시키지 말 것, 사이드 통로 혹은 창고, 위생실 등을 설치하도록 할 것

㈐ 거주구로부터 기관실까지의 출입구에는 로비(lobby)를 설치하고, 이중문으로 하여 적어도 그 중 하나의 문은 방음문으로 할 것

㈑ 냉동기, 유압 펌프 전동 발전기, 공기 조절 장치, 불활성 가스 송풍기 등 특수한 소음을 일으키는 기기의 설치 구획의 바로 위아래에 이들의 소음 구획에 인접해서 거주실, 공실, 병실을 배치하지 말 것

㈒ 유압 파이프는 거주구 내를 통과하지 말 것, 또 파이프 지지대를 거주구 외벽에도 세우지 말 것

㈓ 통풍기의 급·배기구는 거주구로부터 가능한 한 멀리하고, 그 개구부는 거주구와 반대 방향으로 향하게 할 것, 또 부근에 휴식 장소가 있을 경우에도 같은 방법의 배치를 하지 않도록 중간에 충분히 큰 차폐 구조물을 설치할 것

㈔ 발전기(특히, 디젤 발전기)의 바로 윗부분에는 제어실과 거주실, 공실, 병실 등을 설치하지 말 것

㈕ 엘리베이터 트렁크, 엘리베이터 기계실에 접해서 거주실과 병실을 설치하지 말 것

㈖ 불활성 가스용 관로는 거주실과 병실의 외벽에 가깝게 붙여서 설치하지 말 것, 또 지지대를 거주구 외벽에도 붙이지 말 것

㈗ 침대는 다른 방의 침대와 인접해서 배치하지 말 것

㈘ 계단에 인접해서 침대를 설치하지 말 것

여기서 거주실이라고 하는 것은 침대가 있는 일반 선원실을 말한다. 또, 공실로는 식당, 오락실, 바(bar), 독서실, 각종 사무실, 진찰실 등 공공의 방을 말한다. 다만, 배선실(配膳室), 조타실(操舵室), 공동 목욕탕 등은 포함되지 않는다. 이들은 작업실로 취급된다.

11.7.2 음원 쪽의 대책

여러 가지의 사정으로 앞에서 설명한 배치상의 생각만으로는 거주실의 소음 크기 정도가 규제값보다 초과할 염려가 있을 때, 그것이 특수한 기기로 인하여 원인이 될 때, 그 소음원으로부터 대책을 세운다는 것은 효과적이다.

예를 들면, 기관실용 통풍으로 인한 소음의 영향을 적게 하기 위해 급・배기구를 거주구와 반대 방향으로 한다든지, 급・배기통의 내면에 흡음재를 시공한다든지 하는 것은 음원 쪽의 대책인 것이다.

음원 쪽의 대책은 만약 기관의 종류 변경(예를 들면, 디젤 발전기 대신에 전동 발전기를 쓰거나, 왕복식 공기 압축기 대신에 나선식 공기 압축기를 채택하는 등)과 기기의 저음화(예를 들면, 회전수가 적은 송풍기를 채용하거나, 유압 펌프 등으로 보다 소음이 적은 것을 채용하는 등)에 따라서 경제적으로 저소음화가 도모되면 간단하지만, 그렇지 않을 경우에는 대책을 세울 필요가 있다. 이 경우 공기음과 고체음 영향의 크기에 따라서 중점적으로 대책이 정해진다.

[공기음에 대한 대책]

㈎ 소음원에 덮개(cover)를 씌울 것
㈏ 소음기(消音器)를 붙일 것
㈐ 지향성(指向性)을 고려하여 차폐막 등을 이용할 것
㈑ 음원실 위벽의 차음성(遮音性)을 향상시켜 실내를 흡음 처리할 것

[고체음에 대한 대책]

㈎ 기기대(機器臺)에 고무 등의 방진재를 삽입하는 것에 따라서 거치 방법을 개선할 것
㈏ 방진재를 이용하여 파이프와 관로(duct) 등의 접속 방법과 지지대의 방법을 개선할 것

1. 덮개

음원 기기에 직접 덮개(cover)를 씌워서 공기음을 차음시킬 때, 덮개는 충분한 투과 손실값을 가지는 재료로 구성되어야 한다.

덮개를 씌우는 것은 손쉽고 빠른 대책이지만, 외부로부터 기기의 상태를 알기 어려운 점과 대형의 기기에는 예상 밖의 경우가 많기 때문에 실제 문제에 있어서는 반드시 일반적인 것은 아니다. 또, 기기에 덮개를 씌울 때에는 내부의 기기에 의해 발생되는 열과 화재 등을 주의해야 한다.

2. 소음기

디젤 기관의 과급기의 급기(給氣) 쪽과 앞에서 예기한 축류(軸流) 급・배기 송풍기 개구부와의 사이에 소음기(silencer)를 설치하면 소음의 세기 정도를 떨어뜨리는 효과가 있다. 또, 공

기 조절 장치의 관로 내면에 흡음재를 시공하든지, 토출구(吐出口) 장치들의 손잡이 소음 박스를 설치하는 것도 소음기의 일종이다.

소음기에는 음의 흡수, 반사, 간섭, 그리고 공명(共鳴) 등을 이용한 여러 가지 형식이 있지만, 흡음식은 그림 11-25와 같이 관로 내면에 흡음재를 시공해서 음이 그것을 통과하는 사이에 흡음시키는 구조로 되어 있는데, 이것은 중고음부(中高音部)의 감음에 유효하다. 음의 반사를 이용한 것으로는 그림 11-26과 같이 관로의 단면에 불연속 부분을 만들어서 그곳에서 확장시켜 음에너지의 반사를 이용한 것이다. 또, 음의 간섭을 이용한 것으로는 그림 11-27과 같이 L_1을 통과한 음과 L_2를 통과한 음을 합성시켜서 감음시키는 방법이다. 공명식은 그림 11-28과 같이 작은 구멍과 그 후면의 공기층이 서로 공명하도록 하여서 공명 흡수에 의한 음에너지를 흡수시키는 방법이다.

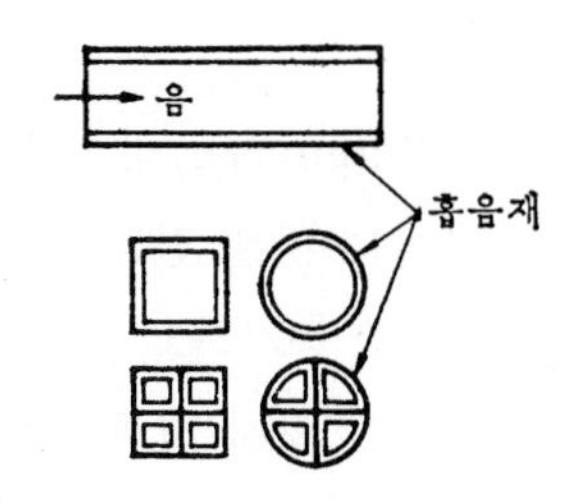

그림 11-25 흡음식 사일런스

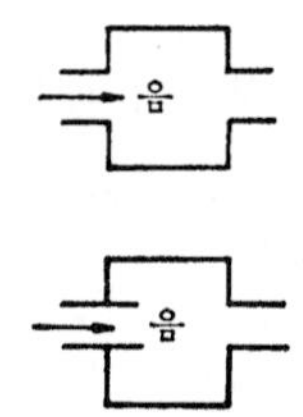

그림 11-26 반사 팽창식 사일런스

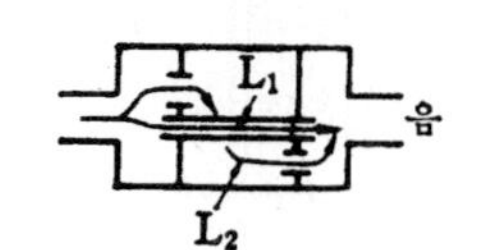

그림 11-27 간섭식 사일런스

그림 11-28 공명식 사일런스

11.8 국부 진동

선박에서도 Hull Girder Vibration(主船體 振動)이나 선미 부위 전체의 진동 같은 것은 전체 진동이라고 보겠으며, 갑판 및 Bulkhead 등의 판 진동, 기계와 Seating Unit의 진동 등은 국부 진동이다.

국부 진동은 원인이 단순하고 처방이 간단한 경우가 많으나 전체 진동은 원인 규명도 쉽지 않을뿐더러 처방도 어렵다.

국부 진동이 전체 구조의 결정적 파손을 가져오는 예는 적지만 작은 파단이 성장하여 큰 문제를 만들기 때문에 심한 국부 진동은 구조 보강 등에 의하여 제거해야 하고, 전체 진동은 취약 부분이나 구조 강성의 연속(Continueity of Structural Strength)이 잘 안된 곳을 파단시킬 수 있으므로 면밀하게 대처해야 한다.

선체는 가까이에서 보면 육중하고 견고해 보이지만 막대한 힘의 Wave Load, Pitch / Roll 운동에 의한 수압 Load나 중량의 휩쓸림 Load, Slamming(배 선수의 바닥이 수면 위까지 올라왔다가 내려가면서 물을 때리는 운동 현상) 등의 자연력에 대해서는 한낱 연약한 대형 용기에 불과하다고 이해하고 필요한 강성을 갖는 설계, 큰 진동이 없는 설계, 결함이 없는 자재를 써서 완벽한 Workmanship 으로 잘 만들어야 한다.

11.8.1 탱크내의 패넬의 진동

선미부위의 전체 진동 중에서도 가장 흔하고 견디기 어려운 것은 선실 구조의 전후 방향의 진동이다.

선미나 기관실 부근의 탱크 위벽, 또는 웹(web) 등의 거더(girder), 방요재(stiffener) 등에 균열(crack)이 생기는 예가 가끔 생긴다. 그 원인으로 생각되는 것은 진동에 따른 피로(疲勞)이며, 기관의 대형화, 높은 마력으로 됨에 따라 이 사고는 점차 증가하고 있다. 여기서는 패널(pannel)의 진동과 웹의 국부 진동에 대하여 고유 진동수 및 그 방지 대책에 대하여 설명하기로 한다.

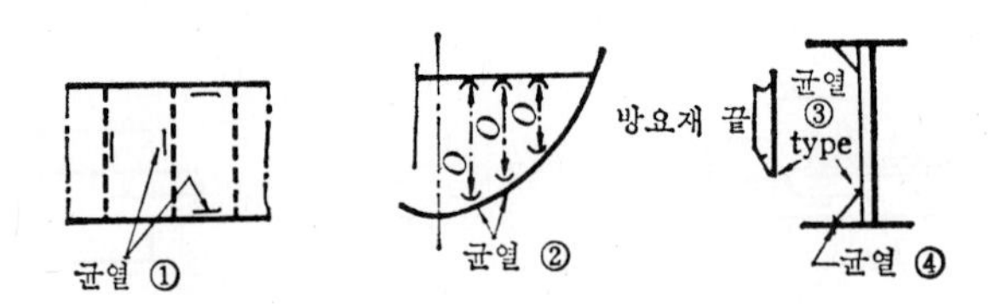

그림 11-29 패널의 진동에 의한 균열의 종류

패널에 일어나는 균열은 크게 나누면 그림 11-29에 나타낸 것처럼 네 가지를 들 수 있다.

㈎ 판의 균열
㈏ 칼링(carling)의 주위로부터의 균열
㈐ 방요재의 균열
㈑ 브래킷 끝에 있어서의 균열

이들의 균열을 방지하는 방법에 대해서는 대단히 많은 연구가 있었지만, 기진원에 따른 기진력의 전달 기구가 복잡하게 되어 있기 때문에 이들을 완전히 방지한다는 것은 곤란하다.

일반적으로 채용되고 있는 대책은 다음의 두 가지가 있다.

㈎ 기진력과의 동조를 피하도록 패널의 판 두께를 두껍게 하고, 방요재의 강성을 증가시킬 것

(나) 강제 외력에 의한 진동에 대해서 고려할 것

(가)의 경우에는 패널의 고유 진동수를 추정하여 이들이 기진력과 동조하지 않도록 확인해둘 필요가 있으며, (나)의 경우에는 특히 선미 탱크에 적용시킨다.

11.8.2 탱크 내 웹의 진동

유조선과 철광석 운반선의 화물창 내 웹(web)과 벌크 화물선의 톱 사이드 탱크 내의 웹이 전후 방향으로 진동하여 손상을 받는 예가 흔히 있다. 흔히 볼 수 있는 예를 그림 11-30에 나타내었다.

(가) 웹, 스티프너 또는 브래킷의 접합부로부터 발생하는 균열
(나) 종통 부재의 관통 구멍(slot) 주위의 균열
(다) 방요재의 주위로부터 일어나는 균열
(라) 웹, 패널의 접합부로부터 생기는 균열
(마) 웹 끝에서 생기는 균열

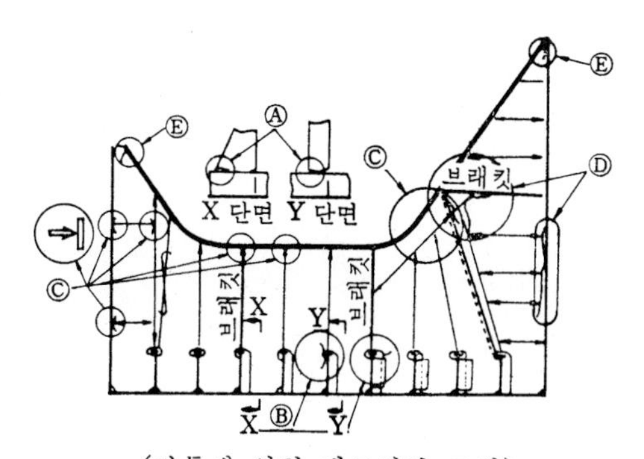

그림 11-30 웹 프레임의 진동에 의한 손상 예

이들의 손상을 방지하는 방법으로서는
(ㄱ) 웹의 고유 진동수를 추정하여 기진력과의 동조를 피하도록 한다.
(ㄴ) 외력에 의한 강제 진동에 대해서 보강을 해 둔다.

선박설계의 경제성 검토

economic efficiency of ship design

석유 가격의 불확실한 변동에 따라 예정 항로와 장래의 연료 가격(fuel cost)에 대응하는 최적선을 개발하기 위하여 보다 진보된 기술과 설계 방법이 필요하게 되었다. 전용선은 현재의 저질유와 고가인 연료에서 운전 가능하도록 설계된 새로운 배로서, 최근의 표준선에 비해 대단히 경쟁력이 있다고 말할 수 있다.

상승하는 연료 가격을 보충하기 위하여 설계상으로 고려해야 할 점은 주로 속력(speed), 주요 치수, 기관 시스템의 전반적인 연료의 경제성 향상에 대해서 가장 적합한 것을 선택하는 것이다.

앞으로의 동력비는 설계 초기단계에서 고려해 주어야 하며, 관련 항목의 초기 고찰을 하는 것은 미래 지향적인 면으로 보아서도 선주와 용선자에 대해서 충분히 수지가 맞는 사항인 것이다.

특히, 설계의 연구, 개발은 사업 계획에 대한 귀중한 안내 지침(guide line)이 될 것이다.

연료 가격이 안정된 시대에 배의 주요 요목은 강재량을 감량함에 따라서 건조비를 싸게 하는 요구에 강력하게 영향을 주었다. 이에 따라 배는 점차 용적 위주의 뚱뚱한 형(太型)으로 되었다.

최근에는 건조비는 좀 높아도 저항을 감소시킴으로써 선가면에서 효과를 높일 수 있도록 홀쭉한 형(細型)으로 되는 경향이다. 그래도 조선소에 따라서는 대단히 뚱뚱한 형의 배를 경제적인 선형으로 제공하는 수가 많다. 최적 속력으로 항주한다는 것은 현금을 절약하기 위한 가장 안이한 방법인 것이다(만약, 그 배가 가능한 한 운임 비율(rate)을 얻을 경우).

최근의 연료 가격에 따라서 많은 화물선에 있어서의 최적 속력은 일반적으로 설계값보다 떨어지는 것이 보통이다. 즉, 경제적인 면을 고려하기 때문인 것 같다.

적재 중량, 최적 속력, 항내 시간의 영향에서 항해 패턴(pattern)은 일정한 연간 화물량을 두 항구 사이에 수송하는 것으로 되어 있다.

최적 속력, 적재 중량, 항내 시간을 여러 가지로 합성시켜 좋고 나쁜 경향을 구별하게 되지만, 고속이 되면 항내 시간의 감소가 중요하다는 것이 판명된다. 또한, 재화량과 속력에서 연간 경비를 항내 시간 단축에 따라 균형을 유지시킬 수 있음을 알 수 있다.

최적선에 대해 요구되는 운임 비율(rate)에 대한 속력과 연료 가격에 부담 받는 영향을 생각하면 항해 패턴은 운반하는 화물량이 제한된다. 배의 연간 수송량은 속력이 다르면 이에 따라서 변하기 때문에 필요 운임 비율은 총 연간 경비를 매년의 화물 수송량으로 나누어서 계산한다.

투자 계산으로부터 필요한 1일의 운임을 운항 경비와 자본 투자의 추정값을 보충하기 위하여 사용된다. 이러한 조건의 운임 비율은 속력에 있어서 감속의 효과와 장래의 연료 가격 증대의 영향이 속력을 낮게 함으로써, 불리한 효과는 속력을 높게 하면 불리한 효과에 대한 비는 작아진다는 것이 흥미 있는 일이다. 그러나 이 경우 화물의 운임은 고려되지 않는다.

1983년의 추정 연료 가격에 대한 연간 이익은 속력과 운임 비율의 함수 관계로 계산되며, 최적 속력은 운임 비율의 증대와 함께 증가하게 된다. 이 정보는 현재 상태에 있어서 최적 속력을 평가하기 위하여 사용될 수 있도록, 기대되는 시장(market)에 대응하기 위해 증대되는 기관에 대해 요구되는 평가를 하는 것도 유익한 일이다. 그러므로, 선박설계의 경제성 공학에서는 일반적인 방법으로 다루어지고 있다.

선박설계의 경제성은 상세한 선박설계가 아니라 경제적인 면의 적용으로, 이 두 가지의 관계인 것이다.

선박설계자는 선박설계와 설비에 있어서 경제 성능면과 기술적인 평가에 충분한 정보를 필요로 하며, 기술 중에서 많은 부분은 건조되는 배에 대해서 언제 건조할 것인지, 어디에서 건조할 것인지, 무엇을 건조할 것인지에 대해서 구상하고 논의되어야 하는 것이 그 초기의 목적인 것이다.

이에 대한 세 가지 중요한 이유는 다음과 같다.

첫째, 선박설계에서의 잘못된 판단은 배의 크기와 선형의 대형화에 따라 크게 증대된다. 최근에는 무엇을 건조할 것인가 보다는 어떻게 건조할 것인가를 결정하는 일이며, 먼저 이 면에 대해 수정해야 하는 것이 성공의 여부인 것이다.

둘째, 선박설계에 있어서 최고의 직무는 최소한의 저항과 같은 기술적인 기준은 충분하지 않다. 중요한 기준은 재화 상태에서의 기술적인 요소를 계산하여 경제적인 특성을 넓게 인식하는 것이다. 최적 설계는 가장 유익한 설계인 것이다.

셋째, 선박설계 과정에 있어서 경제적인 조건의 복합성이 증대되고 있다. 보편적으로 일반적인 많은 선박들은 적은 이익에 비해 막대한 자금이 요구되므로, 조건이 나쁜 융자금, 가속되는 감가 상각, 침몰과 세금, 이러한 모든 것들이 효과적인 선박설계 계산에 어려움을 가중시키기 때문이다.

그러므로, 선박설계자들은 경제성 공학의 기본 원칙에 대한 어렵고 세부적인 계산을 컴퓨터 프로그램을 이용하여 간단하게 해결하고 있다.

선박설계의 경제성은 이러한 여러 가지의 복합성 때문에 쉽게 다루기는 힘들며 그 평가 역시 어렵다. 그러므로, 이를 해결하기 위해 세 부분으로 나누면 다음과 같다.

㈎ 해상 수송에 따른 수요와 공급 그리고 선박의 경제적인 외적 조건의 적용

㈏ 선박설계에 있어서의 기본적인 이론의 실제 적용

㈐ 기술적인 선박설계의 경제성의 세부적인 해석 기법 적용

이것이 운항 경비와 초기 건조 선가를 추종하는 정보로 이용될 수 있는 조건이 되기 때문인 것이다.

12.1 수송 시스템과 상선

일반적으로 선주로부터 어떤 종류의 배에 대하여 주문에 관한 문의가 있을 때, 조선소에서 개발한 표준선을 제시하는 경우를 제외하고, 조선소에서는 선주의 요구에 가능한 한 합치하는 선형의 기본계획을 하여 가격을 산출한 뒤에 견적선가를 제출한다. 선주에 제출하는 견적서에는 그 배의 내용을 알 수 있도록 간단한 시방서와 개략 일반 배치도를 첨부하는 것이 상례이다.

선주는 조선소에서 제출한 선가, 지불조건 및 시방서에 따라서 채산계산을 하게 되므로, 가장 간단한 요목표라도 채산계산에 필요한 재화중량, 용적, 주기마력, 속력, 톤수, 연료소비량, 정원 등의 수치는 기재되어 있어야 한다.

주요 요목은 배의 설계를 전개해 나가는 데 있어서 가장 기초가 되는 수치이다. 따라서, 기본계획의 첫째 단계는 이 주요 요목을 결정하는 일이 된다. 그러므로 선주로부터 주어진 재화중량, 흘수, 속력 등의 설계조건을 가지고 배의 기본설계를 하는 경우에는 결정된 주요 요목이 설계조건에 대하여 가장 적합한 것이 되어 있어야 한다. 최적 여부를 판정하려면 판정기준(criteria)이 필요하며, 판정기준의 설정방법에 따라서 결과가 달라진다. 이를테면, 판정기준으로서 '재화중량 1 ton당 건조원가'를 잡아서 그것이 가장 낮아지도록 A선의 주요 요목을 결정하였다고 하자. 한편, 1 ton당 건조원가는 A선보다 높으나 같은 속력을 내는 데 주기마력이 적은 배 B가 있어 수송량 1 ton당 수송원가를 계산해 보았더니 연료비의 감소가 선가고를 앞질러서 B선이 훨씬 유리하다고 하면, 선주의 입장에서는 최적선이 A가 아닌 B라고 할 수 있다. 그런 관계로 최적선이란 수송량 1 ton당 수송원가가 최소로 되는 선형이라고 하면, 주요 요목을 결정하는 단계에서 조선소에서 채산계산을 하여 그 중에서 선주경제의 입장에서 가장 유리한 선형을 설계하여 견적을 제출할 필요가 발생하게 된다.

채산계산은 선주 측에서 하는 것이 일반적이다. 조선소는 선가견적에 있어서는 선주가 채산계산을 하는 데 필요한 자료를 제출한다. 그와 같은 경우에는 조선소로서는 최적선형 판정기준으로서 재화중량 1 ton당 건조원가를 잡을 수밖에 없다.

주요 요목이 결정되기까지의 과정을 살펴보면, 일반적으로는 선주로부터 설계조건이 주어지고 조선소는 그 조건을 만족하며 재화중량 1 ton당 건조원가가 가장 낮아지도록, 또는 건조비가 최소가 되도록 주요 요목을 선정하여 제의한다. 이때 선주로부터 요구된 조건을 다소 변경하여 유리한 선형이 얻어질 수 있는 전망이 서면, 선주와 교섭하여 변경하도록 힘써야 한다. 선주는 조선소의 제의에 따라서 채산검토를 하여 채산이 맞지 않는 경우에는 선가를 낮출 것을 요구하든가, 설계조건을 일부 변경해서 재견적을 조선소에 의뢰하여야 한다. 선주는 조선소의 재제의에 따라서 다시 채산계산을 한다. 이런 방식을 되풀이하여 선주와 조선소의 사이에 합의가 이루어지면 그 때의 주요 요목을 주요 요목으로서 확정한다. 이때 재화중량 1 ton

당 건조비가 가장 싸지도록 주요 요목을 선정한다고 하더라도 극단적으로 C_B를 크게 하고 L_{PP}를 너무 작게 한 선형이 되면, 취항 후 파도의 영향을 받아 항해속력이 떨어지고 추진기의 공동 현상이 선미진동이 발생하기 쉽게 되어 후에 보수공사의 경비가 증가하여 선주의 채산이 악화될 가능성이 있으므로, 선형학의 상식에 어긋난 주요 요목의 선정을 하여서는 안 된다.

그러므로 최적 주요 요목을 결정하는 경우의 척도로서는 수송량 1 ton당의 수송원가를 최소로 하는 개념을 취하지 못하고 재화중량 1 ton당 가장 싸게 하든가, 건조원가를 최소로 하기 위하여 설계조건으로서는 재화중량, 흘수, 속력, 재화계수(또는 화물의 비중)가 주어져 있는 것으로 하고, 건조원가가 최소가 되도록 주요 요목을 결정하여야 한다. 왜냐하면, 선주로부터 요구된 재화중량을 약간 크게 하여 주요 요목을 결정하면 배 전체의 건조원가는 다소 높아지나, 재화중량 1 ton당의 건조원가는 싸지는 일도 흔히 있기 때문에 유조선, 벌크 화물선과 같은 배에서는 배 전체의 건조원가 중에서 가장 큰 부분을 차지하는 것은 선각강재와 기관부의 재료비와 가공비를 합친 것이므로, 이 두 원가의 합계가 최소가 되도록 주요 요목을 결정하면 대략 건조원가가 최소가 된다. 그렇기 위해서 주기관의 형식은 주어진 조건에 대해서 최소의 마력의 것을 선정하고, 선각강재가 가장 적게 들도록 주요 요목을 결정하여야 한다.

그런데 선각강재와 기관부의 원가의 바탕이 되는 주기마력은 주요치수와 C_B를 알면 대략 결정된다. 그러므로 기본계획에서는 주요 치수와 C_B를 결정하는 것이 가장 중요하게 된다.

기본계획을 밀고나가는 데에 있어서 또 하나 중요한 것은 배의 기본성능에 대한 취급방법을 어떻게 종합하는가 라는 문제이다.

기준선형을 계획하는 경우로서 재화중량, 속력, 흘수, 주기의 형식, 용적 등 배의 기본성능을 어떻게 결정하는가 라는 문제가 있다. 이와 같은 것들은 설계자의 생각 하나로서 어떻게든지 결정지어질 수 있다. 예를 들어 화물창의 용적을 얼마로 하는가 하는 문제를 잡아보면, 용적은 화물의 재화계수나 비중이 정해지면 재화중량으로부터 간단히 계산된다. 문제는 이 재화계수나 비중을 어떻게 결정하는가 라는 문제이다. 어떤 화물에 대해서도 재화중량이 충분한 용적을 설계하여 두면 틀림은 없으나, 그 대신에 건조비가 높아져 좋은 배가 되지 못한다. 따라서 용적은 건조원가와 성능을 균형시킬 수 있는 값으로 선정되어야 한다. 이 밖에, 기본계획을 추진하는 데 있어서, 계산의 전제조건을 어떻게 결정하는가 라는 문제가 매우 중요하게 된다.

이와 같은 문제는 오랫동안 실무에서 경험을 쌓아 가는 동안에 스스로 성능평가능력을 키워가는 것이라고 판단된다.

12.1.1 수송과 수송비

1. 수송

수송(transportation)을 경제적으로 보면 사람이나 물건을 일정한 장소에서 다른 장소로 이동하여 그것에 의해서 사람의 수요를 만족시키며, 또 장소적 효용을 증가시킨다. 그리고 장소만이 아닌 시간적 효용을 증가시키는 행위, 예를 들면 보관, 저장 등도 광범위한 의미에서 수송에 포함시키는 것이 보통이다.

법률적으로 보면 계약의 목적으로서 행해지는 경우이고, 그 이외에도 운송 계약의 목적으로 행해지는 경우만 법률상 운송으로 규제된다.

수송의 발달로 다음과 같은 기능을 수행하게 된다.

(가) 미이용 자원의 이용이 가능하게 되며,

(나) 새로운 시장이 개발되고,

(다) 여러 지역의 특징을 살려 개발과 분산이 가능하게 된다.

세계의 경제, 문화와 국방상 수송은 매우 중요한 지위를 차지하게 된다.

수송의 기능으로 제일 중요한 것은 수송되는 사람이나 물건에 있어서 수송을 하는 방법(운반구, transporting agent)의 선택, 이용은 주목적을 가장 효과적으로 수행하기 위한 수단인 것이다.

다음에 무엇을 수송하는 것인가는 보다 높은 차원에서 경제적, 사회적인 판단에 의해서 결정된다. 그래서 수송 패턴은 때에 따라 변화하게 된다.

수송과 같은 개념을 나타내는 말로는 운송, 운수, 운반(materials handling), 하역(cargo or freight handling) 등이 있다. 이러한 말들의 통일된 정의와 확실한 구별은 정해져 있지 않지만, 취급하는 물건의 양과 이동 거리를 같은 중량 비율로 톤(ton), 킬로미터(kilometer), 마일(mile) 등으로 수량화된 것이 수송, 운송, 운수이며, 이에 대해 취급할 물건의 양에 중점을 둔 것이 운반, 하역인 것이다.

전자를 수송(transportation) 중에 활동 구분(movement segment), 후자를 진행 구분(process segment)이라고 부르는 예도 있다. 수송을 양 구분(segment)으로 나누는 방법은 크게 나눌 수도 있고, 부분적으로 세분할 수도 있다.

일반적으로 활동 구분에 속한 작업에 필요한 시간과 가격(cost)은 수량적인 면에서 쉽지만, 진행 구분에 속하는 작업에 필요한 시간과 가격을 파악하기에는 어려운 점이 많다.

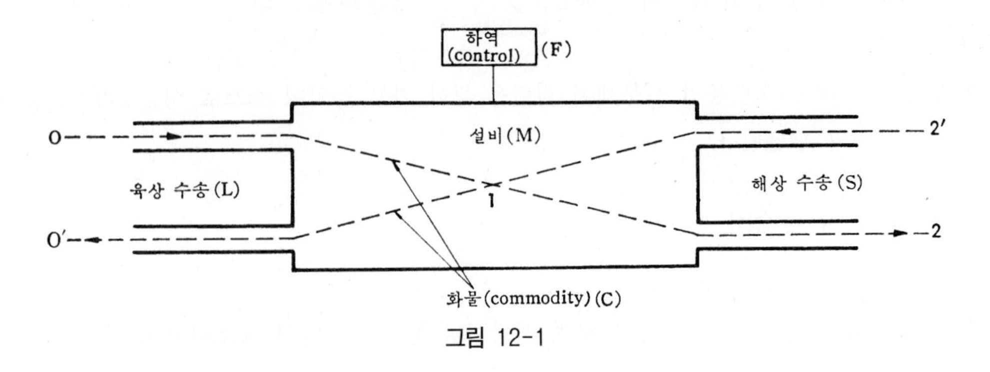

그림 12-1

수송의 기본적인 면을 나타내 보면 항구에 있는 화물의 흐름을 간략히 그림 12-1과 같이 나타낼 수 있다.

관련된 주요 요소는 다음의 5가지가 있다.

C : 화물, 포장, 컨테이너 등

F : 장소, 하역 기계, 동력 등

L : 육상 수송 용구, 예를 들면 화차, 트럭, 항공기, 바지(barge) 등

S : 해상 수송용 선박, 배의 하역 장치를 포함

M : 설비(facility) 내에서 화물의 동향을 결정지워 주는 정보 전달 기능

운반되는 화물은 0-1-2의 흐름에 따를 때 육상 수송 용구 L은 0-1-0´의 경로에 따라서 움직이게 된다. 1-0´이 화물을 수송하고 있는 것은 조작에 의해서 또는 그의 어떤 조건하에 있을 때에 가능한 일이다. 확실히 수송의 필요 조건은 아니다.

같은 방식으로 해상 수송(sea transportation)도 기본형이 편면 하역(片荷)의 자세로 있는 것은 선박의 하역 기계의 위치로 분명히 밝혀지고 있다. 이와 같이 0-1-0´-0, 2´-1-2-2´과 같은 기본적인 운반 사이클이 존재하고, 설비 F는 그들 사이클의 절점에서 일시 저장, 하역 단위의 변경 등을 하고 있다.

2-3 사이클의 예를 그림 12-2와 같이 표시한다.

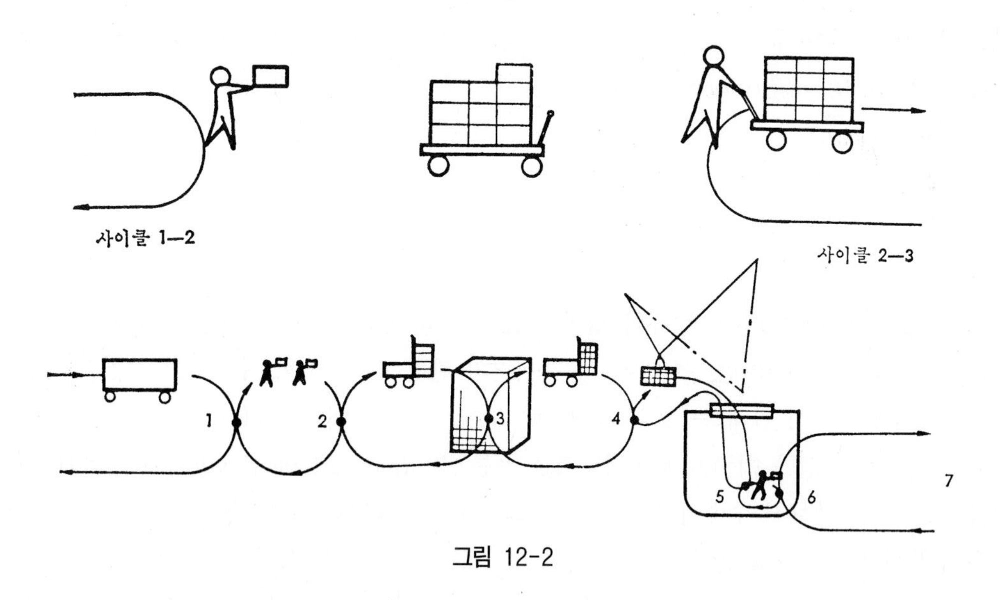

그림 12-2

가운데 그림에 나타낸 것과 같이 절점 2에 있어서 공대차(空臺車)가 채워지지 않거나 대차의 적재량이 이미 채워져 있을 때에는 흐름 사이클 1-2를 정지한 것처럼 정보가 새게 된다.

또, 절점 2의 상태가 채워지지 않은 상태라도 흐름 사이클 2-3을 정지한 것처럼 정보를 흐

르게 한다.

이와 같은 정보 전달 기능을 피드백(feed-back) 회로라 해서 기입한다면, 수송 사이클은 다음과 같은 기본적 요소에 의해서 구성된 시스템으로 포착할 수가 있다.

그림 12-3에 나타낸 것과 같이 복수의 사이클이 동일 절점에서 결합하고 있을 경우 더욱 사이클 타임과의 사이에 서로 다르게 된다면, '대기' 현상이 나타나며 흐름이 잠시 정체하게 된다. 그래도 사이클 타임의 변화 정도의 차이는 피할 수 없는 현상인 것이다.

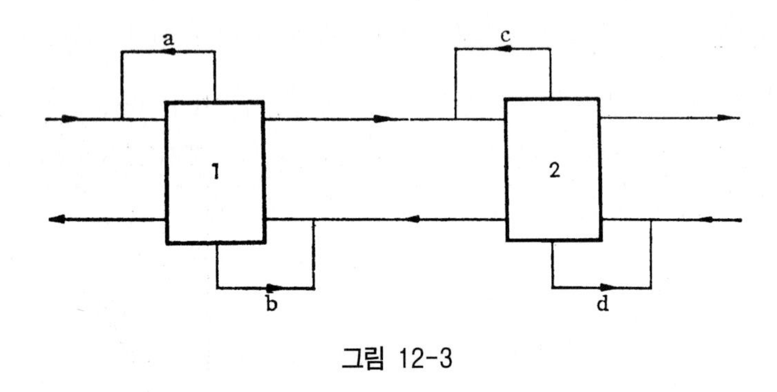

그림 12-3

예를 들면, 선박에 의한 해상 수송 사이클과 항만에 있어서 수송 사이클과의 사이에는 입항 시각, 화물의 종류와 양, 기후, 하역 방법, 항만 설비와 인원, 기타 여러 가지의 피할 수 없는 원인 때문에 선박에 대해서는 하역 대기, 하역의 일시 정지 등을, 항만에 대해서는 배의 입항 대기, 설비 인원의 공전(idling) 등을 일으킨다. 그래서 해상 수송의 효율을 높이기 위해서는 항만 설비는 평균 가동 능력에 비해서 충분한 것으로 하고, 언제든지 입항하여도 기다리는 일이 없이 신속한 조치(quick despatch)를 보증할 수 있도록 월등한 것은 아니지만 항만 사이클로부터 그 가동률을 높여 주기 위해서는 충분히 여러 척의 선박을 기다리지 않게 하는 것이 좋다.

선박, 항만 양자를 일관한 수송의 입장에서 보면 그 중간에서 가장 효율을 좋게 해주어야 하는 것은 명백한 일이지만, 그 값은 양 사이클의 관리 수준, 비용, 수송하는 물건의 시간적 효용 및 기타 요인이 관계하므로 수송시스템 문제로 검토되어야 한다.

수송 시스템의 평가 기준은 최종적으로는 유통 경비(physical distribution cost, P.D.C.)에 있다. 그러나 그 중에서 수송에 소비되는 시간의 역할은 대단히 크다. 즉, 적용 한계를 충분히 얻을 경우에는 수송 시간을 가지고서 대신 척도로 하는 일이 가능한 경우도 많다.

수송 시스템을 시간상으로 검토할 경우, 각 사이클 타임의 평균값에 주안점을 두어 정적으로 할 경우와 사이클 타임의 변화에 주안점을 두어서 동적으로 할 경우가 있다. 전자는 일정한 관리 방법인 C.P.M.법과 PERT법 등의 방법으로 어려운 점을 찾아내서 그것에 대한 개선 방법을 검토, 시간적 여유(slacks)의 추정 등을 하는 일이 가능하고, 후자에 의한 대기와 시간적 지연(delay)의 현상은 대형선의 하역 대기, 화차 대기 등으로부터 세분해 보면 양쪽 하역의 경우 능률 저하, 공동 작업의 여유 시간의 형에서 운반 계통 전반에 걸쳐 포함되며, 대기 이론 등을 써서 논할 수가 있다.

다음에 활동 구분(movement segment)에 비해서 진행 구분(process segment)에 필요한 시간은 파악하기 어렵다고 말할 수 있지만, 수송(작업) 시간의 평균값에 대해 각각 시간 변화의 크기에 주안점을 둔다면 수송으로는 관리할 수 있으며(관리하는 것에 따라서 효과가 충분히 대기 가능한 수송 사이클이면 운반하역은 관리하기 어려우며), 어떤 때에는 세부적으로 관리하는 일이 대책 없이 수송 사이클로만 생각할 수도 있다.

다음에 나타내는 것과 같이 수송량 가운데서 인건비가 차지하는 몫은 대단히 크다. 그 인건비를 결정하는 요소는 운반, 하역에 소비되는 노동 시간이다. 그러나 시간이 유효 작업량의 크기를 반드시 나타내지 않을 경우에는 수송의 문제점이 생긴다.

수송 시스템은 운반, 하역의 전용화, 기계화가 이루어져야 한다. 그러나 이 분야는 관리하기가 어려우며, 관리가 가능한 상태라 하더라도 역시 큰 이익을 기대한다는 것은 어렵다.

수송이라고 하는 현상을 올바로 파악하기 위해서는 수송 시스템을 국부적이 아닌 전체로 나타내어야 한다. 지금에 이르기까지 팽대한 현대 수송 계통을 단일 조직에 의해서 운영하는 것은 불가능하다.

조직이 다르다면 최적화의 목표도 다르게 되고, 자기 자신을 희생해서까지 전체의 이익에 봉사하는 것은 의미가 없으며, 타인의 영역에까지 침범해서 전체의 이익을 증진시킨다는 의미는 아니다.

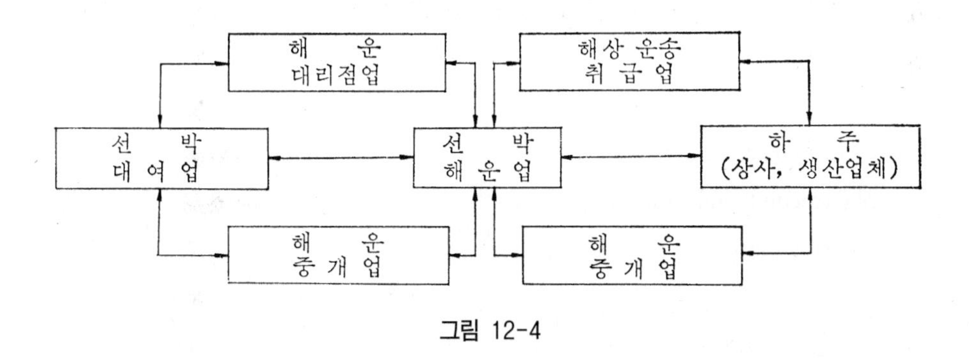

그림 12-4

해상 수송과 항만 수송을 예로 들어보아도 그림 12-4에 표시한 것처럼 다음과 같은 사업이 존재하며, 그것 전체를 단일 조직으로 하는 것은 대책인 것도 아니고 현실적인 것도 아니다.

다음에 통운업과의 관계, 자영과 하청과의 관계, 화물의 실제 동향과 전표(때에 따라서는 현금) 동향과의 차이 등 유통 경로는 매우 복잡해서 잡화의 유통 경로로서는 차라리 '혼란하다'라고 표현할 수 있다.

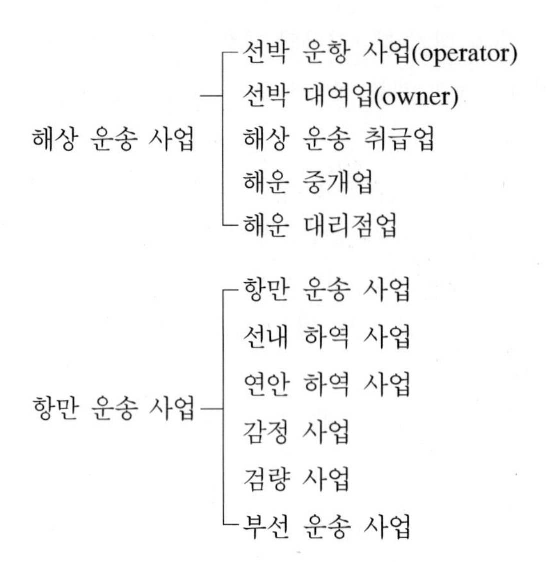

그림 12-5에 표시한 복잡한 흐름도와 같이, 이러한 유통 시스템에서 개선의 효과가 현저히 나타나고 있는 것이 석유, 철광석, 석탄, 곡물류와 같은 대량 화물, 이른바 벌크 화물선(bulk carrier)의 수송인데, 이것들의 수송은 전용화, 자동화, 대형화, 고속화, 기계화로 되었다. 그 밖에 잡화 수송에 대해서는 단일화(unit load)가 이루어지고 있다.

2. 수송비

종합적인 수송비 해석의 예로 미국에서 집적된 잡화를 Newyork 항으로부터 C-2형(midship entrain room) 화물선 S/S Warrior로서 Bremerhaven으로 수송한 다음, 그것을 다시 독일의 수요 지방까지 수송한 1 항해에 대하여 전 수송 계통을 다음의 7가지 구분으로 나누어 조사, 집계, 해석한 종합 보고가 있어 그 예를 들었다.

㈎ 국내 항로(domestic movement)
㈏ 창고 보관(receipt and storage)
㈐ 화물 적재(loading)
㈑ 항해(the voyage)
㈒ 화물 하역(discharging)
㈓ 운반(receipt and handling)
㈔ 인도(delivery)

집적된 결과를 보면 표 12-1과 그림 12-6에 나타낸 것처럼, 수송비의 $\frac{1}{2}$은 육상 수송으로, 37%는 항만 지구 내에서의 하역으로 소비되었고, 대서양 횡단 항해에 소비된 비용은 12% 뿐이다.

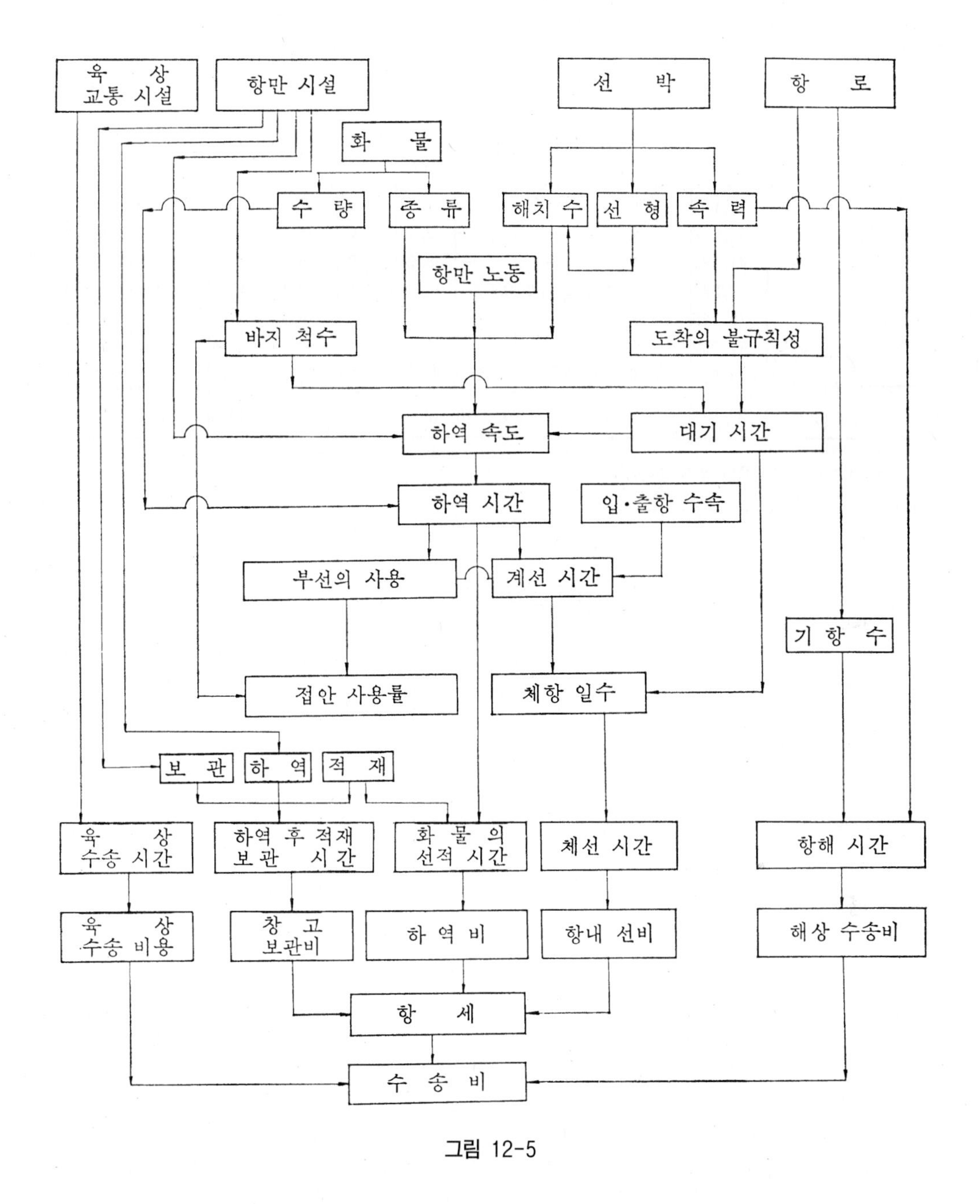

그림 12-5

왕복항 화물을 적재하지 않고 밸러스트 항해를 하였다고 가정해도 항해에 들어간 비용은 전 수송비의 20%를 넘지 않는다.

활동 구분 ㈎, ㈑, ㈔의 각 수송 방식에 의한 가격을 비교하면, 표 12-1에 따라 많은 양을 장거리 수송에 의한 선박의 특징을 나타내고 있다.

표 12-1 Warrior의 요약

구분 방법	합계 (LT)	총 경비	%	long-ton 마일 (miles)	long-ton mile당 경비 ($)	long-ton당 경비 ($)	주간의 가중값[2]	총 주간 경과값	평균 거리에 대한 가중값[3]	전진 속도에 대한 가중값 (mile/day)[4]	man hours
Ⅰ. 국내 항로	4508[1]	88,957	37	1,326,546	0.0670	—	7.6	52	294	38.6	3,077
Ⅱ. 창고 보관	4690[5]	14,827	6	—	—	3.16	5.9	35	—	—	4,980
Ⅲ. 화물 적재	5015	41,292	18	—	—	8.23	2.9	6	—	—	8,235
Ⅳ. 항 해	5015	27,297	12	21,263,600	0.001	—	10.5	10.5	4240	403.8	3,730
Ⅴ. 화물 하역	5015	18,185	8	—	—	3.63	2.0	4.9	—	—	9,474[7]
Ⅵ. 운 반	5015	12,962	5	—	—	2.58	0.7	30	—	—	8,761[7]
Ⅶ. 인 도	5015	34,057	14	1,650,537	0.0206	—	3.08	33	329	106.8	알 수 없음
합계 및 평균	5015	237,577	100	24,240,683	0.0098	47.37	32.7	97[6]	4833	147.7	38,273

1) 일반적으로 507 LT를 부과한다.

2) 주간 가중값 $= \dfrac{\text{전체 톤(주간)}}{\text{전체 톤}}$

3) 평균 거리에 대한 가중값 $= \dfrac{\text{전체 마일 톤}}{\text{전체 톤}}$

4) 전진 속도에 대한 가중값 $= \dfrac{\text{평균 거리에 대한 가중값}}{\text{주간 가중값}}$

5) 경하 상태의 배에 직접 325 LT를 적재 : 부두 작업이 아님(차량에 의함).

6) 미국의 화물 저장소에서 첫 번째 선적 출항하여 해외의 마지막 출하지에 도착할 때까지

7) 구분 Ⅴ와 Ⅵ을 합하여 합계 1069의 manhours를 준 것으로 하여 제외시킨다.

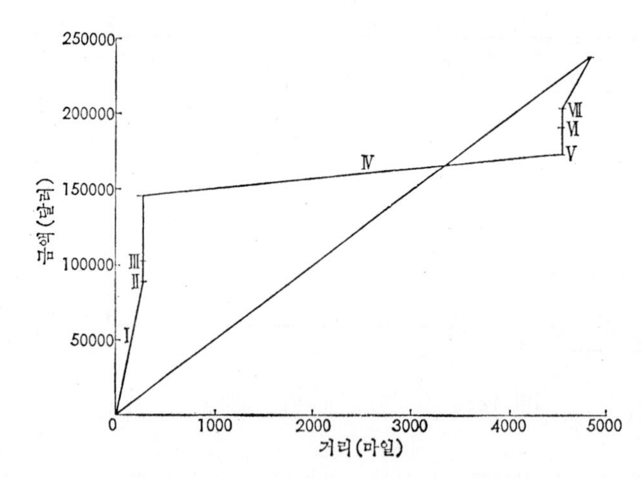

구분	거리	금액
Ⅰ	294 마일	88,957
Ⅱ	0	13,760
Ⅲ	0	41,292
Ⅳ	4,240 마일	27,297
Ⅴ	0	18,185
Ⅵ	0	12,962
Ⅶ	329 마일	34,057

그림 12-6 cost as a function of distance

진행 구분 ㈏, ㈐, ㈒, ㈓ 중에 인건비에 든 비용을 나타내면 표 12-2와 같은데, 이것은 기계화가 이뤄지지 않은 불충분한 것을 나타내고 있기도 하며, 수송, 특히 잡화 수송에 있어서 개선해야 할 점도 보여주고 있다.

표 12-2

구　　분	II	III	V	VI
인 건 비 (달러) 총 비용 (달러)	13,449 14,827	24,053 41,292	7,717 18,185	11,037 12,962
비　율 (%)	91	58	42	85

C-3형(ore carrier) 배에 의한 만재 연속 수송(full and down shuttle service)인 경우의 수송비 구성과 항해 속력, 하역 속력, 하역비 등의 변화에 대응해서 수송비가 어떤 것과 같이 변화하는지를 그림 12-7에 나타내었다.

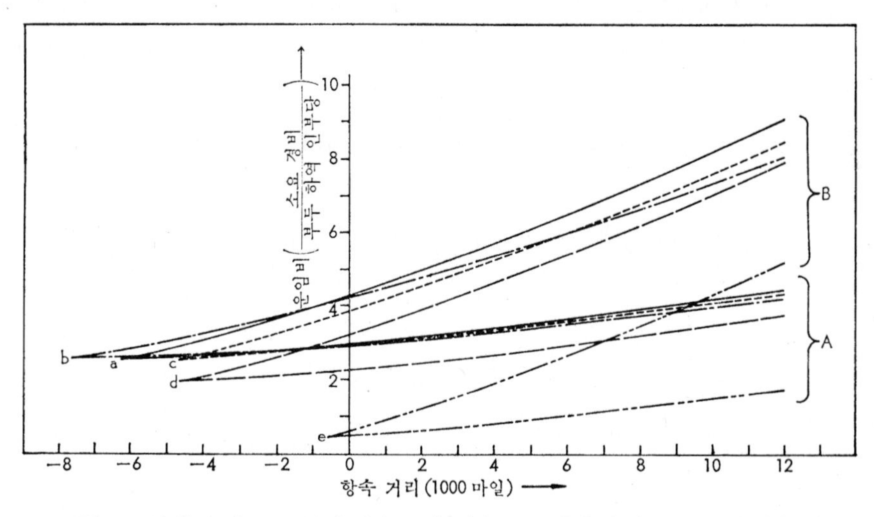

a : 표준, b : 항해 속력 25% 증가(비용 증가 없음), c : 하역 속력 25% 증가(비용 변동 없음), d : 하역 속력 25% 증가(하역비 25% 감소), e : 하역 속력(호수에서 철광석 운반선의 비용과 비슷), A 곡선 : 상각 금리 등 자본금을 고려하기 전, B 곡선 : 상각 금리 등을 포함, 30%의 자본금을 포함

그림 12-7 C-3형선 가동력 곡선의 변화

수송 시스템의 평가 방법도 기본적으로는 그것을 구성하고 있는 요소, 예를 들면 상선, 항만 시설, 하역 기계 등의 평가와 그것을 기본으로 하는 결정 방법과 다를 바 없다. 그러나 취급되는 요소의 복잡성과 수송의 불연속성 등의 문제는 있다.

평가 방법은 수지의 금액과 그 시기를 여러 가지 시스템에 대해서 추정하고 기업을 통하여 받아들인 것이기 때문에 수익률로부터 정해진 금리를 써서 하나의 평가값을 유도하는 방법이 일반적으로 쓰여지고 있으며, 다음과 같은 방법이 대표적으로 취급되고 있다.

㈎ 현금 통화량(cash flow)과 금리 i가 추정 가능한 경우에는 전체의 현금 통화량을 기준

연수(일반적으로 계획 개시년, 착수 시기 등)로 나눈 값 N.P.V.(net present value)를 쓰는 방법

(나) 금리 i가 결정될 때에는 종합 이익이 0으로 되는 것처럼 금리 i를 지표로 해서 쓰는 D.C.F.(discounted cash flow)법

(다) 수입의 평가를 포착할 수 없을 경우에는 적당한 기업 이익을 정하여 부과해야 되는 운임 R.F.R.(required freight rate)이 적어지게 되는 것처럼 시스템을 선정하는 방법

상각, 내구 연수를 취급하는 방법, 은행 융자, 기업 위험 등을 취급하는 방법 등의 점에서 많은 논의가 있다. 즉, 이러한 방법을 써서 평가값을 산출할 경우, 이러한 요소를 어떠한 모델 중에 넣어 취급할지, 평가값을 결정할 경우에 그것을 어떠한 판정 기준에 따라 판정을 내리는가 등의 논의가 존재한다.

예를 들면, 전자에 대해서는 수송 시간, 신뢰성 등의 효용 속에 넣는 방법, 후자에 대해서는 확률과 대기값에 대한 고려를 하는 방법 등 '결정 이론'으로 취급되고 있는 여러 문제점이 있지만, 그러한 것에 대해서는 여기서 제외하기로 한다.

시스템을 구성하고 있는 하나의 요소에 한정한다면 여러 가지 근사적인 방법을 쓰는 것도 가능하다.

예를 들면, 유사한 선박의 경제성을 비교할 경우에는 다음과 같은 지표를 쓰는 것도 가능하다.

$$\text{경제 지표} = (\text{항해 속력})^{\frac{1}{2}} \times \frac{\text{재하중량}}{(\text{총 톤수})^{\frac{1}{5}}} \times (\text{마력})^{\frac{1}{7}} \times C^{\frac{2}{3}}$$

다만,

$$C = \frac{\text{계획선 선가}}{\text{기준선 선가}}$$

이 지표는 다음에 의한 가정으로부터 유도할 수 있다.

(가) 정박 일수와 항해 일수는 대부분 같다. 따라서, 속력의 증가는 가동률의 증가에 $\frac{1}{2}$만 기여한다.

(나) 경제성은 선박의 적하에 비례한다. 적하를 나타내는 것으로 재하중량(dead weight)이 쓰이고 있다. 즉, 용적 화물을 주요 화물로 취급하는 배에서는

$$\frac{1}{2} \times \left(\text{중량톤} + \frac{\text{화물 용적}}{60}\right)$$

으로 하고, 용적의 단위는 ft^3를 쓴다.

(다) 배의 크기는 총톤수로 나타내고 있기 때문에 크기에 따라 비용(세금, 항비 등)은 전체의 20% 정도로 한다.

(라) 연료비는 전체 비용의 15% $\fallingdotseq \frac{1}{7}$로 한다.

(마) 나머지 65% $\fallingdotseq \frac{2}{3}$의 비용은 선가에 관계한다.

한편, 선가를 사용할 수 없을 때에는 선가의 내역을 선체부 2에 대한 기관부 1로 생각하면,

$$C = \frac{1}{3} \times \left(1 \times \frac{\text{계획선의 마력}}{\text{기준선의 마력}}\right) + \left(2 \times \frac{\text{계획선의 길이}}{\text{기준선의 길이}}\right)$$

를 사용하면 된다.

해상 수송과 상선의 경제성에 대해서 미시간 대학의 Benford가 발표한 논문이 미국에서는 표준적인 방법이 되고 있다. 즉, 상선의 경제 속력, 최적 선형(크기) 등에 관한 근사적(실제적)인 취급 방법에 대해서는 다음 절에서 설명하기로 한다.

12.1.2 경제 속력과 최적 선형

1. 속력으로 본 각종 수송 기관

해상, 육상, 공중의 각종 수송 수단을 여러 가지로 비교하기란 매우 곤란한데, 그 이유는 여러 가지의 수송 수단도 항상 진보, 개량되고 있기 때문이다. 그렇기 때문에 각각의 수송 형식에 따라서 어떤 극한이 존재하며, 어떤 속력 영역에서는 그 수송 방법이 경제적으로 성립하지 않는 것이 사실이다.

예를 들면, 상업용 프로펠러기에 대해서 속력 V와 현인(懸引) 효율 $\epsilon = \frac{P}{WV}$ (P=max. power, W = weight, V = speed)의 관계는 발표된 자료에 의해 그림 12-8과 같이 나타내고 있다.

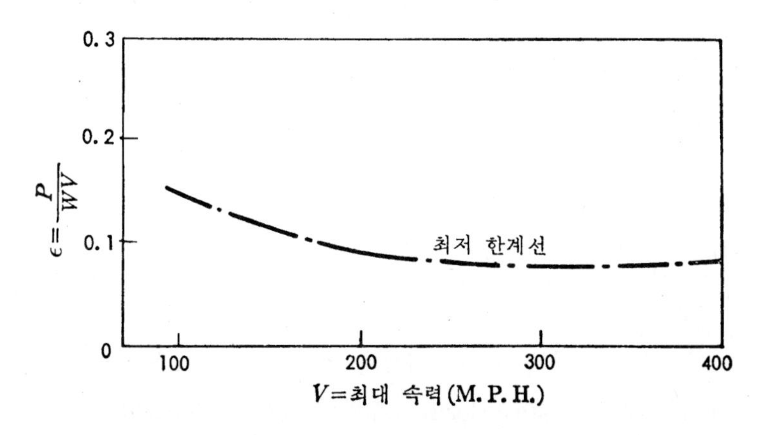

그림 12-8 ϵ과 선속과의 관계

이 자료의 하한을 그 수송 수단의 어떤 속력으로 잡아 한계를 생각한다면 그림에서 나타낸 한계선으로 나타나게 된다.

세로축을 specific power, 즉 $\frac{P}{W}$로도 같은 값의 극한이 존재하게 된다. 이것을 각종 수송 기관에 대해서 정의한 것을 그림 12-9에 나타내었다.

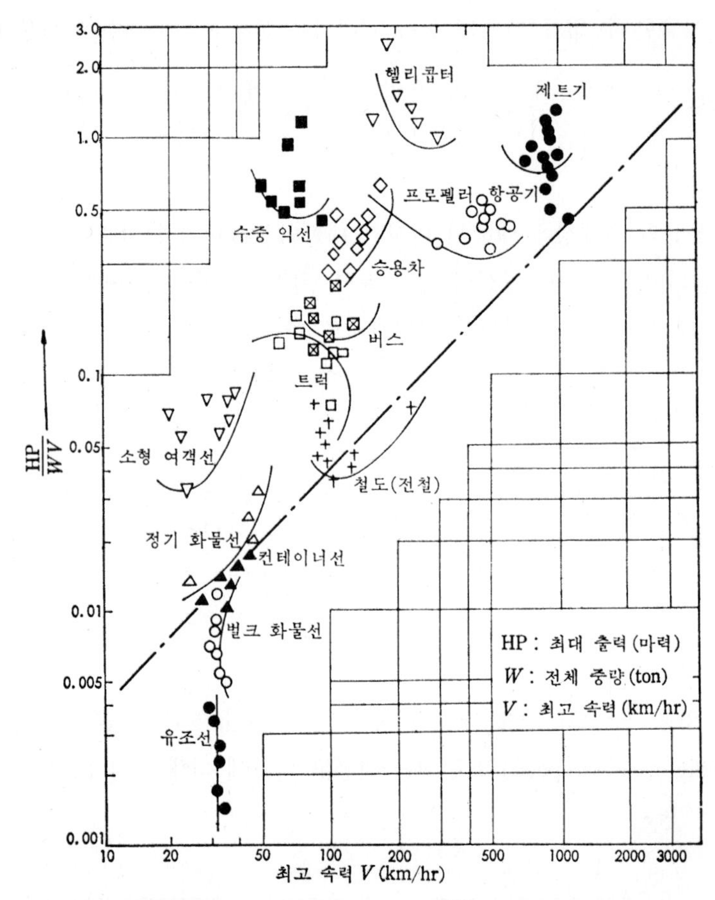

그림 12-9 각종 교통 기관의 $\frac{HP}{WV}$와 V의 관계

열차와 같은 복합 기관을 빼고 단독 수송 기관의 하한선은

$$\frac{P}{W} \propto V^2$$

$$\epsilon = \frac{P}{WV} \propto V$$

로 되며, 직선으로 한정되어 이 한계선에 가까운 정도로 수송 효율이 있다고 생각하는 것이 좋다. 총 중량 W와 순화물 중량(pay load) W_P와의 관계를 AKAKI(赤木)는 여객용과 화물용 그 각각의 경향에 대하여 그림 12-10에 나타내었다. 한계선에 가까운 것은 극한에 가까울수록 발달해 있다. 수송 기관으로서 다음의 세 가지 구분으로 존재하는 것을 알 수 있다.

상　선 : 20 ~ 50 km/hr

철　도 : 80 ~ 250 km/hr

비행기 : 500 ~ 1,000 km/hr

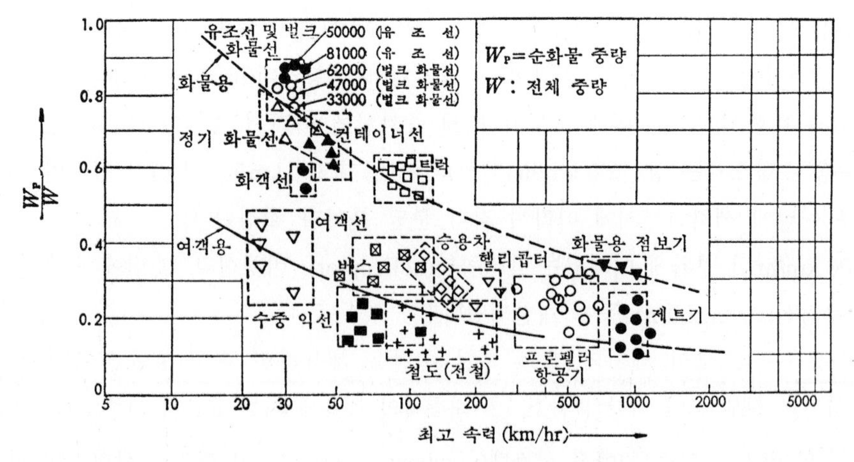

그림 12-10 각종 교통 기관의 $\dfrac{W_P}{W}$와 V의 관계

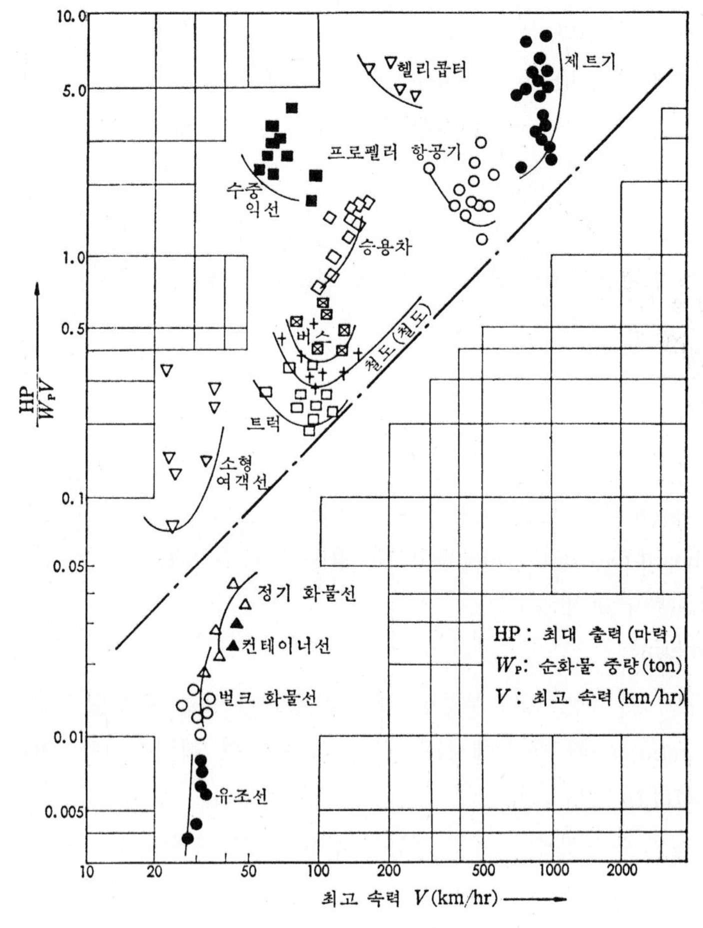

그림 12-11 교통 기관의 $\dfrac{HP}{W_P \cdot V}$와 V의 관계

주행 저항면으로는 저속인 상선에서는 마찰 저항이 고속이 되면 조파 저항이, 육상 주행의 경우에는 운전시에 마찰과 공기 저항이, 항공기에서는 항양비(lift/drag ratio)가 결정 요인이 되며, 초고속 비행기에서는 비행 고도가 크게 증가함에 따라서 능률이 대단히 높아진다.

해상 수송 수단으로는 상선(50 km/hr 이하)과 상업기(300 km/hr 이상)가 있으며, 수송 속력의 가치를 어떻게 생각하는지에 따라서 각각 분담 분야가 결정된다.

50～200 km/hr의 범위에 대해서는 헬리콥터(helicopter), 비행선과 그 밖에 수중 익선, 그리고 공기 부양선(air-cushion) 등이 개발되었다.

육상 수송 수단으로서 열차와 같은 복합 수단을 채용하면 수송 효율은 향상된다. 특히 ① 고속 열차의 경우 공기 저항의 감소, ② 대출력의 채용에 의한 효율과 자중의 감소로 정의되며, 많은 수의 바지를 연결한 예선 시스템(tug boat system)도 이 형과 유사한 것이지만 $\frac{HP}{W}$의 개량은 그다지 현저하지는 않다. 오히려 인원의 감소, 초기 투자의 감소, 수송 기기의 회전율 상승 등이 수송비 경감에 기여한다. 즉, 단독의 선박과 다르게 되며, 내항성에 대하여 생각해 보아도 다르게 되어 있다.

1960년에 M.I.T.의 Soderberg, Richard가 연구한 대상 선박은

㈎ 현재의 최고속 구축함 혹은 수중 익선 정도의 속력을 가지고 있는 중소형선

㈏ 원자력 기관은 제외한 것

을 대상으로 하였으며 수중의 조파 저항을 감소시키고, 파랑 중의 동요를 감소시켜 선박이 파랑 중에서 속도가 떨어짐을 방지했으며, 이것을 원리로 해서 검토하였다. 이상과 같은 선형으로는 다음과 같은 것이 있다.

㈎ Slender ship $\frac{\Delta}{L^3} \fallingdotseq 1 \times 10^{-3}$

㈏ Catamaran

㈐ Destroyer

㈑ Escort research ship 또는 대형 선수미 벌브선

㈒ Low freeboard-two draft ship(황천시는 흘수를 증가한다)

㈓ Shark form(배수형 반몰수선)

㈔ Semi-submarine

이들의 선형과 수중 익선, 공기 부양선, 그리고 항공기 등을 포함한 추진 성능의 비교, 즉 항양비(lift/drag ratio)는 배수형선에서는 양력=배수 톤수, 항력=저항이지만, 단위저항당의 배수 톤수로 표시하였다.

여기서, 각 선형의 수송 방식의 종합 성능을 개략적으로 나타낼 수 있다. 수송 기관의 종류와는 관계 없이

$$\text{S.H.P.} = 6.87 \times (\text{저항}) \times (\text{속력}) \times \frac{1}{(\text{효율})}$$

인 것으로부터

$$\frac{\text{S.H.P.}}{\text{톤}} = \frac{6.87\,V}{\eta \times \dfrac{L}{D}}$$

여기서, V : 속력(kn)

L : 양력 또는 배수 톤수(ton)

D : 항력 또는 저항(ton)

$$\text{KNOT} \times \text{TON} = (\text{계수}) \times \text{H.P.}$$

$$\therefore \ \text{계수} = \frac{1,852 \times 1,000}{75 \times 3,600} = 6.86$$

이 성립하며, η를 일정하다고 하면 $\dfrac{\text{S.H.P.}}{\text{톤}}$의 일정한 값은 점선으로 표시한 45°의 경사선군으로 나타내기 때문에 그 값도 부기되어 있다.

즉, $\dfrac{\text{S.H.P.}}{\text{톤}}$의 값은 다음과 같이 나타낼 수 있다.

$$\frac{\text{S.H.P.}}{\text{톤}} = 2,240 \times \frac{W_M}{\Delta} \times \frac{1}{a_M}$$

여기서, W_M : 기관 중량(ton)

Δ : 배수량(ton)

a_M : 마력당 기관 중량(lb/S.H.P.)

그림 12-12로부터 얻은 결론은 다음과 같다.

㈎ 유조선(Ⅰ, Ⅱ)으로부터 수중 익선(Ⅶ, Ⅷ)까지의 속력 증가는 양항력비로 두 번째 항, $\dfrac{\text{S.H.P.}}{\text{톤}}$로 세 번째 항의 변화를 나타내고 있다. 특히 a_M값의 감소가 기여하고 있다.

㈏ 구축함(Ⅵ)과 수중 익선(Ⅶ)을 비교해 보면, 구축함에 수중 익선 정도의 a_M 기관을 장비한다면 60 kn 이상의 고속이 얻어지며, 이 점으로부터도 추진 기관의 영향이 크다는 것을 알 수 있다.

㈐ 상선(Ⅱ ~ Ⅴ)의 고속화는 a_M의 개선만으로는 안 되며, 대형화에 의해서 이루어지고 있다. 대형화의 영향은 잠수선, 비행선의 예로도 확실하다.

㈑ 장거리 수송 수단으로서 실적을 올리고 있는 유조선, 제트기 등은 Karman 와의 한계선에 거의 가깝고, 다음에 그것을 넘고 있다. 이것은 기술 수준의 발달에 의한 것이기 때문이다.

㈒ 100 kn 전후의 중속 영역에 대해서는 비행선의 양항력비가 크고 유망한 것처럼 보여지지만, 부력은 물에 의해 지지받는 선박에 비교해서 800배의 큰 것을 필요로 하여, 이로 인한 여러 가지 문제점이 있다.

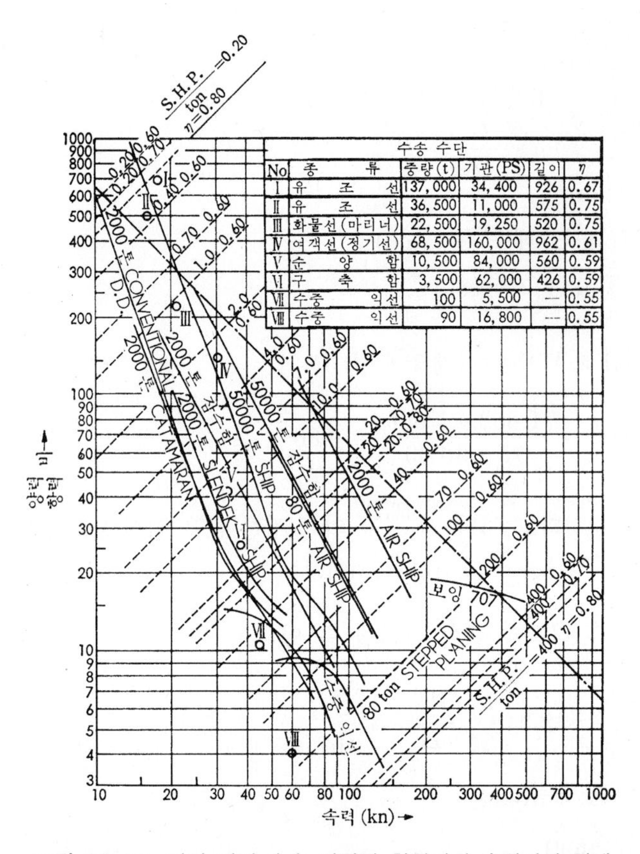

수송 수단						
No	종류	중량(t)	기관(PS)	길이	η
I	유조선	137,000	34,400	926	0.67
II	유조선	36,500	11,000	575	0.75
III	화물선(마리너)	22,500	19,250	520	0.75
IV	여객선(정기선)	68,500	160,000	962	0.61
V	순양함	10,500	84,000	560	0.59
VI	구축함	3,500	62,000	426	0.59
VII	수중 익선	100	5,500	—	0.55
VIII	수중 익선	90	16,800	---	0.55

그림 12-12 여러 가지 수송 기관의 항양비와 속력과의 관계

(바) 중량 화물의 수송에는 물의 부력을 이용한 선박이 유리하지만 필연적으로 고속화는 곤란하다. 공기 밀도가 작다면 항공기는 필연적으로 고속 영역에서 적당하다.

육상 수송은 지면으로부터 반력과 마찰을 이용하기 때문에 활동 영역을 양자의 중간으로 보면 된다. 이와 같은 경향은 일반적으로 사실이지만, 수중 익선 그리고 공기 부양선 등과 같은 성질의 교통 기관은 기술의 진보, 특히 경량 기관의 출현에 의해서 발전하게 되었다는 것은 주목할 만한 값으로, 기존의 교통 기관으로 해결할 수 없는 속도 분야에서 사용되고 있다.

여객 수송에 있어서 속력의 가치는 '시간 가치'의 개념을 도입하면 쉽게 설명된다.

일반적으로 거리를 L, 속력을 V로 한다면 운임은 $\alpha(V)L$로 나타내어져서 소요 시간은 $\dfrac{L}{V}$로 된다. 따라서, 교통의 경제성을 P로 한다면 다음과 같이 된다.

$$P = R \times \frac{L}{V} + \{\alpha(V)L\}$$

R은 그 여객의 특유한 1시간의 가치로서 거시적으로 보면 소득 등에 의해서 결정된다.

어떤 구간 거리 L에 대한 P 혹은 $\dfrac{P}{L}$는 시간 가치 R과 직선적이며, 그 예($L = 100$ km)

를 그림 12-13에 표시하였다.

이와 같이 각 수송 기관에 따라서 P 또는 $\frac{P}{L}$값이 구해져 승객은 경쟁하는 수송 기관 속에서 각자의 시간 가치 R에 따라 선택하게 된다. R의 값은 국민 경제의 발전에 따라서 증대하는 경향이 있기 때문에, km당의 운임 α는 커져도 속력 V가 큰 교통 기관의 점유율(market share)을 증가시키는 경향이 있다.

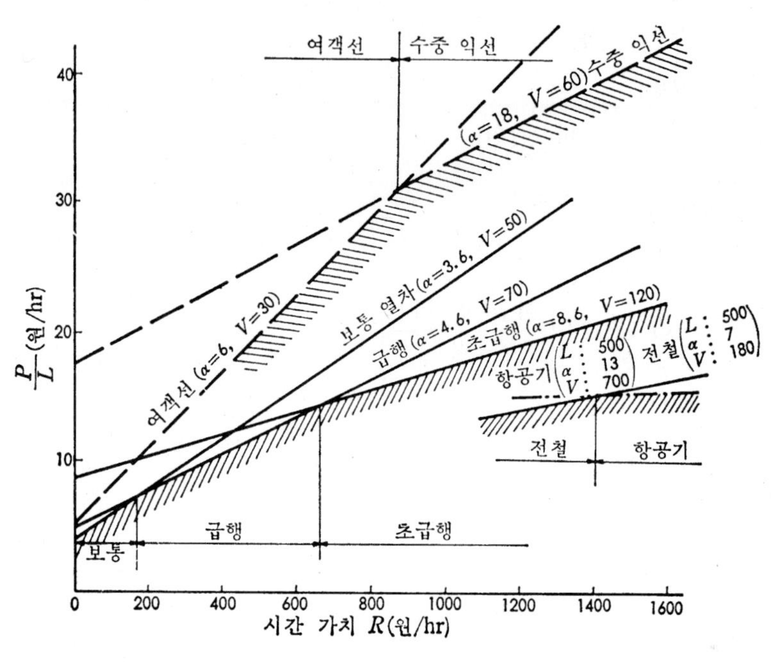

그림 12-13 시간 가치 R과 $\frac{P}{L}$와의 관계

2. 경제 속력

수송 시스템을 생각할 때 그 하나의 요소로서 어떤 상선의 속력 중에는 최적값이 존재하게 되므로, 현재 상선의 속력이 이것을 반영하고 있는 것이라면 의심할 여지가 없다.

지금까지 그의 값을 어떻게 해서 구하는 것이 좋게 되는지는 많은 문제점과 의문점이 있었다.

여기에 Baker와 Kent에 의해 취급된 방법으로부터 1일 투자금액당 이익률 M은 다음과 같이 된다.

$$M = \frac{(f-t)\,C - x\,\delta - q\,k\,I\,n_S}{(n_S + n_L)\,P} - \frac{y_P}{365} \quad \cdots\cdots (12\text{-}1)$$

여기서, f : 운임률(원/ton)

t : 수수료, 기타(원/ton)

C : 화물 중량(ton)

x : 세금(원/ton)

δ : 순톤수(ton)

q : 연료비(원/ton)

k : 연료 소비(ton/일)

I : 주기관 출력(PS)

n_S : 항해 일수(일)

n_L : 정박 일수(일)

P : 선가(원)

y_P : 보험료, 수선비 등(원)

속력 V와 관계가 있는 항목은

$$I = l\, V^3 \Delta^{\frac{2}{3}}$$

$$R = qkl\, V^3 \Delta^{\frac{2}{3}} \left(\frac{\text{연료 소모비}}{1\text{일}}\right)$$

$$n_S = \frac{L}{V}$$

여기서, V : 항해 속력(kn)

Δ : 배수 톤수(ton)

l : 계수

L : 항로의 길이(N 마일)

다음에

$$(f-t)\,C - x\delta = r$$

로 놓는다면,

$$M = \frac{V_r - qkI\Delta^{\frac{2}{3}} L V^3}{(L + n_L V)P} - \frac{y_P}{365} \quad \text{(12-2)}$$

$$\frac{dM}{dV} = 0$$

으로 놓으면,

$$(L + n_L V) \times P \times (r - 3qkl\Delta^{\frac{2}{3}} L V^2) - (Vr - qkl\Delta^{\frac{2}{3}} L V^3) \times n_L \times P = 0$$

이것을 정리하면

$$r = (2n_L + 3n_S)\,qkl\Delta^{\frac{2}{3}} L V^3 \quad \text{(12-3)}$$

혹은

$$R = \frac{r}{2n_L + 3n_S} = \frac{(f-t)\,C - x\delta}{2n_L + 3n_S} \quad \cdots\cdots (12\text{-}4)$$

(12-4)를 (12-2)에 대입하면, 최적 속력일 때의 M_0는

$$M_0 = \frac{2R}{P} - \frac{y_P}{365} \quad \cdots\cdots (12\text{-}5)$$

바꾸어 말하면,

$$\left(\frac{\text{투자 금액당 이익률}}{1\text{일}}\right) = 2\times\left(\frac{\text{연료 소모비}}{1\text{일}}\right) - \left(\frac{\text{보험료, 수선비 등}}{1\text{일}}\right)$$

은 식 (12-3)에 나타낸 속력일 때 가능하다.

이 속력은 식 (12-1)에서 나타낸 모형에 대한 경제 속력이며, 배의 적재량 C, 항해 거리 L, 정박 일수 n_L, 운임률 f 등에 의해 변화하는 것을 알 수 있다. 이 모델은 수학적인 취급을 간단히 하기 위해 여러 가지의 가정을 간단히 할 수 있다. 그 한 가지로서 속력에 의해서 운임 수입 r이 변하지 않는다고 가정하기로 한다.

처음부터 시스템으로 생각할 때 수송 시간의 단축은 하주에 따라서는 재고(在庫)의 감소를 가능하게 하며, 그 때문에 여분의 비용을 지불하여도 종합적으로는 유리하게 되는 사실도 생각할 수 있다.

그러므로 같은 항로에 고속선과 저속선을 배치하는 것으로 하면, 두 배의 사이에는 집화력의 차이 혹은 적재 화물의 운임률 f의 차이가 나타나게 되어 r은 V와 독립으로 있지 않게 된다.

$$r = (f-t)\,C - x\delta$$

가 V^{α}로 비례하는 것으로 한다면 식 (12-3)의 좌변은 $(1+\alpha)$배가 되어 경제 속력 V_0는 $(1+\alpha)^{1/3}$배로 되는 것을 쉽게 계산할 수 있다. 따라서, $\alpha = \frac{1}{2} \sim \frac{2}{3}$로 생각해도 경제 속력의 값은 15~20% 큰 값으로 된다.

일반적으로, 경제 속력을 계산할 경우에 안전만을 고려해서 운임률을 낮게 넣어 주어 속력에 의한 집화력의 차이를 고려하지 않는 것이 보통이다. 이와 같은 경우에 얻어지는 계산값은 현실적으로 요구되고 있는 배의 항해 속력에 비교하면 15~20% 작다. 앞에 기술한 속력에 의한 수입의 차이는 이 격차를 설명하는 것으로 충분하다.

고속화에 의한 선가 P의 증가는 최적 속력 V_0를 작게 하면 영향을 받지만, 그 영향은 그다지 크지 않다.

3. 최적 선형

원유, 철광석 등을 운반하는 벌크 화물선의 전용선은 항만의 깊이 등 여러 조건이 허락되는

한 대형선이 유리하므로 전용화, 대형화에 따라서 수송의 근대화가 이루어지게 되는 것이 가능하다. 그것은 해상 수송의 연결만을 취급해 보아도 선박의 대형화에 따라서 다음과 같은 이익을 기대할 수 있다.

㈎ 선가는 D.W.T.의 증가 등으로는 증가하지 않는다. 예를 들면, 대형 유조선의 톤당 선가는 D.W.T.의 $\frac{1}{3} \sim \frac{1}{10}$ 제곱에 반비례해서 떨어지고 있다(다만, 이 경향이 어디까지 계속되는지는 알 수 없다).

㈏ 운항비(주로 연료비)는 D.W.T.의 $\frac{2}{3}$ 제곱 정도에 비례하기 때문에 톤당 값은 건조 선가 이상으로 감소한다.

㈐ 선박 설비의 합리화 등에 의해 대형화하여도 승조원 수의 증가는 볼 수 없다(다만, 이것은 물론 대형화에 의한 간접 영향인 것이다).

이것에 대해서 설명하면,

㈎ 소수의 대형선 때문에 항만, 하역 설비 등에서 큰 투자를 필요로 한다. 또, 수송 규모의 확대를 고려하지 않으면 여러 설비의 이용률이 떨어지게 된다.

㈏ 선박의 대형화 입장에서 하역 설비를 강화시키지 않으면 정박 일수의 증대로 인하여 선박의 연간 가동률을 떨어뜨리게 된다.

㈐ 사고를 일으킨 경우의 영향이 증대한다. 제삼자에 대한 손해, 생산량의 감소 등과 같은 결점도 볼 수 있지만, 그 대부분은 산업 규모의 확대와 수송 시스템의 변경에 따라서 당연한 것이며, 전용선이라도 적당한 크기의 제한이 없는 것은 아니다.

예를 들면, 철광석선은 유조선 등에 비해서 크지는 않고, 남미, 오스트레일리아 등의 항로에 취항하는 철광석선에 비해 인도 방향으로 항해하는 선박은 작다.

벌크 화물 전용선의 대형화에 대해서 잡화 수송에 종사하는 일반 화물선은 13,000 중량톤을 넘는 것은 드물다. 이것은 화물 중량의 크기에 한계가 있기 때문이며, 정박 일수가 긴 것 등에 의한다든지, 단일 화물 시스템으로 컨테이너의 채용에 따른 컨테이너선 등의 대형, 고속화가 실현되었다.

이처럼 선박이 대형화하는 것은 속력에 대한 것 이상으로 선박 단독의 경제성만을 위한 것은 아니며, 수송 시스템을 생각하여야 한다.

근사적으로 취급하는 데 있어서도 유통의 기구와 선박 수송에 직결되는 전후의 연결까지를 포함해서 생각하여야 한다. 즉, 최적값 부근에 있어서 경제성 평가값(예를 들면, 원가 운임률, 자본 회수율 등)의 변화는 속력에 대한 것보다는 훨씬 평탄하며, 최적 선형에 있어서도 그 상하의 비교적 넓은 범위에서 실제로 선택이 이루어지게 되고, 한층 더 같은 이유로 계산에 쓰여지는 수치의 취급 방법과 불확실한 요소에 대해 생각하는 쪽의 영향이 크다는 것을 알아두어야 한다.

Benford는 정기 화물선을 예로 들어서 항해 거리, 항해 속력, 왕복항의 화물 운임률, 정박 일수, 왕복항 화물량의 예측 등이 변화할 경우의 최적 선형과 R.F.R.(required freight rate)에서 2.5% 증가하는 범위를 계산하였다.

일반적으로 항로가 긴 때와 같이 결과를 나타내고 있다. 정박 일수가 짧을 때에는 최적 선형은 대형화하고, 최적 항해 속력은 크게 된다.

주어진 가정을 가지고 산출한 수송 원가의 선형, 하역력, 연간 수송량 등의 요소에 의하여 변화되는 형을 그림 12-14～12-17에 나타내었다.

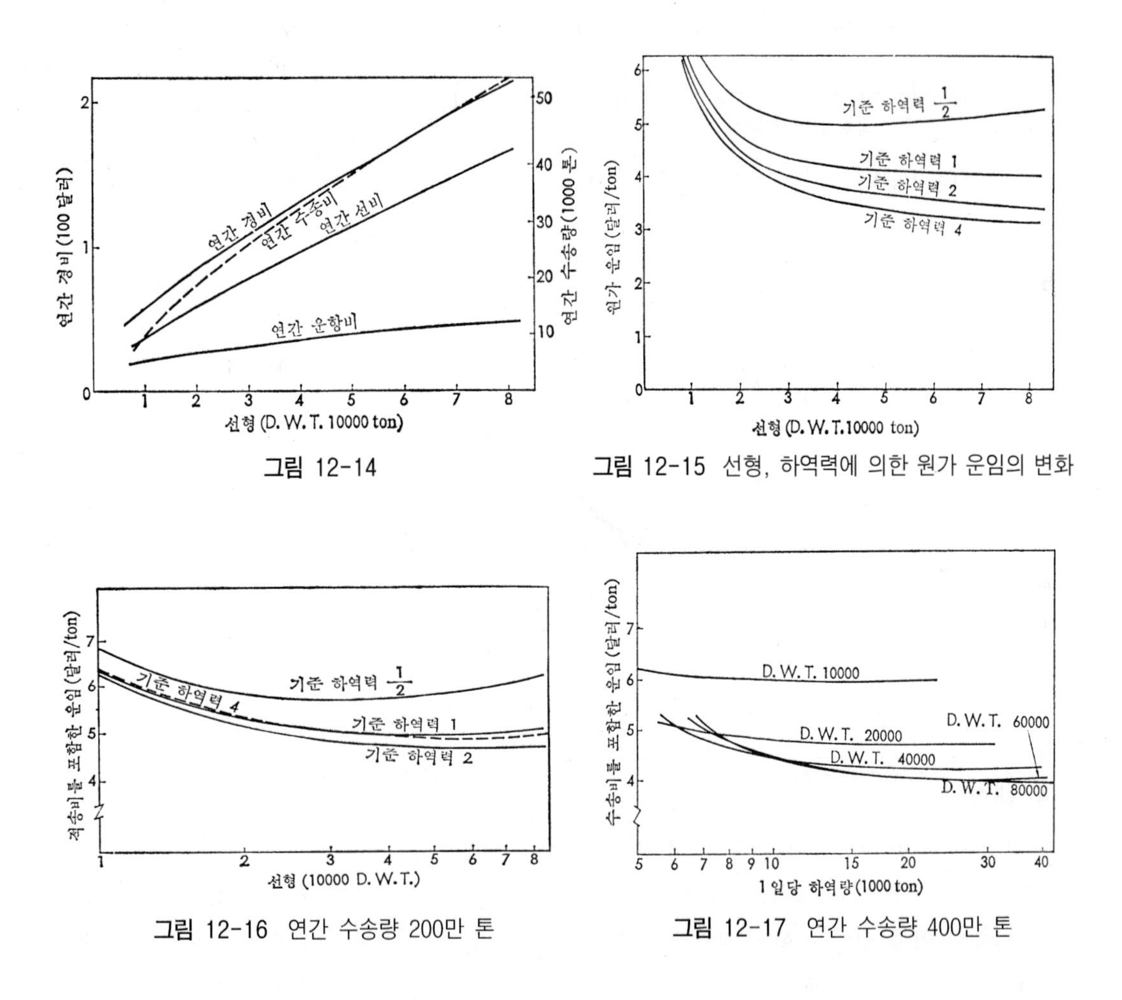

그림 12-14

그림 12-15 선형, 하역력에 의한 원가 운임의 변화

그림 12-16 연간 수송량 200만 톤

그림 12-17 연간 수송량 400만 톤

이 결과로부터 나타낸 최적 선형과 최적 항해 속력의 관계도를 그림 12-18～12-20에 나타내었다.

이 값은 유조선의 선형별 최적 속력으로 발표되고 있는 것보다 철광석선이 약 1 kn 떨어진다(그림 12-20 참조).

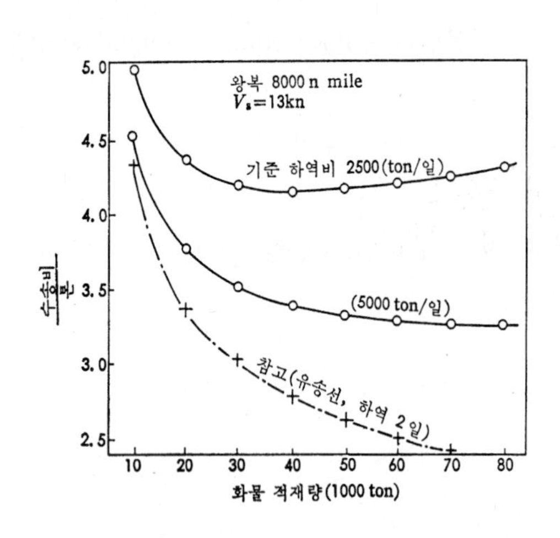

그림 12-18 철광석 운반선의 최적 선형

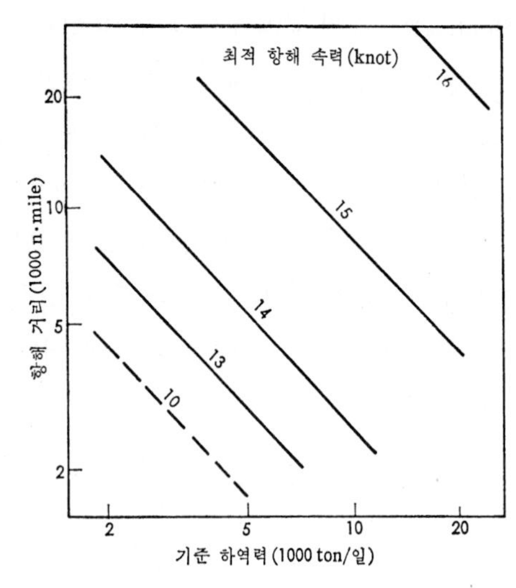

그림 12-19 최적 항해 속력(kn)

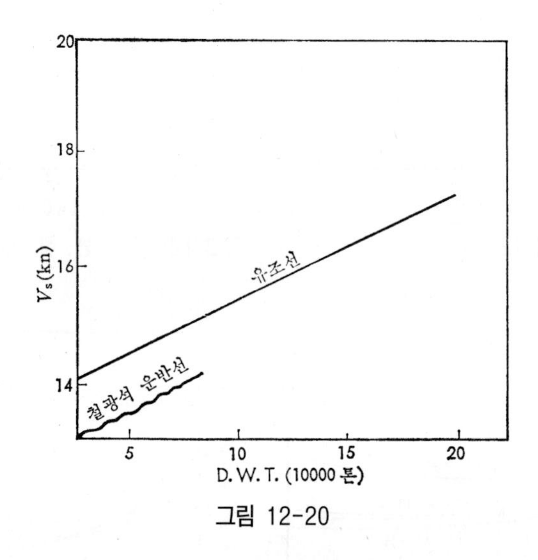

그림 12-20

4. 내항성

내항성(seaworthiness)의 보증으로는 배의 재료, 구조, 의장, 승조원 등이 항해에 대해서 충분히 만족시킬 수 있는 것을 의미하며, 그것들의 불량, 결함은 물론, 화물의 적부, 보관, 승조원의 미숙에 의해 선박 운항의 불량으로 인한 손해 등도 선박 소유자가 용선자나 화물 수송인에 대해서 주어지는 손해로 보상의 의무가 주어지게 된다. 바꾸어 말하면, 내항성으로는 특히 언급하지 않은 경우 선박이 당연히 만족스럽지 않으면 기본적인 안전성의 요건인 것이다.

선박에서는 항행 구역이 지정되어 그 항행 구역 내에서는 무조건 안전한 항행이 가능한 것으로 되어 있다. 물론 현실의 문제로서는 태풍을 피해서 항로를 선택하고 있으므로, 경우에 따라서는 피난 항구에 피하는 등의 배치가 있다. 그렇기 때문에 피난과 결항은 선박에 있어서는 어디까지나 예외적인 조치인 것이다. 이에 대한 일정한 외적 조건 중 그 안정성을 생각한 조건 이외에 대해서 그의 사용을 중지시키는 일도 생각할 수 있다. 민간 항공기가 그 적용 예이며, 부선(艀船) 등도 이에 속한다.

부선에 의한 수상 수송은 항내, 하천 등에서 이루어지며, 부선 예는 1척의 예인선으로 예항하여 좁은 수로, 얕은 수로 등 비교적 적은 수송 영역에서 활약하고 있다. 즉, 미시시피 강과 북미 동해안의 내륙 수로 등의 작은 수역(주로 하천)에서는 부선에 의한 수송 방법이 채용되고 있으며, 특히 벌크 화물 수송의 합리화가 이루어지고 있다.

압항(押航) 방식은 예항(曳航) 방식에 비해서 인원의 절감(부선 등의 타(rudder)는 필요 없음), 조종성 향상 등의 잇점이 있다.

부선이 선박과 근본적으로 다른 것은 내항성에 있다는 것이므로, 부선 수송을 검토할 경우에는 항로의 해상(海象), 기상에 따라서 결항률(반대로 말하면 가동률)을 미리 예측하고, 운항의 비정상성이 수송 시스템에 영향을 주게 되는 것을 충분히 검토할 필요가 있다.

파랑 중에 있어서 압부선의 항행에 가장 큰 영향을 주는 요소는 압선과 바지선, 바지선 상호의 연결 방식에 있다.

각 나라에서는 조건에 따라 다르다. 미국에서는 와이어 래싱(wire-lashing) 방식, 서독에서는 유압 힌지(hydraulic-hinge) 방식이 많이 쓰이고 있다.

부선 수송의 특색은 다음과 같은 점이 있다.

(가) 자본금과 인건비의 절감

(나) 화물창 부분과 기관실 부분을 잘라서 분리시킨 것과 같이 기관실의 가동률 향상

(다) 수송 절점의 일부 생략

(라) 부선 수의 조절에 따라 선박 배치 적정화 등의 특색이 있으므로, 수송 수단으로서 가동률 향상

12.2 선박설계의 채산성 계산

12.2.1 선가 견적

1. 선가의 견적

새로 건조되는 선박 및 개조 선박의 견적 의뢰가 있으면 설계에서는 주요 요목을 결정하는 동시에 필요한 물량을 산정하게 된다. 주요 요목의 결정에 대해서는 이미 자세히 설명하였으므로, 여기서는 물량의 산정과 선가의 결정에 대해서 설명하기로 한다.

설계에서 작성되는 계획선 건조에 필요한 물량을 열거한 표를 자재표 또는 재료표라고 한다. 재료표는 설계 단계에 따라서 또는 사용하는 목적에 의해서 그 내용의 상세도가 다르게

되지만, 여기서는 초기의 견적 단계 또는 기본 계획 단계에서 선가 견적을 위한 것에 대하여 설명하기로 한다.

초기의 견적 단계에서는 자재의 추정도 크게 구분하여 주요 재료에 대하여서 중량 단위(통상 톤 단위)로 표현되는 정도이지만, 계획이 진행됨에 따라서 자재의 산정도 점차 상세해 진다.

이와 같은 자재 산정에 있어서는 그의 단위를 어떻게 하든지, 예를 들면 강재나 판재의 경우에는 당연히 중량 단위로 나타내는 것이 좋지만, 갑판의 포장 재료는 포장 면적으로 표시할 것인가 혹은 포장재의 중량으로 표시할 것인지를 타협해 두어야 하고, 또한 합판의 경우에는 규격재의 맷수로 표시할 것인지 합판을 사용하는 장소의 면적으로 표시할 것인지를 결정해 두어야 한다.

견적 또는 기본 설계 단계에서 이루어지는 자재(물량)의 추정에는 다음과 같은 두 가지 방법이 있다.

㈎ 과거의 실적에 의해서 통계적인 자료를 해석해 두고, 내삽적(內插的) 또는 외삽적인 추정에 의해서 결정하는 방법(통계 방식)

㈏ 기준선의 재료를 상세히 구해 놓고, 배의 견적을 할 때에는 그 배와 기준선을 비교하여 차액을 (+) 또는 (−) 해 주는 방법(기준선 방식)

통계 방식은 비교적 융통성이 있어서 견적 대상선이 종래의 실적선보다 약간 틀리더라도 큰 차이는 없이 추정되는 잇점이 있지만 거시적으로 평균값을 추정하는 수단이며, 각각의 항목에 대한 정확도는 크게 기대할 수 없다. 그러나 선박의 재료는 여러 가지이기 때문에 각각의 차이가 있더라도 전체적으로는 믿을 만한 평균값을 얻을 수 있다. 다만, 새로운 자료로 자재를 항상 최신의 상태로 정비해 둘 필요가 있다.

선박은 광범위한 재료의 종합 구조물이기 때문에 자재 견적을 할 때 짧은 시간 내에 자재를 상세히 산정하는 것은 매우 곤란한 일이다. 따라서, 과거의 많은 자료를 해석하여 기록해 두었다가 새로 견적하는 선박이 있을 경우, 이에 대응하는 자재를 추정하는 방법이 흔히 사용되고 있다.

기본 설계 단계에서 과거의 자료로 정리할 때에는 될 수 있는 한 간단한 변수를 써서 정리하지 않으면 사용하기가 불편하다. 그러므로, 대개 L, B, D, d, D.W.T. G/T, 의장 수, 승조원 수, 주기관 마력 등을 변수로 하여 X축에 잡고, Y축에는 각 부분의 중량 및 소요 면적 등의 자재량을 잡아 곡선으로 그려서 표시한다.

특히, 선체 의장 관계에서는 $L(B+D)$(square number)와 LBD(cubic number)를 변수로 X축에 잡는 경우도 많다. 물론, 여기서는 일반적인 방법을 설명한 것은 아니다. 각 선박의 실적을 곡선으로 나타내는 방법을 생각하여 작성해 두면 좋다.

한편, 기준선 방식은 비교 기준이 되는 기준선의 시방이 상세히 알려져 있는 것이 전제가 되며, 실제로 완성한 실적선인 것이 바람직하지만 반드시 그렇게 할 필요 조건은 아니다. 그러나 기준선은 충분한 시간을 가지고 상세히 검토하여 신용할 만한 자료를 얻어 둘 필요가 있다. 그리하여 각 항목별로 물량의 정확한 값을 파악해 두었다가 견적선과 기준선에서 틀린 항목만을 검토하여 수정하는 것으로 한다.

기준선 방식은 기준선의 자료가 정확히 파악되어 있어서 견적선이 기준선과 크게 다르지 않을 경우에는 앞의 통계 방식보다 정확한 결과를 주게 되지만, 반대로 견적선이 기준선에 비해서 사양과 배의 크기가 많이 다를 경우에는 사용할 수가 없으므로 융통성에 있어서는 통계 방식보다 못하다.

통계 방식과 기준선 방식에서 어느 방식을 쓸 것인지는 견적선과 준비된 자료에 따라서 결정되어야 하기 때문에 어떤 방식이 좋다고 말할 수는 없다. 그러므로, 앞에서 설명한 장단점을 잘 검토할 필요가 있다.

이와 같이 하여 기본 설계로부터 물량을 열거한 자재표가 나오면 금액을 산정하는 부서로 보내어 선가를 산정하게 한다. 설계에서 계산한 물량은 여유를 고려하지 않은 실소요량이므로, 가격을 산정할 때 단가에 여유를 주는 것이 보통이다. 그러나 그것은 반드시 일정하지는 않으므로 설계에서 나온 자재표의 물량이 실소요량인지 여유를 포함한 양인지를 밝혀 두는 것이 좋다.

기본 설계의 물량 산정은 법규상 중대한 변경이 없는 한 건조 시기가 1～2년 늦어져도 별 문제가 없지만, 자재비의 산정에 있어서는 그 동안의 물가 변동을 어떻게 측정하느냐에 따라 크게 달라질 수 있다. 그것은 각각 구입품의 가격을 비롯하여 조선소 내의 공수 단가와 검사료 등에 이르기까지 모든 것이 변동하기 때문이며, 특히 그 변동이 심한 최근에는 5년 앞을 전망한다는 것은 거의 불가능한 일이므로 최근의 견적선은 3년 정도 앞의 계약을 꺼리는 경향이 있다.

기본 설계에서 작성된 자재표의 단가를 기입하고 재료비의 합계를 구하여 총액이 얻어진다. 그 뒤에 조선소에서 소재를 가공하는 데 드는 비용과 구입 기기를 거치하는 데 드는 비용 등을 계산한다. 이것을 가공비라고 한다. 통상 재료의 중량당 공수와 공수 단가로부터 구해지는 것이 보통이다.

그 밖에 설계비, 선대 사용료, 선급 협회 입급 검사료, 의식 비용, 특허나 기술 사용료, 상사 수수료 등의 경비를 가산하여 제조 원가를 구하게 된다.

제조 원가가 구해지면 그것에 견적 설계비, 전산 개발비, 영업 부문비, 지방 및 해외 영업소비, 통신비 등과 같은 판매상의 간접 비용을 가산하고, 보증 서비스비나 세금, 금리 등과 같은 영업 외 비용 등을 포함하여 경영 원가를 구하게 된다. 제조 원가를 구하는 단계에서는 선박의 특수성을 고려하여 각 항목별로 산정하여 두는 것이 보통이지만, 경영 원가를 구하는 단계에서는 제조 원가에 일정 비율(%)을 곱해 주는 방식으로 산정하고 있다.

경영 원가에 적정 이윤을 가산하게 되면 선가가 결정되게 된다. 일반적으로, 견적 담당 부서는 경영 원가까지는 기계적으로 산정하고, 영업부가 주변 상황을 전반적으로 판단하고 이익을 고려하여 선가를 결정하게 되어 있다.

위의 설명에서 알 수 있는 바와 같이 조선소가 기업을 유지해 나가려면 최저한 경영 원가를 유지할 필요가 있다. 제조 원가, 경영 원가, 선가는 흔히 혼동되기 쉬우므로 주의해야 한다.

이상의 것을 알기 쉽게 다음과 같이 정리할 수 있다.

재 료 비
가 공 비 } 쌓아올리기 방식으로 계산
+) 경 비
제조 원가
판매 간접비
통 신 비 } 제조 원가의 %로 계산
+) 영업 외 경비
경영 원가
+) 이 익
선 가

선가 구성의 내역은 회사에 따라서 좀 다르지만 원칙은 다음과 같다.

㈎ 제조 원가 : 그 배를 건조하는 데 직접 필요한 비용

㈏ 경영 원가 : 제조 원가에 회사 경영에 반드시 필요한 최소한의 비용을 가산한 금액

㈐ 선가 : 경영 원가에 적정한 이익을 가산한 금액

여기서 선가라 하는 것은 조선소가 선주에게 제시하는 선가인데, 실제 문제로는 위에 기술한 포함된 이익이 통상 (+)로는 되지 않고, 경우에 따라서는 여러 가지 특수 사정에 의해서 (−)로 될 경우도 있게 된다. 그러한 특수한 경우에 있어서 이와 같은 일이 계속된다면 그 회사는 경영에 성공할 수 없게 되는 것은 당연한 일이며, 결국 도산하게 될 것이다.

최근의 선가 견적 작업에는 필요한 자료들을 서로 관련지어 전산기의 기억 장치 속에 넣어 두고, 선주의 초기 요구사항들을 입력시키면 바로 선체 주요 치수와 소요 자재표 및 선가(offer price)까지 얻을 수 있게 되었다.

2. 원가 구분

선박을 구성하는 부재는 대단히 광범위한 소재로 되어 있으며, 볼트나 너트류로부터 큰 것은 주기관에 이르기까지 여러 가지가 있다. 이러한 많은 부품을 취급해야 하는 조선소에서는 일정한 분류 방식을 채택하여 처리하는 것이 효과적인 면에서 반드시 필요하다.

예를 들면, 페어리더(fairleader) 2500이라는 번호를 붙이고 설계도에서 주문 요령서를 작성할 때, 설계도에 지시할 때, 창고에서 부품을 관리할 때, 현장에서 작업 전표에 모두 2500이라는 번호를 붙여 두면 전표의 집계나 실적 자료의 수집에도 대단히 편리하게 될 것이다.

페어리더 중에도 롤러가 없는 것을 2510, 롤러가 붙은 것을 2520으로 정한다면 좀더 자세

표 12-3 원가 구분표의 예

항 목	내 용
1. 선각	
11. 강재	강판, 형강, 평강, 봉강 등
12. 비철금속	
13. 공통부품	선각에 사용되는 판재, 볼트, 너트 등
14. 용접봉	
15. 기타 소재	
16. 대형주단품	타두재, 선미 골재, 호스 파이프 등
17. 보조 재료	강재, 목재, 피스, 서비스 볼트 등
2~3. 선체 의장(소재 및 구입품)	
21. 목공구조	선창용 목구조, 창고용 목구조 등
22. 갑판 깔개	갑판 콤퍼지션, 합성 깔개, 타일, 시멘트 등
23. 도료, 방식	도료, 전기 방식 관계
24. 항해 통신 장치	조타 장치, 항해 장치, 통신 장치 등
25. 계류 장치	앵커, 체인, 계류 장치 등
26. 마스트, 하역 장치	마스트, 붐, 데릭, 도르래(block) 등
27. 화물 창구 덮개 장치	강재 창구 덮개, 목재 창구 덮개
28. 구명 장치	구명정 및 대빗(davit) 장치, 클링커 및 덴더식 목조정 등
29. 교통장치	계단, 강재 통로, 그레이팅 등
30. 개구 및 기타 갑판 의장	창구, 강재 문, 핸드 레일 및 그 밖의 외부 의장
31. 채광 통풍 장치	환창, 자연 통풍 장치, 기동 통풍 장치, 공기 조화 장치
32. 화물유 관, 밸러스트 관 장치	유조선 화물유 관, 밸러스트 관 등 대구경 관
33. 관 장치	해수관, 청수관 및 그 밖의 소구경 관
34. 액체 하역 장치의 원격 제어 장치	밸브 원격 제어 장치 등
35. 냉장 장치	식량용 냉장고, 냉동 화물창 장치
36. 거주구 목공 구조 및 거주구 실내 설비품	거주구의 목재 내장, 칸막이 등 가구, 주방품, 위생 기기 등
37. 갑판 기계	양묘기, 계선기, 조타기 등
38. 특수 장치, 기타	
39. 보조 재료	의장용 보조 재료(예를 들면, 관 내부 청소용 기름, 시험용 재료 등)
4. 기관 의장	
41. 주기관 및 부속 장치	
42. 보일러	
43. 축계 및 프로펠러	축, 프로펠러, 축수, 선미관 장치 등
44. 보조 기관	펌프, 히터, 쿨러, 기름 청정 장치, 조수 장치 등
45. 연통, 연로, 송풍기	
46. 관의장	기관부 소속의 파이프, 밸브, 플랜지 등
47. 계장	압력계, 온도계, 계기반 등
48. 기타 설비	탱크, 바닥관, 격자, 사다리 등
49. 보조 재료	시운전용 연료유, 윤활유 등
5. 전기 의장	
51. 1차 전원	발전기 및 원동기, 배전반 등
52. 2차 전원	변압기, 축전지, 정류기 등
53. 전등, 조명 및 전기 신호등 장치	
54. 항해 계기, 통신 계측 장치	
55. 무선 장치	
56. 전기 기타 기기 및 전로 기구	
57. 전선	
58. 공업용 재료	
59. 보조 재료	

한 분류로 집계하게 될 것이다. 이렇게 함으로써 배를 구성하는 모든 부품을 전체 계통적으로 분류해서 자재의 명칭과 분류 번호를 1 : 1로 대응시킨 표를 작성해 두면, 견적이나 설계에 있어서 일종의 대조표(check list)와 같은 효과도 있으므로 빠뜨리는 것을 방지할 수 있다.

조선소에서는 각각 회사에 알맞은 분류 방식을 정해 두고 있다. 이것을 원가 구분, 공사 구분 또는 설계 구분이라 부른다. 보통 선체부, 기관부, 전기부의 세 가지로 크게 분류하고 있지만, 그 회사의 규모에 따라 적당히 구분하고 있는 것이다.

대분류 다음에는 중구분, 소구분, 세구분 등 필요에 따라서 차례로 분류하고 있다. 그리고 각 구분에 어떤 물건이 포함되는지를 명기해 두며, 조선소 내에서의 자재 관계 일체를 지시표에 따라 처리하도록 하고 있기 때문에, 만약 어떤 사람이 이 구분표에 따르지 않고 틀린 번호를 붙였다면 잘못된 부품이나 자재가 반출될 것이다. 그러므로, 분류 구분을 정확하게 해 놓아야 한다.

대표적인 원가 구분의 예를 중구분으로 표 12-3에 표시하였다. 실제로는 소구분, 세구분으로 나눌 수 있다.

12.2.2 선박의 경제성 척도

기본 계획의 단계에서는 한 가지 요목을 결정하려면 여러 가지 경우에 대해서 채산성 계산을 비교, 검토한 뒤에 결정하는 수가 많다.

예를 들면, 재하중량을 표준선의 주요 요목을 결정하기 위하여 상정한 몇 가지 선형의 경제성을 비교, 검토할 경우라든지, 새로운 형식의 추진 동력 장치와 재래식 추진 동력 장치의 운항 채산을 비교, 검토할 경우 등이 그 대표적인 예이다. 배의 경제성을 비교, 검토할 경우에는 당연하지만, 경제성의 판정에 사용하는 척도가 필요하다.

조선소가 통상 사용하고 있는 척도는 수송 화물 중량톤의 수송 단가인데, 수송 단가는 어떤 특정의 화물, 예를 들면 원가를 특정의 항로에서 연속해서 반복적으로 수송하는 경우 연간 총 경비를 연간 화물 수송량으로 나누어 얻는 값이며, 이 값이 작을수록 경제성이 있는 것으로 판정한다. 또, 자본 회수율(capital recovery factor, C.R.F.)을 사용하는 수도 있다.

C.R.F.는 어떤 기간, 예를 들면 10년간의 평균 연간 이익을 총 투자액으로 나눈 값이며, 이 값이 클수록 경제성이 있는 것으로 판정한다. C.R.F.의 역수는 투자액을 회수하는 데 필요한 연수, 즉 상각 연수를 나타내게 된다.

앞에서 설명한 것과 같이 선형의 결정과 추진 동력 장치의 비교, 검토 예로는 실제의 수송 원가가 얼마 정도가 되는지 계산하는 것보다 수송 원가가 최소가 되는 선형 혹은 추진 동력 장치를 찾아낼 때 비교, 검토하는 데 중요한 목적이 있는 것이다.

이에 대하여 실제로 배를 운항하는 해운 회사에서 하는 채산 계산은 조선소로부터 제시한 선형과 선가로서 이익을 얼마만큼 올릴 수 있는 것인지 산출해야 하므로 원가 계산은 정확히 해야 할 필요가 있으며, 운항 기간 중 인플레이션에 의한 원가의 상승도 정확하게 예상하여 이것을 포함시켜야 한다.

따라서, 채산 계산이라 하지만 해운 회사와 조선소에서는 입장이 다르므로, 그 계산 방법도 상당히 다르다.

1. 배의 용선 형태와 운항 채산성

(1) 배의 용선 형태

어떤 배의 운항 채산을 계산할 경우, 그 배의 운용 형태에 따라서 채산이 조금씩 달라진다.

선주가 유조선이나 벌크 화물선 등의 전용선, 부정기선을 새로 건조하여 그것을 운항할 경우의 운용 형태로는 다음과 같은 세 종류가 있다.

- 나용선(bareboat charter)
- 정기 용선(time charter)
- 항해 용선(voyage charter)

㈎ 나용선 : 나용선은 선주가 조선소로부터 배를 인수하여 이것을 제삼자에게 빌려주고, 용선료로 받는 임대료를 수입으로 하는 운용 형태이다.

배를 빌린 용선자(charter)는 그 배에 승조원을 태우고 필요한 보험에 가입한 뒤, 다음에 설명하는 정기 용선 또는 항해 용선으로 운항해서 수익을 올리게 된다.

나용선의 경우 선주에게 필요한 경비는 ① 배의 상각비, ② 금리, ③ 판매 관리비이고, 수입은 용선료이므로 수익은 용선료로부터 필요 경비(①＋②＋③)와 중계 수수료를 뺀 나머지가 된다.

용선료는 보통 1개월당 재화중량 1 LT당 몇 달러($)라는 식으로 월세로 계약된다.

㈏ 정기 용선 : 정기 용선은 선주가 조선소로부터 배를 인수하여 승조원을 태우고 필요한 보험에 가입한 뒤, 제삼자에게 용선료를 받아 수입으로 하는 운용 형태이다. 이 경우 선주에게 필요한 경비는 나용선의 경우에 필요했던 것 이외로 ④ 보험료, ⑤ 선원 급료, ⑥ 수리비, ⑦ 윤활유비, ⑧ 배 용품비, ⑨ 기타 등이 포함된다.

따라서, 수익은 용선료로부터 필요 경비(①～⑨의 합계), 중계 수수료를 뺀 나머지가 된다. 용선료는 1개월당 재화중량 1 LT당 몇 달러($)라는 식으로 월세로 계약되는 것이 보통이다.

㈐ 항해 용선 : 항해 용선은 선주가 조선소로부터 배를 인수받아 승조원을 태우고 보험에 가입하여 모든 운항 준비를 갖춘 뒤, 선주가 직접 하주와 어떤 화물의 수송 계약을 맺고 그 선박을 운항하여 하주로부터 운임을 받아 수입으로 하는 운용 형태이다.

이 경우 선주에게 필요한 경비는 정기 용선인 경우의 필요 경비 이외에 ⑩ 연료비, ⑪ 화물비, ⑫ 항비, ⑬ 기타 등이 포함된다. 따라서, 수익은 운임으로부터 필요 경비(①～⑬의 합계)를 뺀 나머지가 된다.

운임은 벌크 화물이나 원유 등의 경우에는 그 화물의 1 LT를 어떤 적재항으로부터 어떤 양륙항까지 수송하는 데 얼마라는 식으로 계약된다. 다만, 유조선의 운임률은 4 $/LT라는 식으로 부르지 않고, 'world scale'이라 부르는 특정의 기준율을 정해 놓고 그것과의 비율로 나타내는 방식이 쓰이고 있다. 예를 들면, 기준율의 50% 운임률인 경우에는 *W* 50, 기준율의 2배 운임률인 경우에는 *W* 200이라고 표시한다.

항해 용선은 왕복 항해의 경우도 있지만, 화물이 장기에 걸쳐 확보되어 있는 경우에는 장기 계약을 맺는 수도 있다. 이것을 연속 항해 용선이라고 한다.

한편, 선주의 필요한 경비 중에 ①~⑨까지는 배의 운항과 관계 없이 들어가는 유지비의 성격이므로 선박 경리 또는 선비라 한다. 또, ⑩~⑬까지는 배를 운항하는 데 필요한 비용이므로 운항비라 한다.

위의 설명을 알기 쉽게 정리한 것을 표 12-4에 나타내었다.

(2) 선비와 운항비의 내역

표 12-4에 선비와 운항비의 항목이 나타나 있는데, 여기서는 그 내용에 대해 간단히 설명하기로 한다. 한편, 그 내용에 대해서는 조선소의 원가 구분과 마찬가지로 각 회사마다 다르며, 여기서 설명하는 것은 한 예에 불과하므로 유의해야 한다.

표 12-4 용선 형태의 종류와 경비의 내역

경비의 내역 \ 용선 형태			나 용 선	정 기 용 선	항 해 용 선
선주에게 필요한 경비	선비	① 상각비	○	○	○
		② 금리	○	○	○
		③ 판관비	○	○	○
		④ 보험료		○	○
		⑤ 선원비		○	○
		⑥ 수선비		○	○
		⑦ 윤활유비		○	○
		⑧ 선용품비		○	○
		⑨ 기타		○	○
	운항비	⑩ 연료비			○
		⑪ 화물비			○
		⑫ 항비			○
		⑬ 기타			○
선주의 수입			용 선 료	용 선 료	운 임
비 고			용선자 쪽이 승조원의 수배 및 기타 일체를 책임진다.	선주는 본선을 운항하지 않고, 용선자가 운항한다.	선주가 본선을 운항한다. 용선자는 수송할 화물과 적재 항구 및 양륙 항구를 선주에게 지정한다.

㈎ **선비의 내용**

㈀ 상각비 : 새로 건조된 선박은 시일이 경과됨에 따라서 가치가 떨어지게 되며, 내용 연수가 지나면 고철로 폐기된다.

따라서, 자산으로 구입한 배도 해마다 장부 가격이 떨어지게 되기 때문에 이 감소분을 일정한 방법으로 계산해서 내용 연수를 정하여 각 연도의 손실로 계상한다. 이것을 원가 상각이라고 한다.

상각비의 계산 방법에는 정액법과 정률법이 있으며, 해운 회사의 사정에 따라 편리한 방법을 채용하고 있다. 정액법은 해마다 동일한 금액을 상각해 나가는 방법이며, 다음 식으로 계산한다.

$$\text{원가 상각비} = \frac{\text{취득 가격} - \text{잔존 가격}}{\text{내용(耐用) 연수}}$$

한편, 정률법은 취득 가격으로부터 상각비의 누계를 뺀 나머지 가격에 일정한 비율을 곱하여 상각을 결정하는 방법이며, 내용 연수를 n이라 하고 감가 상각비를 취득 가격으로 나눈 값을 상각률이라 한다. 매년의 감가 상각비는 다음과 같이 계산된다.

$$(1 - \text{상각율})^n = \frac{\text{잔존 가격}}{\text{취득 가격}}$$

$$\text{상각률} = 1 - \sqrt[n]{\frac{\text{잔존 가격}}{\text{취득 가격}}}$$

이므로,

$$\text{매년도의 감가 상각비} = (\text{전년도의 장부 가격}) \times \text{상각률}$$

로 된다.

정률법은 이 식으로부터 알 수 있는 것과 같이 처음에는 상각이 크고 해가 지남에 따라 감소하는 방법이다.

위 식에서 잔존 가격이라는 것은 내용 연수가 지나 사용할 수 없는 고철 가격이지만, 이 경우의 가격에서 세제상으로는 취득 가격의 10%로 잡는 것이 보통이다.

내용 연수는 세제상으로 2,000 G/T 이상인 화물선, 유조선에 대해서는 각각 15년과 13년으로 정해져 있지만, 실제로 선박은 더 짧은 기간에 경제적 가치를 상실하는 수가 많기 때문에 채산성 계산에서는 8～10년의 짧은 기간에 계상하는 수가 많다.

또, 취득 가격은 조선소와 선주 사이에서 결정된 계약 선가와 기타 비용을 더한 것이다.

여기서, 선주 비용이라는 것은 건조 기간 중에 지불된 금리, 선주가 지급하는 비품류 구입비, 공무 감독과 의장 검사원의 파견비, 선박 등록세 등을 가산한 것이기 때문에 선박의 크기와 종류에 따라 다르지만, 대략 계약 선가의 3～4%이다.

(ㄴ) 금리 : 배를 건조할 경우에는 많은 금액이 필요하기 때문에 선주가 전액 자기 자금으로 충당하는 일은 드물고, 은행, 금융기관 등으로부터 차입금으로 자금을 조달하는 것이 보통이다.

이와 같은 차입 자금이나 조선소에 대하여 선가의 일부를 연불하는 경우에는 그 연불금에 대한 금리를 경비로 계상한다.

금리는 자금 조달 방법에 따라 다르기 때문에 사정에 따라서 계산하게 된다. 참고로 계획 조선으로 배를 건조하는 경우의 융자 조건과 연불로 수출선을 건조하는 경우의 연불 조건을 나타내면 다음과 같다.

[계획 조선인 경우의 융자 조건]

자기 자금 : 10%

융자금 : 90%

내자인 경우에는 국민 투자 기금으로 연리 13.5%, 상환 기간 8년의 것이 있으며, 외자인 경우에는 외화 대부, 연리 libor+2.25%, 상환 기간 5년으로 되어 있다. 내외자의 비율은 선종별, 국산화율에 따라 다르며, 공고할 때 명시하고 있다.

[수출선의 연불 조건]

수출선의 연불 조건은 각각의 계약에 따라서 일정하지 않지만 수출 계약이 체결된 어떤 배의 경우를 예로 들면,

선수금 : 20% 이상(수출 허가 때 L/C가 개설되어야 함)

연불금 : 80% 이하

한국 수출입 은행(56%), 연리 9%, 상환 기간 8년과 조선소가 마련한 협동 금융, 연리 libor+1.75%, 상환 기간 5년으로 되어 있다.

차입금을 장기간에 걸쳐 분할 상환할 경우의 이자 계산 방법은 다음과 같다. 다만, 차입금을 P, 상환 기간을 n, 이윤을 r이라고 하면, 제1회 지불 이자는

$$r\,P$$

이고, 제2회는

$$r \times \left(\frac{n-1}{n}\right) \times P$$

제3회는

$$r \times \left(\frac{n-2}{n}\right) \times P$$

이며, 마지막 제n회는

$$r \times \left(\frac{1}{n}\right) \times P$$

이므로, 이자 총액은

$$r \times P \times \left(1 + \frac{n-1}{n} + \frac{n-2}{n} + \cdots + \frac{1}{n}\right) = \left(\frac{n+1}{n}\right) \times r \times P$$

가 된다.

㈐ 판매 관리비 : 판매 관리비는 역원 보수, 직원 급료, 통신비, 교통비, 사무실 임대료 등과 일반 관리비, 운전 자금의 금리 등이 포함된다. 선박의 경비로는 소유 선박에 분배하여 선박의 경비로 계상된다.

㈑ 보험료 : 선박 보험과 선비 보험에 가입한 경우에 내는 요금이며, 선박의 종류, 총톤수, 선가, 선령, 항로, 해운 회사의 운항 실적에 따라서 결정되기 때문에 일정하지는 않지만, 예로서 재하중량 200,000 D.W.T. 정도의 유조선에서 처음 연도에는 선가의 1.4% 정도가 된다. 이 보험은 배의 침몰, 좌초, 화재, 충돌 등으로 인해 선체, 기관, 속구, 연료, 식료 및 기타 선박에 발생하는 손해를 보상받기 위한 목적인 것이다.

㈒ 선원비 : 본선의 승조원과 예비 선원의 급료, 퇴직금, 승 · 하선 때의 여비, 선내에서의 식료품비, 선원의 복지 후생비, 선원 보험료의 회사 부담금, 선원 단체 보험료 등이 포함된다.

㈓ 수리비 : 정기 검사, 중간 검사에 필요한 검사 비용, 입거료, 선체 기관의 보수 정비, 수리 등에 필요한 비용을 포함한다.

㈔ 윤활유비 : 주기관, 보조 기관 등의 윤활유 구입비 및 적재에 드는 비용이다.

㈕ 선용품비 : 선내에서 사용되는 비품류, 소모품류, 음료수 등의 비용이다.

㈖ 기타 : P.I. 보험의 보험료, 해난 비용, 선내 소독비, 본선용 도서 구입비 등 ㈀~㈕항에 포함되지 않은 비용의 합계이다. 여기서, P.I. 보험이란 Protection and Indemnity Insurance의 약칭이며, 선박 보험, 화물 보험 이외의 제삼자에 대한 손해 배상 책임을 지는 보험이다.

배상 책임의 예로는 기름을 흘려서 해면을 오염시킨 경우나 하역 중 인부의 신체에 상해가 생긴 경우에 배상을 위한 것이다.

기타 대형 유조선과 같이 고가인 선박에서는 불가동 손실에 가입하므로 그 보험료도 계상해야 한다. 이러한 고가인 선박은 하루의 체선료가 많으므로, 사고로 인하여 장기간 정선(停船)할 경우 선주는 막대한 손해를 받기 때문에 이것을 보상하기 위한 보험이 있는데, 이것이 불가동 손실 보험이다.

㈏ 운항비의 내용

㈗ 연료비 : 항해 중에 필요한 연료비의 합계로서, 일반적으로 유조선과 벌크 화물선의 운항비 대부분을 차지한다.

㈎ 화물비 : ① 하역비-기항지에서 화물의 하역에 드는 경비이며, 선내 하역비와 검량비(특정 전문업자에 의한 화물의 계량 및 확인에 필요한 비용, measuring, weighting) 등이 포함된다.

② 대리점료, 중개료-대리점에 지불되는 입·출항 업무 수속의 수수료와 집하 화물에 대한 수수료, 화물 브로커에 지불되는 중개 수수료 등이 계상된다.

③ 일반 화물비-화물창의 청소비, 적재 화물이 항해 중에 선체 구조물과 마찰, 허물어져 파손되는 것을 방지하기 위하여 사용되는 목재틀(side sparring)의 설치비, 벌크 화물의 이동을 방지하기 위한 사절판의 설치비, 운임 보험료(도착 지불 운임의 경우에 화물이 없어져서 운임을 받지 못하게 될 위험에 대비한 보험), 화물 손상 변상금 등이 포함된다. 정기 화물선의 경우에는 화물비가 운항비 중에서 가장 큰 몫을 차지하므로, 이 비용이 그 배의 운항 채산에 큰 영향을 끼치게 된다.

㈏ 항비 : 어떤 항구를 이용하는 데 드는 비용으로서, 수선료, 톤세, 예선료, 안벽 및 부표 사용료, 계선료 등이 포함된다. 또한 수에즈운하나 파나마운하 등의 통행료도 항비에 계상된다.

㈐ 기타 : 본선의 통신비, 할증 보험료(항로별, 계절이나 위험 물품 적재에 따른 위험 증가에 대한 보험료) 등이 포함된다. 기타 항해 특별 수당, 항해 상여금, 시간 외 수당 등과 같이 승조원에게 지불되는 특별 수당도 포함된다.

(3) $\dfrac{H}{B}$와 $\dfrac{C}{B}$

선주가 정기 용선과 항해 용선의 채산을 고려할 때 하이어 베이스(hire base, $\dfrac{H}{B}$)와 차터 베이스(charter base, $\dfrac{C}{B}$)의 개념을 도입한 것으로 편리하게 이용되고 있다.

$\dfrac{H}{B}$는 여간 정기 용선으로 빌려 줄 경우 선주가 필요로 하는 경비, 즉 표 12-4의 선비를 재화중량 1 ton당 가동 일수 30일로 환산하여 달러로 표시한 것으로서, 다음과 같다.

$$\frac{H}{B} = \frac{\text{선비 (船費)} \times 30}{\text{D.W.T.} \times \text{연간 가동 일수}}$$

배는 1년간 365일 연속하여 항해, 하역을 하는 것이 아니며, 중간 검사나 정기 검사, 수리를 위하여 입거하는 등 가동하지 않는 일수가 연간 평균 20일 정도 된다. 따라서, 불가동 일수를 365일에서 뺀 일수가 연간 가동 일수가 된다. 연간 가동 일수를 365일로 나눈 것을 연간 가동률이라고 한다.

$\dfrac{C}{B}$는 배를 1항해(적재항과 양륙항을 1왕복)시켰을 때 얻어지는 운임 수입으로서, 표 12-4의 운항비를 뺀 수익을 재화중량 1 ton당 가동 일수 30일로 환산한 것으로 다음과 같이 표시된다.

$$\frac{C}{B} = \frac{(\text{운임} - \text{운항비}) \times 30}{\text{D.W.T.} \times \text{항해 일수}}$$

항해 일수는 실제로 해상을 항행하고 있는 일수뿐만 아니라 적재항과 양륙항에서 하역하기 위해 정박하고 있는 일수도 포함된다.

$\frac{H}{B}$는 위의 식으로부터 알 수 있는 것과 같이 선주가 배를 정기 용선으로 빌려 줄 때의 경비에 해당하므로, 용선료와 $\frac{H}{B}$를 비교해서 용선료$>\frac{C}{B}$이면 채산이 있는 것으로 볼 수 있다. 반대로 정기 용선으로 해서 운항한 경우의 채산은 용선료와 운항 경비를 나타내어 $\frac{C}{B}$를 비교해서 $\frac{C}{B}>$용선료가 된다면 채산성이 있는 것으로 된다. 또, 어떤 배를 자사선(自社船)으로 건조한 경우 $\frac{H}{B}$가 다른 선주보다 정기 용선으로 할 경우의 용선료보다 높을 때에는 자사선으로 건조한 것보다 용선으로 하는 쪽이 유리하다.

항해 용선의 경우에는 자기 회사 운항이므로 $\frac{H}{B}$가 위에서 설명한 용선료에 상당하게 되고, 따라서 $\frac{C}{B} > \frac{H}{B}$이면 채산은 흑자가 된다고 할 수 있다.

2. 선박의 경제성 비교 계산

선박의 경제성 계산은 앞 절에서 설명한 바와 같이 운용 형태에 따라서 달라지지만, 선박의 기본 계획 단계에서 선령에 따른 경제성을 비교, 검토할 경우에는 자사선을 어떤 특정 항로를 장기간 연속적으로 반복하여 수송하는 것으로 계산한다. 즉, 장기간 항해 용선으로 계산하는 경우가 보통이다. 이 경우 경제성의 척도로는 앞에서 설명한 것과 같이 다음 식으로 표시되며, 연간 수송한 화물 1 ton당의 수송비와 자본 회수율이 일반적으로 많이 쓰이고 있다.

$$\text{수송 화물 1 ton당 수송비} = \frac{\text{연간 평균 총 경비}}{\text{연간 화물 수송량}}$$

$$\text{자본 회수율(C.R.F.)} = \frac{\text{연간 평균 이익}}{\text{총 투자}}$$

$$= \frac{\text{연간 운임 수입} - \text{연간 총 경비}}{\text{계약 선가} + \text{선주 비용}}$$

참고 C.R.F. 식의 연간 경비에는 상각비를 포함시키지 않는다. 따라서, C.R.F.의 역수가 총 투자의 상각 연수가 된다.

이와 같은 척도를 이용하면 톤당 수송비가 작을수록, 또 C.R.F.가 클수록 운항 채산성이 좋은 배라고 할 수 있다.

앞 절에서 설명한 것과 같이 조선소에서 선박의 채산성을 계산하는 것은 선형이나 추진 동력 장치의 경제성을 비교, 검토하는 데 목적이 있으며, 그 선박의 수송 원가를 산출하려는 것이 아니다. 선박의 연간 평균 총 경비, 즉 선비+운항비의 계산에서는 어떤 가정 아래 간략화된 수식을 사용하여서 선형의 비교, 계산에 편리하게 할 수 있다. 이와 같은 간략화된 계산 방법의 예를 유조선과 하역 장치가 없는 벌크 화물선의 경우에 대하여 설명한다.

먼저, 표 12-4에 나타난 선비와 운항비의 각 항목을 다음과 같이 간단한 식으로 표시한다. 이들의 수치는 인플레이션 등에 따라 해마다 변동하기 때문에 여기서는 기본적인 사고 방식을 설명하기로 한다.

또, 추진 동력 장치의 우열을 비교할 때에는 연료비의 영향이 크므로 연료비를 변수로 취하여 비교하는 수도 많다.

(1) 금리 Y_1

건조 자금의 조달 방법에 따라 다르지만 선가 S_0에 대한 평균 이율을 a_1이라 하면,

$$Y_1 = a_1 S_0$$

로 계산할 수 있다.

(2) 보험료 Y_2

취항 선가(就航 船價) S에 비례하는 것으로 보고

$$Y_2 = a_2 S_0$$

로 된다. 다만, 취항 선가 S는 계약 선가(契約 船價) S_0에 선주 비용 S'을 합계한 것이다.

(3) 상각비 Y_3

계산을 간단히 하기 위하여 정액법에 따르기로 하고 잔존 가격을 10%로 본다.

$$Y_3 = \frac{1-0.1}{n} \times S$$

다만, 상각 연수 n은 일반적으로 10년으로 계산한다.

(4) 판매 관리비 Y_4

D.W.T.에 비례하는 것으로 보고

$$Y_4 = a_4 \times \text{D.W.T.}$$

로 계산한다.

(5) 선원비 Y_5

연간 1명당 평균 선원비를 a_5, 승조원 수를 P로 해서

$$Y_5 = a_5 \times P$$

로 계산한다.

(6) 수리비 Y_6

선체부 수리비는 D.W.T.의 함수로 보고, 또 기관부의 수리비는 주기관의 출력(M.C.R.) 함수로 보고 다음 식으로 계산한다.

$$Y_6 = a_6 \times \left(\frac{\text{D.W.T.}}{1,000}\right)^{\frac{1}{2}} + b_6 \times \left(\frac{\text{M.C.R.}}{1,000}\right)^{\frac{2}{3}} \times C_M$$

여기서 C_M은 주기관의 종류에 따른 계수이며, 증기 터빈의 경우에 1.0, 저속 디젤 기관의 경우에 1.10으로 한다.

(7) 선용품비 Y_7

D.W.T.를 함수 관계로 보고

$$Y_7 = a_7 \times \left(\frac{\text{D.W.T.}}{1,000}\right)^{\frac{1}{3}}$$

로 계산한다.

(8) 연료비 Y_8

연간 C중유와 A중유의 소비량(톤)에 각각 단가(원/톤)를 곱하여 C중유의 연료비 $Y_{8\text{C}}$ 와 A 중유의 연료비 $Y_{8\text{A}}$ 를 계산하여

$$Y_8 = Y_{8\text{A}} + Y_{8\text{C}}$$

로 한다.

(9) 윤활유비 Y_9

윤활유의 연간 소비량(l)에 단가(원/l)를 곱하여

$$Y_9 = \text{윤활유비}$$

로 계산한다.

(10) 항비 Y_{10}

$$\text{기항(寄港) 1회당 지불하는 비용} = a_{10} + b_{10} \times \frac{\text{LBD}}{1,000}$$

$$\text{정박(碇泊) 1일당 지불하는 비용} = a_{10}' + b_{10}' \times \frac{\text{LBD}}{1,000}$$

또, 1항해의 기항지 수를 N_P, 1항해 중 정박 일수의 합계를 D_P, 연간 항해 횟수를 N으로 한다면

$$Y_{10} = \left\{ \left(a_{10} + b_{10} \times \frac{\text{LBD}}{1{,}000} \right) \times N_P + \left(a_{10}{}' + b_{10}{}' \times \frac{\text{LBD}}{1{,}000} \right) D_P \right\} \times N$$

또, 그 밖에 항로상에 운하 등이 있는 경우에는 운하 통행료도 계산한다.

(11) 기타 Y_{11}

Y_1으로부터 Y_{10}까지의 항목에 포함되지 않은 비용으로서, Y_1으로부터 Y_{10}까지의 합계에 대한 약 3%를 가해서 Y_{11}을 추정한다.

$$Y_{11} \fallingdotseq 0.03 \times (Y_1 + Y_2 + Y_3 + \cdots + Y_{10})$$

수송 화물 1 ton당의 수송비를 계산할 경우에는 Y_1으로부터 Y_{11}까지의 합계가 연간 평균 총 경비가 되므로, 이것은 연간 화물 수송량으로 나누면 좋다.

연간 화물 수송량(ton)은 연간 항해 일수에 적재 화물 중량을 곱하여 계산한다.

한편, 자본 회수율을 계산하는 경우에는 Y_3를 빼고 Y_1으로부터 Y_{11}까지의 연간 평균의 총 경비로 한다. 연간 화물 수송량(ton)에 운임률$\left(\frac{\text{원}}{\text{ton}}\right)$을 곱하여 연간 운임 수입을 계산해서 이 절의 첫 부분에서 소개했던 식을 사용하여 자본 회수율을 산출한다.

한편, 화물 수송량의 계산에는 연간 가동률이 영향을 크게 받으므로, 주기관의 종류에 따른 채산을 비교할 때에는 주기관의 차이에 따른 가동률의 차이를 정확히 추정하여야 한다.

이상 설명한 경제성 계산은 표준선 개발에 중요한 역할을 하고 있다.

그림 12-21은 그 한 예로서, 유조선에 대해 어떤 흘수에서 재화중량이 얼마인 선형이 가장 경제적인가를 검토한 결과이며, 경제성의 척도로서 화물 1 ton당의 수송비를 사용한 것이다. 이 그림은 흘수를 18 m로 놓고, 항해 속력 약 15.5 kn, 주기관은 증기 터빈 1축선이며, $\frac{L}{B}$= 5.5～6.0, 항로는 우리나라와 페르시아만, 재하중량을 200,000 D.W.T. 전후의 범위에서 변경

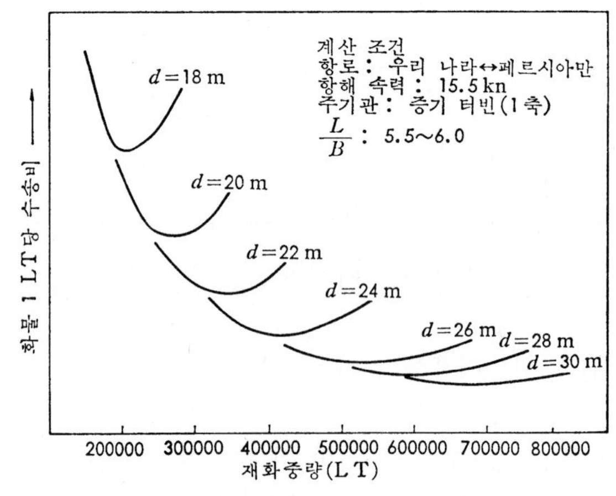

그림 12-21 유조선의 재화중량과 화물 1 ton당 수송비의 관계

시켰을 때 선박의 주요 요목을 산정해서 그 각각의 선형에 대해서 선가를 계산하고, 앞에서 설명한 방법으로 수송 경비를 산출했다. 이 곡선으로 나타낸 것이 흘수 18 m에 대응하는 곡선이다.

다음에 흘수를 똑같이 차례로 20 m, 22 m, …로 변경시켜서 800,000 D.W.T.까지의 선형에 대해 계산을 되풀이하여 흘수에 대응하는 20 m, 22 m, …일 때의 곡선들을 얻을 수 있다.

이와 같이 선박의 경제성 검토는 계획된 선박의 운항 채산이 여러 가지 여건에 따라 다르겠지만, 기본 계획 단계에서 취항 항로에 따른 선박의 크기 한계의 조언(advice)에 중요한 업무를 차지하므로, 선박설계자는 설계의 기본적인 상세한 이론 이외에 운항 및 경제성 검토에 대해서도 깊은 지식이 필요하다.

12.2.3 선가 견적에 관한 참고 수칙(References for Building Cost)

선가 견적에 관한 참고 수칙에서는 운항 채산 계산에 관련된 선체 치수, 주기 마력의 변화에 의한 즉, 상대적 선가의 추정을 대상으로 한 자료를 나타내었다.

1. 선형의 크기에 따른 선가 변화

항해 속력이 약 15 knots 전후인 동등 사양의 전용선이 선형의 크기에 따른 선가 변화는,

$$\text{선가} \fallingdotseq (\text{선종에 따른 계수}) \times (DWT)^k$$

여기서 : $k \fallingdotseq 0.60 \sim 0.65$

다만, 항해 속력이 변하는 일반 화물선일 경우는 더욱 복잡한 비율로 변화한다.

2. 제조 원가의 내역 비율 (Ⅰ)

제조 원가를 재료비, 공간비 및 경비 용역비로 나눈 경우 각각의 %는 다음과 같다.

표 12-5

선 종	재료비	공간비	경용역비
탱커, 벌크 캐리어	64～68	24～27	8～10
일반 화물선	63～70	23～30	10

또한, 외국의 예에서 보는 것과 같이 일반 관리비의 대부분을 “overhead charge”로서 공간비에 할당할 때에는 위 표의 비율은 달라진다.

3. 제조 원가의 내역 비율 (Ⅱ)

제조 원가를 각 주요 공사 구분별로 나눈 경우의 %는 다음과 같다.

표 12-6

	보통 화물선	벌크 캐리어 (중형)	탱커$\left(\frac{DWT}{10^4}, t\right)$				
			7	10	20	30	40
강재 공사	23~29	30	30	34	40	44	46
선체의 장	28~32	32	30	27.5	23	20	19
기 관 부	25~30	24	25	24	23	22.5	22
전 기 부	5~7	4	5	4.5	4	3.5	3
일 반	8~12	10	10	10	10	10	10

4. 구분별 공수(工數)의 변화

동등한 사양선의 경우 구분별 소요 공수는 선종에 따라 폭은 있지만 중대형선인 경우 대략 다음과 같은 수치에 비례한다.

표 12-7

강재 공사 공수	$(\text{Steel Weight})^{0.7}$
선체 의장 공수	$\{L(B+D)\}^{0.66}$
기 관 부 공사	$(PS_{MCO})^{0.5}$
전 기 부 공사	$L^{1.7}$

5. 기타 주요 항목에 따른$\left(\frac{선가}{DWT}\right)$의 변화

탱커의 경우 $\frac{L}{B}$, C_B 변화에 대한 선가 변화의 계산에는 다음 절에서 예를 들고 있는데 DWT 200,000 ton 급인 경우 $\left(\frac{선가}{DWT}\right)$ 변화는 $\frac{L}{B}$의 변화 0.5에 대해 약 1.3%, C_B의 변화 ±0.02에 대해 약 ±(1.3~1.5)%이다.

이상의 2, 3항을 참조하면 DWT 및 속력을 억제한 경우, 주요 치수의 선택 여하에 따라서 DWT당 선가가 몇 % 정도는 변화하기 쉽다는 것을 알 수 있다.

다음에는 주요 치수의 변화에 따른 운항 채산의 비교 계산 예를 나타냈는데 선주의 입장에서는 단순히 DWT당 선가만을 가치 판단의 기준으로 하는 것이 아니라 운항 채산에 중점을 둔 참 경제 선형의 추구가 필요한 것이다.

APPENDIX

부록 1 계획 설계 과정의 자료 응용 계산 예

부록 2 조선공학 단위의 정의와 환산

부록 3 조선 · 항해 · 해운 용어 해설

부록 1. 계획 설계 과정의 자료 응용 계산 예

선주의 요구사항을 가상하여 냉동 화물 운반선(reefer vessel)을 계산 양식에 따라 자료를 응용한 계산 예를 T. Lamb의 계산서로 소개하기로 한다.

재하중량(ton)	8500톤보다 적지 않을 것
순포장 화물 용적(capacity)	520,000 ft^3
항해 속력(kn)	18
항해 일수(days)	30
선급 협회	A.B.S. class
하역 장치	100톤×데릭 1개, 10톤×데릭 4개, 그리고 5톤×데크 크레인 8대
승조원 수	약 49명

선박은 전체 용접 구조 방식이며, 1축 디젤 기관에 냉동 화물 전용선으로서 적당한 선형과 계획 흘수에 충분한 구조 강도를 유지하고, 기관실은 중앙 기관실로 배치하여 트림 상태를 좋게 하며, 만재시에 선미 트림이 되지 않도록 계획하여야 한다. 화물창은 6개로 구분한다. 모든 의장품과 비품은 건조자의 표준 사양에 의해 선박용으로 충분하여야 한다.

제1장에서 설명한 것과 같이 그림 1-10의 초기 설계 과정을 전체 흐름의 '기초, cornerstone'이 되어야 한다. 한편, 이의 계산 과정은 그림 1-11에 나타낸 여러 가지 요소가 서로 완전히 그 목적에 도달하여야 한다.

1. Form-1은 Summary sheet의 계산서 (1)

2. Form-2는 Summary sheet의 계산서 (2)

3. Form-3은 Preliminary design의 계산서 (1)

초기 설계에서의 요구사항은 재하중량, 화물 용적, 항해 일수, 시운전 및 항해 속력 등이 된다. 경우에 따라서는 재화중량 혹은 화물 용적에 있어서 적당한 재화 계수가 중요한 매개 변수가 될 때도 있다.

표 1은 여러 가지 선형에 따른 재화 계수의 값을 나타내고 있다.

한편, 주어진 사항에 대한 선박의 치수를 결정하는 데에는 그림 1-12로부터 선형에 따라 개략값을 추정할 수 있으나, 냉동 화물 운반선에 대해서는 순냉동 화물 포장 용적에 대한 L_{BP}의 값을 나타낸 그림 6에 의해 추정하여야 한다.

$$ⓒ = 0.907 - 0.00012L + 10(K - 1.0)^2 - 0.275C_B$$

여기서, ⓒ : 저항 계수

표 1 대표적인 선박의 적부율

○일반 화물선(dry)	
중구조선(cu·ft/ton)	55 (최소)
차량 갑판 및 전통 선루선(cu·ft/ton)	80~150
○냉동 화물 운반선	
화물의 재하중량이 최대인 선박에서는 48 (cu·ft/ton), 제한된 흘수에서 작업하는 냉동 화물 운반선일 때에는 실제의 적부율은 60~130 (cu·ft/ton)의 변화를 준다.	
○벌크 운반선	
상부 현측 탱크를 포함(cu·ft/ton)	55
상부 현측 탱크를 제외(cu·ft/ton)	45
최근의 대형 벌크 운반선의 적부율은 43 (cu·ft/ton)	
○철광석 운반선(cu·ft/ton)	25
○유조선	
원유 운반선(cu·ft/ton)	44.5
정제유 운반선(cu·ft/ton)	50

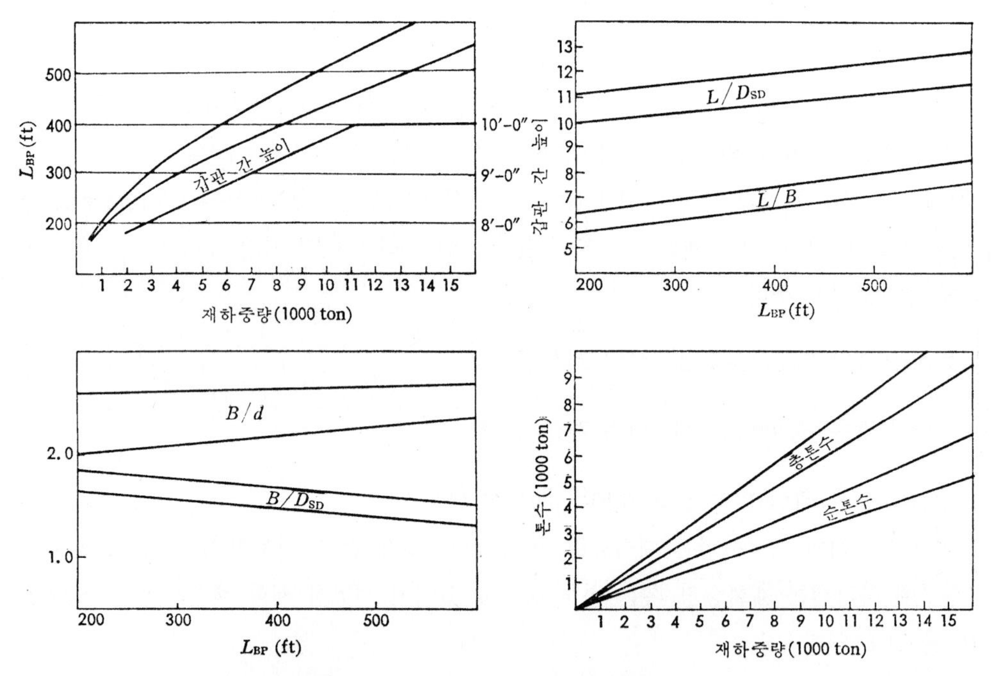

그림 1 open shelter deck선의 설계 지침

$$427.1\times\frac{\text{E.H.P.}}{V_S^3}\Delta^{\frac{2}{3}}$$

Δ : 배수 톤수(LT = 2240 lb)

K : 계수

$$C_B=\frac{V_S}{2\sqrt{L}}$$

또, 저항과 추진 장치에 대한 마력 추정에 있어서는 항해 속력에 대해 주어진 Watson의 공식에 따라 ⓒ값을 이용하여 결정할 수 있다.

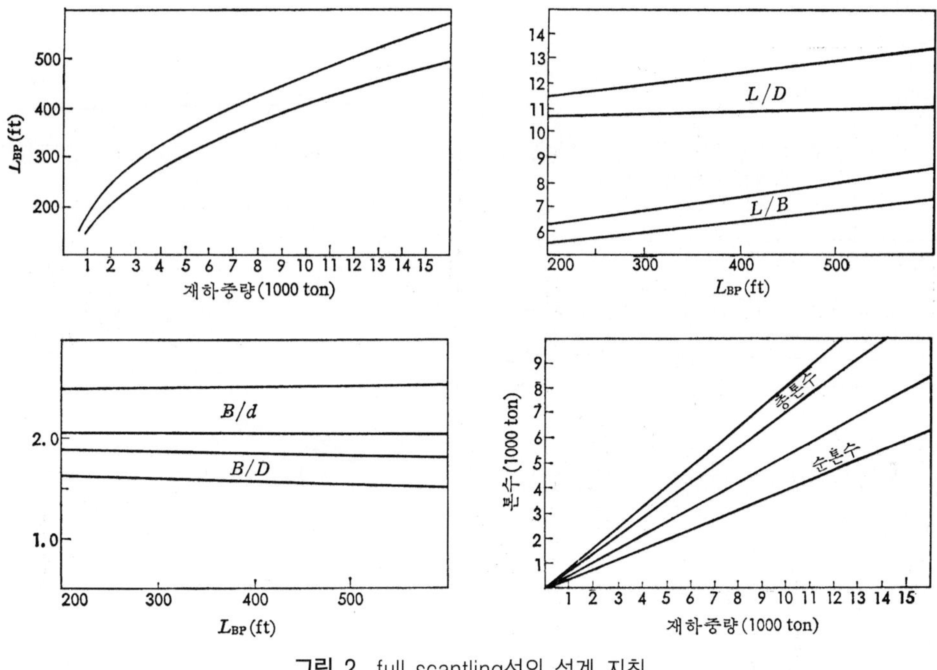

그림 2 full scantling선의 설계 지침

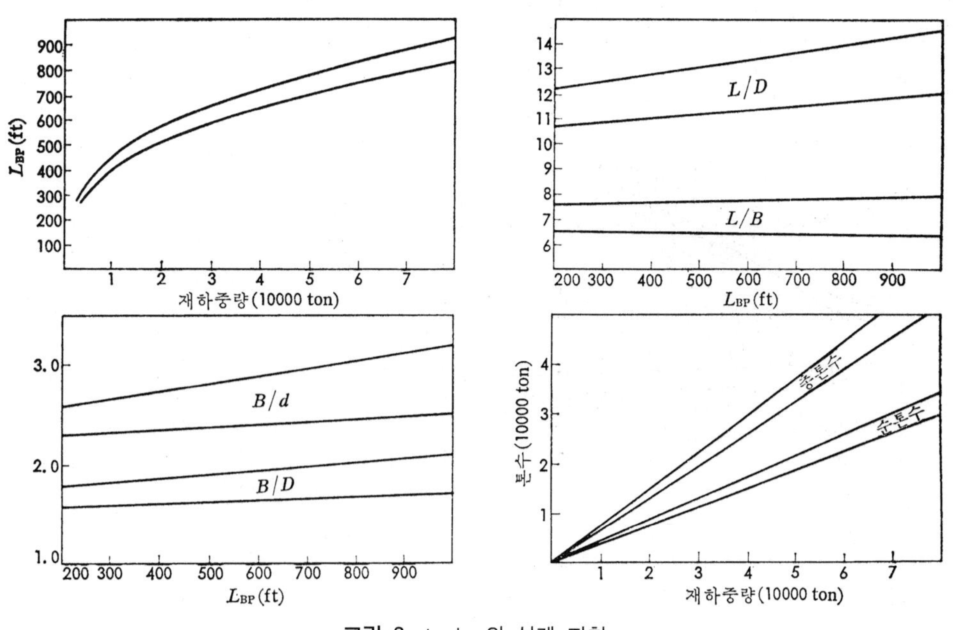

그림 3 tanker의 설계 지침

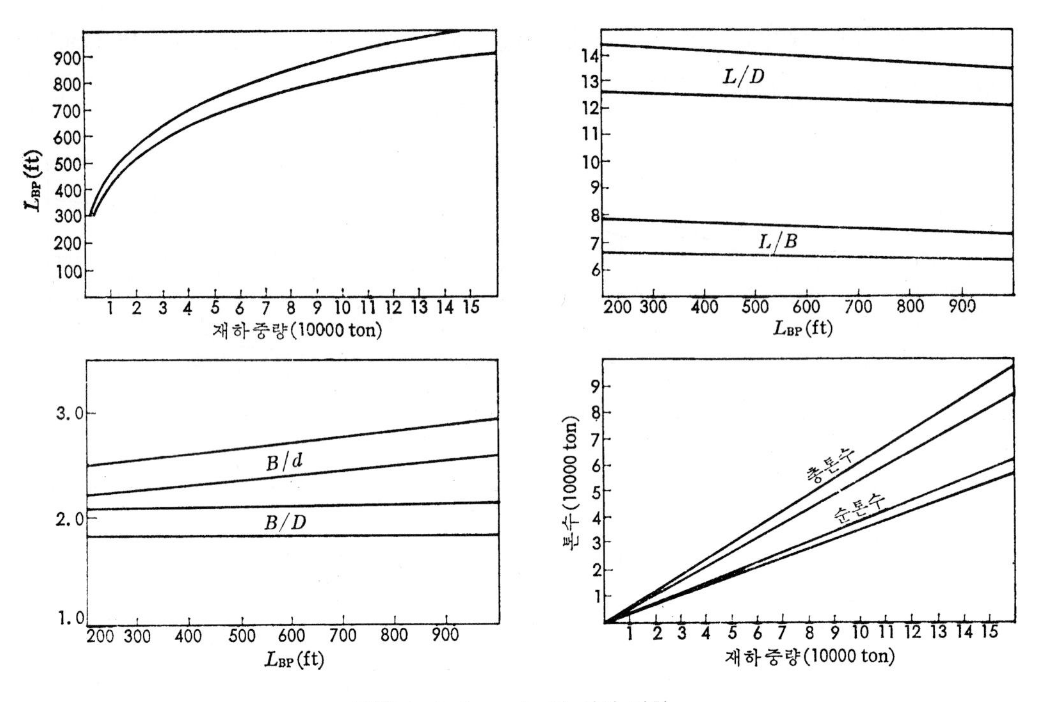

그림 4 bulk carrier의 설계 지침

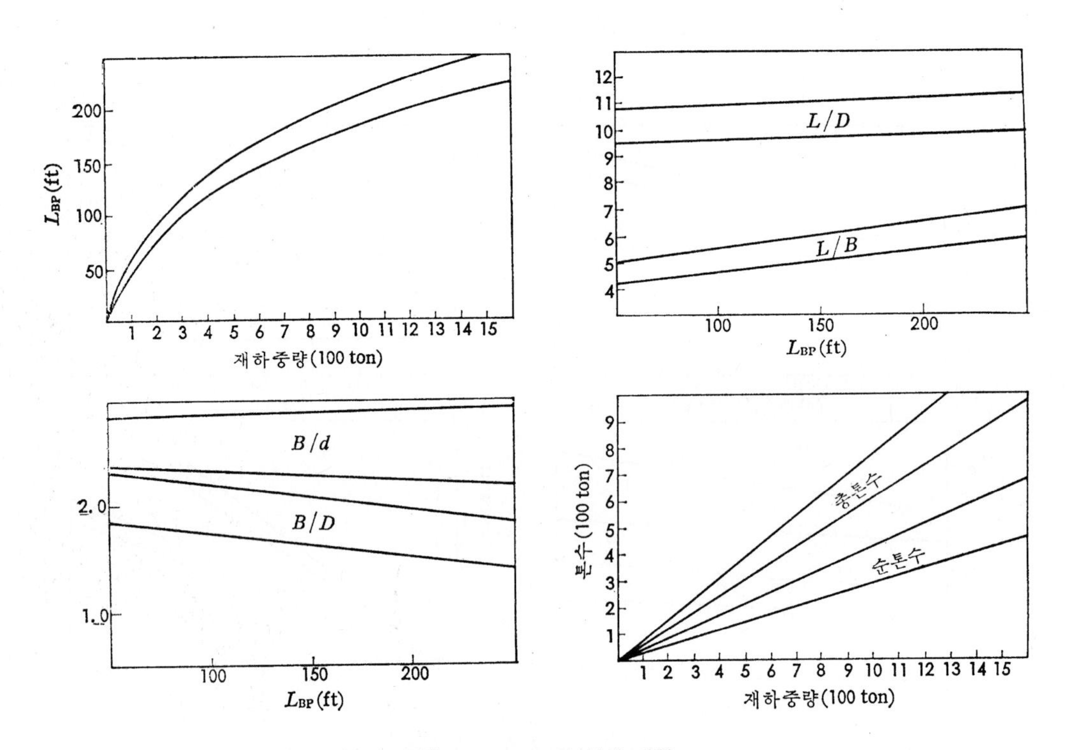

그림 5 coaster의 설계 지침

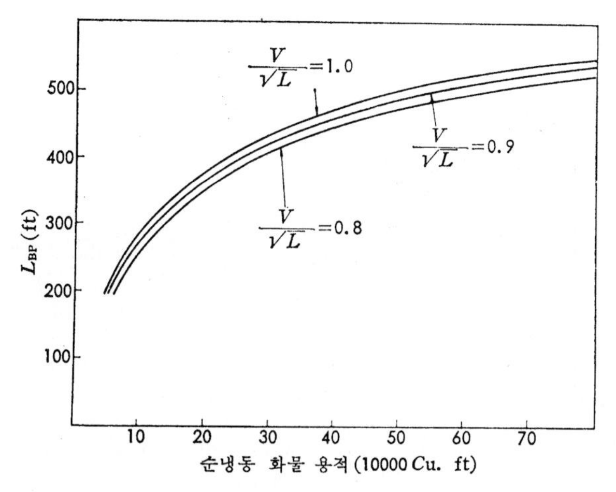

그림 6 refrigerated cargo ships의 설계 지침

그림 7에 주어진 자료로부터 구상 선수의 영향을 ⓒ값으로 추정, 공제하여 감소시킬 수 있다.

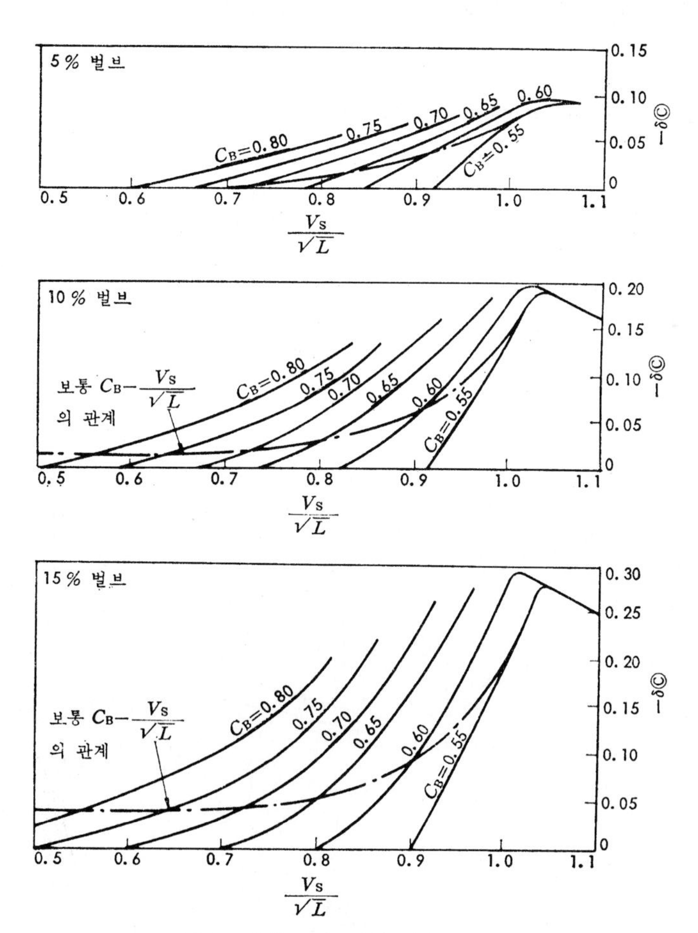

그림 7 구상 선수 저항 계수의 감소량

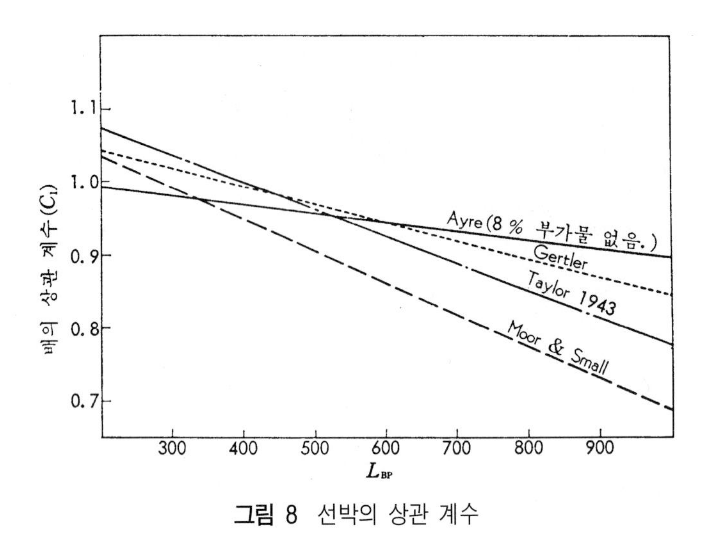

그림 8 선박의 상관 계수

그리고 E.H.P는 그림 8에 나타낸 그래프로부터 선박의 상관 계수 C_1을 이용하여 계산할 수 있다.

추진 계수 η는 1축선에서 Emerson과 Whitney에 의해 전개한 공식으로부터 추정할 수 있다.

$$\eta = 0.86 - \frac{N\sqrt{L}}{18,000}$$

이 식에서, 만일 1축선일 경우에는 2축선에 비해 추진 계수를 10% 정도 감해도 아무 영향은 없다.

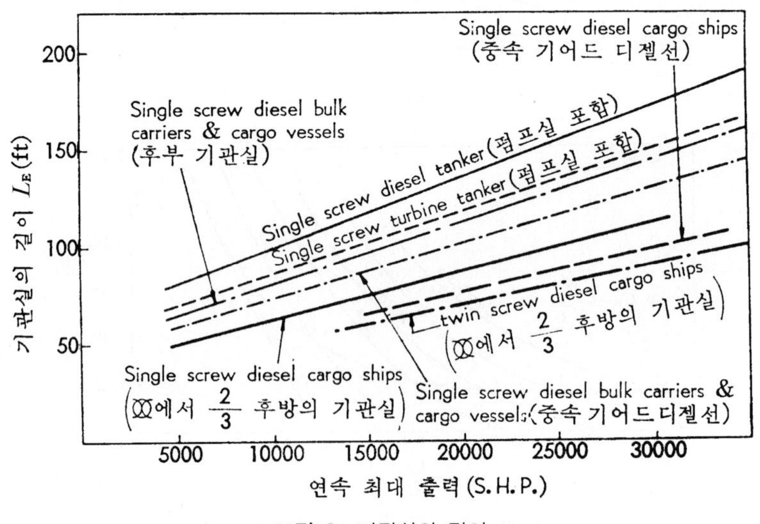

그림 9 기관실의 길이

한편, 선박의 복원력은 해상에서의 과대한 선체 운동과 손상시의 화물 및 인명에 대하여 충분히 안정되어야 한다.

복원력 한계의 최적 범위 $\frac{GM_T}{B}$는 표 2에서와 같이 선형에 따라 차이는 있다. 선박의 폭이 66 ft보다 큰 선박이 거친 해상에서 선박의 운동과의 사이의 0.05를 초과하지 않도록 $\frac{GM_T}{B}$의 값을 결정하여야 한다.

표 2 보통 GM_T/B의 범위

선 형	GM_T/B	선 형	GM_T/B
여객선	0.040~0.050	도선(ferries)	0.090~0.102
대형 화물선	0.035~0.052	연해 항로선	0.055~0.080
소형 화물선	0.040~0.055	예인선	0.060~0.080
유조선	0.060~0.092		

BM_T와 KB를 알면 여기서 KG의 위치를 추정할 수 있으며, GM_T는 표 2에 주어진 비의 값을 비교하여 폭 B에 의해 결정될 수 있는 값이다.

4. Form-4는 Preliminary design의 계산서 (2)

선박의 순강재 중량, 목재 및 의장 중량, 그리고 갑판 배관 중량의 추정에는 Lloyd의 의장수를 사용하여 추정할 수 있다. 즉,

$$\text{Lloyd 의장수} = L(B+d) + 0.85(D'-d) + 0.85\sum(l_S \times h_S) + 0.75\sum(l_d \times h_d)$$

여기서, l_S, h_S : 선루(superstructure)의 길이와 높이

l_d, h_d : 갑판실(deck house)의 길이와 높이

D' : 선박의 $0.5L$ 위치에서의 현호가 없을 때에는 $0.97D$로 한다.

선박의 특성 중 방형 계수(C_B)의 크기가 0.01의 차이가 있을 경우에는 선체의 순강재 중량 기준 비율에서 0.5%씩 방형 계수에 대한 수정을 해 주어야 한다.

그림 10에는 선종에 따라 중구조선(full scantling type)의 선박의 길이에 대한 순강재 중량 계수의 관계를 나타내었다.

만일, 구조 규정의 흘수가 되도록 계획할 경우에는 중구조선으로 결정하여 선체 순강재 중량을 수정해 줄 필요가 있다.

그림 11과 표 3에는 구조 형식의 차이에 대한 수정량을 나타내었다.

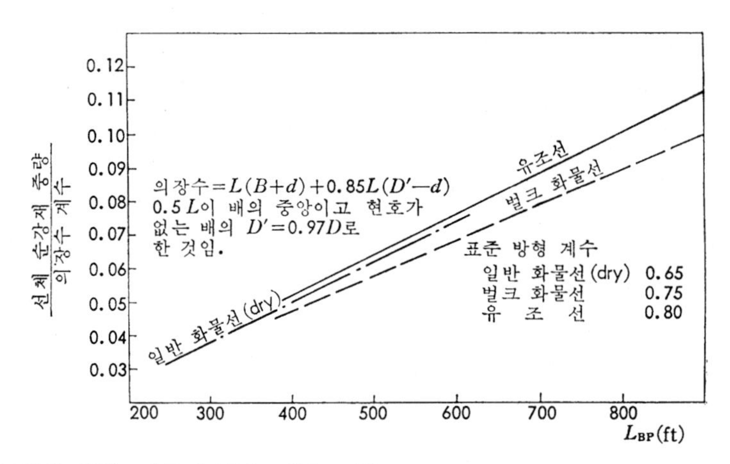

일반 화물선의 곡선 : 전용접 중구조선을 기준

유조선의 곡선 : 전용접, 평판 격벽, 7개의 중앙 탱크, 2×4개의 현측 윙 탱크, 825 L_{BP}, 3개의 종격벽이 있는 선반을 기준

벌크 화물선의 곡선 : 중량 화물의 강화가 필요 없고 빈 화물창도 없으며, 화물창 내에 호퍼 탱크가 있고, 종늑골식의 현호가 없는 배를 기준

그림 10 $\dfrac{\text{선체 순강재 중량}}{\text{의장수 계수}}$과 L_{BP}의 관계

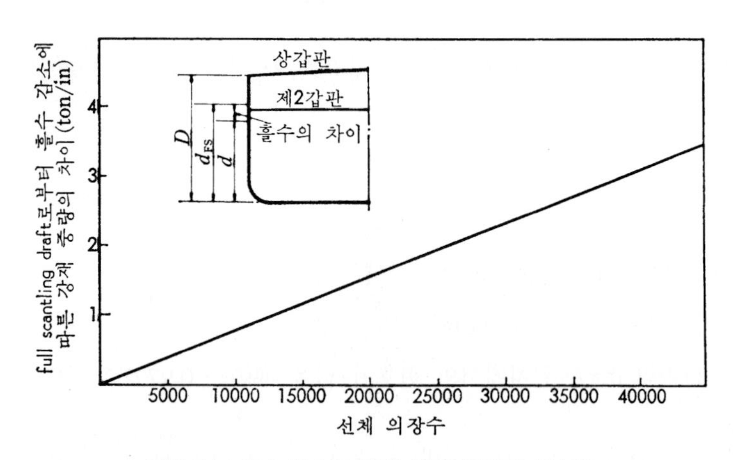

그림 11 흘수 감소로 인한 강재 중량의 감소량

(1) 수선간 길이의 근사값(approximate length)

수선간(L)의 개략값을 전항에서 구한 만재 배수량(Δ_F)을 사용,

$$L = C \cdot \Delta_F^{1/3}(\mathrm{m}) \quad \cdots\cdots (1)$$

로 나타낸 경우 대표적인 선형에 대한 실적 C값을 표 3에 나타낸다.

표 3 $C = L/\Delta_F^{1/3}$

cargo ship	$(2.9 \sim 3.1)\ (V_S/\Delta_F^{1/6})^{0.5}$
container ship	$5.8 \sim 6.1$, for $B \leqq 32.2\,\mathrm{m}$
	$4.7 + 0.03(\Delta_F/10^3)$, for $B = 32.2\,\mathrm{m}$
bulk carrier	$4.7 \sim 5.2$
tanker, ore carrier	$4.7 \sim 5.0$ or $(3.9 \sim 4.1)\ (V_S/\Delta_F^{1/6})^{0.27}$
coastal ship	$4.6 \sim 5.1$

V_S: service speed in knot

(2) 길이/폭(length/breadth)의 근사값

$\dfrac{L}{B}$의 값은 일반적으로 소형선일수록 복원성 확보면에서 $\dfrac{B}{D}$가 커지는 결과 필연적으로 작아진다. 또 대형 전용선일수록 선가에 대한 구조부 비율이 커지기 때문에 선가 · 운항 채산성에서도, 또 항만 사정 등에 의한 길이의 제약에서 $\dfrac{L}{B}$은 작은 값이 된다.

$\dfrac{L}{B}$의 L에 대한 특수한 것을 제외한 실적값 범위는 그림 12에 표시되어 있는데, 그 개략 평균값은

$$\left.\begin{array}{ll} \text{소형선} & \dfrac{L}{B} \fallingdotseq 2.0 \cdot L^{0.25} \\ \text{중형선} & \dfrac{L}{B} \fallingdotseq 6 \sim 7 \\ \text{대형 전용선} & \dfrac{L}{B} \fallingdotseq 7.85 - 0.006 \cdot L \end{array}\right\} \quad \cdots\cdots (2)$$

로 표시된다. 다만, 운하 통항 등으로 인해 B가 제한되는 대형선에서는 $\dfrac{L}{B}$이 당연히 커진다.

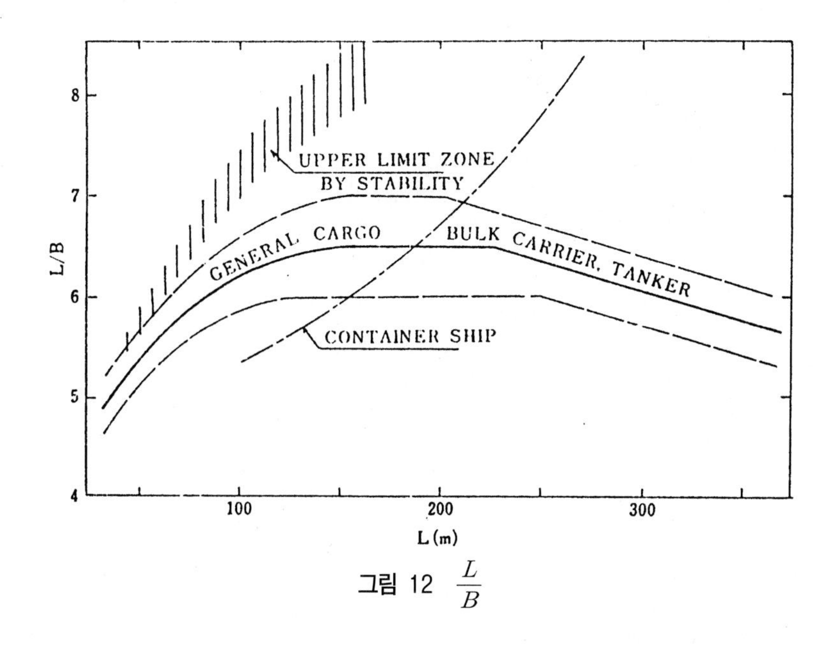

그림 12 $\dfrac{L}{B}$

근래 연료유의 상대적 앙등을 고려하면 비교적 고속인 화물선 등에서는 복원 성능상 허용되는 범위에서 $\frac{L}{B}$을 크게 취하는 것이 운항 채산상 유리하며, 선가도 선체 구조부 코스트와 기관부 코스트가 거의 상쇄되기 때문에 결국 큰 차이는 없다.

만재 출항시 최소한의 필요 GM값을 $(0.025 \cdot B + 0.20)$ m로 한 경우 KG에 대한 $\frac{L}{B}$의 한계값은 약 6.7이지만 KG가 실제 범위의 최대값인 경우는 약 6.3, 또 최소값인 경우는 약 8.0이 된다.

그림 12에는 보통 화물선의 복원 성능상 상한적 $\frac{L}{B}$의 개략 범위도 표시하고 있는데, 이것은 선체 중심위치가 최저 한도역에 있는 경우에 대한 것이다.

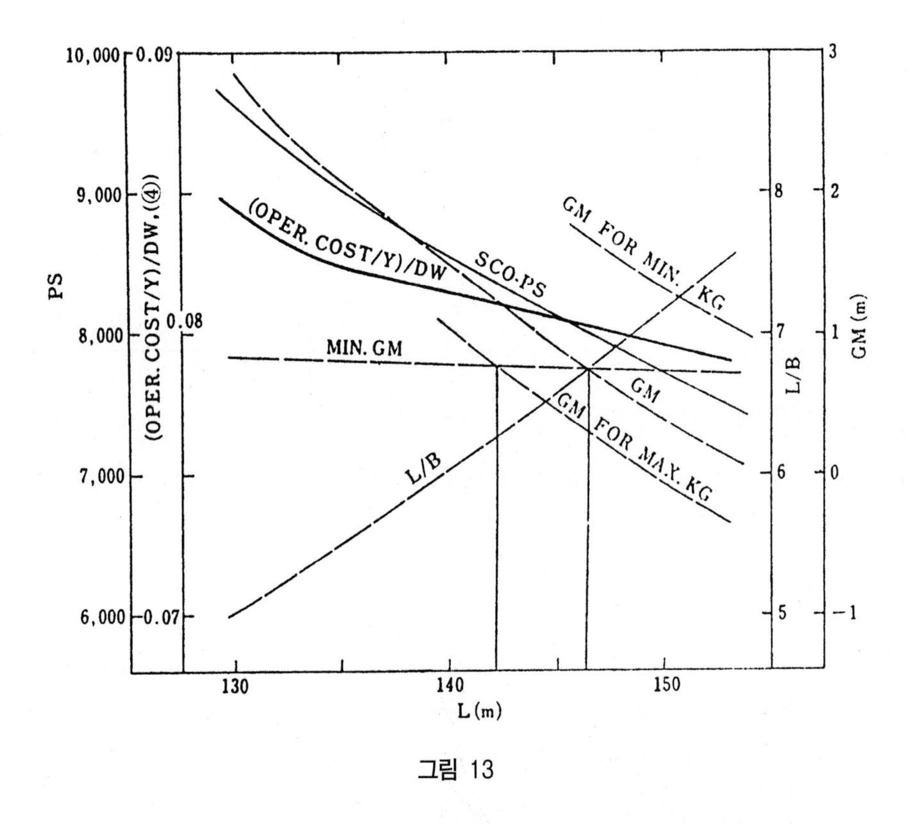

그림 13

대형 전용선인 경우 $\frac{L}{B}$은 항만 또는 건조상의 제약 등에도 따르지만 운항 채산적으로 종래의 평균 실적값보다 커지는 경향이 있다. 대형 전용선에 대한 $\frac{L}{B}$의 선가 및 채산성의 영향의 계산은 전항 C_B의 경우와 마찬가지로 계산한다.

또한 $\frac{L}{B}$의 하한값은 일반적으로 조종 성능상 C_B 및 타(舵)면적의 선정에 관련하여 결정된다(7장 조종성 참조).

(3) 폭/깊이(breadth/depth)의 근사값

최근의 일반 선형에 대한 $\frac{B}{D}$값의 실적 범위를 그림 14에 표시했다. $\frac{B}{D}$는 특히 복원 성능에 관련하고 중소형 선박에서 보다 중요한 의미를 갖는다. 특히 소형선일수록 복원성에 대한 여유가 적기 때문에 신중히 선정해야 한다.

형상에 따른 최대 흘수 혹은 이것에 가까운 흘수를 취하는 선형에 대한 $\frac{B}{D}$의 개략 평균값은

$$\left.\begin{array}{ll} \text{소형선} & \frac{B}{D} \fallingdotseq \frac{5.5}{L^{0.23}} \\ \text{중형선} & \frac{B}{D} \fallingdotseq 1.6 \sim 1.8 \\ \text{대형선} & \frac{B}{D} \fallingdotseq 1.1 + 0.003 \cdot L \end{array}\right\} \cdots\cdots (3)$$

로 표시된다. 다만, SBT 탱커인 경우 탱크 용량의 확보상 건현요구 이상으로 D를 크게 하기 때문에 위 값의 약 96%가 된다.

또 차량 갑판형(遮浪 甲板型) 소형선에서는 충분한 건현을 취할 수 있기 때문에 복원성능상 필요한 GZ값을 확보하기 쉽고, $\frac{B}{D}$의 실적값도 웰갑판형의 값보다 더욱 작아지고 있다.

벌크 운반선의 경우는 적하 이동에 대한 복원성 계산법이 규정되어 있으며 $\frac{B}{D}$의 최소값은 보통 1.65 정도이지만 갑판목재를 취하는 경우는 1.8 전후의 값을 취한다.

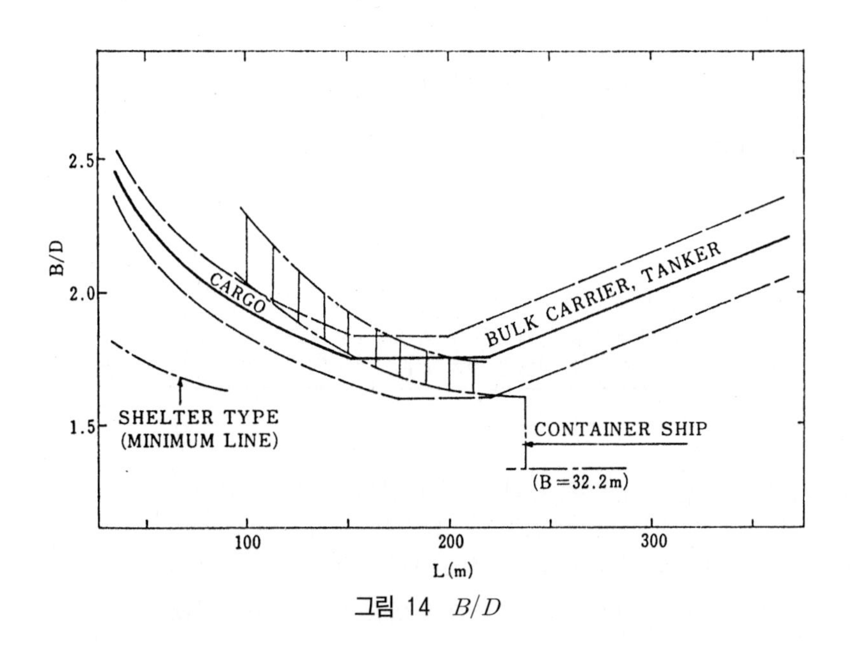

그림 14 B/D

(4) 계획 만재 흘수(designed full load draft)의 근사값

만재 흘수(d_F)는 취항 항로사정에 따라 제한 지정되는 일이 있는데, DWT에 대한 실적의 평균 근사값은 표 4와 같다.

표 4 approximte d_F

CARGO (max.) (min.)	$3.95\cdot(DW/10^3)^{0.33}$ $3.72\cdot(DW/10^3)^{0.32}$
BULK CARRIER, TANKER	$3.05\cdot(DW/10^3)^{0.35}$
COASTAL SHIP	$3.8\cdot(DW/10^3)^{0.36}$

또, 최종 설계 단계에서 격벽의 수와 갑판 층수의 차이에 따라 크게 달라지므로, 그림 12, 13, 14에 주어진 강재 중량 자료 집성표를 작성하여 특이점을 기록해 두어 새로운 설계 단계(stage)에서 그 차이가 확실하게 나타날 수 있도록 하여야 한다.

표 5 선체 순강재 중량의 수정량

항 목	수정률(%)
모든 선형	
ICE class Ⅰ 혹은 A	+8.0
ICE class Ⅱ 혹은 B	+4.0
ICE class Ⅲ 혹은 C	+2.0
일반 화물선(dry)	
화물창에 중량 화물을 격재할 때	+1.5
중량 화물을 위해 강력 갑판으로 할 때	+0.5
벌크 운반선	
고장력강(대개 25 % 강재 중량을 사용할 때)	−6.0
고장력강(대개 35 % 강재 중량을 사용할 때)	−8.0
중량 화물을 위해 강화시킬 때	+3.0
중량 화물을 위해 강화시킬 때(교반 화물창을 비울 때)	+4.0
철광석 화물을 위해 강화시킬 때	+4.0
철광석 화물을 위해 강화시킬 때(교반 화물창을 비울 때)	+5.5
유조선	
고장력강(대개 35 % 강재 중량을 사용할 때)	−8.0
부식 방지 시스템을 사용할 때	−4.0
평판 격벽의 위치에 파형 격벽을 설치할 때	−1.7

선루와 갑판실의 순강재 중량은 대략 다음과 같이 정할 수 있다.

선루(내부 보강재가 없을 때) $= 0.002 \times B \times \mathrm{EN_S}$

선루 또는 갑판실(내부 보강재가 있을 때) $= 0.0023 \times B \times (\mathrm{EN_S}$ 혹은 $\mathrm{EN_D})$

선박의 특성 중에서 방형 계수(C_B)의 크기가 0.01의 차이가 있을 경우에는 선체의 순강재 중량 기준 비율에서 0.5%씩 방형계수에 대한 수정을 해 주어야 한다.

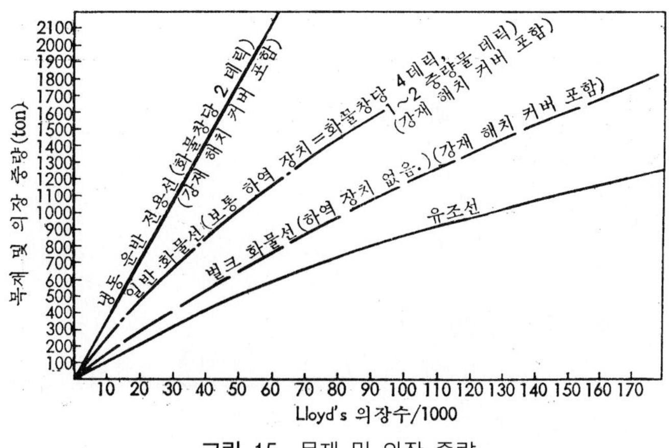

그림 15 목재 및 의장 중량

(5) 개략 경하중량(approximate light weight)의 근사값

경하중량에 대응하는 가장 근사한 주요 치수를 구하기 위해 개략 만재 배수량을 추정하여 경하중량을 상정하고 있다.

표 6 approximate Δ_L

GENERAL CARGO	$260\cdot(L\cdot B\cdot D/10^3)^{0.80}\cdot\{1+4(v_s/\sqrt{Lg}-0.20)\}$
TRAMPER, BULK CARRIER*1	$(260\sim275)\cdot(L\cdot B\cdot D/10^3)^{0.78}$
LARGE CONTAINER SHIP	$(325\sim350)\cdot(L\cdot B\cdot D/10^3)^{0.80}$, $v_s/\sqrt{Lg}\doteqdot0.27$
CAR CARRIER	$(25.5-0.067L)\cdot(L^2\cdot B/10^3)$, $v_s/\sqrt{Lg}\doteqdot0.22\sim0.25$
RO/RO CARGO SHIP	$(185\sim200)\cdot(L\cdot B\cdot D/10^3)^{0.92}$, $v_s/\sqrt{Lg}\doteqdot0.25$
MULTI-PURPOSE SHIP	$(290\sim320)\cdot(L\cdot B\cdot D/10^3)^{0.80}\cdot\{1+4(v_s/\sqrt{Lg}-0.20)\}$ *2
COASTAL CARGO SHIP	$(185\sim200)\cdot(L\cdot B\cdot D/10^3)^{0.90}$, for $L\cdot B\cdot D>4{,}000$
LARGE TANKER	$(1.0\sim1.1)\cdot(7.2-0.0015\cdot L)\cdot(L^2\cdot B/10^3)$, $+(10\sim15)\%$ for "WITH DOUBLE BOTTOM"
ORE CARRIER	$(0.90\sim0.96)\cdot(L/10)^{1.8}\cdot(B+D)$
ORE/OIL CARRIER	$(0.98\sim1.02)\cdot(L/10)^{1.8}\cdot(B+D)$
COASTAL TANKER	$(200\sim220)\cdot(L\cdot B\cdot D/10^3)^{0.90}$, for $L\cdot B\cdot D>4{,}000$ abt.+10% for "WITH DOUBLE BOTTOM"

*1 abt.+20% for OPEN BULK TYPE WITH HEAVY GEARS

(6) 계획 선체중량 추정(weight of major items)

계획 과정의 진전과 함께 순차 추정 정확도를 올려가는데, 여기서 구분이라고 하는 것은 앞에서 설명한 중량 구분에 의해 다음과 같이 나뉜다.

- 선각강재(船殼鋼材) 중량
- 선체의장 중량(전기부를 포함)
- 기관부 중량

㈎ 선각강재 중량(hull steel weight, W_S)

선각강재 중량은 중간 추정의 단계에서는 L, B 및 D만을 사용하는 방법을 취하며, 각 선형별의 개략값은 다음 표 7과 같다.

강재 중량은 특히 대형 전용선인 경우 고장력강(高張力鋼)의 사용 범위, 적용되는 선급 협회 규칙 혹은 방식장치의 유무 등에 의해 무시할 수 없을 정도로 변화하는 일이 있다. 또한 C_B가 각 선형의 평균적 수치와 상당히 다를 때에는 강재 중량은 거의 C_B에 비례하는 것으로 생각한다.

표 7 W_S

GENERAL CARGO*	$(40\sim41)\cdot L^{1.6}\cdot(B+D)\cdot C_B^{1/3}\cdot k/10^3$, $L/B \doteqdot 6.0\sim7.0$
	$k=0.97$ (SING.DK.), 1.0 (2DK.), 1.04 (3DK.)
BULK CARRIER	$(35\sim36)\cdot L^{1.6}\cdot(B+D)/10^3$
	abt. +15% for OPEN BULK TYPE
LARGE CONTAINER SHIP	$(50\sim54)\cdot L^{1.6}\cdot(B+D)\cdot C_B^{1/3}/10^3$
CAR CARRIER, RO/RO	$0.13\cdot L^{1.5}\cdot B$
COASTAL CARGO	$36\cdot L^{1.6}(B+D)/10^3$ or $110\cdot(L\cdot B\cdot D/10^3)^{0.95}$
TANKER (SBT TYPE)	$(6.1\sim6.3)\cdot(L^2\cdot B/10^3)$, H. T. STEEL for DK. & BOTTOM
	$35\cdot L^{1.6}\cdot(B+D)/10^3$, $DW<80,000$t
	abt.+(5~6)% for "WITH DOUBLE BOTTOM"
COASTAL TANKER	$38\cdot L^{1.6}\cdot(B+D)/10^3$ or $170\cdot(L\cdot B\cdot D/10^3)^{0.85}$
ORE CARRIER	$38.5\cdot L^{1.6}\cdot(B+D)/10^3$

*: WITH ORDINARY ERECTIONS

㈏ 선체의장 중량(outfit weight, W_O)

의장관계 중량 중 깊이(D)에 관련하는 항목은 비교적 적다. 여기서는 $W_O = k_O \times (L \times B)$로 하고 k_O의 개략값을 표 8에 나타낸다.

표 8 $k_O = W_O / L \cdot B$

CARGO TRAMPER	(2 DECKER)	0.30
CARGO LINER MULTI-PURPOSE	(2 DECKER)	0.40~0.45
	(3 DECKER)	0.46~0.55
BULK CARRIER	(NO GEAR)	0.16~0.18
	(WITH GEAR)	0.24~0.31
LARGE CONTAINER SHIP		0.30~0.35
CAR CARRIER		0.20~0.24
RO/RO TYPE SHIP		0.33~0.38
COASTAL CARGO SHIP		0.20~0.25
TANKER, ORE CARRIER		0.16~0.19
ORE/OIL CARRIER		0.21~0.27
COASTAL TANKER		0.26

㈐ **기관부 중량**(machinery part weight, W_M)

기관부 계산 중량은 주기의 연속 최대출력(PS_{MCO})을 기준으로 해서 표 9에 표시했는데, 특히 디젤 기관은 해마다 출력이 증가(power up)되기 때문에 표준 수치도 작아지는 경향에 있다.

또한 감속기 부착 중속 디젤을 사용할 때에는 주기 중량에 대한 수정을 요한다.

표 9 중 'CARGO TYPE'에서는 벌크 운반선, 컨테이너선 등도 포함된다.

또 컨테이너선 등에서 2축 이상의 경우 합계 출력을 사용하여, 계수는 표 9에 표시된 값의 약 70%이다.

표 9 W_M / PS_{MCO}

DIESEL, CARGO TYPE (AFT-ENG.)		0.066~0.075
	$MCO < 5{,}000\,PS$	0.065~0.070
	$MCO < 2{,}000\,PS$	0.045
TANKER	DIESEL	0.070~0.080
	TURBINE	0.055
SMALL TANKER	$MCO < 2{,}500\,PS$	0.055

선 형	Dry cargo, open/closed shelter deck
배의 치수	445′-0″ L_{BP}×62′-9″ 형폭 ×41′-3″ 형심, 흘수=29′-0″, C_B=0.68
구조 형식	상갑판과 제 2 갑판을 갖추고, 선저는 종늑골식의 전용접선, 그리고 갑판은 횡늑골식 구조 Scantling draft ; 30 ft

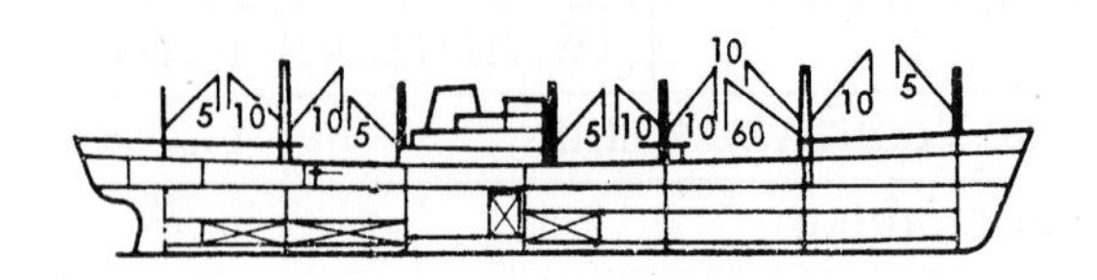

선체 중량의 분석

항 목	비율(%)	톤	톤
외판	26	691	
상갑판	12	319	
제 2 갑판	9	239	
제 3 갑판	6	159	
선저 늑골	7	186	
현측 늑골	7	186	
기관실 외측의 탱크 상부	4	108	2,660
기관실 상판	4	108	
횡수밀 격벽	5	133	
터널 상부와 현측 탱크	1	26	
심수 탱크, 화물 및 연료유	2	52	
화물 창구와 창구 비임	3	80	
기타	14	373	

나머지 중량의 해석

항 목	톤	톤
선미루 : A.P.로부터의 길이= 90 ft, 갑판 간 높이=9 ft	80	
선수루 : F.P.로부터의 길이=105 ft, 갑판 간 높이=9 ft	100	
갑판실	150	415
마스트	80	
mast house	5	
합계 순강재 중량		3,075

기타 자료

항목	내용	높이	중량
마스트(1)	1×60 톤 및 4×10 톤 데릭 포함	높이=60 ft	28 톤
마스트(2)	4×10 톤 데릭 포함	높이=60 ft	12 톤
선수 격벽	평판식에 방요재 포함		7.5 톤
중앙 화물창 격벽	평판식에 방요재 포함		18.5 톤
선미창 전단 격벽	평판식에 방요재 포함		5.25 톤
삼손 포스트	2×6 톤 데릭 포함	높이=40 ft	4 톤

⊠으로부터 강재 중량의 L.C.G.	14.40 ft A	기선상 강재 중량의 V.C.G.	26.60 ft

그림 16 강재 중량 계산 자료(1)

선　　형	Single screw turbine tanker
배의 치수	715′-0″ L_{BP}×103′-0″ 형폭×51′-6″ 형심, 흘수=38′-10$\frac{3''}{8}$, C_B=0.78
구조 형식	전용접 종늑골식 구조, 고장력강의 재료는 아님. 부식 제어 시스템은 아님. Scantling draft : 40 ft

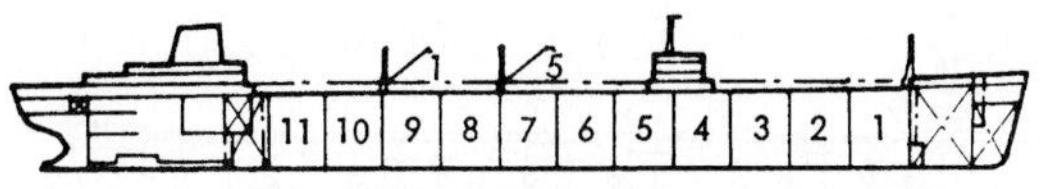

선체 중량의 분석

항　　목	비율(%)	톤	톤
외판	27	2,841	10,524
상갑판(비임 포함)	16	1,684	
횡격벽	14	1,495	
종격벽	6.5	685	
전방의 심수 탱크 및 격벽	0.5	33	
연료유 현측 탱크	1	115	
보일러실 및 펌프실 격벽	0.5	64	
선저 늑골	8	842	
현측 늑골	11	1,158	
전방(선수부) 늑골	2.5	263	
심수 탱크 내의 늑골	1.5	158	
기관실 이중저	2.5	263	
만곡부 용골	—	11	
기타	9.0	912	

나머지 중량의 분석

항목	톤	톤
선미루 : A.P.로부터의 길이=146 ft, 갑판 간 높이=8′-6″	248	826
선수루 : F.P.로부터의 길이= 80 ft, 갑판 간 높이=8′-6″	113	
선교루 : 길이= 50 ft, 갑판 간 높이=8′-6″	110	
선미의 갑판실	184	
선체 중앙의 갑판실	128	
좁은 통로	19	
Radar 마스트 : (stayed 형식)	1	
전방(선수부) 마스트 : (강관 조립형)	3	
킹 포스트	20	
합계 순강재 중량		11,350

기타 자료

항목	내용	길이	중량
킹 포스트(1)	1×5톤 데릭 포함,	길이=42 ft	6톤
킹 포스트(2)	1×1톤 데릭 포함,	길이=42 ft	4톤
선수 격벽 :	평판식에 방요재 포함		35톤
중앙 화물창 격벽 :	평판식에 방요재 포함		120톤
선미창 전단 격벽 :	평판식에 방요재 포함		13톤
⊗으로부터 순강재 중량의 L.C.G.	10.40 ft. A	기선상 순강재 중량의 V.C.G.	32.20 ft

그림 17 강재 중량 계산 자료(2)

선형	Single Screw Diesel Bulk Carrier
배의 치수	740′-0″ L_{BP}×103′-9″ 형폭×56′-0″ 형심, 흘수=38′-6″, C_B=0.79
구조 형식	전용접, 선저는 종늑골식 구조, 상갑판 아래 현측 탱크, 나머지는 횡늑골식 구조 Scantling draft : 39 ft(중량 화물은 싣지 않음.)

선체 중량의 분석

항 목	비율(%)	톤	톤
외판	26	2,533	
상갑판(비임 포함)	13	1,266	
상갑판(현측 탱크 포함)	7	682	
창구 코밍	4	390	
선저 늑골	10	974	9,741
탱크 톱	9	877	
현측 늑골	6	584	
횡격벽	13	1,266	
기타	12	1,169	

나머지 중량의 분석

항 목	톤	톤
선미루 : A.P.로부터의 길이=129 ft, 갑판 간 높이=8′-6″	222	
선수루 : F.P.로부터의 길이=62.6 ft, 갑판 간 높이=10′-6″	112	
갑판실	239	577
Radar 마스트 : (Pole stayed) 높이=24 ft	1	
전방(선수부) 마스트 : (강판 조립형) 높이=48 ft	3	
합계 순강재 중량		10,318

기타 자료

항 목	중량
선수 격벽 : 평판식에 방요재 포함	32 톤
중앙 화물창 격벽 : 수직 파형 격벽	138 톤
선미창 전단 격벽 : 평판식에 방요재 포함	15 톤
강재 수밀 창구 덮개(single pull형), 9 개×(35 ft×50 ft 폭)	270 톤

⊗으로부터 순강재 중량의 L.C.G.	2.0 ft A	기선상 순강재 중량의 V.C.G.	34.70 ft

그림 18 강재 중량 계산 자료(3)

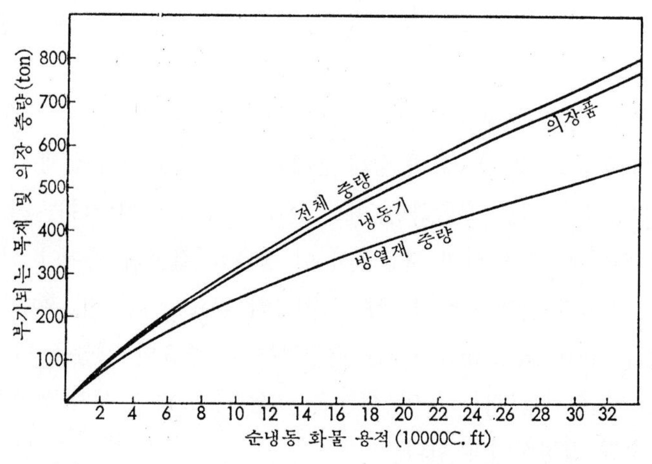

그림 16 냉동 화물창에 대해 부가되는 목재 및 의장품 중량

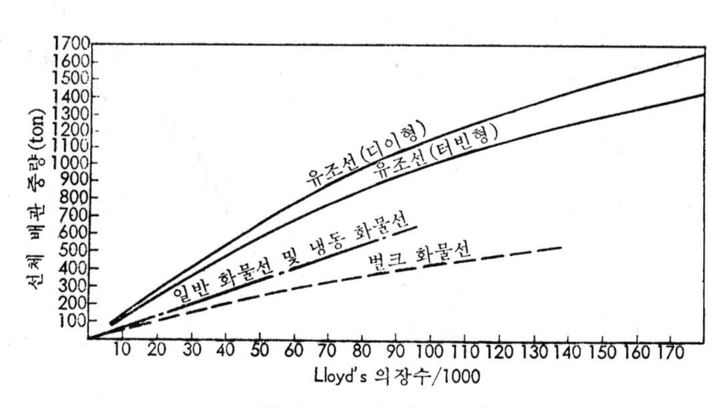

그림 17 선체 배관 중량

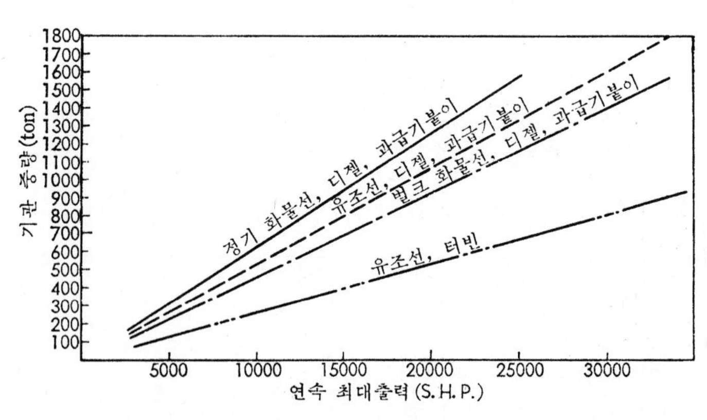

이 그림은 single screw를 장치한 배이다.
twin screw를 장치한 동일 회전수에서는 single screw선보다 5~10% 증가,
중속 디젤 기관을 장치한 배에서는 25% 감소

그림 18 기관 중량

또한, 거친 바다에서 배는 횡동요(roll), 종동요(pitch), 좌우 동요(sway), 상하 동요(heave), 선수 동요(yaw), 그리고 전후 동요(surge)를 하게 된다. 이러한 운동들은 둘 혹은 그 이상이 같이 운동하는 것으로 알고 있지만, 보통은 독립적인 것으로 생각하고 있다. 배에 있어서 현저한 점은 횡동요와 종동요 및 횡동요와 상하 동요가 결합하면 최대 선체 운동이 일어나게 되며, 종동요와 상하 동요가 서로 결합하면 최소 선체 운동이 일어난다는 사실이다. 그러므로, 초기 설계 계산에 있어서 항상 설계 자료로서 이 상태를 결정해 두어야 한다.

보통 상선에서는 마지막 단계에서 이 검토를 시도할 필요는 없지만, 흥미 있는 것은 핵연료 추진 선박에 있어서 리액터(reactor) 위치를 결정하는 데 중요한 영향을 끼치게 된다. 그러므로, 중요한 것은 초기 설계를 하는 동안 횡동요, 종동요, 그리고 상하 동요의 특성이 최소가 되도록 선박의 치수를 결정하여야 한다.

치수 변화의 영향을 검토하는 방법으로, 다른 식으로부터 선체 운동의 고유 주기를 결정할 수 있다.

[횡동요의 고유 주기]

$$T_R = 2\pi \times \left[\frac{m(k_T)^2}{\Delta GM_T}\right]^{\frac{1}{2}} = 2\pi \times \left[\left(\frac{k_T}{B}\right)^2 \times \frac{B^2}{gGM_T}\right]^{\frac{1}{2}}$$

$$T_R = 1.108 \times \left[\left(\frac{kT}{B}\right)^2 \times \frac{B^2}{GM_T}\right]^{\frac{1}{2}}$$

Kafus의 수정식을 사용하여

$$\left(\frac{k_T}{B}\right)^2 = 0.13 \times \left[C_B \times (C_B + 0.2) - 1.1 \times (C_B + 0.2) \times (1.0 - C_B) \times \left(2.2 - \frac{D}{d}\right) + \frac{D^2}{B^2}\right]$$

이 두 식으로부터 횡동요의 고유 주기는 다음과 같이 나타낼 수 있다.

$$T_R = 1.108 \times \left\{\frac{0.13 \times \left[C_B(C_B + 0.2) - 1.1(C_B + 0.2) \times \left(2.2 - \frac{D}{d}\right)(1.0 - C_B) + \frac{D^2}{B^2}\right] \times B^2}{GM_T}\right\}^{\frac{1}{2}}$$

• 횡동요 주기(rolling period)의 근사식 :

횡동요 주기(T_ϕ)는 GM이 보통 값인 경우

$$T_\phi \fallingdotseq 2.0 \times \frac{K}{\sqrt{GM}} \text{(sec)} \quad \cdots\cdots (4)$$

여기서, K : 환동(環動)반경(m)

K값으로 보통 상선에 대한 근사식은

$$\left(\frac{K}{B}\right)^2 = 0.125\times\left(\frac{H}{B}\right)^2 + 0.020\times\frac{H}{d_F}\left(1+3.7\times\frac{d_F - d}{d_F}\right) + 0.027 \quad \cdots\cdots (5)$$

여기서, $H = D + \frac{1}{L}\Sigma$(선루 · 갑판실의 측면적)(m)

d_F : 만재 흘수(m)

d : 임의 흘수(m)

[종동요의 고유 주기]

$$T_{\mathrm{P}} = 2\pi\times\left[\frac{mk_{\mathrm{L}}^2(1+c)}{\rho g I_{\mathrm{L}}}\right]^{1/2}$$

여기서, $m \fallingdotseq LBdC_{BO}$

$k_{\mathrm{L}} \fallingdotseq 0.24L$

$(1+c) \fallingdotseq \left(0.6+0.36\times\frac{B}{d}\right)$

$I_{\mathrm{L}} \fallingdotseq 0.0735\times A^2\times\frac{L}{B}$

앞의 식에 대입하면

$$T_{\mathrm{P}} = 0.98\times\left[\frac{dC_{\mathrm{B}}\times\left(0.6+0.36\times\frac{B}{d}\right)}{C_{\mathrm{W}}{}^2}\right]^{1/2}$$

- 종동요 주기(T_θ-sec)의 근사식 :

① Tamiya의 식

$$2.01\times\left\{(0.77\times C_{\mathrm{B}}+0.26)\left(0.92+0.44\times\frac{B}{D}\right)\times d\right\}^{1/2}$$

② Tasa의 식

$$29.1\times\left\{\left(1+0.83\times\frac{B}{2d}\times C_{\mathrm{P}}{}^2\right)\times C_{\mathrm{B}}\times\frac{d}{(5.55C_W+1)^3}\right\}^{1/2} \quad \cdots\cdots (6)$$

③ Lewis의 식(변형) $3.04(d\times C_{\mathrm{B}})^{1/2}$

실험식의 고유 주기값으로 정의된다.

[상하 동요의 고유 주기]

$$T_{\mathrm{H}} = 2\pi \times \left(\frac{mC_{\mathrm{VM}}}{\rho g A} \right)^{\frac{1}{2}}$$

여기서, $C_{\mathrm{VM}} \fallingdotseq \left(\frac{1}{3} \times \frac{B}{d} + 1.2 \right)$

C_{Vm}을 T_{H}의 식에 대입하면,

$$T_{\mathrm{H}} = 1.108 \times \left[\frac{dC_{\mathrm{B}}\left(\frac{B}{3d} + 1.2 \right)}{C_{\mathrm{W}}} \right]^{\frac{1}{2}}$$

• 상하 동요 주기(T_H-sec)의 근사식 :

$$\left.\begin{array}{ll} \text{① Tasa의 식} & 2.01 \times \left\{ \left(\frac{C_{\mathrm{B}}}{C_{\mathrm{W}}} + 0.4 \times \frac{B}{d} C_{\mathrm{B}} \right) \times d \right\} \\ \text{② Lewis의 식} & 2.7 \times \left\{ \frac{d}{\left(\frac{C_{\mathrm{B}}}{C_{\mathrm{W}}} \right)} \right\}^{1/2} \end{array}\right\} \cdots\cdots (7)$$

선택한 파장의 조우 주기(遭遇 周期, the period of encounter)는 종동요와 상하 동요의 고유 주기를 구분하여 유도하여 동조율(tuning factor)이 결정된다.

파장은 조우 주기를 사용한 비(比)로서, 배가 지나친 선체 운동이나 속력에 큰 손실 없이 정수(靜水) 상태에서의 항해에 필요한 값이 된다.

그러므로, 선체 운동에 있어 복합 운동(coupled motion)의 불안을 방지하기 위하여 $\frac{T_{\mathrm{R}}}{T_{\mathrm{P}}}$과 $\frac{T_{\mathrm{R}}}{T_{\mathrm{H}}}$의 비가 2.0의 값에 근사하든지 같지 않아야 하며, $\frac{T_{\mathrm{P}}}{T_{\mathrm{H}}}$의 비 역시 1.0과 같지 않아야 한다.

5. Form-5는 Type-B freeboard의 계산서

배의 치수 L, B, D를 조합하여 계산서 5를 이용하여 type-B 혹은 type-A의 선박으로 구분하여 건현을 결정하며, 이때 주의해야 할 것은 현호(sheer)와 캠버 그리고 선루를 결정하여야 한다. 여기서 현호는 가정에 의해 계산되는 가침장 길이 계산에 있어서 $\frac{\text{건현}}{\text{깊이}}$의 비가 0.18에서 0.38의 범위 사이에서 직접 변하게 되므로, $\frac{\text{현호}}{\text{깊이}}$의 비가 선박의 중앙에서 앞부분은 0.16에서 0.30, 그리고 뒷부분은 0.08에서 0.15 사이에서 직접 변하게 된다. 건현 계산은 흘수를 추정하는 것보다는 $\frac{\text{흘수}}{\text{깊이}}$의 비를 기초로 하여 추정하는 것이 보다 좋은 값을 얻을 수 있으며, 어떤 치수와의 관계에서 변화에 대한 영향은 제9장에서 설명한 것과 같이 즉시 계산해 두어야 한다.

최소 건현은 만재 상태의 배수량을 기준으로 하여야 하므로, 형 배수량에 외판, 순양함형 선미 형상과 기타 부가물의 배수량은 형 배수량에 대해 선형과 배의 크기에 따라 0.3~0.8% 더해 주어야 한다.

한편, 이 계산은 1966년 국제 만재 흘수선 구조 규정에 의한다.

6. Form-6은 preliminary propulsion의 계산서

6장에서 설명한 여러 가지 식의 저항 계산에 의해 최적의 값을 추정하는데, 그림 8에 나타낸 Taylor의 표준선 자료를 Gerflers가 재차 해석한 상관 계수의 값을 사용하여 배의 시운전 상태 E.H.P.를 계산할 수 있고, 또한 기후와 더러운 선체의 항해 상태에 대한 여유를 주어 기관 마력 추정에도 응용할 수가 있다.

7. Form-7은 Propeller performance와 propulsion의 계산서

프로펠러의 성능은, 즉 어떤 상태에서 검토된 추진 기관은 배의 속력 범위에 의해 유도된 E.H.P.의 값이 된다.

표 10 프로펠러와 선체와의 간격

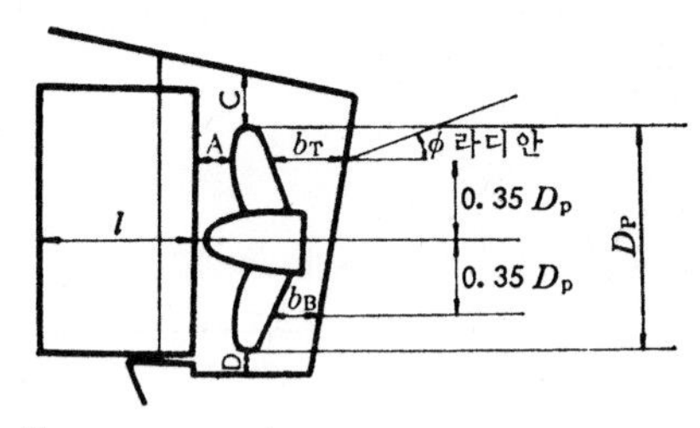

(a) Single screw-propeller aperture clearances

	A	b	C	D
Ayre	0. 08 D_P	—	—	—
Allen	0. 08~0. 15 D_P	0. 20 D_P	0. 08~0. 10 D_P	0. 02~0. 03 D_P
van Aken	0. 10 D_P	0. 15 D_P	0. 08 D_P	0. 03~0. 04 D_P
Bunyan	0. 08 D_P	0. 15 D_P	0. 10 D_P	0. 03 D_P
Norske Veritas	0. 72 tD_P/l	$D_P(1+\phi)K_T$	0. 10 D_P	0. 035 D_P
	0. 08~0. 15 D_P	0. 15 D_P 최소	아래 식 참조	—
European Tank	0. 165 D_P	b_T=0. 265 D_P b_B=0. 20 D_P	0. 17 D_P	0. 05 D_P

Norske veritas, $C=D_P\left[5.25\sqrt[3]{\frac{DHP\times N}{V_S LBdZ(ZN+500)}}-0.04\right]$ ∴ Z=프로펠러의 날개수

(b) Twin screw-propeller tip clearance

Todd : 0. 08L−5. 0 in

Norske Veritas : $D_P\left[5.91\sqrt[3]{\frac{DHP.\times N}{V_S LBdZ(ZN+500)}}-0.04\right]$ 혹은 $0.304\sqrt{L}-0.36$ 중에서 큰 값

이것은 E.H.P.가 가능한 한 $\eta_0 \times \left(\frac{B_P}{\delta}\right)^2$ 계수에 관계하여야 하며, 다음과 같이 나타낼 수 있다.

$$\eta_0 \times \left(\frac{B_P}{\delta}\right)^2 = \frac{(\text{E.H.P.})_{\text{SHIP}}}{\rho(D_P)^2(1-t)(1-w)^2V^3}$$

그러므로, 이 계수값은 프로펠러 성능 도표의 δ와 프로펠러 단독 효율 η_0의 값에 의해 결정된다. 또 선속에 있어서 배의 프로펠러에 전달된 D.H.P.와 프로펠러의 회전수, 그리고 회전 방향에 의해 정해진다.

프로펠러와 선체와의 간격에 대한 영향은 10장에서 자세히 설명하였지만, 선도에 의해 결정된 선미끝 부분에서의 런(run) 각도에 따라 결정될 수 있다.

프로펠러의 팁 간격과 선미재에 대한 선체 진동의 문제를 고려한 치수 결정의 예를 소개하였다.

8. Form-8은 Ship vibration의 계산서

배의 진동 문제는 설계 단계에서 고려해 주어야 한다. 만일 그렇지 않으면 시운전 및 항해 상태에 있어서 중대한 진동 문제가 발생되므로, 배의 구조 형식, 기관 및 프로펠러를 막대한 경비를 들여 변경해야 할 필요가 생기기 때문이다. 설계 초기 단계에 선체 고유 진동수의 불충분한 자료는 불행을 초래하게 될 것이다.

표 11 연직 관성 모멘트 계수(Inertias in ins^2ft^2)

선　　　형	$C_V = I_V/BD_E^3$
유조선	0.230
차량 갑판선(open)	0.170
중구조선	0.205
보통 벌크 운반선	0.190
벌크 화물선(분리 화물창에 철광석 겸용)	0.220
철광석 운반선	0.210
정기 여객선	0.160
소형 여객선 및 도선	0.130

그러므로, 고유 진동수의 추정은 경험식을 사용할 필요가 있다. Form-8은 설계시의 진동 특성을 검토하는 방법으로 쓰여지고 있는 계산서이다.

여기서 $\left(\frac{I}{\Delta_1 L^3}\right)^{\frac{1}{2}}$, 계수는 선체의 2절 수직 진동수(2-node vertical frequency) 추정에 이용되는 기본 계수이다.

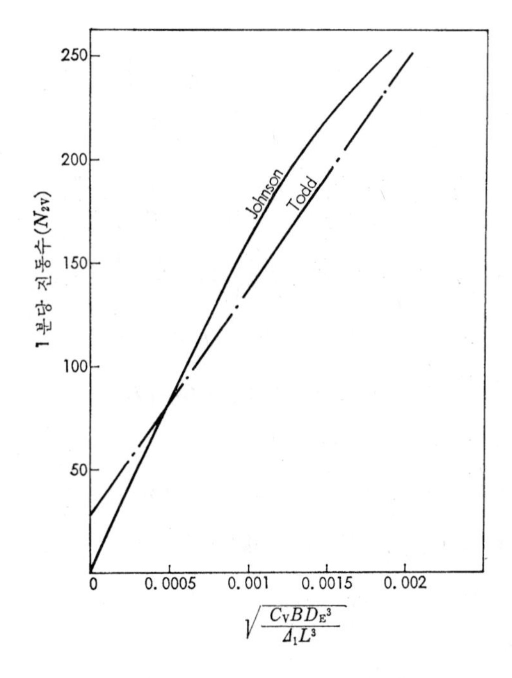

그림 19 선체 2절 수직 진동수

설계 단계에서 선체 중앙 횡단면 형상에 대한 연직 관성 모멘트 계수는 알 수 없기 때문에 표 11에 나타낸 계수를 이용하면 된다.

폭과 깊이를 이용한 $I_V = C_V B_e I_V D_E^3$의 식에서 C_V는 수직 관성 모멘트 계수가 되며, D_E는 Todd에 의해 제안된 선루 계산에 주어진 깊이의 수정값이 된다.

한편, Δ_1은 선체 중량(weight)이 되며 물을 실은 상태의 중량이 된다.

2절 수직 진동수는 그림 19에 나타낸 것과 같이 $\left(\frac{I_V}{\Delta_1 L^3}\right)^{\frac{1}{2}}$을 기선으로 한 진동수의 크기를 Todd에 의해 주어진 자료를 소개하였다.

9. Form-9는 Development of body plan의 계산서

일반 배치도는 용적 계산과 초기 강재 배치도 작성에 필요한 도면이며, 이의 개략 배치는 격벽, 갑판, 기관실, 그리고 상세한 현호 및 선루와 갑판실의 잠정적인 위치를 나타낸 도면이 되며, 선도 작성시에 대단히 필요한 도면이기도 하다.

10. Form-10은 Cargo handling-capacity balance의 계산서

설계 단계에서 요구되는 모든 사항을 만족스럽게 추정할 수 있고, 유조선을 제외한 모든 선형의 기능과 목적에 접근시킬 수 있는 계산 방법을 다음에 열거하기로 한다.

[화물창 용적]

화물창 용적 = (선체의 총 용적 − 선수미 끝의 용적 − 이중저 탱크의 용적− 기관실의 용적) × 용적 계수

선체의 총 용적 $= L \times B \times \left[D + \frac{S_F + S_A}{6} + \frac{2}{3} \times C_R\right] \times C_B \times K_1$

선수미 끝(peak)의 용적 $= l_P \times B \times \left(D + \frac{S_F + S_A}{2}\right) \times C_B \times K_2$

이중저 탱크의 용적 $= (L - l_P) \times B \times D_{tt} \times C_B \times K_3$

기관실의 용적 $= l_{er} \times B \times (D_{er} - D_{tt}) \times C_B \times K_4$

축로부의 용적 $= l_t \times b_t \times (D_t - D_{tt})$

이중저와 축로 상부 사이의 용적 $= l_t \times B \times (D_t - D_{tt}) \times C_B \times K_5$

벌크 화물선의 이중저 위 호퍼 탱크의 용적 $= l_{lht} \times b_{lht} \times h_{lht} \times C_B \times K_6$

벌크 화물선의 상부 갑판 아래 현측 탱크의 용적 $= l_{uwt} \times b_{uwt} \times h_{uwt} \times C_B \times K_7$

여기서, S_F : 선수부 현호

S_A : 선미부 현호

C_R : 연속된 갑판에서의 최대 캠버

K_1 : 선체 용적 계수

l_P : 선수미창의 합계 길이

K_2 : 선수미 끝의 용적 계수

D_{tt} : 이중저 탱크의 길이

K_3 : 이중저 탱크의 용적 계수

l_{er} : 기관실의 길이

D_{er} : 기관실 상부까지의 길이

K_4 : 기관실의 용적 계수

l_t : 축로부의 길이

D_t : 축로 상부까지의 길이

b_t : 축로부의 폭

K_5 : 축로부의 용적 계수

l_{lht} : 호퍼 탱크의 길이

b_{lht} : 호퍼 탱크 1개의 폭

h_{lht} : 호퍼 탱크 상부까지의 높이

l_{uwt} : 상부 윙 탱크의 길이

b_{uwt} : 상부 윙 탱크 1개의 폭

h_{uwt} : 갑판 아래 상부 윙 탱크의 높이
K_6 : 하부 호퍼 탱크의 용적 계수
K_7 : 상부 윙 탱크의 용적 계수

유조선에 있어서의 화물유 탱크 용적의 계산식으로는 다음과 같이 하면 만족스런 값을 추정할 수 있다.

$$\text{유조선의 화물유 탱크 용적} = (C_B - 0.005) \times L \times B \times D - 0.65 l_{er} \times B \times D$$

앞의 계수 $K_1 \sim K_7$의 값은 총 용적 계수로서 표 12로부터 얻을 수 있다.

[하역 장치 및 용적의 균형]

설계자와 선주 사이에 의견 차이는 있지만 $\frac{\text{하역 장치}}{\text{화물 용적}}$의 균형, 즉 하역 능력(port speed) 계산에 필요하므로 설계시에 검토해야 한다.

대부분의 선주들은 과거의 경험으로부터 하역 장치와 선체의 구조 형식을 항해 상태에 따라 화물과 분리시키기 때문에 $\frac{\text{하역 장치}}{\text{화물 용적}}$의 배치는 불균형하게 계획되고 있다.

그러므로, 선박설계자들은 하역 장치에 대해 사전에 선주의 요구사항에 대한 충분한 협의를 해 둘 필요가 있으며, 또 $\frac{\text{하역 장치}}{\text{화물 용적}}$를 균형시키도록 계획되어야 한다.

표 12 용적 계수

선체 용적 계수	$K_1 = 1.03$, $C_B = 0.50$에서 $= 1.13$, $C_B = 0.80$에서
peak 탱크 용적 계수	$K_2 = 0.37$
이중저 탱크 용적 계수	$K_3 = 0.60$, $C_B = 0.55$에 대한 $= 0.90$, $C_B = 0.80$에 대한
기관실 용적 계수	
중앙 기관실 위치	$K_4 = 0.975$
⨂에서 $\frac{2}{3}$ 후방 기관실 위치	$K_4 = 1.35$, $C_B < 0.70$에 대한 $= 0.95$, $C_B \geqq 0.70$에 대한
선미 기관실 위치	$K_4 = 0.85$
축로 터널 용적 계수	
중앙 기관실	$K_5 = 0.73$
⨂에서 $\frac{2}{3}$ 후방 기관실	$K_5 = 0.60$
벌크 화물선의 하부 호퍼 탱크 용적 계수	$K_6 = 1.10$
벌크 화물선의 상부 윙 탱크 용적 계수	$K_7 = 1.40$
전체 용적 계수	
그레인	0.98
베일	0.90
순냉동 화물	0.72

만일, 그렇지 않을 경우에는 화물 용적 구획에 있어서 격벽의 위치를 다시 조정할 필요가 있게 되므로, 하역 장치의 능력에 따라 화물창 용적에 대한 격벽의 위치를 정하기도 하고, 적재 화물의 종류가 다른 화물에 따라 각 구획의 비가 같도록 종단 화물창 구획(vertical cargo zones)을 정하여 설계해야 한다. 예를 들면, 컨테이너선 겸 벌크 화물 운반선의 분리 화물창 등의 설계가 그 예이다. 이러한 경우 충분히 절충하여 결정해야 한다.

Form-10은 이러한 계획을 접근시키는 데에 적당한 계산서이다.

[화물 창구 면적 계수]

화물 창구 면적 계수(hatch area coefficient)는 구획의 중간 부문에서 수평 방향의 면적과 실제 화물 창구 면적에 의해 정해진다. 화물 창구의 수과 구획은 종단(縱斷) 화물창 구획과는 다를 수도 있지만 그 값은 모두 평균값으로 잡는다.

표 13에는 선형에 따라 차이는 있지만 이 계수의 대표적인 값을 나타내었다.

표 13 화물 창구 면적 계수

1. 일반(dry) 화물선	(A) Normal two-deck vessels	
	Foremost zone	3.20
	Midship zone	4.70
	Aftermost zone	3.00
	(B) Open ships(twin or triple hatches in breadth)	
	Midship zone	2.30
2. 냉동 화물 운반선	Foremost zone	3.50
	Midship zone	6.75
	Aftermost zone	4.40
3. 벌크 화물 운반선	Foremost zone	2.65
	Midship zone	3.10
	Aftermost zone	2.95

[적하 계수(stowage coefficient) 또는 적부(積付) 계수]

$$\text{적하 계수} = 1 + \left[\frac{\text{재화 면적}}{\text{구획 면적}} \times \frac{\text{재화 용적}}{\text{구획 용적}}\right] + [\text{동일}] + \cdots$$

으로 각 종단 화물창 구획에 대한 전체 용적과의 비를 1에 더해 준 값이 된다.

한편, 재화 용적(cargo capacity 또는 stowage capacity)에 대한 적부율(積付率, stowage factor)과는 다른 뜻을 나타낸다.

$$\text{적부율} = \frac{\text{재화 용적}}{\text{화물창 내 용적}} \times 100(\%)$$

이 적부율은 용적 1톤에 대한 화물을 적재할 수 있는 용적의 %로 나타낸 값이 된다. 대개 화물선에서 적부율은 60～70%이다.

[하역 장치 계수]

하역 장치 계수(cargo gear coefficient)의 선택은 매우 어려운 일이다.

하역 장치의 형식이 다른 효과를 나타내므로 충분히 검토되어야 한다. 이 계수는 다음 식으로 구할 수 있다.

$$\text{하역 장치 계수} = \frac{\text{하역 장치의 실제 사이클 타임(초)}}{\text{사이클당 하역 중량(톤)} \times 60}$$

여기서 시간당 60톤이라고 한 것은 화물창 구획 내의 기계 장치를 사용하지 않는 배에서 조(組, gang)의 시간당 하역 중량톤의 최대 평균값을 가정한 것이다.

이 계수는 1 min · cycle을 1톤으로 한 것이며, 1보다 작은 값을 나타낸다.

표 14 대표적인 사이클 타임

하역 장치	사이클 타임(초)
Derricks burtoning	60
Single swinging derricks	240
데릭 크레인	120～180
덱크 크레인	120

표 14에는 하역 장치에 따라 약간의 차이는 있지만 사이클 타임(cycle-time)의 대표적인 하역 장치 예를 나타내었다.

이의 계산 예를 들기로 한다. 계산서의 Form-10에서 갑판 크레인(deck crane)이 데릭(derricks)과 같이 하역하게 될 것이므로, 2 min · cycle에서 5톤을 하역한다고 말할 수 있다. 따라서 1 min · cycle은 2.5톤이 된다.

[현장 능력 계수]

현장 능력 계수(spot ability coefficient)란 화물 창구 면적에 대한 현장에서의 양 · 하역시의 하역 장치 능력비를 나타낸 것이다. 이것은 화물창 내에 어떤 경우에서도 기계적으로 화물을 꽉 채울 수가 있는가를 나타낸 뜻으로, 갑판 위에 화물 창구를 하나로 하느냐 여러 개로 배치하느냐에 따라 매우 중요한 값이 된다. 이 계수는 하역 장치가 갑판 크레인이건 데릭이건 관계 없이 변하지 않는 값이며, 화물 창구의 길이가 12.0 m(40 ft) 이하이면 1.10이고 12.0 m 이상이면 1.20이 된다.

[활용 계수]

활용 계수(utilization coefficient)는 같은 화물 창구에서 2개의 하역 훅(double-gang)으로

작업을 할 때 다른 1개의 하역 훅에 방해를 주는가의 평가에 필요한 값이다. 그러므로, 같은 화물 창구(hatchways)에서 2개의 하역 훅에 의한 화물 창구의 활용 계수는 보통 1.25로 취하고 있다.

11. Form-11은 Check on displacement 계산서

Form-9에서 결정된 선형과 Form-6 및 7에서 구한 성능으로 그림 20에서 추정한 선형 계수를 검토해 볼 필요가 있으며, 또한 배의 만재 흘수에 있어서 부심의 위치(L.C.B.)가 타당한가를 자료에 의해 초기 계산에서 검산하여야 한다.

Form-1 및 2에서 배수 톤수를 계산할 때 외판, 순양함형 선미, 타(rudder), 보스 등을 형 배수 톤수에 더해 주어야 하는데, 이때 외판 배수량의 계산에 있어서 상사한 선박의 비율(percentage)을 이용하여 결정할 수도 있다.

$$\text{외판 배수량} = C \times t \times \left[\frac{\Delta L}{10000}\right]^{\frac{1}{2}} / 4.2$$

여기서, C : Taylor 상수(평균값 = 15.6)

t : 외판의 평균 두께(inch)

로 추정할 수 있다.

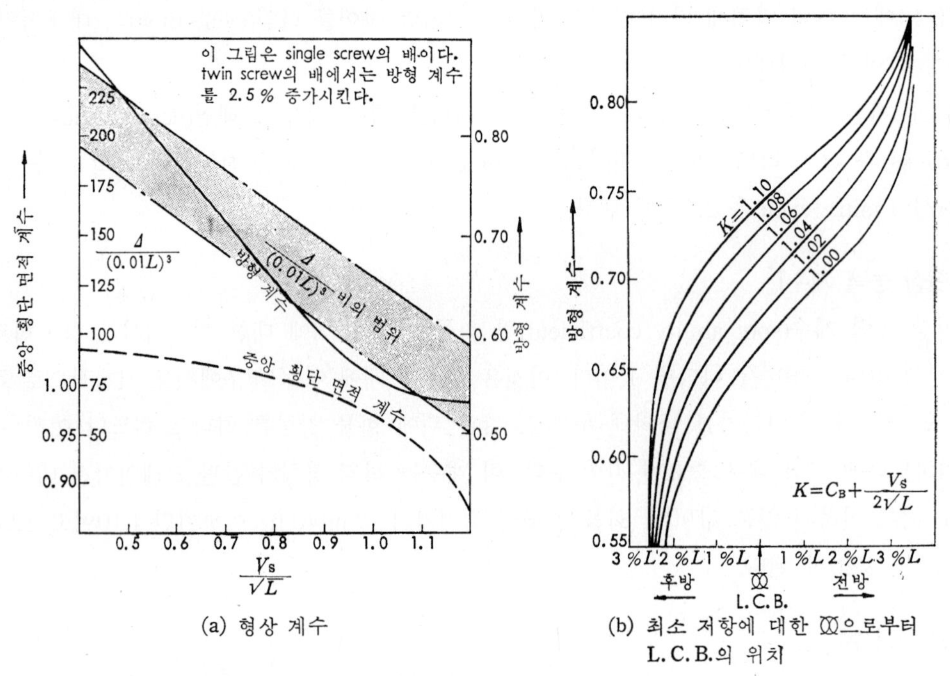

(a) 형상 계수

(b) 최소 저항에 대한 ⊗으로부터 L.C.B.의 위치

그림 20 형상 패러미터

12. Form-12는 Approximate hydrostatics의 계산서 (1)

13. Form-13은 Approximate hydrostatics의 계산서 (2)

14. Form-14는 Approximate hydrostatics의 계산서 (3)

15. Form-15는 Approximate capacities의 계산서 (1)

처음의 중앙 횡단면도에 갑판선과 이중저 탱크 상부 구획을 나누어 개략의 화물과 탱크의 용적을 유도하여 중앙 횡단면도를 수정하여야 한다.

한편, 필요한 연료, 청수, 그리고 밸러스트의 양을 검토하여 초기 설계 단계에서 배의 내구성과 건조 및 공작 상태를 검토하여야 한다. 그리고 일반 배치도를 스케치하여 연료, 청수 및 밸러스트의 용적과 배치를 결정해 두어야 한다. 가능하다면 트림과 복원력도 검토되어야 하며, 만일 불합리한 점이 발견되면 수정을 하여 다시 용적 계산을 진행시켜야 한다.

용적 계산에 있어서는 그림 21과 같이 각 단면적의 구획에 대한 중심의 높이(V.C.G.)를 계산해 둔다.

$$AO_1 = CO$$
$$BO_2 = DO$$

삼각형 OO_1O_2의 중심이 ABCD 면적의 중심이 된다.

각 구획과 탱크의 $\frac{1}{2}$ 단면적 곡선을 배의 길이에 대해 작성하여 격벽과 다른 구획을 잠정적으로 위치를 결정하여 용적도를 작성한다. 이것은 배의 길이 방향 중심의 위치(L.C.G.)를 결정하기 위한 것이다.

한편, 여기서 구한 용적은 형 치수에 대한 것이므로, 실제 화물창의 용적으로 베일(bale) 용적과 그레인(grain) 용적을 표 15에서 주어진 감량 계수를 이용하여 필요한 실제의 화물창 용적을 계산하고, 이때의 중심 위치를 추정하여야 한다.

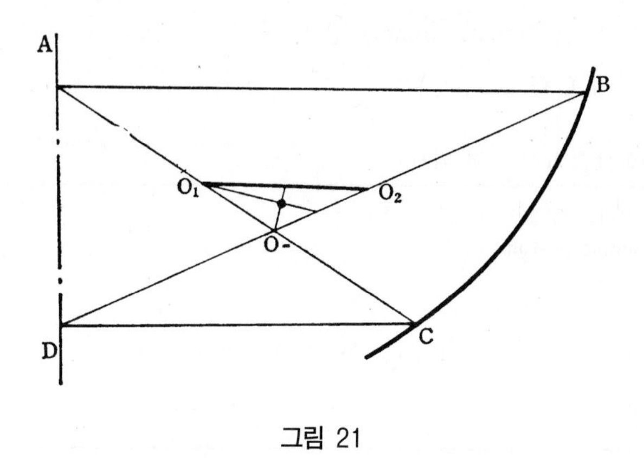

그림 21

표 15 기타 용적의 감소율 % (moulded capacity)

마른(dry) 화물	
그레인	1~2 %
베일	8~12 %
디이프 탱크	그레인의 1 % 이상 증가, 베일에 1~3 %
냉동 화물(순냉동 용적)	
대형 직사각형의 화물창	25 % (모든 공간이 냉풍식일 경우)
임의 형상의 화물창	30 % (모든 공간이 냉풍식일 경우)
갑판 간 장소	28 % (모든 공간이 냉풍식일 경우)
대형 창고	35 % (모든 공간이 냉풍식일 경우)
유조선	
화물유 탱크	중형 유조선은 1 %, 대형 유조선은 $\frac{1}{2}$%,
기타 탱크	
선수 수창	작고 홀쭉한 탱크는 5 %
	크고 뚱뚱한 탱크는 $2\frac{1}{2}$%
선미 수창	작고 홀쭉한 탱크는 $7\frac{1}{2}$%
	크고 뚱뚱한 탱크는 4 %
이중저	$2\frac{1}{2}$ %
디이프 탱크의 밸러스트 혹은 식용유	$1\frac{1}{2}$ %
현측 연료 유조	2 %

16. Form-16은 Approximate capacities의 계산서 (2)

17. Form-17은 Light ship V.C.G. and L.C.G.의 계산서

배의 경하 상태를 추정하고 여기에 여러 가지의 적하 상태에 대한 트림과 복원력이 충분할 수 있도록 검토해야 한다.

또한, 초기 설계 계산 과정에서 모든 선체의 구조 부재에 대한 중량의 분석을 해둘 필요가 있다. 이것은 본문의 제2장 및 부록의 그림 16, 17, 18의 선형에 따라 자료를 상세히 정리해 두어야 한다.

횡격벽, 갑판, 탱크 및 축로(shaft tunnel) 등의 중량을 추정하여 선체 길이 방향의 순강재 중량에 대한 V.C.G.와 L.C.G.를 추정한다.

표 16 선체 강재 중량에 대한 V.C.G.의 위치

Full scantling vessels(최소 건현), (표준 현호)	
Single deck with double bottom	0.53 D
Two deck	0.57 D
Three deck	0.58 D
Reduced scantling draft vessels(제한 흘수), above ratios reduced by 0.02	
벌크 화물선(현호 없음.)	0.55 D
유조선(현호 없음.)	0.58 D

선체 중량에 선루와 갑판실, 그리고 마스트(mast and masthouse) 등의 부가된 강재 중량을 계산하고 L.C.G.와 V.C.G.를 추정해 둔다.

이와 같이 구한 강재 중량, 즉 경하중량에 대한 L.C.G.로부터 이에 상응하는 L.C.B.의 위치를 결정할 수가 있다.

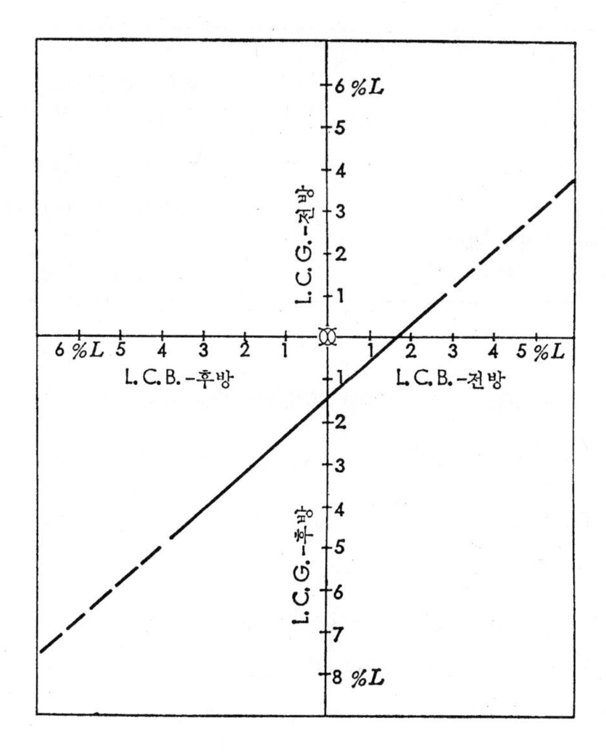

그림 22 선체 길이 방향의 L.C.G. 위치

목재와 의장품 중량의 중심(重心)은 최상층의 연속된 갑판에서 배의 중심선(amidship) 상부의 선루 및 갑판실을 포함한 옆 면적 중심이 중량의 길이 방향 $\frac{1}{2}$ 위치의 중심으로 가정하여 결정된다.

갑판 배관 중량의 중심은 최상층의 연속된 갑판에서 배의 중심선 상부의 선루 및 갑판실을 포함한 옆 면적의 중심이 중량의 길이 방향 $\frac{1}{2}$ 위치의 중심으로 가정하여 결정된다. 기관 중량의 중심은 4등분 중심점이 중량의 중심으로 가정하여 결정된다.

표 17은 프로펠러와 축계(shaft)의 중량을 개략적으로 추정할 수 있는 계산식을 나타내고 있다.

냉동 화물을 운반하는 화물선에 있어서는 방열재, 설비, 냉동기의 중량을 목재와 의장 중량과는 별개로 초기 설계 단계에서 결정해 두어야 한다.

표 17 프로펠러와 축계의 중량

프로펠러 중량(톤)	
일체형 프로펠러	$0.004(B.A.R.)D_P^3$
가변 피치 프로펠러	$0.008(B.A.R.)D_P^3$
여기서, D_P=프로펠러의 지름	
축계 중량(톤)	
터빈	
중앙 기관실	$0.0155(SHP/N)^{\frac{2}{3}}\times l_{SH}$
선미 기관실	$0.0194(SHP/N)^{\frac{2}{3}}\times l_{SH}$
디젤	
중앙 기관실	$0.0193(SHP/N)^{\frac{2}{3}}\times l_{SH}$
선미 기관실	$0.0241(SHP/N)^{\frac{2}{3}}\times l_{SH}$
여기서, l_{SH}=축계의 길이(ft)	
CPP 선미축과 조종 장치	1.75×CPP 중량

18. Form-18은 Preliminary trim and stability condition의 계산서

19. Form-19는 Free surface effect of slack tank의 계산서

20. Form-20은 Tonnage estimate의 계산서

톤수(tonnage) 계산은 선주의 요청에 의한 일은 많지 않다. 이것은 계획 초기에 주어진 요구사항에 의해 확실한 것이라고 생각되는 값이기 때문이다. 그림 1~5에 나타낸 것과 같이 선형에 따라 설계시의 톤수를 비교, 계산할 수 있다.

그림 20에 주어진 상갑판 아래의 톤수 계수를 이용하면 좋은 결과를 얻을 수 있다.

표 18의 선형에 따라 주어진 계수로 등록된 톤수로부터 수에즈 운하 및 파나마 운하 톤수의 전환 가치(conversion factor)로서 설계 단계에 이용하는 데에도 만족한 값을 얻을 수 있다.

우리나라에서는 선박 톤수 측정에 관한 국제 조약의 발효를 1983년 3월 7일에 정부에서 공포하였으므로, 이 계산서의 계산은 이에 준하여 계산함이 바람직하다.

표 18 국제 톤수 조약에 의한 수에즈 및 파나마 톤수 계수

총톤수(gross tonnage)
국제 총톤수는 수에즈와 파나마 총톤수를 쓸 수 있다.
순톤수(net tonnage)

선 형	수에즈	파나마
일반(dry) 화물선과 냉동 화물선	1.26	1.23
벌크 운반선	1.23	1.13
벌크 운반선(상갑판 아래에 밸러스트용 현측 탱크가 있는 경우	1.35	1.13
유조선(화물유 탱크로만 사용할 경우)	1.28	1.26
유조선(재화 중량의 20%를 밸러스트 탱크로 사용할 때)	1.40	1.26

21. Form-21은 Stability의 계산서

복원력 계산에 있어서는 경하 상태인 선박에 대한 초기의 트림과 복원력을 재검토할 필요가 있다. 만재 상태의 여러 가지 상황에 따른 예측과 운항 상태의 있음직한 모든 상태를 만족시켜야 하며, 어떤 경우에는 선주가 유량 상태(round voyage condition)의 복원력을 계획 설계(contract design) 초기에 요구하기도 하기 때문이다. 그러므로, 유량 상태의 검토는 다음과 같은 극단적인 유량 상태의 트림과 복원력의 범위를 충족시켜야 한다.

1. 경하 상태
2. 밸러스트 출항 상태
3. 밸러스트 입항 상태
4. 만재 출항 상태
5. 만재 입항 상태
6. 만재 상태에서의 50% 연료 소비 상태(종강도 계산의 표준 상태임)

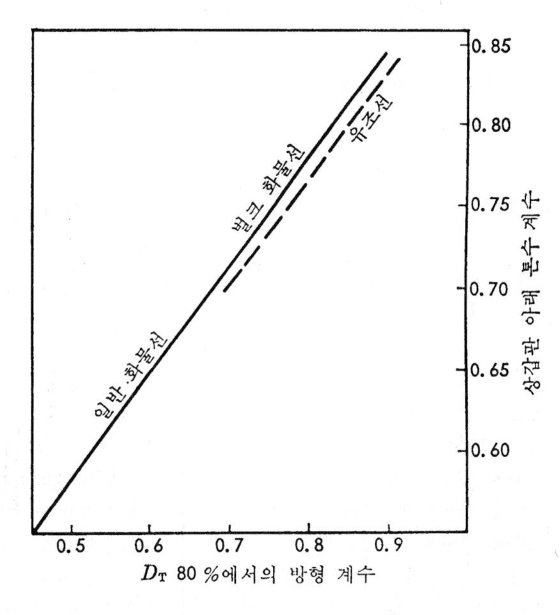

그림 23 상갑판 아래 톤수 계수

22. Form-22는 Longitudinal strength 계산서

정수(靜水)와 파랑 상태에서의 응력 검토는 모든 트림과 복원력 상태에서도 동시에 종강도 검토를 해줄 필요가 있다.

중앙 횡단면도가 준비되지 않은 초기 설계 단계에서 선체 진동의 특성을 검토할 때의 계산과 중앙 횡단면의 관성 모멘트값에 근사시킬 필요가 있을 경우에 필요한 방법이다. 선박 중앙에서의 세로 방향 휨 모멘트의 결정은 Mandelli에 의해 유도된 근사식으로 계산하였다. 또한, 관성 모멘트와 선박의 중앙 단면에 대한 단면 계수는 흔히 형상 계수(modulus form)를 결정하는 데 필요한 값이 된다.

Form-22는 선박의 세로 방향 휨 모멘트와 응력 등 모든 계산에 필요한 계산서이다.

만일, 응력이 화물 적재 등의 어떤 상태에 있어서 만족하지 않을 경우에는 응력이 충분하 때까지 수정해 주어야 한다. 표 19는 허용 응력의 최대값을 나타낸 것이다.

변형시킬 경우에는 호깅과 새깅 상태의 휨 모멘트의 영향을 설계시의 선도(線圖)에 재하 상태에 따라 변형도를 작성하여 모멘트에 대한 선체의 단면 계수를 조정하여야 하며, 휨 모멘트의 영향을 다음과 같이 나타낼 수 있다. 여기서 $\frac{L}{2}$의 위치를 0이라고 하고, 임의의 위치를 x로 표시하면

$$\delta M = P \times \left\{ \beta x - \left(\frac{L}{100} \right) \times n \right\}$$

이다. 이 식은 하중 P를 부가 혹은 선박의 중앙에서 전방으로 이동시켰을 때이고,

$$\delta M = P \times \left\{ (1.0 - \beta) \times x - \left(\frac{L}{100} \right) \times n \right\}$$

의 식은 하중 P를 부가 혹은 선박의 중앙에서 후방으로 이동시켰을 때이다.

표 19 모든 연강 재료의 한계 응력

벌크 화물선 (600 ft L_{BP} 이상)	1. 중량 화물에 대해 강화시킬 때	
	최대 정수 상태	4.0 ton/sq in
	최대 파—재화 상태	6.5 ton/sq in
	최대 파—밸러스트 상태	5.0 ton/sq in
	2. 철광석에 대해 강화시킬 때	〔갑판에서〕 〔선저에서〕
	최대 정수 상태	3.5 ton/sq in, 3.25 ton/sq in
	최대 파—재화 상태	6.0 ton/sq in, 5.6 ton/sq in
	최대 파—밸러스트 상태	4.0 ton/sq in, 4.0 ton/sq in
유조선	최대 정수 상태	300 ft L_{BP}에서는 2.6 ton/sq in이고, 900 ft L_{BP}에서는 3.2 ton/sq in까지 증가한다.
	최대 파	300 ft L_{BP}에서는 4.5 ton/sq in이고, 650 ft L_{BP} 및 그 이상에서는 6.4 ton/sq in까지 증가한다.

여기서, P : 부가 혹은 이동 하중(ton)

β : 트림을 고려한 무차원 계수

x : 선박의 중앙에서부터 중량의 부가 혹은 이동 거리(ft)

L : L_{BP}

n : α 곡선에 나타낸 $\dfrac{\Delta}{\Delta_0}$에 대한 경사도

α : 무차원의 부력 모멘트 계수

Δ : 실제의 배수 톤수(ton)

Δ_0 : 만재 배수 톤수(ton)

δM : 선박의 중앙에서의 휨 모멘트 변화량

Mandelli의 근사값으로 $\beta = 0.5$의 값을 이용하여 앞에서 나타낸 하중 P를 ⊗에서부터 전방 또는 후방으로 이동되었을 때의 ⊗에서 휨 모멘트의 변화량 δM은

$$\delta M = P \times \left\{ \left(\frac{x}{2} \right) - \left(\frac{L}{100} \right) \times n \right\}$$

으로 나타낼 수 있다. 한편, 새깅과 호깅의 n값은 그래프에서 $\beta = 0.5$와 1.0의 $\dfrac{\Delta}{\Delta_0}$값으로 α를 계산하여 이 값에 대응하는 경사도를 추정하면 된다.

선박 중앙에서의 만족할 만한 최대 세로 휨 모멘트값은 최대 허용 응력과 결국에는 화물, 연료유, 밸러스트 혹은 청수 탱크를 요구값에 의한 재배치를 매우 쉽게 결정할 수 있다.

일반적으로 밸러스트 상태의 대부분 문제는 종강도라고 생각되므로, 설계자의 경험에 의해 충분한 응력을 얻기 위해서 밸러스트를 옮긴다든지 탱크의 위치를 재조정할 필요가 있음을 발견하게 된다.

다른 한편으로는 이중저의 밸러스트 탱크 위치를 재조정하여 밸러스트 입항 상태에서 요구되는 충분한 응력을 얻도록 조정하기도 한다. 역시 밸러스트 상태의 충분한 응력은 모든 항해 상태에서 안전하게 조정, 변경시키는 작업을 설계자의 경험에 비추어 볼 때, 1~2일 이내에 작업을 완료시킬 수 있는 체계(framework)를 세울 수 있는 능력이 있어야 한다.

이상과 같은 순서와 계산에 의해 초기의 선박설계 과정을 검토할 수 있도록 추정 예를 Lamb의 계산서로 Form-1에서 Form-22까지 그 양식을 다음에 소개하였다.

선주	설계 번호 :	Form-1

조사일	SUMMARY SHEET (계산서 1)
건조일	
설계 개시일	
설계 완료일	

요 목 표

선형	Refrigerated fruit vessel
선급 협회	A.B.S.
국명	
일반 사항	

선체부 치수

항 목		요구 사항	1차 추정	2차 추정	최종 결과
길이(L.O.A.)					
수선 간장(L.B.P.)	L_{BP}		480′-0″		480′-0″
형폭	B		70′-0″		70′-0″
형 깊이(upper deck까지)	D		42′-0″		42′-0″
형 깊이(second deck까지)			33′-0″		33′-0″
형 깊이(third deck까지)			25′-0″		25′-0″
F.P.에서 상갑판의 현호			5′-0″		5′-0″
A.P.에서 상갑판의 현호			2′-0″		2′-0″
현호(lower deck에서)			없음.		없음.
상갑판 상의 캠버			15″		15″
기타 갑판의 캠버(선체)			없음.		없음.
기타 갑판의 캠버(선루)			6″		6″
갑판 간의 높이(선체)			9′-0″/8′-0″		9′-0″/8′-0″
갑판 간의 높이(선루)			8′-6″		8′-6″
갑판 간의 높이(mast house)			8′-6″		8′-6″
흘수(d)	d		25′-0″		25′-0″
방형 계수	C_B		0.64		0.640
⨂에서부터 L.C.B.			1.70%L, 후방		1.65%L, 후방
재하중량		8,500 톤	8,900 톤		8,900 톤

기관부 치수

항 목		요구 사항	1차 추정	2차 추정	최종 결과
기관 형식		디젤	디젤		디젤
기관 연속 최대출력(S.H.P.)			9,800		9,900
기관 상용 출력(S.H.P.)					9,000
회전수(rpm)	N		115		115
프로펠러 지름					18.00 ft
프로펠러 평균 피치비					1.055
프로펠러 날개 면적비					0.55

설계 번호 :		날짜	Form-2

SUMMARY SHEET (계산서 2)

성능 자료		요구 사항	1차 추정	2차 추정	최종 결과
항해 속력 ◎최대 출력 S.H.P.-	흘수	18.00	18.00		17.95
항해 속력 ◎상용 출력 S.H.P.-	흘수				
시운전 속력 ◎최대 출력 S.H.P.-	흘수	19.00	19.00		19.08
시운전 속력 ◎상용 출력 S.H.P.-	흘수	18.00	18.00		18.05
용 적					
화물(Refrigerated net bin)		520,000 ft³	529,000 ft³		528,700 ft³
연료유			1,475 ton		1,520 ton
청수			50 ton		80 ton
밸러스트					370 ton
톤 수					
국제 조약	총톤수			7,632	11,049
	순톤수			3,900	6,223
수에즈 운하	총톤수				11,050
	순톤수				8,090
파나마 운하	총톤수				11,050
	순톤수				7,592
기 타					
승조원의 국적					
갑판원(조타수 포함)		49 (합계)			12
기관원(통신사 포함)					14
조리사(조리장 포함)					8
항해사(선장 포함)					7
기관사(기관장 포함)					8
복원력과 트림					
경하 상태	V.C.G.			30.40 ft	
	L.C.G.			26.5 ft A	
만재 출항 상태	GM_T		3.21 ft	2′-6″	
	트림			$23\frac{3}{4}$″A	
만재 입항 상태	GM_T	1′-0″최소		1′-1″	
	트림			28″A	

설계 번호 :	선형 : Refrigerated feruit vessel		날짜		Form-3
PRELIMINARY DESIGN CALCULATIONS (계산서 1)					
길이(수선 간장)	L_{BP}	460′-0″	480′-0″	500′-0″	480′-0″
폭(형)	B	70′-0″	70′-0″	70′-0″	70′-0″
깊이(형)	D	42′-0″	42′-0″	42′-0″	42′-0″
시운전 속력	V_T	19.00			19.00
항해 속력	V_S	18.00			18.00
$\sqrt{L}$		21.45	21.91	22.36	21.91
$V_S/\sqrt{L}$		0.839	0.822	0.805	0.822
$V_S/2\sqrt{L}$		0.4195	0.411	0.4025	0.411
방형 계수	C_B	0.630	0.640	0.652	0.640
K(계수)$=C_B+V_s/2\sqrt{L}$		1.0495	1.051	1.0545	1.051
형흘수	d	31′-7″	31′-5$\frac{5}{8}$″	31′-4″	24′-11$\frac{1}{8}$″
만재 흘수(평판 키일 두께$=\frac{7}{8}$″)		31′-7$\frac{7}{8}$″	31′-6$\frac{1}{2}$″	31′-4$\frac{7}{8}$″	25′-0″
배수 톤수(型)	Δ	18,300 ton	19,393 ton	20,450 ton	15,320 ton
순양함형 선미		10 ton	12 ton	14 ton	7 ton
외판		82 ton	87 ton	92 ton	68 ton
보스					
타(rudder)		8 ton	8 ton	8 ton	5 ton
만재 배수 톤수		18,400 ton	19,500 ton	20,574 ton	15,400 ton
배수량 장비$=\Delta/(0.01L)^3$		188.9	177.4	164.6	140.0
ⓒ$=0.907-0.00012\,L+10(K-1)^2-0.275\,C_B$		0.703	0.699	0.697	0.699
ⓒ수정값		0.717	0.711	0.707	0.711
V_s^3		5,832			5,832
$\Delta^{\frac{2}{3}}$		695	725	748	619
배의 상관 계수	C_1	0.922	0.915	0.908	0.915
E.H.P.$=C_1\times$ⓒ$_{corr}\times\Delta^{\frac{2}{3}}\times V_s^3/427.1$		6,275	6,435	6,557	5,500
$\eta=0.86-N\sqrt{L}/18,000(-10\%$ T.S.S.$)$		0.723	0.721	0.717	0.721
전달 마력(마진 없음.)		8,680	8,925	9,140	7,628
해상 마진		25 %			25 %
전달 마력(항해)		10,850	11,160	11,430	9,535
연속 최대 출력(S.H.P.)		11,175	11,500	11,770	9,821
기관 형식		디젤			디젤
기관실 위치		$\frac{2}{3}$Aft			$\frac{2}{3}$Aft
기관실의 길이		65′-0″			62′-6″
선체의 총용적	ft³	955,000	1,015,000	1,080,000	1,015,000
기관실의 용적	(ft³)	162,500	165,000	168,000	158,700
ak탱크의 용적	(ft³)	42,500	45,000	47,800	45,000
이중저 탱크의 용적	(ft³)	46,400	49,300	52,300	49,300
심수 탱크의 용적	(ft³)	26,500	27,400	28,400	27,400
화물을 적재하지 않는 장소의 용적	(ft³)	—	—	—	—
화물로 이용할 수 없는 선체의 용적	(ft³)	277,900	286,700	296,500	280,400
화물창 용적(型)	(ft³)	677,100	728,300	783,500	734,600
화물창 용적(순화물)	(ft³)	486,000	524,000	563,000	529,000
수선 단면적 계수	C_W	0.75	0.76	0.77	0.76
회전 횡동 반지름 $K_T=B([0.17\times C_W]+0.13)$		18.03 ft	18.14 ft	18.26 ft	18.14 ft
$BM_T=C_W(K_T)^2/dC_B$		12.26 ft	12.38 ft	12.57 ft	15.63 ft
$KB=dC_W/(C_W+C_B)$		17.12 ft	17.07 ft	16.99 ft	13.58 ft
KM_T		29.38 ft	29.45 ft	29.56 ft	29.21 ft
KG		26.00 ft	26.00 ft	26.00 ft	26.00 ft
GM_T		3.38 ft	3.45 ft	3.56 ft	3.21 ft
GM_T/B		0.0483	0.0493	0.0508	0.0460

설계 번호	선형 : Refrig. fruit vessel		날짜		Form-4
PRELIMINARY DESIGN CALCULATIONS (계산서 2)					
의장수(선체) 의장수(선루) 의장수(갑판실)		50,795 333 2,000	53,020 347 2,000	55,200 361 2,000	52,545 347 2,000
의장수 합계		53,128	55,367	57,563	54,892
표준 선체 강재 중량 방형 계수 차에 의한 수정량	(ton) (ton)	2,905 −29	3,156 −16	3,412 —	
선체 강재 중량	(ton)	2,876	3,140	3,412	3,140
수정량 25′ 제한 흘수에 대한 경감량 4th 갑판 전방과 3rd 갑판 후방 횡격벽	 (ton) (ton) (ton)	 +210 + 22	 +210 + 22	 +210 + 22	 −350 +210 + 22
강재 중량(선루) 강재 중량(갑판실) 강재 중량(마스트 및 안테나) 강재 중량(mast house)	(ton) (ton) (ton) (ton)	45 290 48 7	48 290 48 7	51 290 48 7	48 290 48 7
순강재 중량	(ton)	3,488	3,765	4,040	3,415
목재 및 의장 중량 냉동 화물 방열재 중량 갑판 배관 중량 기관 중량 여유(margin) 중량	(ton) (ton) (ton) (ton) (ton)	1,050 800 350 715 97	1,090 890 370 720 115	1,120 960 390 725 115	1,090 890 370 620 115
경하 상태	(ton)	6,500	6,950	7,350	6,500
재하 중량	(ton)	11,900	12,550	13,224	8,900
항해 일수 30+2 일 사관의 수/선원의 수 전력 부하	(mile) (kW)	14,000 16/33 1,600			14,000 16/33 1,600
연료유(주기관용) 연료유(보조 기관용) 청수 밸러스트(permanent)	(ton) (ton) (ton) 	1,345 300 50 —	1,380 300 50 —	1,415 300 50 —	1,175 300 50 —
선원의 소지품 창고 설비품 기타(여러 가지)	(ton) (ton) (ton)	8 20 10	8 20 10	8 20 10	8 20 10
전체 재하 중량(기타)	(ton)	1,733	1,768	1,803	1,563
화물 중량	(ton)	10,167	10,782	11,421	7,337
횡동요 주기 T_R	(sec)				16.30
상하 동요 주기 $T_H=1.108\sqrt{\dfrac{d\times C_B[(B/3d)+1.2]}{C_w}}$	(sec)				7.41
종동요 주기 $T_p=0.98\sqrt{\dfrac{d\times C_B[0.6+0.36\times(B/d)]}{(C_w)^2}}$	(sec)				6.53
파장	L_w (ft)				480
조우 주기 $T_E=L_w/[1.69\times V_s+2.26\sqrt{L_w}]$	(sec)				5.86
상하 동요 동조율	T_H/T_E				1.265
종동요 동조율	T_p/T_E				1.116
T_R/T_H					2.20
T_R/T_p					2.50

설계 번호	선형 Refrig. fruit vessel	날짜	Form-5

TYPE-B FREEBOARD ESTIMATE

L_{BP}	$=480'-0''$
상갑판까지의 형심	$=42'-0''$
Stringer의 두께 혹은 $T(L-S)/L$	$=3/4''$
건현용 깊이	$D^{*}=42'-0\frac{3''}{4}$
$L/15$	$=32.90$
$D^{*}-L/15$	$=10.06$
0.85 형심에서의 C_B	$=<0.68$
$(C_B-0.68)/1.36$	$=-$

선루	선루의 길이, S	폐위 선루의 유효 길이, E	높이
선수루 선교루 선미루	10 %	7 %	8.5 ft
합계	48 ft	33.6′	8.5 ft

$\frac{\text{부족량}}{\text{표준}}$ 높이비$=-$
길이에 대한 선수루(%)=7
길이에 대한 선교루(%)=없음.

선루의 표준 높이		
L	자선미루	상부 구조물
98.5 이하	3.0′	5.9′
246	3.9′	5.9′
410 이상	5.9′	7.5′

선루의 표준 높이에 있어서
$R=L/131.2$ $(L\leq 393.6')$
$R=3$ $(L>393.6')$
선루의 높이<$R\times$실제의 높이/표준 높이
여기서, $R=3.000$

현호	표준	설계	상부의 과다한 제 2 갑판 높이의 수정량	실제 현호
선수부	$0.2L+20''=116''$	$60''$	$h_F\times 2l_F/L=1.68''$	$62''$
선미부	$0.1L+10''=58''$	$24''$	$h_A\times 2l_A/L=-$	$24''$
합계	$174''$			$86''$

$\frac{\text{부족량}}{\text{초과량}}$ 현호 $=\frac{174-86}{6}=14.66''$

수정량	+	−
수정량$(L<328')$ $0.09(328-L)\left(0.35-\frac{E}{L}\right)$	−	
방형 계수, $\left(+F\times\frac{C_B+0.68}{1.36}\right)$	−	
깊이, $\left(+\left[D^{*}-\frac{L}{15}\right]R\right)$	30.18	
현호$\left[+\text{부족량}\left(0.75-\frac{S}{2\cdot L}\right)\right]$	10.30	
선루(3.5 %×42)		1.45
	40.48	1.45
수정량	39.03	

초기 건현	$88.10''$
수정량	$+39.03''$
건현	$127.13''$
건현용 깊이 D^{*}	$42'-0\frac{3}{4}''$
건현	$10'-7\frac{1}{8}''$
형 흘수	$31'-5\frac{5''}{8}$
키일 두께	$\frac{7}{8}''$
만재 흘수	$31'-6\frac{1}{2}''$

창구 덮개를 가지고 있는 선박에서의 건현의 증가량

L	INC	L	INC	L	INC
350	2.0	450	6.4	550	11.0
360	2.3	460	7.0	560	11.4
370	2.6	470	7.6	570	11.8
380	2.9	480	8.2	580	12.1
390	3.3	490	8.7	590	12.5
400	3.7	500	9.2	600	12.8
410	4.2	510	9.6	610	13.1
420	4.7	520	10.0	620	13.4
430	5.2	530	10.4	630	13.6
440	5.8	540	10.7	640	13.9

하기 만재 흘수$=31'-6\frac{1}{2}''$

동기 건현	동기 북대서양 건현	담수 건현	열대 건현
=하기 건현$+\frac{1}{48}$의 하기 흘수 =	$L<330'$ =동기 건현+2″ =	=하기 건현$-\frac{\Delta}{40\cdot T}$ =	하기 건현$-\frac{1}{48}$의 하기 흘수 =

선루의 감소량$(E=1.0L)$

$L=79'$ 감소량=14″
$L=279'$ 감소량=34″
$L\geq 410'$ 감소량=42″

$E<1.0L$에 있어서 유효 길이가 중간에 있으면 삽간법으로 아래 표에서 구하며, 감소량은 %로 나타낸다.

최소의 선수 높이$=0.672\left(1-\frac{1}{1640}\right)\times\frac{1.36}{C_B+0.68}$
=
선수에서의 최대 허용 흘수
=깊이+선수 수선에서의 현호+선수 수선에서의 선수루의 높이 −bow의 높이
=

선루 수정량(%)

선루의 전체 유효 길이	선교루는 떼어 내어 없고, 선수루만 있는 선박	선수루와 0.2L의 선교루를 포함한 선박
	0.2L보다 작은 선교루를 떼어 내고, 선수루<0.07L이라면, 5 $(0.07L-f)/0.07L$에 의해 수정량을 감소시킨다.	
	I	II
0 L	0	0
0.1 L	5	6.3
0.2 L	10	12.7
0.3 L	15	19
0.4 L	23.5	27.5
0.5 L	32	36
0.6 L	46	46
0.7 L	63	63
0.8 L	75.3	75.3
0.9 L	87.7	87.7
1.0 L	100	100

건현 ‘F’, $L=L_{BP}$, F(in)

L	F	L	F	L	F	L	F	L	F
80	8.0	280	38.7	480	88.1	680	133.3	880	167.4
90	8.9	290	41.0	490	90.6	690	135.3	890	168.9
100	9.8	300	43.3	500	93.1	700	137.1	900	170.4
110	10.8	310	45.7	510	95.6	710	139.0	910	171.8
120	11.9′	320	48.2	520	98.1	720	140.9	920	173.3
130	13.0	330	50.7	530	100.6	730	142.7	930	174.7
140	14.2	340	53.2	540	103.0	740	144.5	940	176.1
150	15.5	350	55.7	550	105.4	750	146.3	950	177.5
160	16.9	360	58.2	560	107.7	760	148.1	960	178.9
170	18.3	370	60.7	570	110.0	770	149.8	970	180.3
180	19.8	380	63.2	580	112.3	780	151.5	980	181.7
190	21.3	390	65.7	590	114.6	790	153.2	990	183.1
200	22.9	400	68.2	600	116.8	800	154.8	1,000	184.4
210	24.7	410	70.7	610	119.0	810	156.4	1,010	185.8
220	26.6	420	73.2	620	121.1	820	158.0	1,020	187.2
230	28.5	430	75.7	630	123.2	830	159.6	1,030	188.5
240	30.4	440	78.2	640	125.3	840	161.2	1,040	189.8
250	32.4	450	80.7	650	127.3	850	162.8	1,050	191.0
260	34.4	460	83.1	660	129.3	860	164.3	1,060	192.3
270	36.5	470	85.6	670	131.3	870	165.9	1,070	193.5

설계 번호 :	선형 : Refrig. fruit vessel	날짜	Form-6

PRELIMINARY PROPULSION ESTIMATE

L_{BP} 480′-0″ 형폭 70′-0″ 형심 42′-0″ 흘수 25′-0″, $C_B=0.640$, 프로펠러 지름의 한계=18.0′

추진 계수, $w=0.245$ $t=0.17$ $\eta_H=\frac{1-t}{1-w}=\frac{0.83}{0.755}=1.10$ $\eta_R=1.03$

$\eta=\eta_H\times\eta_R=1.133$ D.H.P. =9,520 $N=115$ $N_c=0.98\times N=112.7$

날개 면적비, $V_S=18.00$ $V_A=(1-w)V_A=13.59$ E.H.P.s=6,900

$$B_p=\frac{N_C}{V_A^2}\cdot\sqrt{\frac{\text{E.H.P.s}}{5\eta_H V_A}}=\frac{112.7}{185}\sqrt{\frac{6,900}{1.026\times1.1\times13.59}}=12.95 \qquad \sqrt{B_p}=3.60$$

h=흘수−0.9×프로펠러 지름의 한계−기선상 날개 끝과의 간격

=25.00′−16.20′−0.25′=8.55 ft

$$\sigma_{A,B}=\frac{2(2084+64h)}{5.67V_A^2}$$

∴ 요구되는 최소 날개 면적비=0.52
(※ 0.55로 적용)

{지름과 날개 면적비의 도표는 Troost's B series 이용

초 기 마 력 계 산

프로펠러 형식, B 4-55

V	V_A	$V_A^{2.5}$	B_p	δ_0	δ	D	η_0	η_P	(E.H.P.) 프로펠러	P/D
①	②	③	④	⑤	⑥	⑦	⑧	⑨	⑩	⑪
17.0	12.84	591	18.64	172.0	165.0	18.80′				
18.0	13.59	681	16.18	160.5	154.0	18.57′				
19.0	14.35	780	14.12	150.5	144.5	18.40′				
20.0	15.10	885	12.45	140.5	135.0	18.10′				

프로펠러 형식, B 4-55 프로펠러 지름의 한계 18.00 ft

V	V_A	$V_A^{2.5}$	B_p	δ_0	δ	D	η_0	η_P	(E.H.P.) 프로펠러	P/D
17.0	12.84	591	18.64		157.6	18.00′	0.623	0.707	6,734	1.010
18.0	13.59	681	16.18		149.2		0.643	0·729	6,942	1.030
19.0	14.35	780	14.12		141.4		0.660	0.748	7,123	1.055
20.0	15.10	885	12.45		134.3		0.678	0.769	7,325	1.075

프로펠러 형식

V	V_A	$V_A^{2.5}$	B_p	δ_0	δ	D	η_0	η_P	(E.H.P.) 프로펠러	P/D

① 시운전 속력에서 요구되는 속도 범위

② $V_A=V_S(1-w)=0.755\ V_S$

④ $B_p=\frac{N_c}{V_A^{2.5}}\cdot\sqrt{\frac{\eta_R\cdot\text{D.H.P.}}{5V_A}}=\frac{112.7}{V_A^{2.5}}\sqrt{\frac{1.03\times9520}{1.026}}=\frac{11015}{V_A^{2.5}}$

⑤ $B_p-\delta$ 도표상의 최적 효율로부터

⑥ $\delta=0.96\,\delta_0$

⑦ $D=\frac{\delta V_A}{N_C}$ } 혹은 $\delta=\frac{DN_C}{V_A}$에서의 한계 프로펠러 지름<최적 지름

⑧ $B_p-\delta$ 도표로부터

⑨ $\eta_p=\eta\times\eta_0=1.133\times\eta_0$

⑩ $(\text{E.H.P.})_{propeller}=\eta_P\times\text{D.H.P.}$

⑪ $B_p-\delta$ 도표로부터

E.H.P. 곡선으로부터(B-series 도표에 의해, $a_E=0.55$)

$V_T=19.00$ $D=18.0$ ft $\frac{P}{D}=1.055$

설계 번호 :	선형 : Refrig. frurt vessel	날짜	Form-7

PROPELLER PERFORMANACE & PROPULSION ESTIMATE

프로펠러 요목　$D=18.0$ ft, $\frac{P}{D}=1.055$,　$a_E=0.55$

프로펠러 성능 자료

프로펠러 형식 B 4-55					프로펠러 형식					프로펠러 형식		
δ	η_0	B_p	$\frac{B_p}{\delta}$	$\eta_0\times\left(\frac{B_p}{\delta}\right)^2$	δ	η_0	B_p	$\frac{B_p}{\delta}$	$\eta_0\times\left(\frac{B_p}{\delta}\right)^2$	δ	η_0	$\eta_0\times\left(\frac{B_p}{\delta}\right)^2$
170	0.575	24.40	0.1435	0.0118								
160	0.603	20.50	0.1282	0.0099								
150	0.633	16.90	0.1127	0.0080								
140	0.665	13.70	0.0979	0.0064								
130	0.697	10.75	0.0827	0.0048								

마 력 추 정

시운전 상태

V	V^3	(E.H.P.)SHIP	$\eta_0\times\left(\frac{B_p}{\delta}\right)^2$	δ	η_0	η_p	D.H.P.	N
①	②	③	④	⑤	⑥	⑦	⑧	⑨
12	1,728	1,514	0.00557	134.7	0.682	0.7727	1,959	69.2
14	2,744	2,383	0.00552	134.5	0.683	0.7740	3,079	80.7
16	4,096	3,735	0.00580	136.2	0.678	0.7682	4,860	93.3
18	5,832	5,710	0.00622	139.0	0.670	0.7590	7,525	107.2
20	8,000	9,380	0.00745	146.6	0.648	0.7342	12,780	125.6
22	10,684	18,140	0.01079	165.0	0.589	0.6672	27,190	155.4

항해 상태　　날씨와 선저 외판의 더러움 정도=25 %

V	V^3	(E.H.P.)SHIP	$\eta_0\times\left(\frac{B_p}{\delta}\right)^2$	δ	η_0	η_p	D.H.P.	N
12	1,728	1,892	0.00696	143.5	0.655	0.7422	2,549	73.8
14	2,744	2,976	0.00690	143.1	0.657	0.7443	3,998	85.8
16	4,096	4,667	0.00724	145.3	0.650	0.7363	6,336	99.6
18	5,832	7,135	0.00778	148.5	0.640	0.7250	9,840	114.5
20	8,000	11,720	0.00931	157.1	0.612	0.6930	16,900	134.6
22	10,684	22,670	0.01348	177.7	0.558	0.6321	35,850	167.4

① 최적 속도 범위
③ 선체 저항 자료로부터
④ $\eta_0\times\left(\frac{B_p}{\delta}\right)^2=\frac{K_T}{58.9}=\frac{(\text{E.H.P.})_{\text{SHIP}}}{5\times D^2(1-t)(1-w)^2V^3}=\frac{(\text{E.H.P.})_{\text{SHIP}}}{1.026\times 324\times 0.83\times(0.755)^2V^3}$

$$=\frac{0.0064\times(\text{E.H.P.})_s}{V^3}$$

⑤ 프로펠러 성능 도표로부터
⑥ 프로펠러 성능 도표로부터
⑦ $\eta_p=\eta\times\eta_0=1.133\,\eta_0$
⑧ D.H.P. $=\frac{(\text{E.H.P.})_{\text{SHIP}}}{\eta_p}$
⑨ $N=\frac{N_C}{0.98}=\frac{\delta V_A}{D}$　　$\therefore\ V_a=V(1-w)$　　$\therefore\ N=\frac{\delta V(1-w)}{0.98\,D}=\frac{\delta V}{23.35}$

마력 곡선

시운전 상태 :	연속 최대 출력 100 %에서	$V=19.00$ knots $N=115$ rpm
	연속 최대 출력 80 %에서	$V=18.07$ knots $N=107.5$ rpm
항해 상태 :	연속 최대 출력 100 %에서	$V=17.95$ knots $N=114.1$ rpm
	연속 최대 출력 80 %에서	$V=16.90$ knots $N=106.5$ rpm

설계 번호 :	선형 : Refrig. fruit vessel	날짜	Form-8

SHIP VIBRATION ESTIMATE

배의 치수 480′-0″ L_{BP}×70′-0″ 형폭×42′-0″ 상갑판까지의 형심

선형 : 차량 갑판선 $C_V=0.170$

상태 : 만재 출항	상태 : 경하
흘수 $d=24.94$ ft $\Delta=15,400$ ton	흘수 $d=13.00$ ft $\Delta=6,500$ ton

상태 : 만재 출항

D_E $=42.0'$

$$\Delta_1=\Delta\left(1.2+\frac{B}{3d}\right)=15400\times2.136 \quad =32,900$$

$$\sqrt{\frac{C_V B D_E^3}{\Delta_1 L^3}}=\sqrt{\frac{0.17\times70\times(42)^3}{32,900\times(480)^3}}=0.000493$$

N_{2V}	(그림 22로부터)	$=85$
N_{3V}	$=1.80\times N_{2V}$	$=153$
N_{4V}	$=2.60\times N_{2V}$	$=221$
N_{5V}	$=3.25\times N_{2V}$	$=276$
N_{2H}	$=1.50\times N_{2V}$	$=127$
N_{3H}	$=3.10\times N_{2V}$	$=264$
N_{4H}	$=4.75\times N_{2V}$	$=404$
N_{5H}	$=6.40\times N_{2V}$	$=543$

주파수 대는

$N_{2V}=0.975$ N_{2V} 에서 1.025, $N_{2V}=$ 83에서 87

$N_{3V}=0.950$ N_{3V} 에서 1.050, $N_{3V}=$142에서 157

$N_{4V}=0.925$ N_{4V} 에서 1.075, $N_{4V}=$205에서 237

$N_{5V}=0.900$ N_{5V} 에서 1.100, $N_{5V}=$248에서 304

$N_{2H}=0.975$ N_{2H}에서 1.025, $N_{2H}=$124에서 130

$N_{3H}=0.950$ N_{3H}에서 1.050, $N_{3H}=$251에서 277

$N_{4H}=0.925$ N_{4H}에서 1.075, $N_{4H}=$374에서 434

$N_{5H}=0.900$ N_{5H}에서 1.100, $N_{5H}=$490에서 600

상태 : 경하

D_E $=42.0'$

$$\Delta_1=\Delta\left(1.2+\frac{B}{3d}\right)=6,500\times2.995 \quad =19,480$$

$$\sqrt{\frac{C_V B D_E^3}{\Delta_1 L^3}}=\sqrt{\frac{0.17\times70\times(42)^3}{19,480\times(480)^3}}=0.000640$$

N_{2V}	(그림 22로부터)	$=108$
N_{3V}	$=1.80\times N_{2V}$	$=194$
N_{4V}	$=2.60\times N_{2V}$	$=281$
N_{5V}	$=3.25\times N_{2V}$	$=345$
N_{2H}	$=1.50\times N_{2V}$	$=162$
N_{3H}	$=3.10\times N_{2V}$	$=334$
N_{4H}	$=4.75\times N_{2V}$	$=513$
N_{5H}	$=6.40\times N_{2V}$	$=690$

주파수 대는

$N_{2V}=0.975$ N_{2V} 에서 1.025, $N_{2V}=$105에서 111

$N_{3V}=0.950$ N_{3V} 에서 1.050, $N_{3V}=$185에서 204

$N_{4V}=0.925$ N_{4V} 에서 1.075, $N_{4V}=$260에서 302

$N_{5V}=0.900$ N_{5V} 에서 1.100, $N_{5V}=$311에서 380

$N_{2H}=0.975$ N_{2H}에서 1.025, $N_{2H}=$158에서 166

$N_{3H}=0.950$ N_{3H}에서 1.050, $N_{3H}=$317에서 350

$N_{4H}=0.925$ N_{4H}에서 1.075, $N_{4H}=$475에서 552

$N_{5H}=0.900$ N_{5H}에서 1.100, $N_{5H}=$621에서 760

2절 수직 주파수 대에서 주파수 모드 높이의 비

절 수	수 직 방 향			수 평 방 향		
	철광석 운반선	유조선과 벌크 화물선	여객선과 일반 화물선	철광석 운반선	유조선과 벌크 화물선	여객선과 일반 화물선
2	0	0	0	1.50	1.50	1.50
3	2.40	2.40	1.80	4.05	2.90	3.10
4	3.70	3.20	2.60	6.55	4.40	4.75
5	5.05	4.20	3.25	9.00	5.90	6.40

L

$L_1=x_1L$

$L_2=x_2L$

D_2 D_1 D

$$D_E=\sqrt[3]{D^3(1-x_1)+D_1^3(x_1-x_2)+D_2^3x_2}$$

설계 번호:	선형: Refrig. fruit vessel	날짜	Form-9

DEVELOPMENT OF BODY PLAN

추정	480′-0″ L_{BP}×70′-0″ 형폭×42′-0″ 상갑판까지의 형심×형 흘수=24′-111/8″
	L.C.B. =1.70 % L에서 ⊗ 후방 $C_B=0.640$
기본	SHIP No. 480′-0″ L_{BP}×66′-0″ 형폭×42′-0″ 상갑판까지의 형심
	L.C.B. =1.98 % L에서 ⊗ 후방 형흘수=28′-7″ $C_B=0.6409$

중앙 횡단 면적 계수

$$C_{\otimes}=1-\frac{F\times\frac{B'}{2}+2R^2\times\left(0.2146-\frac{F}{B}\right)}{BH}$$

$$=1-\frac{(0.328\times 31.36)+2(6)^2\times(0.2094)}{66\times 28.58}$$

$$=0.987$$

여기서, B=형폭, H=형흘수, $B'=B-$키일 폭
R=만곡부의 반지름, F=선저 구배

전부 및 후부 단면의 주형 계수

기본 $C_{PA}=0.6899$ $C_{PF}=0.6088$

계획 $C_{PA}=0.6889$ $C_{PF}=0.6079$

기본의 L.C.B.의 위치와 같아야 하지만, 만일 계획의 L.C.B.와 차이가 있다면, 전방 정면도에서 후방 정면도로 C_P를 이동시킨다.

$$정면도=\frac{0.287}{0.875}\times 0.02=0.00656$$

그러므로,

계획의 실제는 $C_{PA}=0.6823$, $C_{PF}=0.6145$

계획시의 새로운 종선의 위치

후부 정면도	기본	추정	전부 정면도	기본	추정
배수량			배수량		
방형 계수			방형 계수		
중앙 횡단 면적 계수	0.987	0.987	중앙 횡단 면적 계수	0.987	0.987
주형 계수	0.6899	0.6823	주형 계수	0.6088	0.6145
$1-C_P$	0.3101	0.3177	$1-C_P$	0.3912	0.3855

A.P.로부터의 간격 $=\frac{0.3101}{0.3177}=\underline{\underline{0.976}}$

F.P.로부터의 간격 $=\frac{0.3912}{0.3855}=\underline{\underline{1.015}}$

정면도 off sets의 계산

단면	0.077d W.L.		0.231d W.L.		0.383d W.L.		0.538d W.L.		0.692d W.L.		1.0d W.L.		1.308d W.L.	
	1.919 ft		5.758 ft		9.597 ft		13.411 ft		17.249 ft		24.927 ft		32.605 ft	
	%½·B	실제 길이	%½·B	실제 길이	%½·B	실제 길이	%½·B	실제 길이	%½·B	실제 길이	%½·B	실제 길이	%½·B	실제 길이
A.P.	—	—	—	—	—	—	—	—	—	—	17.8	6.23	33.6	11.76
¼	2.5	0.88	2.6	0.91	2.6	0.91	2.60	0.91	4.0	1.40	32.5	11.38	47.7	16.70
½	3.3	1.16	6.2	2.17	9.0	3.15	12.80	4.48	19.6	6.86	45.5	15.93	60.0	21.00
¾	5.1	1.79	10.2	3.57	16.2	5.67	23.30	8.16	33.7	11.80	57.6	20.16	71.2	24.92
1	7.8	2.73	16.0	5.60	24.1	8.44	33.70	11.80	46.2	16.17	68.4	23.94	80.2	28.07
1½	16.1	5.63	31.0	10.85	42.8	14.98	55.0	19.25	67.2	23.52	85.0	29.75	93.3	32.66
2	28.0	9.80	48.7	17.05	62.3	21.81	73.8	25.83	82.7	28.95	94.6	33.11	99.2	34.72
2½	43.7	15.30	65.8	23.03	78.6	27.51	87.7	30.70	93.2	32.62	98.8	34.58	100.0	35.00
3	60.4	21.14	80.0	28.00	90.2	31.57	95.6	33.46	98.7	34.55	100.0	35.00	100.0	35.00
3½	74.6	26.11	90.4	31.64	97.3	34.06	98.2	34.37	100.0	35.00	100.0	35.00	100.0	35.00
4	85.8	30.03	96.9	33.90	99.8	34.93	100.0	35.00	100.0	35.00	100.0	35.00	100.0	35.00
5	94.5	33.08	100.0	35.00	100.0	35.00	100.0	35.00	100.0	35.00	100.0	35.00	100.0	35.00
6	85.6	29.96	96.0	33.60	98.8	34.58	99.4	34.79	99.7	34.90	100.0	35.00	100.0	35.00
6½	75.0	26.25	88.0	30.80	93.1	32.59	95.2	33.32	96.7	33.85	97.7	34.20	99.2	34.72
7	62.2	21.77	76.8	26.88	83.2	29.12	87.2	30.52	88.8	31.08	91.6	32.06	93.6	32.76
7½	47.4	16.59	62.3	21.81	69.7	24.40	74.0	25.90	76.8	26.88	80.8	28.28	83.8	29.33
8	32.8	11.48	46.3	16.21	53.8	18.83	57.6	20.16	61.3	21.46	66.5	23.28	71.6	25.06
8½	19.5	6.83	31.2	10.92	37.0	12.95	40.7	14.25	44.0	15.40	49.8	17.43	56.6	19.81
9	8.3	2.91	16.3	5.71	21.1	7.39	24.2	8.47	26.6	9.31	32.0	11.20	39.7	13.90
9¼	4.0	1.40	9.6	3.36	13.9	4.87	16.7	5.85	18.8	6.58	23.6	8.26	30.8	10.78
9½	—	—	3.5	1.23	7.3	2.56	9.6	3.36	11.5	4.03	15.6	5.46	22.0	7.70
9¾	—	—	—	—	0.7	0.25	3.0	1.05	4.7	1.65	7.7	2.70	12.8	4.48
F.P.	—	—	—	—	—	—	—	—	—	—	—	—	3.8	1.33

설계 번호 :	선형 : Refrigerated fruit vessel								날짜			Form-10		
CARGO HANDLING-CAPACITY BALANCE SHEET														
하 역 장 치														
하역 장치의 형식	종단(縱斷) 화물창 구획													
	6		5		4		3		2		1			
각 창구당 2조의 10톤 데릭								V	V					
5톤 데크 크레인		V	V	V	V	V	V			V	V			
① 하역 장치의 수(합 10개)		1	1	1	1	1	1	1	1	1	1			
계 획 계 수														
② 창구 면적 계수		4.40	6.00	6.00	6.75	6.75	6.75	6.75	5.50	5.50	3.50			
③ 적하 계수		—	—	—	—	—	—	—	—	—	—			
④ 하역 장치 계수		0.80	0.80	0.80	0.80	0.80	0.80	0.40	0.40	0.80	0.80			
⑤ 현장 능력 계수		1.00	1.00	1.00	1.00	1.00	1.00	1.25	1.25	1.00	1.00			
⑥ 활용 계수		1.00	1.25	1.25	1.25	1.25	1.25	1.25	1.25	1.25	1.00			
⑦ 계획 계수=②×③×④×⑤×⑥		3.52	6.00	6.00	6.75	6.75	6.75	3.38	2.75	5.50	2.60			
⑧ 상반 계획 계수=1.0/⑦		0.284	0.167	0.167	0.148	0.148	0.148	0.296	0.364	0.182	0.385		∑⑧=2.289	
⑨ 용적 계수=⑧/∑⑧		0.124	0.073	0.073	0.065	0.065	0.065	0.129	0.159	0.080	0.168			
⑩ 하역 장치 대당 하역 용적 =⑨×total capacity		65,596	38,617	38,617	34,385	34,385	34,385	68,241	84,111	42,320	88,872			
⑪ 종단 구역 용적 ft³	65,596		77,234		68,770		102,626		126,431		88,872			
전체 작업 시간의 비교														
⑫ 적하율		←			78.3						→			
⑬ 하역 장치 대당 재화 중량		838	493	493	439	439	439	871	1,074	540	1,135			
⑭ 하역 장치 대당 이상(理想) 작업률		←			150						→			
⑮ 하역 장치 대당 작업 시간=⑬×⑦/⑭		19.66	19.72	19.72	19.75	19.75	19.75	19.62	19.69	19.80	19.67			
⑯ 선박의 작업 시간=최대 하역 작업 시간										19.80	시간			

설계 번호 :	선형 Refrig. fruit vessel	날짜	Form-11

CHECK ON DISPLACEMENT

480′-0″ L_{BP}×70′-0″ 형폭×42′-0″ 상갑판까지 형심×24′-11$\frac{1}{8}$″ 형 흘수

요구 형 배수 톤수 Δ_T=15,320 톤, 요구 L.C.B.=1.70 % L ⌀ 후방

후부 정면도

단면	면적기, 읽는수	오차	평균 오차	S.M.	f(용적)	간격	f (모멘트)
	1R 9400						
A.P.	9422 9455	22 23	22	$\frac{1}{2}$	11	5	55
$\frac{1}{2}$	9665 9884	220 219	220	2	440	$4\frac{1}{2}$	1,980
1	0341 0795	457 454	455	1	455	4	1,820
$1\frac{1}{2}$	1481 2168	686 687	687	2	1,374	$3\frac{1}{2}$	4,809
2	3076 3976	908 900	904	1	904	3	2,712
$2\frac{1}{2}$	5063 6158	1,087 1,095	1,091	2	2,182	$2\frac{1}{2}$	5,455
3	7352 8556	1,194 1,204	1,199	$1\frac{1}{2}$	1,799	2	3,598
4	9878 1193	1,322 1,315	1,319	4	5,276	1	5,276
5	2538	1,345	1,345	1	1,345 13,786	0	— 25,705

면적기 상수

면적	면적기, 읽는 수		상수
35×24.927 =872.45	1R 8010 9370 0735	1360 1365	$\frac{872.45}{1,363}$ =0.640

$\Delta=\frac{2}{3}\times\frac{48}{35}\times 0.640\times 13,786$

=8,067 톤

L.C.B. $=\frac{25,705}{13,786}\times 48$

=89.50 ft(⌀ 후방)

$C_B=\frac{8067\times 35}{480\times 70\times 24.927}$

=0.6742

전부 정면도

단면	면적기, 읽는수	오차	평균 오차	S.M.	f(용적)	간격	f (모멘트)
	1R						
5	3882	1,345	1,345	1	1,345	0	—
6	5187 6494	1,305 1,307	1,306	4	5,224	1	5,224
7	7613 8732	1,119 1,119	1,119	$1\frac{1}{2}$	1,679	2	3,358
$7\frac{1}{2}$	9683 0628	951 945	948	2	1,896	$2\frac{1}{2}$	4,740
8	1364 2100	736 736	736	1	736	3	2,208
$8\frac{1}{2}$	2613 3126	513 513	513	2	1,026	$3\frac{1}{2}$	3,591
9	3426 3731	300 305	303	1	303	4	1,212
$9\frac{1}{2}$	3843 3962	112 119	116	2	232	$4\frac{1}{2}$	1,044
F.P.	—	—	—	$\frac{1}{2}$	— 12,441	5	— 21,377

$\Delta=\frac{2}{3}\times\frac{48}{35}\times 0.640\times 12441$

=7280 톤

L.C.B. $=\frac{21377}{12441}\times 48$

=82.48 ft(⌀ 전방)

$C_B=\frac{7280\times 35}{480\times 70\times 24.927}$

=0.6084

전체 형 배수 톤수=15347 ton　　C_B=0.6413

L.C.B$=\frac{(8067\times 89.50)-(7,280\times 82.48)}{15,347}$=7.92 ft　⌀ 후방

=1.65 % L에서　⌀ 후방

설계 번호 :	선형 : Refrig. fruit vessel	날짜	Form-12

APPROXIMATE HYDROSTATICS (계산서 1)

요 약

치수 : 480′-0″ L_{BP}×70′-0″ 형폭×42′-0″ 상갑판까지 형심×24′-11$\frac{1}{8}$″ 형 흘수

정면 선도를 사용하여 배수량을 7′-0″W.L., 14′-0″W.L., 21′-0″W.L., 그리고 28′-0″W.L. 대해 계산함.

7′-0″W.L., 14′-0″W.L., 21′-0″W.L., 28′-0″W.L.

W.L.의 요약

형흘수	형 배수톤 (Δ_{MLD})	전체 배수톤 (Δ_t)	V.C.B. (기선상)	L.C.B. (⨂에서)	L.C.F. (⨂에서)	수선 단면적	T.P.I.	KM_L	KM_T	M.C.T.1″	C_B
7′-0″	3,433	3,460	4.00′	0.196′A	2.10′A	20,159	48.00	1,534′	52.82′	899	0.511
14′-0″	7,746	7,796	7.66′	2.87′ A	8.14′A	22,848	54.40	902′	33.89′	1,178	0.580
21′-0″	12,529	12,592	11.43′	6.21′ A	14.90′A	24,889	59.26	698′	30.03′	1,463	0.621
28′-0″	17,674	17,756	15.25′	9.70′ A	19.84′A	26,515	63.13	563′	29.71′	1,648	0.657

과 정

① 선도를 기초로 적분기를 이용, 표와 계산서 3을 완성한다.

② 계산서 4를 작성하고, 아래 계산서 3항에 $\frac{1}{2}B^3$을 넣어 표를 작성한다.

③ 계산서 4를 이용하여 다른 W.L.에 대해서도 배수량, 수선 단면적, 그리고 L.C.F.를 계산한다.

7′-0″ W.L.에 대해(계산서 3의 Δ, V.C.B. 및 L.C.B. 참조)

단면	$\frac{1}{2}B$	$\frac{1}{2}B^3$	S.M.	f (Trans. I)	f(면적)	간격	1차 모멘트	간격	2차 모멘트
A.P.	—	—	½	—	—	5	—	5	—
½	2.4	14	2	28	4.8	4½	21.6	4½	97.2
1	6.4	262	1	262	6.4	4	25.6	4	102.4
1½	12.0	1,728	2	3,456	24.0	3½	84.0	3½	294.0
2	18.8	6,645	1	6,645	18.8	3	56.4	3	169.2
2½	24.8	15,253	2	30,506	49.6	2½	124.0	2½	310.0
3	29.6	25,934	1½	38,901	44.4	2	88.8	2	177.6
4	34.3	40,354	4	161,416	137.2	1	137.2	1	137.2
5	35.0	42,875	2	85,750	70.0	0	537.6	0	—
6	34.1	39,652	4	157,808	136.4	1	136.4	1	136.4
7	27.8	21,485	1½	32,228	41.7	2	83.4	2	166.8
7½	23.0	12,167	2	24,334	46.0	2½	115.0	2½	287.5
8	17.3	5,178	1	5,178	17.3	3	51.9	3	155.7
8½	11.7	1,602	2	3,204	23.4	3½	81.9	3½	286.7
9	6.3	250	1	250	6.3	4	25.2	4	100.8
9½	1.8	6	2	12	3.6	4½	16.2	4½	72.9
F.P.	—	—	½	—	—	5	—	5	—
				549,978	629.9		510.0		2,494.4

수선 면적

$=\frac{2}{3}\times 48\times 629.9$

$=20,159\ ft^2$

L.C.F.

$=\frac{27.6}{629.9}\times 48$

$=2.10$ ft ⨂ 후방

T.P.I. $=48.00$

Longt. $I_{⨂}$

$=\frac{2}{3}(48)^3\times 2494.4$

$=183,917,101\ ft^4$

$-Ay^2$

$=-20,159\times(2.10)^2$

$=-88,901\ ft^4$

Longt. $I_{⨂F}$

$=183,828,200\ ft^4$

trans. I

$=\frac{2}{3}\times 48\times 549,978$

$=5,866,450\ ft^4$

$BM_L=\frac{183828200}{3433\times 35}=1530$ ft $BM_T=\frac{5866450}{3433\times 35}=48.82$ ft

KB = 4 ft KB = 4.00 ft

∴ KM_L = 1534 ft ∴ KM_T = 52.82 ft

가정 KG =26.00 ft

∴ GM_L=1508 ft M.C.T. 1″$=\frac{3,433\times 1508}{12\times 480}=899$ ton-ft

설계 번호 :	선형 : Refrig. fruit vessel	날짜	Form-13

APPROXIMATE HYDROSTATICS (계산서 2)

적분기 상수

면 적	적분기, 면적 읽는 수	상수 A	모멘트	적분기, 모멘트 읽는 수	상수 M
7×35 =245	읽는 수 0904 383 1287 384 1671	0.639			

7′-0″W.L. 이하의 선체부의 Δ, V.C.B.와 L.C.B.의 위치

단면	면적, 읽는 수	오차	평균 오차	S.M.	f(용적)	간격	f(세로 모멘트)	* 모멘트, 읽는 수	* 오차	* 평균 오차	* S.M.	* f(연직 모멘트)
	적분기 수 4741							적분기 수				
A.P.	— —	— —	—	1/2	—	5	—				1/2	
1/2	4760 4776	19 16	18	2	36	4 1/2	162				2	
1	4816 4856	40 40	40	1	40	4	160				1	
1 1/2	4941 5026	85 85	85	2	170	3 1/2	595				2	
2	5166 5308	140 142	141	1	141	3	423				1	
2 1/2	5515 5722	207 207	207	2	414	2 1/2	1,035				2	
3	5985 6246	263 261	262	1 1/2	393	2	786				1 1/2	
4	6600 6941	354 341	348	4	1,392	1	1,392				4	
5	7311 7670	370 359	365	2	730	0	4,553				2	
6	8009 8346	339 337	338	4	1,352	1	1,352				4	
7	8607 8866	261 259	260	1 1/2	390	2	780				1 1/2	
7 1/2	9075 9283	209 208	209	2	418	2 1/2	1,045				2	
8	9432 9580	149 148	148	1	148	3	444				1	
8 1/2	9677 9770	97 93	95	2	190	3 1/2	665				2	
9	9813 9860	43 47	45	1	45	4	180				1	
9 1/2	9867 9874	7 7	7	2	14	4 1/2	63				2	
F.P.	— —	— —	—	1/2	—	5	—				1/2	
					5,873		4,529 24.A					

$\Delta = \frac{2}{3} \times 48 \times 0.639 \times \frac{1}{35} \times 5873$

=3,433 톤

L.C.B. $= \frac{24}{5873} \times 48$

=0.196 ft ⨂ 후방

V.C.B. =

=4.00 ft(기선상에서)

외판 배수 톤수= 27 톤

전체 배수 톤수=3,460 톤

※ 이 표에서 *부분은 적분기 대신에 면적기를 사용하여 계산함.

설계 번호 :	선형 : Refrig. fruit vessel	날짜	**Form-14**

APPROXIMATE HYDROSTATICS (계산서 3)

14'-0"W.L.에서

단면	$\frac{1}{2}B$	$\frac{1}{2}B^3$	S.M.	f (trans, I)	f(면적)	간격	1차 모멘트	간격	2차 모멘트
A.P.	—	—	½	—	—	5	—	5	—
½	4.7	104	2	208	9.4	4½	42.3	4½	190.4
1	12.3	1,861	1	1,861	12.3	4	49.2	4	196.8
1½	19.8	7,762	2	15,524	41.6	3½	145.6	3½	509.6
2	26.1	17,780	1	17,780	26.1	3	78.3	3	234.6
2½	31.0	29,791	2	59,582	62.0	2½	155.0	2½	387.5
3	33.7	38,273	1½	57,409	50.5	2	101.0	2	202.0
4	35.0	42,875	4	171,500	140.0	1	140.0	1	140.0
5	35.0	42,875	2	85,750	70.0	0	711.4	0	—
6	34.7	41,782	4	167,128	138.8	1	138.8	1	138.8
7	30.7	28,934	1½	43,401	46.0	2	92.0	2	184.0
7½	26.1	17,780	2	35,560	52.2	2½	130.5	2½	326.3
8	20.4	8,490	1	8,490	20.4	3	61.2	3	183.6
8½	14.5	3,049	2	6,098	29.0	3½	101.5	3½	355.2
9	8.7	659	1	659	8.7	4	34.8	4	139.2
9½	3.5	43	2	86	7.0	4½	31.5	4½	141.8
F.P.	—	—	½	—	—	5	—	5	—
				671,036	714.0		590.3		3330.1

수선 단면적

$= \frac{2}{3} \times 48 \times 714.0$

$= 22848\ ft^2$

L.C.F.

$= \frac{121.1}{714.0} \times 48$

$= 8.14\ ft$ ⨷ 후방

T.P.I. $= 54.40$

longt. $I_{⨷}$

$= \frac{2}{3}(48)^3 \times 3330.1$

$= 245534933\ ft^4$

$-Ay^2$

$= -22848 \times (8.14)^2$

$= -1513908\ ft^4$

longt. $I_{⨷F}$

$= 244,021,025\ ft^4$

trans. I

$= \frac{2}{9} \times 48 \times 671036$

$= 7157720\ ft^4$

14'-0"W.L.에서 28'-0" W.L.까지

W.L.	수선 면적	S.M.	f(용적)	간격	모멘트	L.C.F.	L.C.F.×f(용적)
14'-0"	22,848	1	22,848	2	45,696	8.14'A	185,982
21'-0"	24,889	4	99,556	1	99,556	14.90'A	1,483,384
28'-0"	26,519	1	26,519	0	—	19.84'A	526,058
			148,919		145,252		2,195,424

$\Delta = \frac{1}{3} \times \frac{7}{35} \times 148919 = 9928\ ton$

V.C.B. $= \frac{\sum\{(\text{모멘트}) \times 7\}}{\sum f(\text{용적})} = \frac{145,252 \times 7}{148,919} = 6.83\ ft$ (28'-0"W.L. 이하)

L.C.B. $= \frac{\sum\{\text{L.C.F.} \times f(\text{용적})\}}{\sum f(\text{용적})} = \frac{2,195,424}{148,919} = 14.74\ ft$ (⨷에서 후방)

부 분	Δ	V.C.B.	모멘트	L.C.B.	모멘트 (후방)	모멘트 (전방)
기선상 28'-0"W.L.까지	17,674	15.25	269,500	9.54 A	168,574	
14'-0" W.L.에서 28'-0" W.L.까지	9,928	21.17	210,176	14.74 A	146,339	
형 배수 톤수, 기선에서 14'-0"W.L.까지	7,746	7.66	59,324	2.87 A	22,235	
외판	50					
순양함형 선미	—					
전체 배수 톤수, 14'-0"W.L.까지	7,796	7.66'		2.87'A		

$BM_L = \frac{244,021,025}{7,796 \times 35} = 894\ ft$

$KB = 8\ ft$

$\therefore KM_L = 902\ ft$

$GM_L = 876\ ft$

$\therefore$ M.C.T. 1" $= \frac{7,746 \times 876}{12 \times 480} = 1,178$

$BM_T = \frac{7157,720}{7796 \times 35}$

$= 26.23\ ft$

$KB = 766\ ft$

$KM_T = 33.89\ ft$

설계 번호:	선형: Refrig. fruit vessel	날짜	Form-15

APPROXIMATE CAPACITIES (계산서 1)

초기 정면 선도로부터의 $\frac{1}{2}$ 단면적

항 목	단면	면적계, 읽는 수	오 차	평균 오차	$\frac{1}{2}$ 단면적	V. C. G. (기선상)
상갑판 아래 용적		1R 1638			ft²	ft
	A. P.	1847 2059	209 212	211	135	39. 5
	$\frac{1}{2}$	2408 2753	349 345	347	222	38. 9
	1	3170 3587	417 417	417	267	38. 5
	$1\frac{1}{2}$	4057 4528	470 471	471	301	38. 2
	2	5029 5527	501 498	499	319	38. 0
	$2\frac{1}{2}$	6032 6538	505 506	505	323	38. 0
	3	7044 7551	506 507	507	324	38. 0
	$3\frac{1}{2}$	7044 7551	506 507	507	324	38. 0
	4	7044 7551	506 507	507	324	38. 0
	5	7044 7551	506 507	507	324	38. 0
	6	7044 7551	506 507	507	324	38. 0
	$6\frac{1}{2}$	8055 8559	504 504	504	323	38. 1
	7	9054 9548	495 494	494	316	38. 3
	$7\frac{1}{2}$	0013 0473	465 460	463	296	38. 8
	8	0896 1318	423 422	423	270	39. 6
	$8\frac{1}{2}$	1674 2030	356 356	356	228	40. 3
	9	2299 2569	269 270	269	172	41. 0
	$9\frac{1}{2}$	2750 2930	181 180	181	116	42. 0
	F. P.	2995 3061	65 66	66	42	43. 3

설계 번호 :	선형 : Refrig. fruit vessel	날짜	Form-16

APPROXIMATE CAPACITIES(계산서 2)

탱크, 화물창, 갑판 간 등의 용적 및 그 중심

No. 1 갑판 간 구획

늑골	면적	S.M.	f(용적)	간격	f (모멘트)
150	285	1	285	0	—
167	202	4	808	1	808
184	145	1	145	2	290
			1,238		1,098

용적(형) $=\frac{2}{3}\times 42.5\times 1,238$ =35,050 ft³

공제량 = 28 % 980 ft³

실제 용적 = 34,070 ft³

L.C.G. $=\frac{1,098}{1,238}\times 42.5$ =37.7′ 전방(#150에서)

V.C.G. (기선 상부) =40.3 ft

No. 2 갑판 간 구획

늑골	면적	S.M.	f(용적)	간격	f (모멘트)
122	323	1	323	2	646
136	307	4	1,228	1	1,228
150	285	1	285	0	—
			1,836		1,874

용적(형) $=\frac{2}{3}\times 35.0\times 1,836$ =42,600 ft³

공제량 = 28 % 1,200 ft³

실제 용적 = 41,600 ft³

L.C.G. $=\frac{1,874}{1,836}\times 35.0$ =35.7′ 후방(#150에서)

V.C.G. (기선 상부) =38.3 ft

No. 3 갑판 간 구획

늑골	면적	S.M.	f(용적)	간격	f (모멘트)
98	324	1	324	0	
110	324	4	1,296	1	1,296
122	323	1	323	2	626
			1,943		1,922

용적(형) $=\frac{2}{3}\times 30.0\times 1,943$ =38,750 ft³

공제량 = 28 % 1085 ft³

실제 용적 = 37,665 ft³

L.C.G. $=\frac{1,922}{1,943}\times 30.0$ =29.7′ 전방(#98에서)

V.C.G. (기선 상부) =38.0 ft

No. 4 갑판 간 구획

늑골	면적	S.M.	f(용적)	간격	f (모멘트)
83	324				
	324				
98	324				

용적(형) $=\frac{2}{3}\times 18.75\times 1,944$ =24,650 ft³

공제량 = 28 % 690 ft³

실제 용적 = 23,940 ft³

L.C.G. = ——— × =18.75′ 후방(#98에서)

V.C.G. (기선 상부) =38.0 ft

No. 5 갑판 간 구획

늑골	면적	S.M.	f(용적)	간격	f (모멘트)
40	319	1	319	0	—
49	323	4	1,292	1	1,292
58	324	1	324	2	648
			1,935		1,940

용적(형) $=\frac{2}{3}\times 22.5\times 1,935$ =29,100 ft³

공제량 = 28 % 815 ft³

실제 용적 = 28,285 ft³

L.C.G. $=\frac{1,940}{1,935}\times 22.5$ =22.6′ 전방(#40에서)

V.C.G. (기선 상부) =38.0 ft

No. 6 갑판 간 구획

늑골	면적	S.M.	f(용적)	간격	f (모멘트)
12	222	1	222	2	444
26	290	4	1,160	1	1,160
40	319	1	319	0	—
			1,701		1,604

용적(형) $=\frac{2}{3}\times 35.0\times 1,701$ =39,700 ft³

공제량 = 28 % 1125 ft³

실제 용적 = 38,575 ft³

L.C.G. $=\frac{1,604}{1,701}\times 35.0$ =33.0′ 후방(#40에서)

V.C.G. (기선 상부) =38.2 ft

주의 : 구획의 V.C.G.는 구획의 L.C.G.에서 V.C.G. 곡선으로부터 산정할 수도 있다.

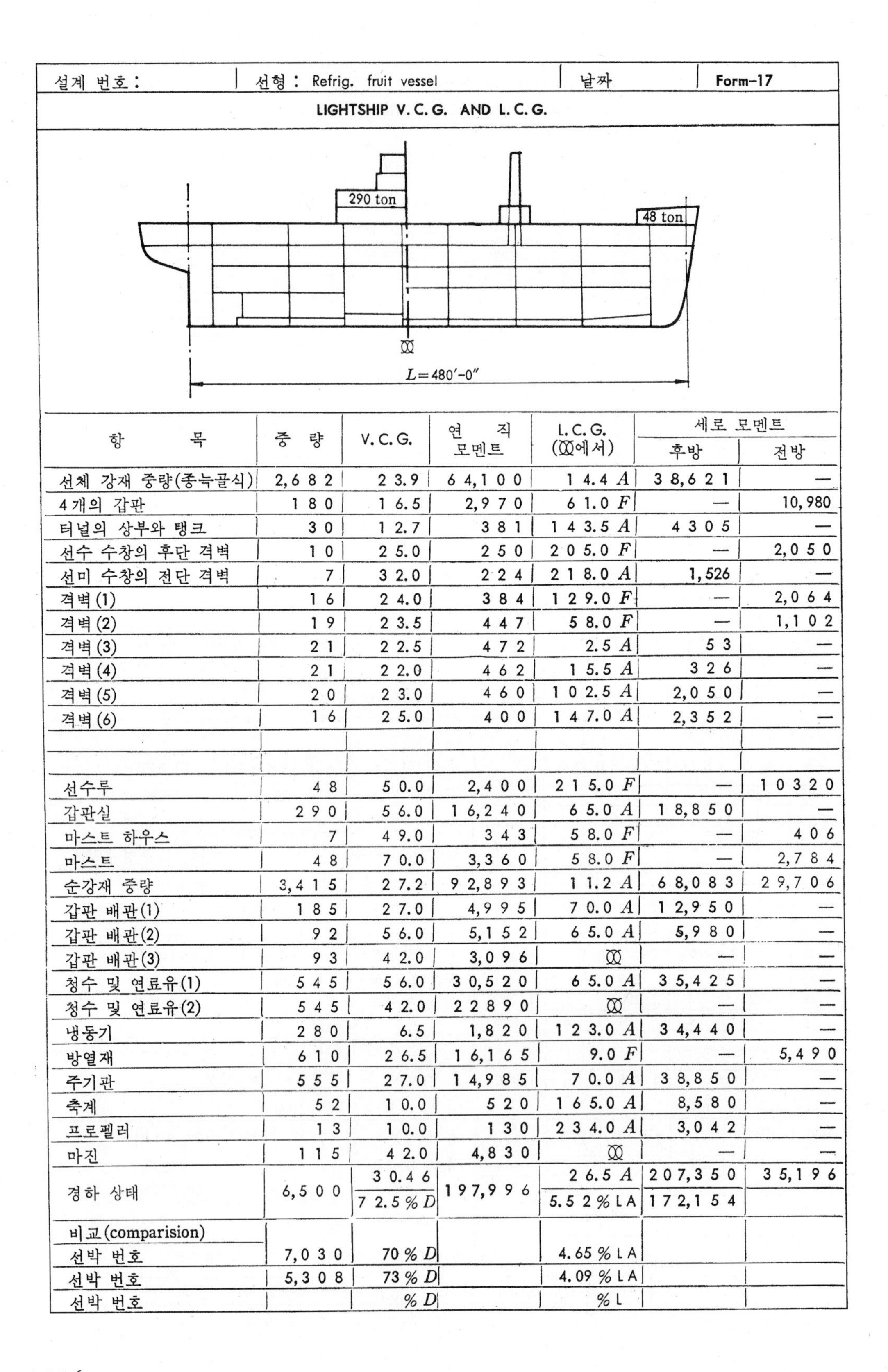

설계 번호:	선형: Refrig. fruit vessel	날짜	Form-17

LIGHTSHIP V.C.G. AND L.C.G.

항목	중량	V.C.G.	연직 모멘트	L.C.G. (⊗에서)	세로 모멘트 후방	세로 모멘트 전방
선체 강재 중량(종늑골식)	2,682	23.9	64,100	14.4 *A*	38,621	—
4개의 갑판	180	16.5	2,970	61.0 *F*	—	10,980
터널의 상부와 탱크	30	12.7	381	143.5 *A*	4305	—
선수 수창의 후단 격벽	10	25.0	250	205.0 *F*	—	2,050
선미 수창의 전단 격벽	7	32.0	224	218.0 *A*	1,526	—
격벽(1)	16	24.0	384	129.0 *F*	—	2,064
격벽(2)	19	23.5	447	58.0 *F*	—	1,102
격벽(3)	21	22.5	472	2.5 *A*	53	—
격벽(4)	21	22.0	462	15.5 *A*	326	—
격벽(5)	20	23.0	460	102.5 *A*	2,050	—
격벽(6)	16	25.0	400	147.0 *A*	2,352	—
선수루	48	50.0	2,400	215.0 *F*	—	10320
갑판실	290	56.0	16,240	65.0 *A*	18,850	—
마스트 하우스	7	49.0	343	58.0 *F*	—	406
마스트	48	70.0	3,360	58.0 *F*	—	2,784
순강재 중량	3,415	27.2	92,893	11.2 *A*	68,083	29,706
갑판 배관(1)	185	27.0	4,995	70.0 *A*	12,950	—
갑판 배관(2)	92	56.0	5,152	65.0 *A*	5,980	—
갑판 배관(3)	93	42.0	3,096	⊗	—	—
청수 및 연료유(1)	545	56.0	30,520	65.0 *A*	35,425	—
청수 및 연료유(2)	545	42.0	22890	⊗	—	—
냉동기	280	6.5	1,820	123.0 *A*	34,440	—
방열재	610	26.5	16,165	9.0 *F*	—	5,490
주기관	555	27.0	14,985	70.0 *A*	38,850	—
축계	52	10.0	520	165.0 *A*	8,580	—
프로펠러	13	10.0	130	234.0 *A*	3,042	—
마진	115	42.0	4,830	⊗	—	—
경하 상태	6,500	30.46 72.5 % *D*	197,996	26.5 *A* 5.52 % LA	207,350 172,154	35,196
비교(comparision)						
선박 번호	7,030	70 % *D*		4.65 % LA		
선박 번호	5,308	73 % *D*		4.09 % LA		
선박 번호		% *D*		% L		

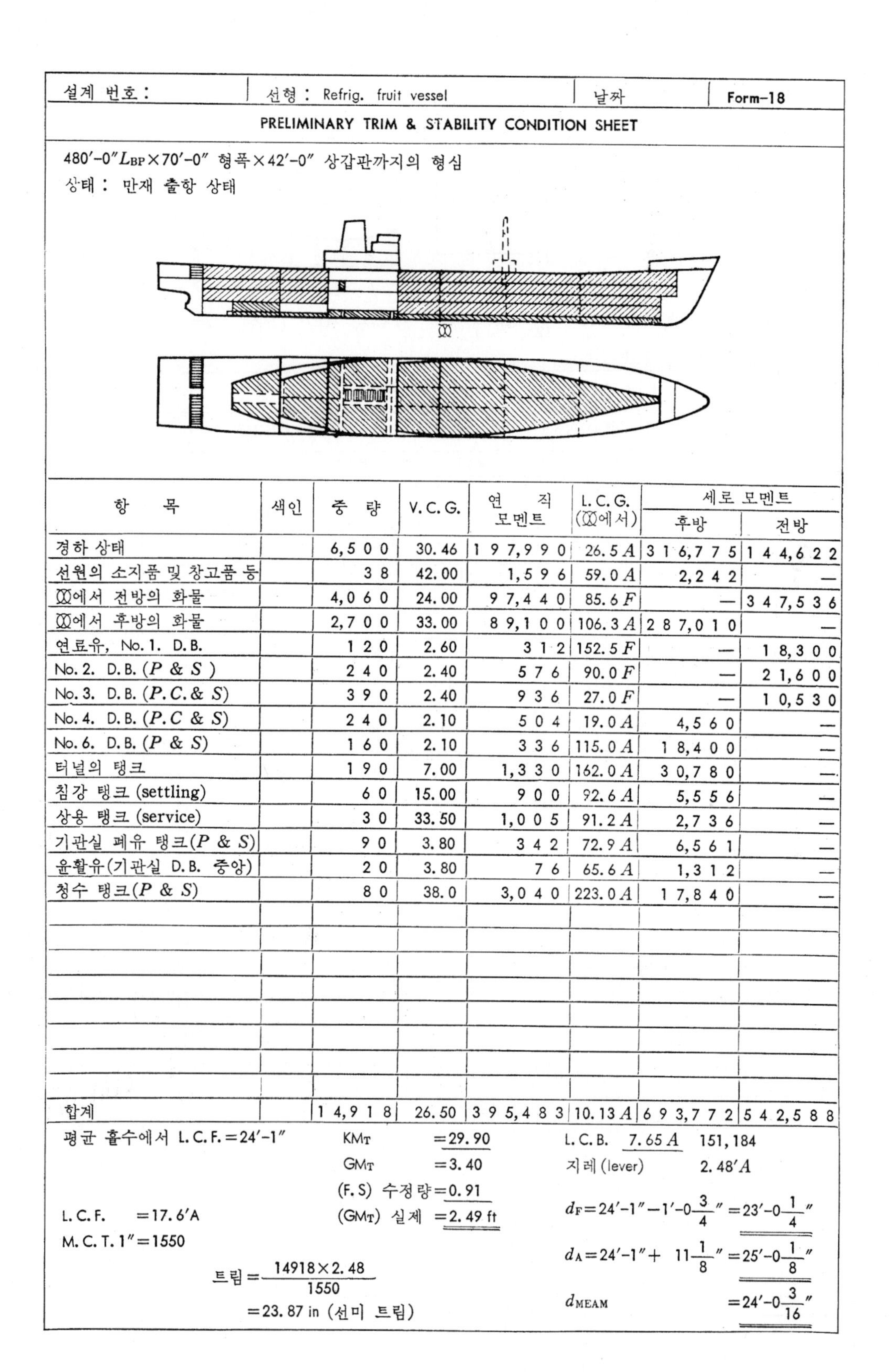

설계 번호 :	선형 : Refrig. fruit vessel	날짜	Form-18

PRELIMINARY TRIM & STABILITY CONDITION SHEET

480′-0″ L_{BP} × 70′-0″ 형폭 × 42′-0″ 상갑판까지의 형심
상태 : 만재 출항 상태

항 목	색인	중 량	V.C.G.	연직 모멘트	L.C.G. (ꝏ에서)	세로 모멘트 후방	세로 모멘트 전방
경하 상태		6,500	30.46	197,990	26.5 A	316,775	144,622
선원의 소지품 및 창고품 등		38	42.00	1,596	59.0 A	2,242	—
ꝏ에서 전방의 화물		4,060	24.00	97,440	85.6 F	—	347,536
ꝏ에서 후방의 화물		2,700	33.00	89,100	106.3 A	287,010	—
연료유, No. 1. D.B.		120	2.60	312	152.5 F	—	18,300
No. 2. D.B. (P & S)		240	2.40	576	90.0 F	—	21,600
No. 3. D.B. (P.C. & S)		390	2.40	936	27.0 F	—	10,530
No. 4. D.B. (P.C & S)		240	2.10	504	19.0 A	4,560	—
No. 6. D.B. (P & S)		160	2.10	336	115.0 A	18,400	—
터널의 탱크		190	7.00	1,330	162.0 A	30,780	—
침강 탱크 (settling)		60	15.00	900	92.6 A	5,556	—
상용 탱크 (service)		30	33.50	1,005	91.2 A	2,736	—
기관실 폐유 탱크(P & S)		90	3.80	342	72.9 A	6,561	—
윤활유(기관실 D.B. 중앙)		20	3.80	76	65.6 A	1,312	—
청수 탱크(P & S)		80	38.0	3,040	223.0 A	17,840	—
합계		14,918	26.50	395,483	10.13 A	693,772	542,588

평균 흘수에서 L.C.F. = 24′-1″

KM_T = 29.90
GM_T = 3.40
(F.S) 수정량 = 0.91
(GM_T) 실제 = 2.49 ft

L.C.B. 7.65 A 151,184
지레 (lever) 2.48′ A

L.C.F. = 17.6′A
M.C.T. 1″ = 1550

$$트림 = \frac{14918 \times 2.48}{1550} = 23.87 \text{ in (선미 트림)}$$

$$d_F = 24'\text{-}1'' - 1'\text{-}0\frac{3}{4}'' = 23'\text{-}0\frac{1}{4}''$$

$$d_A = 24'\text{-}1'' + 11\frac{1}{8}'' = 25'\text{-}0\frac{1}{8}''$$

$$d_{MEAM} = 24'\text{-}0\frac{3}{16}''$$

설계 번호 :	선형 : Refrig. fruit vessel	날짜	Form-19

FREE SURFACE EFFECT OF SLACK TANKS

①
$I=\frac{2L}{3}\cdot(B)^3$

②
$I=\frac{L}{12}\cdot(B)^3$

③
$I=\frac{L}{9}\cdot(B)^3$

④
$I=\frac{L}{72}\cdot(B)^3$

δ=탱크 내 액체의 비중(ft³/ton)

탱 크	길이	늑골	B	B^3	S. M.	$f(B^3)$	I	δ	$\frac{I}{\delta}$	탱크의 수
선수 수창	38.0	179	9.52	863	1	863	$\frac{L}{9}\times 1,243$			
		189	4.59	95	4	380				
		199	—	—	1	—				
						1,243	5,250 ft⁴	35	150	①
No. 1 D. B.	72.5	150	16.20	4,251	1	4,251	$\frac{L}{9}\times 7,593$			
			9.40	830	4	3320				
		179	2.79	22	1	22				
						7,593	61,600 ft⁴	40	1,540	①
No. 2 D. B. (P & S)	70.0	122	28.80	23,888	1	23,888	$\frac{L}{72}\times 76,807$			
		136	23.00	12,167	4	48,668				
		150	16.20	4,251	1	4,251				
						76,807	75,800 ft⁴	40	1,895	②
No. 3 D. B. (P & S)	60.0	98	22.50	11,391	1	11,391	$\frac{L}{72}\times 60,842$			
		110	22.00	10,648	4	42,592				
		122	19.00	6,859	1	6,859				
						60,842	50,700 ft⁴	40	1,268	②
No. 3 D. B. (C)	60.0		12.00	1,728			$\frac{60}{12}\times 1,728=8,640$ ft⁴	40	216	①
No. 4 D. B. (P & S)	42.5	81	21.00	9,261	1	9,261	$\frac{L}{72}\times 63,244$			
			22. 00	10,648	4	42,592				
		98	22.50	11,391	1	11,391				
						63,244	36,900 ft⁴	40	923	②
No. 4 D. B. (C)	42.5		12.00	1,728			$\frac{42.5}{12}=1,728=6,042$	40	151	①
No. 5 D. B. (P & S)	30.0	65	22.00	10,648	1	10,648	$\frac{L}{72}\times 84,585$			
		71	24.30	14,349	4	57,356				
		77	25.50	16,581	1	16,581				
						84,585	34,100 ft⁴	40	853	②
No. 6 D. B. (P & S)	57.5	41	14.00	2,744	1	2,744	$\frac{L}{72}\times 59,471$			
			21.00	9,261	4	37,044				
		64	27.00	19,683	1	19,683				
						59,471	47,400 ft⁴	40	1,185	②

탱크의 구석 혹은 복잡한 형상은 보통 위의 형상에 조합시킨다.

설계 번호 :	선형 : Refrig. fruit vesssel	날짜	Form-20

TONNAGE ESTIMATE

규칙 :

계획 주요 치수

①	측도 길이	=505. 0′
②	측도 갑판까지의 형심	=33. 0′
③	이중저 내의 늑판의 깊이	=5′-0″
④	평균 현호 $=\frac{S_F+S_A}{2}$	=없음.
⑤	캠버	=없음.
⑥	현측 늑골 깊이	= } 0. 83
⑦	선측 내장재의 두께	= } 0. 83

측도 폭 및 깊이

$B_T=B-2\times⑥-2\times⑦$

$=70.00'-1.66'$ = 68. 34′

$D_T=②+\frac{1}{3}\times④+\frac{2}{3}\times⑤-③$

$=33'\text{-}0''-5'\text{-}0''$ = 28. 00′

총 적량

적량 계수	= 0. 696
상갑판 아래 $=\frac{①\times B_T\times D_T\times C}{100}$	= 6730
갑판 간 용적 $=505\times68.34\left(9+\frac{3.5}{3}+\frac{2}{3}\times1.32\right)\frac{0.79}{100}$	= 3011
선수루	= 163
선교루	= —
선미루	= —
갑판실 452, 421, 238, 115, 132, 25	= 1, 384
소계	=11, 288
창구 적량 $=\frac{24\times22\times3}{100}\times⑥$	= 95
소계의 $\frac{1}{2}$ %	= 56
창구의 초과 적량	= 39
⑧ 총 적량	=11, 327

면제 적량

상갑판 위 기계실	= —
조리실 및 배선실	= 34
상갑판 위 선원의 화장실	= 66
선수루	= 123
선교루 공간	= —
조파실	= 19
계단 아래 부분 공간	= 6
상갑판 위 밸러스트 탱크	= —
⑨ 총 면제 적량	= 248

공소 및 에어 스페이스

$③\times40\times21\times\frac{8.5}{100}$	= 252
⑩ 총 공소 및 에어 스페이스	= 252

추진 동력 장치의 장소

적량 $=\frac{\text{추진 기관의 적량}+\text{축계 및 터널의 적량}}{100}$

$=\frac{128000+4000}{100}$ = 1320

추진 동력 장치 장소의 공제 적량=8 %=	106
추진 동력 장치 장소의 적량(P)	= 1, 214
⑪ $g=⑧-⑨-⑩$	=10, 827
P/g	=0. 1121
⑫ 포함되는 공소 및 에어 스페이스(l)	= 222
⑬ $G=g+l$	=11, 049
$(P+l)/(g+l)$	= 0. 13

공제 적량

허가된 동력 장치의 장소 =32 % G		= 3, 536
허가된 선원실		= 1, 000
주 거주실	= 45	} = 290
해도실	= 24	
무선실	= 9	
전등 보관 창고	= 20	
갑판장 창고	= 20	
배터리실	= 2	
묘쇄고 (측도 갑판 하부)	= 30	
펌프실 (측도 갑판 하부)	= —	
조타기실 (측도 갑판 하부)	= —	
밸러스트 탱크 (측도 갑판 하부)	= 140	

⑭ 총공제 적량	= 4, 826
총톤수⑬	=11, 049
순톤수=⑬−⑭	= 6, 223
수에즈 운하 순톤수	8, 090
파나마 운하 순톤수	7, 592

설계 번호 :	선형 : Refrig. fruit vessel	날짜	Form-21

STABILITY CALCULATION

배의 자료

L	$=480'-0''$	$2/3D_1=$	$=28.78$ ft
B	$=70'-0''$	$C_B=\delta$	$=0.693$
D	$=42'-0''$	$C_{\boxtimes}=\beta$	$=0.990$
$(S_A+S_F)/2$	$=3'-6''$	$\delta_s=0.35+0.025/(1.05-\beta)$	$=0.767$
$D_1=D+1/3(S_a+S_f)/2$	$=43.17$ ft	$\delta_s-\delta=$	$=0.074$
D_1/B	$=0.6169$	선루의 크기	=7 % 선수루
$D_1/B/0.6$	$=1.0282$	선루의 수정량	=없음.
$[D_1/B/0.6]^2$	$=1.0572$	$\tan\phi'=[D_1/B/0.6]\tan\phi$	$=1.0282\tan\phi$

상태—만재 출항 상태

	No.								
평갑판 깊이, D	1	ϕ	7.5	15	30	45	60	75	90
	2	$\tan\phi$	0.1317	0.2679	0.5774	1.000	1.7321	3.7321	∞
d =24.08 ft	3	$\tan\phi'$	0.1354	0.2754	0.5936	1.0282	1.7806	3.8366	∞
	4	ϕ'	7.70	15.40	30.70	45.80	60.75	75.38	90
d/D_1 =0.5578	5	$\sin\phi'$	0.1340	0.2656	0.5090	0.7169	0.8725	0.9676	1.0000
B/B_{WL} =1.00	6	F_y	1.000	1.000	0.986	0.781	0.503	0.247	—
$[B/B_{WL}]^2$=1.00	7	f_y	—	—	—	—	—	—	—
	8	$10(\delta s-\delta)\times$⑦	—	—	—	—	—	—	—
	9	F_z	0.0085	0.035	0.162	0.329	0.436	0.541	0.626
KM =29.90 ft	10	f_z	—	—	—	—	—	0.010	0.025
KB =15.20 ft	11	$10(\delta s-\delta)\times$⑩	—	—	—	—	—	0.007	0.019
	12	$[D_1/B/0.6]^2$(⑨+⑪)	0.0090	0.037	0.171	0.337	0.461	0.579	0.682
BM =14.70 ft	13	⑥+⑧+⑫	1.0090	1.037	1.157	1.118	0.964	0.726	0.682
	14	$[B/B_{WL}]^2$⑬-1.0	0.009	0.037	0.157	0.118	−0.036	−0.274	−0.318
	15	표준 CRS=⑤×⑭	0.0012	0.0098	0.0800	0.0846	−0.0314	−0.265	−0.318
KM =29.90 ft	16	단면 수정량	—	—	—	—	—	—	—
KG =26.50 ft	17	수선 면적 수정량	—	—	—	—	—	—	—
	18	실제 CRS	0.0012	0.0098	0.0800	0.0846	−0.0314	−0.265	−0.318
GM = 3.40 ft	19	MS=⑱×BM	0.0176	0.144	1.176	1.244	−0.462	−3.895	−4.675
F.S. 수정량=−0.91ft	20	GM×sinϕ'	0.337	0.661	1.267	1.785	2.173	2.409	2.490
$(GM)_{ACTULA}$= 2.49 ft	21	GZ=⑲+⑳	0.355	0.805	2.443	3.029	1.711	−1.486	−2.185
	22								
D에 대한 선루의 상부까지	23	F_y							
	24	f_y							
d	25	$10(\delta s-\delta)\times$㉔							
	26	F_z							
d/D_1	27	f_z							
B/B_{WL}	28	$10(\delta s-\delta)\times$㉗							
$[B/B_{WL}]^2$	29	$[D_1/B/0.6]^2$(㊱+㉘)							
	30	㉓+㉕+㉙							
KM	31	$[B/B_{WL}]^2$㉚-1.0							
KB	32	표준 CRS=⑤×㉛							
	33	단면 수정량							
BM	34	수선 면적 수정량							
	35	실제 CRS							
KM	36	MS=㉟×BM							
KG	37	GM×sin ϕ'							
	38	GZ=㊱+㊲							
GM	39								
선루를 포함한 계획 선에서	40	㊳−㉑							
	41	선루 수정량							
	42	GZ=㉑+㊶							

설계 번호 :	선형 : Refrig. fruit vessel	날짜	Form-22

LONGITUDINAL STRENGTH CALCULATION

파장 $h=24.1$ ft	계획 흘수 $H=24.93$ ft	$h/H=0.9667$

$\Delta_0=$ 15,400 tons	$\Delta_0 L/100=$ 73,920
I/y 상갑판에서 38,332 ins²ft	I/y 키일에서 46,402 ins²ft

상태	경하 상태	만재 출항	만재 입항	밸러스트 출항
경하 상태의 전방 및 후방의 모멘트 합	461,397	461,397	461,397	461,397
재하 상태의 전방 및 후방의 모멘트 합		774,963	653,247	222,143
만재 상태의 모멘트 합	461,397	1,236,360	1,114,644	683,540
1/2(ML+MD)	230,698	618,180	557,322	341,770
Δ tons	6,500	14,918	13,458	8,528
Δ/Δ_0	0.422	0.968	0.873	0.554
α	3.45	8.60	7.65	4.65
b hogging wave condition	1.42	2.07	1.98	1.62
b sagging wave condition	1.92	2.43	2.39	2.14
$h/H\times b$ hogging w. c.	1.37	2.00	1.91	1.57
$h/H\times b$ sagging w. c.	1.86	2.35	2.31	2.07
α hog$=\alpha-h/H\times b$ hog. w. c.	2.08	6.60	5.74	3.08
α sag$=\alpha+h/H\times b$ sag. w. c.	5.31	10.95	9.96	6.72
α still water$=\alpha$	3.45	8.60	7.65	4.65
$\Delta_0 L/100\times\alpha$ hog. w. c.	153,754	487,872	424,301	227,674
$\Delta_0 L/100\times\alpha$ sag. w. c.	392,515	809,424	736,243	496,742
$\Delta_0 L/100\times\alpha$ still water	255,024	635,712	565,488	343,728
배 중앙에서의 휨 모멘트 (hog. w. c.)	76,944(H)	130,308(H)	133,021(H)	114,096(H)
배 중앙에서의 휨 모멘트 (sag. w. c.)	161,817(S)	191,244(S)	178,921(S)	154,972(S)
배 중앙에서의 휨 모멘트 (still water)	24,336(S)	17,532(S)	8,166(S)	1,958(S)
응력(상갑판에서) : hog. w. c. (ton/in²)	2.01	3.40	3.47	2.98
sag. w. c. (ton/in²)	4.22	4.99	4.67	4.04
still water (ton/in²)	0.63	0.46	0.21	0.05
응력(키일에서) : hog. w. c. (ton/in²)	1.66	2.81	2.87	2.46
sag. w. c. (ton/in²)	3.49	4.12	3.86	3.34
still water (ton/in²)	0.52	0.38	0.17	0.04

만족한 응력의 값

정수 상태의 응력=4.80 ton/in²

응력의 합 =8.47 ton/in²

주의 사항

선체 중앙에서의 휨 모멘트 $=1/2(ML+MD)-\Delta_0 L\alpha/100$

1. 중량의 모멘트>배의 호깅 상태의 부력의 모멘트
2. 중량의 모멘트<배의 새깅 상태의 부력의 모멘트

부록 2. 조선공학 단위의 정의와 환산

단위에는 영 · 미의 foot-pound 법과 국제 표준인 미터법, 그리고 동양의 척관법, 또는 최근의 국제 표준인 SI 단위 등의 여러 가지가 있어서 복잡하다. 조선공학에서 가장 많이 쓰이는 단위들 중에서 혼돈 가능성이 있는 것들을 정리 소개한다.

1. 길이, 속도, 면적, 부피, 배율, 각도

1 inch＝2.54 cm

1 feet＝12 inch＝30.48 cm

1 yard＝3 feet＝91.44 cm

1 fathom＝6 feet

1 mile＝1,609 m＝5,280 feet

1 nautical mile(해상 mile)＝1852 m＝6080 feet

1 자(尺)＝30.303 cm＝10치(寸)

1 간＝6자

1 장＝10자

1 kn＝1852 m/h＝0.5144 m/sec

1 m/sec＝1.9438 kn(1/0.5148)＝2.2369 mile/h＝3.2808 feet/sec

1 rad＝57.297 도(반지름과 원호의 길이가 같아지는 부채꼴의 꼭지각)

1 rad/sec＝9.549 rpm

1 rpm＝360도 / 60 min＝6도 / min

1 gallon(U.S.)＝3.785 L

1 gallon(英)＝4.546 L(dir 1.2 U.S. gallon)＝8 pints＝4 quarts

1 barrel＝35 英 gallon＝42 美 gallon＝0.159 m^3

1 bushel＝32 quarts(英 gallon)＝64 pints＝1.2445 ft^3

1 bushel(英)＝0.036 m^3

1 bushel(美)＝0.035 m^3

1 석(石)＝180 L

1 말＝18 L

1 되＝1.8 L

1 홉＝0.18 L

1 작＝0.018 L

1 BM = 1 ″ ×1 ″ ×1 ′ = 144 $inch^3$ = 0.00236 m^3

※ BM: Board Measure 또는 BF(Board Foot)로도 표기하는 나무 부피 단위

1 재(才) = 1치×1치×12자 = 3,338 cm^3 = 0.00334 m^3 = 1.41 BM

1 CPM(Cubic Feet Per Minute) = 1.7 m^3/h

1 GPM(gallon Per Minute) = 0.227 m^3/h

1 a(아르) = 100 m^2

1 ha(헥타르) = 10 a

1 km^2 = 100 ha

1 acre(에이커) = 4046.86 m^2 = 4840.67 ft^2

1 평 = 6자×6자 = 30.303 cm×30.303 cm×36 = 3.3058 m^2

1 mega = 100만 배(10^6)

1 giga = 10억 배(10^9)

1 micro = 100만분의 1(10^{-6})

1 nano = 10억분의 1(10^{-9})

1 micron = micro meter(1/10^6 m, 1/1000 mm)

2. 무게, 힘, 압력

1 lb = 453.6 g = 16 oz

1 ton = 1,000 kg(metric ton)

1 ton = 2,240 lb(long ton) = 1016 kg

1 ton = 2,000 lb(short ton) = 907.2 kg

1 관 = 3.75 kg = 100냥 = 1000돈 = 6근 4량(1근 = 16냥 = 600 g)

1 냥 = 0.0375 kg = 10돈

1 돈 = 0.00375 kg = 3.75 g

1 g(중력 가속도) = 980 cm/sec^2 = 980 Gal(1Gal = 1 cm/sec^2)

1 g(중력 가속도) = 32.17 ft/sec^2(980.665÷30.48)

다음부터 중량 단위 우측에 붙이는 f는 단순 질량(mass)이 아니고 중량인 힘을 나타내기 위해 force의 f를 따서 붙인 것이다. 지구상에 존재하는 모든 무게는 전부 중력 가속도를 받는 중량이며, 질량이란 그 자체 무게들의 상대적인 크기 차이를 규명해 주는 척도이다.

1 gf = 1 g×980 cm/sec^2(정확한 값 = 980.664)

1 gf(또는 g중) = 980 g · cm/sec^2 = 980 dyne

1 dyne = 1g · cm/sec^2 = 1/980 gf

1 lbf = 32.17 lb · ft/sec^2 = 32.17 Poundal

1 Poundal = 0.03108 lbf = 14.08 gf(약 14.1)

1 Poundal = 13826 dyne(14.1×980.665)

1 Slug = 32.17 lb = 14.59 kg(32.17×0.4536)

1 g/cm^3(물의 비중) = 62.427 lb/ft^3

$$= \frac{30.48\,\text{cm} \times 30.48\,\text{cm} \times 30.48\,\text{cm} \times 1\,\text{g/cm}^3}{453.6\,\text{g}} = 62.427\ \text{lb/ft}^3$$

1 N = 100,000 dyne(N은 Newton 임)

1 Kip = 1000×453.6 gf×980.665 dyne/gf

= 4448.3×100,000 dyne = 4448.3 N

1 bar = 1,000,000 $dyne/cm^2$ = 14.5 PSI

= 1.019 kg/cm^2(1÷0.98) = 0.987 atm(기압)

1 kg/cm2 = 14.22 lb/in^2(PSI) = 0.98 bar

1 atm (기압) = 수은주 76 cm

= 1,033 cm 물 기둥(76×수은 비중 13.6 = 1,033)

= 1.033 kg/cm^2 = 1.013 bar (1.033×0.98) = 14.7 lb/in^2

1 Pa = 1 N/m^2 1/100,000 bar(1 bar = 100,000 Pa), (Pa는 Pascal 임)

1 atm = 101,325 Pa

1 kg/cm^2 = 98,066 Pa

1 bar = 100,000 Pa

1 PSI(lb/in^2) = 6,895 Pa

1 $\text{m}_{WC} = 1\ \text{m}_{수주(\text{Water})}$

= 0.1 kg/cm^2 ······················· 유체 용기의 저압 단위로 사용

1 mm_{AQ} = 1/1,000 m_{WC} ················· 송풍 닥트와 Fan 압력 단위로 씀

3. 일, 에너지, 마력

1 erg = 1 dyne · cm

1 J = 10,000,000 erg

1 W = 1 J/sec

1 cal = 4.1855 J

1 BTU = 252 cal(1 lb를 1°F 올리는 열량 453.6×5÷9 = 252)

= 778.26 ft · lbf

1 kW = 550 ft · lbf(영 · 미 마력) = 0.746 kW

1 PS = 75 kgf · m(미터법 마력, 속칭 프랑스 마력) = 0.735 kW

1 HP · h = 2545 BTU

1 kW · h = 860 kcal

1 lbf · ft = 0.138 kgf · m = 0.293 W · h

1 cal = 0.4268 kgf · m(4.1855÷9.8067)

1 kgf · m = 9.8 J(정확한 값은 9.8067 cal)

물의 융해열, 응고열 = 80 cal/g(정확한 값은 79.68 cal) = 144 BTU/lb

물의 액화열, 기화열 = 540 cal/g = 970 BTU/lb

1 냉동톤(미터법) : 물 1t (1000 kg)을 하루에 얼리는 열량

$$\frac{1,000\,\text{kg} \times 79.68\,\text{cal}}{24} = 3,320 \text{ kcal/h}$$

= 3.861 kW(860 kcal = 1 kW · h 이므로

3,320÷860 = 3.861 됨)

= 5.2488 PS

= 5.1770 HP

1 미국 냉동톤 : 물 2,000 lb를 하루에 얼리는 열량

$$\frac{144\,BTU \times 2,000}{24 \times 60} = 200 \text{ BTU/min}$$

= 3,024 kcal/h

= 3,516.85 W

= 4.7154 HP

4. 온도, 기체상수, 전기량

섭씨 절대 온도 °K = °C + 273°

화씨 절대 온도 °R = °F + 460°

°R = 1.8°K

기체 상수 R = 1.987 cal/(g mol)(°K)

= 1.987 BTU/(lb mol)(°R)

= 1545 ft · lb/(lb mol)(°R)

1 C = 1 A · s(C는 Coulomb, A는 암페어)

3600 C = 1 A · h

1 Faraday = 96,500 C

5. GT와 Stowage Factor(SF)

1 GT = 100 ft^3

$100 \times 0.0283\ m^3 = 2.83\ m^3$

1 $m^3 = 1 \div 0.0283\ m^3 = 35.3\ ft^3$

즉, 물(비중 1.000) 1 ton이 35.3 ft^3이고, 해수(비중 1.025) 1 ton이 34.42 ft^3 이다.

1 SF = Cargo 1 ton (2,240 lb)이 갖는 Volume(ft^3) 따라서 비중 1.0인 화물의 SF는 35.9가 된다.

$$35.3\ ft^3 \times \frac{1{,}016\,kg\,(2{,}240\,lb)}{1{,}000\,kg} = 35.3 \times 1.016 = 35.9$$

쌀의 SF는 46~50으로 가벼운 화물이고, 철광석의 SF는 12~15로 무거운 화물이다. 어떤 화물이든 비중을 알면 [35.9÷비중]의 계산으로 SF가 계산된다.

6. 속도 중량 단위 표

(1) 속도 길이의 비

$V/\sqrt{L}$ $(knots/\sqrt{m})$	$V'/\sqrt{L'}$ $(knots/\sqrt{feet})$	$v/\sqrt{L}$ $((m/sec)/\sqrt{m})$	$v/\sqrt{Lg}$ (Froude No.)
1	0.55173	0.51444	0.16428
1.9438	1.0725	1	0.31933
6.0873	3.3585	3.1316	1

비중량(또는 중량, 밀도, γ) = $\frac{중량(W)}{부피(V)}$ = 밀도(ρ) × 중력 가속도(g)

$$비중(S) = \frac{어떤\ 물질의\ 비중량\ 또는\ 밀도}{표준\ 물질(액체의\ 경우는\ 보통\ 4°C\ 의\ 비중량\ 또는\ 밀도}$$

(2) 중력의 단위

마 력		KW	kg·m/sec
PS(metric)	HP(english)		
1	0.98632	0.73550	75
1.0139	1	0.74570	76.040
1.3596	1.3410	1	101.97
0.013333	0.013151	0.00980665	1

(3) 기폭의 계급

계 급	명 칭		파 고(m)
0	no swell	기폭 없다.	0
1	slight swell	기폭 가볍다.	0~2.0
2	moderate swell	기폭 있다.	2.0~4.0
3	rather rough swell	기폭 약간 크다	
4	rough swell	기폭 크다.	
5	heavy swell	기폭 높다.	4.0~이상
6	very heavy swell	기폭 매우 높다.	
7	abnormal swell	기폭 아주 거대	

(4) 단위계의 비교표

양 및 MLT 차원		SI 계	ft – lb 계	MKS(관습)계
질량(M)		kg, ton	slug, lb_m	kg_m (1 kg_m=1kg · s^2/m)
길이(L)		m	ft	m
시간(T)		s	s	s
중력가속도(LT^{-2})		9.8 m/s^2	32.2 ft/s^2	9.8 m/s^2
중량(힘) : (MLT^{-2})		N (1 N=1 kg · m/s^2)	lb (1 lb=32.2lb_m · ft/s^2)	kg, ton
밀도 ($ML^{-3}1$)	청수	1.000 ton/m^3	62.4 lb_m · ft/s^2 1.938 $slug/ft^3$ ($\rho_{slug} = \rho_{lb_m} / 32.2$)	1,000 kg_m/m^3
	해수	1.025 ton/m^3	62.4 lb_m/m^3 1.938 $slug/ft^3$	1,025 kg_m/m^3
비중량 ($MT^{-2}L^{-2}$)	청수	9.81 kN/m^3	62.4 lb/ft^3 $\frac{1}{36}$ ton/ft^3	1.000 ton/m^3
	해수	10.06 kN/m^3	64 lb/ft^3 $\frac{1}{35}$ ton/ft^3	1.025 ton/m^3

(5) DWT/GT 톤 환산계수

Marine Engineering Log

VESSEL TYPE	DWT / GT
Product Tanker	1.6
Tanker-up to 50,000 DWT	1.6
Tanker-50/80,000 DWT	1.7
Tanker-80/160,000 DWT	1.9
Tanker-160,000 DWT	2.0
Bulk Carrier-up to 50,000 DWT	1.6
Bulk Carrier-50/100.000 DWT	1.7
Bulk Carrier-100,000 DWT+	1.8
General Cargo-up to 5,000 DWT	1.3
General Cargo-5,000 DWT+	1.4
Container and Ro/Ro	1.0
Passenger Ships	1.0
Reefers	1.3
Gas and Chemical Carriers up to 40,000	1.3
cubic metres	0.85
Gas and Chemical Carriers 40/90,000 cubic metres	
Fishing Vessels and Miscellaneous	1.0

(6) 선박 톤수 및 용적의 종류

종 류	내 용
배수 용적 (▽, volume of displacement)	배가 물에 떠 있을 때 물 속의 배의 부피를 말함
배수량 또는 배수 톤수 (△, displacement tonnage)	배의 중량을 나타내는 것(=배수 용적×유체의 비중량)으로서 만재 배수량(full load displacement)과 경하배수톤수(light load displace-ment)으로 구분됨 ※ 비중량: ① 바닷물 : 1.025 ton/m^3, ② 청수 : 1000 ton/m^3 [주] 중량의 단위로는 *SI* 계의 *N* 대신에 관습계(*MKS*)의 ton을 사용하고 있음
총톤수(G/T, gross tonnage), 순톤수(N/T, net tonnage)	일정한 기준에 따른 배의 부피(용적)를 나타내는 것 (1 volume tonnage=1000/353=2.84 m^3/ton)
재하중량톤수 (*DWT*, dead weight tonnage)	배의 적재 가능한 중량을 나타내는 것
재화용적톤수 (cargo capacity tonnage)	배가 적재 가능한 화물의 부피를 나타내는 것으로서 그레인용적(grain capacity)과 포장화물용적(bale capacity)으로 구분됨
CGT (compensated gross tonnage)	선박의 부가가치 내지는 건조의 난이도에 따른 톤수(=총톤수×선종 그룹에 따른 계수)임
TEU, FEU	컨테이너의 적재 가능 개수, 컨테이너의 기준 길이에 따라서 *TEU* (twenty feet equivalent unit)는 20 ft짜리, *FEU*(forty feet equi-valent unit)는 40ft 짜리를 기준으로 한 것임

(7) 용접용 센서

물리적 특성치	센 서	단 위
시간	타이머(Timer), 카운터(Counter)	s, cycle
온도	열전대(Thermocouple, 상온~1250℃) 서미스터(Thermister, 상온~327℃) 파이로미터(Pyrometer)	℃
힘	로드셀(Load cell)	N, kg
압력	변위 도는 다이아프램 타입 압력 센서 (Displacement and diaphragm type pressure sensor)	kPa
유량	유량계(Flow meter)	L / min
전류	전류 션터(Current shunt), 홀전류센서(Hole effect current sensor)	Amp
전압	전압계(Voltmeter)	Volt
변위	포텐셔미터(Potentiometer), 전압차 변압기(Voltage differential transformer), 인덕티브 센서(Inductive sensor), 커패시티브 센서(Capacitive sensor), 엔코더(Encorder), 초음파센서(Ultrasonic sensor), 광학센서(Optical sensor)	mm
속도	포텐셔미터(Potentiometer), 전압차 변압기(Voltage differential transformer), 인덕티브 센서(Inductive sensor), 커패시티브 센서(Capacitive sensor), 엔코더(Encorder), 초음파센서(Ultrasonic sensor), 광학센서(Optical sensor)	mm / s
가속도	포텐셔미터(Potentiometer), 전압차 변압기(Voltage differential transformer), 인덕티브 센서(Inductive sensor), 커패시티브 센서(Capacitive sensor), 엔코더(Encorder), 초음파센서(Ultrasonic sensor), 광학센서(Optical sensor)	mm / s^2
음향 에너지	마이크로폰(Microphone)	dB
빛 방사량	광다이오드(Photodiode), 광트랜지스터(Phototransistor), 태양광 센서(Solar cell sensor)	Lumen

(8) 용접 관련 단위 변환

양(Quantity)	변환전 Inch-Pound (To Convert From)	변환후 SI (To)	변환계수
면적 area dimensions	in^2	mm^2	6.451600×10^{2}
전류 밀도 current density	A / in^2	A / mm^2	1.550003×10^{-3}
용착 속도 deposition rate	lb / h	kg / h	4.535924×10^{-1}
전기 저항 electrical resistivity	W · cm	W · cm	1.000000×10^{-2}

(9) 금속의 분류

Metal (금속)	Light metal (경금속)	Al(알루미늄), Ti(티타늄), Mg(마그네슘)	
	Heavy metal (중금속)	Tm(용융온도) < 500℃	Pb(납), Sn(주석), Zn(아연)
		500℃ < Tm < 2,000℃	Cu(구리), Mn(망간), Ni(니켈), Fe(철), Cr(크롬)
		Tm > 2,500℃	Mo(몰리브덴), Ta(탄탈륨), W(텅스텐)

(10) 비파괴 검사의 종류와 방법

종 류	목 적	방 법
외관 검사	① 작은 결함 검사 ② 수치의 적부 검사	렌즈, 반사경, 현미경 또는 게이지로 검사
누설 검사	기밀, 수밀 검사	정수압, 공기압에 의한 방법
침투 검사	작은 균열과 작은 구멍의 흠집 검사	① 형광 침투 검사 ② 염료 침투 검사
초음파 검사	내부의 결함 또는 불균일형층의 검사	진동수 0.515MHz를 사용하여 ① 투과법 ② 펄스 반사법 ③ 공진법
자기 검사	자성체의 결함 검사	자화 전류 5005000A를 사용
와류 검사	금속의 표면이나 표면에 가까운 내부 결함의 검사	금속 내에 유기되는 와류 전류(eddy current)의 작용을 이용
방사선 투과 검사	내부 결함의 검사	① X선 투과 검사 ② γ선 투과 검사

(11) 금속의 주요 물리적 특성

물리적 특성	용접에 미치는 영향
열팽창	용접부 변형
열전도	용접부 변형, 저항 용접에서 요구 전력 세기
이온화 에너지	아크 기동성 및 아크 안정성
열 에너지 함수	아크의 에너지 효율
전기 저항	전극의 전기 저항열
산화 포텐셜	금속의 용접성

7. 용접 결함과 대책

결 함	원 인	대 책
기 공 (blow hole)	① 이음부나 와이어의 녹, 기름, 페인트, 기타 오물이 부착 ② 용제의 습기 흡수 ③ 용제 살포량의 과부족 ④ 용접 속도 과대 ⑤ 용제중에 불순물의 혼입 ⑥ 용제의 살포량이 많아 가스의 방출이 불충분(입도가 가는 경우에만) ⑦ 극성 부적당	① 그 부분을 청소, 연소, 연마한다. ② 용융형 용제는 약 150℃로 1시간, 소결형 용제는 약 300℃로 1시간 건조한다. ③ 용제 살포량은 용제 호스를 높게 하여 조정한다. ④ 용접 속도를 저하시킨다. ⑤ 용제를 교환, 용제 회수 시에 주의한다. ⑥ 용제 호스를 낮게한다. ⑦ 전극을(+)극으로 연결한다.
균 열 (crack)	① 모재에 대하여 와이어와 용제의 부적당(모재의 탄소량 과대, 용착 금속의 망간량 감소) ② 용접부의 급랭으로 열영향부의 경화 ③ 용접 순서 부적당에 의한 집중 응력 ④ 와이어의 탄소와 유황의 함유량이 증대 ⑤ 모재 성분의 편석 ⑥ 다층 용접의 제1층에 생긴 균열은 비드가 수축 방향에 견디지 못할 때	① 망간량이 많은 와이어를 사용, 모재는 탄소량이 많으면 예열할 것 ② 전류와 전압을 높게, 용접 속도는 느리게 할 것 ③ 적당한 용접 설계를 한다. ④ 심선을 교환한다. ⑤ 와이어, 용접의 조합 변경, 전류와 속도를 저하 ⑥ 제1층 비드를 세게 한다.
슬래그 쉬임 (slag inclusion)	① 모재의 경사에 의해 용접 진행 방향으로 슬래그가 들어감 ② 다층 용접의 경우 앞 층의 슬래그의 제거가 불완전 ③ 용입의 부족으로 비드 사이에 슬래그가 섞임 ④ 용접 속도가 느려 슬래그가 앞쪽으로 흐를 때 ⑤ 최종 층의 아크 전압이 너무 높으면 유리되어 용제가 비드의 끝에 들어감	① 모재는 되도록 수평으로 하든가, 용접 진행 방향을 반대로 하고, 전류와 용접 속도를 높게 한다. ② 완전히 슬래그를 제거하고 나서 다음 층을 용접한다. ③ 전류를 알맞게 조정한다. ④ 전류, 용접 속도를 빠르게 한다. ⑤ 전압을 감소시키고 속도를 증가시킨다.
용 락	전류 과대, 홈 각이 지나치게 크고, 루트의 면 부족, 루트 간격 과대	이상의 여러 조건을 다시 조정할 것
용입이 얕다.	전류가 낮다. 전압이 높다. 루트 간격이 부적당	이상의 여러 조건을 다시 조정할 것
용입이 너무 크다.	전류가 높다. 전압이 낮다. 루트 간격이 부적당	이상의 여러 조건을 다시 조정할 것
오버랩	전류가 높다. 용접 속도가 너무 느리다. 전압이 낮다.	전류를 낮추고, 전압을 알맞게, 용접 속도를 알맞게 한다.
언더컷	용접 속도가 너무 빠르고, 전류, 전압, 전극 위치 부적당	용접 속도를 느리게, 전류, 전압, 전극 위치를 알맞게 정한다.

8. 풍랑계급(wind & wave scale)

a) 바람의 계급(beaufort scale, B_F)

B_F	명 칭		m/sec
0	calm	정 온	~ 0.3
1	light air	지경풍	0.3 ~ 1.6
2	light breeze	경 풍	1.6 ~ 3.4
3	gentle breeze	연 풍	3.4 ~ 5.5
4	moderate breeze	화 풍	5.5 ~ 8.0
5	fresh breeze	질 풍	8.0 ~ 10.8
6	strong breeze	웅 풍	10.8 ~ 13.9
7	moderate gale	강 풍	13.9 ~ 17.2
8	fresh gale	질강풍	17.2 ~ 20.8
9	strong gale	대강풍	20.8 ~ 24.5
10	whole gale	전강풍	24.5 ~ 28.5
11	storm	폭 풍	28.5 ~ 32.7
12	typhoon	태 풍	32.7 ~ 37.0
13			37.0 ~ 41.5
14			41.5 ~ 46.2
15			46.2 ~ 51.0
16			51.0 ~ 56.1
17			56.1 ~ 61.3

wind speed(m/sec) ≒ $0.836\sqrt{B_F^3}$

b) 파랑의 계급

B_F	명 칭		파고(m)
0	dead calm	거울과 같다	0
1	very smooth	약간 잔물결	0 ~ 0.5
2	smooth	잔물결이 인다	0.5 ~ 1.0
3	slight	작고 흰 파도	1.0 ~ 2.0
4	moderate	전부 흰 물결 높은 파도	2.0 ~ 3.0
5	rather rough	흰 물결이 높다	3.0 ~ 4.0
6	rough	큰 파도	4.0 ~ 6.0
7	high	큰 물결이 높고, 물결 산의 앞경사가 빠르다	6.0 ~ 9.0
8	very high	노도가 매우 높다	9.0 ~ 14.0
9	phenomeral	노도가 산과 같이 높다	14.0 ~

9. 조선용어의 차이점(조선용어사전/규정집)

영어 용어	조선 용어 사전 (대한조선학회, 과학기술용어집)	선급 기술 규칙(KR)
air pipe head	공기관 머리쇠	공기관 헤드
azimuth	방위각	선회식
ballast water	물 밸러스트	밸러스트수
blade	날개	블레이드(프로펠러용)
flame arrester	불꽃막이	프레임어레스터
flexible shaft	유연성축	플랙시블축
guide plate	안내판	가이드 플레이트
hatch cover	창구 덮개	해치 커버
mooring	계류	무어링
mooring winch	계류 윈치	무어링 윈치
owner	owner	선박소유자(KR규칙)
pipe tunnel	파이프 통로	파이프 터널
pontoon cover	폰툰 덮개	폰툰 덮개
sea chest	해수 흡입	시체스트
settling tank	침전 탱크	세트링 탱크
spill valve	가감 밸브	스필 밸브
stringer	종통재	스트링어
stripping pump	잔유 펌프	스트리핑 펌프
thrust bearing	추력 베어링	스러스트 베어링
top side tank	거널 탱크	톱사이드 탱크
tow line	토라인	토우라인
transverse web frame	횡 특설 늑골	트랜스버스웨브프레임
vent	통기 구멍	벤트
weather tight	풍우밀	비바람막이
web frame	특설 늑골	웨브 프레임
windlass	양묘기	윈들러스
wing tank	현측 탱크	윙 탱크
wedge	쐐기	웨지
water seal	물봉쇄	수밀
void space	빈 공간	보이드 스페이스
wing ballast tank	현측 바라스트 탱크	윙밸러스트 탱크
strut bearing	스트럿 베어링	스트러트 베어링
stopper	멈추게	스토퍼
code	코드	코우드
bollard	볼러드	볼라드
bar	바	봉(원형), 바(사각)

10. 사용기호

기호	명칭	기호	명칭
A_E	프로펠러 전개면적(m^2)	R_W	조파저항(kg)
A_P	프로펠러 투영면적(m^2)	r_A	런 계수 $\frac{B/L}{1.3(1-C_B)-3.1l_{CB}}$
a_E	프로펠러 전개면적비	r_E	엔트런스 계수 $\frac{B/L}{1.3(1-C_B)+3.1l_{CB}}$
B_P	출력계수 $\frac{N \cdot P^{0.5}}{V_A^{2.5}}$	S	침수면적(m^2)
C_{ADM}	애드미럴티 계수 $\frac{\Delta^{2/3} \cdot V^3}{\mathrm{PS}}$	T	추력(kg)
C_F	마찰저항계수 $\frac{R_F}{\frac{1}{2}\rho S v^2}$	T.H.P.	추력마력 $\frac{T \cdot v_A}{75}$
C_T	전저항계수 $\frac{R}{\frac{1}{2}\rho S v^2}$	t	추력감소계수 $1-\frac{R}{T}$
C_W	조파저항계수 $\frac{R_W}{\frac{1}{2}\rho S v^2}$	V	속력(kts)
C_{WB}	조파저항계수 $\frac{R_W}{\frac{1}{2}\rho B^2 v^2}$	V_A	프로펠러 전진속력(kts)
D	프로펠러 지름 (m)	v	속력(m/sec)
D.H.P.	전달마력 B.H.P.(S.H.P.) · η_T	v_A	프로펠러 전진속력(m/sec)
E.H.P.	유효마력 $\frac{R \cdot v}{75}$	w	반류계수 $1-\frac{v_A}{v}$
F_N	Froude 수 $\frac{v}{\sqrt{Lg}}$	w_M	모형선의 반류계수
F_{NB}	Froude 수 $\frac{v}{\sqrt{Bg}}$	w_S	실선의 반류계수
$\frac{H}{D}$	프로펠러 피치비	Z	프로펠러 날개 수
J	프로펠러 전진상수 $\frac{v_A}{nD}$	δ	지름 계수 $\frac{N \cdot D}{V_A}$
J_C	추력하중 $\frac{T}{\frac{1}{2}\rho A_P v^2}$	σ	캐비테이션 수 $\frac{p-e}{\frac{1}{2}\rho v^2}$
K	형상영향계수	Δ	배수량(t)
K_Q	프로펠러 토크계수 $\frac{Q}{\rho n^2 D^5}$	Δ_N	형배수량(t)
K_T	프로펠러 추력계수 $\frac{T}{\rho n^2 D^4}$	ΔC_F	조도수정계수
N	프로펠러 매분회전수(rpm)	∇	배수용적(m^3)
n	프로펠러 매초회전수(rps)	η	추진계수 $\frac{\mathrm{E.H.P.}}{\mathrm{D.H.P.}}$
P	전달마력(=DHP)	η_B	선후 프로펠러 효율
Q	토크(kg · m)	η_H	선체효율 $\frac{1-t}{1-w}$
R	저항 또는 전저항(kg)	η_O	단독 프로펠러 효율
R_F	마찰저항(kg)	η_R	프로펠러 효율비 $\frac{\eta_B}{\eta_O}$
R_n	Reynolds 수 $\frac{vL}{\nu}$	η_T	전달효율 $\frac{\mathrm{D.H.P.}}{\mathrm{B.H.P.(S.H.P.)}}$
R_R	잉여저항(kg)	ρ	밀도(kg · sec^2/m^4)
R_v	점성저항(kg)	ν	동점성계수(m^2/sec)

11. 속도환산표

표 11-1 속도환산표(1)

V	$V^{\frac{1}{6}}$	$V^{\frac{5}{4}}$	$V^{1.825}$	$V^{2.825}$	V^5
1	1.000	1.000	1.00	1.00	1
2	1.122	2.380	3.504	7.09	32
3	1.201	3.945	7.42	22.2	243
4	1.260	5.650	12.55	50.2	1,024
5	1.308	7.49	18.86	94.3	3,125
6	1.348	9.40	26.31	157.8	7,776
7	1.384	11.40	34.85	244.0	16,807
8	1.415	13.46	44.47	355.8	32,768
9	1.443	15.60	55.14	496.2	59,049
10	1.468	17.70	66.83	668.3	100,000
11	1.492	20.00	79.53	874.8	161,050
12	1.513	22.38	93.21	1,118	248,830
13	1.533	24.68	107.8	1,402	371,290
14	1.553	27.07	123.5	1,729	537,820
15	1.570	29.51	140.0	2,101	759,370
16	1.587	32.00	157.5	2,521	1,048,600
17	1.605	34.51	176.0	2,992	1,419,900
18	1.620	37.08	195.3	3,516	1,889,600
19	1.634	39.67	215.6	4,097	2,476,100
20	1.648	42.30	236.8	4,735	3,200,000
21	1.661	44.96	258.8	5,435	4,084,100
22	1.675	47.64	281.7	6,199	5,153,600
23	1.686	50.37	305.6	7,028	6,436,300
24	1.698	53.12	330.2	7,926	7,962,600
25	1.710	55.90	355.8	8,895	9,765,600
26	1.721	58.71	382.2	9,938	11,881,000
27	1.732	61.55	409.4	11,056	14,349,000
28	1.742	64.40	437.5	12,252	17,210,000
29	1.753	67.30	466.5	13,529	20,511,000
30	1.762	70.21	496.3	14,889	24,300,000
31	1.771	73.15	526.9	16,334	28,629,000
32	1.780	76.11	558.3	17,867	33,554,000
33	1.790	79.09	590.5	19,490	39,135,000
34	1.800	82.10	623.6	21,204	45,435,000
35	1.810	85.13	657.5	23,014	52,522,000
36	1.819	88.18	692.2	24,920	60,466,000
37	1.826	91.25	727.7	26,925	69,344,000
38	1.834	94.34	764.0	29,033	79,235,000
39	1.841	97.46	801.1	31,243	90,224,000
40	1.849	100.65	839.0	33,560	102,400,000

표 11-2 속도환산표(2)

V	$V^{\frac{1}{6}}$	$V^{\frac{5}{4}}$	$V^{1.94}$	$V^{2.94}$	V^3	V^5
1.0	1.000	1.000	1.000	1.000	1.000	1.00
1.2	1.031	1.256	1.424	1.709	1.728	2.49
1.4	1.058	1.522	1.920	2.689	2.744	5.37
1.6	1.081	1.800	2.488	3.982	4.096	10.48
1.8	1.010	2.088	3.127	5.629	5.832	18.89
2.0	1.122	2.380	3.837	7.674	8.000	32.00
2.2	1.140	2.660	4.616	10.15	10.65	51.53
2.4	1.157	2.990	5.465	13.11	13.82	79.64
2.6	1.173	3.300	6.383	16.59	17.58	118.81
2.8	1.187	3.620	7.370	20.63	21.95	172.10
3.0	1.200	3.945	8.425	25.27	27.00	243.00
3.2	1.214	4.27	9.549	30.55	32.77	335.54
3.4	1.226	4.61	10.74	36.52	39.30	454.35
3.6	1.238	4.96	12.00	43.20	46.66	604.66
3.8	1.249	5.30	13.32	50.64	54.87	792.30
4.0	1.260	5.65	14.72	58.89	64.00	1024.0
4.2	1.270	6.00	16.18	67.97	74.09	1306.9
4.4	1.280	6.38	17.71	77.93	85.18	1649.2
4.6	1.290	6.65	19.30	88.81	97.34	2059.6
4.8	1.298	7.10	20.97	100.6	110.6	2548.0
5.0	1.308	7.49	22.69	113.4	125.0	3125.0
5.2	1.316	7.86	24.49	127.3	140.6	3802.0
5.4	1.325	8.25	26.35	142.3	157.5	4591.6
5.6	1.332	8.50	28.28	158.3	175.6	5507.3
5.8	1.340	9.00	30.27	175.5	195.1	6563.6
6.0	1.348	9.40	32.33	193.9	216.0	7776.0
6.2	1.356	9.80	34.45	213.6	238.3	9161.3
6.4	1.362	10.19	36.64	234.5	262.1	10,738
6.6	1.370	10.49	38.89	256.7	287.5	12,523
6.8	1.376	10.60	41.21	280.2	314.4	14,539
7.0	1.384	11.40	43.60	305.2	343.0	16,807
7.2	1.390	11.78	46.05	331.5	373.2	19,349
7.4	1.396	12.21	48.56	359.3	405.2	22,190
7.6	1.403	12.62	51.14	388.6	439.0	25,355
7.8	1.409	13.05	53.78	419.5	474.5	28,872
8.0	1.415	13.46	56.49	451.9	512.0	32,768
8.2	1.420	13.90	59.26	485.9	551.4	37,074
8.4	1.426	14.30	62.10	521.6	592.7	41,821
8.6	1.432	14.75	65.00	559.0	636.1	47,043
8.8	1.437	15.15	67.96	598.1	681.5	52,773
9.0	1.443	15.6	70.99	638.9	729.0	59,049
9.2	1.448	16.0	74.08	681.6	778.7	65,908
9.4	1.453	16.5	77.24	726.1	830.6	73,390
9.6	1.458	16.9	80.46	772.4	884.7	81,537
9.8	1.463	17.3	83.74	820.7	914.2	90,392
10.0	1.468	17.7	87.09	870.9	1,000	100,000
10.5	1.480	18.9	95.74	1,005	1,158	127,630
11.0	1.492	20.0	104.7	1,152	1,331	161,050
11.5	1.503	21.2	114.2	1,313	1,521	201,140
12.0	1.513	22.3	124.0	1,488	1,728	248,830

12. 배수량 Δ의 n제곱

표 12-1 배수량 Δ의 n제곱(1)

Δ	$\Delta^{\frac{1}{6}}$	$\Delta^{\frac{1}{3}}$	$\Delta^{\frac{2}{3}}$	$\Delta^{\frac{7}{6}}$	Δ	$\Delta^{\frac{1}{6}}$	$\Delta^{\frac{1}{3}}$	$\Delta^{\frac{2}{3}}$	$\Delta^{\frac{7}{6}}$
5	1.308	1.170	2.92	6.51	820	3.059	9.360	87.61	2,508
10	1.468	2.154	4.64	14.68	840	3.072	9.435	89.02	2,580
15	1.570	2.466	6.08	23.55	860	3.085	9.510	90.44	2,653
20	1.647	2.714	7.37	32.94	880	3.096	9.583	91.83	2,724
25	1.710	2.924	8.55	42.75	900	3.107	9.655	93.22	2,796
30	1.763	3.107	9.65	52.89	920	3.119	9.726	94.60	2,869
35	1.809	3.271	10.70	63.32	940	3.130	9.796	95.96	2,942
40	1.849	3.420	11.70	73.96	960	3.141	9.865	97.32	3,015
45	1.886	3.557	12.65	84.87	980	3.152	9.933	98.66	3,089
50	1.919	3.684	13.57	95.95	1,000	3.162	10.00	100.0	3,162
60	1.979	3.915	15.33	118.7	1,050	3.189	10.16	103.4	3,348
70	2.030	4.122	16.99	142.1	1,100	3.213	10.32	106.6	3,534
80	2.076	4.309	18.56	166.1	1,150	3.237	10.48	109.8	3,723
90	2.117	4.481	20.08	190.5	1,200	3.260	10.63	112.8	3,912
100	2.155	4.642	21.55	215.5	1,250	3.282	10.77	116.0	4,103
120	2.221	4.932	24.33	266.5	1,300	3.304	10.91	119.1	4,295
140	2.279	5.192	26.96	319.1	1,350	3.325	11.05	122.2	4,489
160	2.330	5.429	29.47	372.8	1,400	3.345	11.19	125.1	4,683
180	2.376	5.646	31.88	427.7	1,450	3.364	11.32	128.1	4,878
200	2.418	5.848	34.20	483.6	1,500	3.383	11.45	131.0	5,075
220	2.457	6.037	36.44	540.5	1,550	3.402	11.57	133.9	5,273
240	2.493	6.214	38.62	598.3	1,600	3.420	11.70	136.8	5,472
260	2.526	6.383	40.73	656.8	1,650	3.438	11.82	139.6	5,672
280	2.558	6.542	42.80	716.2	1,700	3.455	11.93	142.4	5,874
300	2.588	6.694	44.81	776.4	1,750	3.471	12.05	145.2	6,074
320	2.615	6.840	46.78	836.8	1,800	3.488	12.17	148.0	6,278
340	2.642	6.980	48.71	898.3	1,850	3.504	12.28	150.7	6,482
360	2.667	7.114	50.61	960.1	1,900	3.519	12.39	153.4	6,686
380	2.691	7.243	52.46	1,023	1,950	3.534	12.49	156.1	6,891
400	2.714	7.368	54.29	1,086	2,000	3.549	12.60	158.2	7,098
420	2.737	7.489	56.08	1,149	2,050	3.564	12.70	161.4	7,306
440	2.758	7.606	57.85	1,214	2,100	3.578	12.81	163.9	7,514
460	2.778	7.719	59.58	1,278	2,150	3.593	12.91	166.6	7,724
480	2.798	7.830	61.31	1,343	2,200	3.606	13.01	169.1	7,933
500	2.817	7.937	63.00	1,409	2,250	3.620	13.10	171.7	8,145
520	2.836	8.041	64.66	1,475	2,300	3.633	13.20	174.3	8,356
540	2.854	8.143	66.31	1,541	2,350	3.646	13.30	176.7	8,557
560	2.871	8.243	67.95	1,608	2,400	3.659	13.39	179.3	8,782
580	2.888	8.340	69.56	1,675	2,450	3.672	13.48	181.8	8,996
600	2.904	8.434	71.13	1,742	2,500	3.684	13.57	184.2	9,210
620	2.920	8.527	72.71	1,810	2,600	3.708	13.75	189.1	9,641
640	2.936	8.618	74.27	1,879	2,700	3.731	13.92	193.9	10,074
660	2.953	8.707	75.81	1,949	2,800	3.754	14.09	198.7	10,511
680	2.965	8.794	77.33	2,016	2,900	3.776	14.26	203.4	10,950
700	2.980	8.879	78.84	2,086	3,000	3.798	14.42	208.1	11,394
720	2.994	8.963	80.34	2,156	3,100	3.819	14.58	212.6	11,839
740	3.007	9.045	81.81	2,225	3,200	3.839	14.74	217.0	12,285
760	3.021	9.126	83.28	2,296	3,300	3.859	14.89	221.7	12,735
780	3.034	9.205	84.73	2,367	3,400	3.878	15.04	226.0	13,185
800	3.047	9.283	86.18	2,438	3,500	3.897	15.18	230.5	13,640

표 12-2 배수량 Δ의 n제곱(2)

Δ	$\Delta^{\frac{1}{6}}$	$\Delta^{\frac{1}{3}}$	$\Delta^{\frac{2}{3}}$	$\Delta^{\frac{7}{6}}$	Δ	$\Delta^{\frac{1}{6}}$	$\Delta^{\frac{1}{3}}$	$\Delta^{\frac{2}{3}}$	$\Delta^{\frac{7}{6}}$
3,600	3.915	15.33	234.9	14,094	12,200	4.798	23.02	529.9	58,536
3,700	3.933	15.47	239.1	14,552	12,400	4.811	23.15	535.6	59,656
3,800	3.950	15.60	243.5	15,011	12,600	4.824	23.27	541.5	60,782
3,900	3.967	15.74	247.8	15,471	12,800	4.835	23.39	547.2	61,888
4,000	3.984	15.87	252.0	15,936	13,000	4.849	23.51	552.8	63,037
4,100	4.001	16.01	256.2	16,404	13,500	4.880	23.81	567.0	65,880
4,200	4.017	16.14	260.3	16,871	14,000	4.909	24.10	580.8	68,726
4,300	4.033	16.26	264.5	17,342	14,500	4.938	24.39	594.5	71,601
4,400	4.048	16.39	268.5	17,811	15,000	4.966	24.66	608.3	74,490
4,500	4.063	16.51	272.6	18,284	15,500	4.993	24.93	621.7	77,392
4,600	4.078	16.63	276.6	18,759	16,000	5.020	25.20	635.0	80,320
4,700	4.093	16.75	280.6	19,237	16,500	5.046	25.46	648.1	83,259
4,800	4.107	16.87	284.5	19,714	17,000	5.071	25.71	661.2	86,207
4,900	4.121	16.98	288.5	20,193	17,500	5.095	25.96	674.0	89,163
5,000	4.135	17.10	292.4	20,675	18,000	5.119	26.21	686.8	92,142
5,100	4.149	17.21	296.2	21,160	18,500	5.143	26.45	699.5	95,146
5,200	4.162	17.32	300.1	21,642	19,000	5.166	26.68	712.0	97,204
5,300	4.176	17.44	304.0	22,133	19,500	5.188	26.92	724.4	99,801
5,400	4.189	17.54	307.8	22,621	20,000	5.210	27.14	736.6	104,200
5,500	4.201	17.65	311.6	23,106	20,500	5.232	27.37	749.0	107,260
5,600	4.214	17.76	315.4	23,598	21,000	5.253	27.59	761.2	110,310
5,700	4.227	17.86	319.1	24,094	21,500	5.273	27.81	773.1	113,370
5,800	4.239	17.97	322.8	24,586	22,000	5.293	28.02	785.1	116,450
5,900	4.251	18.07	326.5	25,081	22,500	5.313	28.23	797.0	119,540
6,000	4.263	18.17	330.2	25,578	23,000	5.333	28.44	808.8	122,660
6,200	4.286	18.37	337.5	26,573	23,500	5.352	28.64	820.6	125,770
6,400	4.309	18.57	344.7	27,578	24,000	5.371	28.84	832.0	128,900
6,600	4.331	18.76	351.7	28,585	24,500	5.389	29.04	843.5	132,030
6,800	4.352	18.95	358.9	29,594	25,000	5.407	29.24	855.0	135,180
7,000	4.374	19.13	366.0	30,618	26,000	5.443	29.62	877.6	141,520
7,200	4.394	19.31	372.8	31,637	27,000	5.477	30.00	900.0	147,880
7,400	4.414	19.49	379.5	32,664	28,000	5.510	30.37	922.1	154,280
7,600	4.434	19.66	386.6	33,698	29,000	5.543	30.72	943.8	160,750
7,800	4.453	19.83	393.3	34,733	30,000	5.574	31.07	965.4	167,220
8,000	4.472	20.00	400.0	35,776	31,000	5.604	31.41	986.6	173,720
8,200	4.490	20.17	406.6	36,818	32,000	5.635	31.75	1,008	180,320
8,400	4.509	20.33	413.3	37,876	33,000	5.664	32.03	1,029	186,910
8,600	4.526	20.49	419.5	38,924	34,000	5.692	32.40	1,050	193,530
8,800	4.544	20.65	426.2	39,937	35,000	5.719	32.71	1,070	200,170
9,000	4.561	20.80	432.1	41,049	36,000	5.746	33.02	1,090	206,860
9,200	4.578	20.95	439.0	42,118	37,000	5.772	33.32	1,110	213,560
9,400	4.594	21.10	445.4	43,184	38,000	5.798	33.62	1,130	220,320
9,600	4.610	21.25	451.7	44,256	39,000	5.823	33.91	1,150	227,100
9,800	4.626	21.40	458.0	45,335	40,000	5.848	34.20	1,170	233,920
10,000	4.642	21.54	464.1	46,420	41,000	5.872	34.48	1,189	240,750
10,200	4.657	21.69	470.3	47,501	42,000	5.896	34.76	1,208	247,630
10,400	4.672	21.83	476.5	48,589	43,000	5.919	35.03	1,227	254,520
10,600	4.687	21.97	482.3	49,682	44,000	5.941	35.30	1,246	261,400
10,800	4.702	22.10	488.6	50,782	45,000	5.964	35.57	1,265	263,380
11,000	4.716	22.24	494.6	51,876	46,000	5.986	35.83	1,284	275,360
11,200	4.730	22.37	500.6	52,976	47,000	6.007	36.09	1,302	282,330
11,400	4.744	22.51	506.6	54,082	48,000	6.028	36.34	1,321	289,340
11,600	4.758	22.64	512.4	55,193	49,000	6.049	36.59	1,339	296,400
11,800	4.771	22.77	518.3	56,298	50,000	6.070	36.84	1,357	303,500
12,000	4.785	22.89	524.2	57,420	51,000	6.089	37.08	1,375	310,530

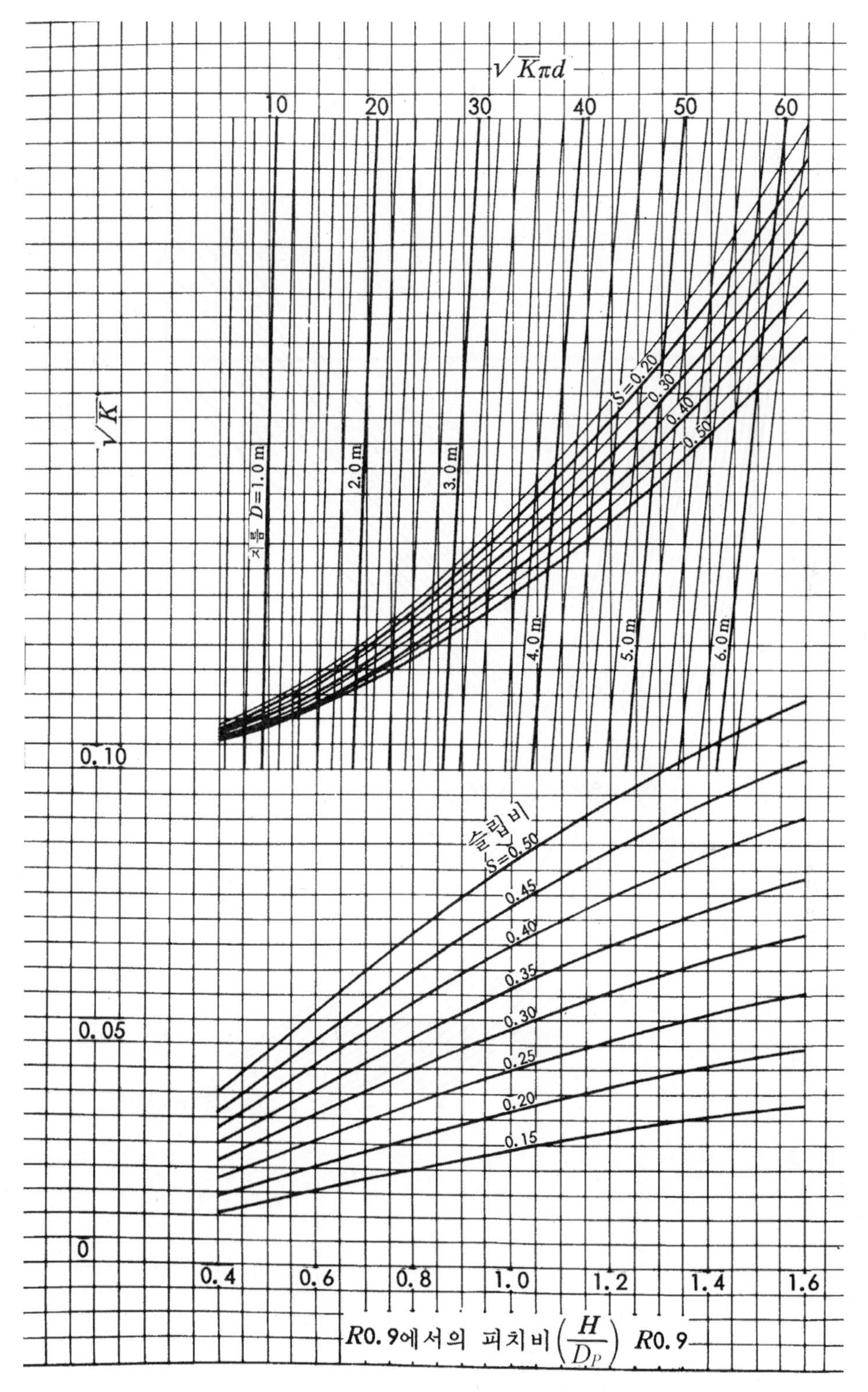

그림 7-68(1) Eckhardt 방식의 캐비테이션 판정도(1)

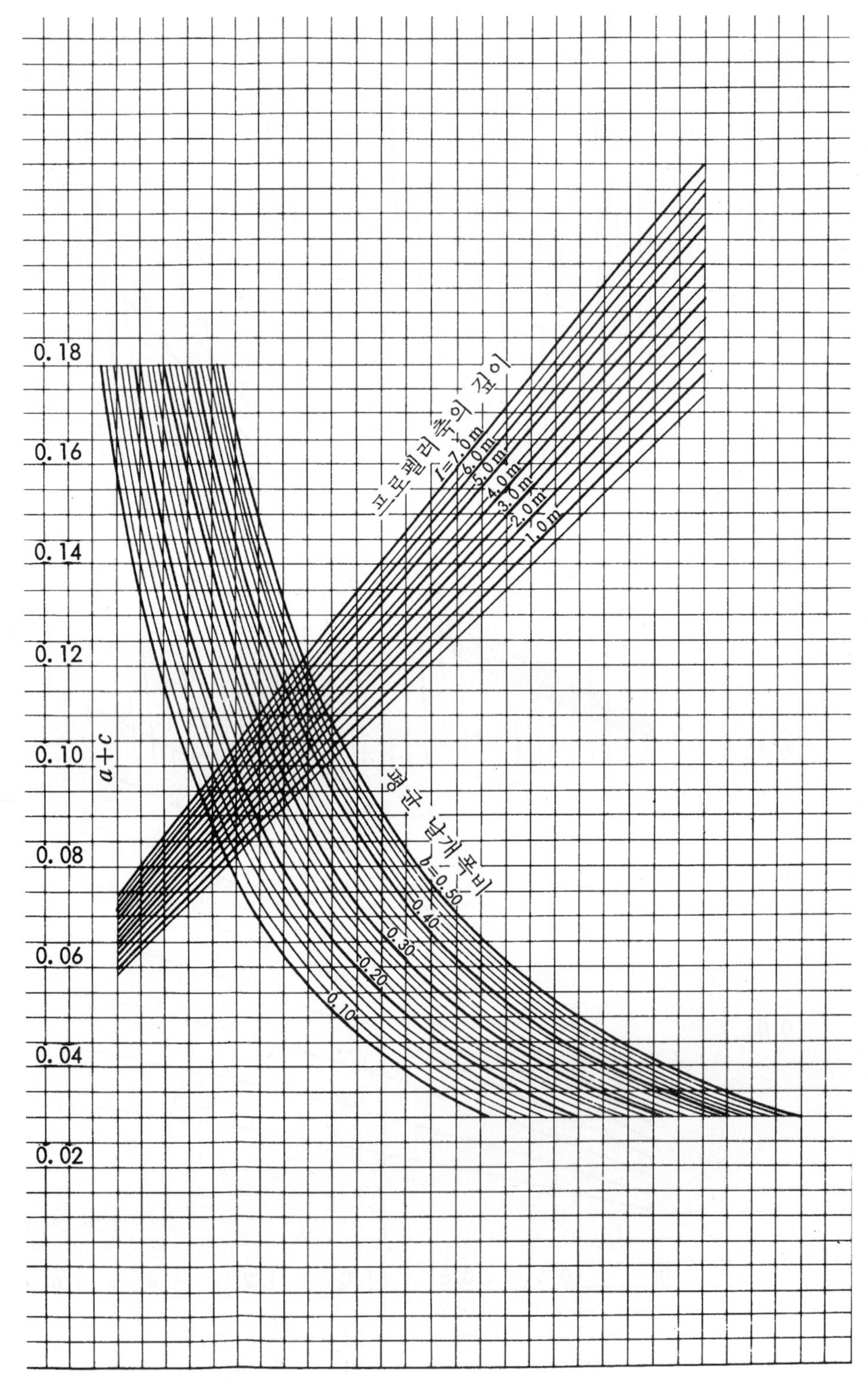

그림 7-68(2) Eckhardt 방식의 캐비테이션 판정도(2)

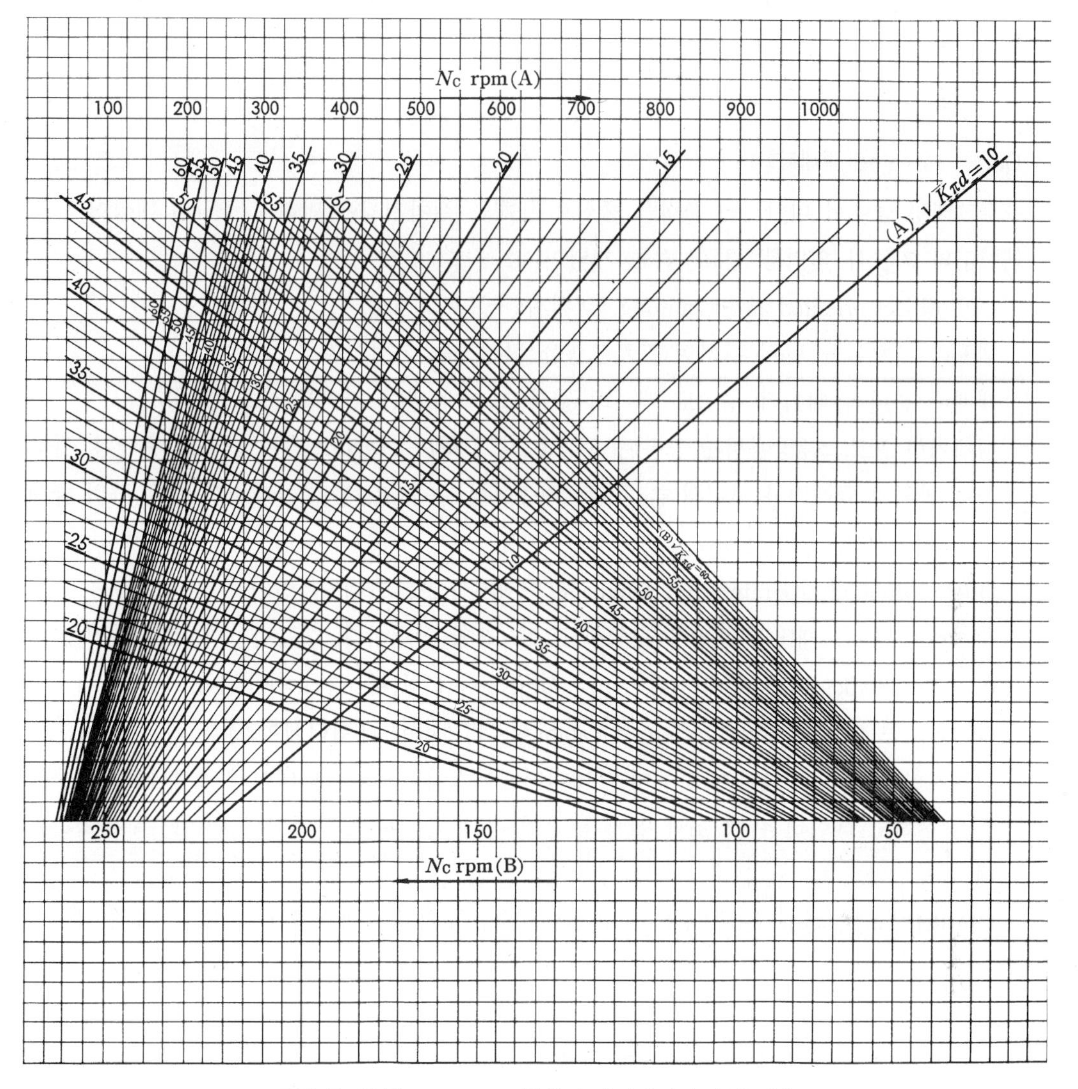

그림 7-68(3) Eckhardt 방식의 캐비테이션 판정도(3)

부록 3. 조선 · 항해 · 해운 용어 해설

Object oriented(객체지향)

프로그래밍 등에서 데이터의 조작을 중심으로 하는 절차지향에 반하여 조작의 대상이 되는 데이터의 기능과 의미를 중요시하는 개념이다.

- OPP(object-oriented programming, 객체지향 프로그래밍)
  객체라는 모듈을 단위로 하여 프로그램을 작성하는 기법이다.
  객체란 하나의 테이터 구조로 데이터 값과 그것에 관한 절차를 합한 것이다.
  객체지향 프로그래밍에서는 공통된 속성을 갖는 객체는 클래스라는 단위로 종합됨. 클래스는 상위의 클래스와 하위의 클래스로 계층화할 수 있고, 상위 클래스의 속은 하위 클래스로 이어진다.
- Object-oriented(programming) language[객체지향(프로그래밍) 언어]
  객체지향 프로그래밍의 개념을 도입한 프로그래밍 언어이다. 대표적인 것으로 초기의 언어는 Smalltalk이지만 현재는 C++나 Objective-C 등이 널리 사용된다.
- ODB 또는 OODB(object oriented database, 객체지향 데이터베이스)
  객체지향 개념을 도입하여 만들어진 데이터베이스이다. 이것은 데이터 계층에 따라 구조를 표현하고 데이터와 그 조작 절차를 함께 다룸. CAD 등의 복잡한 데이터를 관리하는데 편리하다.
- ODBMS(object-oriented database management system, 객체지향 데이터베이스 관리시스템): 객체지향 프로그래밍의 기능을 도입한 데이터베이스 관리시스템이다.

Concurrent engineering(CE, 동시공학 기술)

제품의 개발 과정에서 기획 · 설계 · 생산 · 판매 · 서비스 등의 각 공정을 동시에 병행하여 진행하는 것으로, 개발기간의 단축과 비용의 삭감이 목적이다. 전공정 작업이 완료되기 전에 후공정에서 표면화하는 문제점을 발견할 수 있기 때문에 이것을 반영한 설계 변경 등의 대응을 즉시 실행한다. 또 전공정의 진행상황과 결정사항을 후공정 작업자가 항상 파악하기 때문에 미리 적절하게 대응할 수 있다. 이 기술을 추진하기 위해서는 CAD/CAM/CAE 등의 컴퓨터 툴에 의한 데이터 일원화, 조직과 네트워크에 의한 의사 정보의 신속하고 정확한 전달이 필요하다.

Neural network(신경 회로망 이론)

인간의 뇌신경 세포와 그 결합구조를 모방하여 만든 전자 회로망이다. 즉, 인간의 뇌세포인 뉴런(neuron)을 모방한 처리 요소(셀)를 뇌세포의 연접부인 시냅스(synapse)를 모방한 입출력 배선으로 결합하여 만든 컴퓨터 회로로, 패턴 인식이나 음성 분석, 언어처리, 자기학습 등의 인공지능 분야에서 수식화할 수 없는 것을 해결하는 데에 유용하게 응용되고 있다.

Parametric design(파라미터 또는 변수 설계) 기술

설계 모델을 구성하는 정보의 형태를 매개변수화하여 같은 유형의 새로운 정보를 손쉽게 정의하는 기술이다. 이 기능은 표준화 부품의 정의에 특히 효과적이다.

Artificial intelligence(AI, 인공지능기술)

사고 · 판단 · 추론 · 학습 · 환경 적응 등의 인간의 지적 활동과 유사한 기능을 컴퓨터로 실현시키려는 컴퓨터 공학의 한 분야로, 현재 전문가 시스템이 인공지능의 대표적인 분야이다. LISP나 Prolog 등의 인공지능언어가 사용되고 있다.

- LISP(LISP Processor): 1960년경 John McCarthy가 개발한 리스트 처리용 프로그래밍 언어로, LISP는 함수형 언어로 프로그램을 사용자가 함수로 정의하여 리스트로 표현할 뿐만 아니라 재귀 호출이 가능한 구조로 할 수 있는 특징이 있다. 수식 처리를 비롯하여 기호 처리 분야에 널리 사용되고 있으며, 특히 인공지능 분야에서 응용이 활발하게 이루어지고 있다.
- Prolog(PROgramming in Logic): 1972년 Alain Colmerauer가 개발한 논리형 프로그래밍 언어로, 이것은 추론 기구를 간결하게 표현할 수 있다.

Bare Boat Charter(BBC, 裸傭船)

보통 선박임대차라고 하며 용선 형식의 하나이다. 그러나 선박임대차가 다른 용선형식과 다른 점은 선박이 임대차될 때에는 선박에 의한 사용 수익권은 용선자에게 있기 때문에 용선 운항 비용은 전적으로 용선자가 부담하며, 운항상 제3자와의 사이에서 발생하는 여러 문제에 관해서도 용선자가 해결할 책임이 있다는 사실이다. 또한 임대차된 선박은 용선자가 자사의 선원을 승선시킬 뿐만 아니라 funnel mark도 자사의 것으로 나타낼 수 있는 것이 특징이다. 우리나라의 경우 구매조건부 라용선(소위 국적취득 조건부 라용선)이 성행되고 있고 단순 라용선을 취하는 일은 선원 수출 외에는 그리 흔하지 않다. 그러나 구매조건부 라용선은 대개가 일단 정기용선의 형식을 취하고 있다.

Butterfly Valve

덩치가 작고 가볍다. 따라서 가장 저렴한 가격의 밸브이다. 가운데 냄비 뚜껑같이 생긴 디스크가 핸들 조작에 의하여 막혀 있던 상태에서 90° 선회하면 유체의 흐름 방향을 향해 밸브를 완전히 열어 놓은 상태가 된다. 자연히 대직경 밸브에서 장점이 많이 나오는 밸브이다. 디스크 움직임이 나비 날개를 접었다 폈다 하는 모습을 닮았다고 하여 생긴 이름이다.

Eexpert system(전문가 시스템)

인공지능 분야의 하나로 전문가가 가지고 있는 지식을 컴퓨터에 입력하여 비전문가라도 그 지식을 이용하여 문제의 해답을 추론해 낼 수 있도록 한 지식기반(knowledge based, K/B) 시스템이다. 전문가 시스템은 의료 · 고장진단 · 설계지원 · 교육 등의 여러 분야에서 이용되고 있다.

FUZZY(퍼지 기법)

불확실한 데이터를 확률 및 집합이론으로 문제를 해결하는 기법으로, 인공지능이나 전문가 시스템이다. 제어계 등에 널리 사용된다. L. A. Zadeh의 Fuzzy set(1965년)이 시효하였다.

B-Spline(B-스플라인) 곡선

B-스플라인은 곡선 및 곡면 모델링에 사용되는 여러 가지의 수학적 표현 방법 중에서 대표적인 것으로, B-스플라인 이론은 1970년대 초에 Chenberg, Mansfield, De Boor와 Cox 등이 제시한 이론적 배경을 Risenfeld가 컴퓨터를 이용한 곡선과 곡면 설계 분야에 소개하였다.

CALS [computer aided acquisition and logistic(or life-cycle) support]

컴퓨터 네트워크와 데이터베이스의 유효한 이용에 의해서 제품의 설계부터 기술개발 · 제조 · 유통 · 유지 · 보수 등에 이르기까지 모든 테이터를 표준화하여 정보를 공유하기 위한 통합 정보시스템이다. 이것으로 다품종 소량생산의 자동화가 가능하게 되었다.

CASE(computer aided software engineering) Tool

CASE는 컴퓨터를 이용한 소프트웨어 공학이다. 이 개념에 바탕을 둔 소프트웨어 개발용 도구를 케이스 도구라고 한다. 일반적으로 application(응용 프로그램)을 개발할 때에 필요한 각종 정의 정보를 입력하면 원시 코드를 자동 생성하는 기능을 가진다. CASE tool은 1980년대 중반에 출현하였고, 1990년 초에 객체지향용 개발수법에 대응한 CASE tool (OOA, OOD tool)이 출시되었다. 기존에는 COBOL 언어로 된 CASE tool이 많았지만 1990년대에 들어서는 C-언어를 대상으로 한 것이 대부분이다.

Group technology(GT)

부재 제작공정에서 같은 종류의 부품들을 그룹화하여 흘러가게 함으로써 생산성을 높이고 원자재를 절감시키려는 기법으로, 조선업에의 활용 방안이 모색되고 있다.

Knowledge based system(KBS)

특정 분야의 문제를 해결하는 데에 필요한 전문가 수준의 정보 또는 지식을 가진 데이터베이스 시스템을 말하며 '지식 기반 시스템(또는 지식 베이스 시스템)'이라고 한다.

Solid model(입체 모델)

솔리드는 고체를 의미하고 따라서 솔리드 모델은 실속 있는 입체의 모델을 말한다. wire-frame model(선 모델)이 1차원 도형, surface model(면 모델)이 2차원 도형으로 생각하면, solid model(입체 모델)은 3차원 도형이다.

Anti submarine weapons(대잠수함 병기)

최대 사정전거리 5마일 정도의 어뢰(123/4 in MK. 46 어뢰), 사정거리 2마일 정도까지의 폭뢰(Limbo triple 박격포, Before quadruple 375 mm 로켓), 수뢰('함대함 또는 함대지용 병기'), 헬리콥터(매우 중요한 역할 수행)

Aster Missile(아스터 미사일)

프랑스가 다음 세기를 대비해 개발하고 있는 미사일로, 15 km와 30 km의 사정거리를 가지는 두 가지 형태가 있으며 우수한 성능을 지니고 있다.

Berac Missile(바락 미사일)

이스라엘이 개발한 미사일로 함정도 공격할 수 있는 다용도 미사일이다. 사정거리는 약 10 km이며 개량형은 12 km이다.

Goalkeeper system(골키퍼 30 mm 기관포)

네덜란드의 시그널사가 개발한 것으로 분당 4200발을 발사할 수 있으며, 사정거리는 최대 3 km로 완전 자동으로 장탄만 사람이 하면 된다. 팔랑크스보다 탄의 지름이 크고 사정거리가 길기 때문에 점차 채용하고 있는 나라가 증가하고 있다. 우리나라의 광개토대왕급에 2기가 장착되어 있다.

Torpedo(MK-46 단어뢰)

함정이나 헬기에서 사용하는 단거리 어뢰로 서방 세계 대부분의 함정이 탑재하고 있다. 추진은 이중 반전 스크류를 사용하며, 항주 능력은 심도 15 m에서 45노트로 8분이고, 최대 항주 심도인 450 m에서는 6.5분으로 저하되며 작약량은 44 kg이다. 최신형은 mod 5까지 있으나 우리나라 해군은 사정거리 11 km인 mod 1을 보유하고 있다.

Standard missile(RIM-66/67 스탠더드 미사일)

세계 최고 성능의 미사일로 SM-1MR, SM-2MR, SM-2ER 등의 종류가 있으며, 미사일을 발사한 함정의 사격 지휘 레이더가 목표에 전파를 발사하고 미사일 두부의 수신기가 반사파를 수신하여 유도되는 새미 액티브레이더 호밍 방식으로 사정거리는 SM-2MR은 70 km,

SM-2ER은 120 km이다. 우리나라의 KDX-2함에도 이것이 방공 미사일로 선정되었다.

Sea-sparrow missile(RIM-7 시스패로우 미사일)

서구를 대표하는 개함 방공 미사일로 공군에서 사용하고 있는 AIM-7 스패로우의 변형형으로 공대공보다 사정거리가 훨씬 짧은 15 km이지만 최신형인 P형은 시스키밍 대함 미사일도 요격할 수 있는 성능을 지니고 있으며, 이를 더욱 개량한 ESSM이 개발되고 있다.

Building Dock(신조선거)

종래 slide 방식에 의한 신조선 시설물인 building berth의 단점, 즉 대형선 진수시의 기술적인 어려운 문제, 경영 및 건조방법의 비합리성 등을 개선 고도화한 신조선 시설물이다. 즉, 과거 dry dock(건선거)은 일반적으로 기존 선박의 입거수리시설로 전용되어 왔으나, 근년에 이르러 신조선의 대형화와 대block화 등으로 dry dock에 신조선 설비(선대 등의)와 부대장비(대형 crane 등)를 갖추어 신조선 건조를 주목적으로 하는 dock을 building dock이라 하며, building dock 내선대에서 건조된 신조선 선체를 진수시에는 dock gate를 열어서 dock에 해수를 넣어 완성된 선체를 부상시켜 예인 진수를 하는 것이 그 특징이다.

Computer Aided Design system(CAD, 컴퓨터 이용 설계 시스템)

선박 제품 정보를 생성, 저장, 수정, 분석, 그리고 효율적인 전달을 위한 컴퓨터 통합 생산 시스템의 중심이 되는 시스템이다. 초기 계획 및 배치 설계, 성능 해석 및 시뮬레이션, 제작 및 설치 정보의 정의 도면 및 자재 목록 작성 등의 기능을 가지고 있다.

Computer Aided Manufacturing System(CAM, 컴퓨터 이용 제조 시스템)

CAD 시스템에서 정의된 정보를 이용하여 생산설비를 실질적으로 조작, 제어하여 선박을 건조하는 시스템이다. 부재의 가공, 조립, 탑재, 시험 검사를 수행하거나 이를 지원하는 기능을 가지고 있다.

Charter(傭船)

해운업자가 경영상 필요한 선박을 지배하는 형태에는 선박의 소유권을 얻어 자사선으로 운용하는 경우와 용선 또는 운항수탁 방법 등으로 타선주의 소유 선박을 운용하는 경우가 있는데, 그 후자를 Charter라 하며, Voyage Charter, Time Charter와 Bareboat Charter로 나뉘어진다.

CIMS

Computer Integrated Manufacturing System의 약칭으로, 일본의 조선 생산성 향상 계획이

다. 일본이 보유한 첨단 기반 기술을 현재 실시 중인 CAD/CAM뿐만 아니라 Marketing 제품기획, 선형개발은 물론 생산, 자재관리, 검사, 관련 기업 Net-Work화에 이르기까지 확대 적용하여 현재 생산성을 3배로 높이고 자 연구를 추진하고 있다.

Erection(탑재)

선대 또는 dock 내에서 행해지는 선각공업의 총칭으로, 반목류의 설치로부터 시작하여 block 고정작업, 수압시험, 선행의장공사를 거쳐 진수에 이르는 선각공사의 최종공정이다. 최근에는 탑재기간을 단축하여 dock 회전율을 높임에 따른 생산성 향상을 이룩하려는 경향이다.

Feeder Service

정기선 운항은 운항 채산성을 고려하여 정해진 몇몇 항구에만 기항하게 되는데, 이들은 주로 물동량이 일정 수준에 달해 있고 또한 항만 시설이 양호한 항구들이다. 반면 항만 시설이 미비, 대형선이 입항할 수 없거나 혹은 물동량이 소량인 항구는 취항선이 직접 기항하는 대신 철도나 자동차 또는 선박(소형 피더선) 등을 이용하여 보조적인 수송을 하게 된다. 이 경우 주로 feeder선을 이용하게 되므로 feeder service라고 한다.

Floating Dock(浮船渠)

거대한 상자형 해상 구조물로서 해수를 채워 바다 속에 침강(沈降)시킨 다음, 그 속에 대상 선박을 담아 부상 배수시켜 검사 또는 수리를 하는 시설이다. Floating dock과 상대되는 building dock 및 repairing dock을 합해서 dry dock(건선거)이라고도 한다.

FRP선

Fiberglass Reinforced Plastics으로 유리 섬유 강화 플라스틱이라고 한다. 유리 장형 섬유를 주 보강재로 하는 저압성형용 열경화성 수지의 적층성형품 수지를 혼합시켜, 사람 손으로 mould 위에서 적층하고 상온에서 촉매의 작용으로 경화시키는 방법(이것을 Hand Lay-up법이라 함)에 따르고 있다. Polyester 수지는 유리 섬유를 주입한 형태가 되며, 또한 유리 섬유를 보호하는 역할을 하고 있다.

Knot : 추력

선박의 속력 단위로서 1시간에 1해리(1,852 m)를 달릴 때에 속력을 knot로 표시한다.

LO/LO선

Lift on/Lift off system에 의한 full container선을 말한다. 이 선박의 일반적인 선내 구조는

cell structure라 부르는 컨테이너를 수납하기 위한 특수한 선내 구조로 되어 있다. 즉 4개의 steel angle로 이루어진 guide rail과 그것을 받치는 구조물에 의하여 선내는 컨테이너의 종·횡 치수에 맞추어 수직 방향으로 몇 개의 긴 cell로 분할되어 거기에 수직으로 포개어 쌓아 올려 수납하게 된다.

Lift on/Lift off(Lo/Lo) system은 수직하역방식(vertical type)이라고도 부르며 cell structure된 컨테이너선은 이 방식을 취하고 있다. 본선의 선적 양화의 어느 경우에든 크레인 또는 derrick으로 컨테이너를 들어 올리거나 내리는 것만으로 하역작업이 완료된다. 중량이 가벼운 화물은 창내에서의 횡이동이 곤란하기 때문에 적재 또는 양화 위치에서 곧 바로 hook를 걸어 하역할 수 있게 hatch의 폭을 크게 하거나 2열, 3열로서 hatch를 구비하는 선형이 많이 채택되고 있다.

OBO선

Ore · bulk · oil로서 일종의 combined carrier이며, 화물 수송 수요의 다양화, 그리고 수송 지역의 다변화에 대응하고, 또한 선박의 수송 생산성을 최대한으로 높이기 위하여 최근 개발된 선종이다.

Outfiting Equipment(의장)

진수한 선체에 갑판 기술, 기관, 전자 및 전기 장치를 장착하는 공사로서, 조선소 내 의장 안벽에 선체를 옆으로 계류해서 시공한다. 조선공업이 종합조립 산업인 것은 바로 이 의장 공사에 의한 때문이다.

Sea Bee Carrier

선박용 dry dock 대신으로 쓰여지고 있는 Syncro-Lift 장치를 선미 부근에 부착하여 barge를 수면으로부터 그 갑판 위에 올려놓는 것으로서, 그 갑판 위에는 대차를 써서 barge를 전후로 이동시킬 수 있도록 되어 있다.

TEU

Twenty-feet Equivalent Units의 약칭으로서, 해상용 container는 주로 20 feet, 40 feet형이 있는데, 20 feet container를 1로 하고 40 feet container를 2로 해서 계산하는 방법을 TEU라 한다. FEU는 40 feet급을 1개로 계산하는 방법을 말한다.

SOLAS 조약

International Convention for the Safety of Life at Sea의 약칭이다. 즉 1974년에 제정된 해상에 있어서의 인명안전을 위한 국제조약으로서, 1914년 최초로 동조약이 채택된 이후 4

회에 걸쳐 개정이 되었으며, 현행조약은 1974년에 개정 채택되어 1980년 5월 25일자로 발효하였고, 그 후 1978년에 개최된 'Tanker 안전 및 오염방지에 관한 국제회의(TSPP 회의)'에서 의결 채택된 1974년 SOLAS 조약에 관한 1978년 의정서(1978 PROTOCOL)에 의거 일부 개정되었으며, 동 의정서에 의한 SOLAS 조약의 개정 발효는 1981년 5월 1일부터이다.

Sloshing(슬로싱)

LNG선은 탱크의 크기가 일반 유조선의 2~3배 가까이 될 정도로 크다. 따라서 탱크 내부의 LNG가 운항 중에 출렁거려 탱크에 충격을 주는 슬로싱 현상이 발생하게 되므로, 상위 30%는 다른 부분에 비해 특별히 튼튼하게 보강해야 한다. 이런 점은 모스형보다 멤브레인형이 더 문제가 되는데, 모스형은 슬로싱의 충격이 이론적으로 계산 가능하고, 화물창의 모형이 공처럼 둥글어서 충격이 그렇게 크지 않은 반면, 멤브레인형은 슬로싱으로 인한 화물창의 충격을 이론적으로 계산하는 것이 어렵고 사각 탱크라 손상을 입을 확률이 더욱 크다는 특징이 있다. 따라서 이론적 해석과 실험이 필요하다. 하지만 선박의 대형화 추세에 적응성이 높은 선형은 멤브레인형으로 알려져 있다.

Block Building(블록 건조)

선체를 building dock의 crane capacity에 따라 그 종방향으로 여러 개의 block parts로 구분하여 이것을 지상 작업장에서 조립한 다음 building dock 내에 이동 탑재하여 신조하는 근대화된 건조방식으로서, 용접 공장에서는 20 M/T 정도의 소조립 block, 다음 100 M/T 내외의 중조립을 거쳐 중대형선일 경우에는 300~500 M/T로 대조립 공정을 거쳐서 dock crane으로 운반 탑재된다.

CGT

Compensated Gross Tonnage의 약자로서 CGRT가 선박의 GRT의 계수를 곱한 것으로 나타내지는데, 1982년 7월 18일 IMO의 1969년 선박톤수 측정에 관한 국제 협약이 발효하게 되어 GRT가 새로운 톤수 단위인 GT로 대체됨에 따라 1984년 1월 1일부터 CGT로 바꿔 사용하게 되었다.

Classification Society(선급협회)

선박건조 중에 또는 건조 후에 정기적으로 선박의 검사를 실시하는 기관, 건조 기준의 설정, 유지, 선박 및 장비의 유지를 도모하는 것이 목적으로, 검사에 합격한 선박에 대해 선급을 부여한다. 대부분의 국가에서 선급의 취득은 의무는 아니지만 선급이 없으면 선박 보험, 화물 보험의 부보, 용선, 매매선이 이루어지기 힘들다. 한편, 각 선급협회는 선박의 건조년월, 건조지, 톤수, 규모, 갑판수, 엔진, 보일러의 명세 등을 기재한 선명록을 발행하고 있다.

Dead-Weight Tonnage(D.W.T.: 재하중량톤수)

선박이 적재할 수 있는 화물의 중량을 말하며, 이 톤수 속에는 연료, 식량, 용수, 음료수, 창고품, 승조원과 그들의 소지품 등이 포함되어 있으므로 실제 수송 화물 톤수는 재하중량톤수로부터 이들 각종 중량을 차감한 것이 되며, 1 D.W.T.가 metric system에서는 1,000 kgs, Long Ton을 쓰는 영국에서는 2,240 Lbs(1 Lb=0.4536 kg), 그리고 Short Ton을 쓰는 미국에서는 2,000 Lbs이다.

Displacement Tonnage(배수톤수)

물 위에 떠있는 선박의 수면하 부피와 동일한 물의 중량이 배수톤수이며, Archimede's Principle에 의한 선박의 무게이다. 1배수톤은 D.W.T.에서와 같으며, 1 Metric Ton은 해수일 때는 35ft^3, 담수일 때에는 36 ft^{3}로 환산하여 사용한다. 이 톤수는 군함에서 주로 쓰이는 톤수이다.

International Association of Classificaton Societies(IACS: 국제선급협회연합)

선급협회로서의 공통 목적을 달성하기 위하여 상호 협력하고 또한 여타 국제단체와의 협의를 목표로 ABS(American Bureau of Shipping · 미국), LR(Lloyd's Register of Shipping · 영국), DNV(Det Norske Veritas · 노르웨이), BV(Bureau Veritas · 프랑스), GL(Germanisher Lloyd · 독일), RINA(Registro Italiano Navale · 이탈리아), NK(Nippon Kaiji Kyokai · 일본해사협회) 등의 7개국 선급협회가 1968년 10월에 결성한 국제선급협회의 연합이다.

우리나라도 중국과 함께 1988년 6월 1일 정식 가입함으로써 명실공히 선진 해운 · 조선국의 지위를 갖게 되었다. 현재 국제선급협회 연합에 정회원으로 가입한 나라는 우리나라를 비롯해서 미국, 영국, 프랑스, 독일, 노르웨이, 이탈리아, 일본, 러시아, 중국, 폴란드 등의 11개국이다.

Korean Register of Shipping(KR: 한국선급)

한국선급은 국내 유일의 선급 단체로서, 해상에서의 인명 및 재산의 안전을 도모하고 조선, 해운 및 해양에 관한 기술 진흥을 목적으로 1960년 6월 민법 제32조에 의거 창립된 비영리 법인이다.

한국의 조선, 해운산업의 성장과 함께 지속적인 발전을 거듭해 온 한국선급은 현재 2,150척, 총톤수 2천 5백만 톤 이상의 등록선을 보유하고, 주요 해운국 42개 정부로부터 정부 검사권을 수임하고 있으며, 1988년에 국제선급연합회(IACS) 정회원으로, 그리고 1990년에는 런던적하보험 선급약관(ICC)에 등재됨으로써 국제선급으로서의 위상을 확고히 하였다.

LNG선/LPG선

LNG란 Liquified Natural Gas(액화 천연가스)이며, LPG선은 Liquified Petroleum Gas이다. LNG의 주성분은 methane으로서 산지에 따라 다소 성분의 차이가 있다.

LNG의 장점으로서는, 주성분 methane은 1 kg당 0°C, 1기압하에서는 gas 상태로서 부피가 매우 커서 1.4 m^3이지만, 이것을 －162°C, 1기압하에서 액화하면 그 부피가 0.0024 m^3가 되어 당초 체적에 1/600로 축소되어 대량 천연 gas 운반을 용이하게 한다. 이와 같이 액화된 천연 gas를 수송하는 선박을 LNG Tanker라고 하며, 이는 고도의 건조 기술이 요구되며 고부가가치선으로 각광을 받고 있다.

MARPOL : 선박에 의한 해양오염 방지를 위한 국제 협약

International Convention for the Prevention of Marine Pollution from Ship, 선박에 의한 해양오염 방지를 위한 국제협약으로 1973년 탱커의 안전과 오염방지에 관한 협약과 이와 관련한 1978년도 의정서에 의하여 Annex Ⅰ을 수정하여 MARPOL 73/78이라는 표제로 1983년 10월 2일 발효되었고, 한국은 1984년 10월 23일부터 발효되었다.

MARPOL 73/78은 운항 중인 모든 선박을 포함하여 기름, 유해물질 및 하수 배출 규제도 적용되며, 탱커에 대해서는 분리 밸러스트 탱크 및 원유의 세정 설비의 설치 의무화를 규정하고 있다.

Natural Gas Hydrate(NGH: 천연가스 하이드레이트)

기체 상태인 천연가스와는 다르게 얼음 형태로 가스가 농축되어 있는 것으로, 1930년대에 이미 발견되었지만 필요성에 대한 인식 부족으로 주목받지 못하다가 1990년대에 들어오면서 청정에너지에 대한 관심이 높아져 다시 주목 받게 되었다. 천연가스 하이드레이트에 포함된 메탄의 추정 매장량은 유전과 천연가스전에 포함된 메탄량의 25배 이상이며, 연소될 때에 발생되는 이산화탄소의 양은 현재 사용되고 있는 휘발유에 비해 0.7배 정도로 환경 친화적이다.

Maritime Safety Committee(MSC: 해사안전위원회)

IMO의 산하 기구로서 선원의 대량공급 또는 정박, 비정박 여객의 대량 운송 등의 해사 안전에 이해관계가 있는 국가들을 주축으로 구성된 단체, 안전사항의 관점에서 선박의 항해, 건조 및 장비에 관계된 사항, 충돌 방지를 위한 규칙, 위험화물의 취급, 해사 안전에 관한 절차 및 요건, 수로 정보, 항해일지 및 항해기록, 해운사고조사, 해난 구조 및 기타 해사 안전에 직접적으로 영향을 미치는 여하한 사항에 관해서도 고려해야 할 의무를 지니고 있다.

Segregated Ballast Tank(SBT: 분리 밸러스트 탱크)

IMO의 해상인명 안전 및 해양오염 방지에 관한 국제조약(SOLAS '74, MARPOL '73)에 의하면, tank에는 cargo tank로 사용될 수 없는 별도의 해상오염 유해물질만을 항해 중에 전용으로 보관하기 위한 분리 ballast tank를 설치하도록 규제하고 있다.

해상오염 유해물질의 주된 것은, tanker가 공선 운항시에 draft(흘수) 유지를 위하여 cargo tank 내에 ballast용 해수를 싣는데, 이 ballast 해수는 cargo tank 내에 잔여유와 혼합되어 유독물질을 생성하므로 이것이 해양을 오염시키는 요인이 된다. 따라서 동 ballast 해수를 선외로 배출하지 않고 선내에 보관하려면 상당히 큰 용적의 SBT가 필요하게 되므로 tanker의 D.W.T.는 자연히 감축된다.

Semi-container Ship(세미 컨테이너선)

재래선 선창에 cell-guide를 설치하여 컨테이너 전용 선창으로 개조하고 또한 컨테이너를 갑판 위에 적재할 수 있도록 설비한 선박으로서 다른 선창에는 일반화물을 적재하는 분재형 컨테이너선을 말한다.

일반적으로 이러한 종류의 컨테이너선에는 컨테이너의 적재를 위한 선상 크레인이 갖추어져 있다.

Product Tanker

석유제품 수송선으로서, product의 종류에 따라 dirty product와 clean product로서 나누어진다. Dirty product는 경유, 중유 또는 잔여유(석유제품 생산시) 등을 운반하는 product tanker이며, clean product는 gasoline, kelosine, naphtha 등을 운반하는 product tanker로서 cargo tank 내가 낡아지면 dirty product로 전용한다.

Handy Size Bulker

운하나 주요 항만의 규제에 맞추어 초대형선으로 만든 것은 전부 Max라고 하는 접미어가 붙여진 데 대하여 제한없이 두루두루 손쉽게 쓸 수 있는 배라고 하여 붙여진 이름이다.

광물, 곡물, 고철, 목재, 기타 잡화 등의 모든 잡용도에 널리 쓰이는 배이며, 대개 35,000DWT ~ 50,000DWT급까지의 살물 화물선이다. 작동이 용이한 Hatch Cover와 Deck Crane을 장비하고 있는 게 보통이며, 필요에 따라 목재 등의 Deck Cagro를 실을 수 있는 강력한 갑판 구조와 중량물을 실을 수 있는 강화된 Hold Bottom 구조를 갖추기도 한다.

Plasma

텅스텐 전극의 스파크 열로서 가스(수소와 질소, 아르곤의 혼합체 또는 질소, 수소, 공기의 혼합체나 기타)를 고온으로 가열하면 가스의 원자가 전자와 이온으로 분리되어 도전성을 띤 Plasma 상태가 되고, 이 Plasma arc 의 바깥 둘레를 냉각시키면 arc 내의 온도가 더욱더 상승하면서 전리도가 증가하여 점점더 고도의 Plasma 상태로 30,000℃ 부근까지 상승한다. 보통 용접이나 가스 절단 온도가 4,000～5,000℃ 인데 비하여 대단히 높은 온도이므로 절단이 빠르고 열변형이 적고 절단면이 깨끗하다.

스테인리스나 알루미늄 같은 비철금속도 깨끗이 잘라지므로 많이 쓰인다. 비용이 많이 들므로 조선용 강재 절단에는 대단위로 쓰이지는 못한다.

Nesting : 조각 모듬질

규격 강판을 가장 효율적으로 사용하기 위하여 필요한 대 · 중 · 소형 부재 조각들을 이리저리 돌려 맞추어서, 못 쓰고 잘려 나가는 강판의 잔재를 최소로 되게 하는 작업이다.

자르고자 하는 각각 다른 모양의 철판 형상 축소 모형을 비닐 필름으로 만들어서 자르려는 강판의 투명 축소 모형에 꽉 차게 판을 짜맞추어서 One Tenth(1/10) Film을 만드는 것이다. 이제는 대부분 설계 Stage에서 컴퓨터 프로그램으로 처리하고 있다.

PC : 정유 제품선

정유 제품선으로 정유소 생산량과 수요처에 따라 어떤 사이즈든지 다 소용이 되겠으나 Bulk 선들의 관용적 호칭 규격 등급을 흉내내어 Handy PC, Panamax PC, Aframax PC 등으로 분류 호칭한다. 과거에는 PC선의 크기가 작았으나 산유국의 정유소 건립과 정제유 수출에 따라 큰 배들도 쓰여지고 있다.

GPS(Global Positioning System)

1988년부터 실용화되었다. 850 km 상공에 24 개의 위성과 지구상에는 Monitor 국, 제어국, 송신국 등의 지상국이 운용되며 선박은 언제 어디서라도 4개의 위성으로부터 신호를 받을 수 있고 수신기는 위도, 경도, 고도와 속도를 제공하며 정확도가 뛰어난다(편차는 약 30 m 정도).

Omega

미해군 개발의 초장파를 사용하는 장거리 항법 시스템으로 지구 전체를 8개소의 전파 발사국으로 Cover 한다. 각국이 독립된 동기화 전파를 발사하고 2개 이상의 전파국 신호를 수신하여 위상차를 측정하여 위치선을 정하고 그 교점을 이용하여 선박의 위치를 측정하는 방식을 쓴다.

LORAN(Long Range Navigation)

2개의 무선국에서 같은 시간에 발사하는 전파(초속 30만 km)를 수신해서 도착 시간차와 방위각을 이용해서 자체 위치를 판단하는 시스템이다. 1942년부터 미국 USCG(해상보안청, U.S. Coast Guard)가 쓰기 시작했다.

DECCA

2차 대전 중 영국 DECCA사가 개발한 방식으로서, 두 개의 주·종 전파 발사국에서 발사한 전파를 수신해서 위상의 차이를 읽어 이를 거리로 환산하면 결국 LORAN과 같은 위치 파악의 근거가 마련되는 것이다. 정밀도 면에서 LORAN 보다 좋으나 근거리에서만 사용되는 단점이 있어 전파국을 주요 항해 해역 여러 곳에 설치하여야 한다.

두 전파국에서 주파수가 같은 전파를 발사하면 수신에 혼선이 생기므로 주파수가 다른 전파를 발사하고 수신기가 이를 받아 주파수가 같은 전파로 변조해서 위상 차이를 읽도록 한 것이 DECCA의 Idea이다.

ARPA(Automation RADAR Plotting Aid)

선박 등의 이동 표적을 추적하는 기능으로서 충돌 등의 해난 예방에 쓰인다(ARPA는 SOLAS의 강제 규정임).

- Relative Motion : 배는 가만히 있고 주위가 이동하도록 만든 영상 화상
- True Motion : 주위는 가만히 있고 배가 이동하도록 만든 영상 화상. 움직이는 상대 표적과의 관계를 분석하는 데에 도움

Flux

Flux는 아크의 안정과 Slag의 생성을 좋게 하는 금속 산화물과 염들의 배합 물질로서 규사, 산화 알루미늄, 산화 망간, 산화 칼슘, 산화 마그네슘, 산화 칼륨 등이 공통으로 쓰이며, 그 외에 용접 종류에 따라 수 많은 종류의 배합 물질이 함유된다.

수동 용접에 많이 쓰이는 피복 아크 용접봉에는 셀룰로오스, 전분, 펄프 같은 유기물과 석회석, 마그네사이트 같은 가스 발생제가 함유되며 페로 망간, 페로 실리콘과 같은 탈산제도 함유 된다.

CRP(Contra Rotating Propeller)

이중반전(二中反轉) 프로펠러라고 하며, 프로펠러를 2개 연속해서 동일 축심상에 설치하는 아이디어이다.

최초 고안자는 어뢰를 똑바로 가게 하기 위해 구상되었다고 한다. 회전 방향은 서로 반대로 돌며 뒤쪽 프로펠러는 DIA도 작고 회전수도 좀 적게 한다. 앞의 프로펠러를 밖의 중공축(中空軸)에 고정하고, 뒤쪽 프로펠러는 중공축을 관통하는 안쪽 축에 붙인다.

COW(Crude oil washing : 원유 세정)

탱커 내의 원유는 수송 중에 중질분이 서서히 침하돼, 탱커내에 퇴적, 벽면에 부착된다. 이 침전물을 sludge라고 하는데, 모래·흙·왁스·파라핀·타르 등이 성분이다. 한편 원유에

는 신나, 벤젠, 등유 등의 용해력이 있는 성분도 포함되어 있어, 이 원유의 용해력을 이용, 적하 원유의 일부를 끌어올리는 고정에서 고정세정기(固定洗淨機)를 통해서 가압분사, 용해하는 세정 기술

masking. 마스킹

2개의 음이 동시에 귀에 들어오면 한쪽의 음 때문에 다른 방향의 음이 들리지 않는 현상을 마스킹(masking)이라 한다. 부근의 소음에 의해서 텔레비전과 라디오가 듣기 어렵거나 항공기의 소음 때문에 대화하기 어렵게 되는 현상이다. 어느 주파수의 순수한 음은 그보다 높은 주파수의 음을 차폐하는 작용이 강하여 그보다 낮은 주파수의 음에 대해서는 별로 차폐시키지 못한다.

Flux Cored : 수동 아크 용접

용접봉이 튜브같이 생겼고 그 안에 Flux가 들어찬 모습을 하고 있으며 원리는 피복 용접봉과 같다.

MIG(Metal Inert Gas Welding)

보통 고급 비철금속 용접에 많이 쓰며 용접 심선을 Feeding 하면서 아르곤, 헬륨 등의 불활성 가스를 쓴다.

Grim Vane Wheel

무동력의 Idle Wheel(프로펠러처럼 생겼으나 Diameter는 더욱 큼)을 프로펠러 뒤쪽으로 동일축상에 붙이는 아이디어로서 낭비되는 에너지를 이용하여 회전하면서 정류작용을 해줌으로써 추진 동력의 Gain이 생긴다.

noise insulation. 차음(遮音)

항상 인접하여 있는 두 방 사이의 칸막이벽으로 인접한 방의 공기음의 음압 세기 정도를 가리켜 차음(遮音, noise insulation)이라 한다.

선박에 있어서 가끔 "인접한 방에서 대화 소리가 들린다"는 문제가 생기는데, 이것은 칸막이벽의 차음 성능이 떨어지기 때문이다.

Dredger : 준설선(浚渫船)

Bucket : 버켓 준설선, 버켓을 무한 궤도에 연속적으로 연결하여 토사(土砂)를 퍼올린다.

Dipper : 바가지형 준설선, 긴자루 끝에 달린 바가지로 토사를 퍼올림

Grab : 그래보식 준설선, 양쪽으로 벌어지는 바가지로 토사를 퍼올림

Rock cutter : 파암(破岩) 준설선, 무거운 추를 떨어뜨려서 암석을 준설
Hopper : 저개(底開) 준설선

Gas Metal 아크 용접(CO_2 용접)

수동 용접에 가장 많이 쓰인다. 가는 용접 심선을 빠른 속도로 Feeding하고 용접 부위에는 CO_2 가스를 분출하여 용융 금속의 산화를 방지한다.
용접 심선에는 망간(Mn)과 규소(Si)가 함유되어 있어 탈산 작용을 한다. 알루미늄 등의 비철 용접에는 아르곤이나 헬륨 같은 고급 불활성 기체를 쓴다.

Ballast : 저화(底貨)

선박은 과적도 항해에 문제가 되지만 공선 운항 역시 위험하다. 공선 항해의 경우 propeller가 수면에 떠올라 그 효율이 떨어지거나 심한 손상을 입게되는 등의 안전 항해에 큰 지장을 초래하게 된다. 그렇기 때문에 선박은 공선 또는 적화가 소량인 경우, 어떤 방법으로든 흘수를 깊게 할 필요가 있다.
또한 선박은 적화의 상하 배치만으로는 안정을 유지하기가 힘들다. 이런 경우에 대비하여 어떤 중량을 선내에 적재하거나 또는 이동시킴으로써 위험이나 불균형을 방지할 수 있는데 이같은 중량물을 ballast라고 한다.
보통 ballast에는 해수 또는 청수를 ballast tank나 deep tank에 채워 넣는 water ballast와 이것으로는 충분치 않을 경우 모래 · 자갈 · 흙 등을 적재하는 solid ballast가 있다.

Assemble 방법

고도로 합리화된 근대식 건조 방식으로서, 주기관, 갑판 기계, 전자 전기 장비는 물론, Hull의 Block까지도 계열 공장에 외주를 주어 조선소는 이들 하청 외주로 제작된 각부재들로 용접 탑재만을 시공하는 방법

Bulk Carrier

Bulker라고도 하며 약칭하여 B.C로 표시한다. 곡물, 석탄, 철 · 광석물 등과 같이 별도로 포장하지 않고 분립(粉粒) 상태로 적화 수송하는 선박을 말하며, General Cargo Carrier 는 포장된 Cargo를 Cargo Hold 내에 서로 움직이지 않도록 적재하는데 비하여, Bulk Carrier는 Cargo Hold 내의 산적 화물이 선박의 동요(Rolling 혹은 Pitching 등의)로 인하여 한쪽으로 기울어져 다시 원상 복구를 하지 않는 위험 때문에, 선체 중심을 이동시킴으로써 Stability(복원성)에 악영향을 주게되어 결과적으로 운항 선박의 해상 위험을 유발하게 된다. 따라서 B.C에 대해서는 해상 인명안전 국제 조약(SOLAS) 중에서 곡물 등의 특수 화물에 의하여 이들 위험을 방지할 수 있도록 구획 설계가 규제되고 있다.

종전까지는 6만 DWT 이상 8만 DWT의 Panamax형이 최대 선형이었으나 최근 세계적인 자원 보호 주의 경향으로 수송 거리가 장거리 이화(離化)됨에 따라 그 선형이 대형화되어 30만 DWT 전후의 초대형선이 등장하게 되었으며 아래와 같이 네가지 Group의 선형으로 구분된다.

- Handysize B/C: 1～4만 DWT
- Handymax B/C: 4～6만 DWT
- Panamax B/C: 6～10만 DWT
- Capesize B/C: 10만 DWT 이상

Bunker Price

Bunker란 선박의 추진기관 주연료를 저장하는 연료 창고로서, 주연료가 석탄일때에는 Coal Bunker, 기름일 때에는 Oil Bunker(또는 Oil Tank)라고 한다. 따라서 Bunker Price라 함은 선박운항에 소요되는 직접 선비중 연료비용을 말하며, 최근 유가폭등으로 인하여 총비용중 Bunker Price의 점유비가 급등하기 때문에 이를 감액시키기 위하여 감속 운항(Fuel Consumption은 선속의 3제곱에 비례함), 주기관은 석탄을 주연료로 하거나 Energy 절약을 목적으로 Diesel Engine의 배기발열의 재활용 방법 등이 개발되고 있다.

Draft Survey : 흘수 검사

선적지에서 화물의 적하 높이를 결정하기 위해 해사 검정인이 시행하는 검사로써, 곡류, 석탄, 광석 등의 적하 높이는 통상 이것으로 결정되어 운임 계산의 기초가 된다. 만선 화물의 선적을 계약한 하주는 계약 수량을 선적하지 않을 때에는 그 부족 수량에 대한 부적운임(dead fright)을 지불해야만 한다.

Capesize B.C.

남아프리카공화국 동해안에 있는 석탄 수출항 Richards Bay에 입항 가능한 최대선형을 말함. 종래 동항구는 입・출항 선박에 대해 길이 314 m 이하, 흘수 17.1 m 이하의 제한이 있었음

현재는 길이와 폭의 제한이 없어지고 흘수도 18.1 m로 완화되었지만 상기 규격 제한내의 재화중량톤 15만톤 정도의 광탄선을 Capesize라고 부르고 있음

CALS(Commerce At Light Speed)

제품의 설계, 획득 및 운용지원과정에서 발생하는 모든 자료와 정보를 디지털화하여 종이 없는 자동화된 환경을 제공함으로써 업무의 과학적, 효율적 수행과 정확하고 신속한 정보 공유 및 유통체계를 통해 제품 획득 및 운용지원 비용 절감 및 시간 단축과 종합적인 품질

경영 능력을 향상시키고자 하는 전략이다. CALS의 가장 중요한 밑거름은 표준화이며, 이것이 네트워크, 데이터베이스 등의 인프라와 업무 프로세스 리엔지니어링을 통한 기업의 통합과, 이를 통해 기업 간 가상거래 또는 전자상거래가 실현된다.

Cavitation : 공동 현상

유체의 속도가 증가하게 되면 유체에 닿아있는 물체 표면 근처에서 압력이 낮아지게 되어 유체가 상태를 바꾸어 수증기로 바뀌게 되는데 수증기의 밀도가 물의 밀도에 비해 무시해도 될 정도이므로 마치 물속에 빈 공간을 만들어 놓은 것과 같은 물리적 변화 현상, 주로 선박 프로펠러가 고속 회전할 때에 발생한다. 캐비테이션이 발생하면, 보통 효율 감소, 날개 침식 위험 증대, 진동 증가, 소음 증가 등의 문제가 발생한다.

CESS(Committee for Expenrtise of Shipbuilding Specifics) 조선관련 전문위원

1989년 12월, 한국 · 유럽 · 일본 조선업계는 민간조선회의체를 구성, 정기적인 회의를 통하여 기준 미달선의 조기퇴역 및 국제적인 관심제고 등을 위한 노력을 경주해 왔으며 '94년 9월에 미국이 '03년에 중국이 참가함으로써 동 회의는 5자간의 회의로 확대됨. '95. 3. 22 프랑스 파리에서 1차 회의가 개최된 이래 매년 1～2회씩 정기적으로 개최되고 있음. '05년 10월 이후 Committee for the Elimination of Substandardships에서 명칭이 변경됨

Chemical Tanker(화학제품 운반선)

일반적으로 Clean Tanker에 적재할 수 없는 특수화물(特殊化物), 즉 고품질의 윤활유제품, 석유화학제품 및 화성(化成)화학제품(각종 알콜, 에칠, 유기산, 무기산 기타) 등을 적재할 수 있도록 특수설계를 한 전용선으로 각 성분이 나누어지지 않도록 Tanker의 구획이 많고(40～50실 되는 것도 있다.) 화유관도 10～20수 계통을 갖고 있다. 그래서 Tanker의 구조재나 관재는 스텐레스강의 사용과 특수 도장을 하고 있다. 그 외에 공기 제습(除濕) 장치, 불활성가스 밀봉 장치, 청수 세정장치 등 적재물의 성질에 따라 특수 설비를 장치하고 있다.

Tug Boat(예인선)

Towing Vessel이라고도 하며 독자적으로 항행력을 갖지 않은 선박을 지정된 장소까지 자기의 힘으로 이동시키는 선박을 말한다. 예인선은 화물선을 예인할 뿐만아니라 목재 또는 조난선을 예인하는 경우도 있고 때로는 수로 안내를 겸한 도선이 되는 경우도 있다.
예인선의 대부분은 소형선으로 화물을 만재한 수 척의 다른 선박을 예인함으로 기관이 비교적 크다. 이 예인에 대하여 지급되는 요금을 예항료(Towage)라고 한다.

VLCC(초대형 원유운반선)

Very Large Crude Oil Carrier의 약칭으로 200,000 DWT 이상 300,000 DWT 미만의 대형 Tanker를 말한다.

이 초대형 Tanker는 중동전쟁 재발로 인한 Suez 운하 폐쇄의 결과로 탄생한 선형이다.

Voyage Charter(항해 용선)

어느 항구(1항 또는 수항(數港))에서 다른 항구(1항 또는 수항)로 화물을 수송하기 위해 체결된 선사(Owner, Operator)와 하주(Charter, 용선자)간의 운송 계약, 항해 용선 계약에는 주요항로, 화물(철광석, 석탄, 곡물 등의)에 대해 과거의 해상 운송 경험과 해운 관습을 반영해 표준화한 여러 가지 표준 서식이 제정되었는데 가장 널리 쓰이는 것은 BIMCO 가 제정한 Uniform General Charter(GENCON)이다.

Tramp : 부정기선

① 공표된 스케줄에 따라 운항하지 않고 항로, 항해시기에 제한없이 가장 유리한 화물을 골라(시기와 장소에 구애됨이 없이) 임기 응변의 항해를 함. 따라서 적취 화물에 가장 적합한 선박을 배선하는 것이 채산상 중요하다.

② 곡물, 석탄, 광석, 목재, 사탕 등의 원 재료(Bulk Cargo, 대량화물, 만선화물, 운임 부담력이 적은 저가격)를 적재한다.

③ 항해의 신속성, 정확성 보다는 운임의 저렴성이 중요시 된다. 따라서 운송의 효율화를 위해서는 대형화 전용선화가 필요하며

④ 운송 계약은 Charter Party, C/P에 의한다.

WORLD SCALE RATE

영국의 런던과 미국 New York의 브로커들이 중심이 되어 Intascale Rate의 정리 개정 작업의 결과로 1969년 중반에 새로운 요율 체계를 발표했고, 9월 15일 이후 세계 해운 시장에 적용되었다.

중동 및 중남미 등의 세계 주요 석유 수출항으로부터 뉴욕・런던 중 주요 지역으로 향하는 각 항로에 19,500 DWT 급 탱커를 14 노트로 운항하는 경우 적용되는 표준 운임을 기준으로 산정되는 백분비(百分比), rate)이다.

그러나 산정 기준을 정한지가 오래되고 환경의 변화를 반영하기 위해 1989년부터 NEW WORLD SCALE을 제정 실시하고 있다.

- 장기항해: N 50 → NW 57
- 단기항해: N 140 → NW 155

NEW WORLD SCALE(NW)과 WORLD SCALE(W) 간의 차이를 시산해 보면 다음과 같다.

구 분	WORLD SCALE	NEW WORLD SCALE
• 표준 선박		
−선형	19,500 DWT	75,000 DWT
−선속	14.0 Knot	14.5 Knots
−항해유류소비	28 톤/일	55 톤/일
−기타유류소비		100 톤/항차
−항만체선	72 Hrs+12 Hrs/Port	72 Hrs+12 Hrs/Port
−고정운항비(H/P)	$1,800 / 일	$12,800 / 일
• 코스트 기준변수		
−BUNKER PRICE	과거 6개월 평균	매년 9월 평균 가격
−가격통계	WORLD SCALE 자료	Cockett Marine Oil Co.
−운하통과시간	30 Hrs	24 Hrs
• 기준서 발간	매년 2회(1, 7월)	년 1회(1월)

Tonnage Tax : 톤세 제도

해운기업 또는 선주의 실제 영업이익 대신 선박톤수와 운항일수를 기준으로 산출한 추정 이익에 법인세를 부과하는 제도임. 우수한 경쟁력을 확보한 해운기업이 톤세를 도입할 경우 급격한 환율 변동과 같이 기업의 수익성과 재무상태를 왜곡시키는 외생변수로부터 자유로워질 수 있으며 조세부담이 경감되는 효과도 기대할 수 있다.

또한 정부부문에서도 일정 규모의 세수 확보가 지속적으로 보장됨으로써 재정운용의 안정성과 조세구조의 단순화에 따른 세수행정의 효율화가 실현되는 긍정적인 효과가 나타난다.

Shikumisen : 사조선(仕組船)

일본의 해운회사가 장기간 용선할 목적으로 일본조선소를 외국 해운회사에 알선해 건조시키는 선박, 사조선은 그 선주인 외국의 해운회사가 일본의 해운회사와 장기적으로 안정된 관계를 유지하고 있는 경우가 많아, 건조 자금의 상환기간을 용선 기간으로 하는 것이 상례이고, 용선료는 자금의 상환조건과 기타 코스트를 감안해 결정함

또한 일본해운회사의 장기용선을 건조의 전재조건으로 하고 있기 때문에, 선형을 비롯한 제반사항에 대한 용선자의 의향을 충분히 반영시킬 수 있는 등, 단순 외국 용선에 비해 이점이 많아 자사지배하의 안정선폭으로서 외국 용선을 이용하는 경우에 동형태를 취하는 경우가 많음

한편 Charter Back 이라고 해서, 일본의 해운 회사가 소유하는 선박을 해외로 매선(賣船)해 동선박을 외국 선주로부터 재용선하는 경우도 있음

SLB Service(Siberia Land Bridge Service)

극동에서 시베리아 대륙을 경유, 유럽지역으로 수송하는 해륙 복합 수송 형태를 말한다. 동 서비스는 전소련 통과 화물 공단(SOTRA)이 유럽 및 일본의 NVOCC에게 License를 부여함으로써 이들이 다시 한국 · 일본 · 대만 · 홍콩 등의 대리점과 업무를 제휴하여 극동지역과 유럽간을 연결하게 되는 것이다.

운송방법은 극동 제국의 항구에서 선적된 컨테이너가 러시아의 Nakhodka 항에 집결(한국에서는 일본의 Kobe나 Moji를 거쳐)된 후 여기서 소련의 특수 단위 열차편으로 시베리아를 횡단, Moscow 경유, 유럽 및 중동 경계선에 인접해 있는 Lujaika, Leningrad, Brest, Chop, Ungeny, Zhdanov, Djulfa 등지로 연결되고 있으며 보통 Nakhodka 항에서 이들 국경선까지 열차의 수송시간은 약 15 ~ 16일이 소요된다.

이 경계지점에서 컨테이너들은 다시 최종 행선지별로 분류, 각국의 열차 또는 트럭에 옮겨 싣게 되며 다만 시베리아 레일 규격과 같은 핀란드행 화물은 계속해서 목적지까지 운송하게 된다.

RO / RO 선

Roll on/Roll off의 약자로서 자행성이 있는 자동차 수송시, 혹은 Container 화물을 Truck, Trailer 등의 운반 기구에 실어서 이 운반 기기의 자체 이동능력을 이용하여 실은 채로 양적하(楊積荷)하는 하역방식으로서 선미 · 선중간(船中間) Lamp 등을 이용해서 횡방향 이동만에 의한 하역을 함으로써 수평형(Horizontal Type)이라고도 불리어진다. 주로 Container 선, 자동차 운반선이나 Car Ferry 선에 채용되고 있다.

Port State Control : 항만국 통제

STCW 조약의 제10조 및 제14규칙은 체약국 항구에 있어서의 외국 선박 감독, 이른바 Port State Control에 대해 규정하고 있으며, 또한 해양 오염 방지 조약과 SOLAS 조약에도 규정되어 있는데 그 취지는 외국 선박의 감독에 관해 명확한 규정을 설정함으로써 자의적 운용을 방지하고 국제 항해에 종사하는 선박의 원활한 운항을 확보하는 것에 있음.

입항국의 감독관이 외국 선박에 대해 행사할 수 있는 감독권은 STCW 조약에 의해 선원의 유효한 증명서 휴대 여부에 대한 확인 및 해난시 당해 선박 선원의 직책을 유지할 능력을 보유하고 있는지에 대한 확인으로 한정되어 있고 이 경우에 있어서 선박의 항해금지 조치를 취할 수 있는 것은 요건의 미비가 시정되어져 있지 않고 또한 당해 요건의 미비로 인해 인명, 재산 또는 환경에 위험이 있다고 판단되는 경우로 한정됨

나아가 동 STCW 조약에 기초 감독을 할 때에는 선박을 부당하게 억류하거나 선박의 출항을 부당히 지연시키는 일이 없도록 모든 가능한 노력을 기울여야만 한다고 명시되어 있음

NK(Nippon Kyokal : 일본 해사 협회

선박 안전법에 의해, 선급 검사 및 선급 증서 발행을 위해 선박을 검사・감독하는 기관으로 1899년에 설립되어 NK로 Lloyd's Register에 등재되었으며 일본 해사 협회의 완전 선급을 표시하는 기호는 NS이며 JMS(Japanese Marine Corporation)라고도 한다.

Panamax B.C.

파나마 운하(통행 가능선의 최대폭 106 피트, 32.3 m)를 운항할 수 있도록 선폭 32.3 m로 설계된 선박(통상 56,000 ~ 64,000 DWT).

동 선형의 경우 계획 만재 흘수는 일반적으로 12 m 전후이고, 재화 중량톤은 6 ~ 7만톤 정도가 된다.

P & I Club(Protection and Indemnity Club : 선주책임 상호 보험 조합)

선박의 소유 및 운항에 따라 선주 또는 용선자에게 발생하는 손해 및 배상 책임은 다양하기 때문에 일반의 선박 보험만으로는 모두 커버할 수 없다. 예를들면 선박 이외의 화물에 대한 충돌 손해 배상 책임・난파선 제거 비용・선원의 사상에 대한 배상 책임 및 비용・선하 증권의 면책 조항에 해당되지 않은 배상 책임 등은 모두 선박 보험의 대상이 되지 못한다. 이처럼 선박의 소유와 운항에 관련, 제3자의 대한 법적 배상 책임을 보상하는 선주 상호간의 보험을 P & I 보험이라하고 이의 조합을 P & I Club 이라 부른다.

선주의 제3자에 대한 배상 책임을 담보하는 일종의 선주 상호간 공제 조합으로 비영리 단체라는 점이 그 특징이라 하겠다. P & I Club에서 담보하여 주는 선주의 책임은 국가 별로, 또는 특정 클럽에 따라서 다소간 다르긴 하지만 어느 경우든지 선원의 사상(死傷)이나 제3자에 대한 선주의 법적 배상 책임이 중요한 담보 대상이 되고 있다.

일반적으로 통상 위험・동맹 파업 위험・전쟁 위험 및 선임과 체선료 위험을 대상으로 하는데 선주의 자유 재량으로 담보 받고자 하는 위험을 선택할 수 있다. 그런데 일반적으로 보험 회사가 위험 담보의 댓가를 보험료(Premium)라고 부르는데 비해 P & I Club 에서는 지불하는 가입금을 Call이라고 말한다.

Physical Distribution : 물류

이미 70년 전 Clark, Fred E의 “Principle of Marketing” 가운데 Physical Distribution이라는 말이 사용되면서 운송, 발착 지점에 있어서의 하역 및 보관에 대해 서술된 바 있고, 또한 1962년 미국 물류(物流)관리 협의회는 『물류 관리』라고 하는 것은 완성품을 생산 라인의 종점에서 소비자까지 효과적으로 이동시키는 것과 관련한 폭 넓은 활동을 말하는 것으로서 원재료를 공급원에서 생산 라인까지 이동시키는 것을 포함하는 경우도 있음. 이러한 활동에는 "화물 수송, 창고 보관, 하역, 공업 포장, 재고 관리, 공장과 창고의 입지 선정, 주문 처리, 시장 예측 및 고객 서비스를 포함한다."라고 정의했음. 나아가 1976년에는 새로운 정의로서 유통 통신 전달, 반품 처리, 폐기물과 쓰레기의 처리가 첨가되었고, 동 협회는 1985년 1월 미국 로지스틱 관리 협의회로 개칭되었는데, 이것은 물류를 Logistics로 파악한 것을 의미함

OECD WP 6

Organization for Economic Cooperation and Development, Working Party 6(경제 협력 개발 기구, 제6 조선작업부회)의 약칭으로서 정부 Level 에 의한 국제간 조선 문제를 검토 협의하는 OECD 이사회 직속으로 되어 있는 중요한 조직이다. 본부는 France 의 Paris 에 있으며 매년 2회~3회 소집된다. 현재 동 WP 6 가맹국은 CESA 제국 및 일본 등 23개국과 EC 1 기관이다.

1. 영국, 2. 독일, 3. 프랑스, 4. 네덜란드, 5, 이태리, 6. 덴마크, 7. 벨기에, 8. 스페인, 9. 스웨덴, 10. 노르웨이, 11. 필란드, 12. 일본, 13. 그리스, 14. 아일랜드, 15. 포루투갈, 16. 미국, 17. 한국, 18. 멕시코, 19. 슬로바키아, 20. 터키, 21. 캐나다, 22. 호주

Oil Pollution Act 90

1990년 8월 18일 발효된 미국의 해양오염방지법을 말하는 것으로 동법에 따라 모든 신조 Tanker와 Barge 선은 이중선체구조로 건조되어야 한다. 또한 대부분의 재래 구조 선박(Single Hull Vessel)은 크기와 선령에 따라 1995년부터 2010년까지 단계적으로 취항이 금지된다.

동 법안은 기존의 Oil Spill Liability Bill의 내용을 수정하며, 해양 오염시 배상 책임을 크게 늘리고 있으므로 탱커 시장에 크게 영향을 끼칠 것으로 예상된다.

Operating Cost(선박 운영비)

Operating Cost에는 선원비, 보험료, 유지비, 비축물, 윤활유 및 예비 비품비가 포함된다.

Module

건축업에서 주로 사용되는 용어로서, 1960년대 이후 Plant 업계에서도 사용되고 있는데, 최근에는 우리 조선공업에서 근대화된 건조공법으로 쓰여지고 있다.

현지 작업량을 줄이고 생산성을 높이기 위해서 Plant의 각부분을 분활하여 사전조립한 다음 수송된 것을 현지에서 결합 설치한다.

분활된 각부분의 중량은 1,300~3,000 M/T의 것이 일반적이다.

Net Tonnage(N/T) : 순톤수

직접 영업 행위에 사용되는 용적, 즉 화물 · 여객의 수용에 제공되는 용적을 뜻한다. 다시 말하면 총톤수에서 선박 운항에 이용되는 부분의 적량(선원실 · 해도실 · 기관실 · 밸러스트 탱크 등)을 공제한 순적량을 톤수로 환산한 수치이다. 총톤수와 같이 100 입방 피트=1톤으로 계산하여 총톤수의 약 0.65 배 정도에 해당하는 것이 보통이다.
순톤수는 직접 상행위를 하는 용적이므로 항세 · 톤세 · 운하통과료 · 등대사용료 · 항만시설 사용료의 기준이 되는 중요한 단위이다.

Laying up(계선)

해운 시황의 악화 내지 불투명으로 선박을 가동(항해 · 화선(貨船))시키는 것보다 계선하여 두는 편이 경비나 채산면에서 이익이라고 판단되어 시황이 회복될 때까지 항만내 안전 장소에 선박을 계류시키는 것을 말한다.
통상 계선을 할 경우에는 필요한 최소 보안담당요원(보험 회사의 규정에 의하면 항해사 1명 · 기관부원 1명 이상으로 되어 있다.)을 상시 배치하고 관할 항만 당국에 계선 수속을 하도록 되어 있다.

Light Displacement : 경하 배수 톤수

경흘수 상태에 있어서의 배수량, 즉 선체, 기관, 항해 기구, 하역 용구, 비품 등의 중량으로서 연료, 화물 저장품, 탱크속의 물은 포함되지 않으며, 해체 매선 가격의 기준이 됨.
Loaded Displacement(만재 배수 톤수)과 Light Displacement(경하 배수 톤수)의 차가 본선의 Deadweight(재하 중량 톤수)이다.

Line : 정기선

일정한 항로 및 항구에 정기적으로 운항하며 운항 스케줄은 공개된. 주로 고가품인 완성품을 취급하고 있다.
대개 컨테이너로 운송되며 화물의 만재 여부를 불문하고 출항하는데, 최근 선사들은 고객 서비스 개선을 위해 선속의 고속화로 항해 일수를 단축하고 하역 설비의 기계화를 통해 항구에서의 정박 일수를 줄이고 있음.
컨테이너선의 운임은 20 ft 컨테이너 1개 운임을 기준으로 하고 있으며 20 ft 1개에 적재되는 화물은 통상 18 ~ 20 톤임

Lloyd's

영국의 해상 보험 업자의 단체로서 17세기 말에 결성됐으며 로이드 보험업자 협회(Lloyd's Underwriter's Association), 로이드 보험 중개인 협회(Lloyd's Insurance Broker's

Association)등이 주축을 이루고 있는데 국제적으로는 로이드 협회(The Corporation of Lloyd's)라고 부른다.

동협회는 로이드 소속의 개인 보험자의 단체로서 런던 보험 회사의 단체인 "The Institute of London Underwriters"와 긴밀한 연락을 가지고 있으며 이 두 개의 단체가 세계에서 가장 큰 해상 보험 시장을 이룬다.

Lloyd's 그 자체는 하나의 Corporation으로 보험 인수 행위는 하지 않으며 개인 인수 업자들로 하여금 인수할 수 있도록 모든 설비를 제공하고 인수 업자들의 해상 보험 이외의 타 보험 인수도 제한하지 않는다.

원칙적으로 Lloyd's 보험자의 책임은 무한이며, Lloyd's 보험자의 평판이 세계적으로 우위에 있는 것은 이와 같은 무한의 책임을 감당할 수 있는 능력과 이를 뒷받침할 수 있는 재정능력이 있는 자만이 Lloyd's 보험자가 될 수 있다는 엄격한 규정이 있기 때문이다.

Lloyd's Register of Shipping : 로이드 선급

1834년 설립되었으며 주요 업무는 선박의 등급 판정과 선명록의 발행임. 따라서 선박의 건조 규칙을 제정하고 선박 건조시 감독관을 전세계에 파견하고 있음

《연 혁》

1760년 로이드에 출입하던 해상 보험 업자들이 협회(Society)를 조직하여 선명록을 발행한 것을 기점으로 선박 등급 업무를 시작

1797년 개정된 선박 등급 기준이 영국내에서 건조한 것과 영국외에서 건조한 것을 차별하는데 불만을 품은 선주들을 중심으로 New Register Book of Shipping이 발행되어 로이드와 심한 경쟁을 벌임

후자는 1832년 본부가 파리로 이전되면서 BUREAU VERITAS 로 개칭하여 현재에 이르고 있으며 이에 자극을 받은 로이드는 정식으로 The Society of Lloyd's Register of Bureau and Foreign Shipping(일명 Lloyd's Register)를 조직하면서 보험 업자의 조합에서 선급 협회로 분리, 독립함

Load Line : 만재흘수선

선박에 화물을 적재할 때에 더 이상 실을 수 없는 최대 한도의 흘수를 만재 흘수라고 하고, 그때의 흘수선을 만재 흘수선이라고 한다.

선박은 항해의 안전 유지상 항해 시기와 해역에 따라 적재 중량을 조정할 필요가 있으며 이를 위해 『만재흘수선 국제조약』에 의한 만재흘수선을 정해 선측에 표시하도록 되어 있음. 이것을 만재흘수선 표시라고 한다.

만재흘수선의 적용에 대해서는 세계의 수면을 ① 계절 동기대, ② 열대, ③ 계절 열대, ④ 하기대의 4가지로 대별하고 각지역에 대해서 하기 계절, 동기 계절 또는 열대로 정하고 있음

Measurement Ton(M/T) : 용적톤

적재 화물의 용적에 의한 톤수를 말한다. 실제로 배에 실을 수 있는 화물의 용적이나 공소 용적 계측 단위인데 1 입방 미터 또는 40 입방 미터를 1톤으로 한다.

JSEA : 일본 선박 수출 조합

Japan Ship Exporter's Association(일본 선박 수출 조합)의 약칭으로서 1954년 12월에 설립되었고, 35개 조선회사, 39개 상사 계 74개사가 가입해 있으며 SAJ와는 자매 단체이다. 주요 업무 활동은 불공정 거래 방지를 위한 계도, 지도 및 규제, 그리고 시장 조사, 홍보, 정보 교환 외에도 선박 수출 보험의 대행 업무를 하고 있다.

JSTRA : 일본 선박 기술 연구 협회

Japan Ship Technology Research Association(JSTRA, 일본 선박 기술 연구 협회) 2005년 4월, 일본 조선 연구 협회, 일본 선박 표준 협회, 선박 해체 사업 촉진 협회의 3단체가 일본 선박 기술 연구 협회(JSTRA)로 통합되었으며, 선박 기술 및 선박에 관한 기준, 표준 규격에 관한 시험 연구 및 조사에 따르는 성과의 보급을 종합적 전략적으로 실시함으로써 선박 산업에 관한 종합 기술의 향상을 도모하며, 국내 정보의 수집 제공을 통하여 국내 조선 산업의 발전에 기여하고 조선 사업자의 작업량을 확보하는 것을 목적으로 설립되었으며, 주요 사업 대용은 기준 · 규격 사업 및 연구 개발의 인큐베이션 사업이 있다.

IMO(International Maritime Organization) : 국제 해사 기구

해운 · 조선 등의 국제 해사 문제를 다루는 UN 산하 전문 기구로 각국의 정부만이 회원이 될 수 있는 정부간 기구이다. 해상 안전, 항해의 효율성 및 해양 환경 보호를 위한 각종 국제 협약 채택 시행 및 국제 해운에 영향을 미치는 각 국의 차별적 조치 및 불필요한 제한 철폐 등의 주요 기능을 갖추고 있다.

【주요 위원회 현황】

• 해사 안전 위원회(Maritime Safety Committee : MSC)
- 항해 안전 전문 위원회(Sub-Committee on Safety of Navigation : NAV)
- 무선 통신 및 수색 구조 전문 위원회(Sub-Committee on Radiocommunication and Rescue : COMSAR)
- 선원 훈련 및 당직 기준 전문 위원회(Sub-Committee on Standards of Training and Watch Keeping : STW)
- 선박 설계 및 설비 전문 위원회(Sub-Committee on Ship Design and Equipment : DE)
- 복원성, 만재흘수선 및 어선 전문 위원회(Sub-Committee on Stability and Loadlines

and Fishing Vessels Safety : SLF)
- 방화 전문 위원회(Sub-Committee on Fire Protection : FP)
- 산적 액체 및 가스 화물 전문 위원회(Sub-Committee on Bulk Liquids and Gases : BLG)
- 위험물 고체 화물 및 컨테이너 전문 위원회(Sub-Committee on Dangerous Goods, Solid Cargoes and Containers : DSC)
- 기국 준수 전문 위원회(Sub-Committee on Flag State Implementation : FSI)

• 해양 환경 보호 위원회(Marine Environment Protection Committee : MEPC)
• 법률 위원회(Legal Committee : LEG)
• 간소화 위원회(Facilitation Committee : FAL)
• 기술 협력 위원회(Technical Cooperation Committee : TC)

Krotal Naval : 크로탈 나발

프랑스가 개발한 미사일로 사거리는 약 12 km이지만 저고도 접근하는 물체에 대해 우수한 탐지력을 가지며 이 체계는 우리나라의 천마 대공 미사일 체계에도 사용되고 있다.

Grinding

그라인딩, 사상(仕上). 일본식 한자어에서 유래되었으며 일본어로는 '시아게'라고 하며 우리말로는 '마무리'에 해당된다.

도장 작업을 위해 부재나 블록의 각이 진 모서리를 깍거나 용접, Temporary 부재의 부착과 제거, 운반 등의 과정에서 발생한 긁힘(Scratch) 이나 패임(Notch)과 같은 부분 손상, 절단면의 불균일 등으로 거칠어진 면을 부드럽게 연마하거나 녹, 용접 Slag 및 Spatter, Chip 등의 부착이 물질을 연삭기를 사용하여 제거하는 작업을 말한다.

Flag Convenience : 편의 치적

실선주국의 엄중한 각종 의법 규제, ITF(국제 운송 노련)의 승선원에 대한 노동 조건 등의 개선 규제, 그리고 ILO 제147호(상선의 최저 기준의 관한 국제 조약) 등의 각종 국제 협약은 물론, 자국 선원의 승선 의무화에 의한 선원비의 급등과 각종 세제상의 어려움을 피하기 위하여, 외국의 국민(실선주) 또는 회사가 소유하는 선박의 치적을 인정하고 있는 편의치적국(Liberia, Panama, Honduras, Costa Rica, Somali Land 등의)에 치적하는 선박의 국적 취득 제도를 말한다.

편의 치적의 장점은 선원비가 자국 선원 대비 저렴하기 때문에 선비 절감을 할 수 있고, 당해 선박에 대한 매년 일정액의 부과 세액과 소정의 영사 수속비을 납부하면 되고, 따라서 당해 선박 가동에 의한 수익금에 대해서는 일절 과세되지 아니라는 점 등에 있다.

Charter Base

줄여서 C/B로 표시되며 용선료 산출에 있어서의 기본이 되는 지표로서, 매항 해당운항 수익을 Deadweight 및 월간 기준으로 산출한 것이다.

$$C/B = \frac{\text{운임수익} - \text{항해총비용}}{\text{항해소요일수} \times DWT} \times 30\text{일}$$

※ 운항수익=운임수입－항해총비용

Voyage Charter (항해용선)	Time Charter (정기용선)	Bareboat Charter (관용선)
① 선주가 선장을 임명하고 지휘감독 한다.	① 좌와 같음	① 임차인이 선장을 임명하고 지휘감독 한다.
② 용선자는 선복을 이용하고, 선주는 운송행위를 한다.	② 용선자는 선복을 이용하고 선주는 운송행위를 한다.	② 임차인이 선박을 일정한 기간 사용하며 운송 행위를 한다.
③ 운임는 화물의 수량 또는 선복을 갖고 결정한다.	③ 용선료는 원칙으로 기간에 의하여 정한다.	③ 임차료는 기간을 기초로 하여 결정한다.
④ 용선자는 재용선자에 대하여 감항담보의 책임이 없다.	④ 좌와 같음	④ 임차인은 대주 또는 용선자에 대하여 감항담보의 책임을 진다.
⑤ 선주부담비용 항목 : 항원급료, 식료, 음료수, 윤활유, 유지비 및 수선비, 보험료, 상각, 연료, 항비, 하역비, 제수수료, 예선료, 도선료	⑤ 선주부담비용 항목 : 선원급료, 식료, 음료수, 윤활유, 유지비 및 수선비, 보험료, 상각	⑤ 선주부담비용 항목 : 상각(보험료)
⑥ 용선자부담비용 항목 : 없음	⑥ 용선자부담비용 항목 : 연료, 항비, 하역비, 제수수료, 수선료, 도선료	⑥ 용선임차인담비용 항목 : 항해 용선중 상각 이외의 비용

COA(Contract of Affreightment : 해상 운송 계약)

해상운송 계약은 개품 운송 계약과 용선 계약으로 대별할 수 있는데, 개품 운송 계약(affreightment in a general ship)이란 불특정 다수의 하주로부터 다종다수의 화물을 인수하여 운송하는 것으로 주로 정기선을 말하며 용선계약은 특정인에게 선복 전체를 제공하는 것으로써 특정 대형 산업에 필요한 화물을 독점적으로 장기 운송함.

Draft(or Draught) : 흘수

흘수, 배가 물속에 잠기는 깊이를 말하며 화물을 가득 실었을 때의 잠긴 정도를 만재흘수라 한다. 흘수는 배 바닥 철판의 부피를 고려하여 재는 방법과 그렇지 않은 방법이 있는데, 전자는 주로 흘수표에, 후자는 선박 계산에 사용, 흘수표는 배 바닥(물과 닿는 부분)에서 최대 흘수선까지 20 cm 마다 10 cm 크기의 숫자로 표시한 것으로 배가 잠긴 정도를 조종실에서 원격 장치로 볼 수 있다. 흘수는 항해구역이나 항만의 수심에 밀접한 관계가 있으므로 선박의 기본 설계에 중요하게 다뤄진다. 흘수는 기호 「d」로 표시하고 단위는 미터를 사용한다.

Phalanxs System MK-15, 16, 20 mm : 팔랑크스 발칸포

많은 탄환을 발사하여 일종의 탄막을 형성하여 항공기나 대함 미사일을 격추하는 하드킬 시스템으로 분당 3,000발을 발사할 수 있으며 사정거리는 1.85 km이다. 가장 많은 나라가 채용하고 있으며 위력의 한계로 램으로 교체가 추진되고 있다.

RIM-116 : 램

독일과 미국이 합작하여 개발했으며 사정 거리가 10 km에 달하기 때문에 근접 방공 무기보다는 대함 방공 미사일에 가깝다. 적미사일의 수색 레이더에 의해 발사되고 최종 유도는 적외선을 포착해 공격한다. 미국이 채용 예정에 있으며 우리나라도 관심을 보이고 있다.

오토멜라라 76 mm 컴팩트 포

세계적인 베스트셀러 포로 분당 최대 85발 이상 발사할 수 있지만 실제적으로는 30발 정도 발사할 수 있다. 대함 사격에는 16 km를 발사할 수 있고 대공 사격에는 12 km를 발사할 수 있다. 우리나라의 많은 함정에 장착되어 있으며 서해 교전 당시 이 포로 북한 경비정을 격침시켰다.

Handysize B.C.

세계 어느 항구에도 입항 가능하고 편리한 선형의 살물선으로, 25,000 ~ 30,000 DWT가 중심이며 비교적 크지 않은 항구에 배선되기 때문에 본선에 하역 장치를 장비하고 있음

TSL의 연구 개발 목표

화물 적재량	1,000 톤
속 력	50 노트
항속 거리	500 해리
주기 형식	개스 터빈
선 가	100 ~ 150 억앤
마 력	90,000 PS
기 타	파랑 급수 6에서도 항해 가능

1989년 7월 운수성을 중심으로 TSL 기술 연구 조합이 조선대형 7사에 의해 설립되어 이것을 모체로 TSL의 기초적 연구 개발 설계 기술의 확립을 지향하고 있다.

1989년도를 초 년도로 해서 5년간의 연구 개발이 시작되었는데 연구 개발 3년째인 1991년도에는 A Type(공기 압력식)과 F Type(양력식)인 2척의 유인자항 모델에 의한 수상 시험 등을 실시한 바 있고 1992년도에는 70 m급(A Type)과 16 m급(F Type) 2척의 실험선 건조에 착수 했다. 현재의 화물선과 비교하면 다음과 같은 장점이 있다.

① 경제적인 고속 운항이 가능: 추진 장치로서 해수를 공기중에 젯트 분사해서 전진하는 Water Jet System을 탑재하기 때문에 종래의 스크류를 이용한 선박에 비해 추진력이 크게 향상된다.

일반적으로 선박은 속력을 올리는 만큼 항해중의 수저항이 강해지기 때문에 일정 수준 이상의 속도가 되면 연비가 극도로 나빠진다.

TSL은 호버크래프트와 같이 공기를 아랫 방향으로 분사하거나 수중익을 선저에 부착해 선체 대부분을 수면위로 부상시키는 구조이기 때문에 종래 화물선에 비해 항해시 받는 물의 저항이 극히 작다. 따라서 기존선에서는 24 노트(시속 약 45 km) 정도가 경제성의 관점에서 고속화의 한계로 인식되고 있음에 비해 TSL은 그 만큼 연비를 악화식히지 않고 그 2배 이상에 해당하는 50 노트(시속 약 93 km) 전후의 속력을 낼 수 있는 것으로 알려지고 있다.

② 운항의 안정화: TSL은 수중에 들어가는 선체 부분이 적을뿐만 아니라 특수 Sensor에 의해 선체 균형을 파악하고 거기에서 얻어지는 Data를 컴퓨터가 판단해 최적의 균형을 유지함으로써 항해시 파도의 영향을 최소한으로 억제한다. 따라서 일기 불순시에도 안정적 항해가 가능하다.

TSL의 실용화를 통해 항공기와 화물선 트럭과의 중간적 존재로서 수송 수단의 다양화를 도모할 수 있다.

일본에서는 최근 대도시권에서의 용지 취득의 어려움과 인건비 상승 등으로 일본 구내 지방 도시와 동남 아시아 지역 등으로 생산, 영업거점을 이전하는 기업이 늘어남에 따라 일본 국내 중 · 장거리 화물 수송과 일본/동남아 국제간의 화물 수송이 증가 일로에 있는바, 향후 여기에 TSL을 이용할 방침인 것으로 알려지고 있다.

Hydrofoil Craft : 수중익선

선저에 지주를 세워 그 끝에 수중익을 설치한 것으로 선체가 수면 위로 부상한 상태에서 쾌속으로 항해할 수 있도록 설치된 선박을 말한다. 내해(內海)나 연안 항로의 여객선 · 관광선 등에 사용되고 있다.

IMIF(International Maritime Industry Forum : 국제 해사 산업 평의회)

1970년대 초반 유조선 산업의 위기가 절정에 달하게 되자 관련 업계인 유조선 선주, 은행

가, 조선소 및 석유 회사들간에 위기 극복을 위한 협력 장치가 마련되어야 하겠다는 공통 인식이 형성되던차, 1975년 말에 순수 민간 기구로 런던에 설립.
초기에는 유조선 분야에 치중했으나 산적 화물선 분야 SCRAP & BUILD, 신조선 건조 보조금의 효과 검증 등의 문제로 그 관심 영역을 확대하였으며, 최근에는 선박 안전 기준의 강화, 선박 해체 촉진 등의 국제적 분위기 조성에 노력하고 있다.
회원은 선주, 금융기관, 조선소, 해운 용역 회사 등으로 구성되어 있고, 본 협회도 1991년부터 정회원으로 가입하고 있다.

GMDSS(Global Maritime Distress and Safety System : 전세계 해상에 있어서의 조난·안전 시스템)

최신의 디지털 통신 기술, 위성 통신 기술을 이용해 세계의 어느 해역에서 선박이 조난 당해도 그 선박으로부터 육상의 구조 기관이나 부근을 항해하는 선박에서 신속·정확한 원조 요청이 가능하고, 또한 육상으로부터 항해 안전에 관한 정보 등을 적절히 수신할 수 있는 시스템이다.
INMARSAT(International Marine Satellite Organization, 국제 해사 위성 기구) 등의 위성을 이용한 음성에 의한 직접교신이 중심
GMDSS의 도입은 1986년 11월에 국제 해사 기구(IMO)에서 채택된 개정 SOLAS 조약에 의해 1992년 2월에 발효, 발효일로부터 7년간은 이행 기간이고 300 GT 이상의 전선박에 적용되는 것은 1999년부터임

FPSO(Floating Production Storage Offloading Vessels)

제1, 2차 유류 파동을 거치면서 각국의 석유 생산 업체들은 원유 가격의 추가 상승을 전제로 석유 탐사 개발 프로젝트에 상당한 투자를 하였음. 이 당시 해상 유전 개발의 경제성과 편리한 이동으로 인해 기존의 고정식 석유 시추선과는 다른 새로운 형태의 FPSO가 등장하게 되었다.
〈기능〉
- Floating : 부유식 탱커 선박으로 자유로운 이동 가능
- Production : 유전의 시험 탐사 및 생산 가능
- Storage : 석유의 저장
- Offloading : Shuttle Tank나 기존의 유조선으로 하역 가능

Mach : 마하

오스트리아의 물리학자인 Ernst Mach(1838~1916)의 이름에서 딴 것으로, 물체가 움직이고 있는 매질 내에서의 음의 속도로 측정한 상대적인 작동 물체의 속도, 따라서 수로써 나

타낸다. 예를들면, 마하 0.5는 음속의 반과 같은 속도에 해당된다. 해면 고도에서의 표준 공기의 음속은 약 1.087 ft/sec(741 m.p.h.)이다.

Mach number : 마하수(數)

공기의 압축성을 고려하여 물체 주위의 운동을 생각하지 않으면 안 되는 고체에서는 그 속도를 절대값으로서 표시하기보다는 그 점의 음속을 기준으로 하여 음속과의 비로서 유체의 속도(기류중(氣流中)을 움직이는 물체의속도)를 표시하는 것이 유체의 성질을 정확하게 표현할 수 있다. 이 음속과의 비를 나타내는 수치(數値)를 마하數라고 한다.

$$\text{마하數 } M = \frac{\text{유체의 흐르는 속도}}{\text{그 장소의 음속}} = \frac{\text{비행기의 속도}}{\text{그 장소의 음속}}$$

마하數라는 호칭을 붙인 것은 스위스의 야콥 아케레트로서, 오스트리아의 물리학자이고 철학자 였던 에른스트 마하를 기념하기 위한 것이다. 마하는 초음속의 흐름을 관찰함에 있어 처음으로 슐리렌법을 쓰는 등의 고속 공기력학 분야에서 선구적인 연구를 한 사람이다.

Fleet Insurance : 선대 보험

다수의 선박을 보유한 선주가 척당 보험을 드는 것이 아니라 보유 선박 전체 또는 여러 척을 한 단위로 하여 보험을 드는 것을 말한다.

Double-Bottom / Double-Hull : 이중 선체

1989년 3월 Exxon Valdez호의 알래스카 좌초로 세계적인 관심을 끌게된 해양오염 방지와 관련하여 1990년 미국이 Oil Pollution Act를 제정하면서 미국 영해 운항 선박의 이중 선체를 의무화 하였다.
이중 선체는 이중 선저와 이중 선측으로 구분되며 탱크내에 종횡으로 격벽을 설치, 침수를 방지하는 목적으로 사용된다.
이에 따라 IMO에서도 강선 구조 규칙의 개정을 통해 해양오염 방지를 위한 선박 구조 강화 최종안이 1992년 3월에 결정된 바 있다.

Standard Missile RIM - 66/67 : 스텐더드 미사일

세계 최고 성능의 미사일로 SM-1MR, SM-2MR, SM-2ER 등의 종류가 있으며 미사일을 발사한 함정의 사격 지휘 레이더가 목표에 전파를 발사하고 미사일 두부의 수신기가 반사파를 수신하여 유도 되는 새미 엑티브레이더 호밍 방식으로 사거리는 SM-2MR은 70 km, SM-2ER은 120 km로 우리나라의 KDX-2 함에도 이것이 방공 미사일로 선정되었다.

CGT : 시스템 변경(2007. 1. 1)

각 조선소마다 조선소의 선박 건조 방법, 하드웨어적인 요소의 정도, 투입 manhour, 기자재 사용 등은 선종 및 선형에 따라 크게 달라 특정 선박의 건조에 있어서 manhour로 크게 영향을 미침.

그리고 최근 선박의 대형화, 다양화에 따라 2006년까지 사용되어 왔던 CGT 산정 방식이 선종별, 선형별 실제 작업량을 반영하고 있지 못하였음. 특히, 선형의 경계선에 인접해 있는 선박의 경우 CGT 계수 및 CGT에 있어서 큰 차이가 있다.

따라서 이러한 미비점을 해소하고 현재의 선박 건조 방법, 다양화된 선종, 선형 변화 상황을 반영하기 위해 기존의 CGT 계수(coefficient)를 사용하는 대신 공식을 사용(계단식에서 지수곡선으로 변경), 2007. 1.1일부터 적용, CGT 계수 선택의 기준 톤수를 일부 선종(크루즈, 어선)을 제외한 나머지 모든 선종에서 DWT를 사용하였으나 신규 시스템에서는 GT를 사용하였다.

<신규 CGT 시스템>

공식 : A × GT^{B} (A : 선종 영향 계수, B : 선형 영향 계수)
(지수 곡선 사용, CGT계수 횡축 단위 변경(DWT → GT)

CGT 산정을 위한 선종별 A, B

선 종	A	B
탱커(이중 선체)	48	0.57
화학제품운반선	84	0.55
탱커	29	0.61
겸용선	33	0.62
일반화물선	27	0.64
냉동선	27	0.68
컨테이너선	19	0.68
로로선	32	0.63
자동차운반선	15	0.70
LPG선	62	0.57
LNG선	32	0.68
페리선	20	0.71
크루즈선	49	0.67
어선	24	0.71
기타 비화물선	46	0.62

BIMCO(The Baltic and International Maritime Conference : 발틱 국제해운 동맹)

1905년도에 설립된 세계에서 가장 영향력 있는 해운 동맹의 하나로 설립 목적은 회원사에 대한 정보 제공 및 자료 발간, 선주의 단합 및 용선 제도 개선, 해운 업계의 친목 및 이익도모 등이다. 회원사는 세계 100여국에 걸친 선주뿐만 아니라 브로커, 보험 회사, 해운 조합, 조선소, 금융기관, 해사법 관계기관, 선급 등을 망라하고 있다.

AFRA(Average Freight Rate Assessment) : 아프라 막스

1954년 4월부터 런던 탱커 브로커 위원회가 작성하고 있는 탱커의 운임지수이다.
AFRA는 선박의 크기별로 6가지로 구분되어 있지만, 그 선형 구분 가운데 재화중량톤 45,000 ~ 79,999톤이 가장 수요가 많았기 때문에, 79,999톤의 탱커를 관용적으로 아프라막스 탱커라고 말함. 현재는 95,000톤급 탱커까지도 폭 넓게 아프라막스라고 일컫고 있다.

Ballaster Water : 선박 평형수

배가 운항할 때에 균형을 유지할 수 있도록 배에 넣어 두는 바닷물. 화물을 선적하면 싣고 있던 바닷물을 내버리고, 화물을 내리면 다시 바닷물을 집어넣어 선박의 무게 중심을 잡는다. 해양오염의 원인으로도 꼽힌다.
예컨대 미국 뉴욕항에서 퍼 올린 바닷물 속 미생물이 배를 타고 인천항까지 건너올 경우 외래종에 의한 생태계 교란이 생기는 문제가 발생한다.

MSC(Maritime Safety Committee : IMO 해사 안전 위원회)

IMO의 산하 기구로서 선원의 대량공급 또는 정박, 비정박 여객의 대량 운송 등의 해사 안전에 이해 관계가 있는 국가들을 주축으로 구성된 단체, 안전 사항의 관점에서 선박의 항해, 건조 및 장비에 관계된 사항, 충돌 방지를 위한 규칙, 위험 화물의 취급, 해사안전에 관한 절차 및 요건, 수로 정보, 항해 일지 및 항해 기록, 해운 사고 조사, 해난 구조 및 기타 해사 안전에 직접적으로 영향을 미치는 여하한 사항에 관해서도 고려해야 할 의무를 지니고 있다.

NGH(Natural Gas Hydrate : 천연가스 하이드레이트)

기체상태인 천연가스와는 다르게 얼음형태로 가스가 농축되어 있는 것으로 1930년대에 이미 발견되었지만 필요성에 대한 인식 부족으로 주목받지 못하다가 1990년대에 들어오면서 청정에너지에 대한 관심이 높아져 다시 주목을 받게 되었다.
천연가스 하이드레이트에 포획된 매탄의 추정매장량은 유전과 천연가스전에 포함된 메탄양의 25배 이상이며, 연소될 때에 발생되는 이산화탄소의 양은 현재 사용되고 있는 휘발유에 비해 0.7배 정도로 환경친화적이다.

Product Tanker : 석유 제품 수송 탱커

석유 제품 수송선으로서 Product의 종류에 따라, Dirty Product와 Clean Product로 나누어진다. Dirty Product는 경유, 중유 또는 잔여유(석유제품생산시) 등을 운반하는 Product Tanker이며, Clean Product는 Gasoline, Kelosine, Naphtha 등을 운반하는 Product Tanker로서 Cargo Tank 내가 낡아지면 Dirty Product로 전용된다.

Kamsarmax : 캄사르막스

세계 최대의 보크사이트 생산지인 서아프리카 적도 기니에 위치한 캄사르 항만에 최적화된 벌크 선형, 파나막스 급의 일종 대략 82K DWT를 전후한 적재량을 가짐. 캄사르항 부두 규모에 맞도록 전장(LOA)가 229 m로 제한되고 폭은 파나마 운하를 통과할 수 있는 32.2 m로 제한된 선박을 일컬음

Semi-Container Ship : 세미 컨테이너선

재래선 선창에 cell-guide를 설치하여 컨테이너 전용 선창으로 개조하고 또 컨테이너를 갑판위에 적재할 수 있도록 설비한 선박으로서 다른 선창에는 일반화물을 적재하는 분재형 컨테이너선을 말한다.

Riser Pipe : 라이저 파이프

해양에서 석유 또는 가스의 시추작업을 위한 시추공의 경우 해저바닥 아래에서부터 암반층까지는 Casing과 Cement를 사용하여 보강하는 방법을 사용한다. 그러나 해저면에서부터 시추선의 시추장비까지는 시추과정에서 발생하는 혼합물(Mud 및 Oil 찌꺼기들로서 Drilling Fluid라고도 한다.)이 바다로 바로 나가는 것을 막기 위해서 Riser Pipe(Marine Pipe라고도 합니다.)를 사용하게 된다.

즉 Riser는 시추공을 감싸고 있는 커다란 파이프 형태로 된 구조물로 시추용 피이프의 직경과 비교할 때에 약 4~5배나되며 이 공간에서 Mud가 순환하게 되며 Mud는 최종 시추선 갑판(Deck)에 설치된 회수장치로 올려지게 된다. Riser Pipe는 시추용과 생산용 두 가지가 있으며 생산용은 Flexible한 Type의 사용이 가능하다.

Riser Pipe 한 개의 길이는 약 30m가 넘으며 이것을 시추선의 가동수심 (Operating Depth)에 이르기까지 연결하여 사용한다. 길이뿐만이 아니라 직경(용도에 따라 하나의 시추선에 여러 가지 종류가 사용된다.)도 크기 때문에 이것을 바다로 내리거나 고정 또는 조정하는 장비(Riser Rack, Riser Handing Crane, Catwalk, Riser Tensioner, Derrick & Drawwork 등등)들이 시추선에서는 생명과도 같이 굉장히 중요하게 다루어진다.

하나의 시추선이 여러 개의 시추공을 갖기 때문에 시추용 Riser는 하나의 시추공을 굴착하는데 필요한 양만큼이, 생산용 Riser Pipe는 "가동 수심×시추공 개수" 만큼의 양이 필요하게 되므로 상당히 많은 양의 Riser가 시추선 Deck에 탑재 되며 이 공간을 Riser Rack 및 Riser Storage Area라고 부른다.
Riser Pipe의 재질은 일정한 압력에 대한 저항성 및 해수에 대한 부식에도 적응해야 하기 때문에 선급용 일반 강재가 아닌 API(American Petroleum Institute) 재질과 같은 특수 강재를 사용한다.

Gouging : 가우징

가스 불꽃 또는 아크열로 국부적으로 용융시킨 부분을 압축 공기나 산소로 불어 날려서 금속 표면에 홈을 파는 작업

NDT(Non-Destructive Test : 비파괴 시험

재료나 제품의 재질과 형상을 손상시키거나 파괴하지 않은 상태에서 수행하는 시험으로 방사선 투과시험, 초음파 탐상시험, 음향 탐상시험, 침투 탐상시험, 자분 탐상시험 등이 있다.

Hover Craft

선체의 주위를 Air Curtain으로 돌려치고 그 속에 압축공기를 넣어서 수 표면을 밀어 배가 거의 떠오르게 한다. 떠오른 배는 물에 의한 추진 저항이 거의 없으므로 작은 힘으로도 빠르게 추진되며, 특히 파도와의 충돌충격이 없어서 고속 운항이 가능한 것이다. 추진기로는 Air Propeller의 Fan과 유사한 추진기를 갑판에 탑재하여 사용한다.

Macro Structure : 매크로 조직

모재 또는 용접부의 단면을 연마한 후 부식시키면 나타나는 금속 조직. 비교적 큰 균열, 기공, 불순물, 용입의 양부, 결정립의 대소와 방향을 알아내는데 사용됨

PQT(Procedure Qualification Test : 시공 승인 시험)

용접시공 설명서를 승인 받기 위해 용접부에 대해 실시하는 각종 시험으로 인장시험, 경도시험, 비파괴검사, 굽힘시험, 단면 마모도 시험 및 충격시험 등이 포함

Ductility : 연성

파괴되지 않으면서 어느 정도까지 영구 소성 변형을 일으키는 재료의 성질

Welding Condition : 용접 조건

용접을 실시할 때의 모든 작업조건을 의미하며 용접 품질에 직접적인 영향을 끼치는 인자

임. 용접전류, 용접전압, 용접속도, 용접봉 또는 전극와이어 크기, 토치각, 그루브 형상 등이 여기에 속함

Weight Tonnage : 중량 톤수

실을 수 있는 화물의 무게 1000 kg을 1 metric tonnage 또는 1톤이라고 한다. 영국 단위의 2000 pound를 1 short ton, 2240 pound(약 1015 kg)를 1 long ton이라고 하기도 한다. 운임을 받고 운반해 주는 순수화물 톤수(Net Cargo Weight Ton) 또는 Pay Load라고 한다. 재하중량(載荷重量, Dead Weight Tonnage)은 약자로 D.W.T로 표기하며, 화물, 연료유, 식수, 수하물 중량, 예비품, 선원과 부수물 등을 합계한 중량으로서 중량톤의 대표적인 단위이다.

Brittle Fracture : 취성 파괴

최종 파단까지 변형 또는 에너지의 흡수가 거의 없이 급속하게 일어나는 파괴

Open-hatched 또는 hatch-coverless container ship : 무개형(無蓋型)컨테이너선

무개형 컨테이너선은 컨테이너 적재 수가 증가되고, 소요경비가 감소된다는 장점 때문에 1990년 8월에 일본의 Teraoka 조선소에서 300 TEU급의 무개형 컨테이너선을 개발한 이래 네덜란드의 Verolme Schecpswerf 조선소(1993, 1500 TEU) 및 독일 BREMER 조선소(1994, 2200 TEU) 등에서도 무개형의 선박이 개발된 바 있다. 한편, 국제해사기구(IMO)에서도 무개형의 안정성에 관한 규정(Interim guidelines for open-top containership)을 1993년 7월 18일에 제정한 바 있다.

Crater : 크레이터

아크용접의 비드의 끝부분에서 용융지가 그대로 응고함으로써 생기는 움푹 패인 현상. 내부 결함이나 균열이 발생할 가능성이 큰 부분임

Deoxidizer, deoxidizing agent : 탈산제

용융금속 속에 용해된 산소와 결합함으로써 용융금속 내의 산소를 제거하고 건전한 용융금속을 만드는 작용을 하는 물질, Fe - Mn, Fe - Si, Fe - Al 및 Mn, Si, Ti, Al 등이 이에 속함

Peening : 피닝

해머로 용접부를 연속적으로 내려쳐서 표면층에 소성변형을 가하는 작업으로 인장잔류응력을 완화하는 효과가 있음

Kamsarmax : 캄사르막스

세계 최대의 보크사이트 생산지인 서아프리카 적도 기니에 위치한 캄사르 항만에 최적화된 벌크 선형, 파나막스 급의 일종 대략 82K DWT를 전후한 적재량을 가짐. 캄사르항 부두 규모에 맞도록 전장(LOA)가 229 m로 제한되고 폭은 파나마 운하를 통과할 수 있는 32.2 m로 제한된 선박을 일컬음

참고문헌

1. 工學博士, 造船設計技術士 李昌億 編著, "船舶設計(Ship Design)", 圖書出版 淸文閣, 西紀 2014年 2月 增補 1版 發行.
2. 工學博士, 造船設計技術士 李昌億 編著. "船舶設計(Ship Design)", 圖書出版 淸文閣, 西紀 2008年 1月, 增補 3刷 1版 發行.
3. 工學博士, 造船設計技術士 李昌億 編著, "船舶設計(Ship Design)", 大韓敎科書株式會社, 西紀 1985年 8月 初版發行 ~ 西紀 1989年 10月, 再版發行.
4. 菅井和夫, "船舶プロペラ特性解析法に關する硏究", 日本造船學會論文集, 第128號, 昭和 45年 12月.
5. 山崎芳嗣, 坂本 衛, "航海速力の 硏究", 日本造船學會論文集, 第146號, 昭和 54年 12月.
6. A. W. Gilfillan, "The Economic Design of Bulk Cargo Carriers", RINA, Mar. 1968.
7. H. Benford, "Engineering economy in tanker design", Trans. SNAME. Vol. 65, 1957, p. 775.
8. 隈元士 著, "船用 プロペラと 軸系", 株式會社 成山堂書店, 1976年 4月.
9. "船舶工學便覽(第1, 2分冊)", 日本造船學會編, コロナ社.
10. G. C. Manning, "The Theory and Technique of Ship Design", John Wiley & Sons(New York), Chapman & Hall(London), 1956.
11. 造船テキスト硏究會著, "商船設計の基礎(上, 下)", 株式會社 成山堂書店, 1979年.
12. 죠-지 씨・매닝 저, 김재근 역, "선박기본설계", 일한도서출판사, 1953년 10월.
13. "國際滿載吃水線條約(International Convention on Load Line)", 1996年.
14. W. H. Riddlesworth, "Displacement Draft Formula", Trans. IESS. Vol. 48, 1924, p. 836
15. R. Munro-Smith, "Merchant Ship Design", Hutchinson, 1965, Ch. 4, 57.
16. 박명규, 권영중 공저, "선박기본설계학", 한국이공학사, 1995년 12월.
17. 大串雅信 著, "理論船舶工學(上, 中, 下)", 海文堂出版株式會社, 昭和 43年 8月.
18. Tomas C. Gillmer, "Modern Ship Design(Second Edition)", Naval Institute Press, Annapolis, Maryland, 1975.
19. "船舶設計における 經濟性の 傾向", 船の科學.
20. 橋本德壽 著, "船舶の速力と馬力の槪算法", 成山堂書店, 昭和 33年 9月.
21. "船舶の信賴性調査", 船の科學, 1983年.
22. 笹島秀雄, "肥大船の伴流分布", 日本造船學會論文集, 第120號, 昭和 41年 12月, pp. 1-9.
23. D. G. M. Watson, "Estimating Preliminary Dimensions in Ship Design", Trans. IESS, Vol. 105, 1962, p. 110.
24. J. M. Murray, "Large Bulk Carriers", Trans. IESS, Vol. 108, 1965, p. 203.

25. 高城淸著, “實用 船舶工學”, 海文堂出版株式會社, 昭和 55年 5月.
26. H. Benford, “Principles of engineering economy in ship design”, Trans. SNAME, 1963.
27. 全國造船教育硏究會編, “商船設計”, 株式會社 海文堂書店.
28. J. H. Evans, “Basic Design Concepts”, Journal ASNE, Nov. 1959.
29. 日本造船學會編, “改訂 船舶工學 便覽”, 株式會社 コロナ 社, 昭和 50年 2月.
30. 關西造船協會編, “造船設計便覽”, 海文堂出版株式會社, 昭和 51年 3月.
31. R. O. Goss, “Economic Criteria for Optimal Ship Design”, Trans. RINA, Vol. 107, 1965, p. 581.
32. P. Mandel and R. Leopold, “Optimization Methods Applied to Ship Design”, Trans. SNAME, Vol. 74, 1966, pp. 477~521.
33. “International Conference on Safety of Life at Sea”, 1974년, 海文堂.
34. H. J. Adams, “Bulk Carrier Design”, Trans. NECIES, Vol. 79, 1962~1963.
35. J. J. Henry, “Modern Ore Carrier”, SNAME, 1955.
36. 技術士 池田 勝著, “小型船の 設計と製圖”, 海文堂出版株式會社, 昭和 53年 7月.
37. D. Eyncourt, E. H. Tennyson, “On the Limit of Economical Speed of Ship”, Trans. INA, Vol. XLⅢ, 1901, p. 246.
38. S. Ryder, D. Chappell, “Optimal Speed and Ship Size for the Liner Trade”, Marine Transport Centre, Dec. 1979.
39. A. M. D’Arcangelo, “Ship Design and Construction”, Trans. SNAME, 1969.
40. 日本造船學會編, “改訂 船舶工學 便覽”, 株式會社 コロナ 社, 昭和 50年 2月.
41. “船舶の省エネルギ-化技術の動向”, 船の科學, 1983年.
42. H. E. Rossell, “Principles of Naval Architecture”, SNAME, 1958.
43. “International Convention on Tonnage Measurement of Ships”, 1969.
44. 박명규, 권영중 공저, “무개형 컨테이너선 설계”, 세종출판사, 1994년 2월.
45. 現代重工業株式會社, “에너지節約型船 開發에 關한 特別 講演”, 大韓造船學會, 1983年.
46. E. V. Telfer, “Economic Speed Trends”, Trans. SNAME, 1951.
47. J. M. Murray, “Large Bulk Carriers”, Trans. IESS, Vol. 109, 1964~1965.
48. 삼성중공업주식회사, “에너지절약형선 개발에 관한 특별 강연”, 대한조선학회, 1983년.
49. R. O. Goss, “The size of Ships”, in The Future of European Ports, Bruges, 1971.
50. Robert Taggart, “Ship Design and Construction”, The Society of Naval Architects and Marine Engineers, Mar. 1980.
51. 대우중공업주식회사, “에너지절약형선 개발에 관한 특별 강연”, 대한조선학회, 1983년.
52. 造船テキスト硏究會著, “商船設計の基礎(上, 下)”, 株式會社 成山堂書店, 1979年.
53. 韓進重工業株式會社, “에너지節約型船 開發에 關한 特別 講演”, 大韓造船學會, 1983年.
54. R. O. Goss, C. D. Jones, “The Economics of Size in Dry Bulk Carriers”, HMSO, 1972.

55. 박명규, 권영중 공저, "무개형 컨테이너선 설계", 세종출판사, 1994년 2월.
56. A. R. Ferguson, "The Economic Value of the U.S. Merchant Marine", The Transportation Center, Northwestern University, Illinoise, 1961.
57. "省エネルギ-船の現状", 日本造船學會誌, 第632號, 昭和 57年 2月.
58. H. Benford, "The Practical Application of Economics to Merchant Ship Design", Marine Technology, Vol. 4, No. 1, Jan. 1967.
59. R. Munro-Smith, "Merchant Ship Design", Hutchinson, London, 1964.
60. D. Eyncourt, E. H. Tennyson, "On the Limit of Economical Speed of Ships", Trans. INA, Vol. XLIII, 1901, p. 246.
61. J. Carreyette, "preliminary Ship Cost Estimation", RINA, 1974.
62. 공학박사 구종도 저, "초고속 단동 선형 60B2형의 개발", 도서출판불휘, 2002년 10월.
63. H. Benford, "The Rational Selection of Ship Size", Trans. SNAME, 1967.
64. 長町三生 : 感性工學, 海文堂, 1990.
65. T. Inui, "Wave-Making Resistance of Ships", Trans. SNAME, Vol. 70, 1962.
66. 造船テキスト研究會著, "商船設計の基礎(上, 下)", 株式會社 成山堂書店, 1979年.
67. "Value Engineering", The Industrial Extension Service School of Engineering, North Carolina State University.
68. Dixon, J. R. : Design Engineering, McGraw-Hill, 1966.
69. Y. J. Lim, "On the Optimization of the Aft-Part of Fine Hull Forms(vnd Rep.)", J. Kansai SNA Jap. Vol. 179, 1980.
70. C. Gallin and O. Heiderich, "Economic and technical studies of modern ships", Shipbuilding and Marine Engineering International, Apr. 1983.
71. T. Lyon, "A Calculator-Based Preliminary Ship Design Procedure", Marine Technology, Vol. 19, No. 2, Apr. 1982, pp. 140-158.
72. H. Benford, "Measures of Merit in Ship Design", Marine Technology, Oct. 1970.
73. H. Benford, "The Rational Selection of Ship Size", Trans. SNAME, 1967.
74. I. L. Buxton, "Engineering Economics and Ship Design", British Ship Research Association, 1971.
75. I. L. Buxton, "Engineering Economics Applied to ship Design", Trans. RINA, Apr. 1972.
76. "船舶の省エネルギ-化技術の動向", 船の科學, 1983年.
77. A. W. Gilfillan, "The Economic Design of Bulk Cargo Carriers", Trans. RINA, Mar. 1968.
78. H. Benford, "Measures of Merit for Ship Design", Marine Technology, Oct. 1970.
79. A. W. Gilfillan, "Preliminary Design by Computer", Trans. IESS, Vol. 110, 1966~1967.

80. 門井弘行, “低回轉 大直徑 ブロベラ 船の推進性能”, 日本造船學會誌, 第662號, 1981年.
81. Robert Taggart, “Ship Design and Construction”, The Society of Naval Architects and Marine Engineers, Mar. 1980.
82. 赤木新介 著, “設計工學(上, 下)-新しい コンピコ-タ 應用設計-”, コロナ社, 1987年.
83. K. W. Fisher, “Economic Optimization Procedures in Preliminary Ship Design”, Trans. RINA, Vol. 144, 1972.
84. 人見勝人, “生産 システム 工學”, 共立出版, 1975年.
85. 特輯, “感性と 機械”, 日本機械學會誌, pp. 91-830, 1988~1989年.
86. J. Tutin, “The Economic Efficiency of Merchant Ships”, Trans. INA, Vol. LXIV, 1922.
87. R. T. Miller, “A Ship Design Process”, Marine Technolgy, Oct. 1965.
88. Y. Le Disez, M. Bontour, “Fuel consumption Reduction and Heat Recovery with Four Stroke Medium Speed Engine”, CIMAC Helsinki 1981, D94.
89. A. W. Gilfillar, “The Economic Design of Bulk Cargo Carrier”, RINA, Mar. 1968.
90. NAVSEA Computer Program, “Ship Design Weight Estimate(SDWE)”, CASDAC No. 230021.
91. NAVSEA Computer Program, “Ship Design Weight Estimate Data Update(UPDAT)”, CASDAC No. 230143.
92. 김호용, “시스템설계(결정, 최적화, 신뢰성 이론과 그 응용)”, 문운당, 1996년 1월.
93. I. Johnson, “Parametric Study of Steel Weight of Large Oil Tankers”, Det norske Veritas Publn, No. 76, 1971.
94. S. Sato, “Effect of Principal Dimensions on weight and Cost of Large Ships”, Trans. SNAME, New York, 1967.
95. 第174 硏究部會, “馬力節減を目的とした一軸 中型船の船尾形狀の開發に關する硏究報告書”, 社團法人 日本造船硏究協會.
96. E. Hagen, I. Johnson, B. Ourebo, “Hull Steel weights of large Oil tankers and Bulk Carriers”, European Shipbuilding, No. 6, 1967.
97. J. Carreyette, “Preliminary Ship Cost Estimation”, Trans. RINA, 1977.
98. R. P. Johnson, H. P. Humble, “Weight, Cost and Design Characteristics of Tankers and Dry Cargo Ships”, Rand Corporation, California, USA, 1964.
99. D. A. Gall, “Minimizing Ship Motions”, Department of Mechanical Engineering, MIT, Aug. 1964.
100. A. Gross and K. Watanabe, “Form factor”, Report of Performance Committee to 13th international Towing Tank Conference, 1972.
101. 高城淸著, “實用 船舶工學”, 海文堂出版株式會社, 昭和 55年 5月.
102. H. Johannessen, “Guidelines for prevention of excessive ship vibration”, DNV.

103. 池ノ内昌弘, "推進器翼の强度に關する-研究", 日本造船學會論文集, 第129號, 昭和 46年 6月.
104. G. C. Manning, "The Theory and Technique of Ship Design", John Wiley & Sons(New York), Chapman & hall(London), 1965.
105. H. Bocler, "The Position of LCB for Minimum Resistance", Trans. IESS, 1953.
106. E. S. Dillon, E. V. Lewis, "Ship with Bulbous Bows in Smooth Water and Wavers", Trans. SNAME, Vol. 63, 1955.
107. 海軍本部發行, "造船工學便覽(1, 2卷)", 海軍統制府 印刷所, 1985年 8月.
108. D. G. M. Watson and A. W. Gilgillan, "Some Ship Design Methods", Trans. RINA, Jul. 1977, pp. 279-305.
109. K. R. Chapman, "Economics and Ship Design", Trans. North East Coast, Vol. 83, 1967.
110. 小瀨邦治, 湯室彰規, 芳村康南, "操縱運動の 數學 モデルの 具體化-船體, ブロベラ, 舵の 相互干涉と その 表現", 第3會 操縱性 シンポジウム, 1981年 12月.
111. 永元隆一, 塚本修, "波浪中における速力低下と波浪外かについて", 西部造船會會報, 第47號, p. 87, 昭和 48年 11月.
112. 日本造船硏究協會 第2基準硏究部會, "試運轉方案の 調査硏究 報告書", 昭和 45年 3月, pp. 5-6, ならびに 報告書, 昭和 47年 3月, p. 150.
113. P. S. Katsoulis, "Optimizing Block Coefficient by an Exponential Formula", Shipping World and Shipbuilding, Feb. 1975, pp. 217-219.
114. T. Lamb, "A ship Design Procedure", Marine Technology, Oct. 1969.
115. 丸尾 孟, 石井昭良, "簡易化公式による 向波中 抵抗增加の 計算", 日本造船學會論文集, 第140號, 昭和 51年 12月, p. 136.
116. 中村彰一, "波浪中の抵抗增加および推進性能に 關する 內外文獻表題集", 日本造船學會 誌, 第558號, 昭和 50年, p. 36.
117. Masahiko Mori, Minoru Tanaka, Sumitoshi Mizoguchi, "Simulation Program for Maneuverability of Ship and Its Application", 石川島播磨技報, 第13卷, 第5號, 昭和 48年 9月.
118. 池ノ内昌弘, "推進器翼の强度に關する-硏究", 日本造船學會論文集, 第129號, 昭和 46年 6月.
119. Femenia, Jose, "Economic Comparison of Various Marine Power Plant", Trans. SNAME, 1973.
120. 森, "Propeller 設計の 電算 Programと その 適用例", 日本 IHI 技報, 1973年.
121. 伊藤一男, "Propeller 寸法の 簡略 計算法", 關西造船協會誌, 第106號.
122. R. Choudray, "powering Calculations by Computer", Department of Naval

Architercture, Illinios Institute of Technology Report, No. 0178, 1978.
123. 徐廷一, 趙珍鎬, "內燃機關工學", 普成文化社, 1976年 3月.
124. 全孝重 著, "內燃機關講義", 圖書出版一中社, 1987年 9月.
125. 第174 研究部會, "馬力節減を目的とした一軸 中型船の船尾形狀の開發に關する研究報告書", 社團法人 日本造船研究協會.
126. H. J. S. Canham and W. M. Lynn, "The Propulsive Performance of a Group of Intermediate Tankers", Trans. RINA, Vol. 104, 1962, p. 13.
127. 門井弘行, "低回轉 大直徑 プロペラ 船の推進性能", 日本造船學會誌, 第662號, 1981年.
128. B. Baxter, "Naval Architecture Examples and Theory", Griffin, Oct. 1966.
129. 宮本雅史, "限界 速力による 主機および プロペラの 決定につして", 日本造船學會誌, 第574號, 昭和 52年 4月.
130. J. R. Scott, "A Method of Predicting Trial Performance of Single Screw Merchant Ships", Trans. RINA, Oct. 1972.
131. 小瀨邦治, 湯室彰規, 芳村康南, "操縱運動の 數學 モデルの 具體化-船體, プロペラ, 舵の 相互干涉と その 表現", 第3會 操縱性 シンポジウム, 1981年 12月.
132. D, A, Gall, "Minimizing Ship Motions", Department of Mechanical Engineering, MIT, Aug. 1964.
133. 日本造船研究協會 第2基準研究部會, "試運轉方案の 調査研究 報告書", 昭和 45年 3月, pp. 5-6, ならびに 報告書, 昭和 47年 3月, p. 150.
134. J. R. Scott, "A shallow water speed corrector", Trans. RINA, Vol. 108, 1966, p. 431.
135. International Convention on Load Line, IMO, 1966.
136. International Convention for the safety of Life at Sea, IMO, 1974.
137. G. Webster, "The Watertight Subdivision of Ships", Trans. INA, 1915.
138. J. Biles, "Stability of Large Ships", RINA, 1922.
139. Rahola, Jaako, "Judging of Stability of Ships", Thesis, 1939.
140. 이제신 저, "海洋 構造物 設計 概要", 광문출판사, 1989년 8월.
141. V. Semyonov-tyan-shansky, "Statics and Dynamics of the Ship", Peace Publishers, Moscow.
142. M. Volger and E. Aster, "General Purpose Bulk Carriers", Shipping World, 31. 12, 1958.
143. H. J. Adams, "Bulk Carrier Design", Trans. NECIES, Vol. 79, 1962~1963.
144. J. H. Evans, D. Khoushy, "Optimized Design of Midship Secion Structure", Trans. SNAME, Vol. 71, 1963.
145. "船舶の信賴性調査", 船の科學, 1983年.
146. 임상전 역, "基本造船學", 미국조선학회편, 대한교과서주식회사, 1997년 4월.

147. "1974年 海上 人命 安全 條約", International Conference on Safety of Life at Sea, 海文堂, 1977년
148. W. Fischer, "The inclusion IMO tanker design constraints in general Optimization Procedures", Trans. SNAME, 1973.
149. W. N. France, "The professional Liability of Marine Designers and Constructors", Marine Techology, Vol. 18, No. 2, Apr. 1981.
150. C. F. Holt, "Stability and Seaworthiness", RINA, 1925.
151. B. V. Korvin-Kroukovsky, "Theory of Seakeeping", SNAME, 1962.
152. J. M. Murray, "Longitudinal Bending Moment", IESS, 1947.
153. W. J. Gordon and R. F. Risenfeld, "B-spline Curves and Surfaces", in Computer Aided Geometric Design, Robert E. Barnhill and Richard F. Riesenfeld, Ed., Academic Press, New York, 1974, pp. 95-126.
154. I. M. Yuille, "Transverse Strength of Single Hulled Ships", Trans. RINA, 1960.
155. 공학박사 권영중 편저, "船舶設計學", 동명사, 2006년 8월.
156. E. Abrahamsen, "Structural Design Analysis of Large Ships", Trans. SNAME, 1969.
157. 권영중, "시 마진 산정법의 개선에 관한 연구(1)", 한국해양공학회지, 제18권 제3호, pp. 40-43, 2004년.
158. 윤여포 외 2인, "크루즈 산업의 특성 및 기술 동향", 삼성중공업주식회사.
159. "International convention on tonnage measurrement of ships", 1969년 선박의 톤수 측정에 관한 국제협약, IMO(TM. 5 / CIRC. 5), 한국선급(KR).
160. "Application of tonnage measurement of segregated ballast tanks in oil tanks(IMO Res. A. 747 (18))", IMO.
161. "선박 톤수의 측정에 관한 규칙", 교통부령, 제758호, 1983년 3월 7일.
162. 권영중, R. L. Townsin, "해상에서의 기상 상태에 기인된 부가 저항에 관한 고찰", 한국해양공학회지, 제7권 제1호, pp. 56-61, 1993년.
163. "선박 톤수 측정 요강", 해운항만청훈령, 제202호, 1983년 4월 30일.
164. 박경원, "선박 법규 해설-선박의 등록과 톤수 제도편", 한국해사문제연구소.
165. 권영중, 주동국, "선박의 표면조도에 관한 연구: 추정법 및 선박성능에 미치는 영향", 대한조선학회 논문집, 제33권 제2호, pp. 30-35, 1996년.
166. 박주성, "국제해사기구(IMO) 제82차 해사안전위원회(MSC)회의", 한국선급협회(KR), 2007년 1월.
167. 권영중, "선박 속력성능에 관한 연구", 한국해양공학회지, 제17권 제2호, pp.67-71, 2003년.
168. W. J. Roberts, "Strength of Large Tankers", Trans. NEC, Inst. Engrs. & Shipbldrs., 1970.

169. J. Moe, "Optimum Design of Ship Structures", Trans. SNA Jap. Vol. 128, Dec. 1970, pp. 27-47.
170. 大橋, 寒河江, "線圖計劃の一方法", 日本造船學會誌, 第513號, 昭和 47年.
171. H. J. Adams, "Bulk Carrier Design", Trans. NECIES, Vol. 79, 1962~1963.
172. A. Mandelli, "Nate on a Quick Method of Calculating Longitudinal Bending Moment on a Wave", Shipbuilder, 1956.
173. J. M. Murray, "Longitudinal Strength of Tankers", Trans. Nec, Institution of Engineers and Shipbuilders, Vol. 74, 1958.
174. J. M. Murray, "Development of Basic of Longitudinal Strength Standards for Merchant Ships", Trans. RINA, Vol. 108, 1966.
175. G. Buchanan, "Longitudinal Stresses in Cargo Ships", Paper presented to Ingenior-forening, Copenhagen, Feb. 1958.
176. 高城清著, "實用 船舶工學", 海文堂出版株式會社, 昭和 55年 5月.
177. H. J. Adams, "Bulk Carrier Design", Trans. NECIES, Vol. 79, 1962~1963.
178. "危險撒積船構造設備規則", IMO 決議 A 212 (Ⅷ), 1971年 10月.
179. "危險撒積船構造設備規則", IMO 決議 A 212 (Ⅸ), 1971年 10月.
180. Robert Taggart, "Ship Design and Construction", The Society of Naval Architects and Marine Engineers, Mar. 1980.
181. "船內騷音の關する調査硏究", 日本造船硏究協會, SR硏究部會, 昭和 52.
182. "船內騷音の關する調査硏究", 日本造船硏究協會, SR156硏究部會, 昭和 52.
183. A. J. Johnson and P. W. Ayling, "Graphical Presentation of Hull Frequency Data and the Influence of Deckhouses on Frequency Prediction", NEC., Inest., 73, 1957.
184. T. Hirowatari, "On the fore and aft. vibration of superstructure located at after ship(1st, 2nd report)", 日本造船學會論文集, 第119號, 第125號.
185. H. E. Saunders, "Hydrodynamics in Ship Design", SNAME, 1956.
186. 池ノ內昌弘, "推進器翼の强度に關する - 硏究", 日本造船學會論文集, 第129號, 昭和 46年 6月.
187. K.W.Fisher, "The Relative Costs of Ship Design Parameters", Trans. RINA, Vol. 116, 1974.
188. "Value Engineering", The Industrial Extension Service School of Engineering, North Carolina State University.
189. 第174 硏究部會, "馬力節減を目的とした一軸 中型船の船尾形狀の開發に關する硏究報告書", 社團法人 日本造船硏究協會
190. H Volker, "Economic Calculation in Ship Design", International Shipbuilding Progress, Vol. 14, No. 150, Feb. 1967.

저 자 경 력

이창억 (李昌億, Lee Chang Euk)

1965.02. 인하대학교 공과대학 조선공학과 공학사(조선공학 전공)
1981.02. 인하대학교 대학원 선박공학과 공학석사(선체구조 전공)
1982.12. 조선설계 기술사. 과학기술처(제82122100031호)
1983.03. 기계기술 지도사. 중소기업청장(제00000000109호)
1996.08. 부산대학교 대학원 조선공학과 공학박사(유체 및 선박설계 전공)
1991.12.~1992.12. 미국, 미시건 주, University of Michigan(Ann Arbor)
Dept. of Naval Architecture and Marine Engineering(N.C)
교육부, 국비 해외 파견 연구, 객원 교수(Visiting Professor)

연구경력 국제학술대회 연구발표논문 : 9편
국내학술대회 연구발표논문 : 31편
대한조선학회 도서편찬위원회 집필위원 : 저서 7편
조선소 현장근무실적 선박설계 건조선 : 실적 4척
성 김대건 신부 라파엘호 고증복원설계 건조선 : 실적 1척
해상왕 장보고 고대선 고증복원설계 건조선 : 1척

선박설계

2014년 3월 5일 제1판 1쇄 인쇄
2014년 3월 10일 제1판 1쇄 펴냄

지은이 이창억
펴낸이 류제동
펴낸곳 **청문각**

전무이사 양계성 | 편집국장 안기용 | 책임편집 우종현 | 본문디자인 디자인이투이
표지디자인 트인글터 | 제작 김선형 | 영업 함승형
출력 한컴 | 인쇄 영진인쇄 | 제본 과성제책

주소 413-120 경기도 파주시 교하읍 문발로 116 | 우편번호 413-120
전화 1644-0965(대표) | 팩스 070-8650-0965 | 홈페이지 www.cmgpg.co.kr
등록 2012. 11. 26. 제406-2012-000127호

ISBN 978-89-6364-197-3 (93530)
값 50,000원

* 잘못된 책은 바꾸어 드립니다.
* 저자와의 협의하에 인지를 생략합니다.